LEXIKON DER BIOLOGIE
3

HERDER

LEXIKON DER BIOLOGIE

Dritter Band
Diterpene
bis Gehirnzentren

Spektrum Akademischer Verlag
Heidelberg · Berlin · Oxford

Redaktion:
Udo Becker
Sabine Ganter
Christian Just
Rolf Sauermost (Projektleitung)

Fachberater:
Arno Bogenrieder, Professor für Geobotanik an der Universität Freiburg
Klaus-Günter Collatz, Professor für Zoologie an der Universität Freiburg
Hans Kössel, Professor für Molekularbiologie an der Universität Freiburg
Günther Osche, Professor für Zoologie an der Universität Freiburg

Autoren:

Arnheim, Dr. Katharina (K.A.)
Becker-Follmann, Johannes (J.B.-F.)
Bensel, Joachim (J.Be.)
Bergfeld, Dr. Rainer (R.B.)
Bogenrieder, Prof. Dr. Arno (A.B.)
Bohrmann, Dr. Johannes (J.B.)
Breuer, Dr. habil. Reinhard
Bürger, Dr. Renate (R.Bü.)
Collatz, Prof. Dr. Klaus-Günter (K.-G.C.)
Duell-Pfaff, Dr. Nixe (N.D.)
Emschermann, Dr. Peter (P.E.)
Eser, Prof. Dr. Albin
Fäßler, Peter (P.F.)
Fehrenbach, Heinz (H.F.)
Franzen, Dr. Jens Lorenz (J.F.)
Gack, Dr. Claudia (C.G.)
Ganter, Sabine (S.G.)
Gärtner, Dr. Wolfgang (W.G.)
Geinitz, Christian (Ch.G.)
Genaust, Dr. Helmut
Götting, Prof. Dr. Klaus-Jürgen (K.-J.G.)
Gottwald, Prof. Dr. Björn A.
Grasser, Dr. Klaus (K.G.)
Grieß, Eike (E.G.)
Grüttner, Dr. Astrid (A.G.)
Hassenstein, Prof. Dr. Bernhard (B.H.)
Haug-Schnabel, Dr. habil. Gabriele (G.H.-S.)
Hemminger, Dr. habil. Hansjörg (H.H.)
Herbstritt, Lydia (L.H.)
Hobom, Dr. Barbara
Hohl, Dr. Michael (M.H.)
Huber, Christoph (Ch.H.)
Hug, Agnes (A.H.)
Jahn, Prof. Dr. Theo (T.J.)
Jendritzky, Dr. Gerd (G.J.)

Jendrsczok, Dr. Christine (Ch.J.)
Kaspar, Dr. Robert
Kirkilionis, Dr. Evelin (E.K.)
Klein-Hollerbach, Dr. Richard (R.K.)
König, Susanne
Körner, Dr. Helge (H.Kör.)
Kössel, Prof. Dr. Hans (H.K.)
Kühnle, Ralph (R Kü.)
Kuss, Prof. Dr. Siegfried (S.K.)
Kyrieleis, Armin (A.K.)
Lange, Prof. Dr. Herbert (H.L.)
Lay, Martin (M.L)
Lechner, Brigitte (B.Le.)
Liedvogel, Dr. habil. Bodo (B.L.)
Littke, Dr. habil. Walter (W.L.)
Lützenkirchen, Dr. Günter (G.L.)
Maier, Dr. Rainer (R.M.)
Maier, Dr. habil. Uwe (U.M.)
Markus, Dr. Mario (M.M.)
Mehler, Ludwig (L.M.)
Meineke, Sigrid (S.M.)
Mohr, Prof. Dr. Hans
Mosbrugger, Prof. Dr. Volker (V.M.)
Mühlhäusler, Andrea (A.M.)
Müller, Wolfgang Harry (W.H.M.)
Murmann-Kristen, Luise (L.Mu.)
Neub, Dr. Martin (M.N.)
Neumann, Prof. Dr. Herbert (H.N.)
Nübler-Jung, Dr. habil. Katharina (K.N.)
Osche, Prof. Dr. Günther (G.O.)
Paulus, Prof. Dr. Hannes (H.P.)
Pfaff, Dr. Winfried (W.P.)
Ramstetter, Dr. Elisabeth (E.F.)
Riedl, Prof. Dr. Rupert
Sachße, Dr. Hanns (H.S.)
Sander, Prof. Dr. Klaus (K.S.)

Sauer, Prof. Dr. Peter (P.S.)
Scherer, Prof. Dr. Georg
Schindler, Dr. Franz (F.S.)
Schindler, Thomas (T.S.)
Schipperges, Prof. Dr. Dr. Heinrich
Schley, Yvonne (Y.S.)
Schmitt, Dr. habil. Michael (M.S.)
Schön, Prof. Dr. Georg (G.S.)
Schwarz, Dr. Elisabeth (E.S.)
Sitte, Prof. Dr. Peter
Spatz, Prof. Dr. Hanns-Christof
Ssymank, Dr. Axel (A.S.)
Starck, Matthias (M.St.)
Steffny, Herbert (H.St.)
Streit, Prof. Dr. Bruno (B.S.)
Strittmatter, Dr. Günter (G.St.)
Theopold, Dr. Ulrich (U.T.)
Uhl, Gabriele (G.U.)
Vollmer, Prof. Dr. Dr. Gerhard
Wagner, Prof. Dr. Edgar (E.W.)
Wagner, Prof. Dr. Hildebert
Wandtner, Dr. Reinhard
Warnke-Grüttner, Dr. Raimund (R.W.)
Wegener, Dr. Dorothee (D.W.)
Welker, Prof. Dr. Dr. Michael
Weygoldt, Prof. Dr. Peter (P.W.)
Wilmanns, Prof. Dr. Otti
Wilps, Dr. Hans (H.W.)
Winkler-Oswatitsch, Dr. Ruthild (R.W.-O.)
Wirth, Dr. Ulrich (U.W.)
Wirth, Dr. habil. Volkmar (V.W.)
Wuketits, Dozent Dr. Franz M.
Wülker, Prof. Dr. Wolfgang (W.W.)
Zeltz, Patric (P.Z.)
Zissler, Dr. Dieter (D.Z.)

Grafik:
Hermann Bausch
Rüdiger Hartmann
Klaus Hemmann
Manfred Himmler
Martin Lay
Richard Schmid
Melanie Waigand-Brauner

Die Deutsche Bibliothek – CIP-Einheitsaufnahme

Herder-Lexikon der Biologie / [Red.: Udo Becker ... Rolf Sauermost (Projektleitung). Autoren: Arnheim, Katharina ... Grafik: Hermann Bausch ...]. – Heidelberg ; Berlin ; Oxford : Spektrum, Akad. Ver.
 ISBN 3-86025-156-2
NE: Sauermost, Rolf [Hrsg.]; Lexikon der Biologie
3. Diterpene bis Gehirnzentren. – 1994

Alle Rechte vorbehalten – Printed in Germany
© Spektrum Akademischer Verlag GmbH, Heidelberg · Berlin · Oxford 1994
Die Originalausgabe erschien in den Jahren 1983–1987 im Verlag Herder GmbH & Co. KG, Freiburg i. Br.
Bildtafeln: © Focus International Book Production, Stockholm, und Spektrum Akademischer Verlag Heidelberg
Satz: Freiburger Graphische Betriebe (Band 1–9), G. Scheydecker (Ergänzungsband 1994), Freiburg i. Br.
Druck und Weiterverarbeitung: Freiburger Graphische Betriebe
ISBN 3-86025-156-2

Diterpene [Mz.; v. gr. di- = zwei-, terebinthos = Terpentinpistazie], aus 4 Isopreneinheiten aufgebaute Naturstoffe (20 C-Atome) aus der Gruppe der ↗Terpene, deren Strukturen sehr vielfältig sind. D. treten u. a. als Bestandteile v. ↗Harzen u. ↗Balsamen (z. B. Abietinsäure als Coniferenzharz) u. als Diterpenalkaloide (z. B. ↗Aconitumalkaloide u. Erythrophleumalkaloide) auf; auch Vitamin A (Retinal) u. die Gibberelline zählen zu den D.n. Weitere Beispiele sind Crocetin (offenkettig, acycl.), Cembren (monocycl.), Labdan (bicycl.), Cassain (tricycl.), Kauren (tetracycl.) u. Cafestol (pentacycl.).

dithezisch [v. gr. di- = zwei-, thēkē = Behälter], Bez. für zweifächerige Staubbeutel (Antheren), d. h., die 4 Pollensäcke sind zu je 2 Pollensackgruppen (Theken) verwachsen. Solche Staubbeutel sind allg. bei den Angiospermen verbreitet.

Ditrichaceae [Mz.; v. gr. di- = zwei-, triches = Haare], *Ditrichiaceae,* Fam. der *Dicranales;* Erd- od. Felsmoose mit pfriemförm. od. lanzettl. Blättchen. Die häufigste Art, das Hornzahnmoos *(Ceratodon purpureus),* ist weltweit verbreitet u. kommt auf verschiedenen Substraten vor; sie sind leicht an den Kapseln, die nach Sporenentleerung längsgefurcht sind, zu erkennen. Auf vegetationsarmen Standorten sind die ca. 30 Arten der Gatt. *Pleuridium* verbreitet; *P. acuminatum* kommt u. a. in niederen Bergregionen vor. Eine weitere Gatt. ist *Ditrichum (Ditrichium); D. heteromallum* mit schwach sichel. Blättern kommt auf saurem, sand. Boden vor, während das wurzelfilz., polsterbildende *D. flexicaula* Kalkböden bevorzugt.

Ditrysia ↗Schmetterlinge.

Ditylenchus *m* [v. gr. ditylos = mit 2 Buckeln, egchos = Lanze, Speer], pflanzenparasit. Fadenwurm, ↗Tylenchida.

Ditylium *s* [v. gr. ditylos = mit 2 Buckeln], Gatt. der ↗Biddulphiaceae.

Diurese *w* [v. gr. dia = durch, ourēsis = Harnen], *Harnausscheidung,* Bildung eines hypoton. Harnes. Die D. kann therapeut. durch Infusionen v. NaCl, Glucose, Mannit od. ↗Diuretika in Gang gesetzt werden *(forcierte D.)* od. auftreten bei Hemmung der Wasserrückresorption aus einem mit nicht rückresorbierbaren Stoffen angereicherten hyperosmot. Primärharn *(osmotische D.).* Letzteres tritt z. B. bei Hypoglykämie u. nach Trinken v. Meerwasser auf. ↗Niere.

Diuretika [Mz.; v. gr. dia = durch, ourēsis = Harnen], Wirkstoffe zur Steigerung der Harnproduktion (↗Diurese), die therapeut. eingesetzt werden, um z. B. bei Ödemen od. Bluthochdruck die Ausscheidung v. Salz u. Wasser zu steigern. Dabei wird v. a. vermehrt extrazelluläre Flüssigkeit ausgeschieden. D. sind häufig Sulfonamidabkömmlinge od. Aldosteron-Antagonisten.

Diurna *w* [v. lat. diurnus = bei Tage], ↗Tagfalter.

diurnale Rhythmik [v. lat. diurnus = Tages-], *Tagesrhythmik* bzw. Aktivität nur während der Lichtphase eines tägl. Licht-Dunkel-Wechsels. ↗Chronobiologie.

diurnaler Säurerhythmus [v. lat. diurnus = Tages-], *Crassulaceen-Säurestoffwechsel,* Abk. *CAM* (v. *C*rassulacean *a*cid *m*etabolism), spezieller Mechanismus der CO_2-Fixierung vieler Sukkulenten *(CAM-Pflanzen).* Externes u. respirator. CO_2 wird während der Nacht mit Hilfe von Phosphoenolpyruvat-Carboxylase fixiert. Dadurch häufen sich in den Vakuolen organ. Säuren an, die während des Tages wieder decarboxyliert werden u. dadurch CO_2 für die ↗Photosynthese liefern. Durch die nächtl. CO_2-Fixierung bei geöffneten Stomata können die Pflanzen am Tage die Stomata geschlossen halten u. sind deshalb infolge gedrosselter Transpiration an trockene Standorte angepaßt.

Divaricatores [Mz.; v. lat. divaricare = spreizen], *Diductores,* Öffnermuskeln der Brachiopodenschalen.

Divergenz *w* [v. lat. di- = auseinander-, vergere = neigen], 1) in der Evolutionsbiologie die zw. Arten bestehenden Merkmals- u. Anpassungsunterschiede. Eine bedeutsame Triebkraft der evolutiven D. ist die ↗Konkurrenz. Sie führt zur Bildung neuer ↗ökolog. Nischen u. damit allg. zu ↗Cladogenese u. ↗adaptiver Radiation. Als cladogenet. D. bezeichnet man die Differenzierung der höheren Kategorien. ↗Charakter-Displacement. 2) in der Genetik der Grad an Unterschiedlichkeit nahe verwandter Organismen. Ist die D. groß genug, verhindert sie die Kreuzung verwandter Populationen, die somit als verschiedene Arten voneinander getrennt werden können. 3) in der Botanik: ↗Divergenzwinkel, ↗Blattstellung.

Divergenzwinkel *m* [v. lat. di = auseinander-, vergere = neigen], Bez. für den Winkel, den die Medianen der längs der Sproßachse aufeinander folgenden Blätter miteinander bilden. ↗Blattstellung.

Diversifizierung *w, Diversifikation,* allg.: Vielseitigkeit, Verschiedenheit, in der Entwicklungsbiol. das Verschiedenwerden v. Zellen einer ursprüngl. einheitl. Zellpopulation durch Einschlagen unterschiedl. Differenzierungswege in der Ontogenese. Räumlich geordnete D. ist ein Aspekt der ↗Musterbildung. Im Ggs. zur *Differenzierung* verändern (spezialisieren) sich die betroffenen Zellen nicht in einer, sondern in verschiedenen Richtungen. Dieser Un-

Diversität

terschied wurde fr. nicht begriffl. abgetrennt. In der Evolutionsbiologie versteht man unter D. die Entwicklung v. Unterschieden bei der ⁊Artbildung (⁊adaptive Radiation).

Diversität *w* [v. lat. diversitas = Verschiedenheit], *Artenmannigfaltigkeit, Artenreichtum,* Bez. für die Vielfalt in Organismengemeinschaften, beurteilt nach ⁊Artendichten u. Einheitlichkeit der Individuendichten. Man berechnet die D. nach der Shannon-Weaver-Formel:

$d = -\sum (\frac{n_i}{n} \cdot \log \frac{n_i}{n})$, wobei d der D.sindex, n die Gesamtzahl der Individuen und n_i die Zahl der Individuen der i-ten Art bedeuten; d erfaßt die relative Häufigkeit jeder Art eines bestimmten Bestandes. Der D.sindex ist um so größer, je ähnlicher die Individuendichten der Arten sind. Größte D. liegt demnach vor, wenn die Wahrscheinlichkeit, ein Individuum einer bestimmten Art anzutreffen, für alle Arten der Biozönose gleich groß ist.

Divertikel *s* [v. lat. diverticulum = Seitenweg], meist sackförm. Ausstülpung v. Wandteilen bei Hohlorganen (Speiseröhre, Magen, am häufigsten beim Dickdarm); beim *echten D.* betrifft die Aussackung alle Wandschichten, *falsche D.* sind Ausstülpungen der Schleimhaut durch eine Lücke in der Muskelschicht.

Divisio *w* [lat., = Einteilung], die ⁊Abteilung 1).

Dixa, Gatt. der ⁊Stechmücken.

dixen ⁊heteroxen.

dizentrisch [v. gr. di- = zwei-, kentron = Mittelpunkt], ⁊Chromosomen.

Djetisfauna [ben. nach dem Ort Djetis in O-Java], altpleistozäne Säugetierfauna v. Java. Neben ⁊*Meganthropus* u. primitiveren Entwicklungsstufen des ⁊*Homo erectus* gekennzeichnet durch *Archidiskodon planifrons, Stegodon trigonocephalus, Chalicotherium, Leptobos, Epimachairodus, Hyaena* u. *Antilope modjokertensis.* Stammt im Ggs. zur mittelpleistozänen ⁊Trinilfauna aus S-Indien („indo-malaiische Fauna").

DNA *w,* aus dem Englischen abgeleitete Abk. für ⁊Desoxyribonucleinsäure (engl. *d*eoxyribo*n*ucleic *a*cid), die sich auch im dt. Sprachgebrauch zunehmend anstelle v. DNS einbürgert.

DNA-abhängige RNA-Polymerase *w,* die ⁊RNA-Polymerase.

DNA-Gyrase ⁊DNA-Topoisomerasen.

DNA-Hybridisierung ⁊Hybridisierung.

DNA-Ligase *w,* Enzym, das Einzelstrangbrüche doppelsträng. DNA verschließen (ligieren) kann u. damit die letzten Teilschritte bei der DNA-Replikation, bei der DNA-Reparatur u. bei der Rekombination

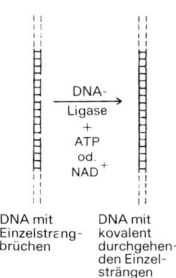

Funktion von DNA-Ligase

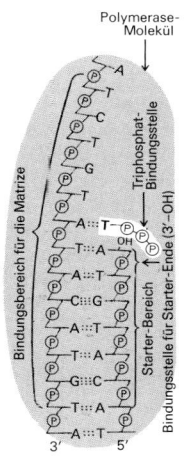

DNA-Polymerase

Schematische Darstellung v. Bindung u. Orientierung elterl. Matrizen-DNA (template), der Starter-DNA (primer) u. eines Desoxyribonucleosidtriphosphats (hier dTTP) im aktiven Zentrum v. DNA-Polymerase.

v. DNA katalysiert. Wichtiges Hilfsmittel bei der künstl. Synthese v. Genen u. bei der künstl. Rekombination v. Genen (⁊Gentechnologie). Die zur Ligierung v. Einzelstrangbrüchen erforderl. Energie wird durch Spaltung v. ATP (bei DNA-L., die durch Infektion v. *E. coli* durch den Phagen T_4 induziert wird; sog. T_4-DNA-L.) bzw. NAD^+ (bei DNA-L. aus nicht infizierten *E.-coli*-Bakterien) bereitgestellt.

DNA-Polymerasen [Mz.], Enzyme, die den schrittweisen Aufbau v. DNA-Ketten lenken. Als Substrate werden die vier 2'-Desoxyribonucleosid-5'-triphosphate (dATP, dCTP, dGTP, dTTP) umgesetzt, deren 2'-Desoxyribonucleosid-5'-monophosphat-Reste (Mononucleotid-Reste) auf die 3'-Enden der wachsenden DNA-Kette (Starter-DNA, engl. primer) übertragen werden, wobei Pyrophosphat freigesetzt wird. Die Reihenfolge der vier Mononucleotid-Bausteine wird dabei durch den komplementären elterlichen DNA-Strang (Matrize, engl. template) bestimmt. Im Bakterium *E. coli* existieren drei verschiedene DNA-P. (DNA-P. I, II u. III), die sich in die verschiedenen Funktionen, zu denen DNA-Synthese erforderl. ist, nämlich DNA-Replikation, DNA-Reparatur-Synthese u. DNA-Rekombination, teilen. Die DNA-P. I u. wahrscheinl. auch II sind vorwiegend für DNA-Reparatursynthesen sowie für das Auffüllen v. Einzelstranglücken, die unmittelbar nach der durch DNA-P. III katalysierten DNA-Replikation verbleiben, verantwortlich. Die DNA-P. I u. II arbeiten langsamer (Addition v. ca. 50 Nucleotiden pro Sek. pro Molekül), während das eigtl. replizierende Enzym, DNA-P. III, den Einbau v. bis über 1000 Nucleotiden pro Sek. pro Molekül katalysiert. Neben der DNA-polymerisierenden Enzymaktivität besitzen DNA-P., verankert im gleichen Molekül, auch Exonuclease-(= DNase-)Aktivitäten; durch die in der Richtung 3'→5' abbauende Exonuclease werden die jeweils zuletzt eingebauten Nucleotide laufend auf korrekte Basenpaarung mit dem Matrizenstrang „überprüft" u. im Falle v. Fehlpaarung, bedingt durch gelegentl. auftretende Einbaufehler während der Synthese, wieder entfernt. Diese Funktion der den meisten DNA-P. inhärenten Exonuclease wird als Druckfehlerkorrekturfunktion (engl. proof reading) bezeichnet, da durch sie die Fehlerrate v. DNA-P. (u. damit der DNA-Replikation) erhebl. reduziert wird.

DNA-Reparatur, die in der Zelle ablaufenden, enzymat. gesteuerten Prozesse zur Beseitigung v. DNA-Schäden, d. h. v. DNA-Modifikationen, durch welche die physiolog. DNA-Funktionen (Replikation u./od. Transkription) blockiert bzw. verändert

DNA-Reparatur

werden. Derartige Schäden können u. a. sein: fehlende Basen, veränderte Basen (↗Basenanaloga), inkorrekte ↗Basenpaarung, Deletion od. Insertion einzelner od. mehrerer Nucleotide in einem der beiden DNA-Stränge, Pyrimidindimere, Strangbrüche od. die kovalente Quervernetzung der DNA-Stränge. DNA-Reparaturprozesse sind im gesamten Organismenreich weit verbreitet, aus techn. Gründen jedoch an Mikroorganismen, bes. *E. coli*, am eingehendsten untersucht. Mechanistisch bzw. nach Art der reparierten DNA-Schäden werden folgende Haupttypen der DNA-R. unterschieden: 1) *Photoreaktivierung:* führt zur Beseitigung v. Pyrimidindimeren; das Enzym *Photolyase* bindet im Dunkeln an die Pyrimidindimere enthaltenden DNA-Positionen u. spaltet bei Bestrahlung mit sichtbarem Licht Pyrimidindimere zu den Monomeren, wodurch die betroffenen Basen ihre urspr. Paarungseigenschaften zurückerlangen. Im Ggs. zu dieser im Licht stattfindenden DNA-Reaktivierung werden die übrigen, lichtunabhängigen Mechanismen als *Dunkelreaktivierung* od. *Dunkelreparatur* bezeichnet. 2) *Exzision v. Nucleotiden:* 5'-terminal v. einer schadhaften Stelle in einem DNA-Strang wird durch eine Endonuclease (jeweils spezifisch für Pyrimidindimere, alkylierte Purine, fehlende od. fehlgepaarte Basen) ein Einzelstrangbruch erzeugt. An dieser Bruchstelle beginnend, baut anschließend eine Exonuclease in 5'→3'-Richtung Nucleotide des beschädigten Einzelstrangs ab, wobei außer dem veränderten Nucleotid noch weitere 20–100 Nucleotide entfernt werden. Schließlich wird die so entstandene Einzelstranglücke mit Hilfe einer ↗DNA-Polymerase wieder aufgefüllt. In DNA-Polymerase I aus *E. coli* ist gleichzeitig, neben der DNA-Polymerase-Aktivität, auch eine 5'→3'-Exonuclease-Aktivität enthalten, so daß Herausschneiden u. Auffüllen synchron an den beiden räumlich getrennten Domänen desselben Enzymmoleküls ablaufen können. Die Verknüpfung der freien 5'- und 3'-Enden erfolgt als abschließender Schritt durch ↗DNA-Ligase, wodurch wieder ein vollständig intaktes DNA-Molekül hergestellt ist. 3) *Exzision v. Basen:* Uracil, Hypoxanthin, alkylierte Purine od. Purine mit geöffnetem Imidazolring können durch jeweils spezif. *N-Glykosylasen* aus DNA entfernt werden. Die korrekte Base kann anschließend durch eine *Insertase* an der betreffenden Stelle in DNA eingefügt werden; die durch eine N-Glykosylase entstandene apurinische bzw. apyrimidinische Stelle in der DNA kann, wie bei der oben beschriebenen Exzision v. Nucleotiden, auch durch Endonuclease- (hier *AP-Endonuclease*), Exonuclease-, DNA-Polymerase- u. Ligase-Aktivität repariert werden. 4) *Reparatur durch Rekombination* im Verlauf der Replikation: Nichtreparierte Nucleotidpositionen, die sich i. d. R. als Hemmstellen der Replikation auswirken, können durch die Replikationsenzyme zunächst umgangen werden, da sich der Replikationsprozeß ohnehin in kleineren Abschnitten abspielt. DNA-Polymerasen beenden in diesem Fall die DNA-Synthese

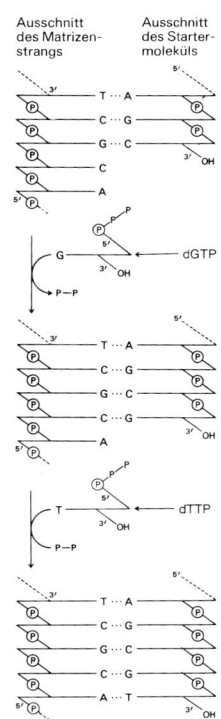

Zur Wirkungsweise von DNA-Polymerasen

Das Schema zeigt zwei Einzelschritte der in vielen Tausenden von Einzelschritten ablaufenden DNA-Synthese. Während der DNA-Synthese katalysieren DNA-Polymerasen die Verlängerung eines Starterfragments zum vollständigen komplementären Tochter-DNA-Strang gegenüber einer elterlichen DNA-Matrize. Die Synthese verläuft ausschließlich in der 5'→3'-Richtung bezügl. des neu synthetisierten Strangs.

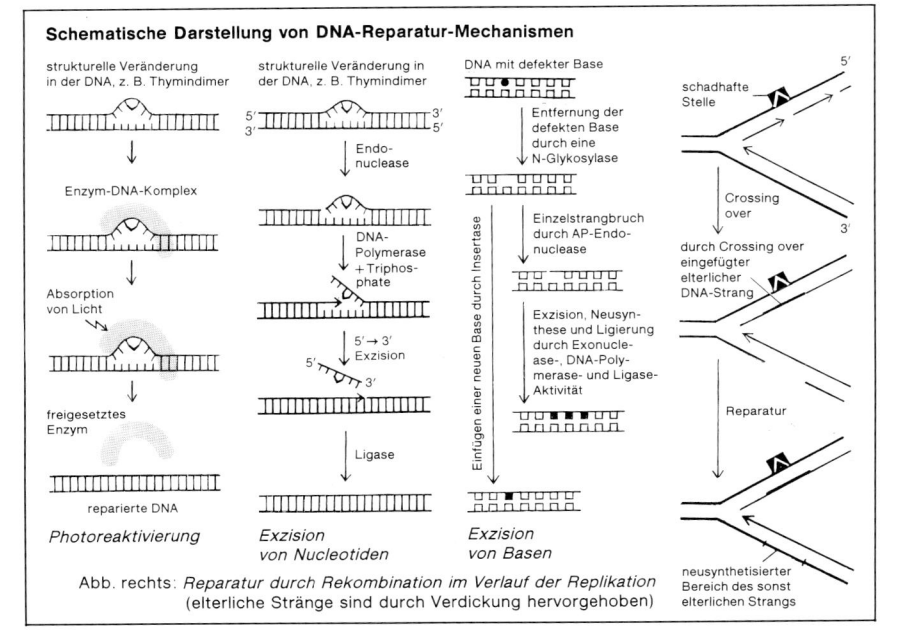

DNA-Reparatur

an der schadhaften Stelle u. nehmen sie in einem gewissen Abstand davon wieder auf, so daß in der Replikationsgabel zunächst ein DNA-Doppelstrang mit einer mehr od. weniger großen Einzelstranglücke entsteht. Da die intakte genet. Information jedoch auch auf dem zweiten, schon replizierten Elternstrang vorhanden ist, kann die Schadstelle im elterl. Strang durch Crossing over zw. dem an dieser Stelle noch eine Lücke enthaltenden Tochterstrang u. dem intakten Elternstrang mit einem komplementären DNA-Segment gepaart werden. Die dadurch entstandene Lücke im bislang intakten Elternstrang kann nun durch DNA-Polymerase u. Ligase komplementär zum zweiten Tochterstrang aufgefüllt werden. Dieser Mechanismus führt im Endeffekt zwar nicht zur Beseitigung des Schadens in der DNA, gewährleistet jedoch die Kontinuität der Replikation. 5) *SOS-Reparatur:* neben den oben beschriebenen permanent wirkenden *(konstitutiven)* Reparaturmechanismen gibt es in *E. coli* die sog. SOS-Reparatur, die z. B. durch intensive UV-Bestrahlung *induzierbar* ist, jedoch vergleichsweise fehlerhaft, d. h. Mutationen auslösend, arbeitet. Zunächst findet eine wie oben beschriebene Reparatur über die Exzision v. Basen od. Nucleotiden statt, wodurch eine große Anzahl v. Mono- und Oligonucleotiden entsteht. Diese bewirken eine Reihe v. im Detail noch nicht genau verstandenen physiolog. Veränderungen in der Zelle, die z. B. dafür sorgen, daß auch intensiv geschädigte DNA ohne Lücken, aber z. T. mit fehlgepaarten Basen repliziert werden kann (3′→5′-Exonuclease-Aktivität der DNA-Polymerase III, die für das sog. Korrekturlesen bei der Replikation verantwortlich ist, wird gehemmt). Der Ablauf der Replikation ist auf diese Weise gewährleistet, wobei jedoch eine erhöhte Mutationsrate in Kauf genommen wird, weshalb dieser Reparaturmechanismus nur in extremen Notfallsituationen, d. h. bei starker Schädigung von DNA, induziert wird. Im *E. coli-*Genom sind bislang über 30 Genloci bekannt, die für Reparaturenzyme codieren. Dies unterstreicht die allg. Bedeutung von DNA-R. für die Zelle. Beim Menschen sind eine Reihe v. Krankheiten bekannt, die auf Defekte im DNA-Reparatursystem zurückzuführen sind. Die bekannteste ist *Xeroderma pigmentosa,* eine Krankheit, die sich darin äußert, daß UV-Bestrahlung zu Hautkrebs führt. Xeroderma pigmentosa-Patienten zeigen einen Defekt in der Exzision v. Pyrimidindimeren. Aufgrund einer Korrelation zw. dem durchschnittl. Alter einzelner Spezies u. der Aktivität v. Reparaturprozessen wurde vorgeschlagen, daß

DNA-Topoisomerasen

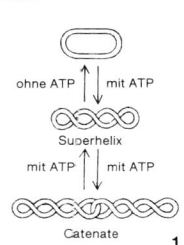

1 Wirkungen der *Gyrase.* **2** „sign-inversion"-Mechanismus der Gyrase am Beispiel eines doppelsträngigen DNA-Ringes: Im ersten Schritt bindet die DNA-Gyrase in der Weise an die DNA, daß sich zwei Doppelstränge überkreuzen u. dabei eine (+)- u. eine (−)-Windung entstehen, die sich in der Summe jedoch aufheben.

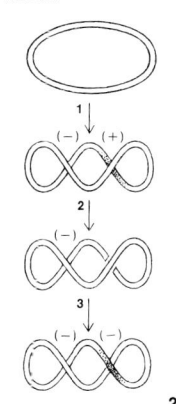

Der Bruch in einem der beiden Doppelstränge (Schritt 2) erfolgt nicht streng sequenzspezifisch, jedoch werden in bestimmten Sequenzen, z. B.
5′TAT↓GNT N NT
ATA CNA N↑NA 5′
bevorzugt v. der Gyrase Stufenschnitte gesetzt (markiert curch die Pfeile). Die 5′-Phosphorylgruppen werden vorübergehend an einen Tyrosin-Rest in jeder der α-Untereinheit der Gyrase kovalent gebunden. Nach Durchführen des anderen Stranges durch die Öffnung u.

die Programmierung v. Alterungsprozessen durch die Fehlerdurchlässigkeit evtl. spezieller Reparaturmechanismen bedingt ist. Zur „Druckfehlerkorrektur"-Funktion von DNA-Polymerasen, ↗DNA-Polymerasen. *G. St.*

DNA-Replikation ↗ Replikation, ↗ DNA-Polymerasen.

DNase, *DNAse,* Abk. für ↗Desoxyribonuclease.

DNA-Sequenzierung *w,* ↗Desoxyribonucleinsäuren, ↗Sequenzierung.

DNA-Synthese *w,* ↗Desoxyribonucleinsäuren, ↗Gensynthese, ↗Replikation.

DNA-Topoisomerasen, Gruppe v. Enzymen, die die Überstrukturen v. doppelsträng. DNA-Molekülen (↗ supercoil, ↗nick circle) durch Änderung der Anzahl der Windungen der Doppelhelix entdrillen, zusätzl. spiralisieren, verflechten od. verknoten können und so DNA-Moleküle in verschiedene topolog. Formen überführen, wobei jedoch die Nucleotidsequenz u. damit der Informationsgehalt der betreffenden DNA-Moleküle erhaltenbleibt. DNA-T., meist aus Bakterien isoliert, sind wahrscheinl. in allen Organismen verbreitet. Sie werden in zwei Gruppen unterteilt: *Typ-I-DNA-T.,* auch *nicking-closing-Enzyme* bzw. *ω-Protein* gen., sind monomere Proteine, die durch Einführen eines Einzelstrangbruches, u. ohne Cofaktoren wie NAD od. ATP zu benötigen, DNA-Moleküle entspannen, verknoten od. zu Catenaten verbinden können. *Typ-II-DNA-T.* dagegen durchtrennen bei den Umwandlungsreaktionen beide DNA-Stränge. Ein Vertreter dieser Enzymgruppe ist die *DNA-Gyrase,* ein tetrameres Protein ($\alpha_2\beta_2$), das 1976 erstmals aus *E. coli* isoliert wurde. Es katalysiert unter ATP-Verbrauch die Gyration (negative Überspiralisierung), wobei Superhelices (supercoiled DNA) gebildet werden. Die Umkehrreaktion (Entspannen der überspiraligen DNA) in Abwesenheit v. ATP verläuft dagegen nur sehr langsam. Unter der katalyt. Wirkung der Gyrase kann auch die Verknüpfung v. Superhelices zu Catenaten bzw. die Trennung solcher Catenate zu Superhelices erfolgen (vgl. Abb.). Andere Typ-II-DNA-T. sind die *T_4-Topoisomerase* u. die ATP-abhängigen *relaxing Enzyme* aus Eukaryoten, z. B. aus *Drosophila, Xenopus laevis* u. *HeLa-*Zellen. Sowohl Typ I- als auch Typ-II-DNA-T. arbeiten nach dem gleichen grundlegenden Prinzip, dem „sign-inversion"-Mechanismus, der in der Abb. am Beispiel der Gyrase dargestellt ist. Die Wirkungen v. DNA-T. konnten am besten an ringförm. doppelsträng. DNA untersucht werden. Man nimmt jedoch an, daß sich die physiolog. Funktion der beobachteten Reaktionen im Rahmen v. Replikation, Transkription u. Rekombination auch auf lineare DNA-Moleküle erstreckt.

DNA-Tumorviren, DNA-Viren, die unter experimentellen od. natürl. Bedingungen Tumoren in geeigneten Wirtstieren induzieren u./od. Zellen in vitro transformieren können. Als Tumorviren können Vertreter v. mehreren DNA-Virus-Fam. klassifiziert werden: ↗Adenoviren, ↗Herpesviren, Papovaviren mit beiden Gatt. ↗Polyomavirus und Papillomavirus (↗Papillomviren). Die Molekularbiologie von DNA-T. ist am intensivsten bei dem Papovavirus ↗SV40 untersucht worden. Eine Tumorinduktion erfolgt oft nicht im natürl. Wirt, sondern ist nur in fremden Wirtstieren möglich. In der Zellkultur kommt es zur Transformation durch DNA-T. nur nach Infektion nicht-permissiver Zellen, in denen eine vollständ. (lytische) Vermehrung der Viren nicht ablaufen kann. Die Infektion mit einem DNA-T. führt nach Freisetzen der Virus-DNA zu deren Aufnahme in den Zellkern, wo sie komplett od. teilweise in das Genom der Wirtszelle integriert wird od. sich als freies, extrachromosomales Plasmid synchron mit der Zell-DNA teilt u. auf die Tochterzellen weitergegeben wird. Die Umformung der Normalzelle zur Tumorzelle u. die Aufrechterhaltung des transformierten Zustands sind v. der Expression bestimmter viraler Gene abhängig. Einige DNA-T. werden mit malignen Tumoren des Menschen in Verbindung gebracht; ihre ätiolog. Rolle ist jedoch bislang ungeklärt: 1. das ↗Epstein-Barr-Virus mit dem ↗Burkitt-Lymphom u. mit dem in SO-Asien häufigen, bevorzugt im Erwachsenenalter auftretenden Nasopharynxcarcinom (Schminckesches Lymphoepitheliom); 2. menschl. Papillomviren mit bestimmten Plattenepithelcarcinomen der Haut u. mit Genitaltumoren; für eine Assoziation menschl. Papillomviren mit einer Reihe weiterer menschl. Tumoren häufen sich in den letzten Jahren durch den Nachweis von Papillomvirus-DNA-Sequenzen in Tumorbiopsien die experimentellen Hinweise; 3. ↗Hepatitisvirus B mit dem primären Leberzellencarcinom.

DNA-Viren, Viren, die als genet. u. infektiöses Material Desoxyribonucleinsäure (DNA) enthalten. Die DNA kann als Einzel- od. Doppelstrang, linear od. ringförmig vorliegen; die relative Molekülmasse liegt zw. $7–8 \cdot 10^5$ (Geminiviren) und $240 \cdot 10^6$ (Pockenviren).

DNFB, Abk. für ↗2,4-Dinitrofluorbenzol.
DNP, Abk. für ↗2,4-Dinitrophenol.
DNS w, Abk. für ↗Desoxyribonucleinsäure; ↗DNA.
dNTP, Abk. für ↗2′-Desoxyribonucleosid-5′-triphosphate.

anschließendes Schließen der Schnittstelle (Schritt 3) kehrt sich das Vorzeichen der Windung von (+) nach (−) um (Name des Mechanismus!), u. das DNA-Molekül besitzt nun 2 (−)-Windungen.
Typ-I-DNA-T. arbeiten analog, jedoch nur auf Einzelstrangbruch.

Th. Dobzhansky

DNA-Viren
1. *DNA doppelsträngig*
– linear:
die meisten Bakteriophagen (z. B. T-Phagen), Adenoviren, Herpesviren, Iridoviren, Poxviren
– geschlossener, überspiraliger Ring: Bakteriophagen der Fam. *Plasmaviridae* u. *Corticoviridae*, Papovaviren, Baculoviren,
– offener Ring mit Einzelstrang-Lücken:
Hepadnaviren (Hepatitisvirus B), Blumenkohlmosaik-Virusgruppe
2. *DNA einzelsträngig*
– linear:
Parvoviren
– ringförmig:
sehr kleine Bakteriophagen der Fam. *Microviridae* (z. B. ΦX174) u. *Inoviridae* (z. B. fd, M13), Geminivirus-Gruppe

Dobatia w, Gatt. der Schließmundschnecken; die einzige bekannte Art *(D. goettingi)* lebt an faulem Holz u. in Höhlen in NW-Anatolien u. SO-Bulgarien.
Döbel, *Leuciscus (Squalius) cephalus,* ↗Weißfische.
Dobera w, Gatt. der ↗Salvadoraceae.
Dobsonia w, Gatt. der ↗Flughunde.
Dobzhansky [-schanßki], *Theodosius,* russ.-am. Zoologe u. Genetiker, * 25. 1. 1900 Nemirow bei Lemberg, † 19. 12. 1975 Davis (Cal.); 1924–27 Dozent in Leningrad, seit 1929 Prof. in Pasadena (Cal.), seit 1940 in New York; arbeitete über experimentelle Genetik (bes. der Taufliege *Drosophila*) u. Evolutionsforschung.
Dociostaurus *m,* Gattung der ↗Feldheuschrecken.
Docodonta [Mz.; v. gr. dokos = Balken, odontes = Zähne], † Ord. kleiner mesozoischer Säugetiere der U.-Kl. *Prototheria* mit der einzigen Fam. *Docodontidae* u. 3 Gatt. Die bisher. Funde sind sehr lückenhaft, Kenntnisse v. postcranialen Skelett fehlen gänzlich. Hinreichend bekannt ist die Bezahnung des geolog. jüngsten Genus *Docodon;* Zahnformel: $I\frac{?}{3}$, $C\frac{1}{1}$, $P\frac{3}{3-4}$, $M\frac{6+}{7-8}$. Die Schneidezähne sind unspezialisiert, der Eckzahn zweiwurzelig; die Größe der Prämolaren nimmt aborad zu. Charakterist. Grundriß haben die quergedehnten, 8förmigen oberen Molaren mit longitudinaler u. transversaler Schneide auf höckerig-grubiger Kaufläche. Sie weisen auf omnivore od. frugivore Ernährung der D. hin. Galten fr. enge stammesgeschichtl. Beziehungen zu den mit ähnl. Molaren ausgestatteten Eupantotheren als wahrscheinl., so legen neuere Untersuchungen Konvergenz nahe. Von *Morganucodon*-artigen Vorfahren leitet man heute die D. ab. Neben dem sekundären Kiefergelenk haben sie die reptilhafte Quadratum-Articulare-Gelenkung bewahrt. Verbreitung: Mittel- u. Oberjura v. Großbritannien sowie Oberjura v. Portugal u. N-Amerika.
Docoglossa [Mz.; v. gr. dokos = Balken, glōssa = Zunge], die ↗Balkenzüngler.
Dodecaceria *w* [v. gr. dōdeka = zwölf, keras = Horn], Gatt. der Polychaeten (Borstenwurm-)Fam. *Cirratulidae; D. concharum* 6 cm lang, marin, bohrt in Sandstein, Kalkalgen u. Molluskenschalen.
Dodecolopoda [Mz.; v. gr. dōdeka = zwölf, kōlon = Glied, podes = Füße], Gatt. der ↗Asselspinnen.
Döderlein, *Ludwig,* dt. Zoologe, * 3. 3. 1855 Bergzabern, † 23. 3. 1936 München; seit 1879 Prof. in Tokio, 1891 in Straßburg, 1921 in München, 1923–26 Dir. der Bayer.

Döderleinsche Scheidenbakterien
Zool. Staatssamml. München. War zus. mit K. Möbius und J. V. Carus maßgebl. an der Aufstellung der von der dt. Zool. Ges. in Auftrag gegebenen Regeln für die zool. Nomenklatur beteiligt (1892–94).
Döderleinsche Scheidenbakterien [ben. nach dem dt. Gynäkologen A. Döderlein, 1860–1941], *Döderleinsche Stäbchen,* Milchsäurebakterien (wahrscheinl. *Lactobacillus*-Arten), die durch ihren Gärungsstoffwechsel in der Vagina saure Bedingungen schaffen, so daß eine Reihe anderer Bakterien, bes. pathogene Formen, unterdrückt werden.
Dodo *m* [v. port. doido = dumm, töricht], *Raphus cucullatus,* ↗Drontevögel.
Dodoens [dodohns] (Dodonaeus), *Junius Rembert,* fläm. Arzt u. Botaniker, * 29. 6. 1517 Mecheln (Flandern), † 10. 3. 1585 Leiden; 1574–79 Leibarzt v. Maximilian II. in Wien, seit 1582 Prof. in Leiden. Verf. v. Kräuterbüchern, die zahlr. genaue Abb. u. Beschreibungen einheim. u. ausländ. Pflanzen enthalten („Cruydeboek", 1554; „Stirpium historiae pemptades sex", 1583).
Doflein, *Franz Theodor,* dt. Zoologe, * 5. 4. 1873 Paris, † 24. 8. 1924 Breslau; seit 1907 Prof. in München, 1912 in Freiburg, 1918 in Breslau. Arbeitete bes. über Protozoen, die er erstmalig zusammenfassend behandelte, weitere, bes. ökolog. orientierte Arbeiten über Wirbellose. Schrieb u. a. das „Lehrbuch der Protozoenkunde" (1906) u. zus. mit R. Hesse „Tierbau u. Tierleben" (1914), 2. Bd. „Das Tier als Glied des Naturganzen". [schildkröten.
Dogania *w,* Gatt. der Echten ↗Weich-
Dogger *m* [ben. nach einem alten engl. Bergmannsausdruck], *Brauner* od. *Mittlerer Jura,* „Oolith" (z. T.); mittlere Serie od. Epoche des ↗Jura.
Doggerscharbe [ben. nach der Nordsee-Untiefe Doggerbank], *Hippoglossoides platessoides, Drepanopsetta platessoides,* ↗Schollen.
Dögling, *Nördlicher Entenwal, Hyperoodon ampullatus,* ↗Schnabelwale.
Dohle, *Corvus monedula,* 33 cm großer, gesell. Rabenvogel; schwarz, mit grauem Nacken u. aufgehellter Unterseite; nistet oft kolonieweise in Nischen v. Felswänden u. Gebäuden sowie in Baumhöhlen; 5–6 auf hellblauem Grund gefleckte Eier; ist wie auch andere Rabenvögel sehr lernfähig. Zur Zugzeit vergesellschaftet sich die D. häufig mit Saatkrähen u. ist aus großen Krähenschwärmen schon v. weitem durch ihren lauten, harten „kjack"-Ruf herauszuhören. B Europa XVII. [krebse.
Dohlenkrebs, *Astacus pallipes,* ↗Fluß-
Dohrn, *Anton,* dt. Zoologe, * 29. 12. 1840 Stettin, † 26. 9. 1909 München; 1868 Habilitation bei E. Haeckel in Jena; Stifter u. Gründer (1870) der Zool. Station Neapel zur Erforschung der Meeresfauna (1872 eröffnet); Arbeiten zur vergleichenden Anatomie u. Embryologie.
Doisy, *Edward Adelbert,* am. Biochemiker, * 13. 11. 1893 Hume (Ill.); seit 1923 Prof. in Saint Louis; stellte 1929 als erster das weibl. Sexualhormon Östron kristallin dar; erhielt 1943 zus. mit C. P. H. Dam den Nobelpreis für Medizin für die Strukturaufklärung des Vitamins K (1939).
Doktorfische, *Acanthuroidei,* U.-Ord. der Barschartigen Fische, mit ca. 130 Arten in 2 Fam.: Doktorfische i. e. S. *(Acanthuridae)* u. Kaninchenfische *(Siganidae).* Die meist farbenprächt., schmalen, hochrück. D. bewohnen vorwiegend Korallenriffe des Indopazifik u. weiden mit dem meist kleinen, endständ. Maul v. a. Algen ab. Sie haben kleine Schuppen u. eine langgestreckte, hartstrahl. Rückenflosse. Die etwa 100 Arten der U.-Fam. Eigentliche D., Chirurgenfische od. Seebader *(Acanthurinae)* besitzen auf jeder Seite des Schwanzstiels einen scharfen, skalpellart., aufrichtbaren od. feststehenden Dorn, mit dem sie Angreifer verletzen können. Sie schwimmen vorwiegend mit starrem Körper allein durch Paddelbewegungen der großen Brustflossen. Ihre schuppenlosen, meist kreisförm., durchsicht. Larven mit stark verlängerten ersten Rücken- u. Afterflossenstrahlen u. stachelart. Bauchflossen wurden fr. als eigene Art angesehen. D. sind z. T. geschätzte Speisefische. Am besten untersucht ist der im ganzen trop. Pazifik häufig vorkommende, auf grünem Grund dunkelbraun längsgestreifte, 25 cm lange Manini *(Acanthurus triostegus);* er bildet oft große Freßschwärme. Größte Art ist der 60 cm lange, indopazif. Weißschwanz-D. *(A. matoides).* Viele D. können je nach Stimmung ihre Farbe wechseln; so fordert der westatlant., ca. 25 cm lange, purpurfarbene Bahia-D. *(A. bahianus,* B Fische VII) durch Annahme einer olivbraunen Färbung Lippfische zur Hautpflege auf. Der 30 cm lange Blaue D. *(A. coeruleus)* des trop. westl. Atlantik ist als Jungfisch gelb gefärbt, während der westpazif., 15 cm lange Gelbe Segelbader od. Segelfisch *(Zebrasoma flavescens)* nur im Gebiet um Hawaii gelbe u. sonst braune Färbung hat. Die bis 60 cm langen, indopazif. Nashorn- od. Einhornfische (Gatt. *Naso)* haben als erwachsene Tiere ein nach vorn gerichtetes Stirnhorn od. eine Stirnbeule; bei ihnen sind im Ggs. zu den vorher gen. Arten die Messerdornen unbewegl. u. oft giftig. – Die beiden Arten der scheibenförm., bis 20 cm langen Halfterfische *(Zanclinae)* bilden die zweite U.-Fam. der D. i. e. S. Sie haben eine auffäll., breite

Doldenblütler
Wichtige Gattungen:
Arracacia
↗Augenwurz *(Athamanta)*
Azorella
↗Bärenklau *(Heracleum)*
↗Bärwurz *(Meum)*
↗Bergfenchel *(Sesel)*
↗Bibernelle *(Pimpinella)*
Breitsame *(Orlaya)*
↗Dill *(Anethum)*
↗Engelwurz *(Angelica)*
↗Faserschirm *(Trinia)*
↗Fenchel *(Foeniculum)*
Ferula
↗Geißfuß *(Aegopodium)*
Gewürzdolde *(Sison)*
↗Haarstrang *(Peucedanum)*
↗Haftdolde *(Caucalis)*
↗Hasenohr *(Bupleurum)*
↗Hundspetersilie *(Aethusa)*
↗Kälberkropf *(Chaerophyllum)*
↗Kerbel *(Anthriscus)*
↗Kletterkerbel *(Torilis)*
Knollenkümmel *(Bunium)*
Knorpelmöhre *(Ammi)*

Querstreifung, einen langen, bandart., 3. Rückenflossenstrahl u. keine Dornen am Schwanzstiel. Ebenfalls ohne Schwanzdornen sind die meist 30–40 cm langen Kaninchenfische *(Siganidae)* der Küstengewässer des Indopazifik u. des Roten Meeres. Sie haben eine abgerundete, stumpfe, kaninchenart. Schnauze, mit der sie fast ständig am Aufwuchs v. Riffen mümmeln, ein meist labyrinthart. Zeichnungsmuster u. 2 harte Randstacheln an den Bauchflossen, welche die 3 mittleren Weichstrahlen begrenzen; entlang den harten Rücken- u. Afterflossenstrahlen liegen Giftdrüsen.

Dolchfrosch, *Rana (Babina) holsti,* Vertreter der *Ranidae,* dessen Daumen (bei anderen Fröschen rückgebildet) als langer, spitzer Knochen ausgebildet ist; als Waffe eingesetzt. Lebt im Hochland v. Okinawa; als Nahrungsmittel geschätzt.

Dolchwespen, *Scoliidae,* Fam. der ↗Hautflügler.

Döldchen, Dolde zweiter Ordnung im Blütenstand der Doppeldolde.

Dolde ↗Blütenstand.

Doldenartige, die ↗Umbellales.

Doldenblütler, *Apiaceae, Umbelliferae,* Fam. der Doldenblütigen mit 300 Gatt. u. 3000 Arten, die weltweit mit Schwerpunkt in Berggebieten der gemäßigten Zone verbreitet sind. Es sind meist ein-, zwei- od. mehrjährige Kräuter, selten Sträucher od. Bäume (einige *Eryngium-, Bupleurum-* u. *Myrrhidendron*-Arten). Durchweg sehr konstanter Blütenaufbau. ↗Blütenformel: K5, C5, A5, G(2̄), Kelchblätter oft stark reduziert; die beiden Griffel entspringen einem häufig Nektar absondernden Diskus; Blüten sind überwiegend zu charakterist. Doppeldolden zusammengefaßt; Blätter wechselständig, geteilt od. gefiedert; häufig wird der in hohle Internodien u. Knoten gegliederte Stengel v. einer großen Blattscheide umfaßt; typ. Frucht der D. ist die Doppelachäne; in allen Pflanzenteilen können schizogene Sekretgänge mit äther. Ölen ausgebildet sein. Viele Arten sind für die menschl. Ernährung, teils als Nahrungsmittel, teils als Gewürze, v. einiger Bedeutung. *Arracacia* (Mexiko bis Peru) mit *A. xanthorhiza* wird wegen ihrer eßbaren, kalorisch hochwert., vitamin- u. mineralreichen Knollen in Hochlagen kultiviert. *Azorella,* Gatt. mit andin-antarkt. Verbreitung, bildet in den Hochanden charakterist. Azorella-Formation; bolivian. u. peruan. Arten scheiden am Grund der Blätter *Bolaxgummi* in Tropfenform ab, das med. Bedeutung hat. Die dichten Polster werden in den baumlosen Hochlagen als universelles Feuerungsmittel mit sehr hohem Brennwert unter dem Namen *Yareta* verwendet. In Unkrautfluren auf Tonböden ist

dolicho- [v. gr. dolichos = lang], in Zss.: lang-.

Doldenblütler
Süßdolde
(Myrrhis odorata)

Doldenblütler
Wichtige Gattungen (Fortsetzung):
↗Koriander *(Coriandrum)*
↗Kreuzkümmel *(Cuminum)*
↗Kümmel *(Carum)*
↗Laserkraut *(Laserpitium)*
↗Liebstöckel *(Levisticum)*
↗Mannstreu *(Eryngium)*
↗Merk *(Sium)*
↗Möhre *(Daucus)*
Myrrhidendron
Naufraga
↗Pastinak *(Pastinaca)*
↗Petersilie *(Petroselinum)*
↗Rippensamen *(Pleurospermum)*
↗Sanikel *(Sanicula)*
↗Schierling *(Conium)*
↗Sellerie *(Apium)*
↗Sichelmöhre *(Falcaria)*
↗Silge *(Selinum)*
↗Sterndolde *(Astrantia)*
Süßdolde *(Myrrhis)*
Tachyspermum
↗Venuskamm *(Scandix)*
↗Wasserfenchel *(Oenanthe)*
↗Wassernabel *(Hydrocotyle)*
↗Wasserschierling *(Cicuta)*
↗Wiesensilge *(Silaum)*
Zirmet *(Tordylium)*

der Breitsame *(Orlaya)* zu finden; er hat an der Außenseite der Dolden auffallend strahlig vergrößerte Randblüten. Aus der Wurzel v. Arten der Gatt. *Ferula* (Mittelmeer bis Zentralasien) wird Stinkasant od. Teufelsdreck gewonnen, das in der Volksmedizin angewendet wird. Die Keimlinge des Knollenkümmels (*Bunium,* Europa bis Zentralasien) haben nur ein Keimblatt, das zweite ist rudimentär angelegt; die Erdkastanie (*B. bulbocastanum*) wurde vor Einfuhr der Kartoffel wegen der eßbaren, im Juli geernteten, süßl. schmeckenden Knolle kultiviert. Bei der Knorpelmöhre (*Ammi,* Mittelmeerraum u. auf atlant. Inseln) ist *A. visnaga* v. Interesse: ihre verholzten Doldenstrahlen werden im Orient als Zahnstocher verwendet; sie enthält Wirkstoffe, die die Herzkranzgefäße erweitern. Die 5 Arten der Gatt. *Myrrhidendron* (Costa Rica, Panama, Kolumbien) sind Sträucher u. Bäume. Aus morpholog. Besonderheiten dieser Gatt. wird der gemeinsame Ursprung von D.n und *Araliaceae* abgeleitet. Sensationell war die erst 1967 erfolgte Entdeckung v. *Naufraga,* einer bis 4 cm großen Pflanze, da sie auf der bot. gut erfaßten Mittelmeerinsel Mallorca endem. ist. Die Gewürzdolde (*Sison,* atlant.-mediterraner Raum) hat eine nach Möhren riechende Wurzel mit Selleriegeschmack; die Früchte dienen als Speisewürze. Die Süßdolde (*Myrrhis odorata,* eur. Gebirge) ist ein auf Kalkböden vorkommendes, ausdauerndes Kraut, das als Gewürz, Futterpflanze u. in der Volksmedizin als harntreibendes u. magenstärkendes Mittel angewendet wird. Aus Früchten v. *Tachyspermum ammi* (Orient) wird das äther. Ajowanöl gewonnen, das als scharfes Gewürz, Heilmittel u. als Hauptrohstoff zur Herstellung v. Thymol dient. Der Zirmet (*Tordylium*) ist ein ein- bis zweijähr. Kraut (Mittelmeer, Orient, eine Art in Mitteleuropa), das ebenfalls in der Heilkunde angewendet wird.

Doldenbräune, Pilzerkrankung des Hopfens durch Befall mit dem Falschen Hopfenmehltaupilz (*Pseudoperonospora humuli*); insbes. wird der zapfenähnl. Fruchtstand („Dolde") befallen.

Doldengewächse, die ↗Doldenblütler.

Doldenrispe, der ↗Corymbus.

Doldentraube, Bez. für den Blütenstand der *Traube,* wenn die apikalen Internodien u. die Blütenstiele der apikalen Blüten sehr verkürzt sind, so daß die oberen Blüten eng beieinander stehen. Viele Trauben haben nur zur Zeit des Aufblühens die Form der D. Beispiel: viele Kreuzblütler.

Dolichocephalie *w* [v. *dolicho-, gr. kephalē = Kopf], in der Anthropologie die Langköpfigkeit.

Dolichoderidae

Dolichoderidae [Mz.; v. *dolicho-, gr. deris = Hals], die ⁊Drüsenameisen.

Dolichoglossus m [v. *dolicho-, gr. glössa = Zunge], *Saccoglossus,* Gatt. der ⁊Enteropneusta (Binnenatmer od. Eichelwürmer) mit extrem langer Proboscis (Prosoma, Kopfschild, Eichel).

Dolichokranie w [v. *dolicho-, gr. kranion = Schädel], Langschädligkeit, in der Anthropologie ein Längen-Breiten-Index $<75,9$.

Dolichopodidae [Mz.; v. gr. dolichopous, Gen. -podos = langfüßig], die ⁊Langbeinfliegen.

Dolichopteryx w [v. *dolicho-, gr. pteryx = Flügel, Feder], Gatt. der ⁊Glattkopffische.

Dolichos m [gr., = längliche Hülsenfrucht, Bohne], Gatt. der ⁊Hülsenfrüchtler.

Dolichotinae [Mz.; v. *dolicho-], die ⁊Maras.

Dolichovespula w [v. *dolicho-, lat. vespa = Wespe], Gatt. der ⁊Vespidae.

Doliidae [Mz.; v. *doli-], fr. Fam.-Name der Tonnenschnecken (jetzt: *Tonnidae*).

Doliolaria w [v. *dolio-], fäßchenförm. Larve mit 4–5 Wimper-Reifen bei Haarsternen (D. i. e. S.) u. konvergent bei Seewalzen (Pseudodoliolaria); ☐ Stachelhäuter.

Doliolida [Mz.; v. *dolio-], die ⁊Cyclomyaria.

Doliolum s [lat., = Fäßchen], Gatt. der Salpen, ⁊Cyclomyaria.

Döllinger, *Ignaz,* dt. Anatom, * 24. 5. 1770 Bamberg, † 14. 1. 1841 München; 1796 Prof. in Bamberg, 1803 Würzburg u. 1823 Landshut, ab 1826 München; stand in Würzburg zunächst der Schellingschen Naturphilosophie nahe u. begr. später aufgrund vergl. anatom. Arbeiten die Keimblättertheorie u. damit die Entwicklungsgeschichte als eigenständ. Disziplin. Sein bekanntester Schüler war K. E. v. ⁊Baer.

Dollosche Regel, beschreibt das v. dem belg. Paläontologen L. Dollo (1891/92) erkannte Prinzip der Evolution, das O. Abel (1912) als *Dollosches Irreversibilitätsgesetz* bezeichnet hat. Danach können komplexere stammesgeschichtl. Umwandlungen nicht rückgängig gemacht werden; v. a. in der Phylogenie reduzierte Organe (z. B. Zähne, Augen, Zehen) können nicht wieder in gleicher Weise zur Ausbildung kommen. So haben Wasserinsekten nicht die echten Kiemen urspr. aquatiler Gliederfüßer (z. B. Trilobiten) „wieder" entwickelt, sondern sekundär Tracheenkiemen. ⁊Rückmutation, ⁊Atavismus.

Dolomedes m [gr., = listig, trickreich], Gatt. der Raubspinnen; in Mitteleuropa ist *D. fimbriatus* (Listspinne) an Ufern u. in feuchten Wäldern häufig u. weit verbreitet. Die Spinnen können auf dem Wasser laufen, Beute machen (Insekten, Kaulquap-

dolicho [v. gr. dolichos = lang], in Zss.: lang-.

doli-, dolio- [v. lat. dolium = Faß bzw. doliolum = Fäßchen], in Zss.: Faß-, Fäßchen-.

G. Domagk

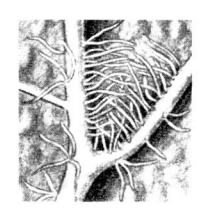

Domatie am Lindenblatt

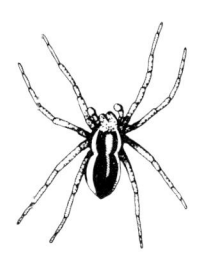

Dolomedes
Die Listspinne *(D. fimbriatus)* ist mit 2 cm Körperlänge eine unserer größten Spinnen; rotbraun gefärbt; auf den Körperseiten je ein breites, weißgelbes Band.

pen, kleinste Fische) u. bei Gefahr auch abtauchen.

Dolomitrendzina, ⁊Rendzina mit humosem Oberboden (A_h-Horizont) auf Dolomitgestein (C-Horizont).

Dolycoris w [v. gr. koris = Wanze], Gatt. der ⁊Schildwanzen.

Domagk, *Gerhard,* dt. Arzt u. Bakteriologe, * 30. 10. 1895 Lagow (Brandenburg), † 24. 4. 1964 Burgberg bei Königsfeld; seit 1929 Abteilungsvorstand der Farbenfabriken Bayer in Wuppertal, Prof. in Münster; führte die Sulfonamide in die Therapie ein, erhielt dafür 1939 den Nobelpreis für Medizin; 1946 folgten die Thiosemicarbazone gg. Tuberkulose, 1956 E 39 gg. Krebs; seine Hoffnungen auf ein Cancerostatikum blieben unerfüllt.

Domatien [Mz.; v. gr. dömation = kleines Haus, Zimmer], „Milbenhäuschen", kleine behaarte Grübchen od. taschenförm. Höhlungen an der Unterseite v. Blättern, z. B. bei der Linde; dienen als Unterschlupf für Milben, sind aber nicht von diesen induziert. Oft werden auch die v. Ameisen bewohnten Hohlräume der ⁊Ameisenpflanzen als D. bezeichnet.

Domestikation w [v. spätlat. domesticatio = Überführung ins Hauseigentum], durch Zuchtauslese (künstl. Zuchtwahl) bewirkte Umwandlung v. Wildpflanzen in Kulturpflanzen (⁊Pflanzenzüchtung) u. Wildtieren in Haustiere (⁊Haustierwerdung).

Domichnia [Mz.; v. gr. domos = Haus, ichnion = Spur], (Seilacher 1953), Spurenfossilien, gedeutet als Wohnbauten halbsessiler Strudler u. Angler.

Dominanz w [v. lat. dominans = herrschend], **1)** Ethologie: Begriff, der die Überlegenheit eines Tieres einem anderen Individuum gegenüber bezeichnet (⁊Rangordnung). Das unterlegene Tier wird häufig als *subdominant* bezeichnet, doch ist dies mißverständl., da damit eine (nicht unbedingt gegebene) D. gegenüber einem dritten Tier suggeriert wird; ein gebräuchl. Fachwort existiert noch nicht. Die D. innerhalb der Rangordnung wird, wenn sie einmal besteht, durch relativ unauffällige Status-Signale aufrechterhalten. Bei Tieren, die dominanten Artgenossen auszuweichen pflegen, kann ein erzwungener ständiger Kontakt beim unterlegenen Tier zu Gesundheitsschäden u. zum Tode führen. Dieser *D.effekt* wurde v. a. beim malaiischen Spitzhörnchen *(Tupaia)* untersucht. **2)** Biozönologie: hoher prozentualer Anteil der Individuen einer Pflanzen- od. Tierart an der Gesamtindividuenzahl einer Organismengemeinschaft. ⁊Abundanz. **3)** Genetik: Bez. für die vorherrschende Wirkung eines Allels über ein anderes Allel des gleichen Gens, die dadurch zum Ausdruck kommt, daß das *dominante* Allel im Ggs. zum *rezessiven* Allel phänotyp. ausgeprägt wird. Vollständige D. od. Rezessivität stellen Grenzfälle dar, zw. denen es sämtl. Übergänge v. starker D. über schwache D., intermediäre Ausprägung (Merkmalsausprägung wird v. zwei Allelen gleichermaßen beeinflußt), schwache Rezessivität bis hin zu starker Rezessivität gibt. D. bzw. Rezessivität können eine Eigenschaft der betreffenden Allele selbst sein (die Basensequenz eines Allels kann z. B. für ein funktionsuntüchtiges Protein codieren, wodurch das Allel i. d. R. rezessiv wird), sie können aber auch durch die Wirkung anderer Gene, sog. *D.modifikatoren,* od. durch Umwelteinflüsse mitbedingt sein. *D.umkehr,* d. h. Übergang des D.effekts v. einem Allel eines Allelenpaares auf das andere während der ontogenet. od. phylogenet. Entwicklung eines Organismus, wird möglicherweise durch Veränderung am genet. Material der Allele selbst od. durch Veränderungen im Regelzustand der Allele, wie sie z. B. durch Polyploidisierung zustande kommen können, ausgelöst. Die dominante Wirkung eines Allels auf ein anderes nicht alleles Gen wird als *Epistasie* bezeichnet.

Dominanzregel, *Spaltungsregel,* ↗ Mendelsche Regeln.

Dominanzumkehr ↗ Dominanz.

Dominator-Modulator-Theorie, von dem schwed. Physiologen R. A. ↗ Granit aufgestellte Theorie zum ↗ Farbensehen. Nach ihr wird die durch photochem. Reaktionen erfolgte Farbanalyse in ein spezif. Erregungsmuster der Retinaganglienzellen umgesetzt u. über verschiedene Afferenzen dem Gehirn zugeleitet; somit sind an der Farberkennung nicht nur photochem. Mechanismen, sondern auch neurale Differenzierungsprozesse beteiligt.

Dommeln ↗ Rohrdommeln, ↗ Zwergdommeln.

Dompfaff, *Pyrrhula pyrrhula,* ↗ Gimpel.

Donacia w [v. gr. donax = Rohr, Schilf], Gatt. der Blattkäfer, ↗ Schilfkäfer.

Donacidae [Mz.; v. gr. donax = männl. Scheidenmuschel], die ↗ Sägezahnmuscheln.

Donaukaltzeit, (Eberl 1930), *Donaueiszeit, Eburonkaltzeit,* ältere, vielleicht älteste Kältephase des Pleistozäns zw. Tiglium u. Waalium mit 2–3 Schotterniveaus v. interstadialem Charakter im Wertach-Lech-Gebiet, die nur wenig hinter dem Rißmaximum zurückgeblieben sind. Nach I. Schäfer (1956) weist ein noch älterer glazifluvialer Komplex (Höhenterrassen) auf eine noch ältere Kältephase (↗ Biberkaltzeit) hin.

Donders, *Frans Cornelis,* niederländ. Arzt u. Ophthalmologe, * 27. 5. 1818 Tilburg,

Dominanz
Biozönologie: Man berechnet den D.grad nach der Formel $D = 100 \, b/a$, wobei b die Individuenzahl einer bestimmten Art und a die Gesamtindividuenzahl aller Arten bedeutet. Die D.grade können zu Klassen zusammengefaßt werden: *eudominante* Arten sind mit mehr als 10%, *subdominante* Arten mit 5–2%, *rezedente* Arten mit 2–1% u. *subrezedente* Arten mit weniger als 1% der Gesamtindividuenzahl vertreten.

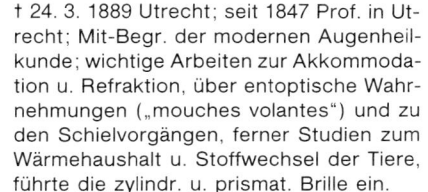

Donnerkeil

† 24. 3. 1889 Utrecht; seit 1847 Prof. in Utrecht; Mit-Begr. der modernen Augenheilkunde; wichtige Arbeiten zur Akkommodation u. Refraktion, über entoptische Wahrnehmungen („mouches volantes") und zu den Schielvorgängen, ferner Studien zum Wärmehaushalt u. Stoffwechsel der Tiere, führte die zylindr. u. prismat. Brille ein.

Donnan-Verteilung, nach dem engl. Chemiker F. G. Donnan (1870–1956) ben. Verteilung v. Ionen in zwei Reaktionsräumen, die durch eine semipermeable (halbdurchlässige) ↗ Membran getrennt sind. Dabei können die Membran ein Teil der Ionen wie auch das Lösungsmittel passieren. Aufgrund der Forderung nach elektr. Neutralität in beiden Reaktionsräumen muß auf jeder Seite der Membran die Summe der positiven u. negativen Ladungen Null sein. Hieraus folgt, daß sich in dem Reaktionsraum mit den nichtdiffusiblen Ionen (Proteine) eine höhere Ionenkonzentration einstellt, was ein osmot. Ungleichgewicht zw. beiden Räumen zur Folge hat. Aus dieser ungleichen Ionenverteilung resultiert weiterhin ein Ungleichgewicht hinsichtl. der Ladungsmenge beider Reaktionsräume, wodurch eine Potentialdifferenz *(Donnan-Potential)* zw. diesen beiden entsteht. Das *Donnan-Gleichgewicht* – auch elektrochem. Gleichgewicht – ist dann erreicht, wenn die aus der unterschiedl. Ionenkonzentration beider Reaktionsräume resultierenden osmot. Kräfte im Gleichgewicht stehen mit den aus den Ladungsunterschieden folgenden elektr. Kräften; es spielt in der Biol. u. a. eine wichtige Rolle bei der Ionenverteilung in Körperflüssigkeiten u. Nervenfasern u. bei der Nährstoffaufnahme v. Pflanzen.

Donné, *Alfred,* frz. Arzt u. Histologe, * 13. 9. 1801 Noyon, † 7. 3. 1878 Paris; seit 1829 Dir. der Pariser Charité, 1848 Rektor der med. Akademien in Straßburg u. Montpellier. Entdecker der Trichomonaden (Polymastigine Flagellaten) u. der Thrombocyten im menschl. Blut. Ferner bekannt durch die ersten Mikrophotographien (Daguerreotypien). D. u. M. L. Foucault: „Atlas du cours de microscopie exécuté d'après nature au microscope daguerréotype" (1846). [ten.

Donnerkeil, fossiles Rostrum v. ↗ Belemni-

Donor *m* [engl.], *Donator* [lat.], Bez. für chem Verbindungen, die als „Spender" bestimmter Atome od. Atomgruppen, aber auch v. Elektronen bei chem. Reaktionen dienen; z. B. S-Adenosylmethionin als D. v. Methyl-Gruppen bei Methylierungen; ATP als D. v. Phosphat-Resten bei Phosphorylierungen. Cytochrome wirken als Elektronen-D.en bei der Atmungskette. Ggs.: Akzeptor.

Donorzellen

Donorzellen [v. lat. donare = schenken], *Spenderzellen,* diejenigen Bakterienzellen, v. denen bei den parasexuellen Vorgängen (↗Parasexualität) der Transduktion, Transformation od. Konjugation DNA auf sog. *Rezeptorzellen (Empfängerzellen)* übertragen wird. Bei der Konjugation sind D. gekennzeichnet durch den Besitz von F-Plasmiden (Fertilitätsplasmide, F-Faktoren), weshalb sie hier auch als F^+- oder fertilitätspositive Zellen bezeichnet werden.
Donovan [dºnóvän], *Charles,* irischer Mediziner, * 19. 9. 1863 Südirland, † 29. 10. 1951 Madras; seit 1891 Prof. am Medical College in Madras; Wiederentdecker der v. Sir W. Leishman erstmalig beobachteten, zu den Trypanosomen gehörenden Erreger der Kala-Azar-Krankheit: *Leishmania donovani.*
DOPA, Abk. für ↗Dihydroxyphenylalanin.
DOPA-Decarboxylase ↗Dihydroxyphenylalanin.
Dopamin *s, Hydroxytyramin,* ein Neurotransmitter des Zentralnervensystems, der sich als ein biogenes Amin durch Decarboxylierung aus ↗Dihydroxyphenylalanin (DOPA) in den dopaminergen Nervenzellen bildet. D. ist unmittelbare Vorstufe v. Noradrenalin u. kann über dieses weiter zu Adrenalin umgesetzt werden. Adrenalin, Noradrenalin u. D. bilden zus. die Gruppe der *Catecholamine.* Der Abbau v. D. in den dopaminergen Nervenzellen führt über Desaminierung u. anschließende Oxidation zu Dihydroxyphenylessigsäure.
Doping *s* [douping, Ztw. *dopen;* v. am.-engl. dope = Rauschgift, Narkotikum], Einnahme bestimmter Drogen, z.B. Anabolika, Amphetamine u. ä., um die körperl. Leistungsfähigkeit in sportl. Wettkämpfen zu erhöhen; bei int. Sportkämpfen strikt verboten. ↗anabole Wirkung.
Doppelähre, zusammengesetzter Blütenstand, der sich von dem einfachen Blütenstand der Ähre ableitet, indem die Einzelblüten dieses einfachen Blütenstandes jeweils durch einen Blütenstand derselben Verzweigungsform (also Ähre) ersetzt ist. Entsprechende Zusammenhänge gelten für die *Doppeldolde,* das *Doppelköpfchen* und die *Doppeltraube.* ↗Blütenstand.
Doppelauge, seltener Typ des ↗Komplexauges, bei dem der dorsale u. ventrale Teil jeweils verschieden gebaut sind. So können die Linsen der Ommatidien der dorsalen Hälfte größere ⌀ haben (lichtstärker). Bei einigen Insekten sind die beiden Hälften völlig getrennt in ein dorsales u. ventrales Komplexauge, so bei den Taumelkäfern od. dem *Turbanauge* verschiedener Eintagsfliegenmännchen *(Cloeon).* D.n gibt es auch bei der Fisch-Fam. ↗Vieraugen *(Ana-*

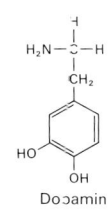

Dopamin

Doppelauge
D.n finden sich v. a. bei dicht unter der Wasseroberfläche lebenden Tieren. Dieser Augentyp ist den verschiedenen Brechungsindizes von Luft u. Wasser angepaßt u. ermöglicht ausgeglichene Sehleistungen in beiden Medien. Die Teilung des Auges betrifft bei der Vieraugenfischen die Hornhaut, Linse u. Netzhaut. Aufgrund der Lebensweise dieser Tiere dient der dorsale Augenteil vermutl. der Feinderkennung, der ventrale Anteil dem Beutefang.

Doppelbindung
D.en gehäuft nebeneinander:
$-C=C=C=C-$
kumulierte D.en
D.en jeweils nur durch eine Einfachbindung getrennt:
$-C=C-C=C-C=C-$
konjugierte D.en
D.en durch zwei oder mehrere Einfachbindungen getrennt:
$-C=C-C-C-C=C-$
isolierte D.en

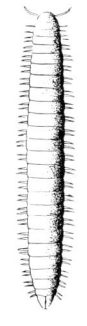

Doppelfüßer
Tausendfüßer *(Julus)*

blepidae) Mittelamerikas, deren Augen in eine obere u. untere Hälfte geteilt sind, um über u. unter dem Wasserspiegel sehen zu können. Ähnliches gilt für den Schleimfisch *Dialommus fuscus,* dessen Augen jedoch in eine vordere u. hintere Hälfte geteilt sind.
Doppelbefruchtung ↗Befruchtung.
Doppelbildungen, embryonale Fehlbildungen, die auf der Entstehung v. zwei Embryonen, Körperteilen od. Organen aus einer zunächst einheitl. Anlage beruhen. Eineiige Zwillinge sind vollständige, siames. Zwillinge unvollständige Doppelbildungen.
Doppelbindung, ↗chem. Bindung zw. 2 Atomen durch 2 Hauptvalenzen; v. biol. Bedeutung sind die in zahlr. Biomolekülen enthaltenen D.en $>C=C<$, $>C=O$, $>C=N-$. Die $>C=C<$-D. wird als ungesättigte Bindung, Verbindungen mit $>C=C<$-D.(en) werden als ungesättigte Verbindungen bezeichnet (z. B. die ungesättigten Fettsäuren), da sie andere Moleküle wie H_2, H_2O, NH_3 anlagern (addieren, ↗Addition) können.
Doppeldolde ↗Doppelähre.
Doppelfruchtwechsel ↗Fruchtwechselwirtschaft.
Doppelfüßer, *Diplopoda,* Arthropoden-Gruppe (U.-Klasse) der Vielfüßer, *Tausendfüßer* i. w. S. *(Myriapoda).* Sie werden oft auch als Tausendfüßer i. e. S. bezeichnet. Dignathe Vielfüßer (die 2 Maxillen sind vollständig reduziert, deren Körperringe mit Ausnahme der 4 ersten aus Doppelsegmenten (Diplosegmenten) bestehen. Die Geschlechtsöffnung befindet sich im 3. Segment (Progoneata). Kopf meist groß, ein Paar meist 8gliedriger Gliederantennen, häufig rechts u. links mit einer Ansammlung v. 3 bis 100 Einzelaugen, die als reduzierte Ommatidien aufgefaßt werden, die Reste eines modifizierten Komplexauges sind. Es fehlt ihnen der für Mandibulaten-Augen typ. Kristallkegel. An der Basis der Fühler befindet sich bei vielen Vertretern ein sog. Schläfenorgan *(Tömösvary-Organ),* das vermutl. ein Feuchterezeptor (Hygrorezeptor) ist. Wahrscheinl. ist es homolog dem Postantennalorgan der ↗Springschwänze u. dem Pseudoculus der ↗Beintastler. Die Seitenwände des Kopfes werden durch die beiden Grundabschnitte der untergliederten Mandibel eingenommen, während die Unterseite v. der einzigen verbliebenen 1. Maxille bedeckt ist. Sie bildet eine große Mundklappe, das Gnathochilarium. Die 2. Maxille u. das dazugehörige Ganglienpaar fehlen, werden jedoch in der Embryonalentwicklung rekapituliert. Die D. fressen im wesentl. totes pflanzl. Substrat, nur selten lebende Pflan-

zen od. Aas. Der mehr od. weniger homonome Rumpf besteht aus einer variablen Anzahl v. Ringen, v. denen die 4 ersten einfache Segmente sind u. das erste ledigl. als mächt. Rückenschild (Collum) ausgebildet ist. Dieses trägt keine, die 3 folgenden habe je 1 Beinpaar. Alle folgenden Ringe sind Doppelsegmente mit je 2 Beinpaaren, die in der Medianen stark genähert eingelenkt sind. Die Zahl der Beinpaare schwankt je nach Gruppe stark zw. 13 (*Polyxenus*) u. 340 (*Siphonophorella progressor* – v. den Seychellen – unter den *Colobognatha*, heute *Typhlogena*). Die *Lysiopetaloidea* (heute: *Callipodida*) besitzen am 3.–16. Beinpaar Coxalsäckchen (Coxalbläschen), mit denen sie aktiv Wasser aufnehmen können. Die Diplosegmente sind nur dorsal vollständig verschmolzen. Ventral sind sie deutl. abgegrenzt, bei vielen Gruppen noch beweglich. Jeder Doppelring ist auch sonst äußerl. in einen vorderen Prozoniten u. einen hinteren Metazoniten unterteilt. Die Atmung erfolgt über segmental dicht neben der Beinbasis liegende Tracheenöffnungen, die in einfache od. büschel., nur selten verzweigte Tracheenäste münden. Die Cuticula der *Chilognatha* hat in ihrer Exocuticula Lipoide als Verdunstungsschutz eingelagert. Die distalen Lagen der Endocuticula enthalten Kalksalze. Letztere fehlen bei *Pselaphognatha* (↗ Pinselfüßer). Die Fortpflanzung erfolgt wohl bei den meisten Doppelfüßern über Spermatophorenübertragung. Dabei werden aber häufig umgewandelte Beine als Gonopoden eingesetzt. Ihre Lage dient z.T. zur Einteilung in großsystemat. Gruppen. Das Fortpflanzungsverhalten ist im einzelnen sehr vielfältig. Die Pinselfüßer-Männchen setzen Spermatophoren an Fäden ab, die v. Spinndrüsen des 2. Beinpaares am Untergrund ausgezogen werden. *Proterandria* haben am 7. Rumpfring 1 od. 2 Beinpaare als Gonopoden entwickelt. Die *Opisthandria* besitzen keine Gonopoden, jedoch ist das letzte Beinpaar zu Klammerbeinen (Telopoden) umgebildet (↗ Saftkugler). Viele D. erlangen ihre Geschlechtsreife erst nach 1–3 Jahren. Einige sterben kurz nach der Eiablage bzw. Kopulation. Andere häuten sich erneut in ein geschlechtsuntät. Stadium (Schaltstadium) u. später wieder zum geschlechtstät. Tier. Die Lebensdauer einzelner Individuen beträgt bis über 7 Jahre. Einige D. legen ihre Eier ballenweise in feuchte Erde od. Mulm, die meisten heim. Arten bauen einen Eikokon, der entweder v. Körperhaaren (Trichomen) (Pinselfüßer), v. einem Gespinst (*Nematophora*) od. von Erde umhüllt ist, die den Darm passiert hat (Saftkugler, ↗ Bandfüßer, *Julidae*). Die Mehrzahl der D. schlüpft mit nur 7 Körperringen (anamorph) aus dem Ei, wobei die 2.–4. nur je 1 Beinpaar tragen u. sich am 5. und 6. je 2 Paar kurze Beinknospen befinden. Der 7. Ring enthält die Sprossungszone, aus der im Verlauf der Häutungen neue Diplosegmente entstehen. Selten schlüpfen Jungtiere bereits mit mehr Beinen (z.B. *Pachyjulus* mit 17 Beinpaaren). Viele *Proterandria* können sich aktiv verteidigen, indem sie z.T. hochgift. Sekrete aus seitl. Wehrdrüsenöffnungen abgeben (Saftkugler). Das Sekret wird durch den Druck der Leibeshöhlenflüssigkeit u./od. Rumpfmuskeln meist langsam in Form eines gelben, braunen, gelegentl. auch kirschroten od. weißen Tropfens abgegeben. Die trop. *Lysiopetaloidea* (*Proterandria*) können Sekret bis 30 cm weit spritzen. Die überwiegende Mehrzahl der heim. D. lebt in der Laubstreu der Wälder, unter Steinen u. in Baumstümpfen. Nur wenige Arten klettern auf Bäume u. Gesträuch (z.B. *Schizophyllum sabulosum* od. *Isobates varicornis*). Der Pinselfüßer *Polyxenus* lebt gern in der Borke v. Bäumen u. gelangt dabei auch bis in die Baumkronen. Ökolog. kann man unterschiedl. Lebensweisetypen unterscheiden: 1) *Bulldog-Typ*: hierher gehören die langgestreckten, im Querschnitt kreisrunden Schnurasseln (*Juliformia*) mit mindestens 35 Körperringen. Beim Wühlen durch

Doppelfüßer

Altes System:

I. *PSELAPHOGNATHA*
    Polyxenidae (↗ Pinselfüßer)
II. *CHILOGNATHA*
  A. *Opisthandria*
    1. *Limacomorpha*
    2. *Oniscomorpha*
        Sphaerotheria
        (Riesenkugler)
        Glomerida
          Glomeridae (↗ Saftkugler)
          Glomeridellidae
          (Zwergkugler)
          Gervaisiidae
          (Stäbchenkugler)
  B. *Proterandria*
    1. *Polydesmoidea*
        Polydesmidea (↗ Bandfüßer)
        Strongylosomida
    2. *Nematophora*
        Ascospermophora
        (Samenfüßer)
        Craspedosomatidae
        Lysiopetaloidea
    3. *Juliformia*
        Juloidea (Schnurfüßer)
        Blaniulidae
        Julidae
        Spiroboloidea
        (Riesenschnurfüßer)
        Spirobolidae
        Spirostreptidae
    4. *Colobognatha* (Saugfüßer)
        Polyzonium

Neues System nach Hoffman (1979):

I. *PENICILLATA*
    1. *Polyxenida*
II. *PENTAZONIA*
  A. *Limacomorpha*
    1. *Glomeridemida*
  B. *Oniscomorpha*
    2. *Sphaerotheriida* (Riesenkugler)
    3. *Glomerida* (↗ Saftkugler)
III. *HELMINTHOMORPHA*
  A. *Ommatophora*
    1. *Polyzoniida*
        Polyzonium
  B. *Monocheta*
    2. *Stemmiulida*
  C. *Anocheta*
    3. *Spirobolida*
    (Riesenschnurfüßer)
  D. *Diplocheta*
    4. *Spirostreptida*
    (Riesenschnurfüßer)
    5. *Julida*
        Blaniulidae
        Julidae
  E. *Typhlogena*
    6. *Siphonophorida* (Saugfüßer)
    7. *Platydesmida*
  F. *Coelocheta*
    8. *Callipodida*
        Schizopeltidae
    9. *Chordeumatida*
        Craspedosomatidae
  G. *Merocheta*
    10. *Polydesmida* (↗ Bandfüßer)

Doppelfüßer

Kurzcharakterisierung des alten Systems:

Ord. *Pselaphognatha* (↗ Pinselfüßer)

Ord. *Chilognatha*: Cuticula mit Kalkeinlagerung, Männchen mit Gonopoden;

1. U.-Ord.: *Opisthandria*: Gonopoden am Hinterende des Rumpfes, jeder Rumpfring besteht aus einem halbringförm. Diplotergiten; hierher weltweit ca. 550 Arten v. Kugeltyp aus der Gruppe *Oniscomorpha* mit den Riesenkuglern (*Sphaerotheria*) u. den auch bei uns verbreiteten ↗ Saftkuglern (*Glomerida*);

2. U.-Ord.: *Proterandria*: am 7. Rumpfring beim Männchen mindestens 1 Beinpaar in Gonopoden umgewandelt, Tergite u. Pleurite zu einheitl. Diplotergiten verwachsen; hierher mit weltweit über 6500 Arten die Mehrzahl aller D.:

Doppelhelix

[Fortsetzung von Seite 11]

1) *Polydesmoidea* (↗Bandfüßer), Arten v. Keiltyp u. tropische *Strongylosomida* mit z. T. riesigen Vertretern (über 20 cm Länge).
2) *Nematomorpha*: am Hinterende mit 1–3 Paar hohler Borsten, die als Spinnröhren dienen; hierher z. B. innerhalb der *Ascospermophora* (heute: Ord. *Chordeumatida*) (Samenfüßer) die Fam. *Craspedosomatidae* mit den 10–15 mm großen Arten der Gatt. *Craspedosoma* od. die *Lysiopetaloidea*.
3) *Juliformia* mit den Schnurfüßern (*Juloidea*): *Blaniulus guttulatus*, bis 16 mm, weißl. bis gelbgrau, Metazonite mit großen, leuchtend karminroten Flecken; in Gärtnereien, Warmhäusern, auf Friedhöfen, aber auch an feuchtwarmen Stellen im Freien bei uns verbreitet. *Julidae*: in Dtl. etwa 13 Gatt. mit ca. 50 Arten, z. B. Sandschnurfüßer (*Schizophyllum sabulosum*). Die *Spiroboloidea* enthalten die Riesenschnurfüßer. *Scaphiostreptus seychellarum* v. den Seychellen erreicht knapp 30 cm Körperlänge mit 139 Beinpaaren.
4) *Colobognatha* (280 Arten) mit stilettförm., nach vorne gerichteten spitzen Mandibeln, mit denen sie vielleicht Pilzhyphen aussaugen (?). Die Gruppe ist v. a. in den Tropen verbreitet. Bei uns nur der Saugfüßer *Polyzonium germanicum*, bis 17 mm lang, goldgelb mit gewölbten Tergiten, 30–55 Körperringe. Die Art lebt in feuchten Wäldern v. a. östlich der Elbe.

den Boden werden Stirn u. das breite Collum als „Rammbock" verwendet. Diese Formen können sich bei Gefahr spiralig zusammenrollen. Hierher gehören auch die trop. Fam. *Spirobolidae* u. *Spirostreptidae*, deren Arten bis fast 20 cm lang werden können. 2) *Kugeltyp:* Diese Vertreter gleichen den Rollasseln (z. B. *Armadillidium*, ↗Landasseln), mit denen sie häufig verwechselt werden. Sie können sich, da der Körper sehr viel kürzer u. breiter abgeflacht ist (nur 17–19 Beinpaare) zu einer vollkommenen Kugel einrollen. Hierher gehören die *Oniscomorpha* mit den bis 10 cm großen trop. Riesenkuglern (*Sphaerotheriidae*) u. den einheim. Saftkuglern (*Glomeridae*). Anklänge an diesen Kugeltyp zeigen die vorwiegend trop. Saugfüßer (*Colobognatha*), v. denen bei uns der bis 17 mm große *Polyzonium germanicum* vorkommt. 3) *Keiltyp:* Das Charakteristikum dieses Typs sind breite (Bandfüßer) od. schwach ausgebildete (*Nematophora*) Seitenkiele der Rumpfringe, die die Rückenfläche verbreitern, versteifen u. abflachen. Arten dieses Typs leben v. a. auf der Bodenoberfläche zw. der oberen Laubstreu, unter Steinen u. Rinde u. in kleinen Höhlungen. Das *System* der D. ist stark im Fluß (ein vollständig neues System vgl. Tab. S. 11). B Gliederfüßer II. *H. P.*

Doppelhelix w [v. gr. helix = Windung], ↗Desoxyribonucleinsäuren.

Doppelköpfchen ↗Doppelähre.

Doppelkultur w, *Doppelnutzung*, gleichzeit. Anbau v. zwei verschiedenen Kulturpflanzen auf derselben Fläche zur Verbesserung des Ertrags od. der Widerstandskraft.

Doppelmembran w, das aus einer äußeren u. einer inneren ↗Membran bestehende Membransystem v. Zellen od. v. Zellorganellen, z. B. bei den ↗Plastiden (↗Chloroplasten) u. ↗Mitochondrien.

Doppelsame, *Diplotaxis*, v. a. in Mitteleuropa u. dem Mittelmeerraum beheimatete Gatt. der Kreuzblütler mit ca. 35 Arten. Einjähr. bis ausdauernde, am Grunde zuweilen verholzende Kräuter mit meist fiederspalt. bis fiederteil. Blättern (Grundblätter oft rosettig angeordnet) u. meist gelben, seltener weißen od. blaßlila Blüten in reichblüt., endständ. Trauben. Die Früchte, kurz geschnäbelte lineal-lanzettl. Schoten, enthalten in jedem Fruchtfach zahlr. mehr od. minder deutlich 2reihig angeordnete Samen. Zieml. häufig in Unkraut-Ges., an Wegen, Schuttplätzen u. Dämmen zu finden ist der Schmalblättr. D. (Stinkkraute, *D. tenuifolia*), eine 30–80 cm hohe, ausdauernde Pflanze mit tief fiederteil., zerrieben scharf riechenden Blättern u. gelben Blüten.

Doppelschleichen, *Ringelechsen, Wurmschleichen, Amphisbaenia;* systemat. Stellung noch umstritten, heute meist mit den U.-Ord. Echsen u. Schlangen als 3. U.-Ord. zu den Schuppenkriechtieren (*Squamata*) gestellt; 3 Fam. (s. u.) mit ca. 25 Gatt. u. insgesamt über 100 Arten. 8–70 cm (meist aber 20–30 cm) lange, zylindr. gebaute, rötl. od. bräunl., teilweise auf hellem Grund dunkel gefleckte Arten mit geringelter Haut; Kopf wenig abgesetzt u. wie der Schwanz stumpf abgerundet, manche Arten wirken daher wie Regenwürmer. In Afrika, SW-Asien, im trop. u. subtrop. Amerika beheimatet, in Europa (S-Spanien) nur die Art *Blanus cinereus* (↗Netzwühlen). Kopf klein, kegelförmig, v. großen, symmetr. angeordneten Schildern bedeckt, unter denen verborgen die rückgebildeten Augen liegen; keine äußeren Ohröffnungen; Knochenelemente weitgehend fest miteinander verzahnt, Jochbogen (Jugale) fehlt, doppelter Hinterhauptsgelenkhöcker. Schulter- u. Beckengürtel stark rückgebildet od. fehlend, Hinterextremitäten stets, Vorderextremitäten oft fehlend. Nur die linke Lunge ist erhalten (bei den Schlangen die rechte!). Die harmlosen D. graben in meist trockenerem Erdreich Gänge, bewegen sich schlängelnd vor- u. rückwärts u. ernähren sich v. a. von Würmern u. Insekten. Die meisten Arten sind eierlegend (oft in Ameisen- u. Termitenbauten). Familien: Zweifuß-D. (*Bipedidae*) mit der einzigen Gatt. Handwühlen (*Bipes*); die 3 Arten besitzen kurze, kräft. Vorderbeine u. leben in Mexiko; Bezahnung pleurodont. Zu den ebenfalls pleurodonten Eigentlichen D. (*Amphisbaenidae*), bei denen auch die Vorderextremitäten fehlen, gehören die meisten Arten dieser U.-Ord.; größere Vertreter sind u. a. *Monopeltis* (bis 70 cm lang; Afrika) u. *Rhineura* (bis 50 cm lang; Florida u. Mittelamerika). Eine akrodonte Bezahnung haben die urtüml. Spitzschwanz-D. (*Trogonophidae*) aus N-Afrika u. SW-Asien mit der lebendgebärenden Gatt. *Trogonophis*.

Doppelschraubel ↗Schraubel.

Doppelschwänze, *Diplura*, Ord. der primitiven flügellosen Insekten (Urinsekten, U.-Kl. *Entognatha*), weltweit ca. 450 Arten in 3 Fam.; meist klein (1–3 mm), selten aber bis 50 mm (*Heterojapyx* aus Australien), Hinterleib mit 11 Segmenten. Weißl., gelbl. od. auch rosarötl. gefärbte, blinde Bodenbewohner, die am Hinterleibsende zwei lange, stark gegliederte ↗Cerci besitzen, die bei Gefahr leicht abgeworfen werden. Bei der Fam. *Japygidae* sind diese Cerci ähnl. wie bei den Ohrwürmern zu Greifzangen umgebildet, die sie zum Beutegreifen benutzen. Die schabenden u.

Doppelschwänze
1 *Heterojapyx*, 2 *Campodea*

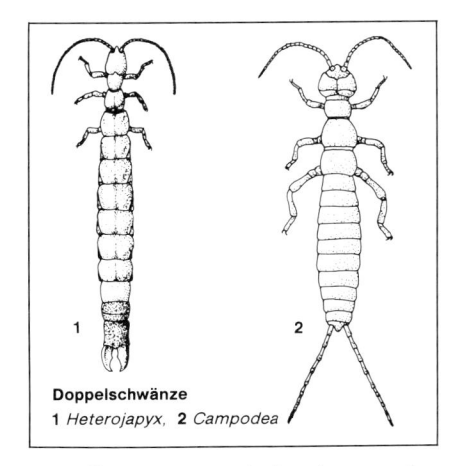

vermutl. sogar stechend-saugenden Mundteile sind in eine Mundtasche zurückgezogen (entognath). Die Arten leben teils räuber. *(Japyx)*, teils fressen sie Detritus u. Pilzmycelien *(Campodea)*. Im Kopf befinden sich z.T. mächtige Drüsen (Labialdrüsen), die auch als Exkretionsorgane („Maxillarnephridien", „Kopfnieren") fungieren. Thorakalbeine mit eingliedr. Tarsus, Praetarsus mit paar. Kralle. Am 1. Abdominalsegment findet sich bei *Campodea* ein zweigliedr. Beinrest, sonst tragen die Hinterleibssegmente 1–7 je ein Paar Styli u. ↗Coxalbläschen. Geschlechtsöffnung am Hinterrand des 8. Hinterleib-Segments. Die Männchen v. *Campodea* setzen gestielte Spermatophoren ab, die v. Weibchen aufgenommen werden (indirekte Spermatophorenübertragung). In Mitteleuropa nur die Fam *Campodeidae* mit langen gegliederten Cerci mit 2–3 Arten in der Gatt. *Campodea* u. die Fam *Japygidae* mit zangenart. Cerci mit der nur in Wärmegebieten verbreiteten *Metajapyx leruthi* Silv.

Doppelsegment s, *Diplosegment*, zwei zu einer morpholog. Einheit verschmolzene Rumpfsegmente der ↗Doppelfüßer.

Doppelstrang, *doppelsträngige Nucleinsäure*, die aus zwei komplementären Einzelsträngen aufgebaute ↗Desoxyribonucleinsäure; auch die RNA bestimmter RNA-Viren liegt als D. vor. Sofern komplementäre Bereiche innerhalb eines Einzelstrangs einer Nucleinsäurekette vorliegen, z. B. in t-RNA u. ribosomaler RNA, können sich D.bereiche auch innerhalb einer RNA-Kette (wie in der Kleeblattstruktur von t-RNA) ausbilden. Im Ggs. zu DNA, die, mit Ausnahme der einzelsträng. DNA-Phagen u. mit Ausnahme bestimmter Funktionszustände, so im Bereich der Replikationsgabel od. während der Rekombination, immer eine durchgehende D.struktur aufweist, sind t-RNA u. ribosomale RNA nur in Teilbereichen u. aufgrund von Basenpaarungen innerhalb derselben Nucleinsäurekette doppelsträngig. Sonderformen sind doppelsträng. DNA/RNA-Hybride, wie sie bei Hybridisationen oder bei der reversen Transkription v. RNA vorkommen.

doppelte Einrollung, Art der ↗Einrollung einiger primitiver, mikropyger kambr. Trilobiten (z.B. *Ellipsocephalus*); dabei werden Pygidium u. letzte Thorakalsegmente zw. Kopfschild u. vorderen Thorax geklappt, also gewissermaßen verdoppelt. Ggs.: diskoidale Einrollung, sphäroidale Einrollung.

doppelte Lobenlinien, gelegentl. auf angewitterten Ceratitensteinkernen des German. Muschelkalks zu beobachtende Verdoppelungen der ↗Lobenlinien; dabei durchkreuzen sich jeweils zwei Wellenlinien unterschiedl. Amplitude; die flachere tritt am Steinkern erhaben hervor; sie entspricht dem z.T. abgetragenen, jedoch substantiell noch vorhandenen Septum, dessen Wellentiefe nach innen gesetzmäßig abnimmt. „Pseudolobenlinie" heißt die Projektion eingetiefter Lobenlinien mit der größeren Amplitude; sie entspricht den Lobenlinien einer weniger fortgeschrittenen Abtragungsphase, die nach anfängl. Eintiefung u. Ansammlung unlösl. Materials unter Auflastdruck eine „Stempelwirkung" erzielt, eine Vervielfachung der Pseudolobenlinie u. a. möglich.

doppelte Quantifizierung, i. S. von d.r Q. der Reaktionsstärke eines Verhaltens, bezeichnet die Gesetzmäßigkeit, daß die Reaktionsstärke bei *bereitschaftsabhängigen* Verhaltensweisen v. der Stärke äußerer Reize *und* der Stärke innerer Bedingungen abhängt (↗Bereitschaft); z.B. hängt die verzehrte Nahrungsmenge bei Mensch u. Tier v. der Güte der Nahrung (hoher od. geringer Anreiz) u. vom Hunger (Bereitschaft) ab.

Doppeltier, das ↗Diplozoon.
Doppeltraube ↗Doppelähre.
Doppelwickel ↗Wickel.
Doppelwirbel ↗Diplospondylie.
Doppler-Effekt, nach dem östr. Physiker C. Doppler (1803–53) ben. Effekt, nach dem einem stehenden Beobachter die Frequenz einer sich nähernden Schallquelle höher erscheint als die Frequenz eines stehenden Schallerzeugers. Umgekehrt erscheint die Frequenz bei der Entfernung der Schallquelle tiefer. Ähnl. Frequenzverschiebungen ergeben sich, wenn sich der Beobachter relativ zur Schallquelle bewegt od. Beobachter und Schallquelle in Bewegung sind. (Dieselben Erscheinungen zeigen sich auch bei allen elektromagnet. Schwingungen.) Derartige Frequenzverschiebungen müssen Tiere mit ↗Echoorientierung kompensieren können, wenn sie Gegenstände lokalisieren wollen. Fle-

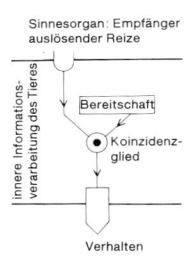

doppelte Quantifizierung

Die Gesetzmäßigkeit der doppelten Quantifizierung der Reaktionsstärke durch äußere Reize *und* innere Bedingungen läßt sich auch als idealisiertes Funktionsschaltbild nach Hassenstein darstellen. Danach werden Signale v. den Sinnesorganen u. von der Bereitschaftsinstanz (Antrieb) über ein *Koinzidenzglied* verrechnet, das nur beim gleichzeitigen Eintreffen v. Signalen auf beiden Eingängen selbst Signale aussendet. Ein sehr einfaches Koinzidenzglied wäre z. B. eines, das die beiden Eingangssignale multipliziert; im tatsächl. Verhalten darf eine bestimmte Verrechnungsweise aber nicht vorausgesetzt werden.

Doradidae

dermäuse aus der Fam. der Hufeisennasen z. B. verringern die Frequenz ihrer Peillaute in Abhängigkeit v. ihrer jeweil. Fluggeschwindigkeit so, daß die Echofrequenz konstant im Bereich der maximalen Empfindlichkeit ihrer Hörorgane liegt.

Doradidae [Mz.; v. gr. dory, Gen. doratos = Speer], die ↗Dornwelse.

Dorado *m* [v. span. el dorado = der Vergoldete], 1) Gatt. der ↗Goldmakrelen. 2) Gatt. der ↗Salmler.

Doratopsis *w* [v. gr. dory, Gen. doratos = Speer, Lanze, opsis = Aussehen], plankt. Jugendform v. Kopffüßern der Fam. *Chiroteuthidae* (↗Chiroteuthis).

Dorcadion *s* [v. gr. dorkadion = kleine Gazelle], Gatt. der Bockkäfer, ↗Erdböcke.

Dorcatherium *s* [v. gr. dorkas = Gazelle, thērion = Hirsch], (Kaup 1833), zu den Hirschferkeln od. Zwerghirschen *(Tragulidae)* gehörende † Wiederkäuer-Gatt., die in Größe, Bau u. Lebensweise dem rezenten Afrikanischen Hirschferkel od. Wassermoschustier *(Hyemoschus aquaticus)* überaus ähnl. war. Verbreitung: Miozän v. Afrika, Mio- bis Pliozän v. Europa u. Asien.

Dorcopsis *w* [v. gr. dorkas = Gazelle, opsis = Aussehen], die ↗Buschkänguruhs.

Dorcus *m* [v. gr. dorkos = hirschartiges Tier, Gazelle], Gatt. der ↗Hirschkäfer.

Doridacea [Mz.; v. gr. Dōris = eine Meernymphe], Ord. der Nacktkiemer mit Atemorganen, die sternförm. um den rückenständ. After angeordnet sind; etwa 30 Fam. mariner Hinterkiemerschnecken, zum Teil prächtig gefärbt.

Dorippidae [Mz.; v. gr. Dōrios = dorisch, hippos = Pferd], ↗Gepäckträgerkrabben.

Dorkasgazelle [v. gr. dorkas = Gazelle], *Gazella dorcas,* seit dem Altertum bekannte, schnellfüßig elegante Gazelle; beinahe rehgroß, sandfarben bis rötlichbraun, mit dunklen Seitenstreifen; bewohnt die Wüsten u. Steppen v. Marokko bis Syrien. B Mediterranregion IV.

Dormanz *w* [v. frz. dormant = schlafend], 1) Botanik: gesetzmäßige Unterbrechung der pflanzl. Entwicklung durch eine Ruheperiode, die durch Außenfaktoren wie Licht (↗Lichtkeimung) u. Temp. (↗Vernalisation) wieder aufgehoben werden kann (z. B. Winterknospen der Bäume u. Sträucher; ruhende Samen). 2) Zoologie: Abweichung v. dem für jede Art poikilothermer Tiere spezif. Entwicklungsverlauf in Anpassung an ungünst. Umweltbedingungen. Bei einer nachträgl. Reaktion auf eingetretene Veränderungen spricht man v. einer konsekutiven D. (↗Quieszenz, ↗Oligopause). Ist der Organismus aufgrund angeborener Mechanismen in der Lage, Informationen über bevorstehende ungünst. Lebensbedingungen rechtzeitig mit einer Umstellung

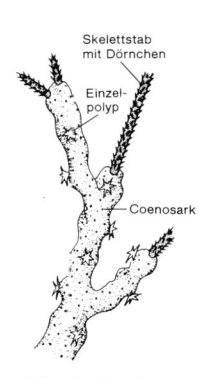

Dörnchenkorallen
Antipathes subpinnata

Dornenkronen-Seestern
Seit etwa 1965 bes. im austr. ↗Barriereriff alarmierende Massenvermehrungen, für die u. a. folgende Erklärungsversuche gegeben wurden:
1) Auftreten einer Mutation;
2) natürl. Bestandszunahme im Rahmen von Jhh. dauernden Populationszyklen;
3) Dezimierung des wohl einzigen Feindes der erwachsenen *Acanthaster,* des nicht nur bei Schneckensammlern beliebten Großen Tritonshorns *(Charonia tritonis),* durch den Menschen;
4) Verschmutzung des Meerwassers u. dadurch Veränderung der Biozönose mit Begünstigung solcher Tierarten, die fr. möglicherweise die Hauptmenge der *Acanthaster*-Larven gefressen haben. – Seit 1969 (Pacific Reef Starfish Expedition) intensive Forschung; Abwehrmaßnahmen sind kostspielig: Abtöten mit Formalineinspritzung od. Einsammeln, beides durch Taucher.

seines Stoffwechsels zu beantworten, liegt eine prospektive D. vor (↗Parapause, ↗Diapause). ↗Winterruhe, ↗Winterschlaf.

Dormin *s* [v. lat. dormire = schlafen], die ↗Abscisinsäure.

Dornaale, die ↗Dornrückenaale.

Dornaugen, *Acanthophthalmus,* Gatt. der ↗Prachtschmerlen.

Dornbaumwälder, Wälder in den semiariden Tropen u. Subtropen, die sich aus immergrünen Dornbäumen von 8–10 m u. regengrünen Bäumen zusammensetzen; im Unterholz befinden sich Sukkulenten u. Dornsträucher.

Dornbusch ↗Savanne, ↗Afrika.

Dörnchenkorallen, Schwarze Korallen, Antipatharia, Ord. der Hexacorallia; sie haben eine biegsame, dunkel gefärbte Achse, die mit Dörnchen besetzt ist. Die Polypen haben 6, 10 od. 12 Mesenterien u. 6–8 kurze, dicke Tentakel und sind durch Coenosark miteinander verbunden. Das elast., hornart. Skelett ist in Konvergenz zum Skelett der Hornkorallen zu verstehen. Die Stöcke können in einer Ebene verzweigt sein (Federn, Fächer) od. die Gestalt v. Büschen u. Bäumchen haben. Die Skelette werden auch zu Schmuck verarbeitet. Unter den ca. 100 Arten sind die Gatt. *Antipathes* (bis 1 m hoch), *Cirripathes* (bis 6 m hoch) sowie *Parantipathes* die bekanntesten. Fast alle Arten leben in trop. Gewässern. *A. subpinnata* kommt auch in der Adria vor, ist aber sehr selten.

Dornen, zu spitzen, an Festigungsgewebe reichen u. daher starren, verzweigten od. unverzweigten, pfriemförm. Strukturen umgewandelte Blätter od. Blatteile, Sproßachsen od. – in selteneren Fällen – Wurzeln. Entsprechend unterscheidet man Blatt-, Sproß- und Wurzel-D. Unter Anwendung der Homologiekriterien sind die D. leicht identifizierbar. D.bildung ist sehr häufig bei Pflanzen typ. Trockengebiete zu beobachten. Sie führt zu einer Oberflächenverkleinerung des Kormus, dient aber auch als Schutz vor Tierfraß od. zur Verankerung bei Kletterpflanzen. ↗Blatt (☐).

Dornenkronen-Seestern, *Dornenkrone, Acanthaster planci,* indopazif. Seestern mit 11–21 (meist 13–17) Armen; Oberseite mit bis zu 6 cm langen Stacheln (für Menschen giftig); ⌀ des ganzen Tieres bis 60 cm. Ernährt sich v. Korallen, indem er einen Teil der Kolonie mit seinen Armen umklammert u. durch die Mundöffnung seinen Magen über die lebenden Korallen-Polypen ausbreitet, ähnl., wie andere Seesterne ihren Magen über die Weichteile einer Muschel ausstülpen. Nach etwa 3 Std. sind die Polypen verdaut, u. nur das Kalkskelett bleibt übrig; bei Massenvorkommen werden dadurch ganze Riffe abgetötet. Danach beginnt das Riff zu erodieren, u. Fischen u. a. Tieren wird der Lebensraum genommen. Die Menschen werden nicht nur indirekt geschädigt (Rückgang des Fischfangs), sondern sogar direkt bedroht, da manche Küsten des Brandungsschutzes durch *lebende* Riffe bedürfen. ☐ Seesterne.

Dornenstern, *Coscinasterias,* Gatt. der Seestern-Fam. *Asteriidae;* ⌀ bis 10 cm; Oberfläche ähnl. buckelig wie beim Eisseestern, aber Färbung noch variabler, sogar blau; ungeschlechtl. Fortpflanzung durch Querteilung; vor einer solchen Teilung haben die Tiere bis über 10 Arme.

Dornfarn, Artengruppe der Gatt. ↗Dryopteris.

Dornfinger, *Cheiracanthium, Chiracanthium,* mit mehreren Arten in Mitteleuropa vertretene Gatt. der Sackspinnen, die eine Körpergröße v. 1,5 cm erreichen. Sie spinnen aus Grashalmen od. Kräutern eine unten offene Gespinstglocke zusammen. Vor der Eiablage erweitert das Weibchen diese Glocke, verschließt sie unten u. bewacht darin seinen Eikokon. D. sind hochgiftige Spinnen. Bes. *C. punctorium* kann mit ihren langen u. kräft. Giftklauen auch die menschl. Haut durchbeißen. Vor allem Weibchen mit Kokon zeigen sich aggressiv.

Dornfingerfrösche, *Crossodactylus,* Gatt. der Südfrösche, ↗Elosiinae.

Dornfische, *Stephanoberycidae,* Fam. der ↗Schleimkopfartigen Fische.

Dornfortsatz, 1) unpaarer, dorsad gerichteter Fortsatz am Neuralbogen der Wirbel bei fast allen Wirbeltieren, ↗Processus spinosus. 2) bei vielen Fischarten ausgebildeter, ventrad gerichteter Fortsatz am Hämalbogen der Schwanzwirbel.

Dornhaie, 1) *Squalidae,* Fam. meist nur bis 1 m langer, schlanker, weltweit verbreiteter Haie mit 8 Gatt. u. ca. 50 Arten. Sie haben am Vorderrand der beiden Rückenflossen je einen scharfen, oft eine Giftdrüse tragenden Dornstachel, jederseits 5 Kiemenschlitze u. scharfe Zähne; die Afterflosse fehlt; viele sind lebendgebärend. Bekannteste Art ist der etwa 1 m lange, vorwiegend Heringe u. Dorsche jagende Gemeine D. *(Squalus acanthias),* der v. a. in den Küstengebieten des nördl. Atlantik u. im Mittelmeer vorkommt u. riesige Schwärme (bis zu 1000 Tieren) bildet; die jeweils 4–8, ca. 22 cm langen Jungen werden nach einer Tragzeit v. 18–22 Monaten lebend *(ovovivipar)* geboren; er ist in Europa wirtschaftl. bedeutend u. kommt geliert als „Seeaal" od. in Form geräucherter Bauchlappen als „Schillerlocken" in den Handel. Die 10 Arten der Gatt. *Etmopterus* sind meist kleine, unter 60 cm lange Tiefseebewohner mit Leuchtorganen; so lebt

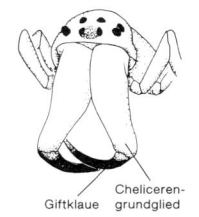

Dornfinger
Cheiracanthium punctorium ist die größte im südl. Mitteleuropa u. S-Europa verbreitete Art. Normalerweise ist die Giftwirkung nicht stärker als bei einem Wespenstich, kann aber bei empfindl. Menschen tagelange Beschwerden hervorrufen (ähnl. Kreuzotterbiß). Die Abb. zeigt einen D. in Frontalansicht.

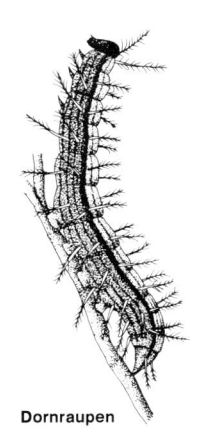

Cheliceren-Giftklaue grundglied

Dornraupen
Dornraupe des Kaisermantels *(Argynnis paphia)*

der ca. 45 cm lange Schwarze D. od. Samtbauchhai *(E. spinax)* bevorzugt in Tiefen zw. 220–700 m am Außenrand des nördl., ostatlant. Festlandsockels u. im westl. Mittelmeer; in der Bauchhaut hat er zahlr. kleine Leuchtorgane. 2) Die Unechten D. *(Dalatiidae)* bilden eine eigene Fam. mit 8 Arten. Auch ihnen fehlt die Afterflosse, u. ein Dornstachel ist höchstens vor der 1. Rückenflosse vorhanden. Neben Riesen, wie dem bis 8 m langen, nordatlant., vorwiegend in Tiefen zw. 200 u. 600 m lebenden Grönland- oder Eishai *(Somniosus microcephalus),* gehören hierzu die kleinsten Haie, die Zwerghaie, wie der bis 26 cm lange, leuchtfähige, tagsüber in der pazif. Tiefsee unter 2000 m lebende u. nachts an die Oberfläche auftauchende *Euprotomicrus bispinatus* u. der nur 15 cm lange, tiefschwarze *Squaliolus laticaudus* mit weißen Flossen, v. dem nur wenige Funde aus der pazif. Tiefsee bekannt sind. Im Mittelmeer kommt der bis 1 m lange Lemargo *(Somniosus rostratus)* vor. In allen Meeren meist in Tiefen um 500 m ist der 1,8 m lange, dunkelbraune, lebendgebärende Schokoladenhai *(Dalatias licha)* verbreitet.

Dornraupen, Schmetterlingslarven, die seitl. od. auf dem Rücken in unterschiedl. Ausprägung u. Anordnung eine Anzahl v. verzweigten, behaarten od. bedornten warz. Auswüchsen tragen; typ. für Fleckenfalter u. *Acraeidae.*

Dornraupenfalter, Bez. für die U.-Fam. *Nymphalinae* der ↗Fleckenfalter, deren typ. Larve eine Dornraupe ist (z. B. Tagpfauenauge).

Dornrückenaale, Dornaale, Tiefseedornaale, *Notacanthiformes,* Ord. der Knochenfische mit 3 wenig bekannten Fam. u. ca. 30 Arten. Sie kommen v. a. am Meeresgrund in Tiefen um 3000 m vor, sind aalförm. gestaltet, werden kaum 60 cm lang, haben eine lange Afterflosse, doch eine v. den Aalfischen abweichende Rückenflosse. Bei den Eigtl. D.n *(Notacanthidae)* besteht diese aus zahlr., einzelnen Stacheln ohne Verbindungshaut. Ihre abgestumpfte Schnauze überragt das unterständ. Maul. [↗Sumpfschildkröten.

Dornschildkröten, *Cyclemys,* Gatt. der

Dornschrecken, *Tetrigidae,* Fam. der Heuschrecken mit ca. 1000 Arten u. Hauptverbreitungsgebiet in den Tropen; bis 13 mm groß, Halsschild mit einem hinteren Fortsatz über den Hinterleib od. darüber hinaus verlängert; Vorderflügel zu Schuppen reduziert; keine Zirp- od. Hörorgane bekannt. Die D. leben am Wasser od. in Feuchtgebieten, wo sie sich v. Algen u. Moosen ernähren. In Mitteleuropa kommen einige Arten der Gatt. *Tetrix* vor.

Dornschwänze, *Uromastyx,* Gatt. der Aga-

Dornschwanzhörnchen

Dornschwänze

Bekannteste Arten:

Afrikanischer Dornschwanz *(Uromastyx acanthinurus)*, ca. 45 cm lang, temperaturabhängig variabel gefärbt (schwarz mit gelber, rötl. od. grüner Zeichnung); Ägyptischer Dornschwanz *(U. aegyptius)*, bis 75 cm lang, braun bis olivgrün gefärbt; Indischer Dornschwanz *(U. hardwickii)*, bis ca. 40 cm lang, sandfarben mit kleinen dunklen Flecken.

men mit 12 Arten in den Wüstengebieten N-Afrikas u. SW-Asiens. Die überwiegend pflanzenverzehrenden D. haben einen kurzen, rundl. Kopf, plumpen, abgeplatteten Körper u. einen kurzen, dicken Schwanz mit kräft., ringförmig angeordneten Dornschuppen als Verteidigungswerkzeug; leben in der Mittagshitze u. nachts in Felsspalten u. tiefen, selbstgegrabenen Gängen. Der Schwanz gilt bei den arab. Nomaden als Leckerbissen.

Dornschwanzhörnchen, *Afrikanische Flughörnchen, Anomaluridae*, im trop. Afrika lebende Fam. der Nagetiere mit 3 Gatt.; weibl. D. mit 1 Paar brustständ. Zitzen. Die Bez. der systemat. schwierig einzuordnenden D. bezieht sich auf die dachziegelartig angeordneten Hornschuppen an der Basis der Schwanzunterseite. Ähnlich den ↗ Gleithörnchen, haben die D. eine „Flughaut" zw. den Vorder- u. Hintergliedmaßen u. zur Schwanzwurzel, die durch einen am Ellbogen ansetzenden Knorpelstab gespannt wird. Zu den Eigentlichen D. (Gatt. *Anomalurus;* Kopfrumpflänge 20–45 cm, Schwanzlänge 14–45 cm, Gewicht 500–700 g) zählen 9 Arten; sie leben einzeln od. paarweise. Wesentlich kleiner sind die gesellig lebenden Gleitbilche (Gatt. *Idiurus;* Kopfrumpflänge 7–10 cm, Schwanzlänge 9–13 cm; 3 Arten). Einzige Art ohne Flughaut ist der Dornschwanzbilch *(Zenkerella insignis;* Kopfrumpflänge 20 cm). Die D. leben nachtaktiv (Ausnahme: Dornschwanzbilch) im dichten Regenwald. Ihre Flughaut ermöglicht einen Gleitflug v. Baum zu Baum; die Hornschuppen bieten zusätzl. Halt bei der Landung am Baumstamm. Die Nahrung der D. besteht aus Früchten, Blättern u. Insekten.

Dornschwanzleguane, *Urocentron,* Gatt. der Leguane mit 4 Arten im trop. S-Amerika; vorwiegend gedrungen gebaute, bis 14 cm lange Baumbewohner mit kräft., abgeflachtem Stachelschwanz; ernähren sich v. a. von Ameisen.

Dornschwanzskinke ↗ Stachelechsen.

Dornstrauchsavanne ↗ Savanne, ↗ Afrika.

Dornteufel, der ↗ Moloch.

Dornwelse, *Doradidae,* Fam. südam., bis 20 cm langer Süßwasserwelse mit breitem Kopf, gedrungenem Körper, 4–6 langen Barteln u. an den Seiten einer Reihe v. Knochenplatten, die mit nach hinten gerichteten Dornen u. Haken besetzt sind. Viele können knurrende Laute erzeugen.

Dornzikade, *Centrotus cornutus,* ↗ Buckelzirpen.

Doronicum *s* [über frz. coronic v. pers. daraunak =], die ↗ Gemswurz.

Dörrfleckenkrankheit, Mangelkrankheit des Hafers, bei der die Blätter gelbl., später graubraune Flecke bekommen, einknik-

ken u. absterben, so daß Rispen u. Körner vertrocknen. Ursache: zu starke alkal. Reaktion des Bodens, bes. bei Sand- u. Moorböden.

Dörrobstmotte, *Plodia interpunctella,* Vertreter der ↗ Zünsler, in Vorratsräumen u. Warenhäusern weit verbreiteter u. in Haushalte verschleppter Vorratsschädling, dessen versponnene, gelblichweiße Larven sich neben Dörrobst auch v. Mehlwaren, Getreide u. Sämereien, Gewürzen, Nüssen u. Schokolade ernähren. Falter klein (Spannweite bis 20 mm), Vorderflügelbasis hellgelb, Spitze kupferrot, fliegen abends; nach Mitteleuropa eingeschleppt.

dors<u>a</u>d, nach der ↗ Dorsalseite gerichtet (z. B. Körperborsten). ☐ Achse.

dors<u>a</u>l [v. *dorsal-], zur Rückenseite gehörend, an od. in der rückenwärtigen Körperpartie gelegen. ☐ Achse.

Dorsalampullen [Mz.; v. *dorsal-, lat. ampulla = kleine Flasche], für die Durchblutung der Flügel bei Insekten bedeutsame, sog. akzessor. pulsierende Organe, die mit der Aorta des Rückengefäßes (Herz) über einen eigenen Kanal verbunden sind. Sie sind entweder über ihnen angeheftete Muskelfahnen od. durch eigene Muskeln innerhalb der Ampullen kontraktil. Sie bewirken dadurch, daß die Hämolymphe in die Flügeladern gepumpt wird.

Dorsalblase [v. *dorsal-], bei Stachelhäutern der kleine, aboral gelegene Rest des rechten ↗ Axocoels, der dem ↗ Axialorgan aufliegt.

dors<u>a</u>les Diaphr<u>a</u>gma *s* [v. *dorsal-, gr. diaphragma = Zwerchfell], die ↗ Perikardialmembran.

Dorsalgefäß [v. *dorsal-], das ↗ Rückengefäß der Gliederfüßer.

Dorsalklappe [v. *dorsal-], *Armklappe,* die kleinere u. meist nach oben gerichtete Klappe v. Brachiopoden; eindeutiger ist die Bez. Armklappe, weil auf ihr das ↗ Armgerüst ansetzt.

Dorsalorgan [v. *dorsal-], **1)** vorübergehend auftretende, dorsal gelegene Embryonalorgane bei verschiedenen Arthropoden. Primäre D.e entstehen paarig od. unpaar aus dem dorsalen Blastoderm als kugelige Einstülpungen u. haben z. T. sekretor. Funktion. Das sekundäre D. der Insekten besteht aus der geschrumpften Serosa u. wird zus. mit dem Rest des Dotters in den Mitteldarm aufgenommen. **2)** frühere Bez. für das Axialorgan der Seelilien u. Haarsterne, bisweilen auch als „Herz" bezeichnet.

Dorsalreflex [v. *dorsal-]; auf den Rücken gefallene, dorsiventral gebaute Tiere beginnen vielfach sofort mit Umkehrbewegungen, um ihre Normallage wieder zu erreichen; für die Auslösung dieses ↗ Re-

dorsal- [v. lat. dorsualis = auf dem Rücken befindlich], in Zss.: Rücken-.

flexes ist in erster Linie das Fehlen v. Kontaktreizen an den Füßen verantwortlich. Der ↗Lichtrückenreflex wird ebenfalls zum D. gerechnet.

Dorsalsack [v. *dorsal-], *Saccus dorsalis, Parencephalon,* Ausstülpung des Zwischenhirndachs bei niederen Wirbeltieren; Funktion ungeklärt. ↗Zwischenhirn.

Dorsalseite [v. *dorsal-], allg.: die Rückenseite eines Körpers; liegt der Ventralseite (Bauchseite) gegenüber, auf der sich die Mundöffnung befindet. ☐ Achse.

Dorsalseptum *s* [v. *dorsal-, lat. saeptum = Gehege, Gitter], septenart. Medianleiste auf der Innenseite der Armklappe v. Brachiopoden.

Dorsalsinus *m* [v. *dorsal-, lat. sinus = Krümmung, Bogen], der ↗Perikardialsinus.

Dorsche, *Gadoidei,* größte, formenreichste u. wirtschaftl. bedeutendste U.-Ord. der Dorschfische mit 4 Fam. (vgl. Tab.), ca. 40 Gatt. u. über 130 Arten. Wicht. Nutzfische gehören v. a. zur Fam. Dorsche i. e. S. *(Gadidae)* mit ca. 50 Arten, die vorwiegend den Kontinentalschelf der kühleren nördl. Meere besiedeln. Sie haben 2–3 Rückenflossen, 1–2 Afterflossen, weiche Flossenstrahlen, kleine Cycloidschuppen u. meist eine Kinnbartel; alle leben räuberisch u. a. v. Fischen. Am bekanntesten sind die Eigtl. D. *(Gadus)* mit dem nordatlant., meist grünl. od. bräunlicholiven Kabeljau od. Dorsch *(Gadus morhua,* B Fische II); erwachsen sind sie meist um 80 cm lang u. ca. 5 kg schwer, maximal werden sie 1,5 m lang; sie leben in Schwärmen u. machen weite Nahrungs- u. Laichwanderungen; große Weibchen legen im Frühjahr ca. 3 Mill., 1,5 mm dicke, glashelle, zur Oberfläche aufsteigende Eier ab; die ca. 4 Monate alten, 5 cm langen Jungfische gehen vom Freiwasser- zum Bodenleben über. Der Kabeljau bildet verschiedene Rassen; größte fischereiwirtschaftl. Bedeutung hat die bei den Lofoten u. in der Barentssee auftretende Rasse; der Ostseedorsch wird nur 60 cm lang u. ca. 3,5 kg schwer. Nahe verwandt sind der ca. 60 cm lange, weniger häufige, breitköpf. Grönlandkabeljau *(G. ogac)* u. der ihm ähnl., doch bis 1,2 m lange Pazifikkabeljau *(G. macrocephalus).* Der bis 40 cm lange Polardorsch *(Boreogadus saida)* lebt nur in nordatlant. Meeren mit Wassertemp. unter 5 °C; er ist die Hauptnahrung der arkt. Zahnwale u. Robben. Die 3 kleinen Arten der Gatt. *Trisopterus* sind häufige Fische an eur. Küsten v. Norwegen bis ins Mittelmeer, so der ca. 20 cm lange Zwergdorsch *(T. minutus)* u. der 30 cm lange, großäug. Franzosendorsch *(T. luscus),* während der bis 25 cm lange Stintdorsch *(T. esmarki)* südl. v. England fehlt. Lange, fadenförm., gegabelte Bauchflossen u. eine saumart. zweite Rückenflosse haben die meist trägen, bodenbewohnenden Gabel-D., z. B. die im Küstengebiet des NO-Atlantik u. im Mittelmeer vorkommende, ca. 60 cm lange Art *Phycis blennoides* u. die fischereiwirtschaftl. bedeutende, nordwestatlant., bis 75 cm bzw. bis 1,3 m langen Arten *Urophycis chuss* und *U. tenuis.* Ebenfalls eine saumart. After- u. zweite Rückenflosse hat der ca. 30 cm lange, tiefschwarze, kaulquappenähnl. Froschdorsch *(Raniceps raninus),* der am Boden nordam. Küsten einzelgängerisch vorkommt. Eine steil nach oben gerichtete Mundspalte, große Augen, 3 Rücken- u. 2 Afterflossen hat der nur 15 cm lange Silberdorsch *(Gadiculus thori);* er ist an den Schelfabhängen des NO-Atlantik südwärts bis zur Biskaya verbreitet. Weitere Dorsche i. e. S. vgl. Tab. Die Fam. Tiefsee-D. *(Moridae)* umfaßt 17 Gatt. u. über 70 Arten; sie leben weltweit in größeren Tiefen der Ozeane, haben meist 1–2 Rücken- u. Afterflossen u. sind gewöhnl. um 50 cm lang. Eine artenarme, weitere Fam. der D. ist die Hecht-D. od. ↗Seehechte *(Merlucciidae).*

Dorschfische, *Gadiformes,* Ord. der Knochenfische mit 5 U.-Ord. (vgl. Tab.), 10 Fam., ca. 150 Gatt. u. über 200 Arten; meist spindelförm. Körper, weichstrahl. Flossen, kehlständ. Bauchflossen u. saumart. od. mehrteilige Rücken- und Afterflossen; Schwimmblase geschlossen. Die meist marinen D. besiedeln den N-Atlantik.

dorsiventral [v. lat. dorsum = Rücken, venter = Bauch], *dorsiventralsymmetrisch, dorsoventral,* bei Pflanzen *zygomorph;* Lebewesen od. Teile davon sind dorsiventral, wenn sie nur eine einzige Symmetrieebene haben (Mediosagittalebene, ☐ Achse), die sie in zwei (spiegel-)gleiche Seiten (Flanken) teilt; Ober- u. Unterseite (Rücken u. Bauch) sind dagegen verschieden gebaut.

dorsiventrale Blüte [v. lat. dorsum = Rücken, venter = Bauch], *zygomorphe Blüte,* Blüte, durch die sich nur eine Spiegelachse (Symmetrieachse) legen läßt, z. B. bei Lippenblütlern, Schmetterlingsblütlern u. Orchideen.

Dorstenia *w* [ben. nach dem dt. Botaniker T. Dorsten, 1492–1552], Gatt. der ↗Maulbeergewächse.

Dorstenia

Dorsche

Familien:
Dorsche i. e. S. *(Gadidae)*
Einhorndorsche *(Bregmacerotidae)*
↗Seehechte *(Merlucciidae)*
Tiefseedorsche *(Moridae)*

Dorsche

Fischereiwirtschaftlich wichtige Arten der Dorsche i. e. S.:

Blauer Wittling *(Micromesistius poutassou)*
Franzosendorsch *(Trisopterus luscus)*
Gabeldorsch *(Urophycis blennioides)*
Kabeljau, Dorsch *(Gadus morhua)*
↗ Köhler, Seelachs *(Pollachius virens)*
↗Leng *(Molva molva)*
↗Lumb *(Brosme brosme)*
↗Mintai, Alaskapollack *(Theragra chalcogramma)*
Pazifikkabeljau *(Gadus macrocephalus)*
↗Pollack *(Pollachius pollachius)*
↗Quappen *(Lota)*
↗Schellfisch *(Melanogrammus aeglefinus)*
↗Seehechte *(Merlucius)*

Dorschfische

Unterordnungen:
↗Aaldorsche *(Muraenolepioidei)*
↗Aalmuttern *(Zoarcoidei)*
↗Dorsche *(Gadoidei)*
↗Eingeweidefische *(Ophidioidei)*
↗Grenadierfische *(Macrouroidei)*

dorsiventral

Dorsiventral gebaut ist z. B. der Körper der ↗ Bilateria (außer dem der meisten Stachelhäuter u. der Gehäuseschnecken), bei Pflanzen *(zygomorph)* z. B. die Blüten v. Orchideen, Lippenblütlern u. Schmetterlingsblütlern.

Dorsch, Kabeljau *(Gadus morhua)*

Dorvillea, namengebende Gatt. der Polychaeten-Fam. *Dorvilleidae,* Ord. ↗ *Eunicida.*

Dorylaeidae [Mz.; v. gr. dory = Lanze, Balken, laion = Sichel], die ↗ Augenfliegen.

Dorylaimus *m* [v. gr. dory = Lanze, Balken, laimos = Kehle, Schlund], Gatt. der Fadenwürmer; Arten meist nur 1 mm groß, in Süßwasser u. feuchter Erde; Mundhöhle mit Stilett (Speer, Odontostyl), mit dem Pflanzen angestochen werden (konvergent zum Stomatostyl gen. Stilett der ↗ *Tylenchida*). Namengebend für die U.-Ord. *Dorylaimina* mit mehreren Fam. u. vielen hundert Arten; z.T. als Virusüberträger beim Saugakt gefährl. Pflanzenschädlinge. Vertreter der U.-Ord. *Mononchina* fressen mit ihrer großen tonnenförm. Mundhöhle andere Fadenwürmer. Einige parasit. Superfam. werden als verwandt angesehen u. deshalb in die Ord. *Dorylaimida,* z.T. aber auch in eigene Ord. gestellt (vgl. Tab.).

Dorylidae [Mz.; v. gr. dory = Lanze, Balken], die ↗ Treiberameisen.

Dosenschildkröten, *Terrapene,* Gatt. der Sumpfschildkröten, mit 6 Arten in N-Amerika u. Mexiko beheimatet. Die landbewohnenden D. bevorzugen feuchtes Gelände u. haben einen hochgewölbten, ca. 16 cm langen Rückenpanzer. Bauchpanzer mit einem Quergelenk; die beiden hochklappbaren Hälften ermöglichen ein völl. Verschließen der vorderen u. hinteren Panzeröffnung zum Schutz der verwundbaren Körperweichteile; frei bewegl. Zehen mit stark zurückgebildeten Schwimmhäuten. Ernähren sich v.a. von Würmern u. Insekten, aber auch v. Pflanzenstoffen. Färbung variabel, meist schwarzbraun mit zahlr. gelben Flecken u. Streifen. Die im O der USA relativ häufige Carolina-D. *(T. carolina)* u. die Schmuck-D. *(T. ornata)* sind in den USA auch beliebte Terrarientiere.

Dosidicus *m* [v. gr. dōsidikos = sich nicht selbst helfend], Gatt. der *Ommatostrephidae,* Kalmare mit langem, zugespitztem Rumpf u. großen, dreieck. Flossen. Der Pazifische Riesenkalmar *(D. gigas)* kommt im südl. Pazifik vor u. erreicht 3,5 m Länge; lebt in nachts zur Oberfläche aufsteigenden Schwärmen in dichter Pottwalen zu. dem Menschen als Nahrung (Anlandungen 1980: fast 20 000 t); ein Weibchen legt über 600 000 Eier, die sich über eine Jugendform *(Rhynchoteuthis)* entwickeln.

Dosinia *w* [v. einer Sprache Senegals], Gatt. der Venusmuscheln mit dicken, runden Schalen, deren Oberfläche konzentr. gerippt ist; ca. 80 Arten in den gemäßigten u. warmen Meeren, wo die Tiere Sandböden bewohnen. Die Runde Venusmuschel *(D. exoleta)* wird 6 cm breit, lebt im O-Atlantik u. in der Nordsee.

Dorylaimus

Doryla̱mida i.w. S.

freilebend:

U.-Orc. *Dorylaimina:*

z. B. *Dorylaimus*
Longidorus
Trichodorus
Xiphinema

U.-Ord. *Mononchina:*
z. B. *Mononchus*

U.-Ord. *Bathyodontina*

parasitisch:

Superfam.
Mermithoidea:
z. B. ↗ *Mermis*
Superfam.
Trichuroidea:
z. B. *Trichuris*
(↗ Peitschenwurm)
↗ *Capillaria*
Trichinella
(↗ Trichine)
Superfam. Dioctophymatoidea:
z. B. ↗ *Dioctophyme*

Dost *(Origanum)*

Die etwa 0,1–0,4% äther. Öl u. ca. 8% Gerbstoff enthaltenden Blätter von *O. vulgare* werden in der Volksmedizin hpts. gegen Magen- u. Darmbeschwerden eingesetzt. Sie haben zudem eine harn- und schweißtreibende sowie, durch ihren Gerbstoffgehalt, antisept. u. adstringierende Wirkung (äußerl. Anwendung als Gurgelmittel).

Dosis			ED	Einzel-D.
Wichtige			EMD	Einzelmaximal-D.
Dosis-Abkürzungen			MD	Maximal-D.
D	Dosis		MTD	Maximaltages-D.
D_{tox}	krankmachende D.		ND	Normal-D.
DE	wirksame D.		TD	Tages-D.
DL	tödliche D.		TMD	Tagesmaximal-D.

Dosis *w* [gr., = Gabe], Abk. *Dos., D., D, d,* allg.: kleine Menge; in Biologie u. Medizin die Menge eines verabreichten od. aufgenommenen (Wirk)stoffes od. einer Strahlung (↗ Strahlen-D.). Die *Einzelmaximal-D.* (EMD) bezeichnet die z.T. amtlich festgelegte Höchstmenge einer Gabe, die *Tagesmaximal-D.* oder *Maximaltages-D.* (TMD bzw. MTD) die D., die an einem Tag nicht überschritten werden darf. Unter *D. letalis* (LD oder DL) versteht man die tödl. D. In der Biol. wird häufig die mittlere tödl. D. (*D. letalis 50%, DL$_{50}$* oder *LD$_{50}$*) angegeben; es ist die D., bei der 50% der Versuchsorganismen sterben.

Dosiseffekt, die v. der Allelhäufigkeit *(Dosis)* im Genotyp abhäng. Wirkung v. Genen auf den Phänotyp; die Dosis v. Allelen kann z. B. durch Deletionen, Duplikationen, Aneuploidie u. Polyploidie verändert werden.

Dost *m* [v. ahd. dosto = Büschel, Troddel], *Origanum,* Gatt. der Lippenblütler mit ca. 10 hpts. im Mittelmeergebiet heim. Arten. Stauden od. Halbsträucher mit relativ kleinen, ganzrand. od. schwach gekerbten, eiförm. Blättern u. in lockeren Rispen od. Doldenrispen mit rundl., oft purpurnen Tragblättern stehenden, kleinen Blüten. Aus der Blütenkrone, einer Röhre mit wenig ungleichen Zipfeln, ragen 4 Staubblätter hervor. Einzige bei uns heim. Art ist der in ganz Eurasien, verschleppt auch in N-Amerika vorkommende Gewöhnliche D. od. Wilde Majoran, *(O. vulgare),* eine ausdauernde, bis ca. 50 cm hohe, stark aromat. duftende Pflanze mit hellpurpurnen Blüten u. drüsig punktierten Blättern; Standorte sind Magerrasen, Böschungen u. Wegränder sowie die Säume sonniger Büsche, Hecken u. Wälder (lichte Eichen- u. Kiefernwälder); blüht v. Juli bis etwa Okt.; er wird sowohl als Heilpflanze als auch gelegentl. als Gewürz verwendet. Bes. die aus SW-Europa stammende U.-Art *O. vulgare* ssp. *prismaticum* (Winter- od. Staudenmajoran), deren Blüten in verlängerten Scheinähren stehen, wird zuweilen kultiviert. B Kulturpflanzen VIII.

Dothideaceae [Mz.], Fam. der *Dothideales,* saprophyt. Pilze mit Perithecium-ähnl. Fruchtkörper (Pseudothecium), die sich ascolocular entwickeln u. keine Pseudoparaphysen aufweisen; die bitunicaten Asci entstehen in Höhlungen (Loculi), in Büscheln od. Hymenien angeordnet u. bilden

8 od. mehr einzellige bis mehrzellige Ascosporen aus (z. B. *Dothidea*-Arten).

Dothideales [Mz.], Ord. der Pilzgruppe *Loculoascomycetes* (Ord.-Gruppe *Bitunicatae*), in der alle Schlauchpilze (Ascomycetes) mit bitunicatem Ascus zusammengefaßt werden; mehrere tausend Arten in 34 Fam. (nach Arx u. Müller, 1975); in anderen Systemen werden die Bitunicaten in mehrere Ord. (bis 8) unterteilt; die D. sind dann eine davon.

Dothioraceae [Mz.], Fam. der *Dothideales* (auch als Ord. *Dothiorales* geführt), vorwiegend saprophyt. Pilze; weltweit, doch bes. in Tropen u. Subtropen verbreitet; leben an toten Zweigen od. als Parasiten auf Blättern u. Rinde; einige sind Krankheitserreger an Kulturpflanzen. Die Fruchtkörper sind ascoloculare, polster- od. krustenförm. Pseudothecien mit einer od. mehreren Höhlungen (Loculi), in denen die Asci hymeniumartig angeordnet sind. Die bitunicaten Asci bilden 2–16, ein- od. mehrzellige Ascosporen aus. Bekannte Arten sind *Botryosphaeria quercinum* an der Rinde vieler Holzgewächse, *Guignardia aesculi,* die eine Blattbräune an Roßkastanien verursacht, u. *G. bidwellii,* die Weinstöcke befällt. Die artenreiche Gatt. *Dothiora* lebt auf toten Zweigen v. Holzgewächsen.

Doto *w* [v. gr. Dōtō = eine Meernymphe], Gatt. der *Dotoidae,* Nacktkiemer, bei denen die Rückenanhänge mit Knötchen besetzt sind. *D. coronata* (12 mm lang) lebt im O-Atlantik, in Mittelmeer u. Nordsee, ernährt sich v. Polypenstöckchen.

Dotter *m, Vitellus,* 1) ugs. Bez. für die Eizelle des Vogels („Eigelb" des Vogeleies, Ei-D.). 2) *Nährdotter,* Speicherstoffe (Reservestoffe, Deutoplasma) der tier. ↗ Eizelle, die während der Embryonalentwicklung ab- od. umgebaut werden. Sie liefern die Bausteine u. die Energie für die Entwicklung, bis ein Stadium erreicht ist, das selbst Nahrung aufnehmen kann. Als Speicherstoffe dienen Proteine, Fette u. Kohlenhydrate (Glykogen); erstere sind häufig als Schollen bzw. Tropfen ins Protoplasma eingelagert (D.kugeln). Das „Eiweiß" (Eiklar) des Vogeleies (z. B. Hühnerei) ist keine D.substanz; es liegt außerhalb der Eizelle u. hat überwiegend Schutz- u. Pufferfunktion. Die D.menge ist mit dem Typ der ↗ Furchung korreliert. Die D.proteine werden bei Wirbeltieren großenteils v. der Leber, bei Insekten überwiegend vom Fettkörper synthetisiert, dann in den Kreislauf abgegeben u. von den heranwachsenden Eizellen selektiv aufgenommen. Bei vielen Plattwürmern *(Parenchymia)* werden die Eizellen in Kapseln von D. umgeben, der aus modifizierten Eizellen (D.zellen) od.

Dothideales
Wichtige Familien der D. (i. w. S. = Bitunicatae = Loculoascomycetes)

↗ Capnodiaceae
↗ Dothideaceae
↗ Dothioraceae
↗ Hysteriaceae
↗ Mycosphaerellaceae
↗ Myriangiaceae
↗ Parmulariaceae
↗ Pleosporaceae
↗ Venturiaceae
↗ Verrucariaceae

Dottersack
D. beim jungen Haifisch; verschwindet nach Ablauf der Embryonalzeit; nur manchmal bleibt nach der Geburt ein kleiner, blindsackähnl. Anhang.

deren Zerfallsprodukten besteht (↗ zusammengesetzte Eier, ↗ Dotterstock).

Dotterblume, die ↗ Sumpfdotterblume.

Dotter-Entoplasmasystem *s,* der vom Periplasma bzw. Blastoderm umgebene ungefurchte innere Rest der Eizelle bei Insekten (↗ superfizielle Furchung).

Dotterfurchung, bei manchen Insekten annähernd gleichzeitige Zerlegung des Dotter-Entoplasmasystems in viele polygonale Untereinheiten, die ein- od. mehrkern. ↗ Dotterzellen.

Dottergang, bei Plattwürmern der Ausführgang vom ↗ *Dotterstock,* über den die dort gebildeten Dotterzellen zum Eileiter transportiert werden. ↗ zusammengesetzte Eier.

Dotterhaut, *Vitellinmembran, Dottermembran,* besser *Dotterhülle,* durchsicht. Proteinlamelle, die die Eizelle umgibt; beim Vogel-Ei verhindert sie z. B. das Auseinanderfließen des Dotters (= der Eizelle). Nach der urspr. Definition Produkt der Eizelle u. nicht der sie umgebenden (Follikel-)Zellen des Ovars; diese Definition ist zumindest für Insekten *(Drosophila)* nicht mehr haltbar.

Dotterkerne, Furchungskerne, die bei ↗ superfizieller Furchung im Zentralbezirk der Eizelle (Dotter-Entoplasmasystem) zurückbleiben od. in ihn zurückwandern. Sie werden häufig polyploid u. sind am Abbau des Dotters beteiligt.

Dotterkreislauf ↗ Dottersackkreislauf.

Dottermembran, die ↗ Dotterhaut.

Dotterpfropf *m,* Entodermzellen, die bei der Gastrulation des Amphibienkeimes vorübergehend v. kreisförm. Urmund umfaßt werden.

Dottersack *m,* sackförm., meist mit Dotter gefüllter Anhang des Embryos. Ein D. ist typisch für solche Wirbeltiere, die sich aus dotterreichen Eiern mit Diskoidalfurchung entwickeln, also für Fische, Reptilien, Vögel u. Kloakentiere. Auch Säugetiere mit dotterarmen Eiern (einschl. Mensch) bilden noch einen D., da sie v. Formen mit dotterreichen Eiern abstammen u. der D. Ursprungsort der Urgeschlechtszellen ist. Bei Wirbellosen ist ein D. nur v. Cephalopoden bekannt; bei Insekten bezeichnet man das ↗ Dotter-Entoplasmasystem als D.

Dottersackkreislauf, *Dotterkreislauf,* extraembryonaler ↗ Blutkreislauf bei Wirbeltieren mit ↗ diskoidaler Furchung od. davon abgeleiteten Formen (z. B. Säugetieren); entsteht aus sog. Blutinseln in der Dottersackwand, die zu Gefäßen verschmelzen, u. ist durch gesonderte Gefäße (Arteriae bzw. Venae omphalomesenterica) mit dem Körperkreislauf verbunden. Dient dem Nährstofftransport u. Gasaustausch, ggf. in einer ↗ Dottersackplacenta.

Dottersackplacenta

Dottersackplacenta w, bei manchen niederen Wirbeltieren placentaart. Organ aus Teilen des Dottersacks u. des Eileiters (z. B. vivipare Haie) bzw. der Uterusschleimhaut (einige Beuteltiere). Vereinzelt auch bei Placentatieren *(Eutheria)* vor bzw. neben der dort typ. Chorioallantoisplacenta, z. B. bei der Maus. ↗Placenta.
Dotterstock, *Vitellarium,* Teil des Eierstocks (Ovarium) v. a. bei Plattwürmern, der in Form v. Nährzellen Reservestoffe für die künft. Eizellen u. häufig auch Substanzen für deren Schale liefert. Die Nährzellen werden als abortive Eizellen gedeutet. Bei den Plattwürmern läßt sich die phylogenet. Entstehung des D.s erkennen. Ausgehend v. Formen mit Ovarien, in denen sich Eier entwickeln, in deren Innerem sowohl der Dotter als auch das Material für die Eischalen aufgebaut wird, kommt es bei abgeleiteteren Plattwürmern in der Gonade zu einer Sonderung der Bezirke, in denen Ei- u. Dotterzellen gebildet werden. Solche Gonaden werden Keim-D. *(Germovitellarium)* gen. Bei noch höher entwickelten Formen (z. B. Saug- u. Bandwürmer) sind die Keimstöcke *(Germarien)* v. den Dotterstöcken *(Vitellarien)* räuml. getrennt u. über einen od. mehrere Gänge mit dem Eileiter, dem Ausfuhrgang des Ovars, verbunden. Germovitellarien finden sich auch bei den Rädertieren, in Einzahl bei den *Monogononta,* in Zweizahl bei den *Digononta.* [B] Plattwürmer.
Dotterzellen, 1) modifizierte Eizellen (Abortiveier), die bei Plattwürmern *(Parenchymia)* der dotterarmen Eizelle beigegeben werden. 2) große polygonale Zellen, die bei manchen Insekten durch ↗Dotterfurchung entstehen.
Douglasie w [ben. nach dem schott. Botaniker D. Douglas (dagläß), 1798–1834], *Douglasfichte, Pseudotsuga,* Gatt. der *Pinaceae* (U.-Fam. *Abietoideae*) mit 3 Arten im westl. N-Amerika u. 4 Arten in O-Asien; die Gatt. zeigt damit die nordamerikanischostasiat. Großdisjunktion. Die immergrünen, schnellwachsenden Bäume besitzen weiche, flache Nadeln (die im Ggs. zur Tanne nicht auf einem scheibenförm. verbreiterten Fuß sitzen) u. charakterist. hängende ♀ Zapfen mit weit herausragenden, geschlitzten Deckschuppen. Wichtigste Art ist die im pazif. N-Amerika beheimatete u. dort bis 100 m hohe *P. menziesii* ([B] Nordamerika II). Sie wird seit dem 19. Jh. auch in Europa kultiviert u. gewinnt infolge ihrer hohen Wuchsleistung bei guter Holzqualität als wichtigster ausländ. Forstbaum auch bei uns zunehmend an Bedeutung. Die D. verdrängt dabei v. a. die (überwiegend ebenfalls standortsfremden) Fichtenforste. Das Holz (Oregon Pine, Douglas fir;

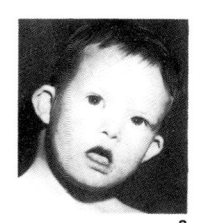

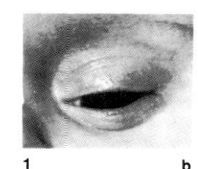

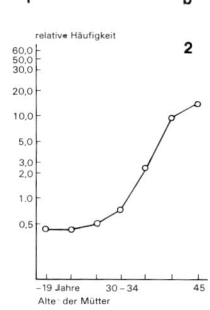

Down-Syndrom
1a Gesichtsausdruck eines mongoloiden Kindes,
b Auge mit „Mongolenfalte";
2 Zunahme des D.-S.s mit dem Alter der Mütter.

Douglasie
Zweig mit reifem ♀ Zapfen, der die charakteristischen geschlitzten Deckschuppen zeigt.

feinringige gelbl. Hölzer als „yellow fir", gröbere rötl. Hölzer als „red fir" gehandelt) ist hart u. fest (Dichte = 0,47 g/cm^3) u. findet vielfält. Verwendung, u. a. für Eisenbahnschwellen, Mastbäume und Parkett. – Fossil ist die D. seit dem Tertiär u. hier auch in Europa (v. a. Miozän) bekannt.
Doumpalme w [über frz. doum v. einer afr. Sprache], die ↗Dumpalme.
Dourine w [aus dem Arab. über frz. dourine =], die ↗Beschälseuche.
Doussié s [v. einer zentralafr. Sprache], das Holz v. ↗Afzelia (africana).
Dovyalis w, Gatt. der ↗Flacourtiaceae.
Down-Syndrom s [daun-; ben. nach dem Londoner Arzt J. L. H. Down, 1828–96], *Mongolismus, Trisomie 21,* genet. bedingte Erkrankung durch chromosomale Störung, wobei das Chromosom 21 (☐ Chromosomen) dreifach nachweisbar ist (↗Chromosomenanomalien). Folge ist eine Fehlentwicklung des Organismus, die sich in Minderwuchs, schräger Augenstellung mit Epikanthus („Mongolenfalte"), breiter Nasenwurzel, tief sitzenden Ohren, vergrößerter Zunge, Muskelschwäche, Unterentwicklung v. Kiefer u. Zähnen, große Lücke zw. 1. und 2. Zehe (Malayenfuß), Debilität u. a. manifestiert. Hinzu kommen häufig Mißbildungen innerer Organe, wie Herz u. Darm. Auf ca. 600 Geburten kommt 1 Geburt mit D.S. Die geist. Entwicklung bleibt meist auf der Stufe eines 6–7-Jährigen. 75% sterben vor Eintritt der Pubertät, 90% vor dem 25. Lebensjahr. Das Risiko, ein Kind mit einem D.S. zu gebären, ist bei älteren Müttern größer; manchmal ist eine familiäre Häufung zu beobachten.
DPN$^+$, (veraltete) Abk. für ↗Diphosphopyridinnucleotid. [phosphopyridinnucleotid.
DPNH, (veraltete) Abk. für reduziertes ↗Di-
Draba w [v. gr. drabē = eine Pfl.], das ↗Felsenblümchen.
Drabetalia hoppeanae [Mz.], *Kalkschieferschuttgesellschaft,* Ord. der ↗*Thlaspietea rotundifolii;* zw. den Kalkschutt- (↗*Thlaspietalia rotundifolii*) u. den Silicatschuttges. (↗*Androsacetalia alpinae*) vermittelnd; der Verb. *Drabion hoppeanae* kommt in der alpin-nivalen Stufe der Zentralalpen vor.
Dracaena w [v. gr. drakaina = weibl. Drache, Schlange), **1)** der ↗Drachenbaum; **2)** Gatt. der ↗Schienenechsen.
Drachenbaum, *Dracaena,* Gatt. der Agavengewächse mit ca. 80 Arten im trop. u. subtrop. Afrika, Asien u. Australien. *D. draco,* ein Endemit der Kanar. Inseln, erreicht eine Höhe v. 20 m. Die zahlr. Äste tragen nur am Ende Blattbüschel aus 40–60 cm langen, schwertförm. Blättern u. ebenso langen Blütenrispen, die später orangerote Beeren tragen. Aus dem roten

Harz, dem „kanar. Drachenblut", wurden Lacke u. Polituren hergestellt. *D. deremensis* u. *D. fragrans* werden in vielen Varietäten als Zimmerpflanzen kultiviert. B Mediterranregion I.

Drachenblut ↗Croton, ↗Drachenbaum.

Drachenfische, 1) *Trachinoidei,* U.-Ord. der Barschartigen Fische mit 16, meist artenarmen, wenig bekannten Fam.; sie haben kehlständ. Bauchflossen. Von den 4 Arten der Fam. Eigtl. D. *(Trachinidae)* kommen 3 in eur. Küstengewässern vor, wo sie meist versteckt, teilweise im Boden eingegraben leben. Der seitlich abgeflachte Kopf besitzt hochstehende Augen u. eine schräg nach oben gerichtete Mundspalte. Die Stachelstrahlen der ersten Rückenflosse u. ein Stachel der Kiemendeckel sind mit Giftdrüsen bewehrt. Häufigste Art ist das bis 45 cm lange, wohlschmeckende, von der norweg. Küste bis ins Mittelmeer verbreitete Petermännchen *(Trachinus draco,* B Fische I); ähnl. Verbreitung hat die nur ca. 15 cm lange Viperqueise od. das Zwergpetermännchen *(T. vipera).* Zur nordpazif. Fam. der Sandfische *(Trichodontidae)* gehört der bis 25 cm lange, in Japan wirtschaftl. bedeutende Japan. Sandfisch *(Arctoscopus japonicus).* Die Fam. *Chiasmodontidae* umfaßt bis 30 cm lange, atlant. Tiefseefische, die wie der Schwarze Schlinger *(Chiasmodon niger,* B Fische IV) körpergroße Beutetiere verschlingen können. Eine weitere Fam. bilden die ↗Himmelsgucker. **2)** 3 Fam. der ↗Großmünder, Tiefseefische mit aalartig verlängertem Körper. Die Fam. Schuppenlose D. *(Melanostomiatidae)* umfaßt über 100 Arten, die eine manchmal mit einem Leuchtorgan ausgestattete Kinnbartel u. starke, z.T. nach vorn kippbare Zähne haben. Knapp 10 Arten gehören zur weltweit verbreiteten Fam. der Schuppen-D. *(Stomiatidae)* u. nur 5 Arten zu den Schwarzen D. *(Idiacanthidae),* die als Larven langstiel. Augen besitzen.

Drachenfliegen, U.-Ord. der ↗Libellen.

Drachenköpfe, Skorpionsfische, *Scorpaenidae,* artenreiche Fam. der U.-Ord. Panzerwangen i. e. S. mit mehreren hundert Arten. D. sind durchweg Bodenbewohner in gemäßigten u. trop. Meeren mit einem breiten Maul, Dornen an den Kiemendeckelrändern u. manchmal bizarrem Aussehen durch Hautlappen am Kopf. Sie haben oft giftige, harte Flossenstrahlen v.a. an der Rückenflosse; viele sind rötl. gefärbt. Hierzu gehören der auffäll. ↗Rotfeuerfisch, der wirtschaftl. bedeutende ↗Rotbarsch, der im Mittelmeer u. östl. Atlantik heim., meist ca. 30 cm, doch bis 50 cm lange, wohlschmeckende Rote Drachenkopf od. die Meersau *(Scorpaena scrofa,* B Fische VII), ein wicht. Bestandteil der südfrz. Fischsuppe Bouillabaisse, u. der aus dem Indopazifik stammende, auch im Brackwasser lebende, 8 cm lange Drachensegler *(Tetraroge barbata),* der wegen seiner hohen, aufrichtbaren Rückenflosse gern als Aquarienfisch gehalten wird.

Drachenmaul, *Horminum,* Gatt. der Lippenblütler mit einer einzigen, in den Alpen u. den Pyrenäen beheimateten Art. *H. pyrenaicum* ist eine bis etwa 30 cm hohe, ausdauernde Rosettenstaude mit kräft. Pfahlwurzel u. kurzem Wurzelstock. Die größtenteils zu einer grundständ. Rosette vereinten Blätter sind bis 6 cm lang, breit ellipt. und grob gekerbt. Die nickenden, lebhaft violetten, bis ca. 2 cm langen Blüten stehen in einseitswend. Scheinquirlen, die in ihrer Gesamtheit (zus. mit kleinen, schuppenförm. Tragblättern) eine Scheintraube bilden. Von Juni bis Aug. blühend, ist *H. pyrenaicum* in subalpinen, sonn. Kalkmagerrasen, in Magerweiden od. Steinrasen zu finden. [chenköpfe.

Drachensegler, *Tetraroge barbata,* ↗Drachenköpfe.

Drachenwurz, die ↗Schlangenwurz.

Draco *m* [lat., = Drache], die ↗Flugdrachen.

Draconema *s* [v. gr. drakōn = Drache, nēma = Faden], marine Gatt. bis ca. 1 mm langer Fadenwürmer; bewegen sich nicht wie fast alle anderen Fadenwürmer durch seitl. Schlängeln, sondern spannerraupenartig mit Hilfe ventraler Haftborsten (☐ Epsilonema). Oft mit der Fam. *Epsilonematidae* zur Superfam. *Draconematoidea* innerhalb der Ord. *Chromadorida* zusammengefaßt.

Dracontium *s* [v. gr. drakontion = Drachenwurz, Natterwurz], Gatt. der ↗Aronstabgewächse.

Dracunculiasis *w* [v. lat. dracunculus = kleiner Drache, Schlange], *Drakunkulose, Dracontiasis,* durch den Drachenwurm (Medinawurm, Guineawurm, *Dracunculus medinensis*) hervorgerufene Wurmerkrankung des Menschen u. verschiedener Säuger, hpts. in den Tropen nördl. des Äquators. Die Wurmlarven werden v. Ruderfußkrebsen *(Cyclops)* aufgenommen u. gelangen durch Trinkwasser, das diese infizierten Zwischenwirte enthält, in den Endwirt. Von dessen Darm wandern sie wahrscheinl. ins Lymphsystem, erreichen mit wenigen cm Länge die Geschlechtsreife u. begatten sich. Danach stirbt das nur 1–4 cm lange ♂, während das ♀ bis zu etwa 1 m Länge heranwächst u. das subkutane Bindegewebe erreicht. An einer durch nekrot. Prozesse geschwürartig präformierten Stelle durchbricht das Vorderende des Wurms, wenn der betreffende Körperteil im Wasser ist, die Haut des Wir-

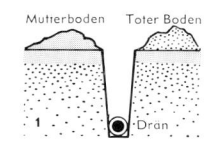

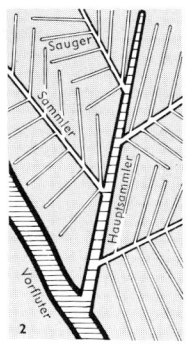

Dränung
1 Drängrabenaushub,
2 Beispiel einer Bodenentwässerungsanlage (Dränierungsplan)

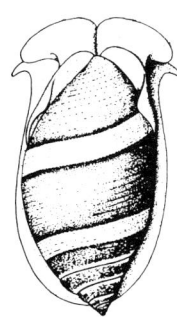

Drechselschnecke (Acteon tornatilis, Aufsicht)

tes, platzt auf u. entleert viele tausend Larven. Von der Durchtrittsstelle aus verbreiten sich häufig bakterielle Infektionen. Als Selbsthilfe kann der Wurm durch langsames stückweises Aufrollen auf ein Holzstück herausgezogen werden.

Dracunculus m [lat., = kleiner Drache, Schlange], *D. medinensis*, der ↗Medinawurm, Erreger der ↗Dracunculiasis.

Drahtwurm, Larve der ↗Schnellkäfer.

Drakunkulose w [v. lat. dracunculus = kleiner Drache, Schlange], die ↗Dracunculiasis.

Drang ↗Bereitschaft.

Dränung, *Drainage*, Bez. für die Bodenentwässerung u. die dazugehörige entspr. Anlage. Durch D. sollen die für Kulturpflanzen schädl. Bodennässe beseitigt, das Bodengefüge verbessert u. die Durchlüftung u. Erwärmung des Bodens gefördert werden. In 80–180 cm Tiefe befindet sich ein System v. *Dräns*, wie Tonröhren, gelochte Betonröhren, Faschinen u. a. Das Wasser tritt durch die Fugen in die Dräns ein, fließt durch Sauger in Sammler u. v. dort in Vorfluter. Je nach Bodenart, Gefälle, abzuführender Wassermenge u. Tiefenlage der Rohre beträgt die Entfernung der Sauger zw. 10 u. 25 m.

Draparnaldia w [ben. nach dem frz. Zoologen J.-Ph. Draparnaud (draparno), 1772–1805], Gatt. der ↗Chaetophoraceae.

Drassodidae [Mz.; v. gr. drassein = ergreifen, festhalten], die ↗Plattbauchspinnen.

Drechselschnecke, *Tönnchenschnecke, Acteon tornatilis*, zur Fam. *Acteonidae* gehörende marine Kopfschildschnecke mit dünnschal., eiförm. Gehäuse, in das sich das Tier vollständig zurückziehen kann; ein Deckel ist vorhanden. Die seitl. Nervenstränge überkreuzen sich wie bei Vorderkiemerschnecken, die Mantelhöhle liegt vorn, die Vorkammer vor der Herzkammer. Die D. lebt auf Sandböden, die sie mit ihrem Kopfschild oberflächlich durchpflügt, um Polychaeten zu erbeuten.

Drechslera, Formgatt. der ↗Moniliales.

Dredge w [dredsch; engl.], bes. in der Meeres-Biol. benutztes Spezialnetz zum Fang der Fauna u. Flora der Oberfläche u. obersten Schichten v. Gewässerböden; besteht aus einem feinmasch. Netzsack an einem schweren dreieck. (Triangel-D.) od. breit rechteck. (Vierkant-D.) Eisenrahmen, dessen vorderer Rand angeschärft od. mit groben Zähnen (Zacken-D.) besetzt ist u. das v. Schiff aus über den Untergrund gezogen wird, um Bodenmaterial loszureißen. Dem Fang über Bodenniveau sich erhebender Tierstöcke v. Hydroiden u. Moostierchen dient auch die „Hydroiden-D." (Unterkante der Netzöffnung nur durch eine Eisenkette beschwert).

Drehfrucht, *Streptocarpus*, ↗Gesneriaceae.

Drehhörner, *Drehhornrinder*, 1) *Tragelaphini*, Gatt.-Gruppe der ↗Waldböcke. 2) Drehhörner i. e. S., die Gatt. ↗*Tragelaphus*.

Drehkrankheit, 1) *Drehsucht, Coenorosis*, durch Larven des Quesenbandwurms (↗*Multiceps multiceps*) hervorgerufene, meist tödlich verlaufende Erkrankung des Zentralnervensystems v. Schafen u. (seltener) Rindern, die als Zwischenwirte im Entwicklungsgang dienen (↗Bandwürmer). Die Eier des im Hundedarm lebenden Bandwurms werden v. den Tieren mit der Nahrung aufgenommen. Im Magen schlüpfen die Larven aus, wandern in Gehirn u. Rückenmark ein u. bilden dort eine auf das Gehirn drückende Blase („Blasenwurm"). Hierdurch kommt es zu den für die D. charakterist. drehenden Zwangsbewegungen. Behandlung nur durch Operation möglich. 2) Brutkrankheit bei Salmoniden (Bach- u. Regenbogenforellen, Bachsaiblinge), verursacht durch das Sporentierchen *Myxosoma* (= *Lentospora*) *cerebralis*, die zur Zerstörung der noch knorpel. Skeletteile v. Schädel u. Wirbelsäule führt. Symptome sind krampfhafte Drehbewegungen, Wirbelsäulenverkrümmung u. Schwarzfärbung des Körpers hinter den befallenen Wirbeln. Durch die D. kann es zum Massensterben v. Jungfischen in Forellenzuchten kommen. [riaceae.

Drehmoos, *Funaria hygrometrica*, ↗Funa-

Drehsinn, *Rotationssinn*, bei einigen Krebsen u. den Wirbeltieren vorhandene Fähigkeit, auf Drehbewegungen zu reagieren. Die die Drehbewegungen perzipierenden Organe sind bei den Krebsen die Statocysten, bei den Wirbeltieren die im Innenohr liegenden Bogengangsysteme. Der adäquate Reiz für beide Organe ist die Winkelbeschleunigung bei Drehung des Kopfes allein oder zus. mit dem Körper (↗mechanische Sinne). Die durch Bogengangreizung ausgelösten Reflexe erstrecken sich auf die Augen- (↗Nystagmus) u. Körpermuskulatur und auf das vegetative Nervensystem. Diese lösen kompensator. Gegenbewegungen des Kopfes bzw. des ganzen Körpers aus. ⓑ mechanische Sinne II.

Drehwuchs, Holz, dessen Längsfasern nicht parallel, sondern schraubig zur Achse des Stammes od. Astes verlaufen; charakterist. für den Wuchs mancher Baumarten: linksgewunden z. B. viele Nadelhölzer, rechtsgewunden z. B. der Apfelbaum u. stets die Roßkastanie.

Dreiecksbein, *Ulnare, Triquetrum, Pyramidale, Triangulare, Cuneiforme*, proximaler Handwurzelknochen (Carpalia) der Tetrapoden, distal der Ulna gelegen, in Aufsicht dreieckig.

Dreieckskopfottern, *Mokassinschlangen, Agkistrodon,* Gatt. der Grubenottern, mit 12 Arten in Asien u. Amerika beheimatet. Die bis über 1,5 m langen D. leben v. a. in Steppen, Halbwüsten u. Wäldern. Flacher, dreieck. Kopf mit großen Schildern, etwas nach oben gebogener Schnauzenspitze u. schwarzbraunem Hinteraugenstreif. Bringen in der Mehrzahl ca. 3–12 lebende Junge zur Welt. Giftig; Biß verursacht kurzzeitig oft erhebl. Beschwerden, ist aber für den Menschen kaum lebensbedrohend. Einzige eur. Art ist die dämmerungsaktive Halysschlange *(A. halys);* bis ca. 75 cm lang, rötlich- od. graubraun mit zahlr. Flecken u. Querbändern; lebt im äußersten SO-Europa bis O-Asien (hier bis ca. 3200 m Höhe); verzehrt hpts. kleine Nagetiere, aber auch Vögel, Eidechsen u. Insekten. Der in den S- u. SO-Staaten der USA stellenweise häufige, (selten) bis 1 m lange Kupferkopf *(A. contortrix)* bevorzugt ein ähnl. Nahrungsangebot; er ist hellrötlich od. grau gefärbt u. besitzt unregelmäßig gezackte kupferfarbene Querbinden. An Wasserläufen, in Sümpfen u. Reisfeldern lebt die olivbraune, dunkelgebänderte (ältere Tiere fast schwarz), bis ca. 1,6 m lange, nordam. Wassermokassinschlange *(A. piscivorus,* B Nordamerika IV); lauert der Beute (Fische, Frösche) vom Ufer aus auf; Weibchen bringt Junge nur alle 2 Jahre nach fast einjähr. Tragzeit zur Welt. B Reptilien III.
Dreieckskrabben, *Majidae,* ↗Seespinnen.
Dreiecksmuscheln, Trivialname für mehrere Gruppen nichtverwandter Muscheln: 1) ↗Wandermuschel; 2) ↗Sägezahnmuscheln; 3) ↗Trigonioidea.
Dreiecksspinne, *Hyptiotes (Uptiodes) paradoxus,* Vertreter der Kräuselradnetzspinnen; ca. 5 mm lang, lebt in Mitteleuropa, bes. in Mittelgebirgslagen, v. a. in den trokkenen unteren Zweigen v. Nadelbäumen (Fichte).
Dreiercode *m, Triplettcode,* der ↗genet. Code; die Bez. D. wird gelegentl. verwendet, weil die Codierung einer Aminosäure durch die Sequenz dreier Nucleotide erfolgt.
Dreifachbindung, ↗chem. Bindung zw. 2 Atomen durch 3 Hauptvalenzen, z. B. im Acetylen (Äthin) H-C≡C-H od. im Cyanwasserstoff H-C≡N. Verbindungen, die D.en enthalten, zeigen – ähnl. wie diejenigen mit ↗Doppelbindungen – ungesättigten Charakter, da sie andere Moleküle, wie H_2, H_2O, NH_3, anlagern (addieren, ↗Addition) können. In biol. Molekülen kommen D.en (sog. *Acetylenverbindungen*) nur selten vor. Beispiele finden sich unter den pflanzl. Inhaltsstoffen. In Doldenblütlern u. Efeugewächsen sind 80 verschiedene Acetylenverbindungen, darunter das Cicutoxin des Wasserschierlings u. das Falcarinon, nachgewiesen worden. Auch Korbblütler enthalten Polyine, z. B. das Carlinaoxid u. den Matricariaester.

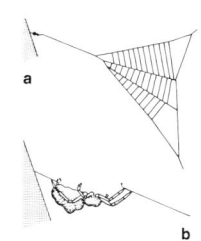

Dreifelderwirtschaft, ein in Mitteleuropa im Mittelalter verbreitetes Ackerbausystem, bei dem auf einem Stück Land in 3jähr. Turnus Wintergetreide, Sommergetreide u. Brache aufeinanderfolgten u. je ein Drittel der Gesamtfläche einnahmen. Im 18. Jh. wurde die D. verbessert, indem an die Stelle der Brache der Hackfruchtanbau trat, ab der 2. Hälfte des 18. Jh. v. a. der Anbau v. Kartoffeln u. Zuckerrüben. Der dadurch erzielte Ertragszuwachs zwang auf die Dauer zu stärkerer Düngung. Die D. ist durch die Fruchtwechselwirtschaft abgelöst worden.

Dreihäusigkeit, *Triözie,* bes. Form der Blütenverteilung bei Samenpflanzen, bei der staminate, karpellate u. staminokarpellate Blüten getrennt auf verschiedenen Individuen einer Art anzutreffen sind (z. B. Spargel).

Dreikantmuschel ↗Wandermuschel.

Dreiklauer, *Triungulinus,* das erste Larvenstadium der ↗Ölkäfer. Die flinken, frei bewegl. Larven besitzen drei Krallen am Klauenglied des Tibiotarsus, mit denen sie sich im Haarkleid ihrer Wirtsbienen festkrallen u. zum Nest tragen lassen.

Dreilapper, *Dreilapperkrebse,* die ↗Trilobiten.

Dreimasterpflanze, *Tradescantia virginiana,* ↗Commelinaceae.

Dreischichtminerale ↗Tonminerale.

Dreissena *w* [ben. nach dem belg. Apotheker Dreissen, 19. Jh.], die ↗Wandermuschel.

Dreistachler, *Triacanthidae,* Fam. der U.-Ord. Drückerfischartige; um 25 cm lange, weit verbreitete, vorwiegend marine Freiwasserfische, die ihren Namen von dem stark verlängerten ersten Rückenflossenstrahl u. den beiden Bauchflossen, die meist zu jeweils einem Stachel reduziert sind, haben.

Dreistreifensalamander, *Eurycea longicauda guttolineata,* ↗Wassersalamander.

Dreitagefieber, *Pappatacifieber,* eine durch ↗Arboviren verursachte u. durch die Pappatacimücke *(Phlebotomus papatasii)* übertragene, in den Tropen u. Subtropen auftretende Infektionskrankheit. Symptome sind Fieber, Augen-, Muskelschmerzen, Schwindel u. Darmstörungen; gelegentl. komplizierter Verlauf durch Hirnhautentzündung; Diagnose durch serolog. Nachweis v. spezif. Antikörpern. Häufig kommt es zu Rückfällen. Die Therapie erfolgt nur symptomatisch, eine Impfung ist möglich.

Dreiecksspinne
Das Fanggewebe v. *Hyptiotes paradoxus* ist ein reduziertes Radnetz (30 cm lang), das nur noch aus 3 Sektoren besteht, die in einem Signalfaden zusammenlaufen (**a**). Diesen Signalfaden hält die Spinne mit den Vorderbeinen fest; mit Spinnwarzen u. Hinterbeinen hängt sie an einem Verankerungsfaden in der Vegetation (**b**). Geht eine Beute ins Netz, gibt die Spinne ruckartig Sekret aus den Spinnwarzen ab. Dadurch lockert sich die Spannung des Fangnetzes, u. das Gewebe kann die Beute umgeben. Die mechan. Fesselung der Beute ist hier bes. gut (Cribellumwolle), was man mit der Reduktion der Giftdrüsen in Zshg. sehen kann.

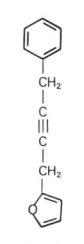

Dreifachbindung
Carlinaoxid als Beispiel für einen pflanzl. Inhaltsstoff (Korbblütler) mit Dreifachbindung.

Dreizackgewächse

Dreizackgewächse, *Juncaginaceae,* Fam. der *Najadales,* mit 3 Gatt. u. 14 Arten über die kühl-gemäßigten Zonen der Erde verbreitet; wachsen an sumpf. Standorten u. besitzen flache, lineal. Blätter, die aus einem Rhizom entspringen. Die meist unscheinbaren, dreizähl. Blüten bilden Trauben od. Ähren. Die teils freien, teils verwachsenen Fruchtblätter, denen die Narben direkt od. mit sehr kurzem Griffel aufsitzen, bilden nur je einen Samen aus; diese besitzen kein Endosperm. Neben der austr. Gatt. *Maundia* u. der zweihäus. südam. Gatt. *Tetroncium,* zu denen nur je eine Art gehört, zählen die 12 Arten der Gatt. Dreizack *(Triglochin)* zu der Fam.: Aus dem Konnektiv ihrer 6 Staubblätter geht je eine Schuppe hervor, die einem Blütenhüllblatt recht ähnl. ist; die echten Perigonblätter fehlen. Die Früchte dieser Gatt. haben auf der einen Seite spitze Anhänge, so daß sie sich in das Fell v. Tieren einbohren können, wenn diese an der Pflanze entlangstreifen, u. so verbreitet werden. Bei uns kommen 2 Arten vor: der Strand-Dreizack *(Triglochin maritimum)* u. der Sumpf-Dreizack *(T. palustre).* Die jungen Blätter der ersten Art werden z. T. gekocht gegessen, enthalten roh jedoch Blausäureverbindungen, die in N-Amerika bei Schafen zu Vergiftungen führten. Die Wurzelknollen des flutenden austr. *T. procera* werden v. den Ureinwohnern gegessen. Nahe Verwandte der D., die *Lileaceae,* werden manchmal auch mit in der Fam. eingeordnet.

Dreizahn, *Danthonia (Sieglingia),* Gatt. der Süßgräser (U.-Fam. *Pooideae)* mit 2 Arten in Europa; Ährenrispengräser mit 2- bis 5blütigen Ährchen u. einem Haarkranz am Blattgrund der starr rinnigen Blätter. Der D. *(D. decumbens)* ist ein Magerkeits- u. Säurezeiger in Silicat-Magerrasen u. Heiden, wächst aber auch auf Torfböden.

Dreizehenmöwe, *Rissa tridactyla,* 41 cm große Möwe mit schwarzen Flügelspitzen („wie in Tinte getaucht"); Junge sind im Flug durch auffallendes schwarzes Zickzackband gekennzeichnet; brütet auf schmalen Simsen an senkrechten Felswänden v. Meeresküsten u. Inseln, Kolonien umfassen oft Tausende v. Paaren. Der Bestand dieser zirkumpolar verbreiteten Art nimmt zu. Brutvorkommen in Dtl. auf Helgoland. Der in Kolonien zu einem ohrenbetäubenden Geschrei summierte Ruf ist ein durchdringendes nasales „kitiweek" (hiervon der engl. Name „Kittiwake"). ☐ Demutsgebärde, [B] Polarregion I.

Dreizehenschrecken, *Tridactylidae,* Fam. der Heuschrecken mit ca. 150 Arten; in Europa kommen 5 Arten im südl. Teil vor; *Tridactylus pfaendleri* findet sich im östl.

drepano- [v. gr. drepanon = Sichel], in Zss.: Sichel-.

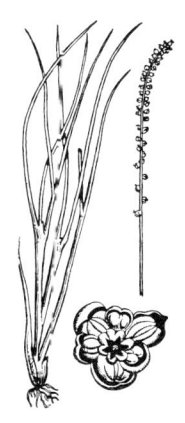

Dreizackgewächse
Strand-Dreizack *(Triglochin maritimum)* mit Einzelblüte

Dreizahn *(Danthonia decumbens)*

Dressur in der Forschung

Das Farben- u. Formensehen der Honigbiene *(Apis mellifica)* wurde weitgehend durch *Dressurexperimente* erforscht. Sammelbienen suchen Blütenstände mit dem Gesichtssinn u. lernen opt. Merkmale, um eine ertragreiche Futterquelle wiederzuerkennen. Dies wird ausgenutzt, indem man eine Sammelbiene im Labor auf eine bestimmten opt. Reizquelle mit Zuckerwasser füttert (belohnt). Dann kehrt diese Biene im-

Österreich, *T. variegatus* in S-Europa bis S-Tirol u. S-Schweiz. Die D. sind 5–15 mm lang, der große Halsschild ist gewölbt, die Beine sind verschieden ausgebildet: die Vorderbeine sind zum Graben stark verbreitert, die Mittelbeine zum Rudern auf der Wasseroberfläche abgeflacht, u. die Hinterbeine tragen drei geißelartige Anhänge (Name). Die D. leben in Feuchtgebieten, wo sie sich v. Algen u. Moosen ernähren.

Drepanidae [Mz.; v. *drepanō-] die ⌐Sichelflügler

Drepanididae [Mz.; v. gr. drepanis = Mauerschwalbe], die ⌐Kleidervögel.

Drepanium *s* [v. gr. drepanion = kleine Sichel], *Sichel,* ⌐Blütenstand.

Drepanocladus *m* [v. *drepano-, gr. klados = Zweig], Gatt. der ⌐Amblystegiaceae. [chelzellen.]

Drepanocyten [Mz.; v. *drepano-], die ⌐Si-
Drepanocytose *w* [v. *drepano-], die ⌐Sichelzellenanämie.

Drepanopeziza *w* [v. *drepano-, lat. pecicae = stiellose Pilze], Gatt. der ⌐Dermateaceae.

Drepanophorus *m* [v. *drepano-, gr. -phoros = -tragend], Gatt. der Schnurwurm-Fam. *Drepanophoridae* (Ord. *Hoplonemertini);* *D. rubrostriatus,* Mittelmeer, Meso- u. Sublitoral, auf Schlammböden; *D. modestus,* in 73 m Tiefe im östl. Indik.

Drepanophycus *m* [v. *drepano-, gr. phykos = Tang], Gatt. devon. *Protolepidodendrales.* Die bis 50 cm hohen, von waagrechten Rhizomen abgehenden Stämmchen tragen in schraub. Anordnung lineal., mit einem Leitbündel versehene Blättchen u. dazwischen auf kurzen Trägern sitzende Sporangien. Die Blättchen v. D. lassen sich als Weiterentwicklung der Blättchen v. ⌐Asteroxylon verstehen u. stützen damit die Ableitung der Bärlapp-Mikrophylle aus Emergenzen.

Drepanosiphonidae [Mz.; v. *drepano-, gr. siphōn = Röhre], die ⌐Zierläuse.

Drescherhaie, *Alopiidae,* Fam. der Haie mit 5 Arten; leben v. a. in der trop. u. gemäßigten Hochsee u. sind durch einen sehr langen oberen Schwanzflügel gekennzeichnet. Hierzu gehört der bereits im Jahre 1544 wiss. beschriebene, bis 6 m lange Fuchshai, Seefuchs od. Drescher *(Alopias vulpinus,* [B] Fische V), der jeweils 2–4 lebende, bis 1,6 m lange Junge gebiert. Mit dem langen Schwanz treibt er Schwarmfische zusammen.

Drescherkrankheit, *Farmerlunge,* allerg. Entzündung der ⌐Alveolen, die sich nach Inhalation v. sporenhalt. Staub entwickelt, bes. bei Arbeiten mit verschimmeltem Getreide od. verschimmeltem Heu. Symptome: Atemnot, Cyanose, Husten.

Dressur *w,* die Abrichtung v. Tieren zur

Ausführung v. Handlungen, die vom Menschen festgesetzten Zwecken dienen, z. B. die Abrichtung v. Wach- od. Blindenhunden, die Zirkus-D. usw. Die D. erfolgt durch eine Vielzahl vom Menschen gesteuerter Lernvorgänge (↗Lernen), wobei man die heute wenig geschätzte *Straf-D.* (wilde D.) u. die *Belohnungs-D.* (zahme D.) unterscheiden kann. Auch in der Verhaltensforschung spielen D.experimente eine wichtige Rolle. Im Ggs. zur prakt. D. wird in der Forschung jedoch der Einsatz einer persönl. Beziehung des Menschen zum Tier vermieden.

dRib, Abk. für ↗Desoxyribose.

Driesch, *Hans Adolf Eduard,* dt. Naturphilosoph u. Zoologe, * 28. 10. 1867 Bad Kreuznach, † 16. 4. 1941 Leipzig; Schüler v. Weismann (1886) u. Haeckel (1887–89), ab 1891 Arbeiten an der Zool. Station Neapel, seit 1900 Privatgelehrter in Heidelberg, 1907 Lehrstuhl für „Natürliche Theologie" in Aberdeen; 1911 Prof. in Heidelberg, 1920 Köln u. 1921 Leipzig; bekannt durch seine Versuche zur Embryogenie des Seeigels, deren Ergebnisse er vitalistisch interpretierte („Neovitalismus"); nach der Methode der induktiven Metaphysik unternahm er eine log.-ontolog. Grundlegung des experimentell Erkannten; forschte auch über parapsycholog. Phänomene. WW „The Science and philosophy of the organism" (1908).

Drift *w* [engl., = Strömung] 1) alle im fließenden Wasser mit der Strömung transportierten anorgan. u. lebenden od. toten organischen Partikel. Als *organismische D.* bezeichnet man Organismen, die vom Substrat abgerissen wurden. Die organism. D. wechselt tagesrhythmisch; sie steigt sprunghaft mit Beginn der Abenddämmerung an u. sinkt am Morgen rasch auf einen niederen Wert ab. Bei bestimmten Tieren kann man die D. als eine spezif. Ausbreitungsverhaltensweise ohne Energieaufwand ansehen, die als *Dispersions-D.* bezeichnet wird. Bei Insekten wird der Verlust durch organism. D. von stromaufwärts fliegenden legebereiten Weibchen ausgeglichen („Besiedlungszyklus"). 2) Durch gleichmäßige Winde od. Unterschiede in der Wasserbeschaffenheit erzeugte, oberflächennahe Meeresströmung. 3) ↗Gendrift.

Drigalski-Spatel [ben. nach dem dt. Bakteriologen K. W. v. Drigalski, 1871–1952], abgewinkelter od. zu einem Dreieck gebogener Glasstab, der in der Mikrobiol. zum gleichmäßigen Ausstreichen v. Impfmaterial (z. B. Bakterien, Faeces) auf festen Nährböden dient.

Drilidae [Mz.; v. gr. drilos = Regenwurm], die ↗Schneckenräuber; ↗Leuchtkäfer.

Drill, *Mandrillus leucophaeus,* zu den Bakkenfurchenpavianen (Gatt. *Mandrillus*) gehörender Affe des westafr. Urwalds; ähnl. dem ↗Mandrill *(M. sphinx),* jedoch kleiner und mit einfarbig schwarzem Gesicht; die männlichen D.s haben eine rote Kinnpartie.

Drillingsblume, die ↗Bougainvillea.

Drillingsnerv, der ↗Trigeminus.

Drillsaat, mit Hilfe einer Sämaschine wird das Saatgut in Reihen u. in gleichmäß. Tiefe in den Boden gebracht.

Drilomorpha [v. gr. drilos = Regenwurm, morphē = Gestalt], als U.-Ord. geführte Sammelgruppe v. Ringelwürmern aus der Ord. *Sedentaria.* Beide Einteilungen sind nicht mehr gebräuchlich; heute in die Ord. ↗*Cirratulida,* ↗*Flabelligerida,* ↗*Ophelida,* ↗*Capitellida,* ↗*Sternaspida,* ↗*Oweniida* aufgelöst.

Drilonema *s* [v. gr. drilos = Regenwurm, nēma = Faden], Gatt. der Fadenwurm-Ord. ↗*Rhabditida,* namengebend für die Superfam. *Drilonematoidea* mit etwa 30 Gatt., parasit. v. a. in trop. Regenwürmern.

Drimys *w* [v. gr. drimys = beißend, scharf], *D. winteri,* ↗Winteraceae.

mer wieder zurück, u. man kann durch Veränderungen des Reizes untersuchen, welche Unterscheidungen die Biene treffen kann, welche Merkmale sie bevorzugt beachtet usw. K. v. Frisch wies durch eine solche Dressur das Farbsehvermögen der Biene nach: Er zeigte, daß eine Biene, die auf einem blauen Untergrund gefüttert wurde, dieses Blau aus vielen Graustufen herausfand. Nach der Farbe ist auch die Form der Futterquelle ein wichtiges Merkmal für die Bienen, doch weicht ihre Wahrnehmung von Formmerkmalen erheblich von der menschlichen ab. Formen, die uns recht ähnlich erscheinen, unterscheiden sie gut, u. andere, die für den Menschen sehr verschieden sind, werden v. Bienen als gleichwertig od. als ähnlich behandelt.
B Farbensehen der Honigbiene.

H. A. E. Driesch

Drogen und das Drogenproblem

Im deutschen pharmazeutischen Sprachgebrauch versteht man unter Drogen getrocknete, arzneilich verwendete Pflanzenteile, die zur Tee- und Extraktbereitung oder in der Industrie zur Gewinnung natürlicher Arzneistoffe bestimmt sind. Auch heute wird in Europa die Bezeichnung *Arzneidroge* in diesem Sinne gebraucht. Im Gegensatz dazu versteht man unter *Rauschgiftdrogen* solche, die mißbräuchlich zur Erzeugung von Rauschzuständen Verwendung finden.
Im angelsächsischen Sprachgebrauch bzw. nach der Tariff Classification Study US-Gov. wird unter der Bezeichnung *drug*

Etymologie des Wortes „Droge"

Arabisch: dawa = Heilmittel
Niederländisch: droog = trocken
Lateinisch: trochicus = früher gebräuchliche Arzneimittelzubereitung
Slawisch: doroga = teuer, kostbar

jedes Medikament, d. h. auch Arzneimittel synthetischer Herkunft, einschließlich der stark wirkenden und Sucht erzeugenden Präparate, verstanden. Hier wird also nicht zwischen Arznei- und Rauschdroge unterschieden. Unter dem amerikanischen und englischen Einfluß ist heute die Bezeichnung „Droge" auch in Europa, vor allem in Kriminalistik, Publizistik, aber auch im allgemeinen Sprachschatz synonym geworden für mißbräuchlich verwendete Stoffe mit suchtmachender Wirkung. Stellvertretend oder im übertragenen Sinne werden oft auch nichtchemische Dinge, die beim Menschen suchtähnliche Erscheinungen

Drogen/Drogenproblem

hervorrufen, mit dem Ausdruck Droge belegt, ihr gleichgesetzt oder mit ihr verglichen. Der Satz „Religion ist Opium für das Volk" ist nur ein allzu bekanntes Beispiel. Als charakteristisch wird für alle Drogen in diesem Sinne eine starke Veränderung und Beeinflussung von Psyche, Persönlichkeitsstruktur und körperlichem Befinden angesehen.

Die Weltgesundheitsorganisation (WHO) hat den Begriff der Sucht durch den der *Abhängigkeit* (drug dependence) ersetzt und unterscheidet 8 Abhängigkeitstypen. Von diesen Typen führen z. B. Opium, Morphin, Heroin und Cocain zu einer physischen Abhängigkeit, die ein zwanghaftes Verlangen nach diesen Drogen und das Auftreten von schweren Abstinenzerscheinungen kennzeichnet. Die anderen Drogen, wie z. B. LSD, Haschisch oder bestimmte Schmerzmittel, führen oft nur zu psychischer Abhängigkeit. Bei den Konsumenten wird analog zwischen *harten* und *weichen Drogen* unterschieden.

Der *Gesetzgeber* hat alle Drogen, einschließlich der Halluzinogene LSD, Meskalin u.a. dem Betäubungsmittelgesetz unterstellt. Gebrauch und Handel dieser Drogen, ausgenommen die ärztliche Verwendung, sind nach dem Betäubungsmittelgesetz verboten. Eine Suchtkommission des Wirtschafts- und Sozialreferates der Vereinten Nationen entscheidet zweijährlich über die Unterstellung der vermehrt mißbräuchlich verwendeten psychotropen Stoffe unter die Internationale Suchtstoff-Konvention. Auf nationaler Ebene regelt die sogenannte Betäubungs-Gleichstellungs-Verordnung den Verkehr der suchtgefährdenden Substanzen.

Die Neufassung des BTM-Gesetzes vom 1. 1. 1982 sieht eine erhebliche Strafverschärfung für Drogenhändler (Höchststrafe bis 15 Jahre) und Straferleichterung für Drogenabhängige vor. Bei freiwilliger Unterziehung einer Therapie wird Straffreiheit gewährt, falls das zu erwartende Strafmaß 2 Jahre nicht überschreitet. Nach Mißlingen des ersten Versuchs muß jedoch die verhängte Strafe verbüßt werden. Ihrer Herkunft nach stammen Drogen, wie z. B. Opium, Haschisch, Cocain, aus illegalen Kulturen des Orients, Ostasiens, Mexikos oder Südamerikas, während z. B. LSD, Morphin, Heroin in Untergrundlaboratorien v. a. in Europa und USA hergestellt werden. Alle anderen auch als Arzneimittel gehandelten Drogen entstammen den Großlaboratorien der pharmazeutischen Industrie, von wo aus sie legal über die Verschreibung durch Ärzte oder illegal aus Einbrüchen in Apotheken oder Arzneimitteldepots auf den Drogenmarkt gelangen.

Die Wirkung der Drogen

Die 8 Abhängigkeitstypen nach der WHO

Morphin-Typ
Opiat-Typ
Antagonist-Typ
Cocain-Typ
Cannabis-Typ
Khat-Typ
Halluzinogen-Typ
Amphetamin- und
Barbiturat-Typ

Vergiftungserscheinungen

Einteilung der Drogen mit Sucht- oder Abhängigkeitscharakter

1) Natürliche oder „klassische" Rauschmittel pflanzl. Herkunft (z. B. Opium, Haschisch, Cocain u. a.)
2) Synthetische Stoffe, die teils als Medikamente (Arzneistoffe), teils als illegale Rauschmittel Anwendung finden (z. B. Barbiturate, Amphetamine, LSD)
3) Gesellschaftlich tolerierte, traditionelle Drogen, wie z. B. Alkohol oder Nicotin

Drogenkonsum als Massenerscheinung

Die Wirkung der Drogen kommt durch Angriff im Zentralnervensystem und eine chemische Wechselwirkung mit bestimmten Rezeptoren bzw. biogenen Übertragersubstanzen im Gehirn oder in den Nerven zustande. Diese kann sich in Schmerzlinderung, körperlichem Wohlbefinden (Euphorie) oder Halluzinationen äußern. Je nach Drogenart können dabei Bewußtsein und Erinnerungsvermögen erhalten oder stark eingeschränkt sein. Halluzinogene führen in spezifischer Weise zu tiefgreifenden seelischen Veränderungen und Wahrnehmungsverschiebungen bis hin zu Angst- und Panikzuständen, Bedrohungserlebnissen und Suizidgefährdung. Einige Drogen, wie z. B. Cocain, erzeugen ein übersteigertes Ichwertgefühl und das Gefühl einer erhöhten Leistungsfähigkeit. Ähnliche Leistungs- oder Psychostimulanswirkungen sind von den Dopingmitteln bekannt.

Alle Drogen führen zu akuten oder chronischen Vergiftungserscheinungen und nach dem Absetzen bzw. Entzug der Droge zu Abstinenzerscheinungen der vielfältigsten Art (schwere Unruhezustände, Wahnvorstellungen, Erbrechen, Gliederzittern, Krampfanfälle). In schweren Fällen sind Neurosen, schizophrenieähnliche Erscheinungen oder der Tod die Folge.

Der massenhafte *Gebrauch* von Drogen durch bestimmte Personengruppen war im Altertum unbekannt. Bei einigen Urvölkern dienten Rauschgiftdrogen zu Kulthandlungen. Die Kontrolle über diese „divinatorischen" Drogen wurde von den Stammesältesten oder Opferpriestern ausgeübt. Gelegentlich wurden Drogen als *Kampfgifte* oder als Stimulantien, um die eigene Kampfeslust zu steigern, eingesetzt. In China haben die Verbote von Tabak und Alkohol den Opiumkonsum gefördert. In vielen Ländern waren Hunger und gravierende soziale Mißstände die Wegbereiter des Drogenmißbrauchs.

Mitte des 18. Jahrhunderts war der Drogenkonsum, vor allem von Cocain, in Künstler- und Intellektuellenkreisen eine Modeerscheinung. Künstler und Schriftsteller, die eigene Erfahrungen mit Drogen gemacht hatten, äußerten sich teils kritisch und ablehnend, andere wieder enthusiastisch über die Möglichkeiten der „Bewußtseinserweiterung" durch Drogen. Die wenigsten von ihnen aber waren für eine Liberalisierung des Drogenhandels und sahen in den Drogen ein Privileg für wenige. Heute ist der Drogenkonsum profaniert und zu einer *Massenerscheinung* geworden, die vor allem viele Jugendliche ergriffen hat. Das Übergreifen des Drogenkonsums auf weite Bevölkerungsschichten, vor allem in den Städten, hat zu der sog. *Drogenszene* geführt. Hinzu kommt, daß die Organisation des Drogenanbaus, des Transportes und des Verkaufs (Dealer) eine unglaubliche Perfektion erreicht hat. Während sich in früheren Zeiten das Bedürfnis zur Daseinserleichterung mehr aus physischer Not heraus entwickelte, ist in den heutigen Industriegesellschaften mehr die psychische Not Auslöser von Drogenabhängigkeit. Man kann heute den ansteigenden Konsum von Rauschgiftdrogen im wesentlichen auf vier Hauptursachen zurückführen:

Die Drogenszene

Persönlichkeitsdefekte des Betroffenen, die bis in die Kindheit zurückreichen, der soziale Nahraum,
die Leistungs- und Konsumgesellschaft,
die Eigenschaften und besonders die Verfügbarkeit der Rauschgifte.

Die vier Hauptursachen des ansteigenden Drogenkonsums

Psychische Untersuchungen von Süchtigen haben gezeigt, daß es sich bevorzugt um neurotische oder hysterisch veranlagte oder an Charaktero- und Psychopathien leidende, indifferente oder initiativarme Menschen handelt. Niedrige Intelligenz und verminderte Ichstärke wirken adjuvatorisch.
Man kann davon ausgehen, daß von Anfang an kein echtes pathologisches Verlangen zum Drogenkonsum vorliegt. Der Umgang mit Drogen ist ein erlerntes Verhalten. Insofern hat der legale, aber übersteigerte Tablettenkonsum bei zunächst harmlosen Befindlichkeitsstörungen, Unlustgefühlen, Streßsituationen, Schmerzen und dergleichen eine gefährliche katalytische Wirkung.
Ausgelöst wird die *Einstiegsphase* durch Konflikte und Spannungssituationen, die in der Familie, am Arbeitsplatz, in der Schule, in sozialen Gruppen oder in der Öffentlichkeit auftreten. Viele dieser Konflikte sind durch echte oder scheinbare gesellschaftliche Spannungen und Widersprüche bedingt. Das Individuum kann die Spannungen nicht ertragen, die Widersprüche nicht allein lösen und greift zur Droge als scheinbaren Konfliktlöser.
Nicht selten stehen am Anfang der Kontaktphase oft nur bloße Neugierde, Abenteuerlust, Nachahmungstrieb und das Verlangen nach Selbstbestätigung. Fehlverhalten von Eltern und Vorgesetzten, Mangel an Verständnis, Geduld, Toleranz und Kameradschaft, realitätsfremde Erziehung, autoritäres oder zu nachgiebiges und unsicheres Verhalten in Grundfragen, desolate häusliche Verhältnisse oder feh-

Umgang mit Drogen: ein erlerntes Verhalten

Die Einstiegsphase

lende Nestwärme, aber auch öffentliche Parolen, die das Engagement, die Leistungsbereitschaft und den Idealismus Jugendlicher untergraben oder künstlich soziale Spannungen, Generationskonflikte und Ängste erzeugen, führen oft zu der pessimistischen Einsicht, daß die erträumten oder berechtigten Ansprüche nicht erfüllbar sind. Dabei sind die Ängste vieler Drogenabhängiger nicht nur neurotischer oder psychotischer Art, sondern haben ihre realen Wurzeln in unserer modernen Überflußgesellschaft. Materielle Sattheit und Verwöhnung macht viele Labile durch vorschnell befriedigte Ungeduld zu „Luxusverwahrlosten", in der alle elementaren menschlichen Werte, wie Zuverlässigkeit, Ehrlichkeit und Treue, Leistung, äußerer Erfolg und soziale Anpassung abgelehnt werden. Diese „Verzweiflungsphase" mit dem totalen Rückzug aus der Umwelt und der Entwertung der Außenwelt und ihrer Objekte endet schließlich in der Selbstvernichtung. Sozial gesehen, kann es unter Drogeneinfluß zu einer immer geringer werdenden Anpassung, zu asozialem Verhalten, kommen. Der Realitätsbezug des Konsumenten und die Einsicht in die Notwendigkeit der Arbeit gehen verloren. Diese Effekte nehmen mit der „Härte" der Droge zu. Die soziale Abhängigkeit von Drogenhändlern sowie die zwangsläufige Bekanntschaft mit den sozialen Randzonen führen zur sozialen Isolation und Kriminalisierung.

Als die geeignetste *Therapie* von Drogenabhängigen hat sich die individuelle oder besser Gruppenpsycho-Therapie erwiesen. Während der Entziehungskur wird das Abstinenzsyndrom durch beruhigende Psychopharmaka und medizinische Überwachung kontrolliert. Die Rückfallquote liegt allerdings bei etwa 90%.

Therapie

Lit.: *Behr, H.-G.*: Weltmacht Droge. Das Geschäft mit der Sucht. Wien – Düsseldorf 1980. *Eddy, N. B., Halbach, H., Isbell, H.* und *Seevers, M. H.*: Bull. Wld. Hlth. Org. 32, 721–733 (1965). *Faust, V., Carlhoff, H.-W.* und *Schneider, K. D.*: Drogengefahr. Stuttgart 1982. *Hofmann, A.*: LSD – mein Sorgenkind. Stuttgart 1979. *Huxley, A.*: Die Pforten der Wahrnehmung. Himmel und Hölle. München 1970. *Keup, W.*: Die Psychopathologie jugendlicher Drogenabhängiger – Ansätze zur Therapie, in: Drogen- und Rauschmittelabhängigkeit, Hannover 1972. *Klein, K.* (Hg.): Taschenlexikon Drogen. Düsseldorf 1980. *Lösch, H., Mattke, D. J., Müller, S., Portugall, E., Wormser, R.*: Drogen-Fibel. Information über beruhigende, anregende und bewußtseinsverändernde Mittel. München 1971. *Schenk, J.*: Die Persönlichkeit des Drogenkonsumenten. Göttingen 1979. *Schmidbauer, W., Scheidt, J.*: Handbuch der Rauschdrogen, München 1971. *Wagner, H.*: Rauschgift-Drogen. Berlin – Heidelberg – New York 1970.

Hildebert Wagner

Drohne

Drohne w, *Drohn,* männl. Geschlechtstier (Kaste) im Bienenstaat (↗Honigbiene). Von Königin u. Arbeiterin sowohl durch Körperform u. -größe als auch durch das Fehlen eines Stachels unterschieden. Geht aus unbefruchteten Eiern hervor (arrhenotoke Parthenogenese), die die Königin in gegenüber den Arbeiterinnenzellen (∅ 5,37 mm) größere D.nzellen (∅ 6,91 mm) der Waben ablegt. Bis zum 1. Larvenstadium bleiben die Zellen – untersucht sind Epidermis, Tracheen, Darmtrakt, Gehirn u. Mesodermabkömmlinge, wie z. B. Peritonealepithel des Hodens od. dorsales Diaphragma – haploid, ab dem 2. Larvenstadium werden sie in den meisten Geweben durch Endomitosen diploid u. in den folgenden Stadien z. T. polyploidisiert (Zellen des Peritonealepithels des Hodens z. B. bis zu 32ploid). Nicht diploidisiert wird das dorsale Diaphragma. In der Spermatogenese unterbleibt die Reduktionsteilung, so daß jeweils genetisch völlig gleiche Samenzellen mit 16 Chromosomen entstehen. Die Entwicklung der D. erfordert als längste der 3 Bienenkasten 24 Tage (Königin 16, Arbeiterin 21 Tage). Jedoch erst nach weiteren 10 Tagen tritt Begattungsreife ein u. erfolgt der erste Ausflug. Neben ihrer Hauptaufgabe, die Königin zu begatten, auf dem sog. Hochzeitsflug, erfüllen die D.n noch weitere Funktionen. Wenn die Arbeiterinnen in den kühlen Morgenstunden auf Tracht ausfliegen, versammeln sich die D.n auf den Waben, um die Brut zu wärmen. Erst wenn die Außentemp. angestiegen ist u. so die Wärmeverhältnisse im Stock nicht mehr beeinträchtigt werden können, fliegen auch die D.n aus. Ferner sind sie am Weiterreichen der v. den Sammlerinnen eingetragenen Tracht u. daher auch am Bereiten des Honigs beteiligt, insofern sie den Nektar mit Speicheldrüsen-Enzymen (Invertase, Diastase) versetzen. D.n treten im Bienenvolk frühestens ab April, meist jedoch erst ab Mai auf u. werden im allg. Ende Juli/Anfang August abgetrieben, ein Vorgang, der wenig treffend als *D.nschlacht* bezeichnet wird, denn die D.n werden dabei nur in seltenen Fällen abgestochen. Im allg. werden sie v. den Arbeiterinnen ledigl. aus dem Stock hinausgezerrt u. gehen, da sie zu selbständ. Nahrungssuche u. -aufnahme unfähig sind, zugrunde. *D. Z.*

Drohnenbrütigkeit, i. w. S. Erscheinung, daß im Bienenvolk ausschl. unbefruchtete Eier gelegt werden, aus denen folgl. nur ↗Drohnen hervorgehen. Die Ursachen sind verschieden, entspr. wird zw. *Drohnenbrütigkeit i. e. S., Buckelbrütigkeit* u. *Fehlbrütigkeit* unterschieden. Drohnenbrütig ist ein Volk, das eine unbegattete Königin hat;

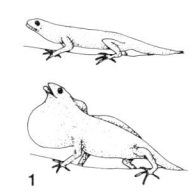

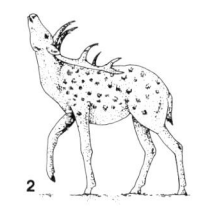

Drohverhalten

1 De- *Anden-Anolis,* eine südam. Eidechsenart, droht durch Aufblasen seines Kehlsacks u. Hochstemmen des Vorderkörpers. Er vergrößert damit seine Körperumrisse.
2 Hirsche (hier ein *Dybowskihirsch*) drohen wie ihre Vorfahren mit den Eckzähnen, obwohl diese zu winzigen Gebilden verkümmert sind. Die stammesgeschichtlich primitivsten Hirscharten (Moschustiere, Wasserrehe) besitzer noch große Eckzähne, die dem Rivalenkampf dienen. Die stammesgeschichtlich weiterentwickelter Formen wie der Rothirsch benutzen in Rivalenkämpfen nur das Geweih. Ihre Drohgebärde besteht also im Vorzeigen einer nicht mehr existierenden Waffe; die Verhaltenskoordination war stammesgeschichtlich stabiler als das zugehörige Körperorgan.

buckelbrütig ein Volk, das weisellos ist u. die dadurch hervorgerufene Stimmung bedingt, daß die nur anlagenmäßig vorhandenen Eierstöcke bei einigen Arbeiterinnen (↗Afterweisel, Drohnenmütterchen) in Tätigkeit treten u. somit unbefruchtete Eier entstehen, aus denen zwar kleinere, aber begattungsfähige Drohnen hervorgehen; fehlbrütig ein Volk, wenn einer ursprüngl. funktionstüchtigen Königin aufgrund v. Verletzung, Alter od. mangelhafter Begattung der Samen ausgegangen ist.

Drohnenmütterchen, der ↗Afterweisel.
Drohnenschlacht ↗Drohne.
Drohverhalten, Handlungen, die einen Gegner einschüchtern od. zum Rückzug veranlassen sollen, bevor es zum eigtl. Kampf kommt. Die komplizierten Formen des D.s beruhen auf spezif. sozialen Signalen u. richten sich v. a. an Artgenossen; es gibt jedoch auch ein D. gegenüber artfremden Tieren, z. B. drohen wehrhafte Pflanzenfresser gg. potentielle Freßfeinde. Das *optische D.* beruht häufig auf der Vergrößerung des eigenen Körpers durch Fell- od. Gefiedersträuben, Darbietung der Breitseite usw. od. auf dem demonstrativen Vorzeigen der artspezif. Waffen (Zähne, Hörner). Es gibt auch Drohfärbungen u. Drohmuster; so wird das (allen Primaten gemeinsame) Drohen durch Vorzeigen der Eckzähne beim Bärenmaki durch eine Rotfärbung der nackten Überaugenwülste (starke Durchblutung) unterstützt. Eine solche *Drohmimik* kann v. *Drohgebärden* begleitet sein, die häufig ↗Intentionsbewegungen für wirkl. Angriffe darstellen. Allerdings können dabei auch Elemente des Fluchtverhaltens auftreten, was der engen Beziehung v. Angriffs- u. Fluchttendenzen bei bestimmten Aggressionsformen entspricht (B Bereitschaft II). Häufig werden auch Laute als *akustisches D.* geäußert, z. B. das Knurren v. Hunden, das Schlagen auf Gegenstände bei Menschenaffen, das Schwanzrasseln der Klapperschlange usw. Ob es *chemisches D.* gibt od. ob chem. Signale mehr dem ↗Markierverhalten zuzuordnen sind, ist unklar. Das D. kann vom ↗*Imponierverhalten* (nur gegenüber Artgenossen gezeigt) nicht klar getrennt werden: teilweise versteht man unter Imponierverhalten ein D. geringer Intensität, teilweise ein D., das typ. für die ↗Balz ist u. das nicht nur Rivalen abschreckt, sondern auch den Sexualpartner anlockt.

Dromadidae [Mz.; v. gr. dromas, Gen. dromados = laufend], die ↗Reiherläufer.
Dromaiidae [Mz.; v. gr. dromaios = laufend], die ↗Emus.
Dromedar s [v. gr. dromas, Gen. dromados = laufend, hurtig], *Einhöckriges Ka-*

mel, *Camelus dromedarius;* nur 1 Rückenhöcker; außer an Höcker u. Hals nur kurze Körperbehaarung; Paßgänger. Das D., das Zweihöckrige ↗Kamel u. die ↗Lamas bilden eine eigene U.-Ord. (Schwielensohler, *Tylopoda*) innerhalb der Ord. der Paarhufer. Heute lebt das D. nur noch in seiner Haustierform in den heißen Wüstengebieten N-Afrikas u. SW-Asiens; vermutl. wurde es schon im 4. od. 3. Jt. v. Chr. in Arabien domestiziert. Aufgrund v. Züchtungen unterscheidet man heute Last-D.e u. Reit-D.e (z. B. das nordafr. Mehari). Die große Bedeutung des D.s als Transportmittel für den Menschen (z. B. bei Karawanen) liegt in seiner erstaunl. Fähigkeit, lange Trockenperioden u. große Hitze ohne zwischenzeitl. Wasseraufnahme unbeschadet zu überstehen. Man weiß heute, daß weder ein geheimnisvoller Wasservorrat im Bauch noch eine Wassergewinnung durch oxidativen Fettabbau im Rückenhöcker der D.e, wie man bis vor kurzem noch annahm, hierfür verantwortlich ist. Vielmehr kann das D. nachts die Wasserabgabe an die Umgebung verringern, indem es die Wasserdampfkonzentration der ausgeatmeten Luft auf 75% (statt 100%) drosselt u. überdies deren Temp. reduziert. Beide Effekte werden durch ein stark vergrößertes Epithel der Nasenhöhlen erreicht, das als wirkungsvoller Wärmeaustauscher funktioniert. Beim Einatmen wird die Oberfläche durch die vorbeistreichende Luft abgekühlt, so daß beim Ausatmen Wärme an die Nasenschleimhaut abgegeben werden kann. Ferner wird mit zunehmendem Wasserdefizit des D.s die Nasenschleimhaut trocken u. durch salzhaltigen eingetrockneten Schleim hygroskopisch. Im übrigen ist der Blutstrom zur Austauschoberfläche der Nase nachts stark gedrosselt. Tagsüber jedoch erfordert die Wärmebelastung eine Wärmeabgabe, die zu einem großen Teil über die körperwarme Ausatmungsluft mit hohem Wassergehalt erreicht wird. Dabei wird das v. der Nase kommende venöse Blut selbst abgekühlt u. kühlt seinerseits im Wärmeaustausch das im Gegenstrom durch den Sinus cavernosus zum Gehirn fließende arterielle Blut (↗Rete mirabile). Der Erfolg ist eine selektive Kühlung des Gehirns, womit eine energieaufwendige hypothalamische Wärmeregulation mit Wasserverlust (Schweiß) erst bei sehr hohen Körperkerntemp. (≈ 40 °C) notwendig wird. Ein spärl. ausgebildetes Unterhautfettgewebe (das bei anderen Säugetieren als Isolationsschicht wirkt) begünstigt beim D. die Ableitung v. Körperwärme an die Umgebung; als Fettspeicher dient hpts. der Höcker. Auf langen Wanderungen kann das D. bis zu 30% seines Körpergewichts durch Flüssigkeitsverlust einbüßen. Der Mensch würde, unter gleichen Temperaturbedingungen, bereits bei 12% Gewichtsverlust durch Dürsten an Hitzschlag sterben. Das D. entzieht dabei das Wasser bevorzugt dem Gewebe u. weniger dem Blut, wodurch die Gefahr der Blutverdickung, der andere Säugetiere ausgesetzt sind, herabgesetzt ist. Außerdem ist das D. imstande, Wasser ungewöhnl. schnell wieder aufzunehmen (ca. 100 Liter in 10 Min.). Das Auge des D.s ist gg. Wüstensand u. Sonneneinwirkung durch eine Doppelreihe ineinandergreifender Augenwimpern geschützt. Seine Atemwege kann das D. durch Schließen der Nasenöffnungen vor Sandstaub schützen. Kreuzungen zwischen D. u. Zweihöckrigem Kamel sind möglich; die Bastarde sind untereinander jedoch unfruchtbar. B
Mediterranregion IV. *H. Kör.*

Dromedarspinner ↗Zahnspinner.

Dromiidae [Mz.; v. gr. dromias = Art Krebs], die ↗Wollkrabben.

Drongos [Mz.; madegass.], *Dicruridae,* Fam. der Sperlingsvögel mit 19 meist schwarzgefärbten Arten in S-Asien, Afrika, Madagaskar u. Australien; oft mit Federhaube u. stark verlängerten äußeren Schwanzfedern; sitzen häufig auf exponierten Stellen, wie Leitungen, Ästen od. auch auf dem Rücken v. Weidetieren, u. jagen im Flug wie Fliegenschnäpper nach Insekten. Das in einer Astgabel befestigte napfförm. Nest enthält 2–4 Eier. Der stimmbegabte afr. Trauerdrongo *(Dicrurus adsimilis)* ist ein beliebter Käfigvogel.

Drontevögel, *Raphidae,* flugunfähige, † Vögel v. Schwanengröße; systemat. Stellung umstritten, den Taubenvögeln od. den Rallen zuzurechnen; 2 od. 3 Arten auf Inseln bei Madagaskar, wo sie um 1780 ausgerottet wurden, einerseits durch jagende Seefahrer, andererseits durch eingebürgerte Ratten u. Schweine, die die Bodennester plünderten. Der lange, kräftige Schnabel diente bei der Nahrungssuche zum Zerkleinern v. harten Früchten u. Gehäuseschnecken. Die Dronte *(Raphus cucullatus),* auch Dodo gen., lebte auf der Insel Mauritius.

Drosera *w* [v. gr. droseros = tauig], der ↗Sonnentau.

Droseraceae [Mz.; v. gr. droseros = tauig], die ↗Sonnentaugewächse.

Drosophila melanogaster *w* [v. gr. drosos = Tau, philē = Freundin, melas = schwarz, gastēr = Magen, Bauch], *Drosophila fasciata,* Kleine Essigfliege, Kleine Obstfliege, Kleine Taufliege, Art der ↗*Drosophilidae,* bis ca. 2 mm große, braun bis gelb gefärbte Fliege; häufig an gärendem u. faulendem Obst, in das sie ihre Eier legt.

Drongos

Der Flaggendrongo *(Dicrurus paradiseus)* ist ca. 35 cm groß, schwarzblau, mit über 40 cm langen äußeren Schwanzfedern u. schönem Gesang; beliebter Käfigvogel.

Drontevögel

Dronte, Dodo *(Raphus cucullatus)*

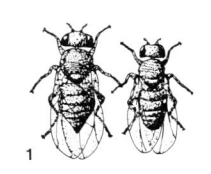

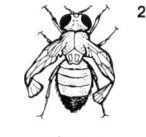

Drosophila melanogaster

1 Wildtyp von Drosophila (links Weibchen, rechts Männchen), **2** Mutanten von Drosophila

Drosophilatyp

Seit 1907 (T. H. ↗Morgan) ist D. m. ein ideales biol. Versuchstier für genet. u. entwicklungsphysiolog. Forschungen. Voraussetzungen dafür sind ihre leichte Züchtbarkeit in kleinen Gläschen mit einer Futtermischung aus zuckerhalt. und kleieart. Stoffen. Schon 24 Std. nach der Begattung legt das Weibchen bis zu 400 Eier, die Larven verpuppen sich nach 3–5 Tagen, u. nach weiteren 3–11 Tagen schlüpfen die Imagines. Eine Generation dauert also ca. 10 Tage, eine Zucht aus einem befruchteten Weibchen kann nach 30 Tagen theoret. aus 16 Mill. Tieren bestehen. Das Erbmaterial der D. m. besteht aus nur 4 Chromosomenpaaren, die in den Speicheldrüsen bes. groß als ↗Riesenchromosomen ausgebildet sind. Dadurch werden besonders genet. Forschungen wesentl. vereinfacht. Vor allem durch Kreuzungsexperimente konnten Genkarten der ↗Chromosomen erstellt werden. Viele Mutationen des Erbmaterials zeigen sich durch deutl. Farb- u. Gestaltsänderungen (z. B. Augenfarbe, Flügelgröße, Borstenanordnung) u. sind daher Experimenten gut zugänglich. Insgesamt ist D. m. einer der am besten untersuchten Organismen überhaupt. Bei der Balz führt das Männchen typ. „Liebestänze" auf. [B] Chromosomen I–II, [T] Desoxyribonucleinsäuren.

Drosophilatyp *m*, eine Form der genotyp. Geschlechtsbestimmung eines Organismus, wie sie z. B. bei ↗*Drosophila melanogaster* vorliegt. Männchen sind heterogametisch (XY od. X0), Weibchen homogametisch (XX); die sog. Geschlechtsrealisatoren (Gene, die für die Ausprägung des Geschlechts verantwortlich sind) sind auf den X-Chromosomen u. auf den Autosomen lokalisiert; auf dem Y-Chromosom liegen keine Geschlechtsrealisatoren, weshalb es fehlen kann. Ein Individuum mit *einem* X-Chromosom u. zwei Autosomensätzen wird zum Männchen, ein Individuum mit *zwei* X-Chromosomen u. zwei Autosomensätzen wird zum Weibchen. Wenn das für die Geschlechtsausprägung unbedeutende Y-Chromosom wie bei Drosophila selbst vorhanden ist, spricht man v. einem XY-Typ, wenn es wie bei anderen Insekten fehlt, v. einem X0-Typ.

Drosophilidae [Mz.; v. gr. drosos = Tau, philē = Freundin], *Essigfliegen, Obstfliegen, Taufliegen*, Familie der Fliegen mit ca. 50 europäischen Arten; auf Hawaii kennt man etwa 400 endem. Arten, die andere auf diesen Inseln fehlende Fliegengruppen „ökolog." vertreten (↗Stellenäquivalenz). D. sind ca. 2–4 mm große Insekten. Der Geruch v. gärendem u. faulendem Obst lockt in kurzer Zeit viele D. an, die ihre Eier dort ablegen. Es gibt auch minierende

Drosophyllum
Fangmechanismus: Auf der Unterseite u. an den Rändern der Blätter stehen unbewegl. gestielte Drüsen in 6 Reihen; sie sondern eine klebr. Polysaccharidlösung ab, mit der Insekten festgehalten werden. Auf der gesamten Blattfläche sind ungestielte Drüsen verteilt, die proteolyt. Enzyme produzieren. Wenn ein Tier festklebt, werden auf diesen Reiz hin v. den ungestielten Drüsen Enzyme sezerniert u. deren Produktion gesteigert. Falls sich ein nicht nahrhaftes Partikel verfangen hat, stellen sie ihre Tätigkeit rasch ein.

Drosseln

Drosseln i. e. S. (bekannte Arten):
↗Amsel
(Turdus merula)
Erddrossel
(T. dauma)
Misteldrossel
(T. viscivorus)
Ringdrossel
(T. torquatus)
Rotdrossel
(T. iliacus)
Singdrossel
(T. philomelos)
Wacholderdrossel
(T. pilaris)
Wanderdrossel
(T. migratorius)

Drosseln i. w. S. (bekannte Gattungen):
↗Blaukehlchen,
↗Nachtigallen
(Luscinia)
↗Merlen *(Monticola)*
↗Rotkehlchen
(Erithacus)
↗Rotschwänze
(Phoenicurus)
↗Schamadrosseln
(Copsychus)
↗Steinschmätzer
(Cenanthe)
↗Wiesenschmätzer
(Saxicola)

u. räuber. Arten. Da viele D. auch an Kot vorkommen, können sie Keime auf Obst, Fruchtsäfte u. ä. übertragen. Eine große Bedeutung haben einige Arten bei der Übertragung der Weinhefe, die zur normalen Gärung des Weins notwendig ist. Die bedeutendste der D. ist ↗*Drosophila melanogaster,* die Kleine Essigfliege.

Drosophyllum *s* [v. gr. drosos = Tau, phyllon = Blatt], *Taublatt, Sonnenblatt,* Gatt. der Sonnentaugewächse mit einer Art, *D. lusitanicum;* insectivore Pflanze, die auf der Iber. Halbinsel u. in W-Marokko beheimatet ist u. dort relativ trockene Standorte besiedelt, die aber ozean. Klima unterliegen. Der ca. 50 cm hohe, gelbblühende Halbstrauch hat bis 30 cm lange, schmale, im Querschnitt beinahe dreikant. Blätter, deren Spitzenwachstum lange anhält; daher sind noch nicht vollentwickelte Blätter nach außen gerollt. D. wird als Zimmerpflanze u. gelegentl. als „lebender Fliegenfänger" in Töpfen gehalten. ☐ carnivore Pflanzen.

Drosseln, *Turdidae,* Fam. der Singvögel, werden auch als U.-Fam. der Fliegenschnäpperartigen aufgefaßt; ca. 60 Gatt. mit ca. 300 Arten sind weltweit verbreitet, fehlen lediql. auf isolierten Inseln u. in der Antarktis. 11–33 cm große Vögel mit großen Augen, relativ langen Beinen, meist langem abgestutztem Schwanz; die Jungen sind gefleckt; ernähren sich v. Beeren, Würmern, Schnecken u. Insekten; vielfach Zugvögel. Die Drosseln i. e. S. (Gatt. *Turdus*) legen 3–6 meist gefleckte Eier in ein napfförm. Nest aus Pflanzenmaterial. Zu ihnen gehört als bekannteste Art die ↗Amsel od. Schwarzdrossel *(T. merula).* In Wäldern, Parks u. stellenweise auch verstädtert in Ortschaften kommt die Singdrossel *(T. philomelos,* [B] Europa IX, [B] Vogelei I) vor; brauner Rücken u. helle, schwarzgefleckte Unterseite; Ankunft in den mitteleur. Brutgebieten Anfang März; ausdauernder Sänger, der seine Motive jeweils mehrmals wiederholt; Ruf „zip". Ähnlich gefärbt, doch größer ist die Misteldrossel *(T. viscivorus);* ernährt sich u. a. von den Früchten der Mistel, zu deren Verbreitung sie über die Ausscheidung der Kerne mit dem Kot wesentl. beiträgt; ihr Gesang liegt zw. Amsel u. Singdrossel u. klingt melancholisch ([B] Vogelei I). Die Wacholderdrossel *(T. pilaris,* [B] Europa V) ist relativ bunt gefärbt, Kopf, Nacken u. Bürzel sind grau, Rücken u. Schultern rotbraun; breitet ihr Brutareal seit der letzten Eiszeit beständig nach W aus u. paßt sich dabei auch den zivilisationsbedingten Veränderungen der Landschaft an; gesellig, brütet häufig in lockeren Kolonien; wurde fr. in großer Zahl gefangen u. als Leckerbissen verzehrt

("Krammetsvogel"). Als Durchzügler u. Wintergast aus dem N erscheint in Mitteleuropa die Rotdrossel (T. iliacus, B Europa V), kenntl. an rostroten Flanken u. Unterflügeldecken; der Ruf, ein hohes „zieh", ist häufig auch nachts v. ziehenden Trupps bes. im Okt./Nov. zu hören. Die Ringdrossel (T. torquatus) unterscheidet sich v. der Amsel in beiden Geschlechtern durch ein weißes, halbringförm. Brustschild; sie ist arktoalpin verbreitet u. brütet in Dtl. in den Alpen u. oberhalb 1100 m auch im Schwarzwald. Die asiat. Erddrossel (T. dauma) ist unter- u. oberseits gefleckt u. tritt in Mitteleuropa als Irrgast auf. In N-Amerika ersetzt die Wanderdrossel (T. migratorius, B Nordamerika V) ökolog. die altweltl. Amsel; sie überwintert in den warmen Ländern am Golf v. Mexiko u. in Mittelamerika. Drosseln i. w. S. vgl. Tab.

Drosselstelzen ↗Schlammnestkrähen.

Drosselvene, Vena jugularis, die das Blut aus der Schädelhöhle der Wirbeltiere sammelnde Vene.

Droßlinge ↗Timalien.

Druck, das Verhältnis der senkrecht auf eine Fläche A wirkenden Kraft F zur Größe der Fläche ($p = F/A$).

Drückerfischartige, U.-Ord. der ↗Kugelfischverwandten.

Drückerfische, Balistidae, artenreiche Fam. der U.-Ord. Drückerfischartige. D. sind hochgebaute, seitl. abgeflachte, oft prächtig gefärbte Fische v. a. in Korallenriffen u. Seegrasbeständen mit einer kurzen, stachel. ersten Rückenflosse, bei der ein bes. Klappmechanismus den kräft. ersten Strahl in aufrechter Stellung sperren kann, mit meißelförm. vorderen Zähnen im kleinen Maul u. plattenart. hinteren Zähnen im Oberkiefer. Einige Arten können Grunzgeräusche erzeugen. Hierzu gehören zahlr. Aquarienfische, wie der bis 30 cm lange Picassofisch (Rhineacanthus aculeatus, B Fische VIII) aus dem trop. Atlantik u. im Mittelmeer heim., vorwiegend graubraune, bis 40 cm lange Schweins-D. (Balistes capriscus) u. der indopazif., unterseits hellgelb gefleckte, bis 33 cm lange Leoparden-D. (Balistoides conspicillum), der stark giftiges Fleisch hat. Einen weit nach vorn gerückten, aufrichtbaren Rückenstachel u. eine oft reibeisenart. rauhe Haut haben die meist um 20 cm langen Feilenfische (Monacanthus).

Druckfiltration, Mechanismus der Primärharnbereitung über coelomat. Filter, der nach dem morpholog. Aufbau der Exkretionsorgane (↗Exkretion) bei Weichtieren, Ringelwürmern, Krebsen u. Wirbeltieren erwartet werden kann, jedoch an Druckverhältnisse geknüpft ist, die nicht bei allen Gruppen bekannt sind. Für eine Überdruckfiltration muß der Blutdruck (hydro-

Druckfiltration
Für eine Druckfiltration gilt: effektiver Filtrationsdruck = $p_B - (p_{koll} + p_i)$

Druck
SI-Druckeinheit ist das Pascal (Pa):
1 Pa = 1 N/m²
(N = Newton;
1 N = 1 kg · m/s²).
Weitere D.einheiten sind u. a. das Bar (1 bar = 10⁵ Pa) u. (gesetzl. nicht mehr zulässig) die physikal. Atmosphäre (1 atm = 101 325 Pa), das Torr (1 Torr = 1/760 atm ≈ 133,32 Pa) u. die Millimeter Quecksilbersäule (1 mmHg = 1 Torr ≈ 133,32 Pa)
↗Blutdruck.

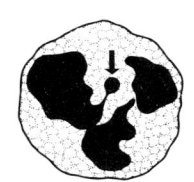

Drumstick
D. in polymorphkernigen Leukocyten

Druse

stat. Druck p_B) höher sein als die osmot. Drucke des Coelomraums (kolloidosmot. Druck der Blutproteine p_{koll}) u. der Zwischenzellflüssigkeit (interstitieller osmot. Druck p_i); dies ist bei Wirbeltieren generell der Fall. Beim Menschen beträgt der effektive Filtrationsdruck normalerweise etwa 33 mbar. ↗Niere. B Exkretionsorgane.

Druckholz ↗Reaktionsholz.

Drucksinn, die Fähigkeit v. Mensch u. Tier, mit Hilfe subcutaner Rezeptoren (Druckpunkte) Druckreize wahrzunehmen (↗mechanische Sinne). Die Verteilung der Druckrezeptoren über die Körperoberfläche ist sehr ungleichmäßig. Eine hohe Dichte weisen diese beim Menschen an den Fingern, Zehen, Lippen u. Zunge auf. Das taktile Auflösungsvermögen beträgt in diesen Bereichen häufig nur 1 mm, d. h., zwei gleichzeitig gegebene Druckreize mit nur 1 mm Abstand können noch getrennt wahrgenommen werden. Als Druckrezeptoren fungieren bei den Wirbeltieren freie Nervenendigungen, Grandrysche, Vater-Pacinische, Meißnersche Körperchen u. Merkelsche Tastscheiben. ↗Tastsinn. B mechanische Sinne I.

Druckstromtheorie, von Münch (1930) postulierter Mechanismus zur Erklärung des Siebenröhrentransports (↗Siebröhren). Der Fluß im Phloem (Siebteil) soll aus einer Differenz im osmot. Potential an den Enden des Translokationssystems (Source, Sink) resultieren.

Drulia, Gatt. der Schwamm-Fam. Spongillidae; D. brownii lebt im Amazonasgebiet auf Bäumen, die in den Hochwassermonaten überflutet sind; die Trockenperiode übersteht er in Form v. Gemmulae.

Drumstick m [drʌmstɪk; engl., = Trommelschlegel], trommelschlegelartig geformter Anhang des Zellkerns v. polymorphkernigen neutrophilen Leukocyten; kommt nur bei Frauen u. hier auch nur bei einem kleinen Prozentsatz der Zellen vor; der D. repräsentiert, ebenso wie das ↗Barr-Körperchen, ein X-Chromosom.

Drupa w [wohl v. lat. druppa = reife Olive], Gatt. der Purpurschnecken, im Indopazifik verbreitete Neuschnecken mit festem Gehäuse, bei dem das Gewinde kurz, die Endwindung weit ist; die Mündung wird meist durch Zähne verengt, außen dicht mit ihr Stacheln aufsitzen; von den bekannten 9 Arten ist D. morum bes. häufig.

Druse w [v. ahd. druos = Beule, Drüse], **1)** unvollständ. Ausfüllung eines rundl. Hohlraums im Gestein durch Sekretion mineral. Substanz(en) v. außen nach innen. **2)** durch Streptococcus equi verursachte Infektionskrankheit junger Pferde, Esel u. Maultiere: ansteckender Katarrh der Nasenhöhle.

Drüsen, *Glandulae*, Organe mehrzelliger Pflanzen u. Tiere, die flüss., seltener gasförm. od. feste Stoffe (Sekrete) nach außen, in Körperhöhlen od. ein Gefäßsystem abgeben. Die D.sekrete sind entweder Produkte der D.zellen (Proteine, Mucopolysaccharide, Lipide) od. werden v. diesen aus ihrer Umgebung selektiv aufgenommen u. angereichert (Mineralsalze, Gase). Häufig erfüllen sie bestimmte Funktionen im Stoffwechsel des betreffenden Organismus selbst (Enzyme, Hormone, Schleim, Schweiß, Sauerstoff, Mineralionen), im Rahmen der Brutfürsorge (Eischalen, Milch), dienen als Signal-, Schutz- u. Abwehrstoffe (Pheromone, Duftstoffe, Gifte, Öle, Harze, Nektar, Tarnsekrete), werden zu Beutefang u. Nahrungserwerb (Nesselkapseln, Gifte, Spinnsekrete), auch zu hydrodynam. Zwecken (Gassekretion bei Braunalgen, Hohltieren, Weichtieren, Fischen) u. zur Fortbewegung (Gleit- u. Schmierschleime, z. B. bei Schnecken) gebraucht od. haben die Aufgabe, Abfallstoffe selektiv aus dem Organismus zu entfernen (↗Exkretion v. Stickstoffverbindungen, Mineralionen, Kohlensäure, Wasser). D.sekrete werden häufig als inaktive Vorstufen (Prosekrete) abgeschieden u. erst außerhalb der produzierenden Zellen od. gar D. in eine aktive Form überführt, eventuell in Zusammenwirkung mit den Sekreten anderer Zellen. – D. entstehen fast ausschl. aus ↗Epithelien u. können als ein- od. wenigzellige D. in Epithelflächen eingebettet sein (Becherzellen, die meisten äußeren pflanzl. D., D.haare u. Hydathoden) od. zur Vergrößerung der sezernierenden Oberfläche als vielzellige Organe unter die Epitheloberfläche absinken u. mit dieser nur noch durch einen Ausführgang verbunden bleiben *(exokrine D.)*, sich u. U. auch v. ihr ganz ablösen *(endokrine D.)*. Je nach Konsistenz des Sekrets lassen sich D. mit flüss. Sekreten *(seröse D.)* v. solchen mit viskos-schleim. Sekreten *(muköse D.)* unterscheiden. Nach ihrer Gestalt gliedert man die D. in einfache od. verzweigte schlauchförm. *(tubulöse)* D., in denen alle Zellen an der Sekretbildung teilhaben (Schweiß-D., Niere, Leber), in *azinöse D.*, in denen die Sekretbildung auf die kompakten, beerenförmig aufgetriebenen blinden Endstücke der D.kanälchen beschränkt (Ohr- u. Bauchspeichel-D.), u. in *alveoläre D.* mit blasenförmig erweiterten Endstücken, die in exokrinen D. häufig v. Myoepithelzellen zum Auspressen des Sekrets umsponnen sind (Milch- u. Duftdrüsen der Säuger, Schilddrüse). Während bei den beiden ersten Typen die Sekretbildung u. -abgabe kontinuierl. erfolgen, werden die Sekrete in den alveolären D. gespeichert u. nur auf bes. Reiz hin abgegeben. Mischtypen zw. den gen. Formen sind die zusammengesetzten *tubulo-azinösen D.* (Zungen- u. Unterkiefer-Speicheldrüse der Säuger) und *tubulo-alveolären D.* (Tränendrüse, Lunge). D. ohne echtes Sekretrohrsystem (Talg-D., Gas-D.) od. ohne Ausführungsgänge überhaupt (die meisten endokrinen D.) lassen sich nicht in dieses Schema einordnen. Da endokrine *(Hormon-)D.* ihre Sekrete (↗Inkrete) unmittelbar an die Blutbahn abgeben, bestehen sie meist aus kompakten Gruppen dicht v. Blutkapillaren umsponnener Epithel- od. Nervenzellen. Ausnahmen bilden bei Wirbeltieren die Schilddrüse u. der Hypophysen-Zwischenlappen, beides alveoläre D., die aus exokrinen D. (↗Endostyl, ↗Rathkesche Tasche) entstanden sind. Die Vielgestaltigkeit tier. D.typen findet kein Äquivalent im Pflanzenreich, wo einfache intraepitheliale D. (D.schuppen, D.haare, Emergenzen) vorherrschen, während die pflanzl. *inneren D.* sich gewöhnl. als holokrine Harz- u. Öl-D. aus Parenchymzellen differenzieren u. ihre Sekrete (Öle, Harze, Gummi, Schleime) in Interzellularräume abscheiden, die ähnl. wie in tier. Talg-D. durch Absterben od. Auseinanderweichen der D.zellen entstehen u. als *schizogene Sekretbehälter* od. *Harzgänge* die ganze Pflanze durchziehen können. – Nach Art der Sekretfreisetzung unterscheidet man D.zellen, die sekreterfüllt absterben u. in einen Sekretbrei umgewandelt werden *(holokriner Typ der Talg-D. u. Haarbälge)* v. solchen, deren Zellkörper nur teilweise in die Sekretabsonderung einbezogen ist *(merokriner Typ)*. Die letzteren sind immer polar gebaut (Aufnahme- u. Abgabeseite) u. schnüren entweder ihre sekretgefüllten Zellkuppen bzw. membranumgebene, lichtmikroskop. erkennbare Sekretbläschen ab *(apokrine* Sekretion bes. von Lipiden bei Milch-, Duft- u. Axillar-D.), od. die Sekretion erfolgt ohne lichtmikroskop. sichtbaren Verlust v. Zellplasma u. -membranen *(ekkriner Typ)* durch ↗Exocytose (Proteinsekretion, bei Schleim-, Speichel- u. Verdauungs-D.) od. ↗aktiven Transport (Gas-D., Nieren). Bei der apokrinen Sekretion erfolgt die Sekretausscheidung der einzelnen Zellen in Rhythmen; es wechseln Sekretionsphasen mit Ruhephasen ab, in denen die durch Plasma- u. Membranverlust erschöpften Zellen regeneriert werden müssen. Die Feinstruktur v. D.zellen ist nicht einheitl., sondern hängt v. der Art des Sekrets ab. Die meisten D.zellen sind reich an Mitochondrien. Schleim- u. proteinsezernierende D.zellen besitzen zusätzl. ein wohlausgebildetes rauhes ↗endoplasmatisches Reticulum (↗Ergastoplasma) u. ei-

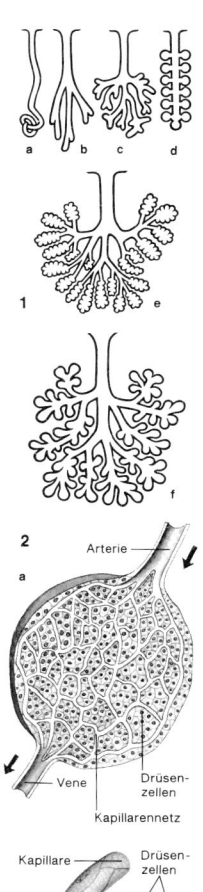

Einige Drüsentypen

1 *Exokrine Drüsen:* **a** aufgeknäuelte tubuläre Drüse, **b** verzweigte, **c** vielfach verzweigte tubuläre Drüse, **d, e** verzweigte alveoläre Drüsen, **f** Mischform (zusammengesetzte Drüse).

2 *Endokrine Drüsen:* **a** kompakte endokrine Drüse, **b** alveoläre endokrine Drüse, hier Schilddrüsenbläschen, sondert Hormon in Blutgefäß ab.

nen umfangreichen ↗Golgi-Apparat mit zahlr., meist apikal angehäuften Sekretgranula, wohingegen ionen- u. flüssigkeitssezernierende D.zellen sich gewöhnl. durch ein stark entwickeltes glattes endoplasmatisches Reticulum u. Oberflächenvergrößerungen in Form v. ↗Mikrovilli u. basalem Labyrinth auszeichnen. Während Organe wie Nieren (Exkretions-D.), Lunge u. Leber ihrer Funktion, Struktur u. Entstehung nach echte D. sind, ist der Begriff „Keim-D." namentl. für Eierstöcke u. Hoden bei Wirbeltieren inkorrekt, da die Keimorgane der Tiere gewöhnl. nur Komplexe v. Nährgeweben u. endokrinen Zellgruppen darstellen, innerhalb deren die v. außen eingewanderten Entwicklungsstadien der Keimzellen sich nur vermehren u. reifen, ehe sie als lebende Zellen nach außen abgegeben werden. P. E.

Drüsenameisen, *Dolichoderidae,* Fam. der ↗Ameisen mit weltweit ca. 300, in Mitteleuropa nur 3 Arten. Die D. haben den Stachel fast alle zurückgebildet, als Waffe benutzen sie ihre scharfen Mandibeln. Der Duftstoff, der v. einem Paar Analdrüsen (Name) abgegeben wird, alarmiert Artgenossen u. wehrt Angreifer ab. Die D. leben je nach Art räuberisch od. ernähren sich v. Pflanzenteilen od. vom Honigtau der Blattläuse. Die in den südam. Tropen wegen ihrer Bissigkeit gefürchtete Gatt. *Azteca* lebt auf Bäumen. Bei uns aus S-Amerika in Gewächshäuser eingeschleppt wurde die Gatt. *Iridomyrmex.*

Drüsenepithel *s,* Sammelbez. für meist einschicht., seltener mehrschicht. ↗Epithelien, die überwiegend aus sekretor. Zellen bestehen, z. B. Schleimhautepithelien in Rachen, Darm, Nase v. Wirbeltieren, Epidermis v. Weichtieren u. Amphibien.

Drüsenfieber ↗Mononucleose.
Drüsenhaar, 1) pflanzl. epidermale Haarbildung, die als Drüse Sekrete, wie äther. Öle (v. a. als ↗Duftstoffe), Harze, klebrige Stoffe, Enzyme, Schleime od. zuckerreiche

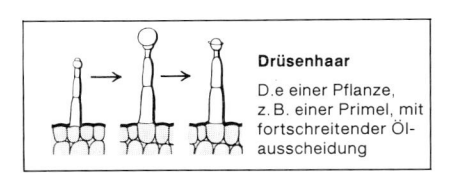

Drüsenhaar
D.e einer Pflanze, z. B. einer Primel, mit fortschreitender Ölausscheidung

Substanzen (Nektar) abgibt. Das D. besteht aus einem ein- od. mehrzell. Köpfchen, einem ein- od. mehrzell. Stielteil u. einem in die Epidermis einbezogenen, ein- bis mehrzelligen Fußstück. ⟦B⟧ Blatt II. **2)** ↗Haare (der Insekten).

Drusenköpfe [v. ahd. druos = Beule], *Conolophus,* Gatt. der Leguane mit nur zwei, bis ca. 1,25 m langen, auf einigen Galápa-

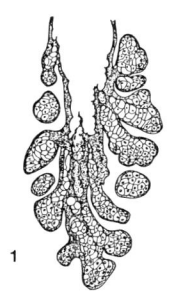

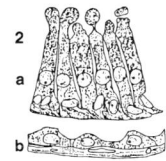

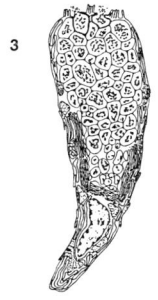

Sekretionstypen von Drüsen
1 Talgdrüse *(holokrin),* 2 Schweißdrüse der Achselhöhle *(apokrin),* **a** Drüsenzellen zu Beginn, **b** am Ende eines Sekretionsprozesses, 3 Becherzelle *(ekkrin).*

Die auf lichtmikroskop. Befunden basierende Einteilung der D. nach Sekretionstypen geriet vielfach in Widerspruch zu späteren elektronenmikroskop. Befunden, die einen uneinheitl. und oft verwirrenden Gebrauch der Begriffe *merokrin, apokrin* u. *ekkrin* zur Folge hatte. Manche Autoren benutzen merokrin u. ekkrin synonym, was sprachl. inkorrekt ist; andere betrachten merokrin u. apokrin als gleichwertig. Zur Lösung dieses Dilemmas wurde der Begriff *granulokrin* für die exocytot. Sekretausschleusung vorgeschlagen (bis heute ungebräuchlich).

gosinseln beheimateten Arten. Körperbau gedrungen; starker Hals- u. Nackenkamm, in einen niederen Rückenkamm übergehend; Schwanz fast rund; gelbbraune Grundfärbung, z. T. unregelmäßig gefleckt. Leben in selbstgegrabenen Höhlen u. ernähren sich v. Pflanzen (u. a. sogar v. Kakteen mit deren Stacheln); im Bestand gefährdet.

Drüsenmagen, *Vormagen, Proventriculus,* vorderer Teil des Vogelmagens, der als drüsenreicher Produktionsort des Magensaftes, weniger als Verdauungsraum selbst dient, da die Nahrung ihn zu schnell passiert (insbes. bei Körnerfressern). Die Nahrungszerkleinerung findet im anschließenden ↗Muskelmagen statt.

Drüsenschuppen, 1) Bot.: schuppenförmig ausgebildete Drüsenhaare, z. B. bei den Verdauungsdrüsen vom Fettkraut. **2)** Zool.: die ↗Duftschuppen bei Schmetterlingen.

Drüsenzellen ↗Drüsen.
Drüsenzotten, *Kolletere,* haarförm. Drüsen, die auf den Deckschuppen der Winterknospen vieler unserer Bäume (z. B. *Aesculus*) sitzen u. ein Gemenge v. Gummi u. Harz ausscheiden (verhindert Austrocknung der Knospen).

Drüslinge, *Exidia,* Gatt. der ↗Zitterpilze.
Dryas *w* [ben. nach der gr. Baumnymphe Dryas (v. gr. drys = Baum, Eiche)], die ↗Silberwurz.

Dryaszeit *w* [ben. nach der gr. Baumnymphe Dryas], *Tundrenzeit,* spätglazialer Zeitabschnitt des ausgehenden Pleistozäns zw. 14 000 u. 8000 v. Chr., der in Mittel-

Dryaszeit	
Zwei Wärmezwischenphasen gestatten folgende Gliederung:	↗Allerödzeit: 10 000–8800 v. Chr. Ältere Dryaszeit: 10 350–10 000 v. Chr. ↗Böllingzeit: 10 750–10 350 v. Chr. Älteste Dryaszeit: 14 000–10 750 v. Chr.
Jüngere Dryaszeit: 8800–8000 v. Chr.	

europa gekennzeichnet ist durch eine Tundrenvegetation *(Dryasflora)* am Rande des zurückweichenden Inlandeises mit der Kleinblättrigen Silberwurz *(Dryas octopetala),* kriechenden Weiden *(Salix polaris* u. a.), Zwergbirken *(Betula nana),* Moosen (z. B. *Hypnum turgescens)* u. a. Die mittlere Jahrestemp. dürfte kaum 0 °C überschritten haben.

Dry-Farming *s* [dr<u>ai</u>farming; v. engl. dry = trocken, farming = Landwirtschaft], *Trockenfarmerei,* Anbaumethode in ariden Gebieten mit weniger als 300 mm Niederschlag; Beispiel: um Wasser zu sparen, wechselt ein Brachejahr mit einem Anbaujahr ab.

Dryinidae

Dryinidae [Mz.; v. gr. dryinos = eichen], die ⇗Zikadenwespen.
Drymaeus *m* [v. gr. drymos = Wald], süd- u. mittelam. Gatt. der *Bulimulidae*, Landlungenschnecken, die bevorzugt auf Bäumen leben; das dünnschal. Gehäuse ist längl.-eiförm. mit kegel. Gewinde.
Drymarchon *m* [v. gr. drymos = Wald, archōn = Herrscher], die ⇗Indigoschlangen.
Drymobius *m* [v. gr. drymos = Wald, bios = Leben], die ⇗Rennattern.
Drymonema *s* [v. gr. drymos = Wald, nēma = Faden], Gatt. der Fahnenquallen; bei einer Mittelmeerart *(D. dalmatina)* wurde errechnet, daß eine Qualle mit 25 cm ⌀, wenn sie ihre fäd. Tentakel nach allen Seiten ausbreitet, 150 m² Fläche damit „abfischt".
Drynaria *w*, Gatt. der ⇗Tüpfelfarngewächse.
Dryobalanops *m* [v. gr. dryobalanos = Eichel, opsis = Aussehen], Gatt. der ⇗Dipterocarpaceae.
Dryocopus *m* [v. gr. dryokopos = Baumhacker, Specht], Gatt. der ⇗Spechte.
Dryodon *m* [v. gr. drys = Baum, Eiche, odōn = Zahn], ⇗Stachelbart.
Dryolestidae [Mz.; v. *dryo-, gr. lēstēs = Räuber], Fam. kleiner † mesozoischer Säugetiere (Ord. *Eupantotheria*, U.-Kl. Echte Säuger = *Theria*) mit nicht reduzierter Anzahl v. Backenzähnen: 4 Praemolaren, 9 Molaren (M.); untere M. sagittal gestauft u. mit kurzem, schmalem Talonid; obere M. querverlängert u. mit lingualem Primärhöcker u. evtl. zusätzl. labialem Element. Nachkommen der D. sind nicht bekannt. 11 Genera (evtl. unrealist.), z. B. *Dryolestes, Laolestes, Crusafontia, Melanodon*. Verbreitung: Oberjura bis Unterkreide v. N-Amerika u. Europa.
Dryomys *w* [v. *dryo-, gr. mys = Maus], Gatt. der Bilche; einzige Art *D. nitedula*, der ⇗Baumschläfer.
Dryopidae [Mz.; v. *dryo-], die ⇗Hakenkäfer.
Dryopithecinen [Mz.; v. ⇗Dryopithecus], *Dryopithecinae*, eine Gruppe von fossilen Menschenaffen (U.-Fam. *Pongidae*), die vor ca. 30–5 Mill. Jahren v. Afrika bis SO-Asien einerseits u. Mitteleuropa andererseits verbreitet war. Die D. gelten u. a. aufgrund des gemeinsamen ⇗Dryopithecusmusters der unteren Backenzähne als stammesgeschichtl. Wurzel sowohl der heut. Menschenaffen als auch des Menschen. Beispiele: ⇗*Aegyptopithecus*, ⇗*Dryopithecus*, ⇗*Proconsul*, ⇗*Sivapithecus*.
Dryopithecus *m* [v. *dryo-, gr. pithēkos = Affe], namengebende Gattung der ⇗Dryopithecinen; lebte vor ca. 15–10 Mill. Jahren im Mittel- u. Obermiozän v. Mittel- u. S-Europa. Funde u. a.: 2 Mandibeln u. Humerus v. St-Gaudens (Garonne, S-Fkr.) = *D. fontani* Lartet 1856.

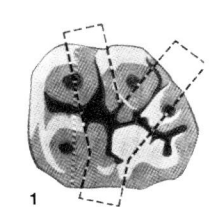

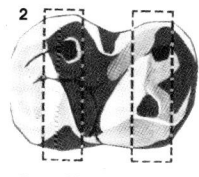

Dryopithecusmuster [v. ⇗Dryopithecus], Menschenaffen u. Menschen gemeinsames Kauflächenmuster der unteren Backenzähne, bei dem 3 Außen- u. 2 Innenhöcker ein Y-förm. Furchenmuster zw. sich einschließen.

Dryopteris *w* [gr., = Eichenfarn], *Wurmfarn*, Gatt. der Wurmfarngewächse *(Aspidiaceae)* mit etwa 150 v. a. in den temperierten Zonen der N-Hemisphäre verbreiteten Arten, davon 8 in Mitteleuropa. Kennzeichnende Merkmale sind die katadrome Fiederung, die v. einem nierenförm. Indusium bedeckten Sori (B Farnpflanzen I) u. Butanon-Phloroglucide als Inhaltsstoffe; auf diesen Verbindungen beruht die Wirkung des seit der Antike als Wurmmittel benutzten Extrakts aus D.-Rhizomen (der dt. Name „*Wurmfarn*" bezieht sich auf diese, bei unsachgemäßer Handhabung allerdings nicht ungefähr. Verwendung). Am bekanntesten u. in Mitteleuropa einer der häufigsten Farne ist der Gemeine od. Männliche Wurmfarn *(D. filix-mas*, B Farnpflanzen II), der sich von dem ähnl. Wald-⇗Frauenfarn *(Athyrium filix-femina)* außer durch die Indusienform auch durch die derben, nur 2fach gefiederten Wedel unterscheidet. Er tritt an ausreichend luftfeuchten Standorten, in krautreichen Laub- u. Nadelwäldern auf nährstoffreichen, frischen Böden oft faziesbildend auf u. kommt außer in Europa auch in den gemäßigten Bereichen N-Amerikas u. Asiens u. in den nördl. Anden vor. In die nähere Verwandtschaft des Gemeinen Wurmfarns gehören einige sehr ähnl., z. T. vielleicht durch Allopolyploidie aus ihm entstandene Arten, wie der Schuppige Wurmfarn *(D. borreri)*, der mit dem Gemeinen Wurmfarn noch fertile Bastarde bildet. Zwei nur schwer zu unterscheidende u. in Mitteleuropa recht häufige Arten sind der Breite Wurmfarn *(D. dilatata;* Wedel bogig ausgebreitet, Indusium drüsig) u. der Kartäuser-Wurmfarn *(D. carthusiana;* Wedel aufrecht, Indusien drüsenlos), die wegen der stachelspitzigen Fiederchen beide auch als Dornfarn bezeichnet werden. Die erstgen. Art kommt z. T. faziesbildend auf nährstoffreichen, kalkarmen Böden in krautreichen Buchen-, Tannen- u. Fichtenwäldern vor, *D. carthusiana* dagegen v. a. auf feuchten, sauren u. torf. Böden in Bruchwäldern, Heiden u. artenarmen Eichenwäldern. Nach der ⇗Roten Liste „stark gefährdet" ist der auf das nördl. Europa und östl. N-Amerika beschränkte Kammfarn *(D. cristata)*; er findet sich bevorzugt in Bruchwäldern u. erreicht etwa in

Dryopithecusmuster
Dryopithecusmuster (1) im Vergleich zum Kauflächenmuster des unteren Backenzahns eines Hundsaffen (Cercopitheciden, 2).

dryo- [v. gr. drys, Gen. dryos = Baum, Eiche], in Zss.: Baum-.

S-Dtl. die südwestl. Grenze des eur. Teilareals.

Dschelada, *Blutbrustpavian, Theropithecus (Papio) gelada,* zur Fam. *Cercopithecidae* gehörender Gebirgsaffe, der die Hochebenen Äthiopiens bis in 4000 m Höhe bewohnt; Kopfrumpflänge ca. 70 cm, Schwanzlänge ca. 50 cm; Fell dunkelbraun mit nacktem rötl. Brustfeld; männl. D.s mit Backenbart u. langer brauner Mähne um Nacken u. Schultern. Im Aussehen ähneln D.s sowohl den Pavianen als auch den Makaken; zusätzliche Gemeinsamkeiten mit Meerkatzen erschweren ihre genauere systemat. Einordnung. Bes. eindrucksvoll ist die Drohgebärde der in Gruppen zusammenlebenden D.s: Zähnefletschen, Hochziehen der Augenbrauen u. (bei starker Erregung) intensives Rotwerden des nackten Hautbezirks auf der Brust, der in Form u. Farbe die weibl. Genitalregion imitiert. D.s sind weniger angriffslustig als Paviane u. ergreifen schnell die Flucht. Ihr Gruppenleben ist wenig erforscht, ihre Zoohaltung nicht einfach. [↗Halbesel.

Dschiggetai *m* [mongol., = Langohr],

Dschungel *m, w, s* [über engl. jungle, v. Hindi *jangal* = Sumpfwald], i. w. S. der Sumpfwald der trop. Klimazone Vorder- u. Hinterindiens; i. e. S. die Wald-Graslandschaft der Tarai-Region, einem Sumpfgebiet am Fuß des Himalaya, zw. Nepal u. Assam mit Schilf- u. Bambusdickichten.

dT, Abk. für ↗2'-Desoxythymidin.

dTMP, Abk. für 2'-Desoxythymidin-5'-monophosphat (↗2'-Desoxyribonucleosidmonophosphate).

dTTP, Abk. für 2'-Desoxythymidin-5'-triphosphat (↗2'-Desoxyribonucleosid-5'-triphosphate).

Duabanga, Gatt. der ↗Sonneratiaceae.

Dubiofossilien [Mz.; v. lat. dubius = zweifelhaft, fossilis = ausgegraben], (Hofmann 1962), Fossilien unsicherer od. unbekannter systemat. Zuordnung.

Du Bois-Reymond [du bºarämōn], *Emil,* dt. Physiologe, * 7. 11. 1818 Berlin, † 26. 12. 1896 ebd.; seit 1855 Prof. in Berlin, seit 1858 Nachfolger v. J. Müller, der ihn – nach Erscheinen des „Essay sur les phénomènes électriques des animaux" (1840 v. C. Matteuccis) – zu seinen umfangreichen u. fundamentalen Untersuchungen über tier. Elektrizität anregte. Vertrat zus. mit C. Ludwig, H. v. Helmholtz u. E. Brücke die physikal.-chem. Richtung der Physiologie, die den Vitalismus endgültig zu überwinden suchte. „Untersuchungen über tier. Elektrizität", Bd. I 1848, Bd. II 1849–84. „Über die Grenzen der Naturerkenntnis" 1872; hieraus der vielzitierte Satz: „Ignoramus et ignorabimus" [lat., = Wir wissen es nicht u. werden es nie wissen].

Dschelada *(Theropithecus gelada)*

Ducker

Gattungen und Arten:
Steppenducker (Gatt. *Sylvicapra*)
Kronenducker *(S. grimmia)*
Wald- oder Schopfducker (Gatt. *Cephalophus*)
Maxwellducker *(C. maxwelli)*
Schwarzducker *(C. niger)*
Zebraducker *(C. zebra)*
Fernando-Po-Ducker *(C. ogilbyi)*
Jentinkducker *(C. jentinki)*
Rotflankenducker *(C. rufilatus)*
Schwarzrückenducker *(C. dorsalis)*
Gelbrückenducker *(C. sylvicultor)*
Weißbauchducker *(C. leucogaster)*
Schwarzstirnducker *(C. nigrifrons)*
Harveyducker *(C. harveyi)*
Blauböckchen, Blauducker *(C. monticola)*
Abbotducker *(C. spadix)*
Rotducker *(C. natalensis)*

E. Du Bois-Reymond

Ductus Cuvieri

Ducker, *Schopfantilopen, Cephalophinae,* U.-Fam. der Hornträger mit 2 Gatt. u. 15 Arten; kleine (nur hasen- bis rehgroße), über ganz Afrika südl. der Sahara verbreitete Antilopen v. ungesicherter zool. Verwandtschaft; Hörner (in beiden Geschlechtern) kurz u. gerade, mitunter in dem kräft. Stirn-Haarschopf verborgen; Voraugendrüsen, die ein zur Reviermarkierung dienendes Sekret abgeben, als Wangenschlitze. Neben pflanzl. Kost nehmen D. auch tier. Beikost zu sich. Die Gatt. *Sylvicapra* (Steppen-D.) besteht nur aus 1 Art, dem Kronen-D. od. Busch-D. *(S. grimmia;* Kopfrumpflänge 85–115 cm, Körperhöhe 45 bis 70 cm; Fellfärbung ocker bis gelbl.-braun), der in mehreren Unterarten über ganz Afrika südl. der Sahara mit Ausnahme des Regenwaldgürtels verbreitet ist. Als einziger D. bevorzugt er aufgelockertes Waldgelände u. Buschsteppen (Savanne) als Lebensraum. Der Kronen-D. lebt einzeln od. paarweise, hpts. nachtaktiv, u. gilt als sehr anpassungsfähig an veränderte Umweltbedingungen. Im Ggs. zu ihm bewohnen die Schopf-D. od. Wald-D. (Gattung *Cephalophus;* Kopfrumpflänge 55–145 cm, Körperhöhe 30–85 cm) mit 14 Arten u. 47 U.-Arten vorwiegend die trop. Regenwälder Afrikas. Die Verbreitungsgebiete der einzelnen Arten sind meist klein; sie folgen dem Gürtel der großen Regenwälder mit stet. Abnahme der Artenzahl von W nach O und S. Die kurzen Vorderläufe u. der fast keilförmig gebaute rundrückige Rumpf der Wald-D. erleichtern die geduckte (Name!) Fortbewegung im Urwalddickicht.

Ductus *m* [lat., = Leitung], Gang, Kanal, allg. anatom. Bez. für röhrenart. Gebilde; z. B. Blutgefäße: D. arteriosus Botalli, kurzes Gefäß im Embryonalkreislauf der Säuger; Leitungswege anderer Substanzen: D. thoracicus, Brustlymphgang; andere schlauchart. Strukturen: D. cochlearis, Schneckengang im Ohr.

Ductus arteriosus Botalli *m* [v. lat. ductus = Leitung, gr. artēria = Schlagader, ben. nach dem it. Anatomen u. Chirurgen L. Botallo, 1530–71], *Botalli-Gang, Botalloscher Gang,* leitet sich vom letzten linken ↗Arterienbogen ab u. schließt im embryonalen ↗Blutkreislauf der Säugetiere den Lungenarterienstamm (Arteria pulmonalis) mit der Aorta kurz. Damit wird der für den Embryo zu dieser Zeit bedeutungslose Lungenkreislauf umgangen. Erst nach der Geburt (bis 2 Wochen) werden u. a. durch Verschluß dieses Gefäßes die beiden Herzhälften hintereinandergeschaltet; das Blut aus der rechten Herzhälfte gelangt nun ausschl. in die Lunge.

Ductus Cuvieri *m* [v. lat. ductus = Leitung,

Ductus thoracicus

ben. nach G. de ↗Cuvier], *Cuvier-Gang, Vena cardinalis communis* (gemeinsame Kardinalvene), paar. Blutgefäß bei Schädellosen u. Wirbeltieren. Der D. C. ist ein auf beiden Körperseiten vorhandenes kurzes Blutgefäß, in das jeweils die vordere u. hintere Kardinalvene einer Körperseite einmünden; er führt deren venöses Blut zum Sinus venosus bzw. zur Vorkammer (Atrium) des Herzens. Bei Amnioten wird der D. C. in die vordere Hohlvene (Vena cava anterior) seiner Körperseite übernommen. Der Mensch besitzt nur noch die rechte vordere Hohlvene.

Ductus thoracicus *m* [v. lat. ductus = Leitung, spätgr. thōrakikos = Brust-], der ↗Brustlymphgang.

Dudresnaya, Gatt. der ↗Dumontiaceae.

Duettgesang, Lautäußerungen zweier Individuen, die zeitl. und klangl. aufeinander abgestimmt sind, d. h., bei denen jeder Partner auf die Laute des anderen nach festen Regeln reagiert. D. wird hpts. v. den Sexualpartnern in ↗Monogamie lebender Tiere gezeigt, die sich durch akust. Signale verständigen, z. B. von Singvögeln u. einigen Nichtsingvögeln, v. Gibbons, Spitzhörnchen u. (ohne Paarbindung) sogar v. Feldheuschrecken. Die Funktion der Duette ist unklar u. wahrscheinl. v. Art zu Art verschieden. Häufig wird ein synchronisierender Effekt u. ein besserer Zusammenhalt der Partner vermutet. Dementsprechend tritt D. oft bei Tieren auf, die in den Tropen in dichter Vegetation leben u. wo eine feste Jahresperiodik fehlt. Daneben könnte der D. dem Erkennen des Partners od. der Markierung des Reviers dienen.

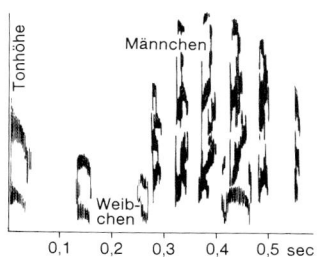

Dufourea *w* [ben. nach dem frz. Entomologen L. Dufour (düfūr), 1782–1865], Gatt. der ↗Schmalbienen.

Dufoursche Drüse [düfūr-; ben. nach dem frz. Entomologen L. Dufour, 1782–1865], *alkalische Drüse*, unpaare Drüse bei aculeaten Hautflüglern, die neben der Giftblase des Stechapparats im Hinterleib liegt. Sie mündet zus. mit der Giftblase in den basalen Stachelapparat. Früher nahm man an, daß das alkal. Sekret zus. mit „öligen" Stoffen der Schmierung der Stachelrinne, der klebr. Auskleidung der Wabenzellen im

Duettgesang

Beim Schmuckbartvogel *(Trachyphonus d'arnaudii)* ist der D. mit einem Begrüßungsritual verbunden. Das Weibchen beginnt mit einer Reihe von zwei bis vier (hier drei) Rufen niederer Frequenz, auf die eine Reihe schneller Rufe höherer Frequenz vom Männchen folgt. Das Weibchen ruft einen weiteren Laut in diese Folge hinein. Dabei bewegt es den aufgerichteten Schwanz seitl. hin u. her, während das Männchen still sitzt. Die Laute des Duetts sind als *Klangspektrogramm* wiedergegeben, in dem die waagerechte Achse die Zeit angibt, während die senkrechte Achse die Tonhöhe (Frequenz) wiedergibt.

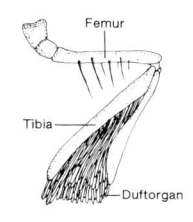

Duftbeine

Duftbein des Heidekraut-Wurzelbohrers *Hepialus hecta*, Männchen

Nest (bei Bienen) dient od. gar in Mischung mit dem Sekret der Giftblase das eigtl. Gift darstellt. Nach neueren Untersuchungen werden bei solitären Bienen *(Andrena)* in der Drüse u. a. Terpenester (z. B. Trans-Farnesylhexanoat od. Geranyloctanoat) produziert, die v. a. der Nestmarkierung dienen, um so den Eingang auch in einer Kolonie wiederzufinden. Durch die Wandauskleidung v. Wabenzellen (Brutzellen) entstehen einerseits wasserfeste Wände, andererseits dienen die Duftstoffe auch der Nestwiederfindung. So wurden bei der Seidenbiene *(Colletes)* lineare Polyester (Laminester) (z. B. 18-Hydroxyoctadecanoat) gefunden. Vermutlich dienen jedoch diese Duftstoffe in Kombination mit den Sekreten der Mandibeldrüse auch als Pheromone, wie dies für Ameisen nachgewiesen u. für solitäre Bienen wahrscheinl. ist.

Lit.: *Batra, S., Hefetz, A.:* Ann. Ent. Soc. Am. 72 (1979) 514–515. *Blum, M. S., Brand, J. M.:* Am. Zool. 12 (1972) 553f. *Hefetz, A.,* u. a.: Science 204 (1979) 415–417. *Tengö, J., Bergström, G.:* J. Chem. Ecol. 1 (1975) 253–268. *H. P.*

Duftbeine, Beine einiger Schmetterlinge, die aus ↗Duftschuppen od. Haarbüscheln bestehende Duftorgane tragen; sitzen v. a. beim männl. Geschlecht an den Schienen der Hinterbeine, die entspr. umgestaltet sind. Beim Heidekraut-Wurzelbohrer *Hepialus hecta* sind die Fußglieder reduziert u. die Schienen verbreitert. Die D. liegen bei dieser Art normalerweise in Hinterleibsgruben verborgen u. hängen nur beim Hochzeitsflug frei herab; sie geben dann die das Weibchen stimulierenden Duftsekrete ab. Unabhängig voneinander in verschiedenen Schmetterlings-Fam. vorkommend, z. B. bei den Dickkopffaltern, Eulenfaltern, Wurzelbohrern u. Spannern.

Duftdrüsen, 1) Bot.: *Osmophore*, Drüsen, die äther. Substanzen (Alkohole, Aldehyde, organ. Säuren, Ester usw.) ausscheiden; haben vielfach die biol. Funktion, die bestäubenden Tiere anzulocken, um so die Fortpflanzung zu sichern. **2)** Zool.: ↗Duft-

Duftmale ↗Blütenmale. [organe.

Duftmarke, chem. (olfaktor.) Kennzeichnung, durch die das Revier, der eigene Körper, der Sozialpartner od. andere Objekte für den Geruchssinn herausgehoben werden (↗chemische Sinne). Im Ggs. zu anderen chem. Signalen kann man v. D. nur dann sprechen, wenn der Duftstoff eine gewisse Zeit fest auf einem Objekt haftet (↗Markierverhalten). D.n werden v. a. von Tieren mit gutem Riechvermögen benutzt: Raubtiere, Nagetiere u. a. markieren Reviergrenzen mit Harn, andere Nager od. Beuteltiere benutzen Speichel, Marder das Sekret eigener Duftdrüsen (↗Analdrüsen), Huftiere das der Voraugendrüsen.

Bei Insekten spielt die Wegmarkierung bzw. die Markierung v. Futterquellen durch D.n eine große Rolle; z. B. bezeichnen Bienen ergiebige Blüten mit D.n.

Duftorgane, spezielle ↗Duftstoffe absondernde Duft-↗Drüsen, die u. a. der Geschlechterkommunikation (↗Pheromone), Reviermarkierung (↗Duftmarke), der individuellen Duftmarkierung v. Nestern u. a. (bei solitären Bienen u. Wespen) (↗Duftstraßen) od. der Abwehr (Wehr- u. Stinkdrüsen) dienen. D. sind z. B. die Brunstdrüsen der Gemsen (↗Brunstfeige), die Kopfdrüsen v. Antilopen u. Hirschen, die Hufdrüsen vieler Wiederkäuer, die ↗Analdrüsen. – Bei *Insekten* weisen die D. häufig Zusatzstrukturen zur Verbreitung der Sekrete auf. So haben viele Insekten Haarpinsel, pinselförm. Borsten od. ↗Duftschuppen (Schmetterlinge) in der Nähe der Drüsenöffnung zum Vergrößern der Verdunstungsoberfläche. D. können an den verschiedensten Körperteilen auftreten: am Kopf die Mandibeldrüsen der Bienenmännchen, die Fühlerdrüsen der Ölkäfer-Gatt. *Cerocoma,* Duftschuppenfelder auf den Vorderflügeln vieler Tagfaltermännchen, ↗Duftbeine (Schienen der Hinterbeine bei einigen Männchen der Wurzelbohrer, die Parfümdrüsen u. -sammeltaschen der südam. Prachtbienen), im Hinterleib die bei Insekten weit verbreiteten Pheromondrüsen der Weibchen. Wehrdrüsen finden sich z. B. beim Bombardierkäfer, Stinkdrüsen bei Wanzen od. Weichkäfern, Pygidialdrüsen bei Laufkäfern od. Kurzflüglern.

Duftschuppen, *Androkonien,* v. a. bei Schmetterlingen vorkommender spezieller Schuppentypus, der in Verbindung mit einer äther. Öle sezernierenden Duftdrüse steht. Seine Funktion ist es, die der sexuellen Erregung dienenden Sekrete nach außen zu befördern. Zur Vergrößerung der Verdunstungsoberfläche sind die D. verbreitert, gefurcht od. am Ende ausgefranst. Bes. im männl. Geschlecht auftretend; sitzen oft dicht nebeneinander als meist deutl. sichtbare *Duftflecken* od. *Duftstreifen* auf den Flügeln, aber auch an anderen Körperstellen, wie auf Beinen u. Hinterleib. ↗Duftbeine.

Duftstoffe, *Riechstoffe,* flüchtige, chem. meist uneinheitl. Verbindungen v. unterschiedl. chem. Konstitution mit spezif. Geruch, die oft aus ↗Duftorganen od. -drüsen v. Pflanzen u. Tieren ausgeschieden werden, z. B. ↗äther. Öle (↗Blütenduft) u. ↗Pheromone (↗Alarmstoffe, ↗Sexuallockstoffe wie z. B. ↗Bombykol). Die Wahrnehmung der D. erfolgt über die Rezeptoren der Geruchssinnesorgane (↗chemische Sinne).

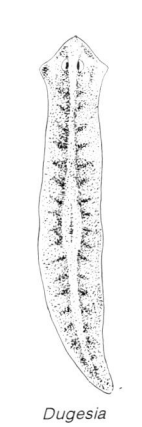

Dugesia

2
Duftschuppen
1 Duftschuppe eines Perlmutterfalters;
2 Kommafalter *Hesperia comma* mit dem namengebenden deutl. Duftschuppenfleck auf den Vorderflügeln des Männchens.

Duftstraßen, *Duftbahnen,* v. Insekten angelegte Duftspuren. Bei ↗Ameisen werden v. den Arbeiterinnen die Laufwege duftmarkiert, damit alle Individuen, eventuell auch nachts, den Weg zu Beuteobjekten o. ä. bzw. wieder zurück zum Nest finden. Viele Bienenmännchen legen im Gelände ↗Duftmarken an auffälligen Objekten an (meist im Schwarmgebiet gerade blühende Pflanzen), die sie in Patrouillenflügen immer wieder aufsuchen u. gegebenenfalls erneuern. Dieses Verhalten dient der Partnerfindung.

Dufttasche, wenig übl. Bez. für die als Abwehrorgan dienende Nackengabel (Osmeterium) vieler Raupen der Ritterfalter *(Papilionidae).*

Dugesia *w* [ben. nach dem frz. Zoologen A. Dugès (düschäß), 1798–1838], Gatt. der Strudelwurm-Fam. *Planariidae* (Ord. *Tricladida*). Bekannte Arten: D. *(Planaria) gonocephala,* bis 25 mm lang, dorsal braun, grau od. schwärzl., ventral milchig, Kopf dreieckig mit seitl. bewegl. Öhrchen, 2 Augen (Pigmentbecherocellen), als eurytherme Art im wärmeren Unterlauf mitteleur. Bäche. *D. lugubris,* bis 20 mm lang, dorsal meist tiefschwarz, ventral hell, Kopfende gerundet, 2 Augen, in stehenden u. langsam fließenden Gewässern, relativ unempfindl. gegen Temp.änderungen u. organ. Verunreinigungen. *D. dorotocephala* (Amerikanische Flußplanarie), 10–24 mm lang, erregte Anfang der sechziger Jahre dieses Jh. Aufsehen durch vermutete Gedächtnisleistungen. ↗Gedächtnis.

Dugong [malaiisch], Gatt. der ↗Seekühe.

Dukatenfalter, *Heodes virgaureae,* ↗Feuerfalter.

Dulbecco [dalbäko^u], *Renato,* it.-am. Biologe, * 22. 2. 1914 Catanzaro; Prof. in Pasadena u. ab 1964 in London; erforschte die Wechselwirkung v. DNA-Viren mit lebenden Zellen (Nachweis einer Lyse der befallenen Zelle bzw. einer genet. Transformation); erhielt 1975 zus. mit D. Baltimore u. H. M. Temin den Nobelpreis für Medizin.

Dulichia, Gatt. der ↗Podoceridae.

Dulidae [Mz.; v. gr. doulos = Knecht, Sklave], die ↗Palmschmätzer.

Dulosis [v. gr. doulos = Knecht, Sklave], *Sklavenhalterei,* kommt bei verschiedenen ↗Ameisen vor.

Dum-Dum-Fieber ↗Leishmaniose.

Dumontiaceae [Mz.; ben. nach dem frz. Geologen A.-H. Dumont, 1809–57], Algen-Fam. der *Cryptonemiales* mit 3 Gatt.; *Dumontia incrassata* häuf. im eur. Felswatt, Thallus schlauchförm., unregelmäß. verzweigt, bis 30 cm hoch; *Dudresnaya* mit 5 Arten an Felsküsten des nördl. Atlantik u. Küsten v. Japan u. Australien; *Dilsea,* 3 Ar-

Dumortiera

ten, 10–30 cm hoher, tiefroter, unregelmäßig gelappter Thallus, im Nordatlantik u. Pazifik.

Dumortiera, Gatt. der ↗Marchantiaceae.

Dumpalme, *Doumpalme, Hyphaene thebaica,* eine ägypt. Palmenart mit für die Gatt. charakterist. dichotomer Verzweigung; ihre längl. Früchte besitzen ein saft., eßbares Mesokarp. B Afrika III.

Dunaliellaceae [Mz.; ben. nach dem frz. Botaniker M.-F. Dunal, 1789–1856], Fam. der *Volvocales,* einzell., begeißelte Grünalgen mit Pellicula, ähneln sonst *Chlamydomonas;* 5 Arten; *Dunaliella salina* ist häuf. in Salinen an Meeresküsten.

Dunen, *Daunenfedern, Plumulae,* weiche Federn der Vögel unterhalb der Konturfedern, einfacher als diese gebaut, d. h. ohne Verankerungssystem zw. den Strahlen, lange, fadenförm. Radien, weicher Schaft; dienen als Wärmeschutz; das erste Federkleid der Vögel besteht aus D., bei denen die Federstrahlen kranzförmig angeordnet sind, also der Federschaft fehlt. Manche Vögel (Enten) benutzen ausgerupfte Bauchdunenfedern als Wärmepolster u. -abdeckung für die Eier. Spezielle Puder-D. wachsen ständig weiter, u. ihre verhornten Zellen zerfallen zu Puder, mit dem Konturfedern geschmeidig u. evtl. auch wasserabstoßend gehalten werden (bei Reihern, Kranichen, Spechten u. Trappen). Wegen der Flauschigkeit u. Isolationsfähigkeit werden D. zum Füllen v. Kissen, Schlafsäcken u. a. verwendet. ☐ Vogelfeder.

Dünenküste, Sandküste mit strandparallelen Sandhügeln od. -wällen (Vegetation ↗Ammophiletea). [riae.]

Dünenweiden-Gebüsche ↗Salicion arena-

Dünger, *Düngemittel,* Stoffe, die Nutzpflanzen mittelbar od. unmittelbar zugeführt werden, um deren Wachstum zu fördern, ihren Ertrag zu steigern u. ihre Qualität zu verbessern. D. enthalten die Hauptnährelemente Stickstoff, Phosphor, Kalium u. Calcium in anorgan. od. organ. Verbindung. Zu den vorwiegend wirtschaftseigenen *organischen D.n* (Ausnahme Guano) zählen Gülle, Jauche, Stallmist, Kompost, Klärschlamm und Gründüngung. Sie dienen v. a. der Verbesserung der Bodenstruktur, erhöhen das Wasserspeichervermögen u. die Sorptionskraft des Bodens u. regen die Tätigkeit der ↗Bodenorganismen an. Im 20. Jh. wurden diese überwiegend durch *anorganische D. (Mineral-D.)* abgelöst, die entweder natürl. vorkommen, wie z. B. Chilesalpeter, Kalkmergel, Rohphosphat, od. synthet. hergestellt werden. Nach den Hauptnährstoffen unterscheidet man Stickstoff-D., Phosphat-D., Kali(um)-D., Kalk-D., die

Dünger
Angaben über Typ und Mindest-Nährstoffgehalt

Stickstoff-D	% N
Kalksalpeter	15,5
Kalkstickstoff	20–21
Schwefelsaures Ammoniak	21
Kalkammonsalpeter	26
Ammonsulfatsalpeter	26
Harnstoff	46

Phosphatdünger	% P_2O_5
Thomasphosphat	15
Superphosphat	18
Glühphosphat	24
Weicherdiges Rohphosphat	26

Kalidünger	% K_2O
Korn-Kali mit MgO	37 +5% MgO
40er Kali	37
50er Kali	47
Kal-magnesia	22 +8% MgO
Magnesia-Kainit	10 +5% MgO

Düngekalk	% CaO
Branntkalk	80–85
Löschkalk	70
Kohlensaurer Kalk	50 (80–95% $CaCO_3$)

entweder als *Einzel-D.* nur einen Nährstoff enthalten od. als *Misch-D.* ein Gemisch aus mehreren Nährstoffen darstellen. *Voll-D.* enthalten alle wichtigen Pflanzennährstoffe, *Spezial-D.* vor allem Spurenelemente. ↗Düngung.

Düngerlinge, *Panaeolus,* Gatt. der ↗Tintlingsartigen Pilze.

Düngetorf, zur Bodenverbesserung im Gartenbau eingesetzter Hochmoortorf. Im Handel erhältl. sind wenig zersetzter, faser. Weißtorf oder älterer, stärker zersetzter Schwarztorf. D. enthält im Unterschied zum Torfkultursubstrat u. Torfmischdünger keine zusätzl. Pflanzennährstoffe.

Düngeverhältnis ↗Düngung.

Dungfliegen, die ↗*Cypselidae* u. ↗*Scatophagidae.*

Dunggas, ↗Biogas aus der Vergärung v. Mist, bes. Kuhdung u. Fäkalien anderer Tiere (↗Methangärung).

Dungkäfer, Gruppe der ↗Mistkäfer.

Dungmücken, *Scatopsidae,* Fam. der Mücken mit ca. 100 Arten; klein, unscheinbar; die Imagines sind an Doldenblütlern anzutreffen; die Larven leben v. Exkrementen u. faulenden Stoffen. Am häufigsten ist die kosmopolit. Art *Scatopse notata.*

Einige auffällige Dungpilze

Schlauchpilze (Ascomycetes):	Kleiiger Kotling (A. furfuraceus)
Moravecscher Kotbecherling (Peziza moravecii)	Borstiger Kotling (Lasiobolus ciliatus)
Gemeiner Mistborstling (Cheilymenia fimicola)	Bärtiger Kotkugelpilz (Podospora curvula)
Körniger Rinderdungling (Coprobia granulata)	Ständerpilze (Basidiomycetes):
Viele Dungpilze (Ascobolaceae): z. B. Kohl-Kotling (Ascobolus brassicae)	Halbkugeliger Träuschling (Stropharia semiglobata)
	Glockendüngerling (Panaeolus campanulatus)
	Kuhfladendüngerling (P. separatus)

Dungpilze, *koprophile Pilze,* Pilzflora, die bevorzugt auf Kot, bes. v. Pflanzenfressern, wächst u. meist in bestimmter Reihenfolge auftritt. Zuerst besiedeln schnell wachsende, zuckerverwertende *Zygomycotina (Phycomycetes)* das Substrat, dann folgen celluloseverwertende u. andere Schlauchpilze *(Ascomycetes),* u. schließl. treten ligninverwertende Ständerpilze *(Basidiomycetes)* auf. Die Reihenfolge ist nicht obligatorisch; so können auf Pferdedung schon in der Anfangsphase sehr kleine Hutpilze beobachtet werden; der Dung v. Kaltblütern wird weniger v. Pilzen besiedelt.

Düngung, Anreicherung des Bodens mit Stoffen, die eine Abnahme der ↗Bodenfruchtbarkeit verhindern od. die Steigerung der Erträge bewirken sollen. Das *Düngeverhältnis* richtet sich nach dem jeweil. Nährstoffgehalt des Bodens u. dem Bedarf der jeweil. Kulturpflanze an den verschiedenen Nährstoffen. Die *Überdüngung* v. Kulturflächen stellt heute v. a. in Gebieten intensiver landw. Nutzung, wie z. B. in Weinbaugebieten, ein Umweltproblem dar. Zu hohe Düngermengen od. eine ungünstige Zeit des Ausbringens der Düngemittel führen dazu, daß v. a. Nitrate nicht v. Pflanzen aufgenommen werden, sondern mit den Niederschlägen ausgeschwemmt werden. Dadurch weist mancherorts das Grundwasser zu hohe Nitratwerte auf u. gefährdet die Gesundheit.

Dungwurm ↗ Eisenia.

Dunkeladaptation, vollständige Anpassung (↗ Adaptation) des ↗ Auges an sehr geringe Lichtintensitäten; in diesem Fall erfolgt das Sehen ausschl. mit den Stäbchen. ↗ Linsenauge, ↗ Netzhaut.

Dunkelatmung, Atmung grüner Blätter im Dunkeln, beruht auf mitochondriellen Atmungsvorgängen u. wird durch Licht mehr od. weniger gehemmt (Kok-Effekt). ↗ Photosynthese, ↗ Photorespiration.

Dunkelfeldmikroskopie, mikroskop. Verfahren, bei dem das Objekt kegelförmig v. den Seiten beleuchtet wird *(Dunkelfeldbeleuchtung)* u. nur das v. ihm ausgehende Streulicht zur Abb. benutzt wird; ermöglicht das Erkennen v. Objekten unterhalb der Auflösungsgrenze. ↗ Mikroskopie.

Dunkelfixierung, *D. von* CO_2, erfolgt im zweiten Abschnitt der Photosynthese unter Verbrauch des im ersten Abschnitt durch Licht gewonnenen Redox- u. Phosphorylierungspotentials. ↗ Calvin-Zyklus, ↗ Photosynthese. [fer.

Dunkelkäfer, *Tenebrionidae,* ↗ Schwarzkäfer.

Dunkelkeimer, Samen, die bei geeigneter Feuchte u. Temp. im Dunkeln keimen u. durch Licht in ihrer ↗ Keimung gehemmt werden. ↗ Phytochrom.

Dunkelmücken, *Orphnephilidae, Thaumaleidae,* Fam. der Mücken; in Mitteleuropa nur wenige Arten; ca. 4 mm groß, leben in alpinen Regionen u. stechen nicht. Die graugrünen, ca. 15 mm langen Larven weiden in Bächen Algen v. den Steinen ab.

Dunkelreaktionen, die ohne direkte Einwirkung des Lichts ablaufenden Reaktionen der ↗ Photosynthese, d. h. die Reaktionen des ↗ Calvin-Zyklus.

Dunkelreaktivierung ↗ DNA-Reparatur.

Dunkelreparatur ↗ DNA-Reparatur.

Dunkelspinnen, *Sechsaugen, Dysderidae,* Fam. der Webspinnen; sechsäug. Spinnen mit kräft. Cheliceren u. Giftklauen u. einer langen Unterlippe; hinter den Stigmen, die in die Fächerlungen führen, befindet sich ein weiteres Paar Atemöffnungen (Röhren-

NPK-Dünger
mit Typen-Kennzeichnung nach Gehalten an N, P_2O_5 und K_2O,
z. B. 13 + 13 + 21

NP-Dünger
mit Typen-Kennzeichnung nach Gehalten an N und P_2O_5,
z. B. 20 + 20 + 0

PK-Dünger
mit Typen-Kennzeichnung nach Gehalten
an P_2O_5 u. K_2O,
z. B. 0 + 15 + 20

NK-Dünger
mit Typen-Kennzeichnung nach Gehalten an N und K_2O,
z. B. 16 + 0 + 24

Organische Düngemittel
gekennzeichnet nach Gehalt an organischer Substanz und deren Herkunft

Organische Stickstoffdüngemittel
gekennzeichnet nach Gehalt an organisch gebundenem Stickstoff und Herkunft

Organische NP-Düngemittel
gekennzeichnet nach Gehalt und Herkunft, z. B. Knochenmehl
+ Hornmehl
6% N, 9% P_2O_5

Organisch-mineralische Mischdünger
mit Angabe der Zusammensetzung, z. B. Torf mit Fäkalien und Mineraldünger

Düngemittel mit Spurnährstoffen
z. B. neben N, P_2O_5 und K_2O 0,2% B, 0,4% Cu, 1% Mn

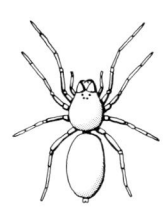

Dunkelspinne

tracheen). D. sind mit ca. 250 Arten über alle Erdteile verbreitet. In Mitteleuropa artenarm (7 Arten). Man unterscheidet 2 U.-Fam.: 1) *Dysderinae,* bes. im Mittelmeergebiet lebende, nächtl. herumstreifende Spinnen, die den Tag in einem sackförm. Wohngespinst unter Moos, in Ritzen, unter Rinde usw. verbringen; diese Gespinste dienen auch der Eiablage u. der Überwinterung. Bei uns vertreten durch die Gatt. *Dysdera* u. *Harpactes.* 2) *Segestriinae,* seßhaft in Gespinströhren (unter Rinde, Steinen usw.), sitzen nachts am Röhreneingang u. lauern mit 3 nach vorne gerichteten Beinpaaren auf Beute, welche die fächerförmig vom Eingang der Röhre ausstrahlenden Fäden berühren. In Mitteleuropa kommt nur die Gatt. *Segestria* vor. Bei der ca. 1 cm großen *S. senoculata* ist die Balz bes. gut untersucht. Das Männchen lockt dabei mit Klopfen u. Zupfen am Gespinst das Weibchen aus seiner Röhre u. führt einen komplizierten Balztanz auf. Bei der Paarung, die im Röhreneingang stattfindet, werden beide Taster synchron eingeführt. Das Männchen umgreift dabei mit seinen Cheliceren die Taille des Weibchens u. richtet es auf. Die Paarung kann bis 15mal nacheinander stattfinden. Dazwischen muß das Männchen stets seine Taster neu mit Sperma füllen. Arten dieser Gatt. können 4 Jahre alt werden. Hierher gehört auch die bes. in den Tropen vorkommende Gatt. *Ariadna,* die in Felslücken u. Mauerlöcher Röhren baut, deren Mündung mit einem „Seidenkragen" u. strahlenartig angeordneten Fangfäden versehen ist.

Dunkelzone, die ↗ aphotische Region.

Dünndarm, *Intestinum tenue,* oberer Abschnitt des ↗ Darms der Säugetiere u. des Menschen hinter dem Zwölffingerdarm, der den mit den Sekreten der Bauchspeicheldrüse u. Leber durchtränkten Speisebrei bis zu resorptionsfähigen Spaltprodukten abbaut. Dazu werden vom *D. epithel* eine Reihe v. Enzymen produziert, wie Disaccharasen (Maltase, Lactase, Saccharase) u. Peptidasen (Amino-, Dipeptidasen) sowie Lipasen, Nucleasen, Nucleotidasen u. Nucleosidasen. Die Sekretionstätigkeit des D.s wird durch das Hormon *Enterokrinin* angeregt, dessen Bildung durch den mit Magensäure und Galle vermischten Speisebrei induziert wird. Die Motorik des D.s, Segmentations- u. Pendelbewegungen, werden vom Auerbachschen Plexus (Nervengeflecht zw. Längs- u. Ringmuskelschicht des Darms) geregelt. Der Vagus steigert, der Sympathikus lähmt die D.bewegungen. B Darm.

Dünnschichtchromatographie ↗ Chromatographie.

Dünnschliffe, bis zur Durchsichtigkeit bei 0,02–0,03 mm Dicke heruntergeschliffene Plättchen von Hartsubstanzen (Gesteine, Fossilien, Knochen, Zähne u. a.), um unter dem Durchlichtmikroskop Zusammensetzung u. Feinbau erkennen zu können.

Dünnschnabelgeier, *Gyps indicus,* ↗ Altweltgeier.

Dünnschnitte ↗ mikroskopische Präparationstechniken.

Duodenum *s* [v. lat. duodenus = zwölffach], der ↗ Zwölffingerdarm; ↗ Darm.

Duplicidentata [Mz.; v. lat. duplex, Gen. duplicis = doppelt, dentatus = gezähnt], *Doppelzähner,* ältere Bez. für die ↗ Hasentiere.

Duplicitas cruciata *w* [v. lat. duplicare = verdoppeln, mlat. cruciatus = gekreuzigt, gekreuzt], eine v. a. bei Wirbeltieren vorkommende ↗ Fehlbildung während der Embryonalentwicklung in Form einer Doppelbildung übers Kreuz; Zwillingsbildung, bei der Vorderenden v. entgegengesetzter Polarität jederseits in ein Hinterende übergehen, dessen eine Längshälfte vom einen, die andere vom anderen Partner abstammt (auch umgekehrt, mit einheitl. Hinterenden u. zusammengesetzten Vorderenden).

Duplikation *w* [v. lat. duplicatio = Doppelung], ↗ Chromosomenaberrationen.

Duplizitätstheorie, *D. des Sehens,* ↗ Auge, ↗ Netzhaut.

Dura mater *w* [lat., = harte Mutter], die äußere der drei Hirnhäute („harte Hirnhaut") bei Wirbeltieren; enthält Kollagen- u. elast. Fasern, große venöse Blutgefäße u. sensible Nerven. Im Rückenmark schließt sich der D. m. der fett- u. venenreiche Epiduralraum an, im Bereich des Gehirns ist die D. m. fest mit dem Schädel verwachsen.

Durchbrenner, Individuen mit eigentl. letaler genet. Konstitution, die das krit. Entwicklungsstadium überstehen u. sich danach weiterentwickeln (Hadorn).

Durchforstung, Herausschlagen v. Bäumen aus einem Waldbestand zur Förderung der wertvollsten Bäume für die Hauptnutzung. Unterschieden werden je nach Stammklassen *Nieder-D.,* bei der Kümmerformen, u. *Hoch-D.,* bei der auch ein Teil der dominanten Bäume zugunsten besser veranlagter entfernt werden. Unterholz u. Kümmerformen bleiben aber als Bodenschutzholz bestehen. Neben der Vornutzung bezweckt die D. ein richtiges Mischverhältnis der Bäume untereinander u. gegenüber Licht, Wärme, Feuchtigkeit usw., Vorbeugung gg. Schädlingsbefall, Bruchschäden u. Feuergefahr.

Durchlaßzellen ↗ Endodermis.

Durchläufer, 1) langleb. Taxa fossiler Organismen, die eine stratigraph. Abfolge durchlaufen u. deshalb ohne Leitwert sind;
2) Minerale u. Erze, die in verschiedenen Metamorphosestadien bzw. magmat. Paragenesen vorkommen.

Durchlichtmikroskopie, mikroskop. Darstellung durchstrahlter Objekte, ↗ Mikroskopie; ↗ Auflichtmikroskopie.

Durchlüftung, Austausch der ↗ Bodenluft durch atmosphär. Luft., den ↗ Bodenorganismen wird bei guter D. ausreichend Sauerstoff zugeführt u. das durch sie erzeugte Kohlendioxid (Bodenatmung) tritt in die Atmosphäre aus.

Durchlüftungsgewebe, das ↗ Aerenchym.

Durchmischung, *D. von Bodenmaterial, Turbation,* ↗ Bioturbation, ↗ Hydroturbation, ↗ Kryoturbation.

Durchschnürungsversuch, Versuch, bei dem ein befruchtetes Ei (z. B. vom Molch) in zwei Teile zerlegt wird; entsteht dabei aus jedem der beiden Teile ein ganzes Individuum, so liegen experimentell erzeugt eineiige Zwillinge vor (↗ Zwillinge); widerlegt Präformationstheorien der Ontogenese; zuerst ausgeführt um die Jahrhundertwende (O. u. R. Hertwig, H. Spemann).

Durchwachsung, *Proliferation,* Mißbildung bei Pflanzen. Bei der zentralen D. setzt sich in einer Blüte anstelle der Fruchtblätter der Hauptsproß fort u. bildet schließl. wieder Laubblätter; bei der seitl. D. gehen aus den Blattachseln der Kronblätter kleine Seitentriebe hervor, die jeweils mit einer Blüte enden können. Goethe hat in seiner „Metamorphose der Pflanze" (1790) zentrale (an Rose) u. laterale D. (an Nelke) beschrieben und u. a. daraus den Schluß gezogen, daß die Organe der Blüten „umgewandelte" Blätter sind.

Durchzugsgebiet, bei Zugvögeln das Gebiet zw. Brutgebiet u. Winterquartier, das während des Herbst- u. Frühjahrszuges durchquert wird; der i. d. R. (bes. im Frühjahr) nur kurzzeit. Aufenthalt kann durch Wetterumschläge verlängert werden; die aufgesuchten Rastplätze weichen nicht selten strukturell vom Brutbiotop ab (z. B. Limikolen). Manche Singvögel (Rotkehlchen, Zilpzalp u. a.) lassen während des Zwischenaufenthalts im Herbst den Gesang hören u. errichten dabei auch kurzzeitig Reviere. ↗ Vogelzug.

Durham-Röhrchen [ben. nach dem engl. Chirurgen A. E. Durham [da:rem], 1833–95], Gärröhrchen zum Nachweis der Gasbildung durch Mikroorganismen. In einem Kulturröhrchen (z. B. Reagenzglas) mit zuckerhalt. Nährlösung befindet sich noch ein kurzes enges Röhrchen mit der Öffnung nach unten (oben geschlossen) u. mit Nährlösung vollgefüllt. Wird während der Gärung Gas gebildet, verdrängt es die Flüssigkeit aus dem kleinen Röhrchen u. wird somit sichtbar.

Durianbaum [v. malaiisch dūrian = Stachel], *Durio zibethinus*, ↗ Durio.

Durilignosa [Mz., v. lat. durus = hart, lignosus = holzig], Pflanzenges., die hpts. aus Holzpflanzen mit Hartlaub od. assimilierenden Sproßachsen bestehen.

Durio *m* [über frz. durio v. malaiisch dūrian = Stachel, Dorn], in SO-Asien beheimatete Gatt. der *Bombacaceae* mit ca. 27 Arten. Bäume mit ungeteilten Blättern, großen, 5zähl. Blüten mit Außenkelch u. stachel. Kapselfrüchten. Neben einigen anderen Arten wird im indomalaiischen Raum v. a. der Durian- od. Zibetbaum *(D. zibethinus)* kultiviert. Die Eingeborenen der Region verzehren sowohl die gerösteten Samen der Frucht als auch bes. die Eiweiß, Fett u. verschiedene Zucker enthaltenden Samenmäntel, die obendrein als Aphrodisiakum gelten.

Dürre, Trockenperiode, die durch geringe Niederschläge, hohe Temp. sowie hohe Evaporation u. Transpiration gekennzeichnet ist. Bei Pflanzen entstehen reversibel od. irreversibel *D.schäden,* aufgrund v. Boden- od. Lufttrockenheit. (Bekannte Erscheinungen sind das Welken, aber auch Nekrosen u. Chlorosen bei langsam eintretender u. anhaltender D.) Ein Maß für die ↗ Austrocknungsfähigkeit eines Gewebes od. Organs ist diejenige relative Luftfeuchte, die eine *D.letalität* v. 50% zur Folge hat. Bei Samenpflanzen beruht *D.härte* i. d. R. nicht auf der Austrocknungstoleranz v. Zellen bzw. Geweben, sondern auf speziellen *D.anpassungen,* wie Sukkulenz, ausgreifendem Wurzelwerk, diurnalem Säurerhythmus od. C$_4$-Syndrom.

Dürreresistenz, die ↗ Austrocknungsfähigkeit.

Dürrfleckenkrankheit, eine durch *Alternaria solani* verursachte Pilzkrankheit der Kartoffeln u. Tomaten, die bes. in heißen Sommern auftritt. Auf den Blättern treten grau-braune rundl. od. v. Adern begrenzte, eckige Flecken im abgestorbenen Gewebe auf. Das Laub stirbt vorzeitig ab, auf Kartoffelknollen bilden sich eingesunkene Stellen (Hartfäule, ↗ Alternariafäule), auf Tomatenfrüchten schwärzl. Faulstellen in der Kelchgegend (Alternaria-Fruchtfäule). Die Übertragung der D. erfolgt durch Konidien, die Überwinterung an befallenen Pflanzenrückständen, Unkräutern u. Knollen. Der Pilz kann durch Kupfermittel u. eine Reihe v. organ. Fungiziden bekämpft werden.

Durrha *w* [v. arab. dhura = Mohrenhirse], *Sorghum,* die ↗ Mohrenhirse.

Dürrwurz, *Inula conyza,* ↗ Alant.

Durst, Allgemeinempfindung bei Flüssigkeitsmangel mit dem Verlangen, Flüssigkeit in den Körper aufzunehmen, kann ähnl. wie ↗ Hunger keinem bestimmten Sinnesorgan od. Körperstruktur zugeordnet werden. D. entsteht durch die physiolog. Wasserverluste (Harn, Schweiß, Defäkation, Atemluft) im Extra- u. Intrazellularraum, im Gefolge v. körperl. Anstrengung, insbes. bei Hitzebelastung, oder auch krankheitsbedingt durch wäßrige Durchfälle (Cholera, Ruhr), bei Fieber od. Wassersucht (↗ Diabetes insipidus). (Eine D.schwelle, die normalerweise verhindert, daß bei geringgradigen Wasserverlusten ein ständiges Trinkbedürfnis entsteht, wird überschritten, wenn der Wasserverlust etwa 0,5% (beim Menschen ca. 350 ml) des Körpergewichts übersteigt.) Die Folge ist eine Zunahme der Osmolarität des Blutes, die ein vermehrtes Trinkbedürfnis besonders über Osmorezeptoren des Hypothalamus auslöst. Ferner vermutet man eine Reihe v. extrazellulären Rezeptoren, v. denen Dehnungsrezeptoren in den Herzvenen bedeutsam sind. Schließlich spielen Hormone bei der Durstempfindung u. -löschung eine Rolle. Durch Ausschüttung von Vasopressin (↗ Adiuretin) aus dem Hypophysenhinterlappen wird die Wasserrückresorption in der Niere erhöht, um den Körper vor weiteren Wasserverlusten zu bewahren; ein Volumenverlust im Extrazellulärraum aktiviert das Renin-Angiotensin-Aldosteronsystem. Begleiterscheinung des D.s ist eine verminderte Speichelsekretion, die das für den D. charakterist. Trockenheitsgefühl im Mund- u. Rachenraum hervorruft. Die entspr. Rezeptoren können auch ohne Vorliegen eines Wassermangels gereizt werden (Austrocknen des Rachenraumes) und erzeugen einen „falschen D.". Da die D.empfindung im Ggs. zu Geruch u. Geschmack nicht adaptiert, ist eine D.stillung im allg. nur durch Wasseraufnahme zu erreichen. Die dabei aufgenommene Wassermenge entspricht sehr genau der tatsächl. benötigten. Da aber zw. Trinken u. Resorption des Wassers eine gewisse Zeit vergeht, muß das Trinken aufhören, bevor der Wassermangel in den Geweben beseitigt ist (resorptive D.stillung). Diesen Vorgang, der eine übermäßige Wasseraufnahme verhindert, bezeichnet man als präsorptive D.stillung. Die dafür verantwortl. Rezeptoren u. Mechanismen sind bis heute nicht bekannt; der Trinkakt selbst und Dehnungsrezeptoren im Magen scheinen aber beteiligt zu sein.

Dusicyonini [Mz.; v. gr. kyōn = Hund], die ↗ Kampfüchse.

Dussumieria *w*, Gatt. der ↗ Heringe.

Düsterbienen, *Stelis,* Gatt. der ↗ Megachilidae.

Durio
Die kopfgroße, gelbbraune, dicht mit Stacheln besetzte Frucht des Durianbaums *(Durio zibethinus)* enthält in 5 Fächern zahlr. kastaniengroße, von einem saftigen, weichen, weißl., sehr wohlschmeckenden, aber übelriechenden Arillus umgebene Samen.

Durst
(in Klammern Wasserverlust in % des Körpergewichts)
leichter D. (3)
schwerer D. (5–12)
Verdursten mit Todesfolge (15–20)

Düsterbock, *Asemum striatum,* Vertreter der ↗Bockkäfer; Körper leicht gedrungen, parallelseitig, mittel- bis schwarzbraun, etwa 20–25 mm; lebt als Larve in anbrüchigem Nadelholz (meist Kiefer); Flugzeit Mai–Juni, nachtaktiv. Durch Entwertung v. Bauholz gelegentl. techn. Schädling.

Düsterkäfer, *Serropalpidae,* fr. als *Melandryidae* geführt, Fam. der polyphagen Käfer; bei uns etwa 40 Arten. Kleine bis mittelgroße Tiere, braun, schwarz od. düster gefärbt, gelegentl. dunkel metall. blau, manche Arten haben einen spitz zulaufenden Hinterleib, den sie zu heft. Purzelbewegungen einsetzen können, um rasch zu entfliehen. Larven u. Käfer leben v. a. in u. an verpilztem Holz od. in Baumschwämmen.

Dutrochet [dütroschä], *Henri Joachim,* frz. Physiologe, * 14. 11. 1776 Néon (Poitou), † 4. 2. 1847 Paris; Privatgelehrter; entdeckte als einer der ersten die Zellteilung, ferner die Endosmose.

Duve [düw], *Christian René* de, belg. Biochemiker, * 2. 10. 1917 Thames-Ditton (Surrey); zuletzt Prof. am Int. Inst. of Cellular and Molecular Biology in Brüssel; erhielt 1974 zus. mit A. Claude u. G. E. Palade den Nobelpreis für Medizin für seine mit der Methode der Zellfraktionierung gelungene Entdeckung winziger Zellpartikel (Lysosomen u. Peroxisomen).

Duwock *m* [niederdt., = Schachtelhalm], *Equisetum palustre,* ↗Schachtelhalm.

Dy [schwed.], *Torfmudde, Braunschlamm,* dunkelbrauner Unterwasserhumus aus sauren, ausgeflockten Huminstoffen in nähr- u. sauerstoffarmen, kalten, stehenden Gewässern, arm an Pflanzen- u. Tierresten und lebenden Organismen, nach Austrocknung nicht kultivierbar. – Auch Bez. für Unterwasserboden, der daraus entsteht (Braunschlammboden). ↗Gyttja, ↗Sapropel.

Dyaden [Mz.; v. gr. dyas, Gen. dyados = Zweiheit], 1) Zellenpaare, die aus der ersten meiot. Teilung hervorgehen od. bei gestört ablaufender Meiose an Stelle einer Zellentetrade entstehen; 2) die aus zwei am Centromer zusammengehaltenen Chromatiden bestehenden Chromosomen in der Anaphase I der Meiose; 3) bei Postreduktion (z. B. in Organismen, die Chromosomen mit nicht lokalisiertem Centromer besitzen) die aus zwei homologen (jedoch nicht ident.) Chromatiden bestehenden, sich zu den Spindelpolen bewegenden Einheiten der Anaphase I.

Dyas *w* [gr., = Zweiheit], *Dyaszeit,* v. Marcou (1859) u. Geinitz (1861) vorgeschlagener Name für die mitteldeutsche zweiteil. Gesteinsfolge „Rotliegendes"/„Zechstein" zw. dem liegenden Karbon u. der hangenden Trias; heute meist als ↗Perm bezeichnet.

dys- [gr., = miß-, un-, schwer-; bedeutet auch Störung eines Zustandes].

dynamisches Gleichgewicht

Biol. Systeme sind durch *Fließgleichgewichte* auf prakt. allen Organisationsebenen charakterisiert. Auf molekularer Ebene stellen sich Fließgleichgewichte bei den biochem. Reaktionsketten der Stoffwechselwege ein *(biochem. Fließgleichgewichte).* Diese wiederum sind gesteuert durch Fließgleichgewichte, die sich durch Transportvorgänge an den Membranen der Zellkompartimente (Zellkerne, endoplasmat. Reticulum, Golgi-Apparat, Mitochondrien, Chloroplasten) sowie an der Zellmembran ausbilden *(zelluläre Fließgleichgewichte).* Auf organism. Ebene bestehen Fließgleichgew ichte durch Stoffaustausch zw. den einzelnen Organen eines Organismus od. zw. Organismen u. ihrer Umwelt. Durch den Stoffaustausch zw. Organismen (z. B. in der Nahrungskette) bilden sich Fließgleichgewichte auf der Ebene v. Ökosystemen.

Dybowskihirsch [ben. nach dem frz. Forschungsreisenden J. Dybowski, * 1856], *Pseudaxis nippon dybowskii,* aus der nördl. Mandschurei stammende U.-Art des ↗Sikahirsches; heute wahrscheinl. nur noch in Parks u. Zool. Gärten erhalten.

Dynamena *w* [v. gr. dynamenos = vermögend, kräftig], Gatt. der ↗Sertulariidae.

dynamisches Gleichgewicht, *Fließgleichgewicht* (nach L. ↗Bertalanffy), Gleichgewichtszustand in offenen Systemen, wobei ein ständ. Strom v. ausgetauschter Masse u. Energie stattfindet. Das Ökosystem ist ein solches offenes System, in dem der Energiezufluß v. der Sonne Stoffkreisläufe in Gang hält. Im d. G. sind die am Stoffwechsel beteiligten Verbindungen in einem quasistationären Zustand *(steady state),* also in der gleichen Konzentration vorhanden. ↗Entropie (Rolle in der Biol.).

Dynastinae [Mz.; v. gr. dynastēs = Machthaber, Herrscher], U.-Fam. der ↗Blatthornkäfer.

Dynein *s* [v. gr. dynamis = Kraft], Protein mit einer relativen Molekülmasse von ca. 400 000, das die sog. *D.fortsätze* (auch *D.arme* gen., ☐ Axonema) der Mikrotubuli v. ↗Cilien u. Geißeln bildet. Je zwei D.arme (ein äußerer u. ein innerer) sind an den A-Tubuli der äußeren Mikrotubuli-Dupletts in Reichweite zum jeweils benachbarten Mikrotubulus verankert. Isoliertes D., bes. aber das mit Actinfilamenten gekoppelte D., zeigt ATPase-Aktivität. Man nimmt an, daß die wechselseit. Verschiebung v. Mikrotubuli, die der Bewegung v. Cilien u. Geißeln zugrundliegt, auf ATP-abhängigen, durch die D.arme vermittelten Gleitmechanismen (sliding-filament-Mechanismus) beruht. Nach diesem Modell ist die D.funktion analog zur Myosinfunktion der Muskelfasern.

Dynorphin ↗Endorphine.

Dysbakterie *w* [v. *dys-, gr. baktērion = Stäbchen], veralteter Begriff für eine gestörte Zusammensetzung der ↗Darmflora; nach dieser Vorstellung kommen durch das Fehlen antagonist. wirksamer Stämme v. *Escherichia coli* bestimmte Verdauungsstörungen zustande, die durch die Einnahme lebender *E. coli* günstig beeinflußbar sein sollen.

Dyscophus *m* [v. gr. dyskōphos = stocktaub], Gatt. der Taubfrösche, ↗Engmaulfrösche.

Dysderidae [Mz.; v. *dys-, gr. derē = Hals], die ↗Dunkelspinnen.

Dysenterie *w* [v. gr. dysenteria =], die ↗Ruhr.

Dysideidae [Mz.; v. gr. dysis = Untertauchen], Fam. der Hornschwämme (Dictyo-

ceratida); bekannte Art *Dysidea fragilis,* in Nordsee, Mittelmeer, Atlantik, Indik u. an den Küsten Australiens.

dyskinetoplastisch [v. *dys-], durch mangelhafte Ausbildung des ↗Kinetoplasten gekennzeichnet (DNA fehlt); bei derart. Kinetoplastiden (Flagellaten) fehlt die Fähigkeit zum Formwechsel im übertragenden Insekt.

Dysmelie *w* [v. *dys-, gr. melos = Glied], Überbegriff für intrauterine, durch exogene Noxen hervorgerufene Störung der Entwicklung der Extremitäten; bes. Formen: Phokomelie = Stumpfbildung, Ektromelie = Fehlstellung u. Fehlen mehrerer Röhrenknochen. ↗Embryopathie, ☐ Fehlbildungskalender.

Dysmelie-Syndrom [v. ↗Dysmelie], *Thalidomid-Syndrom,* durch das Medikament ↗Thalidomid (Contergan) hervorgerufene embryonale Schädigung in der 3.–14. Schwangerschaftswoche; Folge sind eine Vielzahl v. Wachstumsstörungen (↗Dysmelie), die sich in unterschiedlichsten Formen manifestieren.

dysphotische Region *w* [v. *dys-, gr. phōs, Gen. phōtos = Licht], die ↗Dämmerzone in den Meeren und Seen.

Dysploidie *w* [v. *dys-, gr. -plois = -fach], das Auftreten unterschiedlich vervielfachter Einzelchromosomen im haploiden Chromosomensatz der Individuen einer Art, wobei sich dies phänotypisch nicht ausprägt; die vervielfachten Chromosomen zeigen häufig mehr od. weniger starke strukturelle Veränderungen. ↗Carextyp, ↗Polysomie, ↗Aneuploidie.

Dysproteinämie *w* [v. *dys-, gr. prōtos = der erste, haima = Blut], Überbegriff für meist krankhafte Veränderungen der Blutproteinfraktionen (↗Blutproteine).

Dystonie *w* [v. *dys-, gr. tonos = Spannung], Störung des normalen Spannungszustands von Gefäßen und Muskeln; als *vegetative D.* wird die Fehlregulation des vegetativen Nervensystems bezeichnet, die zu Funktionsstörungen an verschiedenen Organen, v.a. Kreislauf u. Herz, führt, ohne daß organ. Erkrankungen nachgewiesen werden können; Ursachen sind u.a. seel. Konflikte, unphysiolog. Arbeits- u. Lebensbedingungen, psych. Streß.

dystrop [v. *dys-, gr. tropos = Betragen], Bez. für Blüten besuchende Insekten, die keinerlei Anpassungen an das Ausbeuten v. Blüten haben; sie wirken als Blütenzerstörer, da sie wahllos Blütenteile anfressen.

dystrophe Seen [v. gr. dystrophos = schlecht zu ernähren], die ↗Braunwasserseen.

Dytiscidae [Mz.; v. gr. dytes = Taucher], die ↗Schwimmkäfer.

Ebenaceae

Das *Ebenholz* ist meist schwarz, zuweilen auch dunkelbraun, selten rötl., grünl., weiß od. farbig gestreift u. ist v. einem scharf abgesetzten, breiten, weißl. Splintholz umgeben. Ebenholz wird in der Kunsttischlerei für bes. Möbel, für Intarsien, Pfeifen u. Musikinstrumente (z.B. Klaviertasten) usw. verwendet. Bes. geschätzt wird das schwarze Echte Ebenholz von *Diospyros ebenum,* dem in Indien, auf Ceylon u. in Indonesien heim. Ebenholzbaum mit einer Dichte von 1,10 g/cm³. Weitere Lieferanten für schwarzes Ebenholz sind u.a. *D. melanoxylon* (Indien), *D. dendo* (W-Afrika) und *D. mespiliformis* (trop. Afrika). Rotes Ebenholz stammt z.B. von *D. rubra* (Mauritius), grünes von *D. chloroxylon* (Indien) u. weißes von *D. malacapei* (Philippinen). Die große wirtschaftl. Bedeutung des Ebenholzes hat leider zu einem Raubbau geführt, der die natürl. Bestände mancher Ebenhölzer schon fast vernichtet hat.

E, Abk. für ↗Glutaminsäure.

e⁻, Symbol für das (negativ geladene) ↗Elektron.

E 605, *Parathion, Thiophos,* Handelsname für 1,4-Nitrophenyl-Diäthylthiophosphat, ein hochwirksames Kontaktinsektizid, in der Land- u. Forstwirtschaft verwendet; für Warmblüter giftig; Letaldosis 2 g.

EAAM, Abk. für „durch Erfahrung ergänzter angeborener auslösender Mechanismus", ein ↗Auslösemechanismus, der eine angeborene Grundlage hat, aber durch Lernen ergänzt wird; ↗angeborener auslösender Mechanismus, ↗bedingte Appetenz, ↗bedingter Reflex, ↗Lernen.

EAM, Abk. für „erworbener auslösender Mechanismus", ein ↗Auslösemechanismus, bei dem die auslösenden ↗Schlüsselreize gelernt werden müssen. Ggs.: ↗angeborener auslösender Mechanismus; ↗bedingte Appetenz, ↗bedingter Reflex.

Ebarmenartige, *Psettodoidei,* U.-Ord. der ↗Plattfische.

Ebenaceae [Mz.; v. gr. ebenos = Ebenholz], *Ebenholzgewächse,* Fam. der Ebenholzartigen mit der auf S- und O-Asien beschränkten Gatt. *Euclea* u. der pantrop. verbreiteten, bes. in den Tieflandregenwäldern des Malaiischen Archipels (in seltenen Fällen aber auch in nördl. gemäßigten Zonen) heim. Gatt. *Diospyros,* der heute fast alle der insgesamt 400–500 Arten der Fam. zugerechnet werden. Meist relativ kleine Bäume, bisweilen auch Sträucher mit monopodial verzweigter Krone u. überwiegend wechselständ., einfachen, ganzrand. Blättern. Die oft unscheinbaren, radiären, meist 3–5(–7)zähl. Blüten sind überwiegend diözisch u. stehen entweder einzeln od., häufiger, in kurzen blattachselständ., zuweilen auch stammbürt., trugdold. Blütenständen. Sowohl die Kelch- als auch die Kronblätter sind weitröhrig. Letztere bilden eine weiße, cremefarbene od. rosarote Glocke od. Röhre, in der die Staubblätter in meist 2 Kreisen, nicht selten aber auch, bei stärkerer Vermehrung, in Büscheln vor od. zw. den Kronzipfeln stehen. Der oberständ., aus 2–8 Fruchtblättern bestehende Fruchtknoten bildet pro Fruchtblatt im allg. 2 hängende Samenanlagen aus. Die Frucht ist eine ein- bis wenigsam. Beere mit fleisch. bis faser. (ledr.) Wand, die durch die Ausbildung falscher Scheidewände 2–16fächerig sein kann. Ihr haftet der bleibende, oft vergrößerte Kelch an. Die E. sind in erster Linie wegen ihres fein strukturierten, außerordentl. harten u. schweren, gut polierbaren Kernholzes, dem *Ebenholz,* bekannt. Eine ganze Anzahl v. E. besitzt auch eßbare Früchte, die allerdings meist nur regionale Bedeutung haben. Weitaus bekannteste

Frucht ist die fast apfelgroße, glattschal., gelbe bis orangerote, saftig-süße Kakipflaume. Sie stammt von *D. kaki,* einem in O-Asien heim., bes. in China u. Japan in vielen Sorten kultivierten Obstbaum, der seit Beginn dieses Jh. auch in anderen warmen Zonen, z. B. dem Mittelmeergebiet u. den südl. Staaten N-Amerikas angebaut wird. Kakipflaumen werden entweder frisch gegessen od. zu Wein, Likör, Marmelade u. a. verarbeitet. Einige andere *D.*-Arten, wie die von W-Asien bis Japan heim. Lotuspflaume *(D. lotus),* die in S-Europa oft als Zierbaum anzutreffen ist, od. die im östl. N-Amerika beheimatete Persimone *(D. virginiana),* werden ebenfalls gelegentl. als Obstbäume gezogen. Die Lotuspflaume besitzt kirschgroße, anfangs gelbe, später blauschwarze, teigige Früchte v. aprikosenähnl. Geschmack; die Früchte der Persimone sind etwa 3 cm groß (bei Kultursorten auch größer) und orangefarben. Alle gen. Obstarten sind, bevor sie die volle Reife erlangt haben, außerordentl. gerbstoffreich u. können daher nur in überreifem Zustand roh verzehrt werden. Die Hölzer der Obstbäume werden wie Ebenholz in der Kunsttischlerei verwendet.

Ebenales [Mz.; v. gr. ebenos = Ebenholz], die ↗Ebenholzartigen.

Ebenholzartige, *Ebenales,* Ord. der *Dilleniidae* mit 3 Fam., die je nach Auffassung 50–90 Gatt. mit rund 1500 Arten umfassen. Überwiegend Gehölze wärmerer Gegenden, die sich durch fast immer schraub. angeordnete, einfache, oft ganzrand. u. vielfach lederart. Blätter sowie radiäre, meist 4- oder 5zähl. Blüten mit meist in 2 bis 3 Kreisen angeordneten Staubblättern auszeichnen. Der ober- bis unterständ. Fruchtknoten st mehr od. minder gefächert u. besitzt zentralwinkelständ. Placenten.

Ebenhölzer, Hölzer der ↗ *Ebenaceae* u. [von ↗ *Dalbergia.*

Ebenholzgewächse, die ↗Ebenaceae.

Ebenstrauß, der ↗Corymbus.

Eber, das geschlechtsreife männliche Schwein, beim Wildschwein auch *Keiler* [gen.

Eberesche ↗Sorbus.

Eberfische, *Caproidae,* artenarme Fam. der ↗Petersfischartigen mit schweinsähnl. Kopfform; der bis 16 cm lange, rötl. gefärbte Eberfisch *(Capros aper)* kommt im Mittelmeer u. dem nordöstl. Atlantik vor.

Eberraute, *Artemisia abrotanum,* ↗Beifuß.

Eberwurz, *Wetterdistel, Carlina,* Gatt. der Korbblütler mit ca. 20 über Europa bis nach Mittelasien verbreiteten Arten. Meist kraut., distelart. Milchsaft führende Pflanzen mit fiederspalt., dornig gezähnten Blättern und mittelgroßen bis sehr großen Blütenköpfen. Letztere stehen einzeln od. ebensträußig an den Stengelenden u. bestehen aus einer Vielzahl von zwittr. Blüten mit 5spalt. Krone. Die äußersten, die Blütenköpfe umgebenden Hüllblätter sind laubblattart. geformt u. dorn. gezähnt, während die innersten trockenhäut., weiß bis gelb oder rosarot gefärbt u. strahlenblütenähnl. verlängert sind. Bei trockenem, sonn. Wetter waagrecht ausgebreitet, biegen sie sich bei Feuchtigkeit nach oben, um so den Blütenkopf zu schließen. In Mitteleuropa heim. ist sowohl die Silberdistel *(C. acaulis)* als auch die Golddistel *(C. vulgaris).* Die 10 bis 30 cm hohe, ausdauernde Silberdistel besitzt in einer Rosette angeordnete, fiederspalt., buchtig-dornig gezähnte Laubblätter sowie meist nur einen, 5–15 cm breiten Blütenkopf mit silberweißen inneren Hüllblättern u. einem an Milchsaft reichen, eßbaren Blütenboden. Sie wächst zerstreut in sonn. Magerweiden u. -rasen sowie an Wegen u. Böschungen u. blüht v. Juli bis Sept. Die Wurzel der unter Naturschutz stehenden Pflanze wird in der Volksmedizin v. a. als harn- u. schweißtreibendes Mittel verwendet, während die Blütenköpfe beliebter Bestandteil v. Trockensträußen sind, weswegen die Silberdistel häufig auch in Gärten als Zierpflanze gezüchtet wird. Die 1- bis 2jähr. Golddistel ist eine bis 80 cm hohe Pflanze mit länglichlanzettl., am Rande dorn. Blättern u. mehrköpf. Stengel. Ihre Blütenköpfe sind nur 2–3 cm breit u. besitzen strohgelbe, innere Hüllblätter. Blütezeit der zieml. häufig in sonn. Magerrasen und -weiden, in Halbtrockenrasen, an Weg- u. Waldrändern sowie in lichten Eichen- u. Kiefernwäldern wachsenden Golddistel ist ebenfalls Juli bis Sept.

Ebola-Virus *s* [ben. nach dem Ebola-Fluß in Zaire], 1976 bei Epidemien an hämorrhagischem Fieber im Sudan u. in Zaire entdecktes, für den Menschen äußerst virulentes Virus; ist in seiner Morphologie dem ↗Marburg-Virus sehr ähnl. u. wird mit diesem taxonomisch in der Fam. *Filoviridae* zusammengefaßt.

Eburonkaltzeit, *Eburonien,* v. Zagwijn 1956 nach dem kelt. Stamm der Eburonen am Rhein u. Maas ben. zweite Kälteperiode des Pleistozäns zw. Tegelen- u. Waalwarmzeit, die in diesem Raum feinkörn. Sedimente mit subarkt. Polleninhalt bzw. alte Terrassenschotter hinterließ. Die E. entspricht etwa der Donaukaltzeit im alpinen Vereisungsgebiet.

EBV, Abk. für ↗Epstein-Barr-Virus.

Ecardines [Mz.; v. lat. e- = aus- (ohne), cardines = Türangeln], (Bronn 1862), die Kl. der schloßlosen ↗Brachiopoden; neuerdings meist als ↗ *Inarticulata* (Huxley 1869) bezeichnet. Ggs.: *Testicardines.*

Ebenholzartige

Familien:
↗ *Ebenaceae*
↗ *Sapotaceae*
↗ *Styracaceae*

Eberwurz

Golddistel
(Carlina vulgaris)

Ecballium s [v. gr. ekballein = hinauswerfen, aufspritzen lassen], Gatt. der ↗Kürbisgewächse.

Eccles [ekls], Sir *John Carew*, austr. Physiologe, * 27. 1. 1903 Melbourne; Schüler u. Mitarbeiter v. G. S. Sherrington, Prof. in Canberra, seit 1966 Chicago u. Buffalo; bedeutende Arbeiten zur Erregungsleitung im Nervensystem, Gehirn u. Rückenmark (Funktion u. Arbeitsweise der Synapsen u. des Motoneurons); Entdecker der erregenden u. hemmenden postsynapt. Membranpotentiale; erhielt 1963 zus. mit A. L. Hodgkin u. A. F. Huxley den Nobelpreis für Medizin. HW „The physiology of synapses" (1964).

Ecdyonuridae [Mz.; v. gr. ekdyein = ausziehen, ablegen, oura = Schwanz], Fam. der ↗Eintagsfliegen.

Ecdysis w [v. gr. ekdysis = Herauskriechen], die ↗Häutung.

Ecdyson s [v. gr. ekdysis = Herauskriechen], Häutungshormon der Insekten, Krebse und wahrscheinl. Spinnen (*Crustecdyson*, 20-Hydroxy-E.) mit von Arthropoden nicht synthetisierbarem Steroidgerüst, das sich vom Cholesterin ableitet; 1954 von Butenandt und Karlson isoliert und kristallin dargestellt. Im Zusammenspiel mit dem ↗Juvenilhormon steuert E. die Arthropodenentwicklung vom Ei bis zur Imago, wobei das relative Verhältnis beider Hormone den Häutungstyp (Larval-, Puppen-, Adulthäutung) bestimmt. Bei Insekten wird auf einen hormonellen Stimulus aus dem Gehirn v. den Corpora cardiaca ein glandotropes Hormon freigesetzt, das in der Prothoraxdrüse die Ausschüttung von E. bewirkt. Bei Krebsen wird das Häutungshormon im Y-Organ (Carapaxdrüse) produziert. Während der Insektenentwicklung liegen die Gipfel der E.-Titer beim Übergang vom Larven- zum Puppenstadium sowie während der Puppenentwicklung. Bei dem an der ↗Häutung maßgeblich beteiligten Tyrosinstoffwechsel induziert E. eine Dipeptidase, die β-Alanyltyrosin in Alanin u. Tyrosin spaltet. Dieses wird in der Hämocyte unter hormonellem Einfluß v. ↗Bursicon zu Dihydroxyphenylalanin (DOPA) umgebaut, das wiederum v. einer durch E. induzierten DOPA-Decarboxylase zu Dopamin decarboxyliert wird. Seine Wirkung im adulten Insekt beruht wahrscheinlich auf einer Beteiligung bei der Induktion von Vitellogenese u. Eireifung. Im Pflanzenreich konnten bisher etwa 40 verschiedene E.e isoliert werden, so u.a. bei Eiben u. Farnen. Ihre Funktion in der Pflanze ist weitgehend ungeklärt; man vermutet, daß E.e eine Rolle bei der Abwehr v. Schädlingen spielen. [*ecdyson*, ↗Ecdyson.

Ecdysteron s [v. ↗Ecdyson], *20-Hydroxy-*

J. C. Eccles

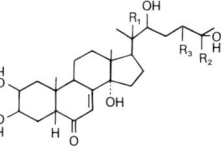

Aus Insekten isolierte Ecdysontypen

α-Ecdyson (Ecdyson):
$R_1 = R_2 = R_3 = H$;
β-Ecdyson, Ecdysteron, 20-Hydroxyecdyson, Crustecdyson:
$R_1 = OH$, $R_2 = R_3 = H$;
20,26-Dihydroxyecdyson:
$R_1 = R_2 = OH$, $R_3 = H$;
26-Hydroxyecdyson:
$R_1 = R_3 = H$, $R_2 = OH$;
Makisteron A:
$R_1 = OH$, $R_2 = H$, $R_3 = CH_3$

echin-, echino- [v. gr. echinos = Igel, Seeigel], in Zss.: Igel-.

Ecgonin s [v. gr. ekgonos = abstammend], ein Tropan-Derivat, das den Grundkörper vieler ↗Cocaalkaloide bildet. Die Gewinnung des E.s, das zur Synthese v. ↗Cocain eingesetzt werden kann, erfolgt aus den Rohalkaloiden der Cocablätter. E. besitzt in der Ggs. zu Cocain keine Drogenwirksamkeit.

Echeneidae [Mz.; v. gr. echeneis, Gen. echeneidos = Saugfisch, der sich an Schiffe festsaugt], die ↗Schiffshalter.

Echeveria w [ben. nach dem mexikan. Pflanzenmaler M. Echeverría (etscheverria), vor 1840], Gatt. der ↗Dickblattgewächse.

Echidna w, 1) Gatt. der ↗Muränen. 2) die ↗Ameisenigel.

Echimyidae [Mz.; v. *echin-, mys = Maus], die ↗Stachelratten.

Echinasteridae [Mz.; v. *echin-, gr. aster = Stern, Seestern], Fam. der Seesterne mit den Gatt. *Echinaster* (↗Purpurstern) u. *Henricia* (↗Blutstern).

Echinidae [Mz.; v. *echin-], Fam. der Seeigel, ben. nach der Gatt. *Echinus* (Eßbarer ↗Seeigel); weitere Gatt.: ↗Kletterseeigel, ↗Steinseeigel, ↗Strandseeigel.

Echiniscoides m [v. gr. echiniskos = Igelchen, -oeides = -artig], an Algenfäden in der Brandungszone lebende Gatt. der ↗Bärtierchen aus der Ord. ↗Heterotardigrada.

Echiniscus m [v. gr. echiniskos = Igelchen], in Süßgewässern ebenso wie in Moospolstern verbreitete Gatt. der ↗Bärtierchen aus der Ord. ↗Heterotardigrada.

Echinocactus m [v. *echino-, gr. kaktos = stachlige Pfl.], Gatt. der ↗Kakteengewächse.

Echinocardium s [v. *echino-, gr. kardia = Herz], der ↗Herzigel.

Echinocereus m [v. *echino-, lat. cereus = Kerze], Gatt. der ↗Kakteengewächse.

Echinochloa w [v. *echino-, gr. chloa = junges Gras], die ↗Hühnerhirse.

Echinochrome [Mz.; v. *echino-, gr. chrōma = Farbe], Pigmente zahlr. Stachelhäuter, die in deren Eiern, der Perivisceralflüssigkeit u. den Internalorganen gefunden werden. Ein Vertreter ist das rote *Echinochrom A* aus Seeigeleiern.

Echinococcus m [v. *echino-, gr. kokkos = Kern, Beere], Gatt. der Bandwurm-Ord. *Cyclophyllidea* mit den auch für den Menschen bedrohl. Arten *E. granulosus* (Blasen- od. Hundebandwurm) u. *E. multilocularis*. Beide sind dadurch gekennzeichnet, daß sie als einzige unter den ↗Bandwürmern einen Generationswechsel (Metagenese) durchlaufen, bei dem die adulten Tiere sich sexuell im Endwirt fortpflanzen u. die asexuelle Phase auf dem Finnenstadium im Zwischenwirt stattfindet. *E. granu-*

Echinocystitoida

echin-, echino[v. gr. echinos = Igel, Seeigel], in Zss.: Igel-.

losus ist weltweit verbreitet, *E. multilocularis* aus S.-Dtl., der Schweiz, Rußland, N-Amerika u. Uruguay bekannt. Die geschlechtsreifen, höchstens 5 mm langen u. nur aus wenigen (3–4) Proglottiden bestehenden Bandwürmer leben im Darm v. Carnivoren: *E. granulosus* v. a. im Hund, *E. multilocularis* in Fuchs u. Katze, seltener im Hund. Zwischenwirte sind normalerweise für *E. granulosus* Wiederkäuer (Schafe, Ziegen, Rinder), für *E. multilocularis* Nager (Mäuse, Ratten). Irrtümlich u. somit als Fehlzwischenwirt kann auch der Mensch befallen werden. Tier u. Mensch infizieren sich oral mit den Bandwurmeiern, die bei beiden Arten im Kot der Endwirte ausgeschieden werden u. dabei auch in ihr Fell geraten. Dies dürfte für den Menschen die Hauptinfektionsquelle sein. In den Eiern ist bereits eine Hakenlarve *(Oncosphaera)* entwickelt. Sie wird im Darm des Zwischenwirts frei, durchdringt nach etwa 12 Std. die Dünndarmwand u. gelangt über die Pfortader in die Leber. Hier setzen sich die meisten Oncosphaeren fest, während die anderen mit dem Blutstrom in Lunge, Gehirn, Bauchspeicheldrüse, Knochen od. gar ins Auge verschleppt werden. In jedem Fall wachsen sie zu einer Finne heran, bei *E. granulosus* zu einer uniokulären Cyste, auch Hydatide gen., bei *E. multilocularis* zu einem weitverzweigten Schlauchsystem, das man als multiloculäre od. alveoläre Cyste bezeichnet. Auf diesem Stadium findet durch die asexuelle Fortpflanzung eine beachtl. Vermehrung statt. Die Hydatide v. *E. granulosus* wächst in dem befallenen Organ auf Kinderkopfgröße heran u. ist allein schon hierdurch lebensgefährdend. In die vom Wirt durch Bindegewebe abgekapselte u. einer hellen Flüssigkeit erfüllten Blase werden v. einer Keimschicht der Blasenwand Brutkapseln od. Tochterblasen abgeschnürt, in denen sich die Köpfe der künft. Bandwürmer, die Protoscolices, entwickeln. Wird die Hydatide verletzt, können die frei werdenden Tochterhydatiden im gleichen Wirt zu neuen Blasen heranwachsen. Daher muß bei Operationen die Hydatide vollständig u. unversehrt entfernt werden. Die multiloculäre Cyste von *E. multilocularis* besteht aus zunächst soliden Schläuchen, die dann hohl werden u. nach innen u. außen Brutkapseln bilden. Dadurch wird das Wirtsgewebe schwammartig durchwuchert, weshalb multiloculäre Cysten durch Operationen meist nicht beseitigt werden können u. folgl. zum Tod des Wirts führen. Die durch E. hervorgerufene Krankheit wird als *Echinokokkose* (Echinokokkenkrankheit, Blasenwurmkrankheit) bezeichnet.

Echinocystitoida [Mz.; v. *echino-, gr. kystis = Blase], (Jackson 1912), *Echinocystoida,* † Ord. meist unvollkommen bekannter, altertüml. Seeigel mit kugel. bis eiförm., ab Perm auch abgeflachten Schalen; Ambulacral- u. Interambulacralfelder aus mehreren Reihen dachziegelartig verbundener Platten. Verbreitung: Ordovizium bis Perm.

Echinodera [Mz.; v. *echino-, gr. derē = Hals, Nacken], die ↗Kinorhyncha.

Echinoderella *w* [v. *echino-, gr. derē = Hals, Nacken], Gatt. der ↗Kinorhyncha.

Echinoderes *w* [v. *echino-, gr. derē = Hals, Nacken], Gatt. der ↗Kinorhyncha (Ord. *Cyclorhagae*) mit zahlr., weltweit verbreiteten Arten, die überwiegend auf Muddböden u. im Algenbewuchs der marinen Gezeitenregionen leben.

Echinodermata [Mz.; v. *echino-, gr. derma = Haut], die ↗Stachelhäuter.

Echinoidea [Mz.; v. *echin-, gr. -oeides = -artig], die ↗Seeigel.

Echinometridae [Mz.; v. gr. echinomētrai = eine Art Seeigel], die ↗Griffelseeigel.

Echinopluteus *m* [v. *echino-, lat. pluteus = Schirmdach], Larve der Seeigel; anfangs mit 4, später mit 8–12 Fortsätzen, die durch feinste, kalkige Endoskelett-Stäbe stabilisiert sind; Fortbewegung wie bei den anderen Stachelhäuter-Larven mit Cilienschlag. ☐ Stachelhäuter.

Echinops *w* [v. *echin-, gr. ops = Auge, Gesicht], die ↗Kugeldistel.

Echinopsis *w* [v. *echin-, gr. opsis = Aussehen], Gatt. der ↗Kakteengewächse.

Echinorhinidae [Mz.; v. *echino-, gr. rhinē = Haifischart], die ↗Nagelhaie.

Echinorhynchus *m* [v. *echino-, gr. rhygchos = Rüssel], Gatt. der ↗*Acanthocephala,* deren zahlr. Arten, weltweit verbreitet, v. a. im Darm v. Süßwasserfischen parasitieren.

Echinosaura *w* [v. *echino-, gr. saura = Eidechse], Gatt. der ↗Schienenechsen.

Echinosphaerites *m* [v. *echino-, spätgr. sphairitēs = kugelig], (Wahlenberg 1818), *Echinosphaera;* † Gatt. un- od. kurzgestielter Beutelstrahler (Klasse *Cystoidea,* Stamm *Echinodermata*); Kapsel bestehend aus irregulär angeordneten Täfelchen mit Porenrauten (Ord. *Rhombifera*); Mundöffnung zentral im Scheitel v. 3 Ambulacren, 5eckiges Afterfeld u. Genitalporus lateral gelegen. Verbreitung: Ordovizium.

Echinosteliales [Mz.; v. *echino-, gr. stēlē = Säule], Ord. der *Trichiales* (Echte Schleimpilze) mit wenigen Arten, die nur sehr kleine gestielte Fruchtkörper mit weißl. Sporenmasse ausbilden (0,5 mm hoch, 50 µm ⌀); innerhalb des Sporangien bildet der Stiel eine Columella, von der das schwach entwickelte Capillitium entspringt, wenig verbunden, mit Dorn u. Haken endend. Bekannteste Art ist *Echinostelium minutum.*

Echinostoma s [v. *echino-, gr. stoma = Mund], namengebende Gatt. der Saugwurm-Fam. *Echinostomatidae.* E. *ilocanum,* 2,5–6,5 mm lang, lebt im Dünndarm (⁊Darmegel) v. Mensch u. Hund in SO-Asien, Japan u. Indien; der 1. Zwischenwirt ist eine Wasserschnecke, der 2. Zwischenwirt ebenfalls eine Wasserschnecke od. auch Muscheln. *E. revolutum,* 10–22 mm lang, lebt im Blind- u. Mastdarm v. Hühner- u. Entenvögeln; 1. Zwischenwirt eine Wasserschnecke, 2. Zwischenwirt ebenfalls eine Wasserschnecke od. Kaulquappen.

Echinothuridae [Mz.; v. *echino-, gr. thouris = Schild], die ⁊Lederseeigel.

Echinozoa [Mz.; v. *echino-, gr. zōa = Lebewesen], Oberbegriff für die beiden Stachelhäuter-Kl. ⁊Seeigel u. ⁊Seewalzen; Echinozoa i. w. S. ⁊Eleutherozoa.

Echinus m [v. *echin-], *E. esculentus,* der Eßbare ⁊Seeigel.

Echio-Melilotetum s [v. gr. echion = Natternkraut, melilōtos = Steinklee], Assoz. der ⁊Onopordetalia.

Echis m [gr., = Natter], ⁊Sandrasselottern.

Echium s [v. gr. echion = Natternkraut], der ⁊Natternkopf.

Echiurida [Mz.; v. gr. echinos = Igel, oura = Schwanz], *Igelwürmer, Sternwürmer, Quappwürmer,* artenarmer Stamm ausschließlich bodenbewohnender Meereswürmer. Die E. sind bilateralsymmetr. gebaute Coelomaten mit sackförm. unsegmentiertem Körper. Als typ. Stammesmerkmal besitzen sie einen rüsselart., zu einer langen nach unten offenen Rinne ausgezogenen Kopflappen (Prostomium), der dem Nahrungserwerb dient. In der Mehrzahl von mittlerer Größe (Körperlänge 2–20 cm, Rüssel ausgestreckt bis 70 cm) können einige Arten *(Ikeda, Thalassema, Urechis)* jedoch eine Rumpflänge bis 50 cm u. eine Rüssellänge von 1,50 m *(Ikeda)* erreichen. Bis heute kennt man 32 Gatt. mit ca. 140 Arten. Ihre Einteilung in 3 oder 4 Ord. ist umstritten. Die meisten Arten leben in Küstengewässern geringer Tiefe u. graben dort Wohnröhren in Mudd- u. Sandböden *(Echiurus, Ikeda, Urechis),* od. sie benutzen Spalten in Fels- u. Korallenbänken, seltener leere Molluskenschalen als Schlupfwinkel. Wenige Formen kommen im Brackwasser vor, andere sind v. Tiefseeböden aus bis zu 10 000 m Tiefe bekannt. Ihr meist walzenförm. Rumpf ist runzelhäutig u. warzig, zuweilen oberflächl. geringelt, was eine innere Segmentierung vortäuscht, und von – je nach Art – grüner, tiefroter, lebhaft gelber od. graubrauner Färbung. Ventral nahe dem Vorderende besitzen die Tiere zwei kräftige, hakenförm. Chitinborsten, die in Epidermistaschen stecken u. wie Krallen aus diesen hervorgestreckt werden können. Diese u. ein Kranz v. mehreren Paaren kleinerer solcher Borsten um das Hinterende (wiss. Name!) dienen der Fortbewegung wie auch dem Graben der Wohnröhre u. der Verankerung in dieser. Die E. sind überwiegend nachtaktiv u. weiden dann mit ihrem z. T. auf ein Vielfaches der Körperlänge ausstreckbaren, bei manchen Arten vorn gegabelten Rüssel *(*⁊*Bonellia)* Detritus und Algenaufwuchs rund um die Wohnhöhle ab. Die mit Hilfe der Rüsselwimpern „abgebürsteten" od. durch sezernierten Schleim verklebten Nahrungspartikel werden v. den Wimpern der Rüsselrinne wie auf einem Förderband zur trichterförm. Mundöffnung am vorderen Körperende gestrudelt.

Anatomie: Die Körperwand ist ein Hautmuskelschlauch aus einer zellulären, drüsenreichen Epidermis, überzogen v. einer dünnen Cuticula, und aus drei Muskellagen, einer äußeren Ringmuskulatur, einer durchgehenden Längsmuskelschicht u. einer inneren Lage diagonaler Muskelfasern. Sie umgibt eine einheitl., geräumige Leibeshöhle, ein Coelom. Dieses ist von einem Coelothel ausgekleidet, das auch die inneren Organe umzieht u. in Höhe der vorderen Borstentaschen u. ebenso am Hinterteil ein Querseptum bildet, welches das Rumpfcoelom gg. Reste der primären Leibeshöhle (Blastocoel) in Vorderkörper u. Prostomium u. Hinterkörper abgrenzt. Der Darm, umgeben von ebenfalls drei Muskellagen, die in ihrer Anordnung denen der Körperwand entsprechen, durchzieht die Leibeshöhle in vielfachen Windungen. An einen kurzen Oesophagus schließt sich ein Mitteldarm v. oft mehrfacher Körperlänge an, der über einen kurzen Enddarm zus. mit dem Exkretionssystem am hinteren Körperpol mündet. Ventral am gesamten Mitteldarm entlang zieht sich eine Wimpernrinne, an deren Beginn ein dünner „Nebendarm" unbekannter Funktion abzweigt, der den Hauptdarm in seiner ganzen Länge begleitet u. sich an dessen Ende wieder mit diesem vereinigt. Bei den meisten Arten ist ein einfaches geschlossenes Gefäßsystem vorhanden (Ausnahme *Urechis, Saccosoma*): ein kontraktiles Rückengefäß in Vorderkörper u. Prostomium (Herz) treibt das Blut bis in die Rüsselspitze. Dort gabelt es sich in zwei caudalwärts führende Rüssel-Randgefäße (Gasaustausch), die sich im Rumpfbereich unter dem Oesophagus wieder zu einem Bauchgefäß vereinigen, das bis zum Körperende verläuft. Über (gewöhnlich zwei)

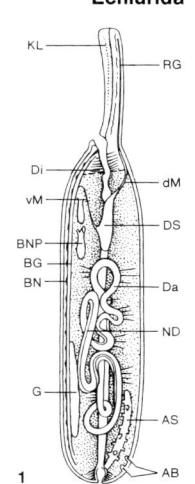

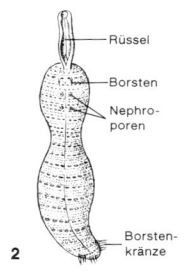

Echiurida

Echiurida

1 Bauplan der *Echiurida* (von lateral); AB Analborsten, AS Analschläuche, BG Bauchgefäß, BN Bauchnerv, BNP Bauchnephridium, Da Darm, Di Diaphragma, dM dorsales Mesenterialgefäß, DS Darmblutsinus, G Gonade, KL Kopflappen (Rüssel), ND Nebendarm, RG Rückengefäß, vM ventrales Mesenterialgefäß.
2 Habitus von *Echiurus echiurus* (von ventral)

Echiurida

Wichtige Ordnungen und Gattungen:
Ord. *Echiurinea*
 ⁊*Echiurus*
 Acanthobonellia
 ⁊*Bonellia*
Ord. *Xenopneusta*
 ⁊*Urechis*
Ord. *Heteromyota*
 ⁊*Ikeda*
(Ord. *Sactosomatinea*)
 ⁊*Saccosoma*

laterale Querverbindungen gelangt das Blut zurück zum Herzen. Das Blut enthält Hämoglobin in gelöster Form u. ausschl. weiße Blutzellen. In der Leibeshöhle dagegen zirkulieren in großer Zahl durch Hämoglobin rot gefärbte Coelomocyten, die vermutl. dem inneren Gasaustausch u. der Hämoglobinbildung dienen. Das einfache Nervensystem besteht aus einem Schlundring, dessen Dorsalschleife das ganze Prostomium durchzieht u. der ventral in einen unpaaren Bauchmarkstrang übergeht. Von diesem ziehen paarige Seitennerven zur Körperwand. Im erwachsenen Tier zeigt das Bauchmark keine segmentale Gliederung, in der Larve jedoch entsteht es aus paarigen Anlagen, in denen nach Angaben einiger Autoren in regelmäßigen Abständen Anhäufungen v. Nervenzellen auftreten, die sich erst später gleichmäßig über das ganze Bauchmark verteilen. Sinnesorgane beschränken sich auf zahlr. Sinnespapillen auf der gesamten Körperoberfläche, v. a. am Rüssel. Als Exkretionssystem wirken zwei lange dünnhäut. Analschläuche, die frei in die Leibeshöhle ragen u. über zahllose Wimperntrichter mit dieser in offener Verbindung stehen. Sie münden in den Enddarm. Zusätzl. sind im Vorderkörper ein bis mehrere Paare echter Coelomodukte mit großen Wimperntrichtern (Metanephridien) vorhanden, die getrennt nach außen münden. Sie dienen der Speicherung u. Ausleitung der Geschlechtsprodukte. Die traubenförm. Gonaden entstehen aus dem Coelothel entlang des Bauchgefäßes u. entleeren Eier u. Spermien in die freie Leibeshöhle. – Alle E. sind getrenntgeschlechtlich. Manche Arten (↗Bonellia, Hamingia) zeigen einen extremen Geschlechtsdimorphismus (parasit. Zwergmännchen mit phänotyp. Geschlechtsbestimmung); meist aber sind die Geschlechter äußerl. kaum zu unterscheiden. Die *Entwicklung* der E. verläuft über eine typ. Spiralfurchung, die der der ↗Polychaeta sehr ähnelt, u. über die Ausbildung einer echten, planktonisch lebenden ↗Trochophora-Larve. Wie bei den Anneliden (↗Ringelwürmer) geht die Mesodermbildung v. einer 4d-Zelle (Urmesoblast) (↗Spiralier) aus; sie bildet beidseit. Mesoblastemstreifen aus, die jedoch niemals Spuren einer Segmentierung zeigen. Das spätere Wachstum erfolgt nicht teloblastisch, wie bei den Anneliden, sondern durch interkalaren Zuwachs im ganzen Rumpfbereich. Wie alle Spiralier sind die E. Protostomier. *Verwandtschaft:* Furchungstyp, Larvenform, die Ausbildung paar. Borsten in epidermalen Borstentaschen u. der Besitz typ. Metanephridien, die auch der Ausleitung der Geschlechtszellen dienen, weisen deutl. auf eine enge Verwandtschaft mit den Spritzwürmern *(Sipunculida)* u. Ringelwürmern *(Annelida)* hin. Das Fehlen jegl. Spuren einer Segmentierung, die urtüml. Leibeshöhlenverhältnisse (Beibehaltung v. Blastocoelresten im Prostomium u. Analbereich) u. das interkalare Körperwachstum machen jedoch wahrscheinlich, daß die E. nicht sekundär reduzierte Annelidenabkömmlinge sind, sondern primär ungegliederte Coelomaten, die wie die *Sipunculida* als eigenständiger Stamm einen frühen Seitenzweig der Anneliden-Stammreihe darstellen. *P. E.*

Echiurinea *w* [v. gr. echinos = Igel, oura = Schwanz], *Echiuroinea,* Ord. der ↗Echiurida.

Echiurus *m* [v. gr. echinos = Igel, oura = Schwanz], *Quappwurm, Meerquappe,* Gatt. der ↗Echiurida mit einer im Watt nordeur. Küsten vorkommenden Art, die sich u. a. durch ihr borstenbesetztes Körperende auszeichnet.

Echoorientierung, von einem in Höhlen Venezuelas lebenden Vogel, dem Fettschwalm *(Steatornis),* den meisten Fledermäusen, wenigen Flughunden, Walen u. manchen Kleinsäugern erworbene Fähigkeit der Orientierung, bei der v. den Tieren Schallimpulse ausgesandt u. die Zeitdifferenzen bis zum Wiedereintreffen der Echos ausgewertet werden. Das räuml. Auflösungsvermögen dieser Meßmethode ist festgelegt durch den Quotienten aus der Schallgeschwindigkeit u. der Frequenz der Peillaute, d. h., mit zunehmender Schallfrequenz können immer kleinere Gegenstände u. Hindernisse geortet werden. Bei landbewohnenden Tieren sind diesem Ortungsprinzip jedoch aufgrund der schallleitenden Eigenschaften der Luft enge Grenzen gesetzt. Zum einen steigt mit zunehmender Frequenz der Schallimpulse deren Absorption durch die Luft, zum anderen nimmt die Intensität einer Schallwelle mit der Entfernung quadratisch ab. Im Ggs. hierzu ist die Schalldämpfung im Wasser erhebl. geringer, u. wegen der Dichte dieses Mediums sind sowohl die Intensität des Schalldrucks wie auch die Schallgeschwindigkeit erhebl. höher. Aus diesen Gründen besitzen die Meeressäuger, insbes. einige Walarten u. ↗Delphine, das wohl effektivste Ortungssystem, über dessen Leistungsfähigkeit bisher aber nur wenig bekannt ist. Besser untersucht ist die E. bei den Fledermäusen. *H. W.*

ECHO-Viren [Mz.; Abk. v. engl. *e*nteric *c*ytopathogenic *h*uman *o*rphan = keiner bestimmten Krankheit zuzuordnende cytopathogene Darmviren], zu den Enteroviren (Gatt. *Enterovirus* der Picornaviren) gehörende Gruppe v. Viren, die den menschl.

ECHOORIENTIERUNG

Echoorientierung bei Fledermäusen

Bei Fledermäusen werden die Peillaute über Mund od. die Nase (so bei den Hufeisennasen) ausgestoßen. Hinsichtl. der Unterschiede bei den Ortungslauten lassen sich 3 Typen unterscheiden, wobei es nahezu jede Form v. Übergängen gibt. Viele unter freiem Nachthimmel jagende Arten senden frequenzabwärts modulierte Ortungslaute von 1–5 ms Dauer aus. Dieses Frequenzband kann zudem noch durch Anhängen frequenzkonstanter Töne verändert werden. Dies bietet v.a. bei der Ortung in lärmgestörter Umgebung den Vorteil, daß die Intensität des Peillautes gesteigert werden kann u. daß dem Tier die Frequenzfolge des Echos bekannt ist, wodurch ein Zeitverlust bei der Identifizierung der Antwort vermieden wird. Fledermausarten, die dicht an Hindernissen od. der Oberfläche jagen, senden kurze breitband. Laute von 0,1–1 ms Dauer aus. Das breite Frequenzband erlaubt den Tieren wahrscheinl. eine gute Objektdifferenzierung anhand der Echospektren, u. durch die Kürze der Laute wird verhindert, daß Echos infolge naher Hindernisse bereits im Ohr des Tieres erreichen, während dieses noch sendet. Andere Fledermaus-Fam., wie die Hufeisennasen, verwenden kombinierte Laute mit einem frequenzmodulierten Anfangs- u. End- u. frequenzkonstantem Mittelteil von 15–200 ms Dauer, wobei die Länge des Mittelteils bei Annäherung an ein Hindernis od. eine Beute verkürzt wird. Diese Art der Peillaute bietet neben den Vorteilen der frequenzmodulierten noch weitere. Das frequenzkonstante Mittelteil erlaubt es den Tieren infolge des ↗Doppler-Effekts, neben der eigenen Bewegung auch noch Bewegungen der Beute (Flügelschlag v. Schmetterlingen) zu berechnen. Entsprechend der Fähigkeit, derartig differenzierte Schallmuster

Reflexion der Ultraschallwellen durch ein Beutetier

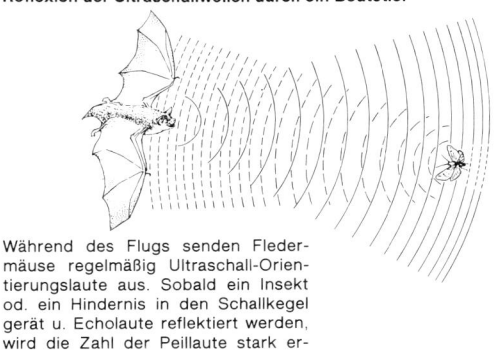

Während des Flugs senden Fledermäuse regelmäßig Ultraschall-Orientierungslaute aus. Sobald ein Insekt od. ein Hindernis in den Schallkegel gerät u. Echolaute reflektiert werden, wird die Zahl der Peillaute stark erhöht, um genau orten zu können.

bei den Hufeisennasen ⅔ der Länge des menschl. (Gewichtsverhältnis: Fledermaus/Mensch wie 1:3500). Zudem ist die Basilarmembran in ihrem basalen Teil, dem Ort, an dem Ultraschallfrequenzen perzipiert werden, stark vergrößert. Weiterhin ist die Refraktärzeit der akust. Neuronen um den Faktor 10 geringer als bei anderen Säugetieren. Außerdem wurden Neuronen entdeckt, die noch Zeitdifferenzen zw. 2 eintreffenden Echos von 60–65 μs

Oszillographische Aufnahmen v. Ultraschall-Orientierungslauten (schematisiert)

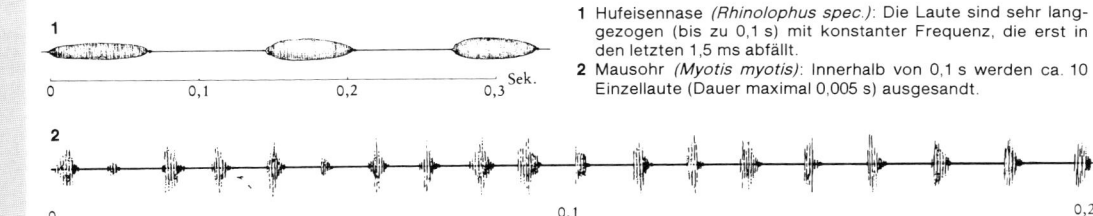

1 **Hufeisennase** (*Rhinolophus spec.*): Die Laute sind sehr langgezogen (bis zu 0,1 s) mit konstanter Frequenz, die erst in den letzten 1,5 ms abfällt.
2 **Mausohr** (*Myotis myotis*): Innerhalb von 0,1 s werden ca. 10 Einzellaute (Dauer maximal 0,005 s) ausgesandt.

auszusenden, weisen auch die Hörorgane dieser Tiere bes. Eigenschaften auf. In Anpassung an das Hören höherer Frequenzen ist das Trommelfell bes. dünn u. flächenmäßig erhebl. kleiner als bei anderen Säugetieren vergleichbarer Größe. Die in einer Knochenkapsel eingelagerte Cochlea ist nur über Bindegewebe mit der Schädelbasis verbunden u. zudem durch Fetteinlagerungen v. dieser isoliert (ähnl. auch bei Walen). Dadurch wird eine Schallübertragung beim Ausstoßen der Peillaute durch Knochenleitung verhindert. Der Innenohrkanal ist übermäßig lang u. erreicht registrieren können. Für die Richtungslokalisation eines Echos besitzen die Tiere Nervenzellen, die Zeitunterschiede von 100 μs zw. dem Eintreffen eines Signals am linken u. rechten Ohr auflösen können. Mit Hilfe der E. können Fledermäuse u. a. noch gespannte Drähte mit einem ⌀ von 0,18 mm umfliegen, im Flug noch aus einer Distanz von 30 cm Entfernungsunterschiede von 10–12 mm wahrnehmen, anhand der Oberflächenstruktur in die Luft geworfene Mehlwürmer v. gleichgroßen Plastikscheiben unterscheiden.

Magen-Darm-Trakt infizieren, bei Verimpfung in Zellkulturen (hpts. Affennierenzellen) cytopathische Veränderungen hervorrufen und für saugende Mäuse nicht pathogen sind. Man unterscheidet 32 Serotypen (1–9, 11–27, 29–34; die Typen 10 u. 28 wurden als *Reovirus* bzw. *Rhinovirus* umklassifiziert). E. rufen beim Menschen u. a. abakterielle Meningitis, Erkältungen u. fieberhafte Erkrankungen hervor; einige Typen verursachen keine Erkrankungen.

Echsen, *Sauria*, U.-Ord. der Eigtl. Schuppenkriechtiere mit ca. 3000 Arten (etwa 50 davon in Europa vorkommend) v. unterschiedl. Größe (Echsenfinger- u. Kugelfingergecko bis 4 cm, Komodowaran bis 3 m Gesamtlänge). V. a. in den Tropen u. Subtropen, einige Vertreter auch weltweit (mit Ausnahme der Polargebiete) verbreitet. E. sind bes. boden- od. baumbewohnende Tagtiere, nachtaktive Arten (z. B. die meisten Geckos) seltener; im Meerwasser an den Küsten der Galapagosinseln lebt die ↗Meerechse. Die Färbung der E. ist oft ihrer Umgebung angepaßt u. ein Farbwechsel (bes. bei den ↗Chamäleons) häufig zu beobachten. – Hautschuppen oft knöchern unterlegt. E. haben meist 4 gut entwickelte Gliedmaßen, gelegentl. sind sie zurückgebildet (z. B. Skinke) od. fehlend (z. B. Blind-

Echsen

Echsen

Zwischenordnungen:
- ↗Anguimorpha (Schleichenartige)
- ↗Gekkota (Geckoartige)
- ↗Iguania (Leguanartige)
- ↗Scincomorpha (Skinkartige)
- ↗Varanomorpha (Waranartige)

schleiche); fast immer jedoch sind Reste des ansonsten kräftigen Schulter- u. Beckengürtels (Ggs.: Schlangen) vorhanden. Einige Schädelknochen zeigen an der Basis eine gewisse Beweglichkeit; die untere Schläfenbrücke fehlt, die obere ist meist vorhanden. E. haben im allg. ein ausgezeichnetes Sehvermögen, Augen mit getrennten, bewegl. Lidern od. Unter- u. Oberlid zu einem durchsicht. Brillenring miteinander verwachsen (bei vielen Gekkos); Trommelfell äußerl. meist deutlich sichtbar. Die Wirbelsäule hat bei den urspr. Formen bis zum Becken 24 Wirbel; die meisten tragen an ihren Seiten Rippen. E. häuten sich regelmäßig, doch im Ggs. zu den Schlangen nicht in einem Stück, sondern in einzelnen Fetzen. Sie besitzen im allg. einen verhältnismäßig langen Schwanz, der v. zahlr. Arten an vorgebildeten Stellen in den Schwanzwirbeln bei Gefahr abgeworfen u. wieder regeneriert werden kann (↗Autotomie); das neugebildete, meist kürzere u. unregelmäßiger beschuppte Schwanzstück durchzieht als Stütze ein ungegliederter Knorpelstab. Die meisten E. leben räuberisch; kleinere Arten sind v.a. Insekten- od. Allesfresser, größere – z.B. Warane – Fleischfresser. Die Weibchen sind ovovivipar, manche aber auch vivipar. E. gelten im allg. als harmlos; giftig sind nur die Krustenechsen aus dem südl. N-Amerika u. Mexiko. – Vertreter der E. traten bereits in der späten Trias auf. Die bekanntesten fossilen E. sind die über 10 m langen ↗Mosasaurier.

Echte Bienen, die ↗Apidae.

Echte Fliegen, die ↗Muscidae.

Echte Hefen, *Saccharomycetaceae,* 1) Fam. der *Endomycetales* (Kl. *Endomycetes*); Schlauchpilze, die sich ungeschlechtl., meist durch Sprossung (blastisch), seltener durch Spaltung vermehren (B Pilze II). Oft bleiben Sproßzellen miteinander verbunden zu kürzeren od. längeren Ketten verbunden (Sproß-, Pseudomycel); selten wird ein echtes, septiertes Hyphenmycel ausgebildet. Der Entwicklungsgang ist unterschiedl. (vgl. Abb. unten). Die Kulturen können aus haploiden, diploiden od. beiden Zellformen bestehen; die wirtschaftl. genutzten Formen sind i.d.R. diploid; es gibt keine Dikaryophase wie bei den Echten Schlauchpilzen (*Ascomycetes*). Nach der vegetativen Vermehrung u. der Ascusform werden die E.n H. in 4 U.-Fam. eingeordnet (vgl. Tab.). Die gewöhnl. kleinen, dünnwand., protunicaten Asci enthalten 1–4, seltener 8 od. mehr einzellige, glatte od. warzige Ascosporen, deren Form sehr unterschiedl. ist, von kugel- bis hutförmig. Die Asci entstehen direkt aus diploiden Sproßzellen od. nach der Verschmelzung zweier haploider (isogamer oder anisogamer) Hefezellen. Die Zellwände enthalten hpts. Mannan u. Glucan (wenig od. kein Chitin). E. H. sind Saprophyten, selten fakultative Parasiten in Blüten u. Früchten; sie sind bes. auf zuckerhaltigen Substraten verbreitet (Schleimflüsse v. Pflanzen, Nektar, Fruchtsäfte, Sauermilchprodukte, gärende Flüssigkeiten, Früchte), kommen jedoch auch im Boden u. Abwasser vor. Durch die Fähigkeit, Kohlenhydrate zu vergären, haben bes. ↗*Saccharomyces*-Arten große wirt-

Echte Hefen

Unterfamilien und einige Gattungen der Echten Hefen *(Saccharomycetaceae)* (nach Gäumann):

1. *Schizosaccharomycoideae* (Teilung: nur Spaltung)
   - ↗*Schizosaccharomyces* (Spalthefen)
2. *Nadsonioideae* (bipolare Sprossung in einer Richtung von den Zellenden)
   - ↗*Nadsonia*
   - ↗*Saccharomycodes*
3. *Saccharomycoideae* (Zuckerpilze; Sprossung nach allen Richtungen, multilateral; gelegentl. Spaltung) *Ambrosiozyma* (↗*Ambrosia*)
   - ↗*Debaryomyces*
   - ↗*Dekkera*
   - ↗*Hansenula*
   - ↗*Kluyveromyces*
   - ↗*Lodderomyces*
   - ↗*Pichia*
   - ↗*Saccharomyces*
   - ↗*Saccharomycopsis*
   - ↗*Schwanniomyces*
4. *Lipomycetoideae* (Sprossung nach allen Richtungen, multilateral; Zellen mit Lipideinschluß)
   - ↗*Lipomyces*

Entwicklungszyklen von Echten Hefen *(Saccharomycetaceae)*

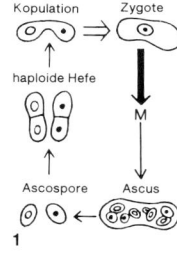

Kopulation legen sich 2 Zellen aneinander, die Kerne vereinigen sich, u. der diploide Zygotenkern teilt sich sofort durch eine Reduktionsteilung (Meiose, M); in 3 Schritten entstehen 8 Ascosporen, die wieder zu haploiden Zellen auswachsen.

1 haplobiontische Stufe *(Schizosaccharomyces octosporus):* Die vegetative Vermehrung erfolgt in der Haplophase; zur Kopulation verschmelzen die Kerne; aus der Zygote entstehen diploide Sproßzellen; unter bes. Bedingungen bilden sich aus den diploiden Zellen Asci; nach der Meiose (M) sprossen die Ascosporen zu haploiden Zellen aus (Generationswechsel!).

2 haplo-diplobiontische Stufe *(Saccharomyces cerevisiae):* Zunächst sprossen haploide Zellen; nach der Kopulation verschmelzen die Kerne; aus der Zygote entstehen diploide Sproßzellen; unter bes. Bedingungen bilden sich aus den diploiden Zellen Asci; nach der Meiose (M) sprossen die Ascosporen zu haploiden Zellen aus (Generationswechsel!).

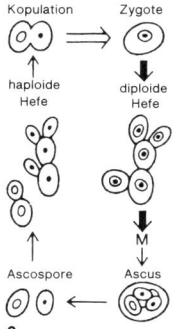

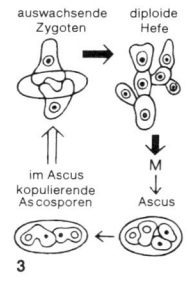

3 diplobiontische Stufe *(Saccharomycodes ludwigii):* Die Vermehrung erfolgt in der diploiden Phase; haploid sind nur noch die Ascosporen, die meist schon innerhalb der Asci kopulieren.

→ haploide Phase, ⇒ diploide Phase, ⇒ kurzes dikaryot. Stadium vor der Kernverschmelzung

schaftl. Bedeutung (Bierhefe, Weinhefe, Jerezhefe, Eiweißhefe, Backhefe). 2) Von einigen Autoren werden alle Schlauchpilze, die sich in einer Entwicklungsphase vegetativ durch Sprossung vermehren *(ascosporogene Hefen)*, als E. H. bezeichnet (z. B. auch Formen der *Spermophthoraceae*). B Pilze I.

Echte Läuse, die ↗ *Anoplura*.

Echte Lorcheln, *Helvellaceae*, größte Fam. der Lorchelpilze *(Helvellales)* mit etwa 50 Arten (6 Gatt.) in den beiden U.-Fam. ↗ Mützenlorcheln u. ↗ Sattellorcheln; weltweit verbreitet bis in arkt. Breiten. Die Fruchtkörper besitzen einen wohlentwickelten Stiel; die Apothecien bilden regelmäßige Becher od. lappenförm. bis krauswulst. Hüte; es treten aber keine wabenartig verbundenen Falten wie bei den Morcheln auf. Die Sporen sind glatt, stumpfellipsoid mit Öltropfen.

Echte Mehltaupilze, *Erysiphales*, Ord. der Schlauchpilze mit etwa 150 Arten (8 Gatt.); obligate Parasiten, i. d. R. nicht ektoparasit. Lebensweise, Erreger des *Echten Mehltaus*. Durch das konidienbildende Oberflächenmycel sehen die befallenen Pflanzen wie mit Mehl bestäubt aus (Name!). E. M. sind obligat biotroph und lassen sich nicht auf Nährböden kultivieren. Auf dem Wirt bilden die Keimschläuche u. jungen Hyphen Haftorgane (Appressorien), aus denen feine Penetrationshyphen durch Cuticula u. Epidermiszellwand dringen. In den Epidermiszellen entwickeln sich Nährorgane (Haustorien), die fingerförm. Fortsätze ausbilden können. Anfangs verbreitet sich der Pilz für längere Zeit durch einfache Konidien. Im Alter wird meist auf der Oberseite ein derbes, dunkleres, sekundäres Mycel ausgebildet, in dem sich die geschlechtl. Hauptfruchtform entwickelt (Entwicklungszyklus ↗ Getreidemehltau). Die wenigen, unitunicaten Asci entstehen im Hymenium einzelner Fruchtkörper ohne Mündung (Kleistothecien); bei Benetzung reißt der reife Fruchtkörper auf, die Asci öffnen sich mit einem Deckel u. schleudern die Ascosporen aus, die durch den Wind verbreitet werden. Die Sporen können bis zu 13 Jahre überleben; die Keimung auf dem Wirt erfolgt bei niedriger Luftfeuchtigkeit. Bekämpfung durch schwefelhalt. u. systemische organ. Fungizide. Zur Klassifizierung dienen die oft charakterist. Anhänge an den Fruchtkörpern, die Anzahl der Asci u. die Nebenfruchtform.

Echte Pilze, urspr. die Abt. *Eumycota* mit den höheren Pilzen (U.-Abt. *Ascomycotina* u. *Basidiomycotina* sowie die *Fungi imperfecti*) u. allen niederen Pilzen; die 2. Abt. sind die Schleimpilze *(Myxomycota)*.

Echte Mehltaupilze
Fruchtkörper eines Echten Mehltaupilzes mit Anhängseln *(Uncinula aceris)*

Echte Mehltaupilze
Wichtige Krankheitserreger:
Blumeria (Erysiphe) graminis (echter Gräser- u. ↗ Getreidemehltau)
Microsphaera alphitoides (Eichenmehltau)
Podosphaera leucotricha (↗ Apfelmehltau)
Sphaerotheca pannosa (↗ Rosenmehltau)
Sphaerotheca morsuvae (amerikanischer Stachelbeermehltau)
Uncinula necator (echter Weinmehltau)

Echte Trüffel
Familien und wichtige Gattungen:
↗ Blasentrüffel *(Geneaceae)*
↗ Löchertrüffel *(Pseudotuberaceae)*
  Geopora
  Geoporella
↗ Mittelmeertrüffel *(Terfeziaceae)*
  Choiromyces
  Terfezia
↗ Speisetrüffel *(Tuberaceae)*
  Aschion
  Tuber
  Balsamia

Echthirsche
Gattungen:
↗ Damhirsche *(Dama)*
↗ Davidshirsche *(Elaphurus)*
↗ Edelhirsche *(Cervus)*
↗ Fleckenhirsche *(Axis)*

Heute wird die Bez. E. P. sehr unterschiedl. gebraucht (↗ *Eumycota,* ↗ *Fungi*).

Echte Quallen, die ↗ *Scyphozoa*.

Echte Salpen, die ↗ *Desmomyaria*.

Echte Schlauchpilze, die ↗ *Euascomycetes*.

Echte Schleimpilze, *Myxomycetes*, Ord. der *Myxomycota;* pilzähnl. (eukaryot.) Protisten, die in einem Entwicklungsstadium Fruchtkörper ausbilden u. in bestimmten Lebensphasen als nackte, amöboide Zellen *(Myxamöben)* vorliegen, die sich durch Pseudopodien fortbewegen; ernähren sich v. Nahrungspartikeln (z. B. Bakterien), die sie endogen, in der Zelle, verdauen. Viele bilden Zoosporen *(Myxoflagellaten)* mit 2 ungleich langen, nach vorn gerichteten (akrokonten) Peitschengeißeln (☐ Begeißelung). Der vegetative Thallus ist ein vielkern. Plasmodium od. eine Myxamöbenkolonie *(Dictyostelidae)*, die unter bestimmten Bedingungen Fruchtkörper mit zell-

---
Echte Schleimpilze
Unterklassen:
↗ *Protostelidae*
↗ *Myxomycetidae* (Echte Schleimpilze, i. e. S.)
Dictyostelidae (↗*Dictyostelium*)*

* In den meisten Systemen bei den *Acrasiomycetes* (Zellu-
läre Schleimpilze) eingeordnet; wegen der cellulosehalt. Zellwände u. bedeutender Unterschiede in der Entwicklung, die zu den *Acrasiomycetes* führen, werden sie neuerdings trotz der zellulären Kolonien den E. n S. n zugeordnet.

---

wandumgebenen Sporen bilden. Die Zellwand enthält Cellulose. Bei der geschlechtl. Fortpflanzung erfolgt die Karyogamie nach einer Kopulation v. Planogameten, gelegentlich v. Myxamöben; es werden Sporokarpien (Sporangien) ausgebildet (Entwicklungszyklus ↗ *Myxomycetidae*).

Echte Trüffel, *Tuberales*, Ordnung der Schlauchpilze *(Ascomycetes)* mit etwa 200 Arten (27 Gatt.), die nur unvollständig bekannt sind, da ihre Fruchtkörper unterird. (hypogäisch) ausgebildet werden. Im Fruchtkörper ist das Hymenium mit den Asci eingeschlossen. Die Ascosporen gelangen durch Zerfall der Ascuswand u. des ganzen Fruchtkörpers ins Freie. Einige E. T. sind wertvolle Speise- u. Gewürzpilze. Viele, v. a. die Gatt. *Tuber*, leben in Mykorrhiza mit Waldbäumen (bes. *Fagaceae*). Einige *Terfezia*-Arten wachsen parasitisch. Die E. T. lassen sich v. den *Pezizales* ableiten u. werden daher in einigen Systemen bei diesen eingeordnet (Ableitung u. Bautypen ↗ Speisetrüffel).

Echthirsche, *Cervinae*, U.-Fam. der Hirsche *(Cervidae)* mit 13 Arten u. 62 U.-Arten in 4 Gattungen (vgl. Tab.).

Eciton, Gatt. der ↗ Treiberameisen.

Eckenfalter

Eckenfalter ↗Fleckenfalter.
Eckflügel, der ↗Daumenfittich.
Eckflügler ↗Fleckenfalter.
Ecklonia, Gatt. der ↗Laminariales.
Eckzähne, *Hundszähne, Canini,* kegel- oder hakenförm., einwurzel. Zähne im Gebiß v. Säugern, die bes. bei Raubtieren entwickelt („Fangzähne") u. z. T. mit sägeart. Schneiden versehen sind; E. stehen, vier an der Zahl, jeweils einzeln zw. Schneide- u. vorderen Backenzähnen. Sie fehlen den Nagern sowie manchen Wiederkäuern, Insektenfressern u. Halbaffen. ↗Reißzähne.
Ecribellatae [Mz.; v. lat. e- = aus-, cribellum = kleines Sieb], U.-Ord. der Webspinnen; besitzen keinen Cribellum-Calamistrum-Komplex; wie bei den ↗*Cribellatae* sind die hintersten Sternite des Körpers reduziert, so daß die Spinnwarzen am Ende des Körpers liegen. Zu den E. gehört die Mehrzahl der bekannten Spinnen-Fam. (Cribellaten-Problem ↗Cribellatae).
Ectobiidae [Mz.; v. *ecto-, gr. bios = Leben], die ↗Waldschaben.
Ectocarpaceae [Mz.; v. *ecto-, gr. karpos = Frucht], Fam. der *Ectocarpales,* Braunalgen mit einreihigem, oft verzweigtem Fadenthallus, der mit Basalfäden am Substrat verhaftet ist; bilden bis zu 20 cm lange, flutende Büschel. Unterscheidungsmerkmale der Gatt. sind die Ausbildung der Plastiden u. Form der Sporangien. Häufige Gatt. sind *Ectocarpus, Spongonema, Pylaiella;* kommen bevorzugt in kühleren Meeren vor.
Ectocarpales [Mz.; v. *ecto-, gr. karpos = Frucht], Ord. der Braunalgen; Thallus aus einzelreihig verzweigten Fäden mit interkalarem Wachstum, meist mit iso- od. schwach heteromorphem Generationswechsel; erscheinen als braune Flocken auf Steinen u. größeren Algen. *Ectocarpus* ist mit Haftfäden am Substrat verhaftet, Zellen mit mehreren, schmal bandförm. Plastiden, Sporangien- u. Gametangienstände spindelförmig (B Algen III, V); *Spongonema,* Zellen mit 1 od. 2 plattenförm. od. kurz-bandförm. Plastiden, lebt meist epiphytisch auf Fucus; *Giffordia,* Zellen mit zahlr. scheibenförm. Plastiden; *Pylaiella,* Plastiden wie Giffordia, Sporangien in interkalaren Ketten; *Ralfsia,* Thallus bildet schwärzl. bis bräunl. flechtenart. Krusten auf Steinen der oberen Gezeitenzone; *R. verrucosa,* die häufigste Art, *R. clavata* ist auch eine Krustenform: Phase im Entwicklungszyklus v. ↗*Petalonia (fascia)*.
Ectocarpen *s* [v. ↗Ectocarpus], *cis-Buten-1-yl-cyclohepta-2,5-dien,* Sexuallockstoff der Braunalge *Ectocarpus;* wird v. den ♀ Gameten ausgeschieden u. lockt die ♂ Gameten chemotakt. an.
Ectocarpus *m* [v. *ecto-, gr. karpos = Frucht], Gatt. der ↗Ectocarpales.

ecto- [v. gr. ektos = außer, außerhalb, außen], in Zss.: außen-.

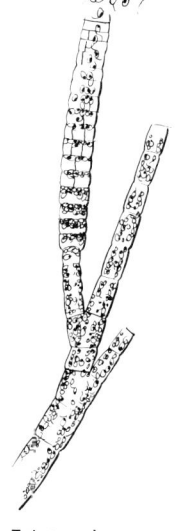

Ectocarpales

Die Braunalge *Ectocarpus* mit ausschwärmenden Zoosporen.

Edaphosaurus

Ectocochlia [Mz.; v. *ecto-, gr. kochlias = Schnecke], Kopffüßer mit äußerer Schale, rezent nur durch die ↗*Nautiloidea* vertreten, fossil auch durch die ↗*Ammonoidea*.
Ectognatha [Mz.; v. *ecto-, gr. gnathos = Kiefer], *Ectotropha, Freikiefler,* U.-Kl. der Insekten, die durch frei am Kopf inserierende Mundteile gekennzeichnet ist. Als monophylet. Gruppe zeichnen sich die E. jedoch durch den Besitz der ↗ Geißelantenne (↗Antennen, ☐) aus. Hierher die Urinsekten-Ord. *Archaeognatha* (↗Felsenspringer), *Zygentoma* (↗Silberfischchen) u. alle geflügelten Insekten *(Pterygota).*
Ectopistes *m* [v. *ecto-, gr. pistis = Treue], Gatt. der ↗Tauben.
Ectopleura *w* [v. *ecto-, gr. pleura = Seite], Hohltier-Gatt. der *Tubulariidae,* hochglock., bis 4 mm große Medusen, die in Schwärmen auftreten. In der Nordsee kommt *E. dumortieri* vor, die als selten gilt; tritt sie aber auf, beobachtet man Schwärme v. 2000–5000 Stück.
Ectoprocta [Mz.; v. *ecto-, gr. pröktos = After], *Bryozoa ectoprocta, Bryozoen i. e. S.,* die ↗Moostierchen: After liegt außerhalb des Tentalkelbereichs. Ggs.: *Entoprocta, Bryozoa entoprocta,* die ↗*Kamptozoa* (Kelchwürmer).
Ectothiorhodospira *w* [v. *ecto-, gr. theion = Schwefel, rhodon = Rose, speira = Windung], Gatt. der ↗Schwefelpurpurbakterien.
Ectotropha [Mz.; v. *ecto-, gr. trophē = Ernährung], die ↗Ectognatha.
Ectyon, namengebende Gattung der Schwamm-Fam. *Ectyonidae; E. oroides,* rotorange, relativ häufig auf den Böden mariner Höhlen.
Edalorhina *w,* Gatt. der ↗Südfrösche.
edaphische Faktoren [Mz.; v. gr. edaphos = Boden], durch den Boden gegebene, ökolog. wirksame Faktoren.
Edaphon *s* [v. gr. edaphos = Boden], die Lebensgemeinschaft der ↗Bodenorganismen.
Edaphosaurus *m* [v. gr. edaphos = Boden, sauros = Eidechse], (Cope 1882), *Naosaurus* (Cope 1886), *Brachycnemius* (Williston 1911); † theromorpher Pelycosaurier mit unterer (synapsider) Schläfenöffnung, kleinem, schmalem Schädel u. tonnenförm. Leib mit langem Schwanz. Dornfortsätze der Rückenwirbel bildeten – ähnl. wie bei ↗ Dimetrodon – die Stützen eines „Segels". E. gehört zu den ältesten Reptilien, die sich auf Pflanzennahrung spezialisiert haben; die jüngste u. größte Art, *E. pogonias* Cope, erreichte 3 m Länge. Verbreitung: Oberkarbon (Westfal) bis Oberperm v. Europa u. N.-Amerika. In Dtl. ist *E. credneri* im Unterperm v. Niederhäslich bei Dresden nachgewiesen.

Edelfalter, die ↗Fleckenfalter u. ↗Ritterfalter.

Edelfäule, Befall der Weintrauben bei warmer u. trockener Herbstwitterung durch den Pilz *Botrytis cinerea;* dabei sterben die Zellen der Beerenhaut ab; die Wasserverdunstung wird erhöht u. somit der Traubensaft konzentriert; da der Pilz mehr Säuren als Zucker verbraucht, steigt außerdem der relative Zuckergehalt an. E. führt zu einer Veredlung des Wein-Bukketts. Der Pilzbefall unreifer Beeren od. bei nasser Witterung führt zur gefürchteten Rohod. ↗Sauerfäule.

Edelfische, Gruppen-Bez. für mehrere, als Speisefisch sehr geschätzte Lachsfische aus der U.-Ord. Lachsähnliche.

Edelhirsche, *Cervus,* größte Gatt. der Echthirsche *(Cervinae)* mit 5 U.-Gatt. (vgl. Tab.); mittelgroß bis groß, mit meist kräft. Stangengeweih bei den männl. Hirschen sowie gut ausgebildeter Halsmähne. Das Haarkleid der E. unterliegt einem jahreszeitl. Wechsel. Außer bei den Sikahirschen sind bei allen E.n die oberen Eckzähne vor-

Edelkastanie ↗Kastanie. [handen.

Edelkoralle, *Corallium rubrum,* zu den Hornkorallen gehör. Art der *Octocorallia;* kommt in tieferen Zonen des Mittelmeers vor (30–300 m) u. hat wenigverzweigte Stöcke v. 20–40 cm Höhe. Die einzelnen Polypen verbindet ein sklerithalt. Coenosark, das wie eine Rinde eine rot od. weiß (selten schwarz) gefärbte, spröde Achse überzieht. Dieses Skelett wird als Schmuck verarbeitet. Bereits aus der La-Tène-Zeit (450–50/15 v. Chr.) sind Gegenstände mit Korallen als Grabbeilagen gefunden worden, u. die Römer hatten einen schwunghaften Korallenhandel. Durch übermäßiges „Korallenfischen" wurden in letzter Zeit die Korallenbestände stark dezimiert, so daß strenge Schutzmaßnahmen angeordnet wurden; die E. ist an manchen Stellen des Mittelmeers bereits verschwunden. Andere *Corallium*-Arten (z. B. aus jap. Gewässern) erreichen bis 1 m Höhe.

Edelkrebs, *Astacus astacus,* ↗Flußkrebse.

Edellibellen, *Aeschnidae,* Fam. der Libellen (U.-Ord. Großlibellen) mit insgesamt ca. 600, davon in Mitteleuropa ca. 13 Arten. Zu den E. gehören die größten u. schönsten Libellen mit einer Körperlänge v. 6–8 cm u. einer Flügelspannweite bis 11 cm. Die großen Komplexaugen haben am Scheitel des Kopfes eine lange Berührungslinie. Weibchen mit Legestachel zur Eiablage in Pflanzengewebe. Die Flügel dieser geschickten, ausdauernden Flieger sind meist durchsichtig; der Hinterleib ist bunt gefärbt. Die Larven leben räuber. in Tümpeln u. Seen u. brauchen zur Entwick-

Edelhirsche
Untergattungen:
↗Rothirsch *(Cervus)*
↗Sambarhirsche *(Rusa)*
↗Sikahirsche *(Sika)*
↗Weißlippenhirsch *(Przewalskium)*
↗Zackenhirsche *(Rucervus)*

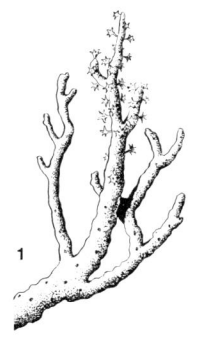

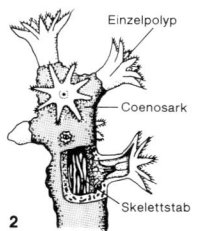

Edelkoralle
1 Zweig eines Stocks der E. *(Corallium rubrum);*
2 Ausschnitt aus der Kolonie (teils aufgeschnitten).

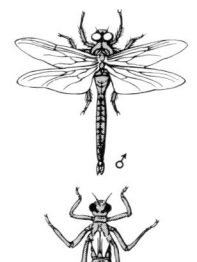

Edellibellen
Königslibelle *(Anax imperator)* und Larve; die Augen der Libelle stoßen oben aneinander, die Hinterflügel sind größer als die Vorderflügel

lung 1–4 Jahre. In Mitteleuropa vertreten: die Mosaikjungfern (Gatt. *Aeschna*) mit u. a. der Braunen Mosaikjungfer *(A. grandis)* mit goldbraunen Flügeln, Spannweite ca. 10 cm, u. der Torfmosaikjungfer *(A. juncea).* Die Königslibelle *(Anax imperator)* ist mit einer Körperlänge v. 6–8 cm u. einer Flügelspannweite v. ca. 11 cm die wohl größte einheim. Libelle. Sie fliegt im Juni bis Sept. an kleineren Gewässern bei sonn. Wetter. Die Paarung beginnt im Fluge, indem das Männchen das Weibchen ergreift, u. wird im Sitzen nach ca. 10 Min. beendet. Die Larve lebt räuberisch u. wird ca. 5 cm groß.

Edelman [id^{e}lmän], *Gerald Maurice,* am. Biochemiker, * 1. 7. 1929 New York; seit 1960 Prof. ebd.; Arbeiten über die Antigen-Antikörper-Reaktion, klärte 1969 vollständig die Struktur (Aminosäuresequenz) eines Antikörpermoleküls (Immunglobulin) auf; erhielt 1972 zus. mit R. R. Porter den Nobelpreis für Medizin.

Edelmarder, der ↗Baummarder.

Edelraute ↗Beifuß.

Edelreis, einjähr., verholzter Zweig v. Nutzu. Zierpflanzen, der einer weniger wertvollen Sorte, die als Unterlage dient, aufgepfropft wird. Die Veredelung (↗Pfropfung) v. Wildlingen findet v. a. im Obst-, Wein- u. Gartenbau Anwendung. [dactis.

Edelsteinrose, Seerose der Gatt. ↗Buno-

Edelweiß, *Leontopodium,* Gatt. der Korbblütler mit ca. 50, hpts. in den Steppengebieten u. Hochgebirgen Zentralasiens beheimateten Arten. Einzige auch in Europa (v. a. in den Alpen, den Pyrenäen und Karpaten) anzutreffende Art ist *L. alpinum* (B Alpenpflanzen, B Europa XX). Die ausdauernde, bis 30 cm hohe, dicht weißfilzig behaarte Pflanze besitzt einen walzl. Wurzelstock, ganzrand., lineal-lanzettl. Blätter sowie ca. 6 mm breite, halbkugel. Blütenköpfchen, die zu 1 bis 10 in etwa 6 cm breiten, endständ. Trugdolden zusammengedrängt stehen u. von waagrecht abstehenden, sternförm. angeordneten Hochblättern umgeben werden. Von Juli bis Sept. blühend, ist das E. in sonn. Steinrasen od. Felsbandgesellschaften der alpinen Stufe, auf meist kalkhalt. Böden anzutreffen. Da es bei Sammlern als Trophäe sehr beliebt ist, gilt es nach der ↗Roten Liste als „sehr gefährdet" und steht schon seit langem unter Schutz. Asiat. Arten der Gatt. *L.* werden häufig als Zierpflanzen in Steingärten kultiviert.

Edentata [Mz.; v. lat. edentatus = zahnlos], die Säugetier-Ord. ↗Zahnarme.

Edestin *s* [v. gr. edestos = gegessen, aufgezehrt], ein zu den Globulinen zählendes pflanzl. Speicherprotein aus Hanf-, Baumwoll- u. Leinsamen.

Edgeworthia w [ben. nach dem engl. Botanikmäzen M. Pakenham Edgeworth [edschwöth], 1812–81], Gatt. der ↗Seidelbastgewächse.

Ediacara-Fauna w [ben. nach dem Ort ihrer ersten Entdeckung in den Flinders Ranges, S-Australien], spätpräkambrische Faunen-Assoz. weichkörperiger Wirbelloser mit benthon., nektobenthon., nekton. u. plankton. Elementen, die Einblick in ein frühes Stadium der Metazoen-Entwicklung gewähren. Die Erstlingsfunde stammen aus quarzit. Gesteinen mit Kreuzschichtung, Rippenmarken u. Einschaltung v. Sand- u. Siltlagen, die v. Zeugnissen einer voraufgegangenen Eiszeit (Tillite) unter- u. diskordant v. fossilführendem Unterkambrium überlagert werden. Die taxonom. Deutung der Fossilien ist mitunter schwierig u. umstritten. Bes. zahlr. vertreten sind Coelenteraten mit Gatt. v. Medusenartigen u. Pennatulaceen (z. B. *Ediacaria*, *Rangea*), aber auch Anneliden (z. B. ↗*Dickinsonia*) u. Arthropoden (z B. *Parvancorina*, *Praecambridium*). Seit Entdeckung der E.-F. durch Sprigg (1949) sind weitere Fundstätten in Australien, Afrika, Europa, Asien u. 1982 auch in S.-Amerika bekannt geworden. Die brasilian. Coelenteraten haben ein chitiniges Periderm überliefert. Das radiometr. Alter der E.-F. liegt zw. 700 bis 600 Mill. Jahre vor heute u. bezeichnet den erdgeschichtl. Zeitraum des *Wendiums (Vendium, Ediacarium)*. Die E.-F. widerlegt die lange Zeit herrschende Vorstellung v. der „explosiven" Metazoen-Entwicklung am Beginn des Kambriums.

Lit.: Glaessner, M. F.: Die Entwicklung des Lebens im Präkambrium u. seine geolog. Bedeutung. Geol. Rundschau 60, 4, Stuttgart 1971. Hahn, G. u. a.: Körperl. erh. Scyphozoen-Reste aus dem Jungpräkambrium Brasiliens. Geologica et Palaeontologica 16, Marburg 1982.

Edmanscher Abbau [ben. nach dem schwed. Chemiker P. Edman], Methode zur Sequenzermittlung v. Aminosäuren in Peptiden u. Proteinen, die auf Reaktion zw. der endständ. Aminogruppe mit Phenylsenföl ($S=C=N-C_6H_5$) beruht. Ergebnis dieser in mehreren Stufen ablaufenden Reaktion ist die selektive Freisetzung der endständ. Aminosäure in Form eines Phenylthiohydantoin-Derivats, durch das die betreffende Aminosäure identifiziert werden kann. Durch viele Wiederholungen des E. A.s kann schrittweise die Aminosäuresequenz v. Peptiden bzw. Proteinen bestimmt werden. Neuerdings konnte diese Reaktionsfolge (u. ihre Wiederholungen) automatisiert werden (Protein-Sequenator). Der E. A. stellt daher eines der wichtigsten Hilfsmittel zur Sequenzierung v. Proteinen dar.

Edrioasteroidea [Mz.; v. gr. hedrion = Sitz, asteroeidēs = sternförmig], (Billings 1858), † Kl. der Stachelhäuter *(Echinodermata)* mit normalem, fünfstrahl. Ambulacralgefäßsystem ohne Thecalporen, Arme, Brachiolen u. Stiel; Analöffnung im hinteren Interradius mit Pyramide; eine 3. Öffnung zw. Mund u. After wird allg. als Hydropore interpretiert. Typus-Gattung *Edrioaster* Billings 1858. Verbreitung: Unterkambrium bis Unterkarbon.

Edriolychnus m [v. gr. hedrion = Sitz, lychnos = Leuchte], Gatt der ↗Tiefseeangler. [traacetat.

EDTA, Abk. (engl.) für ↗Äthylendiamin-

Edwardsia w [ben. nach dem frz. Zoologen H. Milne-Edwards, 1800–85], Gatt. der ↗Abasilaria.

Edwardsia-Stadium [ben. nach dem frz. Zoologen H. Milne-Edwards, 1800–85], erstes Polypenstadium der *Octocorallia* u. *Hexacorallia;* da dieses 8 Septen hat, ist dies wahrscheinl. der urspr. Zustand.

Edwardsiella w, Gatt. der *Enterobacteriaceae,* gramnegative bewegl. Bakterien, die Glucose unter Bildung v. Säure u. Gas abbauen, Lactose u. Citrat nicht verwerten. Wichtigste Art ist *E. tarda,* ein Parasit od. Krankheitserreger in Wild- u. Haustieren sowie im Menschen; er kann relativ häufig in O-Asien aus menschl. Stuhl, Urin u. Blut u. aus Wasser isoliert werden. Im Menschen vermag er insbes. blutig-schleim. Durchfälle hervorzurufen, oft mit *Entamoeba histolytica* vergesellschaftet. E. wurde auch v. Wunden isoliert.

Edwards-Syndrom [ben. nach dem am. Arzt J. Edwards, 20. Jh.], E_1-Trisomie des Chromosoms Nr. 18 (↗Chromosomenanomalien) beim Menschen, die zu verschiedenen Mißbildungen (Skelettveränderungen, angeborener Herzfehler, Lippen-Kiefer-Gaumen-Spalte) führt; Lebenserwartung höchstens etwa 2 Jahre; Häufigkeit ca. 2‰, steigt mit zunehmendem Alter der Mutter.

EEG, Abk. für ↗Elektroencephalogramm.

Eem-Interglazial s, *Eem, Eemien* (P. Harting 1874 „Eemstelsel"), Wärmezwischenzeit des ↗Pleistozäns zw. Saale- u. Weichselkaltzeit, ca. 100 000 bis 70 000 vor heute; ben. nach im niederländ. Flußgebiet der Eem bei Amersfoort erstmalig erbohrten marinen Sanden u. Tonen mit einer warmzeitl. Muschelfauna zw. saalezeitl. Geschiebemergel u. Rheinsanden der Niederterrasse. Der im nördl. Mitteleuropa weit verbreiteten Muschelfauna fehlen alle arkt. u. borealen Elemente; statt ihrer enthält sie „lusitanische" Formen, die heute im Mittelmeer u. an den Küsten Portugals heim. sind. Das E. entspricht etwa dem Riß/Würm-Interglazial der alpinen Gliederung.

Eem-Meer s, letztinterglazialer Meeresvorstoß gg. die Küsten v. Nord- u. Ostsee nach Rückzug des nord. Inlandeises; er hinterließ eemzeitl. marine Sedimente im heut. Festlandsgebiet v. Belgien, Niederlande, Dänemark u. N-Dtl. bis Ostpreußen; in Westpreußen drang die E. in einer Bucht weit nach S vor. ⌐Eem-Interglazial.

Efeu, *Hedera,* Gatt. der Efeugewächse, verbreitet in Europa, Kanar. Inseln, N-Afrika bis O-Asien, mit dem einzigen einheim. Vertreter, *H. helix;* ein immergrünes Holzgewächs, das mit Hilfe umgebildeter Luftwurzeln klettern kann. Im Herbst erscheinen gelbgrüne, in traub. Dolden zusammengefaßte Blüten, im folgenden Frühjahr blauschwarze Beeren. Der E. zeigt die Besonderheit, daß die Blätter v. Jugend- u. Alttrieben unterschiedl. Morphologie haben, eine Form der Heterophyllie; viele Gartenformen; seit dem Altertum Heilpflanze. E.holz enthält Saponine, u.a. α-Hederin, die vorbeugend gg. Krampfhusten wirken sollen.

Efeuborkenkäfer, *Kissophagus hederae,* ⌐Bastkäfer.

Efeugewächse, *Araliaceae,* Fam. der *Umbellales,* deren 55 Gatt. u. 700 Arten v. a. in trop. Wäldern, einige Vertreter aber auch in den gemäßigten Zonen beheimatet sind. Fossile Funde aus dem Tertiär zeigen, daß diese Fam. auf der N-Halbkugel zu jener Zeit weit u. artenreicher verbreitet war. Die Holzgewächse, Kräuter od. Lianen haben zusammengesetzte od. gelappte Blätter, die meist kleinen Blüten mit stark reduziertem Kelch stehen in Dolden; unterständ. Fruchtknoten, aus dem sich eine Beere od. Steinfrucht entwickelt. Mehrere der 30 Arten aus der Gatt. *Aralia* (Aralie, N-Amerika, Asien) sind bei uns als schnellwüchs. Zimmerpflanzen mit schönen handförm. Blättern bekannt. *A. cordata* (Japan) wird wegen ihrer eßbaren Sprosse kultiviert. Die monotyp. Gatt. *Fatsia* (japan. Lorbeerwälder, B Asien V) ist ebenfalls eine beliebte Zimmerpflanze, die kühle, lichtabgewandte Standorte bevorzugt. Der Hybrid mit Efeu, *Fatshedera* (Bastardaralie, Efeuaralie), ist eine anspruchslose, schnellwachsende Pflanze, die man im Sommer mit Hilfe v. Stecklingen vermehren kann. *Panax* mit *P. schin-seng,* dem berühmten *Ginseng,* ist eine uralte Heilpflanze. Die Wildbestände (Ussurigebiet, Mandschurei, Korea) sind durch Übersammeln stark dezimiert. Durch Ersatzpflanzen, v.a. *Eleutherococcus senticosus, Panax quinquefolium,* wird die weltweite Nachfrage z.T. gedeckt, des weiteren durch Anbau dieser Nutzpflanzen. Die die Vitalität steigernden Wirkstoffe sind Glykoside, bei Ginseng Triterpenoide, bei *Eleutherococcus* Phenol- u. Cumarin-

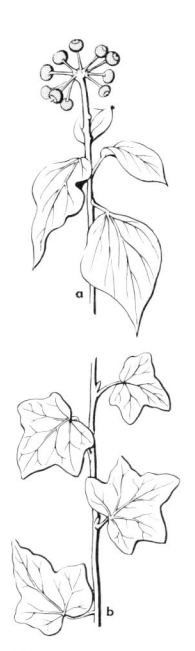

Efeu
a fruchtender Alterstrieb mit rautenförm. Blättern; b Jugendtrieb mit eckig gelappten Blättern.

Efeugewächse
Zimmeraralie *(Fatsia japonica)*

Effektor
(Beispiele)
Cytidintriphosphat (CTP) ist ein E. für das Enzym Aspartat-Transcarbamylase, das durch Anlagerung von CTP seine enzymat. Aktivität verliert (□ Allosterie). *Histidin* ist ein E. für den Repressor des Histidin-Operons, der erst durch Anlagerung von Histidin Repressor-Aktivität erlangt.

derivate. *Tetrapanax papyriferum* (S-China, Taiwan) ist ein kleiner Baum, aus dessen spiralig geschnittenem Mark durch Pressen das sog. chines. Reispapier hergestellt wird; dieses ist also kein Faserpapier.

Effektor *m* [v. lat. efficere = bewirken], Molekül (meist niedermolekular), das alloster. Umwandlung v. Proteinen (Enzyme, regulator. Proteine) u. dadurch Aktivitätsänderungen derselben bewirkt. ⌐Allosterie.

Efferenz *w* [v. lat. efferre = hinaustragen], *efferente Nervenfaser,* übermittelt die aus dem Zentralnervensystem stammende Information zu den Erfolgsorganen. ⌐Afferenz.

Efferenzkopie [v. lat. efferre = hinaustragen] ⌐Reafferenzprinzip.

effiguriert [v. lat. ex- = aus-, figurare = bilden, ausschmücken], Bez. für Krustenflechten mit vergrößerten u. oft verlängerten Randloben. B Flechten II.

Egarten [v. ahd. egerda = Brachland], Bez. für eine in S-Dtl. früher geübte Methode des ein- od. mehrjähr. Getreidebaus. Wegen starker Verunkrautung wurde der Anbau nach einer gewissen Zeit unterbrochen u. das betreffende Feld mit den angesiedelten Gräsern u. Kräutern als Grasland genutzt.

Egel, 1) Saugwürmer der Ord. ⌐*Digenea,* die, abhängig davon, in welchem Organ od. Organsystem ihres Wirtes sie leben, als Darm-, Lungen- od. Leber-E. bezeichnet werden. **2)** Blutegel, die ⌐*Hirudinea.*

Egelschnecken ⌐Schnegel.

Egerlinge [Mz.; über lat. agaricus v. gr. agarikon = Lärchenschwamm], *Champignons,* ⌐Champignonartige Pilze.

Egerlingsartige Pilze, die ⌐Champignonartigen Pilze.

Egernia, die ⌐Stachelechsen.

Eggenpilze, *Irpex,* ⌐Stachelpilze.

Egoismus *m* [v. lat. ego = ich], **1)** eigennütziges menschl. Handeln, Ggs. ⌐Altruismus. **2)** als *E. der Gene* ein umstrittener Begriff der ⌐Soziobiologie; ⌐Bioethik.

Egretta *w* [v. frz. aigrette = Silberreiher], Gatt. der ⌐Reiher.

EGW, Abk. für ⌐Einwohnergleichwert.

Eheform, Form der Bindung zw. Sexualpartnern bei Tieren. Der Begriff *Ehe* sollte wegen seiner stark abweichenden ugs. Bedeutung durch den neutralen Begriff ⌐Paarbindung ersetzt werden.

Ehrenberg, *Christian Gottfried,* dt. Naturforscher, * 19. 4. 1795 Delitzsch b. Leipzig, † 27. 6. 1876 Berlin; 1827 Prof. in Berlin; 1820–26 zus. mit F. W. Hemprich Expedition nach Ägypten, Libyen u. den Küsten des Roten Meeres, 1829 Teilnahme an der Asien-(Ural-)Expedition A. v. Humboldts. Arbeiten über pflanzl. u. tier. Mikroorganis-

Ehrenpreis

men u. bes. Mikrofossilien; Begr. der Mikropaläontologie. WW „Die Korallentiere des Roten Meeres" (1834), „Die Infusionstierchen als vollkommene Organismen" (1838, 64 Kupfertafeln), „Mikrogeologie" (1854, 40 Tafeln).

Ehrenpreis, *Veronica,* Gatt. der Rachenblütler mit ca. 300 Arten in den kalten u. gemäßigten Zonen beider Hemisphären. Kräuter od. Sträucher mit gegenständ. Blättern u. einzeln in den Blattachseln od. in end- od. blattachselständ. Trauben od. Ähren stehenden Blüten. Diese bestehen aus einem 4–5teil. Kelch, einer schwach dorsiventralen, 4lapp., häufig blauen (seltener weißen, gelben od. rötl.) Blütenkrone mit kurzer od. fast fehlender Röhre sowie 2 Staubblättern. Die Frucht ist eine 2fächerige, meist flache, fachspalt. Kapsel. In Mitteleuropa sind fast 40 *V.*-Arten heimisch. In Unkrautfluren, v. a. in gehackten Äckern, in Weinbergen u. Gärten sind z. B. der Persische E. *(V. persica),* der Glänzende E. *(V. polita)* u. der Acker-E. *(V. agrestis)* zu finden. Hier, in Hecken, Auenwäldern u. auf Waldschlägen wächst auch der Efeublättrige E. *(V. hederifolia).* In den lück. Unkrautfluren v. Äckern ist der Feld-E. *(V. arvensis)* zu finden. Weg- u. Waldränder, der Saum v. Hecken u. Büschen sowie lichte Eichenwälder (Halbtrockenrasen) beherbergen den Gamander-E. *(V. chamaedrys,* B Europa IX) u. den Großen E. *(V. teucrium).* In Fettwiesen u. -weiden, in Tretges. an Wegen sowie an Ufern ist der Quendel-E. *(V. serpyllifolia),* in Verlandungs- u. Röhrichtges., im Saum fließender Gewässer, an Bächen, Gräben u. Quellen die Bachbunge *(V. beccabunga)* zu finden. Alpin od. arktisch-alpin sind der Felsen-E. *(V. fruticans,* in Felsspalten. od. steinigen Magerrasen), der Maßlieb-E. *(V. bellidioides,* in Silicat-Magerrasen) u. der Alpen-E. *(V. alpina,* in Schneetälchen u. Lägerges., B Polarregion II). Der Echte od. Wald-E. *(V. officinalis)* schließl. wächst in Magerweiden u. Heiden sowie in Laub- u. Nadelwäldern. Er enthält, wie eine Reihe anderer E.-Arten auch, das Glykosid Aucubin u. war fr. offizinell. Heute wird *V. officinalis* noch in der Homöopathie gg. chron. Bronchitis, Blasenkatarrh u. chron. Hautleiden angewendet. Mehrere *V.*-Arten mit ähr. Blütenständen, z. B. die aus dem Kaukasus u. Kleinasien stammende *V. gentianoides,* sind beliebte Gartenzierpflanzen.

Ehretiaceae [Mz.; ben. nach dem dt. Botaniker u. Pflanzenmaler G. D. Ehret, 1710–70], mit den Rauhblattgewächsen eng verwandte, ihnen bisweilen zugeordnete Fam. der *Polemoniales* mit 13 Gatt. und ca. 400 in den Tropen u. Subtropen (bes. in Mittel- u. S-Amerika) beheimateten

Echter Ehrenpreis
(Veronica officinalis)

Arten. Bäume u. Sträucher mit wechselständ., einfachen, ganzrand. od. gezähnten Blättern u. radiären, zwittr., 5zähl. Blüten in meist cymösen Blütenständen. Sowohl die Kelch- als auch die Kronblätter sind zu Röhren verwachsen; die Staubblätter setzen an der Blütenkrone an u. stehen jeweils zw. den Blütenzipfeln. Der oberständ. Fruchtknoten besteht aus 2–4 verwachsenen Fruchtblättern mit ebensovielen Fächern, v. denen jedes ein Paar grundständ. Samenanlagen birgt. Er trägt zwei od., in den meisten Fällen, nur einen einzigen 2- oder 4geteilten, endständ. Griffel. Die Frucht, eine Steinfrucht, ist oft v. dem bleibenden Kelch umschlossen. Von wirtschaftl. Bedeutung sind die E. v. a. wegen der wertvollen Nutzhölzer, die v. verschiedenen Arten der Gatt. *Ehretia, Patagonula* u. bes. *Cordia* geliefert werden. Einige *Cordia*-Arten werden auch ihrer fleisch. süßen Früchte wegen als Obstgehölze kultiviert. Schon im alten Ägypten schätzte man z. B. die orangefarbenen, ovalen, schleimig-süßen Früchte der v. Ägypten über S-Asien bis nach Australien verbreiteten *C. myxa.* Sie werden auch als Heilmittel, bes. Hustenmittel, genutzt u. waren fr. auch in Mitteleuropa unter der Bez. „Schwarze Brustbeeren" offizinell. Die südam. Art *C. nodosa* gilt als ↗Ameisenpflanze, weil sie in Sproßverdickungen die Nester v. Ameisen beherbergt.

Ehringsdorf ↗Weimar-Ehringsdorf.

Ehrlich, *Paul,* dt. Chemiker u. Mediziner, * 14. 3. 1854 Strehlen (Schlesien), † 20. 8. 1915 Bad Homburg v. d. H.; ab 1890 Prof. in Berlin, 1899 Frankfurt a. M., 1904 Göttingen u. 1914 Frankfurt a. M.; Mitarbeiter v. R. Koch; entwickelte zahlr. Methoden der Färbung des Blutes sowie lebender Zellen u. Gewebe (u. a. Nachweis der Tuberkelbazillen), erarbeitete die ↗Seitenkettentheorie zur Erklärung der Immunisierungsvorgänge (1890–1905); Begr. der wiss. Chemotherapie zur Behandlung v. Infektionskrankheiten, erfand 1910 zus. mit S. Hata das Salvarsan u. a. Arsenpräparate gg. Syphilis; erhielt 1908 zus. mit I. I. Metschnikow den Nobelpreis für Medizin. HW: „Experimentelle Untersuchungen über Immunität" (1891).

P. Ehrlich

Ehrlichia *w* [ben. nach P. ↗Ehrlich], Gatt. der *Rickettsiaceae* (Gruppe der *Ehrlichiae*), rickettsienähnl. Bakterien, die für viele Säuger, aber nicht für Menschen pathogen sind. Die pleomorphen, rundl. bis ellipsoiden Zellen (0,5–0,9 μm ⌀) leben einzeln od. in kompakten Kolonien (= Morae mit 2–40 Elementarkörpern) intrazellulär in Vakuolen v. Monocyten od. Granulocyten, seltener anderen Zellen. Sie sind Chlamydien-ähnlich, unterscheiden sich aber morphologisch u. im Entwicklungsgang. E. ist weltweit, z.T. aber nur in bestimmten Gebieten verbreitet. Die Übertragung erfolgt durch Zecken. – *E. (Rickettsia) canis* parasitiert in Hunden u.a. hundeart. Tieren *(Ehrlichiose)*, bes. in trop. u. subtrop. Gebieten; der Erreger läßt sich außerhalb des Wirts in Monocyten-Zellkulturen züchten. Überträger ist *Rhipicephalus sanguineus*. *E. phagocytophila* kommt auch in Europa vor u. verursacht Krankheiten bei Schafen u. Rindern; der Überträger ist *Ixodes ricinus*. Eine sehr seltene Erkrankung der Pferde wird durch *E. equi* ausgelöst.

Ehrlich-Reagenz, von P. ↗Ehrlich entwikkeltes Reagenz zum Nachweis von Urobilinogen im Harn: 2,0%ige Lösung von p-Dimethylaminobenzaldehyd in Salzsäure (20%); v. Bedeutung bei der Diagnostik v. Lebererkrankungen (Rotfärbung des Urins bei Vorhandensein v. Urobilinogen als Abbauprodukt v. Hämoglobin) (↗Gallenfarbstoffe).

Ei s, 1) System aus ↗Eizelle u. Eihülle(n); besteht beim *Hühnerei* z.B. aus Eizelle (Eigelb, Dotter), Eiklar (Eiweiß), zwei Schalenhäuten (pergamentart. Faserproteinschichten, nur an der Luftkammer deutlich getrennt) sowie der porösen Kalkschale. ↗Vogeleier. 2) ugs. Bez. für die ↗Eizelle.

Eiachsen, Achsen der Organisation der tier. Eizelle und ggf. ihrer Hüllen. Die animal-vegetative Eiachse ist an der Lage der ↗Richtungskörper zu erkennen (animaler Pol), häufig auch an der Schichtung v. Cytoplasmaorganellen u. Dottersubstanzen. Sind weitere E. erkennbar, so entsprechen sie den zukünft. Körperachsen (Längsachse, Dorsoventralachse); diese sind aber nicht strikt festgelegt (↗Embryonalentwicklung, ↗Musterbildung).

Eiaktivierung w, ↗Aktivierung 2).

Eiapparat, Bez. für die Eizelle u. die beiden benachbarten Zellen (Synergide) im ↗Embryosack der Samenpflanzen. □ Befruchtung.

Eibe, *Taxus,* wichtigste Gatt. der Eibengewächse mit 7–10 Arten in den ozean. geprägten Gebieten der gemäßigten-subtrop. Zone der Nordhemisphäre. Die Gatt. zeigt die für die ↗Eibengewächse typ. Merkmale, besitzt diözisch verteilte, einzeln stehende Blüten u. einen den Samen becherförm. umschließenden, leuchtend roten fleisch. Arillus, der v.a. von Vögeln gefressen wird (Endozoochorie!). Entsprechend dieser Funktion bleibt der Arillus frei v. dem in allen anderen Pflanzenteilen vorkommenden giftigen Alkaloidgemisch „*Taxin*", das lähmend auf Herz u. Zentralnervensystem wirkt. Darüber hinaus enthält die E. auch Ecdysteron (= 20-Hydroxyec-

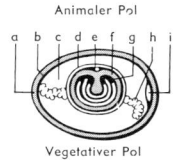

Ei
Schnitt durch ein Hühnerei: **a** Schale, **b** Schalenhaut, **c** Eiklar, **d** Dotterhaut, **e** Keimfleck mit -bläschen, **f** weißer u. **g** gelber Dotter, **h** Hagelschnur, **i** Luftkammer

Ei
Zusammensetzung eines Hühnereis
Eiklar	58%
Dotter	32%
Schale	10%
Wasser	74%
Proteine	12,5%
Fett	12%
Salze	1%
Kohlenhydrate	0,5%

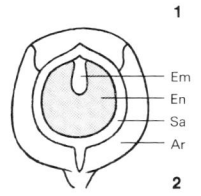

Eibe
1 Zweig einer ♀ Pflanze mit den von einem becherart. fleischigen Arillus umgebenen Samen. 2 Längsschnitt durch einen Samen mit Arillus (Em Embryo, En Endosperm, Sa Samenschale, Ar Arillus).

dyson); ob diesem Häutungshormon eine Bedeutung als Schutz gg. Insektenfraß zukommt, gilt als nicht geklärt. In Europa heim. ist nur die Gemeine E. (*T. baccata*, B Europa XI). Es sind immergrüne, extrem langsamwüchsige, dafür aber ausschlagkräft. Bäume (bis 15 m hoch) od. Sträucher, die im Alter mächtige, innen oft hohle Scheinstämme bilden (entstanden durch Verwachsung mehrerer Einzelstämme); die stachelspitzigen Nadelblätter stehen schraubig, sind aber oft zweizeilig ausgebreitet. Infolge der Scheinstamm-Bildung wurde das Alter der Bäume fr. oft überschätzt; vermutl. erreicht die Gemeine E. „nur" ein Alter von 650–700 Jahren. In dem offenbar durch ihre Frostempfindlichkeit begrenzten Areal, das Europa, N-Afrika u. Kleinasien bis zu den Karpaten umfaßt, kommt die Art sehr zerstreut in wintermilden, feuchten Lagen v. der Ebene bis in die montane Stufe v.a. im Unterstand v. Laubwäldern u. an Steilhängen vor; sie bevorzugt frische carbonathalt. Böden u. ist in Silicatgebirgen (z.B. Schwarzwald) entsprechend selten od. fehlt ganz. Die Gemeine E. repräsentiert vermutl. ein Relikt der arktotertiären Flora u. ist im Quartär bereits in den älteren Warmzeiten nachweisbar. Torffunde u. alte Ortsnamen (z.B. Eibenschütz, Ibental) belegen, daß sie in Mitteleuropa auch in geschichtl. Zeit noch wesentl. häufiger war. Als Folge des bis ins 19. Jh. anhaltenden Raubbaues zur Gewinnung des begehrten Holzes u. durch die sich ändernde Waldwirtschaft (Übergang vom Mittelwald- zum Hochwald-Betrieb mit Förderung der raschwüchs. Arten) sind aber heute natürl. Vorkommen sehr selten. Größere Bestände der in der BR Dtl. geschützten Art existieren noch an einigen Stellen in den nördl. Voralpen (z.B. Paterzell/Oberbayern) u. im Erzgebirge. Das sehr dauerhafte, harte u. elast. *Holz* der Gemeinen E. wird seit vorgeschichtl. Zeit vom Menschen genutzt; es ist eines der dichtesten der mitteleur. Hölzer (Dichte = 0,64 g/cm^3). Heute dient das gelb-braunrote, mit der Zeit nachdunkelnde E.nholz („Deutsches Ebenholz") zur Herstellung v. Luxusgegenständen, Furnieren u. Schnitzwerk. Ferner wird *T. baccata* als beliebtes Ziergehölz in über 80 Gartenformen kultiviert. – Die restl. *Taxus*-Arten (z.T. nur als U.-Arten von *T. baccata* geführt) sind in N-Amerika (z.B. *T. canadensis*) oder O-Asien (z.B. *T. cuspidata*) beheimatet. Die Gatt. zeigt damit, wie viele arktotertiäre Formen, die nordam.-eur.-ostasiat. Disjunktion.

V. M.

Eibengewächse, *Taxaceae*, einzige Fam. der Gymnospermen-U.-Kl. *Taxidae* mit 5 fast ausschl. nordhemisphär. verbreiteten

Eibildung

Eibengewächse

Gattungen:
Amentotaxus
(4 Arten; China)
Austrotaxus
(1 Art; Neukaledonien)
Pseudotaxus
(1 Art; China)
Taxus, ↗Eibe
(7–10 Arten; N-Amerika, Europa, O-Asien)
↗*Torreya*, Nußeibe
(5–6 Arten; N-Amerika, O-Asien).

Eibisch
1 Echter Eibisch *(Althaea officinalis),*
2 Stockrose *(Althaea rosea)*

Eibisch

Das Rhizom des Echten Eibischs *(Althaea officinalis)* wurde bereits in der Antike zu Heilzwecken verwendet. Es enthält, wie auch die Blätter u. Blüten der Pflanze, besondere Schleimzellen u. dient seines Schleims wegen als deckendes Mittel bei Erkältungserkrankungen des Rachens u. der oberen Luftwege sowie bei Magen- u. Darmentzündungen. Äußerl. Anwendung findet es in Augen-, Mund- u. Gurgelwässern.

rezenten Gatt. u. etwa 22 Arten. Die coniferenähnl. immergrünen Bäume u. Sträucher besitzen schraubig stehende Nadelblätter u. unterscheiden sich v. den eigentlichen Nadelhölzern (U.-Kl. *Pinidae*) durch den Bau der meist diözisch verteilten Blüten. Die ♂ Blüten stehen im allg. einzeln in den Blattachseln (in mehrblüt. Ähren bei den Gatt. *Amentotaxus* u. *Austrotaxus*) u. tragen am Grunde einige Schuppenblätter, auf die in schraub. Anordnung die schildförm. Staubblätter (mit je 5–8 Pollensäcken) folgen. Die ♀ Blüten werden einzeln terminal an kleinen Seitentrieben gebildet; sie bestehen aus einer einzigen aufrechten Samenanlage, an deren Basis sich ein meristemat. Ringwulst u. darunter kleine Schuppenblätter befinden. Bei Reife wächst der Ringwulst zu einer den Samen in unterschiedl. Umfang einschließenden Hülle *(Samenmantel, Arillus)* aus, so daß ein den Angiospermen-Steinfrüchten analoges Gebilde entsteht (☐ Eibe). Mit Ausnahme der auf Neukaledonien beschränkten Gatt. *Austrotaxus* kommen die E. nur auf der Nordhemisphäre, u. hier nur in den ozean.-subozean. geprägten Gebieten vor. Die phylogenet. Ableitung der E. (u. damit der *Taxidae*) bleibt problemat., nachdem sie bereits im unteren Jura mit einer den rezenten Formen nahezu ident. Merkmalsstruktur auftreten (z. B. die Gatt. *Palaeotaxus*). Aufgrund der Übereinstimmungen mit den Nadelhölzern *(Pinidae)* im vegetativen Bereich wird meist angenommen, daß sie wie diese aus *Cordaiten*-ähnlichen karbon. Vorfahren hervorgegangen sind. Vielleicht reicht die getrennte Entwicklung der *Taxidae* aber auch zurück bis zu den devonischen Progymnospermen.

Eibildung w, die ↗Oogenese.
Eibisch m, *Althaea,* Gatt. der Malvengewächse mit ca. 25 Arten in den gemäßigten Zonen Eurasiens. Einjähr. bis ausdauernde, filzig behaarte Stauden mit gelappten od. geteilten Blättern u. großen, radiären, einzeln od. zu mehreren traubig angeordneten, blattachselständ. Blüten mit 3–9blättr. Hüllkelch. In Mitteleuropa kommen neben dem Echten E. *(A. officinalis,* ☐ Kulturpflanzen X) der Rauhe E. *(A. hirsuta)* u. die Stockrose *(A. rosea)* vor. Der in ganz Eurasien beheimatete Echte E. ist eine 1,5 m hohe Pflanze mit kräft. Rhizom, wenig verzweigtem, unten verholzendem, innen mark. Stengel und schwach 3–5lapp., gekerbt-sägten Blättern sowie kleinen Nebenblättern. Die am oberen Teil des Stengels gehäuft auftretenden Blüten sind bis 5 cm breit u. besitzen 5 herzförm., seidig glänzende, weiße od. hellrosa Kronblätter. Die Frucht besteht aus 10–18 ringförm. angeordneten, einsam. Teilfrüchten

u. wird v. dem bleibenden Kelch umschlossen. Von Juli bis Sept. blühend, ist der Echte E. in Binsenwiesen u. -röhrichten, an Gräben u. in Salzweiden, auf mehr od. minder feuchten, meist salzhalt. Böden anzutreffen. Er gilt als Salz- und Basenzeiger und ist nach der ↗Roten Liste „stark gefährdet". Der bis 50 cm hohe Rauhe E. besitzt einzeln stehende rosa Blüten, ist ein- bis zweijährig u. wächst, urspr. aus dem Mittelmeergebiet stammend, als eingebürgerter Archäophyt in Äckern od. Schuttunkrautfluren, auf meist kalkhalt. Lehm- u. Tonböden. Er gilt der ↗Roten Liste zufolge als „gefährdet". Die Stockrose ist eine wahrscheinl. von der in SO-Europa u. Kleinasien heim. *A. pallida* abstammende Kulturpflanze. Sie wird bis 3 m hoch u. besitzt runzel., 5–7lapp. Blätter sowie eine Ähre aus zahlr., bis zu 10 cm breiten, scheibenförm., weißen, gelben, rosafarbenen od. tiefbraunroten, häufig gefüllten Blüten. Aus dem östl. Mittelmeergebiet kam die Stockrose bereits im 16. Jh. nach Mitteleuropa u. wird seitdem häufig, bes. in bäuerl. Gärten, kultiviert. Sie enthält wie der Echte E. in ihren Blättern u. Blüten Schleim, der zu Heilzwecken genutzt werden kann. Darüber hinaus wurden die Blüten von *A. rosea* var. *nigra* wegen der darin enthaltenen Anthocyanglykoside auch zum Färben v. Speisen u. Getränken, bes. von Wein, benutzt.

Eibläschen s, das ↗Keimbläschen.
Eichapfel, von ↗Gallwespen erzeugter ↗Gallapfel; ↗Gallen.
Eiche, *Quercus,* Gatt. der Buchengewächse mit 500–600 Arten in Europa, S-, SO- u. Vorderasien, N- u. Mittelamerika. Es sind abgeleitet anemogame (windblütige), monözische (eingeschlechtige) Bäume u. Sträucher. Sie bilden sommergrüne Laub- u. immergrüne Hartlaubwälder. Die ♂ Blütenstände sind kätzchenartig hängend, die ♀ ährig od. kopfig mit der ↗Blütenformel P3+3 G(3). Die Cupula (Fruchtbecher) der endospermlosen Nußfrucht der E.n *(Eichel)* ist artspezifisch ausgeprägt, die Blattform variiert stark. Gute Fähigkeit zum Neuaustrieb nach Schädlingsfraß (Johannistriebbildung); frühe Peridermbildung; Lebensraum für viele Insekten u. höhlenbrütende Vögel. *Sommergrüne E.n:* Die Stiel-E. oder Sommer-E. *(Q. robur) (Q. pedunculata)* (☐ Europa X) ist eine bis 50 m hohe u. 500–800 (1000) Jahre alt werdende Lichtholzart mit früh verzweigtem Stamm u. geöhrten, büschelig gehäuften, kurzgestielten (2–7 mm) Blättern. Die ♀ Blüten (bzw. Eicheln) sind lang gestielt; Mannbarkeitsalter ca. 80 Jahre; Mastjahre alle 7–10 Jahre. Verbreitung subkontinental, planar bis submontan bes. in Kalkgebieten, in der

Eiche

1 Stiel- oder Sommer-E. (Quercus robur), in ganz Europa verbreitet (die sog. E.n);
2 Trauben-, Winter- oder Stein-E. (Q. petraea) mit kleinerem Verbreitungsgebiet;
3 Flaum-E. (Q. pubescens) mit flaumfilzigen Blättern;
4 Rot-E. (Q. rubra), raschwüchsig mit herbstl. Rotfärbung;
5 Kork-E. (Q. suber), eine immergrüne waldbildende E.

Hartholzaue (Querco-Ulmetum minoris), im grundfeuchten Carpinion betuli u. in den sauren Birken-Eichenwäldern (Quercion robori petraeae). Bei der Trauben-E., fälschlicherweise auch Stein-E. gen. (Q. petraea) (Q. sessiliflora) (bis 30 m), reicht der Stamm bis in die regelmäß. Krone. Die Blätter haben eine keilförm. Basis u. einen 12–14 mm langen Blattstiel. Die ♀ Blüten sitzen auf, sind kurz gestielt. Verbreitung subatlantisch, submediterran bes. auf Silicat, auch auf trockenen Standorten u. auf Felsen. Die Flaum-E. (Q. pubescens, bis 20 m) hat flaumig behaarte Blätter u. junge Triebe (bis 2 Jahre), u. auch die Cupula ist behaart. Sie ist im Mittelmeergebiet verbreitet, in Dtl. ein wärmezeitl. Relikt an sonn. trockenen Kalkhängen (↗Quercetalia pubescentis) an der N-Grenze ihres Areals. Bastardiert hier häufig: Q. petraea x pubescens. Die Eicheln der östl. Zerr-E. (Q. cerris) reifen in 2 Jahren u. sind v. einer Cupula mit bogig gekrümmten Schuppen umgeben. Jung behaarte Blätter mit spitzen Zipfeln; Süd-Fkr. bis Vorderasien. 1961 wurde aus N-Amerika die Rot-E. (Q. rubra) mit flacher tellerförm. Cupula, roter Herbstfärbung u. spitzlapp. kahlen Blättern wegen ihres schnellen Wachstums eingeführt. – Die wichtigste immergrüne E. ist die Stein-E. (Q. ilex, B Mediterranregion II), der Charakterbaum der mediterranen Hartlaubwälder mit seid. Cupula, oberseits glänzend grünen, unterseits weißlich behaarten Blättern. – Nutzung: Die Eicheln vieler E.n werden für Kaffee- u. Mehlersatz verwendet. Die E.nwälder wurden zur Schweinemast u. Waldweide genutzt. Eichenholz, i. e. S. von Stiel- u. Trauben-E., ist ein gelblichbraunes, wasserfestes ringporiges, sehr hartes u. schweres Holz (Dichte ca. 0,7 g/cm^3). Der Kern ist pilzbeständig (durch Einlagerung von Phlobaphenen). Verwendung: Fachwerk, Fässer, Schiff- u. Unterwasserbau, Bauholz, Bahnschwellen, Möbel, Täfelungen u. Furniere. Das schwerste E.nholz hat die Stein-E. (Dichte 1,14 g/cm^3!). Amerikanische E.nhölzer (Rot-E.) sind weicher u. billiger. E.n werden als Hochwald mit 150–300 Jahren Umtrieb u. als Überhälter zur Holzgewinnung od. als Niederwald mit 12–20 Jahren Umtrieb zur Rindengewinnung (Schälwald) bewirtschaftet. Für Gerberlohe ist Spiegel- od. Glanzrinde junger Bäume mit 16–20% Gerbstoff wertvoll (Altrinde 10%, Borke 7%). Die Valonen (Cupula v. Q. aegilops) mit 33% Gerbstoff u. die Aleppo-Gallen der kleinasiat. Q. infectoria waren wichtige Gerbereihandelsprodukte. Die Kork-E. (Q. suber, B Mediterranregion II) mit ihrer dicken Borke wird im südwestl. Mittelmeergebiet u. in der Sowjetunion zur Korkgewinnung (Isoliermaterial, Schwimmer, Flaschenkork usw.) gezogen. Erste Schälung mit 25 Jahren (Jungfernkork), weitere Ernten alle 8–10 Jahre (100–150 kg/Baum). Der chines. Seideneichenspinner (Antherea pernyi) an Q. dentata u. Q. mongolica liefert die Tussah-Seide. Mit FeSO$_4$ wurde an E.ngallen Gallustinte gemacht. Die Färber-E. (Q. tinctoria) liefert die farbstoffhalt. Quercitronrinde. An der Kermes-E. (Q. coccifera) lebt die Kermesschildlaus, die den roten Farbstoff Carmesin enthält. Bei der Stiel-E. gibt es eine lückenlose, ca. 2000 Jahre zurückreichende Datierungsreihe nach Jahresringen (↗Dendrochronologie).   A. S.

Eichel, 1) die Nußfrucht der ↗Eiche. 2) Begriff aus der Säugeranatomie für den vorderen Schwellkörper des Penis (Glans penis) u. der Clitoris. 3) Bez. für das Prosoma (Proboscis) der ↗Enteropneusten (Eichelwürmer).

Eichelhäher, Garrulus glandarius, ↗Häher.

Eichelmast, Bez. für den Fall der Eicheln bei Stiel- u. Traubeneiche; erfolgt zum ersten Mal bei einem Alter der Bäume zw. 50 und 80 Jahren; Vollmasten mit sehr gutem Eichelfall treten alle 7–10 Jahre auf.

Eichelwürmer, die ↗Enteropneusten.

Eichenblatt-Radspinne, Araneus ceropegius, in Dtl. häufiger Vertreter der Radnetzspinnen mit charakterist. Eichenblattzeichnung auf dem Hinterleib; große Art (Hinterleib beim Weibchen bis 10 mm), v. a. der Mittelgebirge; lebt in unbeschattetem Gelände, wo sie etwa 50 cm über dem Boden im Buschwerk, Gras od. an Zäunen ein Radnetz aufspannt, dessen Nabe mit feinen weißen Fäden besponnen ist. Da die Art feuchte, ungemähte Wiesen bevorzugt, ist sie durch intensive Landw. in ihrem Bestand bedroht. Ihre Verbreitung reicht v. N-Afrika bis S-Skandinavien.

Eichenbock, Großer Eichenbock, Heldbock, Spießbock, Cerambyx cerdo, mit über 5 cm einer unserer größten einheim. Käfer, Vertreter der ↗Bockkäfer. Entwicklung in alten Eichen, wo die Larven an der

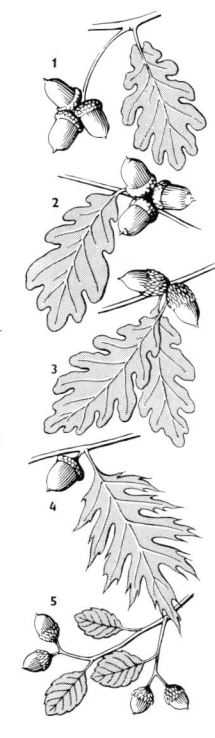

Querschnitt durch den Stamm der Kork-E. (Quercus suber)

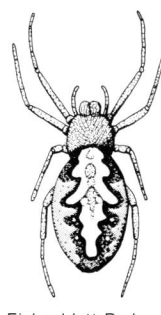

Eichenblatt-Radspinne (Araneus ceropegius)

Eichen-Elsbeerenwald

Grenze v. totem u. noch lebendem Holz fressen. Der Käfer schlüpft nach mehrjähr. Entwicklung im Juni u. ist nachtaktiv. Mit der Beseitigung alter Eichen, insbes. der sog. „Tausendjährigen Eichen", bei uns recht selten geworden. Der wesentl. häufigere Kleine E. (*C. scopolii*, bis 3 cm) entwickelt sich in allerlei Laubhölzern, auch in dünneren Ästen. Der Käfer schlüpft nach 2jähr. Larvenzeit im Mai u. ist Blütenbesucher. Im S gibt es weitere, dem Großen E. ähnliche Arten. B Insekten III.

Eichen-Elsbeerenwald ↗ Lithospermo-Quercetum. [↗ Gymnocarpium.

Eichenfarn, *Gymnocarpium dryopteris*,

Eichengallapfel, von ↗ Gallwespen erzeugter ↗ Gallapfel; ↗ Gallen.

Eichen-Hainbuchenwälder ↗ Carpinion betuli. [lantikum.

Eichenmischwaldzeit w, Abk. *EMW*, ↗ At-

Eichenmistel, die ↗ Riemenblume.

Eichenmoos, *mousse de chêne*, v. a. im Handel verwendete Bez. für die weitverbreitete u. häufige, blaßgrüne, hpts. auf Rinde wachsende Strauchflechte *Evernia prunastri*, bedeutender Rohstoff für die Parfumherstellung (↗ Flechtenparfum). E. wird hierfür v. a. im Mittelmeerraum gesammelt. Es wurde auch im Altertum in Ägypten als Duftstoff bei der Einbalsamierung u. in Mitteleuropa zur Herstellung v. Riechkissen für Toiletten verwendet.

Eichenschälwald, bes. Form der Niederwälder, bei der die Eichen im Mai geschlagen werden u. die Rinde zu Gerbereizwecken abgelöst bzw. geschält wird (Lohrinde). Schwaches Holz wird auf der Schlagfläche verteilt, verbrannt u. die Asche in den Boden eingearbeitet. Früher baute man im 1. Jahr Sommerroggen, im 2. Jahr Buchweizen an. Im 3. Jahr weidete das Vieh auf der Fläche. Dann ließ man den Wald ca. 25 Jahre wachsen, um ihn erneut zu schlagen. Der E. blieb bis zu Beginn des 20. Jh. erhalten u. wurde im Schwarzwald als Reut- od. Hackberg, an der Mosel als Schifferwald u. im Siegerland als Hauberg bezeichnet.

Eichenschrecken, *Meconematidae,* Fam. der Heuschrecken; in Mitteleuropa nur die Art *Meconema thalassinum*: gelbgrün gefärbtes, ca. 14 mm langes Insekt auf Eichen u. a. Laubbäumen; das Männchen hat keine Zirporgane, bringt aber durch Klopfen mit den Beinen Geräusche hervor.

Eichenspinner, ↗ Glucken (*Lasiocampa quercus*) u. ↗ Prozessionsspinner *(Thaumetopoea processionea)*.

Eichenulmenwald ↗ Querco-Ulmetum minoris.

Eichenwickler, Grüner E., *Tortrix viridana*, ein v. a. in Europa weit verbreiteter Schmetterling, wichtiger Forstschädling,

Großer Eichenbock *(Cerambyx cerdo)*, nach der ↗ Roten Liste „vom Aussterben bedroht".

Eichhörnchen *(Sciurus vulgaris)*

Eichenwickler

Natürliche Feinde des E.s *(Tortrix viridana)* sind Vögel (Nistkästen!), Vierpunkt-Aaskäfer, Puppenräuber, Schlupfwespen, Raupenfliegen, Rote Waldameise u. a., erfolgreiche mikrobiologische Bekämpfung mit ↗ *Bacillus thuringiensis*-Präparaten.

der insbes. in Eichenreinbeständen zu Massenvermehrungen neigt u. Kahlfraß verursachen kann; auf Blättern ruhende Falter mit grüner Schutzfärbung auf den Vorderflügeln (Spannweite um 20 mm), Hinterflügel grau, fliegt in einer Generation von Juni–Juli tags u. in der Dämmerung im Kronenbereich von Eichen, wo Paarung u. Eiablage stattfinden, Eier paarweise an Zweige in Knospennähe abgelegt, überwintern; Larven graugrün mit dunklem Kopf, schlüpfen im Frühjahr, spätfrostempfindlich, fressen zunächst Knospen, leben später in eingerollten Blättern, die Raupen können sich mit Spinnfäden abseilen u. mit dem Wind verdriftet werden, hörbares Kotrieseln bei hoher Populationsdichte, dann auch andere Baumarten befallend; Verpuppung nach etwa 4 Wochen in Blattwickeln, Rindenritzen od. im Boden, Puppenruhe 14 Tage. [↗ Büschelporlinge.

Eichhase, *Polypilus umbellatus* Karsten,

Eichhörnchen, *Sciurus*, mit ca. 190 Arten u. U.-Arten formenreichste Gatt. der zu den Nagetieren gehörenden Hörnchen (Fam. *Sciuridae*). In Mitteleuropa lebt als einzige Art das E. oder Eichkätzchen *S. vulgaris* (Kopfrumpflänge 20–25 cm; busch. Schwanz 15–25 cm lang; Gewicht 250–480 g; südl. U.-Arten größer als nördl.) weit verbreitet in Nadel- u. Laubwäldern bis 2200 m. Die Fellfärbung der E. in Mitteleuropa ist oberseits fuchsrot bis schwarzbraun, unterseits weiß; nach O u. NO nimmt die Graufärbung zu. Pelze v. graufarb. sibir. U.-Arten kommen als „Feh" in den Handel. Bei der einheim. U.-Art *S. v. fuscoater* überwiegt in N-Dtl. die rote, im Gebirge die schwarze Färbung. Wo beide Farbkleider nebeneinander vorkommen, nimmt die Anzahl der dunklen Tiere mit der Höhe zu. Das Leben der E. spielt sich hpts. in den Baumkronen ab. Beim Klettern wird der Schwanz als Balancierstange, beim Springen als Steuerruder u. Schwebefortsatz benutzt; bei der Balz wirkt er als opt. Signal. E. ernähren sich v. Knospen, Blüten, Früchten u. Samen, bevorzugt v. Nadelbäumen, unter denen man oft die Deckschuppen u. die kahlen Spindeln der Zapfen findet. Mit Hilfe der scharfen Nagezähne werden geschickt Haselnüsse u. Walnüsse geöffnet. Durch Verzehr v. Vogeleiern u. Jungvögeln betätigen sich E. auch als Nesträuber. Bekannt ist ihr Anlegen v. Nahrungsvorräten in Baumlöchern u. am Boden. Dies geschieht nach einem erblich starr festgelegten Handlungsablauf: Loch scharren mit den Vorderpfoten, Ablegen der Nuß, Zuscharren mit Erde u. Laub, Festdrücken. Da ein Teil der versteckten Sämereien liegenbleibt, tragen E. zur Verbreitung v. Bäumen u. Sträuchern bei (Zoochorie). E. sind tagaktiv. Die Nacht u. Zeiten ungünst. Witterung verbringen sie im sog. Kobel, einem kugelförm. Nest aus Reisig u. Moos in 5–15 m Höhe, oft durch Umbau eines ehemal. Krähennestes erstellt; sie halten jedoch keinen Winterschlaf. Für die Geburt u. Aufzucht der Jungen wird ein aufwendiger ausgestattetes Nest gebaut, seltener auch eine Baumhöhle benutzt. Im N des Verbreitungsgebiets finden 1–2, im S sogar 2–3 Würfe pro Jahr statt. Je Wurf kommen etwa 5 Junge nackt u. blind („Nesthocker") zur Welt. Sie verlassen erst nach 45 Tagen das Nest u. werden insgesamt etwa 8 Wochen lang gesäugt. Die Geschlechtsreife tritt nach 8–10 Monaten ein; aber nur 20–25% der Jungtiere werden älter als 1 Jahr, bei einem Höchstalter v. 10–12 Jahren. Als Hauptfeinde gelten Baummarder u. Habicht. B Asien I.

Eichhornia w [ben. nach dem preuß. Kulturpolitiker J. A. F. Eichhorn, 1779–1856], die ↗Wasserhyazinthe.

Eichler, *August Wilhelm,* dt. Botaniker, * 22. 4. 1839 Neukirchen (Hessen), † 2. 3. 1887 Berlin; 1871 Prof. u. Dir. des botan. Gartens in Graz, 1873 in Kiel, seit 1878 in Berlin; Arbeiten zur bot. Systematik, bes. Entwicklungsgeschichte der Blüte unter phylogenet. Aspekt. WW: Zus. mit K. F. Martius u. I. Urban das ökolog. u. pflanzensoziolog. Monumentalwerk „Flora brasiliensis" (1840, weitergeführt bis 1906); „Blüthendiagramme", 2 Bde. (1875–78).

Eichlersche Entfaltungsregel ↗parasitophyletische Regeln.

Eickstedt, *Egon Frh. von,* dt. Anthropologe u. Ethnologe, * 10. 4. 1892 Jersitz b. Posen, † 20. 12. 1965 Mainz; Prof. in Breslau, Leipzig u. seit 1946 in Mainz; Arbeiten zur Rassenkunde, Rassengeschichte u. Rassenpsychologie. Insbes. das Werk: „Rassenkunde u. Rassengeschichte des Menschen" (1934) wurde v. den Nationalsozialisten für ihre Rassenideologie mißbraucht.

Eidechsen, *Echte E., Lacertidae,* Fam. der Skinkartigen mit ca. 180 Arten in Europa, Afrika u. Asien; Gesamtlänge: 12–90 cm (wobei die kleineren Formen vorherrschen). Die vorwiegend sonnenliebenden E. sind äußerst lebhafte, ortstreue, meist bodenbewohnende Tagtiere; sie bevorzugen offene, stein. oder sand. Areale. Ihr schlanker Körper stets mit wohlentwickelten 5zehigen Gliedmaßen u. sehr langem Schwanz. Im Ggs. zu anderen Echsen fehlen Haftzehen bzw. bewegl. od. abspreizbare Hautbildungen wie Kehlsäcke o. Rückenkämme. Kopfoberseite v. symmetr., teilweise vergrößerten Schildern bedeckt; Gebiß pleurodont; Augenlider meist frei beweglich (Ausnahme: Gatt. *Ophisops*), unteres Augenlid bei zahlr. Arten (z. B. der Brilleneidechse) mit durchsicht. Fenster; Pupille stets rund; Zunge flach, 2spitzig; Trommelfell äußerlich deutl. sichtbar. Kehle fast immer durch eine beschuppte Querfalte (Halsband) v. den Brustschuppen getrennt. Bauchschuppen (meist in regelmäßigen Längs- u. Querreihen angeordnet) stets größer als Rückenschuppen. Unterseite der Oberschenkel oft mit Drüsenschuppen („Schenkelporen"), aus denen die Männchen während der Paarungszeit eine wachsart. Masse absondern. Schwanz kann an vorgebildeten Stellen abgeworfen u. regeneriert werden, wobei das Bruchstück durch lebhafte, schlängelnde Bewegungen den Angreifer v. Beutetier ablenkt. Geschlechtsdimorphismus ist häufig zu beobachten (Weibchen oft unscheinbar; Männchen – bes. zur Paarungszeit – meist lebhaft gefärbt). Die Nahrung besteht v. a. aus kleinen Wirbellosen, gelegentl. auch aus Samen, Früchten od. anderen Pflanzenteilen. Der Fortpflanzung gehen oft Rivalenkämpfe der Männchen voraus. Bei der Paarung werden die Weibchen seitl. an den Flanken gebissen. Fast alle E. sind ovipar, nur einige Halsband-E. u. Wüstenrenner ovovivipar (z. B. die ↗Bergeidechse), wenige Arten pflanzen sich parthenogenetisch fort. – Unter den etwa 20 Gatt. bilden die Halsband-E. *(Lacerta)* mit über 50 Arten nicht nur die umfangreichste Gatt., zu ihr gehören auch mehrere einheim. Vertreter (↗Berg-, ↗Mauer-, ↗Smaragd-, ↗Zauneidechse). Systemat. Gliederung noch unklar. Typ. Kennzeichen sind das Halsband sowie rundl. od. etwas zusammengedrückte, franzenlose Finger u. Zehen u. ein vergrößerter Afterschild. Größte aller E. ist die Perleidechse *(L. lepida),* die auf der Iber. Halbinsel, in S-Fkr. u. NW-Afrika lebt; Färbung meist grün bis grau- od. bräunlichgrün, Flanken häufig mit auffälligen blauen Augenflecken in mehreren Längsreihen, Kehle u. Bauch gelblich. Nahe verwandt mit den Mauer-E. ist neben der ↗Ruineneidechse *(L. sicula)* die bis 25 cm lange Baleareneidechse *(L. lilfordi),* die auf den kleineren Baleareninseln beheimatet ist; sie liebt trockenes Gelände mit spärl. Distelnbewuchs; ca. 15 U.-Arten od. Rassen. In die weitere Verwandtschaft der Mauer-E. gehört die Brilleneidechse *(L. perspicillata;* Gesamtlänge bis 18 cm) aus NW-Afrika u. von den Baleareninseln; sie lebt an Felswänden, Mauern sowie dicken Bäumen u. benötigt eine hohe Luftfeuchtigkeit. Die artenarme Gatt. der Kielechsen *(Algyroides)* besitzt gekielte Rückenschuppen; die oft nicht sehr großen Tiere

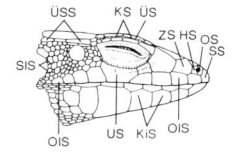

Eidechsen
Kopfschilder einer Eidechse (Seitenansicht).
HS Hinternasenschild (Postnasale),
KiS Kinnschilder (Mentalia), KS Körnerschuppen,
OIS Oberlippenschild (Supralabiale),
OS Obernasenschild (Supranasale),
SIS Schläfenschilder (Temporalia),
SS Schnauzenschild (Rostrale), US Unteraugenschild (Suboculare), ÜS Überaugenschild (Supraoculare), ÜSS Überschläfenschilder (Supratemporalia),
ZS Zügelschild (Loreale)

Eidechsen
Wichtige Gattungen:
↗*Acanthodactylus* (Fransenfingereidechsen)
Algyroides (Kielechsen)
Eremias (Wüstenrenner)
Lacerta (Halsbandeidechsen)
Psammodromus (Sandläufer)
Takydromus (Langschwanzeidechsen)

Eidechsenfische
besiedeln jeweils meist nur kleine Areale. Eine Ausnahme bildet die bekannte Blaukehlige od. Pracht-Kielechse (*A. nigropunctatus;* Gesamtlänge bis 23 cm), eine feuchtigkeitsliebende, ostadriat. Küstenbewohnerin. Die Sandläufer (Gatt. *Psammodromus*) haben ebenfalls gekielte Rückenschuppen; an der frz. u. span. Mittelmeerküste ist der Spanische Sandläufer (*P. hispanicus;* Gesamtlänge 14 cm), in NW-Afrika u. auf der Iber. Halbinsel der doppelt so große Algerische Sandläufer (*P. algirus*) häufig. Gekielte Schuppen an den Zehen besitzen die Wüstenrenner (Gatt. *Eremias*), die in großer Artenzahl in den Wüsten u. Steppen Afrikas, W- u. Zentralasiens verbreitet sind. Einen ähnl. Lebensraum besiedeln die Fransenfinger-E. (Gatt. ↗*Acanthodactylus*). Die Schwänze der ostasiat. Langschwanzeidechsen (Gatt. *Takydromus*) sind 6–8mal so lang wie ihre Kopfrumpflänge. Eine bis 18 cm große, bodenbewohnende Eidechse ist das Schlangenauge *(Ophisops elegans)*, das im S-Balkan, in N-Afrika u. W-Asien vorkommt; ihre Augenlider sind – wie bei den Schlangen – verwachsen u. bilden ein großes, durchsicht. „Fenster". B Europa XIII, B Mediterranregion III, B Reptilien. *H. S.*

Eidechsenfische, *Synodontidae,* Fam. der Laternenfische mit ca. 35 Arten. Diese meist 30–60 cm langen Lachsfische leben v. a. am Boden flacher, trop. u. gemäßigter Meere. Sie haben einen langen, zylindr. Körper, einen eidechsenähnl. Kopf mit großem, durch lange, spitze Zähne bewehrtem Maul u. oft eine Fettflosse. Einige E. kommen auch in Tiefen zw. 2500 u. 4500 m vor, wie der ca. 50 cm lange, durchsicht., bodenbewohnende Tiefseehecht *(Bathysaurus mollis)* mit abgeflachtem Kopf u. langen Flossen.

Eidechsennatter, *Malpolon monspessulanus,* ca. 2 m lange, in den Mittelmeerländern (in It. nur in Ligurien u. Trentino), SO-Europa und SW-Asien beheimatete Trugnatter; bevorzugt trockenes, stein., wenig bewachsenes Gelände; Färbung sehr variabel: Oberseite rötl.- bis graubraun, olivfarben od. schwärzl., unterseits gelbl., in Längsreihen dunkelgrau gefleckt. Stirn leicht eingesenkt, bildet seitl. eine die Augenregion überdachende, bis zur Schnauze verlaufende Leiste aus. Scheu, tagaktiv u. flink; jagt bes. Eidechsen, andere Schlangen, kleine Nagetiere u. Vögel. Bei Beutetieren wirkt Gift sehr schnell, für den Menschen kaum gefährl., da die E. ihm gegenüber nur selten zubeißt. Zischt bei Erregung laut u. lang. Gelege mit 4–12 Eiern in Gesteinsspalten od. Laubhaufen; ca. 40 cm lange Jungtiere schlüpfen nach etwa 2 Monaten.

Eidonomie
Die E. behandelt sowohl Form, Größe u. Färbung ganzer Organismen als auch ihrer Teilstrukturen, w e Körperanhänge (z. B. Fühler, Flügel, Geweih), Schalenbildungen (z. B. bei Schnecken, Krebsen), Segmentierung, Bildung v. Körperabschnitten, Körperöffnungen usw. Da die Ausprägung dieser Merkmale meist in engem Zshg. mit der Lebensweise der Organismen steht, trägt die E. zur Aufstellung v. ↗Lebensformtypen bei (z. B. Sandiückenbewohner). Im Rahmen der vergleichenden Morphologie führt sie zu Aussagen über die Homologie v. Merkmalen u. über die stammesgeschichtl. Entwicklung.

Eiderente, *Somateria mollissima,* ca. 60 cm großer, holarkt. verbreiteter Entenvogel der Meeresküsten; Männchen unverkennbar mit schwarzem Bauch u. weißem Rücken, grünl. Färbung im Genick wird (als Ausnahme unter den Entenvögeln) nicht durch Federstrukturen, sondern ein grünes Lipochrom erzeugt; Weibchen dunkelbraun, gebändert; junge Männchen sind im Übergangskleid gescheckt u. erinnern an Bastardenten. Gutes Tauchvermögen, auch bei rauher See; animal. Nahrung der Küstengewässer, v. a. Mollusken. Brütet in Mitteleuropa kolonieweise an der Nord- u. Ostseeküste u. bevorzugt kleine vorgelagerte Inseln; das Nest wird mit wärmeisolierenden Dunenfedern ausgepolstert. Der Bestand ging durch Einsammeln v. Dunen (Eiderdaunen) u. Eiern in weiten Teilen des Brutareals stark zurück, erholte sich durch strenge Schutzmaßnahmen nach dem 2. Weltkrieg. Ziehende E.n fliegen in langen Ketten dicht über der Wasserfläche; sie erscheinen in geringer Zahl auch auf binnenländ. Seen u. Flüssen (B Europa I). Die hochnord. Pracht-E. *(S. spectabilis)* ist mehr od. weniger regelmäßiger Wintergast der Küstengewässer. B Polarregion III.

Eidonomie *w* [v. gr. eidos = Bild, Gestalt, nomē = Verteilung], Lehre v. der äußeren Gestalt der Organismen, ebenso wie die ↗Anatomie (Lehre von der inneren Gestalt) ein Teilgebiet der ↗Morphologie.

Eieralbumin *s, Ovalbumin,* lösl. globuläres Protein aus Eiklar v. Hühnern. ↗Albumine.

Eierbovist ↗Weichboviste.

Eierfrucht, die ↗Aubergine.

Eierkunde, die ↗Oologie.

Eierlegende Säugetiere, *Prototheria,* U.-Kl. der Säugetiere mit der einzigen Ord. ↗Kloakentiere.

Eierschlangen, *Dasypeltinae,* U.-Fam. der Nattern mit 2 Gatt. in Afrika (Gatt. *Dasypeltis* mit 5 Arten) u. NO-Indien (Gatt. *Elachistodon* mit nur 1 Art). E. besitzen einen kleinen, kurzen Kopf u. stark zurückgebildete Zähne; Unterkiefer u. Hals sind außerordentl. weit dehnbar, so daß die Nahrungsspezialisten imstande sind, selbst sehr große Eier unversehrt zu schlucken. Verlängerte, scharfkant., abwärts gerichtete Halswirbelfortsätze ritzen das Ei in der Speiseröhre auf, der Inhalt fließt in den Magen, u. die durch äußeren Druck zerstörte Schale wird wieder ausgewürgt. E. können zuvor mit der Zunge feststellen, ob ein Ei frisch od. angebrütet ist. Bekannteste Art ist die ca. 75 cm lange, graubräunl., dunkel gefleckte Afrikanische E. *(D. scabra).* Im Ggs. zu ihr sind bei der nahe verwandten, etwa gleichgroßen, sehr seltenen Indischen E. *(E. westermanni)* die hinteren Oberkieferzähne vergrößert u. gefurcht.

Eierschnecken, *Ovulidae,* Familie der *Cypraeoidea,* Mittelschnecken mit meist weißem, ei- bis birnförm. Gehäuse, dessen Endwindung das Gewinde umschließt; etwa 100 Arten, die meist an Korallen leben, v. denen sie sich ernähren.

Eierschwamm ↗Leistenpilze.

Eierstock, das ↗Ovar.

Eifollikel ↗Follikel.

Eifurchung *w,* ungenaue Bez. für die ersten Zellteilungen des befruchteten Eies (Zygote). ↗Furchung.

Eigen, *Manfred,* dt. Physikochemiker, * 9. 5. 1927 Bochum; Prof. u. Dir. am Max-Planck-Inst. für physikal. Chemie in Göttingen; bed. Untersuchungen zum Verlauf extrem schneller chem. Reaktionen (bes. v. enzymkatalysierten Umsetzungen); entwickelte ein physikal.-chem. Modell zur Klärung der Entstehung des Lebens; erhielt 1967 zus. mit R. Norrish u. G. Porter den Nobelpreis für Chemie.

Eigenbestäubung, *Selbstbestäubung,* die ↗Autogamie.

Eigenreflex, Reflex, bei dem im Ggs. zum ↗Fremdreflex Rezeptor (Reiz aufnehmende Struktur, z. B. Muskelspindel) u. Effektor (auf den Reiz antwortende Struktur, z. B. Muskelfasern) im selben Organ liegen; z. B. der Kniesehnenreflex; dieser wird auch als Dehnungsreflex od. monosynapt. E. bezeichnet.

Eignung ↗Adaptationswert, ↗inclusive fitness.

Eihäute, eigtl. *Embryonalhüllen,* beim Menschen Bez. für die den Embryo umgebenden Hüllen (Fruchtsack), die aus dem Amnion (innere Eihaut), dem Chorion (äußere Eihaut) u. dem sie umgebenden Teil der Decidua (Decidua capsularis) bestehen. ↗Fruchtblase.

Eihüllen, fälschl. auch *Eimembranen* gen., umgeben die Eizelle der meisten Tiere. *Primäre E.* sind meist dünn („Dotterhaut") u. werden definitionsgemäß v. der Eizelle selbst gebildet; für Insekten trifft dies jedoch nicht zu. *Sekundäre E.* sind Produkte der Follikelzellen u. können derb sowie mehrschicht. sein (Schutzfunktion); z. B. das Chorion der Insekten (nicht vergleichbar dem ↗Chorion der Wirbeltiere). *Tertiäre E.* werden im Eileiter od. bei der Eiablage aufgelagert, z. B. die Gallerte des Froschlaichs, die Kapseln v. Haifischeiern sowie Eiklar, Schalenhäute u. Kalkschale beim Vogelei (↗Ei). Eier mit massiven E. werden entweder vor Bildung dieser E. besamt (z. B. Vogelei), od. es gibt Poren zum Durchtritt der Spermien (Mikropylen) (↗Besamung).

Eijkman [eɪk-], *Christiaan,* niederländ. Tropenhygieniker, * 11. 8. 1858 Nijkerk (Geldern), † 5. 11. 1930 Utrecht; Schüler v. R. Koch, 1888–96 Dir. des Laboratoriums für Pathologie in Batavia (Java), ab 1898 Prof. in Utrecht; erzeugte 1897 mit poliertem Reis die Hühner-↗Beriberi u. gab damit den Anstoß zur Auffindung des Vitamins B_1; wichtige Beiträge zur Wasserhygiene; bekannt die „E.-Nährlösung" zur Bestimmung des Coli-Titers im Wasser; erhielt 1929 zus. mit F. G. Hopkins den Nobelpreis für Medizin.

Eikern *m,* Zellkern der reifen ↗Eizelle mit haploidem Chromosomensatz (1n), verschmilzt bei der ↗Befruchtung der Eizelle mit dem ebenfalls haploiden Kern des Spermiums zum diploiden (2n) Zygotenkern. Eizellen, die sich ohne Besamung entwickeln (Parthenogenese, ↗Subitaneier), können entweder ihre Chromosomenzahl verdoppeln, wobei der Organismus homozygot wird (↗Aufregulation), od. aber sie führen bei der Eireifung keine Reduktionsteilung durch u. geben so den doppelten Chromosomensatz des Muttertieres unverändert an die nächste Generation weiter (↗Klon).

Eilarve, *Primärlarve,* erstes Larvenstadium der Insekten, bei Schmetterlingen *Eiraupe* genannt.

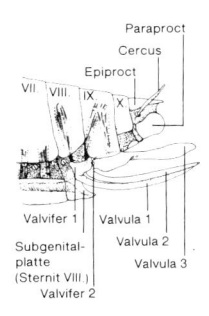

Eilegeapparat, *Legeapparat, Legebohrer, Legeröhre, Ovipositor, Gonapophysen,* bei den Weibchen der Insekten ausgebildeter Apparat zur Ablage v. Eiern in ein Substrat. Er ist bes. bei ursprünglicheren Insekten als orthopteroider Legeapparat verbreitet. Seine Teile werden auf Extremitätenreste des 8. u. 9. Hinterleibsegments zurückgeführt (daher auch als *Gonopoden* bezeichnet). Das eigtl. Legerohr besteht aus den röhrenförmig zusammengelegten Valven od. Gonapophysen. Ventral am 8. Abdominalsegment befindet sich der 1. Valvifer jeweils rechts u. links, an denen jeweils die 1. Valvula (Valve), nach hinten gerichtet, anhängt. Am 9. Segment sitzen entsprechend an den 2. Valviferen die 2. Valvulae (mediale hintere Gonapophyse). In der Ruhelage wird dieses vierteil. Rohr in einer Scheide aufbewahrt, den paar. 3. Valvulae, die Anhänge der 2. Valviferen sind. Das Sternit des 8. Segments ist plattenförmig über die Basis des Ovipositors geschoben (Subgenitalplatte). In homologer Ausprägung finden sich diese Strukturen des E.s bereits bei Urinsekten (bei Felsenspringern u. Silberfischchen). Innerhalb der Gruppe der Insekten kann er vielfältig abgewandelt sein. Bei den aculeaten Hymenopteren („Stechimmen") ist er zum ↗Giftstachel umgewandelt.

Eileiter, der ↗Ovidukt.

Eilema *s* [gr. = Hülle], Gatt. der ↗Bärenspinner.

Eimeria *w* [ben. nach dem schweiz. Zoolo-

Einbaufehler

gen Th. Eimer, 1843–98], Gatt. der *Schizococcidia;* einige Vertreter dieser bes. in Epithelzellen parasitierenden Sporentierchen (↗Sporozoa) spielen eine wicht. Rolle als Krankheitserreger. *E. stiedae,* der Erreger der Kaninchenkokzidiose, befällt die Gallengangepithelien v. Haus- u. Wildkaninchen; die Infektion verläuft meist tödlich. *E. zuerni* ist der Erreger der Roten Ruhr bei Rindern.

Einbaufehler ↗Basenanaloga.

Einbeere, *Paris,* Gatt. der Liliengewächse mit 20 Arten in Eurasien; in Europa nur die Vierblättrige E. *(P. quadrifolia).* Außer häut. Nebenblättern hat die ca. 40 cm hohe Pflanze einen Quirl v. 4 Stengelblättern, aus dessen Mitte die gestielte grünl. Blüte entspringt. ↗Blütenformel: meist P 4+4 A 8 G(4–6), die Zahl der Blütenteile variiert etwas. Die Frucht ist eine mehrfächr., blaue, gift. Beere, die fr. als Desinfektionsmittel gg. Pest benutzt wurde. Die E. wächst in feuchten Laubmischwäldern.

Einbettung w, **1)** Mikroskopie: ↗mikroskopische Präparationstechniken. **2)** Fossilisationslehre: Einlagerung (Begräbnis) abgestorbener Körper durch natürl. Kräfte (Wasser, Wind, Schwerkraft) in Sedimente.

Einbürgerung, dauerhafte Ansiedlung einer Art in einem von ihr bislang nicht bewohnten ↗Areal. Schwerdtfeger beschränkt den Begriff E. auf die Fälle, in denen die betroffenen Arten durch den Menschen bewußt in das neue Areal eingeführt wurden. Oft wird der Begriff E. weiter gefaßt u. schließt auch Fälle mit ein, die auf unbewußte Verschleppung sowie auf ↗Arealausweitung ohne direktes menschl. Zutun zurückgehen.

eineiige Zwillinge, *Gemini,* ↗Zwillinge.

Einemsen [v. Emse = mundartl. Bez. für Ameise], Verhaltensweise mancher Singvogelarten im Rahmen der Gefiederpflege; dabei werden entweder Ameisen mit dem Schnabel erfaßt u. deren Sekret rasch an verschiedenen Gefiederpartien abgewischt, od. der Vogel setzt sich mit ausgebreiteten Flügeln auf einen Ameisenhaufen u. läßt die Ameisen über seinen Körper laufen. Die Funktion des E.s liegt entweder in der Beseitigung der v. den Ameisen abgesonderten Reizstoffe, um die Beute besser verzehren zu können, od. in der Abtötung v. Ektoparasiten (Milben) durch das Ameisensekret.

Einfachkreuzung, Kreuzung zweier Inzuchtlinien v. bekanntem weitgehend homozygotem Genotyp zur Herstellung v. Heterosis-Saatgut (z. B. bei Mais).

Einfelderwirtschaft, eine bes. Form des ma. Ackerbaus, bei dem in NW-Dtl. ein „ewiger Roggenanbau" ohne Fruchtwechsel u. ohne Brache durchgeführt wurde.

Zur Erhaltung der Bodenfruchtbarkeit wurden Plaggen u. Mist aufgetragen. Die Plaggengewinnung führte andernorts zu verstärkter Verarmung des Bodens u. war die wesentl. Voraussetzung für die Entstehung der Heidegebiete.

Ein-Gen-ein-Enzym-Hypothese, 1940/41 v. Beadle u. Tatum aufgrund der Analyse v. Mangelmutanten des Schimmelpilzes *Neurospora crassa* aufgestellte Hypothese, die besagt, daß jedes Enzym v. einem Gen codiert wird. Die E. konnte später an zahlr. Enzymsystemen, bes. aber durch mehr u. mehr verfeinerte Untersuchungen bis hin zur Sequenzanalyse an den Genen, die für die Enzyme des Lactoseabbaus (↗Lactose-Operon), Histidin- u. Tryptophan-Aufbaus codieren, bestätigt werden. Deshalb darf die E. heute, v. gewissen Einschränkungen abgesehen, als gesichert gelten u. wird nur noch aus hist. Gründen als „Hypothese" bezeichnet. Eine dieser Einschränkungen bzw. Verfeinerung basiert auf der Tatsache, daß Enzyme häufig aus mehreren nichtident. Peptidketten aufgebaut sind. Strenggenommen muß daher heute die E. als *Ein-Gen-ein-Polypeptid-Hypothese* bezeichnet werden, was besagt, daß jede Polypeptidkette v. einem Gen codiert wird. Aber auch diese Aussage muß heute eingeschränkt werden, weil sie sich nur auf die primären, d. h. unmittelbar an den Ribosomen entstehenden Polypeptidketten bezieht, jedoch nicht auf Polypeptidketten, die sekundär durch Spaltungen der primären Polypeptidketten entstehen. So sind z. B. die beiden Ketten des Insulins als sekundäre Polypeptidketten aufzufassen, die sich durch Spaltung aus dem Proinsulin, der primären Polypeptidkette, bilden; die Ein-Gen-ein-Polypeptid-Hypothese gilt hier strenggenommen nur für das Insulingen u. das Proinsulin als primäres Genprodukt. Eine weitere Einschränkung folgt aus der Tatsache, daß auch Gene existieren, die nur zu RNA transkribiert, aber nicht zu Polypeptiden bzw. Proteinen übersetzt werden (z. B. die Gene für ribosomale RNA u. t-RNA). ⃞ 65. ⃞ Genwirkketten I.

eingeschlechtig, *diklin,* werden bei Blütenpflanzen die Blüten gen., die entweder nur Staub- od. nur Fruchtblätter enthalten. Der Ausdruck ist nicht ganz korrekt, da in den Blüten ja nicht direkt Gameten entstehen, sondern zunächst (stark reduzierte) Gametophyten. ↗Blüte.

eingeschlechtige Fortpflanzung, Entwicklung v. Nachkommen aus unbefruchteten Geschlechtszellen; a) ↗Parthenogenese, Entstehung aus unbefruchteter Eizelle (↗Apomixis); b) ↗Androgenese, Entwicklung v. Individuen aus einem ♂ Gameten (Androgamet); bei Pflanzen bekannt v.

Blühende vierblättrige Einbeere (Paris quadrifolia)

EIN-GEN–EIN-ENZYM-HYPOTHESE

Die Ein-Gen–Ein-Enzym-Hypothese besagt, daß jedes Gen in die Merkmalsbildung über die Bereitstellung eines Enzyms eingreift. Nun können Gene aber auch Polypeptide produzieren, die keinen Enzymcharakter besitzen, z. B. Strukturproteine. Hinzu kommt, daß manche Enzymproteine aus mehreren verschiedenen Polypeptidketten bestehen, die von verschiedenen Allelen eines Genorts oder sogar von verschiedenen Genorten aus induziert werden. Beispiele sind die Tryptophansynthetase von Escherichia coli und eine Reihe von Isoenzymen. Man müßte deshalb korrekterweise anstatt von einer Ein-Gen–Ein-Enzym-Hypothese von einer Ein-Gen–Ein-Polypeptid-Hypothese sprechen.

B-Gen veranlaßt die Synthese von B-Polypeptiden

A-Gen veranlaßt die Synthese von A-Polypeptiden

Tryptophansynthetase

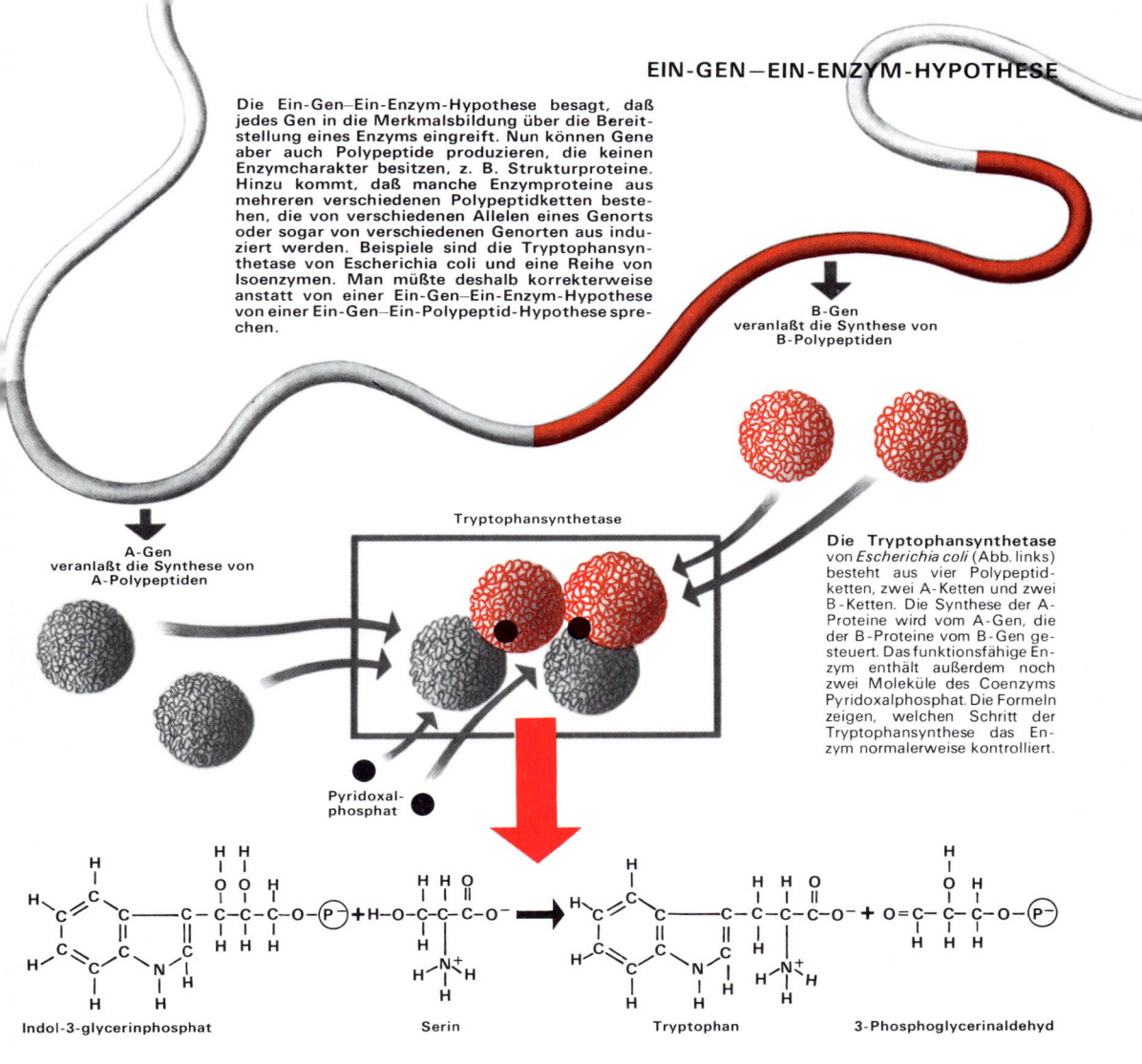

Die Tryptophansynthetase von *Escherichia coli* (Abb. links) besteht aus vier Polypeptidketten, zwei A-Ketten und zwei B-Ketten. Die Synthese der A-Proteine wird vom A-Gen, die der B-Proteine vom B-Gen gesteuert. Das funktionsfähige Enzym enthält außerdem noch zwei Moleküle des Coenzyms Pyridoxalphosphat. Die Formeln zeigen, welchen Schritt der Tryptophansynthese das Enzym normalerweise kontrolliert.

Pyridoxalphosphat

Indol-3-glycerinphosphat — Serin — Tryptophan — 3-Phosphoglycerinaldehyd

Chlamydomonas u. *Ectocarpus* (B Algen V); bei Tieren Entwicklung eines experimentell kernlos gemachten Eies nach Besamung, so daß nur der Spermakern u. seine Teilungsprodukte vorliegen; bei Seeigeln u. Lurchen durchgeführt. ↗Merogonie.

Eingeweide, *Viscera, innere Organe,* i. d. R. auf die Wirbeltiere bezogen; 1) i. w. S. alle Organe in der Bauchhöhle u. der Brusthöhle; oft wird auch das in der Schädelhöhle liegende Gehirn dazugerechnet; 2) i. e. S. die Organe der Bauchhöhle.

Eingeweidefische, *Ophidioidei,* U.-Ord. der Dorschfische mit 2 Fam. u. zahlr. Gatt. Trotz Gemeinsamkeiten im Körperbau, der kehlständ. Bauchflossen u. des Fehlens v. harten Flossenstrahlen ist ihre Verwandtschaft mit den Dorschen noch umstritten. E. sehen aalähnl. aus; so haben sie einen durchgehenden Flossensaum vom Vorderrücken über den Schwanz bis zum After.

Die meist schuppenlosen, ca. 30 cm langen, schleimfischart., weltweit verbreiteten Schlangenfische *(Ophidiidae)* sind durchweg Bodenbewohner v. der Tiefsee bis ins Süßwasser. Einige Arten schlüpfen mit dem Schwanz voraus in Spalten. Fischereiwirtschaftl. bedeutend ist der bis 1,5 m lange *Genypterus capensis,* der in Tiefen von 50–450 m um S-Afrika verbreitet ist. Meist in warmen Meeren kommen die bis 20 cm langen Eigentlichen E. od. Nadelfische *(Carapidae)* vor. Sie leben in Körperhöhlen v. Seegurken, anderen Stachelhäutern, Manteltieren u. Muscheln, in die sie rückwärts einschlüpfen u. diese nur zur Nahrungssuche u. Fortpflanzung verlassen. Ihre Afteröffnung liegt vorn an der Kehle, Bauchflossen fehlen. Bekannt ist v. a. die Art *Carapus (= Fierasfer) acus* aus dem Mittelmeer, die parasit. in Seegurken lebt u. u. a. Eingeweideteile ihres Wirtes frißt.

Eingeweidenervensystem

Eingeweidenervensystem, das vegetative ↗Nervensystem.

Eingeweidesack, *Pallialkomplex,* dorsaler Körperabschnitt der Weichtiere (Mollusken), in dem Darm, Mitteldarmdrüse (Leber), Herz, Niere, Gonade (Zwitterdrüse), Eiweißdrüse sowie deren Zu- u. Ableitungen liegen. Bei den Scaphopoden, Cephalopoden u. v. a. Gastropoden ist der E. als starke Ausbuchtung entwickelt. Bei diesen Gruppen wird während der Ontogenie die Dorsoventralachse des Tieres durch allometr. Wachstum gegenüber der Längsachse vergrößert. Der so hervorgewölbte E. vollzieht zudem bei vielen Gastropoden u. einigen Cephalopoden *(Spirula)* eine Torsion um seine Längsachse (= Dorsoventralachse des Tieres), was zu einer spiral. Aufrollung führt. Infolgedessen kann es zu einer Nervenüberkreuzung (↗Chiastoneurie) kommen. Bei der Mehrzahl der Schnecken wird der E. vom Gehäuse (Kalkschale) bedeckt, das in entsprechenden Windungen verläuft. Er ist meist auf die rechte Körperseite gekippt. Unter seiner rechten vorderen od. rechten hinteren Wand liegt der Eingang in die ↗Mantelhöhle.

Eingeweideschnecken, *Entoconchidae,* Fam. der Zungenlosen mit 6 Gatt. (vgl. Tab.); stark umgestaltete, schlauchförm. Parasiten in Seewalzen; das Gehäuse u. die meisten inneren Organe sind völlig rückgebildet; die Männchen leben als Zwergformen in der Scheinmantelhöhle der Weibchen: sie gelangen als bewimperte Larven durch einen nur bei jungen Weibchen ausgebildeten Gang aus der Speiseröhre des Wirtes in die Scheinmantelhöhle.

Eingeweidewürmer, die ↗Helminthen.

Einhäusigkeit, die ↗Monözie.

einheimisch, *indigen,* Bez. für Pflanzen u. Tiere, die bereits urspr. in einem Gebiet vorkamen u. deren Vorkommen nicht dem Menschen zu verdanken ist. Ggs.: adventiv.

Einheitserde, im Handel erhältl. gärtner. Erde; besteht zu 50 % aus Hochmoortorf u. 50% aus kalkfreiem Ton, der dem Untergrund geeigneter Böden entnommen wird. Das Gemisch besitzt gute Sorptions-, Wasserspeicher- u. Pufferungseigenschaften. Es werden mehrere Typen von E. mit verschiedenen Düngergaben für unterschiedl. Verwendungszwecke (Pikiererde u. a.) angeboten.

Einheitsmembran w ↗Membran.

Einhorn, *Unicornis,* ein seit dem Gilgamesch-Epos bis zum MA (bes. in der christl. Ikonographie) in der euras. Mythologie vielfältig dargestelltes Fabeltier. Nach Plinius ist das E. „ein grimmiges Tier, das am Leib einem Pferd, am Kopf dem Hirsch,

Einkeimblättrige Pflanzen

Unterklassen:
↗Alismatidae
↗Arecidae
↗Commelinidae
↗Liliidae

Eingeweideschnecken

Gattungen:
Comenteroxenos
↗*Enteroxenos*
↗*Entocolax*
↗*Entoconcha*
Parenteroxenos
Thyonicola

Einhorn

Jungfrau mit Einhorn; aus „Defensorium Virginitatis"

an den Füßen dem Elefant, am Schwanz dem Wildschwein ähnl. sieht u. stark brüllt; mitten auf der Stirn hat es ein Horn …" Seinem Horn, für das meist der Stoßzahn des Narwals ausgegeben wurde, sprach man allerlei Heilkräfte zu. Die europ. Darstellungen des E.s haben sich vermutl. an ind. Reiseberichten (Nashorn?) u. am Narwal-Stoßzahn orientiert.

Einhornfische, *Naso,* Gatt. der ↗Doktorfische.

Einhornwal, der ↗Narwal.

Einhufer, die ↗Unpaarhufer.

einjährig ↗Annuelle.

Einjährigen-Trittgesellschaften ↗Polygono-Poetea annuae.

Einkeimblättrige Pflanzen, *Monokotylen, Monokotyledonae, Liliatae,* Kl. der ↗Bedecktsamer mit 4 U.-Kl. (vgl. Tab.) und ca. 54000 Arten; damit machen sie etwas weniger als ¼ der Bedecktsamer aus. Charakterist. Merkmale: es wird nur *ein* scheinbar endständ. Keimblatt am Embryo angelegt. Der Vegetationspunkt, eigtl. die definierte Spitze des Embryos, wird v. der Keimblattscheide umschlossen u. seitlich abgedrängt. Häufig ist das Keimblatt zur Nährstoffaufnahme aus dem Endosperm als Saugorgan abgewandelt. Die Hauptwurzel stirbt nach kurzer Zeit ab u. wird durch sproßbürt. Seitenwurzeln ersetzt (Homorrhizie). Die Leitbündel sind ziemlich gleichmäßig über den Stengelquerschnitt verteilt (Atactostele). Sie sind geschlossen, d. h. ohne Kambium. Ein normales sekundäres Dickenwachstum ist nicht möglich. Die Blätter sind meist einfach, oval u. ganzrandig mit streifenartig angeordneten Nerven. Nebenblätter sind fast nie vorhanden. Die ↗Blütenformel ist hpts. P3+3 A3+3 G3 (dreizähl. Wirtel). Die E.n P. leiten sich wohl v. kraut. Pflanzen feuchter Standorte ab. Wasser- u. Sumpfpflanzen sind unter ihnen weit verbreitet. Baumförmige E. P. müssen als abgeleitet gelten. Die Pollen besitzen meist eine Keimöffnung, d. h. monokolpate od. monoporate Pollen. Eine eindeutige monophylet. Ableitung der E.n P. v. den *Magnoliidae* ist wohl nicht möglich. Über die U.-Kl. *Alismatidae,* die Ähnlichkeiten mit den *Nymphaeanae* (einer zweikeimblättr. Sippe) aufweist, lassen sich die anderen Sippen der E.n P. schlecht anschließen, da die *Alismatidae* neben primitiven auch sehr spezialisierte Merkmale aufweisen. In den anderen U.-Kl. finden sich auch sehr primitive Sippen, so daß die Annahme einer langen, getrennten Entwicklung der einzelnen U.-Kl. der E.n P. gerechtfertigt scheint. B Bedecktsamer II.

Einkippung, (R. Richter 1931), Begriff der ↗Biostratonomie: Einregelung v. a. schüsselförm. Körper (Schalen v. Muscheln, Brachiopoden usw.) durch Schwenken um eine schichtparallele Achse, so daß die gewölbte Seite i. d. R. oben liegt („E.sregel", R. Richter 1942).

Einkorn, *Triticum monococcum,* ↗Weizen.
Einmieter, die ↗Synöken.
Einnischung ↗ökologische Nische.
einpökeln, Konservierung durch Einlagerung in Salz od. Salzlake; spielt auch als Fossilisationsprozeß eine Rolle (Körperfossilien in ehemal. Salzsümpfen).
Einregelung, Begriff der ↗Biostratonomie; die orientierte Lage abgestorbener u. fossiler Körper durch ↗Einkippung od. ↗Einsteuerung.
Einrollbewegung, *Eirollbewegung,* eine angeborene Bewegungsfolge bodenbrütender Vögel, durch die außerhalb des Nestes liegende Eier in die Nestmulde zurückgeholt werden. Dabei wird der Hals lang ausgestreckt u. das Ei unter langsamem Zurückziehen des Halses mit dem Schnabel zum Nest gerollt. Gleichzeitig verhindern seitl. Balancierbewegungen ein Wegrollen des Eies. An der E. wurde erstmals die Zusammensetzung eines Verhaltens aus einer ↗Erbkoordination u. einer Orientierungsreaktion (↗Taxis) erkannt: Nimmt man dem Vogel nach Beginn der E. das Ei weg, läuft die Erbkoordination des Einrollens weiter ab, aber die Balancierbewegungen bleiben aus. Sie werden v. den Lagereizen des Eies ausgelöst.
Einrollung, 1) Entwicklung einer – meist geschlossenen – Schalenspirale bei Ammoniten aus gestreckten (orthoconen) Vorläufern. Diese heißt a) evolut, wenn sich die Windungen berühren, aber nicht wesentlich überdecken, so daß sie v. der Seite sichtbar bleiben; b) involut, wenn jüngere die älteren (inneren) Windungen weitgehend umfassen u. in Seitenansicht verdecken; a) hat Weit-, b) Engnabeligkeit zur Folge. 2) Manche Trilobiten erwarben die Fähigkeit zur zeitweiligen E. ihrer ungepanzerten Unterseite.
Einsäuerung ↗Säuerung.
Einschachtelungshypothese, eine v. a. von J. Swammerdam im 17. Jh. entwickelte Vorstellung, wonach die Keime aller künftigen Generationen bereits „in den Körpern v. Adam u. Eva" eingeschachtelt vorlagen. Dann verallgemeinert, wonach im ersten weibl. Individuum jeder Art bei der Schöpfung bereits alle folgenden Generationen vorgebildet verborgen seien. Als Beweise wurden die parthenogenet. Entwicklung der Blattläuse u. die ineinander geschachtelten Generationen bei der vegetativen Fortpflanzung von *Volvox* aufgeführt. Die E. war bis in die Mitte des 18. Jh. Grundlage der Theorie v. der Präformation. ↗Entwicklungstheorien.

Einschleicheffekt ↗elektrische Reizung.
Einschleppung, Einführung einer Art in ein v. ihr bislang nicht besiedeltes Areal (↗Arealausweitung) infolge unbeabsichtigten Zutuns des Menschen; führt nur in wenigen Fällen zur ↗Einbürgerung. Ein bes. hoher Anteil an eingeschleppten Arten findet sich unter den Parasiten v. Mensch u. Haustier sowie unter Kulturpflanzen- u. Vorratsschädlingen.
Einschlußkörperchen, bei einigen Viruskrankheiten, z. B. durch *Herpes simplex,* in den Körperzellen u./od. innerhalb der Zellkerne des erkrankten Organismus gebildete Strukturen; bestehen aus zellulären Reaktionsprodukten u. Viren; das bei *Herpes*-Erkrankungen gebildete E. enthält vorwiegend DNA u. füllt den Kern fast völlig aus.
Einschlußpräparate, 1) mikroskopische E., ↗mikroskopische Präparationstechniken. **2)** makroskopische E., biol. Objekte, die in Konservierungsflüssigkeiten für Demonstrationszwecke aufbewahrt werden. Heute ist es übl., da handlicher, dauerhafter u. ästhetischer, solche biol. Objekte in Kunstharze einzubetten. Letztere E. sind bes. für die Lehre an Schulen u. Hochschulen geeignet. Ggs.: Frischpäparate.
Einschnürkrankheit, allg. Bez. für lokal begrenzte Gewebeschäden an Pflanzen, bei denen charakteristischerweise ein ringförm. Absterben u. Einsinken der Rinde um einjähr. Stengel od. mehrjähr. verholzte Zweige auftritt. Die Ursachen sind pathogene Organismen und z. T. wahrscheinl. nicht biologisch, z. B. extreme Witterungseinflüsse. Bekannteste Erreger sind *Pestalotia*-Arten: An Stämmchen junger Pflanzen (1–4jährig) findet sich dicht über dem Boden eine Einschnürung mit abgestorbenem Rindengewebe; die Blätter welken u. fallen ab; auf der abgestorbenen Rinde entwickeln sich die Konidienlager als kleine schwarze Punkte, die bei feuchtem Wetter aufbrechen u. die dunkelgefärbten mehrzell. Konidien nach außen entlassen. *P. hartigii* befällt Jungpflanzen v. Nadel- u. Laubbaum (z. B. *Abies-, Picea-, Acer-, Betula*-Arten), *P. funerea* ausschl. Coniferen (z. B. *Cupressus-, Thuja*-Arten).
Einschwemmungshorizont, *Illuvialhorizont, Einwaschungshorizont,* ↗Bodenhorizont, der nach Auswaschungsprozessen im Oberboden mit Tonmineralen (B_t-Horizont der ↗Parabraunerden) od. Humus und ggf. zusätzl. mit Eisen- u. Aluminiumoxiden angereichert ist (B_h- od. $B_{fe,al}$-Horizont der ↗Podsole, Orterde od. Ortstein).
Einsicht, *neukombiniertes Verhalten,* Verhaltensforschung: höchste Form der individuellen Verhaltensanpassung an die Umwelt durch vorausschauende Aktivie-

rung einer Handlungskette, die zum Verhaltensziel führt u. die nicht durch Versuch u. Irrtum od. andere Formen des ↗Lernens entstand, sondern durch spontane Erfassung der Situation schon beim ersten Einsatz zur „richtigen Lösung" führt. Einsicht. Verhalten setzt eine innere Repräsentation (ein inneres Bild) der Umwelt u. ihrer Gesetzmäßigkeiten voraus, aus der die Information für eine zielgerichtete Neukombination v. Handlungen entnommen werden kann. Das planende Vorausschauen i. w. S. ist nur den höchstentwickelten Tieren (v. a. Affen) möglich. Allerdings verfügen auch Tiere mit einfacherer Verhaltensstruktur häufig über eine große *Raumintelligenz*, d. h., sie können ihre Bewegungen im Raum vorausschauend planen. Diese in Umwegversuchen nachgewiesene Fähigkeit sollte allerdings nicht als E. bezeichnet werden, da sich die innere Repräsentation der Umwelt hier auf räuml. Koordinaten beschränkt. B 69.

Einsiedlerkrebse, Krebse aus der Abt. Anomura der Zehnfußkrebse *(Decapoda),* die ihren asymmetr., weichen Hinterleib in einem Schneckenhaus verbergen. Die bekanntesten E. sind die *Paguridae* mit dem in der Nordsee häufigen Bernhardkrebs *Pagurus (Eupagurus) bernhardus,* der Schalen der Wellhornschnecke *(Buccinum)* benutzt, u. anderer Gatt. u. Arten. Das Pleon der E. ist weichhäutig, unsegmentiert u. meist rechts gewunden. Auch der hintere Teil des Cephalothorax ist weich, u. ein Teil der inneren Organe ist ins Pleon verlagert. Die Pleopoden der rechten Seite sind reduziert, die der linken erhalten; sie erzeugen einen Atemwasserstrom u. dienen beim Weibchen zum Anheften der Eier. Die Uropoden sind asymmetrisch; der rechte viel kleiner als der linke. Sie u. die kleinen 4. und 5. Pereiopoden verankern den Körper im Schneckenhaus. Die 2. und 3. Pereiopoden sind Laufbeine. Das 1. Paar bildet Scherenfüße (Chelae), v. denen einer meist größer ist als der andere u. bei manchen Arten nach der Häutung in noch weichem Zustand so in die Öffnung des Schneckenhauses eingepaßt wird, daß er einen vollendeten Verschluß bildet. Die Larven der E. sind noch symmetrisch. Aus den Eiern, zu deren Belüftung das Weibchen gelegentl. sein Schneckenhaus verläßt, schlüpfen charakterist. Zoëa-Larven mit sehr langen Carapaxdornen. Nach mehreren Häutungen u. Metazoëa-Stadien entsteht aus dieser Larve das Glaucothoe gen. Decapodit-Stadium, das noch ein symmetr., segmentiertes Pleon mit beidseitig ausgebildeten Pleopoden hat. Es geht zum Bodenleben über, u. das folgende Stadium hat bereits ein asymmetr. Pleon u. die Pleopoden der rechten Seite reduziert, bevor es eine leere Schneckenschale bezieht. Im Verlauf des über Häutungen erfolgenden Wachstums muß ein E. mehrfach in ein größeres Schneckenhaus umziehen. Wachsende E. sind darum ständig auf der Suche nach leeren, größeren Schalen, u. sie kämpfen auch darum. Viele E. leben in Symbiose mit Nesseltieren. So hat *P. prideauxi* stets ein Exemplar der Seerose der Gatt. *Adamsia* auf der Schale, die durch eine chitin. Abscheidung ihrer Fußscheibe den wachsenden Krebs umhüllt, so daß ein Umzug unnötig wird. – E. leben in zahlr. Arten u. Individuen im Meer v. der Küstenregion bis in die Tiefsee. Sie sind Allesfresser, einige auch Filtrierer. Manche Tiefsee-E. haben sekundär auf den Schutz der Schneckenschale verzichtet, so *Probeebei mirabilis* mit einem zwar asymmetr., aber verkalkten Hinterleib. Die Gatt. *Porcellanopagurus* hat ein breites, fast symmetr. Pleon u. bewohnt Schalen v. Muscheln od. Napfschnecken. Früher hat man alle E. in der Überfam. *Paguridea* zusammengefaßt. Heute nehmen einige Autoren an, daß der Habitus des E. zwei- od. mehrfach konvergent entstanden ist, u. sie unterscheiden zwei Überfam., die *Coenobitoidea* mit den *Pylochelidae* (s. u.), den *Diogenidae* u. den ↗Landeinsiedlerkrebsen *(Coenobitidae)* einerseits u. die *Paguroidea* mit den *Paguridae* u. den ↗Steinkrabben *(Lithodidae,* die keine E. sind) andererseits. Die *Diogenidae* u. die Landeinsiedlerkrebse gleichen den *Paguridae* äußerlich, aber es gibt Unterschiede in der Morphologie der Maxillipeden, der Larven u. in der inneren Anatomie, die zu ihrer Trennung v. den *Paguroidea* geführt haben. Die *Diogenidae* leben vorwiegend in trop. Meeren; *Diogenes* ist häufig im Mittelmeer; andere Gatt. sind *Clibanarius, Paguropsis, Dardanus* u. a. Die *Paguridae* leben vorwiegend in kühleren Meeren; Gatt. sind *Pagurus, Pylopagurus, Porcellanopagurus, Tylaspis* u. a. Die *Pylochelidae* mit den Gatt. *Pylocheles, Pomatocheles, Mixtopagurus* u. a. haben noch ein gerades, symmetr. Pleon mit gut entwickelten Tergiten, das sie in Bambusstücken, Dentalium-Schalen, Schwämmen, Korallenstücken od. einfach in Felslöchern verbergen. Im letzteren Fall müssen sie ihren Schutz zur Nahrungsaufnahme verlassen. Die *Pylochelidae* bewohnen mit nur ca. 20 Arten das Sublitoral trop. Meere. □ Calliactis. B Symbiose. *P. W.*

Einstellbewegung ↗Tropismus.

Einsteuerung, (R. Richter 1931), Begriff der ↗Biostratonomie; die rechts-links-orientierte Einregelung v. Körpern durch Schwenken um eine senkrechte Achse.

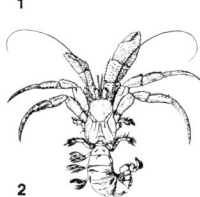

Einsiedlerkrebse
1 Einsiedlerkrebs mit dem Hinterleib im Schneckenhaus;
2 Bernhardkrebs, Eremit *(Pagurus bernhardus),* aus der Schneckenschale herausgenommen.

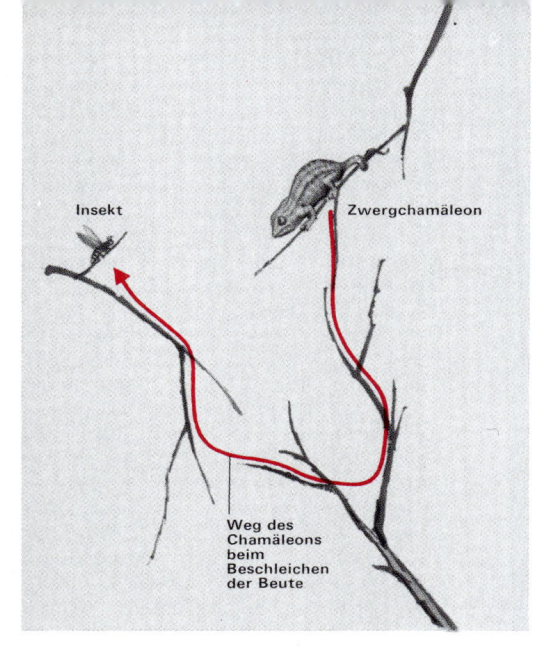

EINSICHT

Von einsichtiger oder intelligenter Bewältigung einer Aufgabe spricht man, wenn ein Lebewesen die Lösung des gestellten Problems durch gezielte Neukombination von Informationen erfaßt hat, bevor es sie ausführt. Das ist selbstverständlich nur möglich, wenn der gesamte Lösungsweg grundsätzlich überschaubar ist.

Vom Lernen nach Versuch und Irrtum, bei dem der erste Erfolg immer das Resultat mehr oder weniger zufälligen Probierens ist, unterscheidet sich einsichtiges Verhalten im wesentlichen durch folgende Äußerungen:
1. Die Lösung wird auf Anhieb gefunden; Zufallserfolge müssen in der Versuchsanordnung möglichst ausgeschlossen sein. 2. Vor dem Beginn des Handelns liegt eine gewisse „Denkzeit", meist mit „suchendem" Umherschauen. 3. Nachdem der Lösungsweg erkannt ist, ist der Handlungsablauf ununterbrochen und zielstrebig. 4. Oft werden Einzelhandlungen eingeschaltet, die nur im Rahmen der gesamten Lösungsmethode einen Sinn haben.

Umwegversuche zeigen die Raumintelligenz. Das Versuchstier kommt in eine Situation, in welcher der direkte Weg zum Ziel versperrt ist. Bei intelligenter Lösung der Aufgabe geht es nach einer kurzen Pause zielstrebig um das Hindernis herum. Das anfängliche Weglaufen vom Ziel hat nur einen Sinn als Bestandteil des gesamten Handlungsablaufs. Abb. unten links zeigt den Weg, den ein Kind, ein Schimpanse und ein Hund einschlugen und ohne Unterbrechung zurücklegten. Rechts davon die Laufspur eines Huhns: Nicht Einsicht in die räumlichen Zusammenhänge, sondern aufgeregtes Hinundherrennen lassen es zufällig einmal die Lösung finden. Das Zwergchamäleon (links) wählt in verschiedener Umgebung beim Beschleichen der Beute regelmäßig den kürzesten Umweg.

Insekt — Zwergchamäleon

Weg des Chamäleons beim Beschleichen der Beute

Werkzeuggebrauch und -herstellung bei Schimpansen als Handeln aus Einsicht. Wenn *Schimpansen* Werkzeuge verwenden oder gar herstellen, um damit ein Ziel zu erreichen, läßt weder die Form noch der Effekt der Handlungen erkennen, ob es sich um eine Intelligenzleistung handelt oder nicht. Die Tiere könnten alle diese Bewegungen auch durch Ausprobieren nach dem „Versuch-und-Irrtum-Prinzip" gelernt haben. Nur wenn der Affe beim *erstmaligen* Lösen der Aufgabe zunächst stutzt und dann auf Anhieb die richtige Methode anwendet, kann man von intelligentem Verhalten sprechen.

Hindernis — Ziel — Weg von Kind, Schimpanse und Hund

Hindernis — Ziel — Laufspur eines Huhns

Beim Spiel steckte ein Schimpanse zwei Stöcke ineinander. Dann hatte er plötzlich den Einfall, den verlängerten Stock zum Heranziehen einer bisher unerreichbaren Banane einzusetzen. Später wandte er diese neue Methode immer an, wenn die Bananen zu weit weg lagen.
Ein anderer Schimpanse, der mit dem bereits bewährten Unterstellen einer Kiste nicht ans Ziel kam, verfiel spontan auf die Idee, mehrere Kisten aufeinander zu türmen.

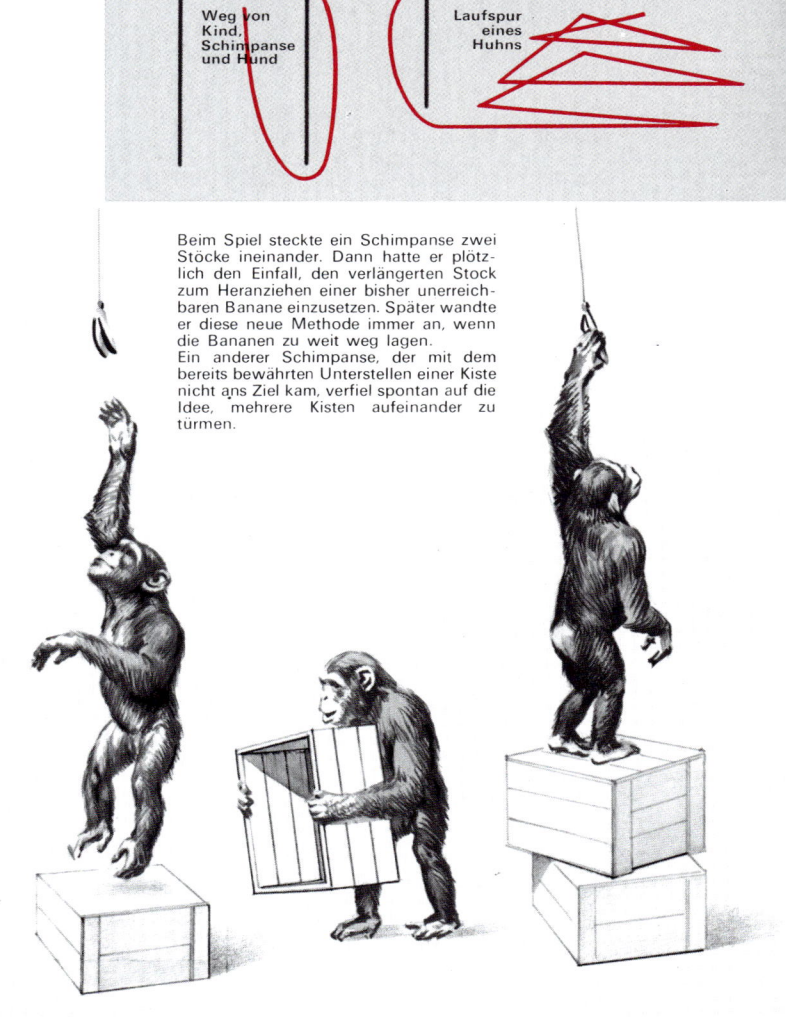

© FOCUS/HERDER

Eintagsfliegen

Eintagsfliegen, Hafte, „Augustfliegen", *Ephemeroptera,* Ord. der Insekten, zus. mit den ↗ Libellen zu den *Paleoptera* zusammengefaßt. Insgesamt gibt es etwa 1000 Arten der E. in 19 Fam., davon in Mitteleuropa ca. 90 Arten. Die Imagines sind gelbl.-graue, zarte Insekten von 3–40 mm Körperlänge (ohne Körperanhänge); die dicht geäderten Flügel sind in der Ruhe über dem Rücken hochgeschlagen. Sie haben etwa die Form v. Dreiecken, wobei die hinteren Flügel immer kleiner sind u. bei manchen Arten ganz fehlen. Auffallend sind auch die fadenförm. Körperanhänge am 11. Hinterleibssegment, zwei seitl. Cerci u. ein Mittelfaden (Terminalfilum). Sie dienen wahrscheinl. der Manövrierung beim Flug. Bes. die Männchen besitzen hochentwickelte Komplexaugen zum Auffinden der Weibchen. Da die Imagines der E. keine Nahrung zu sich nehmen, sind die Mundwerkzeuge verkümmert, u. der Darm dient nicht mehr der Nahrungsaufnahme, sondern wird beim Fliegen u. zur Eiablage mit Luft gefüllt. Die Hauptzeit ihres Lebens verbringen die E. als Larven in Gewässern, ihren Namen erhielten sie wegen des kurzen Hochzeitsfluges der Imagines. Aus den Eiern schlüpfen die Larven, die eine unvollständ. Entwicklung *(Hemimetabolie)* durchlaufen. Auch sie besitzen die typ. Körperanhänge, die zum Rudern unter Wasser dienen. Von den Hinterleibssegmenten tragen höchstens die ersten 7 blatt- od. fadenförm. Tracheenkiemen, die Extremitäten homolog sind u. der Atmung dienen. Die Lebensweise der Larven ist je nach Art sehr unterschiedlich. Die Mehrzahl ernährt sich v. Algen u. Detritus, indem sie mit hochspezialisierten Mundteilen den Untergrund abschaben od. durchkämmen. Larven, die in Fließgewässern leben, weisen bei starker Strömung eine Abflachung des Körpers auf. Die vorletzte Häutung führt schon zur flugfähigen *Subimago,* die sich noch einmal zur Imago häutet. Aufgrund dieser Besonderheit werden die E. auch als einzige Gruppe den *Archipterygota* zugeordnet. Das massenhafte Auftreten der E. beim Hochzeitsflug trug ihnen vielerorts entsprechende Namen ein: Die größte europäische E. ist *Palingenia longicauda* (Uferaas) aus der Fam. *Palingeniidae* (Wasserblüten). Arten aus der Fam. *Polymitarcidae* (Massenhafte) werden getrocknet als „Weißwürmer" als Fisch- u. Vogelfutter verwendet. In Fließgewässern leben die flachen, mittelgroßen Larven aus der Fam. *Ecdyonuridae* (Aderhafte); das Weibchen legt die Eier auf die Wasseroberfläche. Nur eine Art in Mitteleuropa ist bisher aus der Fam. *Prosopistomatidae* (Schildhafte) bekannt u. diese nur als Larve u. Subimago. Ebenfalls nur eine Art gibt es in Mitteleuropa aus der Fam. der *Potamanthidae* (Gelbhafte). Kleine E. sind die Vertreter der Fam. *Ephemerellidae* mit einigen ca. 8 mm großen Arten bes. an Fließgewässern. Mit ca. 3 mm Körperlänge gehören Arten der *Caenidae* (Wimperhafte) zu den kleinsten E. ☐ Bergbach, [B] Atmungsorgane I, [B] Insekten I. G. L.

Eintagsfliegen
Wichtige Familien:
↗ Büschelhafte *(Oligoneuriidae)*
Caenidae (Wimperhafte)
Ecdyonuridae (Aderhafte)
Ephemerellidae
↗ *Ephemeridae*
↗ Glashafte *(Baetidae)*
Palingeniidae (Wasserblüten)
Polymitarcidae (Massenhafte)
Potamanthidae (Gelbhafte)
Prosopistomatidae (Schildhafte)
↗ Stachelhafte *(Siphlonuridae)*

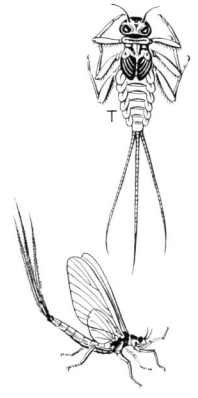

Eintagsfliege (unten) und Larve mit Tracheenkiemen (T)

W. Einthoven

Einwohnergleichwert
Mit dem E. können gewerbl. mit häusl. Abwässern verglichen u. die Belastung v. Kläranlagen angegeben werden. Als Gesamtbelastung je Einwohner (BR Dtl.) fallen etwa 2–3 EGW als flüss. Abfall in einer Abwassermenge von ca. 200–400 l je Einwohner u. Tag an.

Einthoven [e͏̈nthowe], *Willem,* niederländ. Physiologe, * 21. 5. 1860 Semarang (Niederländ.-Indien), † 29. 9. 1927 Leiden; Schüler v. F. C. Donders; seit 1885 (noch vor seinem Staatsexamen mit 26 Jahren) Prof. in Leiden; Begr. der Elektrokardiographie durch die Konstruktion des Saitengalvanometers; erarbeitete die Theorie zur Interpretation des ↗ Elektrokardiogramms; die Ableitung von den Extremitäten („E.-Dreieck") geht auf ihn zurück; erhielt 1924 den Nobelpreis für Medizin.

Einwaschungshorizont, der ↗ Einschwemmungshorizont.

Einwohnergleichwert, Abk. *EGW,* die Menge an abbaubaren Stoffen in ↗ Abwasser, die der durchschnittl., abbaubaren, v. einem Einwohner pro Tag produzierten Abfallmenge entspricht (gemessen als ↗ biochem. Sauerstoffbedarf [BSB_5 ca. 60 g O_2]).

Einzelaugen, 1) Bez. für die Ommatidien (Sehkeile), aus denen die ↗ Komplexaugen (Facettenaugen) der Krebse u. Insekten zusammengesetzt sind. **2)** E. werden bei Gliederfüßern unterschieden in: a) *Medianaugen,* stellen bei den Spinnen die sog. Hauptaugen, bei Krebsen die Naupliusaugen u. bei vielen Insektengruppen die Stirnaugen (Stirnocellen) dar; allen Tausendfüßern fehlen Medianaugen völlig. b) *laterale E.,* stets phylogenet. aus Komplexaugen durch „Auflösung" in deren E. entstanden. Hierher gehören die sog. Nebenaugen der Spinnen, die E. der Tausendfüßer u. die Larvalaugen (Stemmata) der holometabolen Insekten. Bei den Flöhen, Läusen u. einigen anderen Insektengruppen haben auch die Imagines laterale E. Funktion der E.: Bei den Spinnen dienen E. der opt. Orientierung (z. B. beim Beutefang) u. erlauben z. B. bei den Springspinnen ein Form- u. Farbensehen. Die Stirnaugen der Insekten sind i. d. R. Helligkeitsmesser u. gleichen in dieser Funktion den Parietal- bzw. Pinealaugen urspr. Wirbeltiere.

Einzelkorngefüge ↗ Gefügeformen.

Einzeller, *Urtiere, Urtierchen, Protozoa;* dem U.-Reich der vielzell. Tiere *(Metazoa)* wird das U.-Reich der E. gegenübergestellt. Da es sowohl einzell. Tiere als auch einzell. Pflanzen gibt, verläuft die Grenze zw. Tier- u. Pflanzenreich innerhalb der E., u. zwar innerhalb der Geißeltierchen, die sowohl die photoautotrophen Phytoflagellaten als auch die heterotrophen Zooflagellaten umfassen. Das System der E. ist kein phylogenet. System, da die genauen Verwandtschaftsverhältnisse noch nicht geklärt sind. Man unterscheidet die Kl. Geißeltierchen *(Flagellata),* Wurzelfüßer *(Rhizopoda),* Sporentierchen *(Sporozoa)* u. Wimpertierchen *(Ciliata).* Eine fragl. Stellung nehmen die ↗ Cnidosporidia ein. Die Geißeltierchen bilden die Stammgruppe für die übrigen Einzeller. – E. sind Organismen, die nur aus einer einzigen eukaryot. Zelle bestehen, die mit ihrer Zellausstattung alle Lebensfunktionen erfüllt. Sie haben weder Organe noch Gewebe, wie sie die mehrzell. Tiere aufweisen, jedoch wurde die Einzelzelle im Lauf der Stammesgesch. immer stärker differenziert, so daß heute bei vielen Arten eine Komplexität des Zellbaus erreicht ist, wie sie bei vielzell. Tieren nicht auftritt. Oft treten Zelldifferenzierungen auch zu Komplexen zusammen (Organellen). Bei einigen Gruppen treten Koloniebildung, Polyploidie u. Polyenergidie auf, Mechanismen, welche den Organismus trotz seiner Einzelligkeit über das Einzellerniveau hinausheben. Selten kommt es bei Kolonien zur Differenzierung in Somazellen u. Keimzellen, die Somazellen sind aber niemals weiter differenziert. Man rechnet mit ca. 27 100 rezenten E.-Arten (Stand 1971), dazu kommen ca. 20 000 fossile Arten (Stand 1958). Die meisten sind winzig klein, die größte rezente Art ist die Foraminifere *Gypsina plana* mit einem Gehäuse v. 12,5 cm ⌀. – E. spielen trotz ihrer Kleinheit im Naturhaushalt eine nicht unbedeutende Rolle, u. a., weil sie oft in großen Individuenzahlen auftreten. Die photoautotrophen Flagellaten sind wicht. Primärproduzenten, viele E. sind Nahrung für andere Organismen. Die Skelette aus Kalk od. Kiesel haben ganze Gesteinsformationen gebildet, da sie ständig auf den Boden der Meere sinken (Kreide, Fusulinenkalke, Globigerinenkalke). Einige wenige E. sind Krankheitserreger beim Menschen u. seinen Haustieren, z. B. Erreger der Schlafkrankheit, Malaria, Kaninchenkokzidiose. E. leben nur in feuchtem Milieu, im Meer, allen Süßgewässern u. in der Erde sowie als Kommensalen u. Parasiten an od. in anderen Tieren. Arten, welche in austrocknenden Lebensräumen vorkommen, können sich encystieren (↗ Cyste). Nicht nur Großlebensräume, sondern auch „Kleinstbiotope" werden v. E.n besiedelt, z. B. Kuckuckspeichel der Schaumzikadenlarven, Feuchtefilme an den Kiemen v. Landasseln u. landlebenden Krebsen, Miniaquarien in Pflanzen (Phytothelmen): Nepentheskannen u. Bromelientrichter. *Zellhülle:* Sie besteht im einfachsten Fall aus einer Einheitsmembran (Zellmembran, Plasmalemma), ist aber bei den meisten E.n äußerst kompliziert gebaut (Pellicula). So können z. B. weitere Membranen od. Plasmadifferenzierungen unterlegt werden, u. es können Felderungen u. Auffaltungen der Zellwände erfolgen. Oft wird der Zellkörper zusätzlich v. Schalen, Cystenhüllen od. Gehäusen umgeben, so bei Thekamöben, Foraminiferen u. a. *Bewegung:* Fortbewegung erfolgt i. d. R. mit Hilfe v. Bewegungsorganellen. Geißeln u. Wimpern (Cilien) sind Bildungen mit identischem, charakterist. Feinbau (↗ Cilien). Geißeln schlagen in einer Ebene (unipolar) od. schraubig (helicoidal); sind sie nach hinten gerichtet, wird eine Schub-, sind sie nach vorn gerichtet, eine Zugkraft erzeugt. Cilien sind spezialisierte, kurze Geißeln, die metachron schlagen u. meist in Vielzahl vorkommen (☐ Cilien). Geißeln u. Cilien treten häufig auch in den Dienst des Nahrungserwerbs (Strudeln), indem sie z. B. einen Nahrungswasserstrom erzeugen. Pseudopodien („Scheinfüßchen") sind temporäre Zellfortsätze, also keine Organellen i. e. S.; sie können sowohl der Fortbewegung als auch dem Nahrungserwerb dienen u. treten in verschiedenen Typen auf (↗ Wurzelfüßer). Sie entstehen durch die Aktivität kontraktiler Proteine (Actin u. Myosin). Formveränderungen der Zelle sind auf Myoneme zurückzuführen, kontraktile Faserbündel, die oft unter der Zellhülle liegen (Abkugeln, Zurückziehen in Gehäuse usw.). *Sinneswahrnehmung:* Reizaufnahme erfolgt bei E.n durch die gesamte Zelle. Die Reizantwort ist bei verschiedensten Reizen meist eine gerichtete od. ungerichtete Bewegung der Zelle. Bei vielen Geißeltierchen, bes. bei photoautotrophen, sind ↗ Augenflecke (Stigmen) als Hilfsstrukturen zur Aufnahme v. Licht entwickelt. Ein Reizleitungssystem ist nicht ausgebildet. *Ernährung u. Verdauung:* Photoautotrophe E. betreiben Photosynthese. Die meisten E. sind heterotroph u. nehmen durch Pinocytose (Flüssigkeit) od. Phagocytose (Partikel) organ. Nahrung zu sich. Partikel werden im einfachsten Fall umflossen u. in einer Nahrungsvakuole, in der die Verdauung stattfindet, eingeschlossen. Unverdauliches wird wieder ausgeschieden (Exocytose). Die Verdauungsenzyme werden v. Lysosomen in die

Einzeller: 1 Sonnentierchen *(Actinosphaerium),* **2** Sonnentierchen in Teilung, **3** Foraminifere *(Peneroplis),* **4** Radiolarienkolonie *(Collozoum inerme),* **5** Radiolarienschale, **6** Ciliatenkolonie (Glockentierchen, *Vorticella),* **7** Flagellat (Polymastigine aus Termitendarm)

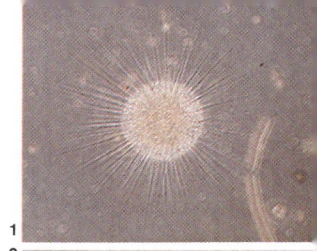

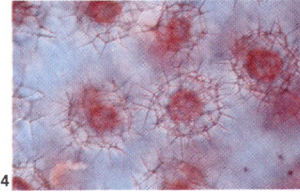

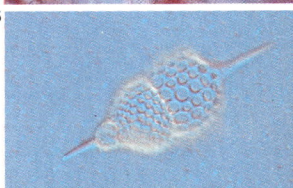

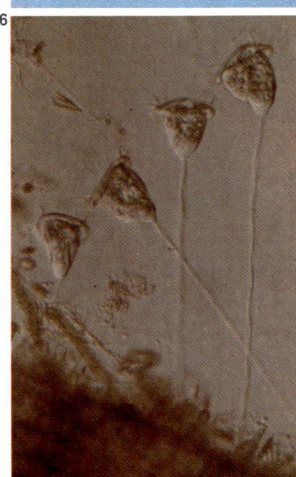

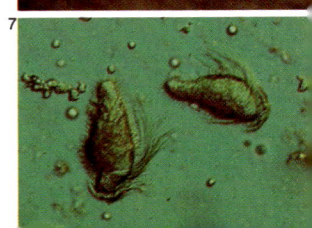

Einzeller

Vakuole abgegeben. Bei E.n mit kompliziert gebauter Hülle wird Nahrung stets an derselben Stelle aufgenommen (Zellmund, ↗Cytostom) u. an einer zweiten festgelegten Stelle abgeschieden (Zellafter, ↗Cytopyge). Der Aufnahme- bzw. Abgabemechanismus bleibt derselbe (Abschnürung bzw. Öffnung v. Vakuolen). Häufig legt die Nahrungsvakuole im Zellkörper stets denselben Weg zurück (↗Cyclose). *Osmoregulation u. Exkretion:* Bei E.n, welche im Süßwasser (hypotonisch) leben, treten mehr od. weniger kompliziert gebaute pulsierende Vakuolen auf, die in regelmäß. Abständen Flüssigkeit nach außen schaffen. Sie dienen bes. der Osmoregulation u. nur in geringem Maß der Exkretion. Diese wird neben der Abgabe fester Stoffe aus Vakuolen wahrschein. über die Oberfläche erfolgen. *Fortpflanzung u. Sexualität:* Bei einzell. Organismen ist jede Mitose eine ungeschlechtl. Fortpflanzung (B) asexuelle Fortpflanzung I–II), die quer od. längs verlaufen kann (Zweiteilung). Nach vorangegangener Kernvermehrung kann eine Vielfachteilung (multiple Teilung) mit od. ohne Restkörper erfolgen. Schnürt eine sessile Mutterzelle zunächst kleinere Tochterzellen ab (Schwärmer), spricht man v. Knospung. Viele E. bilden Gameten, die paarweise zur Zygote verschmelzen (Kopulation), d. h., sie haben Sexualität. Der Verschmelzung der Gametenzellen folgt die Verschmelzung der haploiden Gametenkerne zum diploiden Zygotenkern (Synkaryon). Gameten werden im Prozeß der Gamogonie durch Teilung eines Gamonten gebildet. Je nach Morphologie der miteinander verschmelzenden ↗Gameten (☐ Befruchtung) unterscheidet man Isogam(et)ie (gleich aussehend), Anisogam(et)ie (in Größe u./od. Struktur verschieden) u. Oogam(et)ie (plasmareicher, unbewegl. Makrogamet, bewegl. kleiner Mikrogamet). Innerhalb der Gruppe der E. gibt es 3 Typen der geschlechtl. Fortpflanzung: a) Gametogamie: Gameten des einen od. beider Geschlechter frei beweglich; b) Gamontogamie: bereits die Gamonten lagern sich aneinander u. bilden dann Gameten od. Gametenkerne, die paarweise verschmelzen (z. B. Gregarinen, Ciliaten); c) Autogamie: Gameten od. Gametenkerne derselben Gamonten verschmelzen (z. B. gelegentl. bei Ciliaten). Je nach Zeitpunkt der Meiose im Entwicklungszyklus eines E.s unterscheidet man Haplonten (nur Zygote ist diploid, z. B. Sporozoen), Diplonten (nur Gameten sind haploid, z. B. Ciliaten) u. Haplo-Diplonten od. Diplo-Haplonten (mit Wechsel zw. einer sich ungeschlechtl. fortpflanzenden, diploiden Generation [Agamont] u. einer sich geschlechtl. fortpflanzenden, haploiden Generation [Gamont], nur bei Foraminiferen). Der Agamont bildet im Prozeß der Agamogonie Agameten, der Gamont im Prozeß der Gamogonie Gameten. Ein ↗Generationswechsel bei E.n ist immer ein primärer Generationswechsel. Er kann homophasisch od. heterophasisch sein. *Verhalten:* Neben Bewegungsreaktionen auf äußere Reize gibt es, wenn auch selten, komplexeres Verhalten, z. B. die Paarungsspiele v. ↗*Stylonychia*. Gewöhnung u. Sensibilisierung sind bei Wimpertierchen nachgewiesen, Lernvermögen ist umstritten. ☐ Aufgußtierchen, ☐ Euglenophyceae.

Lit.: *Grell, K. G.:* Protozoologie. Berlin 1968. *Sleigh, M.:* The Biology of Protozoa. London 1979. *Streble, H., Krauter, D.:* Das Leben im Wassertropfen. Stuttgart 1973.
C. G.

Einzeller
Klassen:
↗ Geißeltierchen *(Flagellata)*
↗ Wurzelfüßer *(Rhizopoda)*
↗ Sporozoa (Sporentierchen)
↗ Wimpertierchen *(Ciliata)*
(↗ *Cnidosporidia*)

Einzellerprotein
Wichtige Kohlenstoffsubstrate und Mikroorganismen zur Produktion von Einzellerprotein:

Alkane (Paraffin, Gasöl)
 Candida lipolytica
Methan
 Methylomonas methanooxidans
 Methylococcus capsulatus
 u. a. methanoxidierende Bakterien.
Methanol
 Methylomonas clara
 Pseudomonas methylotrophus
 u. a. methanolverwertende Bakterien, Hefen u. a. Pilze
Cellulose
 Trichoderma reesei,
 Sporotrichum pulverulentum
 cellulose-, zucker- und stärkehaltige Abfälle (Sulfitablaugen, Melasse, Molke, Fruchtpreßsaft u. a.)
 Candida utilis
 Paecilomyces variotii u. a. Pilze
Kohlendioxid (und Licht)
 Mikroalgen (*Chlorella-Scenedesmus*-Arten, *Botryococcus braunii*)
 phototrophe Bakterien und Cyanobakterien
 Rhodopseudomonas-Arten
 Spirulina maxima

Einzellerprotein, Abk. *SCP* (engl. single cell protein), *Bioprotein*, die gesamte Zellmasse v. Mikroorganismen (Bakterien, Hefen u. a. Pilze, Mikroalgen), die als Nahrungsmittel od. Futtermittelzusatz Verwendung finden. Wegen der weltweiten Proteinknappheit wurden in den letzten Jahren viele Verfahren ausgearbeitet, um aus billigen Roh- od. Abfallstoffen E. mit hoher Ausbeute zu erhalten. Die Anzucht der Mikroorganismen erfolgt in ↗Bioreaktoren (Produktionsanlagen für 100 000 t E. pro Jahr wurden bereits gebaut); photosynthet. Mikroorganismen werden in flachen Teichen gezüchtet. Vorteile der E.-Produktion gegenüber der landw. Erzeugung sind: meist höherer Proteinanteil, schnelle Vermehrungsrate, genet. Beeinflußbarkeit der Zellzusammensetzung, geringer Energieeinsatz, leichte Lagerung, konstante Produktqualität u. geringer Flächenbedarf. 500 kg methanoloxidierende Bakterien erhöhen ihren Proteinanteil pro Tag um 50 000 kg, ein gleichschweres Rind um 0,5 kg. Auch die Energiebilanz ist günstiger: Für 1 kg E. werden ca. 85 kJ, für die gleiche Menge Rindfleisch 2700–3400 kJ benötigt. Bei Algenzuchten werden bei gleicher Fläche ca. 50fach größere Ausbeuten erreicht als bei einem Anbau v. Soja. Nachteile der E.-Produktion: hoher techn. Aufwand, steigende Substratkosten (bei Erdölkomponenten), z. T. Gefahr der Verunreinigung mit Krankheitserregern, tox. Stoffen od. Schwermetallen (oft Speicherung in den Zellen), Nucleinsäuregehalt höher als in normalen Futter- u. Lebensmitteln (für Menschen Aufarbeitung notwendig), kann nur in begrenztem Umfang dem Tierfutter beigemischt werden. Einer größeren Nutzung der aufgearbeiteten E. stehen, trotz toxikolog. Unbedenklichkeit u. biol. Wertigkeit, hpts. psycholog. Bedenken der Konsumenten entgegen. ↗ Eiweißhefe war das erste großtechnisch hergestellte Einzellerprotein.

Lit.: Präve, P., u.a.: Handbuch der Biotechnologie. Wiesbaden 1982.

Einzellige gleitende Bakterien, Klasse der *Flexibacteriae* (Gruppe der gleitenden Bakterien) mit den Ordnungen ↗ *Cytophagales* u. *Myxobacterales* (↗ Myxobakterien).

Einzellkultur, *Einsporkultur,* Reinkultur (Kolonie) eines Mikroorganismus, der aus einer einzigen Zelle (od. Spore) hervorgegangen ist; i. d. R. werden E.en durch Ausstreichen verdünnter Zellsuspensionen (z. B. v. Bakterien) auf festen Nährböden od. bei größeren Mikroorganismen (z. B. Hefen) durch Isolierung einzelner Sporen mit Hilfe v. Mikromanipulatoren gewonnen.

Einzelstrangbruch, engl. „nick", Bruch in einem Strang doppelsträng. DNA. Einzelstrangbrüche können auch an mehreren unterschiedl. Positionen eines DNA-Stranges gleichzeitig u. unabhängig davon auch im Komplementärstrang auftreten. Sie kommen durch Spaltung der Phosphodiesterbindung zw. Nucleotiden zustande, d. h. Unterbrechung der kovalenten Bindung des Zucker-Phosphat-Rückgrats, wobei i. d. R. zunächst die Doppelhelixstruktur der DNA erhalten bleibt (↗Desoxyribonucleinsäuren). E.e können in der Zelle einerseits durch mutagene Agenzien induziert sein und werden dann als DNA-Schäden durch Reparaturprozesse (↗DNA-Reparatur) i. d. R. beseitigt. Andererseits sind E.e notwend. Voraussetzung für den Beginn v. Replikation, Rekombination (↗Crossing over) u. Exzisionsreparatur (☐ DNA-Reparatur) u. werden bei diesen Prozessen durch spezif. ↗Endonucleasen enzymat. erzeugt.

einzelsträngige DNA-Phagen, Phagen, die eine einzelsträng., ringförm. DNA als Genom besitzen. Aufgrund der Morphologie der Viruspartikel lassen sich die e.n DNA-P. in zwei Gruppen einteilen: die isometr., ikosaederförm. Phagen (ΦX 174, G4, S13, Fam. *Microviridae*; das Virion hat einen ⌀ v. 27 nm u. ist aus 12 Capsomeren mit knopfart. Spikes aufgebaut; die DNA besteht aus ca. 5400 Nucleotiden u. enthält 10 Gene A–K) u. die fadenförm. Phagen (fd, f1, M13, Fam. *Inoviridae*; Virion mit 6 nm ⌀ u. 760–1950 nm Länge; die DNA besteht aus ca. 6400 Nucleotiden u. enthält 8 Gene). Bei den ikosaederförm. e.n DNA-P. erfolgt die Adsorption an die Bakterienzellwand, u. die Nachkommenphagen werden unter Lyse der Zelle freigesetzt, während die fadenförm. e.n DNA-P. an die Pili männl. Bakterien adsorbieren u. die neugebildeten Phagen ohne Absterben der Wirtszelle kontinuierl. ausgeschleust werden. Größe und Aufbau des Genoms sind bei einigen e.n DNA-P. durch DNA-Sequenzanalyse genau bekannt (ΦX 174: 5386 Nucleotide, G4: 5577 Nucleotide, fd u. M 13: 6408 bzw. 6407 Nucleotide. Durch die Sequenzanalyse v. ΦX 174 DNA wurde zum erstenmal gezeigt, daß die in einer Virus-DNA enthaltene Information mit großer Ökonomie genutzt werden kann, indem bestimmte DNA-Abschnitte für zwei völlig unterschiedl. Proteine codieren; bei der Translation wird die gleiche Nucleotidsequenz in zwei gegeneinander verschobenen Triplettrastern abgelesen (vgl. Abb.). Bei ΦX 174 ist z. B. Gen B vollständig in Gen A enthalten u. Gen E in Gen D. Zusätzlich tritt eine Überlappung vom Terminationscodon des einen Gens mit dem Startcodon des folgenden Gens bei den Genen A und C, C und D, D und J sowie B und K auf. Die DNA-Replikation erfolgt bei allen e.n DNA-P. in ähnl. Weise u. verläuft in drei Phasen: 1. Bildung einer doppelsträng. ringförm. DNA (replikative Form, RF-DNA) durch Synthese eines komplementären Minus-Strangs am infizierenden Plus-Strang (= Virion-DNA); diese Synthese wird von Wirtsenzymen katalysiert; 2. Replikation der RF-DNA zur Bildung von Tochter-RFs (nach dem „rolling circle"-Modell); diese Replikation wird durch eine phagenspezif. Endonuclease, das A-Protein, initiiert; 3. asymmetr. Synthese von einzelsträng. Phagen-DNA an den RF-DNAs u. Verpackung in die Capside; durch Anlagerung von Phagenproteinen an die neusynthetisierte DNA wird in dieser Phase die Synthese des komplementären DNA-Strangs verhindert; das A-Protein spaltet die Einzelstrang-DNA in Stücke mit einheitl. Genomlänge. Der Minus-Strang der replikativen Form dient als Matrize zur m-RNA-Transkription. ↗Bakteriophagen.

einzelsträngige DNA-Phagen

Gene der isometrischen Phagen und ihre Funktionen:

Gen	Funktion
A	DNA-Replikation DNA-Verpackung
B	Bildung von Capsid-Untereinheiten
C	Phagenreifung
D	Capsid-Zusammenbau
E	Lyse
F	Capsid
G	Spikes
H	Spikes
J	Capsid

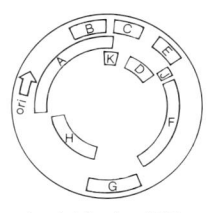

einzelsträngige DNA-Phagen

Anordnung der Gene im Genom des Phagen ΦX 174 (ori = Ursprung der DNA-Replikation).
☐ Desoxyribonucleinsäuren II.

einzelsträngige DNA-Phagen

Überlappende Gene im Genom des Phagen ΦX 174

ATG	AGTCAA	∥	GTTT	ATG	GTACGCTG	∥	GAAGGAG	TGA	TG	TA	A	TG	TCTAAA
Met	Ser Gln		Val	Tyr	Gly Thr Leu		Glu Gly	Val	Met	STOP			
				Met	Val Arg		Lys	Glu	STOP				
											Met	Ser	Lys

Start Gen D

Start Gen E

Start Gen J

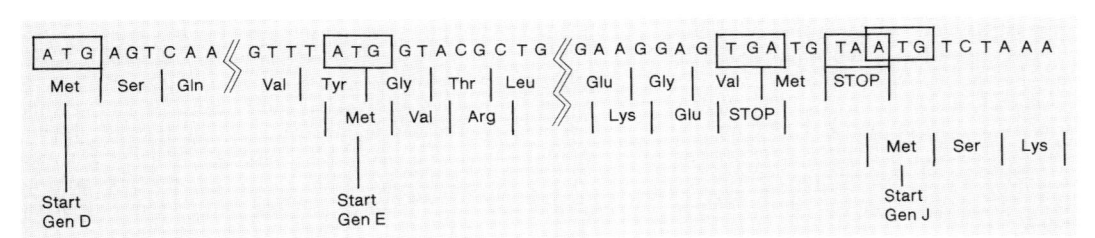

einzelsträngige RNA-Phagen, ikosaederförm., kleine Phagen (⌀ 23 nm) mit einem einzelsträng., linearen RNA-Genom (Plus-Strang-Polarität), die in der Fam. *Leviviridae* zusammengefaßt werden (z. B. MS2, R17, f1, f2, Qβ). Die Phagen adsorbieren an die F-Pili männl. Bakterien (hpts. *Escherichia coli*); aus einer infizierten Zelle werden bei der Lyse mehrere tausend neugebildete Phagen freigesetzt. Die aus 3569 Nucleotiden bestehende RNA des Phagen MS2 wurde vollständig sequenziert; Qβ-RNA ist aus ca. 4500 Nucleotiden aufgebaut. Die RNA codiert für vier Genprodukte: A-Protein (wird für Adsorption u. assembly benötigt), Hüllprotein (Hauptbestandteil des Capsids), Lyseprotein u. phagenspezif. RNA-Polymerase (Replikase). Die RNA enthält zahlr. komplementäre Nucleotidsequenzen u. kann deshalb zu einer komplexen Überstruktur mit vielen doppelsträng. Sequenzabschnitten zusammengefaltet werden. Nach Penetration in die Wirtszelle dient die Genom-RNA auch direkt als m-RNA. Die RNA-Replikation verläuft über eine doppelsträng. replikative Form u. replikative Zwischenformen (engl. replicative intermediates), bei denen am Minus-Strang entlang neue Plus-Stränge gebildet werden. Die Synthese der Phagenproteine wird zeitl. u. mengenmäßig genau reguliert; dabei spielen Veränderungen in der RNA-Faltung sowie Wechselwirkungen der RNA mit Proteinen eine Rolle. Die Translation des Replikase-Gens erfolgt früh im Infektionszyklus u. wird später durch das Hüllprotein reprimiert. Beim A-Gen ist die Translationsstartstelle im intakten, gefalteten RNA-Molekül für die Ribosomen nicht zugänglich; es wird angenommen, daß die Synthese des A-Proteins nur an der wachsenden RNA-Kette stattfindet. Das A-Protein wird nur in sehr geringen Mengen benötigt, da in den Viruspartikeln nur je ein A-Proteinmolekül enthalten ist. Der Phage Qβ besitzt ein zweites A-Protein, das durch Überlesen (readthrough) des UGA-Stopcodons bei der Translation des Hüllprotein-Gens entsteht. Die Replikase bildet erst zus. mit drei Proteinen der Bakterienzelle (Ribosomenprotein S1, Elongationsfaktoren Tu u. Ts) einen enzymatisch aktiven Komplex zur Synthese neuer RNA-Stränge; das Enzym ist äußerst spezif. in der Erkennung der template-RNA. ↗ Bakteriophagen.

Eipilze, die ↗ Oomycetes.
Eiraupe ↗ Eilarve.
Eireifung, Summe der Veränderungen an der ↗ Oocyte v. der Prophase der Meiose I (↗ Keimbläschen) bis zum Ende der Meiose; i. w. S. auch Eibildung (↗ Oogenese).

Eirene *w* [gr., = Frieden], Gatt. der ↗ Eucopidae.
Eirenis *w* [v. gr. eirēnē = Frieden, Ruhe], Gatt. der Nattern; schlanke, nur 30–50 cm lange boden- u. gebüschbewohnende Schlangen, im Kaukasusgebiet u. W-Asien meist nur sporad. Die Halsband-Zwergnatter *(E. collaris)* ist rotbraun bis hellgrau gefärbt, mit zahlr. schwarzen Punkten an den Seiten u. einem dunkelbraunen Nackenband. Die graubraune Kopfbinden-Zwergnatter *(E. modestus)* hat einen kleinen, breiten Kopf mit 2 schwarzbraunen Querbändern u. ein Nackenband. Beide Arten bevorzugen trockenes Gelände, sie halten sich gern unter Steinen verborgen u. ernähren sich v. a. von Insekten, Spinnen sowie kleinen Eidechsen; ovipar (bis 8 Eier ablegend).
Eirinde, der ↗ Cortex 3) bei Eizellen.
Eiröhren, die ↗ Ovariolen.
Eirollbewegung, die ↗ Einrollbewegung.
Eisbär, *Ursus maritimus*, einziger Großbär mit gelbl.-weißem Fell; Kopfrumpflänge beim männl. E. 200–250 cm, beim weibl. 160–200 cm, Schulterhöhe 120–140 cm, Gewicht 300–450 kg; Paßgänger. Der E. lebt nördl. des Polarkreises an den Küsten der Arktis u. auf dem angrenzenden Treibeis. Im Vergleich zum Braunbären wirkt der Körper des E.en mehr in die Länge gestreckt; Hinterpartie stark entwickelt. Hals u. Kopf sind schmal u. längl., die Ohren klein u. abgerundet; Fußsohlen behaart, Schwimmhäute. Aufgrund seiner Abweichungen v. Erscheinungsbild des Braunbären wird der E., trotz seiner anerkannt nahen Verwandtschaft zu diesem, v. manchen Autoren einer eigenen Gatt. od. zumindest U.-Gatt. *(Thalarctos, Thalassarctos)* zugerechnet. Auch durch seine fast ausschl. carnivore Ernährungsweise unterscheidet sich der E. v. den übrigen, mehr omnivoren Bären. Hauptnahrung sind überwiegend Ringelrobben *(Pusa hispida)*; dazu kommen Kleinsäuger (Lemminge), Fische (Lachse), Aas u. Beerenfrüchte. E.en sind gute Schwimmer (Schwimmhäute!) u. können sich 1–2 Min. tauchend unter Wasser halten. – Auf der Suche nach eisfreien Wasserflächen (zur leichteren Robbenjagd) führen E.en ausgedehnte Wanderungen mit der Eisdrift in O-W-Richtung rund um den Nordpol durch; es gibt aber auch standorttreue Populationen. Während der Wintermonate suchen E.en Schutz in Felsspalten od. in selbstgegrabenen Höhlen; in manchen Gegenden halten sie Winterruhe. Männl. E.en sind Einzelgänger, die nur zur Paarung (April) die weibl. E.en aufsuchen. Trächtige E.en graben sich im Herbst auf Inseln in Schneewälle ein. Eingeschneit in

Eisbär
Hauptfeind der E.en ist der Mensch, der ihnen ihres Felles wegen noch immer nachstellt. Der Gesamtbestand an E.en wurde vor kurzem noch auf etwa 10 000 Tiere geschätzt. Die an das nördl. Eismeer angrenzenden Staaten verschärfen gegenwärtig ihre Schutzbestimmungen u. führen Forschungsprogramme u. a. mit Markierung v. E.en durch, um genauere Daten über die tatsächl. Bestandsstärke u. das Wanderungsverhalten zu gewinnen. Als Zootiere waren E.en wegen ihres Schauwertes schon immer begehrt. Ihre Nachzucht ist aber nicht einfach, da E.mütter in Gefangenschaft oft nicht imstande sind, ihre Jungen aufzuziehen.

ihrer Höhle, bringen sie bei Innentemp. um den Gefrierpunkt meist in der 1. Dezemberhälfte 1 bis 3 Junge zur Welt, die nur ca. 30 cm groß, fast nackt u. zunächst noch blind sind („Nesthocker"). Die E.mutter nimmt über Winter keine Nahrung zu sich; sie zehrt v. Depotfett. Anfang März verläßt die abgemagerte E.mutter mit den dann 10–12 kg wiegenden Jungen erstmals die Höhle u. ernährt sich hpts. v. neugeborenen Ringelrobben. Die Jungen beteiligen sich zusätzl. zur Milchnahrung (Säugezeit: 1¾ Jahre) bereits an den Mahlzeiten. Die („vaterlose") Familie setzt ihre Wanderung fort (Ausnahme: standorttreue Populationen) u. verbringt auch den folgenden Winter in einem gemeinsamen Lager. Erst im 2. Lebensjahr beteiligen sich junge E. aktiv an der Beutejagd ihrer Mutter, v. der sie sich mit 2 Jahren trennen. [B] Bären, [B] Polarregion I. *H. Kör.*

Eisbeständigkeit, plasmat. Resistenz v. Pflanzenzellen gg. Entwässerung durch Frosteinwirkung. ↗Frostresistenz.

Eisbruch, Bruch v. Baumstämmen u. -kronen im Winter, der durch zu starke Belastung durch Schneemassen od. Eisanhang entsteht.

Eischläuche ↗Ovariolen.

Eischwiele, der ↗Eizahn 2).

Eisen, chem. Zeichen Fe, für alle Organismen lebensnotwendiges chem. Element, das als zwei- od. dreiwertiges E. (Fe^{2+} od. Fe^{3+}) Bestandteil wicht. Proteine, z.B. der Cytochrome, Hämoglobine u. Myoglobine, der Peroxidase, Katalase u. Ferredoxine, ist. Die in Milz u. Leber vorkommenden Proteine Ferritin u. Hämosiderin können E.-Ionen bis zu 23% bzw. 35% binden u. fungieren so als Speicherproteine für E. Im Blut existiert E.-Transferrin als eigenes Speicherprotein für E. Entsprechend dem Hämgehalt (↗Häm) unterscheidet man zw. den Häm-Eisen-Proteinen (Cytochrome, Hämoglobine, Katalasen u. Myoglobine) u. den Nicht-Häm-Eisen-Proteinen (Ferredoxine, Ferritin, Hämosiderin, Transferrin). E. steht i.d.R. in der Nahrung bzw. bei Pflanzen als Bodenmineral in ausreichender Menge zur Verfügung; z.B. werden v. dem in der Nahrung des Menschen enthaltenen E. nur ca. 10% im oberen Dünndarm resorbiert. Dennoch werden gelegentl. in manchen Teilen der Welt E.mangelzustände beobachtet. Bei Pflanzen führt E.mangel zu Blattchlorosen (↗E.chlorose), d.h. zum Abbau v. Chlorophyll (obwohl Magnesium, nicht Eisen als Zentralatom darin enthalten ist). ↗Eisenstoffwechsel.

Eisenanreicherung ↗Eisenverlagerung.

Eisenbakterien, allg. (H. Molisch, 1892) Bakterien, die Eisenverbindungen aus Lösungen ausfällen u. in od. an der Zelle bzw. Zellanhängen abscheiden, so daß sie gelbbraunrot gefärbt sind; i.e.S. „echte" E. (S. Winogradsky, 1888, 1922), Bakterien, deren Stoffwechsel an der Eisenoxidation beteiligt ist (od. zu sein scheint) u. die bei dieser Oxidation Energie gewinnen (↗eisenoxidierende Bakterien). E. gehören unterschiedl. Bakteriengruppen an. In eisenhalt. Gewässern können sie in großen, auffäll. bräunl. Massen, bes. im Frühjahr, vorkommen. Auf Oberflächen von Tümpeln und Gräben bilden sie häufig eine fein irisierende Kahmhaut aus bräunl. Eisen-III-Oxid. E. (bes. Scheidenbakterien) treten als freischwimmende od. festsitzende Fäden, oft als dichte Beläge in Gräben, Brunnen, Drainagerohren, Moorbädern u. Sümpfen sowie in Wasserwerken u. Wasserleitungen auf. Durch die Eisenfällung verursachen sie Verstopfungen u. machen Trinkwasser ungenießbar (braungefärbtes Leitungswasser). Echte E. können in sauren Mineralwässern Eisenhydrogencarbonat in das unerwünschte, unlösl. Eisenhydroxid umwandeln (Stoffwechsel der E. ↗eisenoxidierende Bakterien). Wahrscheinlich sind E. vielfach an der Entstehung v. Brauneisenerzlagern (Sumpf-, Quellenerze, Raseneisenstein) beteiligt.

Eisenchlorose w, gestörte Chlorophyllbildung aufgrund v. Eisenmangel; Eisenmangelsymptome sind strohgelbe Interkostalflächen bis hin zur vollständ. Weißfärbung junger Blätter u. Unterdrückung der Apikalknospen.

Eisenhämatoxylinfärbung, Färbeverfahren in der Histologie u. für biol. Totalpräparate v. kleineren Organismen, bei dem die Objekte mit einer Lösung v. Eisenalaun, $KFe(SO_4)_2 \cdot 12H_2O$ od. $NH_4Fe(SO_4)_2 \cdot 12H_2O$, vorgebeizt werden. Je nach Chemismus der Gewebs- u. Zellanteile wird das Eisenalaun unterschiedl. stark angelagert u. bildet in einem anschließenden Farbbad in einer Lösung v. ↗Hämatoxylin einen unlösl., schwarzbraunen Eisenhämateinlack, der die verschiedenen Objektstrukturen unterschiedl. stark anfärbt.

Eisenholz, in einer Vielzahl verschiedener Pflanzen-Fam. anzutreffendes, meist dunkles, sehr hartes, dichtes, schweres u. dauerhaftes Holz mit einer Dichte von 1 g/cm³ und darüber.

Eisenhumusortstein, ein mit organischen Substanzen u. Eisenverbindungen angereicherter, verfestigter Bodenhorizont (↗Podsol).

Eisenhumuspodsol ↗Podsol.

Eisenhut, Sturmhut, *Aconitum*, Gatt. der Hahnenfußgewächse mit ca. 400 Arten in Eurasien u. N-Amerika; das fünfte, obere, unpaare Kronblatt bildet einen aufrechten Helm, der 2 lang gestielte, nur

Eisenhut

Eisenbakterien (Auswahl)

Scheidenbakterien
Leptothrix ochracea
Crenothrix polyspora
Lieskeella bifida
gestielte Bakterien
Gallionella ferruginea

kapselbildende E.
Siderocapsa treubii
(u.a. ↗Siderocapsaceae)
knospende E.
Hyphomicrobium
Pedomicrobium
schwefel-oxidierende E.
Thiobacillus ferrooxidans
thermophile Thiobacillen
Sulfolobus acidocaldarius

Eisenholz

Lieferanten für Eisenholz sind z.B.:
Argania
Casuarina
(Fam. *Casuarinaceae*)
Citharexylum
(Fam. Eisenkrautgewächse)
Cunonia
(Fam. *Cunoniaceae*)
Eisenholzbaum (*Metrosideros*)
(Fam. Myrtengewächse)
Erythroxylon
(Fam. Cocastrauchgewächse)
Eusideroxylon
(Fam. Lorbeergewächse)
Krugiodendron
(Fam. Kreuzdorngewächse)
Memecylon
(Fam. *Melastomataceae*)
Mesua (Fam. Hartheugewächse)
Mimusops und *Sideroxylon*
(Fam. *Sapotaceae*)
Ölbaum (*Olea*)
Reynosia
(Fam. Kreuzdorngewächse)
Xylia (Fam. Schmetterlingsblütler)

Eisenia

Eisenhut
Blauer Eisenhut
(Aconitum napellus)
mit Mutter- (links) u.
Tochterknolle

Eisenkrautgewächse
Das *Teakholz* besitzt eine Dichte von 0,64 g/cm³, hat eine gelbbraune Farbe u. einen charakterist. scharfen Geruch, ist kieselsäurehaltig, relativ hart, sehr dauerhaft, wasserbeständig und gg. Insekten wie Pilze sehr widerstandsfähig. Teakholz wird v. a. im Schiffsbau, für Wasserbauten, Eisenbahnschwellen u. -wagen sowie für Fußböden u. zur Herstellung v. Möbeln verwendet.

Das Echte Eisenkraut *(Verbena officinalis)* galt bereits im Altertum als Heilpflanze u. spielte auch in der Magie, etwa als Schutz gg. Verwundung durch eiserne Waffen (Name!), eine Rolle. Es enthält neben Ölen u. a. die Glykoside *Verbenalin* (Cornin) u. *Verbenin* u. wird in der Homöopathie z. B. zur Behandlung verschiedenster Hautkrankheiten angewendet.

Hummeln zugängl. Honigblätter einschließt. Weitere Honigblätter sind nur rudimentär ausgebildet. ↗Blütenformel: ⚥ K (5) C(5) G 3 A ∞. Der Blaue E. *(A. napellus,* B Europa XX), häufig in Gärten gepflanzt, kommt natürl. in subalpinen Hochstaudenfluren u. in montanen Erlenauenwäldern vor. Die blauen Blüten von *A. napellus* haben einen breiten flachen Helm, während der gelbblühende Wolfs-E. (Gelber E., *A. vulparia*) einen hohen Helm besitzt. Der Wolfs-E. wächst an ähnl. Standorten wie der Blaue E. Seit dem Altertum ist das Gift der E.-Arten bekannt (Pfeilgift der Inder u. Griechen). Die ganze Pflanze, insbes. die Wurzel, enthält das Alkaloid *Aconitin* (↗Aconitumalkaloide). Schon 2 mg des in niedr. Dosen gg. Neuralgien verwendbaren Aconitins können tödl. sein. B Europa II.

Eisenia w, 1) Gatt. der ↗Laminariales. 2) [ben. nach dem am. Zoologen G. A. Eisen, † 1940], Gatt. der *Lumbricidae* (Regenwürmer); bekannteste Art: *E. foetida* (Mist- od. Dungwurm), bis zu 13 cm langer, durch je eine rote u. braune Querbinde pro Segment gekennzeichneter Bewohner v. Dung- u. Komposthaufer sowie „fetter" Gartenerde.

Eiseniella w [ben. nach dem am. Zoologen G. A. Eisen, † 1940], Gatt. der Oligochaeten-(Wenigborster-)Fam. *Lumbricidae*. *E. tetraedra*, 30–50 mm lang, polyploid u. rein parthenogenetisch, lebt amphibisch am Ufer v. Gewässern, in Moosen u. feuchter Erde.

Eisenkrautgewächse, *Verbenaceae*, mit den Lippenblütlern nahe verwandte Fam. der *Lamiales* mit ca. 75 Gatt. u. über 3000 Arten; hpts. in den Tropen u. Subtropen (bes. in SO-Asien, Mittel- u. S-Amerika), seltener in den gemäßigten Zonen lebende Bäume, Sträucher, Lianen od. Kräuter mit meist gegenständ., seltener quirlig od. wechselständig angeordneten, meist ungeteilten Blättern sowie 4- od. 5zähl., zygomorphen (bisweilen auch fast strahl.), zwittr. Blüten in cymösen od. racemösen Blütenständen. Die Blütenkrone ist röhren- od. trichterförmig u. besitzt einen mehr od. minder 2lipp. Saum; sie umschließt i. d. R. 4 (bisweilen auch 2 od. 3) Staubblätter, v. denen 2 länger ausgebildet sind als die übrigen. Der oberständ. Fruchtknoten besteht aus 2 (seltener 4 od. 5) verwachsenen Fruchtblättern, die meist durch falsche Scheidewände in Fächer unterteilt werden. Jedes Fruchtblatt entwickelt 2 zentralwinkelständ., aufrechte, selten hängende Samenanlagen. Die Frucht ist eine Steinfrucht od. (seltener) eine Kapsel, besitzt eine saftig-fleisch. od. trockene Fruchtwand u. kann in Teilfrüchte zerfallen. Die Verbreitung der Samen erfolgt oft durch

Vögel; Vögel (Kolibris u. Honigvögel) sind neben Insekten auch an der Blütenbestäubung beteiligt. Wirtschaftl. bedeutendste Gatt. ist *Tectona*. Von bes. Interesse ist *T. grandis,* der in S- und SO-Asien heim., heute in vielen Teilen der Tropen forstl. kultivierte Teakbaum (B Asien VII). Er wird bis 50 m hoch, besitzt 30–60 cm lange, ellipt. Blätter u. kleine weißl. in großen, endständ. Rispen stehende Blüten u. liefert das weltweit sehr begehrte *Teakholz*. Die Gatt. *Verbena* enthält Stauden u. Halbsträucher mit in endständ., dichten, bisweilen doldenartig verkürzten Ähren stehenden Blüten. Die Mehrzahl ihrer Arten ist auf den am. Kontinent beschränkt. Eine Art, die urspr. im Mittelmeerraum heim., heute weltweit verschleppte u. eingebürgerte *V. officinalis,* das Echte Eisenkraut, mit blaßlila, in dichten, schmalen Ähren stehenden, kleinen Blüten, ist auch in Mitteleuropa vertreten. Die als Stickstoffzeiger in lück. Unkrautfluren, an Wegen, Mauern u. Zäunen sowie in Tretges. wachsende Pflanze blüht v. Juli bis Sept. u. gilt seit alters her als Heilpflanze. Die auf Kreuzungen zw. verschiedenen am. *Verbena*-Arten (u. a. *V. peruviana*) zurückgehenden, rot-, rosa-, purpurn- u. weißblühenden Garten-Verbenen, *Verbena x hybrida,* sind beliebte Gartenzierpflanzen. Die Arten der Gatt. *Vitex* besitzen handförmig geteilte, aus 3–7 Fiedern bestehende Blätter u. vielfach zartblaue, aus ährenförm. Teilblütenständen zusammengesetzte Blütenstände u. kommen z. T. auch in warmgemäßigten Gebieten vor. Auf dem Geröllschotter v. Bächen u. Flüssen sowie an den Küsten vom Mittelmeergebiet bis nach Mittelasien wächst z. B. *V. agnus-castus,* der wegen seiner Anwendung als Anaphrodisiakum auch „Keuschbaum" od. „Mönchspfeffer" gen. wird. Verschiedene baumförm. Arten der Gatt. *Vitex* liefern wertvolle Nutzhölzer, während andere ihrer eßbaren, fleisch. Früchte wegen als Obstgehölze genutzt werden. Die mit baumförm. Arten in Mexiko u. S-Amerika beheimatete Gatt. *Citharexylum* liefert das durch bes. Härte u. Dichte gekennzeichnete Weiße Eisenholz, das bes. im Musikinstrumentenbau verwendet wird. Vertreter einer Reihe anderer Gatt. dienen als Zierpflanzen. Zu nennen ist z. B. *Lantana camara,* das Wandelröschen, ein 2–3 m hoher, aus dem trop. Amerika stammender Strauch mit in dichten Ebensträußen stehenden kleinen Blüten, die während der Blütezeit in ihrer Farbe i. d. R. von Orange über Gelb nach Rot wechseln. Wegen seines raschen Ausbreitungsvermögens auch zur Befestigung erosionsgefährdeter Böden eingesetzt, wurde dieser Strauch allerdings bisweilen zu einem läst. Unkraut. Seines aromat. Duftes wegen gern kultiviert wird der aus dem südl. S-Amerika stammende Zitronenstrauch *(Lippia citriodora).* Aus seinen stark nach Zitronen duftenden Blättern wird Tee hergestellt, sein äther. Öl, das Verbenaöl, findet zudem Anwendung in der Parfüm-Ind. Eine reizvolle, im Spätsommer u. Herbst blühende Gartenzierpflanze ist die aus China u. Japan stammende Bartblume *(Caryopteris incana)* mit zahlr. himmelblauen Blüten, deren Unterlippe fransenartige Anhängsel tragen. N. D.

Eisenorganismen, allg.: Bez. für Organismen, die Eisenverbindungen ausfällen; i. e. S. Organismen, die Eisenverbindungen ausfällen u. (als Eisen-III-hydroxid) in od. an der Zelle ablagern; v. großer wirtschaftl. u. ökolog. Bedeutung sind die ↗Eisenbakterien.

eisenoxidierende Bakterien, „echte" ↗Eisenbakterien, die Eisen-II zu Eisen-III oxidieren u. dabei ihre Stoffwechselenergie (ATP) an einer verkürzten Atmungskette gewinnen. Eindeutig nachgewiesen ist dieser chemolithotrophe Energiestoffwechsel nur bei e.n B., die unter sauren Bedingungen wachsen, da in diesen Biotopen keine spontane Oxidation des Eisens stattfindet. Wichtigste Art ist *Thiobacillus (= Ferrobacillus) ferrooxidans,* die sowohl Eisen- als auch reduzierte Schwefelverbindungen zum Energiegewinn nutzt (↗schwefeloxidierende Bakterien). *T. ferrooxidans* kommt in sauren Wässern v. Erzbergwerken vor, in denen Eisenpyrit (FeS$_2$) u. a. Metallsulfide enthalten sind, u. spielt eine wichtige Rolle bei der ↗mikrobiellen Laugung i. Erzen. Auch thermophile Stämme v. *Thiobacilli* u. *Sulfolobus acidocaldarius* können neben reduzierten Schwefelbindungen Eisen-II oxidieren. Der Stoffwechsel der „klassischen" Eisenbakterien ist dagegen weitgehend ungeklärt. *Gallionella ferruginea* kann wahrschl. auch allein mit Eisen-II-Verbindungen als Energiequelle chemolithotroph wachsen. Die eisenfällenden Scheidenbakterien *(Leptothrix, Crenothrix)* und die bekapselten Bakterien *(Siderocapsaceae)* scheinen dagegen organ. Substrate zum Energiegewinn zu benötigen; die Eisenoxidation ist bei diesen Formen wahrschl. eine unspezif. Reaktion mit Hüllsubstanzen od. möglicherweise nur eine Ablagerung chem. ausgefällter Eisenhydroxide. Eine Reihe v. Eisenbakterien (z. B. *Leptothrix discophora, Hyphomicrobium, Pedomicrobium*) oxidieren u. fällen auch Manganverbindungen (↗manganoxidierende Bakterien).

Eisenpodsol ↗Podsol.

Eisenkrautgewächse

Wichtige Gattungen:
Callicarpa
Caryopteris
Citharexylum
↗ *Clerodendrum*
Lantana
Lippia
Tectona
Verbena
Vitex

eisenoxidierende Bakterien

Oxidation von Eisen-II-Verbindungen im chemolithotrophen Stoffwechsel von *Thiobacillus ferrooxidans:* Kohlenstoffquelle ist CO_2, das im Calvin-Zyklus assimiliert wird. Reduktionsäquivalente (NADH) werden durch einen rückläufigen Elektronentransport gebildet (↗nitrifizierende Bakterien).

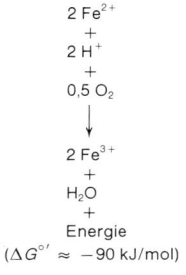

$$2\ Fe^{2+}$$
$$+$$
$$2\ H^+$$
$$+$$
$$0{,}5\ O_2$$
$$\downarrow$$
$$2\ Fe^{3+}$$
$$+$$
$$H_2O$$
$$+$$
$$\text{Energie}$$
$$(\Delta G^{\circ\prime} \approx -90\ kJ/mol)$$

Eisen-Schwefel-Proteine, Abk. *Fe-S-Proteine,* Gruppe v. Proteinen, die Eisen (als Fe^{2+} od. Fe^{3+}) u. anorgan. Schwefel in äquimolaren Verhältnissen, 2 Fe–2 S od. 4 Fe–4 S, enthalten. E.-S.-P. kommen in allen Organismen vor u. üben aufgrund des mögl. Valenzwechsels der Eisenatome ($Fe^{3+} + e^- \rightleftarrows Fe^{2+}$) unterschiedl. Funktionen als Glieder v. Redoxkettenreaktionen, u. a. der Atmungskette u. der Photophosphorylierung, aus. Da das Eisen der E.-S.-P. nicht in Form v. Häm gebunden ist, zählen diese zu den Nicht-Häm-Eisen-Proteinen (Abk. nach dem Engl. NHI-Proteine). Als erste E.-S.-P. wurden die ↗Ferredoxine der Mikroorganismen u. Pflanzen entdeckt; sie zählen zus. mit den Rubredoxinen zu den einfachen E.-S.-P.n; darüber hinaus gibt es die konjugierten E.-S.-P., die neben den Fe-S-Gruppen noch zusätzl. Coenzyme, wie Flavin u./od. Hämeisen od. Molybdän, enthalten. Als Atmungskettenträger sind mindestens 6 verschiedene E.-S.-P. bekannt, deren Strukturen u. Funktionen jedoch noch weitgehend ungeklärt sind. Man nimmt jedoch an, daß sie analog zu den ↗Ferredoxinen aufgebaut sind. Die weite Verbreitung der E.-S.-P. stützt die Annahme, daß sie eine phylogenet. sehr frühe Klasse v. Proteinen darstellen. ↗Atmungskette (☐).

Eisenstoffwechsel, Eisenionen (↗Eisen) sind bei Pflanzen u. Tieren essentielle Spurenelemente, die dem Organismus zugeführt werden müssen. Sie gehören neben Kupfer, Zink, Mangan, Molybdän u. Kobalt zur chem. Gruppe der Übergangsmetalle, die in der belebten Natur Bestandteil einer Reihe v. Metallproteinen sind. Diese spielen vielfach als Enzyme eine wichtige Rolle bei Oxidations-, Hydrolyse- u. Elektronenübertragungsprozessen sowie bei der Komplexbildung mit Liganden u. Molekülgruppen. Ledigl. einige prokaryot. Zellen, v. a. unter den Milchsäurebakterien, sind ohne Eisenionen lebensfähig. Die Aufnahme von anorgan. Eisen, das fast ausschl. in der 3wertigen Form vorliegt u. in diesem Zustand schwer lösl. ist, erfolgt über eisenbindende Proteine mit hoher Affinität zu Eisen od. bei Bakterien u. Pilzen mittels kleinmolekularer, ins Medium ausgeschiedener „Siderophore", die Eisen komplex binden können. Bei höheren Tieren u. dem Menschen wird v. der Darmmucosa des Duodenums das Glykoprotein *Gastroferrin* sezerniert, das die Aufnahme der Eisen-III-Ionen aus der Nahrung übernimmt. Diese werden v. den Mucosazellen entweder direkt ins Blut abgegeben u. dort, an das Transportprotein *Transferrin* gebunden, weitergeführt od. in den Zellen der Mucosa, der Leber und des reticulo-

Eisenverlagerung

endothelialen Systems als *Ferritin* u. *Hämosiderin* gespeichert. Alles im menschl. Körper gespeicherte Eisen macht beim Mann etwa 3,5–4 g, bei der Frau 2,5–3 g aus. Davon sind mindestens 2/3 im Blut an Hämoglobin gebunden u. 5% an Myoglobin der Muskulatur; der Rest entfällt auf eisenhalt. Enzyme u. Speichereisen. Die tägl. Zufuhr v. Eisen aus der Nahrung beträgt beim Menschen etwa 10–15 mg, v. denen 1–3 mg im Dünndarm resorbiert werden u. ins Blut übergehen. Dieses steht in einem tägl. Austausch von 2 mg mit den Eisendepots Myoglobin u. den eisenhalt. Enzymen einerseits u. andererseits mit 20–30 mg über Knochenmark u. Erythrocyten. Der tägl. Verlust beträgt beim Mann etwa 1 mg, bei Frauen im gebärfähigen Alter infolge der Menstruationsverluste etwa 3 mg. Bei ausgewogener Nahrungszufuhr hat der Mensch im allg. eine ausgeglichene Eisenbilanz, die über die eisenbindenden Proteine Lactoferrin u. Transferrin im Blut sowie die vorübergehende Speicherung im Ferritin der Darmschleimhaut bewirkt wird. Eisenverluste kommen im wesentl. durch Zellabschilferungen – v.a. im Magen-Darm-Trakt – u. während der Menstruation zustande. Im Verlauf einer Schwangerschaft kann der Eisenverlust des mütterl. Körpers bis zu 560 mg betragen. – Der Eisengehalt grüner Pflanzen beträgt im Durchschnitt 100–200 mg/kg Trockensubstanz. Eisenionen sind hier Bestandteil so lebensnotwendiger Enzyme wie der der Photosynthese. Ihr Fehlen führt vielfach zu Blattchlorosen (↗Eisenchlorose). Der ehemals angenommene, aus dem Rahmen fallende hohe Eisengehalt des Spinats erwies sich inzwischen als (durch einen Druckfehler überlieferter) Irrtum.

Eisenverlagerung, Mobilisierung, Transport u. Anreicherung v. Eisenverbindungen im Boden. In stark sauren Böden kühlfeuchter Klimabereiche bilden Eisenverbindungen mit organ. Substanzen des Oberbodens leichtlösl. metallorgan. Komplexe, die – ggf. gemeinsam mit ähnl. Al- u. Mn-Verbindungen – mit dem Sickerwasser in tiefere Bodenhorizonte verlagert (↗Podsol) od. bei Hangböden mit dem Hangzugwasser in Bodensenken angereichert werden. Die Eisenverbindungen können sich beim Ausfällen im Anreicherungshorizont zu Schwarten, Bändchen od. mächt. Bänken verfestigen (Raseneisenstein, Bändchenpodsol, Ortstein). Im Bereich stauenden Grundwassers kommt es zur Umverteilung v. Eisenverbindungen durch Diffusion u. zur Bildung verfestigter Eisenkonkretionen (↗Pseudogley, ↗Gley).

Eisfalter, der ↗Eisvogel.

Eisfische, Fam. der Antarktisfische.

Eisfuchs

Zwei Farbvarianten des E. es kommen nebeneinander u. im gleichen Wurf vor: der sog. Weißfuchs (im Sommer stumpfbraun mit weißer Unterseite, im Winter einfarbig weiß) u. der inzw schen seltener gewordene sog. Blaufuchs, dessen Fellfärbung im Sommer einheitl. braungrau u. im Winter blaugrau ist. In schneereichen Gegenden sind Weißfüchse häufiger, in früher od. dauernd schneefreien Gebieter Blaufüchse. Die Winterfelle beider Formen sind in der Pelzindustrie begehrt; E.e werden deshalb auch in Farmen gezüchtet.

Eisvogel

Bei uns kommen 3 Arten der Gatt. *Limenitis* vor: Großer E. (*L. populi*, 70 mm Spannweite), paläarktisch, kein Blütenbesucher, sonn. Waldränder u. Schneisen mit Raupenfutterpflanze v. a. Zitterpappel, der prächtige Falter ist nach der ↗Roten Liste „stark gefährdet"; Kleiner E. (*L. camilla*, Spannweite um 50 mm), paläarktisch, in feuchten Laubwäldern mit viel Unterholz, Larven an *Lonicera*-Arten, nach der Roten Liste „gefährdet"; Blauschwarzer E. (*L. reducta*), ähnl. der vorigen Art, aber seltener u. mehr südl. verbreitet, an wärmeren Standorten in lichten unterholzreichen Wäldern, Larven an *Lonicera*-Arten, gilt nach der Roten Liste als „stark gefährdet".

Eisfuchs, *Polarfuchs, Alopex lagopus,* Kopfrumpflänge 50–60 cm, Schulterhöhe bis 30 cm; Ohren kurz u. rund, Pfoten im Winter dicht behaart (lagopus = hasenfüßig). E. u. Steppenfuchs (*A. corsac*) stehen in einigen Merkmalen zw. den Hundeartigen der Gatt. *Canis* u. den echten Füchsen (Gatt. *Vulpes*). Der E. hat ein ähnl. Verbreitungsgebiet wie der ↗Eisbär (*Ursus maritimus*) u. gehört wie dieser zu den wenigen Landsäugetieren, die an das Leben auf dem Inlandeis wie auf dem Treibeis der arkt. Meere angepaßt sind. Seine Nahrung besteht aus Kleinsäugern (z. B. Lemmingen), Vögeln, Meerestieren u. Aas. □ Allensche Proportionsregel, [B] Polarregion I.

Eishaie, *Somniosus,* Gatt. der Unechten ↗Dornhaie.

Eiskraut ↗Mesembryanthemum.

Eispilz, *Pseudohydnum gelatinosum* Karsten, ↗Zitterpilze.

Eisprung ↗Ovulation.

Eisseestern, *Eisstern, Marthasterias glacialis,* Gatt. der *Asteriidae;* Färbung sehr variabel (grünl. bis rötl.), ⌀ bis 70 cm; Oberseite mit charakterist. Buckeln, jeder ein Büschel von ca. 400 Pedicellarien. Verbreitung von Island u. N-Norwegen bis zu den Kapverden, auch im Mittelmeer, bis 150 m Tiefe; ernährt sich v.a. von Muscheln, dadurch gefährl. Austernschädling.

Eissturmvögel, Hochseevögel aus der Ord. der Sturmvögel, möwenähnl. gefärbt, jedoch typ. Flugverhalten mit steifen Flügeln segelnd u. an Felsen vorbeikurvend; aus der Nähe sind die Röhrennasen zu erkennen. Der Nordatlantische E. (*Fulmarus glacialis*) expandiert seit 150 Jahren sein Brutareal, er kommt inzwischen an allen Küsten der Brit. Inseln, in W-Norwegen u. der Bretagne vor u. brütet seit wenigen Jahren auch auf Helgoland. Diese Ausbreitungstendenz ist auf eine genet. Änderung sowie auf eine Ausdehnung der gewerbl. Fischerei zurückzuführen. Der E. ernährt sich v. verschiedenen Meerestieren, großteils auch v. Abfällen. Er nistet an steilen Felsklippen, legt 1 Ei, selten 2 ([B] Polarregion III). Der Antarktische E. (*F. glacialoides*) unternimmt weite Wanderungen bis zum Äquator.

Eisvogel, *Eisfalter,* in der Alten u. Neuen Welt verbreitete Vertreter der Fleckenfalter-Gatt. *Limenitis* (*Ladoga*) u. Nächstverwandten; ähnl. den Schillerfaltern mit weißen Querbinden u. Fleckenreihen auf den dunklen Flügeln, aber ohne blaue Schillerfarben beim Männchen; Unterseite der Flügel bunt, mittelgroße bis große Falter. Der nordam. „Viceroy" (*L. archippus*) ist vollkommen anders gefärbt u. ahmt den ungenießbaren ↗Monarchen nach (bekanntes Beispiel für ↗Batessche Mimikry).

Die einheim. E. besuchen nur wenig Blüten (Umbelliferen, Liguster u. a.), saugen gerne an feuchten Stellen, Kot, Aas, Blattlaushonig u. Schweiß; eine Generation im Sommer, fliegen oft im Kronenbereich der Bäume; Larven grün mit dornig behaarten Hautzapfen, an Laubhölzern, überwintern in zusammengesponnenen Blättern. Ursachen des Rückgangs der E. (vgl. Spaltentext) sind: forstl. Intensivierungsmaßnahmen, Hybridpappelanbau, Veränderungen der Waldränder u. Säume.

Eisvögel, Alcedinidae, Fam. der Rackenartigen mit 15 Gatt. u. 87 Arten; oft farbenprächt. Vögel mit gedrungenem Körper, sehr kurzen Beinen, kurzem Hals u. großem spitzem Schnabel am dicken Kopf; sind in allen Erdteilen anzutreffen, der Verbreitungsschwerpunkt liegt jedoch in den Tropen Asiens u. Ozeaniens. Die E. besitzen im Auge neben der mittleren noch eine seitl. Fovea (Sehgrube), wo mit beiden Augen scharf gesehene Objekte abgebildet werden, eine Anpassung an das Verfolgen bewegter Beute; die lebhafte Gefiederfärbung entsteht sowohl durch Pigment- als auch durch Strukturfarben. E. brüten in häufig selbstgegrabenen Höhlen, die Eier sind wie bei vielen Höhlenbrütern weiß; Kotreste der Jungen werden nicht entfernt, vermutl. bieten diese übelriechenden Reste einen gewissen Feindschutz. Es lassen sich zwei Typen unterscheiden: die Wasser-E. od. Fischer, die vorwiegend v. Fischen u. Wasserinsekten leben, u. die Baum-E. od. Jäger, die nicht ans Wasser gebunden sind u. sich v. großen Insekten u. kleinen Wirbeltieren ernähren; die Jagd erfolgt i.d.R. von einer Sitzwarte aus. Zur ersten Gruppe gehört der in Eurasien u. N-Afrika vorkommende, 17 cm große Eisvogel (Alcedo atthis); er besiedelt klare Bäche, Flüsse u. Seen, sofern Steilufer zur Anlage der 50–100 cm langen Brutröhre vorhanden sind. Zur Jagd lauert er auf einem überhängenden Ast u. stößt blitzschnell stoßtauchend auf die Beute, meist 7–9 cm lange Kleinfische sowie Insekten; gelegentl. geschieht dies auch aus dem Rüttelflug heraus; unverdaul. Reste, wie Fischgräten u. Chitinteile, werden als Gewölle ausgespien. Metall. hoher Ruf „tieht". 1–2 Gelege pro Jahr mit jeweils 6–8 Eiern; anfangs werden die Jungen mit Insekten, später mit Fischen gefüttert, Bettelauslöser ist die Verdunkelung der Brutröhre durch den anfliegenden Elternvogel; ein karussellart. Wechsel der Sitzposition der Jungen sichert deren gleichmäß. Fütterung. Der E. ist nach der ↗ Roten Liste „gefährdet"; die Begradigung v. Gewässern beseitigt Brut- u. Jagdmöglichkeiten; winters sucht der E. eisfreie Wasserstellen auf, in kalten Wintern (z. B. 1962/63) werden die Bestände erhebl. dezimiert; durch künstl. Anlegen v. Steilufern ist eine Ansiedlung möglich (B Europa VII, B Vogeleier I). Der auffällig schwarz-weiß gefärbte, afr.-asiat. Graufischer (Ceryle rudis) jagt sehr oft im Rüttelflug. Zu den größten E.n gehört der afr. Rieseneisvogel (Megaceryle maxima) mit einer Länge v. 40 cm. Zur Gruppe der Baum-E. gehören die Lieste, darunter der in Klein- u. S-Asien lebende, 27 cm große Braunliest (Halcyon smyrnensis); er ist sehr ruffreudig u. brütet in Baum- od. anderen natürl. Höhlen. Der Graukopfliest (H. leucocephala) ist in Afrika weit verbreitet. Einer der bekanntesten Vögel Australiens ist der Lachende Hans od. Jägerliest (Dacelo gigas); v. a. morgens u. abends gibt er gelächterart. Rufreihen v. sich; er fängt häufig auch Giftschlangen (B Australien II). M. N.

Eiszeit, in der Geologie gebräuchl. Bez. für Abschnitte der Erdgesch. mit Vereisungsspuren (Höhepunkte im Jungpräkambrium, Jungordovizium, Permokarbon u. Pleistozän). E.en folgten den großen Gebirgsbildungen im Rhythmus v. etwa 300 Mill. Jahren. E. (besser: Kaltzeit) werden aber auch Teilabschnitte eines Vereisungszyklus gen. (z. B. ↗ „Donaukaltzeit"). T Pleistozän.

Eiszeitrefugien [Mz.; v. lat. refugium = Zufluchtsort], Glazialrefugien, Zufluchtsgebiete der durch die Vereisung aus ihrem urspr. Verbreitungsgebiet verdrängten Tiere u. Pflanzen. Anspruchsvolle Arten der mitteleur. Waldvegetation fanden z. B. Überdauerungsstätten im Mittelmeerraum u. in der transkaukas. Senke, nordam. Waldpflanzen im SO N-Amerikas u. in Mittelamerika. Bei Einwanderung in mehrere Refugien u. lange anhaltender Trennung der Teilpopulationen kam es vielfach zur Rassen- od. Artbildung.

Eiszeitrelikte [Mz.; v. lat. relictus = zurückgelassen], Glazialrelikte, isolierte, v. der arktisch-alpinen Großdisjunktion abgesprengte Überbleibsel der ehem. Eiszeitvegetation u. ihrer Tierwelt. Es ist dabei unerhebl., ob die Organismen seit dem Ende des letzten Glazials genau an den Stellen ihres heut. Vorkommens überdauert haben od. ob sie aus benachbarten Gebieten in ihre postglazialen Refugien eingewandert sind; wichtig ist ledigl. die zeitl. Kontinuität u. die vollständ. Trennung vom Hauptareal (Überschreitung der Disjunktionsschwelle). Man unterscheidet zw. progressiven u. konservativen (regressiven) E.n, je nachdem, ob die Organismen aufgrund der heut. Klimabedingungen od. anthropogener Einflüsse Ausbreitungstendenz zeigen od. nicht.

Eisvögel
Arten:
Braunliest (Halcyon smyrnensis)
Eisvogel (Alcedo atthis)
Graufischer (Ceryle rudis)
Graukopfliest (Halcyon leucocephala)
Lachender Hans, Jägerliest (Dacelo gigas)
Rieseneisvogel (Megaceryle maxima)

Eisvogel (Alcedo atthis)

Eitaschen, *Eikapseln,* ⟶ Ootheken.
Eiter, *Pus,* meist gelbl. rahmige Flüssigkeit, die sich in Wunden, Abszessen u. durch Ansammlung in verschiedenen Körperhöhlen (Brustfellraum, Gallenblase u. a.) als „Empyem" im Rahmen körpereigener zellulärer Abwehrprozesse bei bakteriellen Infektionen bildet. Der E. besteht aus fettig degenerierten Granulocyten u. enzymat. durch die Proteasen der Leukocyten eingeschmolzenem Gewebe. Je nach *E.erreger* hat der E. eine typ. diagnoseweisende Farbe, z.B. bei Streptokokken gelb-grünlich. ⟶ Entzündung.
Eitererreger, Bez. für Mikroorganismen, die eine Bildung v. ⟶ Eiter auslösen; es sind Vertreter der normalen, natürlich vorkommenden Flora des Wirts, die durch bes. Umstände (z.B. Schleimhautschädigungen, Verletzungen) in das Gewebe eindringen *(endogene Infektion),* od. Mikroorganismen, die v. außerhalb in das Gewebe gelangen *(exogene Infektion).* ⟶ Entzündung.
Eitypen, Typen der tier. Eizellen, aufgestellt unter verschiedenen Gesichtspunkten: 1) Dotteranteil am Zellvolumen (dotterarm bis dotterreich: oligo-, meso-, polylecithal). 2) Dotter innerhalb od. außerhalb der Eizelle (endolecithale/ektolecithale Eier, ⟶ zusammengesetzte Eier). 3) Dotterverteilung innerhalb der Eizelle: Bei *isolecithalen* Eiern ist der Dotter im Ei gleichmäßig verteilt; sie sind meist dotterarm (*oligo-* od. *alecithal,* z.B. Mensch). *Centrolecithale* Eier enthalten relativ viel Dotter, der v. einer dotterfreien Cytoplasmaschicht (Periplasma) umgeben ist (z.B. Insekten). Bei *telolecithalen* Eiern liegt der Dotter dem einen Eipol (vegetativer Eipol) angenähert, so daß das Cytoplasma am anderen Pol angereichert wird, der auch den Eikern enthält (animaler Pol); bei extrem dotterreichen telolecithalen Eiern (z.B. Vogelei) ist das Eiplasma auf einen kleinen, animalen Bezirk begrenzt. Dotteranteil u. Dotterverteilung beeinflussen die Art der Furchungsteilungen (⟶ Furchung). 4) Cytoplasma-Architektur u. frühe Embryonalentwicklung: wenig differenzierter Typus mit einheitl. Cytoplasma-Architektur (späte Aufteilung in Anlagen mit eingeschränkter Entwicklungsfähigkeit, z.B. Seeigel-Ei) im Ggs. zum stark differenzierten Typus mit regionalen Unterschieden der Ei-Architektur (unterschiedl. Furchungszellen, frühe Aufteilung in Anlagen mit eingeschränkter Entwicklungsfähigkeit, z.B. Tunicaten-Ei). Die überholten Begriffe ⟶ Mosaiktyp u. ⟶ Regulationstyp sind nicht ident. mit diesen Typen. 5) Speziell bei Insekten: nichtdeterminativer Typus bei niederen Insekten (⟶ Kurzkeimentwicklung), determinati-

Einige Eitererreger
Streptococcus-Arten
 S. *pyogenes*
 S. *faecalis*
 S. *haemolyticus*
 S. *pneumoniae*
 (= Pneumokokken)
Staphylococcus-Arten
Neisseria-Arten
 N. *meningitidis*
 (= Meningokokken)
 N. *gonorrhoeae*
 (= Gonokokken)
Haemophilus-Arten
Proteus vulgaris
Pseudomonas aeruginosa (grünblaues Eiterbakterium)
Klebsiella pneumoniae
Clostridium-Arten
(Gasbrand-C.)
Actinomyceten
fusiforme Stäbchen

Eiweißhefe
Eiweißhefen für Futterzwecke:
Candida utilis
C. tropicalis
C. vini
Metschnikowia (C.) pulcherrima

Eiweißmangelkrankheit
Eine Sonderform der E. stellt die *Kwashiorkor-Erkrankung* dar (Mehlnährschaden), die Folge einseitiger, überwiegend kohlenhydrathalt. u. vitaminarmer Nahrung ist; Symptome: Wachstumsstörungen, Blutarmut, Ödeme, Verfärbung der Haare; meist in Afrika, W-Indien, S-Amerika.

ver Typus bei höheren Insekten (⟶ Langkeimentwicklung); gekoppelt mit unterschiedl. Typen der ⟶ Oogenese. 6) Funktionell: entwicklungsfähige Eier, die in die Embryonalentwicklung eintreten, sowie Nähreier (⟶ Abortiveier), die Nährsubstanzen für entwicklungsfähige Eier liefern (⟶ Dotterzellen, ⟶ Nähreier, ⟶ zusammengesetzte Eier). [B] Furchung.
Eiweiß *s,* 1) urspr. Bez. für ⟶ Protein, die heute mehr u. mehr zugunsten der Bez. Protein aufgegeben wird. 2) das Weiße des Hühnereies.
Eiweißdefizit, *Eiweißmangel,* Mangel an körpereigenem Eiweiß (Protein) als Folge von a) mangelnder Zufuhr v. Nahrungseiweiß, b) mangelnder Aufnahme bei Resorptionsstörung durch Darmerkrankungen, c) krankhaft vermehrtem Eiweißverlust, z.B. bei Nierenerkrankungen (nephrot. Syndrom), schweren Eiterungen, Blutungen, d) mangelnder Eiweißsynthese in der Leber (meist ⟶ Albumine), e) vermehrtem Verbrauch, z.B. bei Tumoren, Hormonstörungen u.a.
Eiweißdrüsen, albuminöse u. seröse Drüsen, die bes. eiweißreiches Sekret abgeben. Dazu gehören z.B. bestimmte Zungendrüsen bei Säugetieren u. die ♀ Geschlechtsausfuhrgänge, die die Eizellen mit Eiweißhüllen versehen (z.B. bei Schnecken, Knorpelfischen, Reptilien, Vögeln).
Eiweißfäulnis ⟶ Fäulnis.
Eiweißhefe, *Mineralhefe,* großtechn. produzierte Hefe, die getrocknet in den Handel kommt (Proteingehalt ca. 50%); hpts. für Futterzwecke *(Futterhefe)* u. auch für die menschl. Ernährung *(Nährhefe,* ⟶ Bierhefe) verwendet. Zur Herstellung der Futterhefe werden billige, kohlenhydrathalt. Abfälle der Ind. und Landw. u. anorgan. Stickstoffquellen (z.B. Ammoniumsalze) eingesetzt (⟶ Einzellerprotein), für Nährhefe auch wertvollere Rohstoffe. Früher wurde E. wie Backhefe hergestellt, heute in bes. steuerbaren Bioreaktoren.
Eiweißmangelkrankheit, *Dystrophie, Hungerdystrophie,* Folge einer chron. Unterernährung, die meist auch Kohlenhydrat- u. Fettmangel mit einschließt, wobei der substanzerhaltende Bedarf an Eiweiß (Protein) nicht mehr gedeckt wird. Manifestation durch Ödeme als Folge des Eiweißmangels (feuchte Dystrophie) u. durch extremes Abmagern bei längerdauerndem Mangel; weitere Symptome: Antriebsarmut, Haarausfall, Menstruationsstörungen, Libidoverlust.
Eiweißminimum ⟶ Proteinstoffwechsel.
Eiweißquotient ⟶ Proteinstoffwechsel.
Eiweißstoffe, *Eiweißkörper,* die ⟶ Proteine.
Eizahn, 1) *Oviruptor,* embryonales, cuticu-

läres Organ bei Eilarven vieler Insekten zum Sprengen od. Aufritzen der Eischale; kommt in Gestalt v. unpaaren od. paarigen, stark sklerotisierten Dornen, Zahnreihen, scharfen Leisten o. ä. an verschiedenen Körperstellen vor. Am häufigsten ist ein unpaarer E. auf der Stirn (Frons, seltener Clypeus), bei Felsenspringern auch an den Unterkiefern. Bei vielen Larven der Blatthornkäfer treten sie paarig am Metathorax auf. Man unterscheidet embryonale u. persistente Eizähne. Erstere werden beim Verlassen des Eies mit der Embryonalcuticula, letztere erst mit der nächsten Häutung abgestreift. 2) *Eischwiele,* harte Hornschwiele an der Spitze des Oberschnabels v. Vogelembryonen u. am Oberkiefer v. Brückenechsen, Krokodilen u. Schildkröten; dient dem Aufbrechen der Eischale; verschwindet nach dem Schlüpfen. 3) echter Zwischenkieferzahn bei Embryonen v. Eidechsen u. Schlangen u. bei dem zu den eierlegenden Säugetieren *(Monotremata)* gehörenden ↗ Ameisenigel *(Tachyglossus).* Alle „Eizähne" werden später abgeworfen.

Eizelle, *Ovum,* weibl. Keimzelle vielzell. Organismen mit nur einem Chromosomensatz (1n), aus der sich, i.d.R. nach ↗ Befruchtung durch die männl. Keimzelle, ein neues Individuum entwickelt. 1) Bot.: Die Bildung der E. erfolgt bei Pflanzen meist in bes. differenzierten Fortpflanzungsorganen; bei Algen u. Pilzen in dem ↗ Oogonium, bei den Archegoniaten (Moose u. Farne) in dem ↗ Archegonium u. bei den Samenpflanzen in der ↗ Samenanlage. 2) Zool.: E.n der Tiere sind meist rund und unbeweglich (Ausnahme z. B. Schwämme), stets ohne Flagellum (Geißel), enthalten oft große Mengen v. Speicherstoffen (↗ Dotter) u. sind meist v. ↗ Eihüllen umgeben. Die E.n differenzieren sich bei den meisten Metazoen in den Eierstöcken (Ovarien) (↗ Oogenese) u. verlassen das Muttertier über den Eileiter (↗ Oviparie) od. entwickeln sich in ihnen (↗ Ovoviviparie, ↗ Viviparie). Auch bei Protozoen gibt es unbegeißelte Oogameten, so bei manchen Sporozoen. Die Größe der E. ist abhängig v. der Dottermenge u. variiert bei heute lebenden Formen v. 12–17 µm (Trematoden) bis 22 cm (Riesenhai). Die menschl. E. ist dotterarm u. hat einen ⌀ von 120–150 µm. Der Aufbau der E. variiert bezügl. Menge u. Verteilung des Dotters u. bezügl. der Cytoplasma-Architektur (↗ Eitypen). Dotterverteilung u. -menge beeinflussen den Typ der ↗ Furchung, während regionale Unterschiede der Cytoplasma-Architektur oft zur frühen Einschränkung der Entwicklungsfähigkeit der einzelnen Furchungszellen (Blastomeren) führen (↗ Eitypen). Die Dottermenge der E. ist abhängig davon, ab wann der Embryo selbst Nahrung aufnehmen kann bzw. (bei viviparen Formen) ab wann er über die Mutter ernährt wird. Die Anzahl der jährl. produzierten Eier ist abhängig v. der (Über-)Lebenschance der betreffenden Tierart. So legt z. B. eine Termitenkönigin 10 Mill., der Kabeljau 4 Mill. u. die Bienenkönigin mehr als 100 000 Eier pro Jahr ab, Pinguine dagegen nur eines. Große Eizahlen haben Parasiten mit Wirtswechsel, wie z. B. ↗ Bandwürmer, die 80 Mill. u. mehr Eier produzieren. Einige Tiergruppen (z. B. Wasserflöhe) können in Anpassung an periodisch ungünstige Umweltbedingungen überdauerungsfähige Eier bilden (↗ Dauereier). ☐ Befruchtung, B Embryonalentwicklung III.

Ejactosome [Mz.; v. lat. eiaculari = herausschleudern, gr. sôma = Körper], ↗ Cryptophyceae.

Ejakulat *s* [v. lat. eiaculari = herausschleudern], die bei der ↗ Ejakulation abgegebene spermienhalt. Flüssigkeit; beim Menschen 2–6 ml, Rind 5–8 ml, Pferd 60 bis 100 ml, Schwein 150–200 ml. ↗ Sperma.

Ejakulation *w* [v. lat. eiaculari = herausschleudern], Ausspritzung v. Flüssigkeit, insbes. des ↗ Spermas bei der Begattung. Bei Säugetieren sind die Spermien nach

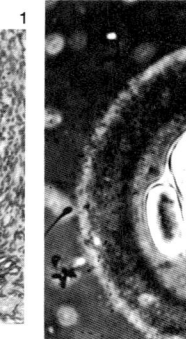

Eizellengrößen einiger Tiergruppen

	⌀ in mm
Hohltiere	
Aurelia	0,19
Vielborster	
Lumbrinereis	0,16
Stachelhäuter	
Toxipneustes	0,11
Manteltiere	
Ascidiella	0,16
Insekten*	
Acheta domestica (Heimchen)	2,5
Oecanthus pellucens (Weinhähnchen)	3,5
Leptinotarsa decemlineata (Kartoffelkäfer)	1,75
Drosophila melanogaster (Taufliege)	0,5
Apis mellifica (Honigbiene)	1,75
Schädellose	
Amphioxus	0,12
Rundmäuler	
Petromyzon	1,0
Lungenfische	
Protopterus	3,75
Quastenflosser	
Latimeria	ca. 100
Echte Knochenfische	5–6,5
Amphibien	
Xenopus	1,5
Rana	2,1
Sauropsiden	4–>40
Chordatiere	
mit holoblast. Furchung	0,2–7
mit meroblast. Furchung	0,5–40

* angegeben sind die Eilängen

Menschliche Eizelle

1 Menschliche Eizelle im Ovar (85fache Vergrößerung), umgeben von Follikelzellen und Follikelhöhle. 2) *Besamung* einer Eizelle. Das Photo zeigt eine von Spermien umgebene menschliche Eizelle. Nur ein Spermium gelangt in die Eizelle, so daß ihre Befruchtung durch die Verschmelzung des Eizellkerns mit dem einen Spermiumzellkern vollzogen wird. Neben der großen Eizelle ist noch die kleine Tochterzelle (Polkörperchen) der ersten Reifeteilung zu sehen.

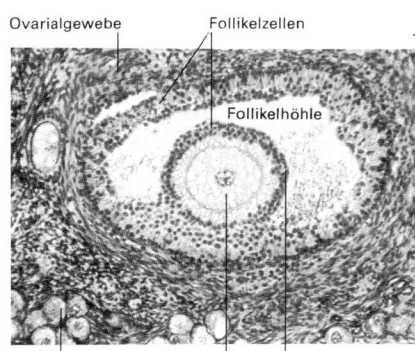

Bild 1: Ovarialgewebe, Follikelzellen, Follikelhöhle, junge Eizellen, Eizelle, Eihügel

EK-Filter

Verlassen des Nebenhodens (Epididymis) in den paarigen Samenleitern gespeichert (nicht in den „Samenbläschen"!). Die E. beginnt mit der Kontraktion der stark muskulösen Wand der Samenleiter; die Kontraktion mehrerer anderer quergestreifter Muskeln sorgt für den Weitertransport des Spermas durch die Harnröhre im erigierten Penis. ↗Erektion.

EK-Filter, Abk. für ↗Entkeimungsfilter.

EKG, Abk. für ↗Elektrokardiogramm.

Eklektor m [v. gr. eklegein = auslesen], kastenart. Falle zur Ermittlung der Anzahl schlüpfender od. durchwandernder Insekten einer bestimmten Bodenfläche.

Eklipse w [v. gr. ekleipsis = Ausbleiben], Phase während einer Virusinfektion, in der keine infektiösen Viruspartikel in der infizierten Zelle nachweisbar sind. In der E. laufen alle Prozesse ab, die zur Virusvermehrung erforderl. sind (Synthese virusspezif. Proteine, Replikation des Virusgenoms usw.). ↗Bakteriophagen.

Ektoblast m [v. *ekto-, gr. blastos = Keim], 1) das ↗Ektoblastem. 2) der ↗Epiblast.

Ektoblastem s [v. *ekto-, gr. blastēma = Keim], *Ektoblast,* Bez. für das ↗Ektoderm, die seine Funktion als Bildungsgewebe (Blastem) betont u. die Gleichsetzung mit der äußeren Körperschicht der Coelenteraten vermeidet.

Ektoderm s [v. *ekto-, gr. derma = Haut], 1) *äußeres Keimblatt, Ektoblast(em), Exoderm,* die äußere der beiden Zellschichten (Keimblätter), die den zweischicht. Keim (↗Gastrula) der vielzell. Tiere aufbauen. Das E. bildet v. a. Epidermis u. Nervengewebe u. ist am Aufbau der Hauptsinnesorgane beteiligt (↗Plakoden). Ggs.: Entoderm u. Mesoderm. B Embryonalentwicklung I-II. 2) äußere Körperschicht („Epidermis") der Coelenteraten (Hohltiere).

Ektodesmen [Mz.; v. *ekto-, gr. desma = Band], Bez. für die den ↗Plasmodesmen entspr. Plasmastränge in der Außenwand v. Epidermiszellen; haben sich als Artefakte herausgestellt.

Ektogenese w [v. *ekto-, gr. genesis = Entstehung], von dem dt. Zoologen L. Plate (1862-1937) 1913 eingeführte Bez. für eine in steter Abhängigkeit v. der Umwelt verlaufende Evolution, bei der die Triebkräfte für das Entwicklungsgeschehen ausschl. v. den Faktoren der Umwelt ausgehen (Selektion). Plate identifizierte die E. mit der kausalist. Evolutionsauffassung. Ggs.: ↗Autogenese.

Ektohormone [Mz.; v. *ekto-, gr. hormōn = antreibend], *Exohormone,* die ↗Pheromone.

ektolecithale Eier [Mz.; v. *ekto-, gr. lekithos = Dotter] ↗zusammengesetzte Eier.

Ektoparasiten
Tierische E. sind z. B. Läuse, Flöhe, Bettwanzen, Krebse od. Saugwürmer an Fischkiemen, pflanzliche E. z. B. „Teufelszwirn" *Cuscuta.* Temporär saugende Insekten (Mücken, Stechfliegen, Bremsen, Raubwanzen) werden meist nicht zu den E. gerechnet.

ekto- [v. gr. ektos = außen], in Zss.: außen-.

elachist- [v. gr. elachistos = der Kleinste, Geringste].

elaeo-, elaio- [v. gr. elaion = Öl, davon auch elaios = Ölbaum], in Zss.: Öl-.

Ektoloph s [v. *ekto-, gr. lophos = Nakken], *Außenjoch,* leistenart. Verbindung der beiden Außenhöcker (Para- u. Metaconus) an ↗lophodonten oberen Säugetierbackenzähnen, z.B. bei Rhinoceroten; entspr. Bildungen an Unterkiefermolaren heißen *Ektolophid.*

Ektomesoblastem s [v. *ekto-, gr. mesos = der mittlere, blastēma = Keim], das ↗Ektomesoderm.

Ektomesoderm s [v. *ekto-, gr. mesos = der mittlere, derma = Haut], *Ektomesoblastem,* Gewebe in der Kopfanlage der Wirbeltiere, das sich v. Zellen der ↗Neuralleiste ableitet u. im Kopfbereich Strukturen aufbaut, die im übr. Körper mesodermaler Abkunft sind, z.B. das Stützgewebe im Visceralskelett u. in den Zähnen.

Ektoparasiten [Mz.; v. *ekto-, gr. parasitos = Schmarotzer], *Außenschmarotzer,* Organismen, die an der Oberfläche anderer Organismen über längere Zeit parasitisch Nahrung entnehmen *(Ektoparasitismus)* u. meist durch ↗Anheftungsorgane dauerhaft an ihnen befestigt sind. Ggs.: Endoparasiten. B Parasitismus II.

Ektoparasitismus m [v. *ekto-, gr. parasitos = Schmarotzer], *Außenparasitismus,* durch Außenschmarotzer (↗Ektoparasiten) gekennzeichnete Form des ↗Parasitismus.

ektopisch [v. *ekto-, gr. topos = Ort], an ungewohnter Stelle zu finden, z. B. ungewöhnl. Eindring- od. Aufenthaltsort v. Parasiten im Wirt.

Ektoplasma s [v. *ekto-, gr. plasma = Gebilde], *Außenplasma, Ektosark,* Bez. für den peripheren Plasmabereich bes. bei amöboid bewegl. Zellen. Das E. ist gewöhnl. frei v. Cytomembranen, erscheint homogen hyalin u. hat eine höhere, gelart. Viskosität als das dünnerflüss. Sol des übrigen Zellplasmas *(Endoplasma).* Es handelt sich hierbei jedoch nicht um einen grundsätzl. verschiedenen Aufbau der beiden Plasmaarten, sondern nur um eine unterschiedl. Verteilung v. intraplasmat. Organellen. Das E. ist gewöhnl. reich an fibrillären Proteinen, v. a. ↗Actine, die, gesteuert durch die Ca^{2+}-Konzentration, durch Hilfsproteine wie Fimbrin, α-Actinin u. Filamin zu einem starren Gel vernetzt werden können bzw. bei Erhöhung des freien Ca^{2+} wieder in den Solzustand übergehen. Die kontinuierl. Sol-Gel-Umwandlung spielt vermutl. eine wesentl. Rolle bei der ↗amöboiden Bewegung.

Ektosipho m [v. *ekto-, gr. siphōn = Röhre, Spritze], (Teichert), die Wand des Siphos von Cephalopodenschalen, die sich im allgemeinen aus Siphonalhülle u. Siphonaldüten zusammensetzt. Ggs.: Endosipho.

Ektoskelett s [v. *ekto-, gr. skeletos = trocken], das ↗Exoskelett.
Ektospor s [v. *ekto-, gr. sporos = Same], *Ektosporium,* ↗Sporen.
Ektosporen [Mz.; v. *ekto-, gr. sporos = Same], die ↗Exosporen.
Ektosymbiose w [v. *ekto-, gr. symbiōsis = Zusammenleben], Bez. für diejenigen zwischenartl. Wechselbeziehungen v. Organismen, bei denen der Symbiont außerhalb des Wirtskörpers lebt (Ggs. ↗*Endosymbiose*). – Bei den meisten E.n steht für einen Partner der Gewinn v. Nahrung im Vordergrund der Beziehung. Eines der auffälligsten Beispiele für enge Wechselbeziehungen zw. Tieren u. Pflanzen (*Zoophytosymbiosen*) ist die Pollenübertragung bei zahlr. Blütenpflanzen (↗Bedecktsamer) durch Tiere, die ↗*Zoogamie* (↗Bestäubung). Bei vielen Pflanzen wird die Verbreitung der Diasporen (Samen u. Früchte) v. Tieren (v. a. Insekten, Vögeln, Säugetieren) besorgt (↗*Zoochorie*). Im Falle der ↗Myrmekochorie sind die Wechselbeziehungen zw. den tier. Partnern (hier: Ameisen) u. den Pflanzen bes. deutl. ausgeprägt (↗Ameisenpflanzen). – Als *Zoosymbiosen* bezeichnet man symbiont. Wechselbeziehungen, bei denen beide Partner dem Tierreich angehören. In Afrika führen die Honiganzeiger, Vögel der Gatt. *Indicator,* durch auffallende Lautäußerungen u. durch Vorausfliegen den Honigdachs (*Mellivora capensis*), aber auch Eingeborene, zu den Nestern v. Wildbienen. Der Honigdachs öffnet das Bienennest u. frißt den Honig. Der Vogel hingegen bevorzugt das Bienenwachs, das durch Zusammenwirken v. einem Bakterium (*Micrococcus cerolyticus*) u. einem Pilz (*Candida albicans*) im Darm des Honiganzeigers aufgeschlossen wird. Viele Ameisenarten nutzen den zuckerhalt. Kot Pflanzensaft saugender Insekten (z. B. ↗Blattläuse, Schildläuse, Zikaden), den sog. ↗Honigtau, als Nahrungsquelle u. schützen ihre Futterlieferanten vor Feinden (↗*Trophobiose*). Größere Landsäugetiere, wie etwa Büffel, Nashörner, Flußpferde, aber auch manche Reptilien (z. B. Krokodile, Meerechsen, Schildkröten) lassen sich v. darauf spezialisierten Vogelarten – z. B. ↗Madenhackerstare (Gatt. *Buphagus*) u. ↗Krokodilwächter (Gatt. *Pluvianus*) – v. ihren Hautparasiten befreien. Im Meer reinigen Putzerfische u. -garnelen andere Fische v. Ektoparasiten (↗*Putzsymbiose*). Ebenfalls im Meer treffen wir auf Zoosymbiosen, bei denen sich der eine Partner den Schutz der Nesselkapseln bestimmter Seeanemonen zunutze macht. Am bekanntesten sind die E.n, welche ↗Einsiedlerkrebse (*Paguridae*) mit Aktinien (Seerosen) eingehen, die sie auf das v. ihnen bewohnte Schneckengehäuse aufsetzen. Die sessilen Aktinien werden hierdurch passiv bewegl. u. können sich an den Mahlzeiten des Krebses beteiligen. In den Korallenriffen trop. Meere suchen die danach ben. ↗Anemonenfische Schutz zw. den mit Nesselkapseln bewehrten Tentakeln v. Seeanemonen. Die „Gegenleistung" der Anemonenfische besteht vermutl. im Sauberhalten u. im Beschützen der Aktinie vor Tentakel abfressenden Riffischen. – Reine *Phytosymbiosen* lassen sich nur bei weiter Auslegung des Begriffs E. aufzeigen, wenn man z. B. die Lebensweise der ↗Epiphyten u. damit die Erscheinung der Epökie mit einbezieht. [B] Symbiose.

Lit.: Henry, S. M. (Hg.): Symbiosis. New York 1966/67. Matthes, D.: Tiersymbiosen. Stuttgart 1978. *H. Kör.*

Ektosymbiose
Bei der Anwendung des Symbiosebegriffs i.w.S. (↗Symbiose) gilt auch die Erscheinung des „Ektoparasitismus" als eine Form der E. In Europa u. bes. im dt. Sprachraum ist es jedoch übl., unter E.n nur diejen. gesetzmäß. Beziehungen zw. verschiedenart. Organismen zu verstehen, bei denen beide Partner einen Nutzen haben (*Mutualismus*).

Ektosymbiose
Beispiele für *Zoophytosymbiosen*: Insekten verschiedener systemat. Gruppen haben sich pflanzl. Nahrung zugängl. gemacht, ohne selbst über das cellulosespaltende Enzym ↗Cellulase zu verfügen; sie lassen sich die Cellulose od. das Lignin v. bestimmten Pilzarten, die sie dazu eigens in *Pilzgärten* züchten, aufschließen u. nehmen anschließend das vorverdaute Pflanzenmaterial u./od. Teile des Pilzes als Nahrung zu sich (Beispiel: ↗Blattschneiderameisen). Auch die höheren Termiten (Fam. *Termitidae*) betreiben ähnl. Pilzkulturen, um Holz als Nahrungsquelle zu nutzen. Weitere Beispiele für Pilzzucht betreibende Insekten sind die ↗Ambrosiakäfer u. die ↗Holzwespen (*Siricidae*); ↗Gallmücken (*Cecidomyiidae*) züchten Pilzrasen an der Innenwand der Gallenkammer.

ektotherme Tiere [v. *ekto-, gr. thermos = warm], ↗Poikilothermie.
Ektotoxine [Mz.; v. *ekto-, gr. toxikon = (Pfeil-)Gift], ↗Exotoxine.
ektotrophe Mykorrhiza w [v. *ekto-, gr. trophē = Ernährung, mykēs = Pilz, rhiza = Wurzel], ↗Mykorrhiza.
Ektoturbinalia [Mz.; v. *ekto-, lat. turbo, Gen. turbinis = Wirbel], ↗Turbinalia.
Ektromelie w [v. gr. ektrōsis = Abweichung, melos = Glied], 1) Sonderform der ↗Dysmelie. 2) *infektiöse E.,* die ↗Mäusepocken.
Ektromelievirus s [v. gr. ektrōsis = Abweichung, melos = Glied], *Mäusepockenvirus,* ↗Pockenviren.
Elachista w [v. *elachist-], Gatt. der ↗Chordariales.
Elachistidae [Mz.; v. *elachist-], die ↗Grasminiermotten.
Elachistocleis w [v. *elachist-, gr. kleis = Schlüssel], Gatt. der ↗Engmaulfrösche.
Elachistodon m [v. *elachist-, gr. odōn = Zahn], Gatt. der ↗Eierschlangen.
Elaeagnaceae [Mz.; v. gr. elaiagnos = eine böotische Sumpfpfl.], die ↗Ölweidengewächse.
Elaeagnus m [v. gr. elaiagnos = eine böotische Sumpfpfl.], die ↗Ölweide.
Elaeis w [v. gr. elaios = wilder Ölbaum], *E. guineensis,* die ↗Ölpalme.
Elaeocarpaceae [Mz.; v. *elaeo-, gr. karpos = Frucht], *Ölfruchtgewächse,* Fam. der Malvenartigen mit 12 Gatt. u. ca. 350 Arten. Von SO-Asien bis nach Australien sowie in S-Amerika u. der Karibik beheimatete Bäume u. Sträucher mit ungeteilten wechsel- oder gegenständ. Blättern mit Nebenblättern u. zwittr. radiär, 4- od. 5zähl. Blüten in traub. oder risp. Blütenständen. Letztere bestehen aus freien od. teilweise verwachsenen Kelch- u. freien od. fehlenden Kronblättern mit häufig ge-

Elaeodendron

fransten Spitzen u. zahlr. freien Staubblättern. Aus dem oberständ. Fruchtknoten entwickelt sich eine Kapsel od. Steinfrucht. Größte Gatt. ist *Elaeocarpus.* Von SO-Asien bis nach Australien u. in den pazif. Raum verbreitet, umfaßt sie ca. 200 Arten, v. denen einige, z. B. *E. reticulatus* und *E. dentatus,* in Europa als Zierpflanzen kultiviert werden. Einige E.-Arten besitzen auch eßbare fleisch. Früchte; die harten Samen mancher Arten werden zu Schnitzarbeiten (Halsketten, Rosenkränze usw.) verwendet. Auch einige Arten der in Australasien u. S-Amerika heim. Gatt. *Aristotelia* werden kultiviert. Die schwarzen, erbsengroßen Früchte von *A. chilensis* sollen Heilkräfte besitzen u. werden in ihrem Herkunftsland zu Wein verarbeitet; das Holz von *A. racemosa* wird in der Möbelschreinerei verwendet.

Elaeodendron *s* [v. *elaeo-, gr. dendron = Baum], Gattung der ↗Spindelbaumgewächse.

Elagatis, Gatt. der ↗Stachelmakrelen.

Elaidinsäure [v. *elaio-], *trans-9-Octadecensäure,* eine trans-Isomere der Ölsäure, eine der selten vorkommenden trans-Fettsäuren, die in kleinen Mengen in Rinder- u. Butterfett enthalten ist. E. (fest) entsteht unter der Wirkung geringer Mengen Salpetr. Säure od. Salpetersäure aus Ölsäure (flüssig) durch cis-trans-Isomerisierung (fr. *Elaidinisierung* gen.), einer Gleichgewichtsreaktion, die zu 66% auf der Seite der stabileren E. liegt. Die Isomerisierung ist bei der Härtung von Fetten von Bedeutung.

Elaiophoren [Mz.; v. *elaio-, gr. -phoros = tragend], ölproduzierendes Gewebe der ↗Ölblumen.

Elaioplasten [Mz.; v. *elaio-, gr. plastos = geformt], *Ölkörperchen,* spezialisierte farblose ↗Plastiden (Leukoplasten), die Fette u. Öle in Form zahlr. Tröpfchen speichern; häufig bei Lebermoosen u. Einkeimblättrigen Pflanzen.

Elaiosomen [Mz.; v. *elaio-, gr. sōma = Körper], *Ölkörper,* protein-, fett- u./od. kohlenhydratreiche Gewebeanhängsel v. Samen, z. B. bei Veilchen u. Wolfsmilch, die Ameisen als Nahrung dienen; die Ameisen tragen damit zur Verbreitung der Samen bei. ↗Beltsche Körperchen.

Elanus [nlat., = Drache], die ↗Gleitaare.

Elaphe [v. *elaph-], die ↗Kletternattern.

Elaphomyces [v. *elaph-, gr. mykēs = Pilz], die ↗Hirschtrüffel.

Elaphrus *m* [v. gr. elaphros = flink, schnell], Gatt. der ↗Laufkäfer.

Elaphurus *m* [v. *elaph-, gr. oura = Schwanz], Gatt. der Echthirsche; einzige Art: *Elaphurus davidianus,* der ↗Davidshirsch.

Elaeocarpaceae

Wichtige Gattungen:
Aristotelia
Crinodendron
Elaeocarpus
Sloanea

Elasmosaurus

$$\underset{\text{Elaidinsäure}}{\overset{\text{COOH}}{\underset{|}{\overset{|}{\underset{\text{CH}_3}{\overset{(\text{CH}_2)_7}{\underset{|}{\overset{|}{\underset{C}{\overset{H}{\underset{\backslash}{\overset{\diagup}{\underset{(\text{CH}_2)_7}{\overset{C}{\underset{|}{\overset{\|}{\underset{H}{\overset{\diagup}{}}}}}}}}}}}}}}}}$$

elaeo-, elaio- [v. gr. elaion = Öl, davon auch elaios = Ölbaum], in Zss.: Öl-.

elaph- [v. gr. elaphos = Hirsch], in Zss.: Hirsch-.

Elapidae [Mz.; v. gr. elaps, Gen. elapidos = eine Schlangenart], die ↗Giftnattern.

Elasmobranchii [Mz.; v. gr. elasma = Platte, bragchia = Kiemen], U.-Kl. der ↗Knorpelfische.

Elasmosaurus *m* [v. gr. elasma = Platte, sauros = Eidechse], *Schlangenhalsechse,* zu den Paddelechsen (Ord. Sauropterygia) gehörender † Meeressaurier aus der Oberkreide v. Kansas; Kopf relativ winzig, Hals mit 76 distal größer werdenden Wirbeln enorm verlängert. Die größte Art, *E. platyurus* Cope, erreichte 12,80 m Länge (Halslänge fast 7 m) u. ist die größte bekannte Paddelechse überhaupt.

Elasmotherium *s* [v. gr. elasma = Platte, thērion = Tier], Gatt. großwüchs. Nashörner der † U.-Fam. *Elasmotheriinae* Dollo 1885 mit nur einem Horn u. ungewöhnl. hochkron. prismat. Backenzähnen mit stark gefälteltem Schmelz; Schädellänge bis 1 m; Skelett plump, Hand u. Fuß tridactyl; Pleistozän v. Europa u. N-Asien.

Elastase *w* [v. *elast-], eine Endopeptidase aus Säugetierpankreas, die ↗Elastin bevorzugt an den Positionen der nichtaromat. hydrophoben Aminosäuren (Ala, Gly) hydrolytisch spaltet. E. ist strukturell mit anderen Endopeptidasen des Verdauungstrakts, wie Chymotrypsin u. Trypsin, verwandt (☐ aktives Zentrum) u. bildet sich wie diese aus einer Vorstufe, der aus 251 Aminosäuren aufgebauten Pro-E., durch Abspaltung eines N-terminalen Peptids v. 11 Aminosäuren. Neuerdings sind der E. ähnl. Enzyme auch in Mikroorganismen *(Myxobacter, Pseudomonas aeruginosa)* gefunden worden.

Elastin *s* [v. *elast-], mit dem ↗Kollagen nahe verwandtes Strukturprotein, das den Hauptbestandteil der ↗elast. Fasern ausmacht. Die elast. Eigenschaften des E.s sind bedingt durch einen hohen Anteil an apolaren Aminosäuren wie Alanin, Glycin u. Prolin, bes. aber der Aminosäuren mit isoprenähnl. Seitenkette (Valin 17%, Isoleucin u. Leucin 12%). Diese liegen innerhalb des E.s häufig in Form der sich wiederholenden Teilsequenzen Gly-Gly-Val-Pro, Gly-Val-Pro-Gly u. anderen Varianten vor. Von bes. Bedeutung für die Elastizität ist ferner die kovalente Quervernetzung v. vier Lysinresten zum ↗Desmosin (bzw. Isodesmosin). Der aromat. Pyridinring des Desmosins bedingt die gelbliche Farbe des E.s. Die räuml. Quervernetzung durch Desmosin ist darüber hinaus die Ursache für die Unlöslichkeit u. ungewöhnl. Stabilität des E.s gegenüber Alkali, Hitze u. Proteasen (mit Ausnahme v. ↗Elastase). Der wasserlösl., da noch nicht quervernetzte Vorläufer des E.s ist das Tropo-E. ↗Resilin.

elastische Fasern [v. *elast-], Bindegewebsfasern aus ⟶Elastin, das am Aufbau aller ⟶Bindegewebe der Wirbeltiere in unterschiedl. Maße beteiligt ist u. ihnen Elastizität verleiht. Im Ggs. zum ⟶Kollagen lagern sich die Elastinmoleküle nicht zu lockeren Fibrillenbündeln zus., sondern sind durch seitl. Verkettung v. benachbarten Lysinresten zu einem dehnbaren Netzwerk verknüpft. Namentl. in Gefäßwänden großer Blutgefäße wie Aorta u. Arteria carotis ist der Anteil elast. Fasernetze bes. hoch. Elastin wurde bisher nur bei Chordaten gefunden. Ähnl. Eigenschaften hat das ebenfalls lysinreiche ⟶Resilin der Insekten.

Elastoidinfäden [v. *elast-], Stützelemente aus faser. Skleroprotein in den Flossen v. Knorpelfischen u. in den Spitzen unpaarer Flossen mancher Knochenfische.

Elateren [Mz.; v. gr. elatēr = Treiber], Bez. für die in den Sporenkapseln der Leber- u. Hornmoose ausgebildeten, diploiden Zellen, die langgestreckt sind u. schraubige Wandverdickungen besitzen. Die Bewegungen dieser Wandverdickungen infolge v. Feuchtigkeitsänderungen lockern die Sporenmasse auf u. tragen zu deren Ausstreuung bei. Analoge Strukturen bei Schleimpilzen ⟶Capillitium.

Elatericine [Mz.; v. gr. elatērios = abführend], *Elaterine,* die ⟶Cucurbitacine.

Elateridae [Mz.; v. gr. elatēr = Treiber], die ⟶Schnellkäfer.

Elbeeiszeit [nach dem Fluß Elbe], regionalstratigraph. Ausdruck für eine frühe Kälteperiode des Pleistozäns vor der Elsterkaltzeit; dürfte der Günzkaltzeit (= Menapien) im alpinen Bereich entsprechen.

Elbling *m* ⟶Weinrebe.

Elch, *Elen, Alces alces,* einzige Art der Elchhirsche *(Alcinae),* einer eigenen U.-Fam. der Hirsche *(Cervidae),* mit insgesamt 7 U.-Arten; Kopfrumpflänge 200–300 cm, Körperhöhe 180–230 cm, Gewicht 300–500 kg (extrem: 800 kg), weibl. Tiere kleiner u. leichter; Fellfärbung graubraun bis fast schwarz; männl. Tiere mit breit (bis 2 m) ausladendem Schaufelgeweih („Schaufler"), seltener mit mehrfach gegabeltem Stangengeweih („Stangler"); Nasenbereich lang u. breit, überhängende bewegl. Oberlippe (Muffel). Das natürl. Vorkommen der E.e beschränkt sich heute auf die kälteren Regionen der Nordhalbkugel der Erde (Skandinavien, Kanada, Alaska, Sibirien); die südl. Verbreitungsgrenze verläuft in der Neuen u. Alten Welt etwa in Höhe des 50. Breitengrades. Nacheiszeitl. kamen in Europa E.e bis in die Alpen vor. Noch bis ins frühe MA war der E., wie Knochen-, Geweihfunde u. alte Ortsnamen (z. B. Ellwangen) bezeugen, über ganz Dtl. verbreitet. Berühmt waren (bis

elast- [v. gr. elaunein (auch elan) = treiben, auseinanderziehen, dehnen].

electro-, elektro- [v. gr. ēlektron = Legierung aus Gold und Silber, Bernstein], in Zss. meist: elektrisch..., Elektrizität-.

Elch
Einige Unterarten:
Nord-Elch
(Alces alces alces)
Ostamerikan. Elch
(A. a. americana)
Alaska-Elch
(A. a. gigas)
† Kaukasus-Elch
(A. a. caucasicus)
Yellowstone-Elch
(A. a. shirasi)

Elch *(Alces alces)*

vor dem 2. Weltkrieg) die sorgfältig gehegten E.bestände in Ostpreußen. Einzeltiere, die ab u. zu nach Dtl. u. nach Östr. einwandern, stammen heutzutage aus poln. Revieren. Der E. ist nach L. Heck ein typ. Waldtier; andere Autoren halten ihn eher für einen Sumpfhirsch, da er sich dank seiner großen u. breiten Nebenhufe u. weit spreizbaren Zehen gut in Sumpf- u. Moorlandschaften fortbewegen sowie gut u. ausdauernd schwimmen kann. Seine Nahrung, Zweige u. Blätter v. Weichhölzern, Sumpf- u. Wasserpflanzen, Gräser u. Heidekräuter, nimmt der E. bes. in der Morgen- u. Abenddämmerung auf. Er lebt einzeln od. in kleinen Familientrupps u. wandert zur Brunstzeit (Sept.) weit umher. Weibl. E.e werden schon mit 1½ Jahren fortpflanzungsfähig und setzen nach 35–38wöchiger Tragzeit, meist im Mai, 2 Kälber. Junge männl. E.e schieben mit 15–17 Monaten ein erstes Spießgeweih, dem im nächsten Jahr ein Spieß-, Gabel- od. Sechsergeweih folgt; erst mit zunehmendem Alter verbreitert sich der Stangengrund zw. den Enden zum Schaufelgeweih. Mit 5 Jahren ist der E.hirsch ausgewachsen; 20–25 Jahre können E.e alt werden. Da E.e leicht zähmbar sind, werden sie in Skandinavien, den Balt. Ländern u. in Sibirien schon seit langer Zeit (prähist. Felszeichnungen!) als Reit-, Trag- u. Zugtiere eingesetzt. B Europa V.

Elchhirsche, *Alcinae,* U.-Fam. der Hirsche *(Cervidae)* mit nur 1 Art, dem ⟶Elch.

Electra *w,* Gatt. der U.-Ord. *Anasca,* ⟶Moostierchen.

Electrophoridae [Mz.; v. *electro-, gr. -phoros = -tragend], Fam. der ⟶Messeraale.

Eledone *w* [v. gr. eledōnē = Tintenfischart], ⟶Moschuspolyp.

Elefanten [über lat. elephantus v. gr. elephas, Gen. elephantos (ägypt. Lehnwort) = Elefant, Elfenbein], *Elephantidae,* Fam. der ⟶Rüsseltiere (Ord. *Proboscidea)* mit 2 Gatt. u. je 1 Art: Afrikanischer Elefant *(Loxodonta africana)* u. Asiatischer Elefant *(Elephas maximus).* Die heute lebenden E. sind Reste einer einst umfangreichen Ord., die unter den rezenten Huftieren keine näheren Verwandten mehr haben. Dagegen kennt man über 1 Dutzend fossile Arten, worunter die nächstverwandte u. bekannteste Art das ⟶Mammut ist. Heute stehen die Seekühe (Ord. *Sirenia)* u. die Schliefer (Ord. *Hyracoidea)* den Rüsseltieren am nächsten, weshalb alle 3 Ord. auch als sog. Fast-Huftiere (Überord. *Paenungulata)* zusammengefaßt werden. – Die E. sind heute die größten u. schwersten Landsäugetiere, unverwechselbar durch ihren langen bewegl. Rüssel, einer Verlängerung der Nase

Elefanten

Elefanten

1 Afrikanischer Elefant *(Loxodonta africana)*, **2** Asiatischer Elefant *(Elephas maximus)*, **a** von der Seite, **b** von vorn; **3** Elefantenfuß mit Sohlenpolster (S)

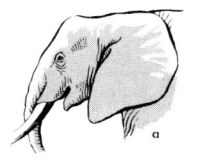

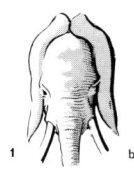

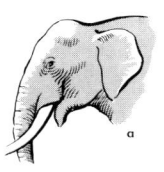

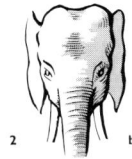

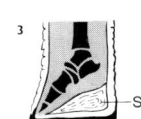

Elefanten

Im Ggs. zu der verbreiteten Annahme, daß Afrikan. E. zum Arbeitseinsatz weniger geeignet seien als Asiat. E., steht die Verwendung des heute ausgestorbenen Atlas-E. durch die Karthager. Auch die Römer zähmten Afrikan. E.; Hannibal überquerte (220 v. Chr.) die Alpen wahrscheinl. mit Afrikan. Steppenelefanten.

Seit dem 3. Jt. v. Chr. werden Asiat. E. v. Menschen gezähmt, zunächst zu Kultzwecken, später als Reit- u. Arbeitstiere abgerichtet. Ihre Aufzucht ist in Gefangenschaft weniger problemat. als beim Afrikan. E. Durch zunehmende Zerstörung seines Lebensraums gilt der Asiat. E. als v. Aussterben bedroht; 1981 zählte man noch 30000–40000 wildlebende Exemplare. 4 U.-Arten wurden bereits in der Antike u. im MA in Mesopotamien, Persien, China u. Java ausgerottet.

samt Oberlippe, sowie durch die zu ständig nachwachsenden Stoßzähnen umgewandelten oberen äußeren Schneidezähne; Eckzähne fehlen. Von den großen, aus vier Lamellen zusammengesetzten Backenzähnen einer Zahngeneration ist in jeder Kieferhälfte jeweils nur einer im Einsatz u. wird nach Abnutzung durch den nächsten ersetzt (horizontaler Zahnwechsel). Wenn der letzte der 6 Backenzähne (3 Praemolaren, 3 Molaren) verbraucht ist, muß ein E. verhungern, weil er die tägl. benötigte Futtermenge nicht mehr aufnehmen kann. Der Rüssel mit seinen fingerart. Fortsätzen am Ende (oben u. unten beim Afrikan. E., nur oben beim Asiat. E.) dient dem E. als Greiforgan, zum Abreißen u. Ergreifen der Nahrung u. zum Aufsaugen v. Wasser (8–10 l pro Zug), das dann ins Maul gespritzt wird. Junge E. jedoch saugen unter Rückwärtslegen des noch kurzen Rüssels mit dem Maul die Milch aus den beiden brustständ. Zitzen. Außer zur Nahrungsaufnahme u. zum Trinken wird der Rüssel auch als Waffe u. als Ausdrucksmittel eingesetzt. Die säulenart. Beine der E. mit den marklosen u. bes. stabilen Knochen sind dem enormen Körpergewicht angepaßt. Die paßgehenden E. treten nur mit den Zehenspitzen auf. Ein dickes gallert. Sohlenpolster wirkt als „Stoßdämpfer"; auf 1 cm² Fußsohle drücken nur 600 g des Körpergewichts. Die 2 bis 4 cm dicke Haut des E. ist sehr tastempfindl.; E. dulden keine Madenhacker (↗Putzsymbiose) auf sich. Das bei Geburt noch spärl. vorhandene braune Haarkleid fehlt den erwachsenen Tieren; nur als Augenwimpern u. Schwanzquaste bleiben einige lange u. derbe (aus Verschmelzung mehrerer Einzelhaare hervorgegangene) Borsten erhalten. E. pflegen ihre Haut intensiv durch Bewerfen mit Sand, Scheuern an Bäumen, Suhlen usw., u. a. zum Loswerden v. Hautparasiten. – E. sind Herdentiere, die tägl. 18–20 Stunden mit der Aufnahme ihrer Nahrung (Gräser, Bambus, Wurzeln, Holz, Früchte) zubringen; 2–4 Stunden Schlaf genügen ihnen. Der hohe Nahrungsbedarf (pro Tag 6 Zentner) steht in Zshg. mit der schlechten Futterverwertung; etwa die Hälfte der aufgenommenen Nahrung verläßt unverdaut den Körper. Der tägl. Trinkwasserbedarf eines E. beträgt zw. 70 u. 90 Liter. Der Wärmeabgabe dient u. a. das Fächeln mit den blutgefäßreichen, großfläch.

Ohren (↗Allensche Proportionsregel) u. das häufige Baden in Wasserlöchern u. Flüssen. E. werden erst mit 8–10 Jahren fortpflanzungsfähig. Etwa alle 4 Jahre bringt eine E.kuh nach einer mittleren Tragzeit v. 22 Monaten 1 Junges zur Welt. Die Lebenserwartung wildlebender E. beträgt 30–40 Jahre, in Gefangenschaft 50–60 Jahre. – Der Afrikanische Elefant *(Loxodonta africana,* B Afrika II), an seinen großen, die Nackenkante überragenden Ohren erkennbar, erreicht eine Körperhöhe v. etwa 3 m (Extremfall eines Bullen: 4,5 m), eine Kopfrumpflänge v. ca. 4 m (ohne Rüssel) u. ein Gewicht v. 3–6 Tonnen. Beide Geschlechter tragen Stoßzähne, die bei einem ausgewachsenen Bullen 2–2,5 m (Extremfall: 3,5 m) lang u. ca. 50 kg schwer werden können. Von den verschiedentl. beschriebenen U.-Arten des Afrikan. E. läßt sich mit einiger Sicherheit nur der spitzohr. Steppen-E. *(L. a. oxyotis;* vorn 4, hinten 3 Zehen) v. dem rundohr. u. insgesamt kleineren Wald-E. *(L. a. cyclotis;* Körperlänge 2,2–2,5 m; vorn 5, hinten 4 Zehen) unterscheiden, der heute nur noch im Kongo-Urwald lebt. Bei den Zwerg-E. *(L. a. pumilio)* handelt es sich wahrscheinl. um kleinere Einzeltiere des Wald-E. – Der Asiatische Elefant *(Elephas maximus)* trägt einen kleineren Kopf u. kleinere Ohren; an den Vorderfüßen hat er 5, hinten 4 Hufzehen. Große Bullen erreichen eine Körperhöhe von 3 m, eine Kopfrumpflänge v. etwa 3,5 m (ohne Rüssel) u. ein Gewicht v. ca. 4 Tonnen. Nur der Bullen bilden Stoßzähne aus. Asiat. E. leben heute noch in O-Indien, auf Sri Lanka (Ceylon), Sumatra, Borneo usw.; ihr Lebensraum sind sowohl Regenwälder als auch Grasdschungel u. Trockenwälder; im Himalaya dringen sie bis zur Schneegrenze vor. Von den 4 heute lebenden U.-Arten ist der Ind. Elefant *(E. m. bengalensis,* B Asien VII) noch am häufigsten anzutreffen; Arbeits-E. stammen meist aus Zuchten. Der Ceylon-E. *(E. m. maximus)* lebt nur noch in etwa 2500 Tieren in Schutzgebieten Sri Lankas. Noch stärker gefährdet sind der Sumatra-E. *(E. m. sumatranus)* u. der nur noch auf ca. 750 Exemplare geschätzte Malaya-E. *(E. m. hirsutus).* B Rüsseltiere. *H. Kör.*

Elefantenfisch, *Mormyrus proboscyrostris,* der Elefanten-↗Nilhecht.
Elefantenfuß, der ↗Yams.

Elefantenlaus ↗Sumachgewächse.
Elefantenläuse, *Rhynchophthirina*, U.-Ord. der Tierläuse mit unklarer systemat. Einordnung; nur wenige Arten am Afr. und Ind. Elefanten sowie am Warzenschwein. Der Bau der Mundwerkzeuge, mit denen sie in der Haut des Wirtes fest verankert sind, unterscheidet sich v. denen der übr. Tierläuse. Ein häuf. Vertreter ist die Elefantenlaus *(Haematomyzus elephantis)*.
Elefantenrobben ↗See-Elefanten.
Elefantenspitzmäuse, *Elephantulus*, in Afrika heim. Gatt. der Rüsselspringer mit 7

Elefantenzahn

Elefantenspitzmaus (*Elephantulus*)

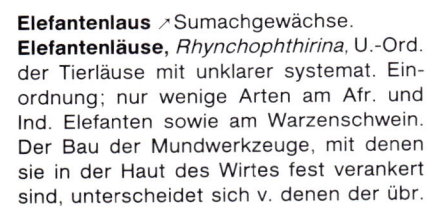

Arten; etwa rattengroße Insektenfresser mit bes. langen Hinterbeinen u. rüsselförmig verlängerter, bewegl. Schnauze (Name!); Verbreitung: Sahara, in trockenen Savannen bis S-Afrika.
Elefantenzahn ↗Kahnfüßer.

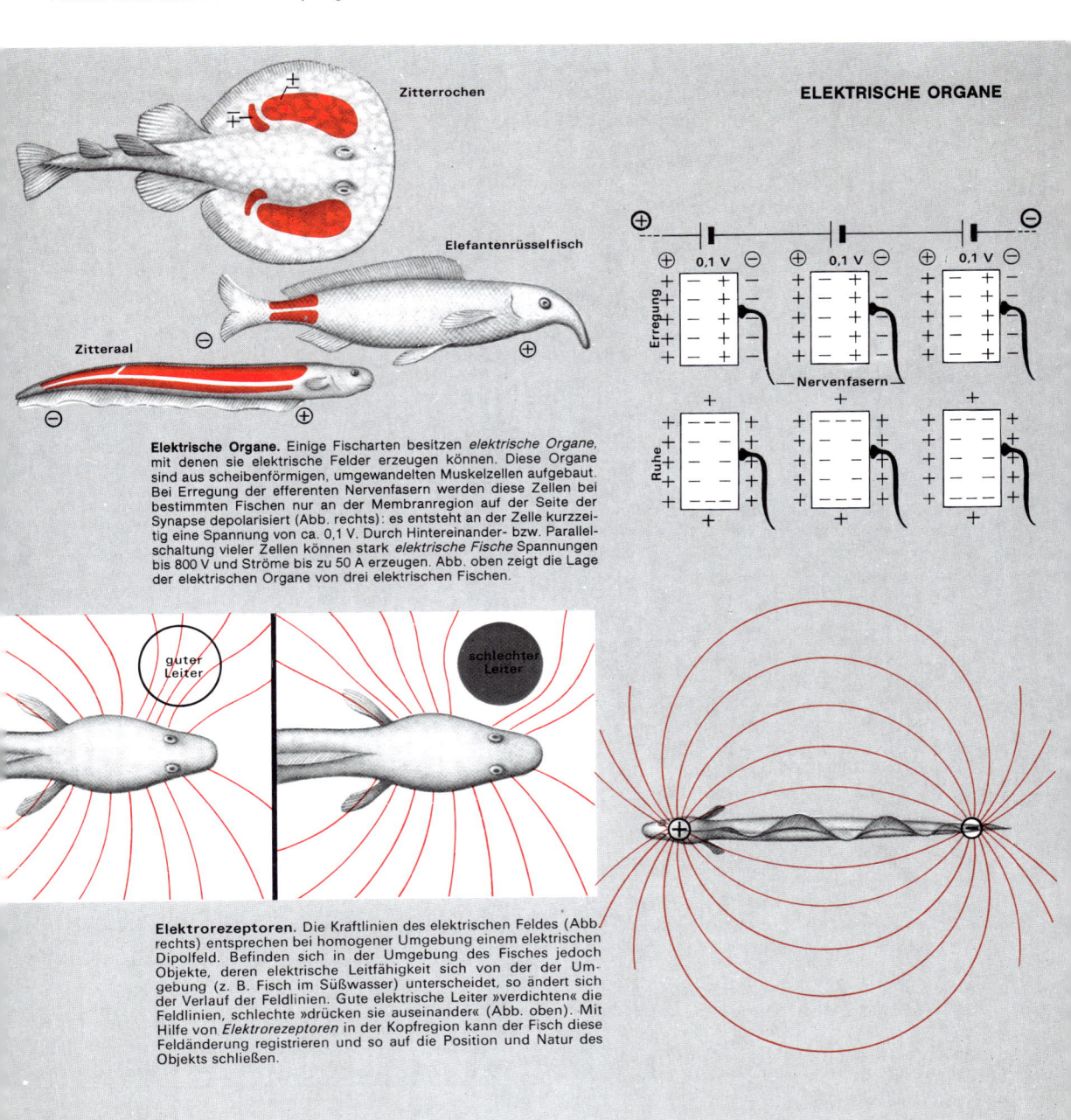

ELEKTRISCHE ORGANE

Elektrische Organe. Einige Fischarten besitzen *elektrische Organe*, mit denen sie elektrische Felder erzeugen können. Diese Organe sind aus scheibenförmigen, umgewandelten Muskelzellen aufgebaut. Bei Erregung der efferenten Nervenfasern werden diese Zellen bei bestimmten Fischen nur an der Membranregion auf der Seite der Synapse depolarisiert (Abb. rechts): es entsteht an der Zelle kurzzeitig eine Spannung von ca. 0,1 V. Durch Hintereinander- bzw. Parallelschaltung vieler Zellen können stark *elektrische Fische* Spannungen bis 800 V und Ströme bis zu 50 A erzeugen. Abb. oben zeigt die Lage der elektrischen Organe von drei elektrischen Fischen.

Elektrorezeptoren. Die Kraftlinien des elektrischen Feldes (Abb. rechts) entsprechen bei homogener Umgebung einem elektrischen Dipolfeld. Befinden sich in der Umgebung des Fisches jedoch Objekte, deren elektrische Leitfähigkeit sich von der der Umgebung (z. B. Fisch im Süßwasser) unterscheidet, so ändert sich der Verlauf der Feldlinien. Gute elektrische Leiter »verdichten« die Feldlinien, schlechte »drücken sie auseinander« (Abb. oben). Mit Hilfe von *Elektrorezeptoren* in der Kopfregion kann der Fisch diese Feldänderung registrieren und so auf die Position und Natur des Objekts schließen.

Elektivkultur [v. lat. electus = ausgewählt], die ↗ Anreicherungskultur.

elektrische Fische, können mittels bes. ↗ elektrischer Organe Stromstöße unterschiedl. Stärke erzeugen. Starke elektr. Entladungen (bis zu einer Spannung v. über 550 V) werden v. den marinen ↗ Zitterrochen, einigen ↗ Himmelsguckern, dem afr. ↗ Zitterwels u. dem südam. Zitteraal (↗ Messeraale) zum Lähmen ihrer Beute u. zur Feindabwehr eingesetzt. Die übrigen, ca. 200 Arten der e.n F., die alle zu den beiden, in trop. Süßgewässern beheimateten endem. Gruppen der afr. ↗ Nilhechte u. der südam. ↗ Messeraale gehören, bauen aber nur schwache, gewöhnlich artspezif. elektr. Felder um sich herum auf. Im Zusammenwirken mit bes. *Elektrorezeptoren*, die nach dem Vorkommen bei Nilhechten *(Mormyridae)* als *Mormyrasten* bezeichnet werden, dienen die schwachen elektr. Felder u. deren durch Gegenstände der näheren Umgebung verursachten Störungen v. a. der Orientierung. Viele e. F. leben in trüben, schlamm. Gewässern od. sind nachtaktiv. Sie schwimmen durchweg mit nahezu steifem, geradem Körper meist durch wellenförm. Bewegung saumart. After- od. Rückenflossen. [B] elektrische Organe.

elektrische Ladung, die positive od. negative e. L. von Ionen (Kationen od. Anionen) od. von ionisch aufgebauten Molekülgruppen; das bei vielen biol. Redoxreaktionen ausgetauschte ↗ Elektron trägt eine negative e. L. *(Elementarladung)*. Bei zwitterionisch aufgebauten Molekülen, z. B. bei den Aminosäuren u. fast allen Proteinen, sind im gleichen Molekül positive u. negative e. L.en enthalten ([B] Aminosäuren). Die e.n L.en einzelner Molekülgruppen addieren sich dann zu einer elektr. Gesamtladung des Moleküls, nach der sich seine Beweglichkeit im elektr. Feld, z. B. bei der ↗ Elektrophorese, richtet. Die e. L. der meisten Proteine ist pH-abhängig. Der pH-Wert, bei dem die elektr. Gesamtladung eines Proteins gleich Null ist u. bei dem es daher die geringste Löslichkeit besitzt, wird als *isoelektr. Punkt* des betreffenden Proteins bezeichnet. ↗ Dipol.

elektrische Leitfähigkeit, Kehrwert des spezif. elektr. Widerstandes, häufig verwendete physikal. Meßgröße zur Bestimmung der Ionenkonzentration v. Pufferlösungen, zellulären Aufschlüssen, Zellflüssigkeiten u. Körperflüssigkeiten wie Blut, Harn usw.

elektrische Organe, elektr. Spannung erzeugende Organe, die unabhängig voneinander bei vielen Knochen- u. Knorpelfischen entwickelt wurden (↗ elektrische Fische) u. der Orientierung *(Elektroor-*

---

elektrische Fische

Die Zugehörigkeit der e.n F. zu verschiedenen Ord. weist auf eine mehrmalige, konvergente Entwicklung der elektr. Organe hin.
↗ Himmelsgucker (Ord. *Perciformes*)
↗ Messeraale (Ord. *Cypriniformes*)
↗ Nilhechte (Ord. *Mormyriformes*)
↗ Zitterrochen (Ord. *Rajiformes*)
↗ Zitterwels (Ord. *Siluriformes*)

elektrische Ladung

Einheit der e.n L. ist das *Coulomb* (Kurzzeichen C). 1 C ist die Elektrizitätsmenge, die während 1 Sekunde bei einem zeitl. unveränderl. elektr. Strom der Stärke 1 Ampere durch den Querschnitt eines Leiters fließt
1 C = 1 As
(As = Amperesekunde)

---

tung), Verteidigung sowie dem Beutefang dienen. Nach der Leistung unterscheidet man zw. starken (elektrische Spannung 1–800 V) u. schwachen e.n O.n (mV-Bereich). Bei allen bekannten elektr. Fischen bestehen diese Organe aus parallelen u. seriellen Anordnungen v. hundert bis zu mehreren Mill. spezialisierter Zellen, den *Elektrocyten*. Das Gesamtpotential (Spannung) u. die Leistung der e.n O. werden durch die Verschaltung der Elektrocyten bestimmt. Eine serielle Anordnung bewirkt eine Summation der Potentiale der einzelnen Elektrocyten, eine parallele Schaltung erhöht den resultierenden Strom. Die Stromausbreitung beginnt an einem Ende des Organs, kreuzt die Haut, setzt sich im Wasser fort u. kehrt über entfernte Hautgebiete zum anderen Ende des Organs zurück. Die Elektrocyten können muskulären Ursprungs sein od. aus myelinisierten Axonen bestehen. Beide Typen werden je nach ihrer Lage im Körper durch Motoneurone des Gehirns od. des Rükkenmarks innerviert u. synapt. zur Entladung gebracht. Die gleichzeit. u. in manchen Fällen rhythm. Entladung aller Einzelzellen wird durch meist in der Medulla des Gehirns liegende Schrittmacher gesteuert. Diese gleichen in ihrer Funktion den Herzschrittmachern u. sind zu regenerativer zykl. Eigenentladung befähigt. Die Entladungsmuster sind i.d.R. artspezif. u. können durch Umweltreize moduliert werden. Die Schrittmacher bestehen aus einer Anzahl einzelner Zellen, die durch *elektr. Synapsen* gekoppelt sind. Dieser Typus der ↗ Synapse unterscheidet sich v. den chem. Synapsen (↗ Endplatte) dadurch, daß elektr. Impulse direkt, d. h. ohne Mitwirkung eines chem. Transmitters, bidirektional übertragen werden können. Eine

---

elektrische Organe

Die *Elektroortung* v. Individuen mit e.n O.n erfolgt im allg. dadurch, daß diese elektr. Felder um sich herum aufbauen. Größe u. Art dieser Felder sind v. Spezies zu Spezies verschieden u. abhängig v. der Leistungsfähigkeit ihrer e.n O., der Impulsfrequenz der Schrittmacher, der Leitfähigkeit v. Muskulatur u. Haut des betreffenden Individuums sowie v. der Leitfähigkeit des umgebenden Mediums. Störungen dieser elektr. Felder werden über Potentialänderungen an den Elektrorezeptoren wahrgenommen. Aufgrund der Verteilung der Elektrorezeptoren über die Körperoberfläche (hpts. in der Kopfregion) ist auch eine Lokalisation der Störquelle mögl., da die einzelnen Feldlinien unterschiedl. beeinflußt werden u. demzufolge an den Rezeptoren zeitl. differenzierte Erregungsmuster auslösen. Weiterhin ist aufgrund der unterschiedl. Leitfähigkeit der Störquellen selbst eine Unterscheidung v. toter (anorgan.) Materie od. anderen Lebewesen möglich. Senden solche selbst elektr. Felder aus, so ist anhand der Eigenschaften dieser Felder eine Unterscheidung mögl., ob es sich hierbei um einen Feind od. Artgenossen handelt. Manche Arten sind sogar in der Lage, durch charakterist. Frequenzänderungen in Form v. Intervall- u. Amplitudenmodulation ihrer elektr. Felder eine soziale Kommunikation im Artenverband durchzuführen.

Laufzeitkompensation der Erregungsimpulse zw. dem Schrittmacher u. den unterschiedl. weit entfernt liegenden Elektrocyten wird durch feinabgestufte Längen- u. Duchmesseränderungen der verbindenden Axone gewährleistet. (Die Leitungsgeschwindigkeit eines Impulses entlang der myelinisierten Membran eines Axons ist direkt proportional zu dessen Durchmesser; ↗Erregungsleitung.) Die elektr. Potentiale der Elektrocyten entstehen nach den gleichen Prinzipien wie die der Nerven- u. Muskelzellen, d. h. durch selektive Permeabilitätsänderungen der Membranen (↗Membranpotential) für bestimmte Ionen. Zur Perzeption elektr. Potentiale besitzen alle Arten, die über e. O. verfügen, *Elektrorezeptoren*. Dieser Rezeptortyp, der auch bei vielen anderen Arten, wie Haien, Rochen, Strören, Lungenfischen, Welsen u. Molchlarven, vorkommt, leitet sich in der Evolution aus dem Akustiko-Lateralis-System ab, dem auch das gewöhnl. Seitenliniensystem v. Fischen u. Amphibien, das Gehörsystem u. das Schweresinnes- u. Beschleunigungssinnessystem des Labyrinths angehören. Elektrorezeptoren sind modifizierte Haarsinneszellen u. werden physiolog. in zwei Grundtypen, den ampullären und tuberösen Rezeptoren, unterschieden. Letzterer ist nur bei Fischen mit e.n O.n, der ampulläre Typ auch bei anderen Arten anzutreffen. Mit Hilfe dieser Organelle werden nicht nur die selbst erzeugten Stromfelder erkannt, sondern auch Feldquellen anderen Ursprungs, wie Muskel- u. Nervenpotentiale v. Feind- u. Beutetieren, geophysikal. Phänomene, wie Blitze, Erdströme, lokale Feldänderungen vor Erdbeben sowie Felder, die durch Bewegungen im erdmagnet. Feld induziert werden. Experimente in künstl. erzeugten Magnetfeldern haben gezeigt, daß Haie mit Hilfe ihrer Elektrorezeptoren durchaus in der Lage wären, sich im Magnetfeld der Erde zu orientieren. B 87. *H. W.*

elektrische Reizung, Auslösung v. Erregung an Nerven- u. Muskelzellen durch die Reizwirkung des elektr. Stroms; in Abhängigkeit v. der Stromstärke entstehen fortgeleitete ↗Aktionspotentiale. Bei sehr langsam ansteigenden Stromstärken ist eine Depolarisation der Membran über den Schwellenwert hinaus möglich, ohne daß eine Erregung ausgelöst wird *(Einschleicheffekt)*. In der Neurologie wird die e. R. angewendet zur Ermittlung der Werte der ↗Chronaxie, die charakterist. Kenngrößen für die Erregbarkeit von Nerven- u. Muskelgeweben darstellen.

elektrische Zellfusion ↗Zellfusion.
Elektroencephalogramm *s* [v. *elektro-, gr. egkephalon = Gehirn, gramma =

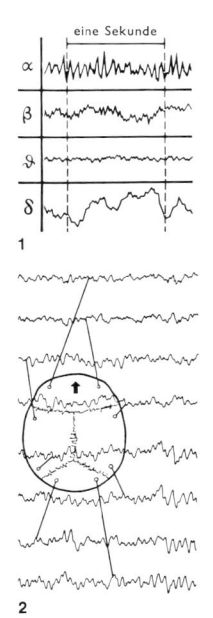

Elektroencephalogramm

1 Die vier Haupttypen der Hirnstromkurven; 2 ein EEG mit den Ableitungen v. acht Elektroden u. normalen Hirnstromkurven. Je höher das Erregungsniveau im Gehirn ist, um so größer ist im allg. die Frequenz u. um so geringer die Spannung der Hirnstromkurven.

electro-, elektro- [v. gr. ēlektron = Legierung aus Gold und Silber, Bernstein], in Zss. meist: elektrisch..., Elektrizität-.

Schrift], Abk. *EEG,* Hirnstrombild, in der Neurologie angewandte, von dem dt. Nervenarzt H. Berger (1873–1941) um 1929 entwickelte Aufzeichnung der v. Gehirnganglienzellen ausgehenden elektr. Potentialschwankungen. Die Spannungen werden mit Oberflächenelektroden an standardisierten Stellen der Schädeldecke abgeleitet. Die dabei mit dem *Elektroencephalographen* als Summenpotentiale registrierten Spannungen liegen zw. 50 u. 200 µV. Es lassen sich verschiedene synchron ablaufende Hirnstromkurven registrieren. Das normale E. zeigt meist den sog. α-Rhythmus (im inaktiven Wachzustand; bei Entspannung). Es verändert sich altersabhängig; bei Greisen wird (mit großen individuellen Schwankungen) der dominante α-Rhythmus abgelöst durch einen Anstieg langsamer ϑ- u. δ-Wellen u. ähnelt damit dem E. eines kleinen Kindes. In der Neurologie dient das E. zur Abklärung von Bewußtseinsstörungen, Diagnostik u. Differenzierung der Epilepsie, zur Diagnostik von Hirntumoren, Einschätzung des Ausmaßes von Hirnverletzungen u. auch zur Feststellung des Hirntodes.

Elektrofischerei, Fischfangmethode, bei der durch transportable Generatoren zerhackter Gleichstrom (30–100 Stromstöße/Sek. u. meist 250 V Spannung) erzeugt u. über bewegl. Elektroden ein elektr. Feld im Wasser aufgebaut wird. Fische, die in den Bereich dieses Feldes gelangen, reagieren im Randbereich durch Unruhe, näher an die Anode gelangt (größere Fische in einer Entfernung um 2,5 m, kleinere um 1,5 m), richten sie sich auf diese aus, schwimmen dann auf sie zu u. fallen in der Nähe der Anode in Elektronarkose, so daß sie mit einem Kescher leicht herausgefangen werden können. Nach kurzer Stromeinwirkung erwachen die narkotisierten Fische schnell wieder ohne Schädigung; langandauernde hohe Potentialdifferenz im Körper führt zum Tod. E. bedarf einer bes. behördl. Genehmigung. Eingesetzt wird die E. vorwiegend in Bächen u. im Uferbereich v. Seen. Sie dient neben fischereibiol. Untersuchungen (z. B. Erfassen der Fischpopulation, Krankheits- u. Wachstumsuntersuchungen) u. a. zum schonenden Herausfischen bestimmter unerwünschter Arten u. zum Leerfischen v. Bachabschnitten vor dem Neubesatz mit hochwert. Laichfischen od. vor Baumaßnahmen.

Elektrokardiogramm *s* [v. *elektro-, gr. kardia = Herz, gramma = Schrift], Abk. EKG,* Herzstrombild, Registrierung der Spannungsveränderungen bzw. Aktionsströme des Herzens im Verlauf der Herztätigkeit als Summenpotentiale mit Hilfe eines *Elektrokardiographen*. Dieses Ver-

Elektrokardiogramm

fahren *(Elektrokardiographie)* wurde 1902 von W. ↗Einthoven erfunden. Die Ableitungen erfolgen a) von den Extremitäten, b) von der Brustwand. Das EKG besteht aus Zacken u. Strecken (vgl. Abb.): die P-Zacke registriert die Erregung des Vorhofs, an diese schließt sich die isoelektr. PQ-Strecke an, welche die Überleitungszeit der Erregung auf die Kammern registriert. Der QRS-Komplex entspricht der Kammererregung, dieser folgt die ST-Strecke, an die sich die T-Zacke anschließt, die der Repolarisation der Herzkammermuskulatur entspricht. Aus den Änderungen der Abfolge, der Streckendauer u. Form sowie der Zackenform lassen sich für die Beurteilung des Herzens wichtige Rückschlüsse ziehen: a) der Lagetyp des Herzens, b) Veränderungen der Vorhöfe, z. B. bei Überbelastung des rechten Vorhofs durch Hochdruck im Lungenkreislauf, des linken Vorhofs, z. B. bei Mitralstenose, c) Hypertrophie der Herzkammern, z. B. bei Hochdruckerkrankungen, Klappenfehlern, Sportlerherzen, d) Störung der Reizleitung des Herzens durch Blockierungen v. Teilen des Reizleitungssystems als Folge einer Muskelschädigung, e) Rhythmusstörungen, z. B. Tachykardien, Arrhythmien, Vorhof- u. Kammerextrasystolen, Vorhof- u. Kammerflimmern bzw. -flattern, f) Sauerstoffmangel des Herzens als Folge einer Koronargefäßinsuffizienz (↗Angina pectoris), g) Herzinfarkte als Folge einer irreversiblen Myokardschädigung mit Lokalisation des Schadens (Hinterwand, Vorderwand, Septum) u. Verfolgung der verschiedenen Stadien, h) Herzmuskelentzündungen, i) Elektrolytveränderungen, j) medikamentöse Einflüsse, z. B. Digitalis, k) Herzstillstand (= Nullinie). Zur weiteren Abklärung von Herzerkrankungen kann das EKG unter definierter Belastung, z. B. an einem Fahrradergometer, erfolgen *(Belastungs-EKG)*. Hierdurch kann u. a. eine Insuffizienz der Herzkranzgefäße frühzeitig erkannt werden. Zur Analyse v. Rhythmusstörungen kann das EKG auch vom Oesophagus aus abgeleitet werden. Für die Diagnostik seltener Formen der Überleitungsstörungen können auch durch Sondierung des rechten Herzens mit einer Elektrode Potentiale am His-Bündel registriert werden.

Elektrolyte [Mz.; v. *elektro-, gr. lytos = gelöst], die ionisch aufgebauten Stoffe, die in wäßr. Lösung aufgrund v. ↗elektrolyt. Dissoziation als Mischungen aus Anionen u. Kationen vorliegen. Zu den biol. wichtigen E.n zählen die Salze KCl u. NaCl, die Salze v. Carbonsäuren, Phosphorsäuren u. Aminen bzw. v. Carboxylgruppen, Phosphorsäuregruppen u. Aminogruppen tragenden Verbindungen, bes. die Aminosäuren, Nucleosidmono-, -di- u. -triphosphate sowie auch die ionisch aufgebauten Makromoleküle, wie die Proteine u. Nucleinsäuren. Als *Elektrolythaushalt* bezeichnet man die geregelte Aufnahme, Umwandlung u. Abgabe v. E.n durch Zellen, Organismen, Ökosysteme, wodurch die Aufrechterhaltung bestimmter, für die Stoffwechselprozesse od. für das Gleichgewicht v. Ökosystemen optimaler Elektrolytkonzentrationen gewährleistet wird.

elektrolytische Dissoziation *w* [v. *elektro-, gr. lytikos = auflösend, lat. dissociatio = Trennung], ↗Dissoziation v. ionisch aufgebauten Verbindungen (Salzen) in Ionen (z. B. NaCl → Na$^+$ + Cl$^-$) od. v. Säuren in Säureanion u. Proton (HS → H$^+$ + S$^-$) unter der Wirkung eines polaren Lösungsmittels (Elektrolyt). Aufgrund e.r D. liegen viele Biomoleküle, bes. diejenigen mit Carbonsäure- od. Phosphorsäuregruppen, bei physiolog. pH als Anionen vor.

Elektrolytquellung, Volumenzunahme eines befeuchteten Bodens, die v. der Art u. Menge der an den Bodenkolloiden adsorbierten austauschbaren Kationen abhängt. Eine erhöhte ↗Austauschkapazität des Bodens steigert die E. Die Ionen binden in ihrer Ladungssphäre Wassermoleküle. Je größer die Hydrathülle eines Ions (Na > K > Ca > Al), desto weniger Bodenwasser ist pflanzenverfügbar, u. desto weiter werden die Bodenpartikel auseinandergedrückt. Stark quellende Böden „entflocken" u. verlieren bei zunehmender Feuchte völlig ihre Struktur, sie „schlagen zu". Natriumgesättigte Böden verwandeln sich im

electro-, elektro- [v. gr. ēlektron = Legierung aus Gold und Silber, Bernstein], in Zss. meist: elektrisch ..., Elektrizität-.

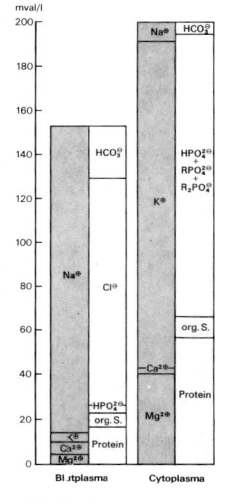

Elektrolyte

Ionenkonzentration im *Blutplasma* und im *Cytoplasma* der Muskelzelle des Menschen (org. S. = organische Säuren).

Elektrokardiogramm

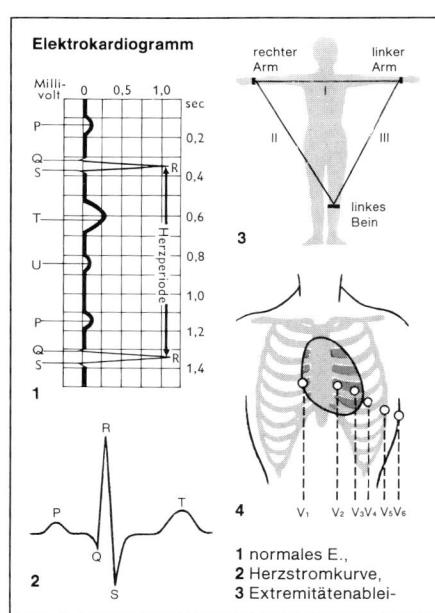

tungen („Einthoven-Dreieck"), 4 Brustwandableitungen Die Herzmuskelfasern werden durch das Reizleitungssystem erregt (↗Aktionspotential). Die dabei an den Muskelfasern entstehenden kleinen Einzelvektoren (Strömchen) heben sich teils auf, teils addieren sie sich u. bilden einen Summenvektor; dieser ist stets v. der elektronegativen zur elektropositiven Seite gerichtet. Der Summenvektor, der entsteht, wenn die Muskelfasern beider Herzkammern erregt sind, ist meist mit der anatom. Herzachse identisch u. ist im EKG durch die R-Zacke repräsentiert.

1 normales E., 2 Herzstromkurve, 3 Extremitätenablei-

nassen Zustand in einen zähplast. Sumpf; sie sind zur Kultivierung ungeeignet.

elektromagnetisches Spektrum, Bez. für die Gesamtheit der sich mit Lichtgeschwindigkeit ausbreitenden *elektromagnet. Wellen;* biol. bes. wichtig ist der Bereich zw. ca. 300 und 1000 nm bzw. das dem menschl. ↗Auge „sichtbare Licht" (ca. 400–800 nm). ↗Farbe, ↗Farbensehen.

elektromechanische Koppelung, Bez. für die Umsetzung der elektr. Signale v. Nerven- u. Muskelzellen in die Kontraktion der Muskelfibrillen (↗Muskelkontraktion).

Elektromyogramm s [v. *elektro-, gr. mys = Muskel, gramma = Schrift], Abk. *EMG,* Aufzeichnung der elektr. Potentialschwankungen, die mit der Muskelkontraktion verbunden sind. Mit einer Nadelelektrode wird das Potential aller sich kontrahierenden Einzelfasern summarisch aufgenommen. Für spezielle Fragestellungen kann die Erregungsleitungsgeschwindigkeit bestimmt werden. Die *Elektromyographie* dient in der neurolog. Diagnostik der Differenzierung v. Lähmungen (z. B. vom Muskel direkt, oder vom Nerv ausgehend), zur genaueren Unterscheidung v. Muskelerkrankungen, Verlaufskontrollen der Reinnervation nach Nervenverletzungen u. a.

Elektron s [v. *elektro-], Kurzeichen e oder e⁻, Elementarteilchen mit einer negativen elektr. Ladung von $1,602 \cdot 10^{-19}$ Coulomb u. der Ruhmasse $0,9109 \cdot 10^{-27}$ g. Das E. kommt gebunden in der E.en-Hülle der Atome (☐ Atom) u. als frei bewegl. Leitungs-E. u. a. im E.en-Gas der Metalle vor. Biol. Redoxreaktionen sind häufig Umsetzungen, bei denen ein E.en-Übergang v. einem E.en-Donor (Reduktionsmittel) auf einen E.en-Akzeptor (E.en-Empfänger, Oxidationsmittel) stattfindet, z. B. der Elektronentransport durch die Cytochrome innerhalb der ↗Atmungskette.

Elektronastie w [v. *elektro-, gr. nastos = festgedrückt], ↗Nastien.

Elektronenäquivalente [Mz.; v. *elektronen-, lat. aequus = gleich, valens = wert], ↗Redoxreaktionen.

Elektronenmikroskop s [v. *elektronen-, gr. mikros = klein, skopos = Seher], *Transmissions-E.* (Abk. *TEM), Durchstrahlungs-E.,* Mikroskop höchsten ↗Auflösungsvermögens, in dem vergrößerte Abb. durchstrahlter Objekte nicht durch Lichtwellen wie im ↗Lichtmikroskop, sondern durch hochbeschleunigte *Elektronen* (Kathodenstrahlen) erzeugt werden, u. das bei einer Auflösung von maximal 0,5 nm eine bis 2 000 000fache Endvergrößerung erlaubt. Elektronenstrahlen v. nahezu Lichtgeschwindigkeit, wie sie in einem Hochspannungsfeld v. 40–100 kV (Kilovolt) zw. einer Elektronen aussendenden Glühka-

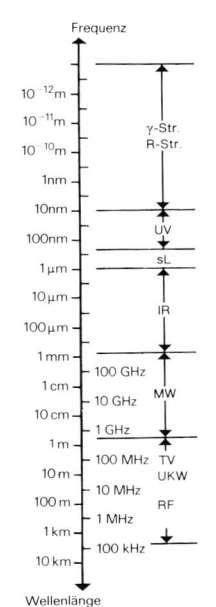

elektromagnetisches Spektrum

Das e. S. überstreicht, nach Wellenlängen bzw. Frequenzen geordnet, mehr als 16 Zehnerpotenzen.
γ-Str. Gammastrahlen, R-Str. Röntgenstrahlen, UV Ultraviolett, sL „sichtbares Licht" (≈ 400–800 nm), IR Infrarot (Wärmestrahlung), MW Mikrowellen, TV Fernsehen, UKW Ultrakurzwellen, RF Rundfunk

electro-, elektro- [v. gr. ēlektron = Legierung aus Gold und Silber, Bernstein], in Zss. meist: elektrisch ..., Elektrizität-.

elektronen- [v. gr. ēlektron = Legierung aus Gold und Silber, Bernstein], in Zss.: elektronisch ..., Elektronik-.

thode u. einer ihr gegenüber positiven Anode im Vakuum entstehen, verhalten sich in vielfacher Hinsicht wie Lichtwellen: Sie werden an Objektstrukturen, abhängig v. deren Massendichte (Dichte × Dicke), gebeugt u. können durch elektr. od. magnet. Felder (wie Licht durch opt. Linsen) abgelenkt bzw. durch rotationssymmetr. Felder *(Elektronenlinsen)* in einem Brennpunkt vereinigt werden; dabei läßt sich deren Brennweite durch Veränderung der Feldstärke variieren („Gummilinse", Zoomlinse). Diese Bedingungen gelten allerdings nur im Hochvakuum (Gasdruck unter ca. 1/100 Pascal), wo bremsende Zusammenstöße mit Gasmolekülen vermieden werden, so daß ein „monochromat." Strahl gleichförmig beschleunigter Elektronen entsteht, deren Energieinhalt bzw. „Wellenlänge" (λ) von der angelegten Hochspannung abhängt (Spannungskonstanz 0,01%). Die Wellenlänge ergibt sich aus der de Broglieschen Beziehung $\lambda = h/(m \cdot v)$ (h = Plancksches Wirkungsquantum = $6,626 \cdot 10^{-34}$ J · s, m = Elektronenmasse, v = Elektronengeschwindigkeit) u. steht zur angelegten Beschleunigungsspannung *(U)* im Verhältnis $\lambda = 1,23/\sqrt{U}$ (wenn λ in nm und U in V angegeben werden). Bei 40–100 kV entspräche das Wellenlängen von ca. 0,01–0,003 nm, die also 5 Zehnerpotenzen unter den in der Lichtmikroskopie verwendeten Wellenlängen (360–780 nm) liegen. Vergleichbare elektromagnet. Strahlung (Röntgenstrahlen, ☐ elektromagnetisches Spektrum) könnte nicht zur Bilderzeugung benutzt werden, da diese sich nicht ausreichend durch Linsen beeinflussen läßt. 40–100 kV-Elektronenstrahlen vermögen allerdings nur dünne Schichten (z. B. Aluminiumfolien v. 40 nm Dicke od. organ. Material v. 70–100 nm Dicke) ohne allzugroßen Energieverlust zu durchdringen. In den verschiedenen Objektpartien werden sie je nach deren Dichte in unterschiedl. Maße gestreut. Fängt man die gebeugten Elektronen durch eine Blende ab, so entwirft der Rest-Strahl ein Schattenbild der lokal unterschiedl. Elektronendichten im betreffenden Objekt, das nun entspr. dem Strahlengang im Lichtmikroskop durch eingeschaltete Elektronenlinsen in mehreren Stufen vergrößert u. auf einem Fluoreszenzschirm od. einer Photoplatte aufgefangen werden kann. Die *Vergrößerung* läßt sich durch Änderung der Linsenströme u., von ihnen abhängig, der elektr. od. magnet. Linsen-Feldstärken variieren. Aus der Wellenlänge von 100 kV-Elektronen errechnet sich theoret. ein *Auflösungsvermögen* von 0,004 nm. Linsenfehler (☐ Aberration) sind jedoch bei Elektronenlinsen nicht (chromat. Fehler)

Elektronenmikroskop

Elektronenmikroskop

1 Modernes Elektronenmikroskop.
2 Elektronenmikroskopische Aufnahme eines Schnitts durch eine tier. Zelle (Bindegewebszelle), Maßstab: ca. 10 000:1.
ER endoplasmatisches Reticulum, G Golgi-Apparat, K Zellkern, KH Kernhülle, L Lysosom, M Mitochondrium, ZM Zellmembran

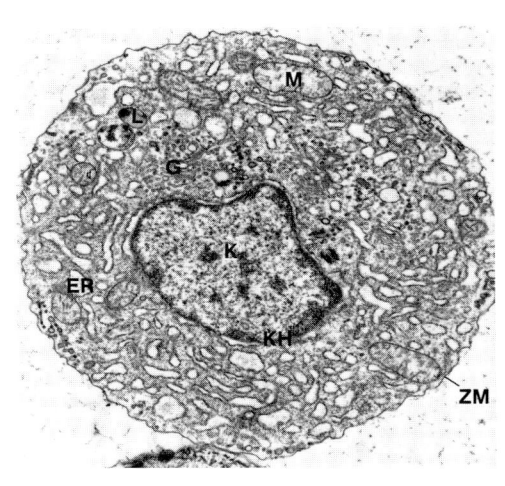

Elektronenmikroskop

Das erste E. mit magnet. Linsen, wie sie heute allg. gebräuchl. sind, wurde in den frühen 30er Jahren von E. Ruska und M. Knoll an der Techn. Hochschule Berlin entwickelt u. unter der Leitung von E. Ruska und B. v. Borries bei der Fa. Siemens-Halske 1933 in Berlin gebaut. In der Folgezeit entwarf H. Mahl in den Forschungslaboratorien der Fa. AEG (Berlin) ein E. mit elektrostat. Linsen (1938), das dem ersteren aber wegen der schwierigeren Korrektur v. Linsenfehlern unterlegen ist.

elektronen- [v. gr. ēlektron = Legierung aus Gold und Silber, Bernstein], in Zss.: elektronisch ..., Elektronik-.

od. nur unvollkommen (sphär. Fehler) korrigierbar; darum liefern nur achsennahe Strahlen brauchbare Abb. Infolgedessen ist der das Auflösungsvermögen bestimmende Öffnungswinkel (↗ Apertur) v. Elektronenlinsen äußerst gering ($2\alpha \approx 1°$ gegenüber maximal 137° im ↗ Lichtmikroskop), was einen Verlust an Auflösungsvermögen um zwei Zehnerpotenzen gegenüber den theoret. Werten bedeutet. Anders als beim Lichtmikroskop kann die Auswertung elektronenmikroskop. Bilder wegen der verhältnismäß g groben Körnung des bildauffangenden Fluoreszenzschirms nicht unmittelbar am Mikroskop erfolgen. Die Grenzauflösung von 0,5 nm erreicht man erst in photograph. Aufnahmen, die wegen des feinen Korns photograph. Emulsionen erst bei 5–10facher Nachvergrößerung dem Betrachter die Details des elektronenmikroskop. Primärbildes preisgeben. Zudem werden biol. Präparate durch die starke Strahlenexposition bei zu langer Betrachtung beschädigt u. erleiden Veränderungen. So tritt in der *Elektronenmikroskopie* die photograph. Aufnahme an die Stelle des Dauerpräparats in der Lichtmikroskopie. Die monochromat. („einfarbige") Strahlung im E. erlaubt naturgemäß nur einfarbige Hell-Dunkel-Abb. Eine Beobachtung v. Lebensvorgängen ist aus verschiedenen Gründen im E. nicht möglich: Einerseits stehen dem die begrenzte Objektdicke (geringer als der ⌀ einer Bakterienzelle) u. das Einbringen des Präparats in ein Vakuum entgegen, andererseits werden die Präparate im Elektronenstrahl so stark erhitzt, daß alle leichtflücht. Elemente wie organ. Material (z. B. H, O, N) ionisiert werden u. abdampfen. Zurück bleibt nur ein Grundgerüst des Präparats aus Kohlenstoff u. anderen nichtflücht. Elementen (z. B. Fe, P, Mg). Es wird also nur ein lebensnahes „Modell" der urspr. Struktur abgebildet. Darüber hinaus sind die meisten Bausteine organ. Substanz (C, O, H, N, S, P) gleich wenig „elektronendicht", also elektronenoptisch „durchsichtig", u. die Objekte müssen zur Erzeugung des notwend. Bildkontrasts durch Anlagerung v. Schwermetallen (Mo, Os, Pb, U) an spezif. Objektstrukturen, etwa DNA od. Membranen, gefärbt (kontrastiert) werden, was ebenfalls die meisten enzymat. Prozesse blockiert. Durch Erhöhung der Strahlspannung auf bis zu 3 MV (1 Megavolt = 1 000 000 V) kann man zwar die Auflösung weiter steigern u. dickere Objekte durchstrahlen, kann diese Objekte, etwa Bakterienzellen, auch in dünnen, membranbegrenzten Normaldruckkammern in den Strahl einbringen u. durch Kühlung mit flüss. Luft deren Strahlenschädigung verzögern; aber unter solchen Bedingungen wird die Kontrasterzeugung in biol. Objekten zum unlösbaren Problem, u. es kommt bei Durchstrahlung dicker Schichten zur Überlagerung v. Objektstrukturen. Deshalb finden derart. Höchstleistungs-E.e nur in der techn. Mikroskopie (Metallurgie) Verwendung. Vom Durchstrahlungs-E. in Darstellungsweise sowie Bilderzeugung grundverschieden ist das ↗ *Rasterelektronenmikroskop* (Auflicht-E.). ↗ Mikroskopische Präparationstechniken.

Lit.: *Lange, R. H., Blödorn, J.*: Das Elektronenmikroskop TEM+REM. Leitfaden für Biologen und Mediziner. Stuttgart 1981. *Lickfeld, K. G.*: Elektronenmikroskopie. Stuttgart 1979. *Nagl, W.*: Elektronenmikroskopische Laborpraxis. Berlin 1981. *P. E.*

Elektronenpaarbindung, Atombindung, ↗ chemische Bindung.

Elektronensterilisierung [v. *elektronen-, lat. sterilis = unfruchtbar] ↗ Sterilisation.

Elektronentransport, die in mehreren Stufen erfolgende Übertragung v. Elektronen als Reduktionsäquivalente innerhalb der ↗ Atmungskette od. der Lichtreaktionen

ELEKTRONENMIKROSKOP

Schematischer Aufbau eines Elektronenmikroskops (links) und Vergleich der Strahlengänge im Licht- und Elektronenmikroskop

Herzstück des Elektronenmikroskops ist ein evakuierbares Stahlrohr (Tubus), in dem mit einer aufwendigen Hochvakuumanlage (Rotationspumpe mit nachgeschalteter Diffusionspumpe) ein Hochvakuum von ca. 1/100 Pascal (etwa 10⁻⁴ Torr) erzeugt werden kann. Als Strahlenquelle dient eine haarnadelförmige *Glühelektrode* aus Wolframdraht am oberen Tubusende, die bei Aufheizung auf 2000–2500 °C eine Elektronenwolke aussendet. Zwischen der *Kathode* und der unter ihr angeordneten geerdeten *Anode* liegt eine auf 0,01% konstantgehaltene Hochspannung von −40 bis −100 kV (Kilovolt). Diese „saugt" die Elektronen von der Kathode ab und beschleunigt sie auf etwa ⅔ Lichtgeschwindigkeit, so daß durch ein Loch in der Anodenmitte ein „steifer" Elektronenstrahl in den Tubus austritt. Zur besseren Fokussierung und Bündelung des Strahls dient eine einfache elektrostatische Linse, eine über die Kathode gestülpte Metallglocke, an der eine gegenüber der Kathode um einige 100 V negative Spannung anliegt, der *Wehnelt-Zylinder*. Er besitzt eine zentrale Bohrung, in deren Mitte sich die Kathodenspitze befindet. Unmittelbar unter diesem „Beleuchtungsapparat" folgt jenseits der Anode wie beim Lichtmikroskop der *Kondensor*, der die Strahlintensität regelt und den Strahl auf das *Präparat* konzentriert. Wie die nachfolgenden „Linsen" besteht er aus einer eisenummantelten, wassergekühlten Magnetspule mit engem Strahlendurchtrittskanal, in dem ein starkes Magnetfeld die eigentliche Linse darstellt. Das Präparat wird durch eine Vakuumschleuse in den Tubus eingeführt und kann an zwei fein arbeitenden Schraubspindeln (Kreuztisch) zur Durchmusterung diagonal im Strahl verschoben werden. Die Maschen eines mit einer Kunststoffolie überzogenen Kupfernetzchens dienen als Objektträger. Verschieden dichte Objektbereiche bremsen einen unterschiedlichen Anteil der sie durchdringenden Elektronen ab. Diese Streuelektronen werden durch eine Lochblende unter dem Präparat (*Kontrast-* oder *Aperturblende*) abgefangen, während die nicht abgebeugten Elektronen ungehindert durch die Blendenöffnung hindurchtreten und ein Muster der elektronendichteren und elektronendurchlässigeren Objektbereiche wiedergeben, welches nun in zwei Stufen, durch *Objektiv* und *Projektiv* (entsprechen dem Objektiv und Okular im Lichtmikroskop), weitervergrößert wird. Das Objektiv entwirft ein nicht beobachtbares Zwischenbild geringer Vergrößerung (etwa 200fach) in der Ebene der *Zwischenbildblende*, deren Öffnung nur den zentralen Bildbereich zur Weitervergrößerung im Projektiv freigibt, den von ihm nicht erfaßbaren Bildbereich aber zur Vermeidung von Überstrahlungen wegblendet. Anders als im Lichtmikroskop bewirkt das Projektiv den stärksten Vergrößerungsschritt (maximal 1000fach) und entwirft das definitive Endbild auf dem *Leuchtschirm* (Fluoreszenzschirm) am Grunde des Tubus. Der Wechsel zwischen verschiedenen Endvergrößerungen geschieht vornehmlich durch Änderung des Linsenstroms am Projektiv. Das Leuchtschirmbild ist durch seitliche Einblickfenster mit bloßem Auge oder durch eine Einblicklupe zu beobachten. Der Leuchtschirm kann aus dem Strahlengang geklappt werden und den Weg zu einer unter ihm liegenden *Photoplatte* freigeben, die aus einem Wechselmagazin im Vakuum gegen weitere Platten ausgetauscht werden kann. Eine aufwendige Hochspannungsanlage liefert die hochkonstanten Strahl- und Heizspannungen und Linsenströme. Moderne Elektronenmikroskope besitzen noch eine Reihe weiterer Bauelemente zur Strahljustierung und Bedienungserleichterung.

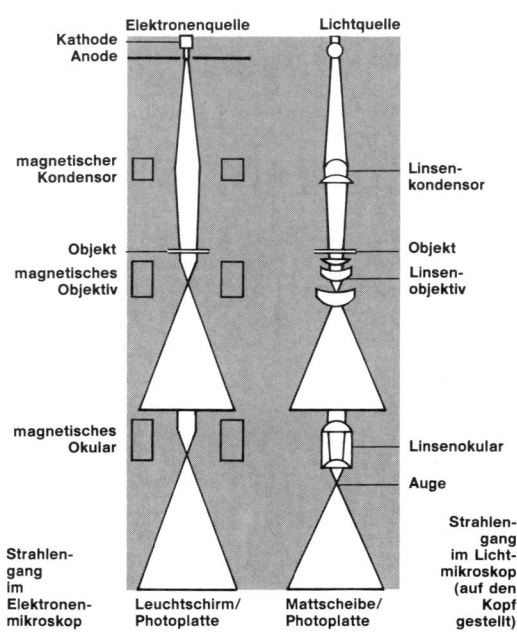

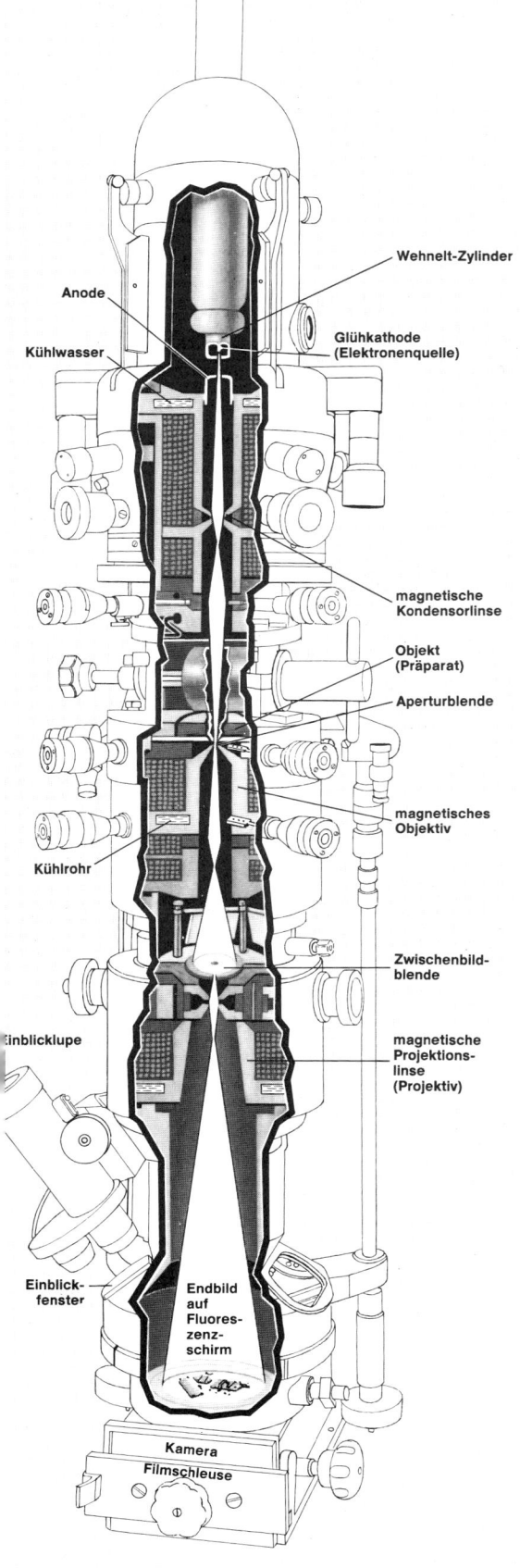

Elektroortung

der ↗Photosynthese durch die Cytochrome u. Eisen-Schwefel-Proteine. Bei der Atmungskette (☐) führt der E. zur Übertragung v. Elektronen auf molekularen Sauerstoff u. damit zur Oxidation v. im Zellstoffwechsel durch den Abbau v. Zucker, Fetten u. a. Metaboliten frei werdenden Reduktionsäquivalenten. Demgegenüber führt der E. bei den lichtgetriebenen Reaktionen der Photosynthese (☐) zum Aufbau v. Reduktionsäquivalenten in Form v. NADPH unter gleichzeit. Bildung v. ATP bzw. bei der zykl. Photophosphorylierung ledigl. zur Bildung von ATP.

Elektroortung ↗ elektrische Organe.

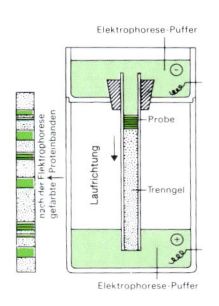

Elektrophorese w [Bw. *elektrophoretisch;* v. *elektro-, gr. phorēsis = das Tragen], die Wanderung gelöster ion. Verbindungen im elektr. Feld. Bes. die ↗*Gel-E.* u. die ↗*Papier-E.* sind wicht. Verfahren zur Trennung ion. Verbindungen. Da zahlr. biol. wicht. Molekülklassen ion. Gruppen aufweisen (Amine, Aminosäuren u. a. Carbonsäuren, Nucleotide, phosphorylierte Zucker u. Lipide, Peptide, Proteine, Nucleinsäuren), ist die analyt. u. präparative Bedeutung elektrophoret. Techniken für die Biochemie, Molekularbiol., Physiologie u. Klin. Chemie heute kaum zu überschätzen. Spezielle Formen der E. sind die ↗Disk-E., die elektr. Fokussierung u. die ↗Immun-E. Das sichtbare Bandenmuster aufgetrennter Stoffe, das man nach Papier- od. Gel-E. auf Papierstreifen bzw. in Gelen erhält (od. photograph. festhält), wird als *Elektropherogramm* bezeichnet. Farblose Verbindungen müssen zur Entwicklung ihrer Elektropherogramme nach der E. durch Anfärben mit entspr. Reagenzien (z. B. Ninhydrin für Aminosäuren, Äthidiumbromid für Nucleinsäuren) sichtbar gemacht werden. Elektropherogramme radioaktiver Stoffe werden durch ↗Autoradiographie entwickelt.

Elektrophysiologie w [v. *elektro-, gr. physis = Natur, logos = Kunde], Wiss., die sich mit elektr. Erscheinungen in lebenden Organismen beschäftigt (↗Bioelektrizität). Hierzu zählt bes. die Umsetzung v. aufgenommenen Reizen in elektr. Impulse u. deren Weiterleitung an Nerven- u. Muskelmembranen in Form v. Potentialänderungen (↗Membranpotential, ↗Ruhepotential, ↗Aktionspotential, ↗elektrische Reizung). Gegenstand der Forschung sind dabei Auf- u. Abbau, Übertragung u. Verarbeitung dieser Potentiale, deren molekulare Grundlage sowie deren Ableitung. Mit Hilfe dieser Ableitungen können Aussagen über den Funktionszustand erregbarer Zellen, Gewebe od. Organe gemacht werden. Der Ableitung v. Membranpotentialen kommt heute in der med. Diagnostik eine große Bedeutung zu (z. B. ↗Elektrokardiogramm,

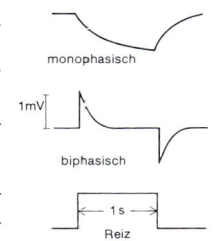

Elektroretinogramm

Schema monophasisch / biphasisch, 1mV, 1s, Reiz

Elektrophorese

Schema zur Auftrennung eines Proteingemisches durch Gel-E. in einem Polyacrylamidgel: Der elektr. Strom wird mittels einer Gleichspannungsquelle (≈ 200 V) erzeugt. Das Polyacrylamidgel befindet sich in einem Glasröhrchen. Nach der E. wird das Gel aus dem Röhrchen gelöst; die aufgetrennten Proteinbanden werden angefärbt.

electro-, elektro- [v. gr. ēlektron = Legierung aus Gold und Silber, Bernstein], in Zss. meist: elektrisch ..., Elektrizität-.

↗Elektroencephalogramm, ↗Elektroretinogramm).

Elektroretinogramm s [v. *elektro-, lat. rete = Netz, gr. gramma = Schrift], Abk. *ERG,* Aufzeichnung der Netzhaut-Mikroströme (Summenpotentiale), die bei Belichtung entstehen. Bei Arthropoden werden 2 charakterist. Formen des ERGs unterschieden: das *mono-* und *biphasische ERG.* Ersteres ist bei sich langsam bewegenden od. nachtaktiven Arten, deren Augen ein geringes zeitl. Auflösungsvermögen besitzen (Stabheuschrecke, Käfer), das zweite bei sich schnell bewegenden, vornehmlich tagaktiven Tieren anzutreffen (Fliegen, Bienen, Wespen). In der Medizin dient das ERG u. a. zur Diagnose der Durchblutungsstörungen der Netzhaut.

Elektrorezeptoren [Mz.; v. *elektro-, lat. receptor = Empfänger], ↗elektr. Organe.

Elektrotonus m [v. *elektro-, gr. tonos = Spannung], *elektrotonisches Potential;* wird eine erregbare Zelle mit einem konstanten Strom intrazellulär gereizt, so bewirkt dies eine Depolarisation der Membran, woraus eine Abnahme des ↗Ruhepotentials resultiert. Die zunächst starke Verringerung des Ruhepotentials verlangsamt sich mit zunehmender Zeit u. strebt einem Endwert zu, an dem keine weitere Entladung der Membran mehr erfolgt. Der durch den Stromfluß ausgelöste Potentialverlauf wird als elektroton. Potential od. E. bezeichnet. Größe u. Verlauf der E. sind abhängig v. der Morphologie u. Ionenkonzentration der Zellen.

Elektrotropismus m [v. *elektro-, gr. tropē = Wendung], ↗Tropismus.

Elementarfasern, *Einzelfasern,* Bez. für die langgestreckten, toten Zellen, die die Langfasern od. techn. Fasern v. Leinen, Jute, Ramie u. Hanf aufbauen.

Elementarfibrillen [Mz.; v. lat. fibra = Faser], **1)** aus linearen Makromolekülen bestehende Subfilamente mit einem ⌀ von 1–5 nm; Bündel dieser E. ergeben die Mikrofibrillen. **2)** *Micellarstränge,* aus 50–100 Cellulosemolekülen zusammengesetzte Untereinheiten der pflanzl. Zellwand mit einem ⌀ von 3,5–5 nm; die Cellulosemoleküle sind in den E. kristallgitterartig angeordnet; etwa 20 E. bilden eine Mikrofibrille. **3)** die aus Proteinsträngen bestehenden Bauelemente der einzelnen Muskelfaser.

Elementarmembran [v. lat. membrana = Häutchen], ↗Membran.

Elementarprozesse ↗Telomtheorie.

Elemente [Mz.; v. lat. elementum = Grundstoff, Element], ↗Bioelemente, ↗chem. Elemente.

Elemi s [über span. elemi v. arab. al-lami = Harzstrauch], Sammelname für Harze der

Pflanzen-Fam. ↗*Burseraceae;* E. enthält die sog. *E.säuren.*
Elen, der ↗Elch.
Elenantilopen, *Taurotragus,* Gatt. der afr. Waldböcke mit 2 Arten; beide Geschlechter tragen Hörner. Der Bongo *(T. euryceros,* Kopfrumpflänge 170–250 cm, Schulterhöhe 110–125 cm) – urspr. einer eigenen Gatt. *Boocercus,* heute aber den E. zugeordnet – lebt in unterwuchsreichen Waldgebieten v. W-Afrika (Kongo) bis Uganda u. Kenia u. gilt als eine der seltensten Großantilopen u. eines der kostbarsten Zootiere. Die rinderähnl. Elenantilope *(T. oryx,* Kopfrumpflänge 230–340 cm, Schulterhöhe 140–180 cm, B Antilopen) lebt in 5 U.-Arten südl. der Sahara: die Riesen-E. *(T. o. derbianus* und *T. o. gigas)* in Busch- u. Waldgebieten Senegals u. Nigerias bzw. Kameruns u. des Sudan; offene Landschaft bevorzugen die Steppen-E. O- und S-Afrikas *(T. o. pattersonianus* und *T. o. livingstonii).* Gezähmte E. eignen sich als Nutztiere zur Fleisch- u. Milchgewinnung.
Eleocharis *w* [v. gr. helos = Sumpf, charis = Freude, Zierde], die ↗Sumpfbinse.
Elephantiasis *w* [v. gr. elephantiasis = Krankheit, die zu elefantenart. Haut führt], Bez. für extreme Schwellung der Haut u. des Unterhautgewebes mit z.T. monströser Deformierung v. Körperteilen (Extremitäten, Brüste, Hodensack, äußere Schamlippen) als Folge einer Lymphstauung. Ursachen können sein: a) angeborene Fehlanlage der Lymphbahnen (Nonne-Milroy-Meige-Syndrom), b) durch Entzündung, Verletzung od. Bestrahlung erworbene Verlegung der Lymphbahnen, c) eine Infektion mit den Filarien *Wuchereria bancrofti* (weltweit, Tropen) od. *Brugia malayi* (O-Asien), (↗Filariasis): Die 10 cm langen, aber nur 0,1 mm breiten Weibchen v. *Wuchereria* erzeugen Mikrofilarien, die noch v. der Eihülle umgeben („umscheidet") bleiben. Diese gelangen nachts ins periphere Blut u. werden v. Stechmücken (Culiciden) aufgenommen. Sie wachsen in der Thoraxmuskulatur der Mücke ins 3. Stadium heran, wandern in die Stechborstenscheide (Labium) u. nutzen den Stich zum Eindringen in den Endwirt, in dem sie innerhalb eines Tages die Lymphknoten erreichen. Typische E. tritt erst als Spätschaden nach chron. Infektion auf.
Elephantidae [Mz.; v. *elepha-], die ↗Elefanten.
Elephantopus *m* [v. gr. elephantopous = mit Elefantenfüßen], Gatt. der ↗Korbblütler.
Elephantulus *m* [Diminutiv v. *elepha-], die ↗Elefantenspitzmäuse. [fanten.
Elephas *m* [gr., = Elefant], Gatt. der ↗Ele-

Elenantilopen
1 Bongo *(Taurotragus euryceros),*
2 Elenantilope *(Taurotragus oryx)*

elepha- [v. gr. elephas, Gen. elephantos (ägypt. Lehnwort) = Elefant, Elfenbein], in Zss.: Elefant-.

eleuthero- [v. gr. eleutheros = frei], in Zss.: frei-.

Elettaria *w* [v. einer Drawidasprache Indiens], der ↗Kardamom.
Eleusine *w* [ben. nach der gr. Stadt Eleusis], die ↗Fingerhirse.
Eleutheriidae [Mz.; v. *eleuthero-], Fam. der ↗*Athecatae-Anthomedusae,* deren Polypen einen geknöpften Tentakelkranz an der Basis des Mundrohrs tragen. Die Medusen haben meist mehr als 4 Radiärkanäle u. gegabelte Schirm-, aber keine Oraltentakel. Die Gonaden können sich in einem aboralen Brutraum befinden. Medusen der Gatt. *Eleutheria* (Polyp *Clavatella*) stelzen mit Hilfe der Tentakel in der Gezeitenzone auf Tang herum u. ertasten dabei mit dem Mundrohr Beute (Rädertiere, Krebschen usw.). In Anpassung an diese Lebensweise sind die Schirmgallerte sowie das Velum u. dessen Muskulatur zurückgebildet.
Eleutherodactylus *m* [v. *eleuthero-, gr. daktylos = Finger], die ↗Antillenfrösche.
Eleutheroembryo *m* [v. *eleuthero-, gr. embryon = Leibesfrucht], ↗Embryo.
eleutheropetal [v. *eleuthero-, gr. petalon = Blatt], alte Bez. für freiblättrige Blumenkronen; ↗choripetal.
eleutherosepal [v. *eleuthero-, lat. separare = trennen], alte Bez. für freiblättrige Blütenkelche; ↗chorisepal.
Eleutherozoa [Mz.; v. *eleuthero-, gr. zōa = Lebewesen], *Echinozoa* i. w. S., U.-Stamm der ↗Stachelhäuter, umfaßt Seeigel, Seewalzen, Seesterne u. Schlangensterne; enthält über 5000 rezente Arten, d. h. 90% aller heutigen Stachelhäuter. Ggs.: *Pelmatozoa.*
Elfenbein *s* [v. ahd. helfant (v. lat. elephantus) = Elefant, bein = Knochen], das zu Kunst- (E.schnitzerei) u. Gebrauchsgegenständen (z. B. Billardkugeln, Klaviertastenbelag) verarbeitete ↗Dentin (Zahnbein) der Stoßzähne der Elefanten, ersatzweise auch der Flußpferde, Walrosse u. Narwale. Der E.handel, der um die Jahrhundertwende jährl. ca. 100 t umfaßte, war u. ist Hauptursache für den Rückgang dieser Tierarten (T Artenschutzabkommen). Heute wird E. oft durch Kunststoffe ersetzt.
Elfenstendel, *Honigorchis, Herminium monorchis,* kleine, 10–30 cm hohe, Ausläufer bildende Orchideenart; besitzt eine relativ dichte Ähre kleiner gelbl. Blüten mit kurzer dreiteil. Lippe (mittlerer Teil vorgezogen), die sich durch deutl. Honiggeruch auszeichnen; nur selten in Kalkmagerrasen od. auch Moorwiesen (*Mesobromion*-Verbandscharakterart); nach der ↗Roten Liste „stark gefährdet".
Elicitoren [Mz.; v. lat. elicere = hervorlokken, reizen], Gruppe v. für Pflanzen toxischen Glucanen aus den Zellwänden v.

Elimination

Pilzen, durch die in Pflanzenzellen bestimmte Stoffwechselwege, wie z. B. die Phytoalexinsynthese u. die Flavonoidsynthese, induziert werden. Aufgrund der Polysaccharidstruktur wirken E. multivalent. Die Auslösung der gen. Reaktionen erfolgt durch Bindung an bestimmte Rezeptorstellen der pflanzl. Zelloberflächen.

Elimination w [v. lat. eliminare = entfernen], *Eliminierung,* allg.: Beseitigung, Entfernung. **1)** Phylogenie: zufallsbedingter (nicht selektiv gesteuerter) Verlust bestimmter Erbmerkmale im Verlauf der stammesgeschichtl. Entwicklung. **2)** Abspaltung v. Atomen od. Atomgruppen unter Ausbildung einer Mehrfachbindung od. eines aromat. Ringsystems. E.sreaktionen kommen vielfach in den Reaktionen des Stoffwechsels vor. Ggs.: Addition.

Eliminationskoeffizient, zw. 0,0 und 1,0 liegender Koeffizient, der die Häufigkeit charakterisiert, mit der bestimmte Genotypen *nicht* an Nachkommen weitergegeben werden, wenn sie Träger eines spezif., sich nachteilig auswirkenden Gens sind.

Eliomys w [v. gr. mys = Maus], ↗Gartenschläfer.

Elitesaatgut, hochwert. Saatgut, das bei der ↗Erhaltungszüchtung gewonnen wird.

Ellbogen, *Ellenbogen, Cubitus,* i.w.S. der gesamte Bereich des ↗Ellbogengelenks, i.e.S. nur das Olecranon ulnae. ↗Elle.

Ellbogengelenk, *Articulatio cubiti,* kombiniertes Scharnier- u. Drehgelenk zw. Unterarm u. Oberarm. Während die ↗Elle mit dem Oberarm ein *Scharniergelenk* bildet, das eine Hebelbewegung ermöglicht, bildet das flache Speichenköpfchen mit dem kugel. Oberarmköpfchen ein *Drehgelenk,* das eine Drehbewegung der Speiche um die Elle ermöglicht (↗Pronation). Dabei wird die straff an der Speiche befestigte Hand mitgedreht. Die Elle bewegt sich nicht. Die seitl. Führung des E.s erfolgt durch zwei Bänder, die beiderseits vom Oberarmknochen zur Elle ziehen. Die Beugung des E.s erfolgt durch den zweiköpf. Oberarmmuskel (Musculus biceps brachii) u. durch den inneren Armbeuger (M. brachialis), die Streckung durch den dreiköpf. Armmuskel (M. triceps brachii), der an der Elle ansetzt. ☐ Gelenk.

Elle, *Ulna,* Ersatzknochen auf der Kleinfingerseite in der Vorderextremität der *Tetrapoda.* Proximal ist die E. gewöhnl. breiter als distal, bei manchen Arten ist sie mit der Speiche (Radius) verschmolzen (z. B. Frösche) od. reduziert (z. B. Pferde). Das distale Ende der E. ist bei vielen Säugern u. auch dem Menschen nicht am Handgelenk beteiligt, da sie nur indirekt mit den Handwurzelknochen (Carpalia, ↗Hand) verbunden ist, indem ein kräft. Band sie an der Speiche befestigt. Das proximale Ende der E. bildet eine sattelart. Rinne, in die die Gelenkrolle (Trochlea) des Oberarmknochens (Humerus) genau hineinpaßt u. mit ihr ein *Scharniergelenk* bildet. Am Vorderrand der Rinne befindet sich ein kleiner Hakenfortsatz, am Hinterrand ein größerer Höcker, das *Olecranon ulnae.* Dies ist der eigtl. *Ellbogen.*

Ellerlinge, *Camarophyllus* Kummer, Gatt. der Dickblättler, unscheinbar, weiß, rötl. gelb, grau od. braun gefärbte Blätterpilze mit einem trockenen, matten, derben, fleisch. Hut, der auch bei feuchter Witterung nicht schmierig wird. Der Stiel ist voll, faserfleischig, kahl u. nicht schmierig. Die fast zähen Blätter laufen bei den meisten Arten weit am Stiel herab, seltener sind sie kurz angewachsen; die Trama ist unregelmäßig (untermischt). In Dtl. ca. 15 Arten, vorwiegend auf Wiesen, gute Speisepilze. Die wohlschmeckenden Orange-E. (*C. pratensis* Kummer) ähneln etwas den Pfifferlingen, haben aber gut entwickelte Lamellen u. sind rötl.-gelber gefärbt; die Hutbreite beträgt 3–7 cm; Märzellerling ↗Schnecklinge.

Ellipsoidion s [v. nlat. ellipsis = Ellipse, gr. -oeides = -ähnlich], Gatt. der ↗Eustigmatophyceae.

Elliptocytose w [v. gr. elleiptikos = elliptisch, kytos = Höhlung (heute: Zelle)], *Elliptocytenanämie,* Vermehrung v. ellipsenförm. ↗Erythrocyten, die zur Hämolyse führen; dominant erblich; durch Milzentfernung wird die Anämie leicht gebessert.

Ellobium s [v. gr. ellobion = Ohrring], Gatt. der Zwergschnecken; bekannteste Art ist das ↗Midasohr.

Elmidae [Mz.; v. gr. helmis = Wurm], die ↗Hakenkäfer.

Elminthidae [Mz.; v. gr. helminthes = Würmer], die ↗Hakenkäfer.

Elodea w [v. gr. helōdēs = sumpfig], ↗Wasserpest.

Elongation w [v. lat. e- = aus-, heraus-, longus = sich weit erstreckend], die in vielen sich wiederholenden Einzelschritten ablaufende Verlängerung wachsender Ketten biol. Makromoleküle (DNA, RNA, Polysaccharide u. Proteine) während ihrer Biosynthese. Die E.s-Phasen dieser Synthesen werden durch Initiationsreaktionen *(Initiation)* eingeleitet u. durch Terminationsreaktionen *(Termination)* beendet.

Elongationsfaktoren [v. ↗Elongation, lat. facere = bewirken], *Transferfaktoren,* Abk. *EF,* Hilfsproteine, die bei der Proteinsynthese während der Elongation der Polypeptidketten erforderl. sind.

Elopichthys m [v. gr. ellops = Schwertfisch od. Stör, ichthys = Fisch], Gatt. der ↗Bärblinge.

Elimination

Beispiele für E.sreaktionen sind die E. v. Wasser aus 2-Phosphoglycerat unter Bildung v. Phosphoenolpyruvat (↗Glykolyse), die E. v. Wasser aus Citrat bzw. Isocitrat unter Bildung v. Aconitat (↗Citratzyklus), die E. v. Ammoniak aus Aspartat unter Bildung v. Fumarat (↗Ammoniak).

Eliminationskoeffizient

Besitzt ein Gen einen E.en von 1,0, so besagt dies, daß 100% der Individuen, in deren Genotyp das Gen vorliegt, sterben, bevor das Gen an Nachkommen weitergegeben werden konnte. Besitzt ein Gen einen E.en von 0,0, so bedeutet dies, daß sämtl. Individuen, die dieses Gen enthalten, ihren Genotyp weitervererben.

Elongationsfaktoren

In bakteriellen Systemen gibt es 3 E. mit den histor. bedingten Bez. EFT$_s$, EFT$_u$ u. EFG. Sie steuern folgende Einzelschritte:
a) die Anlagerung v. Aminoacyl-t-RNA an den Ribosomen-m-RNA-Komplex, wobei jeweils ein Molekül GTP zu GDP u. anorgan. Phosphat gespalten wird (EFT$_s$ u. EFT$_u$);
b) das Weitergleiten v. m-RNA um 3 Nucleotide nach jedem Peptid-Transfer, wobei ebenfalls GTP-Spaltung erfolgt (EFG);
c) die Entfernung frei gewordener t-RNA.

Elopidae [Mz.; v. gr. ellops = Schwertfisch od. Stör], die ⌕Frauenfische.
Elopiformes [Mz.; v. gr. ellops = Schwertfisch od. Stör, lat. forma = Gestalt], die ⌕Tarpunähnlichen Fische.
Elops *m* [v. gr. ellops = Schwertfisch od. Stör], Gatt. der ⌕Frauenfische.
Elosia *w* [v. gr. helos = Sumpf], fr. Bez. für die Gatt. *Hylodes,* ⌕Elosiinae.
Elosiinae [Mz.; v. gr. helos = Sumpf], U.-Fam. der Südfrösche mit 3 Gatt., die sich in Verhalten u. Biol. deutlich v. anderen Südfröschen unterscheiden. Kleine (*Crossodactylus* bis 30 mm, *Hylodes* bis 41 mm, nur *Megaelosia* ist bis 100 mm groß), flinke, lebhafte, tagaktive Frösche, die an Bergbächen in den Nebelwäldern in SO-Brasilien leben. Die Männchen besetzen Reviere, die sie durch laute, trillernde Rufe markieren und gg. Artgenossen verteidigen. Die Dornfingerfrösche (*Crossodactylus*) setzen dabei verhornte Dornen an den Händen ein, die bei beiden Geschlechtern ausgebildet sind. In vielen Merkmalen, auch im Verhalten, erinnern die E. an schlichtfarbene Farbfrösche, für deren Schwestergruppe sie auch gehalten werden; es fehlt ihnen aber die für Farbfrösche typ. Brutpflege.
Elpistostege *w* [v. gr. elpistos = erhofft, stegē = Decke], (Westoll 1943), nur in einem fragmentar. Schädeldach dokumentierte † Gattung der Fischschädellurche (*Ichthyostegalia*) aus dem untersten Oberdevon v. Scaumenac Bay, O-Kanada. Die Lagebeziehung der Schädelknochen vermittelt zw. *Osteolepis* u. *Ichthyostega*. E. gilt deshalb als Übergangsform zw. Fischen u. Lurchen, wird jedoch v. manchen Forschern den Fischen zugeordnet. Einzige Art: *E. watsoni*.
Elritze, *Pfrille, Rümpchen, Phoxinus phoxinus*, ein in eur. u. asiat., klaren, kalten Süßgewässern weit verbreiteter, bis 14 cm langer, kleinschupp. Weißfisch (B Fische X), v. a. in der Forellenregion der Bäche; lebt meist in kleinen Schwärmen; zum Laichen zw. April u. Juli zieht sie flußaufwärts. Als leicht zu haltender Aquarienfisch ist sie ein beliebtes Forschungsobjekt, an der K. v. Frisch das Hörvermögen u. den bei Verletzung abgegebenen Schreck- u. Warnstoff untersucht hat. Nahe verwandt ist die etwas kleinere, gelbl. gefärbte, in stark verkrauteten Gewässern Polens u. Rußlands heimische Sumpf-E. (*P. percnurus*). Die nordam. Rotbauch-E. (*Chrosomus erythrogaster*) ist der E. sehr ähnl., doch hat sie auch außerhalb der Laichzeit einen roten Bauch.
Elsbeere ⌕Sorbus.
Elseya, Gatt. der ⌕Schlangenhalsschildkröten.

Elster (*Pica pica*)

Elosiinae
Gattungen und Arten:
Dornfingerfrösche (*Crossodactylus*) ca. 6 Arten in S-Brasilien bis Argentinien, z. B. *C. gaudichaudii*
Hylodes (fr. *Elosia*) ca. 10 Arten in S-Brasilien u. 1 in Venezuela, z. B. *H. lateristrigatus*
Megaelosia nur 1 Art, *M. goeldi*, in S-Brasilien

Elsinoë *w*, Gatt. der ⌕Myriangiaceae.
Elster, *Pica pica*, auffällig schwarz-weiß u. metallisch grün glänzender, ca. 45 cm großer Rabenvogel mit langem keilförm. Schwanz; weites Verbreitungsgebiet in Europa, Asien u. N-Afrika; kommt in offenem Kulturland u. in Gärten vor u. baut ein umfangreiches, mit einer Haube oben abgeschlossenes Nest, das auch nach dem Laubabfall noch längere Zeit erhalten bleibt u. anderen Vogelarten als Nistunterlage dienen kann. Die Nahrung ist sehr vielseitig, es werden auch Singvogelnester geplündert. Jahresvogel; schließt sich im Winter zu Trupps u. Schlafgemeinschaften zus., die mehrere hundert Vögel umfassen können. B Europa XVII.
Elsterkaltzeit [ben. nach dem Fluß Weiße Elster], v. Keilhack vorgeschlagener Name für die erste sichere Vereisung N-Dtl.s im ⌕Pleistozän, in deren Verlauf das nord. Inlandeis bis zum Mündungsgebiet des Rheins u. den Gebirgsrändern v. Harz, Thüringer Wald, Sudeten u. Karpaten vordrang. Der E. entspricht im alpinen Bereich etwa die Mindelkaltzeit.
Eltern, Vater u. Mutter, bei Tieren u. Mensch die Individuen, v. denen Ei- u. Samenzelle abstammen, die die genet. Information der Nachkommen bestimmen.
Elternbindung ⌕Bindung. [zung.
Elternzeugung, ugs. für sexuelle Fortpflan-
El-Tor-Vibrio *m* [ben. nach El Tor = arab. Quarantänestation für Mekkapilger], Cholera-⌕Vibrio.
eluieren [Hw. *Elution*; v. lat. eluere = ab-, ausspülen], in der ⌕Chromatographie das Herauslösen od. Verdrängen v. adsorbierten Stoffen aus festen od. mit Flüssigkeit getränkten Adsorbentien (⌕Adsorption) mit Hilfe v. Lösungsmitteln (⌕Adsorptionschromatographie), Salzlösungen (Ionenaustauschchromatographie) od. Gasen (Gaschromatographie). Als *Eluat* bezeichnet man die in der eluierenden Flüssigkeit od. Gasphase gelösten, aus den betreffenden Säulen eluierten Stoffe od. Stoffgemische.
Eluvialböden [v. lat. eluvies = Ausspülung], *Auswaschungsböden,* v. starker Auswaschung geprägte Hangböden; lösl. Bodenbestandteile (Salze, Kalk, Eisen- u. Manganverbindungen usw.) werden mit dem Hangzugwasser völlig aus dem Boden wegtransportiert. Am Hangfuß od. in Senken können durch Anreicherung typ. ⌕Illuvialböden entstehen (Wiesenkalk, Raseneisen, Salzböden u. a.).
Eluvialhorizont [v. lat. eluvies = Ausspülung], der ⌕Auswaschungshorizont.
Elymo-Ammophiletum *s* [v. gr. elymos = Hirse, gr. ammos = Sand, philē = Freundin], Assoz. der ⌕Ammophiletea.

Elymus

Elymus *m* [v. gr. elymos = Hirse], die ↗Haargerste.

Elyna [Mz.; v. gr. eilyein = umhüllen], das ↗Nacktried.

Elynetea [Mz.; v. gr. eilyein = umhüllen], *Nacktriedrasen,* Kl. der Pflanzenges. mit Verbreitung in den Alpen u. der (Sub-)Arktis; ist wahrscheinl. an basenreiches Ausgangsgestein gebunden. Der Nacktriedrasen der Alpen *(Elynetum myosuroidis)* kommt auf sehr windexponierten u. daher lange schneefreien Kuppen („Windecken") vor. Seine pH-Amplitude reicht v. 8 bis 3,2. Ökolog. Parallelen bestehen zum Gamsheideteppich *(Cetrario-Loiseleurietea)* auf Rohhumus u. zum Polsterseggenrasen *(Seslerion)* auf massivem Carbonatgestein.

Elysia *w* [v. gr. Êlysios = elysisch, vom Gefilde der Seligen], Gatt. der *Elysiidae,* Schlundsackschnecken ohne kolbenförm. Rückenanhänge, aber mit deutl. abgesetzten seitl. Falten (Parapodien). Die Grüne Samtschnecke *(E. viridis)* wird 27 mm lang, lebt im Mittelmeer u. O-Atlantik, ernährt sich v. Grünalgen der Gatt. *Codium,* deren Chloroplasten in der verzweigten Mitteldarmdrüse länger als 2 Monate erhalten bleiben u. Photosynthese durchführen, deren Produkte der Schnecke zugeführt werden.

Elytre [v. gr. elytron = Hülle, Futteral], ↗Deckflügel.

Email *s* [emaj; v. franz. émail = Schmelz], der ↗Zahnschmelz.

Emarginula *w* [v. lat. e- = aus-, margo, Gen. marginis = Rand], Gatt. der *Fissurellidae,* Altschnecken mit schüsselförm. Gehäuse, das vorn einen Schlitz hat; die zahlr. Arten leben in kalten u. warmen Meeren meist in geringer Tiefe unter Steinen.

Embden-Meyerhof-Parnas-Abbauweg *m* [ben. nach den dt. Physiologen G. Embden, 1874–1933, O. Meyerhof, 1884–1951, J. K. Parnas, * 1884], die ↗Glykolyse.

Embelin *s,* ein pflanzl. ↗Benzochinon.

Emberizidae [Mz.; v. ahd. emberiza = Ammer], die ↗Ammern.

Embioptera [Mz.; v. gr. embios = lebend, pteron = Flügel], *Embioidea, Embien, Fersenspinner, Fußspinner, Spinnfüßer,* Ord. der Insekten. In Europa kommen im Mittelmeerraum einige der insgesamt etwa 200 Arten vor, das Hauptverbreitungsgebiet liegt in den Tropen u. Subtropen. Die E. sind bis 20 mm große, schlanke, braun bis schwarz gefärbte Insekten. Der ovale, nach allen Seiten bewegl. Kopf trägt primitive, kauende Mundwerkzeuge, die Antennen sind perlschnurartig aus ca. 20 Gliedern aufgebaut. Stirnaugen sind nie vorhanden, aber ein Paar kleiner Komplexaugen. Der aus drei gleichart. Segmenten bestehende Thorax trägt bei Weibchen keine, bei Männchen mancher Arten zwei Paar Flügel, die unabhängig voneinander bewegt werden können. Die ersten Tarsalglieder der Vorderbeine sind stark vergrößert u. verdickt u. tragen je etwa 100 Spinndrüsen (Name), die einzeln in hohle Haare münden. Die E. legen damit unter Steinen od. Rinde schlauchförm. Gespinste an, in denen sie leben u. überwintern. Die Weibchen leben v. Pflanzen, die sie benagen, die Männchen auch räuberisch. Die ca. 200 Eier werden in das Wohngespinst gelegt u. bei manchen Arten vom Weibchen bewacht. Die Entwicklung der Larven ist unvollständig *(Hemimetabolie);* sie häuten sich 4mal, das letzte Larvenstadium macht vor dem Schlüpfen der Imago keine Ruhepause durch.

EMBO, Abk. für die *E*uropean *M*olecular *B*iology *O*rganisation, die im Jahre 1964 v. westeur. Staaten zur int. Pflege u. Förderung des damals relativ jungen u. bes. wegen des interdisziplinären Charakters schwer einzugliedernden Faches Molekularbiologie gegründet wurde. Seit der 1978 erfolgten Etablierung eines v. der EMBO getragenen int. Forschungsinst. in Heidelberg *(EMBL = European Molecular Biology Laboratory)* ist der Hauptsitz der EMBO in Heidelberg.

Embolie *w* [v. gr. embolos = Pfropf], **1)** Medizin: von R. ↗Virchow geprägter Überbegriff für Blutgefäßverschlüsse, die durch nicht lösl., im Blutkreislauf verschlepptes Material *(Embolus)* hervorgerufen werden. **2)** Zool.: *Invagination,* d. i. ↗Gastrulation durch Einstülpung, wobei die Zellen im epithelialen Zshg. bleiben. Ggs.: Delamination, Immigration usw.

Embolomeri [Mz.; v. gr. embolos = Pfropf, meros = Glied, Teil], karbon. ↗Stegocephalen, die Watson (1926) wegen ihrer „Doppelwirbel" taxonom. vereinigt hat. Der embolomere Wirbelkörper besteht aus 2 etwa gleich großen Scheiben: Basiventrale (= Hypozentrum) u. Interventrale (= Pleurozentrum). Die E. bilden eine † U.-Ord. der amphib. ↗ *Anthracosauria,* innerhalb derer die *Loxembolomeri* zu den *Batrachomorpha,* die *Anthrembolomeri* zu den *Reptiliomorpha* hinführen.

Embolus *m* [v. gr. embolos = Keil, Pfropf], **1)** Teil des Begattungsorgans männl. ↗Webspinnen. **2)** in die Blutbahn gekommene körpereigene od. -fremde Substanz (Thrombus, Bakterien, Tumorzellen, auch Gasblasen u. a.). ↗Embolie.

Embrithopoda [Mz.; v. gr. embrithês = schwer, podes = Füße], (Andrews 1906), *Barypoda* (Andrews 1904), nashorngroße, vermutl. zu den *Subungulata* gehörende † Säugetiere im Rang einer Ord.; einzige be-

Embolie

Am häufigsten sind E.n als Folge abgelöster venöser Thromben, z. B. aus Unterschenkel- und Beckenvenenthrombosen, häufig durch längeres Liegen nach Operationen, die zu Lungen-E.n führen. Arterielle E.n entstehen nach Ablösung v. Emboli aus dem linken Vorhof, der linken Kammer, seltener aus der Aorta, bes. bei chron. Rhythmusstörungen. Diese können zu Hirn-, Nieren-, Arm-, Bein-, Milz- u. Mesenterialarterien-E.n führen. Symptome ergeben sich je nach dem Ausmaß des durch den Gefäßverschluß verursachten Organausfalls. Weitere Formen der E. ergeben sich durch Verschleppung v. Tumormaterial, Fett (z. B. nach schweren Knochenbrüchen), Parasiten, Luft, Fruchtwasser.

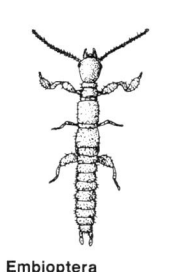

Embioptera
Monotylota ramburi (♀)

kannte Gatt.: *Arsinotherium* aus dem älteren Oligozän v. Ägypten; Schädel mit einem Paar ries. Hornzapfen auf den Nasalia u. einem kleinen Paar auf den Frontalia; die Backenzähne sind lophodont-hochkronig, die Gliedmaßen elefantenähnlich.

Embryo *m* [über lat. embryo v. gr. embryon = Leibesfrucht], *Keim, Keimling,* **1)** Bot.: der bei Moosen, Farnen u. Samenpflanzen *(Embryophyta)* aus der befruchteten od. unbefruchteten (↗Parthenogenese) Eizelle hervorgehende junge Organismus; bei Moosen u. Farnen entwickelt er sich im Schutze des Archegoniums, bei den Samenpflanzen in der Samenanlage. **2)** Zool.: der sich aus der Eizelle entwickelnde Organismus bis zum Zeitpunkt der selbständ. Nahrungsaufnahme. Verläßt der E. schon lange davor die Eihüllen (z. B. bei vielen Fischen u. Amphibien), dann bezeichnet man ihn als *Eleutheroembryo;* zeigt er bereits deutl. Anklänge an die Adultorganisation, nennt man ihn ↗ *Fetus.* **3)** Humanmedizin: i. w. S. Bez. für die menschl. Frucht vor der Geburt, i. e. S. meist bis zum Ende des 3. Schwangerschaftsmonats, d. h. während der Zeit der Organentwicklung (Organogenese), gerechnet; danach ↗Fetus genannt; ↗Embryonalentwicklung, ↗Entwicklung.

embryo banking [embriᵘ bänking; engl. = Aufbewahrn v. Embryonen], **1)** Langzeitkonservierung entwicklungsfähiger tier. Embryonen durch Tiefgefrieren; von prakt. Bedeutung für die Erhaltung selten gebrauchter Stämme v. Nutztieren bzw. Labortieren u. für Transportzwecke. Bei Säugetieren mögl. bis zu einem Entwicklungsstadium zw. Furchung u. Blastocyste. **2)** Humanmedizin: ↗Insemination.

Embryoblast *m* [v. *embryo-, gr. blastos = Keim], der ↗Embryonalknoten; ↗Blastocyste.

Embryogenese *w* [v. *embryo-, gr. genesis = Entstehung], *Embryogenie,* die ↗Embryonalentwicklung.

Embryologie *w* [v. *embryo-, gr. logos = Kunde], wiss. Disziplin, die sich mit der Ontogenie (Individual-↗Entwicklung), speziell der ↗Embryonalentwicklung befaßt; begr. u. a. von K. E. v. ↗Baer.

embryonal [v. *embryo-], noch nicht zur endgült. Funktion ausdifferenziert; der Begriff kann sich auf Zellen, Gewebe, Organe od. Organismen beziehen.

Embryonalcuticula *w* [v. *embryo-, lat. cuticula = Häutchen], ↗Cuticula, die bei Arthropoden-Embryonen innerhalb der Eihüllen gebildet u. spätestens kurz nach dem Schlüpfen abgestreift wird; Insekten bilden sukzessiv bis zu drei Embryonalcuticulae aus.

Embryonalentwicklung [v. *embryo-],

Keim(es)entwicklung, Embryogenese, Embryogenie, allg. die erste Phase in der Individualentwicklung (↗Entwicklung) eines Lebewesens. **1)** Bot.: die Entwicklung eines jungen Organismus aus der befruchteten od. unbefruchteten (↗Parthenogenese) Eizelle; a) bei den Moosen bis zur Anlage der Sporangien, b) bei den Farnen bis zum assimilationsfähigen Keimling, c) bei den Samenpflanzen bis zum ↗Embryo im verbreitungsreifen Samen (vgl. Abb.). Die Entwicklung ist i. d. R. durch die Lage der ↗Eizelle in den Geschlechtsorganen oder in der Samenanlage gegeben (Polaritätsinduktion). I. w. S. ist unter E. auch die Entwicklung der Algen, Pilze, Moose aus Sporen bis zu einem selbständig lebensfähigen Organismus zu verstehen, z. B. der Gametophyten der Braunalgen aus Meiosporen, den sog. „Embryosporen". **2)** Zool.: i. w. S. die Entwicklung eines vielzell. Tieres v. der aktivierten Eizelle (↗Aktivierung) bis zur selbständigen Nahrungsaufnahme; bei höheren Wirbeltieren (Säugern) unterteilt in E. i. e. S. sowie *Fetalentwicklung* (Entwicklungsabschnitt nach dem Auftreten v. ordnungs- od. gattungsspezif. Organisationsmerkmalen). Die E. ist ein komplexes Wirkgefüge v. begriffl. abtrennbaren Vorgängen, wie Zellteilung (↗Furchung), ↗Musterbildung, Gestaltungsbewegungen (↗Morphogenese) u. Zelldifferenzierung. Die E. liefert häufig nicht nur den definitiven Körper, sondern auch extraembryonale od. Anhangsorgane mit vorübergehender Funktion (↗Allantois, ↗Embryonalhüllen, ↗Placenta) (☐ 104: E. des Huhns). Die E. beginnt mit der *Furchung,* die die Eizelle über ein (häufig fehlendes) *Morula-*Stadium (lockerer Zellhaufen) in einen Blasenkeim *(Blastula)* verwandelt. Durch Einstülpung der Blastulawand an einer Stelle (Invagination; ⬛ E. I, Abb. 1a, 2a) od. durch ↗Delamination u. a. Prozesse entsteht der zunächst zweischicht. Becherkeim *(Gastrula,* ⬛ E. I, Abb. 3a); seine Organisationsstufe entspricht derjenigen der Hohltiere. Bei den ↗*Bilateria* wird der Keim im Laufe der Gastrulation dreischichtig (↗Keimblätter, ⬛ E. I, Abb. 4a). Darauf folgt die ↗Organogenese, in der sich die einzelnen Organanlagen absondern u. ausformen (↗Morphogenese, z. B. Neurulation). Im Verlauf der histolog. Differenzierung erlangen sie ihre Funktionsfähigkeit, u. der Embryo kann das Juvenilleben beginnen. Diese Vorgänge verlaufen bei einzelnen Tiergruppen sehr unterschiedlich (siehe dort), die Tafeln I und II erläutern wichtige Beispiele. – Die E. findet bei den meisten Tieren außerhalb des Körpers statt, d. h., die Eier werden vor od. nach der Besamung aus dem

Embryonalentwicklung

embryo- [v. gr. embryon = Leibesfrucht].

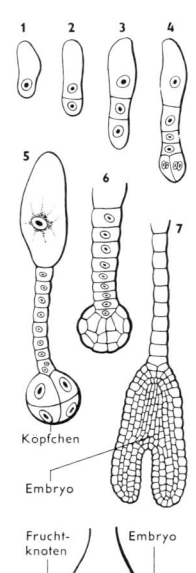

Embryonalentwicklung bei Zweikeimblättrigen Pflanzen

1, 2, 3 frühe Teilungsstadien; 4, 5, 6 Ausbildung eines Köpfchens u. 7 des Embryos; 8 Lage des Embryos im Fruchtknoten

Amphibien

1a Längsschnitt

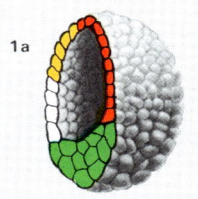

2a Längsschnitt

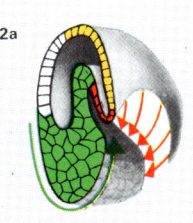

3a Längsschnitt

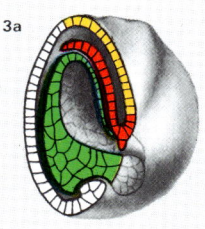

4a Querschnitt

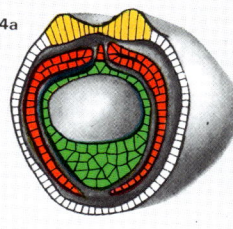

5a Querschnitt — Chorda

6a

☐	Ektoderm (Haut)
🟨	Ektoderm (Neuralmaterial)
🟩	Entoderm (extraembryonal)
🟢	Entoderm (embryonal, Darmanlage)
🟥	Mesoderm

Reptilien und Vögel

1b

2b

3b — Seitenplatten

4b

5b — Amnionfalte

6b — Chorda, Neuralrohr, Ursegmente, Seitenplattencoelom, Amnion, Amnionhöhle, Herz, extraembryonales Coelom, Chorion (Serosa), Darm, Dottersack

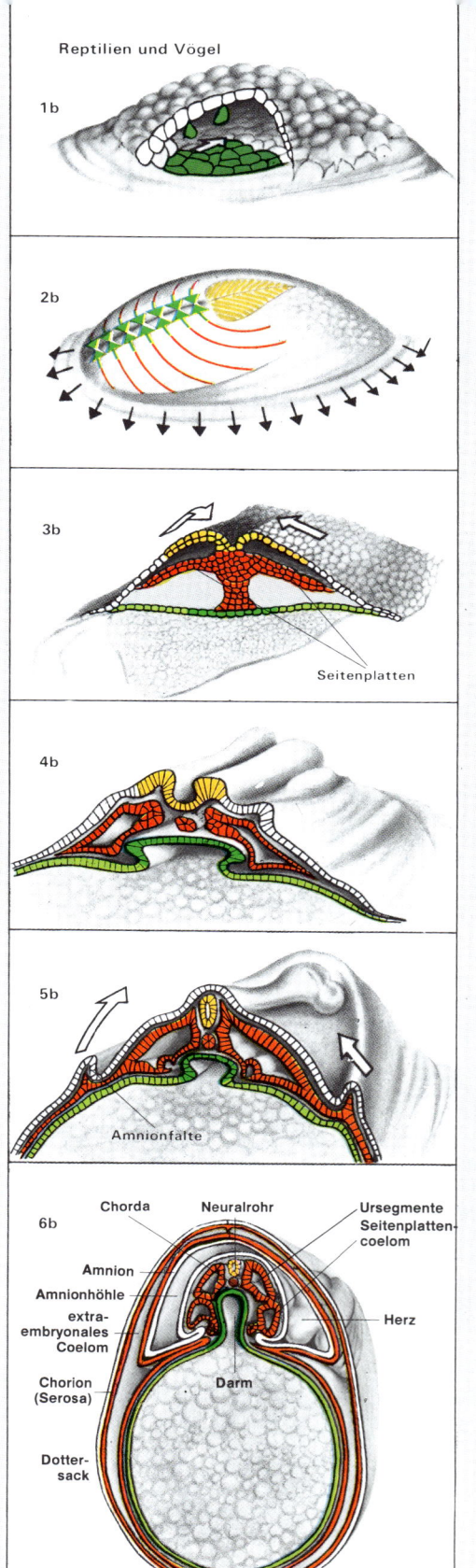

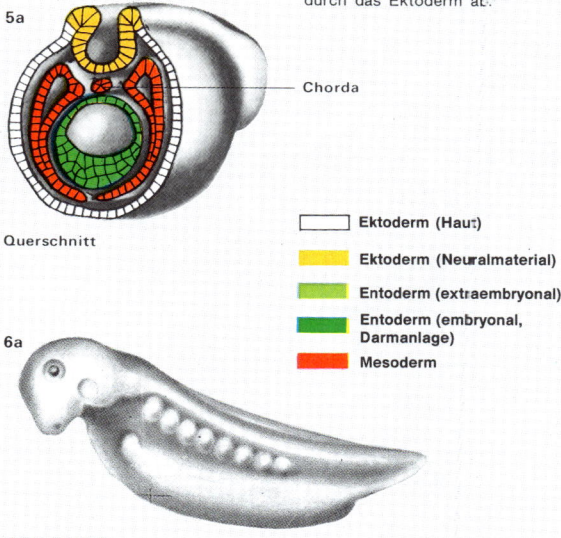

Die Schemata der Entwicklungsgänge einiger Vertreter aus dem Wirbeltier- und Wirbellosenreich von der Blastula bis zum Erreichen einer stammestypischen Körpergestalt zeigen, daß die allgemeinen Gestaltbildungsvorgänge, Zellwanderungen, Ein- und Ausstülpung und Abschnüren von Epithelfalten, allen Tieren gemein sind.

Bei Reptil und Vogel wandern die Zellen für Entoderm (dunkelgrün) und Mesoderm (rot) nacheinander durch die Mittellinie (2b) ins Innere, wo sie sich ausbreiten (3b). Im fertigen Urdarmkeim der Wirbeltiere (3a–c) beginnt kurz nach Einsetzen der Mesodermablösung die Auffaltung des *Neuralrohrs* (*Neurulation*, 4a–4c): Ein Ektodermfeld (schuhsohlenförmige, von einem Zellwulst begrenzte Fläche) sinkt in die Tiefe ab und rollt sich unter dem Ektoderm zu einem Rohr zusammen (*Neuralrohr*), das sich dann von der Oberfläche ablöst. Sein Vorderende bläht sich anschließend zum *Hirnbläschen* auf (5a–5c).

Das Mesodermmaterial gliedert sich unter dem Neuralrohr in die flügelförmig auswachsenden *Seitenplatten*, die *Somiten*, und die stabförmige *Chorda* (5a–5c), den Vorläufer der Wirbelsäule. In den Seitenplatten entstehen Höhlungen (*Coelome*). Aus der inneren Coelom- (Leibeshöhlen-) Wand falten sich die großen Gefäßstämme und das Herz ab (6b), und aus den Somiten entstehen in segmentaler Anordnung Muskulatur und Skelett. Gleichzeitig streckt sich der Embryo in der Längsachse.

In den untersten Abbildungen (6a–6c) erkennt man bereits Augen-, Ohr- und Extremitätenknospen, und die Somiten (Ursegmente) zeichnen sich als segmentale Pakete durch das Ektoderm ab.

EMBRYONALENTWICKLUNG I–II

Amnioten. Eine Neuerwerbung der Reptilien, Vögel und Säuger gegenüber den ursprünglicheren Amphibien sind embryonale Schutzhüllen, die aus einem Teil des Keimgewebes hervorgehen. Dazu wachsen beiderseits des Keims Ekto- und Mesodermfalten in die Höhe (5b, Faltamnion) und schließen sich über dem Embryo. So entsteht eine äußere Haut, die *Serosa*, und eine innere Haut, das *Amnion*. In dieser *Fruchtblase* schwimmt der Keim stoßgeschützt in dem eiweißreichen *Fruchtwasser*.

Beim *Säuger* entsteht der Keim nur aus einem Teil der Furchungsblastomeren, dem *Embryonalknoten* (1c, obere Zellen). Dieser stellt die eigentliche Blastula dar. Die Amnionhöhle entsteht häufig als Spaltraum im Embryonalknoten (Spaltamnion, z. B. beim Menschen). Die Ernährung des Embryos erfolgt über die *Chorionzotten* und die *Placenta* von der Mutter her.

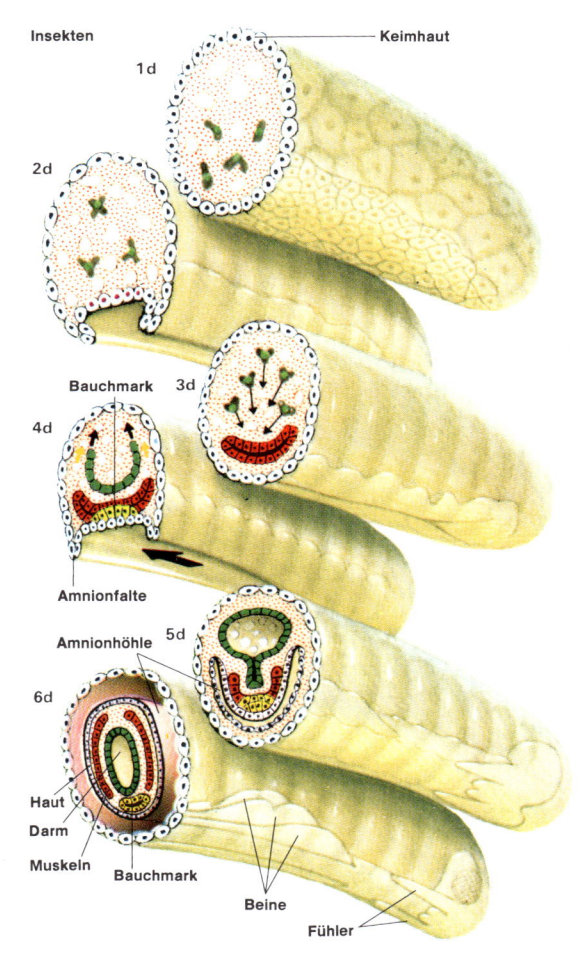

Insekten. Für die *Entwicklung wirbelloser Tiere* soll das Beispiel der *Insekten* stehen (1d–6d). Auch hier laufen zwar die grundlegenden Prozesse in der bekannten Weise ab, aber die zeitliche Abfolge und die Lagerelationen der Keimteile im Ei lassen doch schon frühzeitig den tiefen Unterschied gegenüber den Wirbeltieren erkennen; dies gilt auch für die Embryonalhüllen.

Zuerst senkt sich an der Unterseite des Eies – von einem animalen und vegetativen Pol kann man in diesem Fall nicht sprechen – die *Keimhaut* in einer Längsrinne ein (2d). Diese Rinne entspricht einem schlitzförmigen Urmund, durch den sich das spätere Ento- und Mesodermmaterial in die Tiefe verlagert. In diesem Stadium legt sich im Mesoderm schon die Segmentierung des Insektenkörpers an (3d). Die wieder verwachsende Außenschicht liefert das Ektoderm und in einem soliden Mittelstrang die Neuralanlage (4d). Das Zentralnervensystem entsteht also bei Wirbellosen auf der Bauchseite (Bauchmark). In Konvergenz zu den Wirbeltieren findet auch bei den Insekten eine Embryonalhüllenbildung durch ein weiteres Faltenpaar statt, das sich beiderseits der Keimanlage aufwölbt und bauchseitig median verwächst.

EMBRYONALENTWICKLUNG III–IV

Befruchtung. Bei der *Kohabitation* gelangen etwa 500 Millionen männliche Samenzellen *(Spermien)* in die Vagina, von denen jedoch nur relativ wenige bis in die Eileiter gelangen, wo sie auf eine befruchtungsfähige weibliche Keimzelle *(Eizelle)* treffen können. In dem Augenblick, in dem eine Samenzelle mit der Eizelle verschmilzt (A), beginnt die Entwicklung eines neuen Lebewesens.

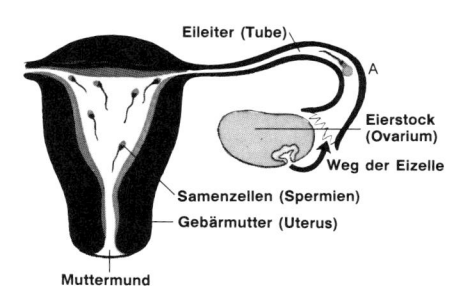

Die ersten zehn Tage (rechts)

Nach der Befruchtung teilt sich die Eizelle (a, b). In der durch weitere Teilungen entstehenden Zellmasse bildet sich ein Hohlraum; während dieses Stadiums bezeichnet man den Keimling als *Blastocyste* (c). Die Blastocyste wird in die Gebärmutter transportiert, in deren aufgelockerter, empfangsbereiter Schleimhaut (meist in der Hinterwand) sie sich acht bis zehn Tage nach der Befruchtung eingenistet hat (d). Zu diesem Zeitpunkt ist der künftige Embryo kleiner als ein Stecknadelkopf.

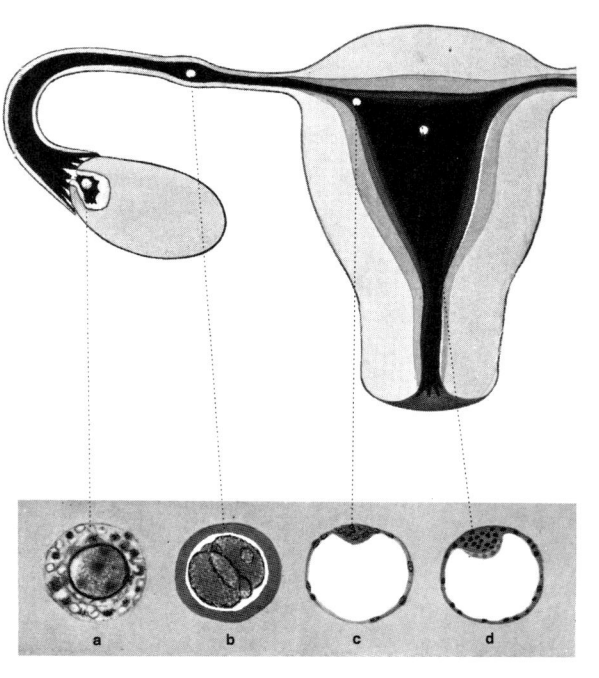

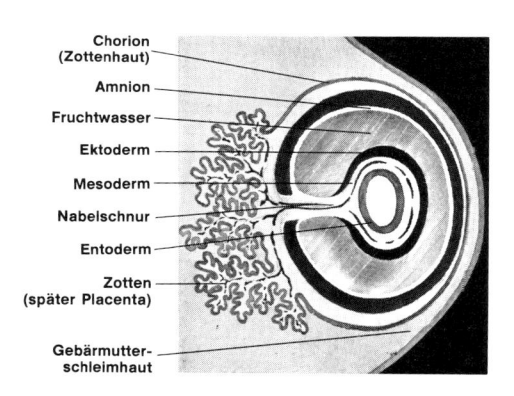

Entwicklung des Embryos bis zum Ende des 2. Monats

Aus der äußeren Zellschicht der Blastocyste entwickelt sich die äußere Embryonalhülle *(Chorion)*. Im Embryonalknoten erscheint die *Amnionhöhle* (Spaltamnion). Ihr Boden ist der *Keimschild*. Er besteht aus drei Schichten, sog. *Keimblättern (Ektoderm, Mesoderm und Entoderm)*, aus denen sich allmählich verschiedene Gewebsarten herausdifferenzieren (links). Die *Placenta (Mutterkuchen)* entwickelt sich aus fetalem und mütterlichem Gewebe in der Gebärmutterwand (rechts). Hier findet der Austausch zwischen dem Blutgefäßsystem der Mutter und dem des Kindes statt. Der Fetus schwimmt – geschützt vor Gewalteinwirkungen – im Fruchtwasser, welches den Raum innerhalb des Amnions ausfüllt.

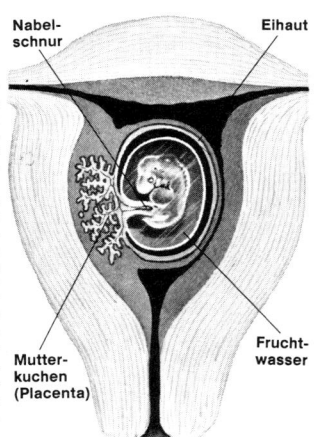

Die Entwicklung von einer formlosen Zellmasse zu einem menschlichen Wesen vollzieht sich außerordentlich rasch.
Fünf bis sechs Wochen nach der Befruchtung verfügt der Embryo bereits über deutlich erkennbare Anlagen von Augen, Armen und Beinen; nach neun Wochen kann man bereits menschenähnliche Körpermerkmale unterscheiden, auch wenn die Schwanzanlage sich noch nicht zurückgebildet hat. Das Herz beginnt schon in einem früheren Stadium zu schlagen. Bei einer drei Monate alten Frucht sind sämtliche Körperorgane in irgendeiner Form vorhanden; die übrigen sechs Entwicklungsmonate sind in erster Linie durch einen allgemeinen Wachstumsprozeß und funktionelle Reifung gekennzeichnet. Die Größenangaben beziehen sich auf die „Sitzhöhe" (Scheitel-Steiß-Höhe).

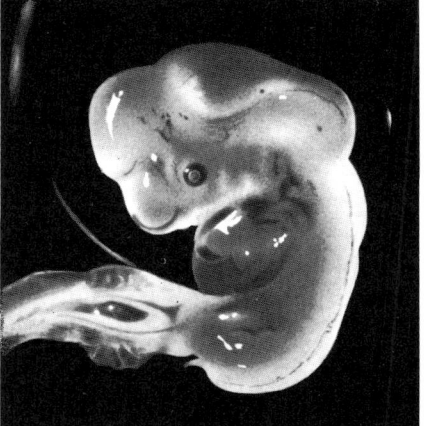

Bild rechts außen: **1** Auge, **2** zukünftiges Stirnbein, **3** Herz, **4** Arm, **5** Bein, **6** Nabelschnur.

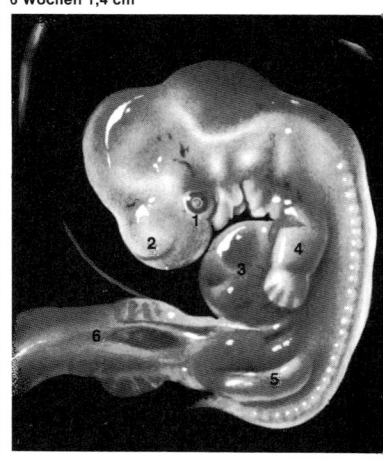

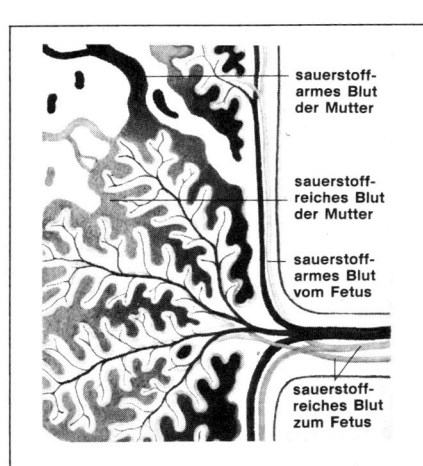

Embryonalentwicklung des Menschen

In der *Placenta* gibt das mütterliche Blut Sauerstoff und Nährstoffe durch zarte Trennwände an das fetale Blut ab und übernimmt gleichzeitig den Abtransport von Kohlendioxid und Schlackenstoffen aus dem fetalen Kreislauf. Der Stoffaustausch findet durch die Wände der fetalen Kapillaren in der Placenta statt, die durch die Nabelschnurgefäße mit dem fetalen Kreislauf in Verbindung stehen.

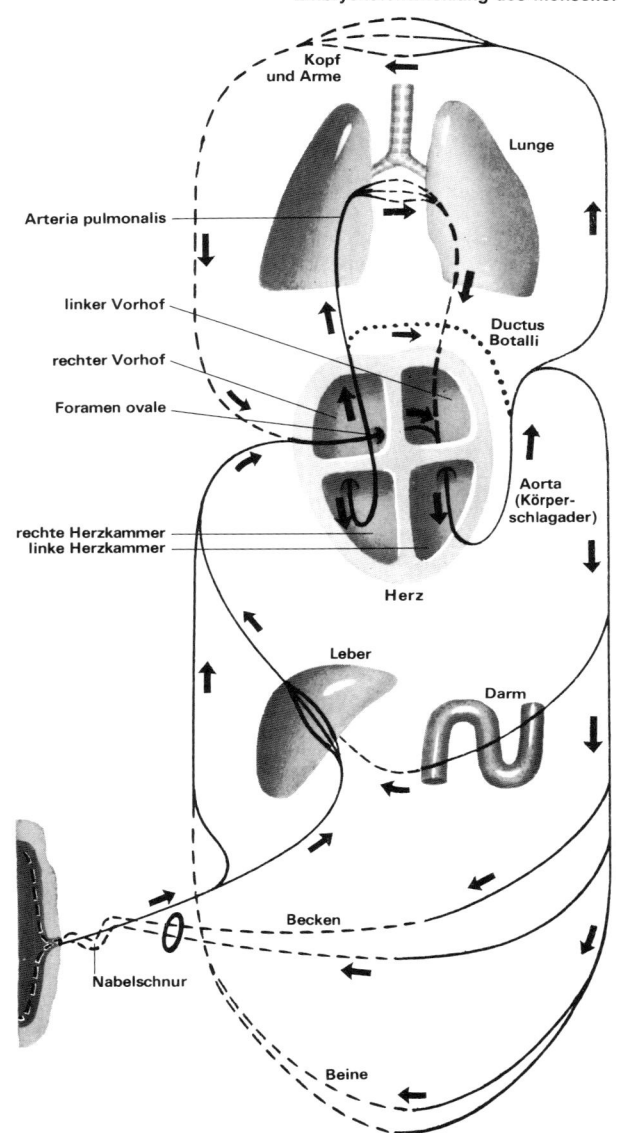

Der fetale Kreislauf

Das sauerstoffreiche Blut aus der Placenta fließt – teilweise auf dem Weg über die fetale Leber – zum rechten Vorhof des kindlichen Herzens. Da die Frucht noch nicht atmet, ist ein Umweg über die Lungen zur Arterialisierung nicht erforderlich. Deshalb wird der größte Teil des Blutes vom rechten Vorhof direkt zum linken Vorhof transportiert; Übertrittsstelle zwischen den beiden Vorhöfen ist ein Loch in der Trennwand, das sog. *Foramen ovale*, das sich nach der Geburt schließt. Vom linken Ventrikel aus wird das Blut in den Körper des Fetus gepumpt. Ein Teil des Blutes fließt über den rechten Vorhof in die Arteria pulmonalis und dann, über einen Gefäßkurzschluß, den sog. *Ductus arteriosus Botalli*, direkt in die fetale Aorta. Dieser Verbindungsweg (in der Darstellung durch eine gepunktete Linie angedeutet) schließt sich gewöhnlich ebenfalls nach der Geburt.

Bestimmte angeborene Herzfehler kommen dadurch zustande, daß Foramen ovale oder Ductus Botalli nach der Geburt offen bleiben.

Das sauerstoffarme Blut (gestrichelte Linien) sammelt sich wieder zum Abtransport über die Nabelschnurgefäße in die Placenta.

7 Wochen 1,9 cm

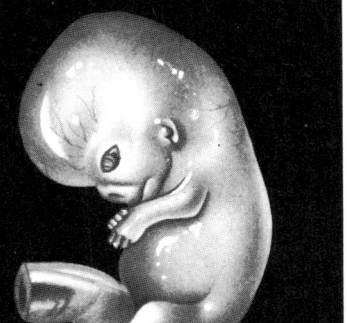

8 Wochen 3,0 cm

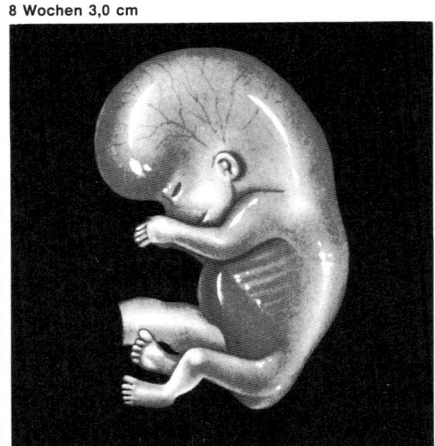

4 Monate 10 cm

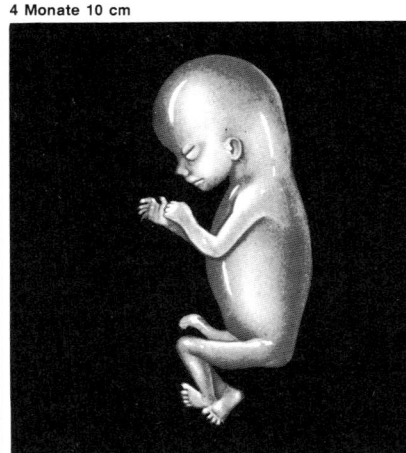

Embryonalentwicklung

Embryonalentwicklung beim Huhn

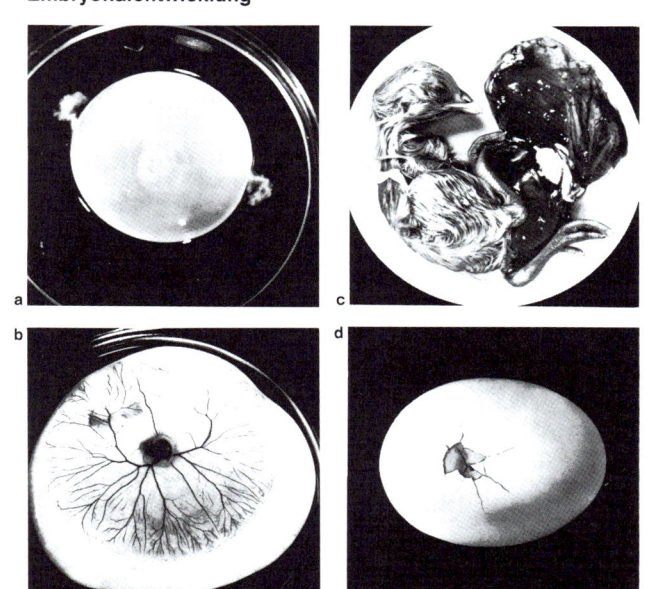

a Bebrütungsdauer 2 Tage: klar erkennbar sind die Keimscheibe auf dem Dotter u. die beiden Hagelschnüre am Rand; **b** Bebrütungsdauer 5 Tage: der Embryo u. die Blutgefäße des Dottersacks entwickeln sich weiter; **c** Bebrütungsdauer 20 Tage: der Embryo kurz vor dem Schlupf; Allantois oben rechts, in der Mitte der Rest des Dottersacks; **d** 21. Tag, Schlupftag: Anpicken der Eischale

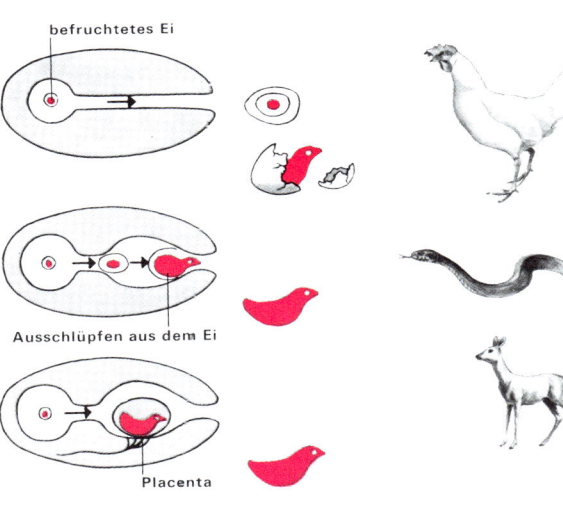

Verschiedene Entwicklungsweisen nach innerer Befruchtung

Die befruchteten Eier können sich außerhalb (z. B. Vögel) oder innerhalb (z. B. Säuger, manche Fische und Kriechtiere) des mütterl. Organismus entwickeln. Bei lebendgebärenden (viviparen) Wirbeltieren besteht jedoch nur bei Säugetieren eine Ernährungsbrücke zw. Embryo und elterl. Organismus. So schlüpfen z. B. bei der Kreuzotter unmittelbar vor od. nach der Geburt die Jungen aus den Eiern (Ovoviviparie).

tet wurden (z. B. viele Insekten, die meisten Reptilien u. Vögel, ↗Brutfürsorge). Bei ↗Brutpflege können die Eier am Körper eines Elterntieres getragen werden (z. B. viele Skorpione, Spinnentiere u. Krebse sowie Seepferdchen u. Geburtshelferkröte), od. sie werden v. einem od. beiden Elterntieren ausgebrütet. Die Eier können aber auch im weibl. Körper verbleiben, so daß die gesamte E. dort stattfindet u. der Embryo gleichzeitig mit dem Schlüpfen aus dem Ei geboren wird (↗Ovoviviparie, z. B. Bergeidechse, Kreuzotter). Wird der Embryo während des Heranwachsens v. der Mutter ernährt (echte ↗Viviparie), dann bildet er spezielle Organe für den Stoffaustausch aus (z. B. ↗Dottersackplacenta mancher Haie, vergrößerte Kiemen beim Alpensalamander, ↗Chorioallantois-Placenta beim höheren Säuger). **3)** E. des Menschen; die E. i. w. S., d. h. die gesamte vorgeburtl. Entwicklung des Menschen, dauert, vom Zeitpunkt der ↗Befruchtung an gerechnet, durchschnittl. 270 Tage, vom Beginn der letzten Menstruation an knapp 2 Wochen länger. Ab 5 Tagen nach der Befruchtung erfolgt die *Einnistung* (Nidation, Implantation) des Keimes in die Uteruswand, u. nach etwa 10 weiteren Tagen beginnt die Gastrulation *(Keimblattbildung).* Sie dauert bis zum Ende des 1. Entwicklungsmonats an, wird aber bald v. der ↗Neurulation (Anlage des Rückenmarks u. Gehirns) zeitl. überlagert. Die Entwicklungswochen 4 bis 12 (in der Lit. oft auch 1–12 angegeben) umfassen die sog. *Embryonalperiode* (E. i. e. S.), an deren Ende der Körper als der eines Menschen zu erkennen ist (vgl. Abb. Gesichts-

Embryonalentwicklung

Befruchtung und Entwicklung des menschlichen Keims

1 Eisprung, **2** Befruchtung, **3** Begegnung der Zellkerne, **4** vereinigte Kerne, **5** Zweizellen- und **6** Vierzellenstadium, **7** Bildung der ersten Gewebeschichten, **8** Einnisten des Keims in die Gebärmutter.

weibl. Körper entlassen. Solche Eier entwickeln sich frei (z. B. viele Meerestiere), werden an geeigneten Orten abgelegt (z. B. Amphibien), die z. T. zuvor hergerich-

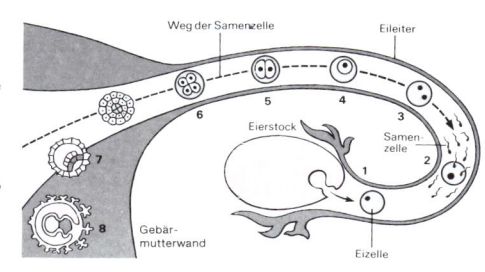

Embryopathie

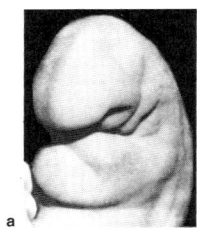

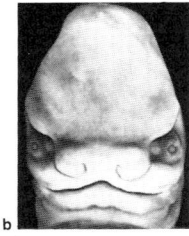

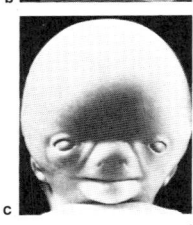

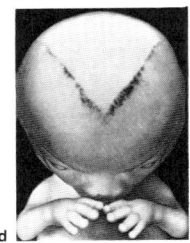

Embryonalentwicklung des Menschen

Gewicht (in g) u. Länge (in cm) des Körpers (Durchschnittswerte) nehmen während der ganzen Periode zu; der relative Zuwachs ist jedoch anfangs am größten.

Entwicklungsalter in Wochen	Gewicht	Scheitel-Steiß-Länge	Scheitel-Fersen-Länge
12	20	5–6	7
16	120	10	15
20	300	15	23
24	640	20	30
28	1230	23	35
32	1700	27	40
36	2300	30	45
40 (bzw. Geburt)	3250	34	50

entwicklung). Der Embryonalperiode folgt die *Fetalperiode,* die mit der Geburt endet. ☐ Entwicklung; B Biogenetische Grundregel. B 100–103. *R.B./K.N.*

Embryonalgewebe [v. *embryo-], Gewebe aus nicht sichtbar differenzierten Zellen mit wenig Cytoplasma, die jedoch schon determiniert sein können (↗Determination, ↗Omnipotenz); in der Bot. das ↗Bildungsgewebe.

Embryonalhämoglobin *s* [v. *embryo-, gr. haima = Blut, lat. globus = Kugel], *Prohämoglobin, Hämoglobin P, Abk. HbP,* das in den embryonalen Erythrocyten enthaltene ↗Hämoglobin, dessen Proteinanteil entweder aus vier ε-Ketten (Hb GOWERS I) od. aus zwei α- u. zwei ε-Ketten (Hb GOWERS II) besteht; E. besitzt eine höhere Affinität zu Sauerstoff als ↗Adulthämoglobin ($\alpha_2\beta_2$) u. ermöglicht dadurch die Sauerstoffübertragung vom mütterl. zum embryonalen Blutgefäßsystem auch unter dem relativ geringen O_2-Partialdruck der mütterl. Placenta. ↗Fetalhämoglobin.

Embryonalhüllen [v. *embryo-], *Eihäute, Fruchthüllen, Keimhüllen,* vom tier. u. menschl. Embryo abgeleitete Zellverbände, die den Körper umhüllen. Sie reißen vor od. beim Schlüpfen bzw. bei der Geburt auf. Bei Viviparie können sie teilweise zunächst im mütterl. Körper verbleiben, der sie dann abstößt. E. sind typisch für einige höhere Wirbellose (Insekten, Skorpione) u. die höheren Wirbeltiere (↗Amniota). Die innere E. (↗Amnion) u. die äußere E. *(Serosa)* entstehen bei Insekten durch Faltenbildung u. anschließendes Verschmelzen der aufeinander stoßenden Falten (B Embryonalentwicklung II, Abb. 4d, 5d), so daß der Embryo mit seiner Oberfläche an die flüssigkeitsgefüllte Amnionhöhle grenzt. Die entspr. Strukturen der höheren Wirbeltiere *(Amniota)* tragen die gleichen Namen (Serosa auch *Chorion* gen.), sind aber denen der Wirbellosen nicht homolog. Sie ermöglichen den Ablauf der ↗Embryonalentwicklung außerhalb des Wassers, an die das

Embryonalentwicklung des Menschen

Verschiedene Phasen in der Ausbildung des Gesichts beim menschl. Embryo;
a ca. 28 Tage alt;
b ca. 6. Woche; c ca. 45 Tage alt; d ca. 8. Woche.

embryo- [v. gr. embryon = Leibesfrucht].

↗*Amnnia* in diesem Entwicklungsabschnitt gebunden sind. Die E. der Amniota können entstehen durch Auffaltungen an der Peripherie v. Keimscheibe od. Keimschild (z. B. beim Vogel, B Embryonalentwicklung I, Abb. 5b) u. verschmelzen dann über dem Embryonalkörper (Faltamnion, Pleuramnion; Abb. 6b). Diese „Faltamnion"bildung findet sich bei Reptilien u. Vögeln sowie einigen Säugergruppen (B Embryonalentwicklung II, Abb. 2c, z. B. Kaninchen, Halbaffen). Bei anderen Säugergruppen (Insektenfresser, Nager u. höhere Primaten einschl. Menschen) entsteht bereits vor der Organbildung im ↗Embryonalknoten ein Hohlraum als Anlage der Amnionhöhle (Spaltamnionbildung, Schizamnionbildung; B Embryonalentwicklung II, Abb. 3c). ☐ Amniota.

Embryonalknoten [Mz.; v. *embryo-], *Embryoblast,* innere Zellmasse der ↗Blastocyste der Säugetiere (B Embryonalentwicklung II).

Embryonalorgane [v. *embryo-], Organe, welche während der ↗Embryonalentwicklung vom Embryo gebildet u. nach vorübergehender Funktion wieder abgebaut od. abgestoßen werden, z. B. Embryonalhüllen u. Placenta bei den Säugern.

Embryonalparasitismus *m* [v. *embryo-, gr. parasitos = Schmarotzer], ungewöhnl. Parasit-Wirt-Beziehung parasit. Hymenopteren: schon bezieht der Embryo Nahrung aus dem Wirtsinsekt, u. seine Embryonalprozesse sind adaptiv vereinfacht.

Embryonalschild [v. *embryo-], jener Teil des ↗Epiblasten der Amnioten, aus dem der Körper des Embryos hervorgeht.

Embryopathie *w* [v. *embryo-, gr. pathos = Leiden], Überbegriff für Erkrankungen während der Organentwicklung in den ersten drei Schwangerschaftsmonaten, die eine Entwicklungsstörung (↗Fehlbildung) od. ein Absterben der Frucht zur Folge haben können. Ursachen können sein: a) radioaktive Strahlen; b) chem. Substanzen od. Medikamente, z. B. ↗Thalidomid, ↗Morphin, ↗Cytostatika u.v.a.; c) Stoffwechselerkrankungen, meist nicht od. schlecht eingestellter Diabetes mellitus (Embryopathia diabetica); durch die „Glucosemast" u. hormonelle Störungen der Mutter (Glucocorticoide) kommt es zu diabet. Riesenkindern (meist > 4000 g Geburtsgewicht), einer um ca. das 10fache erhöhten Rate an Totgeburten; bei ca. 10% zeigen sich Herzfehler, Glykogenablagerungen in Leber-, Milz- u. Muskelgewebe; d) Virusinfektionen, z. B. Grippe, Masern, Windpocken, Poliomyelitis; am häufigsten u. bedeutsamsten ist die ↗Röteln-E. (Embryopathia rubeola); e) Sauerstoffmangel,

Embryophyta

z. B. bei schweren Herz- u. Lungenerkrankungen; f) Mangelernährung mit Hypovitaminosen; g) Nidationsstörungen. ↗Fehlbildungskalender.

Embryophyta [Mz.; v. *embryo-, gr. phyton = Gewächs], *Archegoniatae, Cormobionta*, Sammelbez. für die Moose, Farne u. Samenpflanzen, die u. a. mehrzellige ♀ Geschlechtsorgane (Archegonien) ausbilden, in denen sich die Eizelle zum Embryo entwickelt.

Embryosack [v. *embryo-], *Keimsack*, der reduzierte, weibl. Megagametophyt der Samenpflanzen, der sich aus der im Megasporangium (Nucellus) der Samenanlage verbleibenden, haploiden Megaspore *(E.zelle)* entwickelt. Die E.zelle entsteht durch eine meiot. Teilung aus der diploiden *E.mutterzelle (Megasporenmutterzelle);* dabei gehen i. d. R. 3 der 4 Tochterzellen zugrunde. Aus der verbleibenden E.zelle entsteht durch zunächst reine Kernteilungen u. anschließende Plasmaaufteilung u. Zellwandbildung ein mehr- bis vielzell. thallöses Gewebe, der E. *(Megaprothallium)*. Die Eizellen sind bei den ↗Nacktsamern noch in einem Archegonium gelegen. Bei den ↗Bedecktsamern besteht der E. in der hpts. vorkommenden Form nur noch aus 7 Zellen, den 3 *Antipoden*, der *Eizelle* mit den beiden *Synergiden* u. aus einer vakuolenreichen, doppelkern. Zelle. Die beiden vom E.plasma nicht abgegrenzten Kerne *(Polkerne)*, gelegentl. auch *Endospermkerne* gen., verschmelzen vor od. nach Eindringen des Pollenschlauchs zum *sekundären E.kern*. Bei der die Bedecktsamer kennzeichnenden doppelten Befruchtung vereinigt sich der diploide E.kern mit dem Kern der 2. Spermazelle zum *triploiden Endospermkern*, dem Endospermkern i. e. S. ☐ Befruchtung, [B] Bedecktsamer I.

Embryosackmutterzelle ↗Embryosack.

Embryotheka *w* [v. *embryo-, gr. thēkē = Behälter], Bez. für die bei den Moosen den wachsenden Embryo umgebende Hülle, die durch Wachstum der Archegoniumbauchwand u. von tieferliegendem Gewebe des Gametophyten entsteht.

Embryoträger [v. *embryo-], *Suspensor*, Bez. für die Zelle od. Zellreihe des ↗Proembryos der Samenpflanzen u. mancher Farnpflanzen, die den Embryo tragen u. ihn in das Gametophytengewebe bzw. das Nährgewebe vorschieben.

embryo transfer [embrio^u tränsfö^r; engl., = Embryoübertragung], **1)** bei Säugern die Übertragung eines frühen Embryonalstadiums aus der biol. Mutter in eine Empfängermutter (Ziehmutter, Mietmutter). **2)** Humanmedizin: ↗Insemination.

Embryotrophe *w* [v. *embryo-, gr. trophē = Ernährung], *Uterinmilch*, Nährsubstanz,

embryo- [v. gr. embryon = Leibesfrucht].

Emetin

die vom Säugerembryo nicht über die Placenta, sondern direkt aufgenommen wird, z. B. zerfallendes mütterl. Gewebsmaterial, das der ↗Trophoblast resorbiert.

Emergenzen [Mz.; v. lat. emergens = emporkommend, zum Vorschein kommend], Bez. für Anhangsgebilde v. Blättern u. Sproßachsen, an deren Differenzierung sowohl die Epidermis als auch mehr od. weniger tiefreichende Teile des darunterliegenden Gewebes beteiligt sind. Beispiele sind die Stacheln der Rosengewächse, die insektenfangenden Tentakel der Sonnentauarten, das Brenn„haar" der Brennessel mit seinem Sockel u. das Fruchtfleisch der Citrusfrüchte als Auswüchse der inneren Fruchtblattwand. ↗Blatt. [B] Blatt II.

Emergenztheorie, deutet die Entstehung der Mikro- u. Makrophylle (↗Blatt) als ausgehend v. ↗*Emergenzen*, in denen sich nachträglich Leitbündel entwickelt haben, so wie bei den Tentakeln der insektenfangenden Sonnentaublätter. Eine andere, paläontolog. gut gestützte Deutung der Blattentstehung im Verlauf der Phylogenese ist die ↗Telomtheorie.

Emericella, Gatt. der *Eurotiales* (Schlauchpilze), eine Hauptfruchtform der Formgatt. *Aspergillus*.

Emerita *w* [v. lat. emeritus = der Ruhe pflegend], Gatt. der ↗Sandkrebse.

emers [v. lat. emersus = aufgetaucht, emporgekommen], Bez. für über die Wasseroberfläche lebende Organe v. Wasserpflanzen, z. B. Blüten u. Blätter der Seerosen. Ggs.: submers.

Emerson-Effekt *m* [em^{er}ßen-; ben. nach dem am. Biologen R. Emerson, 1903–59], die nach ihrem Entdecker ben. wechselseit. Steigerung der Quantenausbeute in der ↗Photosynthese durch Licht der Wellenlängen um 650 u. 720 nm. Der Steigerungseffekt tritt auf, wenn gleichzeitig (od. nur durch kurze Dunkelpausen getrennt) mit Licht beider Wellenlängen bestrahlt wird. Der E. spiegelt die Existenz der beiden voneinander abhäng. Photosynthesesysteme I u. II wider u. ist daher zum Nachweis u. zur Charakterisierung dieser Systeme v. Bedeutung.

Emetin *s* [v. gr. emetikos = Brechreiz erregend], ein Isochinolin-Alkaloid, Hauptvertreter der Ipecacuanha-Alkaloide aus den Wurzeln der Brechwurzel (Radix *Ipecacuanhae*). E. inhibiert die Proteinbiosynthese, indem es die Anlagerung der Aminoacyl-t-RNA-Moleküle an die 60-S-Untereinheit eukaryot. Ribosomen verhindert. Aufgrund seiner teilungshemmenden Wirkung auf die vegetativen Formen v. *Entamoeba histolytica* wird E. gelegentl. als Chemotherapeutikum gegen Amöbenruhr eingesetzt. Auf die sensor. Magennerven wirkt E. erregend, so daß diese reflektor. die Bronchialsekretion fördern. Höhere Dosen von E. führen zu Erbrechen, weshalb E. fr. als Brechmittel *(Emetikum)* verwendet wurde.

EMG, Abk. für ↗Elektromyogramm.

Emigration *w* [v. lat. emigratio = Auswanderung, Auszug], *Auswanderung,* dauerhafte Entfernung einzelner bis vieler Individuen aus einer Population u. ihrem Wohngebiet. Dadurch erniedrigt sich die Populationsdichte, u. die schädl. Einflüsse durch zu hohe ↗Abundanz können verringert werden. Die auswandernden Individuen sind i. d. R. stark gefährdet, da sie das vertraute Gebiet u. den sozialen Verband verlassen.

Emissionen [Mz.; Ztw. *emittieren;* v. lat. emissio = Aussendung], die v. einer Anlage oder einem techn. Vorgang in die Atmosphäre gelangenden gasförmigen, flüssigen od. festen Stoffe; ferner Geräusche, Erschütterungen, Lichtstrahlen, Wärme u. radioaktive Wirkungen sowie flüssige u. feste Stoffe, die nicht in die Atmosphäre, sondern in andere Umweltbereiche gelangen. Die E. aus einer Verursacherquelle führen in der benachbarten Umwelt zu ↗Immissionen, die im allg. mit der Entfernung abklingen.

Emissionsmikroskop [v. lat. emissio = Aussendung, gr. mikros = klein, skopos = Seher], das ↗Rasterelektronenmikroskop.

Emmer *m, Triticum dicoccum,* ↗Weizen.

Emodin *s* [türk.], orangefarbener Naturfarbstoff, der sich vom ↗Anthrachinon ableitet u. in glykosid. Form in Rhabarber, Faulbaum, Sauerampfer u. Aloe vorkommt; E., das stark abführende Wirkung besitzt, hat auch bei der Biosynthese der Ergochrome als Intermediärprodukt Bedeutung. Sein natürl. vorkommendes Dimeres ist das rote *Hypericin.*

Emotion *w* [v. lat. emotio = heftige Bewegung], subjektiv erfahrbares Gegenstück vegetativer Erregung bzw. starker ↗Bereitschaften (↗Affekt). In der Psychologie wird die E. häufig direkt als Gegenstück der Allgemeinerregung betrachtet, das seine Spezifität nur durch kognitive Interpretationen erhält. In der Ethologie wird auch für menschl. E.en dagegen die Bedeutung spezif. Antriebe betont.

Empetraceae [Mz.; v. gr. empetron = eine auf Felsen wachsende Pfl.], die ↗Krähenbeerengewächse.

Empetrion nigri *s,* Verb. der ↗Calluno-Ulicetalia.

Empetrum *s,* Gatt. der ↗Krähenbeerengewächse.

Empfängerzellen ↗Donorzellen.

Empfänglichkeit, *Suszeptibilität,* Parasito-

Emissionen
Herkunft nach ADAC
40% Straßenverkehr
35% Industrie
25% Wohnraumheizung

nach Bundeszentrale für politische Bildung
60% Straßenverkehr
18% Industrie
13% Kraftwerke
6% Wohnraumheizung
3% Abfallbeseitigung

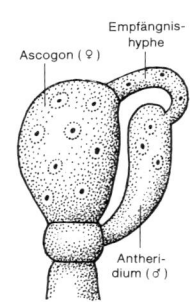

Empfängnishyphe
Gametangie eines homothallischen Schlauchpilzes *(Pyronema)* mit Empfängnishyphe

Emodin

logie: Eignung einer Wirtsart od. eines Wirtsindividuums für den Befall mit bestimmten Parasiten.

Empfängnishügel, der ↗Befruchtungshügel.

Empfängnishyphe [v. gr. hyphē = Gewebe], *Akrogyn, Trichogyn,* bes. Empfängnisorgan, das bei Rotalgen als keulenart. Fortsatz, bei Pilzen (Schlauchpilze, Rostpilze) als hyphenart. Zelle ausgebildet ist. Im Wasser fängt die E. der Rotalgen u. einiger Pilze die ♂ Geschlechtszellen (Spermatien) ein u. leitet die Kerne zum ♀ Geschlechtsorgan. Bei den meisten Pilzen verbindet sich die Spitze der E. mit dem benachbarten ♂ Geschlechtsorgan (Antheridium); nach der Plasmaverschmelzung wandern die ♂ Kerne durch die Empfängnishyphe zum ♀ Geschlechtsorgan (Ascogon).

Empfängnisverhütung, *Kontrazeption, Antikonzeption,* in der Humanmedizin Überbegriff für Maßnahmen zur Verhinderung einer Schwangerschaft. Gründe für die E. können medizin. gegeben sein, wenn eine Schwangerschaft Leben u. Gesundheit der Mutter bedrohen kann, sowie bewußte Vermeidung od. Beschränkung der Kinderzahl aus persönl., ökonom. od. sozialen Motiven *(Familienplanung).* Unterschieden werden die *E.smittel,* die eine Befruchtung verhindern, v. den sog. *Abortiva,* die die Einnistung des *befruchteten* Eies in die Uterusschleimhaut verhindern. Die verschiedenen Methoden werden hinsichtlich ihrer „Zuverlässigkeit" nach dem Pearl-Index beurteilt, der die Zahl der ungewollten Konzeptionen auf 1200 Zyklen bzw. 100 Frauenjahre bezieht. Man unterscheidet bei der E. von seiten der Frau: 1) *Natürl. Methoden:* a) die von Knaus u. Ogino entwickelte Zeitwahlmethode, die auf period. Enthaltsamkeit beruht. Bei einem regelmäßigen Zyklus von 28 Tagen erstreckt sich die fruchtbare Phase vom 10.–17. Zyklustag. Die Befruchtungsfähigkeit des Eies beträgt 6–12 Stunden, die der Spermien ca. 48 Stunden. Bei konstanten Zyklen, die über die Dauer von 12 Monaten registriert werden müssen, ergeben sich die fruchtbaren Tage der Frau aus der Knaus-Formel: längster Zyklus minus 15+2, kürzester Zyklus minus 15−2. Aufgrund starker Schwankungen ist die Zeitwahlmethode sehr unzuverlässig u. kann daher eher zur Feststellung der fruchtbaren Tage bei Kinderwunsch verwendet werden. b) die Basaltemperaturmessung: Im Laufe des Zyklus erhöht sich die Körpertemp. nach dem Eisprung um 0,4–0,8 °C. Die unfruchtbare Phase erstreckt sich vom 3. Tag der Phase erhöhter Temp. bis zum 5. Tag nach der Regelblutung. 2) *Mechan. Methoden:*

Empfängnisverhütung

Empfängnisverhütung

Pearl-Index für verschiedene Methoden der Kontrazeption (in Klammern: Versager pro 100 Frauenjahre ≙ 1200 Zyklen)

orale Kontrazeptiva
 kombinierte Methode (0–0,8)
 Sequenzmethode (0–11,9)
 orale Gestagene (Minipille) (2,5)
Intrauterinpessare (0,5–11,6)
Scheidendiaphragma (12–20)
 Scheidendiaphragma in Verbindung mit Spermatoziden (4–10)
Gestagen-Depotinjektionen (Dreimonatsspritze) (2,6)
spermatozide Scheidentabletten (22,5–37)
spermatozides Scheidengel (20)
spermatozider Spray (12)
Rhythmusmethode (15–38)
Kondom (3–14)
Coitus interruptus (35)
Scheidenspülung (31)
Tubensterilisation (0–0,3)

a) durch Scheidendiaphragma (Pessar) wird die Cervix mechan. abgedeckt u. die Penetration der Spermien verhindert. Oft wird das Diaphragma in Verbindung mit einem spermatoziden Gel kombiniert. b) Scheidenspülungen, die sofort post cohabitationem vorgenommen werden. c) Intrauterinpessare, die unter asept. Bedingungen in den Uterus eingesetzt werden u. wahrscheinl. die Nidation verhindern. Mögliche Nebenwirkungen sind Infektionen, Blutungen, Schmerzen, Perforation u. Spontanausstoßungen. d) Spermatozide Vaginaltabletten, Gele od. Sprays mit dem Ziel der Abtötung der Spermien. 3) *Hormonelle Kontrazeption:* a) Durch Verabreichung des Gelbkörperhormons Gestagen wird die Ovulation unterdrückt (↗ Ovulationshemmer). Zur Vermeidung v. Zwischenblutungen wird meist zusätzl. Östrogen verabreicht (Kombinationsmethode). Es steht eine Vielzahl v. Kombinationen unterschiedl. Östrogen-Gestagen-Anteile für individuelle Verabreichung zur Verfügung. Die Kombinationspräparate führen im Hypothalamus über den Östrogenanteil zu einer Hemmung der Ausschüttung des FSH (follikelstimulierendes Hormon) u. über den Gestagenanteil zur Hemmung der Ausschüttung des für den Eisprung wicht. luteotropen Hormons (LTH), wodurch das Ovar nicht stimuliert wird. Zusätzl. wird die Uterusschleimhaut so verändert, daß eine Nidation (des schon befruchteten Eies) nicht mögl. wäre. Außerdem hemmt der Gestagenanteil die Penetration der Spermien durch Veränderung des Cervixsekrets. b) Ähnliche Effekte entstehen, wenn Östrogen u. Gestagen nacheinander verabreicht werden (Sequenzmethode, Zwei-Phasen-Methode). c) Durch hohe Östrogendosen nach erfolgter Konzeption wird die Implantation der Blastocyste verhindert (morning after pill). d) Die intramuskuläre Injektion eines Gestagendepots, das ca. 1 mg/Tag freisetzt, schützt ca. 3 Monate (sog. Dreimonatsspritze), ist jedoch mit erhebl. Nebenwirkungen (wie mehr od. weniger bei allen hormonellen Kontrazeptiva) verbunden. Eine befürchtete Vermehrung v. Krebserkrankungen nach hormoneller Antikonzeption ließ sich nicht belegen. Weitere Verabreichungsformen antikonzeptiver Hormone (Scheidenringe, implantierbare Silikonkapseln mit Gestagen, Prostaglandinen usw.) befinden sich z. Z. im Stadium des Experiments. 4) *Operative E.:* Durch Unterbindung od. Durchtrennung der Eileiter wird die Konzeption irreversibel verhindert. 5) E. von seiten des Mannes: a) Coitus interruptus, d. h. Unterbrechung der Kohabitation vor der Ejakulation; b) operative Durchtrennung des Samenstranges; c) Präservativ. – Eingriffe in die hormonellen Funktionen des Mannes haben sich bisher wegen schwerer Nebenwirkungen als nicht praktikabel erwiesen. – Die E. ist eine der wichtigsten Maßnahmen der *Geburtenkontrolle* od. *Geburtenregelung* u. ist der Versuch, die Schwangerschaft nicht dem Zufall zu überlassen. Die Eltern sollen durch „geplante Elternschaft" (Familienplanung) den Zeitpunkt der Schwangerschaften, den Abstand der Geburten voneinander u. die Zahl der Kinder nach sittl. Motiven selbst bestimmen können. Das Ausmaß des Problems der Geburtenkontrolle kann die Tatsache verdeutlichen, daß die Bevölkerung der Erde – gegenwärtig (1984) sind es ca. 4,7 Milliarden Menschen – sich bei gleichbleibender Zuwachsrate bis zum Jahre 2100 etwa verdoppelt haben wird (↗ Bevölkerungsentwicklung). Die wirtschaftl. und polit. Auswirkungen dieser Entwicklung sind unabsehbar. Bes. beunruhigend ist die Feststellung, daß die Bevölkerung am schnellsten in denjenigen Ländern zunimmt, die am wenigsten in der Lage sind, ihre Einwohner ausreichend zu versorgen. Die Notwendigkeit, der drohenden Überbevölkerung entgegenzuwirken, wurde in Ländern wie Indien, Japan, Ägypten u. China weitgehend erkannt; hier bemühen sich staatl. Stellen, teilweise mit massivem Druck (Zwangssterilisation, Steuern usw.), aktiv um eine Reduzierung der Familiengröße. Allerdings stehen einer solchen Geburtenkontrolle z. T. religiöse u. weltanschaul. Bedenken gegenüber; die kathol. Kirche z. B. lehnt in offiziellen Verlautbarungen (Enzyklika *Humanae vitae* vom 25. Juli 1968) alle Maßnahmen, die man nicht als „natürlich" bezeichnen kann, ab. Die Haltung der evangel. Kirchen ist uneinheitlich. Solche Bedenken zeigen, daß die Frage der Geburtenkontrolle vielschichtig ist u. den Bereich der sittl. Entscheidungsfreiheit des Menschen berührt. *H. N.*

Empfindung, subjektiv erfahrenes Gegenstück v. Reizen aller Art, einfachstes Element einer *Wahrnehmung.*

Empicoris *w* [v. gr. empis = Stechmücke, koris = Wanze], Gatt. der ↗ Raubwanzen.

Empididae [Mz.; v. gr. empis, Gen. empidos = Stechmücke], die ↗ Tanzfliegen.

Emplectonema *s* [v. gr. emplektos = verflochten, nēma = Faden], namengebende Gatt. der Schnurwurm-Fam. *Emplectonematidae* innerhalb der Ord. *Hoplonemertini;* 16 Arten.

Empodium *s* [v. gr. empodios = hinderlich], Teil der ↗ Extremitäten der Insekten.

Empusa *w* [ben. nach Empousa, in der gr. Mythologie ein Gespenst], Gattung der ↗ Entomophthorales.

Emscherbrunnen [ben. nach dem Fluß Emscher], *Imhoff-Tank,* ↗Absetzbecken zur mechanischen Abwasserreinigung u. Schlammausfaulung.

Emsen [Mz.; v. ahd. ameiza, mhd. emete = Ameise], die ↗Ameisen.

Emulgatoren [Mz.; v. lat. emulgere = ausmelken], natürlich vorkommende u. synthet. hergestellte Substanzen verschiedener chem. Zusammensetzung, aber generell mit einem lipophilen (fettlösl.) u. hydrophilen (wasserlösl.) Molekülanteil, die als Lösungsvermittler zw. lipophilen u. hydrophilen Phasen dienen. Sie reichern sich an Phasengrenzflächen an u. setzen die Grenzflächenspannungen von flüss. Phasen od. Wasser-Luft-Phasen herab. Ab einer bestimmten Konzentration (krit. Micellarkonzentration), die bei gereinigten E. je nach ihrer Stoffklasse zw. 4 und 10 mmol/l liegt (u. durch verschiedene Ionen erhebl. erniedrigt werden kann), bilden die E. im wäßr. Milieu mit lipophilen Substanzen (Fetten, Wachsen) Einschlußverbindungen (Micellen) mit 4–5 nm $\varnothing$. Zahlr. Micellen ($\approx 10^6$) treten zu den im Mikroskop sichtbaren Emulsionströpfchen zusammen. Natürliche E. sind die konjugierten ↗Gallensäuren der Wirbeltiere u. im Ggs. hierzu aliphat. („gestreckte") E. bei Wirbellosen (Acylaminosäuren, Alkylschwefelsäureester), die teilweise mit synthet. E. identisch sind (z. B. ↗Cetylsulfat in Waschmitteln u. der Weinbergschnecke). Sie sind Hilfsstoffe der Verdauung, die über die Stabilisierung v. ↗Emulsionen (Fetttröpfchen in Wasser) mit stark vergrößerten Oberflächen den Angriff v. Lipasen erleichtern (nicht aber erst ermöglichen) u. die Spaltprodukte der Fettverdauung in Form v. Micellen der Resorption zuführen.

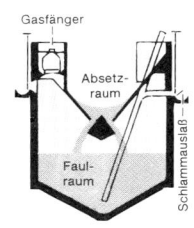

Emulsin *s* [v. lat. emulgere = ausmelken], ein Enzymgemisch, das sich v. a. aus β-Glucosidasen u. Hydroxynitrilase zusammensetzt u. in vielen Steinobstarten vorkommt. Durch E. werden z. B. die Glykoside ↗Amygdalin, ↗Arbutin u. ↗Salicin, das Disaccharid ↗Cellobiose u. das Trisaccharid ↗Raffinose gespalten.

Emulsion *w* [v. lat. emulsus = ausgemolken], feinste Vermischung (↗Dispersion) zweier Flüssigkeiten, die ineinander nicht löslich sind, z. B. Öl in Wasser. E.n können durch ↗Emulgatoren stabilisiert werden, andernfalls trennen sich die beiden Phasen nach längerem Stehen. Die bekannteste natürl. E. ist Milch; im Darm werden die Fette als E. verdaut (↗Verdauung).

Emus [Mz.; austr., nach dem Ruf des Männchens], *Dromaiidae,* Fam. der Straußenvögel mit 1 Gatt. u. 2 Arten, wovon eine, der Schwarze Emu *(Dromaius minor),* vor etwa 150 Jahren ausgerottet wurde. Auch die noch lebende Art, der bis 1,80 m hohe Emu *(D. novaehollandiae),* hat in ihrem Verbreitungsgebiet Australien u. Tasmanien als Nahrungskonkurrent zu den Schafen unter heft. Verfolgungen zu leiden. Als flugunfäh. Vogel erreicht der Emu in der Savanne Laufgeschwindigkeiten von 50 km/h, er schwimmt auch recht gut. Obwohl er mit den Kasuaren näher verwandt ist, sieht er äußerl. dem Strauß ähnlicher. Da E. in Zool. Gärten leicht zu halten u. auch zur Fortpflanzung zu bringen sind, stammen die meisten Kenntnisse über deren Biol. aus Zoos. Die Bebrütung der 15–25 Eier, die v. mehreren Weibchen in eine Nestmulde gelegt werden, u. die Aufzucht der Jungen übernimmt ausschl. das Männchen; dieses ist nach einer Brutzeit v. bis zu 60 Tagen, während der es nur selten auf Nahrungs- u. Wassersuche geht, stark abgemagert. Nach 2–3 Jahren sind die Jungen erwachsen. [B] Australien III.

Emydidae [Mz.; v. gr. emys, Gen. emydos = Wasserschildkröte], die ↗Sumpfschildkröten.

Emydocephalus *m* [v. gr. emys, Gen. emydos = Wasserschildkröte, kephalē = Kopf], Gatt. der ↗Seeschlangen.

Emydura *w* [v. gr. emys, Gen. emydos = Wasserschildkröte, oura = Schwanz], Gatt. der ↗Schlangenhalsschildkröten.

Enantiodrilus *m* [v. gr. enantios = entgegengesetzt, drilos = Regenwurm], Gatt. der Ringelwurm-(Oligochaeten-)Familie *Glossoscolecidae;* bes. Kennzeichen: Zwitterdrüse.

Enantiostylie *w* [v. gr. enantios = entgegengesetzt, stylos = Griffel], Bez. für die

Emscherbrunnen

Emu *(Dromaius novaehollandiae)*

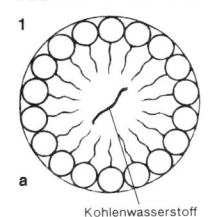

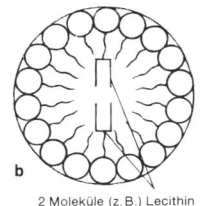

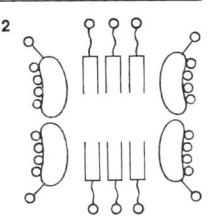

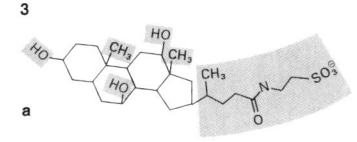

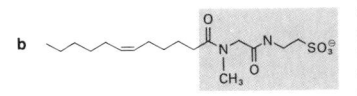

Emulgatoren 1, 2 Typen von *Micellen* (hydrophile Gruppen zeigen nach außen). 1 „gestreckte" E.: **a** einfache, **b** gemischte Micelle; 2 Gallensäuren: gemischte Micelle (4 Moleküle Gallensäure + 6 Moleküle (z. B.) Lecithin). 3 Typen von *biogenen E.;* die hydrophilen Gruppen sind durch Raster hervorgehoben; die für Wirbeltiere typ. Gallensäuren scheinen bei Wirbellosen nicht vorzukommen; **a** Steroide: *Cholsäure* der Wirbeltiere; **b** *Acylaminosäuren* unterschiedl. Fettsäure- u. Aminosäurezusammensetzung bei Gliedertieren; **c** Alkylschwefelsäureester: *Cetylsulfat* (bei der Weinbergschnecke)

Encalyptaceae

encephal-, encephalo- [v. gr. egkephalos = Gehirn (von en = in, kephalē = Kopf)], in Zss. meist: Gehirn-, Hirn-.

endem- [v. gr. endēmos = daheim, an einem Ort verweilend, einheimisch (aus en = in, dēmos = Volk)].

Enchytraeidae

Wichtige Gattungen:
Achaeta
Aspidodrilus
Bryodrilus
Cognettia
Enchytraeus
Enchytraeoides
Fridericia
Lumbricillus
Mesenchytraeus
Propappus
Stercutus

Eigenart mancher Blüten, bei denen Griffel u. alle od. nur ein Teil der Staubblätter nach entgegengesetzten Seiten aus der Blüte herausgebogen sind. Die E. dient zur Absicherung der Fremdbestäubung.

Encalyptaceae [Mz.; v. gr. egkalyptein = einhüllen], Fam. der *Pottiales*, Laubmoose der gemäßigten u. kalten Zonen, nur wenige Arten kommen im trop. Hochgebirge vor. Von den 10 in Europa auftretenden Arten der Gatt. *Encalypta* sind 9 monözisch u. nur *E. sommeri* diözisch; in Kalkgebieten bilden sie bis zu 5 cm hohe dichte Rasen; sie können sich auch vegetativ durch Brutkörper vermehren.

Encephalartos *m* [v. *encephal-, gr. artos = Brot], Gatt. der ↗Cycadales.

Encephalitis *w* [v. *encephal-], Gehirnentzündung, meist durch Viren od. Bakterien, seltener durch Parasiten hervorgerufene Entzündung des Hirngewebes, oft mit Beteiligung der Hirnhäute *(Meningo-E.)* u. des Rückenmarks *(Encephalomyelitis)*. Symptome: Kopfschmerzen, Leistungsabfall, Fieber, manchmal Verwirrtheitszustände. Zahlr. Sonderformen sind beschrieben. ↗Meningitis.

Encephalogramm *s* [v. *encephalo-, gr. gramma = Schrift], ↗Elektroencephalogramm.

Encephalomyocarditis-Virus *s* [v *encephalo-, gr. mys = Muskel, kardia = Herz], ↗Picornaviren. [↗Gehirn.

Encephalon *s* [v. gr. egkephalos =], das

Enchelyopus *m* [v. gr. egchelyon = kleiner Aal, pous = Fuß], Gatt. der ↗Seequappen.

enchondrale Knochenbildung [v. gr. en- = innen, chondros = Knorpel], ↗Ersatzknochen, ↗Knochen.

Enchytraeidae [Mz.; v. gr. en = in, chytra = irdener Topf], Fam. der Ringelwürmer *(Oligochaeta)* mit 20 Gatt. (vgl. Tab.); klein (1–4 cm), gelb od. weiß, ab 2. Segment 4 Borstenbündel pro Segment, kein Kaumagen; Gonaden im 11. u. 12. Segment, Receptacula seminis normalerweise im 5. Segment; ungeschlechtl. Fortpflanzung durch Fragmentation, jedoch selten; meist terrestrisch, einige limnisch, einige marin od. amphibisch. *Enchytraeoides immotus*, 4 mm lang, weißlich; Ostsee. *Enchytraeus albidus*, bis 3,5 cm lang, in Salzwiesen, Strandanwurf, unter Steinen am Meeresstrand, jedoch auch im Grundschlamm v. Süßgewässern, in Dunghaufen u. Blumenerde.

Encoelia *w* [v. gr. egkoilos = ausgehöhlt, vertieft], Gatt. der ↗Helotiaceae.

Encrinus liliiformis *m* [v. gr. en = in, krinos = Lilie, lat. lilium = Lilie, forma = Gestalt], (Lamarck 1801), † Haarstern mit dizykl. Basis der Dorsalkapsel u. rundl., meist unverzweigtem Stiel bis 1,60 m Länge, primär mit Haftscheibe auf solider Unterlage befestigt; häufiges Fossil im German. oberen Muschelkalk (Trias), durch Zusammenschwemmung gesteinsbildend. ↗Trochitenkalk.

Encystierung *w* [v. gr. en = in, kystis = Blase], *Einkapselung,* Vorgang, bei dem Pflanzen (Algen) u. Tiere (Protozoen, Schwämme, Platt- u. Ringelwürmer) sich selbst od. ihre Embryonal- u. Jugendstadien mit schleim. od. festen, z. T. kapselart. Hüllen umgeben, folgl. *Cysten* bilden. E. kann durch ungünst. Bedingungen, wie Austrocknung, Frost, Nahrungsmangel (↗Anabiose), bewirkt werden (Schutzcysten) od. in Beziehung zu Vorgängen der Vermehrung (Vermehrungscysten) od. Fortpflanzung (E. bei der Zygotenbildung) stehen. ↗Diapause.

Endabbau, Abbau der aus dem Intermediärstoffwechsel v. den verschiedenen Nährstoffen angelieferten „aktivierten Essigsäure" (↗Acetyl-Coenzym A) über ↗Citratzyklus u. ↗Atmungskette.

Endblättchen, Bez. für das endständige, unpaare Fiederblättchen beim unpaarig gefiederten Laubblatt.

Enddarm, *Colon,* Darmabschnitt, der die unverdaul. Nahrungsbestandteile für die Ausscheidung (Defäkation) vorbereitet, wobei ein Großteil des Wassers aus dem Nahrungsbrei rückresorbiert wird (↗Darm). Bei Wirbellosen der ektodermale Endabschnitt des Darms (Proktodaeum, Hinterdarm), bei Gliedertieren mit einer chitinösen cuticulären Auskleidung (Intima) u. einer doppelten Ringmuskelschicht, zw. die eine Längsmuskellage eingebettet ist.

Endemie *w* [v. *endem-], Begriff der ↗Epidemiologie, eng umgrenztes Vorkommen einer Krankheit (Seuche) in der menschl. Bevölkerung, meist v. langer Dauer. Ggs.: Epidemie.

endemisch [v. *endem-], 1) eng begrenzt auf einen Teil der menschl. Population, ↗Endemie; 2) eng begrenzt auf ein räuml. Areal einer Pflanzen- od. Tierart. ↗Endemiten.

Endemiten [Mz.; v. *endem-], einheim. Sippen od. Gesellschaften, die auf ein meist eng umgrenztes ↗Areal beschränkt sind. Die Ursache für *Endemismus* liegt entweder in der Abgeschlossenheit des Wohngebiets od. der fehlenden Ausbreitungsfähigkeit (↗Ausbreitung). Für die Entstehung v. E. sind histor. Tatsachen zu berücksichtigen, z.B. die Entstehung neuer Arten in einem Gebiet *(Neoendemismus* od. *progressiver* od. *Entstehungsendemismus).* Unter *Paläo-, Relikt-* od. *konservativem Endemismus* versteht man das reliktische Vorkommen v. ehemals weiter verbreiteten Sippen in einem od. mehreren Restarealen. Die Fauna u. Flora v. Inseln u. Gebirgstälern ist oft reich an Endemiten.

endergonische Reaktionen [Mz.; v. gr. endon = innen, ergon = Werk, Arbeit], energieverbrauchende chem. Reaktionen (↗endotherm). Ggs.: exergonische Reaktionen.

Enders, *John Franklin,* am. Mikrobiologe, * 10. 2. 1897 West Hartford (Conn.); Prof. in Boston, erhielt 1954 zus. mit F. C. Robbins u. T. H. Weller den Nobelpreis für Medizin für die Kultivierung des Erregers der Poliomyelitis auf Nährböden, welche die Herstellung großer Mengen Impfstoffes zur Vorbeugung der Kinderlähmung ermöglichten.

endesmale Knochenbildung [v. gr. en- = innen, desmos = Band (übertragen: Bindegewebe)], ↗Knochen.

Endfaden, *Schwanzfaden, Terminalfilum, Filum terminale,* unpaarer Fortsatz am 11. Abdominalsegment (am Epiproct) bei urspr. Insekten (z. B. bei *Archaeognatha, Zygentoma,* Eintagsfliegen).

Endgruppen, *terminale Gruppen,* die an den Enden linearer Makromoleküle stehenden Molekülgruppen, z. B. die N- u. C-terminalen Aminosäuren v. Peptiden u. Proteinen od. die 5′- u. 3′-terminalen Nucleotide v. Oligonucleotiden u. Nucleinsäuren. Die Identifizierung von E. bezeichnet man als *E.bestimmung.* Dazu werden die E. der betreffenden Makromoleküle durch chem. od. enzymat. Umsetzungen markiert *(E.markierung),* indem an ihre funktionelle Gruppe farbtragende bzw. leicht anfärbbare od. radioaktive Molekülgruppen gekoppelt werden. Anschließend können die E. zus. mit den betreffenden markierenden Gruppen abgespalten u. als solche identifiziert werden. E.bestimmungen mit Hilfe v. E.markierungen sind v. großer Bedeutung für die Sequenzanalyse v. Nucleinsäuren (↗Gentechnologie) u. Proteinen.

Endhandlung, Erbkoordination, die als Abschluß einer Kette v. Appetenzverhaltensweisen auftritt u. antriebssenkend wirkt; z. B. endet Jagdverhalten häufig mit der E. des Tötungsbisses, Sexualverhaltensweisen führen zu den Begattungsbewegungen usw. Das Ausführen einer E. wirkt i. d. R. so, daß die Bereitschaft sinkt, die entspr. Verhaltenssequenz nochmals auszuführen, so daß man fr. einen Verbrauch „aktionsspezif. Energie" annahm. Die heutigen, kybernet. orientierten Vorstellungen gehen v. komplizierteren Zshg. aus. ↗Bereitschaft.

Endhirn, das ↗Telencephalon; ↗Gehirn.

Endit *m* [v. *endo-], innerer Anhang am Spaltfuß der ↗Krebstiere.

J. F. Enders

Endgruppen
E.bestimmung:
Bei Proteinen u. Peptiden erfolgt die Bestimmung N-terminaler Aminosäuren durch den ↗Edmanschen Abbau od. durch enzymat. ↗2,4-Dinitrofluorbenzol; bei Polynucleotiden (RNA od. DNA) durch enzymat. Übertragung radioaktiv markierter Phosphatgruppen, was wahlweise entweder an den 5′-Enden mit Hilfe v. Polynucleotid-Kinase od. an den 3′-Enden mit Hilfe v. DNA-Polymerasen (bei DNA) bzw. RNA-Ligase (bei RNA) möglich ist.

Endoagar
(Zusammensetzung, g/l)

Fleisch-Pepton	10,0
Lactose	10,0
Natriumsulfit* (wasserfrei)	2,5
Fuchsin** (basisch)	0,4
di-Kaliumhydrogenphosphat	3,5
Agar	12,5
pH 7,4	

* Natriumsulfit dient zum Entfärben v. Fuchsin (Bildung v. fuchsinschwefl. Säure.)
** Fuchsin ist möglicherweise cancerogen; Einatmung u. Kontamination müssen vermieden werden.

endo- [v. gr. endon = innen].

Endivie *w* [über it. endivia v. spätgr. entybia = Endivien], ↗Cichorium.

Endknospe, *Gipfelknospe, Terminalknospe,* Bez. für den Vegetationspunkt (Apikalmeristem) mit den ihn einhüllenden jungen Blattanlagen der Haupt- u. Seitenachsen eines pflanzl. Sproßsystems. Ggs.: Seitenknospe.

Endkörperchen, hpts. bei höheren Wirbeltieren vorkommende ↗Mechanorezeptoren (↗mechanische Sinne), die der Tastwahrnehmung dienen; sie sind in den tieferen Schichten der Haut gelegen u. bestehen aus marklosen Nervenendigungen, die v. Hüllzellen umgeben u. in einer Bindegewebskapsel eingeschlossen sind.

Endoagar *m, s* [ben. nach dem jap. Bakteriologen S. Endo, 1869–1937], Spezialnährboden zum Nachweis coliformer Bakterien *(Enterobacteriaceae)* z. B. im Wasser (↗Colititer), in klin. Material, Milch u. a. Nahrungsmitteln. Die Lactose im E. dient zur Bestimmung v. lactoseverwertenden Bakterien: beim Abbau entstehen Säuren u. Aldehyde. Die Aldehyde reagieren mit dem entfärbten Fuchsin (fuchsinschwefl. Säure) des E. u. setzen das rote Fuchsin wieder frei. So erscheinen z. B. Kolonien v. *Escherichia coli* kräftig rot gefärbt, mit grünl. schimmerndem Metallglanz an der Oberfläche durch das auskristallisierte Fuchsin (Fuchsinglanz). Grampositive Bakterien werden auf dem E. durch das Sulfit u. den Farbstoff im Wachstum weitgehend unterdrückt. ↗Agar.

Endobionten [Mz.; v. *endo-, gr. bioōn = lebend], (W. Schäfer 1956), innerhalb v. Sedimenten lebende Organismen.

Endobios *m* [v. *endo-, gr. bios = Leben], Gesamtheit der Organismen, die im Innern eines Substrats leben. Je nach Art des Substrats unterscheidet man: *Endodendrobios,* Organismen, die im Holz leben, z. B. Insekten, Pilze, Bakterien. *Endogaion,* Organismen, die im festen Boden leben (↗Bodenorganismen), z. B. Würmer. *Endolithion,* Organismen, die in Steinen od. Felsen leben. Je weicher das Substrat ist (z. B. Kreide od. Muschelkalk), desto mehr Arten können ihre Wohnhöhlen anlegen. *Endopelos,* Bewohner des weichen Meeresbodens (Schlick), z. B. marine Würmer, Schnecken, bohrende Muscheln. *Endophytobios,* meist niedere Organismen, die im Pflanzengewebe leben, wie Bakterien, Algen u. Pilze. *Endopsammon,* Bewohner des Meeressandbodens, z. B. einige Krebse, Muscheln, Schnecken u. das Lanzettfischchen. *Endozoobios,* meist niedere Organismen, die in den Organen v. Tieren leben, z. B. Darmbakterien.

Endoceras *s* [v. *endo-, gr. keras = Horn], (Hall 1847), meist den *Nautiloidea* ange-

Endoceratoidea

endo- [v. gr. endon = innen].

Endocranium

Bei Säugern gehören zum E. folgende Knochen:
Siebbein (Os ethmoidale)
Keilbein (Os sphenoidale)
Felsenbein (Os petrosum, eingegangen in das Schläfenbein, Os temporale)
Hinterhauptsbein (Os occipitale)

schlossene † Cephalopoden-Gatt. mit großer, zylindr.-konischer Schale v. rundem bis ellipt. Querschnitt u. ungewöhnl. weitem, ventralem, holochoanit. ↗ Sipho. Verbreitung: mittleres bis oberes Ordovizium v. N-Amerika u. Eurasien.

Endoceratoidea [Mz.; v. *endo-, gr. keratoeidēs = hornförmig], (Teichert 1933), U.-Kl. der *Cephalopoda,* oft auch als U.-Ord. *Endoceratina* der Ord. *Nautiloidea* unterstellt. Dazu gehören vorwiegend orthocone, großwüchsige, gekammerte Schalen mit randl. gelegener großlum. Siphonalröhre, die v. organogenen Kalkablagerungen, sog. Siphonalscheiden, eingeengt worden sein soll. Typusgatt.: ↗ *Endoceras* Hall 1847. Verbreitung: Ordovizium, ? mittleres Silur.

Endocochlia [Mz.; v. *endo-, gr. kochlos = Muschel], Kopffüßer mit innerer Schale, ident. mit der U.-Kl. *Coleoidea.*

Endocranium *s* [v. *endo-, gr. kranion = Schädel], histogenet. diejen. Teile des Wirbeltierschädels, die knorpelig angelegt werden u. (wenn überhaupt) erst sekundär verknöchern (Ersatzknochen). Morpholog. sind zu unterscheiden: a) *neurales* E., *Neurocranium i. e. S.,* ursprünglicher Hirnschädel; diese Elemente bildeten stammesgesch. primär eine vollständ. Schale um das Gehirn. Bei höheren Wirbeltieren liegen sie nur noch unterhalb u. seitl. des Gehirns, da aufgrund dessen Größenzunahme das Schädeldach durch Deckknochen (Hautknochen, ↗ Dermatocranium) neugebildet wurde. Das neurale E. ist also der basale Teil der Hirnkapsel *(Neurocranium i. w. S.)* höherer Wirbeltiere. b) *viscerales* E., *Viscerocranium, Splanchnocranium,* die Elemente des Kiefer- und Kiemenbogenskeletts. ↗ Schädel.

Endocuticula *w* [v. *endo-, lat. cuticula = Haut], Teil der ↗ Cuticula der Gliederfüßer; ↗ Chitin.

Endocytose *w* [v. *endo-, gr. kytos = Höhlung (heute: Zelle)], Einschleusen v. extrazellulärem, korpuskularem *(Phagocytose)* od. gelöstem *(Pinocytose)* Material in die Zelle im Zuge eines Vesikulationsvorgangs der Plasmamembran. Vor allem bei Protozoen sind einfache, relativ unspezif. E.formen zu finden, die ausschl. der Nahrungsaufnahme dienen. Das E.vesikel *(Endosom)* fusioniert mit primären *Lysosomen* zum sekundären Lysosom, in dem der enzymat. Abbau des endocytierten Materials stattfindet. Bei höheren Organismen dient die E. meist nicht der Nahrungsaufnahme, sondern je nach Zelltyp der Eliminierung v. körpereigenen (z. B. Erythrocyten durch Makrophagen der Milz) od. körperfremden (z. B. eingedrungener Bakterien durch Zellen des Immunsystems) Zellen od. Makromolekülen (z. B. Antigen-Antikörper-Komplexe). Aufnahme bestimmter körpereigener Verbindungen in die Zelle u. Transport v. Makromolekülen durch Epithelzellen (z. B. Aufnahme mütterl. Antikörper aus mütterl. Blut ins Blut des Fetus) sind weitere Aufgabenbereiche der E. Bei der *rezeptorvermittelten E. (adsorptive E.)* werden bestimmte Strukturen (Liganden) an Rezeptoren der Plasmamembran gebunden. Die Bereiche, in denen sich diese Rezeptoren konzentrieren *(coated pits),* werden dann während des E.vorgangs nach innen als Vesikel abgeschnürt *(coated vesicles).* Bei einem Materialtransport durch eine Zelle hindurch *(Transcytose)* bleibt der „coat" erhalten. Er geht verloren, wenn diese Endosomen, z. B. bei der Dotteraufnahme in Oocyten, zu großen Dottervesikeln verschmelzen od. eine Fusion mit primären Lysosomen stattfindet. Coatproteine u. Rezeptoren, aber auch die übrigen Membrankomponenten werden in ökonom. Weise wiederverwendet (recycling). E.vorgänge können

Endocytose (vereinfachte Darstellung)

Bei den allg. als E. bezeichneten *Pino-* u. *Phagocytose*-Vorgängen werden die an der Außenseite der Zelle angelagerten Stoffe vom Plasmalemma umhüllt u. als dann membranbegrenzte Bläscher *(Nahrungsvakuolen, Phagosomen)* ins Zellinnere befördert. Die zum Abbau dieser Substanzen erforderl. Enzyme werden in Form v. ebenfalls membranumschlossenen Bläschen *(primäre Lysosomen)* v. den *Dictyosomen* des Golgi-Apparats abgeschnürt u. vereinigen sich mit den Phagosomen zu *sekundären Lysosomen.* Von den Golgi-Vesikeln lassen sich die Enzyme vielfach noch bis ins endoplasmat. Reticulum (ER) zurückverfolgen, wo ihre Synthese an den Ribosomen beginnt. — In dem umgekehrten Vorgang, der ↗ *Exocytose,* werden die vom endoplasmat. Reticulum u. Golgi-Apparat aufgebauten Substanzen als Sekrete nach außen abgegeben.
E., Exocytose u. ↗ Cytopempsis zeigen, daß die gesamte lebende Zelle einem ständ. *Membranfluß* (membrane flow, *H. S. Bennett,* 1956) unterliegt.

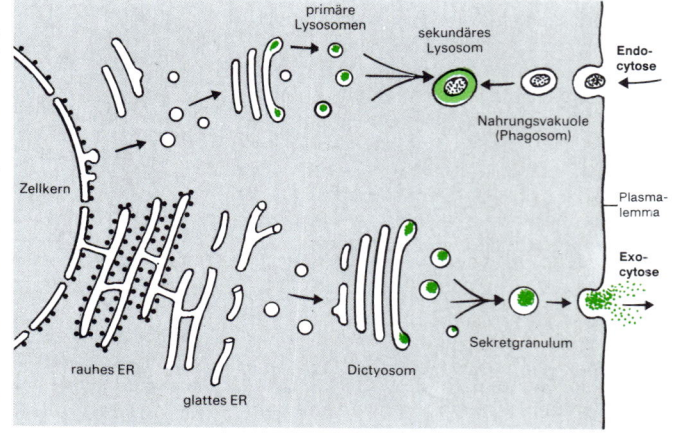

imposante Werte erreichen: Amöben können in 30–60 Min. (Makrophagen sogar innerhalb 30 Min.) eine Membranfläche endocytieren, die der gesamten Plasmamembranfläche der jeweiligen Zelle entspricht. Die Aufnahme des Lipoproteins LDL (low density lipoprotein), das Cholesterinester in der Blutbahn transportiert, soll den Vorgang der rezeptorvermittelten E. veranschaulichen: LDL wird in der Leber synthetisiert, ins Blut abgegeben u. besteht aus Protein, Phospholipiden und v. a. Cholesterinestern ($\varnothing$ 22 nm). Von Zellen, die Cholesterin zur Membransynthese benötigen, wird es über den LDL-Rezeptor endocytiert. In den sekundären Lysosomen werden die Cholesterinester hydrolysiert, u. freies Cholesterin gelangt ins Cytoplasma. Schließl. sei noch erwähnt, daß sich verschiedene zelluläre Parasiten des E.wegs bedienen, um in ihre Wirtszellen zu kommen. Neben Viren gelangen so auch intrazellulär parasitierende Bakterien u. Protozoen, wie die Malaria-Erreger, die Erreger der Leishmaniose u. der Toxoplasmose, in ihre Wirtszellen *("erzwungene E.")*. Ggs.: Exocytose.

Endodendrobios *m* [v. *endo-, gr. dendron = Baum, bios = Leben], ⁊Endobios.

Endodermis *w* [v. *endo-, gr. derma = Haut], Bez. für das i. d. R. einschicht. pflanzl. Gewebe, das innere Gewebemassen voneinander trennt. Die E. findet sich regelmäßig in der Wurzel, wo sie das zentrale Leitbündel v. der Rinde trennt. Gelegentl. findet sich auch in Sproßorganen eine E., so z. B. in Erdsprossen (Rhizomen) od. in Nadelblättern. Die lückenlos aneinanderschließenden, lebenden Zellen der E. besitzen in ihren radial gestellten Zellwänden einen ⁊ *Casparyschen Streifen*, eine fett- u. ligninhalt., bandart. Zellwandeinlagerung, die verhindert, daß Wasser u. die darin gelösten Stoffe über die Radialwände unkontrolliert in die Leitbahnen diffundieren können. Letztere können daher nur über die Plasmalemmata der E.zellen, also eine selektiv arbeitende Membran, in den Zentralzylinder gelangen. In älterem Zustand werden die E.zellen bis auf einige Durchlaßzellen abgedichtet, indem vom Zellinnern her eine korkähnl. Endoderminschicht auf die Zellwände aufgelagert wird, der noch dicke, oft stark verholzende Wandschichten folgen können. ⁊Wurzel. B Wasserhaushalt (Pflanze).

Endodesoxyribonucleasen ⁊Desoxyribonucleasen.

Endodontidae [Mz.; v. *endo-, gr. odontes = Zähne], Fam. der Landlungenschnecken mit kleinem, bräunlich-transparentem u. meist flachem Gehäuse, das weit genabelt ist; der Mundrand manchmal gezähnt; Verbreitungsschwerpunkt der über 50 Gatt. sind SO-Asien u. pazif. Inseln; in Europa leben die ⁊Punkt- u. die ⁊Schüsselschnecken.

Endodyogenie *w* [v. *endo-, gr. dyo = zwei, -genēs = entstanden], besondere, der ⁊Schizogonie vergleichbare Entstehungsart v. Tochterindividuen bei Coccidien *(⁊ Coccidia)*, insbes. *Toxoplasma* u. *Sarcocystis*. Dabei bilden sich im Innern der Mutterzelle an deren Kern zwei neue Sätze v. Organellen, die die Entstehung v. zwei Tochterindividuen einleiten. Bei der Ausbildung v. vielen Sätzen v. Organellen u. entspr. vielen Tochterindividuen spricht man v. *Endopolygenie*. Wahrscheinl. ist E. die urspr., Schizogonie die abgeleitete Vermehrungsform der Coccidien (wenn nicht aller Sporozoen). [⁊Endobios.

Endogaion *s* [v. *endo-, gr. gaia = Erde],

Endogamie *w* [v. *endo-, gr. gamos = Hochzeit], sexuelle Fortpflanzung zw. näher verwandten Individuen, z. B. bei Inzucht; Ggs.: Exogamie. – Beides sind relative Begriffe im Ggs. zu den absoluten Begriffen ⁊Automixis und ⁊Amphimixis. Die Automixis kann als Extremfall der E. angesehen werden. Amphimixis kann sowohl endogam (z. B. Kopulationspartner stammen aus derselben Großfamilie) als auch exogam sein. Die Begriffe können auch auf menschl. Sozietäten (Stämme, Zünfte usw.) angewandt werden.

endogastrisch [v. *endo-, gr. gastēr = Bauch, Magen], deskriptiver Terminus für gebogene od. spirale Molluskenschalen (Cephalopoden, Gastropoden), bei denen sich die konkave Ventralseite nach innen wendet. Ggs.: exogastrisch.

endogen [v. *endogen-], allg.: im Innern entstehend od. befindlich. **1)** Biol.: Entstehung v. Pflanzenteilen, wenn diese äußere Gewebsschichten durchbrechen müssen, z. B. bei Wurzeln; auch Bez. für Entwicklungsstufen v. Parasiten innerhalb des Wirtes. **2)** Geologie: aus dem Erdinnern hervorgegangen. Ggs.: exogen (allogen).

Endogenea [Mz.; v. *endogen-], Gruppe der ⁊ *Suctoria*, Einzeller, bei denen eine Knospe in einem Brutraum der Mutterzelle (Invagination) heranreift (innere Knospung); sie verläßt die Mutterzelle durch eine spezielle Geburtsöffnung. Hierher gehören z. B. *Dendrocometes paradoxus*, der symphoriontisch auf den Kiemenplättchen des Bachflohkrebses *(Gammarus)* lebt, *Acineta tuberosa*, eine marine Art mit gestieltem Gehäuse u. Tentakelbündeln, u. die an Wurzeln v. Wasserlinsen *(Lemna)* haftende, gestielte *Tokophrya lemnarum*.

endogene Bewegungen [v. *endogen-], die ⁊autonomen Bewegungen; ⁊Chronobiologie.

endogene Bewegungen

endogen- [v. gr. endogenēs = innen geboren].

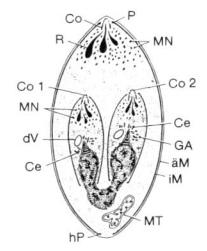

Endodyogenie

Fortgeschrittenes E.-Stadium bei *Frenkelia* (Coccidia). Im Innern der Mutterzelle zwei Tochterindividuen, noch durch den urspr. Kern verbunden. äM äußere Membran der Cuticula, Ce Centriol, Co Conoid, dV dickwandiger Vesikel, GA Golgi-Apparat, hP hinterer Polring, iM innere Membran der Cuticula, MN Microneme, MT Mitochondrium, P Polring, R Rhoptrien (paar. Organell)

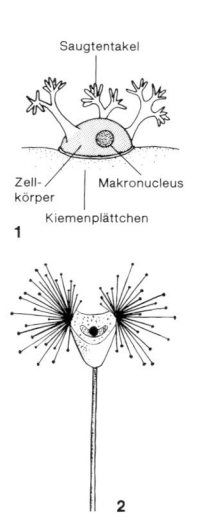

Endogenea

1 *Dendrocometes paradoxus*, 2 *Acineta tuberosa*

endogen- [v. gr. endogenēs = innen geboren].

endo- [v. gr. endon = innen].

fossile Endogonales
Bereits *Rhynia*, eine der ältesten Gefäßpflanzen, u. a. *Psilophytales* aus dem Devon (vor 400 Mill. Jahren) enthalten wurzelinfizierende Pilze, die den heutigen E. ähnlich sehen.

endogene Rhythmik w [v. *endogen-], selbsterregte, erblich-autonome Stoffwechselschwingung; ⤷ circadiane Rhythmik, ⤷ Chronobiologie.

endogene Viren [v. *endogen-], *endogene Proviren*, in normalen, nicht infizierten Zellen (v. Reptilien, Vögeln, Säugetieren) vorhandene, in die Wirts-DNA integrierte Genome v. Retroviren, die eng verwandt od. ident. sind mit den Genomen infektiöser (exogener) Retroviren. E. V. werden an die Nachkommen vererbt; ihre Expression wird v. Wirtsfunktionen kontrolliert; sie können aktiviert werden u. dann einen vollständ. Replikationszyklus durchlaufen.

Endogonales [Mz.; v. *endo-, gr. gonos = Same], Ord. der *Zygomycetales*, auch als Fam. *Endogonaceae* bei den *Mucorales* eingeordnet; Pilze, die hpts. in endotropher (vesikulär-arbuskulärer) Mykorrhiza leben; ausnahmsweise kommt auch eine ektotrophe Mykorrhiza vor; seltener wachsen sie saprophyt. in Erdboden, in Moospolstern u. auf Pflanzenresten. Es werden bis zu 7 Gatt. unterschieden. Die Hyphen enthalten sehr selten Querwände (mit Mikroporen). Die Zellwände bestehen hpts. aus Chitin u. Chitosan. Im Ggs. zu den übr. *Zygomycetales* bilden die E. ihre Sporen meist in knoll. Fruchtkörpern (1–25 mm ⌀) aus, die aus einem Hyphengeflecht bestehen; nur wenige haben Sporangien (ohne Columella) mit Sporangiosporen. Die meisten entwickeln nach einer Kopulation v. Gametangien (Anisogametangiogamie) Zygosporen (z. B. *Endogone*) od. asexuelle Azygosporen (z. B. *Gigaspora*) od. dickwand. Chlamydosporen (z. B. *Glomus*).

Endokard s [v. *endo-, gr. kardia = Herz], *Endocardium*, glatte Innenwand des Herzens, die alle Hohlräume des Herzens auskleidet; besteht aus einer inneren Endothelschicht u. einem feinfaser., kollagenen Bindegewebe mit glatten Muskelzellen u. elast. Fasern. ⤷ Herz.

Endokarp s [v. *endo-, gr. karpos = Frucht], Bez. für die Innenschicht der Fruchtwand. ⤷ Frucht.

endokrine Drüsen [v. *endo-, gr. krinein = absondern], *innersekretorische Drüsen*, *Inkretdrüsen*, ⤷ Drüsen, die keinen Ausführgang besitzen u. ihre Absonderungsprodukte (Inkrete), im typ. Fall Hormone, direkt in die Körperflüssigkeit (Blut) abgeben; z. B. Hypophyse, Nebenniere.

Endokrinologie w [v. *endo-, gr. krinein = absondern, logos = Kunde], Lehre v. der Bildung u. Wirkung v. Hormonen.

endolecithale Eier [Mz.; v. *endo-, gr. lekithos = Eidotter], Eier, deren Dotter in die Eizelle eingelagert ist; Ggs.: ektolecithale Eier; ⤷ zusammengesetzte Eier.

Endolithion s [v. *endo-, gr. lithion = Steinchen], ⤷ Endobios.

endolithisch [v. *endo-, gr. lithos = Stein], Thallus in der obersten Gesteinsschicht lebend. E.e Pflanzen kommen v. a. bei pyrenokarpen Flechten vor, die auf Kalkfelsen weit verbreitet sind. Das Eindringen der Flechte in das Gestein wird durch Ausscheidung v. Säuren ermöglicht, die das Gestein auflösen. Abgesehen v. den hervorbrechenden Fruchtkörpern, ist die Flechte äußerl. allenfalls durch eine leichte Verfärbung des Gesteins erkennbar.

Endolymphe w [v. *endo-, lat. lympha = klares Wasser], die Flüssigkeit im Labyrinth, dem ⤷ Gleichgewichtsorgan der Wirbeltiere.

Endolysin s [v. *endo-, gr. lysis = Lösung], das ⤷ Lysozym.

Endometrium s [v. *endo-, gr. mētra = Gebärmutter], *Gebärmutterschleimhaut*, eine das Uteruslumen auskleidende Schleimhaut, stark v. Gefäßen durchzogen, unterliegt einem hormonell gesteuerten zyklischen Auf- u. Abbau. In der ⤷ Menstruation werden die Reste des geschrumpften E.s ausgestoßen. In der Schwangerschaft ist das E. an der Bildung der ⤷ Placenta beteiligt.

Endomitose w [v. *endo-, gr. mitos = Faden], Verdopplung des Genoms einer Zelle bei intakter Kernmembran u. ohne Ausbildung einer Mitosespindel. Wenn sich die Tochterchromosomen nach der Verdopplung trennen, entstehen tetraploide, bei weiteren E.n polyploide Zellen (z. B. in Leberzellen der Säuger, in Darmepithelzellen bestimmter Insekten). Bleiben die Tochterchromatiden nach der Verdopplung als Bündel parallel nebeneinander liegen, so entstehen *polytäne* od. ⤷ *Riesenchromosomen*, z. B. in den Speicheldrüsen v. *Drosophila*, wo bis zu 10 endomitot. Verdopplungen zur Bildung v. Chromosomen aus ca. 1000 nebeneinanderliegenden Chromatiden führen. Durch die E. kommt es zur Entstehung sehr großer Zellen, jedoch bleibt die Kern-Plasma-Relation dabei stets konstant.

Endomixis w [v. *endo-, gr. mixis = Mischung], Form der ⤷ Autogamie, die bei *Paramecium* u. einigen anderen Wimpertierchen statt der übl. ⤷ Konjugation auftreten kann: Stationär- u. Wanderkern desselben Individuums verschmelzen miteinander zum Synkaryon; es kommt also nicht zum wechselseit. Austausch der Wanderkerne. E. führt stets zur Homozygotie.

Endomyaria [Mz.; v. *endo-, gr. mys = Muskel], zu den Seerosen gehörige Gruppe der *Hexacorallia* (Sechsstrahlige Korallen) mit deutl. ausgebildeter Fußscheibe. Die Mesenterien haben kräft. Retraktoren, u. im entodermal entstandenen Bereich liegt ein Rumpf-Sphinkter. Hierher gehören viele bekannte Seerosen-Gatt. u. -Arten: *Actinia* mit der ↗Pferdeaktinie, *Anemonia* mit der ↗Wachsrose, ↗ *Bunodactis* (*B. verrucosa,* Edelsteinrose), ↗ *Stoichactis.* ↗ *Condylactis* (*C. aurantiaca,* Goldrose) ist eine Mittelmeerart. Die Mundscheibe der Seedahlie *(Tealia felina)* erreicht 20 cm ⌀. Der Körper ist meist mit Sandkörnchen, Muschelschalen usw. getarnt. Sie ist bes. nachts aktiv. Die Tentakeln enthalten sehr viele Nesselkapseln, mit deren Hilfe auch größere Fische erbeutet werden. Die Art ist völlig aufgebläht frei schwimmend beobachtet worden. Sie gehört zu den häufigsten Seerosen eur. Küsten. Ein pelag. Leben führen die Arten der Gatt. *Minyas;* sie sind blau od. meergrün gefärbt u. treiben mit dem Mund nach unten nahe der Meeresoberfläche; sie sind typ. Hochseetiere. Ihr Fuß ist wie der Boden einer Weinflasche eingedellt, wobei die Ränder dicht schließen. Dieser Hohlraum enthält Gas u. eine spongiöse Füllmasse. Eine Symbiose mit ↗Anemonenfischen kommt bei ↗Stoichactis vor. Die Gruppe der *Corallimorpha* (z. B. Gatt. *Corynactis*) ist dadurch gekennzeichnet, daß sich nach einer Teilung die Individuen nicht trennen. So entstehen Aktinienkolonien (bis 100 Individuen), die wie Steinkorallen aussehen, aber kein Skelett haben. Nach der neuesten Systematik wird diese Gruppe als eigene Ord. der *Hexacorallia* (*Corallimorpharia*) betrachtet.

Endomycetaceae [Mz.; v. *endo-, gr. mykētes = Pilze], Fam. der ↗ *Endomycetales,* Pilze, die mit echten Hyphen od. durch Sprossung wachsen; die Sporangien (Asci) entstehen durch Kopulation einkern. Gametangien (Plasmogamie) u. entwickeln 8 od. weniger Sporen. E. leben saprophytisch. Bekannte Gatt. sind *Endomyces* (mit Arthrosporenbildung) u. *Eremascus* (keine Arthrosporen). *Endomyces fibuliger* (= *Endomycopsis fibuligera*) ist der weiße ↗Brotschimmel u. *E. geotrichum* (*lactis*) (= *Galactomyces geotrichum*) die sexuelle Form des Milchschimmels *(Geotrichum candidum)*. *Eremascus albus* wächst auf zuckerhalt. Substraten (z. B. Marmeladen).

Endomycetales [Mz.; v. *endo-, gr. mykētes = Pilze], Ord. der ↗ *Endomycetes (Ascomycota);* Pilze dieser Ord. sind meist Saprophyten, bes. auf u. in zuckerhalt. Substraten (z. B. Pflanzenschleimen, Nektar, Fruchtsäften, gärenden Flüssigkeiten), seltener fakultative Parasiten in Blüten u. Früchten; sie kommen auch auf Holz u. im Erdboden vor. Einige Arten sind wirtschaftl. sehr wichtig u. werden schon seit Jahrtausenden v. Menschen zur Herstellung v. Nahrungsmitteln u. alkohol. Getränken eingesetzt (↗Echte Hefen). Die E. werden meist in 4 Fam. unterteilt (vgl. Tab.).

Endomycetes [Mz.; v. *endo-, gr. mykētes = Pilze], *Hemiascomycetes,* Kl. der *Ascomycota,* auch als U.-Kl. *Endomycetidae* od. *Proascomycetidae* bei den *Ascomycetes* (Schlauchpilze) eingeordnet. Unterschieden werden die beiden Ord. ↗ *Protomycetales* (ca. 20 Pflanzenparasiten) u. die artenreichen ↗ *Endomycetales.* E. bilden das Sporangium (Ascus) sofort aus der diploiden Fusionszelle (Zygote) od. nach einer längeren diploiden Vermehrungsphase. Im Ggs. zu den Echten Schlauchpilzen entstehen jedoch keine ascogenen Hyphen u. keine Fruchtkörper (Ascoma). Die reifen Ascosporen werden durch Aufreißen u. Zerfall der Ascuswände frei. Die asexuelle Entwicklung erfolgt durch Zellsprossung (blastisch), Hyphenzergliederung (thallisch, Arthrokonidien) od. Teilung v. Einzelzellen. Es überwiegt Sprossungswachstum, seltener Mycelwachstum. Die Hyphensepten bilden unterschiedl. Porentypen aus. Die Zellwände enthalten hpts. Mannan u. Glucan mit Glucuronsäure. In der Entwicklung wird keine Dikaryophase wie bei den Echten Schlauchpilzen u. Ständerpilzen durchlaufen. Es treten jedoch unterschiedl. Entwicklungszyklen auf (↗Echte Hefen).

Endomychidae [Mz.; v. gr. endomychos = im Innern verborgen], Fam. der *Polyphaga* (Käfer), weltweit ca. 1000, in Mitteleuropa etwa 20 Arten; einheim. Arten klein bis sehr klein (1,2–6,0 mm), im Habitus zuweilen Marienkäfern ähnlich. Die häufigste u. auffälligste Art, *Endomychus coccineus,* bis 6 mm, ist oben rot mit 2 großen, schwarzen Flecken auf jeder Flügeldecke. Alle Arten fressen als Larve u. Imago u. a. in Baumpilzen, in Bovisten (*Lycoperdina bovistae,* 4,5 mm) od. an Pilzhyphen unter Baumrinde. Die bodenbewohnenden winzigen Arten der Gatt. *Sphaerosoma* leben vom Pilzmycel. Die braungelbe, länglichovale *Mycetaea hirta* (1,5–1,8 mm) findet sich sehr häufig in feuchten Kellern, Scheunen u. Ställen, wo sie vom Hausschwamm lebt.

Endomycopsis *w* [v. *endo-, gr. mykēs = Pilz, opsis = Aussehen], Gatt. der Echten Hefen mit über 10 Arten; wachsen mit einem Sproßmycel u. einem echten Hyphen- od. einem Pseudomycel; einige bilden Arthrosporen. *E. fasciculata* lebt in Gängen v. Baumrindenkäfern, deren Larven sich v. dem Pilz ernähren; auch *E. scolyti,* der auf Coniferen parasitiert, kommt mit Baumrindenkäfern (Gatt. *Scolytus*) vor. *E. fibuli-*

Endomycopsis

Endomycetales

Familien:
↗ *Dipodascaceae*
↗ *Endomycetaceae*
Saccharomycetaceae
(↗Echte Hefen)
↗ *Spermophthoraceae*

endo- [v. gr. endon = innen].

Endomysium

gera (= *Endomyces fibuliger*), der weiße ↗Brotschimmel, wächst auf Mehlprodukten. Einige *Candida*-Arten (Fungi imperfecti) haben eine sehr ähnl. Blastosporenbildung wie E. In neueren systemat. Einteilungen wird die Gatt. *E.* nicht mehr aufrechterhalten, u. die meisten Arten werden in der Gatt. ↗*Saccharomycopsis* eingeordnet.

Endomysium *s* [v. *endo-, gr. mys = Muskel], kollagenfaserhalt. Bindegewebe um einzelne Muskelfasern.

Endoneuralscheide [v. *endo-, gr. neuron = Sehne, Nerv], feine Hülle, die der Schwann-Scheide der peripheren Nervenfasern aufliegt u. aus einer Basalmembran u. Gitterfaserhäutchen besteht.

Endoneurium *s* [v. *endo-, gr. neuron = Sehne, Nerv], das Bindegewebe zw. den einzelnen Fasern des peripheren Nervensystems.

Endonucleasen [Mz.; v. *endo-, lat. nucleus = Kern], Enzyme, die Ribonucleinsäuren *(Endoribonucleasen)* od. Desoxyribonucleinsäuren *(Endodesoxyribonucleasen)* im Innern der polymeren Ketten durch Hydrolyse v. Phosphodiesterbindungen spalten, wobei je nach Intensität der Einwirkung unspezif. E. Gemische kurzer Oligonucleotide od. längerer Fragmente als Spaltprodukte in zufallsmäßiger Verteilung entstehen. Im Ggs. dazu führt der Abbau v. DNA durch die sequenzspezif. ↗Restriktions-E. zu definierten größeren DNA-Fragmenten. Bei doppelsträng. DNA kann die limitierte Einwirkung v. E. auch ledigl. zu ↗Einzelstrangbrüchen führen. DNA-Fehler erkennende E. katalysieren den einleitenden Schritt vieler ↗DNA-Reparatur-Prozesse.

Endoparasiten [Mz.; v. *endo-, gr. parasitos = Schmarotzer], *Entoparasiten, Innenschmarotzer,* Organismen, die im Innern anderer Organismen, im Extrem im Zellinnern, über längere Zeit leben u. parasitisch Nahrung entnehmen; zool. E. z.B. der Einzeller *Trypanosoma,* Bandwürmer, die Schnecke *Entoconcha,* die Magenbremse *Gasterophilus;* bot. E. Bakterien, Pilze. Ggs.: Ektoparasiten. ⬚B ⬚Parasitismus III.

Endopelos *m* [v. *endo-, gr. pēlos = Lehm], ↗Endobios.

Endopeptidasen [Mz.; v. *endo-, gr. peptos = verdaut], Enzyme, durch die Peptide od. Proteine im Innern der polymeren Ketten hydrolyt. gespalten werden, wobei als Bruchstücke entweder Aminosäuren od. kürzere Oligopeptide frei werden. Bei limitierter Einwirkung od. durch Einwirkung aminosäurespezif. E. (z.B. Chymotrypsin, Elastase, Trypsin) können daneben auch längere Fragmente entstehen.

endo- [v. gr. endon = innen].

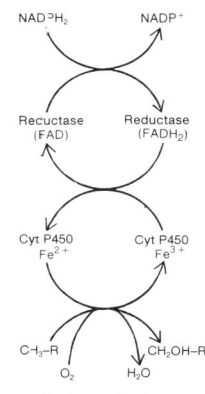

NADPH$_2$ → NADP$^+$
Reductase (FAD) ↔ Reductase (FADH$_2$)
Cyt P450 Fe^{2+} ↔ Cyt P450 Fe^{3+}
CH$_3$-R, O$_2$ → CH$_2$OH-R, H$_2$O

endoplasmatisches Reticulum
Die am besten untersuchten *Entgiftungsreaktionen* sind die, an denen Cytochrom P450 beteiligt ist. Dabei überträgt eine Reductase Elektronen von NADPH$_2$ auf das Cytochrom, die dann für Hydroxylierungen v. im Lipid-Bilayer gelösten, wasserunlösl. toxischen Kohlenwasserstoffen (CH$_3$-R) eingesetzt werden. Andere in der Membran lokalisierte Enzyme binden anschließend negativ geladene, wasserlösl. Moleküle (z.B. SO$_4^{2-}$ od. Glucuronsäure) an diese OH-Gruppen. Durch mehrere solcher Reaktionen wird eine wasserlösl. Droge schließlich hydrophil genug, um aus der Zelle ausgeschleust u. mit dem Urin aus dem Körper ausgeschieden zu werden.

Endoperidie *w* [v. *endo-, gr. pēridion = Säckchen, Beutel], ↗Peridie.

Endophallus *m* [v. *endo-, gr. phallos = männl. Glied], *Praeputialsack,* der dünnhäut., im ↗Aedeagus des männl. Genitalapparats der Insekten befindl., ausstülpbare Teil, der bei der Begattung in der weibl. Geschlechtsöffnung die Spermien überträgt. An seiner Spitze befinden sich häufig spezielle Tastsinnesorgane *(Titillatoren).*

endophloeodisch [v. *endo-, gr. phloios = Rinde], in der Rinde v. Bäumen, d.h. meist zw. den Korkschichten, wachsend, z.B. das Lager mancher Flechtenarten. Ggs.: epiphloeodisch.

Endophyten [Mz.; v. *endo-, gr. phyton = Gewächs], *Entophyten,* im Innern anderer Organismen lebende Niedere Pflanzen u. Bakterien; z.B. lebt *Nostoc* im Thallus mancher Lebermoose; i.e.S. pflanzl. Endoparasiten.

Endophytobios *m* [v. *endo-, gr. phyton = Gewächs, bios = Leben], ↗Endobios.

Endoplasma *s* [v. *endo-, gr. plasma = Gebilde], *Entoplasma, Entosark,* der zentrale Teil des ↗Cytoplasmas bei vielen Einzellern, der den Kern, die Nahrungsvakuolen, Organellen u. lichtbrechende Partikel enthält. Das E. ist v. flüss. Konsistenz (auch *Plasmasol* gen.) u. kann daher vom gelart. äußeren ↗Ektoplasma *(Plasmagel)* unterschieden werden. Bei der Ausbildung v. Pseudopodien kommt es zu sog. Gel-Sol-Übergängen: Das E. strömt in das Pseudopodium hinein u. wird am äußeren Rand immer viskoser; das Ektoplasma dagegen wird flüssiger u. fließt in Richtung des Pseudopodiums. Bei ↗*Amoeba* (⬚) kommt die Bewegung der Zelle wahrscheinl. durch eine Actin-vermittelte Kontraktion des Ektoplasmas zustande, so daß es im flüssigeren E. zu einer Cytoplasmaströmung u. damit zu einer Ausdehnung des Pseudopodiums (= Lobopodiums) kommt.

endoplasmatisches Reticulum *s* [v. *endo-, gr. plasmatikos = geformt, lat. reticulum = kleines Netz], Abk. *ER,* ein nur elektronenmikroskop. sichtbares, intrazelluläres, reich verzweigtes Membransystem aller eukaryot. Zellen, das je nach Zelltyp unterschiedl. stark entwickelt ist. *Aufbau:* Das e.R. besteht aus v. einer Elementarmembran umschlossenen Hohlräumen, die, obwohl so reich verzweigt, ein zusammenhängendes System bilden, das mehr als 10% des gesamten Zellvolumens umfassen kann. Die Membranen des e.R., die mit der äußeren Kernmembran in Verbindung stehen, stellen insgesamt mehr als die Hälfte aller zellulären Membranen. Das e.R. kann in zwei funktionell unterschiedl. Bereiche unterteilt werden, in das rauhe od. *granuläre e. R.* (z. T. auch als *Ergastoplasma* bezeichnet) und das *glatte* oder *agranuläre e. R.* Das rauhe e. R. besteht aus abgeflachten Hohlräumen *(Zisternen)* seine Membranen (ebenso wie die äußere Kernmembran) sind an der cytoplasmat. Seite mit ↗Ribosomen besetzt. Infolgedessen ist das rauhe e. R. auch bes. stark entwickelt in Zellen, die auf die Synthese v. Exportproteinen spezialisiert sind (z. B. Antikörper bildende Plasmazellen, exokrine Zellen des Pankreas), od. auf Membransynthese (z. B. die Stäbchen der Retina) spezialisierten Zellen. Die Ribosomen binden mit ihrer großen Untereinheit wahrscheinl. an zwei spezif. Glykoproteine, die *Ribophorine,* die quer durch die gesamte Membran reichen. Sie sind nur in den Membranen des rauhen e. R. zu finden, d. h., sie können nicht frei diffundieren (evtl. durch Verankerung mit fibrillären Proteinen an beiden Seiten der Lipid-Doppelschicht (Lipid-Bilayer)). Das glatte e. R. dagegen ist frei v. Ribosomen, seine Hohlräume haben die Form v. Tubuli. Es ist normalerweise in der Zelle nur in geringer Menge vorhanden; in Zellen, die auf Lipidmetabolismus od. die Synthese v. Steroidhormonen spezialisiert sind, ist es allerdings stärker entwickelt. *Funktionen:* Die wesentl. Aufgabe des rauhen e. R. ist die ↗*Proteinsynthese.* Während die frei im Cytoplasma befindl. Ribosomen v. a. Proteine synthetisieren, die nach ihrer Bildung im Plasma gelöst bleiben od. in Organelle wie Mitochondrien u. Plastiden transportiert werden müssen, bilden die membrangebundenen Ribosomen Membranproteine u. Proteine, die v. der Zelle nach außen abgegeben werden. Weiterhin findet im Innern des rauhen e. R. die *Glykosylierung* v. Proteinen statt, bei der Oligosaccharideinheiten (bestehend aus N-Acetylglucosamin, Mannose, Glucose) auf die Aminogruppe v. Asparagin übertragen werden. Diese Reaktion wird durch eine membrangebundene Glykosyl-Transferase, deren aktives Zentrum sich an der Membraninnenseite des e. R. befindet, katalysiert. Weitere Glykosylierungsschritte finden dann im ↗Golgi-Apparat statt. – Die Aufgaben des glatten e. R. sind sehr vielfältig. Eine der Hauptfunktionen besteht in der *Lipidsynthese;* mengenmäßig überwiegt dabei das Phosphatidylcholin (Lecithin), das in mehreren Schritten aus 2 Fettsäureresten, Glycerinphosphat u. CDP-Cholin gebildet wird. Die beteiligten Enzyme sind membranassoziiert, die aktiven Zentren liegen an der cytoplasmat. Membranseite. Die anschließende asymmetr. Verteilung der Lipide in der Lipid-Doppelschicht erfolgt eventuell über spezif. Transportpro-

endoplasmatisches Reticulum
Isolierung:
Durch Homogenisierung v. Zellen od. Gewebe wird das e. R. zerstört, es entstehen kleine, geschlossene Vesikel ($\varnothing \approx 100$ nm), die als *Mikrosomen* bezeichnet werden. Die sich aus dem rauhen e. R. bildenden Vesikel (rauhe Mikrosomen) sind an ihrer Außenseite mit Ribosomen besetzt, d. h., die Orientierung der Membran bleibt erhalten. Glatte Mikrosomen dagegen stammen nur z. T. vom glatten e. R., teilweise sind es auch Fragmente v. Golgi-Apparat od. Cytoplasmamembran. Da rauhe Mikrosomen durch ihren Besatz an Ribosomen schwerer als glatte sind, können sie leicht durch ↗Dichtegradienten-Zentrifugation voneinander getrennt werden. Im Vergleich beider Typen zeigt, daß sie hinsichtl. ihrer Enzymaktivitäten u. Polypeptidzusammensetzung bemerkenswert ähnlich, allerdings nicht identisch sind. Die Analyse des Mikrosomenfraktion ergibt, bedingt durch den hohen Anteil an Membranen, einen Gehalt v. 35% (Trockengewicht) an Phospholipiden u. 60% Proteinen, darunter viele Enzyme, wie Phosphatasen (Glucose-6-Phosphatase, Nucleosid-Phosphatase), Esterasen od. in den Nebennierenrindenzellen Enzyme für die Synthese v. Steroidhormonen. Wichtige Leitenzyme sind NADP-Cytochrom-c-Reductase u. Cytochrom P450. Weiterhin sind aufgrund des Ribosomenbesatzes 50–60% der RNA einer Zelle im e. R. lokalisiert.

teine, die die Moleküle v. der äußeren auf die innere Membranseite transportieren. – In der Leber ist das glatte e. R. für den *Glykogenabbau* verantwortl.; vom gebildeten Glucose-6-phosphat wird der Phosphatrest abgespalten, u. die Glucose kann ins Blut übertreten. Außerdem werden im glatten e. R. *Entgiftungsreaktionen* durchgeführt, um Drogen, wie z. B. Phenobarbital, unschädl. zu machen. Wenn bestimmte Drogen in hohen Konzentrationen in den Körper gelangen, beginnt in der Leber eine stark erhöhte Synthese v. Enzymen für diese Entgiftungsreaktionen, u. das glatte e. R. verdoppelt seine Oberfläche innerhalb weniger Tage. Nach dem Abbau der Drogen ist das glatte e. R. durch die Tätigkeit v. ↗Autophagosomen nach etwa 5 Tagen wieder auf seine normale Größe reduziert. Wie diese Änderungen reguliert werden, ist unbekannt. – In den Geschlechtshormone produzierenden Zellen (z. B. die Testosteron bildenden Zwischenzellen des Hodens) ist das glatte e. R. reich entwickelt, da hier die *Synthese der Steroide* als Hauptbestandteile der Hormone stattfindet. Eine Sonderform des glatten e. R. ist das *sarkoplasmatische Reticulum* der Muskelzellen, dessen Membranschläuche die Myofibrillen umspinnen. Das Hauptmembranprotein dieses glatten e. R. ist die Ca^{2+}-ATPase, die nach jeder Muskelkontraktion Ca^{2+}-Ionen aus dem Cytoplasma in das e. R. pumpt. ☐ Endocytose, B Zelle. *K. A.*

Endopodit *m* [v. *endo-, gr. pous, Gen. podos = Fuß], Innenast des Spaltfußes der ↗Krebstiere; ☐ Extremitäten.

Endopolygenie *w* [v. *endo-, gr. polys = viel, genos = Nachkomme], ↗Endodyogenie.

Endopolyploidie *w* [v. *endo-, gr. polys = viel, -plous = -fältig, -fach], Vervielfachung des Chromosomensatzes in bestimmten Geweben eines Organismus im Zshg. mit der Differenzierung v. Zellen. Vervielfachte Chromosomensätze werden z. B. in Speicheldrüsenzellen v. Dipteren (mehr als tausendfach), in Leberzellen v. Ratten (tetraploid) od. in Wurzelzellen des Spinats (tetraploid bis oktaploid) gefunden. E. ist i. d. R. mit einer gesteigerten Proteinsynthese in den betreffenden Geweben verbunden. ↗Chromosomenanomalien.

Endopsammon *s* [v. *endo-, gr. psammos = Sand], ↗Endobios.

Endopterygota [Mz.; v. *endo-, gr. pterygōtos = geflügelt], ↗Holometabola.

Endorphine [Mz.; Kw. aus gr. endogenēs = innen geboren u. Morphine], *Opiatpeptide, endogene Opioide,* Gruppe v. körpereigenen Peptiden, die sich an die Rezeptoren für Morphin (u. andere Opiate)

Endosipho

anlagern u. daher morphinähnl. Wirkungen (z. B. Schmerzlinderung) verursachen. Die Bez. E. wurde aufgrund dieser Wirkung als *end*ogene „M*orphine*" geprägt. Sie gliedern sich nach ihren Kettenlängen in die Gruppe der E. i. e. S. *(Dynorphin,* α-, β- und γ-*E.e)* mit 13–31 Aminosäuren u. die Gruppe der kürzerkett. *Enkephaline.* Auffallend ist die Identität der α-, β- und γ-E. u. des Methionin-Enkephalins mit den Teilsequenzen 61–91 v. β-*Lipotropin* (vgl. Tab.), weshalb eine Vorläufer-Produkt-Beziehung zw. β-Lipotropin (od. nahe verwandten Proteinen) u. den E.n postuliert wurde. Die physiolog. Funktionen der E. sind noch weitgehend ungeklärt. Während die physiolog. Funktion der Enkephaline als Neurotransmitter als gesichert gilt, erscheinen für die längerkett. E. Funktionen als Neurohormone wahrscheinlicher. Möglicherweise ist die Ausschüttung von E.n Ursache für die Schmerzunempfindlichkeit bei Schockzuständen u. während der Akupunkturanalgesie. Bemerkenswerterweise ist ihre Konzentration bei Frauen während der Schwangerschaft erhöht.

Endosipho *m* [v. *endo-, gr. siphōn = Röhre], (Teichert), insbes. bei Nautiliden der Raum innerhalb des Ektosiphos einschl. aller organ. Gewebe u. kalk. Ausscheidungen (Siphonalscheiden, Obstruktionsringe, radiale „Blattsepten").

endosiphona**les Gewebe** [v. *endo-, gr. siphōn = Röhre], fossil nicht überliefertes organ. Gewebe, aus dem nach Teichert komplizierte Kalkausscheidungen im ↗ Endosipho v. † ↗ *Actinoceratoidea* hervorgegangen sein sollen.

Endosiphona**lkanal** [v. *endo-, gr. siphōn = Röhre], rundl. Röhre innerhalb der Ausscheidungen des ↗ Endosiphos.

Endoskelett *s* [v. *endo-, gr. skeletos = ausgetrocknet], Sammelbez. für formgebende Stützstrukturen im Innern einzell. (z. B. „Achsenstäbe" bei Flagellaten u. Heliozoen) u. mehrzell. Organismen, wie sie in typ. Weise bei Stachelhäutern u. Chordatieren ausgebildet werden. Meist sind E.e das Produkt mesodermaler Gewebe u. stellen entweder spezialisierte geformte ↗ Bindegewebe dar (Knochen, Knorpel) od. werden v. Bindegewebszellen als solide zellfreie Hartsubstanzen (Kalk-Skelettplatten der Echinodermen) abgeschieden. Einfache E.e bilden die häufig dem Entoderm entstammenden chordoiden Gewebe mancher im Boden bohrender Wirbelloser (Strudelwürmer des Psammals, Enteropneusten) u. die Chorda der Chordatiere.

Endosom *s* [v. *endo-, gr. sōma = Körper], *Endocytosevesikel*, durch ↗ Endocytose entstandenes intrazelluläres Vesikel;

Aminosäuresequenzen von Endorphinen

Tyr-Gly-Gly-Phe-Leu
Leucin-Enkephalin

-Tyr^{61}-Gly-Gly-Phe-
-Met^{65}-Thr-Ser-Glu-
-Lys-Ser-Gln-Thr-
-Pro-Leu-Val-
-Asn-Ala-Ile-Val-
-Lys-Asn-Ala-His-
-Lys-Lys-Gly-Gln^{91}

β-*Lipotropin* (Sequenzbereich von Position 61–91)

Tyr-Gly-Gly-Phe-
-Leu-Arg-Arg-Ile-
-Arg-Pro-Lys-Leu-
-Lys

Dynorphin

In der Mitte ist der Sequenzbereich v. Position 61 bis 91 des β-*Lipotropins* u. seine Strukturbeziehung zu *Methionin-Enkephalin* (Pentapeptid v. Tyr 61 bis Met 65) u. zu den α-, β- und γ-Endorphinen wiedergegeben. Letztere umfassen die Positionen 61–76 (α-*Endorphin*, 17 Aminosäuren), 61–77 (γ-*Endorphin*, 18 Aminosäuren) u. 61–91 (β-*Endorphin*, 31 Aminosäuren).

parasporaler Kristallkörper

Endosporen

Typische Formen sporenbildender Bakterienzellen: Die Lage in der Zelle u. der ⌀ der Spore (größer od. kleiner als die Mutterzelle) sind wichtige taxonom. Merkmale.

endo- [v. gr. endon = innen].

Bildung des Endosperms
Die Entwicklung des *sekundären E.s* kann unterschiedl. erfolgen:
a) *nucleär*; das ist die häufigste Form; hierbei laufen in der sich vergrößernden Zentralzelle (E.zelle) freie Kernteilungen ab, es kommt zur Ausbildung eines Kerntapetums, das sich nachträgl. durch Ausbildung v. Zellwänden zellulär aufgliedern kann.
b) *zellulär*; hierbei ist vom Beginn der E.bildung Kernteilung mit Zellwandbildung verbunden.
c) *helobial*; hierbei entwickelt sich nach der ersten Kernteilung des E.kerns der obere (zur Chalaza hin gelegene) Teil der Zentralzelle nucleär, der untere zellulär; diese Art der E.bildung ist bei einigen Monokotylen (z. B. *Helobiae*) anzutreffen.
Von einem *ruminanten E.* spricht man, wenn vom Nucellus od. den Integumenten auffällige Gewebewucherungen in das E. hineinwachsen.

nach Fusion mit einem primären Lysosom wird das endocytierte Material im sog. sekundären Lysosom enzymatisch abgebaut.

Endosperm *s* [v. *endo-, gr. sperma = Same], Bez. für das sich im Samen der Samenpflanzen entwickelnde Nährgewebe für den jungen Sporophyten. Man unterscheidet aufgrund der unterschiedl. Entwicklungen ein primäres u. ein sekundäres E. Das *primäre E.* ist der sich zu einem nährstoffspeichernden Gewebe entwickelnde Megagametophyt bei den Nacktsamern. Das *sekundäre E.* geht aus der den triploiden E.kern enthaltenden Zelle des ↗ Embryosacks hervor. B Bedecktsamer I.

Endospermkern *m* [v. *endo-, gr. sperma = Same], i. e. S. der bei der doppelten Befruchtung aus der Verschmelzung von sekundärem Embryosackkern u. Spermakern hervorgehende triploide Kern im ↗ Embryosack bei den Bedecktsamern.

Endospermum *s* [v. *endo-, gr. sperma = Same], Gatt. der ↗ Wolfsmilchgewächse.

Endospor *s* [v. *endo-, gr. spora = Same], *Endosporium,* innere Schicht einer mehrschicht. Sporenwand; ↗ Sporen.

Endosporen [Mz.; v. *endo-, gr. spora = Same], allg.: Verbreitungs- u./od. Überdauerungszellen (↗ Dauersporen), die innerhalb eines ein- od. mehrzell. Sporenbehälters (Sporangium) gebildet *und* aus diesem freigesetzt werden; z. B. die *Ascosporen* der Schlauchpilze u. *Sporangiosporen* der *Zygomycetales*, die ↗ *Baeocyten* der Cyanobakterien *(Chamaesiphonaceae). –* Die E. der Bakterien sind durch ihre hohe Hitzeresistenz ausgezeichnet. Während vegetative Zellen durch 10 minütiges Erhitzen auf 80°C (Pasteurisieren) abgetötet werden, können die Bakterien-E. ein stundenlanges Kochen ertragen, einige thermophile Clostridien sogar die normale Sterilisation im ↗ Autoklaven (20 Min. bei 120°C). E. werden unter ungünst. Wachstumsbedingungen gebildet, i. d. R. eine E. pro Zelle, u. dienen hpts. dem Überdauern von Trockenperioden. Das Protein des

Endosymbiontenhypothese

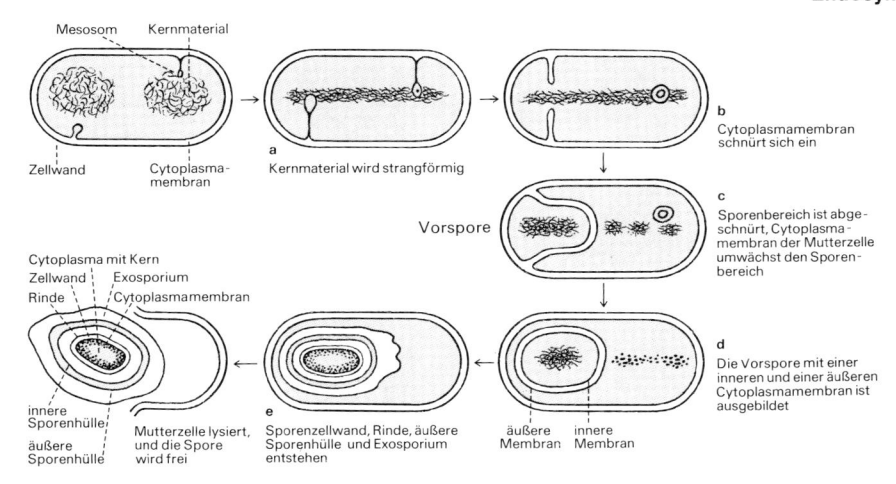

Endosporenbildung bei Bakterien

Die *Sporenbildung* in Bacillen beginnt am Ende der Wachstumsphase. Die beiden Kernbezirke der vegetativen Zellen verschmelzen zu einem Kern-Faden (**a**); dann wird durch die Cytoplasmamembran eine *inäquale* Teilung des Protoplasten eingeleitet (**b**), und es entstehen zwei ungleich große, membranumhüllte Cytoplasmabezirke (**c**). Jetzt wird nicht wie bei einer normalen Zellteilung das Zellwandseptum gebildet, sondern die Cytoplasmamembran des größeren Zellabschnitts umwächst den kleineren Plasmabezirk (**d**). Die künftige Spore (*Vorspore*) ist damit von zwei Cytoplasmamembranen umgeben. Von diesem Pro-Sporenstadium an ist die Sporenbildung irreversibel. Anschließend scheidet die innere Membran eine Zellwand ab, und zwischen innerer und äußerer Membran bildet sich noch die *Rinde* (Cortex) aus, die aus vernetzten Glykopeptid-Polymeren besteht. Über der Rinde entsteht von der Mutterzelle eine stark proteinhaltige äußere, oft mehrschichtige Sporenhülle, auf der noch das *Exosporium*, eine dünne, ballonartige Hülle, aufgelagert sein kann (**e**).

Endosporen

Wichtige Bakterien-Gatt., deren Arten hitzeresistente Endosporen bilden (in Klammern typische Eigenschaften):

Bacillus (aerob, fakultativ anaerob)
Sporolactobacillus (mikroaerophil, keine Katalase)
Clostridium (anaerob)
Desulfotomaculum (anaerob, Sulfatreduktion)
Sporosarcina (Pakete runder Zellen)
Thermoactinomycetes (fadenförmiges Wachstum)

E.-Protoplasten ist stark entwässert; für diesen Wasserentzug, der für die Hitzeresistenz verantwortl. ist, scheint die Rindenschicht (Cortex) v. größter Bedeutung zu sein; möglicherweise ist auch das Calciumsalz der ↗Dipicolinsäure, das nur in hitzeresistenten E. enthalten ist, an diesem Prozeß beteiligt. Die freigesetzten Sporen lassen keinen Stoffwechsel erkennen. Sie sind auch gg. Strahlung (UV) u. Chemikalien resistent. In trockenen Bodenproben verlieren in 50 Jahren ca. 90% der *(Bacillus-)*Sporen ihre Lebensfähigkeit; einige E. würden aber noch nach 1000 Jahren keimfähig sein. Mit den E. werden bei *Bacillus*-Arten oft gleichzeitig Antibiotika gebildet (↗Peptidantibiotika); bei ↗*Bacillus thuringiensis* auch parasporale ↗Kristallkörper, Protoxine, die in der biol. Schädlingsbekämpfung eingesetzt werden.

endosporenbildende Stäbchen und Kokken [v. *endo-, gr. spora = Same], Name der 15. Gruppe (part) der Bakterien in der Klassifizierung nach Bergey's (1974, [T] Bakterien); nur 1 Fam., die ↗Bacillaceae.

Endost s [v. *endo-, gr. osteon = Knochen], *Endostium*, bindegewebige, gefäßführende „Knochenhaut", die dem kompakten Knochengewebe im Innern von Röhrenknochen anliegt u. die Spongiosa-Bälkchen umkleidet (↗Periost). Vom E. gehen z. B. Regenerationsprozesse bei Knochenverletzungen aus.

Endostom s [v. *endo-, gr. stoma = Mund, Öffnung], ↗Peristom.

Endostyl s [v. *endo-, gr. stylos = Griffel], *Hypobranchialrinne*, ventral am Kiemendarm der Manteltiere, Lanzettfischchen u. der Larven der Neunaugen gelegene drüsige Flimmerrinne, die Schleim sezerniert u. zus. mit diesem eingeschwemmte Nahrungspartikel über die ↗Epibranchialrinne zum verdauenden Darm befördert. Die Larven der Neunaugen schnüren bei der Metamorphose das E. ab u. bilden es zur Schilddrüse um. Das E. der Manteltiere u. der Lanzettfischchen vermag Iod zu binden (wie die Schilddrüse der Wirbeltiere). E. u. Schilddrüse der höheren Wirbeltiere sind homolog.

Endosymbionten [Mz.; v. *endo-, gr. symbioontes = Zusammenlebende] ↗Endosymbiose, ↗Endosymbiontenhypothese.

Endosymbiontenhypothese w [v. *endo-, gr. symbioontes = Zusammenlebende], *Endosymbiontentheorie,* sagt aus, daß die autoreduplikativen u. genetisch semiautonomen *Plastiden* u. *Mitochondrien* v. ehemals freilebenden Einzellern abstammen, die auf einer sehr frühen Evolutionsstufe als *Endosymbionten (Cytosymbionten)* in Zellen aufgenommen wurden, die noch organellenfrei waren, aber bereits eukaryot. Organisationsmerkmale besaßen. In diesen *Urkaryoten* hätten sich diese Cytosymbionten dann im Verlauf der weiteren

endo- [v. gr. endon = innen].

ENDOSYMBIOSE

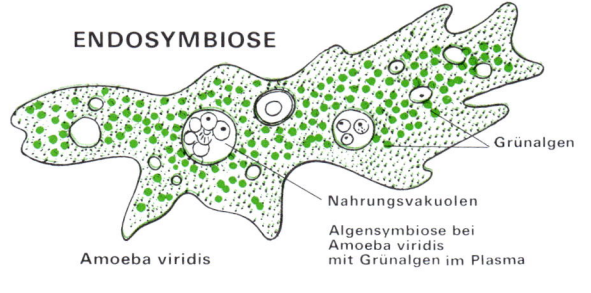

Amoeba viridis — Grünalgen, Nahrungsvakuolen, Algensymbiose bei Amoeba viridis mit Grünalgen im Plasma

Chlorhydra viridissima — Tentakel, Hoden, Eianlage, Ei, Ektoderm, Entoderm; Entoderm, Ektoderm, Zellkern, Eizelle, infiltrierte Algen, Grünalgen

In ihren Zellen beherbergen verschiedene Tiere Algen (*Zoochlorellen*), deren Fähigkeit zur Photosynthese sie nutzen und sich so eine zusätzliche Ernährung verschaffen. Bei der einzelligen *Amoeba viridis* finden sich die Grünalgen innerhalb des Plasmas, beim grünen Süßwasserpolyp *Chlorhydra viridissima* nur in den Zellen des Entoderms. Das im stets von Algen freien Ektoderm heranwachsende Ei wird bereits mit Algen besiedelt und überträgt so die Symbionten auf die nächste Generation.

Insekten, die von schwer aufschließbarer Nahrung (z. B. Cellulose) leben oder sich ausschließlich von Blut oder Pflanzensaft (Parasiten) ernähren, leben oft in Symbiose (Endosymbiose) mit Bakterien oder Hefen, die ihren Wirten Enzyme, Vitamine oder lebenswichtige, in der Nahrung fehlende Aminosäuren liefern.

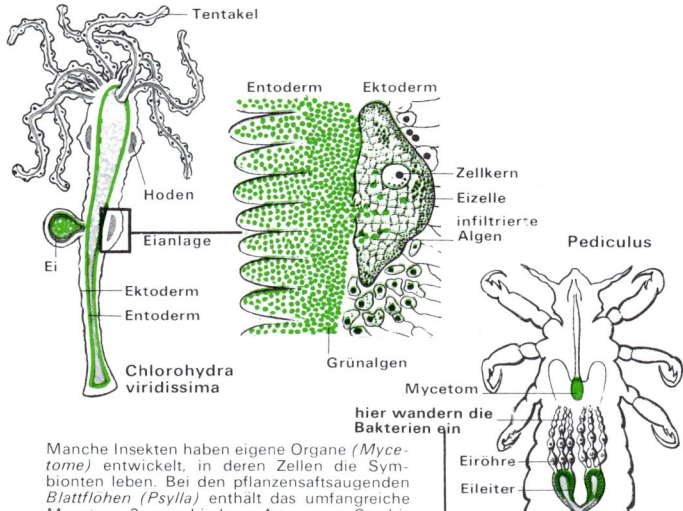

Pediculus — Mycetom, hier wandern die Bakterien ein, Eiröhre, Eileiter

Psylla buxi, **Hemiodoecus fidelis** — Mycetom

Manche Insekten haben eigene Organe *(Mycetome)* entwickelt, in deren Zellen die Symbionten leben. Bei den pflanzensaftsaugenden Blattflöhen *(Psylla)* enthält das umfangreiche Mycetom 2 verschiedene Arten von Symbionten. Bei manchen Zikaden (z. B. *Hemiodoecus*) sind gleich 4 solcher Mycetome vorhanden.

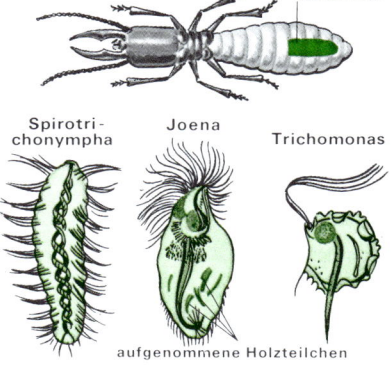

Coptosoma — Larve beim Anstechen, Ei, Symbiontenkapsel

Gärkammer — Spirotrichonympha, Joena, Trichomonas — aufgenommene Holzteilchen

Holzfressende *Termiten*, z. B. *Calotermes flavicollis*, beherbergen in einer Gärkammer des Enddarms Geißeltierchen (polymastigine Flagellaten), die Holzstückchen aus dem Termitendarm verdauen können (die Termite selbst kann das nicht). Die Larven lecken einen aus dem After austretenden Tropfen und infizieren sich dadurch mit dem lebenswichtigen Symbionten.

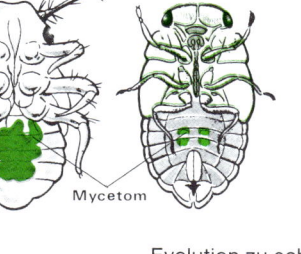

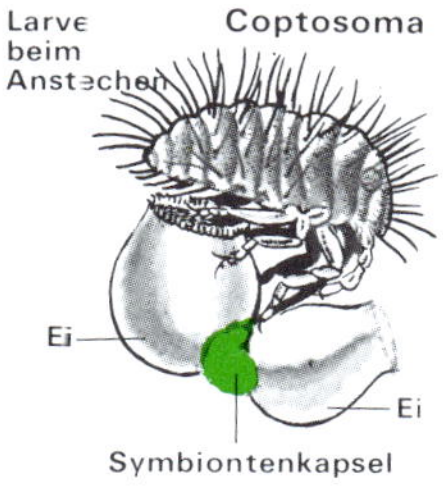

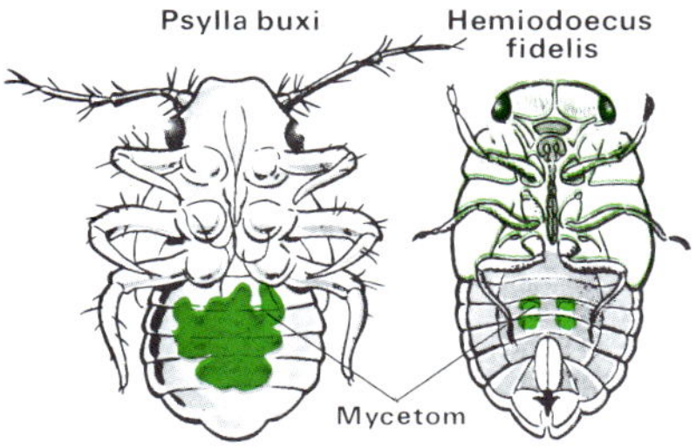

Bei der Menschenlaus *(Pediculus)* wandern vor der Eiablage symbiontische Bakterien aus dem Mycetom in die Eileiter und infizieren hier die aus der Eiröhre kommenden Eier. Die Wanze *Coptosoma* beherbergt ihre Bakteriensymbionten im Darm. Bei der Eiablage setzt das Weibchen mit Bakterien gefüllte Kapseln ab, die von den frisch geschlüpften Larven sofort angestochen und ausgesogen werden.

Evolution zu echten Organellen entwickelt. Als stammesgeschichtl. Ahnen der Mitochondrien nimmt man aerobe Bakterien an, als die der Plastiden dagegen Cyanobakterien. Aus der Fülle v. Daten zugunsten der E. seien einige wichtige genannt: Das bereits erwähnte genet. System der Organelle hat viele prokaryot. Eigenschaften; der zirkulären DNA fehlen Histone, die Transkription wird durch Rifamycine gehemmt. Die Ribosomen gehören dem prokaryot. 70S-Typ an, die Chloramphenicol-sensitiv, jedoch Cycloheximid-unempfindl. sind. Die Initiationsfaktoren bei der Translation ähneln den entsprechenden in Prokaryoten. Mitochondrien u. Plastiden sind v. einer Doppelmembran umgeben, wobei der Raum zw. diesen Membranen ein nicht-plasmat. Kompartiment darstellt. Dies spiegelt die Situation wider, wie sie sich bei rezenten Cytosymbiosen ergibt: den Symbionten mit seiner eigenen Plasmamembran umgibt eine äußere Membran, die der Plasmamembran der Wirtszelle entstammt. Diese parasitophore od. Symbionten-Vakuole entsteht bei der endocytot. Aufnahme des Symbionten. Interessanterweise haben die inneren Membranen der Mitochondrien u. Plastiden eine v. der typ. Eucytenmembran abweichende Zusammensetzung. Bekanntes Beispiel ist der Cardiolipingehalt der inneren Mitochondrienmembran. Weiterhin ist das Fettsäureresynthese-System der Plastiden typisch prokaryot. organisiert: es setzt sich aus einzeln isolierbaren Enzymen zus., wäh-

endo- [v. gr. endon = innen].

Endosymbiontenhypothese

Die Abb. zeigt die Aufnahme v. aeroben, heterotrophen Protocyten (**hP**, Vorläufer der Mitochondrien) u. photosyntheseaktiven, autotrophen Protocyten (**aP**, Vorläufer der Chloroplasten) in eine Urakaryotenzelle (über Phagocytose). Nach der E. haben sich diese einst freilebenden Protocyten zu endosymbiontischen Organellen, den Mitochondrien (**Mi**) u. Chloroplasten (**Ch**), entwickelt. **Zk** Zellkern, **ER** endoplasmatisches Reticulum.

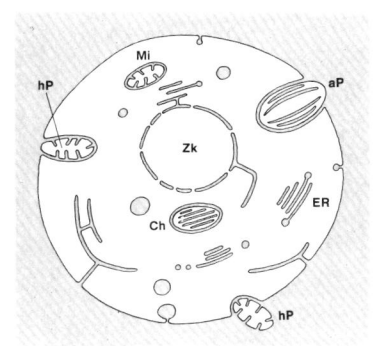

rend das eukaryot. als Multienzymkomplex vorliegt. Am überzeugendsten wird die Endosymbionten-Natur dieser Organelle mit Hilfe moderner Sequenzstammbäume belegt. So sind z. B. die ribosomalen RNAs plastidärer Ribosomen denen v. Cyanobakterien am nächsten verwandt. Viele weitere Nucleinsäure- u. Proteinsequenzdaten zeigen, daß diese Organelle weit außerhalb des Eukaryoten-Stammbaums stehen, während enge verwandtschaftl. Beziehungen zu bestimmten Prokaryoten-Stämmen bestehen. Wenngleich die E. die gen. Befunde widerspruchsfrei vereint, gibt es einige Tatsachen, die offenbar im Widerspruch zu ihr stehen. So ist der größte Teil der organellspezif. Proteine Kern-codiert, nur einen Bruchteil ihrer Proteine können sie selbst herstellen. Dieser Einwand gg. die E. läßt sich jedoch durch die Annahme eines Gentransfers zw. Organellen u. Zellkern ausräumen. Beispiele für solche Genverlagerungen zw. verschiedenen Zellkompartimenten sind in jüngster Zeit tatsächl. nachgewiesen worden. Auch

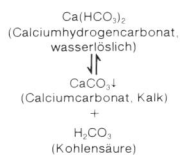

$Ca(HCO_3)_2$
(Calciumhydrogencarbonat, wasserlöslich)
⇅
$CaCO_3$↓
(Calciumcarbonat, Kalk)
+
H_2CO_3
(Kohlensäure)

Endosymbiose

Kalkbildung bei Riffkorallen. In der oben beschriebenen Reaktion wird bei Riffkorallen durch die Photosynthesetätigkeit der Symbionten die Kalkabscheidung für den Aufbau des Korallenskeletts begünstigt.

Endosymbiontenhypothese

Bereits A. F. W. Schimper beschrieb 1883 für die Plastiden, daß sie nur *sui generis*, also durch Teilung aus ihresgleichen, hervorgehen können. Dieses Postulat wurde bald auch auf die Mitochondrien ausgedehnt. 1890 erfolgte eine allg. Formulierung der E. (R. Altmann), die bald v. weiteren Wissenschaftlern verfochten wurde (C. Mereschkowsky, 1905). Durch die Entdeckung extranucleärer Erbfaktoren in den Plastiden bereits zu Beginn dieses Jh. (E. Baur, C. Correns, 1909) wurde die E. gestützt. Dieses eigenständige genetische System innerhalb der Zelle wurde später „Plastom" genannt. Die genetische Semiautonomie der Mitochondrien wurde u. durch Untersuchungen an atmungsdefekten Hefen erbracht (B. Ephrussi, 1949).
Die E. findet indirekt auch darin eine Bestätigung, daß bei rezenten Organismen Cytosymbiosen zu finden sind. Bekanntes Beispiel hierfür ist das Pantoffeltierchen *Paramecium bursaria*, das mehrere 100 Zoochlorellen enthält. Beide Partner der Symbiose sind noch getrennt kultivierbar, das Zusammenleben ist also noch nicht obligatorisch. Der Wirt erhält v. den *Chlorella*-ähnl. Symbionten Maltose, Glucose u. Sauerstoff, der Symbiont Kohlendioxid u. anorgan. Ionen. Eine obligate Cytosymbiose ist in *Cyanophora paradoxa* etabliert. Die in Symbiontenvakuolen liegenden 2–4 Cyanellen nehmen gewissermaßen eine Zwischenstellung zw. Cytosymbionten u. echten Organellen (Chloroplasten) ein: Das Cyanellengenom ist gegenüber dem Genom freilebender Cyanobakterien stark verkleinert. Auch scheinen wichtige Cyanellen-Proteine vom Wirt geliefert zu werden. Die Faktoren, die in diesen Fällen rezenter Cytosymbiosen verhindern, daß der Symbiont v. der Wirtszelle verdaut wird, sind noch unbekannt. □ Endosymbiose.

die geringe Komplexität der Organellengenome (verglichen mit denen v. Prokaryoten) ließe sich so erklären. – Eine Alternativvorstellung zur E. stellt die *Hypothese der endogenen Kompartimentierung* dar *(Plasmidhypothese),* die die autonome Entstehung DNA-halt. Kompartimente innerhalb einer Urkaryotenzelle vorschlägt. Plasmide mit geclusterten Genen wären demnach in selbständige, membranumschlossene Räume eingeschlossen worden, die sich dann zu Plastiden u. Mitochondrien entwickelt hätten. Durch die geringeren Rekombinationsmöglichkeiten der Organell-DNA wäre dann ein prokaryotenähnl. Niveau konserviert worden, während die Kern-DNA eine wesentl. schnellere Evolution durchlaufen hätte. Sequenzdaten machen diese Hypothese unwahrscheinl.; die Sequenzunterschiede zw. Plastiden u. Mitochondrien sind zu groß, als daß beide derselben Urkaryoten-Stammform entstammen könnten. *B. L.*

Endosymbiose w [v. *endo-, gr. symbíōsis = Zusammenleben], von P. ↗Buchner geprägte Bez. für diejenige Form der ↗Symbiose, bei der der Symbiont *(Endosymbiont)* innerhalb des Wirtsorganismus lebt (Ggs. ↗Ektosymbiose), sei es in einem Hohlraum (Darmlumen od. Leibeshöhle bei Tieren) bzw. zw. den Zellen bestimmter Gewebe (extra- bzw. interzelluläre E.) od. im Cytoplasma bestimmter Zellen (intrazelluläre E.). – Viele Pflanzen (v. a. Leguminosen) decken ihren Stickstoffbedarf mit Hilfe bestimmter Bakterien, die im Ggs. zur höheren Pflanze in der Lage sind, Stickstoff aus der Luft zu binden *(↗Knöllchenbakterien)*. Manche Waldbäume u. Orchideen nehmen die Nährstoffe aus dem Boden anstatt durch Wurzelhaare über Pilzmycelien auf *(↗Mykorrhiza)*. Die Gruppe der ↗Flechten verdankt ihre Existenz der symbiont. Vereinigung v. Pilzen mit Algen. – Vielfältig sind die E.n von Tieren mit pflanzl. Mikroorganismen. Schon bei den Protozoen leben manche Flagellaten, Rhizopoden od. Ciliaten regelmäßig in E. mit Bakterien od. einzell. Algen; die großen Gehäuse der Nummuliten stehen in engem Zshg. mit endosymbiont. Diatomeen u. Dinoflagellaten. Weit verbreitet sind *Algensymbiosen* bei aquat. wirbellosen Metazoen. Viele Schwämme, Coelenteraten und Mollusken sind mit Algen (↗Cyanellen, ↗Zoochlorellen, ↗Zooxanthellen) od. mit freien Algen-Chloroplasten vergesellschaftet. Durch ^{14}C-Markierung ließ sich in vielen Fällen nachweisen, daß Photosyntheseprodukte (Kohlenhydrate) des pflanzl. Partners an den heterotrophen Wirt abgegeben werden. Turbellarien der Gatt. *Convoluta* nehmen adult keine feste

Endosymbiose

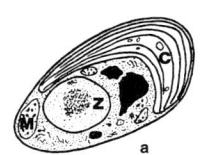

Endosymbiose
Endosymbionten von ein- und mehrzelligen Wirtsorganismen (halbschemat., nach elektronenmikroskop. Aufnahmen):
a *Chlorella spec.* aus *Hydra viridis*, **b** von *Codium fragile* stammender Chloroplast aus *Elysia viridis*, **c** Dinoflagellat aus *Anthopleura elegantissima*, **d** *Cyanocyta korschikoffiana* aus *Cyanophora paradoxa*, **e** hefeartiger Symbiont aus *Lasioderma serricorne*, **f** a-Symbiont aus *Euscelis incisus*.
C Chloroplast, **M** Mitochondrium, **Z** Zellkern

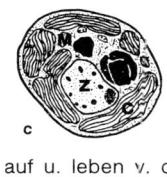

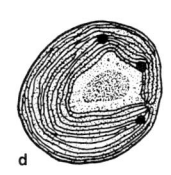

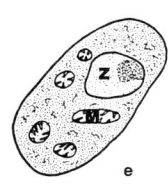

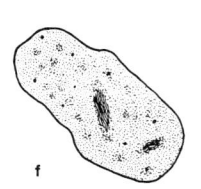

Nahrung mehr auf u. leben v. den Stoffwechselprodukten ihrer Endosymbionten (Grünalgen bei *C. roscoffensis*, Diatomeen bei *C. convoluta*). Bemerkenswert ist, daß ausschließl. parasit. Arten umfassende Gruppen (z. B. Sporozoen, Trematoden, Cestoden) keine E.n aufweisen. – Viele der obligaten Wirte v. Endosymbionten sind Nahrungsspezialisten, die sich zeitlebens v. einseitiger (z. B. Phloemsaft v. Pflanzen od. Blut), oft auch schwerverdaul. Kost (z. B. Holz u. Cellulose) ernähren (vgl. Tab.). Bei *Pflanzenfressern* besorgen in bestimmten Darmabschnitten untergebrachte Mikroorganismen (Bakterien u. Protozoen) den Abbau v. fester Pflanzennahrung (z. B. Blätter, Samen, Holz) v. a. durch Cellulose-Spaltung; ihren Wirten fehlt das Enzym Cellulase. Unter den *Pflanzensaft* saugenden Insekten zeigen die größte Mannigfaltigkeit an E.-Einrichtungen die Zikaden, die bei manchen Arten bis zu 6 verschiedene, obligate Symbiontentypen in eigenen Organen (↗Mycetomen) beherbergen. *Wirbeltierblut* saugende Tiere benötigen ihre Symbionten zur Blutverdauung (Blutegel) od. als Vitaminlieferanten (Arthropoden); dagegen findet man keine E.n bei hämophagen Insekten, die sich als Larven anders, d. h. vielseitiger ernähren (z. B. Stechmücken, Bremsen, Flöhe). Aber auch bei einigen *omnivoren* Tiergruppen (z. B. Schaben, Ameisen) gibt es hochorganisierte Bakterien-E.n. Auch der omnivore Mensch ist Wirt zahlr. symbiont. Bakterien (↗Darmflora). Eine Sonderstellung unter den E.n nehmen schließl. die bei Cephalopoden, Tunicaten u. Fischen vorkommenden ↗Leuchtsymbiosen ein, bei denen zur Lichterzeugung befähigte Bakterien (↗Leuchtbakterien) in kompliziert gebauten Leuchtorganen leben. – Bei vielen obligaten E.n sorgen hochgradige Anpassungen auf seiten beider Partner für die Aufrechterhaltung der Lebensgemeinschaft. So lassen sich Entwicklungsreihen z. B. hinsichtl. der Unterbringung der Mikroorganismen bei Insekten aufzeigen: Darmlumen (↗Darmkrypten, ↗Gärkammern), Darmepithel (inter-, intrazellulär), Leibeshöhle (Fettkörper, ↗Mycetome). Entsprechend werden die Übertragungsmechanismen aufwendiger: Symbiontenaufnahme per os, durch Beschmieren der Eihülle, bis zur intraovarialen Weitergabe während der Oogenese. Derartig weitgehende, genetisch fixierte Adaptationen können nach den heutigen Vorstellungen nur auf dem Wege langzeitl. Coevolution der E.-Partner entstanden sein. Gleichzeitig haben viele in E. lebende Organismen ihre Eigenständigkeit eingebüßt u. sind heute ohne ihren E.-Partner nicht mehr lebensfähig. B 120.

Lit.: Buchner, P.: Endosymbiose der Tiere mit pflanzlichen Mikroorganismen. Basel/Stuttgart 1953. Koch, A.: Symbiose – Partnerschaft fürs Leben. Frankfurt 1976. Matthes, D.: Tiersymbiosen. Stuttgart/New York 1978. H. Kör.

Endotheca *w* [v. *endo-, gr. thēkē = Behälter], 1) bei Anthozoen Bez. für Dissepimente innerhalb der Wand eines Coralliten od. Corallums von Scleractinien (Edwards u. Haime 1848). Ggs. ↗Exotheca. 2) bei ↗Belemniten (Müller-Stoll 1936) Teil der Innenschale, bestehend aus Stratum profundum (äußere E., ontogenet. jüngste Schicht des Proostrakums) u. Phragmocon (innere E.).

Endothecium *s* [v. *endo-, gr. thēkion = kleiner Behälter], 1) bei Laubmoossporogonen der innere Zellkomplex, dessen äußere Zellage häufig zum ↗Archespor wird, während die inneren Zellen die ↗Columella bilden. 2) bei Pollensäcken der Angiospermen die subepidermale Faserschicht, die durch eine Kohäsionswirkung das Aufreißen der Pollensäcke bewirkt.

Endosymbiosen bei Nahrungsspezialisten

Nahrung	Wirte	Symbionten	Unterbringung der Symbionten
feste Pflanzennahrung	Termiten	Flagellaten (+ Bakterien), Amöben	Enddarm (Gärkammern)
	viele Käfer-Fam.	Bakterien, Hefen	Mitteldarm (Darmkrypten), Malpighische Gefäße, Mycetome
	Hühnervögel	Bakterien	Dickdarm, Blinddarm
	Unpaarhufer, Elefanten, Nagetiere	Bakterien, Ciliaten, Flagellaten	Dickdarm, Blinddarm
	Wiederkäuer	Ciliaten (+ Bakterien), Bakterien, Flagellaten	Magen (Pansensymbiose)
Pflanzensäfte	Wanzen	Bakterien	Mitteldarm (Darmkrypten), Mycetome
	Schildläuse	Bakterien, Hefen	Fettkörper, Mycetome
	Blattläuse	Bakterien	Mycetome
	Zikaden	Bakterien, Hefen	Mycetome
Wirbeltierblut	Blutegel	Bakterien	Vorderdarm (Ausstülpungen)
	Milben, Zecken	Bakterien	Malpighische Gefäße, Mycetome
	Tierläuse, Wanzen, Tsetsefliegen, Lausfliegen	Bakterien	Mitteldarm, Mycetome

Endothel s [v. *endo-, gr. thēlē = Brustwarze], Deckepithel aus meist plattenförm. Zellen, das die Blutgefäße auskleidet u. in den Kapillaren über größere Poren den Wasser- u. Stoffaustausch mit dem umgebenden Gewebe gewährleistet.

endotherm [v. *endo-, gr. thermos = warm], chem. Reaktionen, die nur unter Wärmezuführung ablaufen (Ggs.: exotherm); allg. herrschen bei tiefen Temp. die exothermen, bei hohen Temp. die e.en Vorgänge vor. E.e Tiere ↗Homoiothermie.

Endothia w [v. *endo-, gr. theios = Schwefel], Gatt. der ↗Diaporthales.

Endothyracea [Mz.; v. *endo-, gr. thyra = Tür, Öffnung], (Brady 1884), *Endothyridea* (Glaessner 1945), zur U.-Ord. *Fusulinina* gehörende umfangreiche † Foraminiferen-Überfam. mit Kalkschalen v. unterschiedl. Gestalt; Primitivformen bauen noch sand. Material ein. Verbreitung: Untersilur bis Trias. Die Typusgatt. *Endothyra* Phillips 1846 ist schwer abgrenzbar.

Endotokie w [v. *endo-, gr. tokos = Geburt], *endotokia matricida* („Muttermord"), eine bes. Form der Viviparie: die Mutter wird v. den schon im Genitaltrakt geschlüpften Nachkommen v. innen her aufgefressen; bei manchen Fadenwürmern (z. B. *Rhabditida*) u. Gallmücken-Verwandten (Gatt. *Heteropeza*); meist mit Parthenogenese verbunden.

Endotoxine [Mz.; v. *endo-, gr. toxikon = (Pfeil-)Gift], *Entotoxine*, bakterielle Toxine (↗Bakterientoxine), die im allg. erst bei Autolyse od. artifizieller Zerstörung der Zelle freigesetzt werden. 1) Das „klassische" E. ist der hitzestabile Lipopolysaccharid-Protein-Komplex der äußeren Membran der Zellwand gramnegativer Bakterien, der auch für die somat. (O)-Antigen-Reaktion der Bakterienzelle verantwortl. ist. Die toxische Komponente ist das Lipoid A dieses Komplexes. Es hat vielfält., wirtsunspezif. Wirkung auf den Organismus. Zu den am besten untersuchten E.n gehören diejenigen der *Enterobacteriaceae* (↗Darmflora), *Salmonella, Shigella* u. *Escherichia coli*. E. können nicht in Toxoide umgewandelt werden u. somit nicht zur Präparation v. Immunseren dienen. 2) Nach M. Raynaud u. J. E. Alouf werden in der Kl. der zellgebundenen Bakterientoxine, die erst nach Lyse der Zelle frei werden, 2 Gruppen eingeordnet: Gruppe I: Die intracytoplasmat. Proteintoxine gramnegativer Bakterien, z. B. Toxine der Keuchhusten-, Pest-, Cholera-Bakterien, u. a. Neurotoxine (↗Exotoxine); Gruppe II: Das „klassische" Lipoid-A-Endotoxin (vgl. 1).

Endotrachea w [v. *endo-, gr. trachys = rauh], ↗Tracheen.

endotrophe Mykorrhiza w [v. *endo-, gr. trophē = Ernährung, mykes = Pilz, rhiza = Wurzel], ↗Mykorrhiza.

endo- [v. gr. endon = innen].

Endotoxine

Einige toxische Wirkungen des Endotoxins (Lipoid A):
Fieber
Diarrhöe
Leukocytenverminderung
Steigerung der Phagocytose
E.-Schock (bei hohen Dosen: Kreislaufstörungen, Nierenversagen, Letalität)
Lysosomenvermehrung (Ausstoß lysosomer Enzyme)

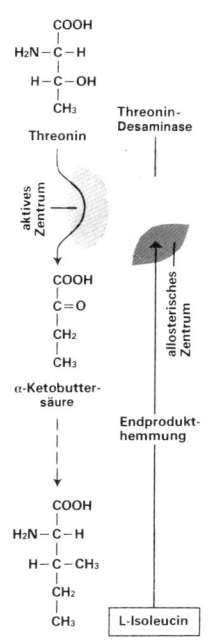

```
      COOH
       |
H2N — C — H
       |
   H — C — OH             Threonin-
       |                  Desaminase
      CH3
   Threonin

   aktives
   Zentrum
                          allosterisches
                          Zentrum
      COOH
       |
      C = O
       |
      CH2
       |
      CH3
   α-Ketobuttersäure       Endprodukt-
                           hemmung

      COOH
       |
H2N — C — H
       |
   H — C — CH3
       |
      CH2
       |
      CH3              L-Isoleucin
```

Endprodukthemmung

E. von Threonin-Desaminase durch Isoleucin. E. von Aspartat-Transcarbamylase durch Cytidintriphosphat ↗Allosterie.

Endproduktemmung

trophē = Ernährung, mykes = Pilz, rhiza = Wurzel], ↗Mykorrhiza.

Endoturbinalia [Mz.; v. *endo-, lat. turbo = Wirbel], ↗Turbinalia.

Endoxylophyten [Mz.; v. *endo-, gr. xylon = Holz, phyton = Gewächs], im Holzkörper v. Wurzel od. Stamm lebende pflanzl. Parasiten; Bakterien, Pilze, seltener Samenpflanzen, z. B. *Rafflesia arnoldii, Cytinus hypocistis* (Cistrosenwürger).

Endozoobios m [v. *endo-, gr. zōon = Lebewesen, bios = Leben], ↗Endobios.

Endozoochorie w [v. *endo-, gr. zōon = Lebewesen, chōra = Raum, Ort], Verbreitung meist widerstandsfähiger Stadien v. Pflanzen (meist Diasporen, Samen) durch Tiere, die diese in ihr Inneres (z. B. Darm) aufnehmen u. später an anderem Ort noch lebensfähig entlassen.

Endplatte, Benennung der ↗Synapsen der motor. Nervenfasern v. Wirbeltieren aufgrund ihrer Form. Diese *motor.* E.n od. *neuromuskulären* E.n sind die Verbindungsstellen zw. den Axonen der motor. Vorderhornzellen u. den Skelettmuskelfasern u. Übertragungsort für die v. den Nervenfasern kommenden elektr. Impulse. Die E. ist nicht fest mit den Muskelfasern verwachsen, sondern v. diesen durch den synapt. Spalt getrennt (☐ Acetylcholinrezeptor). Aus diesem Grunde kann hier die Erregungsübertragung nicht wie bei den elektr. Synapsen (↗elektrische Organe) direkt, sondern nur mit Hilfe v. chemischen Überträgerstoffen (Transmitter) erfolgen. Diese Transmitter (z. B. Acetylcholin, Adrenalin/Noradrenalin, γ-Aminobuttersäure [GABA], Glycin, Aspartat, Dopamin, Serotonin sowie einige Nucleotide) sind in synapt. Bläschen (Vesikel) gespeichert u. werden bei Erregung der Synapse freigesetzt. Nach Diffusion durch den synapt. Spalt binden diese an spezif. Rezeptoren der postsynapt. Membran u. lösen hier ein Generatorpotential aus, das sich entlang der postsynapt. Membran ausbreitet u. an deren Ende zur Entstehung eines Aktionspotentials u. damit zur Erregung der Muskelfaser führt.

Endprodukt, das Produkt der letzten Reaktion einer auf- od. abbauenden Kette v. chem. Reaktionen bzw. v. Stoffwechselreaktionen der Zelle. E.e werden v. Zellen od. Organismen entweder akkumuliert bzw. ausgeschieden od. bilden Ausgangsstufen für andere Stoffwechselwege.

Endprodukthemmung, *allosterische E., Rückkopplungs-Hemmung, Retroinhibition,* engl. *feed back inhibition,* Hemmung eines (i. d. R. den Anfangsschritt einer Stoffwechselkette katalysierenden) Enzyms durch das ↗Endprodukt einer Stoffwechselkette. E. erfolgt durch Anlagerung

Endproduktrepression des Hemmstoffes (Effektor) an das entspr. Enzym, das als Folge dieser Anlagerung eine alloster. Umlagerung – u. damit Inaktivierung – erfährt (↗Allosterie). E. ist ein in vielen Stoffwechselwegen realisierter Mechanismus zur Steuerung v. Enzymaktivitäten u. bildet daher eine der Grundlagen der Stoffwechselregulation. B Allosterie.

Endproduktrepression [v. lat. repressio = Unterdrückung] ↗Genregulation (B).

Endromididae [Mz.; v. gr. endromidies = Art Jagdstiefel; Läufer (Mz.)], die ↗Birkenspinner.

Endrosinae [Mz.; v. gr. endrosos = taunaß, feucht], U.-Fam. der ↗Bärenspinner.

Endwirt, Wirtsindividuum (od. -art), in dem bestimmte Parasiten geschlechtsreif werden, d. h. das Ende eines mehrwirtigen Zyklus erreichen; z. B. der Mensch für den Pärchenegel *Schistosoma*. Ggs.: Zwischenwirt.

energetische Kopplung ↗chemisches Gleichgewicht.

Energide *w* [v. gr. energēs = wirksam, kräftig], die physiolog. Einheit, die aus einem Zellkern u. dem v. ihm beeinflußten Cytoplasmabereich besteht; vielkern. Zellen, z. B. bei manchen Grünalgen, Pilzen u. Protozoen, sind daher *polyenergid*. ↗Kerndualismus.

Energie *w* [v. gr. energeia = Wirksamkeit, Kraft], die Fähigkeit eines Systems, Arbeit zu leisten, sein Arbeitsvermögen. Die ineinander überführbaren E.formen stehen nach dem *E.erhaltungssatz* in einem festen Verhältnis, dem *E.äquivalent*. SI-Einheit der E. ist das Joule (J), 1 J = 1 kg·m²/s²; nicht mehr zuläss. ist die Kalorie (cal), 1 cal = 4,1868 J. ↗Enthalpie, ↗Entropie. – Die E. steht ebenso wie die Rohstoffe im Zentrum der Umweltdiskussionen. Dabei wird oft übersehen, daß nach dem E.erhaltungssatz E. weder vernichtet noch erzeugt werden, sondern nur v. einer Form in eine andere verwandelt werden kann. Neben den E.quellen Erdöl, Erdgas, Kohle, Wasserkraft u. Kernkraft wird heute zunehmend der Einsatz *alternativer E.*, d. h. umweltfreundl. od. auch *sanfter E.* diskutiert, wozu auch der Einsatz *regenerativer E.* (also E., die im Kreislauf in gewissem Umfang nach Primärenergieabgabe wieder nutzbar gemacht wird) gehört. Zu den umweltfreundlichen E.n zählt man u. a. die E. der Gezeiten, des Windes, der Erde (geotherm. E.), der Sonne, also E., die aus nicht-fossilen u. nicht-nuklearen Primärenergieträgern stammt. ↗Bioenergie.

Energiedosis ↗Strahlendosis.

Energieflußdiagramm, Darstellung des Transfers der v. der Sonne gelieferten Energie in einem Ökosystem bis zu ihrer völligen Umwandlung in Wärmeenergie. Nur maximal 5% der Sonnenenergie wird v. den Pflanzen in der Photosynthese genutzt, der Rest wird in der Atmosphäre absorbiert, v. reflektiert, an der Erdoberfläche reflektiert, erwärmt die Pflanzenformation od. trifft nur den Erdboden. Von Stufe zu Stufe der ↗Energiepyramide verringert sich die „incarnierte" Energie um eine Zehnerpotenz *(10%-Regel)*. Zu berücksichtigen ist, daß die Energie nicht nur über autotrophe Organismen, sondern auch über heterotrophe Organismen weitergegeben wird. ↗Bruttophotosynthese. ↗Nahrungskette.

Energieladung, ein v. D. E. Atkinson als *„energy charge"* in die Stoffwechselphysiologie eingeführter Begriff, um den momentanen Energiezustand der Zelle, ausgedrückt über das Konzentrationsverhältnis von ATP, ADP u. AMP, zu bezeichnen. Messungen des „Energieinhalts" v. Zellen müssen neben dem Gehalt an ATP (phosphoryliert, „geladen") u. AMP (dephosphoryliert, „entladen") auch den jeweiligen ADP-Gehalt berücksichtigen, der nach ATP + AMP ⇌ 2 ADP mit den „geladenen"

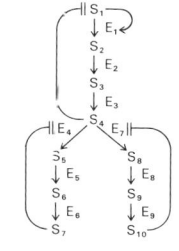

Endprodukthemmung

S_1–S_{10}: verschiedene *Substrate*, deren Umwandlung von den *Enzymen* E_1–E_9 katalysiert wird. E_1, E_4 und E_7 sind *allosterische Enzyme*; sie sitzen an „strategisch wichtigen Stellen" entweder am Beginn oder an der Verzweigung des Stoffwechselweges. E_1 wird durch S_4, das Endprodukt des Abbaus bis zur Verzweigung, gehemmt, E_4 und E_7 durch die Endprodukte S_7 und S_{10}. E_1 wird zusätzlich durch S_1, also sein eigenes Substrat, aktiviert.

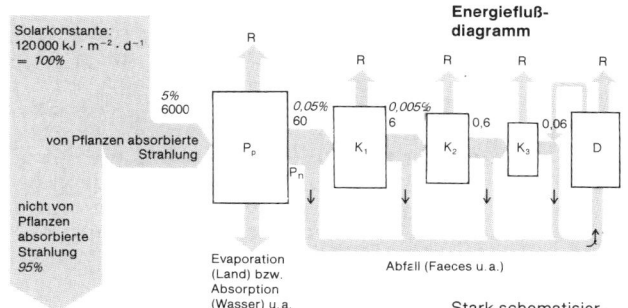

Energie

Energieformen:

Potentielle E. (Lage-E.) bezügl. der Lage eines Körpers in einem Schwere- od. sonst. Kraftfeld, die in *elast.* Verformung bestehend (Feder). *Kinetische E.* (Bewegungs-E.) bezügl. der Translations- od. der Bewegung eines Körpers bei einer bestimmten Geschwindigkeit. Dazu gehört auch die sich als *Wärme-E.* (bzw. Temp.) äußernde kinet. E. der ungeordnet bewegten Moleküle (↗Brownsche Molekularbewegung, ↗Diffusion), die zum Aufbau der elektr. u. magnet. Felder nötige E., die *Strahlungs-E.* der elektromagnet. Wellen (↗elektromagnetisches Spektrum) u. die *E. des elektr. Stromes*, die im allg. in Joulesche Wärme verwandelt wird; die ↗*chemische E.* ist auf die E. der elektr. Felder der Atom- u. Molekülhüllen (↗Bindungs-E.), die Atom-E., besser *Kern-E.*, auf Felder innerhalb der Atomkerne zurückzuführen. Nach der Relativitätstheorie sind Masse *m* u. Energie *W* einander äquivalent: $W = m \cdot c^2$ (c = Lichtgeschwindigkeit).

Stark schematisiertes E. eines autochthonen Ökosystems gemäßigter Breiten, durchschnittl. produktiv u. ohne Wechselwirkungen zu benachbarten Systemen. Die Zahlen geben Werte des Energiestroms in kJ·m⁻²·d⁻¹ (d = Tag) an. Die Nettoproduktion (P_n) der Primärproduzenten P_p steht einer Kette von Primär-, Sekundär- u. Tertiärkonsumenten (K_1, K_2, K_3) Detritivoren u. Destruenten (D) zur Verfügung (R = Respiration).

Energieumsatz

u. vollständig „entladenen" Coenzymen im Gleichgewicht steht. Die E. ist danach definiert als:

$$\frac{[(ATP) + 0.5\,(ADP)]}{[(ATP) + (ADP) + (AMP)]}$$

Sie schwankt zw. 0 (nur AMP vorhanden) und 1 (nur ATP vorhanden). Hohe E.en hemmen die Stoffwechselwege des Katabolismus (über alloster. Beeinflussung v. Schlüsselenzymen, z.B. der Phosphofructokinase durch ATP) u. aktivieren gleichzeitig den Anabolismus. In vivo liegt die E. meist um 0,8 und ist in diesem Bereich empfindlich regelbar (↗Phosphorylierungspotential).

Energiepyramide, pyramidenförmige Darstellung der Energiegehalte in den Trophiestufen (↗Nahrungskette) eines abgegrenzten biozönot. Systems (See, Wald usw.). Der Energiegehalt der Trophiestufen wird mit dem griech. Buchst. Λ, der Energietransfer zw. den Stufen mit λ bezeichnet; der Prozentsatz der Nutzung der vorangegangenen Stufe ist die *ökol. Effizienz*. Der Vorteil dieser Betrachtungsweise gegenüber der ↗*Biomassenpyramide* besteht darin, daß Stoffumsatz der Organismen, Energiegehalt der nicht für die nächste Stufe genutzten Organismen sowie Energieverluste durch Atmung, Defäkation, Exkretion u. Elimination (Häutungsprodukte usw.) genau erfaßt werden.

energiereiche Verbindungen, Sammelbez. für chem. Verbindungen, die *energiereiche Bindungen* bzw. hohes Gruppenübertragungspotential besitzen u. daher unter Freisetzung v. Energie Elektronen, Atome od. Atomgruppen auf andere Verbindungen übertragen können. Neben den in Redoxketten, wie der Atmungskette u.

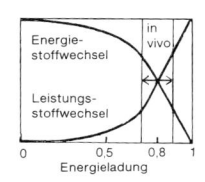

Energieladung

Geschwindigkeitszunahme bzw. -abnahme v. enzymkatalysierten Reaktionen aus dem Katabolismus u. Anabolismus in Abhängigkeit v. der E. Empfindlichste Regelung im – in vivo vorhandenen – Bereich der halbmaximalen Reaktionsgeschwindigkeit. Will man die E. eines Organs od. Tieres bestimmen, muß es schlagartig tiefgefroren werden, da sich der Quotient in kürzester Zeit ändern kann – schon durch das Fangen des Tieres od. durch die Entnahme des Organs. Spezielle Zangen mit breiten Flächen, die zuvor in flüssigem Stickstoff gekühlt wurden, finden bei entspr. Untersuchungen Anwendung („Freeze-clamp"-Methode).

Photophosphorylierung, beteiligten e.n V., durch die Elektronen bzw. Wasserstoffatome übertragen werden, sind bes. die *energiereichen Phosphatverbindungen*, wie u.a. ADP, ATP (allg. Nucleosiddiphosphate u. Nucleosidtriphosphate), Phosphoenolpyruvat, Kreatinphosphat und 1,3-Diphosphoglycerat zu nennen, durch die Phosphatgruppen (bzw. Nucleotidreste im Falle v. Nucleosidtriphosphaten) auf andere Verbindungen übertragen werden können. Der Begriff e. V. ist der übergeordnete Begriff für *aktivierte Verbindungen* ([T] Aktivierung), weshalb diese generell zu den e.n V. gerechnet werden.

Energiestoffwechsel, häufig gebrauchte, aber unglückl. gewählte Bez. für den (katabolen) „Betriebsstoffwechsel", der dem Energiegewinn zur Erhaltung sämtl. Lebensfunktionen dient; treffender als *Energiewechsel* bezeichnet u. als Teil des Energiehaushalts unmittelbar mit dem ↗*Energieumsatz* verbunden. Als Energiewechsel bezeichnet man auch die Umwandlung v. Lichtenergie in chem. Energie (↗Photosynthese). Die Abbauprozesse selbst faßt man als ↗*Dissimilation* od. ↗*Zellatmung* bzw. ↗*Gärung* zus., wobei speziell der pflanzl. Assimilation die Dissimilation gegenübergestellt wird.

Energieumsatz, Verwertung der ↗chem. Energie der Nährstoffe (↗Ernährung), wobei im katabolen Stoffwechsel die Energie in Arbeit u. Wärme verwandelt, im anabolen Stoffwechsel zum Aufbau körpereigener Substanzen benötigt wird. Da das Gesetz v. der Erhaltung der ↗Energie generell für alle Organismen gültig ist, kann der E. über *Energiebilanzen* quantitativ gemessen werden (↗Kalorimetrie, ↗Respirometrie.) Dabei ist die Energieeinnahme (als Nahrungszufuhr od. auch als aufgenommene Strahlungsenergie) gleich der Summe aus den Energien der geleisteten Arbeit, der Wärmeproduktion u. der Energiespeicher (z.B. als Fett od. Glykogen). Aus diesen drei Faktoren ergibt sich der *Gesamtumsatz*. Aus dem prozentualen Anteil v. geleisteter Arbeit u. freigewordener Wärme kann der *Wirkungsgrad* des E.es v. Zellen od. Gesamtorganismen ermittelt werden. Er liegt bei einzelnen Organen (z.B. Muskel) nicht über 35% u. beim intakten Organismus mit etwa 25% noch darunter. Der E. von Zellen u. des Gesamtorganismus läßt sich in verschiedene *Umsatzgrößen* aufteilen, deren Kenntnis bes. in der Humanphysiologie von diagnost. u. arbeitsphysiolog. Bedeutung ist (↗Arbeitsphysiologie). Beim E. der Zelle unterscheidet man: *Erhaltungsumsatz* (niedrigster Wert des E.es, ohne den die Zelle abstirbt: etwa 15% des E.es der aktiven Zelle); Be-

---

energiereiche Verbindungen

Energiereiche Bindungen werden in den Formelbildern oft mit einer geschlängelten Linie (∼) hervorgehoben (Beispiel: ATP als AMP∼P∼P). Diese Sonderstellung bezieht sich ausschl. auf die Wärme, die hier in der Hydrolyse freigesetzt od. für Synthesereaktionen zur Verfügung gestellt werden kann. Die chem. Bindung selbst weicht in keiner Weise v. einer normalen chem. Bindung ab.

Beispiele für e. V.:
Energiereiche Phosphatverbindungen zur Übertragung v. Phosphat-Resten od. Nucleotid-Resten,
↗S-Adenosylmethionin zur Übertragung v. Methyl-Resten,
↗Acetyl-Coenzym A zur Übertragung v. Acetyl-Resten,
↗Aminoacyl-t-RNA zur Übertragung v. Aminosäure-Resten.

Beispiele für energiereiche Phosphatverbindungen

Phosphoenolpyruvat (Phosphoenolbrenztraubensäure)

1,3-Diphosphoglycerat (1,3-Diphosphoglycerinsäure)

Kreatinphosphat (Kreatinphosphorsäure)

Die Bez. in Klammern beziehen sich auf die entspr. nicht-ionischen Formen.

energy charge

reitschaftsumsatz (E., der die Zelle bei Bedarf sogleich arbeiten läßt, Na⁺-K⁺-Pumpen sind z.B. in Funktion: etwa 50% des E.es der aktiven Zelle); *Tätigkeitsumsatz* (E. der arbeitenden Zelle: 100%). Auch beim ruhenden Gesamtorganismus müssen verschiedene Organe ständig arbeiten (Herz, Lunge, Niere, Gehirn). Der *Ruheumsatz* ergibt sich also nicht aus der bloßen Addition der Bereitschaftsumsätze der Zellen, sondern liegt darüber. Mißt man ihn unter streng standardisierten Bedingungen (beim Menschen: morgens, nüchtern, liegend, ohne Wärme- od. Kältebelastung), so erhält man den *Grundumsatz*. Der E. während verschieden schwerer körperl. Arbeit wird als *Arbeitsumsatz* gemessen. Der Grundumsatz ist auch unter Einhaltung der Standardbedingungen keine feste Größe, sondern wird v. Geschlecht, Alter, Gewicht u. individuellen (angeborenen) Faktoren bestimmt. Er ist bei Kindern am höchsten u. sinkt mit zunehmendem Alter. Männer haben einen höheren Grundumsatz als Frauen, Unterernährung u. Hunger senken, Überfunktion der Schilddrüse erhöht ihn. Ferner ist er tagesperiod. abhängig mit höheren Werten am Vormittag. Aus vergleichenden Messungen des Grundumsatzes verschiedenster Organismen (hier auch als „Ruhestoffwechsel" od. „basale Stoffwechselrate" bezeichnet) ist die gesetzmäßige Abhängigkeit der ↗Stoffwechselintensität v. zahlr. inneren u. äußeren Faktoren erkannt worden.

energy charge [enö'dschi tschardsch; engl., =], die ↗Energieladung.

Engdeckenkäfer, die ↗Oedemeridae.

Engelhaie, *Squatinoidei,* U.-Ord. der Haie mit nur 1 Fam. u. 12 Arten; wirken durch einen abgeflachten Oberkörper u. die flügelartig verbreiterten Brust- u. Bauchflossen rochenähnl., doch liegen die 5 Kiemenspalten an den Seiten vor den Brustflossen, u. der Schwanz dient als Hauptantriebsorgan beim Schwimmen. Hierzu gehört der meist ca. 1 m (bis zu 2,5 m) lange, lebendgebärende Gemeine Meerengel od. Engelfisch *(Squatina squatina),* der im nordöstl. Atlantik u. im Mittelmeer lebt.

Engelmann, *Theodor Wilhelm,* dt. Physiologe, * 14. 11. 1843 Leipzig, † 20. 5. 1909 Berlin; Schüler von Donders, Freund von Haeckel u. Joh. Brahms; seit 1888 Prof. u. Nachfolger v. Donders in Utrecht, 1897 Nachfolger v. Du Bois-Reymond in Berlin; Arbeiten zur Erregung u. Erregungsleitung (insbes. Herzautomatie) sowie Kontraktilität des Protoplasmas u. der Muskulatur; entdeckte den Einfluß des Lichtes auf Netzhautpigmente u. Zapfen des Auges.

Engelsflügel, volkstüml. Bez. verschiedener ↗Bohrmuscheln, insbes. der Weißen

Energieumsatz

Energieumsatzgrößen beim Menschen, bezogen auf 70 kg Körpergewicht und Tag (Werte in Kilojoule, in Klammern in Kilokalorien)

Grundumsatz
♀ 6300 (1500)
♂ 7100 (1700)

nicht körperliche Arbeit, „Freizeitumsatz"
♀ 8400 (2000)
♂ 9600 (2300)

schwerste körperliche Arbeit (oberer Grenzwert)
♀ 15500 (3700)
♂ 20100 (4800)

Wald-Engelwurz *(Angelica silvestris)*

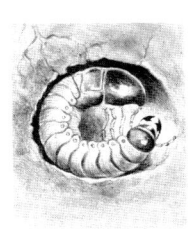

Engerling

Engmaulfrösche
Südafrikanischer Kurzkopffrosch *(Breviceps adspersus),* 4 cm groß

Bohrmuschel *(Barnea candida)* u. der ↗Amerikanischen Bohrmuschel.

Engelsüß, *Polypodium vulgare,* ↗Tüpfelfarngewächse.

Engelwels, *Synodontis angelicus,* ↗Fiederbartwelse.

Engelwurz, *Angelica,* Gatt. der Doldenblütler mit 3 einheim. Arten u. mehreren U.-Arten; kommt auf nassen, nährstoffreichen Böden vor. Häufig ist die Wald-E. od. Brustwurz *(A. silvestris),* eine bis 2 m hohe, mehrjähr. Staude mit rundem Stengel u. auf der Unterseite behaarten Fiederblättern, die in Auwäldern, auf Naßwiesen u. an Ufern vorkommt. In Wurzel, Samen u. Stengel sind äther. Öle, Phellandren u. Bitterstoffe enthalten; sie finden als Heilmittel (Belebung des Nerven- u. Darmsystems) u. als Gewürz (in Magenbitter u. Likören) Anwendung. B Europa III.

Engerling, Larvenform der ↗Blatthornkäfer; engerlingförm. Larven haben auch die Rüsselkäfer, Borkenkäfer, Klopfkäfer, Holzbohrkäfer u. die meisten Pillenkäfer.

Engholz, *englumiges Holz,* ↗Spätholz.

Engler, *Adolf,* dt. Botaniker u. Pflanzengeograph, * 25. 3. 1844 Sagan, † 10. 10. 1930 Berlin; seit 1878 Prof. u. Dir. des Bot. Gartens in Kiel, 1884 Breslau, 1889 Berlin, wo er den Bot. Garten u. das Bot. Museum in Dahlem einrichtete; bereiste 1902 u. 1905 Afrika. Mitgl. der Preuß. Akad. der Wiss. u. Mitbegr. der Dt. Bot. Gesellschaft (1882). Hervorragende Arbeiten zur Pflanzengeographie in Verbindung mit Systematik und unter Berücksichtigung der historisch-phylogenetischen Betrachtungsweise. WW „Die natürlichen Pflanzenfamilien" (23 Halb-Bde., 1887–1915, mit K. Prantl). „Versuch einer Entwicklungsgeschichte der Pflanzenwelt" (2 Bde., 1879–82). „Syllabus der Pflanzenfamilien" (1887). „Pflanzenwelt Afrikas" (5 Bde., 1908–25).

englische Krankheit, die ↗Rachitis.

Englyphen [Mz.; v. gr. egglyphein = eingraben, -ritzen], (Pavoni 1959), Eindrücke im Sediment, die ohne Mitwirkung v. Organismen durch physikalisch bewegte Körper (z.B. durch Schwerkraft) entstanden sind.

Engmaulfrösche, *Microhylidae,* eine sehr gattungs- u. artenreiche Fam. kleiner bis mittelgroßer Frösche, die fr. wegen des Baues ihrer Wirbelsäule u. ihres firmisternen Schultergürtels (↗Froschlurche) zus. mit den echten Fröschen *(Ranidae)* u. Ruderfröschen in die Gruppe der *Diplasiocoela* gestellt wurden. Heute werden sie v. vielen Herpetologen wegen der einfachen Larven ohne Hornschnäbel u. -zähne u. mit medianem Spiraculum als einzige Fam. der urspr. *Scoptanura* aufgefaßt. Kennzeichnend u. namengebend ist der kleine bis winzige, spitze Kopf mit dem engen Maul. Wahrscheinl. sind die E. eine alte Fam., die z. B. in Afrika und z. T. in der Neuen Welt v. anderen Froscharten in eine unterird. Lebensweise verdrängt wurde. Nur die *Asterophryninae* haben auf Neuguinea auch wasser- u. baumlebende Arten hervorgebracht, so z. B. in der artenreichen Gatt. *Sphenophryne*. Diese U.-Fam. reicht mit einzelnen Arten bis nach Hinterindien u. Australien. Viele Arten legen große, dotterreiche Eier auf dem Land ab, aus denen fertige Fröschchen schlüpfen, und manche treiben Brutpflege, indem das ♂ oder ♀ die Eier bewacht. Die urspr. E. sind wahrscheinl. die *Dyscophinae* u. *Cophylinae* auf Madagaskar. *Dyscophus* legt Eier im Wasser ab u. hat die für E. typ. Kaulquappen. Zu dieser Gatt. gehört der bis 9 cm große, leuchtend rote Tomatenfrosch *(Dyscophus antongilli)*. Die *Cophylinae* legen wahrscheinl. terrestr. Eier. Drei U.-Fam. leben in Afrika. Die *Hoplophryninae*, nur 1 Gatt. in Kenia u. Tansania, legen ihre Eier in Blattachseln u. Baumhöhlen; die Larven fressen Eier anderer Frösche. Die Kurzkopffrösche *(Brevicipitinae)* mit 4 Gatt. u. vielen Arten sind grabende Formen mit gedrungenem, fast kugel. Körper, sehr kurzen Beinen u. winzigem Kopf (Name!). Vor allem die südafr. Arten der Gatt. *Breviceps* sind hoch spezialisierte Graber, die nicht einmal schwimmen können. Große Eier, denen fertige Frösche entschlüpfen, werden unterirdisch abgelegt. Manche Arten leben in ariden Gebieten, so der Regenfrosch *(B. gibbosus)*, von dem die Einwohner annahmen, daß er die Fähigkeit habe, Regen zu bringen od. zu verhindern, u. den sie darum verehrten. Die Wendehalsfrösche werden oft als eigene Fam. *(Phrynomeridae)* v. den E. abgetrennt. Die einzige Gatt. *Phrynomerus* umfaßt mittelgroße, dunkle Frösche mit roten Streifen od. Flecken. Ihre Beine sind nicht verkürzt; sie können sogar klettern. Doch sind sie, im Ggs. zu den ähnlich bunten Farbfröschen der Neuen Welt, nachtaktiv. Sie sind, wie diese, sehr giftig. Die Eier werden im Wasser abgelegt; ihnen entschlüpfen die für die Fam. typ. Kaulquappen. Am artenreichsten u. am weitesten verbreitet sind die eigentlichen E., U.-Fam. *Microhylinae*, mit Arten in SO-Asien und S- und N-Amerika. Sie alle legen ihre Eier im Wasser ab u. haben typ. Larven. Die Rufe mancher Arten erinnern an das Blöken v. Schafen, so beim Schafsfrosch *(Hypopachus cuneus)* in Mexiko u. bei den nordam. *Gastrophryne*-Arten. Zu dieser U.-Fam. gehört auch der Ind. Ochsenfrosch *(Kaloula pulchra)*, der 80 mm Länge erreicht. *P. W.*

Engmaulfrösche
Unterfamilien, wichtige Gattungen und Arten:
Asterophryninae (ca. 10–12 Gatt., Neuguinea)
  Asterophrys
  Calluella
  Colpoglossus
  Cophixalus
  Oreophryne
    Kletter-Engmaulfrosch
    (O. anthonyi)
  Sphenophryne
    Schwimm-Engmaulfrosch
    (S. palmipes)
Brevicipitinae (4 Gatt., Afrika)
  Kurzkopffrosch
  (Breviceps)
    Regenfrosch
    (B. gibbosus, S-Afrika)
Cophylinae (8 Gatt., Madagaskar)
    Mantipus pulcher
Dyscophinae (1 Gatt.)
  Taubfrösche
  (Dyscophus, Madagaskar)
    Tomatenfrosch
    (D. antongilli)
Hoplophryninae (1 Gatt., Afrika)
  Schwarzfrosch
  (Hoplophryne uluguruensis, Kenia)
Microhylinae (ca. 40 Gatt.)
  Dermatonotus (S-Amerika)
  Elachistocleis (S-Amerika)
  Engmaulfrosch *(Gastrophryne carolinensis,* Amerika)
  Ind. Ochsenfrosch *(Kaloula pulchra,* SO-Asien)
  Microhyla (SO-Asien)
  Mopskopffrosch *(Glyphoglossus molossus,* Burma u. Thailand)
  Myersiella (S-Amerika)
  Schafsfrosch *(Hypopachus cuneus = H. variolosus,* Mexiko)
  Schwarzfrosch *(Melanobatrachus indicus,* Indien)
  Schweinsrüsselfrosch *(Ctenophryne geayi,* Kolumbien)
Phrynomerinae (1 Gatt., Afrika)
  Wendehalsfrösche *(Phrynomerus) P. fasciatus* (S-Afrika)

Engramm *s* [v. gr. en = in, grammē = Schrift], *Residuum,* durch ständ. Üben u. Wiederholen ins Langzeitgedächtnis übertragene u. gespeicherte Information, die jederzeit willkürl. od. unwillkürl. (auf auslösende Reize hin) abrufbar ist. Die Mechanismen, die zur Verfestigung des E.s (Gedächtnisspur) führen, sind weitgehend unbekannt. Der Vorgang selbst, der zu einem immer weniger störbaren Gedächtnisinhalt führt, wird als *Konsolidierung* bezeichnet. ↗ Gedächtnis.

Engraulicypris *w* [v. gr. eggraulis = kleiner sardellenartiger Fisch, Kypris = Beiname der Göttin Aphrodite], Gatt. der ↗ Bärblinge.

Engraulidae [Mz.; v. gr. eggraulides = kleine sardellenartige Fische], ↗ Sardellen.

Enhalus *m̄* [v. gr. enalos = im Meere lebend], Gatt. der ↗ Froschbißgewächse.

enhancer [inhänße^r; v. engl. enhance = erhöhen, übertreiben] ↗ Transkription.

Enhydra *w* [v. gr. enhydros = im Wasser lebend], ↗ Seeotter.

Enhydrina *w* [v. gr. enhydros = im Wasser lebend], Gatt. der ↗ Seeschlangen.

Enhydris *w* [v. gr. enhydros = im Wasser lebend], Gatt. der ↗ Wassertrugnattern.

Enidae, *Vielfraßschnecken,* Fam. der Landlungenschnecken mit rechts-, seltener linksgewundenem, eikegel- bis spindelförm. Gehäuse, dessen Mündung meist zahnlos ist. Die Gatt. Vielfraßschnecken ist in Mitteleuropa durch *Ena montana* u. *E. obscura* vertreten; erstere lebt vorwiegend im Bergland, in Wäldern am Boden u. an Felsen; die zweite ist auch in Gebüsch u. an Mauern zu finden. Von den fast 50 weiteren Gatt. sind in Europa anzutreffen ↗ *Chondrina,* ↗ *Chondrula,* ↗ *Chondrus,* ↗ *Jaminia* u. ↗ *Zebrina.*

Enkephaline [Mz.; v. gr. egkephalos = Gehirn] ↗ Endorphine.

Enneacanthus *m* [v. gr. ennea = neun, akantha = Stachel, Dorn], Gatt. der ↗ Sonnenbarsche.

Enniatine, Antibiotika aus *Fusarium*-Stämmen, die v. a. gg. säurefeste Bakterien (z. B. Mykobakterien) sowie gg. einige Pilz-

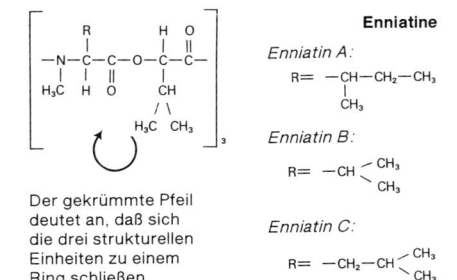

Enniatine

$$\left[-\underset{\underset{H_3C}{|}}{\overset{\overset{R}{|}}{N}}-\underset{\underset{H}{|}}{\overset{\overset{H}{|}}{C}}-\underset{\underset{O}{||}}{C}-O-\underset{\underset{CH}{|}}{C}-\underset{\underset{H_3C\ CH_3}{/\ \backslash}}{\overset{\overset{O}{||}}{C}}- \right]_3$$

Der gekrümmte Pfeil deutet an, daß sich die drei strukturellen Einheiten zu einem Ring schließen.

Enniatin A:
R = —CH—CH$_2$—CH$_3$
      |
      CH$_3$

Enniatin B:
R = —CH$\Big\langle{}^{CH_3}_{CH_3}$

Enniatin C:
R = —CH$_2$—CH$\Big\langle{}^{CH_3}_{CH_3}$

Enolase

arten (z. B. Hausschwamm) u. einige Protozoen wirken. E. sind zykl. ↗Depsipeptide (Cyclohexadepsipeptide) mit der Fähigkeit, selektiv K⁺-Ionen durch biol. Membranen zu transportieren, indem sie das Alkali-Ion durch Bildung v. Kryptaten mit einer hydrophoben Hülle versehen. Aufgrund ihrer hohen Toxizität für Mensch u. Tier sind E. pharmazeut. ohne Bedeutung.

Enolase w, zu den Lyasen gehörendes Enzym, das die reversible Dehydratisierung v. 2-Phosphoglycerat zu Phosphoenolpyruvat katalysiert (↗Glykolyse).

Enole [Mz.], Verbindungen mit einer der Hydroxylgruppe (OH) benachbarten Doppelbindung $R_1 - \overset{OH}{\underset{|}{C}} = CH - R_2$. Enole stehen meist im Gleichgewicht mit den entspr. Ketonen $R_1 - \overset{O}{\underset{||}{C}} - CH_2 - R_2$ (↗Keto-Enol-Tautomerie). Von biol. Bedeutung als E. sind Phosphoenolpyruvat u. die als Ursache spontaner Mutation angenommenen Enolformen der Nucleinsäurebasen.

Enopla [Mz.; v. gr. enoplos = bewaffnet], U.-Kl. der Schnurwürmer, umfaßt die beiden Ord. *Hoplonemertini* u. *Bdellonemertini* (↗*Bdellomorpha*); Rüssel u. Vorderdarm sind miteinander verbunden, indem die Mundöffnung ins Rhynchodaeum mündet; Mund vor dem Gehirn; Nervensystem in das Parenchym versenkt.

Enoplus m [v. gr. enoplos = bewaffnet], Gatt. der Fadenwürmer; Mundhöhle mit 3 „Mandibeln"; namengebend für die Ord. *Enoplida* mit ca. 150 Gatt. in über 10 Fam.; überwiegend marin.

Ensatina w [v. lat. ensis = Schwert], Gatt. der ↗Plethodontidae.

Ensete w [äthiop.], Gatt. der ↗Bananengewächse.

Ensifera [Mz.; lat., = Schwertträger], die ↗Langfühlerschrecken; ↗Heuschrecken.

Ensis m [lat., = Schwert], Gatt. der ↗Scheidenmuscheln.

Entada w [aus einer Drawidasprache Indiens], Gatt. der ↗Hülsenfrüchtler.

Entalina w, Gatt. der ↗Kahnfüßer.

Entamoeba w [v. gr. entos = innen, amoibē = die Wechselhafte], Gatt. darmbewohnender ↗Nacktamöben; beim Menschen 2 Arten von Bedeutung: E. gingivalis lebt bei allen Menschen im Zahnbelag: E. histolytica ist Erreger der ↗Amöbenruhr, einer Krankheit warmer Länder. E. histolytica tritt in 2 Formen auf, die pathogene (*Magna-*) u. die apathogene (*Minuta-*) Form. Die kleine Minuta-Form lebt im Darmlumen, vermehrt sich dort und bildet Cysten, die mit dem Kot abgeschieden werden. Ist die Widerstandskraft geschwächt, wandelt sie sich in die größere Magna-Form um, welche in die Darmwand eindringt u. Erythrocyten frißt (Erscheinungsbild: blutige Durchfälle und Geschwüre). Viele Menschen sind Amöbenträger, ohne Krankheitserscheinungen.

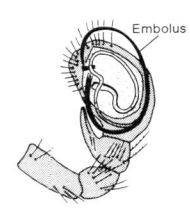

Entandrophraga w [v. gr. entos = innen, anēr, Gen. andros = Mann, phrassein = trennen], Gatt. der ↗Meliaceae.

Entartung, 1) die ↗Degeneration. **2)** In der Züchtung Bez. für den Verlust wertvoller Zuchteigenschaften; kann bei Inzucht od. bei Umsetzen v. Zuchtrassen in ungünst. Umweltbedingungen auftreten.

Entelechie w [gr. = das, was die Vollendung als Ziel *(telos)* in sich hat], bei Aristoteles die Form, die sich im Stoff verwirklicht, bes. das Vermögen eines Organismus zur Selbstentwicklung u. -vollendung. E. ist gebräuchl. in vielen teleolog. Systemen. ↗Entwicklungstheorien.

Entelegynae [Mz.; v. gr. entelēs = vollständig, gynē = Frau], Gruppe der Webspinnen, bei deren Vertretern der männl. Taster sehr kompliziert gebaut ist; entspr. komplex ist die weibl. Begattungsöffnung: Die Receptacula seminis (u. die Geschlechtsöffnung) münden auf einer hart chitinisierten Platte (Epigyne); die Gänge der Receptacula u. der Embolus des Tasters sind gewunden u. passen genau ineinander (Schlüssel-Schloß-Prinzip, ↗Begattungsorgane). Ggs. ↗*Haplogynae*.

Entelurus m [v. gr. entelēs = vollständig, oura = Schwanz], Gatt. der ↗Seenadeln.

Entemnotrochus m [v. gr. entemnein = einschneiden, trochos = Kreis], Gatt. der Schlitzkreiselschnecken, die bei den Molukken u. in der Karibik vorkommt.

Enten, *Anatinae,* heterogene U.-Fam. der ↗Entenvögel mit etwa 35 Gatt. u. 115 Arten. Mausern (mindestens) zweimal im Jahr; starker Sexualdimorphismus in Kehlkopfstruktur, Stimme u. häufig auch im Gefieder; die Männchen (Erpel) tragen v. der Herbst- bis zur Frühjahrsmauser ein Prachtkleid, während die Weibchen tarnfarben sind; die Flügel besitzen vielfach ein weißes od. buntes, teilweise metall. glänzendes Feld („Spiegel"), das v. den Armschwingen gebildet wird.

Entenegel, *Theromyzon tessulatum,* Art der *Hirudinea;* Körper gallertig, Rücken grün bis bräunl. mit Längsreihen gelbl. Flecken. Kommt in 4 Größenformen (0,5 cm, 1,3 cm, 2,3 cm, bis 5 cm) vor, zw. denen je eine Blutaufnahme in den Nasen- u. Rachenschleimhäuten eines Wasservogels (Enten, Taucher) liegt. Nach dem 4. Saugen 2–3 Wochen dauernde Paarung u. 10 Tage später Ablage von 2–5 Kokons. Die Mutter bedeckt die Kokons mit ihrem Körper u. trägt die nach 10 Tagen schlüpfenden Jungen (meist über 100) am Bauch mit sich herum.

Entelegynae
Taster einer entelegynen Spinne

Enten
Gruppen (mit typischen Gattungen):
↗Brandgans *(Tadorna)*
↗Eiderente *(Somateria)*
↗Glanzenten *(Plectopterus)*
↗Meerenten *(Bucephala, Clangula, Histrionicus, Melanitta)*
↗Ruderenten *(Oxyura)*
↗Säger *(Mergus)*
↗Schwimmenten *(Anas)*
↗Tauchenten *(Aythya, Netta)*

Enten
Aufflugbild und Landhaltung von *Schwimm-* und *Tauchenten* im Vergleich. Schwimmenten halten sich zur Nahrungssuche in seichtem Wasser auf u. „gründeln", d. h. sie stecken den Kopf unter Wasser u. durchwühlen den Grund; Tauchenten erbeuten die Nahrung durch Tauchen auch in größere Wassertiefe.

Entenmuscheln, *Lepadomorpha,* U.-Ord. der ↗Rankenfüßer (Krebstiere).

Entenvögel, *Anatidae,* Fam. der Gänsevögel mit 144 Arten und 40 Gatt.; hierzu gehören die ↗Gänse, ↗Enten u. die austr. Spaltfußgänse *(Anseranas).* Weltweit verbreitet, fehlen in der Antarktis u. auf einigen pazif. Inseln. Fast durchweg Wasservögel mit massivem Körperbau, langem, aus 15–25 Wirbeln gebildetem Hals, der im Flug gestreckt u. im Schwimmen oft s-förmig getragen wird, zum Rudern geeignete Schwimmfüße mit Schwimmhäuten zw. den vorderen 3 Zehen (bei Spaltfußgänsen zurückgebildet); der große, mehr od. weniger abgeplattete Schnabel ist v. einer tastempfindl. Haut überzogen, an der Spitze mit einer harten Hornplatte („Nagel"), im Innern mit zwei Hornlamellen-Reihen; stellt in Verbindung mit der fleischigen, beidseitig gekerbten Zunge einen Seihapparat dar; Schnabel u. Zunge besitzen zahlr. Sinneszellen (Herbstsche und Grandrysche Körperchen). Beim „Schnattern" saugen Enten das Schlammwasser an der Schnabelspitze auf, pressen es mit Hilfe ihrer Stempelzunge am Ende zw. den Schnabelrändern nach außen u. filtern dabei mit den Lamellen pflanzl. u. tier. Nahrungspartikel heraus; bei den Gänsen sind die äußeren Lamellen gröber u. eignen sich zum Abbeißen v. Gras u. Kräutern; die Säger besitzen statt der äußeren Lamellen spitze Hornzähne zum Festhalten v. erbeuteten Fischen. Die Bürzeldrüse ist in Anpassung an das Wasserleben bes. groß. Gefieder u. Stimme sind in beiden Geschlechtern bei den Gänsen u. Schwänen weitgehend gleich, bei den Enten meist verschieden. Nach der Brutzeit werden alle Schwungfedern gleichzeitig gemausert; die vorübergehende (4–7 Wochen) Flugunfähigkeit führt zu einem versteckten Leben, oft durch ein Schlichtkleid (auch der Männchen) unterstützt. Die E. leben in Einehe mit jährl. Wechsel od. lebenslängl. Ehe. Der eigtl. Paarung im Frühjahr geht oft eine „Verlobung" im Herbst bei noch inaktiven Keimdrüsen voraus; die Begattung erfolgt fast ausschl. im Wasser; in Anpassung hieran besitzen die Männchen einen erigierbaren Penis (eine Seltenheit bei Vögeln). Das Nest am Boden, in Erd- od. Baumhöhlen enthält 3–12 einfarb. Eier; ein Nest wird aus Pflanzenteilen in Reichweite gebaut; mit Vollendung des Geleges polstert das Weibchen mit ausgerupften Bauch-Daunenfedern das Nest aus u. deckt die Eier beim Verlassen des Geleges zu. Die nach einer Brutzeit v. 21–43 Tagen gleichzeitig schlüpfenden Jungen sind Nestflüchter u. zur selbstständ. Nahrungssuche befähigt u. suchen hierzu auch das Wasser auf; sie folgen einige Zeit der Mutter bzw. den Eltern. Viele E. sind Zugvögel; sie sind schnelle u. ausdauernde Flieger u. versammeln sich in großen Schwärmen an Gewässern, entspr. dem Nahrungsangebot arttypisch auf verschiedene Zonen verteilt. Gefährdungen drohen z. B. durch Wasserbaumaßnahmen u. damit Verringerung der Brutmöglichkeiten u. durch die Ölpest. Zu Haustieren wurden bisher 5 Arten: Stockente *(Anas platyrhynchos),* Graugans *(Anser anser),* Schwanengans *(Anser cygnoides),* Moschusente *(Cairina moschata)* u. in jüngerer Zeit die Kanadagans *(Anser canadensis).* Domestizierte Formen sind oft gekennzeichnet durch höheres Gewicht, Verringerung der Flugfähigkeit, aufrechtere Sitzhaltung u. Gefieder-Weißfärbung, bedingt durch Pigmentverlust. Bereits mehrere Jh. v. Chr. hielten die Ägypter Enten als Hausgeflügel. ⃞B Rassen- und Artbildung. *M. N.*

Entenwale, *Hyperoodon,* Gattung der ↗Schnabelwale. [↗Serotonin.

Enteramin *s* [v. gr. enteron = Darm],

Enteritis *w* [v. gr. enteron = Darm], *Darmentzündung,* Bez. für Entzündungen des Darms, meist des Dünndarms; Symptome sind Bauchschmerzen, Krämpfe, Übelkeit, Erbrechen, Durchfälle u. Fieber. Ursachen können sein: Allergien, Überbelastung, Infektionen durch z. B. Salmonellen, Shigellen, TBC u. a. ↗*Escherichia coli.*

Enterobacter *s* [v. *entero-,* gr. baktron = Stab], Gatt. der gramnegativen *Enterobacteriaceae;* E.-Arten wurden fr. auch den Gatt. *Aerobacter, Cloaca, Erwinia* u. a. zugeordnet. E. sind bewegl., peritrich begeißelte, z. T. bekapselte Stäbchen-Bakterien. Sie können mit Citrat od. Acetat als einziger Kohlenstoffquelle wachsen. Aus Glucose werden Säuren u. Gas gebildet. Zur sicheren Bestimmung der E.-Arten sind ca. 30 Tests notwendig. E. kommen im Darmtrakt (↗Darmflora) v. Tier u. Mensch, im Abwasser u. Erdboden vor. Für den Menschen sind sie nur bedingt (unter bes. Umständen) pathogen, z. B. bei immunsupprimierten Patienten, bes. bei einer starken Antibiotikabehandlung; sie verursachen dann Darminfektionen, Wundheilungsstörungen, Pneumonien, Meningitis u. Sepsis. Wichtige Arten: *E. cloaceae, E. aerogenes, E. agglomerans* (= ↗ *Erwinia a.).*

Enterobacteriaceae [Mz.; v. *entero-,* gr. baktêrion = Stäbchen], *Darmbakterien i. e. S.,* Fam. in der Gruppe der gramnegativen, fakultativ anaeroben Stäbchen(-Bakterien); sporenlose, unbewegl. oder peritrich begeißelte Kurzstäbchen (ca. 2–3 μm lang), die i. d. R. auf einfachen Nährböden wachsen können. Energie gewinnen sie im Atmungs- u. Gärstoffwechsel mit organ.

Enterobacteriaceae

entero- [v. gr. enteron = Darm (eigtl.: das Innere), Mz.: Eingeweide], in Zss.: Darm-.

Enterobacteriaceae

Wichtige Gattungen:
↗ *Citrobacter*
↗ *Edwardsiella*
↗ *Enterobacter*
↗ *Erwinia*
↗ *Escherichia coli*
↗ *Hafnia (Obesumbacterium)*
↗ *Klebsiella Pectobacterium (↗ Erwinia)*
↗ *Proteus*
↗ *Providencia*
↗ *Salmonella (Arizona)*
↗ *Serratia*
↗ *Shigella*
↗ *Yersinia*

Die Bestimmung der E.-Gattungen u. -Arten erfolgt nach verschiedenen Methoden:
biochemisch (↗IMViC-Test), serologisch (O-Antigene der Zellwand, H-Antigene der Geißel sowie Vi- u. K-Antigene der Kapsel), außerdem nach der DNA-Verwandtschaft (DNA-Hybridisierung, Resistenz für od. Empfindlichkeit gg. bestimmte Phagen, Antibiotika, Schwermetalle u. a. toxische Substanzen).

Enterobiasis

Substraten; bei einem anaeroben Abbau v. Glucose u. a. Zuckern bilden sie Säuren u. oft Gas. Typisch für E. ist ein negativer Oxidasetest, das Vorkommen v. Katalase (fast immer) u. die Reduktion v. Nitrat zu Nitrit (außer bei *Erwinia*-Arten); mindestens eine Art *(Klebsiella pneumoniae)* assimiliert molekularen Stickstoff (N_2). Es werden 14 Haupt-Gatt. unterschieden (T 129). E. sind weltweit verbreitet; sie sind Parasiten od. Krankheitserreger in Tieren (v. Insekten bis Affen), Mensch u. Pflanzen, leben als Symbionten u. Saprobien im Darm (⤻ Darmflora) u. kommen auch im Wasser u. Boden vor. Von einigen E. können sehr viele (z. B. durch *Escherichia coli*), von anderen nur wenige Wirte besiedelt werden. Es gibt hochinfektiöse Keime, gefährl. Erreger v. Darmkrankungen; aber auch sog. „nicht-pathogene" Darmkeime können unter bestimmten Bedingungen schwerwiegende Infektionen hervorrufen (⤻ *Escherichia coli*).

Enterobi_a_sis *w* [v. *entero-, gr. bios = Leben], *Oxyuriasis*, Befall des Menschen (v. a. im Kindesalter) mit dem ⤻ Madenwurm *Enterobius vermicularis,* weltweit verbreitet. Unangenehmer Juckreiz im analen (evtl. auch vaginalen) Bereich, sonst kaum gravierende Schäden. Die im Kot enthaltenen od. am After abgesetzten Eier sind schon weit entwickelt u. werden v. Luftströmungen (z. B. Bettenmachen) als Verunreinigungen auf Lebensmitteln od. an Fingern (Selbstinfektion) übertragen. Kein Zwischenwirt, die Larven schlüpfen in Magen od. Zwölffingerdarm, die erwachsenen Würmer saugen sich an Zotten der Schleimhaut v. Dickdarm u. Blinddarm fest. Systematisch nahestehende Arten bei anderen Säugern, z. B. Pferd.

Enter_o_bius *m* [v. *entero-, gr. bios = Leben], ⤻ Madenwurm.

Enteroc_oe_ltheorie *w* [v. *entero-, gr. koilos = hohl], *Gastraltaschentheorie,* eine der fünf ⤻ Coelomtheorien. Von R. Leukkart (1848) begr., von O. u. R. Hertwig (1881) ausgearbeitet u. von A. Remane (1950, 1967) vertieft, schließt sie an die ⤻ *Gastraea-Theorie* von E. Haeckel (1874) an und geht von G. Jägersten (1955, 1959) zur ⤻ *Bilaterogastraea-Theorie* u. von R. Siewing (1976, 1980) zur ⤻ *Archicoelomatentheorie* weiterentwickelt. Sie beruht auf ontogenet. wie anatom.-morpholog. Befunden an rezenten Metazoen u. betrachtet deren *Coelomhöhlen,* die ja „Ursprung u. Lieferant des sog. dritten Keimblattes, des Mesoderms" (Remane) sind, als phylogenet. abgeschnürte Ausbuchtungen *(Gastraltaschen)* des Urdarms. – Die E. geht v. einem *Cnidaria*-Polypen mit 4 Gastraltaschen (Abb. 1a) aus,

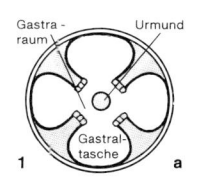

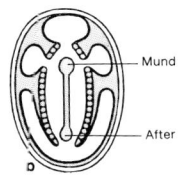

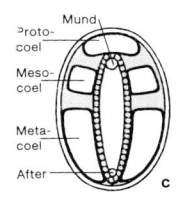

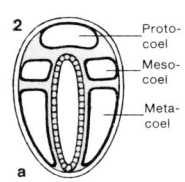

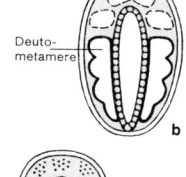

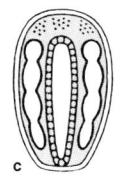

Enterocoeltheorie

1 a–c Entstehung der drei Archimetameren aus den Darmtaschen eines vierstrahligen Hohltieres.
2 a–c Bildung von Deutometameren durch Unterteilung des dritten Archimetamers unter gleichzeitiger Auflösung der beiden ersten Archimetameren in Mesenchym.
3 a–c Bildung der Tritometameren durch seriale Differenzierung aus einer Sprossungszone caudal von den Pfeilen (Abb. S. 131).

der sich senkrecht zu seiner Hauptachse gestreckt u. so eine neue Längenausdehnung erhalten hat. Dabei soll der einheitl. Mund schlitzförmig u. der gesamte Organismus bilateralsymmetrisch geworden sein (Abb. 1b), also eine Form erhalten haben, wie sie einige der rezenten *Anthozoa* aufweisen. Durch Verwachsung der Mundränder im mittleren Bereich seien schließl. an den „Mundwinkeln" 2 kleine Öffnungen, der definitive Mund u. der definitive After, entstanden (Abb. 1c). In der Ontogenese kann der Urmund zum definitiven Mund werden u. der After neu durchbrechen (bei vielen der daher so ben. *Protostomia),* der Urmund kann zum After werden u. der Mund neu entstehen (bei den *Deuterostomia,* aber auch bei der Schnecke *Viviparus*); der Urmund kann sich schließen, u. After und Mund werden neu angelegt, u. schließl. kann sich der Urmund in den künft. Mund u. After teilen (bei einigen *Annelida*). Entspr. der neuen Längenausdehnung haben sich auch der Gastralraum u. mit ihm die Gastraltaschen gestreckt (Abb. 1b). Diese urspr. radiär um den Zentralraum angeordneten Gastraltaschen (Cyclomerie) liegen nun serial hintereinander. Bei der dann, so die Theorie, erfolgten Abschnürung hat sich die am einen Ende des längs gestreckten Gastralraums liegende Tasche geteilt, so daß nunmehr eine unpaare, als *Proto-* od. *Axocoel* bezeichnete Coelomhöhle u. zwei paarige, das *Meso-* od. *Hydro-* u. das *Meta-* od. *Somatocoel,* entstanden sind u. der Körper dadurch eine heteronome Gliederung, eine *Archimerie* (⤻*Archicoelomata*), erhalten hat. Diese urspr. Körperglieder werden mit Remane als *Archimetameren* od. heute besser als *Archimeren* benannt. Für eine solche Vorstellung spricht, daß die einfachsten Gruppen der ⤻*Coelomata,* die *Tentaculata* (Moostierchen, Hufeisenwürmer, Armfüßer) u. die *Hemichordata* (Flügelkiemer, Eichelwürmer) wie auch die stark spezialisierten *Echinodermata,* in ihrer Ontogenese einen solchen Vorgang der Archimerenbildung durchlaufen u. in adultem Zustand ihre Coelomhöhlen den ganzen Körper einnehmen. Demzufolge werden die *Tentaculata, Hemichordata* u. *Echinodermata* von A. T. Masterman (1898), W. Ulrich (1951) und R. Siewing (1980) als *Archicoelomata* zusammengefaßt. – Anatom. morpholog. spricht für die E., daß die Coelomwände Eigenschaften zeigen, wie sie den Gastraltaschenepithelien der *Cnidaria* zukommen, d. h., daß die Coelomwand im allg. ein Wimperepithel ist, das vielfach die Ultrafiltration, also die Exkretion, besorgt u. zudem die Gonaden beherbergt. – Bei allen als *Bilateria* geführten

Enteropneusten

Metazoen sind die Coelomsäcke, sofern sie nicht vollständig fehlen od. durch Parenchym ersetzt sind, auf den postoralen Anteil des Körpers beschränkt. Dies bedeutet, daß im Laufe der Phylogenese Axou. Hydrocoel verlorengegangen sind u. die sekundäre Leibeshöhle allein aus dem Somatocoel hervorgegangen ist (Abb. 2a–c). Für die *Mollusca* nimmt die E. an, daß das Coelom auf eine einzige Zelle, die für alle *Spiralia* typ. *Furchungszelle 4d*, reduziert ist, folgl. eine Urdarm-Aussackung gar nicht mehr stattfindet. Die Zelle 4d liefert einen Mesodermstreifen, der dem Metacoel entspricht u. durch homonome Untergliederung zu einer homonomen Segmentierung, einer *Deutometamerie* od. *Deutomerie*, führt (Abb. 2b und c). Vom deutometameren Coelom bleiben aber im Adultus nur Reste erhalten, so daß die *Mollusca* keine Metamerie mehr aufweisen. Bei den *Annelida* kommen zu den *Deutometameren* noch *Tritometamere* hinzu, die bei der Larve (↗ *Trochophora*) aus einer hinter den Deutometameren gelegenen Sprossungszone als Coelomsäcke (Abb. 3a–c) entstehen. Auch die *Arthropoda*, deren Leibeshöhle in erwachsenem Zustand ein *Mixocoel* ist, legen embryonal metamere Coelomsäckchen an, die später „aufgelöst" werden. Für alle *Bilateria*, *Acoelomata* bezeichneten *Plathelminthes*, *Nemertini*, *Kamptozoa* u. *Priapulida*, nimmt die E. an, daß das Coelom phylogenet. verlorengegangen ist u. durch ein Parenchym mesodermaler Herkunft ersetzt wurde. Die Leibeshöhle der *Nematoda* wird noch kontrovers beurteilt. Der Anschauung, daß es sich um ein Coelom handelt, dessen Epithel voll in der Bildung v. Muskulatur aufgegangen ist, steht die Annahme gegenüber, die Leibeshöhle sei auf das Blastocoel zurückzuführen, sei also nicht sekundäre, sondern primäre Leibeshöhle.

Lit.: *Jägersten, G.* (1955): On the early phylogeny of the Metazoa. Zool. Bidrag Uppsala 30. *Jägersten, G.* (1959): Further remarks on the early phylogeny of the Metazoa. Zool. Bidrag Uppsala 33. *Remane, A.* (1967): Die Geschichte der Tiere. In: G. Heberer: Die Evolution der Organismen. Stuttgart 1967. *Siewing, R.* (1976): Probleme und neuere Ergebnisse zur Großsystematik der Wirbellosen. Verh. Dt. Zool. Ges. Hamburg 1976. *Siewing, R.* (1980): Das Archicoelomatenkonzept. Zool. Jb. Anat. 103.   D. Z.

Enterocrinin s [v. *entero-, gr. krinein = absondern], Gewebshormon des Gastrointestinaltrakts; ein Peptid, das, von der Schleimhaut des Jejunums (Leerdarm) gebildet, über den Blutstrom die Sekretion der Drüsenzellen des Ileums (Krummdarm) beeinflußt.

Enterogastron s [v. *entero-, gr. gastēr = Bauch, Magen], hypothet. Hormon des Duodenums unbekannter Zusammensetzung, das die Sekretion u. Entleerung des Magens hemmt. Neuere Untersuchungen zeigen, daß diese Funktion v. den Hormonen des Duodenums ↗ Sekretin u. ↗ Cholecystokinin (Pankreozymin) wahrgenommen wird.

Enterohalacarus m [v. *entero-, gr. hals = Salz, Meer, akari = Milbe], Gatt. der ↗ Meeresmilben.

enterohepatischer Kreislauf ↗ Gallensäuren.

Enterokinase w [v. *entero-, gr. kinēsis = Bewegung], die ↗ Enteropeptidase.

Enteromorpha w [v. *entero-, gr. morphē = Gestalt], Gatt. der ↗ Ulvaceae.

Enteron s [gr., = Darm], der ↗ Darm.

Enteropeptidase w [v. *entero-, gr. peptos = verdaut], *Enterokinase*, eine im tier. Darm vorkommende, hochspezif. Proteinase, die v. Trypsinogen das N-terminale Hexapeptid Val-(Asp)$_4$-Lys abspaltet u. ersteres dadurch in das proteolyt. aktive Trypsin umwandelt.

Enteropneusten [Mz.; v. *entero-, gr. pneustēs = atmend], *Binnenatmer*, *Eichelwürmer*, *Enteropneusta*, einheitliche Gruppe überwiegend etwa regenwurmgroßer, bilateralsymmetr. Meereswürmer mit dreigegliedertem Körper, einem zum Atemorgan umgewandelten Vorderdarm (Kiemenspalten) u. Andeutungen eines dorsalen Nervenrohrs – eine Merkmalskombination, die im Bereich der Wirbellosen einzigartig ist. Der äußeren Körpergliederung in einen meist birnenförm., je nach Art auch kegelförm. Kopflappen („*Eichel*", *Prosoma*), ein kurzes, wulstig-kragenart. *Mesosoma* u. einen langen, meist drehrunden Rumpf (*Metasoma*) entspricht eine Gliederung der Leibeshöhle in drei getrennte Abschnitte: Proto-, Meso- u. Metacoel (trimeres Coelom). Die bewegl. u. zu kräft. Peristaltik fähige muskulöse Eichel dient den ansonsten träge im Boden grabenden Tieren als Bohrorgan. Über einen engen Stiel geht sie in den wulst. *Kragen* über. An dessen Vorderende liegt ventral des Eichelstiels die runde Mundöffnung, während am Kragen-Hinterende der i. d. R. drehrunde Rumpf ansetzt. An diesem lassen sich eine vordere Zone mit zahlr. dorsalen Kiemenporen od. seitl. Kiemenspalten, eine manchmal zu breiten seitl. Flügeln ausgezogene Gonadenregion, ein durch dorsale Darmblindsäcke („Leber") rückenseitig stark gefältelter Abschnitt u. ein langes, dünnhäut. Körperende mit endstand. After abgrenzen. Die E. leben in Uförmigen, selbstgegrabenen u. mit Schleim ausgekleideten Wohnröhren, auch unter Steinen od. zw. Tang-Rhizoiden, vornehml. in flachen Küstengewässern aller Konti-

---

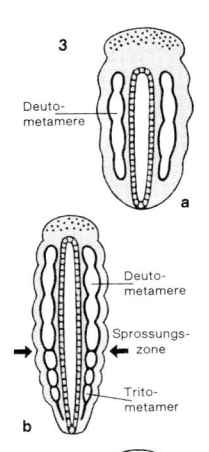

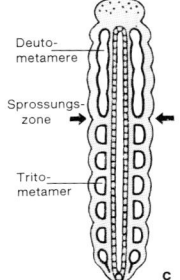

Figures:

Enterocoeltheorie — Legende zu 3 a–c siehe Seite 130
(Abb. 3: Deutometamere, Sprossungszone, Tritometamer)

entero- [v. gr. enteron = Darm (eigtl.: das Innere), Mz.: Eingeweide], in Zss.: Darm-.

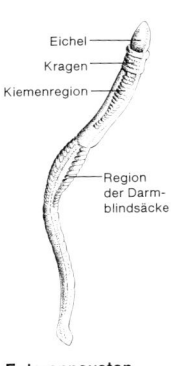

Enteropneusten — Habitus von *Saccoglossus* (Eichel, Kragen, Kiemenregion, Region der Darmblindsäcke)

Enteropneusten

Enteropneusten

Längsschnitt durch das Vorderende eines Enteropneusten (Blockdiagramm). DG Dorsalgefäß, DN Dorsalnerv, EH Eichelhöhle, ELM Eichellängsmuskulatur, EP Eichelporus, ERM Eichelringmuskulatur, ES Eichelskelett, G Glomerulus, H Herz, HB Herzblase, KH Kragenhöhle, KM Kragenmesenterium, KP äußere Kiemenporen, KT Kiementasche, M Mund, ND nutritorischer Darm, NP Neuroporus, RM Rumpfmesenterium, St „Stomochord", VG Ventralgefäß

Enteropneusten

Familien und Gattungen:
Protoglossidae (umstritten)
  Protoglossus (1 Art)
Harrimaniidae
  Saccoglossus (= *Dolichoglossus*), *S. mereschkowskii* (4 cm), im Mittelmeer u. Atlantik häufig, *Harrimania Stereobalanus Xenopleura*
Spengelidae
  Spengelia Glandiceps (*G. talaboti*, 20 cm, im Mittelmeer u. Atlantik häufig)
Ptychoderidae (umfaßt die meisten, weltweit verbreiteten Arten)
  Balanoglossus (längste Art: *B. gigas* aus brasilian. Küstengewässern)
  Glossobalanus (*G. minutus*, 2–3 cm, im Mittelmeer und Atlantik häufig)
  Ptychodera

entero- [v. gr. enteron = Darm (eigtl.: das Innere), Mz.: Eingeweide], in Zss.: Darm-.

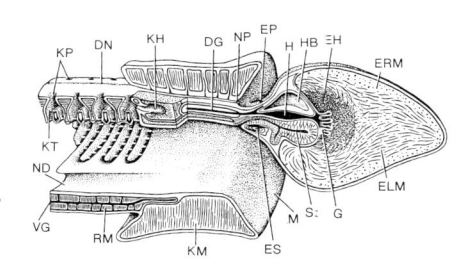

---

nente bis zu etwa 200 m Tiefe. Einzelne Formen *(Glandiceps abyssicola)* wurden auch in Tiefseeproben aus 4500 m Tiefe gefunden. Als Nahrung dient ihnen organ. Detritus des Bodengrunds, aber auch kleinere Organismen der Bodenfauna, die durch Schleimsekrete des Eichelepithels verklebt v. deren Cilienbesatz zus. mit dem Atemwasserstrom dem Mund zugestrudelt werden. Das Atemwasser verläßt den Körper durch die paar. Kiemenschlitze des Vorderdarms. Die Gruppe umfaßt weniger als 100 bis jetzt bekannte Arten, die je nach ihrer Evolutionshöhe in 3, seltener 4 Fam. eingeteilt werden (vgl. Tab.). – *Anatomie:* Die *Epidermis* erscheint geringelt, ist einschichtig, reich an Drüsen- u. Sinneszellen u. besteht aus einem hochprismat. Wimpernepithel. Zwischen den Basen der Epithelzellen breitet sich ein Filz v. Nervenzellen u. -fasern aus, der sich dorsal u. ventral in je einer epithelialen Längsfurche zu einem Längsnervenstrang verdichtet. Im Kragen faltet sich dorsal über dessen ganze Länge v. der Epidermis ein vorn u. hinten offenes Epithelrohr, u. mit ihm der dorsale Nervenstrang, ins Körperinnere ab. Stränge v. Nervengewebe verbinden dieses „Kragenmark" mit dem bes. dichten peripheren Nervenplexus der Kragenepidermis. Das an das Neuralrohr der ↗Chordatiere erinnernde Kragenmark enthält vereinzelte Riesenzellen u. -fasern u. scheint eine Art Nervenzentrum zu bilden, wenngleich ganglienart. Anhäufungen v. Nervenzellen auch hier nicht auftreten. Der *epidermale Nervenplexus* innerviert ausschließlich die Sinnesorgane der Körperoberfläche; er entsendet keine Fasern zur motor. Muskelinnervation ins Körperinnere. Der *Sinnesapparat* beschränkt sich auf zahlr. Sinneszellen verschiedener Funktion (u. a. diffuser Lichtsinn) in der gesamten Epidermis u. eine als Organ der Chemorezeption gedeutete U-förmige Wimperngrube an der dem Mund zugewandten Hinterseite der Eichel. Unter der Epidermis folgt eine derbfaserige zellfreie *Basallamina,* gemeinsames Produkt der Epidermis u. des innen angrenzenden Bindegewebes, die stellenweise erhebl. Dicke erreichen und Skelettfunktionen erfüllen kann, so über der Mundöffnung am Eichelansatz *(Eichelskelett)* u. als Stützstabsystem zw. den Kiemenspalten *(Kiemenbögen).* Eine subepidermale Ring- u. Längsmuskulatur ist nur in der Eichel ausgebildet u. verleiht dieser in Zusammenwirkung mit inneren Muskelgeflechten ihre ausgeprägte Beweglichkeit, sie fehlt aber im übrigen Körper. Die urspr. v. einem Peritoneum ausgekleideten *Körperhöhlen,* das unpaare Eichel- u. die paar. Kragen- u. Rumpfcoelome, bleiben nur bei primitiven Arten erhalten; in den meisten Fällen werden sie v. einwucherndem, reichl. mit Muskelfasern durchzogenem Bindegewebe, einem Derivat des Coelothels, bis auf geringe Reste verdrängt. Die rudimentären Eichelcoelom ebenso wie die paar. Kragencoelome stehen anders als das Rumpfcoelom über paar. Poren jeweils am Hinterende des betreffenden Körpersegments mit der Außenwelt in offener Verbindung. Der *Darm* durchzieht den ganzen Körper als gerades, wenig gegliedertes Rohr. In ganzer Länge besitzt er ein Cilienepithel u. entbehrt jegl. Eigenmuskulatur. Vom ektodermalen Dach der geräum. Mundhöhle zweigt nach vorn ein Blindsack ab, der weit in die Eichelbasis hineinreicht *(Eicheldarm).* Sein Lumen ist i. d. R. mehr od. weniger rückgebildet, so daß er stellenweise zu einem soliden Epithelstrang wird, weswegen er in Anlehnung an die ähnl. aus dem Entoderm sich abfaltende ↗Chorda dorsalis der Chordatiere als *Stomochord* bezeichnet wird, obwohl er nicht chordahomolog ist. Schwanzwärts schließt sich an den Mundraum der als *Kiemendarm* ausgebildete Pharynx an, bei manchen Arten in eine ventrale nutritorische Darmrinne u. einen dorsalen, von zahlr. Kiemenspalten durchbrochenen Kiemenraum gegliedert. Die Zahl der Kiemenspalten, je nach Art bis zu 200, nimmt im Laufe des Lebens zu. Bei primitiven Formen sind sie einfache Poren od. Schlitze in der Darmwand, bei abgeleiteten Arten werden sie (↗Lanzettfischchen) durch späteres Einwachsen einer Zunge v. oben U-förmig u. können zusätzl. durch querverlaufende Epithelstäbe „vergittert" sein. Verdichtungen der Basallamina zw. den einzelnen Spalten bilden ein Kiemenkorbskelett. Jede Kiemenspalte führt in eine weite Kiementasche, aus der dorsal ein Porus nach außen führt. Der an den Pharynx anschließende Oesophagus kann ebenfalls v. zahlr. am Rücken nach außen mündenden Poren durchbrochen sein, die jedoch keine Kiemenfunktion haben. Mittel- u. Enddarm zeigen bis auf eine Reihe dorsaler Aussackungen des ersteren keine weiteren Differenzierungen. Das Epithel der oft durch die äußere Körperwand sich abzeichnenden Darmtaschen ist auffallend hochprismatisch u. reich an Einschlüssen u. wird als Ort der Nahrungsresorption („Leber") gedeutet. Der endständ. After ist gewöhnl. durch einen Ringmuskel verschlossen. In seiner ganzen Länge ist der Darm an je einem derb bindegewebigen dorsalen u. ventralen *Mesenterium* aufgehängt, das zugleich die lateralen Coelomhälften voneinander scheidet. Wie die Epidermis ist auch das Darmepithel v. einem Filz v. Nervengewebe durchflochten. Dieser *Darmplexus* verdichtet sich in der Mundregion zu einem Ring v. Querkommissuren. Von ihm geht die gesamte Innervation der Muskulatur aus. Die E. besitzen ein wohlausgebildetes, aber großenteils offenes *Blutgefäßsystem*, dessen Gefäße in den dorsalen u. ventralen Mesenterien, teils auch zw. den Blättern der Basallamina verlaufen. Nur die Hauptgefäßstämme sind v. Endothel ausgekleidet, während die kapillaräquivalenten kleineren Gefäße Netzwerke v. Gewebslücken (Lakunen) darstellen. Ein dorsaler, kontraktiler Gefäßstamm (Vene) verläuft subepidermal vom Hinterende bis zum Kragen. Im Eichelansatz weitet er sich zu einem *Venensinus* auf, in den vom Prosoma her zwei laterale Eichelvenen einmünden. Aus dem Venensinus ergießt sich das farblose Blut in das „*Herz*", einen muskelfreien dünnwand. Endothelsack, der dem Eicheldarm („*Stomochord*") unmittelbar aufliegt u. oberseits u. seitlich v. einer dickwand. muskulösen Blase, dem „*Perikard*" od. „*Herzbläschen*", umfaßt wird, das, entstanden aus einer ektodermalen Einstülpung, nach manchen Autoren auch als Divertikel des Eichelcoeloms, vermutl. der Kompression des Herzens gg. das Widerlager des Stomochords dient. Vom Herzen gelangt das Blut in eine weitere Gefäßaussackung, den „*Glomerulus*", aus dessen Vorderwand sich zahlr. fingerförm. Endothelausstülpungen nach vorn in das Eichelcoelom ausstrecken, durch die vermutl. harnfähige Exkretstoffe in das zur Außenwelt hin offene Eichelcoelom abgeschieden werden *(Niere)*. Vom Glomerulus gehen 4 Arterien ab, je eine dorsale u. ventrale Eichelarterie, die sich über Lakunennetze in die Eichelvenen ergießen, u. 2 laterale Körperarterien, die sich über zwei seitl. Gefäßschlingen im Kragen unter dem Vorderdarm zu einer ventralen Körperarterie vereinigen. Von ihr zweigen zahlr. seitl. Lakunensysteme zur Versorgung v. Darm, Kiemen u. Haut ab. Diese sammeln sich im vorderen u. hinteren Ast eines dorsalen Darmgefäßes, das hinter der Kiemenregion in die Rückenvene mündet. – Alle E. sind getrenntgeschlechtlich. Die einfach sackförm. *Gonaden* sind in serialer Anordnung beidseits des Darms in das lockere Coelombindegewebe eingebettet u. münden durch jeweils eigene Geschlechtsporen in den dorsalen Kiemenöffnungen nach außen. Die Geschlechtsprodukte werden ins freie Wasser abgegeben u. dort besamt; dabei scheinen die zuvor abgegebenen Eier über Lockstoffe die Männchen zur Spermaabgabe zu stimulieren. Bei den ursprünglicheren Arten *(Protoglossidae, Harrimaniidae)* erfolgt die *Entwicklung* der großen dotterreichen Eier nach einer totaläqualen Radiärfurchung direkt ohne Larvenstadium, während die Entwicklung der höher evolvierten *Spengelidae* u. *Ptychoderidae* von zahlreicher produzierten (2000–3000 Eier pro Eiabgabe) dotterarmen Eiern ausgeht u. über ein Larvenstadium verläuft. Die *Tornaria*-Larve der E. ist eine Schwimmlarve u. trägt anfangs eine volle Bewimperung, die sich später aber in einzelne verschlungene Wimpernbänder auflöst, wie man sie typischerweise bei Stachelhäuter-Larven beobachtet, etwa der Bipinnaria-Larve der Seesterne od. der Auricularia-Larve der Seegurken. Von diesen unterscheidet sich die Tornaria der E. aber durch den Besitz einer apikalen Sinnesplatte mit zwei Pigmentbecher-Augen u. eines Cilienbandes („Telotroch") rund um den After. Die Einstülpung des Urdarms geht vom Hinterpol des Embryos aus; der Urmund wird also zum After, während die definitive Mundöffnung später durchbricht (↗Deuterostomier). Wie auch bei anderen Deuterostomiern (Stachelhäuter, Chaetognatha u. Chordatiere) schnüren sich die Coelome vom Urdarm ab (↗Enterocoeltheorie), entweder als unpaare Blase, die sich später in Pro-, Meso- u. Metacoel gliedert, od. gleich durch Abgliederung einer unpaaren u. zweier paar. Coelomblasen. Nach z.T. mehrwöchigem plankton. Leben geht die Larve zum Bodenleben über u. durchläuft die Metamorphose, wobei der Apikalpol zur Eichel wird u. der übrige Larvenkörper sich zum Wurmkörper streckt. Die E. zeichnen sich durch ein außerordentl. großes *Regenerationsvermögen* aus; sie können aus fast jedem Körperabschnitt ein vollkommenes Individuum regenerieren. Allerdings ist nur eine Art bekannt, die – in der Juvenilphase – sich durch wiederholte Abschnürung des Hinterendes u. dessen Regeneration regelmäßig asexuell fortzupflanzen vermag *(Balanoglossus capensis).* *P. E.*

Enterotoxine [Mz.; v. *entero-, gr. toxikon = (Pfeil-)Gift], Bakteriengifte (Exotoxine, z. T. zellgebundene Proteine), die Darmerkrankungen hervorrufen (z. B. Durchfall). Die E. können durch vergiftete Nahrung

Enterotoxine

Enteropneusten

Verwandtschaft: Die Larvenform u. der Besitz eines intraepithelialen Nervenplexus, der stellenweise genau wie die intraepithelialen Armnerven von See- und Schlangensternen gebaut ist, weisen auf Beziehungen zu den Stachelhäutern hin, während die Art der Coelombildung eine Gemeinsamkeit zw. Enteropneusten, Chaetognathen, Stachelhäutern u. Chordatieren darstellt. Die Ausbildung eines inneren Kiemenapparats im Vorderdarm u. die Anlage eines Neuralrohrs trifft man in vergleichbarer Weise nur bei Chordaten an. Aus diesem Grunde werden die E. zus. mit den ihnen sehr nahestehenden ↗Pterobranchiern (Flügelkiemer) u. den nur als Fossilien bekannten ↗Graptolithen als Vorfahren der Chordatenreihe angesehen u. mit Pterobranchiern u. Graptolithen als drei Kl. zum Stamm der *Hemichordata (= Branchiotremata)* zusammengefaßt, wobei der Begriff Hemichordata auf die frühere Annahme zurückgeht, der Eicheldarm (Stomochord) sei der Chorda dorsalis homolog, was sich als irrig erwies. Ungeachtet dessen ist die nahe Verwandtschaft zw. den gen. Deuterostomiergruppen nicht zu bezweifeln. In diesem Verwandtschaftskreis stellen die Hemichordata aber einen selbständ. Organisationstyp dar, der sie zu Recht als einen eigenen Tierstamm betrachten läßt. Er zeigt jedoch eine Entwicklungslinie auf, von der die Stachelhäuter frühzeitig als Blindast abgezweigt sind, die aber selbst zu den Chordata hinführt.

133

Enteroviren

Enterotoxine

Wichtige Bakterienarten, bei denen Stämme mit Enterotoxinbildung nachgewiesen wurden:

Bacillus cereus (Nahrungsmittelvergiftung)
Clostridium perfringens (Stamm A u. C),
C. difficile
u. a. *Clostridium*-Arten (Nahrungsmittelvergiftung)
Staphylococcus aureus (Nahrungsmittelvergiftung)
Escherichia coli (enteropathogene Formen)
Vibrio cholerae (Choleratoxin, ↗Cholera)
Shigella dysenteriae (↗Ruhr)
Salmonella typhimurium (akute Gastroenteritiden)
Vibrio parahaemolyticus
Pseudomonas aeruginosa
Klebsiella pneumoniae
Streptococcus faecalis var. *liquifaciens*
Proteus mirabilis
Yersinia enterocolitica
Aeromonas hydrophila
Campylobacter jejuni

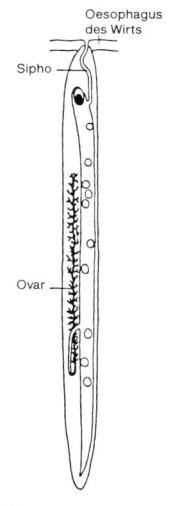

Enteroxenos am Darm einer Seegurke

aufgenommen werden (↗Nahrungsmittelvergiftungen, Intoxikation), od. die Bakterien besiedeln erst den Darm, heften sich (z. B. mit Fimbrien) an die Darmoberfläche an u. bilden E., od. sie dringen erst in die Darmwand ein, ehe die Ausscheidung der E. stattfindet. E. werden bei fast allen Enteritiden (Entzündungen des Dünndarms) nachgewiesen. Obwohl die E. Proteine sind, können sie hitzestabil sein (100 °C für 30 Min.), so daß sie durch Abkochen v. Nahrungsmitteln nicht zerstört werden. Der Angriffsort der E. ist unterschiedl., z. B. an den Darmepithelzellen (Choleratoxin) oder am vegetativen Nervensystem (*Staphylococcus*). Die Benennung ist uneinheitl., z. B. mit griech. Buchstaben od. auch nach der enzymat. Aktivität. Zur Herstellung v. Antitoxinen werden die E. durch Lyse der Bakterienzellen od. aus zellfreien Kulturfiltraten gewonnen.

Enteroviren [Mz.; v. *entero-], *Darmviren*, in der Gatt. *Enterovirus* der Picornaviren zusammengefaßte Viren, die sich im Magen-Darm-Trakt vermehren u. aus dem Rachen u. aus dem Stuhl isoliert werden können. Zu den vom Menschen isolierbaren E. gehören die ↗Coxsackieviren, ↗Echoviren u. ↗Polioviren sowie vier weitere Enterovirustypen 68–71, von denen die Typen 68, 70 u. 71 Erkrankungen hervorrufen. E. finden sich außerdem bei Affen, Mäusen, Rindern u. Schweinen.

Enteroxenos *m* [v. *entero-, gr. xenos = Gast], Gatt. der Eingeweideschnecken, die vor der norweg. Küste in der Seewalze (Seegurke) *Stichopus tremulus* lebt.

Entfernungssehen, *Tiefensehen*, optische Wahrnehmung u. Beurteilung der Entfernung v. Objekten. Grundlage des E.s sind primäre u. sekundäre Tiefenkriterien. Zu ersteren zählen a), daß je beidäug. Fixieren eines entfernten Gegenstands eine bestimmte Stellung beider Augen erforderl. ist; dabei ist der einzustellende Konvergenzwinkel beider Augenachsen ein direktes Maß für die Entfernung des Gegenstands. Meßgröße ist dabei die Muskelspannung der Augenmuskulatur u. die Lage des Augapfels im Kopf. Mit zunehmender Distanz des Gegenstands nimmt dabei die Genauigkeit des E.s ab. b) Bei der Abb. von dreidimensionalen Gegenständen in endl. Entfernung vom Auge weisen die auf der linken u. rechten Netzhaut entstehenden Bilder immer eine horizontale Differenz auf. Diese als *Querdisparation* bezeichneten Verschiebungen sind, solange sie ein bestimmtes Ausmaß nicht überschreiten, Maß für die Entfernungsmessungen u. des plast. Sehens. Zu den sekundären Tiefenkriterien zählen z. B. Vergleiche des beobachteten Gegenstands mit bekannten Größen, Überschneidungen, Schattenbildungen u. Verschwimmen der Konturen. Bei diesem E. ist die Erfahrung v. ausschlaggebender Bedeutung. Bei monokularem E. orientiert sich der Beobachter ausschl. anhand der sekundären Tiefenkriterien.

Entgiftung, *Detoxikation,* Ausschleusung „unerwünschter" Stoffe aus dem Organismus, die über Nahrung, Schleimhäute, Haut od. sonstige Körperoberflächen aufgenommen wurden od. endogen entstanden sind. Bei höheren Tieren wird diese Funktion v. der Leber od. ähnl. zentralen Stoffwechselorganen, wie Fettkörper, Malpighi-Gefäßen, übernommen. Die der E. dienenden chem. Reaktionen sind überall im Tierreich anzutreffen. Niedermolekulare toxische Substanzen werden durch Oxidation, Reduktion, Konjugation, Hydroxylierung, Methylierung, Decarboxylierung, Desaminierung od. Bindung an Transportmoleküle wie Glucuronsäure (bei Wirbeltieren) od. Glykoside (bei Arthropoden), Glykokoll, Sorbit, Schwefelsäure, Cystein unschädl. u. für die ↗Exkretionsorgane filtrierbar gemacht. Ergebnis dieser Reaktionen ist die Überführung der meist lipophilen in hydrophile Substanzen, die Zellmembranen weniger leicht zu durchdringen vermögen. Bei Wirbeltieren können kleinere Partikel u. Makromoleküle, wie ↗Endotoxine aus Bakterienzellwänden (etwa nach einer Darminfektion), v. den Makrophagen ähnl. ↗Kupfferschen Sternzellen durch Phagocytose (↗Endocytose) aufgenommen u. entweder gespeichert od. inaktiviert werden. Alle diese als ↗Biotransformationen bezeichneten chem. Reaktionen sind „Versuche" des Organismus, mit dem vorhandenen Repertoire an stoffwechselphysiolog. Möglichkeiten auf meist fremde u. neuartige Substanzen zu reagieren. Es ist daher verständl., daß die Wirkung einer toxischen Substanz so verändert werden kann, daß für den Organismus schädlichere Substanzen entstehen. So wird durch Desulfurierung aus Parathion (E605) das weitaus toxischere Paraoxon, aus Heroin Morphin od. aus dem wenig toxischen Pharmakon Phenacetin p-Phenetidin, das eine vermehrte Oxidation v. Hämoglobin (Methämoglobinämie) verursachen kann. Auch bei anderen Tiergruppen wurden ähnl. Mechanismen gefunden, die zeigen, daß Biotransformationen nicht in allen Fällen der E. dienen. So entsteht z. B. bei mit ↗DDT behandelten Insekten das mindestens ebenso giftige DDD (DDE). Die E. der bei endogenen Stoffwechselprozessen anfallenden toxischen Substanzen, v. a. des beim Aminosäurekatabolismus (↗Aminosäuren) entstehenden Ammoniaks, erfolgt über den Harnstoffzyklus u. Harnsäureweg. Zusätzl. kann bei ammonotelischen Tieren die Glutaminsynthese eine Rolle bei der Entgiftung v. ↗Ammoniak spielen. ↗endoplasmatisches Reticulum (☐).

Entgipfeln, *Köpfen,* das Ausbrechen des Blütenstands u. der obersten Blätter, z. B. beim Tabak, wodurch die Ausreifung der übr. Blätter gefördert wird.

Enthalpie *w* [v. gr. enthalpein = darin erwärmen], *Wärmetönung,* die beim Ablauf einer exothermen (bzw. endothermen) chem. Reaktion freiwerdende (bzw. aufzuwendende) Wärmeenergie; als Symbol für E. wird ΔH (bzw. auf pH 7 u. Konzentrationen der Reaktionskomponenten v. 1 mol/l standardisiert $\Delta H^{o\prime}$) verwendet. Der Wert von ΔH (ΔH negativ bei exothermen, positiv bei endothermen Reaktionen) ist kein direktes Maß für die Spontaneität einer chem. Reaktion. Diese richtet sich vielmehr nach der sog. *freien E.,* d. h. in Arbeit umwandelbaren E. (auch *freie Energie* gen.; Symbol ΔG bzw. $\Delta G^{o\prime}$ für standardisierte Bedingungen, die mit der E. durch den 1. thermodynam. Hauptsatz: $\Delta G^{o\prime} = \Delta H^{o\prime} - T\Delta S$ in Beziehung steht (T ist dabei die absolute Temp., ΔS die Änderung der ↗Entropie). Nur wenn die Änderung der freien E. negativ ist ($\Delta G < 0$), kann die betreffende Reaktion *spontan* ablaufen. ↗chemisches Gleichgewicht.

Entkalkung, Ausfällen v. Kalk aus Gewässern. Kohlendioxid gelangt durch Niederschläge und v. a. beim Durchsickern des Niederschlagswassers durch die belebten Bodenschichten ins Grundwasser. Es stellt sich ein Gleichgewicht ein zwischen Calciumhydrogencarbonat, Kohlendioxid, Wasser u. schwer lösl. Calciumcarbonat; $Ca(HCO_3)_2 \rightleftharpoons CO_2 + H_2O + CaCO_3 \downarrow$. Je nach pH-Wert stehen diese Verbindungen in einem unterschiedl. Verhältnis zueinander. Durch Störung dieses Gleichgewichts, z. B. durch Erwärmung des Wassers an Quellabflüssen, an denen kohlendioxidgesättigtes Grundwasser CO_2 abgibt, zerfällt soviel Calciumhydrogencarbonat, bis ein neuer Gleichgewichtszustand hergestellt ist. Der ausfallende Kalk überzieht Steine, Moose u. a. Pflanzen. Diesen Vorgang bezeichnet man als *chem. E.;* dabei können mächt. Gesteinsbänke entstehen (Travertin). Bei *biogener E.* durch Photosynthese lagert sich Calciumcarbonat als Kruste auf den untergetauchten Blättern v. Wasserpflanzen ab. Durch die Tätigkeit v. Phytoplankton in Seen bilden sich feinste Kalkkristalle, die sich teilweise als Seekreide am Boden ablagern.

Entkeimung ↗Sterilisation.

Entkeimungsfilter, Abk. *EK-Filter,* Filter, die zur ↗Sterilisation (Entkeimung) v. hitzempfindl. Flüssigkeiten und v. Gasen dienen (↗Bakterienfilter); werden z. B. in Laboratorien, in der pharmazeut. u. Lebensmittel-Ind. (Fruchtsäfte-, Wein-, Bierherstellung) eingesetzt.

Entkoppler, *Atmungskettenentkoppler,* ↗Atmungskette.

Entlaubung, Bez. für den durch chem. Substanzen (↗E.smittel) vom Menschen künstl. bewirkten ↗Blattfall.

Entlaubungsmittel, Bez. für chem. Wirkstoffe, die bei Pflanzen den ↗Blattfall (↗Abscission) bewirken. Zum einen dient der künstl. verursachte Blattfall als Hilfe bei der maschinellen Ernte, z. B. Baumwolle. Hier verwendet man die natürl. vorkommende ↗Abscisinsäure sowie die synthet. hergestellte 3-Chloracrylsäure (CHCl = CH–COOH). Als chem. Waffen wurden im Vietnamkrieg als E. hohe, d. h. überoptimale Dosen v. künstl. ↗Auxinen (Butylester der 2,4,5-Trichlorphenoxyessigsäure, ↗Dichlorphenoxyessigsäure, verwendet. Hierbei ist die Schädlichkeit dieser E. für Mensch u. Tier wohl auf die in den Auxinpräparaten stets als Verunreinigung enthaltenen Dioxine (↗TCDD) zurückzuführen; doch ist damit noch nicht ausgeschlossen, daß auch die *reinen* künstl. Auxine für den tier. und menschl. Organismus schädlich sind.

Entner-Doudoroff-Weg [ben. nach den am. Biochemikern N. Entner u. M. Doudoroff], *2-Keto-3-desoxy-6-phosphogluconat-Weg, KDPG-Weg,* weit verbreiteter Zucker-Abbauweg in Bakterien, bes. bei *Pseudomonas* u. verwandten Gatt. Aus 1 Molekül Glucose entstehen 2 Moleküle Pyruvat (Brenztraubensäure); im aeroben Stoffwechsel (z. B. in *Pseudomonas*) entsteht aus Pyruvat Acetyl-CoA, das dann

entero- [v. gr. enteron = Darm (eigtl.: das Innere), Mz.: Eingeweide], in Zss.: Darm-.

Entner-Doudoroff-Weg

Glucose wird phosphoryliert (1, *Hexokinase*) u. das entstandene Glucose-6-phosphat zu 6-Phosphogluconat dehydrogeniert (2, *Glucose-6-phosphat-Dehydrogenase*); vom 6-Phosphogluconat wird Wasser abgespalten (3, *6-Phosphogluconat-Dehydrogenase*) unter Bildung v. 2-Keto-3-desoxy-6-phosphogluconat, das in Pyruvat u. Glycerinaldehyd-3-phosphat gespalten wird (4, *KDPG-Aldolase*); Glycerinaldehyd-3-phosphat wird wie im Glykolyse-Weg zu Pyruvat oxidiert; beim Abbau v. Glucose entstehen: 2 Pyruvat, 1 NADPH, 1 NADH u. 1 ATP.

Entoblast

Entner-Doudoroff-Weg

Einige Bakterien, die Zucker im Entner-Doudoroff-Weg abbauen:

Alcaligenes eutrophus
Pseudomonas fluorescens
Rhizobium japonicum
Thiobacillus intermedius
Xanthomonas phaseoli
Zymomonas anaerobica

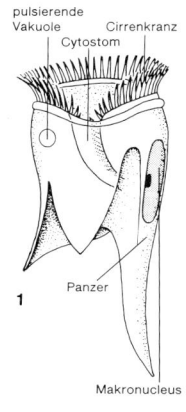

Entodiniomorpha

1 *Entodinium*,
2 *Ophryoscolex*

durch den ↗Citratzyklus weiter oxidiert wird. Im Gärungsstoffwechsel v. *Zymomonas* wird das Pyruvat zu Acetaldehyd decarboxyliert, aus dem durch Reduktion Äthanol entsteht. Der E.-D.-W dient vielen Bakterien zum Abbau v. Gluconat, oft auch dann, wenn Glucose in der Glykolyse oxidiert wird.

Entoblast *m* [v. *ento-, gr. blastos = Keim], 1) das ↗Entoderm. 2) unter dem Epiblast liegende Zellschicht der Keimscheibe v. Reptilien u. Vögeln ↗Hypoblast.

Entoblastem *s* [v. *ento-, gr. blastēma = Keim], Bez. für das innere Keimblatt (↗Entoderm), die seine Funktion als Bildungsgewebe verschiedener Organanlagen betont u. die irreführende Gleichsetzung mit der inneren Körperschicht (Wand des Gastralraums) der Coelenteraten vermeidet.

Entocolax *m* [v. *ento-, gr. kolax = Schmarotzer], Gatt. der Eingeweideschnecken, die in Seewalzen des nördl. Eismeers u. des S-Pazifik parasitieren.

Entoconcha *w* [v. *ento-, gr. kogchē = Muschel], Gatt. der Eingeweideschnecken, die in Seewalzen parasitieren; *E. mirabilis* lebt im Mittelmeer in den Gefäßen v. *Labidoplax digitata*; bis ca. 4 cm lang.

Entoconchidae [Mz.; v. *ento-, gr. kogchē = Muschel], die ↗Eingeweideschnecken.

Entoderm *s* [v. *ento-, gr. derma = Haut], 1) *inneres Keimblatt, Entoblast, Entoblastem, Darmblatt*, inneres der zwei bzw. drei Keimblätter der Gastrula der vielzell. Tiere; aus dem E. entsteht der Magen-Darm-Trakt samt den v. ihm abgeleiteten Organen (z. B. Leber, Lunge, einige endokrine Drüsen); Ggs.: Ektoderm, Mesoderm. [B] Embryonalentwicklung I–II. 2) *Gastrodermis,* innere Körperschicht der Coelenteraten; Ggs.: Ektoderm, Epidermis.

Entodiniomorpha [Mz.; v. *ento-, gr. dinē = Wirbel, Drehung, morphē = Gestalt], *Panseniliaten,* zur Ord. *Spirotricha* gehörige od. als eigene Ord. betrachtete, als Kommensalen im Pansen v. Wiederkäuern lebende ↗Wimpertierchen, mit panzerartiger Pellicula, reduziertem Wimpernkleid u. oft bizarren Fortsätzen. Häufige Gatt. sind *Entodinium* u. *Ophryoscolex*.

Entodontaceae [Mz.; v. *ento-, gr. odontes = Zähne], Fam. der *Hypnobryales,* mit dem Rotstengelmoos *(Pleurozium schreberi),* dessen Stämmchen u. Seitentriebspitzen rötlich gefärbt sind; häufig in Nadelwäldern od. versauernden Laubwäldern anzutreffen.

Entoglossum *s* [v. *ento-, gr. glōssa = Zunge], das ↗Hypoglossum.

Entognatha [Mz.; v. *ento-, gr. gnathos = Kiefer], *Entotropha, Sackkiefler,* U.-Kl. der Insekten, bei denen die Mandibeln u. 1. Maxillen in einer Vorderkopftasche versenkt liegen, die dadurch entstanden ist, daß die Genae (Seitenwände der Kopfkapsel) mit der Unterlippe (Labium) verwachsen sind. Die E. besitzen die für Arthropoden urspr. ↗Gliederantenne. Hierher die Urinsekten-Ordnungen ↗Doppelschwänze *(Diplura),* ↗Beintastler *(Protura)* und ↗Springschwänze *(Collembola).*

Entökie *w* [v. *ento-, gr. oikia = Haus], *Endobiose, endozoische Lebensweise, Inquilinismus,* längerdauerndes Leben v. Organismen (z. B. Tiere = *Entozoen*) im Innern anderer Organismen, ohne nachweisl. od. mit beiderseit. Vorteil; ↗Symbiose, ↗Mutualismus.

Entolomataceae [Mz.; v. *ento-, gr. lōma = Rand, Saum], die ↗Rötlingsart. Pilze.

Entomesoderm *s* [v. *ento-, gr. mesos = Mitte, derma = Haut], in der frühen Keimesentwicklung (Blastula, Gastrula) diejen. Bereiche, die später das Entoderm u. das Mesoderm bilden; i. d. R. die Wand des ↗Urdarms.

Entomobryidae [Mz.; v. *entomo-, gr. brykein = beißen], Fam. der Urinsekten-Ord. *Collembola,* ↗Laufspringer.

Entomogamie *w* [v. *entomo-, gr. gamos = Hochzeit], *Entomophilie, Insektenbestäubung, Insektenblütigkeit,* die Übertragung des Pollens einer Blüte auf die Narbe einer artgleichen anderen Blüte durch Insekten (↗Bestäubung). Charakteristisch für entomogame Blüten ist klebr. Pollen (↗Pollenkitt) u. Zwittrigkeit. E. ist neben der Windbestäubung (↗Anemogamie) der häufigste Bestäubungsmechanismus. Innerhalb der Insekten spielen nur 4 Gruppen eine große Rolle: Hautflügler *(Hymenoptera,* Bienenbestäubung), Fliegen u. Mücken *(Diptera,* Fliegenbestäubung), Käfer *(Coleoptera,* Käferbestäubung) u. Schmetterlinge *(Lepidoptera,* Schmetterlingsbestäubung), wobei die Bedeutung der Hautflügler überwiegt. Die Anlockung der Insekten erfolgt durch Geruch u./od. Farbe, als Beköstigung dient Pollen u./od. Nektar. Die E. ist die entwicklungsgeschichtl. älteste Form der Tierbestäubung (↗Zoogamie). Die ersten Blütenbesucher waren Käfer, welche die Staubgefäße als Nahrung nutzten. Nektar als Blütenspeise trat erst später auf. Mit der Entwicklung blütenausbeutender Hautflügler (bes. Bienen), Zweiflügler (bes. Schwebfliegen) u. Schmetterlinge in der Kreide u. im Tertiär begann eine adaptive Radiation der Blüten, welche in Anpassung an die jeweiligen Bestäuber die heutige Blütenmannigfaltigkeit hervorgebracht hat. (Besonders in den Tropen entwickelten sich in größerem Stil aus insektenbesuchten Blüten Vogelblumen u. Fledermausblumen, die erneut Anpassungen an ihren Bestäuberkreis bildeten.) Die Anpassungen auf seiten der Insekten betraf v. a. die Mundwerkzeuge (kauend-beißend → leckend-saugend), die Differenzierung des Haarkleids u. die Entwicklung spezif. Pollensammelapparate (nur bei Bienen). Die Spezialisierung v. Blüten auf bestimmte bestäubende Insekten sowie die Anpassungen eines Bestäubers an die Ausbeutung bestimmter Blüten können v. lockerer Bindung (allotrop, eine Insektenart besucht unterschiedlichste Blüten, eine Blütenart wird v. unterschiedlichsten Insekten besucht) bis hin zu hochspezialisierten Abhängigkeiten reichen (eutrop, eine Blütenart kann nur v. einer Insektenart bestäubt werden). – Unter allen Hautflüglern nehmen solitäre u. soziale Bienen *(Apoidea)* für die Bestäubung eine Vorrangstellung ein (Bienenbestäubung, Bienenblütigkeit, Melittophilie). Der Grund dafür liegt darin, daß sie Blütennahrung nicht nur für den eigenen Stoffwechsel brauchen, sondern Pollen u. Nektar für die Aufzucht der Larven sammeln. Blüten, die v. Bienen besucht werden, zeigen eine Reihe charakterist. Merkmale (Blütensyndrom): süßen, honigart. Duft, bunte, auffallende Farben (aber auch UV, ↗ Bienenfarben, B Farbensehen), häufig ↗ Blütenmale. Die Form bienenbesuchter Blüten ist sehr verschieden. Sowohl offene radiärsymmetr. als auch zygomorphe Blüten mit verschieden langen Kronröhren werden v. Bienen erfolgreich besucht. Dabei ergibt sich eine deutl. Korrelation zw. der Länge der Mundwerkzeuge u. dem Blütentyp bzw. der Länge der Blütenröhre. Andere Formen der E. sind Fliegenblütigkeit, Käferblütigkeit, Schmetterlingsblütigkeit.

Entomologie w [v. *entomo-, gr. logos = Kunde], *Insektenkunde,* die wiss. od. liebhabermäß. Beschäftigung mit Insekten.

Entomophagen [Mz.; v. *entomo-, gr. phagos = Fresser], Organismen, die als Räuber Insekten aller Entwicklungsstadien fressen od. als Parasiten aus ihnen Nahrung gewinnen. Da das Beute- od. Wirtstier oft zugrunde geht, sind E. gut zur biol. Bekämpfung schädl. Insekten einsetzbar; z. B. Vögel, Hautflügler *(Hymenoptera),* Raupenfliegen *(Tachinidae),* aber auch Rundwürmer *(Nematoda)* u. Pilze.

Entomophilie w [v. *entomo-, gr. philia = Freundschaft], die ↗ Entomogamie.

Entomophthorales [Mz.; v. *entomo-, gr. phthora = Verderben], Ord. der *Zygomycota* (Jochpilze); die Hyphen sind nicht od. selten septiert (Septen mit Mikroporen); die Zellwände enthalten hpts. Chitin, Glucosamin u. Glucan. In der sexuellen Vermehrung entstehen Zygosporen in einer Zygote, die aus einem blasenförm. Aus-

Entomophthorales

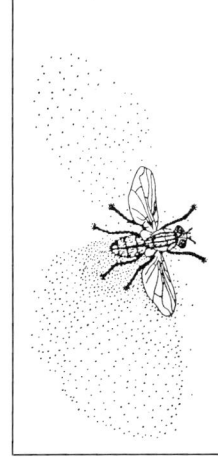

Der Fliegenschimmel *Entomophthora muscae* verursacht bes. im Herbst eine epidem. Krankheit bei der Stubenfliege u. a. Insekten. Konidien des Pilzes, die an der Fliege haften, bilden einen Keimschlauch, dringen durch die Atemöffnung ein u. wachsen zum Fettgewebe, wo sie ein Mycel ausbilden. Das Mycel wandelt sich in abgerundete, mehrkern. Zellen (Hyphenkörper) um, die sich durch Sprossung weitervermehren u. über die Blutbahn den Wirt überschwemmen. Nach 2–6 Tagen verenden die (festsitzenden) Fliegen. Die Hyphenkörper wachsen wieder zu coenocyt. Hyphen aus; es bilden sich Konidienträger, die massenhaft aus der toten Fliege hervorwachsen (zw. den Septen des Abdomens) u. Konidien entwickeln. Bei der Reife werden die klebr., mehrkern. Konidien durch Turgordruck 1–2 cm weit abgeschleudert u. umgeben die tote Fliege (z. B. auf einer Fensterscheibe) mit einem weißen Hof (s. Abb.).

Entomogamie
Anteil verschiedener Insektengruppen an der Bestäubung heimischer Blüten:

Hautflügler	47%
Zweiflügler	26%
Käfer	15%
Schmetterlinge	10%
andere	2%

ento- [v. gr. entos = innen, innerhalb].

entomo- [v. gr. entomos = eingeschnitten, eingekerbt; davon entomon = Insekt].

wuchs der vereinigten (Iso-)Gametangien hervorgeht. Die asexuelle Vermehrung erfolgt durch einspor. Sporangiolen (Exosporen, Konidien), die oft aktiv abgeschleudert werden. E. sind weltweit verbreitete Saprobionten od. häufiger Parasiten v. Tieren, hpts. v. Arthropoden, auch v. Pflanzen (z. B. *Ancylistes*-Arten). Viele saprobiont. E. können auch (fakultativ) auf Insekten, Amphibien u. Säugern parasitieren. Bekannteste Art ist *Entomophthora (Empusa) muscae,* der Fliegenschimmel; *E. fumosa* parasitiert in Schildläusen u. lebt an *Citrus*-Bäumen; *E. aphidis* u. verwandte Arten sind oft für den Zusammenbruch v. Blattlauspopulationen verantwortlich; *E. (Conidiobolus) coronata* parasitiert mit unseptierten Hyphen auf Läusen u. Termiten, wächst auf Pflanzenresten u. kann auch (wie ↗ *Basidiobolus*-Arten) eine subcutane Mykose (Entomophthorose) beim Menschen verursachen, am häufigsten im trop. Afrika u. Indonesien.

Entomopoxviren [Mz.]; v. *entomo-, engl. pocks = Pocken], U.-Fam. *Entomopoxvirinae* der ↗ Pockenviren.

Entomostraca [Mz.; v. *entomo-, gr. ostrakon = Schale, Panzer], zusammenfassende Bez. für alle Nicht-Malacostraca der ↗ Krebstiere.

Entoniscidae [Mz.; v. *ento-, oniskos = Assel], parasit. Asseln, ↗ Epicaridea.

Entoparasiten [Mz.; v. *ento-, gr. parasitos = Schmarotzer], die ↗ Endoparasiten.

Entophysalidaceae [Mz.; v. *ento-, gr. physalis = Blase], Fam. der *Chroococcales,* Cyanobakterien, deren meist rundl. od. ellipsoide Zellen fadenart. angeordnet sind, v. Schleimhüllen (Scheiden) umgeben; sie bilden krustenförm. Lager in radial angeordneten Reihen. *Entophysalis granu-*

Entophyten

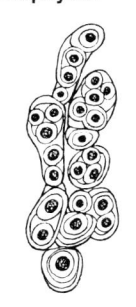

Entophysalidaceae
Entophysalis-Kolonie

ento- [v. gr. entos = innen, innerhalb].

losa wächst in braunen Streifen an Felsen ca. 20 cm über u. unter der Wasserlinie. Im Meer kommt *E. deusta* endolithisch in Kalkfelsen vor u. bildet schwarze Lager auf den Küstenfelsen im Flutbereich. Möglicherweise müssen die Vertreter der E. der Gatt. *Gloeocapsa* zugeordnet werden.
Entophyten [Mz.; v. *ento-, gr. phyton = Gewächs], die ↗ Endophyten.
Entoplasma *s* [v. *ento-, gr. plasma = Gebilde], das ↗ Endoplama.
Entoprocta [Mz.; v. *ento-, gr. pröktos = After], die ↗ Kamptozoa.
entoptische Erscheinungen [v. *ento-, gr. optikos = das Sehen betr.], v. Teilen des Auges selbst herrührende Schattenbilder auf der Netzhaut, die bei geeigneter Beleuchtung auftreten u. nach außen ins Gesichtsfeld projiziert werden. Sie werden hervorgerufen durch normale (z. B. Netzhautgefäße) od. krankhafte Strukturen, z. B. Glaskörpertrübungen od. Hornhautverletzungen. Diese Erscheinungen spielen in der med. Augendiagnostik (Netzhautspiegelung) eine bes. Rolle („mouches volantes", ↗ Donders).
Entotoxine [Mz.; v. *ento-, gr. toxikon = (Pfeil-)Gift], die ↗ Endotoxine.
Entotropha [Mz.; v. *ento-, gr. trophē = Ernährung], die ↗ Entognatha.
Entovalva *w* [v. *ento-, lat. valvae = Türflügel], Gatt. der *Montacutidae*, Blattkiemermuscheln, deren Mantel die Schalen völlig einschließt u. hinten einen glockenförm. Brutraum bildet. Die Muscheln leben halbparasitisch im Schlund v. Seegurken *(Patinapta, Synapta)* bei Sansibar.
Entozoen [Mz.; v. *ento-, gr. zōa = Lebewesen, Tiere], ↗ Entökie.

Entropie *w* [v. gr. entrepein = umwenden, umkehren], eine thermodynam. Zustandsgröße (durch S symbolisiert), durch die das Maß des mikrophysikal. Unordnungszustands (Boltzmann 1866) beschrieben wird. Prozesse in abgeschlossenen Systemen können grundsätzl. nur unter Vermehrung v. E. (d. h. Zunahme des Wahrscheinlichkeits- bzw. Unordnungsgrades) ablaufen, weshalb hier $\triangle S$, die Differenz zw. den E.werten v. Endzustand u. Ausgangszustand, immer positiv ($\triangle S > 0$) ist. Über den 1. Hauptsatz der Thermodynamik steht die mit einem Prozeß einhergehende Änderung der E. ($\triangle S$) mit dem Gesamtenergieumsatz $\triangle H$ u. der in Arbeit umwandelbaren *freien Energie* $\triangle G$ in Beziehung (↗ Enthalpie). Nach diesem Hauptsatz ist es unmöglich (da die Temp. T immer > 0), die bei chem. Reaktionen umgesetzten Energien vollständig in Arbeit umzuwandeln; vielmehr ist die in Arbeit umwandelbare freie Energie $\triangle G$ immer um den Betrag $T \triangle S$ geringer als die umgesetzte Gesamtenergie $\triangle H$. E.-unterschiede ($\triangle S$) sind ident. mit den bei umkehrbaren Prozessen (wie z. B. den reversiblen chem. Reaktionen) ausgetauschten bzw. an die Umgebung abgegebenen Wärmemengen, bezogen auf die absolute Temp. (Clausius, 1850). Gleichzeitig ist die E.differenz ein Maß für die Umkehrbarkeit physikal. u. chem. Prozesse. – In der Informationstheorie wird E. (hier häufig als H symbolisiert) als Maß für den wahren Nachrichteninhalt eines Symbols od. auch für den mittleren Informationsgehalt der Sprache verwendet (Shannon, 1948). ↗ Entropie und ihre Rolle in der Biologie.

Entropie und ihre Rolle in der Biologie

Im Verlauf von chemischen Prozessen und beim Übergang von einem in einen anderen Aggregatzustand bestehen die Elementarvorgänge in Trennungen und Neubildungen von chemischen Bindungen. Dabei kann sich die Temperatur erhöhen (z. B. in der brennenden Flamme od. wenn sich konzentrierte Schwefelsäure in Wasser verteilt) od. erniedrigen (z. B. wenn sich Kochsalz-Kristalle in Wasser auflösen, Kältemischung). Solche Temperaturänderungen haben zwei Ursachen:
a) Durch das Entstehen von Bindungen kann Wärmeenergie freigesetzt, durch die Trennung von Bindungen Wärmeenergie absorbiert werden. Was sich hiermit ändert, bezeichnet man als (zunehmende bzw. abnehmende) *Enthalpie*.
b) Durch die Vermehrung oder Verminderung von Bindungen oder auf sonstige Weise können sich die Anzahl und die Be-

Was ist Entropie?

Was ist Enthalpie?

wegungsfreiheitsgrade der beweglichen Teilchen vermehren oder vermindern. Dies bezeichnet man als Zunahme bzw. Abnahme der *Entropie*, d. h. des molekularen „Verwandlungsinhalts" der Materie.
Wie groß diese beiden Anteile an einem zu beobachtenden Gesamtprozeß sind, läßt sich nicht direkt messen, sondern nur indirekt erschließen. Doch gibt es für eigengesetzlich, also ohne äußeren Zwang ablaufende Prozesse einzelne Beispiele, in denen sich keine molekularen Bindungen bilden oder lösen und an denen man daher *reine* Auswirkungen von *Entropie*änderungen beobachten kann: Befestigt man beispielsweise ein Gewicht an einem senkrecht gehaltenen (vulkanisierten) gespannten Gummiband und gibt dann das zuvor festgehaltene Gewicht frei, so hebt das Gummiband das Gewicht, abhängig von dessen Masse, um einen bestimmten

Betrag, leistet also Arbeit. Dabei wird das Gummiband meßbar *kälter!*
Die entscheidende Ursache für beides ist folgende: Im gedehnten Gummiband sind die selbst nicht dehnbaren Kettenmoleküle gestreckt und parallel ausgerichtet, haben aber die Tendenz, in den geknäuelten Zustand der Ruhelage zurückzukehren; in ihr können sie mehr und vielfältigere Wärmebewegungen vollführen. Auch eine von zwei Kindern gehaltene Wäscheleine zieht die Kinder *zueinander,* wenn sie in ihrer Mitte hin- und herbewegt und in dauernd wechselnde Schlingen gerafft wird. So erklärt sich die Tendenz zur *Verkürzung.* Dadurch, daß die Moleküle im geknäuelten Zustand mehr Bewegungsmöglichkeiten (Bewegungsfreiheitsgrade) haben, verteilt sich die vorhandene Bewegungsenergie auf mehr bewegliche Molekülteile. Damit nimmt die *durchschnittliche* Bewegungsenergie des *einzelnen* beweglichen Molekülteils ab, und dies äußert sich in der *Abnahme der Temperatur.* Daß die Verkürzung des Gummibandes tatsächlich durch die Wärmebewegungen in den Kettenmolekülen verursacht wird, zeigt sich daran, daß sich das Band bei *Erwärmung* noch weiter *zusammenzieht* – ganz im Gegensatz zu einem Metallstab, der sich bei Erwärmung *verlängert.* Für all diese Eigentümlichkeiten gilt beim entgegengesetzten Prozeß das Umgekehrte.
Entropievermehrung heißt hier also Leisten von Arbeit (= Produktion von freier Energie) und zugleich Erniedrigen der Temperatur. Anders ist das beim Sich-Öffnen von chemischen Bindungen: Hierdurch entsteht freie Energie *und* zugleich Wärme. *Freie Energie* ist Energie, die sich, entsprechende Vorrichtungen und Bedingungen vorausgesetzt, in mechanische (Muskelkontraktion), elektrische (Trockenbatterie) oder chemische Energie (ATP-Synthese) umsetzen läßt. Wenn chemische Prozesse, wie gewöhnlich, Entropieänderungen *und* Transformationen von chemischen Bindungen enthalten, faßt man die Beziehungen zwischen den Änderungen der freien Energie ΔG, der Enthalpie ΔH und der Entropie ΔS in der Formel (1) zusammen, wobei T die Temperatur ist. Die Vorzeichen in dieser Formel erklären sich daraus, daß man einer *Produktion,* d. h. *Abgabe* von freier Energie ΔG (weil sie für das System ein Energie*verlust* ist) und ebenso einer Wärme*produktion* ΔH das Vorzeichen *minus* verliehen hat; eine *Vergrößerung* der Entropie [+ ΔS], die ja zur Energieproduktion *positiv* beisteuert (siehe das Gummibandbeispiel), war daher mit dem Vorzeichen *minus* anzuknüpfen.
Formel (1) gilt für isobar und isotherm ver-

Entropieveränderungen mitbestimmend für die Arbeitsfähigkeit.

Entropieabnahme und spontane Entstehung von Struktur und Ordnung.

Formel 1:
$\Delta G = \Delta H - T \Delta S$

laufende Vorgänge, d. h., etwaige Volumenänderungen führen zu keinen Druckänderungen (z. B. weil alles bei Atmosphärendruck und nicht im abgeschlossenen Raum abläuft), und alle Temperaturänderungen werden durch eine Thermoregulierung ausgeglichen (dies kann, falls sich das Reaktionsgemisch von sich aus abkühlt, eine Energiezufuhr von außen zur Folge haben).
Wie Formel (1) aussagt, sind etwaige Entropieänderungen im Verlauf eines chemischen Prozesses für die Arbeitsfähigkeit und unter Umständen auch für die Richtung, in der er abläuft, mitbestimmend. Wie schon angedeutet, gilt dabei: Entropie*vermehrung* liefert zusätzliche reaktions*fördernde* (freie) Energie, Entropieverminderung zehrt an ihr. Es wäre darum konsequent, nicht nur von ex- und endergonischen sowie exo- und endothermen Prozessen zu sprechen, sondern auch von *exoentropischen* (Entropievermehrung) und *endoentropischen* (Entropieverminderung). Dabei gilt für spontan verlaufende, also exergonische Prozesse ($\Delta G < 0$) folgendes: Sind sie exoentropisch ($\Delta S > 0$), so können sie je nach dem Vorzeichen und dem Betrag der Änderung der *Bindungs*energien endotherm sein (wie beim sich zusammenziehenden Gummiband und beim Sich-Lösen von Salz in Wasser; $|\Delta H| < T|\Delta S|$) oder exotherm (Brennen einer Kerzenflamme, ATP-Spaltung, Verdünnen von H_2SO_4 mit Wasser; $|\Delta H| > T|\Delta S|$). Exergonische Prozesse können jedoch nur dann endoentropisch, also mit einer Entropie*verminderung* verlaufen, wenn die Enthalpieänderung energetisch überwiegt und damit die Gesamtreaktion exotherm ist (Eisbildung in unterkühltem Wasser; $|\Delta H| > T|\Delta S|$); andernfalls wäre ΔG nicht negativ, und der Vorgang würde gar nicht spontan ablaufen.
Ein biologisch bedeutsames Beispiel für eine spontan vor sich gehende Entropie*abnahme* und zugleich ein Modellfall für die *spontane Entstehung von Struktur und Ordnung* ist die Bildung der räumlichen (Tertiär-)Struktur von Proteinen. Der *eindimensionale* Informationsträger m-RNA übersetzt seine Information in die *eindimensionale* Aminosäuresequenz der Polypeptidkette, die sich nach ihrer Bildung zunächst in wäßrigem Milieu befindet. Ein Teil der Aminosäurereste ist hydrophil, ein anderer aber hydrophob. Diesem gegenüber haben die umgebenden Wassermoleküle schwächere Bindungstendenzen als untereinander, so daß sie zueinanderstreben, woraufhin sich die Peptidkette aufknäuelt (vergleichbar mit der Abrundungstendenz von Fettaugen auf der Suppe).

Entropie

Dabei faltet sich aber die Peptidkette entsprechend den in den Seitenketten gemäß der genetischen Information verteilten Bindungsaffinitäten zu einer *ganz bestimmten,* vorgegebenen Form, ihrer typischen und für die Funktion erforderlichen Tertiärstruktur. Dabei verringert sich ihre Entropie (innere Beweglichkeit) analog zur Kristallbildung aus einer Schmelze. Biologisch kaum bedeutsam sind zwei physikalisch zwangsläufige begleitende Effekte dieser spontanen Strukturbildung: Es entsteht Wärme, und der Entropiegehalt der von ihren ursprünglichen Plätzen ausgewichenen H_2O-Moleküle erhöht sich.

Für die Richtung, Geschwindigkeit, Temperaturabhängigkeit u. Wärmeproduktion, aber auch für die Lage des Gleichgewichts bei chemischen und biochemischen Umsetzungen sind nach Formel (1) nicht allein die *Entropie*verhältnisse maßgebend, sondern sie wirken mit den *Enthalpie*verhältnissen (beim Entstehen und Sich-Trennen von chemischen Bindungen) zusammen. Die Entropie kann im Verlauf eines spontanen Prozesses, wie gesagt, nicht nur zunehmen, sondern auch abnehmen – letzteres, wenn die Entstehung der Bindungen mehr freie Energie produziert als durch die Entropieverringerung eingebüßt wird. Da die Entstehung neuer Bindungen wesensgleich ist mit der Vermehrung von Ordnung, heißt das zweierlei:

a) Wenngleich die Vermehrung der *Entropie* zur Verwischung von Ordnung und zur Zerstörung von Strukturen tendiert, so ist ihr die Tendenz von Atomen, sich zu verbinden, als ordnendes Prinzip entgegengerichtet.

b) Wie Gleichung (1) ausdrückt, vermehrt sich der energetische Einfluß der Entropie mit wachsender Temperatur; mit abnehmender Temperatur gewinnt dagegen die *spontane Tendenz zur Bildung von Strukturen und zur Ordnung* immer mehr Einfluß.

Einen Sonderfall im Rahmen chemischer Prozesse stellen *Fließgleichgewichte* dar. Ein Beispiel liefert die Kerzenflamme. Ist sie einmal entzündet, so läßt die erhöhte Temperatur das Wachs schmelzen, im Docht aufsteigen und schließlich verdampfen. Durch die Verbrennung entsteht Wärmeenergie, von der ein Teil durch die gleichzeitige Entropievermehrung aufgebraucht wird. Ein anderer Teil davon fließt als „Volumenarbeit" in die Ausdehnung der heißen Verbrennungsgase, so daß diese im Schwerefeld aufsteigen und Luft von unten und der Seite her in die Flamme hineinströmt. Im Luftraum eines Satelliten brennt keine Kerzenflamme, weil dort der die Gasbewegung richtende Einfluß der Schwerkraft fehlt. Auf die geschilderte Weise entsteht eine *bleibende* Gestalt, die Flamme, durch ein Fließgleichgewicht von Stoffbewegungen, Phasenumwandlungen, chemischen Vorgängen und Energieumsetzungen in einem Schwerefeld, wobei auch eine „Rückwirkung" in die Abfolge der Einzelschritte eingeführt ist, das Aufschmelzen des Wachses und dessen Verdampfung durch die Reaktionswärme. Da hierbei, insgesamt gesehen, freie Energie, darunter auch durch Entropiezunahme entstandene, zunächst strukturgebend auf die Flamme wirkt, dann aber in die Umgebung entweicht und sich dort verteilt, spricht man neuerdings von *dissipativen Strukturen.* Für Fließgleichgewichte und für die Entstehung und Erhaltung dissipativer Strukturen gilt das gleiche wie für sonstige chemische und physikalische Prozesse: Entscheidend ist nicht die Vermehrung der Entropie, sondern die Produktion von freier Energie, in deren Rahmen meistens eine Entropievermehrung mitwirkt, theoretisch aber auch eine Entropieminderung stattfinden und durch entsprechend höhere Enthalpiewerte aufgewogen werden könnte.

Auch lebende Organismen sind in diesem Sinne dissipative Strukturen: Mit der Sonnenstrahlung (Pflanzen) bzw. mit der Nahrung (Tiere) nehmen sie potentielle freie Energie in sich auf – darin meist, wenn auch nicht notwendigerweise, Teilsysteme nicht maximalen Entropiegehalts. Die räumlich richtunggebenden Bedingungen (bei der Flamme die Struktur der Kerze und die Schwerkraftrichtung) entstehen nach Mustern, wie sie an der Tertiärstrukturbildung der Proteine angedeutet wurden. Das Lebensgeschehen wird durch ein vielfältiges Fließgleichgewicht mit zahllosen Rückwirkungswegen aufrechterhalten. Im Tode und in dessen Konsequenz bricht dieses teils strukturelle, teils dynamische Gefüge zusammen, wodurch sich die Gesamtentropie der einstmals lebenden Substanz natürlich stark erhöht.

Die bis hierher besprochenen Vorgänge (vom sich kontrahierenden vorgespannten Gummiband über die Tertiärstrukturbildung von Peptidketten und die Kerzenflamme bis zum lebenden Organismus) spielten sich – physikochemisch gesehen – in *offenen Systemen* ab, d.h., der betrachtete Vorgang konnte Energie abgeben („loswerden"; z.B. Volumenänderung bei der Eisbildung) und Wärme produzieren oder absorbieren, ohne von diesen seinen Produkten rückwirkend beeinflußt zu werden. Die begleitenden Entropieänderungen in der Umgebung wurden nicht in Betracht gezogen. Schließt man dagegen

---

Entropie kann bei spontanem Prozeß zunehmen, aber auch abnehmen.

Im speziellen Sinne kann man das Anwachsen der Entropie als ein dem Leben zuwiderlaufendes Prinzip ansehen.

den Reaktionsraum (gedanklich oder – angenähert – physikalisch) gegen jeden Energie- oder Stoffaustausch mit seiner Außenwelt ab, betrachtet man also ein *geschlossenes System,* so gilt im Unterschied zum offenen System, in dem, wie eben beschrieben, die Entropie auch ohne äußeren Zwang, also spontan, abnehmen kann: Im geschlossenen System kann der Gesamtgehalt der Entropie stets nur – bis zu einem bestimmten Maximum – *zunehmen,* niemals abnehmen. Wenn sich also unterkühltes Wasser *in einem abgeschlossenen System* zu Eis verwandelt, so nimmt zwar im Eiskristall die Entropie ab (durch die Entstehung von Bindungen); die *Temperatur* aber steigt bis zum Gefrierpunkt an, und die darin steckende Entropiezunahme *übersteigt* den Entropieverlust durch die Eisbildung. Am Gefrierpunkt, d. h. bei einem bestimmten Mengenverhältnis von Wasser und Eis, erreicht die Entropie des geschlossenen Systems ihr Maximum. Dieses Verhältnis wird aufrechterhalten durch ein dynamisches Gleichgewicht: Am Gefrierpunkt (= Schmelzpunkt) werden pro Zeiteinheit im Durchschnitt ebensoviele Eiskristall-Bindungen an den Außenflächen des Eises durch die molekulare Wärmebewegung gesprengt, als sich neue Bindungen zwischen zuvor frei beweglichen Teilchen bilden. In einem derartigen geschlossenen System richtet sich das Mengenverhältnis zwischen Wasser und Eis nach der Menge der insgesamt im System enthaltenen Wärmeenergie.

Die Beispiele von der Eisbildung in unterkühltem Wasser und von der dynamischen Coexistenz von Wasser und Eis beim Gefrierpunkt in einem gedachten geschlossenen System lehren, daß der Vorgang der Maximierung der Entropie in einem geschlossenen System keineswegs ausschließt, daß sich dabei dasjenige entwickelt und dynamisch aufrechterhält, was wir als maximale kristalline, also molekulare *Ordnung* anzusprechen gelernt haben. Die der Entropie vielfach ohne Einschränkung zugesprochene Tendenz zur Zerstörung von Strukturen und zum Verwischen von Ordnung kann sich nur bei freier Beweglichkeit der molekularen Teilchen auswirken; sie stößt dort auf eine unüberwindliche Grenze, wo bei der gegebenen Temperatur die Tendenz zur Bildung od. Erhaltung der molekularen Bindungen überwiegt.

Diese Überlegung gilt auch für den vieldiskutierten Gedankenversuch, in dem man den gesamten Kosmos als thermodynamisch abgeschlossenes System betrachtet: Der vollständige Ausgleich aller Temperaturunterschiede, d. h. die Maximierung der Entropie im „Wärmetod" des Weltalls, könnte zwar bei hoher Temperatur auf eine strukturlose homogene Mischung aller beweglichen Teilchen hinauslaufen: Je niedriger jedoch die Endtemperatur ist, die sich schließlich einstellt, desto mehr Materie würde die feste Phase, also die Gestalt geformter Festkörper – vielleicht hochgeordneter Kristalle –, einnehmen. Im Endzustand des Temperaturausgleichs könnten also – solange wir über die Endtemperatur noch nichts wissen –, durchaus die Ordnungskräfte über die Entropie siegen.

Der „Wärmetod" des Weltalls

Wo man in der Biologie Entropiewerte ausrechnet, geht es zumeist nur um deren Zunahme oder Abnahme im Verlauf einer Reaktion, also um Vergleichswerte (ΔS). Die Frage nach dem *absoluten* Entropiegehalt einer Menge von Materie wurde erst dadurch, und auch nur mittelbar, interessant, daß formale Beziehungen zum Begriff der *Information* hervortraten.

Beim Vergleich zwischen dem gedehnten und dem erschlafften Gummiband ging es um die relative Anzahl von Bewegungsmöglichkeiten von Molekülteilchen. Bei der Definition der Entropie ging man jedoch nicht den Weg einer Abzählung der elementaren *Bewegungsmöglichkeiten,* sondern man bezog sich auf die Anzahl der *unterscheidbaren molekularen Zustände* des betrachteten Gesamtsystems. Als absoluten Betrag des Entropiegehalts definierte man S dann nach Formel (2).

Formel 2:
$$S = k \cdot \log W$$

Dabei ist k eine durch die jeweilige Temperatur dividierte kleine Energiemenge (Boltzmannsche Konstante genannt), und das Symbol W steht für die *Anzahl der Kombinationsmöglichkeiten der Teilcheneigenschaften.* (Den Buchstaben W interpretiert man demgemäß am besten als Abkürzung von „*W*andlungsgehalt" oder „*W*echselmöglichkeiten" und ignoriert damit die ursprüngliche, aber irreführende Herleitung vom Wort „Wahrscheinlichkeit"; denn die Wahrscheinlichkeit entspricht niemals, außer im Sprachgebrauch der Thermodynamik, einer Anzahl von Möglichkeiten, sondern sonst stets dem Kehrwert dieser Anzahl.)

Lit.: *Eigen, M., Winkler-Oswatitsch, R.:* Das Spiel. München 1975. *Flamm, D.:* Der Entropiesatz und das Leben. Naturwiss. Rundschau 32, 225–239, 1979. *Försterling, H.-D., Kuhn, H.:* Kautschukelastizität. In: Physikalische Chemie in Experimenten. Weinheim 1971. *Haken, H.:* Synergetik. Heidelberg ³1983. *Lehninger, A. L.:* Bioenergetik. Molekulare Grundlagen der biologischen Energieumwandlungen. Stuttgart/New York ³1982. *Netter, H.:* Theoretische Biochemie. Physikalisch-chemische Grundlagen der Lebensvorgänge. Berlin/Göttingen/Heidelberg 1959. *Weizsäcker, C. F. von:* Evolution und Entropiewachstum. In: *Scharf, J.-H.:* Informatik. Leipzig 1972.

Bernhard Hassenstein

Entseuchung, die ↗ Desinfektion; ↗ Bodendesinfektion, ↗ Beize.

Entstehungszentrum, *Entwicklungszentrum,* Areal, in dem die geschichtl. Entwicklung, Differenzierung u. Ausbreitung einer Pflanzen- od. Tiersippe stattfindet.

Entwässerung, 1) die ↗ Dränung. **2)** in der Medizin die Entfernung v. Wasser aus Körpergeweben, z. B. bei Ödembildung oder Ergüssen, durch salzarme Diät, Diuretikagaben, Liquorentnahme u. a.

Entwicklung, allg.: gerichtete Veränderung, in der Biol. Veränderung meistens v. morphologisch u. physiologisch einfachen zu komplexeren Formen. Jeder Organismus ist das Ergebnis von zwei Arten der E., der Individual-E. u. der Stammes-E. **1)** Die *Individual-E. (Ontogenie, Ontogenese)* v. *Einzellern* umfaßt alle Veränderungen, welche zw. zwei Zellteilungen bzw. zwei einander entspr. Fortpflanzungsschritten stattfinden (↗ asexuelle Fortpflanzung, ↗ Generationswechsel). Bei *vielzelligen* Pflanzen und Tieren umfaßt die E. alle Prozesse, welche v. der aktivierten Eizelle od. einem anderen Fortpflanzungskörper (z. B. Spore, Ausläufer, Brutknospe) bis zum fertigen Organismus und dessen Alterstod od. ggf. bis zu seiner Fortpflanzung nach einem anderen Modus (bei Generationswechsel) führen. Die morpholog. u. physiolog. Komplexität des adulten Organismus u. die Wege zu ihr sind schon in Eizelle od. Fortpflanzungskörper potentiell enthalten, und zwar als genet. (DNA) u. cytoplasmat. Information (spezifisch lokalisierte Moleküle bzw. Strukturen im Cytoplasma). Die Individual-E. umfaßt quantitative (Wachstum) u. qualitative Veränderungen (Differenzierung). – a) Bot.: Bei Samenpflanzen läßt sich die Individual-E. in vier Phasen einteilen: die *embryonale* Phase umfaßt die Entwicklung v. der Zygote bis zum Embryo im ruhenden Samen (↗ Embryonalentwicklung); in der darauffolgenden *unselbständigen vegetativen* Phase ernährt sich die junge Keimpflanze v. den Reservestoffen, die v. der Mutterpflanze mitgegeben wurden; in der *selbständigen vegetativen* Phase ist die Pflanze selbständig in der Lage zu assimilieren; in der *reproduktiven* Phase erfolgt die Ausbildung v. Fortpflanzungskörpern. Auch bei den Algen, Moosen, Farnen kann eine kurzwährende embryonale Keimphase v. einer selbständigen vegetativen Phase u. einer abschließenden reproduktiven Phase unterschieden werden, z. B. bei den Moosen die Sporenkeimung, die Entwicklung der Pflanze u. die Ausbildung der Geschlechtsorgane. b) Zool.: Die Individual-E. mehrzell. Tiere läßt sich in zwei Abschnitte zerlegen (vgl. Abb.), die ↗ Embryonalentwicklung v. der befruchteten Eizelle bis zur selbständigen Nahrungsaufnahme u. die *postembryonale E.,* die über Jugendstadien od. stark v. der Adultform abweichende ↗ Larven verläuft (Juvenilstadien). Dieser Abschnitt endet mit dem fortpflanzungsreifen Adultstadium, das vor dem Tod eine Phase der Altersentwicklung (Seneszenz) durchlaufen kann. ☐ Embryonalentwicklung. **2)** *Stammesentwicklung (Phylogenie, Phylogenese),* ↗ Evolution, ↗ Abstammung. *R.B./K.N./K.S.*

Entwicklungsbiologie, biol. Disziplin, welche sich mit den Vorgängen während der Individualentwicklung (Ontogenese) befaßt; umfaßt ↗ Entwicklungsgeschichte, ↗ Entwicklungsgenetik u. ↗ Entwicklungsphysiologie (↗ Entwicklungsmechanik).

entwicklungsbiologische Potenz ↗ prospektive Potenz.

Entwicklungsfaktoren, innere od. äußere Variable, die den Ablauf der ontogenet. Entwicklung beeinflussen.

Entwicklungsgenetik, biol. Disziplin, welche die ontogenet. Entwicklung im Hinblick auf die Rolle der Gene analysiert, vorwiegend mit Hilfe v. ↗ Entwicklungsmutanten.

Entwicklungsgeschichte, biol. Disziplin, die den Ablauf der Individualentwicklung (Ontogenese) beschreibt.

Entwicklungsmechanik, von W. Roux (1850–1924) um 1900 geprägter Name für die ↗ Entwicklungsphysiologie; soll die kausalen Zshg.e (Mechanik im Kantschen Sinne) in der Ontogenese betonen.

Entwicklungsmutante, Lebewesen, dessen Ontogenese infolge v. Genmutation abnorm verläuft. Die verantwortl. Genwirkung kann auf dem Genom des betroffenen Individuums beruhen („*zygotische*" E.) od. auf dem Genom der Mutter, wodurch abnorme Eizellen mit nachfolgenden Entwicklungsanomalien entstehen („*maternelle*" od. „maternal effect"-E., ↗ Prädetermination).

Entwicklungsoptimum, Kombination äußerer Bedingungen (z. B. Temp., Luftfeuchtigkeit, pH), welche den schnellsten Ablauf der ontogenet. Entwicklung gestattet.

Entwicklungsphysiologie, *Entwicklungsmechanik, Kausalmorphologie,* Teilgebiet der Biol., in der Bot. von J. Sachs u. G. Klebs, in der Zool. von W. Roux begr.; analysiert experimentell die kausalen Zshg.e des ontogenet. Entwicklungsgeschehens (bes. beim Embryo).

Entwicklungsquotient, Verhältniszahl der Entwicklungsgeschwindigkeiten (Kehrwerte der Entwicklungsdauer) eines Lebewesens bei zwei verschiedenen Werten eines variablen Parameters (meist. Temp.).

Entwicklung

Entwicklungsstadien des Frosches: **1** Zwei-, **2** Acht-Zellen-Stadium; **3** Morula; **4** frühe Gastrula mit Urmund (U); **5** u. **6** Neurula-Stadium (Rückenansicht) mit Neuralplatte (N) und **7** Seitenansicht; **8** Embryo mit Augenanlage (A) u. Ursegmenten (Us); **9–12** verschiedene Larvenstadien; **13** junger Frosch (Schwanz in Rückbildung)

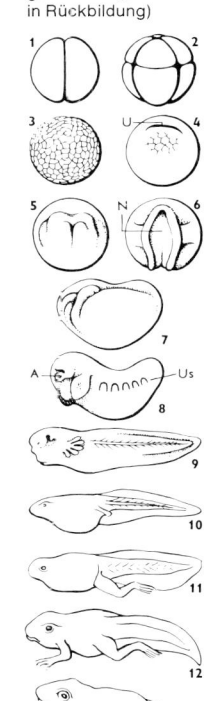

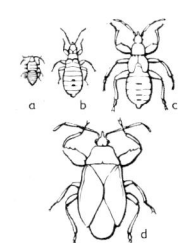

Entwicklungsstadien (Metamorphose) einer Landwanze:
a Junglarve, **b** drittes und **c** fünftes Larvenstadium, **d** Vollkerf (Imago)

Ein Q_{10}-Wert (Temperaturkoeffizient) von 2 bedeutet z. B., daß sich die Entwicklungsgeschwindigkeit bei einer Temp.-Erhöhung um 10 °C verdoppelt.
Entwicklungsstörungen, Anomalien des Entwicklungsablaufs, die zu Fehlbildungen (Mißbildungen) führen können. ↗Embryopathie, ↗Fehlbildungskalender.
Entwicklungstheorien, streben die kausale Erklärung der Individualentwicklung (Ontogenese) u. insbes. der räuml. ↗Musterbildung an. Die histor. bedeutendsten E. sind die Epigenesistheorie (Aristoteles, C. F. Wolff) u. Präformationstheorie (v. a. im 18. Jh. als „Evolutionslehre" weit verbreitet). Kernproblem ist die Entstehung „geordneter Mannigfaltigkeit" (W. Roux) aus weniger komplex organisierten Keimzellen. Die *Präformationstheorie* nimmt an, daß der Körper des Embryos in Ei- od. Samenzelle bereits in voller Komplexität enthalten (präformiert) ist, wenn auch unsichtbar klein; die Ontogenese wäre dann nur Entfaltung („Evolution") bzw. Wachstum in sichtbare Dimensionen. Die Anziehungskraft dieser Vorstellung lag in ihrem rein mechanist. Charakter (keine immateriellen Einflüsse nötig), ihr erkennbarer Nachteil war u. a. das Einschachtelungsproblem (↗Einschachtelungshypothese). Die *Epigenesistheorie* fordert – in Übereinstimmung mit dem beobachteten Entwicklungsablauf – eine ontogenet. Zunahme der Komplexität, muß diese jedoch auf immaterielle steuernde Einflüsse zurückführen (auch ↗Entelechie ben.). Im späten 19. Jh. ergaben sich Parallelen zu beiden Vorstellungen, nunmehr aber auf cytolog. bzw. experimenteller Grundlage: *Neopräformationslehre* (↗Keimplasmatheorie von A. Weismann 1892) u. *Neoepigenesislehre* (vor allem H. Driesch, seit 1894, der die Entelechie zunehmend vitalist. interpretierte). Schon fast gleichzeitig wurden Elemente beider Theorien in einer heute noch vertretbaren Weise kombiniert: erbl. Entwicklung beruht auf Präformation im Zygotenkern, die im Verlauf der Ontogenese durch cytoplasmat. Epigenese realisiert wird (E. B. Wilson 1896/1925). Neuerdings analysiert man systemtheoret. Aspekte dieser epigenet. Wechselwirkungen durch Computer-Simulation (z. B. H. Meinhardt, 1982) (↗Musterbildung). – In einer speziellen Variante stehen diese E. auch hinter dem veralteten Begriffspaar Mosaikei/Regulationsei. Die strikte Definition des *Mosaikeies* nimmt an, daß sich jeder Körperteil aufgrund v. geordnet vorliegenden Determinanten im Eicytoplasma entwickelt, u. zwar ohne Wechselwirkung mit anderen Teilen (autonom), während beim *Regulationsei* die meisten Teile des zukünft. Körpers erst

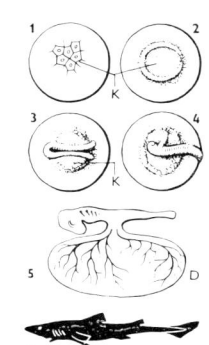

Entwicklung
Entwicklungsstadien des Haifisches:
1 frühes Furchungsstadium, Bildung der Keimscheibe (K); **2** u. **3** Bildung der Neuralwülste; **4** u. **5** Abheben des Embryos vom Dottersack (D); **6** junger Hai mit Dottersack

Entzündung
Die verschiedenen Formen der E. entwickeln sich je nach dem Ort u. nach der Art der Noxe; bes. eitererregende Bakterien sind Staphylokokken, Streptokokken, Pneumokokken, Meningokokken, Escherichia coli u. a. (↗Eitererreger). Manifestationsformen der E. sind Abszesse, Empyeme (Pleura, Gallenblase), Phlegmonen (flächige E. zw. Muskelschichten). Seröse E. z. B. in lockerem Bindegewebe (oft lebensbedrohl. Schwellung im Kehlkopf); fibrinöse E. z. B. in der Lunge, am Herzbeutel; katarrhalische E. mit Sekretion v. Schleim, Blut u. Eiter; nekrotisierende E. mit starken Gewebszerstörungen (Sonderform Gasbrand, gekennzeichnet durch Gasbildung im Gewebe durch Clostridien); membranöse E., z. B. in den Atemwegen, u. a. mehr.

aufgrund v. frühembryonalen Wechselwirkungen (epigenet.) determiniert werden. Nach heut. Kenntnis gibt es keine Embryonalentwicklung ohne Wechselwirkung od. ohne die eine od. andere cytoplasmat. Information (↗epigenetische Information; mögl. Ausnahme: einige Coelenteraten). Daher ersetzt man die Alternative Mosaikei oder Regulationsei zweckmäßigerweise durch eine Skala v. verschieden stark differenzierten Eitypen. Beim stark (od. früh) differenzierten Typus werden zur Ausbildung des Embryos weniger epigenet. Wechselwirkungen benötigt als beim wenig differenzierten Typus, d. h., die prospektive Potenz der einzelnen Keimteile wird beim Regulationstyp erst später auf die definitive Entwicklungsfunktion (prospektive Bedeutung) beschränkt als beim stärker od. früher differenzierten Typus (↗Mosaikentwicklung).

Lit.: *Driesch, H.:* Analytische Theorie der organischen Entwicklung. Leipzig 1894. *Meinhardt, H.:* Models of biological Pattern Formation. London 1982. *Weismann, A.:* Das Keimplasma. Eine Theorie der Vererbung. Jena 1892. *Wilson, E. B.:* The Cell in Development and Heredity. New York ³1928. *K. S.*

Entwicklungszentrum, das ↗Entstehungszentrum.
Entwicklungszyklus, die Abfolge v. Entwicklungsstadien vom befruchteten Ei bis zum geschlechtsreifen Organismus. Bei vielen Tier- u. Pflanzengruppen (z. B. Coelenteraten, Moose, Farne, Samenpflanzen), v. a. aber bei Parasiten verläuft der E. über mehrere Generationen mit unterschiedl. Lebens- u. Fortpflanzungsweise (↗Generationswechsel, ↗Wirtswechsel).
Entzündung, *entzündliche Reaktion, Inflammatio,* umschriebene Reaktion des Gewebes auf eine Schädigung. Die klass. klin. Zeichen *(Celsussche Kardinalsymptome)* sind: Rötung (Rubor), Schwellung (Tumor), Schmerz (Dolor) u. Überwärmung (Calor). Ursachen können sein: Exo- u. Endotoxine von Bakterien, Viren, mechan. Verletzungen, Fremdkörper, Verätzungen, Cholesterin- und Harnsäureablagerungen (↗Arteriosklerose, ↗Gicht), bestimmte Antigen-Antikörper-Reaktionen, Autoimmunkrankheiten, Gewebsnekrosen, z. B. nach Infarkten u. a. Die E. läuft unabhängig v. der Art der Noxe im wesentlichen immer gleich ab: Im Bereich der Schädigung kommt es zunächst zur sog. Gefäßreaktion, d. h. Gefäßerweiterung u. Stillstand der Durchblutung, dann zur Exsudation, d. h. Austritt v. Eiweiß u. fibrinhalt. Plasma u. damit zur Schwellung; hierdurch wird das tox. Agens verdünnt; es entsteht die entzündl. Schwellung. Durch den erhöhten Gewebsdruck, durch Peptide u. Milchsäure werden die Nervenendigungen gereizt, so daß sich oft der pulssynchrone pochende Schmerz

Envelope

im E.sgebiet einstellt. Anschließend kommt es zur zellulären Reaktion, d. h., Granulocyten, Histiocyten u. Lymphocyten treten aus den Gefäßen aus u. gelangen überwiegend durch Chemotaxis (saures Milieu) an den Ort der Schädigung. Hier phagocytieren die Granulocyten die Bakterien u. Toxine, die intrazellulär durch Lysosomen verdaut werden. Bei diesem Vorgang zerfallen die Granulocyten, wobei die Zerfallsprodukte ↗ Fieber erzeugen können (↗ Pyrogene). Aus fettig degenerierten Granulocyten entsteht ↗ Eiter. Die Histiocyten bzw. Monocyten verdauen zusätzl. Lipide, Erythrocyten u. Zellzerfallsprodukte. Bei extremen Bedingungen entstehen mehrkern. histiocytäre Riesenzellen. Zusätzl. kommt es wahrscheinl. durch Lymphocyten u. Plasmazellen zur lokalen Antikörperproduktion. Aus Mastzellen werden Amine (z. B. Histamin, Serotonin), aus dem Plasma Plasmin, Kallikrein sowie Polypeptide (Kinine) freigesetzt. Durch Bildung v. ↗ Fibrin wird der E.sprozeß möglichst lokalisiert. Im weiteren Verlauf wachsen nach ca. 6 Tagen Fibroblasten ein, die Reticulin u. kollagene Fasern bilden, welche das zerstörte Gewebe ersetzen u. die Narbe bilden. [rushülle.

Envelope [envil^up; engl., = Hülle], ↗ Vi-

Environtologie w [inwai^er-; v. frz. les environs = Umgebung, gr. onta = das Seiende, logos = Kunde], Teilgebiet der Futurologie (Zukunftsforschung); untersucht die gegenseit. Auswirkungen der Technologien, soweit sie die Umweltfaktoren betreffen, u. versucht festzustellen, wie Umweltveränderungen auf den Menschen zurückwirken können.

Enzian m [v. lat. gentiana = Enzian], *Gentiana*, mit über 450 Arten hpts. in den (Hoch-)Gebirgen der nördl. Halbkugel u. in den Anden beheimatete, mit einigen Arten auch in Australien u. Neuseeland vertretene Gatt. der Enziangewächse. 1–2jährige od. ausdauernde Kräuter mit ganzrand., kahlen, gegenständ., meist sitzenden Blättern u. meist großen, radiären, oft blauen Blüten. Die Blütenkrone besitzt Trichter-, Stielteller-, Glocken- od. Keulenform u. hat meist einen 4–5teil. Saum, mit dessen Zipfeln die in die Kronröhre eingefügten Staubblätter abwechseln. E.-Arten mit gefransten Schlundschuppen od. Kronblattzipfeln werden bisweilen in einer eigenständ. Gatt. „Gentianella" zusammengefaßt. Ihrer prächt. Blüten, aber auch ihrer z. T. als Arzneimittel verwendeten Wurzelstöcke wegen sind verschiedene E.-Arten sehr begehrt u. daher gefährdet. Bes. in den Alpenländern sind deshalb viele od. auch alle E.-Arten unter Schutz gestellt. Im folgenden die wichtigsten, v. a. in den Ge-

Enzian

Von *Gentiana punctata, G. purpurea, G. pannonica*, v. a. aber *G. lutea* stammt die rübenart. verzweigte „E.wurzel", *Radix Gentianae*. Sie enthält außer dem bitteren Glykosid Gentiopikrin (Enzianbitter) v. a. *Gentiogenin* und *Gentiamarin* sowie verschiedene Zucker u. dient in unterschiedl. Form als magenstärkendes u. verdauungsförderndes Mittel. Der zuckerhalt. Auszug der E.wurzel bildet zudem die Grundlage für den E.schnaps.
↗ Gentianaalkaloide.

Nach der ↗ Roten Liste „gefährdet" sind u. a.:
*G. asclepiadea,
G. bavarica,
G. clusii,
G. kochiana,
G. lutea,
G. pneumonanthe,
G. punctata,
G. purpurea,
G. verna*

Enzianartige

Familien:
↗ Brechnußgewächse *(Loganiaceae)*
↗ Enziangewächse *(Gentianaceae)*
↗ Hundsgiftgewächse *(Apocynaceae)*
↗ Schwalbenwurzgewächse *(Asclepiadaceae)*
↗ Ölbaumgewächse *(Oleaceae)*

enzym-, enzymo- [v. gr. en = in, zymē = Sauerteig].

Enziangewächse

Wichtige Gattungen:
↗ Bitterling *(Blackstonia)*
↗ Enzian *(Gentiana)
Gentianella
Sebaea*
↗ Tarant *(Swertia)*
↗ Tausendgüldenkraut *(Centaurium)*

birgen Mittel- u. S-Europas beheimateten Arten. Blau blühend: *G. acaulis* (Stengelloser E.; selten in subalpinen u. alpinen Magerrasen; Art wird meist aufgeteilt in *G. kochiana* und *G. clusii*); *G. asclepiadea* (Schwalbenwurz-E., selten in präalpinen Moorwiesen, subalpinen Bergmischwäldern u. im Hochstaudengebüsch); *G. bavarica* (Bayerischer E., zieml. häufig in Schneetälchen, Lägerges. u. an Quellen); *G. ciliata* (Gefranster E., zerstreut in Kalk-Magerrasen u. subalpinen Steinrasen); *G. nivalis* (Schnee-E., zieml. häufig in mageren alpinen Steinrasen); *G. pneumonanthe* (Lungen-E., selten in Moorwiesen) u. *G. verna* (Frühlings-E., in präalpinen Kalk-Magerrasen u. subalpinen Steinrasen). Violett od. purpur blühend: *G. campestris* (Feld-E., zieml. selten in montanen u. subalpinen Silicat-Magerrasen u. -weiden) u. *G. purpurea* (Purpur-E., selten in subalpinen bis alpinen Magerweiden od. Hochgrasfluren). Gelb blühend: *G. lutea* (Gelber E., selten, meist gesellig in hochmontanen bis subalpinen Magerrasen, Hochgrasfluren od. lichten Wäldern – nicht zu verwechseln mit *Veratrum*, dem weißl. bis grünl. blühenden Germer, dessen Blätter wechselständ. sowie unterseits behaart sind) u. *G. punctata* (Tüpfel-E., zieml. häufig in subalpinen u. alpinen Magerweiden). B Alpenpflanzen, B Europa II. *N. D.*

Enzianartige, *Gentianales*, Ord. der *Dicotyledoneae* (= *Magnoliatae*), U.-Kl. *Asteridae*, mit 5 Fam. (vgl. Tab.), ca. 570 Gatt. und rund 4800 Arten. Charakterist. sind radiäre, 4–5zählige Blüten mit oft gedrehter Knospenlage der Krone, meist 2blättrige Fruchtknoten mit meist zahlr. Samenanlagen u. fast immer ungeteilte, ganzrand., gegenständ. Blätter. Weit verbreitet sind bikollaterale Leitbündel u. Indol-Alkaloide.

Enziangewächse, *Gentianaceae*, mit etwa 80 Gatt. u. rund 900 Arten über die gesamte Erde verbreitete Fam. der Enzianartigen *(Gentianales)*. Meist einjähr. od. ausdauernde Kräuter, seltener Halbsträucher, Sträucher od. niedr. Bäume mit meist gegenständ., ganzrand. Blättern und i. d. R. radiären, zwittr., meist 4–5zähligen Blüten. Kelch- wie Kronblätter sind mehr od. minder verwachsen; die überwiegend trichter- od. glockenförm. Krone besitzt einen gelappten od. gezähnten bis gefransten Saum u. weist in Knospenlage meist eine Rechtsdrehung auf. An ihrer Innenseite sind bisweilen Schlundschuppen zu finden. Die Staubblätter sind mit der Krone verwachsen u. erscheinen in der gleichen Anzahl wie deren Zipfel, mit denen sie abwechseln. Der oberständ. Fruchtknoten besteht aus 2 Fruchtblättern u. wird in den meisten Fällen zu einer dünnhäut., 2klappig aufspringenden, vielsam. Kapsel. Als Anpassung an die Bestäubung durch Insekten sind Nektar abscheidende Drüsen sowohl am Kelch, der Krone sowie an der Basis des Fruchtknotens zu finden. In allen vegetativen Teilen, bes. aber in Rhizom u. Wurzel, enthalten die E. bittere Glykoside (v. a. Gentiopikrin) u. sind daher z. T. offizinell od. als Volksheilmittel in Gebrauch. Einige werden auch als Gartenzierpflanzen kultiviert. Die meisten Arten der E. besitzen an den Wurzeln eine Mykorrhiza.

Enzian-Halbtrockenrasen, *Gentiano-Koelerietum,* Assoz. des ↗Mesobromion.

Enzootie *w* [v. gr. en = in, zōotēs = Tierwelt], Begriff der ↗Epidemiologie, eng umgrenztes Vorkommen einer Krankheit (Seuche) in einer Tierpopulation. Ggs.: Epizootie.

Enzyme [Bw.: *enzymatisch;* v. *enzym-],* *Biokatalysatoren,* veraltete Bez. *Fermente,* Proteine, die in den Organismen als Katalysatoren an fast allen chem. Umsetzungen beteiligt sind, indem sie die für den Ablauf jeder chem. Reaktion erforderl. ↗Aktivierungsenergie herabsetzen u. damit schon unter den in lebenden Zellen herrschenden Bedingungen (z. B. Körpertemp., wäßr. Lösungen, Normaldruck) Reaktionen in Gang setzen, die sonst nur unter nicht-physiolog. Bedingungen mit merkl. Geschwindigkeiten ablaufen. Da sich Stoffwechselvorgänge generell aus zahlr. Einzelreaktionen zusammensetzen, v. denen jede durch ein bestimmtes, für jede Einzelreaktion spezif. Enzym katalysiert wird, sind E. v. fundamentaler Bedeutung für den Ablauf des gesamten Zellstoffwechsels. Zur Isolierung (d. h. Anreicherung od. Reindarstellung) v. E.n aus Zellmaterial stehen heute eine Reihe v. Standardmethoden, darunter bes. Säulenchromatographie, differentielle Zentrifugation, fraktionierte Fällung zur Verfügung, so daß die Eigenschaften der über 1800 heute bekannten E. vorwiegend an reinen od. angereicherten Enzympräparationen außerhalb der Zelle (in vitro) untersucht werden konnten. Die Ausarbeitung u. Anwendung v. Methoden zur Isolierung von E.n sowie zur Untersuchung ihrer strukturellen u. funktionellen Eigenschaften ist Gegenstand der *Enzymologie,* einem der Hauptgebiete der Biochemie. Wie die Proteine generell, besitzen auch die *Enzymproteine* Kettenlängen im Bereich zw. 100 u. 500 Aminosäureresten (↗Proteine). Neben den aus nur einer Peptidkette aufgebauten E.n gibt es zahlr. Beispiele für multimere E., die entweder aus mehreren gleichen Peptiduntereinheiten, häufig als Dimere (α_2), Tetramere (α_4) od. Oktamere (α_8), od. aus mehreren verschiedenen Peptiduntereinheiten aufgebaut sind. So ist z. B. Aspartat-Transcarbamylase aus zwei verschiedenen Untereinheiten (α, β) aufgebaut, während sich Ribulose-1,5-diphosphat-Carboxylase aus 2×8 verschiedenen Untereinheiten (α_8, β_8) zusammensetzt. Viele E. besitzen neben dem Proteinanteil, dem sog. ↗*Apoenzym* (auch Enzymprotein gen.), nichtproteinogene Gruppen, sog. ↗*Coenzyme,* die an das Apoenzym entweder nur lose, d. h. nicht kovalent, bzw. vorübergehend od. fest, d. h. kovalent, gebunden sind (↗*Cofaktoren*). Apo- u. Coenzym ergeben zus. das allein wirksame *Holoenzym.* – Als *Enzymsysteme* werden Gruppen von E.n zusammengefaßt, durch die zusammengehörige, mehrstuf. Reaktionsfolgen katalysiert werden, z. B. die Enzymsysteme der Glykolyse, des Aufbaus einzelner Aminosäuren, des Aufbaus v. Nucleotiden, der DNA-Synthese, der DNA-Reparatur. Enzymsysteme können auch, wie im Falle der Fettsäure-Synthetase, durch Zusammenlagerung mehrerer E. zu einem größeren Verband als ↗*Multienzymkomplexe* vorliegen. I. d. R. sind Enzymsysteme in bestimmten Kompartimenten der Zelle lokalisiert, so z. B. die Enzyme der Glykolyse in den Mitochondrien, die Enzyme des Calvin-Zyklus in den Chloroplasten, die Enzyme der DNA-Synthese u. -Reparatur im Zellkern. Innerhalb der einzelnen Kompartimente unterscheidet man zw. lösl., d. h. im entspr. Plasma (Cytoplasma, Kernplasma, Matrix v. Mitochondrien, Stroma v. Chloroplasten usw.) freibewegl. E.n und Enzymsystemen, u.

Typen räumlicher Anordnung von Enzymen in der Zelle

1 *Frei im Plasma* (Glykolyse)

Das Produkt der einen Enzymreaktion ist Substrat für die nächste Reaktion. A–E sind diffundierende Zwischenprodukte.

2 *Multienzymkomplex* (Fettsäuresynthese)

Die Distanz einer Reaktionskette wird vermindert.

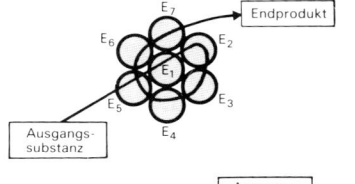

3 *Membrangebunden* (Atmungskette)

Für den Forscher sind membrangebundene Enzymsysteme schwer zu untersuchen, da die Enzyme nicht einzeln von der Membran isoliert werden können.

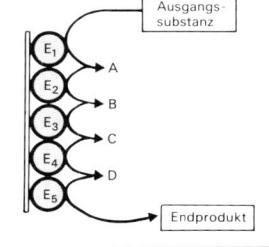

Enzyme

Geschichte

1783: Spallanzani entdeckt die extrazelluläre Verdauung v. Proteinen.
1837: Liebig u. Wöhler beschreiben die enzymat. Spaltung v. Amygdalin durch Mandel-Emulsion.
1847: Dubrunfaut beobachtet den Abbau v. Stärke zu Maltose durch Diastase als Ferment.
1893: Ostwald klassifiziert die Enzyme („Fermente") im Sinne der physikal. Chemie.
1897: E. u. H. Buchner entdecken die zellfreie Gärung.
1912: Warburg postuliert das Atmungsferment.
1913: Michaelis u. Menten: Theorien der Enzymkinetik.
1926: Sumner kristallisiert als erstes Enzym Urease.
1932: Warburg u. Theorell entdecken die gelben Fermente (Flavinenzyme).
1936: Der Zshg. zw. Vitaminen u. Coenzymen wird durch v. Euler, Theorell u. Warburg an Pyridinnucleotid- u. Flavinenzymen erkannt.
(Fortsetzung S. 146)

Enzyme

Enzyme: Geschichte (Fortsetzung)

1940–1944: Die Codierung v. Enzymproteinen durch Gene wird erkannt (Beadle u. Tatum, Butenandt u. Kühn); Ein-Gen-Ein-Enzym-Hypothese.
1950–1965: Die durch Fettsäuresynthetase katalysierten Reaktionen werden durch Bloch, Lynen u. Wakil aufgeklärt u. Fettsäuresynthetase als Multienzymkomplex erkannt.
1960: Röntgenstrukturanalyse der dreidimensionalen Strukturen v. Proteinen (Myoglobin u. Hämoglobin) durch Kendrew u. Perutz.
1963: Changeux, Jacob u. Monod: alloster. Hemmung v. Enzymen.
1969: Ribonuclease als erstes Enzym chem. synthetisiert (Denkewalter u. Hirschmann; Gutte u. Merrifield).
1975: Mit gentechnolog. Methoden wird es mögl., Gene für Enzymproteine gezielt abzuwandeln u./od. zw. Zellen verschiedener Organismen zu transferieren, was die Möglichkeit zur Konstruktion v. Enzymen mit „maßgeschneiderter" Struktur u./od. zur Synthese v. Enzymen in artfremden Zellen eröffnet.

Schema der Enzymkatalyse

Enzym (E) und Substrat (S) bilden einen *Enzym-Substrat-Komplex*. An ihm vollzieht sich die Substratumwandlung (Bildung des Produkts P). Anschließend zerfallen die Reaktionspartner wieder. Alle Reaktionspartner und Zwischenprodukte stehen im Gleichgewicht miteinander.

$$E + S \rightleftharpoons \boxed{ES \rightleftharpoons EP} \rightleftharpoons E + P$$
Bildung ↑ Zerfall
Reaktion vollzieht sich am Enzym

solchen, die in den entspr. Membranen verankert sind, wie z. B. die in der Mitochondrienmembran lokalisierten Enzymsysteme der ⌐Atmungskette u. der Atmungskettenphosphorylierung od. die in der Thylakoidmembran der Chloroplasten verankerten Systeme der Photosynthese u. Photophosphorylierung. Die membrangebundenen E. zeigen zwar eine hohe Spezifität hinsichtl. ihrer Orientierung zur Innen- od. Außenseite der betreffenden Membran; sie können jedoch – allerdings immer auf derselben Seite der Membrandoppelschicht bleibend – innerhalb der Membranfläche zweidimensional diffundieren u. mit anderen membrangebundenen E.n interagieren (z. B. Substrate austauschen), so daß sie nicht im strengen Sinn als an bestimmte Stellen der Membran verankerte Moleküle aufzufassen sind. Manche E., bes. die den Abbau katalysierenden E. des Verdauungstrakts u. die im Blut enthaltenen E., werden v. den produzierenden Zellen in den extrazellulären Raum ausgeschieden *(extrazelluläre E.).* Häufig werden E., die zwar die gleiche Reaktion katalysieren, jedoch mehr od. weniger große Unterschiede in der Proteinstruktur u./od. den kinet. Eigenschaften aufweisen, in verschiedenen Individuen derselben Spezies, in verschiedenen Organen eines Individuums od. sogar in den verschiedenen Kompartimenten einer Zelle beobachtet. Multiple E. dieser Art werden ⌐*Iso-E.* genannt. Als Katalysatoren erhöhen E. immer die Geschwindigkeiten v. Hin- *und* Rückreaktionen, die zu einem ⌐chem. Gleichgewicht führen, so daß unter der Wirkung von E.n lediglich die Geschwindigkeit der Gleichgewichtseinstellung erhöht wird, jedoch die Lage des Gleichgewichts keine Änderung erfährt. Die unter der Wirkung eines Enzyms umgewandelte chem. Verbindung wird als *Substrat* bezeichnet; dieses wird vorübergehend während der Umsetzung am ⌐*aktiven Zentrum* des entspr. Enzyms unter Ausbildung der sog. *Enzym-Substrat-Komplexe* gebunden (☐ aktives Zentrum). Substrat u. aktives Zentrum eines Enzyms sind zueinander komplementär (Schlüssel-Schloß-Beziehung), weshalb jedes Enzym aus der Vielzahl der in der Zelle auftretenden Moleküle das jeweils passende Substrat u. nur dieses (bzw. bei der Rückreaktion das Reaktionsprodukt desselben) binden u. umsetzen kann. Diese Selektivität bezügl. der umzusetzenden Substrate wird als *Substratspezifität* bezeichnet. An den Verzweigungspunkten v. Stoffwechselwegen können einzelne Verbindungen (z. B. C in folgendem Schema) zu verschiedenen Produkten umgewandelt werden:

$$A \xrightleftharpoons[]{E_A} B \xrightleftharpoons[]{E_B} C \xrightleftharpoons[E_{C,E}]{E_{C,D}} \begin{matrix} D \\ E \end{matrix}$$

Die Enzyme $E_{C,D}$ und $E_{C,E}$ besitzen zwar überlappende, d. h. z. T. ident. Substratspezifitäten (sie binden bzw. setzen gemeinsam die Verbindung C um, unterscheiden sich aber durch die Bindung der Produkte D bzw. E bei den Rückreaktionen); sie zeigen jedoch verschiedene *Wirkungsspezifität,* da Enzym $E_{C,D}$ nur die Umwandlung $C \rightleftharpoons D$, Enzym $E_{C,E}$ nur die Umwandlung $C \rightleftharpoons E$ katalysiert. Während die Substratspezifität vorwiegend auf der Wechselwirkung Substrat – aktives Zentrum des Enzyms beruht, ist für die Wirkungsspezifität auch die Wechselwirkung Substrat – Coenzym v. Bedeutung, zumal häufig auch die Coenzyme, einhergehend mit der Umsetzung der Substratmoleküle, zykl. Reaktionen durchlaufen (z. B. Redoxreaktionen bei den Coenzymen der Atmungskettenenzyme); deshalb wird der Begriff *Cosubstrat* häufig als Synonym für den Begriff Coenzym verwendet.

Für einige enzymkatalysierte Reaktionen konnten die im aktiven Zentrum ablaufenden Einzelschritte bis hin zu atomaren Details analysiert werden. Als Beispiel ist in der Abb. S. 147 die Wirkung v. ⌐Chymotrypsin bei der Spaltung einer Peptidbindung wiedergegeben; dabei üben die in der Primärstruktur des Chymotrypsins weit entfernt liegenden Aminosäurereste His-57, Asp-102 u. Ser-195, die jedoch aufgrund der Tertiärstruktur (☐ Chymotrypsin) in räuml. Nachbarschaft liegen, eine gleichsam konzertierte Aktion aus. Dieses Beispiel veranschaulicht daher auch die bes. Bedeutung der Faltung v. Protein-Primärstrukturen zu Sekundär- u. Tertiärstrukturen für die Aktivität v. E.n, da nur aufgrund dieser Faltungen die das aktive Zentrum bildenden Aminosäurereste in räuml. Nachbarschaft gelangen können.

Die *Klassifikation* der E. erfolgt gemäß den Empfehlungen der Int. *Enzymnomenklatur-Kommission* (engl. *Enzyme Commission);* nach der v. ihr erarbeiteten sog. *E.C.-Nomenklatur* werden die E. aufgrund ihrer Wirkungsspezifitäten in 6 Hauptklassen eingeteilt (T 148), die aufgrund der beteiligten Coenzyme u. der Substratgruppen weiter unterteilt werden in Enzymgruppen, Enzymuntergruppen u. Serien. Die Bez. einzelner E. erfolgt durch Kombination v. Substrat (evtl. auch Coenzym), Wirkungsspezifität u. die für E. generelle Endung -*ase;* so wird z. B. ein Enzym, das v. Alkohol als Substrat Wasserstoff auf

Enzyme

NAD⁺ überträgt, d. h. eine Dehydrogenierungsreaktion (Wirkungsspezifität) katalysiert, als NAD-abhängige Alkohol-Dehydrogenase bezeichnet. – Neben den strukturellen Eigenschaften (Aminosäuresequenz u. Anzahl v. Peptidketten, Faltung zu Sekundär- u. Tertiärstrukturen, relative Molekülmasse usw.) u. den Substrat- bzw. Wirkungsspezifitäten werden v. a. die kinet. Parameter der enzymgesteuerten Reaktionen u. die Hemmung od. Stimulierung durch bestimmte Stoffe zur Charakterisierung einzelner E. herangezogen. Mißt man bei vorgegebener konstanter Enzymmenge die Geschwindigkeit (Menge umgesetztes Substrat pro Zeiteinheit) der betreffenden Reaktion in Abhängigkeit v. der Substratkonzentration, so beobachtet man häufig den in der Abb. S. 148 wiedergegebenen Kurvenverlauf, aus dem sich die Maximalgeschwindigkeit (v_{max}) u. die Substratkonzentration K_M, bei der die Halbsättigung des Enzyms erreicht ist, ablesen läßt. K_M-Werte (ben. nach *Michaelis* u. *Menten*, den Entdeckern der in Abb. S. 148 wiedergegebenen Beziehung, die deshalb auch als *Michaelis-Menten-Gleichung* bezeichnet wird) sind ein Maß für die Bindestärke zw. Enzym u. Substrat; niedrige K_M-Werte zeigen hohe Bindestärke an u. umgekehrt; z. B. reicht die sehr geringe Konzentration v. $4 \cdot 10^{-7}$ (molar) t-RNA schon aus, um Arginin-t-RNA-Synthetase zur Hälfte in den Enzym-Substrat-Komplex überzuführen (hohe Bindestärke), während die Bindung v. ATP an dasselbe Enzym die viel höhere Konzentration v. $3 \cdot 10^{-4}$ (molar) erfordert (geringe Bindestärke). Wie einige der in Tab. S. 148 aufgeführten Beispiele zeigen, werden bei enzymgesteuerten Reaktionen häufig mehrere Moleküle (z. B. Arginin, t-RNA u. ATP bei Arginin-t-RNA-Synthetase) umgesetzt, für die jeweils eigene, jedoch benachbarte Bindestellen bzw. Bindeaffinitäten (ausgedrückt durch die K_M-Werte) im aktiven Zentrum existieren. Bei alloster. E.n zeigt die Abhängigkeit der Reaktionsgeschwindigkeit v. der Substratkonzentration den für sie charakterist. sigmoiden Verlauf (□ Allosterie). Ein weiterer kinet. Parameter zur Charakterisierung v. E.n ist die *Wechselzahl;* sie gibt die Anzahl v. Substratmolekülen an, die v. einem Enzymmolekül pro Min. umgesetzt werden kann. Wechselzahlen vieler E. liegen zw. 10^3 u. 10^4; extrem hohe Wechselzahlen zeigen ↗Carboanhydrase ($36 \cdot 10^6$), ↗Katalase ($5 \cdot 10^6$) u. ↗Acetylcholin-Esterase ($2 \cdot 10^6$). Die Aktivität v. isolierten E.n ist innerhalb gewisser Grenzen abhängig v. den äußeren Testbedingungen, wie Temp., pH-Wert,

Katalytischer Mechanismus der Glycerinaldehyd-3-phosphat-Dehydrogenase-Reaktion

Enzymatische Hydrolyse einer Peptidbindung durch Chymotrypsin über die Zwischenstufen a–h

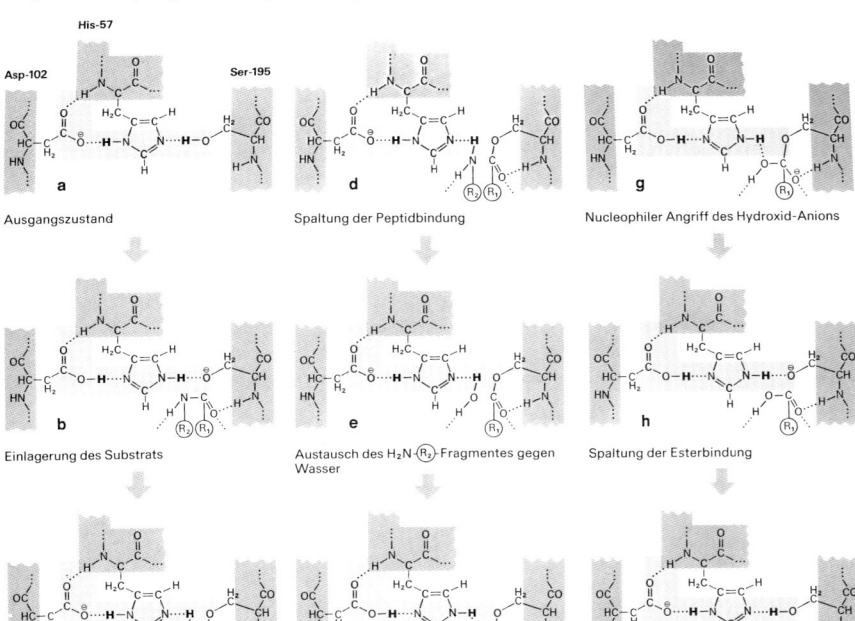

a Ausgangszustand
b Einlagerung des Substrats
c Nucleophiler Angriff von Ser-195
d Spaltung der Peptidbindung
e Austausch des H_2N-(R₂)-Fragmentes gegen Wasser
f Bildung eines Hydroxid-Anions
g Nucleophiler Angriff des Hydroxid-Anions
h Spaltung der Esterbindung
a Ausgangszustand

Enzyme

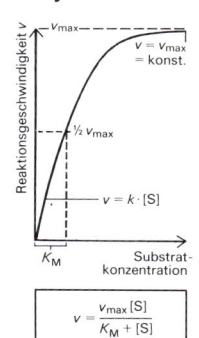

Geschwindigkeit der Enzymkatalyse in Abhängigkeit von der Substratkonzentration

$$v = \frac{v_{max} [S]}{K_M + [S]}$$

Zu Beginn der Reaktion steigt die Reaktionsgeschwindigkeit proportional mit der Substratkonzentration ($v = k \cdot [S]$) und erreicht schließlich eine Maximalgeschwindigkeit, die unabhängig von steigenden Substratkonzentrationen wird ($v = v_{max} = $ konst.). In Ggw. eines reversiblen Inhibitors erstreckt sich die Kurve vom Ursprung aus, entspr. der Konzentration des Inhibitors, mehr od. weniger stark nach rechts (vgl. die entspr. Abb. bei einem allosterischen Inhibitor, ↗ Allosterie).

Internationale Klassifikation der Enzyme

Angabe der Klassennamen, Codenummern u. Art der katalysierten Reaktionen:

1. Oxidoreductasen
(Redoxreaktionen) Oxidierende bzw. dehydrierende Wirkung auf:

1.1. $-\overset{|}{\underset{|}{C}}H-OH$
1.2. $-\overset{H}{\underset{|}{C}}=O$
1.3. $\rangle CH-CH\langle$
1.4. $-\overset{|}{\underset{|}{C}}H-NH_2$
1.5. $-\overset{|}{\underset{|}{C}}H-NH-$
1.6. NADH, NADPH

2. Transferasen
(Übertragung funktioneller Gruppen)

2.1. C_1-Gruppen
2.2. Aldehyd- od. Keto-Gruppen
2.3. Acyl-Gruppen
2.4. Glykosyl-Gruppen
2.5. Alkyl- (außer Methyl-) und Aryl-Gruppen
2.6. Amino-Gruppen
2.7. Phosphat-Gruppen
2.8. S-haltige Gruppen

3. Hydrolasen
(Hydrolytische Reaktionen)

3.1. Esterbindungen
3.2. Glykosidische Bindungen
3.3. Ätherbindungen
3.4. Peptidbindungen
3.5. Andere C-N-Bindungen
3.6. Säureanhydridbindungen

4. Lyasen
(Addition an Doppelbindungen bzw. als Umkehrreaktionen Bildung der aufgeführten Doppelbindungen durch Eliminierungsreaktionen)

4.1. $-\overset{|}{C}=\overset{|}{C}-$
4.2. $-\overset{|}{C}=O$
4.3. $-\overset{|}{C}=N-$

5. Isomerasen
(Isomerisierungen)

5.1. Racemisierungen und Epimerisierungen
5.2. Cis-trans-Isomerisierungen
5.3. Intramolekulare Oxidoreduktionen
5.4. Intramolekularer Gruppentransfer

6. Ligasen
(Ausbildung neuer Bindungen unter ATP-Spaltung)

6.1. C−O
6.2. C−S
6.3. C−N
6.4. C−C
6.5. Phosphatester

K_M-Werte einiger Enzyme

Enzym	Substrat	K_M (mol/l)
Chymotrypsin	Acetyl-L-Tryptophanamid	$5 \cdot 10^{-3}$
β-Galactosidase	Lactose	$4 \cdot 10^{-3}$
Lysozym	Hexa-N-acetylglucosamin	$6 \cdot 10^{-6}$
Hexokinase	Glucose	$1,5 \cdot 10^{-4}$
	Fructose	$1,5 \cdot 10^{-4}$
Pyruvat-Carboxylase	Pyruvat	$4 \cdot 10^{-4}$
	HCO_3^-	$1 \cdot 10^{-3}$
	ATP	$6 \cdot 10^{-5}$
Arginin-t-RNA-Synthetase	Arginin	$3 \cdot 10^{-6}$
	t-RNA	$4 \cdot 10^{-7}$
	ATP	$3 \cdot 10^{-4}$

Salzkonzentrationen, Konzentration zweiwert. Kationen (bes. Mg^{2+}) u. SH-Reagenzien (↗ Aktivatoren). Die optimalen Bedingungen bezügl. dieser Komponenten sowie bezügl. Temp. u. pH-Wert können daher v. Enzym zu Enzym erhebl. abweichen, was einerseits v. prakt. Bedeutung für die standardisierte Messung v. Enzymaktivitäten ist, andererseits aber auch häufig die Bedingungen widerspiegelt, unter denen die betreffenden E. in der Zelle aktiv sind. Als int. gebräuchl. Einheit der *Enzymaktivität* wurde urspr. diejenige Menge Enzym definiert, die unter ↗ Standardbedingungen 1 μmol Substrat pro Min. umsetzt (= 1 *Enzymeinheit*). Diese Definition ist heute noch weitgehend übl., obwohl die Enzymkommission der „International Union of Pure and Applied Chemistry" (IUPAC) 1972 die Einheit neu definiert hat; nach dieser heute gült. Empfehlung ist die Einheit der Enzymaktivität, das *Katal* (Symbol kat), diejenige Enzymmenge, die 1 Mol Substrat pro Sek. umsetzen kann. Da diese Einheit jedoch sehr groß ist, werden für gäng. Enzymmengen die Einheiten μkat, nkat u. pkat verwendet. Von prakt. Bedeutung sind außerdem: die *spezifische Aktivität* von E.n, definiert als Enzymeinheiten pro mg Protein bzw. seit 1972 als Katals pro kg Protein (kat/kg), die *molare Aktivität* von E.n, die identisch mit der Wechselzahl (vgl. S. 147) ist, u. die *Konzentration* von E.n als Enzymeinheiten pro ml bzw. seit 1972 als Katals pro Liter. Die *Hemmung* v. Enzymaktivitäten *(Enzymhemmung)* durch Hemmstoffe kann irreversibel od. reversibel erfolgen. Die irreversible Hemmung *(Enzymvergiftung)* erfolgt durch sog. *Enzymblocker (Enzymgifte)*. So werden viele schwermetallhalt. E., darunter bes. die an der ↗ Atmungskette beteiligten Cytochrome, durch Cyanidionen (↗ Cyanide) irreversibel blockiert. E. mit SH-Gruppen im aktiven Zentrum (sog. SH-E.) werden durch Umsetzung der SH-Gruppen mit Iodacetamid od. N-Äthylmaleinimid

---

Enzymmuster in der Diagnostik

Die Aufklärung der *Enzymmuster* in den Organen ist von hohem diagnost. Wert in der Medizin. Da der Ort des Intermediärstoffwechsels die Zelle ist, sind hohe Enzymaktivitäten nur innerhalb der Zelle, nicht aber im Bereich außerhalb der Zelle, z. B. im Blutserum, zu erwarten. Andererseits verursachen die meisten Organerkrankungen Zellschädigungen, die zum Austritt von Enzymen ins Blut führen. Im Blut findet der Arzt dann ein Enzymmuster, das dem geschädigten Organ entspricht und damit auf den Sitz der Krankheit hinweist. Als Beispiel sei nur der etwa 5fache Anstieg der Lactat-Dehydrogenase-Aktivität im Serum nach einem Herzinfarkt genannt. Wenn die Organschädigung behoben werden kann, gehen auch die krankhaften Veränderungen der Enzymaktivitäten im Serum zurück. Der Heilungsprozeß kann also über die Messung der entsprechenden Enzyme im Blut verfolgt werden. Auch für die pränatale Diagnostik v. Erbkrankheiten gewinnt die Bestimmung v. Enzymmustern (in diesem Falle aus der Amnionflüssigkeit, ↗ Amniocentese) zunehmend an Bedeutung.

ENZYME

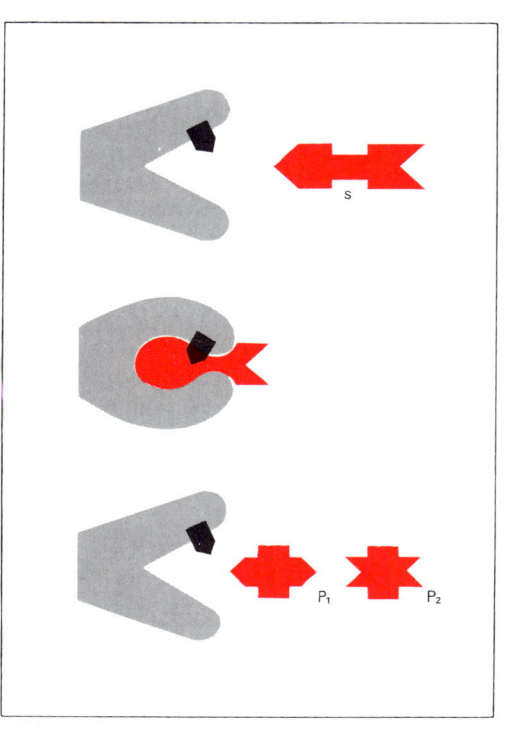

Enzymproteine katalysieren die überwiegende Mehrzahl aller in den lebenden Zellen ablaufenden chemischen Reaktionen und beschleunigen sie in verschiedenem Ausmaß, z. B. hunderttausendfach. Nur wenige Reaktionen verlaufen schon spontan in ausreichender Geschwindigkeit. Die Enzyme bilden typischerweise in ihrer Konformation ein sogenanntes aktives Zentrum in der Gestalt einer Tasche aus, in der die an der Reaktion und der spezifischen Erkennung beteiligten Aminosäure-Seitengruppen das Substrat gleichzeitig von allen Seiten her erfassen können.

Manche Enzyme, aber bei weitem nicht alle, enthalten für diesen Zweck auch noch eine oder mehrere zusätzliche, eingelagerte Gruppen, die *Coenzyme*. Einige Coenzyme sind dabei mit ihrem Protein *(Apo-Enzym)* kovalent verbunden, andere haften nur durch Wasserstoffbrücken und hydrophobe Wechselwirkung. Mit der Aufnahme des *Substrat*moleküls (S) in das aktive Zentrum des Enzyms erfahren im allgemeinen alle der molekularen Partner eine konformative Umlagerung in eine einander angepaßte Form (*„induced fit"*, im Schema übertrieben dargestellt). Nach der Reaktion, hier eine Spaltung des Substratmoleküls, werden die *Produkte* (P_1, P_2) wieder aus dem aktiven Zentrum freigesetzt.

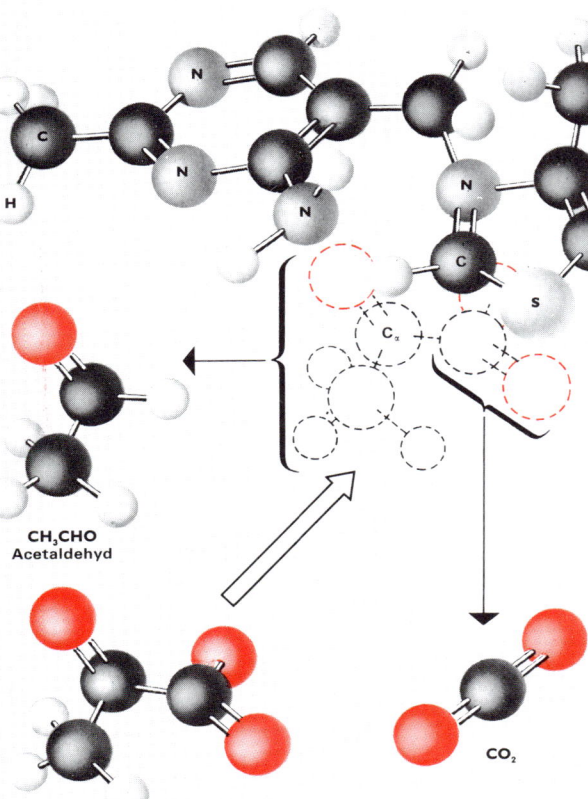

Thiaminpyrophosphat (TPP)

reaktives C-Atom

CH₃CHO
Acetaldehyd

CO_2

CH₃COCOO⁻
Pyruvat

Die Decarboxylierung von Pyruvat zu Acetaldehyd und CO_2 findet im aktiven Zentrum eines Enzyms (der Alkoholdehydrogenase) statt, das als Coenzym eine *Thiaminpyrophosphat*gruppe trägt. Das Pyruvat lagert sich entsprechend der gestrichelten Teilzeichnung an das Coenzym an, und nach dem Ausbilden einer Bindung zwischen dem α-C-Atom des Substrates und dem aktiven C-Atom des Coenzyms kann zuerst die CO_2-Gruppe abgespalten werden, danach wird der Acetaldehyd freigesetzt. Der gesamte Prozeß findet in einer Tasche im Innern des Enzymproteins statt, und die Aminosäuregruppen seiner Polypeptidkette bedecken nicht nur Coenzym und Substrat, sondern sie wirken von allen Seiten her an der enzymatisch katalysierten Reaktion mit. — Das Coenzym Thiaminpyrophosphat kann ebenso wie einige andere im Körper des Menschen nicht synthetisiert werden, sondern entsteht aus dem Vitamin B_1 (Thiamin, Aneurin) der Nahrung durch das Anknüpfen einer Pyrophosphatgruppe.

Enzyme

Enzymtechnologie

Aufgrund der bes. schonenden Bedingungen u. der hohen Wirkungsspezifität für komplizierte, chem. oft sehr aufwend. Reaktionen sowie der oft hohen Ausbeute u. Reinheit der Produkte enzymgesteuerter Reaktionen werden Enzyme vielfach auch industriell genutzt, z. B. in der Pharma-, Lebensmittel-, Getränke-, Textil-, Papier- u. Waschmittel-Ind. Bevorzugte Substrate sind Polysaccharide u. Proteine; die großtechnisch eingesetzten Enzyme (vgl. Tab.) werden meist aus Mikroorganismen gewonnen. Von zunehmender techn. Bedeutung sind an Oberflächen fester Stoffe (z. B. Ionenaustauscher) immobilisierte Enzyme, da sie eine häufige Wiederverwendung bzw. eine leichte Abtrennung v. den Produkten ermöglichen. Es ist abzusehen, daß auch viele bisher schwer zugänglichen Enzyme bzw. auch kompliziertere Enzymsysteme mit Hilfe gentechnolog. Verfahren in größerem Maßstab zugängl. werden, weshalb mit einer raschen weiteren Ausdehnung des techn. Anwendungsbereichs v. Enzymen zu rechnen ist, zumal Enzymtechnologie aufgrund der milden Reaktionsbedingungen u. der meist geringen Nebenproduktbildung zu den allgemein umweltfreundlicheren, „sanften" Technologien gezählt werden darf. ↗Biotechnologie. ↗Gentechnologie.

Technische Verwendung von Enzymen (Auswahl)

Enzym	Substrat	Verwendung
α-Amylase	Stärke	Herstellung von Dextrin
β-Amylase	Stärke	Herstellung von Maltose
Proteinase	Protein (Milch, Sojabohne)	Herstellung von Peptonen Vorbehandlung von Sojasoße
Papain	Protein im Bier	Beseitigung von Trübungen
Labferment	Casein	Käseproduktion
Polygalacturonase	Pektin	Herstellung von Fruchtsäften
Cellulase	Cellulose	Verzuckerung
Triacylglycerollipase	Lipid	Hydrolyse von Fetten
β-Fructofuranosidase	Saccharose	Herstellung von Invertzucker
α-Galactosidase	Raffinose	Zersetzung von Raffinose
β-Galactosidase	Lactose	Zersetzung von Lactose
Steroid 11 β-Monooxygenase	Sterol	Herstellung von Steroiden
Glucose-Isomerase	Glucose	Herstellung von hochkonzentriertem Fructose-Sirup
Aminoacylase	D,L-Acyl-Aminosäure	Herstellung von L-Aminosäure

inhibiert, E. mit Serinresten im aktiven Zentrum (sog. Serin-E., z. B. Chymotrypsin) verlieren ihre Aktivität durch Phosphorylierung der Serin-Hydroxylgruppe mit ↗Diisopropyl-Fluorphosphat. Durch Reaktion mit diesen u. a. Hemmstoffen, die auch bei den Inaktivierungen einhergehenden Markierungen v. aktiven Zentren konnten andererseits vielfach Rückschlüsse auf die Lokalisation der letzteren und auf den Feinmechanismus enzymat. Reaktionen gezogen werden. Im Ggs. zur hohen Spezifität der gen. Enzymblocker erfolgt die Inaktivierung von E.n unter dem Einfluß von Denaturierungsbedingungen (u. a. Temp. über 50 °C, extreme pH-Werte, Einwirkung v. Detergentien) meist unspezifisch, d. h. ohne Selektivität für bestimmte E. od. bestimmte funktionelle Gruppen derselben. Teilweise ausgenommen v. der Inaktivierung durch diese Denaturierungsbedingungen sind die auch bei höherer Temp. aktiven E. thermophiler Organismen, die auch bei dem stark sauren pH-Wert des Säugermagens arbeitender Verdauungs-E. u. die oft nur mit Hilfe v. Detergentien isolierbaren E. aus Membranen.

Die reversible Hemmung v. Enzymaktivitäten durch sog. *Enzyminhibitoren* erfolgt entweder nach dem Prinzip der kompetitiven Hemmung durch Moleküle, die aufgrund struktureller Ähnlichkeit zu Substraten im aktiven Zentrum zwar binden u. damit den Zugang für die Substratmoleküle versperren, die aber aufgrund ihrer doch andersart. Struktur nicht umgesetzt werden können, od. nach dem Prinzip der *allosterischen Hemmung* (↗Allosterie). Als Spezialfall der kompetitiven Hemmung ist die *Produkthemmung* aufzufassen, da Produkte als Substrate der jeweil. Rückreaktionen ebenfalls Affinität zum aktiven Zentrum besitzen u. daher immer das Substrat der Hinreaktion aus diesem verdrängen können (↗Endprodukthemmung). Neben der alloster. Hemmung beobachtet man bei allosterisch regulierten E.n häufig auch die reversible ↗*Aktivierung* durch allosterisch wirkende *Effektoren* (↗Allosterie). Schließl. ist als irreversible Aktivierung von E.n die spezif. Spaltung v. inaktiven Enzymvorstufen (Zymogene) zu nennen, wie sie z. B. bei der Umwandlung v. (Chymo-)Trypsinogen zu (Chymo-)Trypsin beobachtet wird.

Die *Synthese* der Enzymproteine erfolgt wie bei allen Proteinen ausgehend v. den entspr. Genen (↗Ein-Gen-ein-Enzym-Hypothese) über m-RNA an den Ribosomen. Die Regulation der Neusynthese v. Enzymprotein erfolgt hpts. auf der Ebene der Transkription (*Enzyminduktion* u. *Enzymrepression,* ↗Genregulation, B), doch sind auch einige gut untersuchte Beispiele (z. B. bei RNA-Phagen) für Regulationsmechanismen auf der Ebene der Translation bekannt. Als Enzymdefekte od. ↗*Enzymopathien (genet. Enzymdefekte)* bezeichnet man genet. bedingte u. daher erbl. Stoffwechselanomalien, die durch den Ausfall bestimmter Enyzme – bedingt durch Mutationen der betreffenden Gene – zur Blokkierung der entspr. Stoffwechselreaktionen führen (z. B. bei Albinismus, Alkaptonurie u. Phenylketonurie). H. K.

Enzymologie [v. *enzymo-, gr. logos = Kunde] ↗Enzyme.

Enzymopathien [Mz.; v. *enzym-, gr. pathos = Leiden], *Enzymmangelkrankheiten,* Überbegriff für meist autosomal rezessiv erbl. Krankheiten, die durch einen Ausfall od. Defekt v. ↗Enzymen od. Enzymsystemen des Stoffwechsels verursacht werden. Dabei können bestimmte Stoffwechselwege nicht ablaufen, so daß vermehrt Metaboliten entstehen, die pathologischerweise im Gewebe abgelagert (Speicherkrankheiten, Thesaurismosen) od. im Urin ausgeschieden werden. Folgen sind oft Wachstumsstörung, geistige Minder-

inaktive Vorstufe
Aktivierungsstelle

Aktivierung durch Hydrolyse spezifischer Peptidbindungen

aktives Enzym

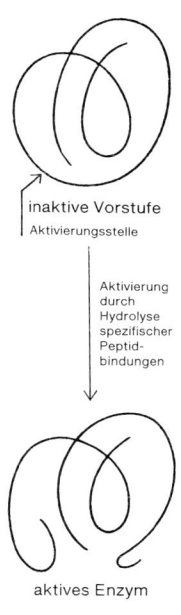

Aktivierung einer Enzymvorstufe (schematisch)

entwicklung, Organschäden bei Leber, Nieren, Milz, Augen u. Hirn durch die patholog. Ablagerungen; oft tödl. Verläufe. Therapien sind durch bestimmte Diäten möglich. Sonderformen der E. betreffen nur die Erythrocyten u. sind durch Mangel v. bestimmten Enzymen des Erythrocytenstoffwechsels Ursache für eine verkürzte Lebensdauer der Erythrocyten (↗ Hämolyse).
Enzymvergiftung [v. *enzym-] ↗ Enzyme.
Eoacanthocephala [Mz.; v. *eo-, gr. akantha = Stachel, kephalē = Kopf], umstrittene Ord. der ↗ Acanthocephala, deren Vertreter Merkmale der beiden übrigen Ord. (↗ Archiacanthocephala u. ↗ Palaeacanthocephala) in sich vereinen, ohne Exkretionssystem u. mit längs in ein Dorsal- u. Ventralfach geteiltem Ligamentsack. Sie werden gewöhnl. den *Palaeacanthocephala* angeschlossen. Viele Arten haben einen mit Dornen besetzten Rumpf. Wenige Gatt. meist kleinerer Formen, die bes. in der Neuen Welt verbreitet sind u. als Darmparasiten v. Fischen u. Amphibien, seltener Reptilien leben. In Europa häufig als Parasit der Regenbogenforelle u. wahrscheinl. mit dieser eingeschleppt: *Neoechinorhynchus rutili,* der in Forellenzuchten erhebl. Schaden verursachen kann (Zwischenwirt: Muschelkrebse). Die Gatt. umfaßt in Amerika eine große Zahl v. Reptilien- u. Fischparasiten.
Eoanthropus *m* [v. *eo-, gr. anthrōpos = Mensch], ↗ Piltdown-Mensch.
Eobania *w,* Gatt. der *Helicidae,* Landlungenschnecken mit gedrückt-kugel. Gehäuse u. scharfem, umgeschlagenem Mundrand; *E. vermiculata* (3 cm ⌀) lebt auf Feldern, in Gärten u. Weinbergen des Mittelmeergebiets.
Eobatrachus *m* [v. *eo-, gr. batrachus = Frosch], (Marsh), älteste, jedoch schlecht dokumentierte Gatt. echter Frösche; Verbreitung: oberer Jura von N- und S-Amerika.
Eocrinoidea [Mz.; v. *eo-, gr. krinoeidēs = lilienartig], taxonom. umstrittene, neuerdings meist als Kl. der *Blastoidea* bewertete kleine Gruppe altpaläozoischer Stachelhäuter, in der sich Merkmale von *Crinozoa* u. *Blastozoa* mischen; kommen als Stammeinheit aller *Pelmatozoa* in Betracht. Verbreitung: Unterkambrium bis Oberordovizium.
Eohippus *m* [v. *eo-, gr. hippos = Pferd], (Marsh 1876), in N-Amerika häufig verwendeter Name für eine † Pferde-Gatt., jüngeres Synonym v. ↗ *Hyracotherium* Owen 1840.
Eokambrium *s* [v. *eo-, mlat. Cambria = walis. Cymry = Wales], (W. C. Broegger 1900), *Groenlandium, Hyperboraeum, In-*

Enzymopathien
(einige Beispiele)
Aminosäurestoffwechsel:
Phenylketonurie, Tyrosinose, Alkaptonurie, Hartnup-Krankheit, Ahorn-Sirup-Krankheit, Histidinämie, Homocystinurie, Cystinose
Fettstoffwechsel:
Gaucher-Krankheit, Niemann-Pick-Krankheit, Tay-Sachs-Krankheit, u. a.
Kohlenhydratstoffwechsel:
Glykogenspeicherkrankheiten durch Glucose-6-phosphatase-Mangel (Gierke-Krankheit, Pompe-Krankheit), Galactosämie, Galactosurie, u. a.
Mucopolysaccharidstoffwechsel:
Gargoylismus u. a.

Eosin

enzym-, enzymo- [v. gr. en = in, zymē = Sauerteig].

eo- [v. gr. ēōs, heōs = Morgenröte, Morgen, Frühe, Osten (auch als Gottheit verehrt)], in Zss. meist: früh-.

frakambrium, Gesteinsfolge, welche die zeitl. Lücke zw. gefaltetem Präkambrium u. ungefaltetem Kambrium („Lipalische Lücke" in N-Amerika infolge der assynt. Faltung) schließt. Das typ. E. am Ostrand der Kaledoniden (Mjösenbez. Norwegens) füllt eine jungvorkambrische Senke mit Metasedimenten aus: auf über 1000 m Sparagmit-Formation im Liegenden folgt das Varegium, das mit eiszeitl. Ablagerungen (Tillite) beginnt u. damit die auch in O-Grönland, N- u. S-Amerika, Afrika, Australien u. Asien nachgewiesene „eokambrische Vereisung" dokumentiert. Ihr Einfluß auf die organ. Entwicklung ist umstritten. Gejer (1963) datiert das E. auf 900 bis 650 Mill. Jahre vor heute. Neuerdings wird das E. auch als stratigraph. Äquivalent des ↗ *Vendiums* betrachtet.
Eophytikum *s* [v. *eo-, gr. phytikos = die Pflanzen betr.], das ↗ Archäophytikum.
Eosin *s* [v. *eo-], *Tetrabromfluorescein,* wichtigster Vertreter der *Eosinfarbstoffe*; ein in Alkohol gut, in Wasser wenig u. in Äther nicht lösliches, kristallines, rotes Pulver; die alkal. Lösung v. E. ist rot gefärbt. E. wird heute für die Herstellung v. roten Tinten, Lippenstiften, Nagellacken u. Likören verwendet, fr. auch zur Färbung v. Wolle u. Seide. In der Mikroskopie wird E. bei der Färbung v. Zellen u. Geweben angewandt.
eosinophil [von ↗ Eosin, gr. philos = Freund], Bez. für Strukturen, die sich mit Eosin od. anderen sauren Farbstoffen anfärben lassen, z. B. eosinophile Granulocyten (☐ Blutzellen).
eosinophile Granulocyten, Granulocyten, die im Zellplasma eosinrote Granula aufweisen; im Differentialblutbild sind normalerweise 0–5% der Leukocyten e. G. (☐ Blutzellen). ↗ Eosinophilie. ☐ Blutbildung.
Eosinophilie *w,* patholog. Vermehrung der ↗ eosinophilen Granulocyten von über 7% im Differentialblutbild; Ursachen: Allergien, Befall mit Parasiten; in seltenen Fällen Symptom bei der Hodgkinschen Krankheit.
Eosuchia [Mz.; v. *eo-, gr. souchos = Krokodil], (Broom 1914), *Urschuppensaurier,* † Ord. der Schuppenkriechtiere *(Lepidosauria),* die unter den frühesten u. primitivsten Diapsiden mit thekodonten Kieferzähnen vereinigt; Interparietale u. Tabulare sind vorhanden, ein Präorbitalfenster fehlt. Ihre engere Verwandtschaft untereinander ist zweifelhaft. Aus einigen dieser E. sind vermutl. fortschrittl. Diapsiden hervorgegangen. Am besten bekannt ist die Gatt. *Youngina* (U.-Kl. *Younginiformes*) mit kleinen, schlangenart. Vertretern aus dem Perm v. S-Afrika, die als Vorläufer der Schlangen u. Rhynchocephalen be-

Eotheria

trachtet worden sind. *Prolacerta* (U.-Ord. *Prolacertiformes*) aus der unteren Trias v. S-Afrika gilt als Abkömmling der *Younginiformes* u. wegen ihres unvollkommen ausgebildeten Temporalbogens auch als Schlangenvorfahr. Zu einer 3. Gruppe v. E., die amphibisch lebende Reptilien v. krokodilhaftem Aussehen aus Oberkreide u. Alttertiär umfaßt, gehört *Champsosaurus* (U.-Ord. *Choristodera*). Sie ist mit den echten Krokodilen nicht verwandt. Champsosaurier u. die ungenügend bekannten Thalattosaurier starben ohne Nachfahren aus. Verbreitung: Oberperm bis Untertrias v. S-Afrika u. Madagaskar.

Eotheria [Mz.; v. *eo-, gr. thēria = Tiere], U.-Kl. der Säugetiere, die v. Kermack u. Mussett 1958 speziell für die Ord. *Docodonta* mit den Gatt. *Morganucodon* Kühne, *Docodon* Simpson und *Peraiocynodon* Simpson errichtet wurde.

Eozän s [v. *eo-, gr. kainos = neu], (C. Lyell 1832), *Mesonummulithique,* erdgeschichtl. Epoche des Tertiärs von ca. 20 Mill. Jahren Dauer (53±1 bis 34$+^2_1$ Mill. Jahre vor heute) mit den Altern: Ypresium, Lutetium, Bartonium u. Priabonium. Im Mittel-E. bedeutsame Transgression, im Ober-E. zerbrechen die Landbrücken zw. N-Amerika/Europa u. S-Amerika/Antarktis. In Mitteleuropa Senkung des Festlands unter Ausbildung v. See-, Sumpf- u. Flußablagerungen, Bildung von 13 Mrd. t Braunkohle; Beginn der Einsenkung des Oberrheingrabens. Bedeutende Säugetierfundstätten: Ölschiefer v. Messel bei Darmstadt (Lutetium), Braunkohle im Geiseltal bei Halle (Lutetium/Bartonium). Klima wenig differenziert, in Mitteleuropa tropisch. Hauptverbreitungszeit der ↗Nummuliten. [B] Erdgeschichte.

Eozoikum s [v. *eo-, gr. zōikos = die Tiere betr.], „Frühzeit des Lebens", veralteter Ausdruck für den erdgeschichtl. Zeitabschnitt des Jüngeren ↗Präkambriums.

Epacridaceae [Mz.; v. gr. epi = auf, akris = [Berg-]Spitze], *Australheidegewächse,* hpts. in Australien (bes. W-Australien) u. auf Neuseeland, mit einigen Arten jedoch auch im Malaiischen Archipel u. in S-Amerika beheimatete Fam. der Heidekrautartigen mit 30 Gatt. u. rund 400 Arten. Bezügl. Habitus u. Standort eng mit den Heidekrautgewächsen verwandte Sträucher od. Halbsträucher (seltener kleine Bäume) mit meist kleinen, starren, ganzrand.-schmalen (nadelförm.) Laubblättern. Die radiären 4–5zähligen Blüten sind meist klein, röhren- od. trichterförmig u. stehen einzeln od. zu endständ. Trauben angeordnet. Die meist an der Krone ansetzenden Staubblätter wechseln mit den Kronblattzipfeln ab; der oberständ. Fruchtknoten besteht aus 2–5 verwachsenen Fruchtblättern u. wird zu einer Kapsel od. Steinfrucht. Die E. sind Teil der Gebüschvegetation küstennaher Gebiete u. der hochmontanen u. alpinen Stufe der Gebirge. Sie bilden wie *Erica* od. *Calluna* ausgedehnte Heidelandschaften. Bekannteste Gatt. der Fam. ist mit ihren etwa 40 Arten die Australheide *(Epacris).* Verschiedene ihrer Arten werden ihrer lebhaft gefärbten Blüten wegen zus. mit Arten der Gatt. *Styphelia* u. *Richea* in M-Europa als winterblühende Ziersträucher in Kalthäusern gezogen.

Epakme w [v. gr. epakmos = der Blütezeit nahe], die ↗Anastrophe, ↗Akme.

epaxonisch [v. gr. epaxonios = über der Achse], oberhalb der horizontalen Myosepten gelegen, das die Rumpfmuskulatur der kiefertragenden Wirbeltiere *(Gnathostomata)* in einen oberen *(epaxonische Muskulatur)* und unteren *(hypaxonische Muskulatur)* Anteil trennt.

Epeira w [v. gr. ēpeiros = festländisch], die Gatt. ↗Araneus.

Epeiridae [Mz.; v. gr. ēpeiros = festländisch], die ↗Radnetzspinnen.

Ependym s [v. gr. ependyma = Oberkleid], inneres Deckgewebe, das Hirnhöhlen u. Rückenmarkskanal der Wirbeltiere auskleidet. E. besteht aus einer Schicht prismat. u. cilientragender Epithelzellen mit basalen Faserfortsätzen, die einen Faserfilz auf der Innenoberfläche des Nervengewebes bilden, an manchen Stellen von Hirn u. Rückenmark bis zur äußeren Oberfläche durchziehen. Das E. entstammt dem Neuralrinnenepithel u. bildet einen Bestandteil des nervösen ↗Bindegewebes, der Glia.

Eperua [aus einer karib. Sprache], Gatt. der ↗Hülsenfrüchtler.

Eperythrozoon s [v. gr. epi = auf, erythros = rot, zōon = Lebewesen], Gatt. der *Anaplasmataceae* (Rickettsien); zellwandlose, obligat parasit. Bakterien, die nicht auf unbelebten Nährsubstraten gezüchtet werden können. Es sind ca. 13 Arten bekannt, die weltweit in Ratten u. Mäusen sowie Hunden, Katzen u. Rindern gefunden werden. Die Infektion erfolgt durch Läuse, Flöhe, Zecken u. a. blutsaugende Gliederfüßer, in denen sie symbiontisch leben u. sich wahrscheinl. auch vermehren. In Wirbeltieren (z. B. Haustieren, wildlebenden Nagetieren, möglicherweise auch Menschen) kommen sie als Ringe (0,5–1,0 μm ∅) od. Kokken an roten Blutkörperchen u. frei im Plasma vor. Außerhalb des Wirts sind sie normalerweise wahrscheinl. nicht lebensfähig. Die Vermehrung erfolgt durch Zweiteilung; sie leben i. d. R. in einem Wirt od. wenigen Wirtsarten. Der Nachweis kann durch Komplementbindungsreaktion

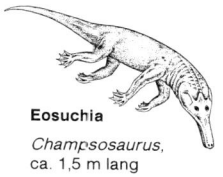

Eosuchia
Champsosaurus, ca. 1,5 m lang

Epacridaceae
Wichtige Gattungen:
Dracophyllum
Epacris
Leucopogon
Richea
Styphelia

Epacridaceae
Epacris longiflora

Eperythrozoon
Einige *Eperythrozoon*-Arten (in Klammern Wirtsorganismus):
E. coccoides (weiße Maus)
E. felis (Hauskatze)
E. ovis (Hausschaf)
E. suis (Hausschwein)

---

eo- [v. gr. ēōs, heōs = Morgenröte, Morgen, Frühe, Osten (auch als Gottheit verehrt)], in Zss. meist: früh-.

u. indirekte Hämagglutination geführt werden.

Ephapse w [v. gr. ephapsis = Berührung]; bei Verletzungen v. erregbaren Zellen findet eine Übertragung v. Aktionspotentialen benachbarter Zellen statt *(ephaptische Interaktion);* die Kontaktstellen derart. Übertragungen werden als E.n bezeichnet (↗Erregungsleitung).

Ephebe w [v. gr. ephēbē = junges Mädchen], Gatt. der ↗Lichinaceae.

Ephedra w [gr., = eine Art Schachtelhalm], *Meerträubel,* einzige Gatt. der Fam. *Ephedraceae* (Meerträubelgewächse) innerhalb der Gymnospermen-Kl. der *Gnetatae;* kleine bis mittelgroße Rutensträucher mit grünen, assimilierenden Zweigen u. kurzschuppenförm., wirtelig stehenden Blättchen. Die Sproßachsen bilden nur wenig, überwiegend aus Tracheiden bestehendes Sekundärholz, das, wie für die *Gnetatae* typ., aber auch Hoftüpfel-Tracheen enthält, die allerdings, im Ggs. zu *Welwitschia* u. *Gnetum,* noch Querwände zeigen. Die zu kleinen Zapfen zusammengefaßten Blüten sind diklin-diözisch, seltener diklin-monözisch (bei bestimmten Formen tritt selbst Monoklinie auf!). Dabei tragen die ♂ Zapfen in den Achseln kreuzgegenständ. Deckschuppen die aus 2 weitgehend verwachsenen Hüllblättern u. einem zentralen Stielchen mit mehreren endständ. Pollensackgruppen bestehenden Blüten. Die ♀ Zapfen zeigen den gleichen Grundbauplan, enthalten aber nur im obersten Deckschuppenpaar 2 Blüten; diese besitzen wiederum 2 Hüllblätter, die zu einer Art zusätzl. „Integument" um die einzige aufrechte Samenanlage verwachsen sind u. aus der nur die fadenförm. verlängerte Mikropyle als Auswuchs des eigtl. Integuments herausragt. Bei Samenreife werden diese Hüllblätter hartledrig od. fleischig, bei einigen Arten werden darüber hinaus auch die die beiden Blüten umgebenden Deckschuppen fleischig, so daß dann eine den Angiospermen-Beeren analoge, endozoochor verbreitete Diaspore („Zapfenbeere") entsteht. Als Bestäubungsmodus wird für die E.-Arten allg. Anemogamie gen., obgleich zumindest in einem Fall auch Insektenbestäubung nachweisbar war. Bemerkenswert ist E. schließl. auch durch das Vorkommen der Alkaloide (bzw. Pseudoalkaloide) ↗*Ephedrin* u. *Pseudoephedrin.* – Das Verbreitungsgebiet der Gatt. umfaßt in der Alten Welt die warmgemäßigten-subtrop. Bereiche v. Asien bis zum Mittelmeer, in der Neuen Welt das westl. N-Amerika, Mexiko u. die südl. Anden bis Patagonien. Von den ca. 35 Arten tritt in M-Europa nur die durch rote „Zapfenbeeren" gekennzeichnete *E.*

ephemer-, ephemero- [v. gr. ephēmeros = auf (für) einen Tag, vergänglich].

Ephedrin (erythro-Form)

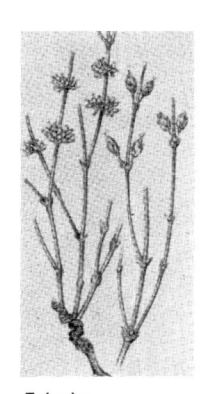

Ephedra
Blühende Zweige einer ♂ (links) u. einer ♀ (rechts) Pflanze (E. distachya)

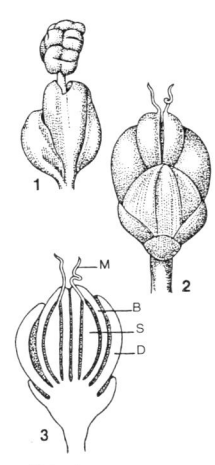

Ephedra
1 Einzelne ♂ Blüte, 2 ♀ Zapfen, 3 ♀ Zapfen im Längsschnitt. B Blütenhülle, D Deckschuppe, M Mikropyle, S Samenanlage

distachya auf. Wie die meisten Vertreter der Gatt. gut an aride bis semiaride Verhältnisse angepaßt, kommt sie hier als seltenes Element auf trockenen, fels. u. carbonathalt. Böden in den Felsensteppen der inneralpinen Trockentäler (z. B. Wallis, Südtirol) vor. Allerdings war die Art, wie Pollenfunde belegen, in den Glazialzeiten u. bis ins Spätglazial in ganz M-Europa verbreitet u. wurde erst durch das Vorrücken der Wälder im Postglazial auf die heut. Standorte abgedrängt.

Ephedrin s [v. gr. ephedra = eine Art Schachtelhalm], ein Alkaloid vom Phenyläthylamin-Typ aus der oberird. Pflanzenteilen verschiedener *Ephedra*-Arten, das erstmals in der chin. „Ma-Huang"-Droge gefunden wurde. E., ein Sympathikomimetikum, ist chem. mit Adrenalin verwandt u. wirkt ähnl., aber schwächer als dieses. Aufgrund seiner kreislaufanregenden, gefäßverengenden, blutdrucksteigernden u. appetithemmenden Eigenschaften wird E. gegen Hypotonie, chronische Bronchitis, Asthmaanfälle, zur Abschwellung der Schleimhäute bei Schnupfen u. als Bestandteil v. Appetitzüglern verwendet. Bei wiederholten Gaben nimmt die Wirksamkeit des E.s jedoch ab (Tachyphylaxie). *Pseudoephedrin* ist ein ebenfalls natürl. Diastereoisomeres des E.s

Ephelota w [v. gr. ephēlōtos = angenagelt], Gatt. der ↗Exogenea.

Ephemeraceae [Mz.; v. *ephemer-], Fam. der *Funariales* mit 2 Gatt., kleine, kurzleb. Erdmoose; die Gatt. *Ephemerum* ist diözisch, der ♂ Gametophyt ist kleiner (Geschlechtsdimorphismus); sehr häufig in der Ackermoos-Ges. ist *E. serratus,* mit nervenlosen, gesägten Blättern.

Ephemere [Mz.; v. *ephemer-], *ephemere Pflanzen,* nur jeweils kurzfristig an der Erdoberfläche in Erscheinung tretende ↗Therophyten od. ↗Geophyten.

ephemere Blüten [v. *ephemer-], Bez. für Blüten, die sich nur ein einziges Mal öffnen, z. B. bei der Kaktee „Königin der Nacht".

ephemere Gewässer [v. *ephemer-], kurzzeitig bestehende Kleingewässer, in Gräben, Radspuren, Flutmulden usw.; Lebensraum kleiner Amphibien u. Insekten.

Ephemerellidae [Mz.; v. *ephemer-], Fam. der ↗Eintagsfliegen.

Ephemerenwüste [v. *ephemer-], scheinbar vegetationslose Wüste, die sich nach den seltenen Niederschlägen mit einer Flut kurzleb. *(ephemerer)* Pflanzen überzieht.

ephemere Pflanzen [v. *ephemer-], ↗Ephemere.

ephemere Substrate [Mz.; v. *ephemer-, lat. substratus = untergelegt], verschiedenen Tieren (Nematoden, Dipteren, Kä-

Ephemeridae

ephemer-, ephemero- [v. gr. ephēmeros = auf (für) einen Tag, vergänglich].

ephipp- [v. gr. epi = auf, hippos = Pferd; daraus: ephippion = Sattel, Reitdecke], in Zss. mitunter: Sattel-.

epi- [v. gr. epi = auf, dazu, nach].

fern u. a.) zur Nahrung u. Fortpflanzung dienende, vergängl. organ. Substrate (z. B. Aas, Kot). Die rasche Zersetzung derart. e.r S. bedingt eine ebenso rasche Veränderung der Lebensbedingungen (pH-Wert, O_2-Angebot), die sie bieten, so daß mehrere Arten je nach ihren spezif. Milieuansprüchen v. den e.n S.n profitieren können (↗ Sukzession).

Ephemeridae [Mz.; v. *ephemer-], Fam. der ↗ Eintagsfliegen mit mehreren Gatt., hierzu auch die häuf. einheim. Gemeine Eintagsfliege *(Ephemera vulgata),* ca. 20 mm lang, mit bis 35 mm langen Schwanzborsten; Flügel braun gefleckt; die Larven leben v. a. in langsam fließenden Gewässern in selbstgegrabenen Röhren; die Subimagines u. Imagines schwärmen 2–3 Tage in Gruppen von ca. 30 Tieren.

Ephemerophyten [Mz.; v. *ephemero-, gr. phyton = Gewächs], *Passanten,* nur vorübergehend in einem Gebiet auftauchende ↗ Adventivpflanzen.

Ephemeropsidaceae [Mz.; v. *ephemero-, gr. opsis = Aussehen], Fam. der *Hookeriales* mit nur 2 Gatt.; extrem kleine, nur 1 mm große Moose, die meist epiphyt. in trop. Wäldern leben, z. B. *Ephemeropsis tjibodensis* im trop. S-Asien; *Archephemeropsis trentepohlioides* (ähnelt ↗ *Trentepohlia*) kommt u. a. auf Zweigen in Neuseeland vor.

Ephemeroptera [Mz.; v. *ephemero-, gr. pteron = Flügel], die ↗ Eintagsfliegen.

Ephemerum s [v. gr. *ephemer-], Gatt. der ↗ Ephemeraceae.

Ephesia w [v. gr. Ephesios = aus Ephesus (Beiname der dort verehrten Artemis)], Gatt. der Ringelwurm-(Polychaeten-)Fam. *Sphaerodoridae. E. gracilis,* 10–60 mm lang; Rücken mit 2 Längsreihen kugelförm. Hautpapillen; Körper vorn gelb, hinten bräunl.; Nordsee; Gezeitenzone u. tiefer.

Ephestia s [v. gr. ephestios = am Herde lebend], Gatt. der Zünsler, ↗ Mehlmotte.

Ephippidae [Mz.; v. *ephipp-], die ↗ Spatenfische.

Ephippigeridae [Mz.; v. *ephipp-, lat. -ger = -tragend], die ↗ Sattelschrecken.

Ephippiorhynchus m [v. *ephipp-, gr. rhygchos = Schnabel], Gatt. der ↗ Störche.

Ephippium s [v. *ephipp-], chitinisierte Schutzhülle für die ↗ Dauereier vieler Wasserflöhe; das sattelförmige E. besteht aus modifizierten Carapaxteilen u. hat häufig Hafteinrichtungen.

Ephippodonta w [v. *ephipp-, gr. odōn, Gen. odontos = Zahn], artenarme Gatt. der *Galeommatidae,* austr. Meeresmuscheln von ungewöhnl. Bau: die beiden Schalenklappen liegen in einer Ebene u. sind zus. im Umriß etwa kreisförmig; sie werden fast ganz vom Mantel eingehüllt; die Tiere sind getrenntgeschlechtlich.

Ephydatia w [gr., = aus dem Wasser kommend], Gatt. der Schwamm-Fam. *Spongillidae. E. fluviatilis* ist krusten- od. klumpenförmig mit kurzen Fortsätzen, häufig, bevorzugt ruhige Standorte in Süß- u. Brackwasser bei Steinen, Holz u. Pflanzen; Gemmula mit einschicht. Amphidiskenlager. *E. muelleri* ist krusten- od. klumpenförm., nur bisweilen mit kurzen Fortsätzen, an flachen Standorten im Süßwasser; Gemmula mit zwei- od. dreifachem Amphidiskenlager.

Ephydridae [Mz.; v. gr. ephydris = Wassernymphe], die ↗ Sumpffliegen.

Ephyra w [gr. Name einer Nymphe], bei der Strobilation eines Scyphopolypen abgeschnürte junge Meduse (↗ Scyphozoa).

Epiandrosteron s [v. *epi-, gr. anēr, Gen. andros = Mann, stear = Fett], *Isoandrosteron,* 3β-Hydroxy-5α-androstan-17-on ($C_{19}H_{30}O_2$), schwach androgen wirksames, im Schwangerenharn nachgewiesenes Steroidhormon, Nebenprodukt im Testosteronstoffwechsel.

Epibios m [v. *epi-, gr. bios = Leben], Gesamtheit der Organismen, die auf einem bestimmten Substrat lebt. Je nach Art des Substrats unterscheidet man: *Epidendrobios,* Organismen, die auf dem Holz leben, z. B. Flechten, Moose u. Algen. *Epigaion,* Organismen, die unmittelbar auf dem festen Boden leben, z. B. alle Pflanzen. *Epilithion,* Organismen, die auf Steinen od. Felsen leben, z. B. an Felsküsten die Makroalgengesellschaften u. unter den Meerestieren bes. viele sessile u. hemisessile Nesseltiere u. Schnecken. *Epipelos,* Bewohner auf dem weichen Meeresboden; artenreichste Gruppe sind die Krebse. ↗ Epiphyten, Aufsitzerpflanzen auf Ästen u. Baumkronen. *Epipsammon,* Bewohner des Meeressandbodens; hier siedelt sich nur eine geringe Anzahl v. Tierarten an, z. B. Strandkrabben, Garnelen u. Kammsterne. *Epizoobios,* Organismen, die auf Tieren leben; meist sind es im Wasser lebende sitzende od. halbsitzende Arten, z. B. Schwämme, Seepocken u. Dreikantmuscheln.

Epiblast m [v. *epi-, gr. blastos = Keim], *Ektoblast,* beim Warmblüterkeim die äußere der beiden Zellschichten der Keimscheibe. Aus dem E.en gehen in der Gastrulation die drei Keimblätter des embryonalen Körpers hervor (B Embryonalentwicklung I). Ggs.: Hypoblast.

Epibolie w [v. gr. epibolē = Umwurf, Bedeckung], Gastrulation durch aktive Umwachsung des dotterreichen Anteils einer Blastula (z. B. Süßwasserschnecken). Bei extrem dotterreichen meroblast. Eiern (Cephalopoden, Knochenfische, Sauropsiden) umwachsen die drei Keimblätter der extraembryonalen Bezirke den ungefurchten Dotter (⌐Dottersack).

Epibranchialrinne w [v. *epi-, gr. bragchia = Kiemen], dorsal über dem ⌐Kiemendarm der Lanzettfischchen *(Branchiostoma)* u. Manteltiere *(Tunicata)* verlaufende Rinne mit Flimmerepithel, die aus dem Atemwasser filtrierte Nahrungspartikel nach hinten in den der Verdauung dienenden Teil des Darms befördert; steht mit der Hypobranchialrinne (⌐Endostyl) über zwei lateral verlaufende Wimperbänder in Verbindung.

Epicaridea [Mz.; v. *epi-, gr. karis = kleiner Seekrebs], U.-Ord. der ⌐Asseln mit ca. 350 Arten, die alle parasit. u. in ihrer Gestalt stark abgewandelt sind. Sie machen eine Metamorphose u. einen Wirtswechsel durch. Das aus dem Ei schlüpfende Manca-Stadium, die Epicaridium-Larve, ist freischwimmend u. sucht den ersten Wirt, meist einen Ruderfußkrebs, auf u. verwandelt sich in die Microniscium-Larve. Daraus wird nach mehreren Häutungen die pelag. Cryptoniscium-Larve, die den Endwirt aufsucht. Bei den *Bopyridae* ist dies stets ein Zehnfußkrebs, bei *Bopyrus* z. B. eine Garnele der Gatt. *Leander*. Phänotyp. Geschlechtsbestimmung: Das zuerst sich in der Kiemenhöhle der Garnele festsetzende Tier wird zum Weibchen. Ist der Wirt schon befallen, wird das ankommende Cryptoniscium-Stadium zu einem Zwergmännchen, das auf dem Weibchen parasitiert. Noch stärker abgewandelt sind die *Entoniscidae* mit der Gatt. *Portunion,* die an der Strandkrabbe u. anderen Schwimmkrabben parasitiert. Das Weibchen stülpt die Wand der Kiemenhöhle des Wirtes ein, buchtet sich ins Körperinnere der Krabbe vor u. wird so fast zu einem wurmähnl. Endoparasiten v. bis zu 40 mm Länge. Die *Cryptoniscidae* sind proterandr. Hermaphroditen: junge Tiere sind Männchen, die sich später in Weibchen umwandeln. Sie parasitieren an verschiedenen Krebstieren; manche, z. B. *Danalia,* sind Hyperparasiten, die an Rhizocephalen der Gatt. *Sacculina* u. *Peltogaster* leben. Einmal festgesetzt, verlieren sie alle Extremitäten u. werden zu wurm- od. kugelförm. Anhängen an ihren Wirten.

Epichloë w [v. *epi-, gr. chloë = junges Grün, Gras], Gatt. der *Clavicipitales,* Schlauchpilze, deren Arten ein undifferenziertes Stroma ausbilden. *E. typhina,* der Erstickungsschimmel, umfaßt mit seinem flachen, krustenförm. Stroma die Halme (u. Blätter) v. Weidegräsern (z. B. *Festuca rubra*); anfangs ist der Pilzbelag weiß, u. es werden einzeln. Konidien abgeschnürt, später, nach einer gelb-gelborangen Ver-

epi- [v. gr. epi = auf, dazu, nach].

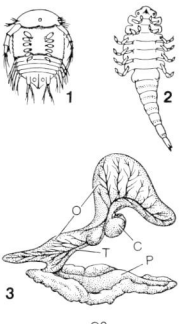

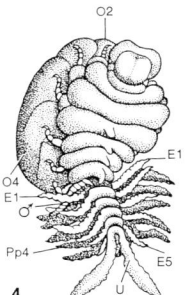

Epicaridea
1 *Epicaridium*-Larve,
2 Zwergmännchen,
3 erwachsenes Weibchen (Fam. *Entoniscidae*); 4 *Cancricepon elegans* (Fam. *Bopyridae*), dorsolaterale Ansicht, Weibchen mit Zwergmännchen. C Cephalothorax, E Epimer, O Oostegit, P Pleon, Pp Pleopode, T Thorax, U Uropode

färbung, bilden sich Perithecien; das Mycel wächst meist im Mark der Pflanze; die Übertragung erfolgt möglicherweise durch Fliegen.

Epicondylus m [v. *epi-, gr. kondylos = Knorpel], *E. humeri,* Verbreiterung des Oberarmknochens (Humerus) an seinem distalen Ende. Der *äußere E.* liegt neben dem Gelenkköpfchen, das ein Drehgelenk mit der Speiche (Radius) bildet, der *innere E.* liegt neben der Gelenkrolle (Trochlea), die ein Scharniergelenk mit der Elle (Ulna) bildet. Beide Epicondyli dienen dem Muskelansatz.

Epicrates m [v. gr. epikratēs = siegreich, gewaltsam], die ⌐Schlankboas.

Epicuticula w [v. *epi-, lat. cuticula = Haut], ⌐Cuticula.

Epidemie w [Bw. *epidemisch;* v. gr. epidēmios = im Volk verbreitet], Begriff der ⌐Epidemiologie, häufiges Vorkommen einer Krankheit *(Seuche)* in der menschl. Bevölkerung einer bestimmten Region, meist sprunghaft ansteigend, schnell verbreitet u. von begrenzter Dauer. Seltenes Vorkommen in der Population wird als *sporadisch,* ungewöhnl. häufiges als *pandemisch* bezeichnet. Ggs.: Endemie.

Epidemiologie w [v. gr. epidēmios = im Volk verbreitet, logos = Kunde], *Seuchenlehre,* Lehre vom Verlauf u. der Häufigkeit bestimmter Krankheiten (*Seuchen,* ⌐Epidemie) in bestimmten Teilen der menschl. Bevölkerung u. der biol., ökolog., geomorphol., psych. od. soziokulturellen Faktoren, die diesen Verlauf bestimmen. Die E. kann deskriptiv, analytisch od. experimentell arbeiten, ihre Aussagen sind in neuerer Zeit durch statist. u. serodiagnost. Methoden sicherer geworden.

Epidendrobios m [v. *epi-, gr. dendron = Baum, bios = Leben], ⌐Epibios.

Epidermis w [Bw. *epidermal;* v. *epi-, gr. derma = Haut], *Oberhaut,* **1)** Bot.: Bez. für die den Pflanzenkörper als schützende Hülle nach außen abschließende Zellschicht. Die E. gehört zu den primären ⌐Abschlußgeweben u. geht aus der äußersten Schicht des Urmeristems, des Protoderms, hervor. Neben der Schutzaufgabe vermittelt sie zugleich den Stoffaustausch mit der Außenwelt. In der typ. Ausbildung besteht sie aus nur einer Schicht lebender Zellen, die lückenlos zu einer geschlossenen Haut miteinander verbunden sind. Die oft wellige od. eckig gezackte Ausbildung ihrer Seitenwände erhöht die Festigkeit des Zellverbands. Bei fast allen in den Luftraum hineinragenden Pflanzenteilen sind die Außenwände der E. mehr od. weniger verdickt u. – abgesehen v. denen der Wurzeln – stets v. einer fest mit ihnen verbundenen Cutinhaut (⌐Cuticula) überzogen.

Epidermophytie

Der Protoplast der E.-Zellen ist meist nur ein einen großen Zellsaftraum umgebender dünner Wandbelag. Er besitzt i. d. R. keine erkennbaren Plastiden, abgesehen v. den meisten Farnpflanzen u. vielen Schatten- u. untergetaucht lebenden Wasserpflanzen bei den Bedecktsamern. Sehr bezeichnend für die Epidermen der v. Luft umgebenen grünen Teile der höher organisierten Pflanzen sind die Schließzellen, die mitsamt dem zw. ihnen liegenden Spalt als Stomata od. Spaltöffnungen (⇗Blatt) bezeichnet werden. Häufig bilden die Epidermen Haare od. Trichome als Anhangsgebilde aus. [B] Blatt I. **2)** Zool.: ein- od. mehrschicht. Deckepithel der Körperoberfläche bei Tieren u. Mensch. Die E. der meisten Wirbellosen ist einschichtig, die der Wirbeltiere mehrschichtig, z. T. (Reptilien, Säuger) durch Absterben der oberen Schichten verhornt. ⇗Epithel.

Epidermophytie w [v. *epi-, gr. derma = Haut, phyton = Gewächs], *Epidermophytose,* veraltete Sammelbez. für Erkrankungen, bes. der Epidermis, die durch fäd. Pilze (⇗Dermatophyten) verursacht werden; heute meist „Tinea" od. *Dermatophytose* genannt. Erreger sind *Epidermophyton floccosum, Trichophyton rubrum* u. a. *Fungi imperfecti* od. Schlauchpilze.

Epidermophyton s [v. *epi-, gr. derma = Haut, phyton = Gewächs], Gatt. der *Moniliales* (Fungi imperfecti); *E. floccosum* ist ein Erreger der ⇗Epidermophytie; der Pilz bildet samtartige bis pulvrige Kolonien, grünl.-gelb gefärbt. Die ovalen od. keulenförm. Makrokonidien enthalten 2–6 Zellen, typischerweise in Trauben angeordnet.

Epididymis w [gr., = Haut, die die Hoden umschließt], *Nebenhoden,* ⇗Hoden.

Epiduralraum [v. *epi-, lat. durus = hart], *Extraduralraum, Cavum epidurale, Spatium epidurale,* Spaltraum zw. der äußeren Rückenmarkshaut (Dura mater spinalis) u. der periostart. Auskleidung des knöchernen Wirbelkanals. Im E. befinden sich Fettgewebe, lockeres Bindegewebe, Venen u. Lymphgefäße. Eine Erweiterung des E.s im unteren Bereich der Wirbelsäule ist der *Duralsack,* in den sich die *Cauda equina* erstreckt. Hier wird die Rückenmarkspunktion (Lumbalpunktion) durchgeführt.

Epigaion s [v. gr. epigaios = auf, über der Erde], ⇗Epibios.

epigäisch [v. gr. epigaios = auf, über der Erde], oberirdisch bezügl. der Entfaltung der Keimblätter bei der Keimung v. Samen. Ggs.: hypogäisch.

Epigamie w [v. *epi-, gr. gamos = Hochzeit], die ⇗Epitokie.

Epigenese w [v. *epi-, gr. genesis = Zeugung, Entstehung], *Epigenesis,* 1) *Epigenesistheorie, Postformationstheorie,* hi-

epi- [v. gr. epi = auf, dazu, nach].

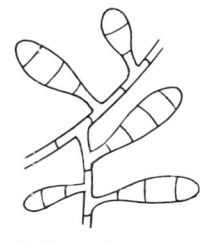

Epidermophyton
Makrokonidien (2–6 Zellen) v. *E. floccosum* (Mikrokonidien werden nicht gebildet)

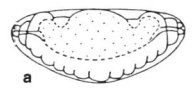

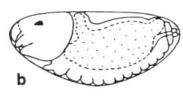

epigenetische Information
Epigenetische Information bei einem Insekten-Ei. Nach experimenteller Störung eines Cytoplasmabezirks im Vorderpol der Eizelle bildet die vordere Eihälfte (links) einen zweiten Hinterleib **(a)** statt Kopf u. Bruststück des normalen Embryos **(b)**.

stor. Entwicklungsvorstellung (C. F. Wolff, 1759), nach der die Vielfalt der ontogenet. entstehenden Strukturen nicht im Ei präformiert ist (⇗Entwicklungstheorien); Ggs.: Präformation. 2) Zunahme der (räuml.) Komplexität im sich entwickelnden Embryo durch Wechselwirkung seiner Teile, die zur ortsrichtigen Expression der einzelnen entwicklungsrelevanten Anteile des Genoms führt. Die Wechselwirkung läßt sich experimentell z. B. als *Induktion,* genet. durch embryonale *homöotische Mutanten* belegen.

epigenetische Information [v. ⇗Epigenese], *extrakaryotische Information, cytoplasmatische Information,* im Cytoplasma einer Zelle lokalisierte Information, die sich nicht direkt auf die genet. Information (DNA) in dieser Zelle zurückführen läßt. So ist etwa die relative Lage v. bestimmten Strukturen od. Molekülen innerhalb der Zelle ein Ausdruck der Zellpolarität; z. B. kommen bestimmte Moleküle nur in der apikalen Membran v. Epithelzellen vor, andere nur in der basalen Membran. In der Eizelle können lokale Differenzen in Teilbezirken des Eiplasmas ausschlaggebend für die weitere Entwicklung der daraus entstehenden Furchungszellen sein (⇗Entwicklungstheorien): werden z. B. bestimmte RNA-Komplexe im Vorderpol v. Insekteneiern inaktiviert od. verlagert, so entsteht an Stelle v. Kopf u. Thorax ein zum Abdomen spiegelbildl. angeordnetes zweites Abdomen (Doppelabdomen-Typ, s. Abb.).

Epiglottis w [gr., = Kehldeckel], *Kehlkopfdeckel,* zungenart. Schleimhautfalte (Plica ventralis) mit einem elast. Knorpel im Innern; liegt an der Ventralseite des Kehlkopfes u. verschließt beim Schlucken dessen Eingang, so daß keine Nahrungspartikel in die Luftröhre gelangen. Charakteristikum der Säuger, aber auch bei einigen Eidechsen ausgebildet.

epigyn [v. *epi-, gr. gynē = Frau], ⇗Blüte.

Epigyne w [v. *epi-, gr. gynē = Frau], Teil der Geschlechtsorgane weibl. ⇗Webspinnen.

Epihippus m [v. *epi-, gr. hippos = Pferd], (Marsh 1877), *Duchesnehippus,* † Pferde-Gatt. mit molarisierten 3. und 4. oberen Praemolaren, Außenhöcker der Molaren halbmondförmig, Mesostyl gut ausgebildet, Hand vierstrahlig, Metacarpale III vergrößert; in der Stammesreihe der Pferde zw. Oro- u. Mesohippus stehend. Verbreitung: Obereozän v. N-Amerika.

Epikanthus m [v. gr. epikanthis = Geschwulst im Augenwinkel (kanthos)], *E. medialis,* beim Menschen auftretende, angeborene sichelförm. Hautfalte im inneren Augenwinkel, die, im Ggs. zur ⇗Mongolenfalte, bei Lidschluß bestehen bleibt. Beim

Fetus als *Plica marginalis fetalis* immer vorhanden; beim normalen Säugling in ca. ⅓ der Fälle, nach dem 10. Lebensjahr allerdings nur noch sehr selten. Bei Mongoloiden besteht der E. bei 70% der 0–5jährigen, aber nur noch bei 30% der älteren Menschen.

Epikard *s* [v. *epi-, gr. kardia = Herz], *Epicardium,* das viscerale (innere) Blatt des ↗Herzbeutels. [das ↗Exokarp.

Epikarp *s* [v. *epi-, gr. karpos = Frucht],

Epikotyl *s* [v. *epi-, gr. kotylē = Höhlung, Becher], Bez. für den Abschnitt der Sproßachse zw. den Keimblättern (Kotyledonen) u. dem nächsten Blatt bei den Samenpflanzen.

Epikutantest [v. *epi-, lat. cutis = Haut], *Epikutanreaktion,* Testverfahren zur Feststellung v. ↗Allergenen. Die zu untersuchende Substanz wird mit Hilfe eines Läppchens od. Pflasters auf die Epidermis (meist Rückenmitte od. Oberarm) aufgebracht u. bleibt dann bis zu 48 Stunden mit der Haut in Kontakt. Die Testsubstanzen sind entweder Standardstoffe, die häufig Allergien bewirken, od. Stoffe aus der Umgebung des Patienten, die als Allergene vermutet werden. Eine allerg. Reaktion äußert sich durch Hautrötung u. -schwellung sowie Knötchen- u. Bläschenbildung. ↗Allergie.

Epilimnion *s* [v. *epi-, gr. limnos = Teich], Begriff aus der ↗Limnologie, mit dem die warme, mehr od. weniger thermisch homogene Oberflächenschicht eines Sees während der Stagnation bezeichnet wird.

Epilithion *s* [v. *epi-, gr. lithos = Stein], ↗Epibios.

epilithisch [v. *epi-, gr. lithos = Stein], *epipetrisch,* auf der Gesteinsoberfläche wachsend; *Epilithen* finden sich v. a. bei Algen, Flechten u. Moosen.

Epilobietalia fleischeri [Mz.; v. ↗Epilobium], *Flußkies- und Feuchtschuttfluren,* Ord. der *Thlaspietea rotundifolii* mit 1 Verb. Flußkies- und Feuchtschuttfluren *(Epilobion fleischeri).* Lockere, unbeständige Pionierges. auf zeitweilig überfluteten, feinerdearmen Flußschottern der mittel-, nord- und westeur. Gebirgsflüsse. Es lassen sich mehrere, klimat. nach Höhenstufen differenzierte Assoz. unterscheiden: in der alpinen bis subalpinen Stufe siedelt die Schwemmboden-Weidenröschenflur *(Epilobietum fleischeri),* an die in der montanen Stufe die Tamariskenflur *(Chondrilletum)* anschließt. In der submontanen-kollinen Stufe des Oberrheintals stellt sich die Hundsbraunwurz-Ges. *(Epilobio-Scrophularietum caninae)* ein.

Epilobietea angustifolii [Mz.; v. ↗Epilobium, lat. angustus = eng, folium = Blatt], *Schlagfluren, Waldlichtungsfluren und -gebüsche,* Kl. der Pflanzenges. mit 1 Ord. *(Epilobietalia angustifolii, Atropetalia belladonnii)* und 3 Verb. (vgl. Tab.). Kurzlebige, licht- u. stickstoffbedürft. Vegetation der frisch entstandenen Waldlichtungen. Während die Ges. in den natürl. Wäldern Mitteleuropas nur kleinflächig, anstelle zusammengebrochener, überalteter Bäume od. auf Windwurfflächen zur Ausbildung gelangten, können sie sich bes. in den Kahlschlägen der Fichten- u. Kiefernforste großflächig entwickeln. Die Beseitigung der gesamten Baumschicht u. die weitgehende Zerstörung des Unterwuchses im Kahlschlagbetrieb führen zu ungeminderter Sonneneinstrahlung, zu starker Bodenerwärmung u. hierdurch häufiger zu intensivierter Stickstoffmineralisierung. Da Interzeptionsverluste (↗Interzeption) durch eine Baumschicht entfallen, erhöht sich die Niederschlagsmenge am Boden, so daß Waldschläge, bes. in ebener Lage, vernässen können. Die sich spontan aus dem Samenvorrat des Waldbodens einstellende Schlagflurvegetation ist meist ausgesprochen üppig entwickelt, vereinzelt sind Feuchtezeiger zugesellt. Auf ärmeren, sauren Rohhumusböden gehören die Ges. dem Verband der Weidenröschen-Schläge *(Epilobion angustifolii),* auf basenreicheren Mullböden hingegen dem Verb. der Tollkirschen-Schläge *(Atropion belladonnii)* an. Unterbleibt die Begründung einer neuen Baumgeneration durch Pflanzung seitens des Forstmannes, so werden die staudenreichen Bestände bereits nach 1–2 Jahren v. lichtliebenden Pionierhölzern (Birken, Holunder, Weiden) verdrängt, die sich zu Vorwaldges. des Verb. *Sambuco salicion* zusammenschließen. In ihrem Schutz kann schließl. die Hauptbaumart der natürl. Waldges. wieder Fuß fassen.

Epilobium *s* [v. *epi-, gr. lobion = kleine Schote], das ↗Weidenröschen.

epimastigot [v. *epi-, gr. mastigōtos = gepeitscht], Bez. für eine Morphe der ↗Trypanosomidae.

Epimatium *s* [v. *epi-], bei den ↗Podocarpaceae (Steineibengewächse) ein den Samen mehr od. minder vollständig einschließender Auswuchs der Samenschuppe.

Epimedium *s* [v. gr. epimēdion = eine unbekannte Pfl.], Gatt. der ↗Sauerdorngewächse.

Epimenia *w* [v. *epi-, gr. mēn = Mond (da halbmondförmig)], *Großer Furchenfuß,* Gatt. der Furchenfüßer, die in südostasiat. Meeren vorkommt u. 30 cm lang wird; die Tiere sind ☿ und treiben in Taschen des Mantelraums Brutpflege.

Epimerasen [Mz.; v. *epi-, gr. meros = Teil], Enzyme (Untergruppe der Isomera-

Epimerasen

epi- [v. gr. epi = auf, dazu, nach].

Epilobietea angustifolii
Ordnung:
Epilobietalia angustifolii, Atropetalia belladonnii
Verbände:
Atropion belladonnii
(Tollkirschen-Schläge, Tollkirschen-Waldlichtungsfluren)
Epilobion angustifolii
(Weidenröschen-Schläge, Weidenröschen-Waldlichtungsfluren)
Sambuco-Salicion
(Vorwald-Staudengestrüpp, Waldlichtungsgebüsche)

Epimerasen
Beispiel: Glucose wird zu Galactose (in den an UDP gebundenen Formen) durch das Enzym UDP-Glucose-4-Epimerase epimerisiert.

Epimere

epi- [v. gr. epi = auf, dazu, nach].

Epimere

E. waren bes. deutlich bei den Trilobiten u. primitiven Cheliceraten entwickelt, kommen aber auch noch bei urspr. Krebstieren, so am Thorax der ↗ *Cephalocarida* (□), vor. Bei ihnen sind auch noch segmentale Pleurotergalmuskeln vorhanden, die v. den E.n zu den ventralen Quersehnen ziehen.

sen), die die Umwandlung v. einer epimeren Form in die andere (Umkehr der sterischen Anordnung an einem Kohlenstoffatom) katalysieren.

Epimere [Mz.; v. *epi-, gr. meros = Teil], **1)** Zuckermoleküle, die sich in der Konfiguration v. nur einem asymmetr. Kohlenstoffatom unterscheiden; z. B. Glucose u. Galactose. **2)** *Pleurotergite*, bei Arthropoden seitl., flügelförm. Hautduplikaturen, die, vom Tergit jedes Segments ausgehend, die Körperseiten u. Extremitäten überdecken u. so bei primitiven Arthropoden eine Filterkammer unter dem Tier bilden.

Epimerie w [v. *epi-, gr. meros = Teil], *Epimorphose*, Form der Individualentwicklung bei den meisten Arthropodengruppen (Gliederfüßer): beim Schlüpfen aus dem Ei besitzen die Larven schon die gleiche Anzahl v. Körpersegmenten wie das adulte Tier. Beispiele sind einige Krebse (Wasserflöhe, Muschelkrebse), die meisten Tausendfüßer, Spinnentiere u. Insekten. Ggs.: Anamerie, Anamorphose.

Epimeron s [v. *epi-, gr. meros = Teil], Sklerit im Pleuralbereich des Insektenthorax; dient bei geflügelten Insekten der hinteren Versteifung zw. Tergum u. Sternum; distal gliedert sich als Flügelgelenkstück das Subalare ab. ↗ Episternum. ↗ Insektenflügel.

Epimetabola [Mz.; v. *epi-, gr. metabolē = Veränderung], Teilgruppe der Insekten mit unvollkommener Verwandlung (Hemimetabola); ↗ Palaeometabola.

Epimorphose w [v. gr. epimorphoein = gestalten], **1)** die ↗ Epimerie; **2)** ↗ Regeneration.

Epinastie w [v. gr. epinastos = überhäuft], Bez. für das verstärkte Längenwachstum der Oberseite v. Seitenzweigen u. Blattstielen gegenüber der Unterseite; die E. ist bei der plagiotropen Einstellung der Seitenäste u. Blätter beteiligt. ↗ Nastie.

Epinephele w [v. gr. epinephelos = umwölkt], Gatt. der Augenfalter, dazu das ↗ Ochsenauge.

Epinephelus m [v. gr. epinephelos = umwölkt], Gatt. der ↗ Zackenbarsche.

Epinephrin s [v. *epi-, gr. nephroi = Nieren], das ↗ Adrenalin.

Epinephron s [v. *epi-, gr. nephroi = Nieren], veraltete Bez. für die ↗ Nebenniere.

Epineurium s [v. *epi-, gr. neuron = Sehne, Nerv], Bindegewebshülle der Nervenbündel des peripheren Nervensystems.

Epinotia w [v. gr. epinōtios = auf dem Rücken liegend], Gatt. der ↗ Wickler.

Epinotum s [v. *epi-, gr. nōton = Rücken], ↗ Mittelsegment der apocriten (↗ *Apocrita*) Hautflügler.

epinykte Blüten [v. gr. epinyktios = bei Nacht, nächtlich], kurzleb., während der Abendstunden od. in der Nacht geöffnete Blüten.

Epiökie w [v. *epi-, gr. oikia = Haus], die ↗ Epökie.

Epiontologie w [v. *epi-, gr. onta = das Seiende, logos = Kunde], *Genogeographie*, Teilgebiet der Genetik, das die Einflüsse v. Erbgut bzw. Umweltfaktoren auf die geogr. Verbreitung verwandter Spezies untersucht.

Epipactis w [v. gr. epipaktis = eine Art Nieswurz], die ↗ Stendelwurz.

Epipelos m [v. *epi-, gr. pēlos = Lehm, Ton], ↗ Epibios.

epipetal [v. *epi-, gr. petalon = Blatt], über den Kronblättern angeordnet; diese Anordnung bezieht sich auf die Stellung des inneren (u. damit oberen) Staubblattkreises in bezug zu den Kronblättern in der Blüte der Bedecktsamer. Normalerweise stehen die Blattorgane bei den v. unten nach oben an der Blütenachse angeordneten Blattkreisen auf Lücke zueinander, d. h., sie alternieren, so daß die Staubblätter des äußeren (unteren) Staubblattkreises auf Lücke zu den Kronblättern u. über den Kelchblättern (*episepal*) stehen u. die Staubblätter des inneren (oberen) Staubblattkreises auf Lücke zu den äußeren Staubblättern u. über den Kronblättern angeordnet sind (*epipetal*). Durch Ausfall v. Blattkreisen kann diese ↗ Alternanzregel scheinbar gestört sein.

epipetrisch [v. *epi-, gr. petros = Fels, Stein], ↗ epilithisch.

Epiphanes m [gr., = plötzlich erscheinend], Gatt. der ↗ Rädertiere (Ord. *Monogononta*), deren Art *E. senta* häufig in Massen in Teichen u. Tümpeln auftritt.

Epipharynx m [v. *epi-, gr. pharygx = Kehle, Schlund], **1)** bei Insekten der Innenseite der Oberlippe u. Clypeus; ↗ Mundwerkzeuge der Insekten. **2)** *nasaler Pharynx, nasaler Rachen, oberer Rachenraum*, dorsaler Bereich des Rachens der Tetrapoden; hier münden die ↗ Eustachi-Röhren. Bei Krokodilen u. Säugern ist der E. durch das sekundäre Munddach bzw. dessen Verlängerung als weicher Gaumen vom oralen Pharynx (eigentlicher Mundraum) getrennt.

epiphloeodisch [v. *epi-, gr. phloios = Rinde], auf der Oberfläche der Rinde v. Bäumen wachsend. Ggs.: endophloeodisch.

Epiphragma s [gr., = Pfropf, Stopfen], zeitweise gebildeter Verschlußdeckel der Gehäuse v. Landschnecken. Die Schnecke spannt zunächst ein Schleimhäutchen quer über die Mündung ed. – tiefer – durch den Querschnitt der letzten Windung; das Häutchen wird durch Kalkeinlagerung verstärkt u. dadurch zum E. Die Umrandung des Atemloches hinterläßt eine siebart. durchbrochene Stelle, das Fenster, durch das Gasaustausch erfolgen kann. Aufgabe des E.s ist es, die Schnecke vor übermäß. Verdunstung zu schützen. In langen Trockenzeiten können mehrere Epiphragmen hintereinander gebildet werden. Bei mitteleur. Landschnecken treten Epiphragmen als Sommer- u. Winterdeckel auf (am bekanntesten bei der Weinbergschnecke).

Epiphylle [Mz.; v. *epi-, gr. phyllon = Blatt], kleine, auf den Blättern Höherer Pflanzen wachsende Organismen (z. B. Moose, Algen, Pilze). Die Erscheinung der *Epiphyllie* ist fast ausschl. auf den dauerfeuchten Bereich der trop. Regen- bzw. Nebelwälder beschränkt.

Epiphyllum s [v. *epi-, gr. phyllon = Blatt], Gatt. der ↗Kakteengewächse.

Epiphyse w [v. gr. epiphysis = Zuwachs, Ansatz], **1)** *Zirbeldrüse, Pinealdrüse, Corpus pineale, Glandula pinealis, Epiphysis cerebri,* stellt eine kleine, mediane, zapfenart. Ausstülpung des Zwischenhirndaches dar. u. ist zw. den beiden Hirnhemisphären gelegen. Bei den niederen Wirbeltieren besitzt die E. lichtempfindl., netzhautart. Strukturen mit zum Hirn ziehenden Nervenbahnen. Bei Neunaugen, Knochenfischen u. Amphibien wird im Pinealorgan das melaninkonzentrierende Hormon Melatonin gebildet, das an der hormonellen Steuerung des Farbwechsels dieser Tiere beteiligt ist. Bei Vögeln kommt der Melatoninausschüttung des Pinealorgans eine integrierende Funktion bei der circadianrhythm. Steuerung des Verhaltens zu (↗Chronobiologie). Bei den Säugetieren verliert die E. bald nach der Geburt ihre neuronale Verbindung mit dem Gehirn u. wird statt dessen v. sympath. Fasern innerviert. **2)** rundlich verdickter Endabschnitt v. Röhrenknochen, jeweils dem oberen u. unteren Ende des Knochenschaftes (↗Diaphyse) aufsitzend. Die enchondrale Verknöcherung erfolgt zunächst in der Diaphyse, erst danach in der E. Von deren Knorpelmasse bleiben übrig: ein dünner Überzug auf der E.naußenseite, der zum Gelenkspalt weist (Gelenkknorpel), sowie, während des Wachstums, die zur Diaphyse weisende knorpel. E.nfuge (Wachstumsfuge). Diese verknöchert beim Menschen zw. dem 16. u. 21. Lebensjahr; das Wachstum ist beendet.

Epiphysenhormon s [v. gr. epiphysis = Zuwachs, hormōn = antreibend], das ↗Melatonin; ↗Chronobiologie.

Epiphyten [Mz.; Bw. *epiphytisch;* v. *epi-, gr. phyton = Gewächs], *Aerophyten,* nicht im Boden wurzelnde Pflanzen; besiedeln andere Pflanzen, ohne diesen Nährstoffe

epi- [v. gr. epi = auf, dazu, nach].

Epiphyse
Das Melatonin der Säugetiere wirkt vermutl. antigonadotrop. Unter der Beteiligung weiterer Hormone wird die Genitalienreifung bei Tieren während des Proöstrus bzw. beim Menschen bis zur Pubertät gehemmt.

Epipyropidae
Bemerkenswert ist die ausgefallene larvale Lebensweise: Räupchen erklettern jung Zikaden (z. B. Laternenträgerartige) u. ernähren sich v. deren zucker- u. wachsart. Ausscheidungen, aber auch ektoparasit. von Körpersäften ihrer Wirte, deren Gewebe sie auf der Dorsalseite anfressen. Die Zikaden werden dabei aber selten getötet. Verpuppung außerhalb vom Wirtsorganismus.

zu entziehen; z. B. rindenbewohnende Algen, Moose, Flechten; in trop. Regenwäldern häufig Orchideen, Ananasgewächse (z. B. *Tillandsia,* ☐ Ananasgewächse), Farne u. a.

Epiplasma s [gr., = Daraufgestrichenes], der Anteil des Plasmas in einem Ascus der Schlauchpilze, der zunächst nicht für die Bildung der Ascosporen verbraucht wird; dieses Restplasma lagert sich der Ascospore als zusätzl. Wandschicht *(Perispor)* auf. [↗Hechtlinge.

Epiplatys m [gr., = oben flach], die

Epipleuren [Mz.; v. *epi-, gr. pleura = Seiten], ↗Deckflügel.

Epipodit m [v. *epi-, gr. pous, Gen. podos = Fuß], äußerer Anhang am Spaltfuß der ↗Krebstiere; ☐ Extremitäten.

Epipogium s [v. *epi-, gr. pōgōn = Bart], der ↗Widerbart.

Epipotamal s [v. *epi-, gr. epipotamios = an Flüssen (liegend)], die ↗Barbenregion.

Epiproct m [v. *epi-, gr. prōktos = Steiß, After], dorsaler Rest des 11. Abdominalsegments der Insekten; ↗Paraproct, ↗Analklappen.

Epipsammon s [v. *epi-, gr. psammos = Sand], ↗Epibios.

Epipyropidae [Mz.; v. *epi-, gr. pyr = Feuer, ōps, Gen. ōpos = Auge], artenarme, trop., den Schildmotten, aber auch den Widderchen nahegestellte Schmetterlings-Fam.; Falter klein, mit spinnerart. u. unscheinbarem Habitus.

Epipyxis w [v. *epi-, gr. pyxis = Büchse], Gatt. der ↗Dinobryonaceae.

Epirhithral s [v. *epi-, gr. rheithron = Fluß], die obere ↗Forellenregion; ↗Bergbach, ↗Flußregionen.

Epirostrum s [v. *epi-, lat. rostrum = Schnabel], (Müller-Stoll 1936), apikale Verlängerung des Rostrums mancher Jura-↗Belemniten.

episepal [v. *epi-, lat. separare = trennen], über den Kelchblättern angeordnet; ↗epipetal.

episeptale Ablagerungen [v. *epi-, lat. septum = Einfriedung], auf der konkaven Seite eines Septums v. Nautiliden liegende (intracamerale) anorgan. od. organogene Ausscheidungen.

Episitismus m [v. gr. episitismos = Nahrungsmittelbeschaffung], räuberische Lebensweise; räuberisch lebende Tiere werden *Episiten* gen.; ↗Räuber.

Episomen [Mz.; v. *epi-, gr. sōma = Körper], bei Bakterien nach veralteter Definition diejenigen ringförm., extrachromosomalen DNA-Moleküle, die sich v. ↗*Plasmiden* dadurch unterscheiden, daß sie *sowohl* frei im Cytoplasma (wie Plasmide) *als auch* nach Rekombination in das ↗Bakterienchromosom integriert vorliegen kön-

Epithel

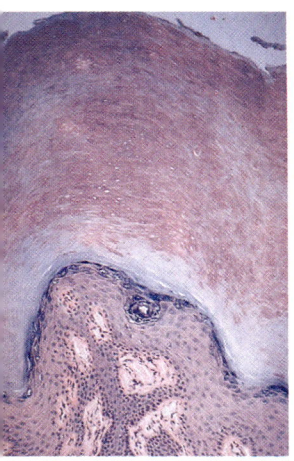

mehrschichtiges verhorntes Platten-E.

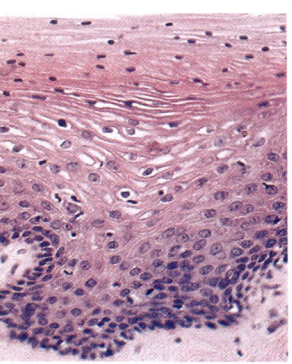

mehrschichtiges unverhorntes Platten-E.

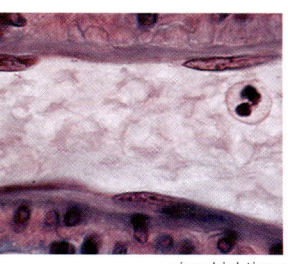

einschichtiges Platten-E. (Gefäßendothel)

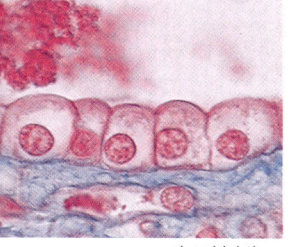

einschichtiges isoprismatisches E.

nen; da sich diese strenge Unterscheidung nicht aufrechterhalten ließ, verwendet man heute beide Bez. synonym.

Episphäre w [v. *epi-, gr. sphaira = Kugel], ↗Akron.

Epispor s [v. *epi-, gr. spora = Same], *Episporium,* ↗Sporen.

Epistase w [v. gr. epistasis = Stillstand], *Epistasis, Epistasie,* nach Bateson (1907) Bez. für Genwechselwirkungen; dabei wird eine Anlagewirkung durch eine andere deutlicher ausgeprägte überlagert. Bei der E. sind nicht homologe „nicht-allele" Faktoren, die mit nicht homologen Chromosomen verbunden sind, beteiligt. E. darf daher nicht mit ↗Dominanz verwechselt werden, bei der stets homologe, „allele" Faktoren beteiligt sind, die an ein Paar homologer Chromosomen gebunden sind. Epistat. Wechselwirkungen können also zw. verschiedenen loci (Genorten) auf demselben od. verschiedenen Chromosomen stattfinden. Daraus ergibt sich eine entscheidende evolutionsbiol. Konsequenz: der Selektionswert eines Gens wird auch durch seinen eignungssteigernden Beitrag auf andere Gene bestimmt.

Epistereom s [v. *epi-, gr. stereōma = feste Grundlage], *Epithek,* bei ↗Cystoidea die oberste verkalkte Epidermis auf den Kalkplatten der Schale.

Episternum s [v. *epi-, gr. sternon = Brust], vorderer Sklerit im Pleuralbereich des Insektenthorax; dient hier als Versteifung zw. Tergum u. Sternum. Distal gliedert sich als Flügelgelenk das ↗Basalare ab. Episternum u. ↗Epimeron bilden den Hauptteil des Pleurits u. sind durch die Pleuralfurche als Versteifungsleiste getrennt.

Epistom s [v. *epi-, gr. stoma = Mund], 1) oberlippenart. Fortsatz über dem Mund bei vielen Tentaculaten; z. B. bei gewissen ↗Moostierchen (☐). Es ist umstritten, ob das manchmal darin vorhandene Coelom ein echtes Protocoel (↗Archicoelomata) od. nur ein Ausläufer des Mesocoels ist. 2) Teil der ↗Mundwerkzeuge der Insekten.

Epistomalnaht [v. *epi-, gr. stoma = Mund], die die Stirn (Frons) vom Kopfschild (Clypeus) trennende Naht im mittleren dorsalen Kopfbereich v. a. der Insekten. Sie ist nach innen als Epistomalleiste entwickelt u. ist ein Teil des chitinigen Kopfinnengerüsts (↗Tentorium).

epistomatisch [v. *epi-, gr. stomatikos = den Mund betr.], Bez. für solche Blätter, die die Spaltöffnungen nur auf der Blattoberseite ausgebildet haben, z. B. die Schwimmblätter der Teich- u. Seerose. Ggs.: amphistomatisch, hypostomatisch.

Epistropheus m [gr., = Umdreher], der ↗Axis.

Epistylis w [v. *epi-, gr. stylos = Griffel], Gatt. der *Peritricha,* Wimpertierchen mit Kolonien u. nicht kontraktilem, dichotom verzweigtem Stiel. *E. plicatilis* ist verbreitet u. häufig im Süßwasser auf verschiedensten Unterlagen; *E. digitalis* bildet Beläge auf Copepoden; *E. rotans* kommt sekundär frei schwimmend im Plankton v. Seen u. Teichen vor.

Epithalamus m [v. *epi-, gr. thalamos = Kammer], auf dem Thalamus liegender Gehirnabschnitt (↗Gehirn), bestehend aus Epiphyse, Habenula, Trigonum habenulae u. Striae medullares.

Epithalassa w [v. *epi-, gr. thalassa = Meer], analog zum Epilimnion eines Süßwassersees die warme, mehr od. weniger therm. homogene Oberflächenschicht des Meeres.

Epithecium s [v. gr. epithēkē = Deckel], schützende Deckschicht über dem Sporenlager (Hymenium) mancher Schlauchpilze; entsteht durch Verwachsen v. Paraphysenspitzen, welche die Asci überragen.

Epitheka w [v. gr. epithēkē = Deckel], die obere der beiden innerhalb der äußeren Plasmaschicht ausgebildeten Schalen aus Kieselsäure bei den Kieselalgen (Diatomeen). Ggs.: Hypotheka.

Epithel s [v. *epi-, gr. thēlē = Brustwarze], *Epithelgewebe, Deckepithel, Deckgewebe,* urspr. Begriff für die runzel. Zitzenhaut der Säuger, von G. J. Henle (1809–1885) dann als Sammelbez. für alle Deck- u. Abschlußgewebe anstelle des bis dahin gebräuchl. Begriffs „Membranen" eingeführt. Den E.ien als Deckschichten auf allen äußeren u. inneren Oberflächen mehrzell. Organismen kommen einerseits mechan. Schutz- u. Abdichtungsaufgaben zu, andererseits kontrollieren sie den Stoffaustausch zw. den Binnengeweben mit ihren weiten Interzellularräumen u. der Gewebsaußenwelt. Diesen Kontrollfunktionen entspr. sind die Plasmalemmata (Zellmembranen) benachbarter *E.zellen* meist innig miteinander verzahnt, u. der Interzellularspalt zw. ihnen ist charakteristischerweise sehr eng (10–20 nm), zudem noch durch spezielle interzelluläre Verbindungen (Kittleisten, Desmosomen, tight junctions) verschlossen. E.zellen sind typischerweise polar gebaut: Sie besitzen eine morpholog. u. physiolog. unterscheidbare Außen- u. eine dem Binnengewebe zugewandte Basalseite, an der i. d. R. eine ↗Basallamina abgeschieden wird. E.ien können aus einer od. mehreren Zellagen bestehen, ein- od. mehrschichtig sein. *Mehrschichtige E.ien* dienen meist als äußere Körperbedeckung (↗Epidermis) dem Schutz vor mechan. Verletzungen u. – bes. bei Land-

Epithel

tieren u. -pflanzen – der Abdichtung gg. Flüssigkeitsverlust durch Verdunstung. Im *Tierreich* kommen mehrschicht. Epidermen bei Wirbellosen nur in Ausnahmefällen vor, sind aber die Regel bei Wirbeltieren, wo sie, bei einer durchschnittl. Dicke v. 10–20 Zellschichten, an mechan. stark beanspruchten Hautpartien (Fußsohlen) eine Mächtigkeit v. 100 u. mehr Zellagen erreichen können, deren Zellen sich der Oberfläche zu mehr u. mehr abflachen. Stetiger Zellverlust durch Absterben u. Abschelfern v. Zellen an der Außenseite wird durch kontinuierl. Nachschub aus der teilungsaktiven Basalschicht *(Stratum basale* od. *germinativum)* ausgeglichen. In der Epidermis v. Landwirbeltieren (Reptilien, Vögel, Säuger) sterben die meisten Zellagen überhaupt frühzeit. ab u. verbacken zu einer derben, undurchläss. Hornschicht *(verhorntes Platten-E.),* während *feuchte mehrschichtige E.ien,* z.B. der Schleimhäute in Mundhöhle u. Speiseröhre, gewöhnl. dünner bleiben u. bis zur Oberfläche aus lebenden, nicht verhornenden, platten Zellen bestehen. In der Epidermis v. Wassertieren (Fische, Amphibien) u. im Harnleiter v. Säugern erreichen solche mehrschicht. E.ien gar nur die Dicke von 3–5 Lagen rundl. (isoprismat.) Zellen. Reichl. Desmosomenbildung erhöht noch die Reißfestigkeit bes. verhornter E.ien. Mehrschicht. E.ien entbehren in jedem Fall einer eigenen Gefäßversorgung; ihre Ernährung erfolgt ausschl. durch Diffusion v. unterliegenden Gewebe her. Im *Pflanzenreich,* wo E.ien ausschl. Epidermis-Funktionen erfüllen, findet man mehrschicht. E.ien nur selten, etwa als Epidermis xeromorpher Blätter u. Luftwurzeln (Wüstenpflanzen, Sukkulenten). Bei Pflanzen, ebenso auch bei wirbellosen Tieren u. als Auskleidung der Körperhöhlen u. Hohlorgane v. Wirbeltieren, herrschen *einschichtige E.ien* vor. Je nach ihrer Zellform bezeichnet man sie als *Platten-, isoprismatische (Pflaster-)* od. *hochprismatische ("Zylinder-") E.ien.* Zw. diesen Typen gibt es fließende Übergänge. Den einschicht. E.ien zugerechnet wird auch das *mehrreihige E.,* dessen unterschiedl. hohe, teilweise langgestielte Zellen zwar durchweg Verbindung zur Basallamina behalten, durch die versetzte Anordnung ihrer Kerne aber Mehrschichtigkeit vortäuschen. Solche E.ien sind sehr dehnungsfähig *(Übergangs-E.)* u. damit bes. geeignet zur Auskleidung v. Hohlorganen, die starken u. raschen Volumenveränderungen unterworfen sind (Harnblase der Säuger). Entspr. ihrer Natur als Austauschbarrieren zw. verschiedenen Räumen kommen E.ien häufig sekretor. (*↗*Drüsen) u. resorptor.

Funktionen zu. Die Zellen derart. *Transport-E.ien* zeichnen sich durch charakterist. Oberflächenvergrößerungen aus, einen Besatz mit Mikrovilli ("Bürstensaum") auf der Außenseite u. ein System tiefer, häufig verzweigter Plasmalemmeinfaltungen (basales Labyrinth) an der Basalseite. Zu den sekretor. Aktivitäten von E.ien gehört auch die Abscheidung v. *Cuticulae,* wie sie die oberird. Teile aller Landpflanzen u. auch die Epidermen vieler wirbelloser Tiere überziehen. Funktionell entsprechen sie der Verhornung mehrschicht. tierischer E.ien. Bei Pflanzen bestehen sie aus einem wasserundurchläss. Filz v. Suberin u. Cutin, der mit Wachsen imprägniert ist; tier. Cuticulae sind häufig ein Geflecht v. Proteinfibrillen, die in eine Matrix aus Polysacchariden (Chitin) eingebettet sind. Sie können mitunter starre Panzer bilden (*↗*Exoskelett). Weitere spezialisierte einschicht. E.ien bei Tieren sind *↗Flimmer-, ↗Sinnes-* u. *↗Myoepithel.* – Die Ausbildung von E.ien ist im Tierreich grundsätzl. nicht an ein bestimmtes Keimblatt gebunden. Mehrschicht. E.ien sind allerdings überwiegend ektodermaler Herkunft, während entodermale (Darm, Verdauungsdrüsen, Lungen) u. mesodermale *(Mesothel)* E.ien, bei denen meist die mechan. Schutzfunktion gegenüber sekretor. Aufgaben in den Hintergrund tritt, gewöhnl. einschicht. bleiben. – Ein bis an die Grenze lichtmikroskop. Sichtbarkeit abgeflachtes E. ist das *Endothel,* die epitheliale Auskleidung v. Blutgefäßen. Die inhomogene Gruppe der *syncytialen E.ien* schließl. nimmt ihrer Entwicklung u. Struktur nach eine Sonderstellung ein. Als epidermale *↗*Syncytien findet man solche E.ien bei einigen, überwiegend parasit., Wirbellosen-Gruppen (manche Nematoden, Rädertiere, Acanthocephalen, Trematoden, Cestoden), ebenso auch als Trophoblast-E. (*↗*Syncytiotrophoblast) der Säuger. Nur bei den Acanthocephalen u. den Rädertieren wird die syncytiale Epidermis bereits im Embryonalstadium als vielkern. Plasmaschicht angelegt, während die syncytiale Nematodenepidermis u. der Syncytiotrophoblast der Säugerplacenta erst sekundär aus einem urspr. zellulär gegliederten E. hervorgehen. Die syncytiale Epidermis der Trematoden u. Cestoden schließl. verdient den Namen E. nur eingeschränkt, da sie eine körperbedeckende Plasmalage darstellt, die sich erst nach Verlust des urspr. Körperepithels aus miteinander konfluierenden Fortsätzen v. Mesenchymzellen bildet u. über dünne plasmat. Verbindungen durch die Muskulatur hindurch mit ihren kernhalt. Zellkörpern (Perikaryen) tief im Körperinnern verbunden bleibt *(versenktes E.).* P. E.

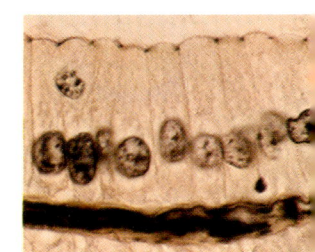

einschichtiges hochprismatisches E.

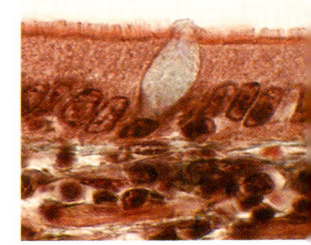

einschichtiges hochprismatisches E. mit Mikrovillisaum

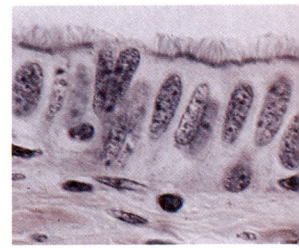

hochprismatisches Flimmer-E.

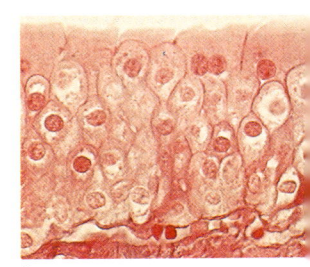

Übergangs-E. (mehrreihiges E.)

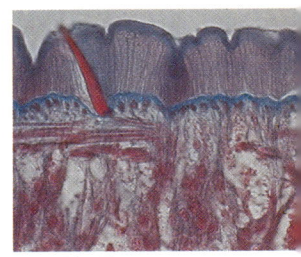

syncytiales E.

epi- [v. gr. epi = auf, dazu, nach].

Beispiele für Epitokie

Beim Palolowurm *(Eunice viridis)* schnürt sich der hintere, epitoke Körperteil ab u. schwimmt aus der Tiefe des Korallenriffs an die Wasseroberfläche, wo er zeitlich festgelegt (↗ Lunarperiodizität) die Geschlechtszellen entläßt u. abstirbt. Der am Meeresboden verbliebene Hauptteil des Wurms regeneriert das abgestoßene, epitoke Stück. Bei einigen *Syllidae* wächst der abgestoßene, epitoke Teil zu einem vollwert. Individuum heran, indem er einen eigenen Kopf ausbildet. Bei *Autolytus, Proceraea* und *Myrianida* wird am epitoken Hinterteil schon ein Kopf ausgebildet, solange dieses noch mit dem atoken Vorderende verbunden ist. Bei *Autolytus prolifer* (☐ Autolytus) entsteht am atoken Vorderabschnitt geradezu eine Kette v. epitoken Tochtertieren mit jeweils einem Kopf, was bedeutet, daß hier eine Metagenese vorliegt u. folgl. die atoken Teile als Ammentiere, die epitoken als Stolonen bezeichnet werden. Je nach dem Geschlecht des Ammentiers sind die Stolonen männlich od. weiblich.

Epithelkörperchen s [v. *epi-, gr. thēlē = Brustwarze], ↗ Nebenschilddrüse.
Epithelmuskelzellen [Mz.; v. *epi-, gr. thēlē = Brustwarze], ↗ Myoepithelzellen.
Epithem s [v. gr. epithēma = Deckel], Bez. für die Gruppen kleiner, chlorophyllfreier Parenchymzellen, die der aktiven Wasserabscheidung dienen; liegen unter bes. Wasserspalten bei vielen Bedecktsamern an den Blattspitzen, an den Zähnchen des Blattrandes od. vor den Enden der großen Blattadern im Blattrand; zus. mit der zugehör. Wasserspalte bezeichnet man sie als E.hydathoden. ↗ Hydathoden.
Epithemiaceae [Mz.; v. gr. epithēma = Deckel], Fam. der *Pennales* (Kieselalgen, U.-Ord. *Biraphidineae*); Valva mit echter Raphe, Zellen nicht od. wen g gestielt; die Gatt. *Epithemia* kommt mit ca. 26 Arten im Süß- u. Brackwasser vor; häufige Süßwasserart *E. turgida.*
Epitheton s [gr., = schmückendes Beiwort], bei der ↗ binären Nomenklatur das hinter dem Gatt.-Namen stehende latinisierte Adjektiv; es ist der eigtl. Artname; z. B. Canis *lupus* (Wolf).
Epitokie w [v. *epi-, gr. tokos = Erzeugung], *Epigamie,* Auftreten unterschiedl. Formen bei ein u. derselben Art v. Vielborstern (↗ *Polychaeta*); entstehen dadurch, daß noch nicht geschlechtsreife, bodenbewohnende Tiere (atoke Formen, Atokie) bei Eintritt der Geschlechtsreife für ein künftig besseres, weil ausdauerndes Schwimmen morphol. verändert werden (epitoke Formen), wodurch ihr Aufsteigen vom Boden zur Schwarmbildung an der Wasseroberfläche erleichtert wird. Es können das ganze Tier od. auch nur Teile v. ihm umgewandelt werden. Vielfach deutete man derart umgewandelte Formen als eigene Gatt. und nannte sie entspr. ihrer Ähnlichkeit zu bereits bekannten Gatt. *Heteronereis* od. *Heterosyllis.*
Epitonie w [v. gr. epitonos = angespannt], *Epitrophie,* die starke Förderung des Wachstums der Oberseite v. Pflanzenorganen, z. B. die stärkere Entwicklung der Knospen auf der Oberseite v. Seitenzweigen. ↗ Akrotonie, ↗ Basitonie.
Epitoniidae [Mz.; v. ↗ Epitonium], die ↗ Wendeltreppen.
Epitonium s [v. gr. epitonion = Hahn (an einer Röhre)], Gatt. der Wendeltreppen, marine Vorderkiemer mit turmförm. Gehäuse, dessen Oberfläche meist weiß u. mit axialen Rippen besetzt ist. Die Schnecken sind protandrische ☿, die als ♂♂ Komplexe atypischer mit typischen Spermien („Spermatozeugmen") bilden; die Arten sind weit, überwiegend in den Tropen, verbreitet u. ernähren sich v. Polypen u. Seerosen.

epitrop [v. gr. epitropos = hingewandt, nach oben weisend, heißt der Bau v. Samenanlagen, deren Mikropyle aufwärts in Richtung Griffel weist.
Epitrophie w [v. *epi-, gr. trophē = Ernährung], die ↗ Epitonie.
Epizoanthus m [v. *epi-, gr. zōon = Tier, anthos = Blume], Gatt. der ↗ Krustenanemonen.
Epizoen [Mz.; v. *epi-, gr. zōon = Tier], ↗ Epökie; Begriff manchmal auch auf alle parasit. Organismen angewandt.
Epizoobios m [v. *epi-, gr. zōon = Tier, bios = Leben], ↗ Epibios.
Epizoochorie w [v. *epi-, gr. zōon = Tier, chōra = Platz], Bez. für die Ausbreitungsweise v. Samen od. Früchten, die mit Haftod. Klebeeinrichtungen an der Oberfläche v. Tieren hängenbleiben u. dadurch verbreitet werden.
Epizootie w [v. *epi-, gr. zōotēs = Tierwelt], Begriff der ↗ Epidemiologie, häufiges Vorkommen einer Krankheit (Seuche) in einer Tierpopulation, im Verlauf entspr. der Epidemie. Ggs.: Enzootie.
Epökie w [v. gr. epoikia = Ansiedlung, Kolonie], *Epiökie, epizoische Lebensweise,* Lebensweise auf der Oberfläche eines anderen Organismus, d. h. direkt auf seiner Haut od. im umgebenden Haar- od. Federkleid. Vorteile für tier. *Epöken (Epizoen)* sind Nahrungsgewinnung od. Transport in neue Biotope. Zahlr. Epizoen finden sich unter den Protozoen (z. B. Ciliaten), die auf Wasserarthropoden aufsitzen. ↗ Phoresie.
Epon s, häufig verwendetes Kunstharz (aliphat. Epoxidharz) zur Einbettung v. histolog. Schnitten für die Elektronenmikroskopie; zeichnet sich durch seine Dünnflüssigkeit gegenüber aromat. Epoxidharzen („Araldit") aus, die ein schnelles Durchdringen der Gewebe mit dem Einschlußmittel gewährleistet.
Epsilonema w [v. gr. epsilon = E, nēma = Faden], marine Gatt. der Fadenwürmer, weniger als 1 mm lang; verschiedene Arten leben im Lückensystem zw. Sand od. Algen; ben. nach der charakterist. Körpergestalt. *E.* bewegt sich im Ggs. zu fast allen anderen Fadenwürmern nicht durch seitl. Schlängeln, sondern ebenso wie ↗ *Draconema* spannerraupenartig mit Hilfe ventraler Stelzborsten (bei *Draconema* sind die entspr. Borsten zugleich Ausführgänge v. Haftdrüsen). ☐ 163.
Epstein-Barr-Virus s [ben. nach dem brit. Pathologen M. A. Epstein, * 1921, u. dessen Mitarbeiterin Y. M. Barr], Abk. *EBV,* zu den ↗ Herpesviren gehörendes, 1964 entdecktes, humanpathogenes Virus; morphol. den anderen Herpesviren sehr ähnlich, immunolog. besteht keine Verwandtschaft. Die ca. 171000 Basenpaare

umfassende DNA wurde v. der Arbeitsgruppe um F. Sanger (Cambridge, England) vollständig sequenziert. Das EBV ist ein weltweit verbreitetes Agens; es ist der Erreger der infektiösen Mononucleose (Pfeiffersches Drüsenfieber). Die meisten EBV-Infektionen verlaufen jedoch klin. inapparent. EBV infiziert B-Lymphocyten. Nach der primären Infektion kommt es zu einer latenten Infektion durch Persistenz des Virus in einigen Zellen. EBV kann B-Lymphocyten zu permanent wachsenden Zellen transformieren. Außerdem ist es in der Lage, lymphoproliferative Erkrankungen, u. a. maligne Lymphome, in bestimmten Affen zu erzeugen. Bes. Bedeutung besitzen die onkogenen Eigenschaften des EBV durch die Beziehung des Virus zu zwei menschl. Tumorformen (↗Burkitt-Lymphom u. Nasopharynxcarcinom): a) die Tumorpatienten weisen hohe Antikörpertiter gg. EBV-Antigene auf; b) die Tumorzellen enthalten EBV-DNA u. das EBV-spezif. nucleäre Antigen EBNA (100% der untersuchten Nasopharynxcarcinom-Fälle, ca. 95% der afr., aber nur ca. 25% der nicht-afr. Burkitt-Lymphome). Die ätiolog. Rolle des EBV ist ungeklärt; es wird angenommen, daß das Virus einen v. mehreren Faktoren in der Entstehung der Tumoren darstellt.

Eptesicus *m* [v. lat. e- = aus, gr. ptēsis = Flug], die ↗Breitflügelfledermäuse.

Equidae [Mz.; v. lat. equus = Pferd], die ↗Pferde.

Equisetaceae [Mz.; v. lat. equisetum = Schachtelhalm], die ↗Schachtelhalmgewächse. [tigen.

Equisetales [Mz.], die ↗Schachtelhalmartigen.
Equisetatae [Mz.], die ↗Schachtelhalme.
Equisetites *m*, fossile Gatt. der ↗Schachtelhalmgewächse. [halm.
Equisetum *s* [lat., =], der ↗Schachtel-
Equoidea [Mz.; v. lat. equus = Pferd, gr. -oeidēs = -ähnlich], *Pferdeartige*, Überfamilie der Unpaarhufer mit zwei Familien, den † ↗Palaeotheriidae und den *Equidae* (↗Pferde).

Equus *m* [lat., = Pferd], einzige Gatt. der *Equidae* mit den rezenten Vertretern ↗Zebras, ↗Esel u. ↗Pferde. [lum.

ER, Abk. für ↗endoplasmatisches Reticu-
Eragrostis *w* [v. gr. eros = Liebe, agrōstis = Gras], das ↗Liebesgras.

Eragrostoideae [Mz.; v. gr. eros = Liebe, agrōstis = Gras], U.-Fam. der Süßgräser mit ca. 110 Gatt.; die ein- bis vielblüt. Ährchen haben oben oft sterile Spelzen u. 3nervige Deckspelzen; die Frucht wird frei od. ist durch Ablösen der Fruchtschale (Perikarp) nackt; gekniete od. gedrehte Grannen kommen nicht vor. Zu den E. gehören viele C_4-Pflanzen.

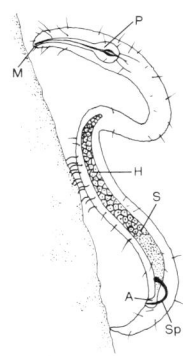

Epsilonema
Männchen von *E*.
A After (zugleich ♂ Geschlechtsöffnung), H Hoden mit Spermatocyten, M Mund, P Pharynx-Bulbus, S Samenblase mit Spermien, Sp 1 Paar Spicula (♂ Kopulationsorgan)

Erbfehler
Im Ggs. zu nicht letalen Defekten, durch die nur der Gebrauchswert bzw. das Aussehen beeinträchtigt werden (z. B. Kryptorchismus bei Pferd, Rind, Schwein u. Schaf od. Kehlkopfpfeifen beim Pferd), spricht man v. *letalen Defekten*, wenn die Lebensfähigkeit des Tieres bzw. der Pflanze mehr od. weniger stark herabgesetzt bzw. ausgeschlossen ist (z. B. Mastdarmverschluß bei Pferd u. Schwein, Wassersucht beim Rind od. Stummelfüßigkeit beim Schaf).

Eragrostoideae
Wichtige Gattungen:
↗Fingerhirse *(Eleusine)*
↗Hundszahn *(Cynodon)*
↗Liebesgras *(Eragrostis)*

Eranthis *w* [v. gr. ēr = Frühling, anthos = Blume], der ↗Winterling.

Erasistratos, griech. Arzt in Alexandria, * um 304 v. Chr. Iulis (auf Keos), † um 250/240 v. Chr. in Kleinasien. Neben Herophilos einer der bedeutendsten Anatomen seiner Zeit; studierte das Gehirn u. Kleinhirn u. entdeckte den Ursprung der Nerven im Gehirn, gab den Herzklappen ihren Namen u. hatte bereits fundierte Vorstellungen über den Blutkreislauf. Er soll die ersten Bauchoperationen vorgenommen haben; führte die Bez. Parenchym ein. Insbes. ↗Galen überlieferte seine Lehren der Nachwelt.

Eratoidae [Mz.; ben. nach Eratō, Muse der erot. Poesie], ↗Kerfenschnecken.
Erbanlage, das ↗Gen.
Erbbiologie, die ↗Genetik.
erbbiologisches Gutachten ↗Abstammungsnachweis.

Erbdiagnose, Analyse genet. bedingter Veranlagungen, beim Menschen bes. in bezug auf ↗Erbkrankheiten (↗Eugenik). Zur Erstellung einer E. ist neben Untersuchungen über Stoffwechseldefekte u. ↗Chromosomenanomalien v. a. eine möglichst weit zurückreichende Stammbaumanalyse notwendig. Erbl. Belastungen lassen sich allerdings auch durch eine umfangreiche E. nie mit Sicherheit ausschließen, da Erbkrankheiten, die auf rezessiven Defektallelen od. auf Defektallelen geringer Penetranz beruhen, oft über mehrere Generationen nicht in Erscheinung treten. ↗Amniocentese.

Erbfaktor, das ↗Gen.
Erbfehler, *Erbschäden*, bei Haustieren od. Kulturpflanzen erbl. bedingte krankhafte Mängel od. Abweichungen v. einer vorgegebenen züchter. Norm (vgl. Spaltentext). – Erbfehler beim Menschen ↗Erbkrankheiten.

Erbgang, die Art u. Weise, wie erbl. bedingte Merkmale entweder gemäß den ↗Mendelschen Regeln (dominant/rezessiv od. intermediär, monohybrid od. dihybrid) od. abweichend v. diesen (auf Geschlechtschromosomen, Chondrom u. Plastom codierte Merkmale) auf Nachkommen vererbt werden. Der E. wird durch die sog. *E.sanalyse* ermittelt, wobei Kreuzungsexperimente mit Versuchsorganismen, die Träger des betreffenden Merkmals sind, durchgeführt u. die Ergebnisse statist. ausgewertet werden. – Beim Menschen ist u. a. die Erforschung des Auftretens u. der Vererbbarkeit v. ↗Erbkrankheiten über mehrere Generationen hinweg v. Interesse.

Erbgesundheitslehre, *Erbhygiene*, die ↗Eugenik.
erbgleich, 1) *homozygot*, ↗Homozygotie.

Erbgrind

2) Eigenschaft v. Lebewesen, die gleiches Erbgut besitzen, z. B. eineiige Zwillinge.
Erbgrind, der ↗Favus.
Erbgut, Gesamtheit der auf dem Kerngenom, Chondrom u. Plastom (bei Pflanzen) eines Lebewesens codierten genet. Information. ↗Genotyp.
Erbkoordination, *Instinktbewegung, Bewegungsnorm,* aus der älteren Verhaltensphysiologie stammender Begriff, der eine relativ starre (formkonstante) Sequenz v. Bewegungen bezeichnet, die ↗angeboren ist u. daher häufig bei allen Tieren einer Art in gleicher Weise auftritt. E.en können entweder isoliert vorkommen (Putzbewegungen, Nestbaubewegungen usw.) od. Elemente komplexerer Verhaltensmuster bilden (z. B. formkonstante Nestbaubewegungen während des tatsächl. Nestbaus v. Vögeln).
Erbkrankheiten, *Heredopathien,* die genet. bedingten Erkrankungen beim Menschen, die an Nachkommen vererbt werden können. Vergleichbare Schädigungen bei Haustieren od. Kulturpflanzen werden als ↗Erbfehler bezeichnet. E. können durch eine od. mehrere verschiedenartige Mutationen (Genmutationen, ↗Chromosomenaberrationen, numerische ↗Chromosomenanomalien) bei od. nach der Bildung der Keimzellen entstehen. Nicht jede krankhafte Veränderung des Erbguts muß beim Betroffenen od. seinen Nachkommen phänotyp. in Erscheinung treten. Rezessive Erbdefekte werden erst offenbar, wenn sie homozygot vorliegen, d. h., wenn sie v. beiden Eltern übertragen werden; sie können daher in heterozygoter Form oft mehrere Generationen latent (verborgen) bleiben, bevor sie sich klin. manifestieren. Beispiele sind die erbl. Taubstummheit, die erbliche Epilepsie, ↗Albinismus, ↗Alkaptonurie u. ↗Phenylketonurie. Dominante Erbdefekte führen bei den Betroffenen immer zu Erkrankungen u. werden mit einer Wahrscheinlichkeit v. 50% an die Nachkommen weitergegeben (z. B. Kurzsichtigkeit, Schielen, Veitstanz). Erkrankungen, die durch eine Veränderung an einem Geschlechtschromosom (X od. Y) entstehen, werden entspr. der ↗geschlechtschromosomengebundenen Vererbung an die Nachkommen weitergegeben: so werden z. B. ↗Farbenfehlsichtigkeit, Muskeldystrophie od. die ↗Bluterkrankheit durch ein rezessives Defektallel auf einem X-Chromosom verursacht (↗Bluter-Gen); bei Frauen, die beide Allele heterozygot tragen, manifestieren sich diese Krankheiten nicht, da auf dem zweiten X-Chromosom ein nicht mutiertes Allel vorliegt, das den Defekt kompensiert (↗Komplementation); allerdings sind sie Überträgerinnen, so daß ihre

Erbkoordination
Die angeborene Grundlage einer E. bedeutet nicht unbedingt, daß diese v. Umwelteinflüssen unabhängig ist u. durch Lernen nicht verändert werden kann. Z. B. lassen sich die Pickbewegungen eines Haushahns (eine E. aus dem Bereich der Futtersuche) durch Lernen modifizieren, nicht aber das Krähen (eine E. aus dem Bereich des Revierverhaltens).

Erblichkeit
Die molekulare Grundlage der E. bilden die Nucleotidsequenzen der ↗Desoxyribonucleinsäuren. Die E. v. alternativen Einzelmerkmalen (Allelen) unterliegt, abgesehen v. Ausnahmen bei der Vererbung v. Merkmalen, die auf dem Chondrom, Plastom od. auf Geschlechtschromosomen codiert sind, den ↗Mendelschen Regeln.

Erbse
Blüten und Fruchtzweig, **a** Einzelblüte.

Söhne mit einer Wahrscheinlichkeit von 50% v. der jeweiligen Krankheit betroffen sind. Oft wird nur die Neigung zu bestimmten Krankheiten vererbt, die dann unter der Wirkung häufig noch wenig verstandener äußerer Einflüsse zu Erkrankungen führt (z. B. die mit dem Alter zunehmende Neigung zum ↗Diabetes mellitus). Die Erforschung von E. ist ein wicht. Zweig der Humangenetik. ↗Amniocentese, ↗Erbdiagnose, ↗Eugenik, ↗Gentechnologie.
Erblehre, die ↗Genetik.
Erblichkeit, *Heredität,* Ausmaß, in dem biol. Merkmale eines Individuums od. einer Population unter der Wirkung v. Genen stehen u. an die Individuen der Folgegenerationen weitergegeben werden.
Erbrechen, *Vomitus, Emesis,* Entleeren des Nahrungsbreis über Speiseröhre u. Mund durch rückläufige peristalt. Bewegungen des Magens bzw. Vorderdarms. Dabei kann auch der Inhalt des Duodenums mit Galle in den Magen gelangen u. mit erbrochen werden. Der Brechvorgang wird beim Menschen v. einem Zentrum im verlängerten Mark in der Nähe des Atemzentrums gesteuert; an seiner Auslösung können Geruchs- u. Geschmacksrezeptoren beteiligt sein. Bei verschiedenen Arthropoden wird E. auch als Abwehrmittel benutzt.
Erbschäden, die ↗Erbfehler.
Erbse, *Pisum,* Gatt. der Hülsenfrüchtler mit wenigen, im Mittelmeergebiet beheimateten Arten. Es sind einjähr., kraut., rankende Pflanzen mit wenigpaarigen, berankten Fiederblättern u. großen Nebenblättern. Die bis 30 mm großen Blüten sind weiß od. bunt gescheckt; Stengel rund; in den aufgeblähten, 3–10 cm langen Hülsen finden sich bis zu 10 Samen *(Erbsen).* Geerntet werden bei Kultursorten die grünen, unreifen Samen od. unterschiedl. gefärbte reife Samen. Die E. gedeiht auf nährstoffreichen, basischen Sand- od. Lehmböden u. verträgt keine Staunässe. Die Garten-E. *(P. sativum)* stammt wahrscheinl. v. *P. elatius* (Mittelmeergebiet bis Tibet) ab; sie wird seit dem Neolithikum kultiviert; heute werden viele Zucht- u. Landsorten in Europa, N-Amerika, Indien u. Afrika angebaut. Als Gemüse sind u. a. Marker- *(P. sativum* ssp. *medullare)* u. Zucker-E. *(P. sativum* ssp. *axiphium)* für die menschl. Ernährung, die Futter-E. *(P. sativum* ssp. *arvense)* als Grünfutter von Bedeutung. B Kulturpflanzen V.
Erbsenbein, *Pisiforme, Os pisiforme,* ein ↗Sesambein im proximalen Handwurzelbereich; liegt auf der Kleinfingerseite direkt dem ↗Dreiecksbein (Ulnare, Triquetrum) auf. Das E. ist kein echter Handwurzelknochen (Carpalia), sondern eine Zu-

satzbildung, die den Ansatzwinkel v. Sehnen optimiert. Es können außer ihm weitere Sesambeine an der Handwurzel auftreten. ⤴ Hand.

Erbseneule, *Mamestra pisi,* ⤴ Eulenfalter.

Erbsenkäfer, *Bruchus pisorum,* ⤴ Samenkäfer.

Erbsenkrabbe ⤴ Muschelwächter.

Erbsenmuscheln, *Pisidium,* Gatt. der *Pisidiidae,* kleine bis sehr kleine Süßwassermuscheln, die z. T. extreme Lebensbedingungen in Hochgebirgsseen u. in der Arktis ertragen. Sie treiben Brutpflege in Taschen an den inneren Kiemen; von den Embryonen gehen 25–50 % zugrunde. In Mitteleuropa leben knapp 20 Arten. Die Großen E. *(P. amnicum)* erreichen 1 cm Breite u. sind in fließenden Gewässern mit kiesigem Grund verbreitet. Die meisten anderen Arten sind unter 5 mm breit u. bevorzugen weiches Substrat; die kleinsten sind die Band-E. *(P. torquatum,* 2 mm). Alle Arten sind nach der ⤴ Roten Liste „gefährdet" bis „stark gefährdet".

Erbsenstrauch, *Caragana,* Gatt. der ⤴ Hülsenfrüchtler.

Erbsubstanz, die ⤴ Desoxyribonucleinsäuren; bei den RNA-Phagen u. RNA-Viren ist die E. ident. mit ⤴ Ribonucleinsäuren.

erbungleich, 1) heterozygot, ⤴ Heterozygotie. 2) Eigenschaft v. Lebewesen, die ungleiches Erbgut besitzen, z. B. zweieiige Zwillinge.

Erdaltertum, das ⤴ Paläozoikum; ⤴ Erdgeschichte (B).

Erdatmosphäre ⤴ Atmosphäre, ⤴ chemische Evolution (B).

Erdbeerbaum, *Arbutus,* mit etwa 25 Arten v. a. in N-Amerika (bes. Mexiko) u. dem Mittelmeergebiet sowie auf den Kanar. Inseln beheimatete Gatt. der Heidekrautgewächse. Immergrüne Sträucher od. Bäume mit in büschel. Rispen stehenden kugelod. krugförm. Blüten, aus denen mehrsam., fleischig-mehl. Beeren hervorgehen. In Europa anzutreffen ist bes. *A. unedo,* ein bis 10 m hoher Baum mit glänzenden, lorbeerähnl. Blättern u. grünl.-weißen Blüten. Seine warz., kirschgroßen, scharlachroten u. süßen Früchte sind eßbar u. werden zur Herstellung v. Marmelade, Likör u. Obstwein verwendet. Sowohl die Blüten als auch die Andromedotoxin enthaltende Rinde gelten als Heilmittel bei Diarrhoe. *A. unedo* ist eine Charakterart der südeur. Macchie. Er bastardiert nicht selten mit *A. andrachne,* einer Charakterart der Macchie Griechenlands u. Kleinasiens.

Erdbeerbaumfalter, *Charaxes jasius,* einziger eur. Vertreter in Afrika u. Indien weit verbreiteten Fleckenfalter-Gatt. *Charaxes* mit großen, prachtvollen u. geschwänzten Faltern; tritt im Sommer in zwei Generationen im Küstenbereich des Mittelmeeres auf; Spannweite bis 100 mm, Oberseite der Flügel braun mit blauen Flecken, hellgelbrot gesäumt, Unterseite prächtig bunt, einer der schönsten Tagfalter Europas; sehr guter Flieger, gerne an überreifem Obst u. ä.; Larven grün, hell punktiert mit gelbl. Seitenstreifen u. vier Kopffortsätzen, frißt am Erdbeerbaum; Stürzpuppe türkisgrün, rundlich.

Erdbeere, *Fragaria,* Gatt. der Rosengewächse mit ca. 40 Arten, die auf der nördl. Hemisphäre beheimatet sind. Typisch für diese ausdauernden Kräuter sind die langen, oberird. kriechenden, aus den Blattachseln hervorgehenden ⤴ Ausläufer (☐). Die 5zähl. Blüten sind in bis zu 15blüt. Blütenständen zusammengefaßt. Die kleinen, 1samigen Früchte (Nüßchen) sitzen auf dem fleischl., nach der Blüte sich stark vergrößernden, saftig werdenden Blütenboden, dessen Rinde durch Anthocyan rot gefärbt ist (Sammelnußfrucht). Die Wald-E. *(F. vesca,* B Europa XII) hat ungestielte Teilblättchen u. kleine Früchte. Im 15. Jh. wurde sie in Kultur genommen, wird heute aber nur als Wildobst gesammelt. Die Hügel-E. od. Knackbeere *(F. viridis,* gemäßigtes Europa bis W-Sibirien) kultivierte man im 16. Jh. Die Zimt- od. Moschus-E. *(F. moschata)* wurde im 17. Jh. züchterisch bearbeitet, wurde aber wie die bereits gen. Arten durch die Garten-, Ananas-E. od. Brestling *(F. ananassa)* verdrängt. Dieser Bastard aus den beiden am. Arten *F. virginiana* (mittleres N-Amerika) u. *F. chiloensis* (S-Chile) unter Beteiligung v. eur. Arten wurde im 18. Jh. in Holland gezüchtet. Von dieser stammen die vielen Sorten u. Weiterzüchtungen, die heute angebaut werden. B Kulturpflanzen VII.

Erdbeerfrosch, *Dendrobates pumilio,* ⤴ Farbfrösche.

Erdbeerrose, die ⤴ Pferdeaktinie.

Erdbeerspinat, Bez. für 2 Arten der Gatt. ⤴ Gänsefuß. [lung.

Erdbevölkerung ⤴ Bevölkerungsentwick-

Erdbienen, die ⤴ Sandbienen. [früchtler.

Erdbirne, *Apios americana,* ⤴ Hülsen-

Erdböcke, *Grasböcke, Dorcadion,* artenu. formenreiche Gatt. der Käferfam. ⤴ Bockkäfer; 1,0–1,5 cm große, plump wirkende, flugunfähige Bockkäfer, die in Steppengebieten, Matten, Trocken- u. Halbtrockenrasen gelegentl. in großen Individuenzahlen meist im zeit. Frühjahr umherlaufen. Die Käfer fressen Gras (Reifefraß), ihre Larven leben im Boden an den Graswurzeln (daher Grasböcke gen.). Von den ca. 200 Arten, die im Mittelmeergebiet u. in den kleinasiat. und russ. Steppen verbreitet sind, leben in Dtl. *D. fuliginator,* im südöstl. Mitteleuropa noch weitere 3 Arten *(D.*

Erdbeerbaum
Zweig des Erdbeerbaums *(Arbutus)* mit Blüten u. Früchten

Erdbeere
1 *Fragaria spec.,*
a Blüte, b Frucht;
2 Walderdbeere
(Fragaria vesca)

Erdbohrer

fulvum, D. aethiops, D. pedestre). D. fuliginator ist entweder blaugrau, blaugrau mit schwarzen Elytrenlängsmalen od. ganz schwarz gezeichnet; die Art war fr. im westl. Dtl. weit verbreitet, ist heute jedoch durch Biotopzerstörungen nur noch auf sehr wenige Reliktstandorte beschränkt (z. B. südl. Oberrheingebiet); nach der ↗ Roten Liste „stark gefährdet".

Erdbohrer, *Heliophobius,* Gatt. der ↗ Sandgräber mit 3 Arten in SO-Afrika; Kopfrumpflänge 10–20 cm, Schwanzlänge 2–4 cm; Besonderheit: 6 Backenzähne pro Kieferhälfte (einmalig bei Nagetieren).

Erdegel, Bez. für in feuchter Erde, Baumstümpfen, Dung u. ä. lebenden *Hirudinea,* ungeachtet ihrer systemat. Stellung.

Erdeulen ↗ Erdraupen.

Erdferkel, *Kapschwein, Erdschwein, Orycteropus afer,* einz. lebender Vertreter der zu den Urhuftieren *(Protungulata)* zählenden Röhrenzähner (Ordnung *Tubulidentata),* fr. zu den Zahnarmen *(Edentata)* gestellt; Kopfrumpflänge 100–130 cm, Schulterhöhe 60 cm, Gewicht ca. 70 kg; massiger Körper mit hochgewölbtem Rücken u. dickem (känguruhart.) Schwanz; Kopf mit langen Ohren u. schweineart. Schnauze mit weit vorstreckbarer Zunge; kurze Gliedmaßen mit vorne 4 u. hinten 5 Zehen, die alle kräft. hufart. Klauen tragen; dicke graubraune Haut spärl. mit borst. Haaren bedeckt. Die charakterist. 4–6 Backenzähne pro Kieferhälfte sind jeweils aus vielen sechseck., parallel gestellten Dentinprismen (im Zentrum röhrenförm. Kanal, daher Röhrenzähner) zusammengesetzt; sie wachsen zeitlebens nach. Gesichtssinn schwach, Gehör- u. Geruchssinn stark entwickelt. Die äußerl. Ähnlichkeit des E.s mit Ameisenbär u. Schuppentieren beruht auf gleichsinn. Anpassungen (Konvergenzen) an die fast ausschl. Termitennahrung. In 15 U.-Arten lebt das E. südl. der Sahara in den Savannen W-, Zentral-, O- u. S-Afrikas, aber auch im Regenwald Kameruns u. des Kongogebiets. E. sind Einzelgänger, die nachts weite Strecken auf der Suche nach Termitenbauten zurücklegen; tags ruhen sie in ihrer selbstgegrabenen Erdhöhle Viele Tiere der Savanne (u. a. Reptilien, Eulen, Fledermäuse, Warzenschweine) sind auf verlassene E.höhlen als Unterschlupf angewiesen. B Afrika VI.

Erdflöhe, *Flohkäfer, Halticinae,* U.-Fam. der Blattkäfer; meist kleine, 1–5 mm große, rundl. ovale Käfer, die, je nach Gatt., schwarz, schwarz-gelb, gelbbraun od. metallisch grün o. blau sind; zeichnen sich v. a. durch kräftig verdickte Hinterschenkel aus, die den Käferchen ein enormes Sprungvermögen verleihen (Sprünge bis 30 u. 40 cm bei 2–4 mm Körpergröße). Die

Erdferkel
(Orycteropus afer)

Erdgas
1982 betrug die *Netto-Förderung* v. E., d. h. Brutto-Förderung abzügl. zurückgepreßtes u. abgefackeltes E. u. Eigenverbrauch, weltweit 1543,3 Mrd. m³ (davon 33,2% in USA, 32,5% in UdSSR, 1,08% in der BR Dtl.). Weltweit werden ca. 150 Mrd. m³ jährl. „abgefackelt", d. h. an Ort u. Stelle nutzlos verbrannt.
Die *Weltreserven* an E. lagen 1982 bei 86 000 Mrd. m³ (davon 41% in der UdSSR, 16% in Iran, 0,3% in der BR Dtl.) u. würden bei der gegenwärtigen Fördermenge noch ca. 56 Jahre reichen. Der Anteil des E.es an der *Energieversorgung* betrug 1982 weltweit 20%, in den westl. Industrieländern 25%, in der BR Dtl. 16%.
Die BR Dtl. kann mit der Eigenförderung v. E. rund ⅓ ihres Verbrauchs decken.

weltweit sehr artenreiche U.-Fam. weist in Mitteleuropa über 220 Arten in 24 Gatt. auf, die teilweise hochspezialisiert als Käfer u. Larve an spezif. Nährpflanzen sitzen. So leben die *Hermaeophaga*-Arten nur am Bingelkraut, *Hippuriphila modeeri* auf Schachtelhalm, die Arten der Gatt. *Epithrix* auf Nachtschattengewächsen, *Podagrica* auf Malven, *Mantura* auf Ampfer. Einige Vertreter sind bedeutsame Kulturpflanzenschädlinge, z. B. die Kohl-E. *(Phyllotreta):* Gewelltstreifiger Kohlerdfloh *(P. undulata),* 2 mm, schwarz, Flügeldecken mit je einem gelben Längsstreif; Schwarzer *(P. atra)* u. Blauseidiger Kohlerdfloh *(P. nigripes),* beide 2–2,6 mm, ganz dunkel, fressen an Kreuzblütlern u. werden v. a. in Gemüsekulturen (Kohl) zuweilen schädlich. An Flachs richten gelegentl. *Aphthona euphorbiae* u. *Longitarsus parvulus* Schaden an; beide sind einfarbig dunkel; legen ihre Eier an den Wurzelhals; Larven fressen an den Wurzeln. Der Rapserdfloh *(Psylliodes chrysocephala),* 3–4,5 mm, metallisch blaugrün, Kopf vorne rötlich, ist an Raps u. anderen Kreuzblütlern häufig; Eiablage im Herbst, gelegentlich auch im Frühjahr in den Boden; Larven dringen in die Basis der Blattstiele ein u. minieren bis in die Blattrippen; fressen dann abwärts in den Schaft; Verpuppung im Boden; Jungkäfer fressen im Frühsommer an den Stielen u. Blättern; nach kurzer Sommerruhe erfolgt ein Reifungsfraß, im Herbst Beginn der Eiablage; die Art kann an Raps sehr schädl. werden.

Erdfrüchtigkeit, die ↗ Geokarpie.

Erdfrühzeit, das ↗ Algonkium; ↗ Erdgeschichte (B).

Erdgas, Naturgas, in der Erdkruste meist zus. mit ↗ Erdöl vorkommende, brennbare Gase, die (wie Erdöl) vermutl. im Erdinnern bei der Bitumierung u. Inkohlung v. Faulschlamm aus tier. u. pflanzl. Organismen entstanden sind u. sich in der Tiefe unter hohen Drucken angesammelt haben. E. besteht vorwiegend aus Methan u. kann, je nach Herkunft, zusätzl. Äthan, Propan, Butan, Isobutan, Hexan u. Heptan sowie Helium, Stickstoff, Kohlendioxid u. Schwefelwasserstoff enthalten; sein mittlerer Heizwert beträgt 32–38 MJ/m³ (7600–9000 kcal/m³). Verwendung findet E. als Brennu. Heizstoff, Motortreibstoff, als Rohstoff für die chem. Ind. u. in Brennstoffzellen.

Erdgeschichte, *Historische Geologie,* die Geschichte des Planeten Erde *und* seiner Lebewelt. An ihrer Erforschung beteiligen sich neben der Geologie auch die Paläontologie, Mineralogie, Petrologie, Geophysik, Geochemie u. in untergeordnetem Maße Bodenkunde, Ozeanographie, Meteorologie u. Geographie. *Ordnungsprinzipien der* E. sind die ↗ Geochronologie u.

ERDGESCHICHTE

A. Holmes, Mitbegründer der absoluten Geochronologie, gab 1963 ein instruktives Zeitschema: Er verglich die Erdgeschichte mit der Stahlkonstruktion eines säulenförmigen Gebäudes mit 6 Stockwerken. Das Dachgeschoß (= ca. 600 Millionen Jahre) entspräche dem Phanerozoikum, die unteren 5 Etagen dem Präkambrium (5 · 600 = 3000 Millionen Jahre). Darüber hinaus existiere ein Keller für noch ältere Gesteine (ca. 1 Milliarde Jahre). Vom Beginn selbst enthielten diese keine Spur. – Trotz leichter Verschiebungen ist das Zeitschema weiterhin gültig. Die ältesten Minerale (4,2 Milliarden Jahre) kommen dem „Beginn" neuerdings bereits sehr nahe.

Phanerozoische Zeitangaben nach G. S. Odin (1982) – außer für Quartär (dieses nach Geol. Time Scale, USA 1983). Präkambrische Tektogenesen (Orogenesen?) nach Minato und Hunahashi (1970).

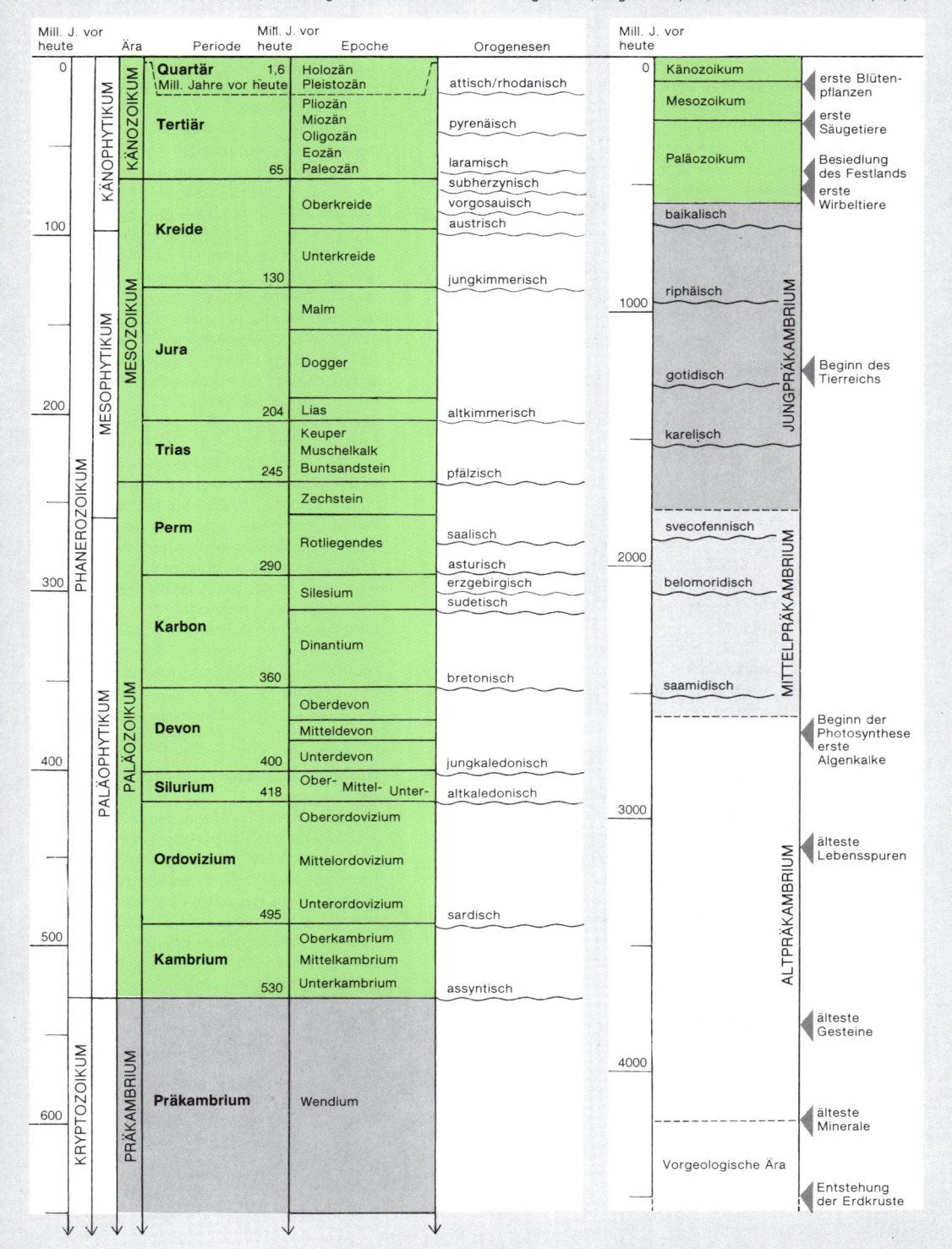

Mill. J. vor heute	Ära	Periode	Mill. J. vor heute	Epoche	Orogenesen
0	KÄNOPHYTIKUM / KÄNOZOIKUM	Quartär	1,6 Mill. Jahre vor heute	Holozän / Pleistozän	attisch/rhodanisch
		Tertiär	65	Pliozän / Miozän / Oligozän / Eozän / Paleozän	pyrenäisch / laramisch / subherzynisch
100	MESOPHYTIKUM / MESOZOIKUM	Kreide	130	Oberkreide / Unterkreide	vorgosauisch / austrisch / jungkimmerisch
200		Jura	204	Malm / Dogger / Lias	altkimmerisch
		Trias	245	Keuper / Muschelkalk / Buntsandstein	pfälzisch
300	PALÄOPHYTIKUM / PALÄOZOIKUM	Perm	290	Zechstein / Rotliegendes	saalisch / asturisch
		Karbon	360	Silesium / Dinantium	erzgebirgisch / sudetisch / bretonisch
400		Devon	400	Oberdevon / Mitteldevon / Unterdevon	jungkaledonisch
		Silurium	418	Ober- Mittel- Unter-	altkaledonisch
		Ordovizium	495	Oberordovizium / Mittelordovizium / Unterordovizium	sardisch
500		Kambrium	530	Oberkambrium / Mittelkambrium / Unterkambrium	assyntisch
600	KRYPTOZOIKUM / PRÄKAMBRIUM	Präkambrium		Wendium	

Mill. J. vor heute		
0	Känozoikum	← erste Blütenpflanzen
	Mesozoikum	← erste Säugetiere
	Paläozoikum	← Besiedlung des Festlands / ← erste Wirbeltiere
1000	JUNGPRÄKAMBRIUM	baikalisch / riphäisch / gotidisch ← Beginn des Tierreichs / karelisch
2000	MITTELPRÄKAMBRIUM	svecofennisch / belomoridisch / saamidisch
3000	ALTPRÄKAMBRIUM	← Beginn der Photosynthese erste Algenkalke / ← älteste Lebensspuren
4000		← älteste Gesteine / ← älteste Minerale
	Vorgeologische Ära	← Entstehung der Erdkruste

Erdgeschichte

↗ Stratigraphie. Mit ihrer Hilfe lassen sich unter Berücksichtigung des Aktualismus (↗Aktualitätsprinzip) die Quellen der E. zeitl. u. räuml. ordnen u. – wie in einem Film – in eine Abfolge v. erdgeschichtl. Momentaufnahmen umsetzen. – *Dokumente der E.* sind die Gesteine v. a. der oberen Erdkruste (Lithosphäre). Sie enthalten in abgestufter Erkennbarkeit Hinweise auf ihre Entstehungsbedingungen u. -umstände, auf ihre Verbreitung u. Lagebeziehung zueinander sowie auf die sie begleitende Lebewelt. Diese Merkmale fallen unter den Begriff ↗ Fazies. Magmatische Gesteine (Magmatite) u. Umwandlungsgesteine (Metamorphite), die den kryptozoischen Abschnitt der E. beherrschen, nehmen ca. 95% der oberen Erdkruste ein. Ob sich in Magmatiten noch Reste der ersten Erstarrungskruste der Erde erhalten haben könnten, galt als unwahrscheinlich. 4,2 Mrd. Jahre alte Zirkonsilicatminerale aus 2,8 Mrd. Jahre alten Sedimenten Australiens beweisen neuerdings (1983), daß es ca. 300 000 Jahre nach Entstehung des Planetensystems (vor ca. 4,5 Mrd. Jahren) auf der Erde bereits festes Krustenmaterial gegeben hat. – Absatzgesteine (Sediment- od. Schichtgesteine) sind für den jüngeren Abschnitt (Phanerozoikum) der E. am bedeutendsten. Die Fülle der in ihnen enthaltenen u. gegenüber dem Kryptozoikum so „plötzlich" in Erscheinung tretenden Organismenreste hat gelegentl. zu der irrigen Vorstellung geführt, daß präkambrisches Leben gar nicht existiert habe. – *Gliederung der E.:* Int. Geologenkongresse zu Bologna (1881) u. Paris (1900) kamen überein, die E. doppelt zu gliedern: 1. *stratigraphisch* (für konkrete Gesteine: [Gruppe], System, Serie, Stufe, Assise, [Zone].) 2. *chronologisch* (für abstrakte Zeiteinheiten: Ära, Periode, Alter, Phase). Ab 1940 kamen weitere Gliederungsvorschläge hinzu, v. denen das „chronostratigraphische" Prinzip weitgehende Annahme gefunden hat. „Zone" heißt die einzige stratigraphische Einheit der „Biostratigraphie". Zu beachten bleibt aber, daß die Gliederungseinheiten der E. keine gleichlangen Zeitspannen repräsentieren, die sich einheitl. aufgliedern lassen, sondern primär nach stratigraphischen – nicht chronolog. – Kriterien konzipiert wurden – nicht zuletzt deswegen, weil man z. Z. ihrer Einführung noch keine begründete Vorstellung v. den Zeiträumen der E. hatte. – *Grenzen* zw. den stratigraph. Einheiten wurden lange nach dem Gesichtspunkt leichter u. eindeut. Erkennbarkeit ausgewählt; sie sollten „natürlich" sein, möglichst mit Winkeldiskordanz u. Fazieswech-

Erdgeschichte
Bereits 1759 teilte der it. Mineraloge Arduino die Gesteine seiner Heimat nach Habitus u. Lagerung ein in 1. Montes primitivi, 2. M. secundarii, 3. M. tertiarii, 4. Vulkanische Berge. Das „Tertiär" dieser Gliederung hat bis heute in der erdgeschichtl. Tabelle überdauert. In Dtl. wurden zu jener Zeit u. lange danach mächtige, gut abgrenzbare Gesteinskörper „Formation" genannt (Füchsel 1771?), in Engl. „system" u. in Frk. „terrair".

sel versehen. Dabei wurde nicht berücksichtigt, daß zw. den Grenzen unschätzbare Zeitlücken entstanden. Int. stratigraph. Kommissionen bemühen sich derzeit, geolog. Profile zu finden, die im biostratigraph. Sinne Kontinua darstellen. In ihnen werden die Grenzen jeweils zw. zwei ↗Zonen festgelegt. Dennoch sind erdgeschichtl. Dokumente erfüllt von *zeitl. Lücken.* Die Betrachtung der heut. Erdoberfläche lehrt, daß in morpholog. erhobenen Gebieten (Berge, Gebirge, Kontinente, Inseln) überwiegend Abtragung herrscht, während in Senken (Täler, Seen, Flußläufe, Meere) abgelagert wird. Abtragungsgebiete stellen sich erdgeschichtl. als – oft bedeutende – Schichtlücken in geolog. Profilen dar. Deshalb fällt es insgesamt schwerer, die E. der Kontinente als die der Meere zu rekonstruieren. Aber auch die Sedimente in den Bereichen der Akkumulation sind lückenhaft. Ihre Schichtfugen entsprechen Zeiten unterbrochener Sedimentation. Begründeten Schätzungen zufolge erweisen sich die Zeiträume der Schichtlücken etwa achtmal größer als die des Abgelagerten. Manche biol. schwer erklärbare Erscheinungen – wie das plötzl. Erscheinen u. Verschwinden v. Leitfossilien – könnten durch solche Überlieferungslücken bedingt sein. Insgesamt dürfen diese aber nicht überschätzt werden, weil lokale Ausfälle insgesamt v. Sedimentationsintervallen in anderen Gebieten kompensiert werden. – Der *Ablauf der E.* ist ihren Untergliedern (Präkambrium bis Quartär) zu entnehmen. ↗ Geochronologie. B 167.

Lit.: *Krömmelbein, K.:* Brinkmanns Abriß der Geologie. II. Histor. Geologie, Stuttgart 1977. *Schmidt, K.:* Erdgeschichte. – Slg. Göschen 1978. *S. K.*

Erdhase, *Alactagulus pygmaeus,* ↗Springmäuse.

Erdhörnchen, 1) *Marmotini,* durch Übereinstimmung in Körperbau u. Verhalten zusammengefaßte Gruppe aus 5 Gatt. bodenlebender Hörnchen *(Sciuridae);* vorwiegend tagaktiv; das Verbreitungsgebiet erstreckt sich v. nördl. des Polarkreises über die Tropen bis z. S-Grenze der gemäßigten Klimazone. **2)** seltene Bez. für die ↗Borstenhörnchen *(Xerini).*

Erdhörnchen
Gattungen:
↗ Chipmunks *(Tamias)*
↗ Murmeltiere *(Marmota)*
↗ Präriehunde *(Cynomys)*
↗ Streifenhörnchen *(Eutamias)*
↗ Ziesel *(Citellus)*

Erdhündchen, die ↗Erdmännchen.

Erdhunde, Bez. für zu bestimmten jagdl. Aufgaben verwendete Hunderassen (z. B. Terrier, Dackel).

Erdkastanie, *Bunium bulbocastanum,* ↗Doldenblütler.

Erdkeimer, *Geoblasten,* Bez. für Pflanzen, deren Samen mit in der Erde verbleibenden Keimblättern auskeimen. ↗hypogäisch.

Erdkirsche ↗Judenkirsche.

Erdläufer, *Geophilus,* Gatt. der ↗ Hundertfüßer.
Erdleguane, *Liolaemus,* Gatt. der Leguane mit ca. 70 bodenbewohnenden Formen im westl. u. südl. S-Amerika; Gesamtlänge 14–26 cm; unterschiedl. Färbung (grün, braun od. grau; oft metall. glänzend, gefleckt od. mit Streifen). Die glattkehl. E. haben einen flachen Körper ohne Rückenkamm; verzehren Insekten, manche auch Regenwürmer u. Pflanzenstoffe. Zahlr. Hochgebirgsformen (u. a. *L. multiformis,* in den Anden bis 5000 m Höhe); südlichste Art ist der Magellan-E. *(L. magellanicus)* auf Feuerland.
Erdmagnetfeld ↗ magnetischer Sinn.
Erdmandel, *Cyperus esculentus,* Art der Gatt. ↗ Zypergras mit eßbaren Rhizomknollen.
Erdmännchen, *Erdhündchen, Scharrtier, Surikate, Suricata suricatta,* in den Trockensteppen S-Afrikas in 6 U.-Arten vorkommende Schleichkatze; Kopfrumpflänge 25–35 cm, Schwanzlänge 25 cm; Schnauze schmal; Vorder- u. Hinterfüße mit je 4 krallenbewehrten Zehen; graubraunes Fell mit dunkelbraunen Querbändern am Rücken u. schwarzer Schwanzspitze. E. sind gesellige, in ständ. Stimmkontakt lebende Tagtiere, die nur nachts ihre Erdbauten aufsuchen. Nahrung: überwiegend Insekten u. a. Wirbellose, daneben auch kleinere Wirbeltiere. Wie viele Steppentiere sichern E. bei Gefahr (Hauptfeinde: Greifvögel) durch „Männchenmachen" (Name!).
Erdmaus, *Microtus agrestis,* ↗ Feldmäuse.
Erdmittelalter, das ↗ Mesozoikum; ↗ Erdgeschichte (B). [tern.
Erdnatter, *Elaphe obsoleta,* ↗ Kletternat-
Erdneuzeit, das ↗ Neozoikum (Känozoikum); ↗ Erdgeschichte (B).
Erdnuß, *Arachis,* Gatt. der Hülsenfrüchtler mit 15 krautigen, ein- od. mehrjährigen Arten, die urspr. in S-Amerika beheimatet sind. Die Entwicklung der innerhalb v. 5 Monaten reifenden Frucht ist ein Beispiel für Bodenfrüchtigkeit (Geokarpie): Nach der Befruchtung durch Selbstbestäubung wächst ein unterhalb des Fruchtknotens ansetzender Teil der Blütenachse (Gynophor) in die Erde u. schiebt die Frucht vor sich her. Diese bleibt geschlossen, ist morphologisch also eine Nuß. Man nimmt an, daß Geokarpie hier eine Anpassung an episodische Brände ist. *A. hypogaea* ist für den Menschen eine der bedeutendsten Ölpflanzen. Die Samen enthalten bis 55% Öl u. 35% Protein. Sie sind geröstet im Handel u. werden fein gemahlen zu Erdnußbutter verarbeitet. Zur Gewinnung des *E.öls,* das hpts. in der Speiseöl- u. Margarinefabrikation eingesetzt wird, werden die Samen, nachdem sie zuvor v. Hülse u. Samenschale befreit wurden, gemahlen u. in Schneckenpressen warm gepreßt. Aus dem Preßsaft wird das Öl mit Hexan als Lösungsmittel abgetrennt. E.öl setzt sich hpts. aus Glyceriden der Öl- u. Linolsäure zus. Der Preßrückstand (E.schrot) ist mit 40–50% Proteingehalt ein hochwert. Kraftfuttermittel, wird aber auch zur Düngung benutzt. Haupt-Anbaugebiete liegen in Indien, W-Afrika, N-Amerika u. N-China. B Kulturpflanzen III.

Erdnußartige Pilze, *Hymenogastraceae,* Fam. der Bauchpilze; die Fruchtkörper besitzen eine einschicht. Peridie u. eine fleisch., koralloide Gleba u. entwickeln sich unterird.; z. T. können sie auch aus dem Boden schauen. Die stachel. u. warz. Sporen sitzen auf Sterigmen. In Dtl. sind über 50 Arten bekannt. Sie bilden eine ektotrophe Mykorrhiza aus (z. B. mit Kiefern). Der junge knoll. Fruchtkörper (2–6 cm) der gelbbräunl. Wurzeltrüffel *(Rhizopogon luteolus* Fr.) kann als Würzepilz verwendet werden; er wächst, zur Hälfte sichtbar, in sand. Kiefernwäldern; bei der Reife löst er sich in eine breiige Masse auf. Die *Hymenogaster*-Arten, die Erdnüsse, haben keine echte Columella; die weißl. Fruchtkörper (1–2,5 cm) der rissigen Erdnuß *(H. vulgaris* Tul.) sind in der Erdschicht lichter Eichen- u. Buchenwälder weit verbreitet.

Erdöl, *Rohöl,* fr. auch *Petroleum* gen., in der Erdkruste (teilweise zus. mit ↗ Erdgas) vorkommender, flüssiger, fossiler Brennstoff, für dessen Entstehung keine einheitl. Theorie existiert. Wahrscheinl. entstand E. bei der Zersetzung organ. Stoffe aus marinem Faulschlamm (↗ Sapropel) unter dem Einfluß v. Druck, Hitze, Bakterien, Enzymen, mineral. Katalysatoren usw., jedoch unter äußeren Bedingungen, unter denen gewöhnl. Fäulnisprozesse nicht ablaufen konnten. Bes. die Isolierung v. Abbauprodukten v. Chlorophyll, Hämin, Steroiden usw. (sog. *Chemofossilien*) aus E. deutet auf dessen biol. Ursprung hin. Die ältesten E.-Lagerstätten entstanden vermutl. vor ca. 2 Mrd. Jahren, die wichtigsten Lagerstätten dürften etwa 500–100 Mill. Jahre alt sein. Chem. setzt sich E. aus einem je nach Herkunft verschiedenen, komplexen Gemisch v. Kohlenwasserstoffen zus. Hauptbestandteile sind Alkane (von CH_4 bis etwa $C_{30}H_{62}$), Cycloalkane, hier auch Naphthene gen. (hpts. Cyclopentane u. -hexane) u. Aromaten, v. a. Benzol u. Alkylbenzole (Toluol, Xylol usw.). Weiter können schwefel-, stickstoff- u. sauerstoffhalt. Verbindungen enthalten sein (z. B. Mercaptane, Pyridinderivate, Naphthensäuren). Der mittlere Heizwert des E.s beträgt 38–46 MJ/kg (9000–11 000 kcal/kg). Mit den Verfahren

---

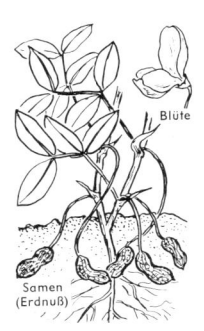

Erdnuß

Erdnußernte 1982 (in Mill. t; ungeschält)

Welt	18,48
Indien	5,30
VR China	3,99
USA	1,56
Indonesien	0,89
Sudan	0,80
Senegal	0,70
Nigeria	0,60
Burma	0,57

Erdöl

Die E.-Förderung betrug 1982 weltweit 2755,6 Mill. t., davon 22,2% in der UdSSR, 17,4% in den USA, 11,8% in Saudi-Arabien, 0,15% in der BR Dtl.
Die bestätigten, förderbaren E.-Reserven lagen 1982 bei 91 343 Mill. t; davon 24,2% in Saudi-Arabien, 9,7% in Kuwait, 9,4% in der UdSSR, 0,06% in der BR Dtl. Bei gleichbleibender Förderung reichen die z. Z. bekannten Reserven noch rund 33 Jahre.
1982 wurden weltweit 2,825 Mrd. t Mineralöl verbraucht; die größten Verbraucher waren USA (26%), UdSSR (16%), Japan (8%) u. die BR Dtl. (4%).
Der E.-Verbrauch in der BR Dtl. betrug 1982 112,2 Mill. t, davon entfielen auf Heizöl (leicht) 29,8%, Vergaserkraftstoff 20,3%, Heizöl (schwer) 12,5%, Dieselkraftstoff 12,0%, Rohbenzin 9,1%, Bitumen 2,7%, Flugturbinenkraftstoff 2,2%, Flüssiggas 1,9%, Petrolkoks 1,3% u. Schmierstoffe 0,9%.

Erdölbakterien

der E.-Verarbeitung (Destillieren, Reformieren, therm. bzw. katalyt. Cracken, Raffinieren) werden Heizöl, Benzin, Dieselkraftstoff, Schmierstoffe, petrochem. Rohstoffe usw. gewonnen. Zur Zeit werden 48% des Weltenergiebedarfs durch E. gedeckt. Die Fähigkeit einiger Mikroorganismen (Hefen u. Bakterien), E. als Substrat zu verwerten, kann biotechnolog. z. B. zur Beseitigung v. E.-Rückständen (Ölpest, ↗Erdölbakterien), aber auch zur Gewinnung von Futtermittel-Proteinen (Petroproteine, ↗Einzellerprotein) eingesetzt werden.

Erdölbakterien, weitverbreitete kohlenwasserstoffabbauende Bakterien aus verschiedenen Gatt., die neben vielen Pilzen (bes. Hefen) Bestandteile des Erdöls abbauen. In durchlüftetem Boden wird Erdöl schnell u. vollständig abgebaut. Im Meerwasser werden die wasserlösl. Komponenten auch schnell v. den Mikroorganismen verwertet; langkett. Alkane, polyaromat. Kohlenwasserstoffe u. asphaltähnl. Gemische bleiben jedoch lange erhalten. Auch Ölteppiche u. Ölfladen zersetzen sich nur langsam, da die E. nur v. der Oberfläche aktiv sind. Unter Luftabschluß ist der Erdölabbau sehr langsam. Mit E. läßt sich ↗Einzellerprotein aus Erdölkomponenten (zus. mit Stickstoffkomponenten) erzeugen.

Erdottern, *Atractaspis,* Gatt. der ↗Vipern.

Erdracken, *Brachypteraciidae,* den Rakken nahestehende Vogel-Fam. mit 5 Arten auf Madagaskar; besitzen einen kräft. Schnabel, kurze runde Flügel u. einen langen Schwanz; leben am Boden, erbeuten dort Kerbtiere u. kleine Wirbeltiere u. brüten in Erdhöhlen.

Erdrauch, *Fumaria,* Gatt. der Erdrauchgewächse mit ca. 50 Arten in Mitteleuropa, Asien u. im Mittelmeerraum mit einsam. Früchten. Der Echte E. *(F. officinalis)* mit 20–40 dunkelroten Blüten in einer Traube u. doppelt gefiederten Blättern ist ein häuf. Kulturbegleiter.

Erdrauchgewächse, *Fumariaceae,* Fam. der Mohnartigen mit 16 Gatt. u. ca. 400 Arten in der gemäßigten Zone, mit disymmetr. od. zygomorphen Blüten u. gespornten äußeren Blütenblättern; milchsaftfreie Schlauchzellen. Wichtige Gatt. sind ↗Erdrauch, ↗Lerchensporn u. Flammendes bzw. Tränendes Herz od. Herzblume *(Dicentra),* eine asiat. Gartenpflanze mit herzförmigen disymmetr. Blüten in hängenden Trauben; die äußeren Kronblätter sind rosa mit Sporn, die inneren weiß; Vermehrung durch Wurzelstockteilung ([B] Asien III).

Erdraupen, Larven einer Gruppe v. Eulenfaltern, die v.a. in phytopathol. Schrifttum aufgrund der Lebensweise als Raupe *Erdeulen* gen. werden. Hierzu gehören Vertreter der alten Sammel-Gatt. *Agrotis,*

Erdöl

2 Beispiele zur organischen (oben) und anorganischen (unten) Bildung von Erdöl

Meeresplankton, Sauerstoffabschluß, anaerobe Bakterien, Faulschlamm, Fettsäuren, bakterielle Gärung, Bitumen verflüssigt zu Kohlenwasserstoffen

1100–1400 m Tiefe, hoher Druck und hohe Temperatur. Wasser + Graphit + Eisensulfide reagieren miteinander. Wasser → Wasserstoff + Graphit = Kohlenwasserstoffe

Erdrauchgewächse

Flammendes Herz *(Dicentra spectabilis)*

Erdstern *(Geastrum fimbriatum)*

Erdsterne

Reifer Fruchtkörper eines Erdsterns *(Geastrum fornicatum)*

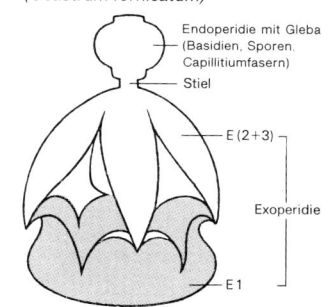

Endoperidie mit Gleba (Basidien, Sporen, Capillitiumfasern)
Stiel
E (2+3)
Exoperidie
E 1

wie die ↗Saateule *(Scotia segetum).* Die E. verstecken sich tagsüber im Boden, fressen nachts an unterird. Pflanzenteilen u. niedrig stehenden Blättern, wodurch sie an Kulturpflanzen schädl. werden können.

Erdschieber, *Wolliger Milchling, Lactarius vellereus* Fr., großer, weißl., ungenießbarer ↗Milchling (Pilz) mit entfernt stehenden Lamellen u. scharfer Milch; der Hut (10–20 cm ⌀) drückt beim Wachsen oft den Erdboden hoch (Name!).

Erdschildkröten, *Geoemyda,* Gatt. der ↗Sumpfschildkröten.

Erdschlangen, *Regenbogenschlangen, Xenopeltidae,* Fam. der Schlangen, in SO-Asien beheimatet; mit bezahntem Zwischenkiefer u. Skelettresten des Beckens als urtüml. Merkmalen. Die ca. 1 m lange Regenbogen-E. *(Xenopeltis unicolor)* hat schillernde braune Rückenschuppen u. ernährt sich v. kleinen Nagetieren u. Schlangen sowie Fröschen; zittert bei Erregung kräftig mit dem kurzen Schwanz, hat aber keine Rassel.

Erdschnaken, die ↗Tipulidae.

Erdschüpplinge, *Agrocybe,* Gatt. der ↗Mistpilzartigen Pilze.

Erdschwein, das ↗Erdferkel.

Erdsproß, das ↗Rhizom.

Erdsterne, *Geastraceae,* Fam. der Bauchpilze; der Fruchtkörper wird meist unterird. als Knolle angelegt; durch Streckung entfaltet sich dann der „Stern" über dem Erdboden; bei manchen Arten („Neststerne") löst sich die Mycelialschicht v. den übr. Fruchtkörperschichten u. bleibt als becherart. Gebilde (Nest) im Boden; die anderen Schichten stülpen sich nach oben. Einige Arten sind weltweit verbreitet, meist in Nadelwäldern, oft scharenweise; in Europa kommen ca. 20 Arten vor. Bei der Gatt. *Geastrum* Pers. (E. i. e. S.) besitzt die gestielte od. ungestielte Endoperidie nur eine Mündung; die Exoperidie löst sich v. der Endoperidie u. reißt sternförmig auf; die kugel. Sporen sind meist feinwarzig. Einige bekannte Arten sind: *G. fimbriatum*

Die *Exoperidie* ist in 3 Schichten gegliedert: eine plektenchymat. äußere Mycelialschicht (E 1), eine Faserschicht (E 2) und eine pseudoparenchymat. Innenschicht (E 3). Bei der Reife spaltet sich die Exoperidie: die äußere Schicht (E 1) bleibt als Becher (Nest) im Erdboden eingesenkt, die mittlere und innere Schicht (E 2 + E 3) werden in Gestalt von vier Lappen nach oben gestülpt. Damit werden *Endoperidie* samt *Gleba* emporgehoben. Die Endoperidie öffnet sich wie bei den Bovisten am Scheitel.

Andere E. (z. B. *Geastrum fimbriatum*) bilden kein „Nest", u. die Exoperidie wird ungeteilt emporgehoben.

Fr. (Fransen-E.), *G. coronatum* Schroet. (Kronen-E.) u. *G. fornicatum* Fr. (Nest-E.).
Erdstrahlen, 1) radioaktive Strahlung aus dem Erdboden; stammt entweder aus radioaktiven Gesteinen od. indirekt aus Wechselwirkungen v. Höhenstrahlung u. Bodenbestandteilen. **2)** hypothet., mit Methoden der exakten Naturwissenschaften bisher nicht nachweisbare Strahlung, die aus Wasseradern u. Erdspalten austreten u. für lokale Unfall- u. Krankheitshäufung verantwortl. sein soll.
Erdurzeit, das ↗Archaïkum; ↗Erdgeschichte (B).
Erdwanzen, *Cydnidae,* Fam. der Wanzen, mit ca. 15 Arten in Mitteleuropa; ca. 10 mm groß u. dunkel gefärbt; leben auf od. in den oberen Schichten der Erde; zum Graben sind die Vorderbeine oft verbreitert. Einige Arten verfügen über Zirporgane an den Flügeln, die beim Paarungsverhalten eine Rolle spielen. Brutpflegeverhalten ist häufig; dabei wird das Gelege bewacht, u. die geschlüpften Larven, z. B. bei der einheim. Gatt. *Cydnus,* werden vom Weibchen bis zur 2. Häutung herumgetragen.
Erdwarzenpilze, *Thelephoraceae,* Fam. der Nichtblätterpilze; die meist leder- od. korkart., einjähr. Fruchtkörper bilden flache Überzüge, die sich fächerartig abheben, od. sie sind rosetten-, trichter- bis hutförmig; die Färbung ist weißl. mit gelb, braun od. rötl.-orange; das Hymenophor hat stumpfe Warzen od. niedrige Stacheln; das Sporenpulver ist braun. Die bekannteste Gatt. ist *Thelephora: T. terrestris* Ehrh., den Erdwarzenpilz, findet man das ganze Jahr in feuchten Wäldern; die fächer- bis trichterförmig angeordneten dunkelbraunen Fruchtkörperlappen sind 3–5 cm breit; in Forstkulturen kann er junge Bäumchen schädigen. Der Kreiselpilz (Striegelige E., *T. pallida* Fr.) hat einen kurzgestielten, trichterförm., pfifferlingsart. Fruchtkörper (2–4 cm breit) mit glattem Hymenophor; er kommt hpts. in schatt. Buchenwäldern vor. Die Stinkende Lederkoralle (*T. palmata* Scop.) besitzt einen korallenart. Fruchtkörper (3–8 cm hoch), der einen sehr unangenehmen Geruch ausströmt; sie wächst in Nadelwäldern am Boden od. auf Nadelstreu. [pismus.
Erdwendigkeit, der ↗Geotropismus, ↗Tro-
Erdwolf, Zibethyäne, *Proteles cristatus,* vorwiegend nachtaktives Raubtier trockener Steppen- u. Dornbuschgebiete O- und S-Afrikas mit verwandtschaftl. Beziehungen zu Hyänen u. Schleichkatzen; deshalb einer dieser od. auch einer eigenen Fam. (*Protelidae*) zugerechnet; Fellzeichnung ähnl. der Streifenhyäne (Mimikry?), Körpermaße jedoch kleiner (Kopfrumpflänge ca. 80 cm, Schulterhöhe 45–50 cm); Nah-

Erdsterne
Gattungen:
Erdsterne i. e. S. (*Geastrum*)
↗Haarsterne (*Trichaster*)
↗Siebsterne (*Myriostoma*)

Erdzungen
Wichtige Gattungen:
↗ *Cudonia* (Kreisling)
Geoglossum (Erdzunge)
↗ *Leotia* (Gallertkäppchen)
↗ *Mitrula* (Haubenpilz)
↗ *Spathularia* (Spatelpilz)
↗ *Trichoglossum* (Haarzunge)

erem-, eremo- [v. gr. erēmos = einsam, öde, wüst; Wüste].

rung hpts. Insekten, v. a. eine grasfressende Termitenart (*Trinervitermes*); das Gebiß ähnelt dem der Insektenfresser (Konvergenz). [↗Blindwühlen.
Erdwühlen, *Hypogeophis,* Gattung der
Erdzeitalter, die Großabschnitte (Ären) der ↗Erdgeschichte: Präkambrium, Paläozoikum, Mesozoikum u. Neozoikum.
Erdzungen, *Geoglossaceae,* Fam. der *Helotiales;* Schlauchpilze, die an feuchten Orten in schatt. Wäldern wachsen (Erdboden, Pflanzenreste, lebende Moose), oft mit keulenförm. Fruchtkörpern; ca. 30 Arten bekannt.
Erebia *w* [v. gr. Erebos = Unterwelt], Gatt. der Augenfalter; ↗Mohrenfalter.
Erektion *w* [Ztw. *erigieren;* v. lat. erigere = aufrichten], Versteifung, Vergrößerung u. Aufrichtung v. Organen (i. w. S. von Brustwarze u. Clitoris, i. e. S. des Penis) infolge mechan. od. psych. Reizung, z. B. bei der Begattung; beim Penis durch Blutzufuhr (bei gedrosseltem Abfluß) in die beiden Penis-Schwellkörper (bei Menschen oben: Corpus cavernosum, unten um die Harnröhre herum: C. spongiosum). Bei manchen Säugetieren, z. B. Walen, tritt der Penis erst bei der E. aus dem Penisschlitz hervor.
Eremascus *m* [v. *erem-, gr. askos = Schlauch], Gatt. der ↗Endomycetaceae.
Eremial *s* [v. *erem-], Bez. für den Lebensraum u. die Lebensgemeinschaft ausgeprägter Trockengebiete, wie Steppen, Halbwüsten u. Wüsten.
Eremias *m* [v. *erem-], Gatt. der Echten ↗Eidechsen.
Eremina *w* [v. *erem-], Gatt. der *Helicidae,* nordafr. Landlungenschnecken, die mit ihrem kalkweißen, mit Spiralbändern versehenen, festschal. Gehäuse dem Leben in Wüstengebieten angepaßt sind.
Eremit *m* [v. gr. erēmítēs = Einsiedler], *Pagurus bernhardus,* ↗Einsiedlerkrebse.
Eremophila *w* [v. gr. erēmophilēs = die Einsamkeit liebend], **1)** Gatt. der ↗Myoporaceae. **2)** Gatt. der ↗Lerchen.
Eremophyten [Mz.; v. *eremo-, gr. phyton = Gewächs], extreme Xerophyten mit bes. deutl. ausgeprägten morphol. Anpassungen an die Trockenheit des Standorts.
Eremosphaeraceae [Mz.; v. *eremo-, gr. sphaira = Kugel], Fam. der *Chlorococcales,* kugelförm. einzell. Algen (200 μm) mit vielen kleinen Chloroplasten; *Eremosphaera viridis* häufig in schwach sauren Tümpeln od. Hochmooren.
Eremothecium *s* [v. *eremo-, gr. thēkion = kleiner Behälter], Gatt. der ↗Spermophthoraceae.
Eremurus *m* [v. *erem-, gr. oura = Schwanz], Gatt. der ↗Liliengewächse.
Eresidae, die ↗Röhrenspinnen.

Eresus, Gatt. der Röhrenspinnen, die mit einer einz. Art *(E. niger = cinnabarinus)* in Mitteleuropa vorkommt (selten, im Mittelmeerraum häufig). Die Männchen sind 8–14 mm groß u. durch ihre hellrote Hinterleibsfärbung mit 4 großen schwarzen Punkten auffällig (Warnfarbe, bei Reizung wird der Hinterleib hochgestellt u. bewegt). Sie laufen in den Spätsommermonaten auf der Suche nach Weibchen herum, die sich zeitlebens in einer Gespinströhre aufhalten (Weibchen vollkommen schwarz gefärbt). Begattung u. Aufzucht der Jungen finden in der Röhre statt. Das Eigelege u. das Weibchen überwintern. Im nächsten Frühjahr wird das Gelege häufig an die Sonne getragen. Die Jungspinnen werden Mund zu Mund gefüttert (Regurgitation). Das Fanggewebe besteht aus vielen Stolperfäden, die vom überdachten Röhreneingang ausgehen u. mit Cribellumwolle belegt sind. Die Beute beschränkt sich meist auf hartschal. Käfer.

Erethizontidae [Mz.; v. gr. erethizein = reizen, aufregen], die ↗Baumstachler.

Eretmochelys *w* [v. gr. eretmos = Ruder, chelys = Schildkröte], Gatt. der ↗Meeresschildkröten.

Erfahrung, in der Ethologie Sammel-Bez. für alle Umweltwirkungen (im Ggs. zu Wirkungen des Erbguts), die eine Veränderung der Verhaltenssteuerung durch ↗Lernen hervorrufen.

Erfolgsorgan, allg. Bez. für Gewebe, Drüsen u. Organe, die v. efferenten Fasern innerviert werden u. auf Impulse dieser Fasern reagieren od. Rezeptoren für bestimmte Hormone besitzen u. bei Ausschüttung dieser Hormone antworten. Die Reaktion der E.e kann willkürl. od. unwillkürl. ausgelöst werden. So führt z. B. der Vorsatz, „zu laufen", zu einer willkürl. Aktivierung der E.e „Beinmuskulatur". „Verbrennen" eines Fingers löst das sofortige unwillkürl. Zurückziehen der ganzen Hand aus. E. und gleichzeitig Teil eines Reflexbogens ist in diesem Fall die Armmuskulatur. Erschrecken führt zur vermehrten Freisetzung v. Adrenalin, das neben anderen Auswirkungen an einem seiner E.e, dem Herzen, eine Steigerung der Schlagfrequenz (Herzklopfen) bewirkt.

Erfrieren, *Congelatio,* 1) Bot.: durch Störung der Stoffwechselkoordination bzw. Eisbildung im Gewebe hervorgerufenes Absterben v. Pflanzen od. Pflanzenteilen. Beginnende Eisbildung wirkt stark dehydratisierend auf das Restplasma, wodurch es zu einer Gefahr kommt. Konzentrationsanstieg bestimmter zelleigener Stoffwechselprodukte kommt. Eisfeste Pflanzen vermögen dadurch entstehende Schädigungen durch den Schutz empfindl. Zellstrukturen zu vermeiden. 2) Zool.: Gewebeschädigung des Organismus od. v. Teilen desselben (z. B. Ohr, Nase, Extremitäten) durch Kälteeinwirkung; wird beim Menschen der Gesamtorganismus so unterkühlt, daß die Bluttemp. auf unter ca. 27°C absinkt, tritt der Tod ein. ↗Frostresistenz, ↗Thermoregulation.

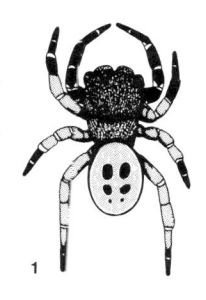

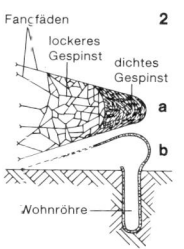

Ergänzungsstoffe, *Suppline, Wachstumsfaktoren,* 1) Mikrobiol.: Stoffe (Aminosäuren, Vitamine, Purine u./od. Pyrimidine), die zusätzl. zur Kohlenstoff- u. Energiequelle sowie den Mineralsalzen für das Wachstum zahlr. Mikroorganismen notwendig sind, da sie v. der Zelle nicht aus einfachen Bausteinen synthetisiert werden können. Mikroorganismen, die E. benötigen, werden *auxotroph* gen. (↗Auxotrophie). 2) Zool.: Stoffe, die neben den allg. Nährstoffen (Proteine, Kohlenhydrate, Fette) in der Nahrung vorhanden sein müssen, um Wachstum u. Leistungsfähigkeit des Organismus zu erhalten; hpts. Vitamine u. Mineralsalze. ↗Ernährung.

Ergasilus *m* [v. gr. ergazesthai = jmd. etwas antun], parasit. Gatt. der ↗Copepoda.

Ergastoplasma *s* [v. gr. ergastikos = arbeitend, plasma = Gebilde], von Garnier (1897) beschriebene, „fibrilläre" cytoplasmat. Strukturen in tier. Drüsenzellen, die sich durch bas. Farbstoffe anfärben lassen; durch die Elektronenmikroskopie konnte geklärt werden, daß das E. dem rauhen ↗endoplasmat. Reticulum entspricht.

Ergates *m* [v. gr. ergatēs = Arbeiter], Gatt. der ↗Bockkäfer.

ergatoid [v. gr. ergatēs = Arbeiter, -oeides = -ähnlich], *ergatomorph,* Bez. für durch Flügellosigkeit bedingte Arbeiterähnlichkeit v. Geschlechtstieren bei Ameisen u. manchen Termiten; *ergatogyn* heißen solche Tiere, die arbeiterähnl. Weibchen sind.

Ergine [Mz.; v. *ergo- 1)], die ↗Ergone.

Ergobasin *s* [v. *ergo- 2), gr. basis = Grundlage], ↗Mutterkornalkaloide.

Ergocalciferol *s* [v. *ergo- 2)], *Vitamin D_2,* ↗Calciferol.   [ide.

Ergolin *s* [v. *ergo- 2)], ↗Mutterkornalkalo-

Ergometrie *w* [v. *ergo- 1), gr. metran = messen], Messung der körperl. Leistungsfähigkeit (Muskel-, Herzleistung) durch unterschiedl. dosierte körperl. Belastungen mittels verschiedener Geräte *(Ergometer,* z. B. Fahrrad-Ergometer); dient v. a. zur Beurteilung des Herz-Kreislauf-Lungen-Systems u. der Gesamtleistungsfähigkeit eines Organismus.

Ergometrin *s* [v. *ergo- 2), gr. mētra = Gebärmutter], ↗Mutterkornalkaloide.

Ergone [Mz.; v. *ergo- 1)], *Ergine,* Sammel-Bez. für Enzyme, Hormone, Vitamine.

Eresus
1 Männchen von *E. niger,* 2 Wohnröhre, **a** von oben gesehen, **b** Schnittbild

ergo- 1) [v. gr. ergon = Werk, Arbeit].
ergo- 2) [v. frz. ergot = Sporn, Afterklaue, Mutterkorn].

eric- [v. gr. ereikē = Heidekraut (bes. strauchähnl. Gatt.)], in Zss.: Heide-.

Ergosterin s [v. *ergo- 2) u. (Chole)sterin], das Hauptsteroid aus Hefe, dessen Wirkung als Provitamin D_2 auf einer durch UV-Licht induzierten Ringspaltung zu Präcalciferol mit anschließender Umlagerung in Vitamin D_2 beruht. ☐ Calciferol.
Ergotalkaloide [Mz.; v. *ergo- 2)], ↗Mutterkornalkaloide. [alkaloide.
Ergotamin s [v. *ergo- 2)], ↗Mutterkorn-
Ergotismus m [v. *ergo- 2)], ↗Mutterkornalkaloide.
Ergotoxin s [v. *ergo- 2), gr. toxikon = Gift], ↗Mutterkornalkaloide.
ergotrop [v. *ergo- 1), gr. tropē = Wendung], Bez. für Reaktionen, die eine Leistungssteigerung des gesamten Organismus bewirken, hervorgerufen durch die Tätigkeit des Sympathikus. Ggs.: trophotrop.
Erhaltungsgebiet, *Refugialgebiet, Residualgebiet,* Gebiet, in das sich Tier- u. Pflanzenarten bei ungünst. Lebensbedingungen zurückziehen können. Viele Arten wurden während der Eiszeit in E.e zurückgedrängt u. konnten dort überdauern. Nach der Eiszeit ging die Wiederbesiedlung v. solchen Gebieten aus. Die wichtigsten Refugien für die mitteleur. Flora lagen im Mittelmeerraum, Balkan u. im Pannon. Becken. ↗Europa. [↗Energieumsatz.
Erhaltungsumsatz, der Grundumsatz;
Erhaltungszüchtung, ↗Ausleszüchtung zur Erhaltung erwünschter Eigenschaften bei Kulturpflanzen od. Nutztieren; erforderl., um der natürl. Sorten- (Rassen-) Degenerierung aufgrund spontaner Mutationen u. eventuellen Rückkreuzungen entgegenzuwirken.
Eria w, (? A. E. Ortmann 1902), überholter Begriff aus der Paläogeographie für einen hypothet. Festlandsblock im heut. Gebiet des Nordatlantik, der in algonkisch-altpaläozoischer Zeit die Blöcke Laurentia (Kanadischer Schild) u. Fennosarmatia (Baltischer Schild + Osteuropäische Tafel) verbunden, sich im Zuge der takonischen Faltung aus dem Meer herausgehoben haben u. später im „Brückenkontinent Nordatlantis" aufgegangen sein soll. Moderne Anschauungen über die Kontinentaldrift machen die Annahme eines solchen Kontinents überflüssig.
Erica w [v. *eric-], die ↗Glockenheide.
Ericaceae [Mz.; v. *eric-], die ↗Heidekrautgewächse. [artigen.
Ericales [Mz.; v. *eric-], die ↗Heidekraut-
Ericetum tetralicis s [v. *eric-, lat. tetralix = Heidekraut], Assoziation der ↗Oxycocco-Sphagnetea.
Erico-Pinetea [Mz.; v. *eric-, lat. pinus = Kiefer], *Kalk-Kiefernwälder, Schneeheide-Kiefernwälder,* Kl. der Pflanzenges. mit 1 Ord. *(Erico-Pinetalia)* und 1 Verb. *(Erico-Pinion).* Lichte Bergkiefernbestände auf trockenen, nährstoffarmen Carbonatböden in der oberen subalpinen Stufe der Alpen u. in weniger typ. Ausbildung an Spezialstandorten des Schweizer Jura, der Fränk. u. der Schwäb. Alb (↗Reliktföhrenwälder). Die natürl. Kalk-Kiefernwälder haben bes. im Gebiet des Schweizer Nationalparks sekundär nach Zerstörung der urspr. Lärchen-Arvenwälder *(↗Rhododendro-Vaccinion)* durch den Menschen erhebl. Ausdehnung erfahren. Starker Verbiß durch das zahlreich vertretene Wild verhindert dort auch heute noch die Wiederansiedlung der Arve. Neben Beständen der aufrechten Bergföhre kommen oberhalb der alpinen Waldgrenze, aber auch an anderen durch Kaltluftstau, starken Wind, hohe u. langanhaltende Schneebedeckung, geringe Bodenentwicklung, Lawinen u. Steinschlag od. durch menschl. Einfluß baumfeindl. Standorten krummwüchsige Legföhrenbestände zur Ausbildung. In den nördl. Kalkalpen bilden sie in kalter, schneereicher Lage die Assoz. des Schneeheide-Krummholzes *(Rhododendro-Mugetum, Rhododendro hirsuti-Pinetum mugi, Erico-Rhododendretum hirsuti).* Wärmere Südhanglagen, insbes. der inneralpinen Föhntäler, sind hingegen v. lichtem Schneeheide-Föhrenwald *(Erico-Pinetum)* bestanden, der bis in die montane Stufe hinabsteigen kann.
Erico-Sphagnetalia [Mz.; v. *eric-, gr. sphagnos = Baummoos], *Heidemoor- und Anmoorgesellschaften,* Ord. der ↗Oxycocco-Sphagnetea.
Erigeron m [v. gr. ērigerōn = früh alternd], das ↗Berufkraut.
Erignathus m [v. gr. erion = Wolle, gnathos = Kiefer], ↗Bartrobbe.
Erigone w [v. *Erigon-], Gatt. der Zwergspinnen, ca. 3 mm große Tiere, mit mehreren Arten in Mitteleuropa vertreten, die alle Fadenflußflieger sind (Ballooning, ↗Altweibersommer); sie sind deshalb charakterist. Erstbesiedler auf freien Flächen (z. B. bei der Landgewinnung an der Nordsee, nach Flurbereinigungen od. bei der Entstehung neuer Inseln). *E. dentipalpis* wird auch Glücksspinne genannt.
Erigoninae [Mz.; v. *Erigon-], U.-Fam. der ↗Baldachinspinnen.
Erinaceidae [Mz.; v. lat. erinaceus = Igel], die ↗Igel.
Erinnidae [Mz.; ben. nach den Erinyes, den Rachegöttinnen], die ↗Holzfliegen.
Eriocaulales [Mz.; v. *erio-, gr. kaulos = Stengel], Ord. der *Commelinidae* mit 1 Fam., den *Eriocaulaceae;* diese umfassen 13 Gatt. u. 1200 Arten, v. a. in den Tropen u. Subtropen vorkommend. Die E. sind meist Kräuter sumpf. Standorte; manche sind

---

Eriocaulales

ergo- 1) [v. gr. ergon = Werk, Arbeit].
ergo- 2) [v. frz. ergot = Sporn, Afterklaue, Mutterkorn].

eric- [v. gr. ereikē = Heidekraut (bes. strauchähnl. Gatt.)], in Zss.: Heide-.

Erigon- [ben. nach der myth. Ērigonē, Tochter des athen. Heros Ikaros (Ikarios); erhängte sich aus Trauer über den erschlagenen Vater].

Eriocheir

erio- [v. gr. erion = Wolle], in Zss.: Woll-.

Erjavecia bergeri, Gehäuse (bis 12 mm hoch)

sogar submers; es gibt aber auch an Trockengebiete angepaßte E. Die lineal. Blätter stehen oft rosettig gehäuft. Die 3zähl. Blüten sind immer diklin u. stehen an Seitensprossen in Köpfchen; ♀ und ♂ meist gemischt. Manche E. werden als Trockenblumen geschätzt. Von der Gatt. *Eriocaulon,* ca. 400 Arten, erreicht z. B. *E. aquaticum* noch Europa (W-Irland u. Schottland).

Eriocheir w [v. *erio-, gr. cheir = Hand], *E. sinensis,* die ↗Wollhandkrabbe.

Eriocraniidae [Mz.; v. *erio-, gr. kranion = Schädel], die ↗Trugmotten.

Eriophorum s [v. *erio-, gr. -phoros = tragend], das ↗Wollgras.

Eriophyidae [Mz.; v. *erio-, gr. phyē = Gestalt, Wuchs], Fam. der ↗Gallmilben.

Eriopus m [v. *erio-, gr. pous = Fuß], Gatt. der ↗Hookeriaceae.

Eriosomatidae [Mz.; v. *erio-, gr. sōma = Körper], die ↗Blasenläuse.

Eriphia w [v. gr. eripheios = von einer jungen Ziege], Gatt. der ↗Xanthidae.

erische Phase [v. ↗Eria], (H. Stille 1924), geolog. Faltungsphase zw. Silur u. Devon (altkaledonisch) auf der Nordhalbkugel. ↗Erdgeschichte.

Erisma w [lat., = Strebepfeiler, Gegenstütze], Gatt. der ↗Vochysiaceae.

Eristalis w [lat., = ein Edelstein], *Eristalomyia,* Gatt. der ↗Schwebfliegen.

Eristicophis m [v. gr. eristikos = streitsüchtig, ophis = Schlange], Gattung der ↗Vipern.

Erithacus m [v. gr. erithakos = unbezeichnete Vogelart, die sprechen lernen konnte], das ↗Rotkehlchen.

Eritrichum s [v. gr. eri- = sehr, triches = Haare], *Eritrichium,* der ↗Himmelsherold.

Erjavecia w, Gatt. der Schließmundschnecken; die einzige Art *E. bergeri* ist in den Kalkalpen des südöstl. Bayern an warmen Stellen zu finden.

Erkältung, 1) in der Med. inkorrekter Sammelbegriff für verschiedene infektiöse (meist virale) Erkrankungen v. a. der oberen Luftwege (z. B. Schnupfen). Die Abkühlung hat dabei nur eine auslösende Wirkung; sie vermindert die Abwehrkräfte des Körpers, so daß Erreger in die entspr. Organe eindringen können. 2) in der Bot. im Ggs. zur med. Bedeutung keine infektionsbedingte Erkrankung, sondern eine durch niedrige Umgebungstemp. hervorgerufene Störung der Stoffwechselkoordination. Besonders empfindlich sind viele tropische Pflanzen, die schon bei Temperaturen um +10° C lang nachwirkende od. letale E.en erleiden können. ↗Frostresistenz, ↗Frostschäden, ↗Frosttrocknis.

Erkennungsstellen, engl. *recognition sites,* Bereiche v. DNA oder RNA, die spezif. mit bestimmten Proteinen in Wechselwirkung treten können; z. B. E. für RNA-Polymerasen (E. i. e. S. ↗Promotoren), aber auch i. w. S. die E. für regulator. Proteine (↗Operator).

Erkenntnistheorie und Biologie – Evolutionäre Erkenntnistheorie

Erkenntnistheorie ist eine traditionsreiche philosophische Disziplin (die ihren Namen allerdings erst im 19. Jahrhundert erhalten hat). In einer von Kant vorgeschlagenen Aufteilung der Philosophie nach Fragen befaßt sich die Erkenntnistheorie mit der ersten Frage: Was können wir wissen? Indem sie nicht über die Welt, sondern über unser Wissen von der Welt nachdenkt, ist sie eine typische Meta-Disziplin.

Ihr Gegenstand ist menschliche Erkenntnis. Ihre Methoden sind Analyse, Reflexion und rationale Rekonstruktion von Aussagen mit Wahrheitsanspruch. Ihre Fragestellungen betreffen Aufgabe und Gegenstand, Eigenart und Reichweite, Wege und Formen, Struktur und Funktion, Voraussetzungen und Methoden, Entstehung und Sicherheit, Umfang und Grenzen menschlichen Erkennens. Sie enthält demnach logische, faktische (deskriptive und explanatorische) *und* normative (explikative und präskriptive) Elemente. Deshalb kann jedes erkenntnistheoretische Modell nach formalen, nach empirischen *und* nach

Die von I. Kant vorgeschlagene Aufteilung der Philosophie: Was können wir wissen? Was sollen wir tun? Was dürfen wir hoffen? Was ist der Mensch?

Aufgaben der Erkenntnistheorie

Das Wechselspiel von Erkenntnistheorie und Biologie

pragmatischen Gesichtspunkten beurteilt werden: Ist es widersprüchlich, tautologisch, zirkulär? Ist es mit bekannten und anerkannten Tatsachen vereinbar? Entspricht sein Problemlösungspotential unseren Erwartungen? Anhand solcher Kriterien lassen sich also auch erkenntnistheoretische Auffassungen vergleichen, bewerten und argumentativ vertreten oder verwerfen. Interessanterweise gehören die Erarbeitung und Anwendung dieser Kriterien ebenfalls noch zur Erkenntnistheorie. Ihre Aussagen und Forderungen müssen also *selbstanwendbar* sein. Diese Rückbezüglichkeit, diese selbstreferentielle Struktur, macht Reiz und Schwierigkeit der Erkenntnistheorie aus.

Mit der Biologie steht die Erkenntnistheorie in einem Verhältnis wechselseitiger Anregung und Kritik. Auf der einen Seite erhält die Biologie von der Erkenntnistheorie Auskunft und Orientierung über ihre eigene Stellung im Spektrum der Wissenschaften, über Gehalt und Verläßlichkeit ihrer Aussagen, über Besonderheiten bio-

Erkenntnistheorie und Biologie

logischer Erkenntnis gegenüber anderen Bereichen menschlichen Wissens. Auf diesem Gebiet hat besonders die moderne Wissenschaftstheorie als jüngster Zweig erkenntnistheoretischer Bemühungen viele Fragen klären können. Einige davon sollen unter dem Stichwort *Wissenschaftstheorie* behandelt werden.

Umgekehrt hat gerade die moderne Biologie der Erkenntnistheorie wichtige Einsichten und Anregungen vermittelt. Diese lassen sich zu drei Schwerpunkten zusammenfassen:

– Biologie als Problemfeld und Bewährungsbereich für die Erkenntnistheorie,
– Biologie als Informationsquelle für erkenntnistheoretische Modelle,
– Biologie als Grundlage der Evolutionären Erkenntnistheorie.

Daß die Biologie zur Erkenntnistheorie beitragen soll, könnte auf den ersten Blick überraschen. Traditionell gilt die Erkenntnistheorie als eine Disziplin, welche die Sicherheit unseres Wissens, insbesondere unseres empirischen Wissens, überhaupt erst kritisch zu prüfen und, soweit nötig und möglich, zu verbürgen habe. Wenn nun die Biologie als Erfahrungswissenschaft ihrerseits für die Erkenntnistheorie wesentlich, ja konstitutiv sein soll, geraten wir dann nicht in einen *circulus vitiosus*, in einen Begründungszirkel, worin etwas als gesichert vorausgesetzt wird, was erst noch bewiesen werden muß? Kann denn Biologie zur Erkenntnistheorie und diese gleichzeitig zur Biologie beitragen?

Tatsächlich besteht hier eine gewisse Rückkopplung, freilich kein vitiöser, sondern viel eher ein *virtuoser Zirkel*. Das Verhältnis zwischen faktischer Erkenntnis und Erkenntnistheorie ist ein fruchtbarer, selbstkorrigierender Regelkreis, in dem das eine für das andere unentbehrlich ist und beide zusammen mehr leisten als jedes für sich allein. Eine Letztbegründung wird dabei allerdings weder angestrebt noch erreicht. Der Beitrag der Biologie in dieser Partnerschaft geht auch nicht so weit, eine bestimmte Erkenntnistheorie zu beweisen; er kann aber durchaus dazu dienen, gewisse erkenntnistheoretische Auffassungen auszuschließen oder auch zu stützen.

Zunächst einmal stellt die Biologie den Erkenntnistheoretiker vor spezifische Probleme, die in Mathematik, Physik oder Chemie gar nicht oder nur am Rande auftauchen. Beispiele seien hier der Kürze halber nicht durch Fragen, sondern nur durch zentrale Begriffe charakterisiert: Definition und Kriterien für „Leben", biologische Information als *bewertete* Information, Fortschritt und Höherentwicklung, Zufall und Gesetzmäßigkeit, Ordnung und Entropiewachstum, organisierte Komplexität und Individualität, kybernetische (zyklische) Kausalität und Funktion, Zweckmäßigkeit und Teleonomie, Gehirn und Geist. Man kann sich leicht klarmachen, daß diese Probleme gerade auf die Besonderheiten der Lebenserscheinungen verweisen.

Angesichts der zentralen und zugleich integrativen Rolle, welche die Evolution für die Organismen und daher auch die Evolutionstheorie für die Biologie spielt, sollte es nicht überraschen, daß alle diese Probleme mit der *Evolutionstheorie* zusammenhängen. (Die wissenschaftstheoretische Einschätzung der Evolutionstheorie wird in dem Beitrag *Wissenschaftstheorie* behandelt.)

Da eine vollständige Erkenntnistheorie für alle, also auch für biologische Erkenntnis zuständig sein sollte, darf sie die genannten Probleme nicht übergehen. Eine Erkenntnistheorie, die zwar der Physik gerecht würde, für die Biologie aber unanwendbar oder falsch wäre, könnte nicht den Anspruch erheben, allgemeingültig zu sein. Die Biologie stellt somit für den Erkenntnistheoretiker eine doppelte Herausforderung dar: Sie führt ihn auf *Probleme,* die sich anderswo nicht stellen; und sie macht ihm bewußt, daß sich seine Entwürfe auch an biologischer Erkenntnis *bewähren* müssen.

Darüber hinaus stellt die Biologie Tatsachenwissen bereit, das für die Erkenntnistheorie unentbehrlich ist. Ein Beispiel soll dies belegen.

Die Natur der Nervensignale ist in allen Nerven dieselbe. Wie kann dann unser Bewußtsein (unser Gehirn) wissen, was ein Signal „bedeutet"? Wie unterscheidet es Impulse, die Schmerzen in einem Zeh codieren, von solchen, die Klänge eines Violinkonzertes vermitteln? Diese Frage wurde 1826 durch Johannes Müller beantwortet. Die verschiedenen Interpretationen von Nervenimpulsen und damit auch die qualitativen Unterschiede zwischen verschiedenartigen Empfindungen (Schmerzen, Laute, Farben, Gerüche usw.) beruhen einzig und allein auf den verschiedenen *Wegen* der einlaufenden Signale. Eine Aktivierung des Sehnervs führt deshalb ausnahmslos zu einem optischen Eindruck, ganz gleich, ob der auslösende Reiz tatsächlich Licht war oder aber ein elektrischer Impuls, eine Erschütterung, ein Druck auf den Augapfel oder ein mechanischer Zug am Sehnerv. Diese Entdeckung besagt, daß jedes Gefühl, jede Empfin-

Marginalien: Biologie als Informationsquelle — Ein virtuoser Zirkel — Biologie als Herausforderung

Erkenntnistheorie und Biologie

dung, jede Wahrnehmung oder Vorstellung, bereits eine *Interpretation* von Nervensignalen darstellt, daß schon in der Wahrnehmung eine hypothetische Rekonstruktion äußerer Objekte vorgenommen wird.

Eine zeitgemäße Erkenntnistheorie darf solche Erkenntnisse der Neurophysiologie auf keinen Fall außer acht lassen. Wie ließe sie sich sonst von leerer Spekulation unterscheiden? Wird jedoch Tatsachenwissen angemessen berücksichtigt, dann lassen sich manche erkenntnistheoretischen Positionen durchaus als falsch, manche Forderungen als unerfüllbar erkennen. So sind der strenge Empirismus („alle Erkenntnis entstammt der individuellen Erfahrung") und der strenge Rationalismus („alle Erkenntnis entstammt dem reinen Denken") *empirisch* widerlegbar.

Besonders umfangreich ist der Beitrag der Biologie zu einer Theorie der Erkenntnis im Rahmen der *Evolutionären Erkenntnistheorie* (EE).

Evolutionäre Erkenntnistheorie

Die EE ist eine Auffassung, die einzelwissenschaftliche und philosophische Elemente in fruchtbarer Weise miteinander verbindet. Sie geht aus von der *empirischen Tatsache,* daß unsere kognitiven Strukturen – Sinnesorgane, Zentralnervensystem, Gehirn; Wahrnehmungsleistungen, Raumanschauuung, Vorstellungsvermögen, Zeitsinn; Lerndispositionen, Verrechnungsmechanismen, konstruktive Vorurteile usw. –, mit deren Hilfe wir die objektiven Strukturen (der realen Welt) intern rekonstruieren, in hervorragender Weise auf die Umwelt *passen,* zum Teil sogar mit ihr *übereinstimmen.* Dieser Passungscharakter darf durchaus im werkzeugtechnischen Sinne verstanden werden: Wie ein Schlüssel in ein Schloß oder ein Werkzeug auf ein Werkstück paßt, so paßt unser Erkenntnisapparat auf den uns unmittelbar zugänglichen Ausschnitt der realen Welt. Da ohne diese Passung Erkenntnis überhaupt nicht möglich wäre, ist sie auch erkenntnistheoretisch höchst relevant.

Wie kommt es zu dieser Passung? Gegenüber den vielen, oft spekulativen Lösungsversuchen der philosophischen Tradition gibt die EE eine neue und vor allem empirisch fundierte Antwort: Unser Erkenntnisapparat mit seinen Strukturen und Leistungen ist ein Ergebnis der biologischen Evolution. Die (subjektiven) Erkenntnisstrukturen passen auf die (objektiven) Strukturen der Welt, weil sie sich in *Anpassung* an diese Welt herausgebildet haben. Und sie stimmen mit den realen Strukturen (teilweise) überein, weil nur eine solche Übereinstimmung das Überleben ermöglichte. „Um es grob, aber bildhaft auszudrücken: Der Affe, der keine realistische Wahrnehmung von dem Ast hatte, nach dem er sprang, war bald ein toter Affe – und gehört daher nicht zu unseren Urahnen." (Simpson).

Nach der EE ist unser Gehirn nicht als Erkenntnis-, sondern als Überlebensorgan entstanden. Seine Funktionen, Leistungen, Mechanismen, Algorithmen usw. sind, wie man gerade an seinen Fehlleistungen feststellen kann, auf den *Mesokosmos* zugeschnitten, auf eine Welt mittlerer Dimensionen und geringer Komplexität. In diesem Bereich arbeiten unsere kognitiven Strukturen auch durchaus zuverlässig. Außerhalb des Mesokosmos können sie dagegen versagen. Tatsächlich stoßen wir bei der Erforschung des Mikrokosmos, des Megakosmos und komplizierter Systeme regelmäßig auf Schwierigkeiten. Die EE ist in der Lage, diese *Leistungen* und *Fehlleistungen* unseres Erkenntnisapparates zu erklären.

Jenseits des Mesokosmos

Die mesokosmische Passung unserer kognitiven Strukturen bedeutet nicht, daß unser Erkenntnisvermögen unhintergehbar auf den Mesokosmos beschränkt wäre. Neben Wahrnehmungs- und Erfahrungserkenntnis, die in der Tat mesokosmisch geprägt sind, gibt es noch eine weitere Erkenntnisstufe, die theoretische (oder wissenschaftliche) Erkenntnis. Sie wurde erst möglich durch die Erfindung und den Gebrauch einer *deskriptiven und argumentativen Sprache.*

Strukturen, die wir nicht unmittelbar erleben und uns vielleicht nicht einmal vorstellen können, z. B. vierdimensionale Gegenstände, nicht-euklidische Räume, akausale Vorgänge oder Zufallsfolgen, können wir doch begrifflich erfassen, sprachlich formulieren, hypothetisch entwerfen, mathematisch modellieren und an ihren Folgerungen auch empirisch überprüfen. So ist es durchaus möglich, eine gänzlich kontraintuitive Behauptung wie die von der Erddrehung (oder eine nicht-euklidische Theorie wie die allgemeine Relativitätstheorie oder eine akausale Theorie wie die Quantentheorie) mit mesokosmischen (euklidischen, kausalen) Mitteln zu überprüfen und *zu bestätigen.* Ebenso ist es möglich, eine Theorie, die probeweise von der Vierdimensionalität der Welt ausgeht, mit dreidimensionalen Mitteln empirisch zu überprüfen und *zu widerlegen.* In der Theorienbildung sind wir also wesentlich freier als in der Wahrnehmung und in der Erfahrung.

Die Natur der Evolutionären Erkenntnistheorie

Die EE arbeitet mit einzelwissenschaftlichen Entdeckungen aus Physik, Biologie, Psychologie, Linguistik, Anthropologie.

Vor allem stützt sie sich auf die Darwinsche Selektionstheorie in ihrer heute anerkannten Form. Dabei hängt sie nicht von jedem Detail der Evolutionstheorie ab; sollte sich aber eines der evolutionstheoretischen Grundprinzipien als falsch erweisen, so wäre dadurch auch die EE ernsthaft in Frage gestellt.

Ihre enge Bindung an empirisches und vor allem biologisches Faktenwissen bedeutet freilich keineswegs, daß die EE auf beschreibende und erklärende Elemente beschränkt wäre. Vielmehr dient sie auch der Begriffsverschärfung (Explikation) und der Untersuchung von Geltungsansprüchen. In dieser ihrer normativen Funktion beantwortet sie u. a. folgende Fragen: Kann die Anschaulichkeit einer Theorie Wahrheitskriterium sein? (Nein!) Gibt es objektive Erkenntnis? (Ja!) Kann Intersubjektivität bereits Objektivität verbürgen? (Nein!) Gibt es Kriterien für Objektivität, die über Intersubjektivität hinausgehen? (Ja, Invarianzforderungen!) Ist Invarianz ein hinreichendes Objektivitätskriterium? (Nein!) Diese Beispiele zeigen jedenfalls, daß die EE mehr ist als eine rein naturwissenschaftliche Teildisziplin.

Trotz ihrer Verkopplung von formalen, faktischen und normativen Elementen ist die EE keine vollständige oder gar abgeschlossene Theorie. Erstens setzt sie schon in Fragestellung und Formulierung einige erkenntnistheoretische Probleme als (wenigstens vermutungsweise) gelöst voraus, so einen hypothetischen (oder kritischen oder wissenschaftlichen) Realismus, eine systemtheoretisch orientierte Identitätstheorie und ein projektives Erkenntnismodell – Positionen, die sie dann ihrerseits wieder bestätigt, indem sie auf dieser Basis Probleme löst und neue Probleme erkennen und formulieren hilft. Zweitens ist die EE in vieler Hinsicht eher mit einem *Forschungsprogramm* zu vergleichen. Welche kognitiven Strukturen tatsächlich genetisch bedingt sind, auf welchen Wegen sie sich in der Evolution herausgebildet haben und wie sie sich im Zusammenspiel von genetischer und individuell erworbener Information entwickeln, das sind Fragen, die noch nicht zufriedenstellend beantwortet sind, die aber gerade im Lichte der EE zu einer engeren Zusammenarbeit von Philosophie und Einzelwissenschaften herausfordern.

Intersubjektivität
intersubjektiv ≙ für mehrere (alle) Beobachter gleich

Invarianz
invariant ≙ unabhängig von gewissen Operationen, z. B. von einem Wechsel des Beobachters, des Standorts, der Meßmethode (Beispiele: Konstanzleistungen der Wahrnehmung, Erhaltungsgrößen der Physik)

Projektives Erkenntnismodell:
Die reale Welt wird auf unsere Sinnesorgane projiziert und im Erkenntnisprozeß aus diesen Projektionen hypothetisch rekonstruiert.

Identitätstheorie:
Monistische Position zum Leib-Seele-Problem: Geistige Zustände und Prozesse sind (identisch mit) neuronale(n) Zustände(n) und Prozesse(n). (Gegensatz: dualistische Positionen, z. B. Interaktionismus).

Lit.: v. *Kutschera, F.*: Grundfragen der Erkenntnistheorie. Berlin 1982. *Lorenz, K., Wuketits, F. M.* (Hg.): Die Evolution des Denkens. München – Zürich 1983. *Riedl, R.*: Biologie der Erkenntnis. Die stammesgeschichtlichen Grundlagen der Vernunft. Berlin – Hamburg 1981. *Vollmer, G.*: Evolutionäre Erkenntnistheorie. Stuttgart ³1981.

Gerhard Vollmer

Erklärung in der Biologie

Das Ansehen der Wissenschaft ist darauf gegründet, daß sie Erscheinungen oder Ereignisse (Sachverhalte) zuverlässig erklären kann. Zuverlässig bedeutet, daß man sich beim theoretischen Argument und beim praktischen Handeln auf die Erklärung verlassen kann.

Eine für den Wissenschaftler in der Regel plausible Antwort auf die Frage nach der logischen Struktur der wissenschaftlichen Erklärung folgt dem von Hempel und Oppenheim explizit gemachten Schema:

$$\frac{L_1, L_2 - - - - - L_n}{E(P)} \left\} \begin{array}{l}\text{Explanans/} \\ \text{Prämissen}\end{array}\right. \left\} \begin{array}{l}\text{Erklärung/} \\ \text{Voraussage}\end{array}\right.$$

Explanandum/
prognostizierter
Sachverhalt

Im Hempel-Oppenheim Modell (deductive-nomologic model of explanation) kommen drei Elemente vor: Generelle Sätze („Gesetze"; $L_1, L_2...L_n$), Aussagen über die systemspezifischen Umstände (Randbedingungen und/oder Anfangsbedingungen; $C_1, C_2...C_m$ und eine Aussage über den Sachverhalt, der zu erklären ist (E) oder den man voraussagt (P). Die Erklärung (Explanation) eines bestimmten Sachverhalts (Explanandum) bedeutet, daß wir das Explanandum auf wissenschaftliche Gesetze ($L_1 - L_n$) und auf die systemspezifischen Rand- und/oder Anfangsbedingungen ($C_1 - C_m$), zusammen als Explanans bezeichnet, zurückführen. Bei der Voraussage (Prognose) eines bestimmten Ereignisses benützen wir die Gesetze und die Rand- und/oder Anfangsbedingungen als Prämissen. Die wissenschaftliche Erklärung (Retrognose) und die wissenschaftliche Voraussage (Prognose) haben somit eine sehr ähnliche logische Struktur.

Die Qualität (Güte) der generellen Sätze („Gesetze") bestimmt natürlich die Güte einer Erklärung oder die Präzision einer Prognose.

Die gesicherten Aussagen der Wissenschaft erfolgen durch singuläre Sätze (faktische Aussagen, Tatsachenaussagen) oder durch generelle Sätze (Gesetzesaussagen). Die Aussage „Die weiße Mistel besitzt Samen mit gewölbten Seitenflächen" ist eine Tatsachenaussage, die eine bestimmte Art betrifft; die Aussage „Bei den

Was heißt: zuverlässige Erklärung?

Das Hempel-Oppenheim-Modell

Erklärung in der Biologie

Fischen besteht das Herz aus einem Atrium und einem Ventrikel" ist eine Tatsachenaussage, die sich auf eine bestimmte Klasse von Organismen bezieht. Die Aussage $N_t = N_0 e^{kt}$ ist ebenfalls eine Tatsachenaussage, solange sie sich auf das Wachstum einer bestimmten Kultur oder Population bezieht; hingegen wird diese Aussage dann zur Gesetzesaussage, wenn sie das exponentielle Wachstum schlechthin beschreibt. *Ein „Gesetz" ist eine gesicherte Aussage, die für eine Vielzahl von Systemen gilt.* Innerhalb der Gesetze gibt es Rangordnungen. Beispielsweise unterscheidet man zwischen Allsätzen, partikulären Allsätzen, theoretischen Gesetzen, empirischen Gesetzen, Gesetzmäßigkeiten und Regelmäßigkeiten. Die höchste Stufe an Wissenschaftlichkeit ist dann erreicht, wenn theoretische Sätze, die den logischen Charakter von Allsätzen haben, formuliert werden können. Allsätze sind solche Gesetzesaussagen, die universell gelten, das heißt für alle Systeme der Wirklichkeit. Die Erhaltungssätze der Physik sind zum Beispiel solche Allsätze. Von eingeschränkten (partikulären) Allsätzen spricht man dann, wenn man anzeigen will, daß die Gesetzesaussagen lediglich für bestimmte Systeme (oder Systemklassen) Gültigkeit haben. Die Gesetzesaussagen der vergleichenden Morphologie sind Beispiele für partikuläre Allsätze in der Biologie: „Das Amboß-Hammer-Gelenk im Mittelohr der Säugetiere ist dem primären Kiefergelenk niederer Wirbeltiere, dem Quadratum-Articulare-Gelenk, homolog". „Der Inhalt des reifen Embryosacks in der Samenanlage der Blütenpflanzen stellt eine weibliche Geschlechtspflanze, einen weiblichen Gametophyten dar". Im biologischen Gesetz will man etwas Allgemeines ausdrücken; man will eine Aussage machen, die für eine Vielzahl von Systemen exakt verbindlich ist. Die Art, wie diese Aussage gemacht wird, ob zum Beispiel mathematisch oder in einer natürlichen Sprache, ist dabei zweitrangig, falls den logischen und semantischen Ansprüchen der Wissenschaft Genüge getan ist.

Ein Prozeßgesetz enthält den Zeitfaktor. Es erlaubt die Prognose (oder Retrognose) zukünftiger (oder vergangener) Zustände eines Systems, falls die Werte der relevanten Variablen für wenigstens einen Zeitpunkt bekannt sind. Ein Koexistenzgesetz beschreibt die gleichzeitige Existenz von Eigenschaften eines Systems. Sowohl Prozeßgesetze als auch Koexistenzgesetze werden in Physik und Biologie sehr ähnlich formuliert. Beispiele: Ein empirisches Prozeßgesetz in der Biologie ist das

Gesetz: die gesicherte Aussage für eine Vielzahl von Systemen.

Struktur der kausalen Erklärung

Prozeßgesetz

Koexistenzgesetz

exponentielle Wachstumsgesetz. Es lautet in verbaler Sprache: Die Wachstumsintensität eines biologischen Systems ist der Menge an System proportional, die bereits vorhanden ist. In symbolischer Sprache: $\frac{dN}{dt} = k \cdot N$. Die Differentialgleichung hat die Lösung $N_t = N_0 e^{kt}$, wobei k als Wachstumskonstante bezeichnet wird. Als Beispiel für ein Koexistenzgesetz in der Biologie wählen wir jenes Gesetz, das den Wasserzustand einer Zelle beschreibt. Verbal ausgedrückt: Das Wasserpotential einer Zelle (Ψ_z) ist bestimmt durch das osmotische Potential (π^*), dem der Wanddruck p entgegenwirkt. Das Matrixpotential τ wirkt in Richtung von π^*. In symbolischer Sprache: $\Psi_z = p - (\pi^* + \tau)$. Die Formulierung dieses Gesetzes hängt mit einer bestimmten Auffassung des Konstrukts „Zelle" zusammen, welche die elastische Zellwand, die selektive Permeabilität des dünnen, wandständigen Protoplasten und den osmotischen Wert des Zellsaftes (= Vakuoleninhalts) betont (Osmometermodell der Zelle).

Mit diesem Hinweis sei betont, daß die jeweilige Formulierung der Gesetze wesentlich davon abhängt, auf welche Eigenschaften der ins Auge gefaßten Systeme wir besonderen Wert legen. Dies gilt gleichermaßen in Physik und Biologie.

Die Formulierung von Gesetzen erfolgt in Physik und Biologie in prinzipiell derselben Weise, sofern eine kausale Erklärung von Sachverhalten (Zuständen, Ereignissen) beabsichtigt ist. Die Struktur der kausalen Erklärung wird in beiden Wissenschaften durch das Hempel-Oppenheim-Modell angemessen beschrieben.

Beispiele: Anwendung des Hempel-Oppenheim-Modells auf den Sachverhalt des freien Falls:

L_1: $x = \frac{1}{2} g t^2$ L_2: $\frac{\text{träge Masse}}{\text{schwere Masse}} = $ konstant

L_3: Kausalitätsprinzip

C_1: Vakuum C_2: $g = 9{,}81$ ms^{-2} (nicht streng konstant, z. B. Unterschiede am Äquator und am Pol)

C_3: $v_0 = 0$ C_4: $x_0 = 0$

E(P): Innerhalb von 1/2 s fällt ein schwerer Körper an der Erdoberfläche 1,23 m

Erläuterungen: Das Gesetz L_2 lautet in der entsprechenden verbalen Formulierung: Masse und Gravitationsladung sind einander proportional. Die Proportionalitätskonstante hat einen universellen Wert. C_1 und C_2 sind Randbedingungen, C_3 und C_4 Anfangsbedingungen.

Anwendung des Hempel-Oppenheim-Modells auf den Sachverhalt der Plasmolyse:

Erklärung in der Biologie

L_1: $\Psi_z = p - (\pi^* + \tau)$
L_2: Potentialdifferenzen gleichen sich aus
L_3: Kausalitätsprinzip
C_1: Die Zelle wird hinsichtlich ihrer osmotischen Eigenschaften durch ein Osmometer repräsentiert
C_2: Standardbedingungen (Temperatur, Außendruck) müssen im physiologischen Bereich liegen

E(P): Bei Zugabe einer Lösung (π_a) strömt Wasser aus der Zelle in die Lösung (bis $\pi_a = \pi_i$). Bei Zugabe reinen Wassers strömt Wasser in die Zelle hinein (bis $\pi^* = p - \tau$).

Erläuterungen: Das Wasserzustandsgesetz (L_1) wurde oben als Beispiel für ein Koexistenzgesetz in der Biologie behandelt. L_2 ist ein universelles Naturgesetz, das für alle Potentialdifferenzen gilt, nicht nur für Wasserpotentialdifferenzen. Das Gesetz L_1 ist nicht unabhängig von der Randbedingung C_1.

Die kausale Erklärung ist *die* Erklärungsform in der Physik. In der Biologie kommen zwei weitere Erklärungsformen hinzu: die funktionale Erklärung und die teleonomische Erklärung von Sachverhalten. Sie spielen in der Biologie neben der kausalen Erklärung eine wesentliche, unentbehrliche Rolle.

Kausale Erklärung

Funktionale Erklärung
Teleonomische Erklärung

Funktionale Erklärungen sind Aussagen über die Rolle, die ein Teil in einem Ganzen spielt. Sie erklären den „Sinn" eines Teils in einem funktionierenden Ganzen und beantworten die Frage „wozu?". „Teil" kann hierbei eine Struktur, ein Molekül, eine Eigenschaft, ein Prozeß, eine Verhaltensweise sein. Das „Ganze" kann ein Organismus oder eine Gruppe von Organismen sein.

Beispiele für funktionale Erklärungen: Chlorophyll wird von der Pflanze deshalb synthetisiert, weil dieses Pigment die Photonenabsorption bei der Photosynthese besorgt. Anders formuliert: Chlorophyll dient der Photonenabsorption bei der Photosynthese. – Pheromone werden von manchen Schmetterlingen deshalb gebildet, weil sich die Geschlechtspartner über weite Entfernungen hinweg finden müssen. Anders formuliert: Pheromone dienen dem Zueinanderfinden der Geschlechtspartner bei manchen Schmetterlingen. – Höhere Tiere besitzen Nieren, weil diese Organe die Endprodukte des Proteinstoffwechsels ausscheiden müssen. Oder, Nieren haben den Sinn, stickstoffhaltige Stoffwechselendprodukte auszuscheiden. Die funktionale Erklärung basiert auf der Überzeugung, daß biologische Systeme optimierte, zweckmäßige Systeme sind.

Die zweckmäßige Funktion eines Teils in einem Ganzen erfordert in der Regel ein voll entwickeltes, funktionell reifes System. Der Entwicklungsprozeß, der zu dem tatsächlich funktionierenden Teil führt, ist meist der funktionalen Erklärung nicht zugänglich. An dieser Stelle spielt die teleonomische Erklärung ihre unentbehrliche Rolle. Teleonomie ist die programmgesteuerte, arterhaltende Zweckmäßigkeit des Organismus. Die teleonomische Erklärung eines Teils bedeutet, daß seine Existenz vom funktionalen Endzustand her verstanden werden kann. Ein Beispiel: Proplastiden existieren in der embryonalen Pflanzenzelle deshalb, weil aus ihnen später Chloroplasten entstehen. Natürlich wird mit einer teleonomischen Erklärung keine „causa finalis" im metaphysischen Sinn eingeführt (der Endzustand ist kausal und zeitlich posterior!); die einzige Voraussetzung, die zu machen ist, besteht in der Überzeugung, daß nicht nur die funktionalen Endzustände, sondern auch die Entwicklungsprozesse, die dahin führen, offensichtlich programmgesteuert sind, wobei die systemerhaltende Zweckmäßigkeit des Programms im Sinn der Evolutionstheorie zu verstehen ist.

Die funktionale und die teleonomische Erklärung kommen der Betrachtungsweise der vergleichenden Morphologie entgegen. Die Gesetze der vergleichenden Morphologie sind, soweit sie das Homologieprinzip voraussetzen, beschränkte (partikuläre) Allsätze mit einem klar begrenzten Gültigkeitsbereich. Sie sind stets nur für bestimmte Taxa von Organismen gültig, beispielsweise Spermatophyten, Tracheophyten, Vertebraten, die in Übereinstimmung mit dem Homologieprinzip vergleichend behandelt werden können. Es gibt auch partikuläre Allsätze der vergleichenden Biologie, die, soweit man weiß, für *alle* Lebewesen gelten, z. B. der Satz: „Alle Lebewesen enthalten Nucleinsäuren als Informationsträger".

Erklärung in der vergleichenden Morphologie

Das Hempel-Oppenheim-Schema läßt sich auf die Sachverhalte der vergleichenden Biologie anwenden.

Beispiel: Die Anwendung des Hempel-Oppenheim-Modells auf den Sachverhalt, daß aus einem reifen Pollenkorn stets ein ♂ Gametophyt entsteht.

L_1: Ein Pollenkorn ist einer Mikromeiospore homolog
L_2: Homologieprinzip
C_1: Tracheophyten

E(P): Aus einem reifen Pollenkorn entsteht stets ein ♂ Gametophyt

Erläuterungen: An die Stelle des Kausalitätsprinzips tritt das Homologieprinzip. Die Explanation (E) hat den Charakter einer funktionalen Erklärung: Es handelt sich um eine Aussage über die Rolle, die ein Teil in einem Ganzen spielt. Das „Ganze" wird

Erkundungsverhalten

nach dem Homologieprinzip als „Bauplan" oder als „ontogenetischer Entwicklungsplan" aufgefaßt. Die Zuverlässigkeit von Erklärung und/oder Prognose ist extrem hoch: Es ist beispielsweise ganz unwahrscheinlich, daß aus einem reifen Pollenkorn jemals etwas anderes entsteht als ein männlicher Gametophyt.

Lit.: Hempel, C. G., P. Oppenheim,: Studies in the logic of explanation. Phil. Sci. 15 (1948) 135. Hempel, C. G.: Erklärung in Naturwissenschaft und Geschichte. In: Erkenntnisprobleme der Naturwissenschaften (L. Krüger, Hg.), p. 215. Köln 1970. Hull, D.: Philosophy of Biological Science. Mohr, H.: Der Begriff der Erklärung in Physik und Biologie. Die Naturwissenschaften 65 (1978) 1. Mohr, H.: Biologische Erkenntnis. Stuttgart 1981.

Hans Mohr

Erkundungsverhalten, i. w. S. das Untersuchen neuer Gegenstände, Lebensräume usw., ohne daß die v. der neuen Situation ausgehenden Reize ein mit anderen Bereitschaften verbundenes ↗Appetenzverhalten auslösen würden (ohne ein „direktes Bedürfnis" des Tieres). Sehr viele Tiere zeigen immer dann E., wenn sie sich in einer unbekannten Umgebung befinden. Z. B. erkunden Wüstenrennmäuse in unbekanntem Gelände regelrechte Fluchtrouten, an die sie sich bei Alarm später blind halten. I. e. S. spricht man von E., wenn es sich um *Neugierverhalten* handelt, wenn also neue Reizsituationen verschiedenster Art ohne unmittelbare Notwendigkeit aufgesucht werden. Neugierverhalten tritt v. a. bei hochentwickelten Vögeln u. Säugern (dort bevorzugt bei Jungtieren) auf u. bleibt bei einigen bes. lernfähigen Tiergruppen zeitlebens sehr ausgeprägt. Dieses E. wird v. einer eigenen ↗Bereitschaft getragen u. hängt eng mit dem Verhaltensbereich des ↗Spielens zus. Die Funktion des Neugierverhaltens besteht wie die des Spielens darin, Kenntnisse über Umwelteigenschaften zu sammeln, bevor diese tatsächl. zur Bedürfnisbefriedigung benötigt werden. Das E. in diesem Sinn stellt also eine Investition in die zukünftige Anpassung des Tieres an seine Umwelt dar u. ist daher nur bei lernfähigen, relativ langleb. Tiergruppen ausgebildet.

Erlanger [ö̃rläng^{er}], *Joseph,* am. Neurophysiologe, * 5. 1. 1874 San Francisco, † 5. 12. 1965 Saint Louis; zuletzt Prof. in Washington; erhielt 1944 zus. mit H. S. Gasser den Nobelpreis für Medizin für die Entdeckung u. Aufklärung der Funktion verschiedener Nervenfasertypen mit Hilfe eines Oszillographen.

Erle, *Alnus,* Gatt. der Birkengewächse mit ca. 30 Arten auf der nördl. Halbkugel, mit Ausnahme von *A. jorulensis* in den Anden. Typisch für die E. sind die ♀ ca. 1 cm großen verholzten Fruchtzapfen u. grauschwarze rissige Borke. Die Symbiose mit Luftstickstoff-bindenden Bakterien *(Actinomyces alni)* macht den Chlorophyllabbau im Herbst überflüssig: grünes Fallaub. Die Schwarz-E. (*A. glutinosa* [lat. glutinosus = klebrig]), ein bis 25 m hoher Baum mit subatlant. Verbreitung, hat klebr. Knospen u. Zweige u. stumpf ausgerandete gesägte Blätter. Sie wächst auf feuchten silicat. Böden bachbegleitend, in Auen- u. Bruchwäldern (↗ *Alnetea glutinosae*). Die Grau-E. *(A. incana)* hat spitze, doppelt gesägte, unterseits graufilz. Blätter, wird bis 25 m hoch u. 50 Jahre alt. Kommt in Auenwäldern u. entlang der Gebirgsflüsse bis 1400 m vor; Charakterart des ↗ *Alnetum incanae*. Beide gen. Arten legen die Blüten im Vorjahr an, haben schwarze Zapfen mit ungeflügelten Samen u. gesägte Primärblätter. Das rötl. zerstreutpor. E.nholz ist leicht (Dichte 0,53 g/cm^3), wenig elastisch, aber widerstandsfähig gg. Wasser: Verwendung für Grubenbauten u. a.; wichtiges Drechsel- u. Furnierholz. Die Grün-E. *(A. viridis)* ist ein kalkliebender Strauch mit doppelt gesägten Blättern, Blüten an diesjähr. Zweigen u. braunen Zapfen mit breit geflügelten Samen. Sie kommt als Pionierpflanze auf Böschungen, in Vorwald-Ges. u. bestandsbildend im subalpinen Knieholz bis 2100 m vor; Charakterart des *Alnetum viridis* (↗ Betulo-Adenostyletea). B Europa VI.

Erlen-Bruchwälder ↗ Alnetea glutinosae.
Erlen-Eschen-Auewälder ↗ Alno-Padion.
Erlengrübling, *Gyrodon lividus* Sacc., Art der Röhrlinge; streng an Erlen gebundener Mykorrhizapilz mit strohgelbem bis braunfarb. Hut (3–10 cm ∅), gleichfarb. Stiel u. blauendem Fleisch, Poren gelblich, faltiggrubig u. weit herablaufend, im Alter weit labyrinthartig; in Europa einzige Art der Gatt. *Gyrodon.*

Ernährung, Aufnahme fester, flüss. u. gasförm. organ. und anorgan. Substanzen zur Deckung des Energiebedarfs aller Lebensvorgänge (↗Energieumsatz). Nach den verwertbaren Energiequellen kann man zw. *chemotrophen* (Energiegewinn aus chem. Reaktionen) u. *phototrophen* (Nutzung der Energie des Sonnenlichts in der Photosynthese) Organismen unterscheiden (↗Chemotrophie, ↗Chemolithotrophie, ↗Chemoorganotrophie, ↗Phototrophie). Chemotrophe u. phototrophe Organismen, die keine organ. Verbindungen zum Wachstum benötigen, werden auch als *autotrophe* Organismen (↗Autotrophie) den *heterotrophen* gegenübergestellt, die als Energie- u. Kohlenstoffquelle

Erle
1 Wuchsform von **a** Schwarzerle *(Alnus glutinosa)* und **b** Grauerle *(A. incana)*; 2 Schwarzerle mit Blütenkätzchen und jungen Zapfen

Ernährung

organ. Verbindungen verwerten (↗Heterotrophie). – Man nimmt an, daß die ersten Organismen auf der Erde heterotroph waren u. die in der „Ursuppe" zahlr. vorhandenen organ. Verbindungen nutzten ([B] chemische und präbiologische Evolution). Erst nach der Erschöpfung dieser urspr. Nahrungsvorräte lag ein Selektionsdruck auf der Fähigkeit zur Synthese derartiger Substanzen, was die Evolution der chemo(auto)trophen u. photo(auto)trophen Organismen förderte. Zus. mit dem Wechsel v. einer reduzierenden zu einer oxidierenden Erdatmosphäre ergaben die nun wieder in großer Menge vorhandenen komplexen organ. Verbindungen erneut eine günstige Entwicklungsmöglichkeit für heterotrophe Organismen. – Für das normale Wachstum der *Pflanzen* sind eine Reihe v. chem. Elementen erforderl., die nach dem mengenmäßigen Anteil als *Makronährstoffe* (in absteigender Reihenfolge: C, H, O, N, S, P, K, Ca, Mg, Fe) od. *Mikronährstoffe* bzw. *Spurenelemente* (Mn, Cu, Zn, Mo, B, Cl) bezeichnet werden. Der Übergang ist aber, z. B. beim Fe, fließend. Die Elemente C, H und O werden bei grünen Pflanzen aus CO_2 und H_2O im Rahmen der Photosynthese, die übrigen in ionischer Form aus dem Boden gewonnen (↗Düngung). Experimentell lassen sich die Bedingungen der Pflanzen-E. durch Kultivierung in ↗Nährlösungen definierter Zusammensetzung untersuchen; beim Fehlen essentieller Ionen zeigt die Pflanze bestimmte ↗Mangelkrankheiten. Innerhalb des *Tierreichs* bestehen große Unterschiede im Nahrungsbedarf u. in der Fähigkeit, eigene Nahrungsbestandteile zu synthetisieren, bzw. der Notwendigkeit, essentielle Nahrungsbestandteile aufnehmen zu müssen. Oftmals ist im Verlauf der tier. Evolution durch den Ausfall entspr. Enzyme die Fähigkeit zur Synthese v. Nahrungsbestandteilen verlorengegangen, die damit *essentiell* wurden (↗essentielle Nahrungsbestandteile). Je nach dem bevorzugten Nahrungstyp werden *Herbivora* (Pflanzenfresser) von *Carnivora* (Fleischfresser) od. *Omnivora* (Allesfresser) unterschieden. Mundwerkzeuge u. Verdauungsorgane sind den Nahrungstypen mehr od. weniger eng angepaßt (↗Darm, [B] Verdauung I–III). Verschiedene Formen der Spezialisierung innerhalb dieser Gruppen auf *eine* Nahrungsart (z. B. eine Futterpflanze), wenige ausgewählte od. viele verschiedene werden mit den Begriffen *mono-, oligo-* bzw. *polyphag* gekennzeichnet. Innerhalb der Gruppe der Monophaga gibt es augesprochene Nahrungsspezialisten, wie die Raupen des Maulbeerspinners, die Wachsmottenraupen u. andere Schmetterlingsraupen, den Koala (lebt nur v. Eucalyptusblättern) od. den Panda od. Bambusbär (spezialisiert auf Bambusspitzen). Oligophag sind z. B. eine Reihe v. auf Kohlsorten spezialisierten Insekten od. der Kartoffelkäfer, der zwar Kartoffelpflanzen bevorzugt, aber auch andere Nachtschattengewächse (Tomaten) nicht verschmäht. – Die Art der *Nahrungsaufnahme* hängt eng mit dem Lebensformtyp eines Tieres zusammen. Im Wasser ist der oft sessile Typ des *Strudlers* häufig anzutreffen, der mittels Tentakeln od. Wim-

---

Ernährung

Klassifizierung v. Nahrungsstoffen (notwendige Tagesdosis pro kg Körpergewicht):

1. Energieliefernde Substanzen: Kohlenhydrate, Fette, Proteine (einige g)

2. Kohlenstoffgerüstbausteine für Synthesen komplexer organ. Moleküle: Aminosäuren, Purine, verschiedene Lipide, Fettsäuren (mg-Bereich)

3. Spezifische Substanzen: Vitamine, Coenzyme (einige µg)

Wichtige Ernährungstypen

Art des Energiegewinns (Energiequelle)		Elektronendonor (bzw. H-Donor) zum Energiegewinn und/oder für Reduktionen	Kohlenstoffquelle	Bezeichnung des Gesamtstoffwechsels
Umwandlung von Strahlungsenergie (Licht) [↗Phototrophie]	photo-	lithotroph anorganische Substrate [H_2, H_2O, H_2S, S, $S_2O_3^{2-}$ u. a.]	C-autotroph Kohlendioxid (CO_2)	**photolithoautotroph** (= *photoautotroph*) [↗Photolithotrophie]: grüne Pflanzen, Cyanobakterien, phototrophe Bakterien (teilweise)
		organotroph organische Substrate [Säuren, Alkohole, Zucker u. a.]	C-heterotroph organische Substrate [Säuren, Alkohole, Zucker u. a.]	**photoorganoheterotroph** (= *photoheterotroph*) [↗Photoorganotrophie]: viele phototrophe Bakterien
chemische Oxidations-Reduktions-Reaktionen (organische oder anorganische Stoffe) [↗Chemotrophie]	chemo-	lithotroph anorganische Substrate [H_2, NH_4^+, NO_2^-, H_2S, $S_2O_3^{2-}$, Fe^{2+} u. a.]	C-autotroph Kohlendioxid (CO_2) [CO_2 + Kohlenmonoxid (CO)]	**chemolithoautotroph** (= *chemoautotroph*) [↗Chemolithotrophie]: einige Bakteriengruppen
		organotroph organische Substrate [alle biosynthetisch entstandenen Verbindungen]	C-heterotroph organische Substrate [alle biosynthetisch entstandenen Verbindungen]	**chemoorganoheterotroph** (= *chemoheterotroph*) [↗Chemoorganotrophie]: Tiere, die meisten Mikroorganismen (Protozoen, Pilze, Bakterien), grüne Pflanzen im Dunkeln, nicht-photosynthetisierende Pflanzenzellen

G.S.

Ernährung

Ernährung

Beispiele für Typen der Nahrungsaufnahme:

Fallensteller
Webspinnen, Köcherfliegenlarven, Ameisenlöwe

Filtrierer
einige Manteltiere, zahlr. Wasservögel (Enten, Flamingos), Bartenwale

Jäger
viele Laufkäfer, Libellen, Raubwanzen, Spinnen (Wolfsspinne), Greifvögel, Fledermäuse, Raubtiere

Sammler
zahlreiche Vögel mit spezialisierten Schnäbeln u. Kröpfen (Meisen, Schnepfen, Kreuzschnäbel u. viele andere)

Sauger
Pflanzensaftsauger: Zikaden, Blattläuse
Blutsauger: zahlreiche Ektoparasiten, Wanzen, Flöhe, Dipteren, Zecken, Blutegel, Neunaugen

Strudler
Ciliaten, Rotatorien, viele Polychaeten, Muscheln, Lanzettfischchen

Substratfresser
Regenwürmer, Polychaeten, Seegurken, einige Krebse, einige Fische (Meeräsche)

Weidegänger
Land- u. Wasserschnecken, Seeigel, viele phytophage Insekten, Fische, Nager, Huftiere

Ernährung

Von *künstlicher E. (parenterale E.)* spricht man, wenn Nährstoffe unter Umgehung des Darmtrakts direkt in die Blutbahn eingeführt werden. Die künstl. E. dient zur Bekämpfung schwerer Stoffwechselstörungen, wie sie nach Unfällen od. auch Operationen auftreten. Über eine der großen Hohlvenen werden konzentrierte Nährstofflösungen infundiert, die neben Aminosäuren u. Zuckern auch Fettemulsionen enthalten.

pern einen Wasserstrom erzeugt, in dem kleine Partikel verschiedener Herkunft u. Zusammensetzung an die Mundöffnung herantransportiert werden. Verständlicherweise ist diese Form der Nahrungsaufnahme meist eng mit der Atmung verknüpft (↗Atmungsorgane). Bei den *Filtrierern* sorgen verschiedene reusenart. od. sonstige Einrichtungen dafür, daß nur Nahrungsbrocken bestimmter Größe aus dem Wasserstrom zurückgehalten werden. Unter den *Substratfressern* gibt es solche, die hpts. Erde mit darin enthaltenen Bestandteilen durch sich hindurchschleusen (↗Bodenorganismen), u. andere, die speziell faulendes Substrat (*Saprophaga*, auch ↗Saprophyten) od. Kot (*Koprophaga*) bevorzugen. Weitere Formen des Nahrungserwerbs praktizieren die *Weidegänger, Sammler, Jäger* u. *Fallensteller*, die hierzu z. T. mit hochspezialisierten Mundwerkzeugen u. entspr. Sinnesorganen ausgestattet sind. Spezielle Anpassungen findet man bei Parasiten. Als *Ektoparasiten* besitzen sie stechend-saugende Mundwerkzeuge, mit denen sie Pflanzen- od. tierische Wirte anstechen, als *Endoparasiten* sind ihre Mundwerkzeuge häufig (ebenso wie ihr Darm) völlig reduziert, u. sie nehmen die Nahrung über die gesamte Körperoberfläche auf. – An verschiedenen Stellen des Tierreichs sind Formen der *Vorratshaltung* entwickelt worden, die meist mit der Aufzucht der Nachkommen in Zshg. stehen. Beispiele bilden die Anlage v. Pilzgärten bei Ameisen, die regelmäßig abgeerntet werden, die Produktion v. Honig aus Pollen u. Nektar im Magen der Biene, die Anlage v. Milchdrüsen bei den Säugern od. auch die Vorverdauung der Nahrung im Kropf einiger Vögel („Kropfmilch"). – Vor Aufnahme der Nahrung erfolgt meist eine *Nahrungswahl*, die durch die Reizung v. Chemorezeptoren durch eine Reihe v. nahrungsspezif. u. unspezif. Substanzen bzw. deren genau abgestimmte quantitative Zusammensetzung getroffen wird (↗chemische Sinne). Dabei können anziehende u. abstoßende Substanzen (Attraktantien u. Repellentien) eine Rolle spielen. Für viele Insekten wirken z. B. die Senföle u. Glykoside der Kohlpflanzen als Repellentien, für die erwähnten Nahrungsspezialisten bilden sie hingegen den adäquaten Reiz zur Nahrungsaufnahme. Zahlr. blutsaugende Insekten sprechen positiv auf Muskel-Adenylsäure, Milchsäure, Buttersäure (Schweiß) u. Kohlendioxid (bei Menschen u. Säugern) an (auch Wärme wirkt hier anziehend), und zwar so spezifisch auf deren definierte Zusammensetzung, daß sie Kinder v. Erwachsenen u. männl. v. weibl. Personen unterscheiden können. Nicht alle

potentiell vorhandenen Nahrungsstoffe können von den „höheren" Tieren in der der Nahrungsaufnahme angeschlossenen ↗Verdauung ohne weiteres verwertet werden (z. B. Nucleinsäuren u. die β-glykosidisch aufgebauten Polysaccharide wie Cellulose). Hier werden vielfach Endosymbionten benötigt, die mittels spezif. Enzyme (↗Cellulase) diese Substanzen aufschließen können (↗celluloseabbauende Mikroorganismen). Nahrungs- u. speziell Proteinquellen für den Wirtsorganismus sind dann meist die Symbionten selbst (↗Wiederkäuer). – Die E. des *Menschen* entspricht der der tier. Allesfresser. Dabei kann allerdings die Zusammensetzung der Nahrung, d. h. der Anteil der Grundbestandteile (↗Nahrungsmittel), lokalen wie auch nationalen od. kulturellen Schwankungen unterliegen u. ist z. T. auch weltanschaulich begründet (Vegetarier). Mangelerscheinungen (↗Mangelkrankheiten) treten im allg. bei einer Mischkost, die in hungerstillender Menge aufgenommen wird, nicht auf. Allerdings ist wichtig, eine einseitige Zusammensetzung der Nahrung zu vermeiden u. eine ausreichende Zufuhr der essentiellen Nahrungsbestandteile zu gewährleisten, was in den Entwicklungsländern auch heute noch auf nahezu unüberwindl. Schwierigkeiten stößt. Mit dem Problem der *Welternährung* beschäftigt sich bes. die ↗FAO. *K.-G. C. / L. M.*

Ernährungsphysiologie, Zweig der Physiologie, der sich mit der Aufnahme u. Verwertung der Nährstoffe bei Pflanzen, Tieren u. Mensch befaßt.

Ernährungswissenschaft, *Ernährungslehre,* beschäftigt sich mit Fragen der Zusammensetzung u. Menge der Nahrung, die ein Organismus unter verschiedenen Lebensbedingungen u. in verschiedenen Lebensphasen benötigt. Weiterhin befaßt sich die E. mit der Erforschung v. Stoffwechsel, Stoffwechselregulation, Stofftransport u. Stoffausscheidung. Mit dem Nahrungsbedarf v. Personen bei verschiedenen Krankheiten beschäftigt sich die *Diätlehre.*

Ernestiodendron s, Gatt. der ↗Voltziales.

Erneuerungsknospen, *Innovationsknospen, Winterknospen,* Bez. für im Vorjahr angelegte Knospen ausdauernder Pflanzen, die im folgenden Frühjahr zu Jahrestrieben auswachsen. Man unterscheidet dabei unterirdisch angelegte E. der ↗Geophyten u. oberirdisch überwinternde E. der Bäume u. Sträucher. Die gleich nach ihrer Anlage austreibenden Knospen heißen *Bereicherungsknospen.*

Erneuerungsschnitt, *Verjüngungsschnitt,* Bez. für den bei älteren Obstbäumen zur Verjüngung od. Umveredelung durchgeführten Baumschnitt; dabei wird die Krone bis auf mittelstarke Äste zurückgeschnitten u. ausgelichtet.

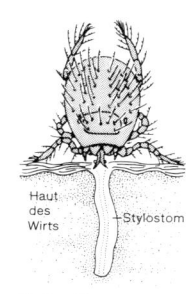

Ernteameisen, *Getreideameisen,* Bez. für mehrere Gatt. der Knotenameisen; kommen im Mittelmeerraum (Gatt. *Messor*) u. in N-Amerika (Gatt. *Pogonomyrmex*) vor. Sie ernähren sich v. Getreide, das sie vom Halm holen u. in ihrem Bau speichern, der bei der Gatt. *Messor* mit einem ⌀ v. 50 m bis 3 m tief sein und Tausende v. Speicherkammern haben kann. Keimende Samen werden v. den E. wieder hinausgetragen. Der um den Nesteingang entstehende Getreidegarten führte zu der schon in der Bibel erwähnten Annahme, die E. betrieben Ackerbau. Das Gift des Stiches der E. (bes. der Gatt. *Pogonomyrmex*) gehört zu den stärksten Insektengiften überhaupt u. ist bes. für Säugetiere unangenehm, für den Menschen aber nicht lebensgefährlich.

Erntefische, *Stromateoidei,* U.-Ord. der Barschartigen Fische mit 4 Fam. u. ca. 35 Gattungen; charakterist. Merkmal ist ein Schlund mit seitl., muskulösen, von Hornwarzen od. Zähnen ausgekleideten Ausstülpungen; sie leben v.a. in trop. od. warmen gemäßigten Meeren u. oft in Ges. von Staatsquallen. Hierzu gehören: die meist hoch gebauten, um 30 cm langen E. i. e. S. *(Stromateidae),* von denen viele Arten wirtschaftl. genutzt werden; der im Atlant. u. Ind. Ozean verbreitete, 10 cm lange Quallenfisch *(Nomeus gronovii),* der sich gewöhnl. zw. den Fangarmen v. Staatsquallen der Gatt. *Physalia* aufhält; u. der bis 1 m lange, braunschwarze, auch im nördl. Atlantik u. Mittelmeer heimische Schwarzfisch *(Centrolophus niger).*

Erntekrätze ↗ Erntemilbe.

Erntemethode, Methode zur Messung der Primär- od. Sekundärproduktion durch period. Abernten u. anschließende Gewichtsbzw. Energiegehaltsbestimmung.

Erntemilbe, *Herbstmilbe, Grasmilbe, Trombicula autumnalis,* Vertreter der Laufmilben, 2 mm große, mit auffallenden weißen, verzweigten Haaren besetzte Milbe, die im Boden lebt. Im Hoch- u. Spätsommer schlüpfen die ca. 0,25 mm großen Larven, die an die Oberfläche kommen u. in der Vegetation Massenansammlungen bilden. Im Ggs. zu den räuber. lebenden erwachsenen Tieren u. Nymphen, sind die Larven parasit. an Säugern (auch Mensch); bes. häufig treten sie in Gärten, auf Äckern u. feuchten Wiesen bei warmer Witterung auf. Mit den nur 0,03 mm langen Chelicerenhaken verankert sich die Larve in der Haut des Wirts. Sie gibt ätzende Verdauungssäfte ab, welche die Oberhaut lysieren u. die Bildung einer Röhre von seiten des Wirts (Abwehrreaktionen des Gewebes) induzieren. Durch diese Röhre (Stylostom) wird ca. 3 Tage Blut u. Gewebsflüssigkeit gesogen. Dann fällt die Larve ab (jetzt ca. 0,75 mm groß) u. entwickelt sich in 5–6 Wochen im Boden zur Nymphe. Ein Befall mit Erntemilben erzeugt beim Menschen heftig juckende u. brennende Hautstellen *(Trombidiose,* Erntekrätze, Herbstbeiße, besonders in Süddeutschland sehr verbreitet).

Ernteverlust, Verminderung des Ertrags durch biot. (z. B. Schädlinge u. Krankheitserreger) sowie abiot. Faktoren (extreme Temp., hohe od. geringe Niederschläge).

Ernteverlust

Erdteil bzw. Gebiet	% Ernteverluste durch		
	Schädlinge	Pflanzenkrankheiten	Unkräuter
Nord-, Zentralamerika	9,4	11,3	8,3
Südamerika	10,0	15,2	7,5
Europa	5,1	13,1	6,8
Afrika	13,0	12,9	15,7
Asien	20,7	11,3	11,3
Ozeanien	7,0	12,6	8,3
UdSSR u. China	10,5	9,1	10,1

Ero *m,* Gatt. der Spinnenfresser, mit 3 Arten in Mitteleuropa verbreitet. Die ca. 0,4 cm langen Spinnen sitzen meist unter Blättern od. Zweigen u. lauern auf vorbeikommende Spinnen; sie können auch in die Netze anderer Spinnen eindringen. Die Beute wird blitzschnell meist in ein Bein gebissen u. nach der Wirkung des schnell lähmenden Giftes v. der Bißstelle her ausgesaugt. Die Beutetiere sind meist Baldachin- od. Kugelspinnen. *E. furcata* soll angebl. beim Erbeuten der Netzspinne *Meta menardi* sogar die Zupfsignale des Männchens dieser Art kopieren, um so das Weibchen anzulocken (aggressive Mimikry). Charakterist. ist der Eikokon, der an einem langen Seidenfaden in der Vegetation aufgehängt wird u. nur 8–10 Eier enthält. Das Gelege (ca. 0,5 cm ⌀) ist mit mehreren Schichten v. kompliziert angeordnetem Gewebe umgeben. Brutpflege findet nicht statt. Jedes Weibchen fertigt mehrere Kokons.

Erodium *s* [v. gr. *erōdios* = Reiher], der ↗ Reiherschnabel.

Erophila *w* [v. gr. *ēr* = Frühling, *philē* = Freundin], das ↗ Hungerblümchen.

Erosion *w* [v. lat. *erosio* = das Zerfressenwerden], **1)** Medizin: Bez. für eine ohne Narben verheilende, mechan. od. infektiös bedingte Schädigung des Haut- od. Schleimhautepithels. **2)** Geologie: ↗ Bodenerosion, ↗ Deflation.

Erosionsschutz [v. ↗ Erosion], Maßnahmen gg. den durch Wind od. Wasser verursachten Bodenabtrag (↗ Bodenerosion). E.

Erosionsschutz

Zahlr., oft kurzsicht. Eingriffe wirken erosionsfördernd, wie die Freilegung großer Flächen (Rodung, Flurumlegung, Anlage großer, zeitweise vegetationsfreier Ackerflächen), die Bodenverdichtung durch schwere Landmaschinen od. Tritt (Weidevieh, Tourismus) od. die Vermehrung rasch abfließenden Oberflächenwassers durch zunehmende Asphaltierung u. Betonierung. Behutsamer Umgang mit Boden u. Landschaft mindert die Erosionsgefahr. Einige Kulturmaßnahmen lassen sich im Sinne der Bodenpflege u. des E.es abwandeln od. ergänzen, z. B. durch Belassung einer möglichst dichten Dauervegetation, Bedeckung des Bodens mit Ernterückständen (Mulchen), Humusanreicherung u. damit Stabilisierung der Bodenaggregate, höhenparalleles Pflügen u. ä. Für manche Böden ist der Erosionsdruck so groß, daß gezielte Schutzmaßnahmen erforderl. sind, z. B. Terrassierung, Aufforstung insbes. im Bereich der Waldgrenze, Pflanzung v. Windschutzhecken, Wegebau entlang der Höhenlinien in Verbindung mit Wasserabfuhrgräben usw.

Erpobdellidae

Wichtige Gattungen:
Bibula
Cylicobdella
Erpobdella
Lumbricobdella
Nephelopsis
Trocheta

dient in erster Linie der Erhaltung landw. genützter Böden, aber auch nicht kultivierter Flächen.

Erpel, *Enterich,* Bez. für das männl. Tier bei den Enten.

Erpeton *s* [gr., = kriechendes Tier], Gatt. der ↗Wassertrugnattern.

Erpobdellidae [Mz.; v. gr. erpein = kriechen, bdella = Egel], Fam. der *Hirudinea* (Blutegel) mit 17 Gatt. (vgl. Tab.); Süßwasser- u. Erdbewohner, Schlinger. Bekannteste Art *Erpobdella octoculata,* der Hundeegel, 6 cm lang, lebt in Teichen, Seen u. langsam fließenden Gewässern; Nahrung v. a. Chironomiden- u. Simuli den-Larven.

Errantia [Mz.; v. lat. errans = umherschweifend], **1)** ↗Adnata; **2)** bis vor kurzem noch als Ord. geführte, jedoch stammesgeschichtl. heterogene u. folglich systemat. nicht mehr vertretbare Gruppe meist nicht an Röhren u. Gänge gebundener *Polychaeta* (Borstenwürmer). ↗Sedentaria.

Erregbarkeit, *E. von Zellen,* ↗Erregung.

Erregung, *E. von Zellen;* viele Zellen v. Organismen, wie Nerven-, Drüsen-, Sinnes- u. Muskelzellen, besitzen aufgrund bes. Eigenschaften und Ionenverhältnisse ein ↗Membranpotential. Da dieses Potential keine konstante Größe darstellt, sondern durch Reizeinwirkung verändert werden kann, zeigen diese Zellen die Eigenschaft der *Erregbarkeit.* Bei Reizwirkung erfolgt zunächst eine langsame Depolarisation des Membranpotentials, d. h. ein Abbau dieses Potentials, bis zu einem bestimmten Schwellenwert. Wird dieser überschritten, hat dies die Instabilität der Membranladung zur Folge, u. es kommt zur selbsttät. Entstehung eines ↗Aktionspotentials (□). Dieser gesamte Vorgang wird als E. bezeichnet. Dabei entstammt die für diese Vorgänge notwend. Energie dem Zellstoffwechsel; dem Reiz kommt hierbei nur eine auslösende Funktion zu. Die Ausbreitung der E. erfolgt entlang der Zellmembran (↗E.sleitung) u. wird übergeordneten Schaltzentren (Ganglien, Rückenmark, Gehirn) zugeleitet, dort verarbeitet u. ausgewertet. Dabei wird die ankommende E. nicht dem gesamten Schaltzentrum zugeführt, sondern je nach dessen Differenzierungsgrad über *E.skreise* zugeleitet u. dort ausgewertet. Über derart. E.skreise werden komplizierte Bewegungsabläufe, so z. B. das Zusammenwirken der Atmungsmuskulatur, gesteuert. Durch Sinneseindrücke hervorgerufene E.en treffen über die afferenten Nervenfasern lösen in den zugehör. Teilgebieten der Schaltzentren, den Projektionszentren, *E.smuster* aus. Bei der Wahrnehmung eines bestimmten Tones werden z. B. im akust. Projektionsfeld nicht nur die Neurone für die Identifizierung der Tonhöhe, sondern auch gleichzeitig weitere, die die Lautstärke, Reinheit u. Beschaffenheit dieses Tones auswerten, erregt. B Nervenzelle I–II.

Erregungsleitung, die Weiterleitung v. ↗Aktionspotentialen entlang erregbarer Membranen (↗Erregung). Ursache ist die Depolarisation der Zellmembran in der Nachbarregion eines gebildeten Aktionspotentials, die bei Überschreitung eines krit. Schwellenwerts wiederum zur – zeitl. versetzten – Entstehung eines Aktionspotentials führt. Ein Zurücklaufen der Erregung wird dadurch vermieden, daß Membranen nach einer Erregung für bestimmte Zeit (↗Refraktärzeit) unerregbar bleiben. Bei marklosen ↗Nervenzellen pflanzt sich die Erregung kontinuierl. entlang der Membran fort, wohingegen diese bei myelinisierten Fasern v. Schnürring zu Schnürring (↗Nervenzelle) springt *(saltatorische E.)* Der Vorteil dieser Form der E. liegt zum einen in einer größeren Leitungsgeschwindigkeit, zum anderen in einer Energieersparnis, da nicht mehr jede Stelle der Membran erregt wird (für die Repolarisation v. Membranen wird Stoffwechselenergie verbraucht, ↗Ruhepotential). Die Leitungsgeschwindigkeit entlang der Membranen ist in beiden Fällen abhäng. vom ⌀ der Axone. Bei marklosen Fasern ist diese direkt proportional der Quadratwurzel aus dem ⌀, bei myelinisierten direkt proportional dem ⌀. An den Enden der Axone, den Synapsen, wird die Erregung auf weiterführende Nervenzellen od. andere Strukturen übertragen. Dabei kann die Erregung direkt, d. h. durch „Überspringen" der elektr. Impulse (↗elektr. Organe), od. durch chem. Transmitter (↗Endplatte) erfolgen. Zur Steuerung komplizierter Bewegungsabläufe ist eine wechselweise Aktivierung bzw. Inhibierung antagonist. wirkender Strukturen erforderlich. Dies wird durch eine entspr. Verschaltung der innervierenden Neurone gewährleistet. Die Synapsen dieser Neurone werden in diesem Fall nach ihrer Funktion als *Hemm-* od. *Erregungssynapsen* bezeichnet. B Nervenzelle I–II.

Ersatzfasern, spindelförm., an den Enden zugespitzte, lebende Holzfasern im sekundären Holz der Samenpflanzen; ihre Zellwände sind verholzt, jedoch meist nur schwach verdickt. Als lebende Zellen, die erst mit der Verkernung absterben, können sie Stärke u. Fette speichern. Wegen ihrer faserähnl. Gestalt stellen sie eine Übergangsform zw. Holzparenchymzellen u. Holzfasern dar.

Ersatzgeschlechtstiere, solche Termiten, die bei Verlust v. König od. Königin deren Funktion (Nachkommenproduktion) übernehmen; meist an den dann auftretenden Flügelstummeln erkennbar.

Ersatzgesellschaft, auf den landbewirtschaftenden Einfluß des Menschen zurückzuführende Modifikation der *natürlichen Vegetation,* die in Mitteleuropa vornehml. aus Wäldern bestehen würde. Dabei kann eine bestimmte Wald-Ges., je nach Art u. Intensität des anthropogenen Einflusses, in mehrere verschiedene E.en überführt werden. Auch kann es nutzungsbedingt, etwa durch Bodenverdichtung od. -erosion, zu wesentl. Standortsveränderungen kommen, so daß die urspr. natürliche Vegetation definitiv vernichtet ist. Ein Beispiel hierfür bieten die zu Zeiten der Römer entwaldeten u. in der Folge verkarsteten Regionen der Mittelmeerländer od. die in den vergangenen Jahrzehnten abgeholzten riesigen Gebiete des Trop. Regenwaldes. Typische und weit verbreitete mitteleur. E.en sind die Ackerfluren, Wiesen, Weiden u. Heiden, aber auch Schlagfluren, Mittelwälder u. ↗ *Forstgesellschaften* sowie das Latschen-Krummholz in der subalpinen Stufe der Alpen.

Ersatzknochen, *Knorpelknochen ,* diejen. Knochen des Wirbeltierskeletts, die in der Ontogenese nicht unmittelbar durch Abscheiden v. Knochensubstanz im embryonalen Bindegewebe entstehen (↗ Bindegewebsknochen), sondern erst sekundär an die Stelle knorpelig vorgebildeter Skelettstücke treten u. den Knorpel in dem Maße ersetzen, wie dieser durch Freßzellen (Chondroklasten) abgebaut wird *(enchondrale Knochenbildung).* Zu den E. gehören die Wirbelsäule, der Beckengürtel u. der größte Teil des Schultergürtels, ebenso die Extremitätenknochen. ↗ Knochen.

Ersatzobjekt, nicht adäquates Objekt einer Verhaltensweise, auf das das Verhalten gerichtet wird, weil bei höherer ↗ *Bereitschaft* das adäquate Objekt fehlt. Ein auf ein E. gerichtetes Verhalten wird als *Ersatzverhalten* bezeichnet, z. B. das Saugen v. Kälbern, die aus Eimern gefüttert werden, an Stallgittern, Wasserhähnen usw. Ersatzverhalten dient häufig der Erforschung der Antriebshintergründe eines Verhaltens. Vom Ersatzverhalten zu unterscheiden ist das ↗ umorientierte Verhalten im Fall eines Konflikts, dessen Objekt v. manchen Autoren zur Unterscheidung vom E. als *Ausweichobjekt* bezeichnet wird.

Erscheinungsbild, der ↗ *Phänotypus.*
Erschütterungssinn ↗ *Vibrationssinn.*
Erstarkungswachstum, Bez. für die Umfangszunahme *(Erstarkung)* des Vegetationspunkts (apikales Meristem) der Keimpflanze mit fortschreitendem Alter. Der in der Jugend schmächtig ausgebildete Vegetationspunkt erstarkt während des Entwicklungsfortgangs, bis er bei einem Maximum angelangt ist. Das primäre ↗ Dickenwachstum nimmt entspr. der Erstarkung des Vegetationspunkts ebenfalls zu. Beim Übergang in die florale Entwicklungsphase nimmt der ⌀ des Vegetationskegels i. d. R. wieder ab.

Erstbesiedlung, Eroberung v. neu entstandenen, noch unbelebten Lebensräumen (z. B. Vulkanrohböden, neu entstandenen Inseln) durch (meist niedere) Organismen, die zufällig durch Wind, Wasserströmung, mit fliegenden Tieren od. durch Eigenflug diesen neuen Lebensraum erreichen u. sich dort ansiedeln; vor allem Bakterien, Algen (Blau-, Grün- u. Kieselalgen) und tierische Kleinorganismen (vorwiegend Einzeller u. Rädertiere) sowie Moose u. Flechten. ↗ Sukzession.

Erstlingsblätter, die ↗ *Primärblätter.*
Ertragsfähigkeit ↗ *Bodenfruchtbarkeit.*
Eruca *w* [lat., = Rauke], der ↗ *Raukenkohl.*
Eruca *w* [lat., =], die ↗ *Raupe.*
Erucastrum *s* [v. lat. eruca = Rauke], die ↗ *Hundsrauke.*
eruciform [v. lat. eruca = Raupe, forma = Gestalt], Bez. für holometabole Insektenlarven mit vielen Afterfüßen; Larven der Schmetterlinge (Raupen) od. Larven der Blattwespen (Afterraupen); *erucoid* bezeichnet entsprechende walzenförm. Larven mit wenigen Füßen, z. B. manche Larven der Köcherfliegen, die nur Nachschieber haben.

Erwärmungszentrum ↗ *Temperatursinn.*
Erwerbskoordination, *Erwerbsmotorik,* durch Lernen erworbenes Bewegungsmuster, das neben u. unabhängig v. ↗ *Erbkoordinationen* gezeigt wird; heute wenig gebräuchl. Begriff.

Erwinia *w* [ben. nach dem am. Bakteriologen Erwin F. Smith, 1854–1927], Gatt. der *Enterobacteriaceae,* gramnegative, stäbchenförm. (0,5–1 × 1–3 μm), oft gelbgefärbte Bakterien, die fast alle bewegl. sind (peritriche Begeißelung, ☐ Bakteriengeißel). Sie können in vier Gruppen unterteilt werden (vgl. Tab.). Der Stoffwechsel ist chemoorganotroph; aus Kohlenhydraten bilden sie Säuren, aber kein Gas. Fast alle sind Erreger v. Pflanzenkrankheiten (z. B. Naß- u. Trockenfäulen) u. verursachen große Schäden an wachsenden Pflanzen u. lagernden Ernteprodukten. Einige Stämme der *E.-herbicola*-Gruppe wurden auch v. Menschen u. Tieren isoliert; in der med. Mikrobiologie werden diese Formen *Enterobacter agglomerans* gen.; ihre med. Bedeutung ist noch nicht eindeutig geklärt. Viele *E.*-Arten dienen in der ↗ *Biotechnologie* zur Herstellung v. bes. Aminosäuren u. a. Substanzen.

Erwinia
Unterteilung der *Erwinia*-Arten und einige Pflanzenkrankheiten:

1. *Amylovora*-Gruppe
   E. amylovora (Feuerbrand)
   E. tracheiphila (Gurkenwelke)
2. *Herbicola*-Gruppe
   E. herbicola (Biotransformation v. Aminosäuren)
   E. stewartii (Maiswelke)
3. *Carotovora*-Gruppe *(= Pectobacterium)*
   E. carotovora (Naßfäule v. Kartoffel u. a.)
   E. c. var. *atroseptica* (Schwarzbeinigkeit der Kartoffel, Rübennaßfäule)
4. atypische Formen
   E. dissolvens (Fußfäulen, Fermentation v. Kaffeebohnen, pektolytische Enzyme)

erworbener auslösender Mechanismus ↗EAM.

erworbene Verhaltensweise, Ggs. von ↗angeborener Verhaltensweise; ↗angeboren.

Erycinidae [Mz.; v. lat. Erycina = Beiname der Venus], die ↗Nemeobiidae.

Erylus, Gatt. der Schwamm-Fam. *Geodiidae; E. discophorus,* in geringer Tiefe in Höhlen u. Spalten des Mittelmeers.

Eryngium *s* [v. gr. ēryggion =], ↗Mannstreu.

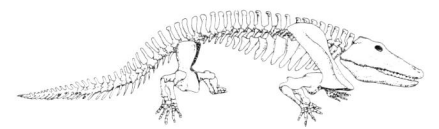

Erycps, bis ca. 1,8 m lang

Eryops *m* [v. gr. ēri = früh, hys = Schwein, ōps = Anblick], (Cope 1877), † Gatt. der Labyrinthzähner *(Labyrinthodontia,* Ord. *Temnospondyli);* die bis 1,80 m großen, kurzbein. Amphibien trugen einen schweren Hautpanzer, Schädeldach mit Interfrontale. Die kräft. Wirbelsäule spricht für fortgeschrittene Anpassung an das Leben auf dem Land. Verbreitung: Unterperm v. N-Amerika.

Erysimum *s* [v. gr. erysimon = eine Garten-Heilpflanze], der ↗Schöterich.

Erysipeloid *s* [v. gr. erysipelas = roter Ausschlag, Rose], der ↗Rotlauf.

Erysipelothrix *w* [v. gr. erysipelas = roter Ausschlag, Rose, thrix = Haar], *Rotlaufbakterien,* Gatt. der *Lactobacillaceae* (unsichere taxonom. Einordnung); v. R. Koch 1876 im Mäuseblut beobachtet, 1882 v. F. Löffler bei rotlaufkranken (↗Rotlauf) Schweinen entdeckt u. 1884 durch J. Rosenbach als Erysipeloid-Erreger des Menschen erkannt. Unbewegl., grampositive, schlanke Stäbchen (0,3 × 1–1,5 µm), die glatte od. rauhe Kolonien (mit Zellketten u. -fäden) bilden können. Sie leben aerob u. mikroaerophil u. haben nur eine schwache Gärfähigkeit. E. kommt weltweit in Abwasser, Fäkalien verschiedener Tiere, häufig in Schweinen, auch in Schafen, Rindern, Wild, Geflügel u. Fischen vor; Krankheitssymptome sind oft nicht zu erkennen. Die Rotlaufbakterien sind sehr resistent gg. Trockenheit, hohe Salzkonzentrationen, Räuchern, Säuerung u. Desinfektionsmittel (z. B. Phenol); empfindl. gg. Penicillin (G). *E. insidiosa (E. rhusiopathiae)* ist der Erreger des Schweinerotlaufs.

Erysiphales [Mz.; v. gr. erysibē = Mehltau], die ↗Echten Mehltaupilze.

Erythraea *w* [v. gr. erythraios = rötlich], ↗Tausendgüldenkraut.

Erythrasma *s* [v. *erythro-], *Zwergflechte,* durch grampositive, granulierte, stäbchen- u. fadenförm. Bakterien (u. a. *Corynebacte-*

erythr-, erythro- [v. gr. erythros = rot].

rium) hervorgerufene Hauterkrankung, die sich durch braunrote juckende Flechten, meist an der Innenseite des Oberschenkels, manifestiert.

Erythrin [v. *erythr-], ↗Flechtenfarbstoffe, ↗Flechtenstoffe. [senfrüchtler.

Erythrina *w* [v. *erythr-], Gatt. der ↗Hül-

Erythrinidae [Mz.; v. gr. erythrinos = Rotbarsch], Fam. der ↗Salmler.

Erythrismus *m* [v. *erythr-], *Rufinismus, Rubilismus,* bei dunkelgefärbten Menschen u./od. Tieren das Auftreten von rötl. Haar-, Haut- bzw. Federfärbung; kann u. a. durch Wegfall der dunklen Pigmente zustandekommen; wird manchmal als unvollkommener Albinismus aufgefaßt; gelegentl. auch Bezeichnung für Rothaarigkeit allgemein.

Erythrit *m* [v. *erythr-], einfachster vierwert. Alkohol, der sich v. ↗Erythrose ableitet u. daher zu den Zuckeralkoholen zählt; der süßschmeckende E. kommt in einigen Algen, Flechten u. Gräsern vor.

$$\begin{array}{c} H \\ | \\ H-C-OH \\ | \\ H-C-OH \\ | \\ H-C-OH \\ | \\ H-C-OH \\ | \\ H \end{array}$$

Erythrit

Erythroblasten [Mz.; v. *erythro-, gr. blastos = Keim], frühe, normalerweise nur im Knochenmark nachweisbare kernhaltige Vorstufe der ↗Erythrocyten. Bei schweren ↗Hämolysen können auch E. in das zirkulierende Blut gelangen; in diesem Fall spricht man von ↗Erythroblastose.

Erythroblastose *w* [v. *erythro-, gr. blastos = Keim], 1) *akute E.,* leukämieähnl. verlaufende, bösart. Blutkrankheit, bei der es zu Leber- u. Milztumoren, Wucherungen des blutbildenden Teils des Knochenmarks und zu starker Vermehrung von ↗Erythroblasten kommt, i. d. R. tödl. Verlauf innerhalb weniger Monate; heute meist als *Erythrämie* bezeichnet; 2) *fetale E.,* Vermehrung v. Erythroblasten im Blut v. Neugeborenen als Ausdruck gesteigerter Blutbildung nach Blutverlust od. Hämolyse, z. B. bei Morbus haemolyticus neonatorum (fetale E. i. e. S.), bei Infektionen wie Toxoplasmose, Lues od. Neugeborenensepsis; 3) in der Tiermedizin virusbedingte Wucherung der blutbildenden Teile des Knochenmarks mit gestörter Erythrocytenbildung, z. B. bei Hühnerleukose.

Erythrocebus *m* [v. *erythro-, gr. kēbos = eine Affenart], ↗Husarenaffe.

Erythrocruorin *s* [v. *erythro-, lat. cruor = Blut], ein hämoglobinähnl. Protein, das bei verschiedenen Schnecken u. Würmern als hochmolekulares (z. B. das aus 162 hämtragende Peptidketten der relativen Molekülmasse 18 500 aufgebaute E. aus *Cirraformis)* extrazelluläres Atmungspigment, bei Muscheln, Seewalzen, Polychaeten u. primitiven Wirbeltieren dagegen in niedermolekularer Form vorkommt.

Erythroculter *m* [v. *erythro-, lat. culter = Messer], Gatt. der ↗Sichlinge.

Erythrocyten [Mz.; v. *erythro-, gr. kytos = Höhlung (heute: Zelle)], *rote Blutkörperchen, rote Blutzellen,* beim Menschen (allg. bei Säugetieren) kernlose, bei anderen Wirbeltieren u. verschiedenen Wirbellosen kernhaltige, hämoglobinhaltige, im ↗Blut zirkulierende Zellen (↗Blutzellen), deren Funktion der Gastransport (↗Blutgase) ist. Der gesunde Säugetier-Erythrocyt erscheint im Mikroskop als runde, blaßrote, doppelkonturierte Scheibe mit beiderseits zentraler Eindellung. Aus Abweichungen v. dieser Form u. Farbe lassen sich Rückschlüsse auf patholog. Prozesse ziehen. Der E. ist flexibel; er kann seine Form ändern, aber nicht gedehnt werden (↗Blutkapillaren). Er besteht aus einer Membran, dem ↗Hämoglobin (90% des Trockengewichts) sowie den Enzymen der Glykolyse, des Hexosemonophosphatzyklus u. des Glutathionredoxsystems. Die Lebensdauer der E. liegt bei ca. 120 Tagen (↗Erythropoese). Da eine Proteinsynthese im kernlosen E. nicht mögl. ist, wird die Alterung der E. durch die Inaktivierung der Stoffwechselenzyme bedingt. Limitierendes Enzym ist die ↗Hexokinase. Der Gasaustausch am Hämoglobin (☐ Blutgase) ist nicht energieabhängig. Hingegen benötigt der E. Energie für die Aufrechterhaltung der Membranfunktion u. damit der Form u. Volumenkonstanz, für den Elektrolytaustausch u. die Reduktion des auch unter physiolog. Bedingungen entstehenden oxidierten u. damit zum Sauerstofftransport ungeeigneten Hämoglobins (↗Methämoglobin). Bei Rückgang der ATP-Gewinnung verändert sich der E. zunächst in eine stechapfelförm., dann in eine kugelförm. Zelle mit rigider Membran u. wird überwiegend in der Milz abgebaut. Enzymdefekte der verschiedenen Stoffwechselwege führen zu verminderter ATP-Produktion u. damit zu einer Verkürzung der E.-Lebensdauer. Häufigster E.-Enzymdefekt ist der Pyruvatkinasemangel. Allein bei der Glykolyse sind 10 verschiedene Defekte beschrieben. ☐ Blutzellen, [T] Blut.

Erythrocytolyse w [v. *erythro-, gr. kytos = Höhlung (heute: Zelle), lysis = Auflösung], *Erytholyse,* die ↗Hämolyse.

Erythromycin s [v. *erythro-, gr. mykēs = Pilz], *Erythrocin,* aus *Streptomyces erythreus* gewonnenes Makrolid-Antibiotikum (Polyoxomakrolid) mit 14gliedrigem Lactonring u. zwei seltenen Zuckern (Cladinose u. Desosamin), dessen bakteriostat. Wirkung auf der Bindung an die 50S-Untereinheit der Ribosomen u. der dadurch erfolgenden Hemmung der Proteinbiosynthese beruht. E. wirkt vorwiegend gg. grampositive Bakterien u. wird bei akuten Infektionen des Atmungstrakts, bei Hautinfektionen u. bei Penicillin-Allergie u. -Resistenz, aber auch bei Scharlach, Syphilis, Gonorrhoe u. Diphtherie eingesetzt. [B] Antibiotika. [liengewächse.

Erythronium s [v. *erythro-], Gatt. der ↗Li-
Erythrophagen [Mz.; v. *erythro-, gr. phagos = Fresser], ↗Makrophagen, die beim Abbau der Erythrocyten in Leber u. Milz beteiligt sind.

erythrophil [v. *erythro-, gr. philos = Freund], Bez. für Strukturen, die mit roten Farbstoffen leicht anfärbbar sind; der Begriff wird v. a. für Zellkernstrukturen verwendet.

Erythrophleumalkaloide [Mz.; v. *erythro-, gr. phlein = fließen, quellen], Gruppe v. Terpenalkaloiden (↗Diterpene), Derivaten (Ester u. Amide) der Cassainsäure, die in *Erythrophleum*-Arten vorkommen. Haupt-

Erythrophleumalkaloide

Strukturformel v. *Cassain.* Weitere Vertreter sind: Erythrophlein, Erythrophlamin, Erythrophleguin, Cassaidin, Cassamin, Coumingin, Coumingidin u. Ivorin.

alkaloid der E., die eine digitalisähnl. Herzwirksamkeit besitzen, ist das *Cassain;* Vergiftungen mit E.n können durch Herzstillstand tödl. verlaufen.

Erythrophoren [Mz.; v. *erythro-, gr. -phoros = -tragend], ↗Chromatophoren 3).

Erythropoese w [v. *erythro-, gr. poiēsis = Herstellung], *Erythrocytogenese, Erythroneocytose, Erythrocytenreifung,* Teil der ↗Blutbildung, die Bildung der ↗Erythrocyten im Knochenmark. Bei einer Lebensdauer der Erythrocyten von ca. 120 Tagen müssen täglich 8–10% v. ihnen nachgeliefert werden (40000–50000 Zellen/mm^3 Blut). Aus der pluripotenten hämatopoet. Stammzelle entsteht als unreifste erythrocytäre Vorstufe der Proerythroblast, daraus der Makroblast, der basophile Normoblast, der polychromat. Normoblast, der oxyphile Normoblast, der Reticulocyt, der bereits im Blut zirkuliert, u. schließl. der reife Erythrocyt. ☐ Blutbildung, ☐ blutbildende Organe.

Erythropoetin s [v. *erythro-, gr. poiētēs = Hersteller], *Erythropoietin,* ein Glykoproteid-Hormon (relative Molekülmasse 46000), das die ↗Erythropoese (Bildung der ↗Erythrocyten) stimuliert u. bei längerandauerndem Sauerstoffmangel (z. B. bei Höhenaufenthalt) insbes. in der Niere gebildet wird.

Erythropsin s [v. *erythr-, gr. opsis = Aussehen], veraltete Bez. für ↗Rhodopsin.

Erythrose w [v. *erythro-], aus vier Kohlenstoffatomen aufgebauter Zucker (Mo-

Erythrocyten
Durchmesser: 7–7,5 μm
Dicke: 2 μm
Volumen: 90 μm^3
Eisengehalt: $20 \cdot 10^{-12}$ g
Hämoglobingehalt: $32 \cdot 10^{-12}$ g
Lebensdauer: 120 ± 20 Tage
Pathologische Formen:
Anulocyten, Poikilocyten, Targetzellen, Elliptocyten, Sichelzellen

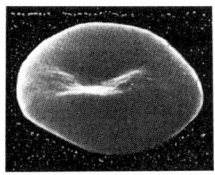

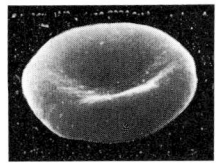

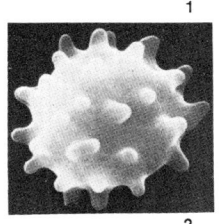

Erythrocyten
1 Rasterelektronenmikroskopische Aufnahmen von E., die deren charakterist. eingedellte Form sichtbar machen.
2 Stechapfelform der E.

D-Erythrose

Erythrosin

nosaccharid) mit Aldehydgruppe (Aldotetrose); das *Erythrose-4-phosphat* ist Zwischenprodukt beim ↗Calvin-Zyklus.

Erythrosin s [v. *erythro-], ein ↗Eosin-Farbstoff, der aus Tetraiodfluorescein gewonnen wird; ein in Wasser u. Alkohol gut lösl., rotbraunes Pulver, das als Indikator, Nahrungsmittelfarbstoff u. in der Mikroskopie zur Plasmafärbung verwendet wird.

Erythrotin s [v. *erythro-], veraltete Bez. für das Cyano-↗Cobalamin.

Erythrotrichia w [v. *erythro-, gr. triches = Haare], Gatt. der ↗Bangiales.

Erythroxylaceae [Mz.; v. *erythro-, gr. xylon = Holz], *Cocastrauchgewächse,* Fam. der Storchschnabelartigen mit 4 Gatt. u. 260 Arten, die in den gesamten Tropen verbreitet sind, hpts. aber in den Anden u. im Amazonasbecken. Die Fam. v. Holzgewächsen ist nahe verwandt mit den Leingewächsen. Die weitaus artenreichste Gatt. (200 Arten) ist *Erythroxylon (= Erythroxylum)* mit dem Cocastrauch *(E. coca),* dessen Heimat vermutl. an den O-Hängen der Anden zu suchen ist. Er wird heute auch in Indien, Sri Lanka u. Java angebaut. Die bis 5 m hohe Pflanze mit rötl. Rinde, spatelförm., wechselständ. Blättern kann bis 4mal im Jahr beerntet werden; Blüten gelbl., radiär, zwittrig, in lockeren Büscheln stehend; Steinfrüchte einsamig, rot, Vogelverbreitung. Die Blätter enthalten ↗Cocaalkaloide, bes. aber ↗Cocain. *E. tortuosum* (S-Brasilien) ist wegen eines aus seiner Rinde gewonnenen braunen Baumwollfarbstoffs v. lokaler Bedeutung. B Kulturpflanzen X, B Südamerika VII.

Erythroxylin s [v. *erythro-, gr. xylon = Holz], das ↗Cocain.

Erythroxylon s [v. *erythro-, gr. xylon = Holz], *Erythroxylum,* artenreichste Gatt. der ↗Erythroxylaceae.

Eryx m [ben. nach dem Berg Eryx (Sizilien)], die ↗Sandboas.

Erzglanzmotten, *Heliozelidae,* kleine, artenarme, den Langhornmotten nahestehende Schmetterlings-Fam., spitzlanzettl. Vorderflügel oft mit Metallglanz, Spannweite 6–8 mm; Raupen minieren in Blättern v. Gehölzen, Verpuppung in ausgeschnittenem Blattstück.

Erziehungsschnitt, Baumschnitt bei Obstbäumen während der ersten Standjahre, mit dem alle Triebe, die nicht zum Aufbau einer leistungsfähigen Krone beitragen, entfernt werden. Nach Erreichen des Haupertrags u. Nachlassen der Triebleistung sind verstärkte Schnittmaßnahmen notwendig (Verjüngungsschnitt), um das Regenerationsvermögen des Baums anzuregen u. die Qualität der Früchte zu sichern.

erythr-, erythro- [v. gr. erythros = rot].

Erythroxylaceae
Blühender Zweig ces Cocastrauchs *(Erythroxylon coca)*

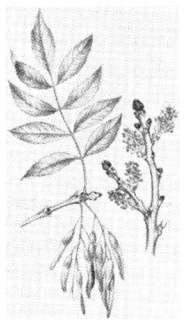

Esche
1 Wuchsform, 2 Fruchtzweig (links) u. Blüten (rechts) der Gemeinen E. *(Fraxinus excelsior)*

Erzmolch, auch *Erzsalamander, Aneides aeneus,* ↗Baumsalamander.

Erzschleiche, *Chalcides chalcides,* ↗Walzenechsen.

Erzwespen, die ↗Chalcidoidea.

Eschboden ↗Plaggenesch.

Esche, *Fraxinus,* Gatt. der Ölbaumgewächse, die mit ca. 65 Arten vorwiegend in den gemäßigten Gebieten der nördlichen Halbkugel beheimatet ist. Laubwerfende Bäume mit gegenständ., meist unpaarig gefiederten Laubblättern u. unscheinbaren Blüten. Die Frucht ist ein einsamiges, geflügeltes Nüßchen. *F. excelsior,* die in ganz Mitteleuropa heim. Gemeine E., ist ein bis 40 m hoher Baum mit kegelig-eirunder Krone u. vor dem Laubaustrieb erscheinenden, kelch- u. kronblattlosen, dunkelpurpurnen Blüten in reichblüt., endständ. Rispen. Er wächst verbreitet bis bestandsbildend in Auen- u. krautreichen Laubmischwäldern u. wird, in zahlr. Sorten, auch als Ziergehölz in Gärten od. Parks kultiviert. Sein zieml. hartes, festes, elast. *Holz* ist lang- u. feinfaserig u. besitzt einen gelbl.- oder rötl.-weißen Splint sowie einen zuletzt hellbraunen Kern (Dichte: durchschnittlich 0,75 g/cm^3); es gilt als wertvolles Werk-, Möbel- u. Furnierholz. E.nlaub wurde fr. verfüttert. Laubblätter, Samen, Rinde u. Holz der E. dienten in der Volksheilkunde auch zur Herstellung v. Arzneimitteln gegen eine Vielzahl verschiedener Leiden. Am bekanntesten ist das E.-Manna, der in der Medizin als Abführmittel angewandte, hpts. aus Mannit bestehende Blutungssaft der Manna-E. *(F. ornus).* Der in S-Europa u. Kleinasien wachsende Baum zeichnet sich v. a. durch seine in Rispen angeordneten, duftenden, weißen Blüten aus („Blumen-E."). Im östl. N-Amerika heim. ist die bei uns bisweilen forstl. eingebrachte od. als Zierbaum angepflanzte Weiß-E. *(F. americana).* Sie wird bis 30 m hoch, besitzt eine hohe, schmale Krone u. liefert ein wertvolles Nutzholz. *F. chinensis* (Wachs-E.), ein in O- und SO-Asien beheimateter Baum, dient in China als Wirtspflanze für die Wachs absondernde Schildlaus *Coccus pelae.* Das der Rinde u. den Blättern anhaftende, weiße „Chinesische" Wachs dient zur Herstellung v. Kerzen u. Pflastern, zum Einhüllen v. Pillen u. ä. und ist ein wicht. Handelsartikel. B Europa X.

Eschen-Ahornwälder ↗Lunario-Acerion.

Eschen-Schwarzerlenwald ↗Stellario-Alnetum glutinosae.

Escherich, *Karl Leopold,* dt. Forstzoologe, * 18. 9. 1871 Schwandorf (Bayern), † 22. 11. 1951 Kreuth; seit 1914 Prof. in München; Arbeiten über Forstschadinsekten u. deren Bekämpfung sowie über

Ameisen u. Termiten; Gründer (1913/14) der Dt. Ges. für angewandte Entomologie.

Escherichia coli w [ben. nach dem östr. Arzt T. Escherich, 1857–1911, v. lat. colum = Dickdarm], Kurzbez. *Coli,* einzige Art der Bakterien-Gatt. *Escherichia* aus der Fam. *Enterobacteriaceae,* der molekularbiol. genet. am besten untersuchte Organismus. *E. c.* wird in viele Typen (Stämme) unterteilt u. kommt normalerweise im ↗Darm (unterer Teil des Ileums, Dickdarm) v. Warmblütern vor (↗Darmflora). Außerhalb des Darms kann *E. c.* Eiterungen u. Entzündungen bei Mensch (Harnweg- u. Niereninfektionen) u. Tieren verursachen; bestimmte Stämme sind Erreger schwerer Durchfallerkrankungen (Enteritis). Sie läßt sich auch im Boden u. Wasser nachweisen u. dient als Indikatorkeim für Verunreinigungen mit Fäkalien (↗Colititer). *E. c.*-Bakterien sind gerade Stäbchen, $1{,}1–1{,}5 \times 2{,}0–6{,}0$ μm (lebend) oder $0{,}4–0{,}7 \times 1{,}0–3{,}0$ μm (getrocknet u. gefärbt), einzeln od. in Paaren zusammenhängend, unbewegl. oder bewegl. mit peritricher Begeißelung. Das Genom (Chromosom) ist ringförmig (↗Bakterienchromosom, T Desoxyribonucleinsäuren, T Basenzusammensetzung). Von über 1000 Genen sind ihre Lage im Genom u. ihre Produkte bekannt. Außerdem kann die Zelle noch eine Reihe v. Plasmiden enthalten. Wichtig sind die toxischen (↗Bakteriocine) und *E. c.*-Phagen (□ Bakteriophagen, B Bakteriophagen I). – Ein gutes Wachstum v. *E. c.* erfolgt bereits mit einem organ. Substrat (als Kohlenstoff- u. Energiequelle) u. mit Ammoniumsalzen. Unter optimalen Bedingungen (komplexes Medium, 37 °C) erfolgt alle 20 Min. eine Verdopplung der Bakterienzahl. Der Stoffwechsel ist aerob (Sauerstoffatmung) od. fakultativ anaerob (Nitratatmung, Gärung). Wachstum erfolgt mit vielen Kohlenhydraten u. Pepton, mit Acetat, meist auch Lactose, aber normalerweise nicht mit Citrat (bis auf wenige Ausnahmen) als einziger Kohlenstoffquelle. Glucose u. a. Kohlenhydrate werden in ↗gemischter Säuregärung abgebaut. – Die gramnegative Zellwand (↗Bakterienzellwand) ist bei vielen Stämmen verdickt (Mikrokapsel) od. noch v. einer Kapsel aus Polysacchariden umhüllt. Viele Typen enthalten Fimbrien u./od. (Sex-)Pili. Die Unterteilung der Biotypen (Stämme) erfolgt aufgrund der Gäreigenschaften (↗IMViC-Test) u. mit anderen biochem. Tests, der Phagen-, Antibiotika- u. Colicin-Empfindlichkeit (bzw. Resistenz). Bes. wichtig ist die serolog. Unterscheidung nach den *O-* (= Zellwand-Polysaccharide), *K-* (= Kapsel, Fimbrien, Pili) u. den *H-* (= Geißel) Antigenen, da dadurch die verschiedenen Erregertypen erkannt werden können. Es sind bereits ca. 1 600 O-, 80 K- u. 50 H-Antigene bestimmt. In der ↗Biotechnologie wird *E. c.,* auch in immobilisierter Form, zur Herstellung v. organ. Säuren u. Aminosäuren, Vorstufen v. Nucleotiden (5'-GMP), v. Penicillin-Acylase (Penicillin-Amidase) genutzt. Außerdem ist sie z. Z. wichtigste Empfängerzelle für gentechnolog. Forschungen u. Produktionen (↗Genmanipulation): so konnten N_2-fixierende Stämme mit Genen aus *Klebsiella pneumoniae* hergestellt werden, u. die ind. Produktion v. Somatostatin, Insulin u. Interferon wurde bereits begonnen. – Früher wurden die unbewegl. Formen, die kein Gas bilden u. Lactose nicht od. nur schlecht verwerten können, als *Alkaleszens-Dispar-Gruppe* bezeichnet. Die früheren Arten *E. freundii* u. *E. intermedia* wurden in der Gattung *Citrobacter* und *E. aurescens* als Stamm bei *E. c.* eingeordnet. G. S.

Eschrichtiidae [Mz.; ben. nach dem dän. Arzt u. Naturforscher D. F. Eschricht, 1798–1863], Fam. der Bartenwale; einzige Art der ↗Grauwal.

Eschscholtz, *Johann Friedrich* v., dt. Naturforscher u. Arzt, * 1. 11. 1793 Dorpat, † 7. 5. 1831 ebd.; 1819 Prof. für Anatomie ebd.; nahm an den beiden Kotzebueschen Weltreisen (1815–18 u. 1823–26) – die erste mit A. v. Chamisso – teil u. beobachtete insbes. Wirbellose des Meeres. WW „Zoologischer Atlas" (Berlin, 1829–33).

Eschscholtzia w [ben. nach J. F. ↗Eschscholtz], Gatt. der ↗Mohngewächse.

Esel, *Asinus,* U.-Gatt. der Pferde mit nur 1 Art, dem Afrikanischen Wildesel *(Equus asinus;* Schulterhöhe 110–140 cm). 3 U.-Arten, der Nubische Wildesel *(E. a. africanus,* B Mediterranregion IV), früher v. Ägypten bis zum O-Sudan verbreitet, u. der Nordafrikanische Wildesel *(E. a. atlanticus)* aus den südl. Atlasländern, gelten bereits seit mehreren Jahrzehnten als ausgestorben. Einzige noch lebende U.-Art ist der Somali-Wildesel *(E. a. somalicus).* Er lebt in Wüstengegenden Somalias u. Äthiopiens in Herden v. 10–15 Tieren, angeführt v. einer Stute. *Hausesel* wurden aus allen 3 U.-Arten, bes. aber dem Nubischen Wildesel (seit 4000 v. Chr.), gezüchtet u. wegen ihrer hohen Arbeitsleistung bei bescheidenen Nahrungsansprüchen in Afrika, S-Europa u. S-Amerika als Nutztiere eingesetzt. Schon im Altertum kreuzte man Pferde mit E.n: *Maulesel* heißen die Nachkommen eines Pferdehengstes u. einer E.stute, *Maultiere* die eines E.hengstes u. einer Pferdestute; beide sind fast immer unfruchtbar. Nahe verwandt sind die ↗Halbesel. □ 190.

Escherichia coli

Durch E. c. verursachte Krankheiten:

Darmerkrankungen (Enteritis)
a) *enteropathogene E. c.*-Stämme (EPEC): Durchfall u. Erbrechen b. Säuglingen
b) *enterotoxische E. c.*-Stämme (ETEC): Durchfall (Diarrhöe) durch Cholera-ähnl. Mechanismen, ausgelöst v. Enterotoxinen* bei Säuglingen, Kindern u. Erwachsenen, hpts. fäkal-oral übertragen, häufige Erreger v. Reise-Diarrhöe, „Turista", in unterentwickelten, bes. tropischen Ländern
c) *enteroinvasive E. c.*-Stämme (EIEC): Durchfall (Diarrhöe) durch Dysenterie-(Ruhr-)ähnl. Mechanismen

Erkrankungen außerhalb des Darms

Harnblasenentzündungen, Nierenbeckenentzündungen, Hirnhautentzündungen bei Kleinkindern

E.-coli-Enterotoxine

* Es sind 2 Enterotoxine bekannt, die genet. von Plasmiden kontrolliert werden: das hitzelabile Enterotoxin (LT) ist nah mit dem Choleratoxin (↗Cholera) verwandt; es enthält 2 Untereinheiten, seine relative Molekülmasse beträgt 73 000. Das hitzestabile Enterotoxin (ST) ist ein niedermolekulares Peptid, das weniger gut bekannt ist. Enterotoxinhaltige Stämme lassen sich auf Blutagar nachweisen, da das Toxin-Plasmid auch Gene für die Bildung v. Hämolysin enthält. Die Enterotoxinbildung ist wahrscheinl. nur dann für den Menschen gefährl., wenn die Bakterienzelle sich mit Fimbrien (Adhäsin) an die Darmschleimhäute anheften kann.

Esel
Oben Hausesel, unten Maulesel

Eselsdistel
(Onopordum)

Esparsette
(Onobrychis)

Eselhasen, bes. langohr. Feldhasenarten (Gatt. *Lepus*) der westam. Ebenen u. Wüsten, z. B. der Kalifornische E. *(L. californicus)* im W u. der Antilopenhase od. Allens E. *(L. alleni)* im SW der USA sowie der Mexiko-Hase *(L. mexicanus)* des mexikan. Hochlands. Die langen, stark durchbluteten Ohren der E. dienen durch Aufrichten bzw. Anlegen der Regulation der Körpertemperatur.
Eselsdistel, *Onopordum,* im Mittelmeerraum bis Persien heim. Gatt. der Korbblütler mit etwa 40 Arten. Vereinzelt in Mitteleuropa zu finden ist *O. acanthium,* eine 1–2jähr., bis 150 cm hohe Pflanze mit breit dornig geflügeltem, weit verzweigtem Stengel u. längl., grob buchtig gelappten, dorn. Blättern. Die kugel. Blütenköpfe sind bis 6 cm breit u. bestehen aus purpurnen Röhrenblüten u. dornig endenden Hüllblättern. Von Juni bis Sept. blühend, wächst die E. in sonn. Unkraut-Ges. v. Trocken- u. Warmgebieten. Die gelegentl. auch als Zierpflanze kultivierte Pflanze gilt nach der ↗ Roten Liste als „gefährdet". [italia.
Eselsdistel-Gesellschaften ↗ Onoporde-
Eselsohr, 1) *Otidea onotica* Fuckel, ↗ Otidea (Pilz); **2)** ↗ Midasohr (Schnecke).
Eserin, das ↗ Physostigmin.
Eskimide [Mz.; v. indian. eskimo = Rohfleischesser], Rasse der ↗ Mongoliden aus den arkt. Gebieten N-Amerikas. [B] Menschenrassen. [↗ Hechte.
Esocidae [Mz.; v. lat. esox = Hecht], die
Esocoidei [Mz.; v. lat. esox = Hecht, gr. -oeidēs = -artig], die ↗ Hechtartigen.
Esomus *m* [wohl v. lat. esox = Hecht, gr. homoios = ähnlich], Gatt. der ↗ Bärblinge.
Esox *m* [lat., = Hecht], Gatt. der ↗ Hechte.
Esparsette *w* [v. frz. esparcette], *Onobrychis,* Gatt. der Hülsenfrüchtler mit ca. 170 Arten; die Saat-E. *(O. viciaefolia),* eine ursprünglich ostmediterrane Charakterart der Halbtrockenrasen, mit roten, in Trauben stehenden Blüten, wird seit dem 16. Jh. als Futterpflanze angebaut. Aus diesem Anbau ist sie verwildert u. inzwischen in Halbtrockenrasen vollständig eingebürgert.
Esparsetten-Halbtrockenrasen [von frz. esparcette], ↗ Mesobromion.
Esparto *m* [span., v. lat. spartum = Pfriemengras], *Stipa tenacissima,* ↗ Federgras.
Espe ↗ Pappel.
Espeletia *w,* Gatt. der ↗ Korbblütler.
Esperiopsidae [Mz. benannt nach dem dt. Zoologen J. F. Esper, 1742–1810], Schwamm-Fam. der J.-Kl. ↗ *Ceractinomorpha;* bekannte Gatt. ↗ *Crambe,* Neofibularia.
Espundia *s* [span., = Geschwür am Pferdefuß], brasilian. Name für südam. ↗ Leishmaniose. Der Parasit (*Leishmania brasiliensis*) schädigt bevorzugt Schleimhäute u. Knorpel im Mund- u. Nasenbereich des Menschen u. kann Entstellungen verursachen. [↗ Milchlinge.
Essenkehrer, *Lactarius lignyotus* Fr.,
essentielle Nahrungsbestandteile [von mlat. essentia = Wesenheit], unentbehrl. Stoffe (von Elementen bis zu komplexen Molekülen), die dem Organismus mit der Nahrung zugeführt werden müssen, da er sie selbst nicht synthetisieren kann. I. w. S. können die ↗ Makro- u. ↗ Mikronährstoffe der Pflanzen zu den e.n N.n gerechnet werden (↗ Ernährung), deren Fehlen (insbes. anorgan. Ionen) zu zahlr. ↗ Mangelkrankheiten führt (↗ Düngung). Unabhängig v. der eigenen Syntheseleistung muß v. Tieren u. Mensch eine gewisse Menge Kohlenhydrate u. Proteine (Eiweißminimum, ↗ Proteinstoffwechsel) mit der tägl. Nahrung aufgenommen werden. Beim Protein ist hier insbesondere an den Ausgleich des Stickstoffverlustes zu denken. I. e. S. essentiell für Tiere sind neben verschiedenen Ionen (Na^+, K^+, Ca^{2+}, Mg^{2+} PO_4^{3-}, Cl^-) und *Spurenelementen* (Fe, Cu, Zn, Mn, Co, Mo, I), die z. T. für Membrantransportprozesse, z. T. als ↗ Cofaktoren v. Enzymen (↗ Coenzyme) benötigt werden, diverse organ. Moleküle, deren Biosynthesemöglichkeit offenbar schon früh in der Evolution verlorengegangen ist. – Ob eine Substanz von essentieller Bedeutung ist, läßt sich am besten feststellen, wenn man dem Organismus eine Mangeldiät ohne die fragl. Substanz verabreicht. Strengen Maßstäben genügt dabei nur eine ↗ axenische Kultur des zu prüfenden Organismus, da zahlr. Symbionten Substanzen synthetisieren können, auf die der Wirtsorganismus angewiesen ist. Eine eindeutige Definition e.r N. ist auch unter diesen Bedingungen nicht leicht zu treffen, denn manchmal ist ein Nahrungsbestandteil nur dann essentiell, wenn andere – die ihn ersetzen könnten – fehlen. Auch können nur einzelne genet. Linien innerhalb einer Art auf bestimmte e. N. angewiesen sein. Insgesamt ist das Bedürfnis nach e.n N.n im Tierreich recht verschieden, für essentielle ↗ Aminosäuren dagegen erstaunlich uniform. Protozoen stellen mit mindestens 8 essentiellen Aminosäuren schon etwa die gleichen Ansprüche wie der Mensch ([T] Aminosäuren). Den essentiellen Aminosäuren ist gemeinsam, daß sie 6 od. mehr Enzyme zu ihrer Biosynthese benötigen, die nicht essentiellen hingegen nur 3 od. weniger. Der „Verzicht" auf entspr. Enzyme u. die damit erkaufte Abhängigkeit von e.n N.n dient daher – vorausgesetzt, das exogene Angebot reicht aus –, der Stoffwechselökonomie. ↗ Fettsäuren, ↗ Vitamine.

Organische essentielle Nahrungsbestandteile bei Tier und Mensch

Stoffe	benötigt für	benötigt von
Aminosäuren (Lys, Leu, Ile, Val, Phe, Try, Thr, Met)	Synthese v. Hormonen, Neurotransmittern, biogenen Aminen u. a. niedermolekularen N-haltigen Verbindungen	allen Tieren und dem Menschen
(Arg, His)	"	heranwachsenden Säugern, Wirbellosen
(Gly)	"	jungen Vögeln
Fettsäuren (Linolsäure, Linolensäure – ersatzweise Arachidonsäure)	Membranaufbau, Prostaglandinsynthese	Säugern, z. T. Insekten
Purine, Pyrimidine	Nucleotidsynthese	verschiedenen Protozoen
Hämatin	Cytochromsynthese	verschiedenen parasit. Flagellaten (Leishmania, Trypanosoma), blutsaugenden Wanzen
Cholin	Phosphatidsynthese	vielen Insekten
Carnitin	Stofftransport durch Mitochondrienmembranen	verschiedenen Mehlkäferarten
Sterine	u. a. Synthese v. Ecdyson	allen Arthropoden und vermutl. anderen Wirbellosen
Vitamine	u. a. Aufbau der Coenzyme, Sehpigmente	allen Tieren und dem Menschen in sehr variabler Zusammensetzung

Essenzen [Mz.; v. mlat. essentia = Wesenheit], Konzentrate natürl. od. künstl. ↗Aromastoffe. *Natürl. E.* sind Zubereitungen v. ausschl. natürlichen Geruchs- u. Geschmacksstoffen u. werden z. B. aus Früchten, Kräutern, Drogen u. äther. Ölen durch Destillation, Extraktion, Emulgierung usw. gewonnen. *Künstl. E.* enthalten synthet. Bestandteile, die mit den natürl. Aromastoffen ident. od. auch chem. abgewandelt u. nur geschmackl. ähnl. sein können.

Essig ↗Essigsäure.

Essigälchen *s, Turbatrix aceti* (fr. *Anguillula aceti*); ein ca. 2 mm langer Fadenwurm aus der Ord. ↗*Rhabditida;* lebt in gärenden Flüssigkeiten, z. B. Essig u. Baumfluß (↗Baumflußfauna) u. ernährt sich v. Bakterien u. Pilzen; verträgt Temp. bis ca. 40 °C u. pH-Werte zw. 2 u. 11! Negativ geotaktisch, infolgedessen an der Flüssigkeitsoberfläche leicht Kontakt mit Insekten (z. B. Große Essigfliege, *Drosophila funebris*) u. dadurch Transport auf neue Substrate (↗Phoresie). [rien.

Essigbakterien, die ↗Essigsäurebakte-

Essigbaum ↗Sumach.

Essigflechte ↗Parmelia.

Essigfliegen, die ↗Drosophilidae.

Essigsäure, *Äthansäure,* CH_3COOH, in reiner Form eine wasserhelle, stechend riechende, ätzende Flüssigkeit, die bei 17 °C erstarrt *(Eisessig); Essig* ist eine 5–10%ige Lösung v. E. in Wasser. Die Salze u. Ester der E. sind die ↗*Acetate.* E. bildet sich vielfach bei Gärungs-, Fäulnis- u. biol. Oxidationsvorgängen (↗E.bakterien, ↗E.gä-

Essigsäurebakterien
Essigsäurebildung durch Essigsäurebakterien

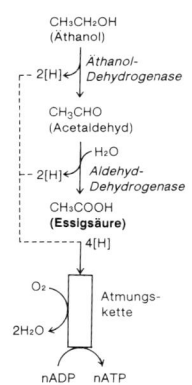

CH_3CH_2OH (Äthanol)
↓ −2[H] Äthanol-Dehydrogenase
CH_3CHO (Acetaldehyd)
↓ +H_2O, −2[H] Aldehyd-Dehydrogenase
CH_3COOH **(Essigsäure)**
↓ 4[H]
O_2 → Atmungskette → $2H_2O$
nADP → nATP

Essigsäurebakterien
Wichtige Arten:
Acetobacter aceti (7 Stämme)
A. hansenii (12 Stämme)
A. liquefaciens (10 Stämme)
A. pasteurianus (66 Stämme)
Gluconobacter oxydans

rung). Außer durch Gärungsprozesse wird E. techn. auch durch trockene Destillation aus Holz u. durch Oxidation v. Acetaldehyd (*Carbidessig;* heute wichtigstes Verfahren) gewonnen. Im Stoffwechsel hat die *aktivierte E.* (das ↗Acetyl-Coenzym A) zentrale Bedeutung.

Essigsäurebakterien, *Essigbakterien,* obligat *aerobe,* gramnegative, stäbchenförm. Bakterien der Gatt. *Acetobacter* („echte" E.) u. *Gluconobacter* (= *Acetomonas*); sie zeichnen sich dadurch aus, daß sie im Atmungsstoffwechsel aus Zuckern u. Alkoholen durch eine ↗unvollständige Oxidation Ketone u. Säuren bilden, die vorübergehend (durch die *Peroxidanten*) od. als Endprodukt (durch die *Suboxidanten*) ausgeschieden werden; besonders wichtig ist die Umwandlung v. Äthanol in ↗Essigsäure (keine Gärung!). *Acetobacter*-Arten (0,6–0,8 × 1,0–3,0 μm groß) sind unbewegl. od. bewegl. mit peritrich angeordneten Geißeln. *Gluconobacter* (0,6–0,8 × 1,5–2,0 μm groß) ist im Ggs. zu *A.,* wenn beweglich, polar begeißelt (den Pseudomonaden nahestehend); er oxidiert Glucose zu Gluconat (Name!), bildet keinen Film auf Nährlösungs-Oberflächen u. zeigt nur geringe Aktivität bei der Umwandlung v. Äthanol zu Essigsäure, die er (wie Milchsäure) nicht wieder abbaut. E. zeigen eine hohe Säuretoleranz (pH ca. 4,5, z. T. tiefer) u. geringe peptolyt. Aktivität. E. kommen auf Pflanzen in zuckerreichen, gärenden Säften, vergesellschaftet mit Hefen vor. Früher waren sie als Verderber v. alkohol. Getränken (z. B. Bier, Wein) gefürchtet; in bestimmten Bieren sind sie jedoch erwünscht (z. B. belg. Lambic Bier). Wirtschaftl. wichtig sind E. zur Produktion v. Essig (↗Essigsäure), verschiedenen anderen organ. Säuren u. in der ↗Biotransformation, z. B. zur Ascorbinsäureherstellung (☐ Ascorbinsäure). Die Gatt. *Acetobacter* wird z. Z. in 4 Arten mit vielen U.-Arten unterteilt; mehrere *Gluconobacter*-U.-Arten werden in einer Art zusammengefaßt.

Essigsäuregärung, im anaeroben Dunkelstoffwechsel vieler Bakterien wird ↗Essigsäure als zusätzl. Endprodukt gebildet (z. B. gemischte Säuregärung, ↗Buttersäuregärung u. heterofermentative Milchsäuregärung). Als einziges organ. Endprodukt tritt Essigsäure in der ↗Homoacetatgärung u. der Vergärung v. bestimmten Aminosäuren (↗Stickland-Reaktion) durch *Clostridien* auf, auch bei nicht-sporenbildenden, obligat anaeroben Bakterien, meist erst dann, wenn der gleichzeitig entstehende molekulare Wasserstoff (H_2) v. anderen Bakterien verbraucht wird (vgl. S. 192 oben, Interspezies Wasserstoffübertragung). Die Bildung v. Essigsäure durch

Ester

$$R_1-\overset{\overset{O}{\|}}{C}-O-R_2$$

Carbonsäureester

$$R_1-\overset{\overset{O}{\|}}{C}-S-R_2$$

Carbonsäurethioester

$$^{\ominus}O-\overset{\overset{O}{\|}}{\underset{\underset{O^{\ominus}}{|}}{P}}-O-R_2$$

Phosphorsäuremonoester

$$R_3-O-\overset{\overset{O}{\|}}{\underset{\underset{O^{\ominus}}{|}}{P}}-O-R_2$$

Phosphorsäurediester

$$^{\ominus}O-\overset{\overset{O}{\|}}{\underset{\underset{O}{\|}}{S}}-O-R_2$$

Schwefelsäureester

Estergruppe

(R_1, R_2 u. R_3 sind organ. Reste, wobei R_2 u. R_3 von den Alkoholkomponenten stammen.)

Verwendung von Estern

1) E. als Lösungsmittel: Die einfachen E. werden als Lösungs- u. Verdünnungsmittel für Lacke, Harze, Nitratcellulose usw. eingesetzt.
2) E. als Bestandteile v. Fruchtaromen: Essigsäureisobutyl-E. – Bananenaroma, Buttersäuremethyl-E. – Apfelaroma, Buttersäureäthyl-E. – Ananasaroma, Buttersäureisoamyl-E. – Birnenaroma.
3) E. höherer einwert. Alkanole mit höheren einwert. Carbonsäuren sind Wachse (Bienenwachs ist z. B. hpts. Palmitinsäure-myricyl-E., d. i. Hentriacontyl-hexa-decanat)

Essigsäuregärung

Einige Bakterien, die im anaeroben Stoffwechsel nur oder hpts. Essigsäure (Acetat) als organ. Endprodukt bilden:

Acetivibrio cellulyticus
Acetobacterium woodii
Acetogenium kivui
Clostridium aceticum
C. thermoautotrophicum
C. acidiurici
C. formicoaceticum
Eubacterium limosum
Peptococcus glycinophilus
Ruminococcus albus
Syntrophobacter wolinii

E. im Energiestoffwechsel v. *Ruminococcus albus* (Endproduktbildung aus Glucose, wenn H_2 durch andere Bakterien verbraucht wird, so daß ein niedriger H_2-Partialdruck vorliegt. In Reinkultur wird dagegen neben Acetat noch Äthanol als organisches Endprodukt gebildet.)

(Cellulose)
↓
Glucose
↓
2 Acetat
+
2 CO_2
+
2 H_2

Reduktion v. CO_2 mit H_2 der ↗ *acetogenen* Bakterien kann auch als eine Form der E. angesehen werden, wenn der Energiegewinn (oxidative Phosphorylierung) in dieser anaeroben Carbonatatmung nicht berücksichtigt wird. Das Ausscheiden v. Essigsäure durch die *aeroben* ↗ Essigsäurebakterien ist dagegen keine E., sondern eine ↗ unvollständige Oxidation im Atmungsstoffwechsel.

Ester *m* [Kw. aus *Ess*igsäureä*ther*], Klasse v. chem. Verbindungen, die – in formaler Ähnlichkeit zur Salzbildung – aus Säuren u. Alkoholen unter Bildung v. Wasser entstehen; z.B. bilden sich E. aus Carbonsäuren nach der Gleichung:

$$R_1-\overset{\overset{O}{\|}}{C}-OH + HO-R_2 \rightleftharpoons R_1-\overset{\overset{O}{\|}}{C}-O-R_2 + H_2O$$

Carbonsäure Alkohol Ester Wasser

Entspr. den an der E.bildung beteiligten Säuren unterscheidet man zw. *Carbonsäure-E.n* mit den *Fettsäure-E.n* als Untergruppe, *Phosphorsäure-E.n*, *Schwefelsäure-E.n* usw. mit den jeweils charakterist. *E.gruppen*. Mit Thioalkoholen (HS–R_2) als Alkoholkomponente bilden sich die *Thio-E.* – E. sind vielfach, entweder als reine E.verbindungen, d. h. ohne zusätzl. funktionelle Gruppen, od. in Form v. E.gruppen komplizierterer Moleküle, Zwischen- od. Endprodukte zellulärer Prozesse u. daher in der belebten Natur weitverbreitet. Beispiele sind die Fette als Carbonsäure-E., die Nucleotide u. Nucleinsäuren als Phosphorsäure-E., Aminoacyl-t-RNA als Carbonsäure- u. Phosphorsäure-E. sowie Chondroitinsulfat als Schwefelsäure-E. In reiner Form sind einfache Fettsäure-E. flüssig u. von angenehmem Geruch (nach ihrem Vorkommen auch als *Frucht-E.* od., chem. nicht korrekt, als Frucht-Äther bezeichnet), höhere sind fettig (Fette = Glycerin-E. höherer Fettsäuren) od. wachsartig (Wachse). Die Umkehrreaktion der E.bildung ist die hydrolyt. Spaltung v. E.n zu Säure u. Alkohol; sie wird als *E.spaltung*, im Falle v. Carbonsäure-E.n auch als *Verseifung* bezeichnet u. erfolgt unter der katalyt. Wirkung v. *Esterasen*. Diese zur Klasse der Hydrolasen zählenden Enzyme werden nach ihren Substraten in Carbonsäureesterasen, Thiolesterasen, Phosphatasen, Phosphodiesterasen, Triphosphomonoesterasen u. Sulfatasen eingeteilt.

Esterasen [Mz.] ↗ Ester.

Estragon *m* [über frz. estragon v. arab. tarchūn], *Artemisia dracunculus*, ↗ Beifuß.

Estrildidae, die ↗ Prachtfinken.

Etagenmoos, *Hylocomium splendens*, ↗ Hylocomiaceae.

Etapteris *w* [v. gr. ēta, pteris = Farn], Gatt. der ↗ Coenopteridales.

Eteone *w* [v. gr. eteios = jährlich], Gatt. der Polychaeten-Fam. *Phyllodocidae;* aus Gezeiten- u. tieferen Regionen der Nord- u. westl. Ostsee bekannte Arten sind *E. longa* u. *E. flava*.

Ethan, int., nomenklaturgerechte Schreibweise für den gesättigten Kohlenwasserstoff (↗ Alkane) Äthan (C_2H_6).

Etheostoma *s* [v. gr. hēthein = durchseihen, stoma = Mund], Gatt. der ↗ Barsche.

Ethephon *s* [Kw.], 2-Chloräthanphosphonsäure, ein Äthylenabspalter (↗ Äthylen), der (als Salz) zur Stimulierung v. Blüh- u. Fruchtreifeprozessen eingesetzt wird.

Ether, int., nomenklaturgerechte Schreibweise für Äther.

Ethik in der Biologie

Unter *Ethik* versteht man die philosophische Reflexion über das Sittliche im Einzelmenschen und über die sittlichen Grundlagen des menschlichen Zusammenlebens. Die traditionelle Aufgabe philosophischer Ethik war eine wertende, normative Reflexion – ob es richtig sei, was als Wertsystem vom Einzelnen oder von menschlichen Gruppen praktiziert wird. Unter *Ethos*

Ethik – Ethos – Moral

oder *Moral* versteht man das tatsächlich praktizierte Wertsystem des Einzelnen oder einer Gruppe, den konkreten Kodex sittlichen Verhaltens.

Moral ist unabdingbar. Der auf das Leben in einer Gemeinschaft angelegte Mensch ist darauf angewiesen, daß die Grundlinien des Verhaltens seiner Mitmenschen vorhersehbar sind, und er empfindet deshalb

Ethik in der Biologie

eine unberechenbare Einstellung zu moralischen Fragen als verwerflich. Andererseits ist gegenüber dem Absolutheitsanspruch einer Moral Skepsis geboten. Wie läßt sich Moral angesichts der Tatsache begründen, daß wir empirisch einen Pluralismus moralischer Systeme feststellen, daß die Buntheit menschlicher Kultur einhergeht mit einer Vielfalt moralischen Verhaltens? Entsprechend vielfältig sind die ethischen Entwürfe unserer philosophischen Tradition: vom Relativismus bis hin zur theologischen Ethik, die sich auf göttliche Offenbarung beruft, von der idealistischen Ethik, die Platon begründete, bis hin zur naturalistischen Ethik, die ihre Tradition auf Aristoteles zurückführt.

In der heutigen Biologie tritt uns die ethische Reflexion dreifach entgegen: als Bioethik, als evolutionäre Ethik und als epistemologische Ethik.

Bioethik. Sie formuliert angemessene Verhaltensweisen im Umgang mit Lebewesen in der biologisch-medizinischen Forschung und Praxis. Es geht in erster Linie um die Frage, welche Eingriffe und Experimente die „Ehrfurcht vor dem Leben" verbietet. Der klinischen Forschung und dem Einsatz von Versuchstieren gilt das besondere Augenmerk. Es besteht heutzutage Übereinstimmung darin, daß Untersuchungen an Menschen das Einverständnis der Betroffenen voraussetzen und daß Experimente, die das Leben und/oder die Würde von Versuchspersonen bedrohen, zu unterlassen sind. Auch der Respekt vor dem Leben der Versuchstiere, besonders bei Primaten, hat neuerdings zugenommen, und es sollte selbstverständlich sein, den Tieren vermeidbare Qualen zu ersparen und die Zahl der Versuche auf das notwendige Maß zu beschränken. Andere schwierige Fragen sind umstritten, z. B. die Verwendung in vitro gehaltener früher Entwicklungsstadien des Menschen in der medizinischen Forschung. In vielen Fällen hat der Gesetzgeber bereits durch entsprechende Verordnungen eingegriffen, z. B. bei den Prüfverfahren für Arzneimittel. Bioethische Überlegungen und ihre Umsetzung in praktische Vorschriften verlangen Augenmaß und Kompromißfähigkeit. Eine Überbetonung bioethischer Argumente könnte wichtige Zweige der biologischen, medizinischen und pharmazeutischen Forschung und Entwicklung zum Erliegen bringen, mit unabsehbaren Folgen für Leben und Gesundheit von Menschen.

Evolutionäre Ethik. Man kann sie als eine naturalistische Ethik im Zeitalter der Evolutionstheorie auffassen. Die Vertreter evolutionärer Ethik gehen davon aus, daß auch der Mensch ein Ergebnis der biologischen Evolution darstellt. Daraus wird die Folgerung abgeleitet, daß unsere Verhaltens- und Antriebsstruktur, auch unsere Neigung und Fähigkeit zur sozialen Organisation zu einem guten Teil genetisch determiniert ist und deshalb durch Erziehung und soziale Konditionierung nicht beliebig zu überspielen ist. Statt von einer extremen Plastizität des Menschen auszugehen, rechnet man entsprechend mit (engen) Grenzen der Formbarkeit und auch der Belastbarkeit durch moralische Vorschriften (kulturelle Normen). Diese Grenzen der Kulturfähigkeit werden darauf zurückgeführt, daß unsere „erste Natur" im wesentlichen eine in unserer Stammesgeschichte entwickelte Anpassung an die Lebensverhältnisse des Pleistozäns (Jäger und Sammler) und des postglazialen Neolithikums (Anfänge von Ackerbau und Viehzucht) darstellt.

Diese Auffassungen sind neueren Datums. Von ungefähr 1900 bis zur Mitte der 50er Jahre behauptete – zumindest in den USA – die herrschende Lehre, der Behaviorismus, das genaue Gegenteil: Menschliches Verhalten sei erlernt, und genetische Faktoren hätten so gut wie keinen Anteil an der Formung unseres sozialen und politischen Verhaltens. Die behavioristische Doktrin eines extremen Kulturdeterminismus, der Glaube an die nahezu beliebige Formbarkeit des Menschen, scheiterte schließlich an der menschlichen Natur. Auf eine derart realitäts- und biologieferne These ließ sich auf die Dauer kein Erziehungssystem gründen. Gewiß hat sich die Moral im Verlauf der kulturellen Evolution gewandelt, und der Pluralismus moralischer Systeme ist ein Charakteristikum der kulturellen Evolution, aber die Wurzeln, die uns in der biologischen Basis verankern, sind geblieben. Daran läßt sich nicht mehr zweifeln.

Die offensichtlichen Grenzen unserer Kulturfähigkeit und unserer moralischen Suszeptibilität werden von der evolutionären Ethik auf den Sachverhalt zurückgeführt, daß wir genetisch auch heute noch auf ein Leben unter den Rahmenbedingungen von Pleistozän und Neolithikum eingestellt sind und nicht auf ein Leben in der modernen Welt. Im Vordergrund des Interesses stehen derzeit die Fragen, warum es keine kulturelle Überformung bislang vermochte, die Menschen vom Krieg abzuhalten und warum uns der gesittete, vernünftige Umgang mit der Natur und mit der technischen Zivilisation nicht gelingen will.

Der Umstand, daß die evolutionäre Ethik die Verhaltensstruktur des modernen Menschen als Folge einer evolutionär entstan-

Ethik in der Biologie in dreifacher Reflexion

Die Rolle der Bioethik

Die Rolle der evolutionären Ethik

193

Ethik in der Biologie

denen, auch im rezenten Menschen genetisch verankerten Neigungsstruktur erklären kann, bedeutet auch in den Augen der Soziobiologen keine Legitimation für unser kulturelles Fehlverhalten. Aus dem Sein folgt nicht das Sollen, wohl aber eine Einsicht in die *Grenzen* des Sollens. Wir sind zwar von Natur aus normativ anpassungsfähig, so wie wir im kognitiven Bereich lernfähig sind, aber wir sind es nicht unbegrenzt. Daraus ergibt sich das ethische Dilemma unserer Zeit: Einerseits läßt sich unsere evolutionär entstandene Neigungsstruktur *(propensity structure)* nicht beliebig überspielen. Es *gibt* Grenzen der Belastbarkeit durch moralische Vorschriften (kulturelle Normen). Wird der Bogen überspannt, unterläuft der Mensch erfahrungsgemäß die kulturellen Normen durch Korruption. Dies untergräbt die sittliche Basis kultivierten Zusammenlebens, da der moralische Minimalkonsens nicht mehr gewährleistet ist, wenn eine kontingente Einstellung zu moralischen Fragen um sich greift. Andererseits kann ein kultiviertes Ethos nicht mehr konform mit unseren Genen sein. Die Zukunft des Menschen wird entscheidend davon abhängen, inwieweit es uns gelingt, die in der durch kulturelle Evolution geprägten heutigen Welt obsolet gewordenen biologischen Determinanten unseres Verhaltens durch Vernunft zu dämpfen oder abzuschalten. Wir müssen uns von manchen biologischen Wurzeln unseres Verhaltens lösen und uns an *vernünftig* vereinbarte Normen halten, die den Sachzwängen der *heutigen* Welt gerecht werden. Die Kardinalprobleme sind rasch aufgezählt: Wir können alles Leben zerstören. Der moderne Krieg, der ein globaler Atomkrieg sein würde, ist deshalb auch eine evolutionäre Sackgasse par excellence. Unsere militanten Instinkte, ohne die der *Homo sapiens* seine frühe Evolution nicht hätte überleben können, sind im Verlauf der kulturellen Evolution anachronistisch geworden. Aber auch „Wachstum" und „Vermehrung" – Selektionsvorteile von gestern – sind zu Anachronismen geworden, die uns unweigerlich umbringen werden, wenn wir sie nicht beherrschen lernen.

Epistemologische Ethik. Epistemologie ist Wissenschaftslehre oder Erkenntnistheorie. Das Untersuchungsfeld epistemologischer Ethik ist demgemäß das Ethos des Erkennens und damit das Ethos wissenschaftlichen Verhaltens. Das Ziel der Wissenschaft ist Erkenntnis. Mit ‚Erkenntnis' meint man zuverlässiges, gesichertes Wissen; Wissen, das intersubjektiv jederzeit nachprüfbar und eindeutig kommunizierbar ist; Wissen, auf das man sich beim Umgang mit der realen Welt, einschließlich des Umgangs mit Menschen, beim Umgang mit der Geschichte und beim Umgang mit Ideen verlassen kann. Wissenschaftliche Erkenntnisse, die *Ergebnisse* wissenschaftlichen Tuns, sind wertfrei, sind moralisch neutral. Sätze wie: Kraft gleich Masse mal Beschleunigung, $E = m \cdot c^2$, die Mendel-Gesetze, das Hardy-Weinberg-Gesetz der Populationsgenetik, sind Beispiele dafür. Aber – so lautet die komplementäre These – der *Vorgang* wissenschaftlichen Tuns, das Forschen, ist eine moralische Tätigkeit. Nicht die Forschungs*ergebnisse* sind moralisch zu begründen, sondern das Forschen ist ethisch zu legitimieren. Hier liegt das Problem. Wer wissenschaftlich forscht, tut es mit dem Ziel, Erkenntnis zu gewinnen. Er hat eine moralische Vorentscheidung getroffen, nämlich *zugunsten* von Erkenntnis. Läßt sich diese Entscheidung gegen Ignoranz und zugunsten von Erkenntnis moralisch rechtfertigen? Hat Naturforschung einen moralischen Grund? Im traditionellen Selbstverständnis des Wissenschaftlers erscheint die Rechtfertigung des Forschens unproblematisch: Erkenntnis – zuverlässiges, gesichertes Wissen über die Welt – ist ihm selbstverständlich ein überragender Wert. Wissenschaftler haben deshalb aus gutem Grund jene strengen ideellen und materiellen Verfahren entwickelt – das „Wissenschaftliche Ethos" und die „Wissenschaftliche Methode" –, die es gewährleisten, daß Erkenntnis entsteht.

Wissenschaftliches Ethos – Wissenschaftliche Methode

Das wissenschaftliche Ethos besteht, soweit es bislang explicit gemacht wurde, aus drei Teilen: Grundannahmen (z. B. „Es gibt eine reale, zumindest partiell erkennbare Welt"), Grundvoraussetzungen (z. B. „Erkenntnis ist gut", d. h., zuverlässiges Wissen ist unter allen Umständen besser als Ignoranz und Aberglaube) und die eigentlichen Gebote oder Verbote [z. B. Übe intellektuelle Redlichkeit! Gestatte dir keinen Informationsabweis, vor allem dann nicht, wenn die betreffende Information deiner eigenen Vorstellung widerspricht! Beschränke dich bei Aussagen auf consensible Sätze! Beachte empirische Daten als die letzte Appellationsinstanz! Argumentiere symmetrisch! (Das heißt: prüfe die Alternative zu der vor dir bevorzugte Hypothese mit derselben Sorgfalt). Gestatte dir keinen Verstoß gegen die Grundlagen reziproken Vertrauens!].

Die Rolle der epistemologischen Ethik

Das wissenschaftliche Ethos ist ein handlungsorientiertes Wertsystem, das den Vorgang wissenschaftlichen Tuns, die Forschung mit der Zielsetzung ‚Erkenntnis', gewährleistet. Der Wissenschaftler hat keinen Freiheitsgrad mehr, sich für oder gegen das wissenschaftliche Ethos zu entscheiden. Sobald er sich für Erkenntnis als terminalen Wert, als ein erstrebenswertes Ziel, entschieden hat, ist seine Loyalität gegenüber dem wissenschaftlichen Ethos eine selbstverständliche Folge.

Der Wissenschaftler unterliegt einer strengen sozialen Kontrolle. Die Gruppe, der er angehört, die jeweilige *scientific community,* mißt sein Verhalten an den Forderungen des wissenschaftlichen Ethos. Wer gegen das normative Wertsystem verstößt, verliert schnell sein Ansehen als Wissenschaftler und damit seinen Platz in der scientific community.

Das wissenschaftliche Ethos ist freilich „nur" ein Partialethos, das das Verhalten eines Wissenschaftlers erfahrungsgemäß nur so lange bestimmt, wie sein Streben nach ‚Erkenntnis' gerichtet ist.

Unser Streben nach Erkenntnis (und damit das wissenschaftliche Ethos und die Institution Wissenschaft) läßt sich evolutionistisch begründen. Wenn Erkenntnis über die Welt die *fitness* des Menschen steigert – was kaum zu bezweifeln ist –, dann *muß* im Verlauf der biologischen Evolution des Menschen eine *genetische* Kodifizierung jener Verhaltensweisen, die ‚Erkenntnis' gewährleisten, eingetreten sein.

Das Streben nach objektiver Erkenntnis *und* die Fähigkeit, objektive Erkenntnis zu erlangen, müssen Teile der Neigungs- und Handlungsstruktur ausmachen, die in unseren Genen verankert ist. Wenn objektive Erkenntnis während unserer genetischen Evolution die fitness erhöhte, dann liegt es auch nahe, daß ein intuitives, unreflektiertes ‚Wissen' über das zur Erkenntnisgewinnung führende Verhalten (das wissenschaftliche Ethos) in unseren Genen verankert ist. Jeder geborene Wissenschaftler ‚weiß' auch ohne entsprechende Konditionierung, daß Erkenntnisgewinnung die stetige und unbeirrbare Bindung an einen dafür geeigneten Verhaltenskodex (‚wissenschaftliches Ethos') voraussetzt. Die Analyse des wissenschaftlichen Ethos hat ergeben, daß diese in der wissenschaftlichen Forschung *intuitiv* praktizierte Moral logisch zwingend als ‚instrumentales Wertsystem' aus der Akzeptanz der Zielsetzung ‚Erkenntnis' folgt.

Die Kontrolle durch die scientific community

Lit.: *Deutsche Unesco-Kommission:* Wandlung von Verantwortung und Werten in unserer Zeit. München 1983. *Gruter, M., Rehbinder, M.* (Hg.): Der Beitrag der Biologie zu Fragen von Recht und Ethik. Berlin 1983. *Lorenz, K., Wuketits, F. M.* (Hg.): Die Evolution des Denkens. München 1983. *Markl, H.* (Hg.): Natur und Geschichte. München 1983. *Mohr, H.:* Biologische Erkenntnis. Stuttgart 1981. *Mohr, H.:* Biologische Wurzeln der Ethik? Heidelberg 1983.

Hans Mohr

Ethmoid *m* [v. gr. ēthmoeidēs = siebförmig], das ↗Siebbein, bei Säugern genaugenommen das Mesethmoid.

Ethmoturbinalia [Mz.; v. gr. ēthmos = Sieb, lat. turbo = Wirbel], ↗Turbinalia.

Ethogramm *s* [v. *etho-, gr. gramma = Schrift], der ↗Aktionskatalog; beschreibende Auflistung aller bei einer Tierart vorkommenden Verhaltensweisen. Das E. wird heute mit Hilfe v. Film- u. Videobildanalysen u. a. techn. Hilfsmitteln erstellt, die die direkten Verhaltensbeobachtungen ergänzen sollen. Insbes. für die vergleichende Betrachtung verschiedener Tierarten ist das E. die wichtigste Grundlage.

Ethologie *w* [v. *etho-, gr. logos = Kunde], *Verhaltensbiologie, Verhaltensforschung,* Erforschung tier. u. menschl. Verhaltens mit den Methoden der Biol. Anfänglich zielte die E. als vergleichende Verhaltensforschung darauf, Verhaltensmerkmale zur Klärung der systemat. Verwandtschaftsverhältnisse zu benutzen. Dabei spielte der Gesichtspunkt der stammesgeschichtl. Anpassung verschiedener Verhaltensweisen eine entscheidende Rolle, so daß sich das Interesse der E. auf angeborene u. „formkonstante" Verhaltensmerkmale konzentrierte, wie sie z. B. bei niederen Wirbeltieren (Fischen) u. Insekten leicht zu untersuchen sind. Im Ggs. dazu zielten andere Verhaltenswiss. (vergleichende Psychologie, ↗Behaviorismus) eher auf die Untersuchung erlernten Verhaltens, also auf die individuelle, ontogenet. Anpassung ab. Heute hat sich das Untersuchungsfeld der E. erheblich ausgeweitet; es werden ontogenet. u. physiolog. ebenso wie humanwiss. Aspekte verschiedener Art mit berücksichtigt. Daher ist es heute für die Einordnung u. Bewertung etholog. Aussagen v. großer Wichtigkeit, daß die Betrachtungsebene od. das *Integrationsniveau* angegeben wird, auf dem ein Verhalten untersucht wurde. Die verschiedenen Ebenen können v. der Betrachtung einzelner Nervenfunktionen (Neurobiologie) bis hin zur Untersuchung ganzer Funktionskreise des Verhaltens einer Art reichen. Auch heute unterscheidet sich die E. jedoch v. anderen Verhaltenswiss. dadurch, daß sie die Funktion eines Verhaltens od. Verhaltenselements für die ontogenet. od. phylogenet. Anpassung eines Lebewesens in den Mittelpunkt ihrer Forschungen stellt. Dieser funktionelle u. evolutionsbiol. Aspekt des Verhaltens wird in der Psychologie u. Psychiatrie weit weniger od. gar nicht betont.

Lit.: *Eibl-Eibesfeldt, I.:* Grundriß der vergleichenden

Ethogramm

In seiner klassisch gewordenen Arbeit „Vergleichende Bewegungsstudien an Anatinen" (1941) demonstrierte K. Lorenz die Erstellung u. Verwendung v. Ethogrammen am Beispiel der Balz verschiedener Entenarten. Für das Stockenten-Männchen gibt es dabei folgende Ausdrucksbewegungen u. -laute an:

Hetzen
Abweisungsgebärde
Decrescendoruf
Nickschwimmen
Paarungseinleitung

Alle 5 Verhaltensweisen sind relativ formkonstant (modale Bewegungsabläufe) u. lassen sich daher gut wiedererkennen u. mit den Ausdruckshandlungen anderer Entenarten vergleichen.

ethologische Barriere

Verhaltensforschung – Ethologie. München ⁶1980. *Hassenstein, B.:* Instinkt Lernen Spielen Einsicht. Einführung in die Verhaltensbiologie. München 1980. *Hassenstein, B.:* Verhaltensbiologie des Kindes. München ³1980. *Immelmann, K.:* Wörterbuch der Verhaltensforschung. Berlin 1982. *Immelmann, K.:* Einführung in die Verhaltensforschung. Berlin ³1983. *Lamprecht, J.:* Verhalten. Freiburg ¹⁰1982. *Lorenz, K.:* Vergleichende Verhaltensforschung. München 1982. *Neumann, G. H.:* Einführung in die Humanethologie. Heidelberg 1979. *Tinbergen, N.:* Instinktlehre. Berlin ⁶1979. *Tinbergen, N.:* Das Tier in seiner Welt. 2 Bde. München 1977 bzw. 1978.

ethologische Barriere [v. ↗Ethologie], der Isolation verschiedener Arten dienende Verhaltensweise. ↗Isolationsmechanismen.

Ethoökologie w [v. *etho-, gr. oikos = Hauswesen, logos = Kunde], *Verhaltensökologie, Ökoethologie;* die ökologisch erfolgreiche Existenz eines Tieres od. einer Population (u. ihr für die Evolution wirksames Überleben) sind v. Art u. Plastizität ihres Verhaltens abhängig (z.B. beim Ausweichen aus ungünst. Lebensbedingungen, bei Nahrungserwerb, Fortpflanzung u. sozialer Kommunikation), das zus. mit morpholog. u. physiolog. Gegebenheiten die Fitness (↗Adaptationswert, ↗inclusive fitness) des biot. Systems ausmacht. Die E. untersucht die entspr. Zusammenhänge u. die Strategien zur Optimierung des umweltbezogenen Verhaltens, bes. im Hinblick auf die damit im Evolutionsgeschehen gegebenen Vorteile. Anwendung quantitativer mathemat. Modelle ist hierfür oft unumgänglich. Bes. Beachtung findet der Zshg. der E. mit der ↗Soziobiologie.

Ethoparasit m [v. *etho-, gr. parasitos = Schmarotzer], unverpaartes Individuum, das an den Fortpflanzungsanstrengungen seiner Artgenossen „parasitiert". Von über 50 Vogelarten ist z.B. bekannt, daß Weibchen, die selbst kein Nest haben, Eier zu Artgenossen ins Nest legen (intraspezif. Nestparasitismus). Bei über 100 Arten v. Insekten, Fischen, Reptilien, Vögeln u. Säugern erfolgt die Besamung nicht durch dasjenige Männchen, das die zur Fortpflanzung nötigen Vorleistungen erbracht hat od. die Jungen aufzieht, sondern durch ein anderes Männchen (Kleptogamie).

Ethoparasitologie w [v. *etho-, gr. parasitos = Schmarotzer, logos = Kunde], Teildisziplin der Parasitologie. Untersucht werden die Verhaltensweisen, die auf Seite des Parasiten (z.B. beim Schlüpfen aus dem Ei, Wanderungen, Wirtsfindung, Wirtsannahme, Invasion, Aufsuchen v. Vorzugsorten u. Finden des Geschlechtspartners) bzw. auf Seite des Wirts (z.B. zum Vermeiden der Parasitierung, bei der Kotabgabe od. bei der sozialen Kommunikation) parasitolog. wichtig sind. Außerdem interessieren die v. einem Partner des Pa-

etho- [v. gr.ethos = Gewohnheit, Sitte].

eu- [v. gr. eu(-) = schön, wohl, gut, recht], in Zss.: gut-, echt-, schön-.

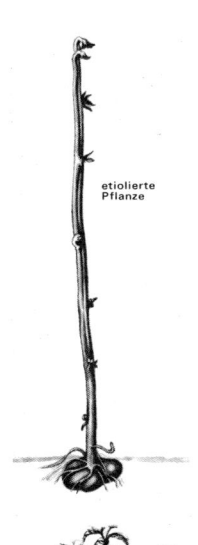

etiolierte Pflanze

normale Pflanze

Etiolement

Etiolement bei der Kartoffel *(Solanum tuberosum).* Einfluß des Lichts auf die Ausbildung des Sprosses. Nur unter ausreichender Lichteinwirkung bildet sich die „normale" grüne Pflanze. Im Dauerdunkel wächst z. B. bei der Kartoffel aus der Knolle ein farbloser langer Sproß mit rückgebildeten Blättern aus (Etiolement).

rasit-Wirt-Systems im anderen bewirkten Verhaltensveränderungen.

Ethyl, int., nomenklaturgerechte Schreibweise für Äthyl.

Etiolement [etjolmã; frz. v. étioler = verkümmern], *Vergeilung,* Bez. für die charakterist. Veränderungen v. im Dunkeln gewachsenen Pflanzen im Vergleich zu im Licht entwickelten Pflanzen. So werden bei den Dikotyledonen die Internodien u. auch oft die Blattstiele sehr lang, während die Blattspreiten rudimentär bleiben; zudem werden kaum Festigungselemente u. Leitbündel ausgebildet, u. meist unterbleibt die Chlorophyllendausbildung (Nichtergrünen). Der ökolog. Nutzen des E.s liegt in der Nutzung aller verfügbaren Baustoffe, um die Assimilationsorgane ans Licht zu bringen.

Etioplasten [Mz.; v. frz. étioler = verkümmern, gr. plastos = gebildet], die thylakoidfreien Plastiden v. im Dunkeln gewachsenen Sproß- u. Blattorganen; zeichnen sich durch den Besitz eines Prolamellarkörpers u. Protochlorophyll(id) aus; durch Lichtinduktion Entwicklung zum ↗Chloroplasten. ☐ Plastiden.

Etmopterus m, Gatt. der ↗Dornhaie.

Etroplus m [v. gr. ētron = Bauch, hoplon = Waffe], Gatt. der ↗Buntbarsche.

Etrumeus, Gatt. der ↗Heringe.

Etruskerspitzmaus, *Suncus etruscus,* Art der Dickschwanz- od. Moschusspitzmäuse (Gatt. *Suncus);* Kopfrumpflänge 3,5–5 cm, Schwanzlänge 2,5–3 cm, Gewicht 1,5–2 g; lebt in S-Europa, Afrika u. S-Asien bis Malaya in dichtbewachsenem Gelände u. ernährt sich hpts. v. Spinnen u. Insekten. Bis vor kurzem galt die E. als das kleinste der heute lebenden Säugetiere (↗ *Craseonycteridae).*

Ettingshausen, Constantin Frh. von, östr. Paläontologe, * 16. 6. 1826 Wien, † 1. 2. 1897 Graz; seit 1854 Prof. in Wien, 1870 in Graz; umfangreiche Arbeiten über fossile Pflanzen Östr.s u. die Slg. des Brit. Museums; wandte den Naturselbstdruck zur bildl. Darstellung der Blattnervaturen an. WW „Die Blattskelette der Dikotyledonen, mit bes. Rücksicht auf die Untersuchung u. Bestimmung der Fossilen Pflanzen" (Wien 1861, 95 Tafeln im Naturselbstdruck), „Physiotypia plantarum austriacum" (Wien, 1856–73, 2 Bde. mit 10 Bänden Kupfertafeln), „Physiographie der Medizinalpflanzen" (Wien 1862, mit 294 Abb. im Naturselbstdruck).

Euanthium s [v. *eu-, gr. anthos = Blüte, Blume], Bez. für die bestäubungsbiol. funktionelle Einheit der Samenpflanzen (= Blume = ↗Anthium, wenn sie mit der morpholog. Einheit der ↗Blüte übereinstimmt). Ggs.: Pseudanthium, Meranthium.

Euarctos *m* [v. *eu-, gr. arktos = Bär], ↗Schwarzbären.

Euarthropoda [Mz.; v. *eu-, gr. arthron = Glied, podes = Füße], die eigentl. Gliederfüßer *(Arthropoda);* umfassen alle ↗Gliederfüßer mit Ausnahme der *Proarthropoda* (↗Stummelfüßer).

Euascomycetes [Mz.; v. *eu-, gr. askos = Schlauch, mykētes = Pilze], *Euascomycetidae, Echte Schlauchpilze,* veraltete Kl.-Bez. für Schlauchpilze, die ihre Asci (Sporangien) in bes. Fruchtkörpern (Ascomata) ausbilden; entspricht etwa der heutigen U.-Kl. ↗ *Ascomycetidae;* Schlauchpilze ohne Fruchtkörper wurden in der Gruppe *Protascomycetes* (bzw. U.-Klasse *Protascomycetidae)* zusammengefaßt; heute ↗ *Endomycetes* (od. *Hemiascomycetes)* genannt.

Euastacus *m* [v. *eu-, gr. astakos = eine Krebsart], ↗Flußkrebse.

Euastrum *s* [v. *eu-, gr. astron = Sternbild], Gatt. der ↗Desmidiaceae.

Eubacteria [Mz.; v. *eu-, gr. baktērion = Stäbchen], ↗Eubakterien.

Eubacterium *s* [v. *eu-, gr. baktērion = Stäbchen], (Prevot, 1938), Gatt. der *Propionibacteriaceae,* alle anaeroben, sporenlosen, grampositiven Stäbchen-Bakterien, die als Hauptendprodukt der Gärung (z. B. von Kohlenhydraten) meist Buttersäure od. Ameisensäure bilden; Hauptprodukte sind nicht: Propionsäure, Milchsäure od. Essigsäure. Es sind über 30 Arten bekannt, die fr. in anderen Gatt. eingeordnet wurden (z. B. *Ristella, Mycobacterium, Bacteroides, Bacillus).* E. kommt in verdorbenen Nahrungsmitteln, Wasser, Boden, Schlamm, Mundhöhle (Mensch), Pansen (10^8 Zellen pro g Inhalt) u. Darmtrakt des Menschen (10^{10} Zellen pro g Trockengewicht) vor; in Fäkalien sind ca. 10% der ↗Darmflora E.-Arten, hpts. *E. aerofaciens.* Sie spielen eine wicht. Rolle im Ab- u. Umbau v. Gallensäuren u. Cholesterin. Die Pathogenität im Menschen *(E. lentum)* ist wahrscheinl. nur gering.

Eubakterie *w* [v. *eu-, gr. baktērion = Stäbchen], *Eubiose,* natürl. Gleichgewicht zw. symbiont. lebenden Mikroorganismen, bes. in einem Wirtsorganismus. E. kennzeichnet hpts. die ausgewogene Besiedlung eines Organs, speziell des Darmtrakts, in der Mikroorganismen u. unbelebte Anteile in normalem Verhältnis zueinander stehen, so daß Wirt u. Mikroorganismus ausgeglichen aufeinander reagieren. Ggs.: Dysbakterie (Dysbiose).

Eubakterien, „echte" Bakterien, „einfache" Bakterien, 1) *Eubacteria* (Migula, 1900), *Eubacteriales* (Buchanan, 1917), veraltete Bez. (Ord.) für einzell., unbewegl. od. mit Geißeln bewegl. Bakterien mit star-

Eubakterien
„Natürlicher" (molekularer) Stammbaum der wichtigsten E.-Gruppen (nach Stackebrand u. Woese, 1981); Gruppe I u. II sind Zweige der grampositiven E.; die Arten der Gruppe III zeigen gramnegatives Färbeverhalten; in Gruppe VI sind die strahlungsempfindl. Mikrokokken eingeordnet (z. B. *Micrococcus radiodurans).* Ein Verwandtschaftsgrad (S_{AB}-Wert) von 1,0 bedeutet: maximale Ähnlichkeit, ca. 0,1: nicht miteinander verwandt.

Eubakterien
Einige Unterschiede zu den Archaebakterien:
Murein in der Zellwand (wenn vorhanden)* – Lipide der Cytoplasmamembran enthalten Fettsäureglycerinester in geraden Ketten.
Die ribosomale RNA (↗S_{AB}-Wert) unterscheidet sich stark v. der der Archaebakterien.
Die Ribosomen werden nicht durch Diphtherietoxin beeinflußt.
Sie sind Chloramphenicol-empfindlich.
E. weisen teilweise bereits sehr komplexe Entwicklungsformen auf (weitere Unterschiede ↗Archaebakterien).

* Neuerdings wurden einige Bakterien (z. B. *Pasteuria-* u. *Planctomyces-*Arten) entdeckt, die den E. zugeordnet werden müssen, aber kein Murein in der Zellwand enthalten.

eu- [v. gr. eu(-) = schön, wohl, gut, recht], in Zss.: gut-, echt-, schön-.

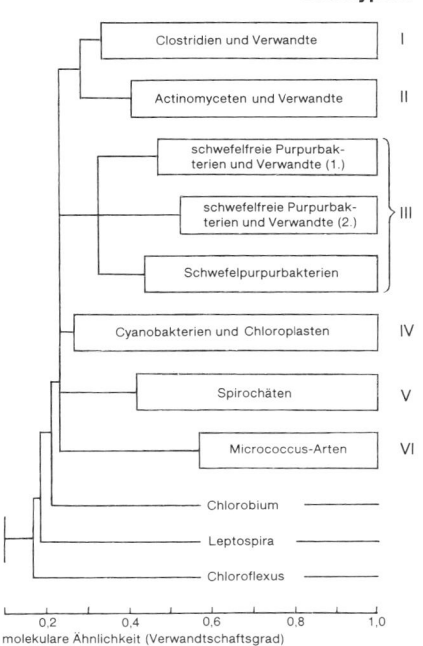

molekulare Ähnlichkeit (Verwandtschaftsgrad)

ren Zellwänden, chemotrophem Stoffwechsel u. einer Form, die sich v. einer Kugel, einem geraden od. gekrümmten Stäbchen ableiten läßt (Kokken, Stäbchen, Vibrionen, Spirillen). 2) *Eubacteria* (Woese, 1977), neue Bez. für das (Ur-)Reich der Bakterien, in dem die Mehrzahl der bekannten Prokaryoten (↗Bakterien) einschließl. der Streptomyceten, phototrophen Bakterien u. Cyanobakterien *(Cyanophyta)* eingeordnet werden. Die übr. Prokaryoten werden im (Ur-)Reich der ↗Archaebakterien zusammengefaßt.

Eubalaena *w* [v. *eu-, lat. balaena = Wal], Gatt. der ↗Glattwale. [die ↗Eubakterie.

Eubiose *w* [v. *eu-, gr. biōsis = Leben],

Eublepharis *w* [v. gr. eublepharos = mit schönen Augenlidern], Gatt. der ↗Geckos.

Eubranchus *m* [v. *eu-, gr. bragchos = Kiemen], Gatt. der *Eubranchidae,* Hinterkiemerschnecken mit schlankem Körper, der auf dem Rücken wohlentwickelte, oft kolbenförm. Anhänge (Cerata) trägt; Rhinophoren glatt u. stabförmig; in Nordsee, O-Atlantik u. Mittelmeer mit 6 Arten vertreten; die größte wird ca. 45 mm lang.

Eubria *w* [v. *eu-, gr. brian = stark sein], Gatt. der ↗Psephenidae.

Eubryales [Mz.; v. *eu-, gr. bryon = Moos], Ord. der Laubmoose, U.-Kl. *Bryidae;* dazu gehören u. a. die Gatt. *Bryum* u. *Mnium.*

Eucalyptol *s* [v. ↗Eucalyptus, lat. oleum = Öl], das ↗Cineol.

Eucalyptus *m* [v. *eu-, gr. kalyptos = verborgen], Gatt. der Myrtengewächse mit 9 U.-Gatt. u. ca. 600 Arten, deren urspr. Ver-

eu- [v. gr. eu(-) = schön, wohl, gut, recht], in Zss.: gut-, echt-, schön-.

Eucalyptus

Eucalyptusöl: äther. Öl aus verschiedenen *Eucalyptus*-Arten. Man unterscheidet cineolhaltiges (70–80%) med. Öl, piperitonhalt. (40–45%) techn. Öl u. citralhalt. (ca. 30%), citronellalhalt. (50–80%) od. geranylacetathalt. (60–70%) Parfümerie-Öl. Verwendung findet E. u. a. gg. Bronchialkatarrh, zu Einreibungen bei Rheumatismus, als Flotationshilfsmittel, Desinfektions- u. Konservierungsmittel, als Bestandteil v. Parfümen u. Insektenvertreibungsmitteln u. zur Gewinnung v. Citronellal.

Eucalyptus longifolia

breitung auf Australien, Neuguinea, östl. Indonesien u. Mindanao beschränkt war. E.-Arten sind in ihrer Heimat sowohl nach Artenzahl als auch innerhalb der Pflanzenges. dominierende Holzgewächse. Die Blätter sind ganzrandig; es besteht ein beträchtl. Unterschied in anatom. Bau, Gestalt u. Stellung zw. Jugend- u. Folgeblättern; Blüte mit verkehrtkegelförm. Achse; Schauwirkung durch zahlr. gefärbte Staubblätter; Blütenknospen werden v. einem festen Deckel bedeckt, der innerhalb der U.-Gatt. mit unterschiedl. Beteiligung v. Kelch- u. Kronblättern aufgebaut ist; für manche Arten charakterist. ist, daß die Borke in großen Platten abgestoßen wird. Als Anpassung an Waldbrände wird die Fähigkeit gewertet, aus in der Rinde liegenden, schlafenden Knospen wieder auszutreiben. *E. regnans* (S-Australien) ist mit über 100 m Höhe die höchste Angiosperme; wichtiger Celluloselieferant für Zeitungspapier. *E. sideroxylon* lagert in den Zellwänden Silicium ein u. besitzt daher äußerst hartes, seewasserresistentes Holz. *E. radiata* enthält bes. viele äther. Öle, die aus den Blättern durch Destillation gewonnen werden. Der Tasmanische Blaugummibaum od. Fieberbaum *(E. globulus)* wird neben anderen Arten in außeraustral., warm-gemäßigten Gegenden angebaut, so in Brasilien, Italien, N-Afrika u. Kalifornien. Wegen seiner hohen Verdunstungsrate dient er zum Entwässern v. Sümpfen. Aus den Blättern wird *Eucalyptusöl* gewonnen. B Australien III.

Eucampia *w* [v. gr. eukampēs = schön gebogen], Gatt. der ↗ Biddulphiaceae.

Eucarida [Mz.; v. *eu-, gr. karides = Art längl. Seekrebse], Überord. der *Malacostraca* (höhere Krebse) mit den beiden Ord. ↗ *Euphausiacea* u. ↗ *Decapoda*; charakterist. Merkmal: Carapax am Rücken mit allen Thorakalsegmenten verwachsen.

eucephal [v. *eu-, gr. kephalē = Kopf], Bez. für fußlose Larvenformen holometaboler Insekten, die einen vollständig ausgebildeten Kopf haben (insbes. bei Dipteren); ↗ acephal, ↗ hemicephal.

Eucera *w* [v. *eu-, gr. keras = Horn], Gatt. der ↗ Apidae.

Eucestoda [Mz.; v. *eu-, gr. kestos = Gürtel], U.-Kl. der ↗ Bandwürmer.

Eucharis *w* [gr., = angenehm, holdselig], Gatt. der ↗ Lobata.

Eucheilota *w* [v. *eu-, gr. cheilos = Lippe], Gatt. der ↗ Eucopidae.

Eucheuma *w* [v. *eu-, gr. cheuma = der Guß, das Naß], Gatt. der ↗ Gigartinales.

Euchone *w* [v. *eu-, gr. chōnē = Trichter, Tiegel], Gatt. der Polychaeten-Fam. *Sabellidae;* im flachen u. tieferen Wasser der westl. Ostsee *E. papillosa.*

Euciliata [Mz.; v. *eu-, lat. cilium = Lid, Wimper], Bez. für die Wimpertierchen ohne die Ord. der ↗ *Suctoria,* da diese nur als Schwärmer Wimpern besitzen.

Eucnide *w* [v. *eu-, gr. knidē = Nessel], Gatt. der ↗ Loasaceae.

Eucobresia *w,* Gatt. der Glasschnecken mit flachem, längl.-ohrförm. u. glasartig durchscheinendem Gehäuse, das den Weichkörper nicht völlig aufnehmen kann u. teilweise v. Mantellappen bedeckt wird. Die Schnecken bevorzugen feuchte Habitate in Mitteleuropa u. den Alpen. *E. diaphana* (Ohrförmige Glasschnecke) ist weitverbreitet in Wäldern u. Krautbeständen der Mittelgebirge u. Alpen; ihr Gehäuse wird 6,5 mm breit. *E. nivalis* (Alm-Glasschnecke) u. *E. pegorarii* (Gipfel-Glasschnecke) leben alpin oberhalb der Baumgrenze.

Eucoccidia [Mz.; v. *eu-, gr. kokkos = Kern, Beere], *Protococcidia,* U.-Ord. der ↗ Coccidia.

Eucommia *w* [v. *eu-, gr. kommi = Gummi], einzige Gatt. der vermutl. mit den Ulmengewächsen verwandten *Eucommiaceae,* umfaßt nur eine Art, den in den Gebirgen Mittel- und W-Chinas heim. Chinesischen Guttaperchabaum *(E. ulmoides).* Der laubwerfende, bis 9 m hohe Baum besitzt ulmenähnl. Blätter u. diözische Blüten (in den Achseln v. Tragblättern) ohne Blütenhülle. Die Frucht, eine Flügelnuß, besitzt trockene, zähe Flügel. Aus dem guttaperchaähnl. Milchsaft des Baums wird ein minderwert. Gummi gewonnen; die Rinde dient als Arzneimittel.

Eucommiaceae [Mz.; v. *eu-, gr. kommi = Gummi], Fam. der *Eucommiales* mit der einzigen Gatt. ↗ *Eucommia.*

Euconulus *m* [v. *eu-, gr. conus = Kegel], *Kegelchen,* Gatt. der *Euconulidae,* Landlungenschnecken mit gedrungen konischem Gehäuse v. maximal 3,5 mm ⌀; *E. fulvus* (Helles Kegelchen) ist holarkt. verbreitet u. lebt an feuchten Standorten in Wäldern u. auf Wiesen.

Eucopidae [Mz.; v. *eu-, gr. kōpē = Ruder], Fam. der *Thecaphorae-Leptomedusae;* in dieser Medusen-Fam. werden Medusen zusammengefaßt, deren Polypen zu den *Campanulariidae, Campanulinidae* od. den *Haleciidae* gestellt werden. Medusen mit zahlr. Schirmtentakeln u. meist 4 Radiärkanälen, an denen die Gonaden hängen. Der Magen ist eng u. das Velum manchmal zurückgebildet. Hierher gehören die Gatt. ↗ *Agastra, Eirene,* ↗ *Obelia* u. ↗ *Tima. Eucheilota maculata* (⌀ 13 mm) ist eine seltene Nordseeart, deren Polyp unbekannt ist. *Phialidium hemisphaericum* (Polyp *Campanularia johnstoni* mit einem ⌀ von 25 mm u. *Octorchis gegenbauri* (=

Eutima campanulata, Polyp *Campanopsis*) mit einem ⌀ v. 30 mm sind in den eur. Meeren anzutreffen. *Octorchis* hat ein schlauchartig verlängertes Mundrohr mit lippenähnl. Gebilden am freien Ende. Seltene Bewohner der Nordsee sind die Arten der Gatt. *Eutima;* dagegen ist *Eutonina indicans* (Polyp *Campanulina*) häufig; ihr Schirm erreicht 30 mm ⌀, der Glockenrand kann leuchten.

eucyclische Blüte [v. *eu-, gr. kyklos = Kreis, Ring], *cyclische Blüte,* deren Blütenteile (Kelch-, Kron-, Staub- u. Fruchtblätter) alle in Wirteln stehen. Ggs.: acyclische Blüte, hemicyclische Blüte.

Eucyte *w* [v. *eu-, gr. kytos = Hohlraum (heute: Zelle)], der Zelltyp der ↗Eukaryoten, ein v. einer Plasmamembran umgebener Zelleib, in dessen Grundsubstanz verschiedene Membransysteme (endoplasmat. Reticulum, Golgi-Apparat, verschiedenart. Cytosomen) eingebettet sind. Hieraus resultiert die reiche Kompartimentierung der E. Weiterhin besitzt die E. ein Cytoskelett, das verantwortl. für Form u. Bewegungsfähigkeit der Zelle u. ihrer Organellen ist u. aus einem Netzwerk v. im wesentl. drei Strukturelementen besteht: dem Actin-Myosin-, dem Tubulin- u. dem System der 10-nm-Filamente. Die Proteinsynthese erfolgt an cytoplasmat. 80S-Ribosomen. Die genet. Information der Zelle, das Genom (DNA), ist durch eine Doppelmembran (Kernhülle) v. übrigen Cytoplasma abgetrennt. Die DNA ist im Zellkern mit spezif. Proteinen (u.a. Histone) komplexiert (nucleosomale Organisation) u. auf mehrere Chromosomen verteilt. Daneben besitzt die E. semiautonome Organelle mit eigener genet. Information u. Proteinsynthese (die allerdings an 70S-Ribosomen vom Prokaryotentyp erfolgt): die v. doppelten Hüllmembranen umgebenen Mitochondrien (Zellatmung) u. im Falle der Pflanzenzelle außerdem die Plastiden, die in grünen Organen typischerweise als Chloroplasten (Photosynthese) vorliegen. Schließl. enthalten ausdifferenzierte Pflanzenzellen eine meist ausgedehnte Zellsaftvakuole, die zum Cytoplasma hin v. einer weiteren Elementarmembran (Tonoplast) abgegrenzt wird; nach außen hin werden sie durch eine feste Zellwand stabilisiert. Ggs.: ↗Protocyte. ↗Zelle (☐).

Eudendriidae [Mz.; v. *eu-, gr. dendron = Baum], Fam. der *Athecatae-Anthomedusae* mit breiten, kelchförm. Hydranthen u. trompetenförm. Mundrohr. Bei der Gatt. *Eudendrium,* die mit mehreren Arten in der Litoralzone der eur. Meere vertreten ist, sind die Medusen nicht frei. Die Polypen bilden ausgedehnte, baumartig verzweigte Stöckchen, die mitunter ganze Felspartien

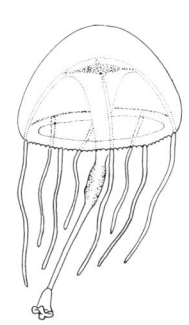

Eucopidae
Meduse der Gatt. *Octorchis*

Eugenik
Möglichkeiten eugen. Maßnahmen: Verhinderung der Weitergabe u. der Neuentstehung schädl. Erbanlagen *(negative E.),* Begünstigung der Weitergabe wertvoller Erbanlagen; aktive Änderung der Umweltbedingungen (i. w. S.) mit dem Ziel, schädl. Erbanlagen in ihrer Auswirkung zu kompensieren od. zu relativieren (Therapie i. w. S.). ↗Gentechnologie, ↗Genmanipulation.

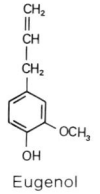

Eugenol

eu- [v. gr. eu(-) = schön, wohl, gut, recht], in Zss.: gut-, echt-, schön-.

überziehen können. Im Mittelmeer sind es die Arten *E. rameum* u. *E. racemosum.*

Eudia *w* [v. gr. eudios = still, heiter], Gatt. der Pfauenspinner, ↗Nachtpfauenauge.

Eudorina *w* [v. *eu-, gr. dōron = Gabe, Geschenk], Gatt. der ↗Volvocaceae.

Eudoxia *w* [= gr. Eigenname], Teilgruppe einer Hydrozoenkolonie (Staatsquallen), die sich ablöst u. ein eigenes planktont. Leben führt (↗ *Calycophorae*).

Eudoxioides *m* [v. ↗Eudoxia, gr. -oeidēs = -ähnlich], Gatt. der ↗Calycophorae.

Eudromias *m* [gr., = schneller Läufer], Gatt. der ↗Regenpfeifer.

Eudyptes *m* [v. *eu-, gr. dyptēs = Taucher], Gatt. der ↗Pinguine.

Eudyptula *w* [v. *eu-, gr. dyptēs = Taucher], Gatt. der ↗Pinguine.

Eu-Fagion *s* [v. *eu-, lat fagus = Rotbuche], das ↗Asperulo-Fagion.

Eugenia *w* [ben. nach dem östr. Feldmarschall Prinz Eugen, 1663–1736], Gatt. der ↗Myrtengewächse.

Eugenik *w* [v. gr. eugenēs = von guter Abstammung], *Erbgesundheitslehre, Erbhygiene,* von F. Galton eingeführter Begriff, die Wiss., die sich mit den Einflüssen beschäftigt, die die angeborenen Eigenschaften (des Menschen) verbessern, auch mit den Einflüssen, die die angeborenen Eigenschaften zu ihrer bestmögl. Entfaltung bringen (Übersetzung der urspr. Definition). Theoret. Begründung eugen. Maßnahmen ist aufgebaut auf dem weitgehend unbestrittenen Ergebnis humangenet. Forschung, daß die genet. ↗Bürde des Menschen groß ist. Prakt. Möglichkeiten einer effektiven Verbesserung des Genbestands der Population sind aber stark begrenzt, weil höchstwahrscheinl. jeder Mensch Träger mehrerer „schädl." Gene ist, auch wenn sie, weil rezessiv u. heterozygot, nicht in Erscheinung treten. Heute wird dem Appell an die Eigenverantwortlichkeit des Individuums deutl. der Vorrang gegeben gegenüber der früher übl. Forderung *(positive E.)* nach Maßnahmen v. seiten des Staates, dessen Aufgabe heute in der *präventiven E.* hpts. in der Mutationsprophylaxe (Zurückdämmung der Neuentstehung schädl. Erbanlagen, z.B. durch Vorschriften über Strahlenschutz) u. der Förderung legitimer genet. Forschung liegen sollte, die ihre Grenzen dort findet, wo auch die Freiheit der Wiss. immanenten Schranken unterworfen ist.

Eugenol *s* [v. bot. Eugenia = Gewürznelke, lat. oleum = Öl], intensiv nach Nelken riechender Bestandteil zahlr. äther. Öle; z.B. in Nelkenöl (80%), Piment- u. Pimentblätteröl (60–90%), Bayöl (60%) u. Zimtrindenöl enthalten; da E. durch Kaliumpermanganat od. Ozon zu ↗Vanillin

Euglena

oxidiert werden kann, dient es u. a. als Ausgangsstoff zur Vanillinherstellung; weiter findet es Verwendung bei der Parfümierung v. Seifen u. dgl.

Euglena w [v. gr. euglēnos = mit schönen Augen], *Augentierchen,* Gatt. der ⁊ Euglenophyceae.

Euglenales [Mz.; v. gr. euglēnos mit schönen Augen], Ord. der ⁊ *Euglenophyceae,* Flagellaten mit einer langen Schwimmgeißel u. einer sehr kurzen Nebengeißel; Pellicula meist streifig. Die ca. 150 Arten sind in 15 Gatt. zusammengefaßt. Sie können bis 500 μm groß werden, z. B. *Euglena oxyuris; E. viridis,* ca. 50 μm groß, tritt häufig in verunreinigten Tümpeln auf; *E. gracilis* ist gut kultivierbar, kann in farblose Form übergehen u. sich heterotroph ernähren (B Algen I). Die farblose *Astasia longa* ähnelt in Form der farblosen *E. gracilis.* Die ca. 200 Arten der Gatt. *Trachelomonas* besitzen feste Zellwände, die häufig durch Eisen- od. Manganeinlagerung dunkel gefärbt sind; vielfach Massenauftreten; häufig ist *T. valvocina.* Die 10 Arten der Gatt. *Colacium* sitzen mittels Gallertstiel auf plankt. Organismen (u. a. Copepoden, Diatomeen) fest; häufige Art *C. vesiculosum.* Die Arten der Gatt. *Phacus* besitzen gestreifte Pellicula, flachen Zellkörper; im Süßwasser häufig *P. pleuronectes.*

Euglenamorphales [Mz.; v. gr. euglēnos = mit schönen Augen, amorphos = unansehnlich], Ord. der Euglenophyceae; die beiden Gatt. *Euglenamorpha* u. *Hegneria* besitzen 7 gleichart. Geißeln, wurden bisher nur im Darm v. Kaulquappen gefunden; systemat. Wertigkeit ist strittig.

Euglenophyceae [Mz.; v. gr. euglēnos = mit schönen Augen, phykos = Tang], *Augenflagellaten,* Kl. der Algen mit 6 Ord. (ca. 40 Gatt. mit zus. etwa 800 Arten, davon ca. 220 farblose); Zellen am Apikalpol mit 1 od. 2 Geißeln, Stigma, pulsierende Vakuole, die Zellen sind schraubenförm. verdreht u. besitzen eine Pellicula. Sie ernähren sich phototroph, heterotroph od. phagotroph. Auch grüne E. können heterotroph leben, d. h. im Dunkeln gelöste organ. Nährstoffe aufnehmen. Reservestoff ist Paramylon, ein β-1,3-Glucan. Vermehrung erfolgt durch Längsteilung. Sexuelle Fortpflanzung ist nicht eindeutig nachgewiesen. Überwiegend Süßwasserbewohner; bevorzugen kleinere, an organ. Stoffen reiche Tümpel. Als Prototyp der *E.* gelten die Arten der Gatt. *Euglena* („Augentierchen", B Algen I). Die langgestreckten Einzeller, z. B. *E. spirogyra,* besitzen am Apikal- od. Geißelpol einen Schlund (Ampulle), aus dem eine lange Schwimmgeißel austritt. Im Innern liegt noch ein kurzer Geißelast; ferner befindet sich hier das orangerote

Euglenophyceae

Euglena ist zu einer phototakt. Änderung der Schwimmrichtung befähigt, wobei bes. kurzwelliges Licht (λ<550 nm) wirksam ist. Als Photorezeptor fungiert eine Anschwellung an der Basis der Schwimmgeißel, der *Paraflagellarkörper.* Die Richtungsänderung erfolgt im Zusammenspiel v. Photorezeptor u. Stigma od. Chloroplasten. Aufgrund der Geißelbewegung rotiert die Zelle bei ihrer Vorwärtsbewegung um ihre Achse. Bei seitl. einfallendem Licht wird dabei der Photorezeptor bei jeder Umdrehung einmal vom Stigma beschattet. Erfolgt eine Richtungsänderung hin zum einfallenden Licht, so daß der Photorezeptor nicht mehr durch das Stigma beschattet wird, spricht man v. einer *positiven Phototaxis.* Ist die Lichteinstrahlung zu intensiv, so daß es zu einer Schädigung der Chloroplasten kommen könnte, orientieren sich die Zellen v. der Lichtquelle weg *(negative Phototaxis),* wobei wohl die Chloroplasten so lange als Schattenspender für den Photorezeptor dienen, bis eine für die Photosynthese optimale Lichtregion erreicht ist.

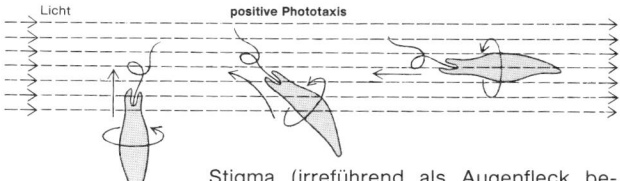

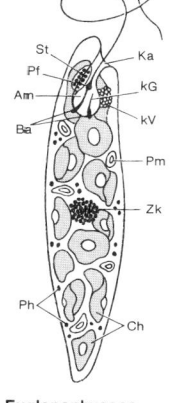

Euglenophyceae
Struktur einer *Euglena*-Zelle. Am Ampulle, Ba Basalkörper, Ch Chloroplasten, Ka Kanal, kG kurze Geißel, kV kontraktile Vakuolen, Pf Paraflagellarkörper, Ph Phospholipide, Pm Paramylon, Sg Schwimmgeißel, St Stigma, Zk Zellkern

Euglenophyceae

Ordnungen:
⁊ Euglenales
⁊ Euglenamorphales
⁊ Eutreptiales
Peranematales
Petalomonadales
Rhabdomonadales

Stigma (irreführend als Augenfleck bezeichnet), bestehend aus mehreren carotinhalt. Körperchen u. pulsierenden Vakuolen. E. zeigt phototakt. Reaktionen (vgl. Abb.). [Gatt. der ⁊ Apidae.

Euglossa w [v. *eu-, gr. glōssa = Zunge],
Euglypha w [v. *eu-, gr. glyphein = schnitzen, kerben], Gatt. der ⁊ Testacea.

Eugorgia w [v. *eu-, ben. nach Gorgō, ein myth. gespenst. Ungetüm], ein ⁊ Venusfächer.

Eugregarinida [Mz.; v. *eu-, lat. gregarius = gesellig], U.-Ord. der *Sporozoa,* bilden zus. mit den ⁊ *Schizogregarinida* die Ord. ⁊ *Gregarinida.* Je nach Gliederung des Zellkörpers unterscheidet man die beiden Fam. ⁊ *Monocystidae* u. ⁊ *Polycystidae.* E. sind parasit. Einzeller, die meist im Darm ihrer Wirte (bes. Anneliden u. Arthropoden) leben. Der Wirt infiziert sich mit Sporen, die im Darm Sporozoiten entlassen; diese wachsen heran (Trophozoiten) u. werden physiolog. zu Gamonten umgestimmt. Diese legen sich paarweise zus. (Gamontogamie) und bilden unter Vielfachteilung Gameten, die ihrerseits zu Zygoten verschmelzen. Jede Zygote umgibt sich mit einer festen Hülle u. fungiert als Spore zur Übertragung auf einen neuen Wirt; innerhalb der Sporen werden die infektiösen Sporozoiten gebildet. Es tritt keine Schizogonie auf. Die Entwicklung verläuft überwiegend extrazellulär. Die Gamonten sind bewegl.; bei vielen Arten gleiten sie langsam, was auf die Aktivität kontraktiler, in der außerordentl. kompliziert gebauten Pellicula liegender Fibrillen zurückzuführen ist. Die im Darm v. marinen Polychaeten lebenden Gamonten der Gatt. *Selenidium* führen schnelle Schlängelbewegungen aus. Die Gamonten mancher Arten werden sehr groß, z. B. erreicht *Porospora gigantea* im Darm des Hummers eine Länge v. 1 cm.

euhaline Zone w [v. *eu-, gr. halinos = salzig], Zone des Brackwassers mit 30–40‰ Salinität (Salzgehalt).

Euholometabola [Mz.; v. *eu-, gr. holos = vollständig, metabolē = Umwandlung], eigentl. holometabole Insekten, deren Larven stark Imago-unähnlich sind; ihre Metamorphose spielt sich im wesentl. in der Puppe ab; hierher alle Holometabola außer den Megaloptera, die als Eoholometabola abgetrennt werden; bei ihnen finden wichtige Umwandlungsprozesse bereits während des letzten Larvenstadiums statt.

Euhomininae [Mz.; v. *eu-, lat. homines = Menschen], U.-Fam. der ↗ Hominidae (Menschenartigen), umfaßt im Ggs. zu den ↗ Praehomininae od. ↗ Australopithecinae alle Angehörigen der Gatt. ↗ Homo, d. h. H. habilis, H. erectus u. H. sapiens.

eukarp [v. gr. eukarpos = fruchtbar], Bez. für Pilzarten der Oomycetes, Hyphochytriomycetes u. Chytridiomycetes, die bei der Fortpflanzung nur Teile des Thallus aufbrauchen, mit dem Rest aber ihr Wachstum fortsetzen. Ggs.: holokarp.

Eukaryoten [Mz.; v. *eu-, gr. karyon = Nuß(kern)], Eukaryonten, Organismen, die durch den Besitz eines Zellkerns u. eine reiche Kompartimentierung der Zelle durch Membranen (↗Eucyte) charakterisiert sind. Man nimmt heute an, daß alle eukaryot. Zellen von einer gemeinsamen, anaeroben, prokaryot. Ahnform abstammen, die durch Endocytose aerobe Bakterien aufnahm, aus denen sich dann die Mitochondrien entwickelten. Die autotrophen E. wären demnach analog durch Aufnahme v. Cyanobakterien in die Zelle entstanden, aus denen die Chloroplasten hervorgingen (↗Endosymbiontenhypothese). Ggs.: Prokaryoten.

eukone Augen [v. *eu-, gr. kōnos = Kegel], Typ des ↗Komplexauges, dessen Ommatidien vier Kristallzellen besitzen, v. denen jede intrazellulär einen Kristallkegel bildet. Diesen Augentyp besitzen z. B. Lauf-, Sandlauf- u. Schwimmkäfer, die meisten Schmetterlinge, Libellen, Haut- u. Geradflügler.

Eukrohnia w [v. *eu-, ben. nach dem Zoologen A. Krohn], fr. Krohnia, Gatt. der ↗ Chaetognatha (Ord. Phragmophora), mit zwei kosmopolit. Arten, die nur im Vorderkörper eine Transversalmuskulatur besitzen u. deren Rumpfflossen zu einem Flossensaum verschmolzen sind; die kaltstenotherme E. hamata häufig in tieferen Zonen von Skagerrak u. nördl. Nordsee.

Eulalia w [= gr. Frauenname], Gatt. der Polychaeten-Familie Phyllodocidae; bekannte Art. E. viridis, in Gesteinsspalten u. zw. Laminarien, Nordsee.

Eulamellibranchia [Mz.; v. *eu-, lat. lamella

eu- [v. gr. eu(-) = schön, wohl, gut, recht], in Zss.: gut-, echt-, schön-.

Eukaryoten
Die Begriffe Eukaryoten/eukaryotisch und entspr. ↗ Prokaryoten/prokaryotisch wurden von dem frz. Biologen Edouard Chatton (eucariotique u. procariotique; Ann. Sci. nat. Zool. 8 [5] [1925]) geprägt und zur allg. Kennzeichnung dieser zellulären Evolutionsstufen vorgeschlagen. Die im Deutschen häufig gebrauchte und zudem sprachl. nicht korrekt gebildete Form Eukaryonten/eukaryontisch bzw. Prokaryonten/ prokaryontisch sollte zweckmäßigerweise durch die ursprünglichen Chattonschen Termini ersetzt werden.

Eulen
Arten:
Schnee-Eule (Nyctea scandiaca)
Sperbereule (Surnia ulula)
Sperlingskauz (Glaucidium passerinum)
Steinkauz (Athene noctua)
Sumpfohreule (Asio flammeus)
↗Uhu (Bubo bubo)
Waldkauz (Strix aluco)
Waldohreule (Asio otus)

Waldohreule (Asio otus)

= Blättchen, gr. bragchia = Kiemen], Eulamellibranchiata, die ↗ Blattkiemer.

Eulamellibranchien [Mz.; v. *eu-, lat. lamella = Blättchen, gr. bragchia = Kiemen], die ↗ Blattkiemer.

Eulampetia w [v. gr. eulampēs = schön glänzend], Gatt. der Cydippea (Rippenquallen); die Larven von E. pancerina (= Gastrodes parasiticum) bohren sich in die gallert. Hülle v. Salpa fusiformis ein u. leben im Innern u. a. von Blutzellen des Wirts. Herangewachsen, verlassen sie ihn auf noch unbekannte Weise.

Eulecanium s [v. *eu-, gr. lekanion = Teller], Gatt. der ↗ Napfschildläuse.

Eulen, 1) Strigidae, Fam. der ↗ Eulenvögel mit 26 Gatt. u. 133 Arten; die größten E. sind die ↗ Uhus (Bubo); in Europa leben 12 Arten. Die 36 cm große Waldohreule (Asio otus) besitzt ohrähnl. Federbüschel am Kopf u. brütet in verlassenen Vogelnestern in lichten Wäldern u. Parks; das Männchen ruft dumpf blasend „huh huh", die fiependen Bettellaute der Jungen (ähnl. Rehkitz) sind weithin zu hören; umherstreifende Vögel versammeln sich winters zu Schlafgemeinschaften. Als Bodenbrüter kommt die nach der ↗Roten Liste „vom Aussterben bedrohte" Sumpfohreule (A. flammeus) in Mooren, ausgedehntem Wiesenland u. Dünen vor; sie jagt auch tags; die nordeurasiat. Populationen verbringen den Winter in südl. Regionen. Die häufigste E. in Dtl. ist der 38 cm große Waldkauz (Strix aluco, ⓑ Europa XIV); er brütet in großen Baumhöhlen, auch Gebäuden u. Nistkästen; Ruf „kjuwitt" u. weithallende heulende Strophen. Obstwiesen mit alten Bäumen, Ruinen u. Steinbrüche bevorzugt der „stark gefährdete" 22 cm große Steinkauz (Athene noctua, ⓑ Mediterranregion III). Mit 16,5 cm ist der „vom Aussterben bedrohte" Sperlingskauz (Glaucidium passerinum) die kleinste eur. E.; er bewohnt ausgedehnte Bergwälder, ist auch tags aktiv u. jagt neben Kleinsäugern auch Vögel. Die tagaktive, im nördl. Nadelwaldgürtel der Alten u. Neuen Welt beheimatete Sperbereule (Surnia ulula) ähnelt im Flugbild einem Falken; winters weicht sie nach S aus; in beutearmen Jahren kann die Brut ausfallen. Ein überwiegend weißes Gefieder kennzeichnet die ebenfalls im N verbreitete, bis 66 cm große Schnee-Eule (Nyctea scandiaca, ⓑ Polarregion I); ihre Populationsdynamik ist eng mit derjenigen ihrer Beutetiere, den Lemmingen u. Wühlmäusen, korreliert. **2)** die ↗Eulenfalter.

Eulenfalter, 1) Eulen, Noctuidae, größte Schmetterlings-Fam. mit ca. 25 000 Arten, die weltweit in allen Klimazonen u. Höhenstufen vorkommen; in Mitteleuropa ca. 650 Arten; Name wegen des „eulenart." Kop-

Eulenfalter

Eulenfalter
Auswahl einheimischer Eulenfalter:

Noctuinae
 ↗ Saateule *(Scotia [Agrotis] segetum)*
 Graseule *(S. exclamationis)*
 Ypsiloneule *(S. ipsilon)*
 ↗ Hausmutter *(Noctua pronuba)*
 Gelbe ↗ Bandeule *(N. fimbriata)*

Hadeninae
 ↗ Kohleule *(Mamestra brassicae)*
 Gemüseeule *(M. oleracea)*
 Erbseneule *(M. pisi)*
 ↗ Nelkeneule *(Hadena compta)*
 ↗ Forleule *(Panolis flammea)*

Cuculliinae
 ↗ Mönche *(Cucullia spp.)*
 Braunes Moderholz *(Xylena vetusta)*

Apatelinae
 Pfeileule *(Apatele psi)*
 Kleine Flechteneule *(Cryphia domestica)*

Amphipyrinae
 Schwarzes ↗ Ordensband *(Mormo maura)*
 ↗ Achateule *(Phlogophora meticulosa)*
 Trapezeule *(Cosmia trapezina)*
 ↗ Schilfeulen *(Nonagria spp.)*
 Agrotis venustula

Nycteolinae (↗ Kahnspinnereulen)
 Kleine Kahnspinnereule *(Bena prasinana)*

Plusiinae (↗ Goldeulen)
 Messingeule *(Plusia chrysitis)*
 ↗ Gammaeule *(Autographa gamma)*

Catocalinae (Ordensbänder)
 Blaues ↗ Ordensband *(Catocala fraxini)*
 Braune ↗ Tageule *(Ectypa glyphica)*

Ophiderinae
 ↗ Zimteule *(Scoliopteryx libatrix)*
 Pilzeule *(Parascotia fuliginaria)*

Hypeninae (↗ Palpeneulen)
 Schnabeleule *(Hypena proboscidalis)*

fes u. der leuchtend reflektierenden Augen. Sehr kleine bis sehr große Vertreter (Spannweite 5–300 mm, ↗ Agrippinaeule), einheim. Arten bis 100 mm (z. B. Blaues ↗ Ordensband); Körper allg. kräftig, Fühler lang, vielgestaltig; charakterist. Muster auf den Vorderflügeln („Eulenzeichnung", ☐ 203), diese meist schmäler u. länger als die zeichnungsarmen Hinterflügel; Zeichnung allg. düster graubraun, Ausnahmen bei uns z. B.: grüne ↗ Kahnspinnereulen, die ↗ Bandeulen mit gelben u. die Ordensbänder mit bunten Hinterflügeln, die ↗ Goldeulen mit metall. Flecken, Vorderflügel bedecken in Ruhe Körper dachförmig, dabei oft gut getarnt: z. B. ähneln die Moderholzeulen *(Xylena spec.)* einem Holzstückchen. Die meisten E. sind dämmerungs- od. nachtaktiv, tags fliegen aber z. B. die ↗ Gammaeule u. die ↗ Tageulen; Flugvermögen allg. sehr gut, darunter Wanderfalter wie die Gammaeule, ↗ Achateule u. die Ypsiloneule *(Scotia ipsilon)*. Rüssel fast immer vorhanden, besucher typ. Nachtfalterblumen, Weidenkätzchen u. a., aber auch Baumsäfte, Blattlaushonig, überreifes Obst; die E. lassen sich mit süßen Ködersäften anlocken, manche Arten (z. B. trop. *Ophiderinae*) können als Früchtebohrer schädl. werden, die trop. *Calyptra eustrigata* saugt sogar Säugerblut, andere Vertreter auch an Tränenflüssigkeit. Palpen immer vorhanden, bei den ↗ Palpeneulen bes. lang. Gehörorgane (Tympanalorgane) seitl. am Metathorax, sensibel im hochfrequenten Bereich, in dem Fledermäuse Beute mit ↗ Echoorientierung erjagen, Falter reagieren mit Zickzackflug od. Fallenlassen. E. bei uns meist nur in einer Generation, Überwinterung in allen Stadien mögl., seltener als Falter (Wintereulen), z. B. die ↗ Zimteule. Larven meist nackt, seltener stärker behaart od. mit Borstenbüscheln (z. B. Gatt. *Apatele*), manchmal vordere Bauchfüße fehlend; fressen vorwiegend nachts an ober- od. unterird. (↗ Erdraupen) Pflanzenteilen. Spezialisten sind z. B.: an Baumschwämmen die Pilzeule *(Parascotia fuliginaria)*, an Flechten u. Algen die Flechteneulen *(Cryphia spec.)*, in Samenkapseln die ↗ Nelkeneulen, in Stengeln u. Wurzelstöcken die ↗ Schilfeulen; die Larve von *Agrotis venustula* verzehrt mit Fabaceen-Blüten auch daraufsitzende Schildläuse, die „Mordraupen" einiger Arten, wie *Cosima trapezina*, leben an Laubhölzern, verschmähen aber v. a. in Zuchtbehältern nicht einmal ihre Artgenossen. Beispiele für wirtschaftl. bedeutsame Schädlinge sind die ↗ Saateule an Getreide u. a., die ↗ Forleule an Kiefern, die ↗ Kohleule, die Erbseneule *(Mamestra pisi)* u. die Gemüseeule *(M. oleracea)* im Gemüsebau, *Heliothis zea* („corn-bollworm") in Amerika an Mais, Baumwolle u. a.; *Mythimna unipuncta* („armyworm") ist ein verbreiteter Reisschädling. Verpuppung an od. in Futterpflanzen, meist jedoch an od. unter der Erde in einem zerbrechl. Erdkokon, typ. Mumienpuppe. B Insekten IV. 2) Gatt. *Caligo* der ↗ Brassolidae. *H. St.*

Eulenspinner, Wollrückenspinner, Thyatiridae, *(Cymatophoridae)*, weltweit verbreitete Schmetterlings-Fam. mit ca. 150 Arten, einheim. etwa 10 Vertreter. Mittelgroße nachtaktive Falter mit eulenfalterart. Zeichnung der Flügel, meist unscheinbar gefärbt. Raupen nackt, glatt od. mit Höckern, leben zw. lose zusammengesponnenen Blättern v. Laubhölzern, darin Verpuppung od. an bzw. in der Erde; Puppenstadium überwintert. Beispiel: die Roseneule *(Thyatira batis)* in lichten Wäldern, Vorderflügel graubraun mit rosafarbenen Flecken (Spannweite ca. 35 mm), 2 Generationen, Raupen an *Rubus*-Arten, als Junglarve mit Vogelkot-artigem Habitus.

Eulenvögel, *Strigiformes*, Ord. meist nachtaktiver Vögel mit 28 Gatt. u. 144 Arten, die auf 2 Fam. (↗ Schleiereulen, ↗ Eulen) verteilt sind. Großer Kopf mit nach vorn gerichteten, v. einem strahlenförm. Federkranz (Schleier) umgebenen Augen, sehr weiches graues od. braunes, gesprenkeltes Gefieder; wurden fr. auch als „Nachtgreifvögel" bezeichnet wegen einiger äußerer Ähnlichkeiten mit den Greifvögeln (spitzer Hakenschnabel, scharfe gebogene Krallen); diese Merkmale sind jedoch rein konvergente Entwicklungen als Folge einer ähnl. Ernährungsweise, das Jagen v. Kleinsäugern u. Vögeln; mit den Greifvögeln nicht näher verwandt, vielmehr stehen sie aufgrund des Skelettbaus, des Darmsystems u. der Befiederung den Schwalmvögeln nahe. Unverdaul. Nahrungsreste wie Haare, Federn u. Knochen werden als Gewölle ausgespien; hieraus läßt sich jeweils das Nahrungsspektrum ermitteln. Die Weichheit des Gefieders, insbes. auch an der Flügelvorderkante, ermöglicht einen geräuschlosen Flug. Das opt. ↗ Auflösungsvermögen ist höher als beim Menschen, bedingt durch eine größere Stäbchenzahl pro Netzhaut-Flächeneinheit; ebenso ist die zeitl. Auflösung opt. Bilder höher; die Gesichtsfelder der nach vorne gerichteten Augen überlappen sich in einem weiten Bereich u. erlauben damit ein ausgeprägtes räuml. Sehen; der relativ kleine Blickwinkel wird dadurch kompensiert, daß der Kopf bis zu 270° gedreht werden kann. Als bes. wichtig für die meist nächtl. Jagd sind die Hörempfindlichkeit u. die Fähigkeit des Richtungshörens gut ausgeprägt; aus der zeitl. Differenz des auf beide Ohröffnungen auftreffenden Schalls wird – wie beim Menschen – die Richtung ermittelt; bewegl. befiederte Hautfalten am Ohr u. der Gesichtsschleier dienen als Schalltrichter; bei manchen Arten unterstützen beidseitig unterschiedl. gestaltete Ohröffnungen das Richtungshören. Viele E. verfügen über ein umfangreiches Stimmrepertoire; es sind meist auf „u" und „i" klingende Laute; die Balzrufe der Männchen sind im Spätwinter u. Frühjahr in windarmen, klaren Nächten zu hören. Die E. nisten meist in dunklen Höhlungen v. Bäumen, Gebäuden u. Felsen; die am. Kanincheneule (*Speotyto cunicularia,* B Nordamerika III) brütet in verlassenen Erdhöhlen v. Kleinsäugern; eigentl. Nester werden nicht gebaut, lediglich die bodenbrütende Sumpfohreule (*Asio flammeus,* ↗Eulen) sammelt trockene Pflanzenteile als Nistunterlage. Gelegegröße u. Anzahl der zur Brut schreitenden Paare variieren vielfach stark in Abhängigkeit v. Nahrungsangebot. Die weißen kugel. Eier (2–14 pro Gelege) werden v. dem i.d.R. größeren Weibchen bebrütet, u. zwar bereits v. der Ablage des ersten Eies an; dies hat zur Folge, daß die nach 4–5 Wochen schlüpfenden Jungen innerhalb einer Brut unterschiedl. groß sind („Orgelpfeifen"); in nahrungsarmen Jahren können speziell die kleinsten Jungen („Nesthäkchen") verhungern u. den stärkeren Nestgeschwistern zum Opfer fallen; dadurch erhöhen sich deren Überlebenschancen; dieser Mechanismus ist als verfeinerte Anpassung an ein schwankendes Nahrungsangebot anzusehen. Die E. sind vielerorts v.a. infolge fortschreitender Lebensraumzerstörung im Bestand gefährdet (entspr. der ↗Roten Liste 6 von 8 der in Dtl. brütenden Arten); mit Schutzmaßnahmen wie Anbringen v. Nisthöhlen, Gefangenschaftsaufzucht mit nachfolgender Freilassung u. a. ist Hilfe mögl.   M. N.

Euler-Chelpin [-kelpin], **1)** *Hans Karl August Simon* von, dt.-schwed. Chemiker, * 15. 2. 1873 Augsburg, † 7. 11. 1964 Stockholm; seit 1906 Prof. in Stockholm; grundlegende Forschungen über alkohol. Gärung, Vitamine (wies Carotin als Provitamin A nach), Enzyme u. Coenzyme (1935 Strukturaufklärung v. NAD) u. Chemie der Tumore; erhielt 1929 zus. mit A. Harden den Nobelpreis für Chemie. **2)** *Ulf Svante* von, Sohn v. 1), schwed. Physiologe, * 7. 2. 1905 Stockholm, † 10. 3. 1983 ebd.; seit 1939 Prof. ebd.; entdeckte die Prostaglandine u. ihre chem. Natur, klärte die Funktion des Noradrenalins als chem. Informationsübermittler in den Nervenleitungen auf; erhielt 1970 zus. mit J. Axelrod u. B. Katz den Nobelpreis für Medizin.

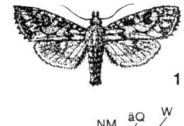

Eulenfalter
1 Eulenfalter *(Scotia spec.)*.
2 Charakteristisches Muster („Eulenzeichnung") auf dem Vorderflügel eines Eulenfalters. MS Mittelschatten, NM Nierenmakel, RM Ringmakel, ZM Zapfenmakel, Pf Pfeilflecke, äQ äußere Querlinie, bQ basale Querlinie, iQ innere Querlinie, S Saumlinie mit Saumflecken, W Wellenlinie, WS Wurzelstrieme.

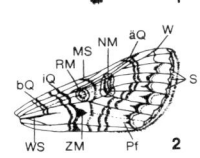

H. von Euler-Chelpin

U. S. von Euler-Chelpin

eu- [v. gr. eu(-) = schön, wohl, gut, recht], in Zss.: gut-, echt-, schön-.

Eulima *w* [v. *eu-, gr. limos = Hunger], ↗Pfriemenschnecken.

Eulimella *w* [v. *eu-, gr. limos = Hunger], Gatt. der *Pyramidellidae,* sehr kleine Hinterkiemerschnecken mit getürmtem Gehäuse; *E. acicula* hat ein glasartig-weißes Gehäuse (etwa 2 mm hoch), lebt im Mittelmeer auf Schlammböden, an Schwämmen u. Seescheiden.

Eulimidae [Mz.; v. *eu-, gr. limos = Hunger], *Melanellidae,* Fam. der ↗Zungenlosen, Schnecken mit turmförm., glattem u. glänzendem Gehäuse; leben teils frei, teils auf od. in Stachelhäutern; die parasitierenden Arten haben einen Saugrüssel; dafür sind Kiefer u. Radula meist reduziert. Gatt.: *Balcis, Melanella* u. *Eulima* (↗Pfriemenschnecken).

Eulota *w,* veralteter Gatt.-Name der Strauchschnecken (↗*Bradybaena*).

Eumeces *m* [v. gr. eumēkēs = ziemlich lang], Gatt. der ↗Skinke.

Eumelanine [Mz.; v. gr. eumelanos = mit guter Tinte], schwarze bis braune, unlösl., stickstoffhalt. Haarpigmente, die sich aus Tyrosin durch enzymat. Oxidation bilden. Die dunklen Haarfarben werden hpts. durch E. bedingt. ↗Haare.

Eumenes *m* [gr., = wohlwollend (euphemist. für Furie)], Gatt. der ↗Eumenidae.

Eumenia [Mz.; v. eumenēs = wohlwollend (euphemist. für Furie)], die ↗Polyphysia.

Eumenidae [Mz.; v. gr. eumenēs = wohlwollend (euphemist. für Furie)], *solitäre Faltenwespen,* artenreiche Fam. der Hautflügler; schmale, schwarz-gelb gezeichnete Insekten mit in der Ruhe längs gefalteten Flügeln (Name), die dadurch sehr schmal erscheinen. Im Erscheinungsbild sind sie den ↗*Vespidae* (sozialen Faltenwespen) ähnl., unterscheiden sich v. diesen jedoch in der Lebensweise. Die E. bilden keine Staaten, sondern das Weibchen baut ein einzelnes Nest aus, je nach Gatt., unterschiedl. Materialien. Sie leben räuberisch, indem sie jeweils spezif. Insektenlarven durch Stich lähmen u. fliegend in ihr Nest tragen. Dort wird ein Ei zu dem Beutetier gelegt u. der Bau v. außen verschlossen. Die Larve ernährt sich v. der Beute. Dieses Nistverhalten erinnert an die ↗Grabwespen. In Mitteleuropa zwei Gattungen: Die Pillenwespen *(Eumenes)* sind 11–14 mm lang u. haben an der Wespentaille ein verlängertes Segment (2. Hinterleibssegment); bauen ihr kugel. Nest (ca. 15 mm ⌀) aus Lehm, den sie in Form kleiner Kügelchen (Name) herbeibringen u. mit Speichel aufweichen; pro Nest wird nur ein Ei abgelegt. Die Lehmwespen (Mauerwespen, Gatt. *Odynerus*) sind mit ca. 3000 Arten weltweit verbreitet; bauen Höhlen in Sand, Lehm, Pflanzenstengel od. anderen

eumer

Substraten; oft wird dem Höhleneingang noch ein nach unten gebogenes Röhrchen aus Lehm aufgesetzt.

eumer [v. *eu-, gr. meros = Teil], Bez. für holometabole Insektenlarven mit voller Segmentzahl.

Eumerus m [v. *eu-, gr. meros = Teil], Gatt. der ↗Schwebfliegen.

Eumetazoa [Mz.; v. *eu-, gr. meta = nach, hinter, zōa = Lebewesen, Tiere], *Histozoa, Gewebetiere,* Gesamtheit der *Metazoa* (vielzellige Tiere) mit Ausnahme der *Porifera* (Schwämme) u. *Mesozoa.*

Eumetopias m [v. *eu-, gr. metōpias = mit großer Stirn], Gatt. der ↗Seelöwen.

Eumycetes [Mz.; v. *eu-, gr. mykētes = Pilze], die ↗Höheren Pilze.

Eumycophyta [Mz.; v. *eu-, gr. mykēs = Pilz, phyton = Gewächs], die ↗Eumycota.

Eumycota [Mz.; v. *eu-, gr. mykēs = Pilz], *Eumycophyta, Eumycotina,* Abt. der Pilze, in der je nach taxonom. System verschiedene Pilzgruppen zusammengefaßt werden. In der älteren Einteilung nach Ainsworth (vgl. Tab.), die in der angewandten Forschung u. Phytopathologie noch oft benutzt wird, sind E. alle Pilze, denen Plasmodien od. Pseudoplasmodien fehlen u. die in vegetativen Entwicklungsstadien Mycelien ausbilden (im Ggs. zur Abt. der *Myxomycota*). In anderen (neueren) systemat. Einteilungen werden oft die Oomyceten als eigene Abt. *Oomycota* oder zusätzl. noch die Chytridiomyceten als Abt. *Chytridiomycota* von den E. abgetrennt; oder es werden nur die ↗Höheren Pilze, bei denen bewegl. Sporen fehlen, als E. (od. *Amastigomycota*) bezeichnet. In modernen Systemen wird die Bez. E. nicht mehr verwendet u. nur noch ein Teil der früheren Pilze im Reich der Pilze *(↗Fungi)* eingeordnet.

Eumycotina [Mz.; v. *eu-, gr. mykēs = Pilz], die ↗Eumycota.

Eunapius m [wohl ben. nach dem gr. Gesch.schreiber Eunapios v. Sardes, um 345–420 n. Chr.], Gatt. der Schwamm-Fam. *Spongillidae;* bekannteste Arten *E. fragilis (Spongilla fragilis),* Mitteleuropa; *E. igloviformis,* N- u. S-Amerika.

Eunectes m [v. *eu-, gr. nēktēs = Schwimmer], ↗Anakonda.

Eunicella w [ben. nach der Nymphe Euneikē], *Seefächer,* Gatt. der ↗Hornkorallen; sie stellen mehr od. weniger verzweigte Polypenstöcke dar, die mehr als ½ m hohe Sträucher bilden. In den eur. Meeren sind sie recht häufig. *E. verrucosa,* die Warzenkoralle der Nordsee u. des Atlantik, ist orangefarben. Dies beruht auf Carotinoiden, die in den lebenden Zellen eingebettet sind. Deshalb verschwindet die Farbe beim toten Stock. *E. stricta* (weiß) u. *E. ca-*

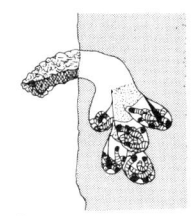

Eumenidae
Nest der Lehmwespe *(Odynerus spinipes)*

Eunicida
Wichtige Familien:
*Arabellidae
Dorvilleidae
Eunicidae
Histriobdellidae
Ichthyotomidae
Lumbrineridae
Lysaretidae
Onuphidae*

Eumycota
Unterabteilungen und Klassen der *Eumycota* (Echte Pilze) nach Ainsworth, 1973 (veraltet, doch oft angewandt):

1. Mastigomycotina
   *Chytridiomycetes
   Oomycetes*
2. Zygomycotina
   (Jochpilze)
   *Zygomycetes
   Trichomycetes*
3. Ascomycotina
   (Ascomycetes,
   Schlauchpilze)
   *Hemiascomycetes
   Plectomycetes
   Pyrenomycetes
   Discomycetes
   Laboulbeniomycetes
   Loculoascomycetes*
4. Basidiomycotina
   (Basidiomycetes,
   Ständerpilze*)*
   *Hymenomycetes
   Gasteromycetes*
   (Bauchpilze)
   Teliomycetes
   (Rost- u. Brandpilze)
5. Deuteromycotina
   (*Fungi imperfecti)*
   Hyphomycetes
   (Fadenpilze)
   Coelomycetes
   (Coelomyceten)
   Blastomycetes
   (Sproßpilze, imperfekte Hefen)

volinii (gelb) sind häufige Mittelmeerarten; letztere bildet bes. große u. stark verzweigte Fächer zw. 15 u. 100 m Tiefe. Da die Art sehr attraktiv ist u. bei Präparation ihre Farbe behält, ist sie durch Taucher u. Sammler gefährdet. ☐ 205.

Eunicida [Mz.; ben. nach der Nymphe Euneikē], Ord. der Ringelwurm-Kl. *Polychaeta* (Borstenwürmer); Kennzeichen: ein gut entwickeltes Prostomium mit od. ohne Antennen u. Palpen; erstes od. die beiden ersten Segmente ohne Parapodien; Parapodien der übr. Segmente dorsal wenig bis stark reduziert; vorstülpbare Schlundtasche mit Kieferapparat.

Eunicidae [Mz.; ben. nach der Nymphe Euneikē], Ringelwurm-Fam. der *Eunicida;* Körper lang u. meist in mehrere Abschnitte unterteilt; Prostomium mit 1, 3 od. 5 Antennen u. 2 kugelförm. Palpen; vordere Segmente mit od. ohne Tentakelcirren; Parapodien einästig; mit od. ohne faden- od. kammförm. Kiemen über dem Parapodium; 5–6 Kiefer. Bewohner v. Röhren, Löchern u. Spalten in den warmen Meeren. Bei einigen Arten Fortpflanzung durch ↗Epitokie. Wichtige Gatt. *Marphysa* u. *Eunice* (↗Palolowurm).

Eunotiaceae [Mz.; v. gr. eunōtos = mit starkem Rücken], Fam. der *Pennales* (Kieselalgen), U.-Ord. *Raphidioidineae;* Zellen weisen an Valvarenden den Anfang einer Raphe auf; hierzu nur 3 Gatt.; *Eunotia* ist mit ca. 100 Arten im Süßwasser u. fossil bekannt; die Zellen sind gekrümmt, an der konvexen Seite oft gewellt; *E. arcus* und *E. robusta* häufig in sauberen Gewässern. Weitere Gatt. sind *Peronia, Actinella.*

Eunuchismus m [v. gr. eunouchismos = Kastration], bei Knaben Folge eines angeborenen od. erworbenen Mangels an männl. Sexualhormon (Testosteron); Ursache: meist angeborene Schädigung des Keimepithels, bei Fehlen od. nach Entfernung der Hoden. Symptome sind Hochwuchs, fehlende Sekundärbehaarung, unterentwickeltes Genitale, hohe Stimme, erhöhte Gonadotropine. Treten die Symptome in abgeschwächter Form auf, spricht man v. *Eunuchoidismus.* ↗Klinefelter-Syndrom.

Euomphalia w [v. *eu-, gr. omphalos = Nabel], Gatt. der *Helicidae,* Laubschnecken mit gedrückt-rundl., hornfarb. Gehäuse, verbreitet in Europa u. Kaukasien. *E. strigella,* die Große Laubschnecke, erreicht 18 mm ⌀, Gehäuse weit genabelt; lebt in Mitteleuropa in Gebüsch u. lichten Wäldern. [↗Spindelstrauch.

Euonymus m [gr., = Spindelbaum], der
Euophrys w [gr., = mit schönen Augenbrauen], Gatt. der ↗Springspinnen.

Eupagurus m [v. *eu-, gr. pagouros = Taschenkrebs], *Pagurus,* Gatt. der ↗Einsiedlerkrebse.

Eupantothēria [Mz.; v. *eu-, gr. pantes = alle, thēria = Tiere], (Marsh 1880), † Ord. der Säugetiere, deren Repräsentanten wahrscheinl. v. Kuehneotherium-artigen Vorfahren abstammen u. wohl auch die Vorfahren der Marsupialier u. Placentalier enthalten. Die Kenntnis ihrer Anatomie beschränkt sich auf Kiefer u. Zähne. Die E. ernährten sich wahrscheinl. insectivor u. carnivor. Derzeit können unterschieden werden: Fam. *Amphitheriidae* (mittlerer Jura v. Europa), *Peramuridae* (oberer Jura v. Europa), *Paurodontidae* (oberer Jura v. Europa u. N-Amerika, ? O-Afrika) u. *Dryolestidae* (oberer Jura u. Unterkreide v. Europa u. N-Amerika). Kermack u. Mussett haben 1958 den alten Namen E. wieder eingeführt, um zu vermeiden, daß der Name *Pantotheria* sowohl für die Infra-Kl. als auch die Ord. benutzt werden mußte.

Euparkerella w, Gatt. der ↗Südfrösche.

Eupatōrium s [v. gr. eupatorion = Odermennig], der ↗Wasserdost.

Eupemphix w [v. *eu-, gr. pemphix = Hauch, Atem], *Physalaemus,* Gatt. der ↗Südfrösche; ↗Augenkröten.

Eupenicillium s [v. *eu-, lat. penicillus = Pinsel], Gatt. der *Eurotiales* (Schlauchpilze), eine Hauptfruchtform der Formgatt. ↗*Penicillium.*

Euphänik w [v. *eu-, gr. phainein = erscheinen], postkonzeptionelle, nicht genet. Steuerung der menschl. Entwicklung durch den Menschen. Ggs.: ↗Eugenik.

Eupharynx w [v. *eu-, gr. pharygx = Schlund], Gatt. der ↗Aalartigen Fische.

Euphausiācea [Mz.; v. *eu-, gr. phausis = Schein, Glanz], Ord. der *Eucarida* mit ca. 90 garnelenart. Planktonkrebsen. Die größte Art, *Thysanopoda cornuta,* erreicht 8 cm. E. unterscheiden sich v. den Decapoda v. a. durch das Fehlen v. Maxillipeden u. durch den Besitz v. Exopoditen an den Thorakalbeinen. Fast alle Arten (Ausnahme *Bentheuphausia*) besitzen meist 10 hochentwickelte Leuchtorgane mit Reflektoren, Linsen u. Muskeln. Deshalb werden sie auch Leuchtkrebse gen. *Meganyctiphanes* leuchtet in bestimmten Abständen für 2–3 Sek. Das Leuchtvermögen steht u. a. in Zshg. mit der Schwarmbildung, außerdem verhindert es die Schattenbildung u. macht die Leuchtkrebse so für v. unten jagende Fische weniger sichtbar. E. bilden riesige Schwärme, v. a. in kälteren Meeren,

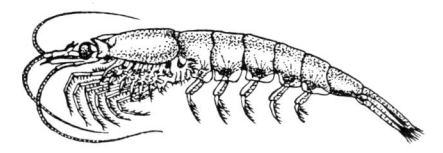

eu- [v. gr. eu(-) = schön, wohl, gut, recht], in Zss.: gut-, echt-, schön-.

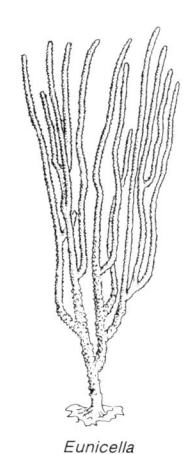

Eunicella

Euplectellidae
Skelett des Gießkannenschwamms
(Euplectella)

Euphausiacea
Meganyctiphanes

u. ernähren sich filtrierend. Manche Arten, u. a. *Euphausia superba,* bilden als ↗Krill die Hauptnahrung der Bartenwale. Schwärme v. *E. superba* können einem Räuber, z. B. Raubfisch, durch synchrone Massenhäutungen entgehen. Während sich die Krebschen entfernen, bleiben die Exuvien, gut sichtbar, schwebend im Wasser u. lenken den Räuber ab.

Euphorbia w [gr., ben. nach Euphorbos, Leibarzt des Königs Juba II. v. Mauretanien, 1. Jh. v. Chr.], die ↗Wolfsmilch.

Euphorbiaceae [Mz.; v. ↗Euphorbia], die ↗Wolfsmilchgewächse.

Euphorbiāles [Mz.; v. ↗Euphorbia], die ↗Wolfsmilchartigen.

Euphoria w [v. *eu-, gr. -phoros = tragend], Gatt. der ↗Seifenbaumgewächse.

euphōtische Region w [v. *eu-, gr. phōs, Gen. phōtos = Licht], *polyphotische Region,* die dem Licht ausgesetzte obere Wasserschicht des Süß- u. Salzwassers, in der eine reiche Entfaltung des Phytoplanktons möglich ist; entspricht im Süßwasser der trophogenen Zone u. im Meer dem Epipelagial. Ggs.: ↗aphotische Region.

Euphrasia w [gr., = Freude, Vergnügen], der ↗Augentrost.

Euphysa w [v. *eu-, gr. physa = Blase], Gatt. der ↗Tubulariidae.

Eupithēcia [Mz.; v. *eu-, gr. pithēkos = Affe], ↗Blütenspanner.

Euplantulae [Mz.; v. *eu-, lat. planta = Fußsohle], haftlappenart., dünnhäut. Gebilde an der Spitze v. Tarsalgliedern der Thorakalbeine vieler Insekten; haben meist Haftfunktion beim Laufen auf glattem Untergrund.

Euplectellidae [Mz.; v. *eu-, gr. plektos = geflochten, gedreht], Schwamm-Fam. der Kl. *Hexactinellida* (Glasschwämme); namengebende Gattung *Euplectella,* der Gießkannenschwamm; füllhornförmig, bis 60 cm hoch, Seitenwände v. Löchern, sog. Parietal-Oscula, durchbrochen, münden in den Zentralraum; Osculum des Zentralraums mit einem gitterart. Deckel verschlossen. Bekannteste Arten: *E. owenii,* in 200–300 m Tiefe vor Japan; im Zentralraum findet sich häufig ein Pärchen der Garnele *Spongicola venusta; E. aspergillum,* bei den Philippinen u. Molukken.

Euplectes m [v. *eu-, gr. plekein = flechten], Gatt. der ↗Webervögel.

Euplexaura w [v. *eu-, gr. plexis = das Flechten, Biegen], Gatt. der Hornkorallen; *E. antipathes,* die Schwarze Koralle, lebt im Roten Meer u. im Ind. Ozean, wo sie ca. 35 cm hohe buschart. Stöcke bildet. Die Achsen sind schwarzgefärbt u. kalklos; sie werden zu Schmuck verarbeitet. (Nicht zu verwechseln mit den auch Schwarze Korallen gen. Dörnchenkorallen.)

EUROPA I

Schweinswal (*Phocaena phocaena*)

Seeadler (*Haliaeëtus albicilla*)

Baßtölpel (*Sula bassana*)

Seehund (*Phoca vitulina*)

Die Küsten Europas werden von einer schmalen Zone salzbeeinflußter Vegetation gesäumt, deren Fauna und Flora im wesentlichen von der geographischen Breite abhängen. Eine besonders reiche, aber von zahlreichen menschlichen Aktivitäten bedrohte Tierwelt weisen vor allem die Wattenmeere auf.

Tundra
Boreale Nadelwaldzone (Taiga)
Sommergrüne Wälder
Steppen
Gebirge
Hartlaubgehölze

Tordalk (*Alca torda*)

Gryllteiste (*Cepphus grylle*)

Graugans (*Anser anser*)

Brandgans (*Tadorna tadorna*)

Stranddistel (*Eryngium maritimum*)

Trottellumme (*Uria aalge*)

1 Strandroggen (*Elymus arenarius*)
2 Strand-Aster (*Aster tripolium*)

Meerkohl (*Crambe maritima*)

Strand-Tausendgüldenkraut (*Centaurium vulgare*)

Strand-Grasnelke (*Armeria maritima*)

Milchkraut (*Glaux maritima*)

Silbermöwe (*Larus argentatus*)

Austernfischer (*Haematopus ostralegus*)

Eiderente (*Somateria mollissima*)

Sandregenpfeifer (*Charadrius hiaticula*)

Flußseeschwalbe (*Sterna hirundo*)

© FOCUS

EUROPA II

Die baumlose arktische Tundra tritt in Europa nur längs der Eismeerküste im Norden auf. Arktische Vegetation ganz ähnlicher Art prägt aber auch die obersten Bereiche der skandinavischen Gebirgsketten. Auch in dieser baumlosen Hochgebirgszone läßt sich eine deutliche, nach Norden absinkende Höhengliederung der Vegetation erkennen. So wachsen z. B. im Hochgebirge oberhalb 1500 m der Gletscher-Hahnenfuß und die Netz-Weide; zwischen 1500 m und 1050 m findet man z. B. die Krähenbeere und Silberwurz, unterhalb 1050 m bis zur Baumgrenze u. a. die Alpen-Bärentraube und den Pracht-Steinbrech.

Krumm-Birke (*Betula tortuosa*)
Falkenraubmöwe (*Stercorarius longicaudus*)
Gletscher-Hahnenfuß (*Ranunculus glacialis*)
Trollblume (*Trollius europaeus*)
Schwarze Krähenbeere (*Empetrum nigrum*)
Mornellregenpfeifer (*Eudromias morinellus*)
Schnee-Enzian (*Gentiana nivalis*)
Netz-Weide (*Salix reticulata*)
Nördlicher Eisenhut (*Aconitum septentrionale*)
Silberwurz (*Dryas octopetala*)
Alpen-Bärentraube (*Arctostaphylos alpinus*)
Pracht-Steinbrech (*Saxifraga cotyledon*)
Schneeammer (*Plectrophenax nivalis*)
Alpen-Milchlattich (*Cicerbita alpina*)
Vielfraß (*Gulo gulo*)

© FOCUS

EUROPA III

Alpen-Frauenmantel (*Alchemilla alpina*)

Singschwan (*Cygnus cygnus*)

Rauhfußbussard (*Buteo lagopus*)

Eisente (*Clangula hyemalis*)

Karlszepter (*Pedicularis sceptrum-carolinum*)

Blaukehlchen (*Luscinia svecica*)

Bergfink (*Fringilla montifringilla*)

Seidenschwanz (*Bombycilla garrulus*)

Lappländisches Rhododendron (*Rhododendron lapponicum*)

Flußuferläufer (*Tringa hypoleucos*)

Echte Engelwurz (*Angelica archangelica*)

Berglemming (*Lemmus lemmus*)

Goldregenpfeifer (*Pluvialis apricaria*)

Alpenschneehuhn (*Lagopus mutus*) im Übergangskleid

© FOCUS

EUROPA IV

Steinadler
(Aquila chrysaëtos)

Zwischen den Gebirgen Skandinaviens und dem Ural verläuft der breite Gürtel des borealen Nadelwaldes, Europas größtes Waldgebiet.

Hänge-Birke
(Betula pendula)
mit Kätzchen

1 Waldkiefer
(Pinus sylvestris)
mit staminatem Blütenstand
2 Fichte
(Picea abies)
mit staminatem Blütenstand
3 Zitter-Pappel
(Populus tremula)
mit Kätzchen

Traubenkirsche *(Prunus padus)*

Einblütiges Wintergrün
(Pyrola uniflora)

4 Gewöhnlicher Wacholder
(Juniperus communis)
5 Eberesche, Vogelbeere
(Sorbus aucuparia)

Wasseramsel
(Cinclus cinclus)

Moosglöckchen
(Linnaea borealis)

Frauenschuh
(Cypripedium calceolus)

6 Gewöhnliche Goldrute *(Solidago virgaurea)*
7 Heidekraut, Besenheide *(Calluna vulgaris)*
8 Preiselbeere *(Vaccinium vitis-idaea)*
9 Heidelbeere *(Vaccinium myrtillus)*

© FOCUS

EUROPA V

Ren
(*Rangifer tarandus*)

Elch
(*Alces alces*)

Kolkrabe
(*Corvus corax*)

Braunbär
(*Ursus arctos*)

Steinadler
(*Aquila chrysaëtos*)

Wolf
(*Canis lupus*)

Steinschmätzer
(*Oenanthe oenanthe*)

Rotdrossel
(*Turdus iliacus*)

Luchs
(*Lynx lynx*)

Unglückshäher
(*Perisoreus infaustus*)

Kiefernkreuzschnabel
(*Loxia pytyopsittacus*)

Wacholderdrossel
(*Turdus pilaris*)

Schneehase
(*Lepus timidus*)
im Winterkleid

Aakerbeere, Arktische Brombeere
(*Rubus arcticus*)

Wald-Sauerklee (*Oxalis acetosella*)

Schattenblümchen
(*Maianthemum bifolium*)

Wald-Storchschnabel
(*Geranium sylvaticum*)

© FOCUS

EUROPA VI

Bedingt durch die topographischen und klimatischen Besonderheiten, gibt es in Nordeuropa zahllose Seen und Moore. In Ufernähe wachsen u. a. Schilfrohr, Seebinse, Rohrkolben, Seerosen und Drachenwurz. Biber und Fischotter sind charakteristische Säugetiere; von den vielen Wasservögeln seien die Schell-, Reiher-, Krick- und die Stockente erwähnt.

Schwarz-Erle (*Alnus glutinosa*)

Schilfrohr (*Phragmites communis*)

Breitblättriger Rohrkolben (*Typha latifolia*)

Seebinse (*Schoenoplectus lacustris*)

Zungen-Hahnenfuß (*Ranunculus lingua*)

Weiße Seerose (*Nymphaea alba*)

Schlangenwurz, Drachenwurz (*Calla palustris*)

Strauß-Gelbweiderich (*Lysimachia thyrsifolia*)

Blut-Weiderich (*Lythrum salicaria*)

Gelbe Schwertlilie (*Iris pseudacorus*)

Teich-Schachtelhalm (*Equisetum fluviatile*)

Sumpf-Dotterblume (*Caltha palustris*)

Sumpf-Vergißmeinnicht (*Myosotis palustris*)

Gagelstrauch (*Myrica gale*)

Zweiblättrige Waldhyazinthe (*Platanthera bifolia*)

Kleine Wasserlinse (*Lemna minor*)

EUROPA VII

- Fischadler (*Pandion haliaëtus*)
- Rohrweihe (*Circus aeruginosus*)
- Höckerschwan (*Cygnus olor*)
- Prachttaucher (*Gavia arctica*)
- Rohrdommel (*Botaurus stellaris*)
- Stockente (*Anas platyrhynchos*)
- Haubentaucher (*Podiceps cristatus*)
- Gänsesäger (*Mergus merganser*)
- Schellente (*Bucephala clangula*)
- Sturmmöwe (*Larus canus*)
- Kampfläufer (*Philomachus pugnax*)
- Krickente (*Anas crecca*)
- Reiherente (*Aythya fuligula*)
- Großer Brachvogel (*Numenius arquata*)
- Bleßhuhn (*Fulica atra*)
- Lachmöwe (*Larus ridibundus*)
- Graureiher (*Ardea cinerea*)
- Biber (*Castor fiber*)
- Bekassine (*Gallinago gallinago*)
- Otter (*Lutra lutra*)
- Ringelnatter (*Natrix natrix*)
- Eisvogel (*Alcedo atthis*)
- Bisamratte (*Ondatra zibethica*)
- Sumpfschildkröte (*Emys orbicularis*)

EUROPA VIII

Das große Nadelwaldgebiet N-Europas wird von zahlreichen Seen, Sümpfen und Mooren unterbrochen. Sie verdanken ihre Entstehung dem Niederschlagsüberschuß und dem gehemmten Wasserabfluß aus den weithin ebenen Flächen.

Kranich (Grus grus)

Fieberklee (Menyanthes trifoliata)

Torfmoos (Sphagnum papillosum)

Sumpf-Porst (Ledum palustre)

1 Moor-Wollgras (Eriophorum vaginatum)
2 Zwergbirke (Betula nana)
3 Rauschbeere, Moorbeere (Vaccinium uliginosum)
4 Gewöhnliche Moosbeere (Oxycoccus palustris)

Moor-Glockenheide (Erica tetralix)

Moltebeere (Rubus chamaemorus)

Geflecktes Knabenkraut (Orchis maculata)

Gemeines Fettkraut (Pinguicula vulgaris)

Birkhuhn, Männchen (Lyrurus tetrix)

© FOCUS

EUROPA IX

Große Teile Mitteleuropas sind heute gerodetes Kulturland. Dieses Gebiet wurde früher von großen, zusammenhängenden Laub- oder Mischwäldern beherrscht. Heute sind nur noch geringe Reste dieses ursprünglichen europäischen Waldes vorhanden.

Hunds-Veilchen (Viola canina)

Mittlerer Klee (Trifolium medium)

Arznei-Schlüsselblume (Primula veris)

Wanderfalke (Falco peregrinus)

Singdrossel (Turdus philomelos)

Gamander-Ehrenpreis (Veronica chamaedrys)

Knöllchen-Steinbrech (Saxifraga granulata)

Scharbockskraut, Feigwurz (Ranunculus ficaria)

Maiglöckchen (Convallaria majalis)

1 Gartenrotschwanz (Phoenicurus phoenicurus)
2 Fitis (Phylloscopus trochilus)
3 Trauerschnäpper (Ficedula hypoleuca)

Frühlings-Platterbse (Lathyrus vernus)

Rundblättrige Glockenblume (Campanula rotundifolia)

Salomonssiegel (Polygonatum odoratum)

Gelbstern, Goldstern (Gagea lutea)

© FOCUS

EUROPA X

In den Laubwäldern Mitteleuropas ist die Rotbuche die häufigste Baumart. Sie dominiert auf Flächen mit mittleren Standortsbedingungen und wird lediglich auf sehr trockenen, armen, kalten oder nassen Standorten von anderen Baumarten verdrängt.

Sperber *(Accipiter nisus)*

Rot-Buche *(Fagus sylvatica)*

Rotfuchs *(Vulpes vulpes)* im Buchenwald

Stiel-Eiche *(Quercus robur)*

Kuckuck *(Cuculus canorus)*

Sal-Weide *(Salix caprea)*

Esche *(Fraxinus excelsior)*

Auerhuhn, Männchen *(Tetrao urogallus)*

Sauerdorn, Berberitze *(Berberis vulgaris)*

Marder *(Martes spec.)*

Haselhuhn *(Tetrastes bonasia)*

Igel *(Erinaceus europaeus)*

Spitz-Ahorn *(Acer platanoides)*

© FOCUS

EUROPA XI

Winter-Linde
(Tilia cordata)

Langohrfledermaus
(Plecotus spec.)

Schleiereule
(Tyto alba)

Hainbuche
(Carpinus betulus)

Grünling
(Carduelis chloris)

Haselstrauch
(Corylus avellana)

Erlenzeisig
(Carduelis spinus)

Hänfling
(Acanthis cannabina)

1 Schwarzspecht
  (Dryocopus martius)
2 Buntspecht
  (Dendroscopus major)
3 Grünspecht
  (Picus viridis)

Eibe
(Taxus baccata)

4 Kreuzotter
  (Vipera berus)
5 Glattnatter,
  Schlingnatter
  (Coronella austriaca)

Berg-Ulme
(Ulmus glabra)

Waldmaus
(Apodemus sylvaticus)

Spitzmaus
(Sorex araneus)

© FOCUS

EUROPA XII

Zwischen den Nadelwäldern Nordeuropas und der Zone sommergrüner Laubwälder in Mitteleuropa liegt eine breite Mischwaldzone, die sich im kontinentalen Teil Europas immer mehr verschmälert und schließlich an den Gebirgshängen des südlichen Urals ausklingt.

Mistel *(Viscum album)*

Siebenstern *(Trientalis europaea)*

Eingriffeliger Weißdorn *(Crataegus monogyna)*

Busch-Windröschen *(Anemone nemorosa)*

Leberblümchen *(Hepatica nobilis)*

Steinbeere *(Rubus saxatilis)*

Scharfer Hahnenfuß *(Ranunculus acris)*

Sumpfmeise *(Parus palustris)*

Blaumeise *(Parus caeruleus)*

Kohlmeise *(Parus major)*

Gimpel, Dompfaff *(Pyrrhula pyrrhula)*

Wald-Erdbeere *(Fragaria vesca)*

Gewöhnliche Zwergmispel *(Cotoneaster integerrimus)*

Buchfink *(Fringilla coelebs)*

Rotkehlchen *(Erithacus rubecula)*

Wintergoldhähnchen *(Regulus regulus)*

Berg-Johannisbeere *(Ribes alpinum)*

© FOCUS

Euplocamidae

Euplocamidae [Mz.; v. gr. euplokamos = schöngelockt], die ↗ Holzmotten.

Euploidie w [v. *eu-, gr. -plous = -fach], die Vervielfachung od. Reduzierung kompletter Chromosomensätze (↗ Chromosomenanomalien) in allen Zellen eines Organismus. Der Begriff E. wird unterteilt in ↗ Autopolyploidie, ↗ Allopolyploidie u. ↗ Haploidie. V. a. bei Pflanzen, die seit langem v. Menschen kultiviert werden, od. bei Pflanzen, die in extremen klimat. Gebieten vorkommen (z. B. im Polargebiet), findet man Serien v. Chromosomenzahlen, die Vielfache einer Grundzahl darstellen (Weizen hat z. B. 2×7, 4×7 oder 6×7 Chromosomen). Organismen, deren Chromosomensätze vervielfacht sind (allerdings auch Organismen, bei denen nur einzelne Chromosomen mehrfach vorliegen; ↗ Aneuploidie), werden als *polyploid* bezeichnet (diploid, triploid, tetraploid usw.). Bei polyploiden Pflanzen aus extremen Klimazonen besteht der Selektionsvorteil offensichtl. in der gesteigerten Möglichkeit zur Heterozygotie u. der damit verbundenen besseren Anpassungsfähigkeit. Bei den polyploiden Kulturpflanzen erfolgte die Selektion offensichtl. über den mit der *Polyploidisierung* meist einhergehenden größeren Wuchs. Ggs.: ↗ Aneuploidie u. ↗ Endopolyploidie.

Euplotes m [v. *eu-, gr. plōtēs = Schiffer], artenreiche, marin u. limnisch lebende Wimpertierchen-Gatt. der Ord. *Spirotricha* (U.-Ord. *Hypotricha*); oft in großen Individuendichten bes. in stehenden Gewässern, auch in Faulschlamm u. Moosrasen.

Euproctis w [v. *eu-, gr. prōktos = After], Gatt. der Trägspinner, ↗ Goldafter.

Euproctus m [v. *eu-, gr. prōktos = After], Gatt. der *Salamandridae*, ↗ Gebirgsmolche.

Euproteinämie w [v. *eu-, gr. prōtos = der erste, haima = Blut], Bez. für normale Verteilung der Blutproteinfraktionen im Serum; Ggs.: Dysproteinämie.

Euprotomicrus m [v. *eu-, gr. prōtos = der erste, mikros = klein], Gatt. der Unechten ↗ Dornhaie.

Euprox m [v. *eu-, gr. prox = hirschartiges Tier], (Stehlin 1928), † Gatt. der Muntjakhirsche *(Muntiacinae)* mit einem geneigten, einfachen Geweih auf langen Rosenstöcken, das am vordersten Punkt der Orbiten entspringt u. in erwachsenem Zustand nur aus Vorder- u. Hintersprossen besteht; die Gabelung erfolgt nahe der kräftig entwickelten Rose. Untere Molaren mit *Palaeomeryx*-Falte, P_4 kürzer als M_1, Gliedmaßen relativ lang u. schlank. Manche Autoren sehen den Namen *E.* als Synonym v. *Dicrocerus* Lartet 1837 an. Verbreitung: mittleres bis oberes Miozän (Orleanian bis Turolian) v. Europa.

---

eu- [v. gr. eu(-) = schön, wohl, gut, recht] in Zss.: gut-, echt-, schön-.

Europa

Oberfläche: 65% der Oberfläche gehören zum Rumpf, 27% entfallen auf die 4 angelagerten Halbinseln: Skandinavien, die Iber. Halbinsel, die Apennin- u. die Balkanhalbinsel; die vorgelagerten Inseln (darunter die Brit. Inseln) nehmen 8% der Fläche ein. Der v. den Pyrenäen bis zur Weichselniederung reichende dreieckige Rumpf läßt die große Dreigliederung erkennen: hinter den Küsten erstreckt sich ein fruchtbares *Tiefland* (= 60% der Fläche Gesamt-E.s) mit Aufschüttungs- u. Schwemmlandebenen; es geht nach S über in sanfte *Mittelgebirgslandschaften* (= 35% der Fläche) mit eingelagerten Senken. Sie sind die Reste der bis zur Permzeit eingeebneten 3 Faltengebirge des Kaledon., Armorikan. u. Varisk. Gebirges. Das orograph. Rückgrat E.s bildet das sich v. N-Afrika aus in großen Bögen um das Mittelmeer schlingende alpide u. dinarische *Faltengebirge.* Es steht geolog. im Ggs. zum Baltischen Schild u. zur Russ. Tafel in Ost-E., die bei der tertiären Faltung ein mächtiges Widerlager bildeten. Das *Gewässernetz* entspricht den orograph. Formen. 20% der eur. Flüsse entwässern zum Atlant. Ozean u. zur Nordsee, 26% zum Mittelmeer, 21% zur Ostsee, 15% zum Kasp. Meer, 13% zum Nördl. Eismeer.

Eupsophus m [v. *eu-, gr. psophos = Schall, Geräusch], Gatt. der ↗ Südfrösche.

eupyren [v. *eu-, gr. pyrēn = Kern], ↗ Euspermien.

Euretidae [Mz.; wohl v. *eu-, lat. rete = Netz], Schwamm-Fam. der U.-Kl. *Hexasterophorida;* Wuchsform verzweigt u. mit mehreren breiten Oscula versehen; bekannte Gatt. ↗ *Sclerothamnus* u. ↗ *Farrea*.

Eurhinosaurus longirostris m [v. *eu-, gr. rhinē = Haifischart, sauros = Eidechse, lat. longus = lang, rostrum = Schnabel, Rüssel], (Jaeger), bis 6 m Länge erreichender † Fischsaurier (Fam. *Stenopterygiidae*) mit kurzem, nur bis zur Hälfte des Schädels reichendem Unterkiefer u. sehr langem Rostrum, Schläfenöffnung klein, Orbita stark vergrößert, postorbitaler Schädelteil kurz. Stark variierende Art, die manchmal dem Genus *Leptopterygius* zugerechnet wurde. Verbreitung: Posidonienschiefer (Lias ε) von S-Dtl.

Eurhynchium s [v. *eu-, gr. rhygchos = Rüssel, Schnabel], Gatt. der ↗ Brachytheciaceae.

Europa, der kleinste Erdteil der Alten Welt u. mit 4,936 Mill. km² (ohne eur. Teile der UdSSR u. der Türkei) der zweitkleinste Erdteil überhaupt. Einschl. der eur. Teile der UdSSR u. der Türkei umfaßt die Fläche E.s 10,531 Mill. km². Es liegt auf der nördl. Erdhalbkugel, überwiegend in der gemäßigten Klimazone. Zus. mit ↗ Asien, v. dem es eigtl. nur eine Halbinsel ist, bildet es den Kontinent *Eurasien*. Zw. E. u. Asien ist nach Boden, Klima, Pflanzen- u. Tierwelt keine natürl. Grenze erkennbar. Die Mittelmeerinseln gehören noch zu Europa, außer den Inseln vor der Westküste Kleinasiens. Ferner wird Island hinzugezählt, jedoch nicht Grönland. Von ↗ Afrika ist E. durch das Eur. Mittelmeer getrennt, steht aber durch Inselbrücken mit ihm in Verbindung. Im N bildet das Nördl. Eismeer die Grenze. Nördlichster Punkt ist das Nordkap, südlichster Punkt die Punta Marroquí in der Straße v. Gibraltar.

Pflanzenwelt

E. ist vollständ. in das große, polumgreifende Florenreich der ↗ Holarktis eingebettet, das in die Nearktis (N-Amerika) u. die Paläarktis (Eurasien) unterteilt wird. Trotz großer klimat. Unterschiede ist deshalb die Vegetation des Kontinents florist. recht einheitl., u. es bestehen enge verwandtschaftl. Beziehungen zur Pflanzenwelt in N-Amerika u. O-Asien. Im Vergleich zur großen Artenzahl dieser Gebiete ist jedoch E. infolge der Florendezimierung während der mehrfach aufgetretenen Eiszeiten florist. deutl. ärmer. Anders als in N-Amerika od. O-Asien haben hier quergestellte tertiäre Gebirgsfaltungen (Alpen, Karpaten) das Ausweichen der Pflanzen in klimat. günstigere Gebiete sehr behindert u. so zum Aussterben vieler Arten beigetragen *(Tsuga, Magnolia, Pterocarya)*. Seit der Entdeckung N-Amerikas erfolgt aber zw. den beiden Kontinenten ein starker, vom Menschen verursachter Florentausch, der beiden Erdteilen viele inzwischen fest eingebürgerte ↗Neophyten gebracht hat, darunter allerdings auch einige lästige Unkräuter. Mit dem Ende des Glazials u. der beginnenden Wiedereinwanderung der Bäume nach Mittel-E. begann der Rückzug der kälteharten Glazialflora nach N u. in die umliegenden Gebirge. Es entstand die arkt.-alpine Disjunktion, deren weitgehend übereinstimmender florist. Bestand aufgrund des gemeinsamen Ausgangsareals leicht zu erklären ist. – Große Teile E.s sind seit Jtt. besiedelt. Das ist nicht unbedingt gleichbedeutend mit florist. od. standörtl. Verarmung. Die Vielfalt der landw. Nutzungssysteme hat im Laufe der Agrargeschichte v. a. in Mittel-E. zu einer harmon. u. reich gegliederten Kulturlandschaft geführt, deren Mannigfaltigkeit aber gegenwärtig durch das unaufhaltsame Vorrücken einer maschinengeprägten Landtechnik immer stärkere Einbußen erleidet.

Tundra. Die Tundrenzone am Nordrand der eurasiat. Landmasse erreicht in Nord-E. entlang des Eismeers ihren westl., v. ausgeglichenen, ozean.-arkt. Klimabedingungen geprägten Ausläufer. Als Höhenstufe zw. Nadelwald u. der alpinen Kältewüste folgt die arkt. Tundrenvegetation in etwas abweichender Zusammensetzung auch den nach S ausgreifenden Gebirgsketten bis weit über den Polarkreis hinaus. Den Übergang zur Nadelwaldzone bildet die sog. *Waldtundra*, mit ersten Waldvorposten, die sich nach S immer weiter verzahnen u. verdichten, bis sie schließl. in den geschlossenen borealen Nadelwald übergehen. Im kontinentaleren, winterkälteren Gebiet zw. Ural u. dem Weißen Meer bilden im Bereich der Waldtundra Fichten *(Picea obovata)* die polare Baumgrenze, im ozean., niederschlagsreicheren W (einschl. Island) dagegen Birken *(Betula tortuosa)*. Während die Übergangszone im Gebirge oft kaum 100 Höhenmeter umfaßt, ist die Waldtundra im weiten, flachen Gelände zu einem sehr breiten Gürtel auseinandergezogen, dessen Grenzen aber keineswegs starr sind, sondern durch gelegentl. Waldvorstöße u. allmähl. Zurückweichen immer wieder verändert werden. Dabei spielen die überaus seltene Samenbildung, Frosttrocknis, Schädlingskalamitäten, nicht zuletzt aber der Mensch u. seine Nutztierherden (Rentiere) eine wichtige Rolle. Unmittelbar an die polare Waldgrenze schließt sich nach N die Zwergstrauchtundra an. Hier liegen im günstigsten Fall etwa während der Hälfte des Jahres die Tagestemp. über 0°C, bei einer ungefähren Vegetationszeit von Juni bis Sept. Mit sinkender Durchschnittstemp. u. kürzer werdender Vegetationsdauer nimmt die Bedeutung der Zwergsträucher immer weiter ab, bis schließl. die reine Moos- od. Flechtentundra erreicht ist. Vorposten dieser frostharten Vegetation gibt es auf niedr. Rücken u. kleinen Erhebungen bis weit in die Zone der Zwergstrauchtundra. Solchen Flächen fehlt wegen der ständ. Winde die schützende winterl. Schneedecke; sie werden deshalb nur v. sehr frost- u. windharten Arten besiedelt *(Juncus trifidus, Elyna myosuroides)* od. tragen einen reinen Flechtenüberzug.

Borealer Nadelwald. Große Teile N- und NO-Europas sind v. Nadelwäldern bedeckt. Die endlose Weite dieser Wälder wird nur durch die Flußauen der großen Ströme u. ausgedehnte Moorgebiete unterbrochen, im klimat. günstigeren Südteil allerdings auch von landw. genutzten Rodungsflächen. Im N grenzt die boreale Nadelwaldzone an die Tundra, im S an das Gebiet der sommergrünen Laubwälder, zw. die sich in E. ein breiter, nach O schmaler werdender Keil von Mischwäldern schiebt. Zwischen diesen Grenzen liegt das alleinige Herrschaftsgebiet der Fichten *(Picea abies* im W, *P. obovata* im O), die auf großen Flächen den typ. *dunklen Fichtenwald (Taiga)* bilden. Lediglich auf trockeneren Erhebungen, Brandflächen od. aufgelassenem Kulturland können Kiefern *(P. sylvestris)* die Fichte vorübergehend verdrängen od. ersetzen. Während an der Grenze zum Mischwaldgebiet noch an etwa 120 Tagen im Jahr Durchschnittstemp. über 10°C gemessen werden können, sinkt diese Zahl mit der Annäherung an die polare Waldgrenze immer weiter ab, bis schließl. mit nur 30 Tagen über 10°C die Grenze der Existenzmöglichkeit v. Nadelhölzern erreicht ist. Parallel zur Abnahme der Vegetationsdauer wird nicht nur die durchschnittl. Jahresringbreite der Bäume immer geringer, sondern auch ihre maximale Wuchshöhe. Trotzdem können solche nur wenige Meter hohen Fichten in der Nähe der Waldgrenze ein Alter bis zu 400 Jahren erreichen, also etwa doppelt so viel wie in Mittel-E. Typ. Böden der borealen Nadelwälder sind ausgebleichte, sehr saure u. nährstoffarme *Podsolböden*. Sie entstehen durch jahrhundertelange Verlagerung v. Mineralien aus dem Oberboden durch den Einfluß der Niederschläge u. der

Europa

Europa
Tafeln Europa I
bis Europa XII
Seite 206–217

Tafeln Europa XIII
bis Europa XX
Seite 228–235

Europa

Europa

Tafeln Europa I
bis Europa XII
Seite 206–217

Tafeln Europa XIII
bis Europa XX
Seite 228–235

sauren Nadelstreu. Der extremen Nährstoffarmut solcher Böden begegnen die Pflanzen in erster Linie durch die Symbiose mit Mykorrhizapilzen, die sehr wirksame Nährstoffallen darstellen. So erklärt sich der überaus hohe Anteil v. Heidekrautgewächsen im Unterwuchs des Fichtenwaldes nicht zuletzt durch deren Fähigkeit zur Mykorrhizasymbiose.

Sommergrüne Laubwälder. Der überwiegende Teil West- u. Mittel-E.s gehört zur nemoralen Zone, dem Gebiet der laubwerfenden, sommergrünen Wälder. Die lange, nicht allzu warme Vegetationszeit ohne ausgeprägte Trockenperioden u. die nur mäßig kalten Winter begünstigen die Lebensform des breitlaubigen, sommergrünen u. mit geschützten Winterknospen versehenen Baums. Das gilt in erster Linie für die Rotbuche *(Fagus sylvatica)*, deren Rolle in der urspr. Vegetation Mittel-E.s so überragend war, daß man geradezu v. einem Buchenklima sprechen kann. Gegen die überlegene Konkurrenzkraft der Buche vermochten sich andere Bäume nur ausnahmsweise durchzusetzen, am ehesten auf nassen, flachgründ., sehr armen od. trockenen Standorten, z. B. Erlen, Weiden u. Ulmen in period. überschwemmten Flußauen od. feuchten Niederungen, Eichen auf trockenen, flachgründigen Standorten, Spitzahorn u. Sommerlinde auf steilen rutschenden Hängen, Bergahorn, Bergulme u. Esche in kühlen, schattigen Schluchtwäldern. Von den Nadelhölzern trat nur die Tanne zusammen mit der Buche auf größeren Flächen auf, während Fichten- bzw. Kiefernmischwälder urspr. auf bes. kalte od. nährstoffarme Standorte beschränkt blieben. – Heute sind diese urspr. Wälder durch den jahrtausendelangen Einfluß des Menschen weitgehend verändert od. gänzl. beseitigt. Durch Streunutzung, Waldweide, Köhlerei, Forstwirtschaft u. Rodung sind in Mittel-E. Urwälder bis auf winzige Überbleibsel völlig verschwunden u. die verbliebenen großen Reste so beeinflußt, daß ein Schluß auf die ehemalige bzw. potentielle Vegetation schwierig erscheint. Doch existieren neben forstl. stark veränderten Beständen od. reinen Fichtenmonokulturen immer noch viele naturnahe Waldbestände, die als Muster für die urspr. Verhältnisse dienen können. Sehr viel schwieriger ist die Rekonstruktion in den großen, schon lange vollständ. entwaldeten Gebieten, z. B. den mageren Sandheiden N-Dtl.s od. dem atlant. Heidegebiet West-E.s, das sich v. Portugal über N-Spanien, Fkr., Engl. bis nach Schottland erstreckt. Auch hier handelt es sich aber um ehemal. Waldland, wie eingehende Untersuchungen bzw. Aufforstungserfolge gezeigt haben. – Trotz der urspr. Vorherrschaft weniger Baumarten ist Mittel-E. überraschend reich an Pflanzen anderer Lebensformen. Dies beruht nur z. T. auf Einschleppung v. Pflanzen aus anderen Vegetationszonen u. ihrer Ausbreitung durch Ackerbau, Weidewirtschaft u. Verkehr. Die zahlr., schon urspr. waldfreien Sonderstandorte des Gebiets (Moore, Sümpfe, Felsfluren, Blockhalden, Fluß- u. Seeufer) bargen bereits einen Grundstock v. Zwergsträuchern, Kräutern u. Einjährigen, die sich später auf die vom Menschen geschaffenen Sekundärstandorte ausbreiten konnten. Noch heute tragen manche dieser Sonderstandorte, zus. mit weiten Teilen der Meeresküste u. der alpinen Stufe der Hochgebirge, letzte Reste der selten gewordenen urspr. Vegetation Mittel-E.s. – Das Klima der Laubwaldzone ist gut geeignet für den Obst-, Hackfrucht- u. Getreidebau; dazu gesellt sich in den klimat. begünstigten Lagen der großen Stromtäler der Weinbau als ertragreiche Sonderkultur. In den kühleren u. niederschlagsreicheren Gebieten ist dagegen bis heute die Grünlandwirtschaft vorherrschend geblieben, entweder als Großvieh-Weidewirtschaft od. in Form der intensiven Stallhaltung, in der montanen Stufe häufig ergänzt durch einen bescheidenen Ackerbau od. Waldwirtschaft.

Hochgebirgsvegetation. Pyrenäen, Alpen, Karpaten u. große Teile der skand. Gebirge ragen mit ihren Gipfeln in die waldlose alpine Höhenstufe. Die Pflanzenwelt dieser v. Natur aus waldfreien Stufe gleicht in vielem der arkt. Tundravegetation, zu der aus histor. Gründen (Eiszeiten) auch enge florist. Beziehungen bestehen. Wichtigster Standortsfaktor ist in beiden Fällen die Kürze der Vegetationszeit, die das Aufkommen v. Bäumen nicht mehr zuläßt. Große standörtl. Unterschiede bestehen aber in bezug auf Tageslänge, winterl. Schneehöhe, Einstrahlung u. Temp.-Wechsel, so daß zur Erklärung der Unterschiede zw. den alpinen Floren u. der Tundrenvegetation nicht nur histor.-genet. Gesichtspunkte heranzuziehen sind, sondern auch ökolog. Überlegungen einbezogen werden müssen. – Eines der besten Beispiele für die eur. Hochgebirgsvegetation liefert die Pflanzenwelt der Alpen, die *alpische* Vegetation. Sie hat zwar ihren Lebensraum durch Beweidung u. Holznutzung fast überall in den Alpen weit nach unten ausdehnen können, doch sind die urspr. Verhältnisse aufgrund gewisser Indizien auch heute noch hinreichend rekonstruierbar: Einst endete der Wald in geschlossener Front an der Grenze zur alpinen Stufe. Die Wuchshöhe der Gehölze sinkt hier schnell unter die mittlere winterl. Schneehöhe, die untere alpine Stufe der Krummholz- u. Zwergstrauchbestände ist erreicht. Mit zunehmender Meereshöhe werden die verschiedenen Zwergstrauch-Ges. allmähl. von natürl. Rasen *(Urwiesen)* abgelöst, deren blumenbunte Vielfalt jeden Alpenwanderer erfreut. Dies gilt v. a. für die vielfarb. Rostseggenrasen u. Blaugrashalden der Kalkalpen; dagegen zeigen die Krummseggenrasen der Zentralalpen ein wesentl. strengeres Gesicht. Zahlr. Sonderstandorte durchbrechen bereits in der unteren u. mittleren alpinen Stufe die großen Flächen der alpinen Rasen; Windecken, Schneeböden, Felsspalten, Schutthalden u. Gletschervorfelder beherbergen jeweils eine eigene Spezialistenvegetation, deren letzte Vorposten bis in die nivale Stufe hinaufreichen. Bereits tiefer, in der hochalpinen Stufe, beginnen sich die geschlossenen Rasen-Ges. in kleine Flecken u. einzelne Rasenpolster aufzulösen, die sich schließl. in der alpinen Kältewüste verlieren od. an der Grenze zum ewigen Schnee ihr Ende finden.

Mediterrane Hartlaubzone. Der Mittelmeerraum ist uraltes Kulturland, dessen urspr. Vegetation heute weitgehend vernichtet u. durch Sekundärvegetation ersetzt ist. Urspr. war das Mittelmeergebiet v. Steineichen-Wäldern *(Quercus ilex)* bedeckt, denen im N ein schmaler (submediterraner) Gürtel laubwerfender Wälder vorgelagert war. Diese Wälder wurden im Laufe der jahrtausendelangen Siedlungsgeschichte bis auf wenige Reste geschlagen u. in Ackerland od. niederwaldartig bewirtschaftetes Weideland verwandelt. So entstanden die heute für den Mittelmeerraum so typ., offenen Strauchformationen, z. B. die regelmäßig gebrannte, v. Beweidung u. Bodenerosionsvorgängen geprägte Macchie od. die noch stärker degradierte, weithin offene Garigue. – Das Klima der mediterranen Zone (↗Mediterranregion) ist geprägt durch kühle, recht regenreiche Winter mit gelegentl. Frösten u. warme, trockene Sommer. Demgemäß liegt die Hauptvegetationszeit im Frühjahr, wenn Felsfluren, Weinberge u. offene Strauchformationen mit einer Flut v. Einjährigen, großblütigen Zwiebel-Geophyten *(Narcissus, Gladiolus, Asphodelus)* u. Orchideen *(Ophrys, Orchis)* überzogen sind. Bei einsetzender Sommertrockenheit haben diese Pflanzen ihre Entwicklung bereits abgeschlossen u. überdauern die ungünst. Jahreszeit als ruhender Same od. geschützte Zwiebel, während die hartlaub. Pflanzen diese Periode aufgrund ihrer wasserdicht gebauten Blätter ohne Laubabwurf überstehen können. Hierzu gehören neben der Steineiche *(Quercus ilex)* v. a. die Korkeiche *(Quercus suber)* im W u. die Kermeseiche *(Quercus coccifera)* im O des Gebiets sowie die hartlaub. Sträucher der Macchie *(Cistus, Erica, Euphorbia)* u. deren bewehrte, dem ständ. Verbiß angepaßte Arten *(Ulex, Calicotome)*. – Für die Landw. bedeutet der sommerl. Wassermangel bereits eine gewisse Einschränkung, sowohl in bezug auf den potentiellen Ertrag als auch im Hinblick auf die Anzahl der anbaufähigen Kulturpflanzen. Trotzdem spielt neben dem Wein- u. Citrusanbau der Getreidebau eine bedeutende Rolle, v. a. aber die Kultur des Ölbaums *(Olea europaea)*, der geradezu eine Charakterart der anthropogenen Mittelmeervegetation darstellt. – Die Auswirkungen der Eiszeiten waren im Mittelmeerraum weniger gravierend als in Nord- und Mittel-E. Dies hat zus. mit einer ausgeprägten standörtl. u. klimat. Vielfalt dazu beigetragen, daß hier mit ca. 20 000 Arten eine große Artenvielfalt erhalten geblieben ist. Trotz wiederholter, klimat. bedingter Vorstöße nach S während der Eiszeiten ist es zu keiner starken Durchmischung mit dem paläotrop. Florenreich Afrikas gekommen. Erst unter dem Einfluß des Menschen erfolgte später eine starke Einwanderung v. Pflanzen aus anderen Florenreichen in das Mittelmeergebiet. Viele dieser Zuwanderer sind inzwischen fest eingebürgert u. prägen heute geradezu das Bild der Mittelmeervegetation, obwohl es sich nicht um urspr. einheim. Pflanzen handelt. Das gilt v. a. für die aus SO-Asien stammenden Citrusfrüchte, aber auch für die vielen, vorwiegend aus Australien stammenden Akazien, die verschiedenen *Eucalyptus*-Arten (Australien), die Agaven (z. B. *Agave americana* aus Mexiko), die Feigenkakteen *(Opuntia ficus-indica* aus dem trop.-subtrop. Amerika), die Mittagsblumen (z. B. *Mesembryanthemum edulis* aus dem kapländ. Florenreich), für den eur. Teil des Mittelmeerraums auch für alle Palmen, mit Ausnahme der Zwergpalme *(Chamerops humilis)*, die als urspr. Bewohner offener Strauchformationen gilt.

Die osteuropäische Steppenzone. Bei abnehmenden Jahresniederschlägen u. zunehmender Kontinentalität des Klimas geht im O die Laubwaldzone Mittel-E.s u. die Hartlaubvegetation des Mediterrangebiets allmähl. in die von Gräsern beherrschte Steppe SO-Europas über, in der wegen der Sommertrockenheit u. Winterkälte kein Baumwuchs mehr mögl. ist. Das südosteur. Steppengebiet stellt den westl. Ausläufer der großen Steppen ↗Asiens dar, mit denen sehr viele standörtl. u. florist. Übereinstimmungen bestehen.

Europa

Tafeln Europa I
bis Europa XII
Seite 206–217

Tafeln Europa XIII
bis Europa XX
Seite 228–235

Europa

Einige Vertreter der Europäischen Fauna

Tundra

Eisbär *(Thalarctos maritimus)*
Eisfuchs *(Alopex lagopus)*
Lemming *(Lemmus lemmus)*
Rentier *(Rangifer tarandus)*
Ringelrobbe *(Phoca hispida)*
Schneehase *(Lepus timidus)*
Vielfraß *(Gulo gulo)*
Wolf *(Canis lupus)*
Eisente *(Clangula hyemalis)*
Polarzeisig *(Carduelis hornemanni)*
Schneeammer *(Plectrophenax nivalis)*
Rauhfußbussard *(Buteo lagopus)*
Schneeeule *(Nyctea scandiaca)*
Steinschmätzer *(Oenanthe oenanthe)*

Hochgebirge

Alpenstrudelwurm *(Planaria alpina)*
Schnee-Glasschnecke *(Vitrina nivalis)*
Gletscherkrabbenspinne *(Xysticus glacialis)*
Alpenschnake *(Oreomyza glacialis)*
Eis-Moorfalter *(Erebia pluto)*
Alpensalamander *(Triturus alpestris)*
Alpenbraunelle *(Prunella collaris)*
Schneefink *(Montifringilla nivalis)*
Alpensteinbock *(Capra ibex)*
Gemse *(Rupicapra rupicapra)*
Murmeltier *(Marmota marmota)*
Schneehase *(Lepus timidus)*
Schneemaus *(Microtus nivalis)*
↗ Alpentiere

Arktisch-alpine Arten

Augenfalter *(Erebia lapponica)*
Bläulinge *(Lycaena orbitutlus, L. exulans)*
Eule *(Agrotis hyperboraea)*
Alpenschneehuhn *(Lagopus mutus)*
Mornellregenpfeifer *(Eudromias morinellus)*
Schneehase *(Lepus timidus)*
↗ arktoalpine Formen

Tierwelt

Auch hinsichtl. der Tierwelt läßt E. seinen Zshg. mit N-Amerika erkennen. Er äußert sich im Vorkommen nahe verwandter od. gar zur gleichen Art gehöriger Tiere. Das hat ökolog. u. (od.) histor. Gründe. Was die arkt. Tierwelt anbelangt, besteht über das Pack- u. Treibeis ein direkter Zshg. zw. beiden Kontinenten. Der über die gesamte Arktis verbreitete Eisbär wandert so zw. Spitzbergen, Grönland u. den Inseln des am. Archipels hin und her. Wichtigstes histor. Ereignis, das die Tierwelt Eurasiens u. N-Amerikas u. ihre Verbreitung wesentl. geprägt hat, waren die pleistozänen Eiszeiten. Eine für den Zshg. der Holarktis wichtige Folge dieser Eiszeiten war eine (eustatische) Meeresspiegelabsenkung um 100 bis 200 m, bedingt dadurch, daß große Wassermassen in den mächtigen Inlandeisschilden gebunden waren. Diese Meeresspiegelsenkungen hatten zur Folge, daß das Beringmeer (maximal 60 m tief) in jeder Eiszeit trockenfiel u. sich damit eine Landbrücke bildete, die einen Austausch v. Pflanzen u. Tieren ermöglichte. V. a. N-Europa hat daher eine Anzahl ident. od. naheverwandter Tierarten mit N-Amerika gemein, so z.B. die nur in der Holarktis vorkommenden Biber, Waldhühner, Baumläufer, Alken u. Seetaucher. An weiter verbreiteten Arten finden sich in N-Amerika u. E.: Elch, Eichhörnchen, Wiesel, Wolf, Fuchs, Nordluchs, Vielfraß, wobei es nach der Trennung (mit Ende der letzten Eiszeit u. dem Wiederansteigen des Meeresspiegels) in einigen Fällen zur Entstehung nächstverwandter Artenpaare kam, von denen jeweils eine Art in N-Amerika (die Erstgenannte), die andere in E. lebt, wie Wapiti/Rothirsch, Karibu/Rentier, Bison/Wisent, Grizzlybär/Braunbär. Freilich haben nicht alle Arten aus Eurasien den Weg über die Beringbrücke gefunden, u. so fehlen manche in N-Europa verbreitete Arten in Amerika völlig, wie z.B. echte (Langschwanz-)Mäuse *(Muridae,* zu denen die Waldmäuse gehört), Schläfer *(Gliridae,* wie Siebenschläfer), Igel u. unter den Vögeln die Trappen, Hopfe, Racken u. Stare (später vom Menschen eingebürgert) u. Braunellen. Viele Tierarten E.s sind auch im nichteur. Teil der Paläarktis od. in anderen Faunenregionen verbreitet, manche sind sogar nahezu *Kosmopoliten,* so z.B. die Schleiereule, der Fischadler u. im Gefolge des Menschen seine Parasiten, sowie Hausmaus, Haus- u. Wanderratte u. der Haussperling. Die Verbreitung der Tierwelt E.s folgt den Vegetationszonen, die ja wesentlich die Biotope der Tiere bestimmen.

Tundra und Hochgebirge. An den arkt. Bereich schließt sich die baumfreie *Tundra* an, gekennzeichnet durch kurze Vegetationsperioden (Sommer von Ende Mai bis August) u. Dauerfrostboden. Die dort lebenden Insekten u. Vögel können in dieser kurzen Zeit nur eine Brut im Jahr durchbringen, die meisten Vogelarten verlassen danach das Gebiet wieder, um in klimat. günstigere Regionen zu ziehen (Vogelzug). Die Säuger der Tundra machen keinen Winterschlaf, sondern bleiben aktiv, wobei die kleineren (Lemminge u. Wühlmäuse) unter der Schneedecke vor Kälte weitgehend geschützt sind. So wie die Tundra circumpolar in der ganzen Holarktis vorkommt, sind auch die Tundrenbewohner entsprechend verbreitet. Das gilt für Rentier, Eisfuchs, Halsbandlemming ebenso wie z.B. für die Schmetterlinge *Colias hecla* u. *C. nastes*. Ein geogr. vom arkt. Tundrengürtel weit getrennter Lebensraum weist aufgrund der klimat. Situation erstaunl. ähnl. ökolog. Bedingungen auf, nämlich das sog. *Oreal,* der Lebensraum des Hochgebirges oberhalb der Baumgrenze, die Region der Schutt- u. Felsfluren. Auch dort gibt es kalte u. schneereiche Winter, kurze Sommer (allerdings wärmere als in der Tundra), oft starke Windexposition (weshalb im Hochgebirge, wie in der Tundra, zahlr. Insektenarten ihre Flügel rückgebildet haben, um nicht verdriftet zu werden), geringe Tiefgründigkeit des Bodens (in der Tundra wegen des Dauerfrostbodens, im Oreal wegen des Felsgrundes). Daß es trotz der großen räuml. Trennung v. Tundra u. eur. Hochgebirgen, die von den natürl. Ausbreitungsmitteln der dort lebenden Tiere nicht überbrückt werden können, enge Beziehungen in der Fauna beider Bereiche gibt, was uns von *arktoalpin* verbreiteten Tieren sprechen läßt, hat wiederum histor. Gründe. In den Eiszeiten haben sich die Inlandeismassen vom N u. die Gletscher der im wesentl. Ost-West-verlaufenden Gebirge aufeinander zugeschoben u. die vor dem Eis gelegenen Biotope sich hergeschoben. Auf dem Höhepunkt v. a. der vorletzten Vereisung näherten sich die beiden Eisränder an manchen Stellen auf nur ca. 500 km. Alle dazwischen lebenden wärmeliebenden präglazialen Arten wurden so in einen „Zweifrontenkrieg" in die Zange genommen u. mußten nach SO od. SW in Rückzugsgebiete *(Glazialrefugien)* ausweichen od. starben aus. In dem relativ schmalen Korridor zw. den Eismassen entstand eine „Tundra", in der es zur Vermischung der Fauna aus dem Hochgebirge und der arkt. Tundra kam. Als sich mit dem Ende der Eiszeit die Eismassen wieder nach N u. als Gletscher in die Hochgebirge zurückzogen, nahmen sie eine „Eisrandfauna" mit, wobei Vertreter von Hochbirgsarten auch nach N u. solche ehemals arkt. Arten in die Hochgebirge gelangten. So ist die „zerrissene" (disjunkte) Verbreitung der *arktoalpinen Arten* zu erklären. Obwohl ihre Disjunktion erst vor ca. 10 000 bis 8000 Jahren erfolgte, sind die arkt. u. alpinen Vertreter jeweils einer Art in manchen Fällen schon zu verschiedenen Rassen differenziert (↗Rassenbildung), so z. B. bei der Ringdrossel. Weitere Beispiele für arktoalpin verbreitete Arten sind der Schneehase u. das Schneehuhn, aber auch manche Schmetterlinge aus der Gattung *Erebia* u. andere Insekten. Viele Arten bleiben jedoch auch einer der beiden Regionen eigen; so gibt es z. B. Schnee-Eule, Halsbandlemming u. Polarfuchs nur in der Tundra, Gemsen und Steinböcke nur im Hochgebirge (↗Alpentiere). Auch ist letzteres u. artenreicher als die Tundra, was an seiner stärkeren Durchgliederung und Zersplitterung liegt, wodurch die ökolog. Bedingungen vielseitiger u. die Möglichkeiten der Differenzierung in Arten (↗Artbildung, B] Rassen- und Artbildung) gesteigert worden sind.

Glazialrefugien. Es muß noch einmal auf die für die Verbreitung so entscheidenden Auswirkungen der Eiszeit eingegangen werden. Vor der Eiszeit, im Tertiär, herrschte auch in E. ein trop. bis subtrop. Klima. Fossilfunde aus dem frühen Tertiär (Geiseltal bei Halle, Grube von Messel bei Darmstadt) zeigen eine entsprechende Fauna (mit Alligatoren, trop. Schlangen u. a.). Diese präglaziale Fauna wurde durch die Klimaverschlechterung während der Eiszeit abgedrängt u. zog sich in klimat. begünstigte Refugien zurück, die meist im Schutze nördl. vorgelagerter Gebirgskämme u./od. an der Küste wärmerer Meere lagen. Von diesen *Glazialrefugien* aus erfolgte nach dem Ende der Eiszeit die „Wiederbesiedlung" der eisfrei werdenden Gebiete, weshalb diese Refugien gleichzeitig als Ausbreitungszentren dienten. Wichtige solcher *Refugien* bzw. *Zentren* für die europ. Tierwelt waren:

a. das *kaspische* (oder *kaukasische*) *Zentrum*: Transkaukasien, die Gebirge südl. der Krim u. im NW des Iran. Aus diesem Zentrum erfolgte die Besiedlung der Wälder u. Steppen O-Europas.
b. das *mandschurische Zentrum*: Korea, O- u. S-Mandschurei, Ussuri-Bezirk. Aus dem nördl. Teil dieses Zentrums hat der Nadelwaldgürtel der Taiga mit seiner Tierwelt seine Ausbreitung begonnen. Die dazugehörigen Tiere nennt man *sibirische Faunenelemente,* wenn sie weit nach W-Europa vordringen, spricht man von *eurosibirischen Arten*.
c. das *mongolische Zentrum:* ein während der Eiszeit klimat. günstiger Bezirk Mittelsibiriens (im Schutze des Altaigebirges). Er bekam postglazial Verbindung mit dem mandschurischen Zentrum u. hat mit ihm Anteil an der Herkunft der Taigafauna.
d. das *mediterrane Zentrum:* die Gebiete um das Mittelmeer einschließl. Anatolien. Aus diesem Zentrum stammt v. a. die Fauna u. Flora der Laubwälder Mittel-E.s.
e. das *aralo-kaspische Zentrum*: Von hier stammt die kaltadaptierte Steppenfauna der Ukraine, Rumäniens u. der pannonischen Tiefebene. Von diesen Refugien ausgehend wurde E. postglazial wieder besiedelt, wobei spezifische Vegetationszonen entstanden.

Boreale Nadelwald- u. sommergrüne Laubwaldzone. Südl. der Tundra erstreckt sich der boreale (nördl.) Nadelwaldgürtel, die Taiga. Dort herrscht ein kontinentales, winterkaltes Klima mit langen Frost- u. Schneeperioden. Der boreale Nadelwald hat sich postglazial in einer noch kühlen Periode zunächst über große Teile E.s erstreckt. Mit der folgenden zunehmenden Erwärmung wurde der Nadelwald zum einen in die kühleren nördl. Regionen abgedrängt, wo er heute den *Taigagürtel* bildet, zum anderen zog er sich in höhere Lagen der Mittel- u. Hochgebirge zurück, deren *Nadelwaldregion* er heute darstellt. Damit war der urspr. Zusammenhang „zerrissen", mit dem Ergebnis, daß viele Arten des Nadelwalds eine disjunkte, sog. *boreoalpine Verbreitung* aufweisen, d. h. sowohl in der nördl. Taiga als auch in den Nadelwäldern der eur. Mittelgebirge u. Hochgebirge vorkommen. Obwohl dieses Verbreitungsbild erst postglazial entstanden ist, hat man die in den Gebirgen lebenden Vertreter der Taigafauna (zu Unrecht) *Glazialrelikte* genannt. Beispiele für boreoalpin verbreitete Nadelwaldbewohner sind u. a. der Dreizehenspecht u. der Tannenhäher, der in den beiden Verbreitungsgebieten jeweils mit einer eigenen Rasse vertreten ist. Die Taiga-Rasse ernährt sich u. a. von Zirbelnüssen, die Tannenhäher der Mittelgebirge von Haselnüssen, u. da die Häher beide auf Vorrat in die Erde vergraben, tragen sie nicht unwesentl. auch zur Verbreitung der Bäume bei. Auf die Taiga beschränkt, aber circumpolar verbreitet, ist der Seidenschwanz, der jedoch, wie der nördliche Tannenhäher auch, nach Massenvermehrung u. bei knapper Nahrungsgrundlage oft in großer Zahl gen S auswandert und als sog. *Invasionsvogel* bis nach S-Dtl. vordringt. Als typische Bewohner der Nadelwaldzone der eur. Ge-

Europa

Borealer Nadelwald

Elch (Alces alces)
Nordfledermaus (Vespertilio nilssoni)
Nordluchs (Felis lynx)
Streifenhörnchen (Eutamias sibiricus)
Waldbirkenmaus (Sicista betulina)
Birkhuhn (Lyrurus tetrix)
Dreizehenspecht (Picoides tridactylus)
Goldregenpfeifer (Pluvialis apricaria)
Seidenschwanz (Bombycilla garrula)
Tannenhäher (Nucifraga caryocatactes)
Moorfrosch (Rana arvalis)
Hochmoorbläuling (Lycaena optilete)
Hochmoortageule (Anarta cordigera)
Wieseneule (Calaena haworthi)

Sommergrüne Laub- und Mischwälder

Damhirsch (Cervus dama)
Dachs (Meles meles)
Reh (Capreolus capreolus)
Rothirsch (Cervus elaphus)
Siebenschläfer (Glis glis)
Wildschwein (Sus scrofa)
Grauspecht (Picus canus)
Mittelspecht (Dendrocopos medius)
Sumpfmeise (Parus palustris)
Weißstorch (Ciconia ciconia)
Erdkröte (Bufo bufo)
Kammolch (Triturus cristatus)
Teichmolch (T. vulgaris)
Laubfrosch (Hyla arborea)
Wasserfrosch (Rana esculenta)
Nagelfleck (Aglia tau)
Buchenzahnspinner (Stauropus fagi)

Pontisches (südosteuropäisches) Steppengebiet/Kulturlandschaft

Feldmaus (Microtus arvalis)
Hamster (Cricetus cricetus)
Ziesel (Citellus citellus)
Großtrappe (Otis tarda)
Rotfußfalke (Falco vespertinus)

Europa

Steppenweihe *(Circus macrourus)*
Augenfalter *(Satyrus hermione)*
Bläuling *(Lycaena meleager)*
Wolfsmilchschwärmer *(Celerio euphorbiae)*
Rüsselkäfer *(Apion austriacum)*
Schnellkäfer *(Selatosomus latus)*
Heideschnecke *(Helicella candicans)*
Hornschnecke *(Jaminia tridens)*

Mediterrane Zone

Brillengrasmücke *(Sylvia conspicillata)*
Orpheus-Grasmücke *(S. hortensis)*
Provence-Grasmücke *(S. undata)*
Samtkopfgrasmücke *(S. melanocephala)*
Weißbartgrasmücke *(S. cantillans)*
Brillensalamander *(Salamandrina terdigitata)*
Äskulapnatter *(Elaphe longissima)*
Ruineneidechse *(Lacerta sicula)*
Kleopatrafalter *(Gonepteryx cleopatra)*
Rotstirnige Dolchwespe *(Scolia flavifrons)*
Stinkwanze *(Lygaeus pandurus)*
↗ Mediterranregion

Watt

Bäumchenröhrenwurm *(Lanice conchilega)*
Sandpier *(Arenicola marina)*
Seeringelwurm *(Nereis diversicolor)*
Herzmuschel *(Cardium edule)*
Klaffmuschel *(Mya arenaria)*
Miesmuschel *(Mytilus edulis)*
Pfeffermuschel *(Scrobicularia plana)*
Plattmuschel *(Macoma baltica)*
Schlickkrebs *(Corophium volutator)*

birge, die durch ihr kühlfeuchtes Klima u. ihre Dunkelheit (ohne Strauchschicht) artenärmer als die Laubwälder sind, lassen sich anführen: Der Fichtenkreuzschnabel u. das Eichhörnchen (die beide Fichtensamen fressen), die Tannen- u. die Haubenmeise, das Wintergoldhähnchen u. das Auerwild. Gefährl. Schädlinge sind die Nonne u. der Fichtenborkenkäfer. Mit zunehmender Erwärmung nach der Eiszeit drangen sommergrüne Laubbäume aus dem mediterranen Glazialrefugium nach Norden vor u. bildeten die *Laubwaldzone,* die den größten Teil E.s vom Atlantik bis zum Ural durchzieht. Große Teile davon sind Buchenwälder, in den wärmeren Lagen Eichenhainbuchenwälder. In diesen Laub(misch-)wäldern lebt eine artenreiche Fauna, so daß nur wenige Vertreter genannt werden können. An Vögeln leben dort Drosseln u. Baumläufer, Buntspechte, Blau- und Kohlmeise, die Nachtigall, der Buchfink (der Bucheckern frißt), der Eichelhäher u. das Eichhörnchen, die Eicheln als Vorrat vergraben u. so zur Ausbreitung der Eiche beitragen, der Waldbaumläufer u. der Waldlaubsänger, dessen schwirrender Gesang im Frühjahr den Wald erfüllt. An Säugetieren begegnen uns hier Rothirsch u. Reh, Marder, Dachs u. Fuchs, Haselmaus u. Siebenschläfer u. das Wildschwein, das Bucheckern u. Eicheln als Nahrung zu schätzen weiß. An Amphibien sind die Gelbbauchunke u. der gefleckte Feuersalamander hier zu Hause, u. stattl. Käfer, wie der Hirschkäfer od. der Heldbock, leben als Larven in modernden Baumstubben. Die Tiere der Waldzone E.s sind mit einem oft schneereichen Winter konfrontiert, der vielen Pflanzen- u. Insektenfressern unter ihnen die Nahrungsgrundlage entzieht. Anpassungen daran finden sich in Form von Ruhestadien, in denen der Winter inaktiv überdauert wird, so bei zahlreichen Insekten (die z. B. im Puppen- oder Eistadium überwintern) od. durch Winterschlaf (z. B. Siebenschläfer, Dachs, Igel, Fledermäuse u. a.) od. durch Zug, wie wir ihn v. vie en Zugvögeln, aber auch v. Fledermäusen u. einigen Insekten kennen. Bevor der Mensch rodend in diese Wälder eingriff, waren waldfreie Standorte noch relativ selten und nur inselartig im Wald verbreitet. Moore u. Sümpfe, Wiesen u. Driften waren kleinräumige Lebensräume u. primär wohl auch von Waldarten besiedelt. Die Sumpfschildkröte u. der Kranich sind in solchen Waldmooren heimisch. Entlang der Flüsse fanden sich *Auwälder,* die überall in der Paläarktis von ähnl. Baumarten gebildet werden u. v. a. den typ. Lebensraum des einst weit verbreiteten Bibers darstellen, der als Dammbauer Wasser aufstaut u. somit als einziges eur. Tier seinen Biotop selbst mitgestaltet.

Als der Mensch zu *Ackerbau und Viehzucht* überging, hat er gerade die Waldstandorte als Acker- u. Weideland genutzt u. somit neue anthropogene Biotope geschaffen. Das hat zur *Verdrängung* mancher Waldarten geführt, aber auch durch Großwildjagd sind viele Arten in ihren ehemaligen Verbreitungsgebieten erloschen. Noch zu den Zeiten der Römer waren Wisent, Elch u. Auerochse auch in Mittel-E. verbreitet. Der Elch ist heute auf N- u. NO-Europa abgedrängt, der Wisent bis auf Reste im Urwald von Białowieska dezimiert, der Auerochs ausgestorben (der letzte wurde 1627 in den Masuren erlegt). Auch Bär u. Wolf sind in Mittel-E. ausgerottet; andere Waldbewohner sind, wie der Waldstorch, selten geworden, wieder andere in die Alpen gedrängt, wie der Steinadler u. teilweise der Kolkrabe. Auf der anderen Seite haben sich durch Reduzierung der Raubtiere u. jägerische Hege Reh, Rothirsch u. Wildschwein in manchen Gebieten stark vermehrt u. werden durch Wildverbiß in den Wäldern schädlich.

Kulturlandschaft. Durch die Schaffung einer Kulturlandschaft, die stellenweise den Charakter einer „*Kultursteppe*" angenommen hat, wurden neue Biotope geschaffen, die Tierarten aus den östl. Steppengebieten die Einwanderung gestatten. Solche *Steppentiere* aus Gebieten ohne jeden Baumwuchs u. daher ohne jede Deckung sind u. a. dadurch charakterisiert, daß sie entweder zur raschen Flucht fähig sind (wie der Hase) od./u. eine unscheinbare (bodenfarbene) Tarnfärbung haben (wie die Lerchen) od. sich in selbstgegrabenen Erdbauen verbergen können (wie Ziesel, Hamster, Wühlmäuse). Die Heimat der Steppentiere sind die offenen Landschaften der Ukraine, der Dobrudscha (Rumänien) u. die pannonische Tiefebene, die bis Niederösterreich reicht (Neusiedlersee). Hamster u. Ziesel, Großtrappe, Zwergtrappe u. Flughühner sind typische Vertreter. Von den Steppen des O drangen viele Arten als Kulturfolger in die Kulturlandschaft weit nach W vor, so der Hamster (1870 überquerte er die Vogesen, 1885 erreichte er das Pariser Becken), die Feldlerche u. die Haubenlerche, das Rebhuhn u. die Trappen. Selbst die Städte mit ihren Gebäuden, Gärten u. Parks wurden v. vielen Arten als neue Biotope angenommen *(Verstädterung).* In die Gärten u. Parks drangen v. a. Waldarten vor, so Amsel, Buchfink, Rotkehlchen, Blau- u. Kohlmeise sowie der Star. An den Häusern nisten vor allem ehemalige Felsbewohner

u. Höhlenbrüter, die die Gebäude als „Kunstfelsen" annehmen. Dies gilt für die Mehlschwalbe (auf Rügen ist sie noch Felsbrüter) u. den Mauersegler, für Turmfalke (der auch auf Bäumen nistet), Dohle u. für den Hausrotschwanz, den man fernab von Häusern auch im Hochgebirge antreffen kann.

Mediterrane Zone. Mit seinen mediterranen Gebieten reicht E. in einen warmen u. sommertrockenen Bereich u. kommt etwa bei Gibraltar nahe an den Nordrand Afrikas heran. Das Mediterrangebiet war während der Eiszeiten ein bedeutendes Refugium (v. a. für Laubwaldarten) u. beherbergt heute eine Reihe von Tierarten, die ansonsten in Afrika zu Hause sind. Im Tertiär dürfte eine Landverbindung von Gibraltar (vielleicht auch über Italien und Sizilien) nach Afrika bestanden haben. So lebt auf den Felsen um Gibraltar, von den Engländern gehegt, die einzige Affenart E.s, der Magot, ansonsten in Marokko im Atlas verbreitet. Da er in E. auch fossil nachgewiesen ist, ist er wohl selbst hierher gelangt. In Italien lebt das sonst afr. verbreitete Stachelschwein, das aber vielleicht v. den Römern eingeführt wurde. Das gemeine Chamäleon kommt außer in N-Afrika auch in Spanien vor, u. Geckos, die mit ihren Haftzehen selbst an glatten Wänden laufen können, sind entlang der Mittelmeerküste, auf der Balkanhalbinsel, in Dalmatien u. Bulgarien verbreitet. Der rote Flamingo, ein typisch afr. Vogel, brütet im Rhônedelta u. Pelikane im Delta der Donau. Aber auch nördl. der Alpen haben ansonsten mediterran verbreitete Arten in klimat. begünstigten Standorten (z.B. im Rhein- u. Maingebiet), die sie in der postglazialen Warmzeit erreicht haben, bis heute Vorposten halten können, so etwa die Smaragdeidechse, die Äskulapnatter u. die Gottesanbeterin.

Vogelfelsen u. Watt. Bes. Lebensräume, die sich diesen Zonen nicht einordnen lassen, stellen in E. die nordischen Vogelfelsen u. die Küsten mit dem nur an der Nordseeküste vorkommenden Watt dar. *Vogelfelsen* sind steil aus dem Meere aufragende Klippen, auf denen fischfressende Meeresvögel vor vierbeinigen Raubfeinden sicher sind u. in oft riesigen Kolonien brüten. Alken, Lummen, Tölpel, Kormorane, Dreizehenmöwen u. Sturmvögel besiedeln in großer Zahl solche Felsen vor den Britischen Inseln, Irland u. Skandinavien. Auch der „Lummenfelsen" auf Helgoland wird von Trottellummen, Tordalken, Eissturmvögeln u. zahlreichen Dreizehenmöwen besiedelt. Die *Meeresküsten* sind Biotop für zahlreiche Tierarten, unter denen die Vögel am meisten auffallen. Möwen und Strandläufer, Regenpfeifer u. Austernfischer gehen am Sand- od. Schlickstrand der Nahrungssuche nach u. finden sich zur Zugzeit in riesigen Scharen auf der Rast in diesen Biotopen ein. Ein Lebensraum ganz besonderer Art ist das ↗ *Watt,* ein nährstoffreicher Schlick an Flachküsten, dessen Bewohner die Ebbe im Substrat verborgen überstehen. Hunderte von Schlickbewohnern, darunter zahlreiche Muscheln, Krebse u. Würmer, kommen hier vor, am auffallendsten der Pierwurm *Arenicola,* der, eingegraben im Schlick, sich durch seine „Kothäufchen" an der Oberfläche bemerkbar macht.

Inseln. Eine tiergeographische Sonderstellung nehmen Inseln ein. Abgetrennt vom Festland, beherbergen sie meist eine „verarmte" Fauna. Das gilt auch für die *Brit. Inseln* u. *Irland,* die wir als Beispiel kurz betrachten wollen. Auch sie waren von der Eiszeit betroffen, die ihre voreiszeitl. Tierwelt völlig vernichtet hat. Da nach Abschmelzen des Eises der abgesunkene Meeresspiegel (s. S. 222) erst langsam wieder anstieg, bestand postglazial für ca. 2000 bis 3000 Jahre eine landfeste Verbindung mit dem kontinentalen W-Europa über das sog. „Doggerland", so daß über diese „Brücke" Tiere auf die Inseln gelangen konnten. In dieser kurzen Zeit konnte natürlich nur ein Teil der für W-Europa typ. Arten einwandern. So gibt es auf den Brit. Inseln keine Wildschweine, Steinmarder, od. Gartenschläfer. Auch Feldmäuse, Hamster u. Lemminge fehlen. An Schlangen kommen nur drei Arten vor. Noch ärmer ist die *Fauna Irlands,* das später eisfrei wurde u. nur v. England aus (aus zweiter Hand) besiedelt werden konnte. So fehlen dort Tierarten, die selbst noch in Schottland vorkommen, wie z. B. Maulwürfe, Schläfer, Kreuzottern, Kröten u. Molche. Als eigene Art hat sich auf den Britischen Inseln das Schottische Schneehuhn differenziert.

Einschleppung u. Einbürgerung. Zum Abschluß unserer Übersicht über die eur. Fauna sollen noch jene Tierarten erwähnt werden, die in E. urspr. nicht vorkamen, aber durch den Menschen unbeabsichtigt eingeschleppt od. absichtl. eingebürgert worden sind. *Einschleppung:* Als großer Schädling der Kartoffel wurde wohl mit am. Truppen der Kartoffelkäfer aus Colorado 1922 nach Fkr. eingeschleppt u. breitete sich rapid aus. 1941 hatte er ganz Fkr., 1947 ganz Dtl. erobert. Die Hausratte kam wohl schon Ende des 12. Jh. mit den Kreuzrittern aus dem Orient nach E. u. wurde im Gefolge des Menschen im MA zum Kosmopoliten. Wohl mit Ballastwasser wurde aus China die Wollhandkrabbe

Europa

Tafeln Europa I bis Europa XII Seite 206–217

Tafeln Europa XIII bis Europa XX Seite 228–235

Europide

1912 in unsere Flüsse eingeschleppt u. hat inzwischen ganz N-Dtl. u. Holland erobert. Da sie zur Fortpflanzung Brackwasser benötigt, bleibt sie auf küstennahe Bereiche beschränkt. *Einbürgerung:* 1905 wurden bei Prag 5 Exemplare der nordam. Bisamratte ausgesetzt, die sich stark vermehrten u. sich seit 1907 zunehmend in E. ausbreiten, ergänzt durch entkommene Tiere aus Pelzzuchtfarmen. Ebenfalls auf entlaufene Exemplare aus Farmen gehen die urspr. aus S-Amerika stammenden Nutrias (im Rhônedelta) zurück u. neuerdings der sich auch in Dtl. ausbreitende Waschbär. In Engl. wurden 1889 am. Grauhörnchen ausgesetzt, die mancherorts die einheimischen Eichhörnchen verdrängten. Eingebürgert sind in Teilen E.s auch die Kaninchen. Urspr. nur auf der Pyrenäenhalbinsel verbreitet, wurden sie v. den Römern in Leporarien gehalten, später auch an mitteleur. Höfen u. in Klöstern. Im 12. Jh. in E. ausgesetzt, waren sie im 13. Jh. in Engl. schon als schädl. Tiere bekannt. In jüngster Zeit sind die eur. Kaninchen durch die aus Amerika eingeschleppte Myxomatose-Krankheit (eine Virose) stark dezimiert worden. Unter den Vögeln ist die Einbürgerung nur beim Jagdfasan voll geglückt. Aus seiner urspr. Heimat im südwestl. Kaukasien gelangte er durch den Menschen nach Griechenland u. ins Römische Reich u. von dort über Fürstenhöfe u. Klöster nach Mittel-E. Albertus Magnus erwähnte ihn im 13. Jh. schon für die Rheinauen. Seit dem 18. Jh. wird in die eur. Bestände der chinesische Ringfasan eingekreuzt, so daß die eur. Fasane eine Bastardform sind. In unseren Süßgewässern eingebürgert wurde 1882 die aus N-Amerika stammende Regenbogenforelle u. der nordam. Flußkrebs *Cambarus*, der die durch die Krebspest (eine Pilzerkrankung) verlorengegangenen Bestände des eur. Edelkrebses ersetzen sollte.

Lit.: *Walter, H.:* Die Vegetation der Erde in öko-physiologischer Betrachtung. Bd. II Die gemäßigten und arktischen Zonen. Jena 1968. *Schmithusen, J.:* Allgemeine Vegetationsgeographie. Berlin 1968. *Banarescu, P., Boscain, N.:* Biogeographie. Jena 1978. *de Lattin, G.:* Grundriss der Zoogeographie. Jena 1967. *Freitag, H.:* Einführung in die Biogeographie von Mitteleuropa. Stuttgart 1962. *Niethammer, G.:* Die Einbürgerung von Säugetieren und Vögeln in Europa. Berlin 1963. *Sedlag, U.:* Die Tierwelt der Erde. Leipzig – Jena – Berlin 1978. A. B./G. O.

Europide, Großrasse des ⁊ *Homo sapiens,* die alle weißhäut. urspr. Bewohner Europas, N-Afrikas, Vorder- u. S-Asiens umfaßt. Gekennzeichnet durch reliefreiches Gesicht, schlichtes bis lockiges Haar u. eine schmale hohe Nase. Beispiele: ⁊ Nordide (einschl. der ⁊ Dalischen Rasse), ⁊ Osteuropide, ⁊ Dinaride, ⁊ Mediterranide, ⁊ Orientalide u. ⁊ Indide. Fragl. ist, ob auch die

eu- [v. gr. eu(-) = schön, wohl, gut, recht], in Zss.: gut-, echt-, schön-.

eury- [v. gr. eurys = breit, geräumig, weit verbreitet].

Eurotiales
Wichtige Gattungen (Nebenfruchtform in runden Klammern):
⁊ *Eyssochlamys*
 (⁊ *Paecilomyces*)
Emericella
⁊ *Eurotium*
 Sartorya
 [= *Neosartorya*]
 (⁊ *Aspergillus*)
Emericellopsis
 (*Acremonium*
 = ⁊ *Cephalosporium*)
⁊ *Talaromyces*
 Eupenicillium
 [= *Carpentales*]
 (⁊ *Penicillium*)

⁊ Ainu, ⁊ Polynesiden, ⁊ Weddiden u. evtl. sogar die ⁊ Australiden zur europiden Großrasse zu rechnen sind. B Menschenrassen. [Fagetea.

Eurosibirische Fallaubwälder ⁊ Querco-
Eurosibirische Schlehengebüsche, eine Pflanzen-Ges., ⁊ Rhamno-Pruneta.

Eurotatoria [Mz.; v. *eu-, lat. rotator = Dreher], U.-Kl. der ⁊ Rädertiere *(Rotatoria).*

Eurotiales [Mz.; v. gr. eurōtian = schimmeln], Ord. der Schlauchpilze *("Plectomyces", Protunicatae)* mit geschlossenen, kugelförm., einzeln angeordneten Fruchtkörpern (Kleistothecien), die protunicate, regellos verteilte Asci enthalten. Die 4 od. 8, oft scheibenförm. Ascosporen werden nach Zersetzung der Fruchtkörperwand u. Verschleimung der Ascuswand frei. Die dikaryot. Hyphen der Fruchtkörper bilden keine Haken. E. leben, weit verbreitet, überall, wo organ. Masse zersetzt wird; es sind vorwiegend Saprobien, einige Pflanzen- od. Tierparasiten. Die E. haben charakterist. Nebenfruchtformen (vgl. Tab.). Oft werden Pilze, bei denen nur diese Nebenfruchtform bekannt ist (z. B. einige *Aspergillus-* u. *Penicillium-*Arten), entgegen den Nomenklaturregeln mit dieser Gatt.-Bez. bei den E. eingeordnet. In älteren systemat. Einteilungen werden die E. als einzige Ord. od. mit der Ord. *Erysiphales* (Echte Mehltaupilze) in die Gruppe (Kl.) ⁊ „*Plectomycetes*" gestellt.

Eurotium *s* [v. gr. eurōtian = schimmeln], Gatt. der *Eurotiales,* sexuelle Form einiger ⁊ *Aspergillus-*Arten; werden sehr häufig im Erdboden gefunden; es sind auch Nahrungsmittelverderber, z. B. *E. repens,* der häufig auf Marmelade wächst; die Konidien gehören dem *Aspergillus-*Typ an (☐ Aspergillus).

Euryalae [Mz.; v. gr. euryalos = geräumig], Ord. der Stachelhäuter-Kl. *Ophiuroidea;* ⁊ Schlangensterne.

Eurycea *w* [v. *eury-], Gatt. der *Plethodontidae,* ⁊ Wassersalamander.

eurychor [v. gr. eurychōrēs = weit, geräumig], Bez. für Organismen, die weit verbreitet sind. [Gatt. der ⁊ Schildwanzen.

Eurydema *s* [v. *eury-, gr. dēma = Band].
Eurydice *w* [ben. nach der myth. Eurydikē], Gatt. der ⁊ Cirolanidae.

euryhalin [v. *eury-, gr. halinos = aus Salz], Bez. für Organismen, die große Schwankungen im Salzgehalt des Wassers ertragen; Ggs.: stenohalin. ⁊ Brackwasserregion.

Eurylaimidae [Mz.; v. *eury-, gr. laimos = Kehle, Schlund], die ⁊ Breitrachen (Sperlingsvögel).

Eurylepta *w* [v. *eury-, gr. leptos = dünn, fein], namengebende Gatt. der Strudelwurm-Fam. *Euryleptidae,* Ord. *Polycladida.*

euryök [v. *eury-, gr. oikos = Hauswesen], *euryözisch*, Bez. für Organismen, die sehr unterschiedl. Umweltbedingungen tolerieren; Ggs.: stenök.

euryoxybiont [v. *eury-, gr. oxys = sauer, bioōn = lebend], Bez. für Organismen, die weite Sauerstoffschwankungen tolerieren; Ggs.: stenooxybiont.

euryözisch [v. *eury-, gr. oikos = Hauswesen], ↗euryök.

Eurypelma s [v. *eury-, gr. pelma = Sohle], Gatt. der Vogelspinnen i. e. S., die vom S der USA bis Chile verbreitet ist; sie gehören mit 10 cm Körperlänge zu den größten Spinnen überhaupt; die trägen Tiere sitzen tagsüber in Baumlöchern od. in bis 1 m langen Erdröhren; nachts lauern sie neben ihrem Schlupfloch auf vorbeikommende Insekten.

euryphag [v. *eury-, gr. phagos = Fresser], Bez. für Organismen, die ein breites Nahrungsspektrum haben; Ggs.: stenophag.

euryphot [v. *eury-, gr. phōs, Gen. phōtos = Licht], Bez. für Organismen, die in weiten Bereichen der Lichtintensität leben können; Ggs.: stenophot.

Eurypterida [Mz.; v. *eury-, gr. pteron = Flügel], (Burmeister 1843), *Gigantostraca* Haeckel 1896, *Riesen-* od. *Seeskorpione, „Riesenkrebse"*, † U.-Kl. kleiner bis sehr großer (bis ca. 1,8 m) Scherenfüßer *(Chelicerata)* v. skorpionart. Aussehen; Prosoma relativ klein, Opisthosoma mit 12 bewegl. Segmenten u. spitzem bis spatelförm. Telson. Die 6 Paar prosomaler Körperanhänge bestehen meist aus 1 Paar dreiteiliger Cheliceren, 4 Paar Lauf- u. 1 Paar Schwimmbeinen. Mund zentral, hinten begrenzt v. Endo- u. Metasoma, Operculum mit medianen Genitalanhängen, Abdominalkiemen plattig. Die E. lebten urspr. als vagil-benthonische bis nektonische Räuber im Meer, ihre Nachfahren wechselten über in brackische bis limn. Bereiche. Verbreitung: Ordovizium bis Perm. Zu den bekanntesten u. bestuntersuchten Vertretern gehört *Eurypterus fischeri* Eichw. aus dem Silur des Baltikums, dessen 6. Extremitätenpaar in je einem flachen Paddel endete.

Eurypygidae [Mz.; v. *eury-, gr. pygē = Hintern, Bürzel], die ↗Sonnenrallen.

Eurysiphonata [Mz.; v. *eury-, gr. siphōn = Röhre], v. Teichert (1933) vorgeschlagenes Taxon, in dem *Cephalopoda* mit weitlumigem Sipho *(*↗*Endoceratoidea* u. ↗*Actinoceratoidea)* vereinigt wurden. Ggs.: ↗Stenosiphonata.

Eurystomata [Mz.; v. gr. eurystomos, Gen. -stomatos = mit breitem Mund], Oberbegriff für die beiden Bryozoen-Ord. *Cheilostomata* u. *Ctenostomata*; ↗Moostierchen.

eurytherm [v. *eury-, gr. thermos = warm], Bez. für Organismen, die große Temperaturschwankungen ertragen können; Ggs.: stenotherm.

eurytop [v. *eury-, gr. topos = Ort], Bez. für Organismen, die sehr unterschiedl. Biotope besiedeln; Ggs.: stenotop.

eurytraphent [v. *eury-, gr. eutraphein = gute Nahrung haben], Bez. für Organismen, die eutrophe Standorte besiedeln; Ggs.: stenotraphent.

Euscorpius m [v. *eu-, gr. skorpios = Skorpion], Gatt. der Skorpione, die mit 4 Arten vom S her weit nach Europa hinein verbreitet ist; ihr Stich ist i. d. R. harmlos. Alle 4 Arten sind im Mittelmeergebiet häufig; sie erreichen 3–4 cm Körpergröße u. sind braun od. gelb gefärbt. Den Tag verbringen sie unter Steinen u. in Mauerritzen, nachts gehen sie auf Beutefang (nördlichste Fundpunkte: Krems, Dijon).

Eusparassidae [Mz.; v. *eu-, gr. sparassein = zerreißen], *Sparassidae, Heteropodidae, Jagdspinnen*, bes. in warmen Ländern vorkommende Fam. der Webspinnen mit ca. 700 Arten. Sie bauen kein Fanggewebe, sondern sind schnelle, angriffslust. Jäger, die meist bei Nacht Beute machen. Ihr abgeplatteter Körper erreicht oft 4 cm, die langen Beine sind seitwärts gestellt, so daß der Gesamthabitus einer Krabbenspinne ähnelt. Viele Arten bauen sackartig. Wohngespinste mit 2 Ausgängen, z. B. unter Steinen; hier werden auch die Eier abgelegt. Mit Bananentransporten circumtropisch verschleppt wurde die ↗Bananenspinne *Heteropoda venatoria (= regia)*, die sich tagsüber gerne in Häusern hinter Mörtel usw. versteckt u. nachts Insekten jagt; sie baut kein Gewebe u. trägt ihren scheibenförm. Kokon mit den Cheliceren bei sich. In Mitteleuropa sind die E. durch eine einzige Art, die ↗Huschspinne, vertreten.

Euspermien [Mz.; v. *eu-, gr. sperma = Same], bei Spermiendimorphismus u. -polymorphismus Bez. für die normalen Spermien, die einen vollständigen haploiden Chromosomensatz („eupyren") haben u. deshalb befruchtungsfähig sind. Ggs.: ↗Paraspermien.

Euspongia [Mz.; v. *eu-, gr. spoggion = Schwamm], ↗Spongia.

Eusporangiatae [Mz.; v. *eu-, gr. spora = Same, aggeion = Gefäß], *Filices eusporangiatae, eusporangiate Farne*, eine U.-Kl. (bzw. Organisationsstufe) der ↗Farne.

Eusporangien [Mz.; v. *eu-, gr. spora = Same, aggeion = Gefäß], Sporangien mit bei Reife mehrschicht. Wand (↗Farne).

Eustachi-Klappe [ben. nach B. ↗Eustachius], *Valvula venae cavae*, beim Säugerembryo ausgebildete rechte u. linke

---

Euscorpius
Arten:
E. carpathicus
E. flavicaudis
E. germanus
E. italicus

eu- [v. gr. eu(-) = schön, wohl, gut, recht], in Zss.: gut-, echt-, schön-.

eury- [v. gr. eurys = breit, geräumig, weit verbreitet].

EUROPA XIII

Wisent *(Bison bonasus)*
Gewöhnliche Akelei *(Aquilegia vulgaris)*
Dachs *(Meles meles)*
Uhu *(Bubo bubo)*
Hermelin *(Mustela erminea)*
Feldhase *(Lepus europaeus)*
Iltis *(Putorius putorius)*
Wildkaninchen *(Oryctolagus cuniculus)*
Waldbaumläufer *(Certhia familiaris)*
Haselmaus *(Muscardinus avellanarius)*
1 Eichelhäher *(Garrulus glandarius)*
2 Amsel *(Turdus merula)*
3 Neuntöter *(Lanius collurio)*
Kleiber *(Sitta europaea)*
Bergeidechse *(Lacerta vivipara)*
Zaunkönig *(Troglodytes troglodytes)*
Blindschleiche *(Anguis fragilis)*
Zauneidechse *(Lacerta agilis)*

© FOCUS

EUROPA XIV

Der häufigste, wildlebende Paarhufer Mitteleuropas ist das Reh. Doch auch der Rot- und der Damhirsch oder das Wildschwein kommen in den Laub- und Mischwaldgebieten fast ganz Europas vor.

Waldkauz *(Strix aluco)*

Schwedische Vogelbeere *(Sorbus intermedia)*

Gemeiner Schneeball *(Viburnum opulus)*

Rothirsch *(Cervus elaphus)*

Schwarzer Holunder *(Sambucus nigra)*

Damhirsch *(Dama dama)*

Stechpalme *(Ilex aquifolium)*

Reh *(Capreolus capreolus)*

Holz-Apfelbaum *(Malus sylvestris)*

Liguster *(Ligustrum vulgare)*

Schlehe, Schlehdorn, Schwarzdorn *(Prunus spinosa)*

Wildschwein *(Sus scrofa)*

Wildkatze *(Felis silvestris)*

© FOCUS

EUROPA XV

Schwarzstorch
(*Ciconia nigra*)

Sprosser
(*Luscinia luscinia*)

Wendehals
(*Jynx torquilla*)

Kernbeißer
(*Coccothraustes coccothraustes*)

1 Blauracke
  (*Coracias garrulus*)
2 Turteltaube
  (*Streptopelia turtur*)
3 Hohltaube
  (*Columba oenas*)
4 Ringeltaube
  (*Columba palumbus*)

Pirol
(*Oriolus oriolus*)

Mäusebussard
(*Buteo buteo*)

Baumfalke
(*Falco subbuteo*)

Ziegenmelker
(*Caprimulgus europaeus*)

Waldschnepfe
(*Scolopax rusticola*)

Efeu
(*Hedera helix*)

Hunds-Rose (*Rosa canina*)

Siebenschläfer
(*Glis glis*)

Wald-Geißblatt
(*Lonicera periclymenum*)

EUROPA XVI

Nach Jahrtausenden der Besiedlung stellt heute in Mitteleuropa anstelle des Laubwaldes die offene Kulturlandschaft den beherrschenden Landschaftstyp dar.

Stiefmütterchen (Viola tricolor)

Löwenzahn (Taraxacum officinale)

Gewöhnlicher Frauenmantel (Alchemilla vulgaris)

Huflattich (Tussilago farfara)

Weißer Gänsefuß (Chenopodium album)

Kornblume (Centaurea cyanus)

Acker-Kratzdistel (Cirsium arvense)

Hausratte (Rattus rattus)

Brennessel (Urtica dioica)

Weiße Taubnessel (Lamium album)

Wühlmaus (Microtus spec.)

Wanderratte (Rattus norvegicus)

Maulwurf (Talpa europaea)

Bachstelze (Motacilla alba)

1 Hirtentäschel (Capsella bursa-pastoris)
2 Acker-Hellerkraut (Thlaspi arvense)

Hausmaus (Mus musculus)

Feldlerche (Alauda arvensis)

© FOCUS

EUROPA XVII–XVIII

Rauchschwalbe (*Hirundo rustica*)

Uferschwalbe (*Riparia riparia*)

Mehlschwalbe (*Delichon urbica*)

Filzige Klette (*Arctium tomentosum*)

1 Vogel-Wicke (*Vicia cracca*)
2 Rainfarn (*Tanacetum vulgare*)
3 Kleinblütige Königskerze (*Verbascum thapsus*)
4 Beifuß (*Artemisia vulgaris*)

Geruchlose Kamille (*Matricaria inodora*)

Wiesen-Kerbel (*Anthriscus sylvestris*)

Stieglitz (*Carduelis carduelis*)

5 Dohle (*Corvus monedula*)
6 Elster (*Pica pica*)
7 Nebelkrähe (*Corvus corone cornix*)
8 Rabenkrähe (*Corvus corone corone*)

Gewöhnliche Wucherblume, Margerite (*Chrysanthemum leucanthemum*)

Star (*Sturnus vulgaris*)

Rebhuhn (*Perdix perdix*)

© FOCUS

Goldammer (*Emberiza citrinella*)

Feldsperling (*Passer montanus*)

Haussperling (*Passer domesticus*)

Mauersegler (*Apus apus*)

Rotmilan (*Milvus milvus*)

Turmfalke (*Falco tinnunculus*)

Gänseblümchen (*Bellis perennis*)

Großer Wegerich (*Plantago major*)

1 Saatkrähe (*Corvus frugilegus*)
2 Wiedehopf (*Upupa epops*)
3 Kiebitz (*Vanellus vanellus*)
4 Wachtelkönig (*Crex crex*)

5 Gewöhnliches Leinkraut (*Linaria vulgaris*)
6 Schmalblättriges Weidenröschen (*Epilobium angustifolium*)
7 Schafgarbe (*Achillea millefolium*)
8 Acker-Senf (*Sinapis arvensis*)
9 Vogelmiere (*Stellaria media*)
10 Quecke (*Agropyron repens*)

© FOCUS

EUROPA XIX

Die Trockengebiete haben ihre spezielle Fauna und Flora; diese sind am stärksten in den Grassteppen Südosteuropas ausgeprägt. Hier leben u. a. die Saiga – Europas einzige Antilope –, Großtrappen, Ziesel sowie Hamster und andere Nagetiere.

Strauch-Fingerkraut *(Potentilla fruticosa)*

Großtrappe *(Otis tarda)*

Saiga *(Saiga tatarica)*

Wiesen-Augentrost *(Euphrasia rostkoviana)*

Heide-Nelke *(Dianthus deltoides)*

Brombeere *(Rubus fruticosus)*

1 Alpen-Sonnenröschen *(Helianthemum alpestre)*
2 Gewöhnliches Katzenpfötchen *(Antennaria dioica)*
3 Küchenschelle *(Pulsatilla vulgaris)*
4 Gewöhnlicher Hornklee *(Lotus corniculatus)*
5 Kleines Habichtskraut *(Hieracium pilosella)*

Steppenhuhn *(Syrrhaptes paradoxus)*

Rotschenkel *(Tringa totanus)*

Perlziesel *(Citellus suslicus)*

Hamster *(Cricetus cricetus)*

Frühlings-Adonisröschen *(Adonis vernalis)*

6 Scharfer Mauerpfeffer *(Sedum acre)*
7 Thymian *(Thymus serpyllum)*
8 Gewöhnliche Pechnelke *(Viscaria vulgaris)*
9 Knollige Spierstaude *(Filipendula vulgaris)*
10 Echtes Labkraut *(Galium verum)*

© FOCUS

EUROPA XX

Alpenkrähe
(Pyrrhocorax pyrrhocorax)

Die Alpen stellen eine wichtige Klimagrenze zwischen Mitteleuropa und dem mediterranen Südeuropa dar. Typische Vertreter der Säugetiere sind in diesem Lebensraum der Steinbock, die Gemse und das Alpenmurmeltier, die in der alpinen Stufe leben.

Lärche *(Larix decidua)*

Edelweiß *(Leontopodium alpinum)*

Weiß-Tanne *(Abies alba)*

Rotkopfwürger *(Lanius senator)*

Mauerläufer *(Tichodroma muraria)*

1 Gewöhnlicher Seidelbast *(Daphne mezereum)*
2 Aurikel *(Primula auricula)*
3 Frühlingskrokus *(Crocus albiflorus)*
4 Gemswurz *(Doronicum spec.)*

5 Alpensteinbock *(Capra ibex ibex)*
6 Gemse *(Rupicapra rupicapra)*

Alpen-Aster *(Aster alpinus)*

Alpenveilchen *(Cyclamen purpurascens)*

Schneeheide *(Erica carnea)*

Alpenmurmeltier *(Marmota marmota)*

Blauer Eisenhut *(Aconitum napellus)*

Eustachi-Röhre

Venenklappe an der Einmündung der Vena cava (Hohlvene) in den rechten Herzvorhof (Atrium). Durch sie wird das venöse Blut zum noch offenen Foramen ovale in der Herzscheidewand geleitet u. gelangt über diesen „Kurzschlußweg" direkt in die linke Herzkammer, ohne den Umweg über die noch funktionsunfähige Lunge.

Eustachi-Röhre [ben. nach B. ↗Eustachius], *Ohrtrompete, Tube, Tuba eustachii, Tuba auditiva,* auf jeder Körperseite vorhandener Verbindungsgang zw. Paukenhöhle des Ohres u. Rachenraum, v. einer stark gefalteten Schleimhaut mit Zylinderflimmerepithel ausgekleidet. Entsteht ontogenet. aus dem proximalen Abschnitt der ersten Schlundtasche (der distale bildet die Paukenhöhle), ist also entodermalen Ursprungs. Das Lumen der E. ist normalerweise geschlossen, indem die Wände aneinanderliegen. Beim Schlucken werden sie durch Gaumenmuskeln auseinandergezogen, wobei der Druckausgleich zw. Paukenhöhle u. Rachen erfolgen kann. Die Mündung der E. liegt oberhalb des weichen Gaumens im Epipharynx u. ist v. lymphat. Gewebe umgeben, der Tubenmandel (Rachenmandel). Bei Infektionskrankheiten, z.B. Schnupfen, können Erreger über die E. in die Paukenhöhle gelangen u. eine Mittelohrentzündung hervorrufen.

Eustachius *(Eustachio), Bartolommeo,* it. Arzt, * März 1520 San Severino Marche, † Aug. 1574 Fossombrone; Prof. in Rom; entdeckte bei vergleichend anatom. Untersuchungen den Gang zw. Nasen-Rachen-Raum u. Mittelohr (*Tuba eustachii,* die Eustachi-Röhre) u. die Klappe (Eustachi-Klappe) im rechten Herzvorhof. Schrieb eines der ersten Lehrbücher der Zahnheilkunde. HW „Opuscula anatomica" (Venedig, 1564).

eustatische Meeresspiegelschwankung [v. *eu-, gr. stasis = Stand, Lage], (F. Suess 1888), klimat. bedingte Änderung in der Höhe des Meeresspiegels. In Eiszeiten fällt er durch Bindung beträchtl. Wassermengen in Form v. Eis u. Schnee; durch Abschmelzen in Warmzeiten steigt er entsprechend. Die Datierung pleistozäner Meeresterrassen, die als eustat. bedingt betrachtet werden, ist umstritten.

Eustele *w* [v. *eu-, gr. stēlē = Säule], ↗Stele.

Eusthenopteron *s* [v. gr. eusthenēs = stark, kräftig, pteron = Flosse], (Whiteaves 1903), zur Ord. der Quastenflosser (*Crossopterygii*, U.-Ord. *Rhipidistia*) gehö-

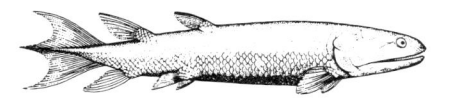

eu- [v. gr. eu(-) = schön, wohl, gut, recht], in Zss.: gut-, echt-, schön-.

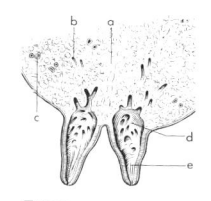

Euter
a Drüsengewebe, b schräg, c quer durchschnittene Milchkanälchen, d Milchzisterne, e Zitzenkanal.
1 Paar Milchdrüsen besitzen: Pferde, Kamele, Ziegen, Schafe
2 Paar besitzen: Rinder (einschl. Antilopen)

Eusthenopteron

rende † Knochenfisch-Gatt. des Oberdevons mit diphyzerker Schwanzflosse und rhachitomen Wirbeln, die zu den Stammformen der Vierfüßer zählt; Süßwasserbewohner.

Eustigmatophyceae [Mz.; v. *eu-, gr. stigmata = Punkte, phykos = Tang], Kl. der Algen; diese einzell., kokkalen Algen wurden erst in unserer Zeit v. den *Xanthophyceae* abgetrennt; sie unterscheiden sich durch die Struktur der Zoospore, durch nur einen gelappten Plastiden pro Zelle u. eine nicht zweiteil. Zellwand v. diesen. Die kugelförm. *Pleurochloris*-Arten mit bis 8 mm ⌀ sind Erdalgen, z.B. *P. commutata, P. magna. Ellipsoidion acuminatum* ist aus sauren Gräben u. Teichen bekannt.

eusynkarp [v. *eu-, gr. syn = zusammen, karpos = Frucht], ↗holocoenokarp.

Eutamias *m* [v. *eu-, gr. tamias = Wirtschafter], ↗Streifenhörnchen.

Eutardigrada [Mz.; v. *eu-, lat. tardigradus = langsam schreitend], Ord. der Bärtierchen; überwiegend Moos- u. Flechtenpolster, seltener Süßgewässer bewohnende Arten mit eigenem Exkretionssystem, in den Enddarm mündenden Geschlechtsorganen (Kloake) u. gegabelten Zehenkrallen ohne Tastzirren am Vorderende.

Eutaxicladina [Mz.; v. gr. eutaxia = gute Anordnung, klados = Zweig], (Rauff 1893), U.-Ord. der Steinschwämme *(Lithistida),* deren Skelettelemente (Desmone) meist 3–4, selten 5 od. mehr knotig verschmolzene Äste aufweisen. Verbreitung: Ordovizium bis rezent. Beispiel: *Astylospongia* (Silur).

Eutelie *w* [v. *eu-, gr. telos = Ziel, Vollendung], der ↗Zellkonstanz.

Euter *s,* in der Leistengegend gelegene Milchdrüsen bei Tieren der Ord. Unpaarhufer *(Perissodactyla)* sowie der Kamele u. Wiederkäuer aus der Ord. Paarhufer *(Artiodactyla).* Bei den obengen. Tieren bildet die ↗Milchleiste nur in ihrer caudalen Region 1 od. 2 Paar funktionsfähige Milchdrüsen, bei den anderen Paarhufern (z. B. Schweinen) hingegen meist auf ihrer ganzen Länge. Das E. besteht aus Drüsengewebe mit Drüsenbläschen, der Bildungsstätte der Milch, deren Kanälchen sich in der Zisterne sammeln, die durch den Zitzenkanal nach außen führt.

Eutetrapoda [Mz.; v. *eu-, gr. tetrapodos = vierfüßig], zweifelhaftes Taxon, in dem v. Huene (1956) den Großteil der „Niederen Tetrapoden" *(Batrachomorpha, Reptiliomorpha, Theromorpha, Sauromorpha)* als vermeintl. Abkömmlinge der *Osteolepiformes* vereinigte. Ggs.: *Urodelia,* die v. den *Porolepiformes* abgeleitet wurden.

Eutheria [Mz.; v. *eu-, gr. thēria = Tiere],

(Gill 1872, nec Haeckel), *Echte Tiere, Echte Säugetiere, Höhere Säugetiere, Placentale Säugetiere, Placentalia, Placentaria, Monodelphia, Epitheria, Choriata, Zottentiere,* U.-Kl. der Säugetiere ohne Beutel u. Beutelknochen, mit getrennter Mündung v. Darm und Urogenitalsystem (Harn-Geschlechtsapparat) u. einfacher Scheide; Junge werden – nach relativ langer Ernährung in der Gebärmutter durch den Mutterkuchen (Placenta) – *entwickelter* geboren als junge Beuteltiere *(Metatheria);* urspr. 44 Zähne. Der verbreitete Name „Placentale Säugetiere" wird nicht der Tatsache gerecht, daß auch bei Beuteltieren placentale Organe vorhanden sind; moderne Systeme des Tierreichs gliedern deshalb die Säugetiere treffender in *Proto-, Meta-* u. *Eutheria.* Verbreitung: Etwa ab Oberkreide bis heute weltweit, jedoch artenarm in Australien u. Neuseeland.

Euthyneura [Mz.; v. gr. euthys = gerade, neuron = Sehne (heute: Nerv)], ↗Geradnervige (Schnecken).

Euthyneurie *w* [v. gr. euthys = gerade, neuron = Sehne (heute: Nerv)], ↗Geradnervige.

Eutima *w* [v. *eu-, gr. timē = Ehre, Wertschätzung], Gatt. der ↗Eucopidae.

Eutonie *w* [v. gr. eutonia = Kraft], Bez. für den normalen Spannungszustand der Muskeln (Muskeltonus); Ggs.: Dystonie.

Eutonina *w* [v. gr. eutonos = nervig, kräftig], Gatt. der ↗Eucopidae.

Eutreptiales [Mz.; v. gr. eutreptos = veränderlich], Ord. der *Euglenophyceae* (Augenflagellaten); die 6 Arten der Gatt. *Eutreptia* gelten als ursprünglich; die zweigeißel. Zellen sind zu großer Gestaltsveränderung befähigt. *E. viridis* ist salzliebend; *E. thiophila* kommt in schwefelhalt. Gewässern vor.

Eutrigla *w* [v. *eu-, gr. trigla = Seebarbe], Gatt. der ↗Knurrhähne.

eutrop [v. gr. eutropos = gewandt], Bez. für die höchstentwickelte der drei Stufen, mit der die Anpassung der Insekten an die Blumennahrung u. die Anpassung der Blumen an den Insektenbesuch beschrieben wird (↗Coevolution). *Eutrope Insekten* sind langrüsselige Hymenopteren u. Schmetterlinge, d. h. Insekten mit hochspezialisierten Mundwerkzeugen für den Blütenbesuch. Entspr. sind *eutrope Blumen* u. *Blüten* auf langrüsselige Insekten spezialisiert, indem ihre Nektarien tief versenkt u. schwer zugänglich sind. ↗allotrop, ↗hemitrop, ↗Bestäubung.

eutroph [v. gr. eutrophos = nahrhaft], reich an Nährstoffen, auf Gewässer bezogen (↗Eutrophierung); Ggs.: oligotroph.

Eutrophierung *w* [v. gr. eutrophein = gute Nahrung bekommen, prächtig gedeihen], Zunahme der Primärproduktion im Gewässer durch natürl. od. künstl. Nährstoffanreicherung. Die E. erfolgt v. a. durch die Zunahme an Nitraten u. Phosphaten, die für die Primärproduzenten häufig einen Minimumfaktor darstellen. In großen Mengen gelangen diese Nährsalze durch Abwässer und Oberflächenabschwemmungen aus überdüngten landw. Flächen in die Gewässer u. rufen dort, bes. in den Sommermonaten, eine Massenentwicklung v. Algen hervor (↗Wasserblüte) u. damit auch v. tier. Plankton (Konsumenten). Das abgestorbene Plankton sinkt ab u. wird v. aeroben Bakterien unter Sauerstoffverbrauch abgebaut (mineralisiert). Eine hohe Belastung führt, zumindest in den unteren Schichten, zu einem Sauerstoffmangel, so daß Gärung u. Fäulnis beginnen, unter Bildung v. Faulschlamm u. giftigen Gasen, wie Ammoniak u. Schwefelwasserstoff. Im Extremfall wird der Sauerstoff vollständig verbraucht; es findet ein „Umkippen" des Gewässers statt und damit ein Absterben der höheren Organismen. ↗Kläranlage.

Eutunicatae [Mz.; v. *eu-, lat. tunicatus = mit einer Tunika bekleidet], 2. Gruppe (U.-Kl.) der Schlauchpilze *(Ascomycetidae);* sie bilden (eutunicate) Asci, die eine dicke Wand besitzen u. deren Ascosporen aktiv ausgeschleudert werden (1. Gruppe ↗*Protunicatae*). Es lassen sich 2 U.-Gruppen unterscheiden: die ↗*Unitunicatae* mit homogener und die ↗*Bitunicatae* mit 2schicht. Ascuswand. Nach dem Öffnungsmechanismus können die *Unitunicatae* noch unterteilt werden: die *U.-Operculatae,* deren Asci sich mit einem Deckel öffnen, u. die *U.-Inoperculatae,* die zum Ausschleudern der Sporen einen bes. Apikalapparat am Scheitel der Asci besitzen.

euzöne Arten [v. *eu-, gr. koinos = gemeinsam], die ↗Coenobionten.

Evaniidae [Mz.; v. lat. evanescere = verschwinden], Fam. der ↗Hautflügler.

Evans [ewens], *Herbert McLean,* am. Mediziner u. Biologe, * 23. 9. 1882 Modeste (Calif.), † 6. 3. 1971 Berkeley (Calif.); zw. 1908 u. 1915 Prof. in Baltimore, zw. 1930 u. 1952 in Berkeley Dir. des Inst. für experimentelle Biologie; entdeckte 1922 das Tokopherol (Vitamin E).

Evaporation *w* [v. lat. evaporatio = Ausdampfung, Verdunstung], nicht regulierte Verdunstung v. Wasser v. einer freien Wasseroberfläche (Flüsse, Seen o. ä., Interzeptionswasser) od. der Oberfläche eines wasserhalt. Körpers (Boden; auch Thallophyten, die keine Stomata besitzen, um ihren Wasserhaushalt zu regulieren) an die umgebende, nicht mit Wasserdampf gesättigte Atmosphäre. ↗Transpiration.

Evaporimeter *s* [v. lat. evaporare = ver-

Eutrophierung

Die Nettoproduktion an Biomasse (in mg Kohlenstoff pro m^2 u. Tag) in einem *eutrophen* See beträgt etwa 600–8000, in einem *oligotrophen* See dagegen nur 50–300. *Phosphate* u. *Nitrate,* die die E. beschleunigen, kommen hpts. aus den häusl. Abwässern, der Landw. (bes. Mais- u. Rebenanbau, Pflanzenschutzmittel) sowie Gewerbe- u. Industriebetriebe.
In der BR Dtl. fallen jährl. ca. 100000 t Phosphate an: 40% aus Wasch- u. Reinigungsmitteln, 27% aus menschl. Exkrementen u. Haushaltsabfällen, 17% aus Düngemitteln u. Futtermittelabfällen sowie tier. Exkrementen u. 13% aus Industrieabfällen. (Phosphatverringerung im Abwasser ↗Kläranlage).

Vom Grad der E. hängt auch die Häufigkeitsverteilung der verschiedenen Fischarten in einem Gewässer ab (Auswahl)

Forelle
Weißfisch
Zander
Döbel
Saibling
Barsch
Hecht
Stint
Karpfen
Wels

→ zunehmende Eutrophierung

Eutunicatae*

(Schlauchpilze, Auswahl):

Unitunicatae-Operculatae
 Pezizales
 Erysiphales
Unitunicatae-Inoperculatae
 Clavicipitales
 Diaporthales
 Helotiales
 Lecanorales
 Phacidiales
 Xylariales
Bitunicatae
 Dothideales

*Diese Unterteilung der Schlauchpilze *(Ascomycetidae)* entspricht nicht den int. Nomenklaturregeln

Evapotranspiration

evolutio- [v. lat. evolvere = ab-, entwickeln; evolutio = Abwickeln (einer Buchrolle)], in Zss.: Entwicklungs-.

Evasion

Beispiele für das Ausweichen vor der Abwehrreaktion des Wirtes: Aufsuchen v. Orten mit geringer Antikörper-Konzentration (Zellinneres, Cerebrospinalflüssigkeit), Abgabe v. „Exoantigenen" an vom Parasiten entfernte Orte, wo sie ohne Schaden für ihn mit Antikörpern reagieren, Vorhandensein v. „Wirtsantigenen" an der Parasitenoberfläche, die das Erkennen als „nicht-selbst" erschweren od. verhindern („molekulare Maskierung od. Mimikry"), Ersatz v. Oberflächenantigenen des Parasiten durch andere (↗ Antigenvariation), Blokkieren der Einkapselung durch Blutzellen des Wirts od. Hemmung der bei Einkapselung wicht. Phenoloxidase bei Insektenparasiten.

dunsten, gr. metran = messen], *Verdunstungsmesser,* ein genormter physikal. Verdunstungskörper, der zur Messung der ↗ Evaporation eingesetzt wird. Am gebräuchlichsten ist das E. nach Piche, bei dem die verdunstende Fläche aus einem ständig feucht gehaltenen Filterpapier besteht. Die verdunstete Wassermenge pro Zeit- u. Flächeneinheit ist ein Maß für die Evaporation an dem jeweil. Standort.

Evapotranspiration w [v. lat. evaporare = verdunsten, trans- = hindurch-, spirare = atmen], gesamte Wasserabgabe eines Pflanzenbestands an die Atmosphäre; setzt sich zus. aus der ↗ Evaporation (Wasserabgabe v. nicht regulationsfähigen Systemen, z. B. freie Wasseroberflächen, Boden, Thallophyten) u. der ↗ Transpiration (Wasserabgabe v. regulationsfähigen Systemen, z. B. höhere Pflanzen).

Evarcha w [v. gr. euarchos = wohl regierend], in Mitteleuropa mit 3 Arten vorkommende Gatt. der Springspinnen; häufig ist *E. arcuata* (6–7 mm), die überall in Wiesen u. Gebüschen lebt; die Weibchen bewachen ihr Gelege in einem zusammengerollten, austapezierten Blatt.

Evasion w [v. lat. evasio = das Entrinnen], 1) parasitolog.: Verlassen des Wirtsorganismus durch den Parasiten, Ggs.: Invasion; 2) immunolog.: Ausweichen vor der Abwehrreaktion (z. B. Antikörpern) des Wirtes.

Evermannellidae [wohl ben. nach dem dt. Naturforscher E. Eversmann, 1794–1860], die ↗ Säbelzahnfische.

Evernia w [v. gr. euernēs = gut wachsend, blühend], Gatt. der ↗ Parmeliaceae, ↗ Eichenmoos.

Evernsäure ↗ Flechtenfarbstoffe, ↗ Flechtenstoffe.

Evertebrata [Mz.; v. lat. e- = ohne, vertebra = Wirbel], die ↗ Wirbellosen.

Evokation w [v. lat. evocatio = das Hervorrufen], in der Entwicklungsbiologie Bez. für die ↗ Induktion, die deren auslösenden Charakter betont.

evolut [v. lat. evolutus = herausgedreht], Bez. für ein Schneckengehäuse, dessen Windungen (Umgänge) sich entlang der Spindel berühren u. das daher kegel- od. turmförmig ist.

Evolution [v. *evolutio-], 1) ugs.: Entwicklung, Umwandlung, auch Höherentwicklung. 2) i. e. S.: die kosmische E. (E. des Kosmos) und die biologisch-organism. E. Kosmische u. biologische E. sind jedoch prinzipiell verschiedene Prozesse, denen lediglich gemeinsam ist, daß sie aus einer Folge v. Ereignissen bestehen, die eine starke Richtungskomponente aufweisen (E. Mayr). Die kosmische E. verläuft nach Mayr *teleomatisch,* d. h., sie ist, wie andere physikal. u. chem. Vorgänge, durch Naturgesetze gesteuert, welche die zu erreichenden „Endzustände" automatisch bedingen. – In der ↗ biologischen E. kommt es dagegen zum Aufbau eines Programms, einer (genet.) Information (↗ Information u. Instruktion), die die in der Keimesentwicklung (Ontogenese) v. Organismen ablaufenden Prozesse auf ihr „Ziel" hin, den fertigen, funktionierenden, an die Umwelt angepaßten Organismus, ausrichtet. Einen zielgerichteten Vorgang, der seine Zielgerichtetheit dem Wirken eines Programms (einer Information) verdankt, nennt Mayr einen *teleonomischen* Prozeß. (Der Begriff *Teleonomie* geht auf Pittendrigh 1958 zurück u. spielt bes. bei Monod eine große Rolle). Biologische (organismische) E. ist der Prozeß, der zum Aufbau (zur Entstehung) eines teleonomisch wirkenden Programms (der genet. Information) führt; in der Ontogenese wird dieses Programm „abgelesen", was zur „Organisation" der Lebewesen führt. – Die *Entstehung* eines teleonomischen Programms in der E. wird nach der auf Ch. ↗ Darwin zurückgehenden Selektionstheorie durch *natürliche Auslese (Selektion)* an einem zufällig (durch Mutation und Rekombination) entstandenen Material an genet. Variabilität erklärt. Die biologische bzw. organismische E. ist durch zwei untrennbar miteinander verknüpfte Prozesse ausgezeichnet, die Transformation u. die Diversifikation. Die *Transformation* ist die „vertikale Komponente" der E., die Veränderung der *Anpassungen* u. die Entstehung neuer *Organisationsformen* in der Zeit, d. h. durch *Umwandlung* (phyletische E., ↗ Anagenese). *Diversifikation* dagegen bedeutet Vermannigfaltigung, verbunden mit unterschiedl. Nutzung des Umweltangebots (↗ adaptive Radiation). – Die treibende Kraft, die hinter der biol. Vielfalt steht, ist die Konkurrenz. Darwin hat als erster klar aufgezeigt, daß die ↗ Konkurrenz (sowohl die intraspezif. als auch die interspezif.) der wichtigste Faktor im „Kampf ums Dasein" (↗ Daseinskampf) ist. Wenn tatsächl. die Konkurrenz um begrenzte Ressourcen, Räubertum od. Parasitismus die treibenden Kräfte des Diversifikationsprozesses sind, dann kommt der E.sprozeß nie zu einem Ende, denn dann ist jeder Organismus für den anderen ein Stück *Umwelt.* Jede Änderung im Umweltbezug eines Organismus führt damit zu einer Änderung der Selektionskräfte für alle anderen beteiligten Organismen. Konkurrenzverminderung durch ökolog. Differenzierung (Einnischung) ermöglicht die ↗ *Coexistenz* zahlr. Arten am gleichen Ort. Aus diesen Gründen findet man an einem Ort auch Anpassungsdivergenz u. nicht Anpassungskonvergenz. ↗ *Adaptiogenese,* ↗ *Artbildung* u. *Einnischung* (↗ ökologische Nische) sind die oft auch als *Mikroevolution* bzw. *infraspezifische E.* bezeichneten Aspekte v. Transformation u. Diversifikation. Die Entstehung neuer Großgruppen (z. B. Stämme, Klassen u. Ordnungen) ist der als *Makroevolution* od. *transspezifische E.* bezeichnete Aspekt. – Wir beobachten heute, daß die Großgruppen des Organismenreiches (z. B. Pflanzen, Tiere: Amphibien, Reptilien, Säugetiere, Vögel u. a.) zieml. unvermittelt nebeneinander stehen. Es hat stets große Schwierigkeiten bereitet, zu verstehen, daß diese in ganzen Merkmalskomplexen völlig verschiedenen, diskontinuierl. „Organisationstypen" durch kontinuierl. Veränderungen auseinander hervorgegangen sind. Fossil überlieferte Bindeglieder *(„connecting links")*, welche die ↗ *Abstammung* v. einem gemeinsamen Ahnen vorstellbar machen, sind selten. Damit entsteht der Eindruck einer durch *Saltation,* durch „Typensprünge" entstandenen makroevolutiven Vielfalt. Durch die Theorie der ↗ additiven Typogenese (Heberer) u. z. T. durch Fossilfunde belegt, wird deutl., daß neue Typen mit ihren Merkmalskomplexen nicht plötzl. entstehen, sondern daß es eine Übergangszone gibt, in der sie kontinuierl. aufgebaut werden (*Mosaikevolution* nach Simpson). Hat sich auf diese Weise ein bestimmtes Merkmalssyndrom entwickelt, das sich unter einer bestimmten Konstellation der Randbedingungen als bes. erfolgreich erweist, so werden Träger dieses Merkmalssyndroms in die Lage versetzt, Organismen mit einem ähnl., aber noch unvollständ. Merkmalssyndrom auszukonkurrieren. Auf diese Weise werden die „Typensprünge", die einer kontinuierl., graduellen E. scheinbar widersprechen, verständl. Eldredge und Gould haben 1972 ein Modell aufgestellt, das sie *punctuated equilibrium* (unterbrochenes Gleichgewicht) gen. haben. Hierbei wird richtig auf das Phänomen verwiesen, daß evolutionäre Transformationen relativ (!) rasch verlaufen können u. ihnen dann u. U. lange Zeiten ohne größere Veränderungen („im Gleichgewicht") folgen. Diese Vorstellungen werden als *Punktualismus* jenen gegenübergestellt, die eine kontinuierl. Abwandlung annehmen (*Gradualismus*) (↗ Evolutionsrate). Von der Mehrzahl der E.sbiologen abgelehnt wird jedoch die Vorstellung, daß die „punctuated equilibria", also die Übergänge v. einem stabilen Stadium (Gleichgewicht) zum anderen, sprunghaft erfolgen. Dadurch sollen Diskontinuitäten entstehen, die mit den „hopeful monsters"

Evolution
Die Geschichte v. der „roten Königin"
Der E.sprozeß ist für jeden Organismus ein Existenzspiel. Die Geschichte v. der „roten Königin" in dem v. Charles Dodgson (bekannt als Lewis Carroll) erdachten Schachspiel in „Alice hinter den Spiegeln" ist eine Parabel, die diesen Tatsachen am besten gerecht wird. „Hierzulande mußt du so schnell laufen, wie du kannst, um am gleichen Fleck bleiben willst. Und um woanders hinzukommen, muß man noch mindestens doppelt so schnell rennen!" sagte die „rote Königin" zu Alice. Wenn es in einem Netz von biotischen Interaktionen zw. Organismenarten zu Änderungen kommt, eine Art also „zu laufen beginnt", dann müssen alle anderen Arten „mitlaufen, um am gleichen Fleck zu bleiben". Sie müssen sich ebenfalls verändern, um am Existenzspiel der E. beteiligt zu bleiben. Es sind genau diese biot. Interaktionen, die im Zusammenwirken mit der Begrenztheit der Ressourcen die evolutiven Kräfte bedingen, eine gewisse E.sgeschwindigkeit aufrechterhalten u. zur weiteren Vermannigfaltigung führen.

(durch zufällige Großmutationen entstandene, aber dennoch lebensfähige „neue Typen") v. Goldschmidt verglichen werden. Damit erneuert dieses Modell die längst ausdiskutierte u. überholte Vorstellung, daß durch einen einzigen Schritt, ausgehend v. einem einzigen Individuum, eine neue Art od. höhere taxonom. Einheit mit neuen Anpassungen entstehen könnte. Dafür gibt es (abgesehen v. ↗ Artbildung durch Polyploidisierung im Pflanzenreich) keinerlei Evidenz. Alle verfügbaren Kenntnisse sprechen dafür, daß sich E. in kleinen Schritten durch Veränderung v. Populationen abspielt u. daß die Faktoren, welche für die Adaptiogenese, Artbildung u. Einnischung (also für die Mikro-E.) verantwortl. sind, ausreichen, um auch das Entstehen der höheren taxonom. Einheiten zu erklären. Im Zshg. mit molekulargenet. Untersuchungen v. E. ist der Begriff *non-Darwinian Evolution* entstanden. Er ist mißverständl., denn er suggeriert, daß es eine andere als die v. Darwin (↗ Darwinismus) entdeckte Erklärungsmöglichkeit der „Planmäßigkeit" der belebten Welt gäbe. Was versteht man unter „non-Darwinian Evolution"? Als man mit der Methode der Gelelektrophorese die *genet. Variabilität* v. Populationen untersuchte, war man v. dem großen Ausmaß dieser Variabilität sehr überrascht. Die Vorstellung, diese Variabilität habe in ihrer Gesamtheit eine selektive Bedeutung, bereitete Verständnisschwierigkeiten. Es wurde die These v. der selektiven Neutralität des größten Teils dieser Variabilität vertreten. Die Vertreter dieser Theorie führten das Entstehen dieser Variabilität auf stochast. Vorgänge zurück u. nannten dies sehr mißverständl. *non-Darwinian Evolution* od. *random-walk Evolution* (zufällig verlaufende E.). Die wiss. Auseinandersetzung, die seit Ende der 60er Jahre um diese Problematik stattfindet, geht letztl. nur darum, wie groß der zufalls- bzw. der selektionsbedingte Anteil der genet. Variabilität ist. Kein E.sbiologe wird ernstl. einen gewissen zufälligen Anteil an Variabilität pro Genlocus (an ↗ Allelen) bezweifeln. Das ändert nichts daran, daß die wesentl. (komplexen) Anpassungen v. Organismen das Produkt v. Selektionsvorgängen (im Sinne Darwins) sind. Auch hat zumindest ein Teil der anfängl. für „neutral" gehaltenen Variabilität durchaus selektive Bedeutung. An der Gültigkeit der „Darwinschen" E.theorie ändert sich also nichts. Es gibt bisher kein anderes als das von Darwin entdeckte Erklärungsprinzip der „Planmäßigkeit" u. Vielfalt der belebten Welt. In der organismischen E. erhält der Zufall im Wandel durch die Selektion eine Richtung. ↗ Evolutionstheorie, ↗ Abstam-

Evolutionäre Erkenntnistheorie

evolutio- [v. lat. evolvere = ab-, entwickeln; evolutio = Abwickeln (einer Buchrolle)], in Zss.: Entwicklungs-.

ex- [v. gr. bzw. lat. ex = aus, aus ... heraus, von ... her, infolge].

exo- [v. gr. exō = außen, außerhalb].

exkret- [v. lat. excernere = ausscheiden, absondern, davon die Partizipform excretum = abgesondert, (durch Harn u. Stuhl) ausgeschieden].

mung, ↗Daseinskampf, ↗Darwinismus, ↗Lamarckismus, ↗Katastrophentheorie, ↗Aktualitätsprinzip, ↗Kreationismus, ↗chemische Evolution, ↗Hyperzyklus, ↗Synergetik; B chemische und präbiologische Evolution.
Lit.: *Mayr, E.:* Evolution und die Vielfalt des Lebens. Berlin – Heidelberg – New York 1979. *Mayr, E.:* Artbegriff und Evolution. Hamburg – Berlin 1967. *Mayr, E.:* The Growth of Biological Thought. Cambridge 1982. *Osche, G.:* Grundzüge der allgemeinen Phylogenetik. In: Handbuch der Biologie. Frankfurt/M. 1966. *Rensch, B.:* Neuere Probleme der Abstammungslehre. Stuttgart 1972. G. O./P. S.

Evolutionäre Erkenntnistheorie [v. *evolutio-], ↗Erkenntnistheorie und Biologie.
Evolutionismus [v. *evolutio-], Lehre v. der Entwicklung der organism. Welt; ↗Evolution, ↗Darwinismus, ↗Lamarckismus.
Evolutionsbiologie [v. *evolutio-], eine synthet. Disziplin der Biol., welche die Ursachen u. Mechanismen des evolutiven Wandels erforscht u. dazu Fakten u. Hypothesen aus allen biol. Teildisziplinen heranzieht. Die für die E. wichtigsten Teildisziplinen sind die Genetik, Populationsgenetik, Ökologie, Verhaltensforschung, Entwicklungsphysiologie u. Vergleichende Morphologie. ↗Evolution.
Evolutionsdruck [v. *evolutio-], ↗Selektionsdruck.
Evolutionseinheit [v. *evolutio-], die ↗Population. Jedes einzelne diploide Individuum enthält nur einen verschwindend kleinen Teil der gesamten genet. Variation einer Population. Die Gesamtheit der genet. Variation einer Population nennt man *Genpool.* Für den evolutiven Wandel ist die Verteilung u. Veränderung der Allele des Genpools einer Population in der Zeit (*Allelenfrequenz,* ↗Allelhäufigkeit) entscheidend. Mit der Änderung der Allelenfrequenz kommt es auch zur Änderung der Häufigkeit der Individuen mit einer bestimmten Anpassung (Merkmal). Damit hat sich ein evolutiver Wandel in der Population vollzogen. *Selektionseinheit* ist das Individuum.
Evolutionsfaktoren [v. *evolutio-, lat. facere = bewirken], solche Faktoren, die für Veränderungen der *Allelenfrequenz* (↗Allelhäufigkeit) u. damit der ↗Adaptationen verantwortl. sind. In „idealen Populationen" (Hardy-Weinberg) bedingen die sexuelle Fortpflanzung u. die damit verbundene Rekombination keine Änderung der Allelenfrequenz. Dafür sind die E. Mutation, Unterbrechung des Genflusses, Gendrift u. Selektion verantwortlich. Die *Mutation* liefert das „Rohmaterial" für die ↗Evolution u. ist damit der basale Evolutionsfaktor. Außer durch Mutation kommt der Zufall als Evolutionsfaktor in Form v. ↗*Genfluß* u. ↗*Gendrift* ins Spiel. Der einzige Evolutionsfaktor, der all diesen zufäll. Ereignissen eine Richtung gibt, ist die ↗*Selektion.* Die Richtungskomponente ist ein sehr wesentl. Kriterium der ↗biologischen Evolution.
Evolutionsgenetik [v. *evolutio-, gr. genetēs = Erzeuger], die ↗Populationsgenetik.
Evolutionsmechanismus [v. *evolutio-, gr. mēchanē = Art u. Weise], umfaßt i. w. S. alle bei der ↗Adaptiogenese, ↗Artbildung u. Einnischung (↗Evolution, ↗ökologische Nische) ablaufenden Vorgänge. I. e. S. gibt es sowohl in der infra- wie auch der transspezif. Evolution nur einen E.: die ↗*Selektion* verleiht allen zufällig zustandekommenden phänotyp. Änderungen, die eine genet. Grundlage haben, eine den Randbedingungen entspr. Richtung. In sämtl. Bereichen der belebten Welt sind dieselben ↗Evolutionsfaktoren u. damit derselbe E. wirksam.
Evolutionsrate [v. *evolutio-], Maß für die Evolutionsgeschwindigkeit einer systemat. Einheit. Das Evolutionstempo ist aufs engste mit der Populationsgröße korreliert. In sehr großen, panmikt. Populationen geht der evolutive Wandel sehr langsam vonstatten. Kleinere, in geringerem Umfang panmikt. Populationen ermöglichen eine gesteigerte E. Der Übergang v. einer ökolog. Nische in eine andere vollzieht sich meist in kleinen Populationen in Verbindung mit einem verstärkten Selektionsdruck. Damit kommt es zu einer Erhöhung der E., zur „tachytelischen od. Quantum-Evolution" (Simpson). In der Möglichkeit des schnelleren Aufbrechens u. Umbaues v. coadaptierten u. stabilisierten Genkomplexen kleinerer, v. den übrigen zentralen Populationen separierter Population glaubt man den Mechanismus einer schnellen evolutiven Veränderung gefunden zu haben. Nachdem eine Art eine günstige ökolog. Nische gebildet hat, führt die jetzt einsetzende stabilisierende Selektion zu einer verringerten E.; es kommt zur „bradytelischen Evolution" (↗bradytelisch). ↗Evolution („punctuated equilibrium").
Evolutionstheorie [v. *evolutio-], Theorie v. der Entwicklung der Mannigfaltigkeit, der gemeinsamen ↗Abstammung der Lebewesen u. den Ursachen des evolutiven Wandels der belebten Welt (↗Evolution). Die E. von Darwin (↗Darwinismus) hat sich gegenüber allen anderen als die einzig tragfähige u. durch zahllose immer wieder überprüfte Beobachtungen echte u. allg. anerkannte Theorie durchgesetzt. Für die Entstehung lebend. Mannigfaltigkeit sind die Randbedingungen v. überragender Bedeutung, da v. ihnen die Selektionsbedingungen ausgehen. Die Randbedingungen sind aber weder aus der Vergangenheit

noch in der Zukunft mit hinreichender Genauigkeit bekannt; daher läßt die E. keine exakte Prognose zu. Dennoch ist die E. die zentrale Theorie der Biologie. Sie ist eine synthet. Theorie; sämtl. Teildisziplinen werden v. den Phänomenen der Evolution berührt u. liefern Beiträge, die durch die E. einer Synthese zugänglich werden. ↗Abstammung, ↗Daseinskampf, ↗Darwinismus, ↗Lamarckismus, ↗Katastrophentheorie, ↗Kreationismus.

Evonymus *m* [v. gr. euōnymos = Spindelbaum], der ↗Spindelstrauch.

exarat [v. lat. exaratus = herausgepflügt, durchfurcht], Bez. für eine Insektengruppe, deren Flügel- u. Beinanlagen frei am Körper liegen. ↗Puppe.

Excalfactoria *w* [lat., = erwärmend], Gatt. der ↗Wachteln.

Excipulum *s* [lat., = Gefäß, Behälter], die äußere, häufig dunkel gefärbte u. verdichtete zelluläre Hüllhyphenschicht eines Apotheciums, die das Hypothecium und seitl. das Hymenium umschließt.

Excitatoren [Mz.; v. spätlat. excitator = Ermunterer, Anreger], sekretabsondernde Strukturen am Kopf od. Elytrenspitzen männl. Zipfelkäfer *(Malachiidae)*, an denen die Weibchen während der Balz lecken od. beißen.

exergonische Reaktionen [v. *ex-, gr. ergon = Werk, Arbeit], energiefreisetzende chem. Reaktionen (↗exotherm); Ggs.: endergonische Reaktionen.

Exhalation *w* [v. lat. exhalatio =], Ausatmung, i. w. S. auch Ausdünstung; Ggs.: Inhalation. [Gatt. der ↗Zitterpilze.

Exidia *w* [v. gr. exidiein = ausschwitzen],

Exine *w* [v. *exo-], Bez. für den äußeren Schichtenkomplex der Pollenkornwand (Sporoderm) der Samenpflanzen; entspricht topografisch dem Exospor bei den Moos- u. Farnsporen. Sie ist aus chemisch überaus widerstandsfähigen Stoffen aufgebaut, die nur oxidativ abbaufähig sind. Dazu zeigt sie einen sehr vielfält., komplexen u. oft artcharakterist. Bau (↗Pollenanalyse). In der derben E. sind im allg. Keimstellen (Aperturen) für die Auskeimung des Pollenschlauchs vorgebildet. Ggs.: Intine.

Exinit *m*, Mazeral-Gruppe der ↗Kohle.

Exite [Mz.; v. *exo-], äußere Anhänge an den Spaltbeinen der ↗Krebstiere, häufig als Kiemen ausgebildet.

Exklave *w* [v. *ex-, lat. clavis = Schlüssel], isoliertes, vom Hauptvorkommen abgetrenntes Teil-↗Areal einer Organismenart; dabei kann es sich um Reste eines ehemals größeren, zusammenhängenden Areals handeln (Reliktvorkommen) od. um erste Vorposten einer rezenten Ausbreitung. ↗Arealaufspaltung.

Exkonjugant *m* [v. lat. ex = aus, coniugare = paaren], ein Wimpertierchen (Ciliat) *nach* erfolgter ↗Konjugation, d. h. nach Austausch der Wanderkerne u. Trennung der Zellbrücken.

Exkremente [Mz.; v. lat. excrementa = Auswurf, Kot], die ↗Fäkalien.

Exkrete [Mz.; v. *exkret-], gasförm., flüss. od. feste Ausscheidungs- od. Ablagerungsstoffe, die das Stoffwechselgleichgewicht (Homöostase) des pflanzl. oder tier. Organismus stören. ↗Exkretion, ↗Exkretionsorgane, ↗Absonderungsgewebe.

Exkretion *w* [v. *exkret-], 1) i. w. S.: Entfernen v. Substanzen aus dem tier. od. pflanzl. Organismus, die das Stoffwechselgleichgewicht (Homöostase) stören, meist vermittels spezieller ↗E.sorgane od. bei Pflanzen über E.szellen bzw. E.sgewebe (↗Absonderungsgewebe); in einfachen Fällen bei Tieren durch Ausscheidung über die Körperoberfläche, den Darm od. Speicherung in unlöslicher Form im Körper. 2) i. e. S.: *Ausscheidung* von stickstoffhalt. Stoffwechselendprodukten *(Exkrete)* bei Tieren in mehr od. weniger flüss. Form. Stoffe, die das *innere Milieu* des Organismus stören u. körpereigen produziert werden, sind entweder giftig (z. B. Ammoniak in höheren Konzentrationen), od. sie beeinträchtigen seine osmot. Verhältnisse zw. extrazellulärem und intrazellulärem Raum (↗Flüssigkeitsräume). E. ist daher eng verknüpft mit dem Wasser- u. Mineralhaushalt u. der ↗Osmoregulation. Phylogenet. betrachtet, ist die Notwendigkeit zur Entwicklung v. E.seinrichtungen unmittelbar an die Entstehung der Metazoen geknüpft (wenngleich auch schon bei Einzellern kontraktile Vakuolen zur Exkretbeseitigung existieren). Bei ihnen werden Stoffwechselschlacken aus dem Zellinnern immer zunächst an das Kompartiment des Extrazellularraums abgegeben, das im Verhältnis zum Zellvolumen klein ist. Lokale Anhäufungen schädigender Stoffe wären die Folge, würden nicht Transport- u. Ausscheidungssysteme für eine Beseitigung sorgen. Die Art der auszuscheidenden Stoffe ist außerordentl. vielfältig; sie umfaßt zahlr. Ionen, Stickstoffverbindungen u. speziell bei den anaerob lebenden Endoparasiten organ. Säuren, die im aeroben Intermediärstoffwechsel nicht als E.sprodukte dienen. – Nach dem engl. Physiologen J. Needham kann man 3 Hauptausscheidungsformen für stickstoffhalt. Stoffwechselendprodukte unterscheiden u. demgemäß nach der vorherrschenden ausgeschiedenen stickstoffhalt. Substanz v. *ammonotelischen* (Ammoniakausscheider), *ureotelischen* (Harnstoffausscheider) u. *uricotelischen* (Harnsäureausscheider)

Exkretion

Exkretion

Vorkommen von *Exkreten* im Tierreich:

Ammoniak: Protozoen, Schwämme, Hohltiere, viele Weichtiere, Ringelwürmer, Krebse, verschiedene im Wasser lebende Insektenlarven, Stachelhäuter, Knochenfische, Schwanzlurch- u. Froschlarven
Harnstoff: Regenwurm im Hunger, Haie u. Rochen, Krokodile (abhängig v. Nahrung u. Wasserhaushalt), einige Schildkröten (abhängig v. Wasserhaushalt), Lungenfische bei der Übersommerung, landbewohnende Amphibien, Säuger, Mensch
Harnsäure: verschiedene landbewohnende Schnecken, einige Süßwasserschnecken, Insekten (außer Dipteren), Schlangen, Eidechsen, Vögel, einige Schildkröten u. Krokodile (abhängig v. Nahrung u. Wasserhaushalt), Primaten
Allantoin: verschiedene Schnecken, Dipteren, Primatenembryo, Säuger
Allantoinsäure: einige Knochenfische
Adenin: Regenwürmer, Rundmäuler
Guanin: Plattwürmer, Regenwürmer, Spinnen, Fische
Kreatin, Kreatinin: Wirbeltiere, Regenwürmer, blutsaugende Wanzen
Kynurensäure: Insekten
Kynurenin: Säuger
Trimethylaminoxid: Haie, Rochen, marine Knochenfische
niedere Fettsäuren (Valeriansäure, Capronsäure, Milchsäure): Parasiten
Schwefelsäureester: Wirbeltiere
Glucuronide: Säuger
Glucoside: Insekten
Hippursäure: pflanzenfressende Säuger
Ornithursäure: Vögel
konjugierte Produkte:
↗Entgiftung

Exkretion

exkret- [v. lat. excernere = ausscheiden, absondern, davon die Partizipform excretum = abgesondert, (durch Harn u. Stuhl) ausgeschieden].

Abhängigkeit der Stickstoff-Exkretion vom Lebensraum bei Schildkröten (Werte in Prozent)

Art	Lebensraum	Ammoniak	Harnstoff	Harnsäure	Aminosäure	andere N-haltige Substanzen
Pennsylvan. Klappschildkröte (Kinosternon subrubrum)	fast vollständig aquatisch	24,0	22,9	0,7	10,0	42,4
Eur. Sumpfschildkröte (Emys orbicularis)	halb aquatisch	14,4	47,1	2,5	19,7	16,3
Westafr. Gelenkschildkröte (Kinixys erosa)	feuchte Ufer	6,1	61,0	4,2	13,7	15,0
Waldschildkröte (trop. Südamerika) (Testudo denticulata)	feucht, sumpfig	6,0	29,1	6,7	15,6	42,6
Maur. Landschildkröte (T. graeca)	sehr trocken	4,1	22,3	51,9	6,6	15,1
Sternschildkröte (Indien) (T. elegans)	sehr trocken	6,2	8,5	56,1	13,1	16,1

Harnstoff

Guanin

Allantoin

Kynurenin

Exkretion
Endprodukte des Stickstoff-Stoffwechsels (Fortsetzung S. 243)

Tieren sprechen. Letztere werden heute in erweitertem Sinne auch als *purinotelische* Tiere bezeichnet. Für diese Unterschiede sind Habitatanpassungen u. Wasserhaushalt wichtiger als phylogenet. Entwicklungen. Danach erwartet man *Ammoniak*-Ausscheidung bei Wasserbewohnern, die das leicht wasserlösl. Endprodukt bequem in das umgebende Medium abgeben können. *Harnsäure* scheiden Tiere in trockenen Biotopen aus od. Tiere, deren Embryonen in wasserundurchläss. Eiern heranwachsen (Schlangen, Echsen, Vögel). Würden die Embryonen Harnstoff in den kleinen Wasservorrat in ihren Eiern abgeben, so wären schwere Störungen der osmot. Verhältnisse die Folge, da Harnstoff leicht wasserlösl. ist. Statt dessen kann die schwerlösl. Harnsäure gespeichert werden. Im erwachsenen Tier bleibt der embryonale E.smodus dann erhalten. Unter den Reptilien findet man eine bes. enge Beziehung zw. Lebensweise u. Stickstoff-E., ausgedrückt in den unterschiedl. Konzentrationsverhältnissen verschiedener E.sprodukte, die nebeneinander ausgeschieden werden. *Harnstoff*-Ausscheider können, soweit sie Säugetiere sind, schon in der Embryonalphase das leicht wasserlösl. E.sprodukt über die Placenta an die Nieren der Mutter abgeben. Landbewohnende Isopoden (z. B. Kellerasseln) dagegen haben den urspr. E.smodus ihrer im Wasser lebenden Vorfahren beibehalten u. scheiden gasförm. Ammoniak aus. Auch Gastropoden geben einen Teil ihres Stickstoffs in Form v. Ammoniak an die Atmosphäre ab, so daß die urspr. Form der Exkretbereitung möglicherweise auch unter Landbewohnern weiter verbreitet ist, als bisher angenommen. – Die Art u. Zusammensetzung des E.sprodukts kann innerhalb einer Tierart in Abhängigkeit v. Entwicklungszustand, v. physiolog. Zustand u. saisonal variieren. Bekannt für eine entwicklungsbedingte Änderung des E.sprodukts ist der Übergang v. der Ammoniakausscheidung zur Harnstoffbildung während der Metamorphose zahlr. Amphibien, wobei die Aktivitäten der 5 in den Harnstoffzyklus integrierten Enzyme gleichermaßen stark ansteigen u. mindestens

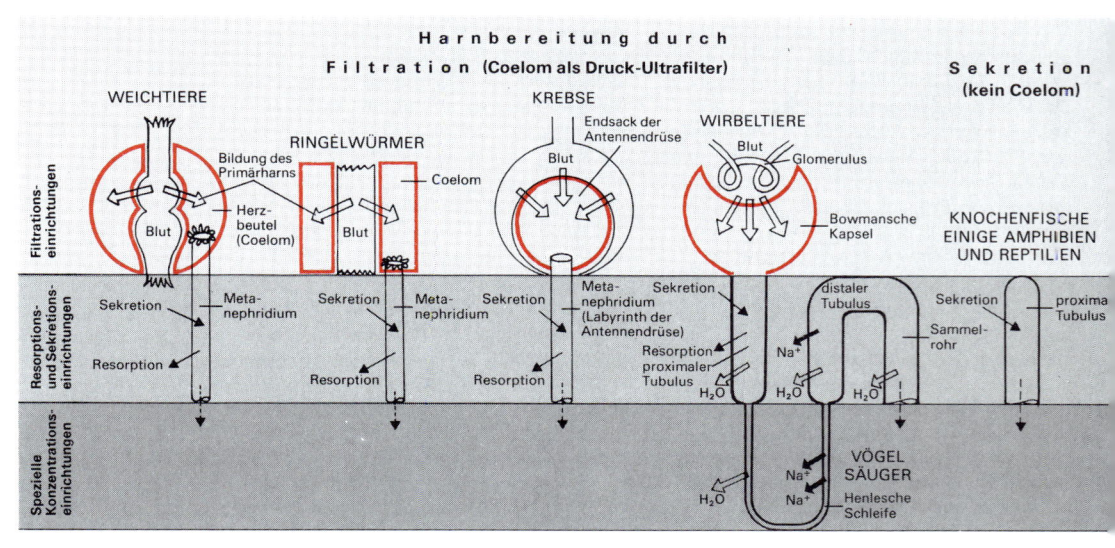

Exkretionsorgane

ein Enzym dieses Zyklus, die Carbamylphosphat-Synthetase I (↗Carbamylphosphat), durch das Schilddrüsenhormon Thyroxin induziert wird. ↗Hunger (vermehrter Körperproteinabbau) u. proteinreiche Diäten führen bei Säugern u. Vögeln wegen des vermehrt anfallenden Proteinstickstoffs zu einer Erhöhung der Ausscheidungsrate der entspr. stickstoffhalt. Exkrete. Regenwürmer scheiden unter Hungerbelastung statt Ammoniak Harnstoff aus. Offenbar wird die für die Energiebilanz ungünst. Synthese v. Harnstoff notwendig, um toxische Konzentrationen des primären Endprodukts des Proteinabbaus zu vermeiden. Hypertone Belastung (durch Aufenthalt in Wasser mit hohen Salzkonzentrationen) führt bei verschiedenen Amphibien *(Xenopus, Rana)* ebenfalls zu einem Anstieg der Harnstoffproduktion, wobei das E.sprodukt aber nicht ausgeschieden wird, sondern – im Blut vorhanden – dem drohenden Wasseraustrom osmoregulator. entgegenwirkt (↗Osmoregulation). Haie u. Rochen (Elasmobranchier), die normalerweise eine relativ hohe Harnstoffkonzentration im Blut aufrechterhalten u. damit einem Flüssigkeitsausstrom in das umgebende Salzwasser entgegenwirken, drosseln die Exkretproduktion bei hypotoner Belastung. Saisonal ändert sich das E.sprodukt z. B. bei Lungenfischen (Dipnoi), die die heiße Jahreszeit in den Tropen mit ausgetrockneten Flüssen u. Sümpfen in einem kokonart. Gebilde im Schlamm überdauern u. in dieser Situation v. der Ammoniakausscheidung zur Harnstoffausscheidung wechseln. Wenn sie zu Beginn der Regenzeit ihren Übersommerungsort verlassen, scheiden sie große Mengen des angehäuften Harn-

Harnsäure

Xanthopterin (gelb)

Leukopterin (weiß)

Exkretion
Endprodukte des Stickstoff-Stoffwechsels (vgl. □ 242)

Exkretionsorgane

Schematische Übersicht über exkretorische Einheiten im Tierreich

Die Typen von Exkretionssystemen sind nach den Abschnitten Filtration, Sekretion und Reabsorption und besonderen Vorrichtungen zur Harnkonzentrierung geordnet, wobei einzelne Abschnitte fehlen oder sich überlappen können.

stoffs aus. – Schneller noch als diese z. T. mit der Induktion entsprechender Enzyme des Harnstoffzyklus verbundenen Anpassungen an momentane physiolog. Zustände reagiert der Wirbeltierkörper auf Salzbelastung od. -entzug, indem ein verdünnter od. konzentrierter Harn ausgeschieden wird. Eine wichtige Rolle spielt hierbei das die Membranpermeabilität v. distalen Tubuli u. Sammelrohren erhöhende antidiuret. Hormon (↗Adiuretin, ↗Niere) u. das die Natriumrückresorption in den distalen Tubuli fördernde ↗Aldosteron (↗Renin-Angiotensin-Aldosteron-System).

K.-G. C.

Exkretionsgewebe [v. *exkret-], das ↗Absonderungsgewebe.

Exkretionsorgane [v. *exkret-], *Ausscheidungsorgane*, Filtrations-, Sekretions- u. Transporteinrichtungen der Metazoen, die der Ausscheidung körpereigener *Exkrete* od. körperfremder Schadstoffe dienen (↗Entgiftung, ↗Exkretion). Eine ganze Reihe v. Wirbellosen (Landschnecken, Krebse, Insekten, Manteltiere), aber auch Fische u. Reptilien speichern daneben Exkrete (insbes. Purine) an verschiedenen Stellen ihres Körpers – entweder in den E.n selbst od. im Fettgewebe u. der Epidermis bzw. in Schuppen u. Integument. Hierzu dienen oft auch einzelne spezialisierte Zellen, die ihre Exkrete zu E.n transportieren (*Exkretwanderzellen* der Krebse, Spinnen u. Insekten) od. frei in der Leibeshöhle schwimmende Coelomzellen (↗*Coelomocyten*), die Exkrete phagocytieren u. über die Körperoberfläche nach außen transportieren (Echinodermen, die alle keine eigenen E. besitzen). Ein ungewöhnl. Purinspeicherort sind akzessor. Geschlechtsdrüsen (Utriculi majores) v. Schaben, die bei Gelegenheit der Begattung period. entleert werden. Die Speicherung im Fettkörper kann bei Insekten derartig exzessiv sein, daß die metabol. Funktion dieses Zentralorgans des Stoffwechsels, bes. bei älteren Tieren, empfindl. gestört u. – insbes. nach proteinreicher Diät – ihre Mortalität deutl. erhöht wird. Einige Insekten (Küchenschabe *Periplaneta*), Schnecken (Vorderkiemer) u. Egel beherbergen in Fettkörpern bzw. Speicherorganen Symbionten (↗Endosymbiose), die u. a. Harnsäure abbauen können u. so dem schädl. Nebeneffekt der Exkretspeicherung entgegenwirken. Andererseits werden unlösl. Exkrete (Xanthopterine, Leukopterine, Ommochrome, Guanin) an streng definierten Orten der Flügel od. des übrigen Körpers abgelagert u. bilden dort die artspezif. Färbung ihrer Träger (z. B. Kohlweißlinge, „Guaninkreuz" der Kreuzspinne u. v. a. mehr). Gespeicherte Exkrete enthalten

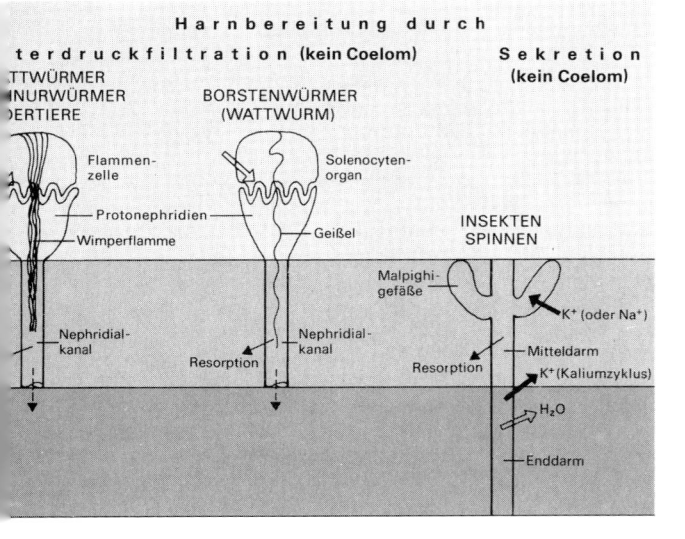

Exkretionsorgane

Exkretorische Einheiten

Verschiedene spezialisierte Organe u. Organsysteme, die der Exkretion dienen, können als *exkretor. Einheiten* beschrieben u. verglichen werden, da sie sich funktionell erhebl. weniger als anatomisch unterscheiden. Eine exkretor. Einheit besteht aus einem tubulären Abschnitt, in dem die exkretor. Flüssigkeit *(Harn)* gesammelt wird. Derart. *Tubuli* können einzeln, paarig, segmental od. zusammengefaßt in Organen (Nieren) auftreten. Vielfach befindet sich eine *Filtrationseinrichtung* am Ort der Aufnahme in den Tubulus, wobei das Filtrat, der *Primärharn*, durch Überdruckfiltration, Unterdruckfiltration od. Sekretion erzeugt wird. Der so gewonnene Primärharn wird prakt. immer in seiner Zusammensetzung verändert. Dabei werden brauchbare Substanzen, die in das Filtrat gelangt sind (z. B. Aminosäuren od. Zucker), zurückgewonnen *(Rückresorption)* od. schädl. Stoffe zusätzl. in den Tubulus sezerniert. Als bes. leistungsfähig erweist sich die Verbindung dieser exkretor. Einheit mit einem zuführenden System (z. B. Blutgefäßsystem) u. einem abführenden Sammelsystem (z. B. Sammelrohr u. Harnleiter). B 242–243.

schließlich auch das Chloragogewebe (↗Chloragogzellen) der Ringelwürmer bzw. das Botryoidgewebe (↗Botryoidzellen) der Egel; beide Gewebe haben daneben aber noch weitere metabol. Aufgaben. Bei Ringelwürmern, Weichtieren, höheren Krebsen u. den Wirbeltieren ist die Wand der sekundären Leibeshöhle (Coelom) ein Teil der Filtrationseinrichtung u. in Form von *Podocyten* ausgestaltet. Hierzu dient bei Ringelwürmern die Wand eines ganzen Segments, durch die hindurch das Blut abgepreßt wird, bevor die ebenfalls segmental angeordneten *Metanephridien* den Primärharn weiter transportieren u. die Exkretionsprodukte in das jeweils nachfolgende Segment nach außen abgeben. Wenn das Coelom, wie bei Weichtieren u. Krebsen, reduziert ist, bleiben Reste davon als Teil von E.n erhalten. Dies ist bei Weichtieren der gesamte Herzbeutel (Perikard), in den hinein das Blut filtriert wird. An das Perikard schließt sich das sog. *Renalorgan* als tubulärer Abschnitt an, in dem Sekretion u. Rückresorption stattfinden. Die Renalorgane der Weichtiere sind – ebenso wie die funktionell entspr. Abschnitte der Krebse u. Ringelwürmer – mehr od. weniger stark abgewandelte Metanephridien, im typ. Fall (Ringelwürmer) an der Filtrationsseite bewimperte offene Rohre, die die Exkretionsprodukte nach außen abführen u. in denen der Primärharn während der Passage noch verändert werden kann. Bei vielen Krebsen wird der exkretor. Coelomrest nach seiner Lage im Körper als *Antennendrüse* bzw. *Maxillardrüse* bezeichnet, zu der das hier unbewimperte Metanephridium als Labyrinth gehört. Spinnentiere (Cheliceraten) besitzen sehr ähnl. gebaute ↗*Coxaldrüsen*, die an der Basis v. Beinen münden. Der coelomat. Filter der Wirbeltiere (↗*Niere*) wird durch die ↗*Bowmansche Kapsel* eines *Nephrons* gebildet, in die v. einem Blutgefäßknäuel *(Glomerulus)*, das mit der Bowmanschen Kapsel das *Malpighische Körperchen* bildet, ein Ultrafiltrat abgepreßt wird. Es schließt sich ein langer Tubulusabschnitt an, der mit je einem dickeren Teil beginnt *(proximaler Tubulus)* u. endet *(distaler Tubulus)*. Dazwischen liegt nur bei Vögeln u. Säugern ein langer, sehr dünner Abschnitt, die *Henlesche Schleife*. Sie dient in bes. Maße der Harnkonzentration. Leistungsfähige Vorrichtungen zur Wasserrückresorption u. Harnkonzentrierung kommen sonst nur noch bei den Insekten vor. Eine Besonderheit der Wirbeltiernieren sind die *aglomerulären Nieren* v. Meeresknochenfischen, einigen Amphibien u. Reptilien. Im Zshg. mit Anpassungen an karge Wasservorräte bzw.

die Gefahr des Wasserverlustes an das umgebende Medium (↗Osmoregulation) sind bei ihnen die Glomeruli sekundär verlorengegangen, u. die treibende Kraft der Exkretbereitung ist eine *Sekretion*. Den E.n mit coelomat. Filtrationseinrichtungen stehen eine Reihe v. coelomlosen gegenüber, die ihren Primärharn entweder durch Unterdruck od. Sekretion bereiten. Mit *Unterdruckfiltration* arbeiten die *Protonephridien*, die im Ggs. zu den Metanephridien blind geschlossen sind u. aus einer *Terminalzelle* (↗*Cyrtocyte* od. Reusengeißelzelle als Ultrafilter u. mindestens einem angeschlossenen Nephridialkanal (häufig einem Kanalsystem) bestehen. Der Unterdruck wird entweder durch eine in der Terminalzelle inserierende Wimperflamme (Plattwürmer, Schnurwürmer, Rädertierchen) od. durch den Schlag einer Geißel (*Solenocytenorgane* der Polychaeten u. Lanzettfischchen) erzeugt. Abgesehen v. den erwähnten Coxaldrüsen, bestehen die E. der Tracheaten u. Cheliceraten aus langen, blind geschlossenen Mitteldarmausstülpungen, den *Malpighi-Gefäßen*, sowie dem Enddarm. Treibende Kraft für den Einstrom v. Wasser u. gelösten Stoffen in die Malpighi-Gefäße ist der aktive Transport v. Kalium-, seltener Natriumionen. Die Gefäße selbst lassen wenig selektiv kleinere organ. u. anorgan. Moleküle über nicht immer bekannte Transportprozesse passieren. Im Enddarm werden durch Umkehrung der Richtung des Ionentransports das meiste Wasser u. die sezernierten Kalium- bzw. Natriumionen zurückgewonnen, so daß häufig ein nahezu trockener Kot (↗*Fäkalien*) mit den eingeschlossenen Exkretprodukten abgegeben wird. Nicht erwähnt sind hier hochspezialisierte E. einzelner Arten (z. B. Nematoden u. Egel), deren Funktion sich nicht in das Schema der typischen E. einordnen läßt. Schließl. können Organe, die hpts. andere Aufgaben haben, teilweise in den Dienst der Exkretion gestellt werden, z. B. die Kiemen v. Weichtieren, Krebstieren und Fischen. B 242–243.   *K.-G. C.*

Exkretspeicher [v. *exkret-], ↗Absonderungsgewebe.

Exobasidiales [Mz.; v. *exo-, lat. basis = Grundlage], Ord. der Ständerpilze, deren Vertreter als Endoparasiten auf Blütenpflanzen leben, in der Nordhemisphäre vorwiegend auf Ericaceen. Nach der Basidienform sind es Holobasidiomyceten, nach der Sporenkeimung Heterobasidiomyceten. Die Basidien, die zuweilen büschelig aus den Spaltöffnungen hervortreten, entwickeln sich direkt an Hyphen ausgebreiteter Fruchtlager, nicht in Fruchtkörpern. Die Sporen keimen zu einem (haploiden) Mycel aus, das auf künstl. Nährboden gezüchtet werden kann. Das dikaryot. Mycel ist obligat parasit. u. durchwuchert inter- u. intrazellulär das Pflanzengewebe, das dadurch zu verstärktem Längenwachstum (Hypertrophie) u. gesteigertem Teilungswachstum (Hyperplasie) angeregt wird: es entstehen Wucherungen, Hexenbesen u. zuweilen Gallen (ähnl. wie durch *Taphrinales*). *Exobasidium vaccinii-uliginosi* befällt die Moorheidelbeere, *E. rhododendri* bildet Gallen (Alpenrosenäpfel) an *Rhododendron ferrugineum*, u. *E. vexans* verursacht eine Blattkrankheit (blister blight) am Teestrauch. Die E. stehen wohl den *Dacrymycetales* nahe.

Exobiologie w [v. *exo-, gr. bios = Leben, logos = Kunde], Zweig der Biol., in dem Lebensmöglichkeiten außerhalb der Erde untersucht werden; ↗ Kosmobiologie, ↗ extraterrestrisches Leben.

Exocarpus m [v. *exo-, gr. karpos = Frucht], *Exocarpos*, Gatt. der ↗ Sandelholzgewächse.

Exocoetidae [Mz.; v. gr. exōkoitos = ein Seefisch], die ↗ Fliegenden Fische.

Exocoetoidei [Mz.; v. gr. exōkoitos = ein Seefisch], die ↗ Flugfische.

Exocuticula w [v. *exo-, lat. cuticula = Haut], ↗ Cuticula.

Exocytose w [v. *exo-, gr. kytos = Höhlung (heute: Zelle)], Ausschleusung intrazellulärer Substanzen (z. B. Hormone, Enzyme; ↗ Sekretion; unverdaul. Rückstände in den Nahrungsvakuolen v. Einzellern) durch Verschmelzen der Vesikelmembran mit der Cytoplasmamembran. □ Endocytose.

Exodermis w [v. *exo-, gr. derma = Haut], Bez. für das aus einer od. mehreren subepidermalen Rindenschichten der Wurzel gebildete sekundäre ↗ Abschlußgewebe, das an die Stelle der bei den Wurzelhaaren absterbenden Rhizodermis (Epidermis der Wurzel im primären Zustand) tritt. Dabei lagern die nicht selten lebend bleibenden Zellen Korklagen auf ihre Cellulosewände, u. oft bleiben mehr oder weniger regelmäßig einzelne Zellen als Durchlaßzellen unverkorkt.

Exogamie w [v. *exo-, gr. gamos = Hochzeit], sexuelle Fortpflanzung, bevorzugt zw. *nicht näher* verwandten Individuen. Ggs.: ↗ Endogamie.

exogastrisch [v. *exo-, gr. gastēr = Magen, Bauch], deskriptiver Terminus für gebogene od. spirale Molluskenschalen (Cephalopoden, Gastropoden), bei denen sich die konvexe Ventralseite nach außen wendet. Ggs.: endogastrisch.

Exogastrulation w [v. *exo-, gr. gastēr = Magen, Bauch], gestörte ↗ Gastrulation (z. B. experimentell in hypertonischer Salzlösung), bei der das Urdarmmaterial (Entoderm u. Mesoderm) sich nicht einstülpt, sondern nach außen abschnürt. Das *Ektoderm* einer solchen *Exogastrula* bildet bei Amphibien einen leeren Blindsack v. Epidermiszellen, aber kein Neuralgewebe, da die neurale ↗ Induktion nicht stattfinden kann (keine Unterlagerung durch Chordamesoderm). Das *Entomesoderm* bildet u. U. einen Embryo mit Chorda, Darmkanal, Nierenanlage usw., aber ohne Haut- u. Nervengewebe.

exogen [v. *exo-, gr. -genēs = entstanden], *allogen*, allg.: von außen kommend. **1)** Biol.: durch äußere Ursachen bedingt, an der Oberfläche entstanden, z. B. Anlage des Pflanzenblatts, auch Bez. für Entwicklungsstufen v. Parasiten außerhalb des Wirts. **2)** Geologie: Kräfte, die v. außen auf die Erde einwirken. Ggs.: endogen.

Exogenea [Mz.; v. *exo-, gr. genea = Abstammung, Entstehung], Gruppe der *Suctoria*, Sauginfusorien (Einzeller), bei denen Knospen durch einfache od. multiple Knospung nach außen abgeschnürt werden. Bekannteste Art ist *Ephelota gemmipara*, ein marin lebendes Suctor, dessen Tentakel als Fang- u. Freßtentakel spezialisiert sind.

Exogone w [v. *exo-, gr. gonē = Zeugung], Gatt. der Ringelwurm-Fam. *Syllidae* (Kl. *Polychaeta*); *E. gemmifera*, 2–4 mm lang, farblos od. gelbl., Augen rötl., protandr. Zwitter, in Nordsee u. westl. Ostsee.

Exogonium w [v. *exo-, gr. goneia = Erzeugung], Gatt. der ↗ Windengewächse.

Exogyra w [v. *exo-, gr. gyros = Kreis], (Say 1820), zu den Austern *(Ostreidae)* gehörende Muschel-Gatt. mit stark gewölbter linker u. flacher rechter Klappe, beide Wirbel spiral. nach der Seite gedreht, Larve mit linker Klappe aufgewachsen, später frei; wichtige Leitfossilien. Verbreitung: Kreide, weltweit.

Exokarp s [v. *exo-, gr. karpos = Frucht], *Epikarp*, Bez. für die aus der Epidermis hervorgehende äußerste Schicht der Fruchtwand bei den Bedecktsamern.

exokrine Drüsen [v. *exo-, gr. krinein = abscheiden], ↗ Drüsen, die ihre Produkte (Sekrete) in die Außenwelt od. in Körperhöhlen (Darm, Atemtrakt, Geschlechtswege usw.) abgeben, im Ggs. zu ↗ endokrinen (Hormon-)Drüsen, die ihre Sekrete (Inkrete) in die Blutbahn abgeben.

Exon s [Mz. *Exonen;* v. *exo-], derjenige Teilbereich eines ↗ Mosaikgens, der einen in funktioneller RNA (m-RNA bei Proteincodierenden Genen, r-RNA u. t-RNA bei r-RNA- u. t-RNA-codierenden Genen) enthaltenen Teilbereich codiert. Mosaikgene setzen sich häufig aus vielen E.en (im Extremfall bis zu 50) zus., wobei benachbarte

exkret- [v. lat. excernere = ausscheiden, absondern, davon die Partizipform excretum = abgesondert, (durch Harn u. Stuhl) ausgeschieden].

exo- [v. gr. exō = außen, außerhalb].

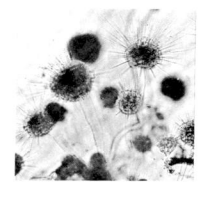

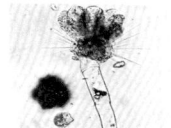

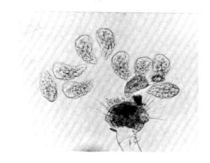

Exogenea
Drei Stadien der multiplen, exogenen Knospung bei dem Sauginfusor (Suctoria) *Ephelota gemmipara*

Exonucleasen

E.en durch jeweils ein *Intron* (= intervenierende Sequenz) getrennt sind; letztere werden nur im Primärtranskript (Primär-RNA) eines Mosaikgens zus. mit den E.en als RNA exprimiert. Im Ggs. zu den v. E.en codierten RNA-Sequenzen (Exon-RNA) werden die v. Intronen codierten RNA-Sequenzen (Intron-RNA) durch ↗Spleißen aus der Primär-RNA entfernt u. tragen daher nicht zur Struktur v. reifer, ausschl. aus Exon codierter RNA bei. ☐ Genmosaikstruktur.

Exonucleasen [Mz.; v. *exo-, lat. nucleus = Kern], Gruppe v. Enzymen (Phosphodiesterasen u. damit zur Enzymgruppe der Esterasen bzw. der Enzym-Kl. der Hydrolasen gehörend), durch die Nucleinsäuren (einzel- od. doppelsträng. DNA u. RNA) v. den Kettenenden her schrittweise hydrolyt. zu Mononucleotiden abgebaut werden. Ggs.: Endonucleasen.

Exopeptidasen [Mz.; v. *exo-, gr. peptos = gekocht, verdaut], Untergruppe v. Enzymen (zur Enzymgruppe der Peptidasen u. damit zur Enzym-Kl. der Hydrolasen gehörend), durch die Peptide u. Proteine v. den Kettenenden her schrittweise hydrolyt. zu Aminosäuren abgebaut werden. Ggs.: Endopeptidasen.

Experidie w [v. *exo-, gr. pēridion = Säckchen], ↗Peridie.

Exopodit m [v. *exo-, gr. pous, Gen. podos = Fuß], Außenast des Spaltfußes der ↗Krebstiere; ↗Extremitäten.

Exopterygota [Mz.; v. *exo-, gr. pteryx, Gen. pterygos = Flügel], veraltete Bez. für geflügelte Insekten mit unvollkommener Verwandlung (Hemimetabola). Im Ggs. zu den Endopterygota (↗Holometabola) sind die Flügelanlagen bereits auf fr. Larvenstadien frei am Thorax ausgestülpt. ↗Fluginsekten.

Exormothecaceae [Mz.; v. gr. exorman = hinaus-, antreiben, thēkē = Behälter], Fam. der *Marchantiales* mit 1 Gatt., bandförm. Lebermoose mit stark hervorgewölbten Atemöffnungen; *Exormotheca bullosa* gedeiht in Wüsten, oft teilweise v. Sand verdeckt.

Exorphine [Mz.; Kw. aus ↗exogen u. Morphine], Peptide mit Wirkung auf die Opiatrezeptoren, die im Ggs. zu den ↗Endorphinen v. exogener Herkunft für den betreffenden Organismus sind; z.B. lassen sich E. durch partielle Hydrolyse aus Casein u. Weizenglutenin isolieren. Die funktionelle Bedeutung der E. ist ungeklärt.

Exoskelett s [v. *exo-, gr. skeletos = ausgetrocknet], *Ektoskelett, Außenskelett,* Sammelbez. für die äußeren formgebender Stützstrukturen v. ein- u. mehrzell. Organismen, die den Körper als Stützkorsett umgeben. bei Einzellern v. der Zelloberfläche, bei Mehrzellern vom Epithel der Körperoberfläche abgeschieden, einen Außenpanzer bilden, wie dies unter den Einzellern bei vielen Flagellaten, Foraminiferen, Radiolarien u. Ciliaten, unter den Mehrzellern bei vielen Wirbellosen, in typ. Weise bei den ↗Gliedertieren (Krebse, Spinnen, Insekten) der Fall ist (↗ *Endoskelett).* Der Begriff des Exo-(od. Endo-)Skeletts als geschlossenes Organsystem ist nur im Tierreich gebräuchl., wenngleich die Cellulose- u. Ligninwände der Pflanzenzellen in ihrer Gesamtheit durchaus vergleichbare Funktionen erfüllen.

exo- [v. gr. exō = außen außerhalb].

Exonucleasen
Je nachdem, v. welchem Ende her der Abbau der Nucleinsäuren unter der Wirkung von E. erfolgt, unterscheidet man 3'-E. (z.B. aus Schlangengift) od. 5'-E. (z.B. aus Kälbermilz).

Exopeptidasen
Je nachdem, v. welchem Ende her der Abbau der Peptide u. Proteine unter der Wirkung von E. erfolgt, unterscheidet man *Aminopeptidasen* (Abbau beim Aminoterminus beginnend) od. *Carboxypeptidasen* (Abbau beim Carboxylterminus beginnend).

Exospor s [v. *exo-, gr. spora = Same], *Exosporium,* äußere Hüllschicht einiger ↗Sporen; ↗Endosporen, ↗Exine.

Exosporen [Mz.; v. *exo-, gr. spora = Same], *Ektosporen,* Verbreitungszellen (Sporen, ↗Konidien), die durch Abschnürung v. Pilz-Hyphen oder v. Zellfäden bei Bakterien u. Cyanobakterien entstehen. E. können sich auch anfangs in bes. Zellen (Sporangien) entwickeln; sie werden aber im Ggs. zu den ↗Endosporen nicht freigesetzt, sondern nach außen abgeschnürt (↗Basidiosporen). [↗Peristom.

Exostom s [v. *exo-, gr. stoma = Mund],
Exotarium s [v. gr. exōtikos = ausländisch, fremd], Gebäude mit Terrarien u. Aquarien zur Besichtigung (z.B. in Zoos).

Exote m [v. gr. exōtikos = ausländisch, fremd], Bez. für Lebewesen aus fernen (v.a. trop. und fernöstl.) Ländern.

Exotheca w [v. *exo-, gr. thēkē = Behälter], (Edwards u. Haime 1848), Bez. für Dissepimente außerhalb der Wand eines Coralliten v. Scleractinien. Ggs.: ↗Endotheca.

Exothecium s [v. *exo-, gr. thēkion = kleiner Behälter], *Faserschicht,* äußere (epidermale) Zellschicht der Pollensäcke vieler Gymnospermen, die infolge eines Kohäsionsmechanismus das Aufreißen der Pollensäcke bewirkt.

exotherm [v. *exo-, gr. thermos = warm], physikal. Vorgänge od. chem. Reaktionen, bei denen Wärme nach außen abgegeben wird. Ggs.: ↗endotherm.

Exotoxine [Mz.; v. *exo-, gr. toxikon = (Pfeil-)Gift], *Ektotoxine,* bakterielle Toxine (↗Bakterientoxine), die im Cytoplasma v.a. grampositiver sowie einiger gramnegativer ↗Bakterien synthetisiert u. im allg. v. der intakten Bakterienzelle abgegeben werden. E. sind Proteine, die Enzymaktivität (z.B. Protease, Phospholipase, DNase) aufweisen können u. bereits in geringen Konzentrationen spezif., in einigen Fällen extrem tox. Wirkungen auf die entspr. Wirtszelle od. Zellfunktion entfalten (↗Botulinustoxin). Bis auf wenige Ausnahmen (z.B. ein ↗Enterotoxin v. ↗*Escherichia coli*) lassen sich E. durch Hitze inaktivieren. Durch eine derart. Hitzebehandlung od. auch durch Chemikalien (z. B. Formalin) ist es mögl., E. grampositiver Bakterien in Toxoide umzuwandeln, da die E. durch die Inaktivierung zwar ihre Toxizität, nicht aber ihre Antigeneigenschaften verlieren. Toxoide stimulieren die Produktion v. Antikörpern u. haben Bedeutung als immunisierende Agenzien bes. zur Bekämpfung v. Diphtherie u. Tetanus (aktive Immunisierung). In der neueren Einteilung der ↗Bakterientoxine nach M. Raynaud u. J. E. Alouf wird die Klasse der E. (B) in 2 Gruppen unterteilt: a) (Gruppe III), die „echten" E. grampositiver Bakterien (z. B. Diphtherietoxin, *Staphylococcus*-Toxine), u. b) (Gruppe IV), Toxine, die während des logarithm. Wachstums sowohl innerhalb als auch außerhalb der Zellen nachgewiesen werden können (z. B. Botulinustoxin u. viele andere Clostridien-Toxine). Nach dieser Einteilung werden Proteintoxine, die erst nach Lyse der Zellen frei werden, bei den ↗Endotoxinen (i. w. S., Gruppe I) eingeordnet.

Exotrachea w [v. *exo-, gr. tracheia = Luftröhre], *Tracheenepithel, ↗*Tracheensystem.

Explantat s [v. lat. explantare = aus der Erde reißen], Gewebestück od. Organ, das aus dem Körper entnommen u. in eine Kulturlösung verbracht wurde.

Explosionsmechanismen, 1) Bot.: treten bei einigen Pflanzen als Folge v. Entwicklungs- u. Reifungsprozessen auf u. sind durch Turgor bedingte Schleuder- od. Spritzmechanismen (Samenverbreitung). Schleuderbewegungen finden sich bei Springkrautarten, Früchten v. Kürbisgewächsen, explodierenden Staubgefäßen v. Brennesselgewächsen od. bei Pollinien v. Orchideen *(Catasetum)*. Spritzbewegungen gibt es bei Pilzsporen aus reifen Asci od. beim Abschießen des Sporangiums v. *Pilobolus* od. dem Ausschleudern der Samen der Spritzgurke *(Ecballium)*. Den Mechanismen liegen oft Sollbruchstellen u. osmot. Drucke von 5–20 bar zugrunde. Es werden Entfernungen v. einigen cm bis über 12 m überbrückt. **2)** Zool.: finden sich im Tierreich u. a. bei den Pygidialdrüsen der ↗Bombardierkäfer, den ↗Fühlerkäfern u. an ↗Cniden (Nesselkapseln) der Nesseltiere.

explosive Formbildung; die Phasenhaftigkeit der evolutiven Entwicklung haben Haeckel (1866, ↗Akme) u. in neuerer Zeit Schindewolf (1950, ↗Anastrophe; in seiner *Typostrophentheorie*) herausgestellt. Danach wird in einer Phase der *Typogenese* ein bestimmtes Merkmalssyndrom entwickelt. Dieses kann manchmal in einer „explosiven" Phase der Formbildung, die

Exotoxine
Durch Proteintoxine hervorgerufene Krankheiten:
Botulismus (*Clostridium botulinum*, grampositiv)
Cholera* (*Vibrio cholerae*, gramnegativ)
Diphtherie (*Corynebacterium diphtheriae*, grampositiv)
Keuchhusten* (*Bordetella pertussis*, gramnegativ)
Milzbrand (*Bacillus anthracis*, grampositiv)
„Montezumas Rache", Reisediarrhöe (*Escherichia coli*, gramnegativ, Enterotoxin)
Nahrungsmittelvergiftung (*Staphylococcus aureus*, grampositiv, Enterotoxin)
Scharlach (*Streptococcus pyogenes*, grampositiv)
Tetanus (*Clostridium tetani*, grampositiv)

* zellgebundene Proteintoxine (↗Endotoxine i. w. S.)

Wedekind (1920) etwas treffender als *Virenzperiode* bezeichnete, in zahlr. Formen aufgegliedert werden. Solche Virenz- od. Blüteperioden sind v. der Paläontologie beschrieben worden. Heute diskutiert man eine genphysiolog. Erklärung. Danach muß sich bei manchen Arten das coadaptierte, in genet. Homöostasie befindl. Gengefüge lockern, wodurch auch der bis dahin stabilisierte Morphotypus unter unterschiedl. Selektionsbedingungen in zahlr. Morphotypen aufgegliedert werden kann. In wenigen Mill. Jahren können plötzlich zahlr. Gatt. entstehen. Solche Virenzperioden enden ebenso plötzl., wie sie begonnen haben. In solchen Phasen der Stabilisierung bzw. Stagnation scheint das Gengefüge wieder gefestigt u. starrer zu werden.

exponentielle Phase w [v. lat. exponens = herausstellend], ↗mikrobielles Wachstum.

Exposition w [v. lat. expositio = Aussetzung], der Einfluß äußerer Faktoren, denen ein Organismus ausgesetzt ist u. die je nach Qualität, Intensität u. Häufigkeit fördernde, beeinträchtigende od. auch krankmachende Wirkungen haben können; Beispiele sind Strahlungs-, Lärm- od. Staub-E.

Expressivität w [v. lat. expressus = ausdrucksvoll, ausdrücklich], Ausmaß, in dem sich eine bestimmte Allelenkombination eines Gens in einem quantitativen Merkmal (z. B. Größe v. Samen) phänotyp. manifestiert. Die E. hängt häufig v. Einfluß anderer Gene bzw. deren Produkte u. Umweltfaktoren ab.

Exsikkat s [v. lat. exsiccatus = ausgetrocknet], *Belegexemplar*, getrocknetes Pflanzenmaterial, das für wiss. Zwecke in einem ↗Herbarium aufbewahrt wird.

Exsikkose w [v. lat. exsiccare = austrocknen], *Exsikkation*, Abnahme der Körperflüssigkeit als Folge einer negativen Wasserbilanz, wobei der Elektrolythaushalt mehr od. weniger gestört ist. Es gibt *Wassermangel-E*. (durch unzureichende Wasseraufnahme; Verminderung der intrazellulären Flüssigkeit) u. *Salzmangel-E*. (infolge v. Durchfällen, Erbrechen u. Schwitzen; Verminderung der extrazellulären Flüssigkeit).

Exspiration w [v. lat. exspirare = aushauchen], *Ausatmung*, die bei den lungenatmenden Tieren erfolgende Austreibung der Luft aus den Lungen. ↗Atmung.

Exstirpation w [v. lat. exstirpatio = Ausrottung], *Ektomie*, operativer Eingriff, bei dem Organe od. Organbereiche vollständig entfernt werden.

Exsudation w [v. lat. exsudatio = Ausschwitzung], **1)** Bot.: durch den Wurzeldruck verursachte Abscheidung von Xylemflüssigkeit an Schnittflächen durch

Extensivsorten

extra- [v. lat. extra = außerhalb], in Zss.: außer-, außen-.

Extinktion

Die Messung der E. ist in der Biochemie ein wicht. Hilfsmittel zur quantitativen Bestimmung zahlr. Biomoleküle, bes. v. Coenzymen (bei Enzymkinetiken), Proteinen (280 nm), Nucleotiden u. Nucleinsäuren (260 nm). Auch die Zelldichte v. Zellsuspensionen (z. B. v. Bakterienkulturen) wird häufig durch Messung der E. (550 nm) bestimmt.

Sprosse od. Zweige. 2) Zool.: Sekretaustritt aus Hautöffnungen, z. B. bei Marienkäfern u. Ölkäfern an den Kniegelenken, bei Blattläusen aus den Rückenröhren, bei einigen Springschwänzen (Neanuridae) aus den Pseudocellen.

Extensivsorten [v. lat. extensus = ausgedehnt], Sorten landw. Nutzpflanzen, die auch auf ungünst. Standorten u. bei unzureichender Pflege noch ausreichende Erträge liefern.

Extensoren [Mz.; lat. extendere = ausdehnen, -strecken], die Streckmuskeln. Ggs.: Flexoren, die ↗Beugemuskeln.

Externlobus *m* [v. lat. externus = äußerlich, gr. lobos = Lappen], ↗Lobenlinie.

Externsattel *m* [v. lat. externus = äußerlich], ↗Lobenlinie.

Exterorezeptoren [Mz.; v. lat. exterus = äußerlich, receptor = Aufnehmer], *Exterozeptoren,* Sammelbez. für Rezeptoren, die auf Reize aus der Umwelt reagieren u. im Dienst der Orientierung im Raum stehen; Ggs.: *Interorezeptoren (Propriorezeptoren),* die der Information über Zustände u. Abläufe im Innern eines Organismus dienen.

Extinktion *w* [v. lat. exstinctio = Auslöschung], 1) allg.: Auslöschung. 2) die frequenz- bzw. stoffabhängige Schwächung der Intensität einer Strahlung durch Absorption, Streuung u. Reflexion in bzw. an Materie, z. B. E. des Sonnenlichts in der Erdatmosphäre. In der Biophysik speziell die E. eines durch eine Lösung geschickten Lichtstrahls bestimmter Wellenlänge. Die E. ist definiert durch die Gleichung: $E = \lg(I_o/I)$, wobei I_o die Intensität des in eine Lösung einfallenden, I die des austretenden Lichts ist; eine E. von 1 (bzw. 2) bedeutet somit, daß das austretende Licht um den Faktor 10 (bzw. 100) geschwächt ist. Die Konzentration c eines lichtabsorbierenden Stoffes, gelöst in einer opt. durchlässigen Flüssigkeit (Wasser, nichtaromat. organ. Lösungsmittel), steht mit der E. in dem Zshg.: $E = \varepsilon_M \cdot c \cdot d$, wobei d der Lichtweg (cm) u. ε_M der für jeden Stoff charakterist. molare *E.skoeffizient* ist (ident. mit der E. bei der Konzentration 1 Mol/l, gemessen bei einer Schichtdicke der Lösung von 1 cm). ↗Absorptionsspektrum. 3) *Abdressur,* in der Ethologie das Auslöschen einer durch Lernen entstandenen ↗bedingten Aktion, ↗bedingten Appetenz usw. (allg. einer bedingten Verknüpfung) durch Gegenerfahrungen. Diese können im Ausbleiben v. Verstärkungen bestehen, die bisher gegeben wurden, aber auch in negativen Erfahrungen, die bisherige positive ersetzen. E. bildet das Resultat eines aktiven Lernprozesses u. entspricht nicht dem *Vergessen,* bei dem sich die bedingten Verknüpfungen allein durch den Ablauf der Zeit abschwächen. Z. B. kann eine Reaktion nach ihrer E. sofort wieder auftreten, wenn sie wieder verstärkt wird. Der Begriff E. stammt urspr. nicht aus der ↗Ethologie, sondern aus der psycholog. Lerntheorie.

extrachromosomale Erbfaktoren [v. *extra-, ↗Chromosomen], bei Bakterien u. z. T. bei Hefen die auf ↗Plasmiden lokalisierten Gene, bei Eukaryoten die auf dem ↗Chondrom u. ↗Plastom gelegenen Gene.

Extraduralraum *m* [v. *extra-, lat. durus = hart], der ↗Epiduralraum.

extrafloral [v. *extra-, lat. flos, Gen. floris = Blume, Blüte], außerhalb der Blüte befindlich, z. B. e.er Schauapparat. ↗Nektarien.

extraintestinale Verdauung *w* [v. *extra-, lat. intestinum = Darm, Eingeweide], außerhalb des Darmtrakts erfolgende Form der ↗Verdauung, wobei der Mitteldarmsaft mit den sezernierten Enzymen (im wesentl. Amylasen, Proteasen, Chitinasen) auf die Nahrung erbrochen u. anschließend mit den vorverdauten Nahrungsbestandteilen wieder aufgesaugt wird; v. a. bei Insekten (Carabiden, Dytisciden, Silphiden, Lampyriden, Staphyliniden, Panorpatae, Larven der Hydrophiliden, der Yucca-Motte) u. Spinnen, auch bei Seesternen.

extrakorporale Insemination *w* [v. *extra-, lat. corporalis = Körper-, inseminare = befruchten], *in-vitro-Fertilisierung,* Bez. für ein Verfahren, außerhalb des Körpers (in vitro) eine Eizelle zu befruchten u. nach mehreren erfolgten Teilungen in den Uterus einzubringen, wo es zur *Nidation* (Einnistung) u. damit zur Trächtigkeit bzw. Schwangerschaft kommt; in der Tierzucht schon lange angewandt (↗äußere Besamung, ↗Besamung). In der Humanmedizin ↗Insemination.

Extrakt *m* [v. lat. extractus = herausgezogen], *Auszug,* Substanz, die durch ↗Extraktion u. teilweises od. völliges Entfernen des Extraktionsmittels v. a. aus frischen Pflanzenteilen, arznei. Drogen od. Nahrungsmitteln gewonnen wird. Man unterscheidet nach Beschaffenheit der E.e *Trocken-E.e* (Extracta sicca), *Fluid-E.e* (E. fluida) u. *zähflüssige E.e, Dick-E.e* (E. spissa) bzw. nach dem Extraktionsmittel *Extracta aquosa, E. spirituosa* u. *E. aethera.*

Extraktion *w* [Ztw. *extrahieren;* v. lat. extrahere = herausziehen], *Auslaugung, Auswaschung,* Methode zur Trennung, Reinigung u. Isolierung organ. Verbindungen, die auf dem gezielten Herauslösen eines bestimmten Bestandteils aus einem Gemisch fester, flüssiger od. in Flüssigkeiten gelöster Substanzen mit Hilfe selektiv wirkender Lösungsmittel *(E.smittel)* beruht. Das anschließende Entfernen des Lösungsmittels zur Gewinnung des eigtl. ↗*Extraktes* erfolgt durch Destillation, Verdampfung, Kristallisation usw. Zu den verschiedenen *E.sverfahren* zählen u. a. Ausschütteln, Auslaugen, Auskochen, Mazeration, Digestion, Perkolation, Perforation, Soxhlet-E., Verteilungsverfahren. Angewandt werden E.sverfahren z. B. zur Gewinnung v. Gerbstoffen aus zerkleinerten Hölzern u. Rinden, v. äther. Ölen aus Blüten u. Früchten, v. Zucker aus Zuckerrübenschnitzeln, v. Aromaten u. Paraffinen aus Erdöl u. in der Pharmazie.

Extraktivstoffe [v. lat. extractus = herausgezogen], Stoffe pflanzl. oder tier. Herkunft, die durch Wasser, Alkohol od. andere Lösungsmittel extrahierbar sind; Anwendung als Arznei- u. Würzmittel.

extranukleär [v. *extra-, lat. nucleus = Kern], außerhalb des Zellkerns gelegen, z. B. DNA bei der plasmat. Vererbung.

extrapyramidales System *s* [v. *extra-, gr. pyramis = Pyramide], *striopallidäres System,* bei Wirbeltieren Bez. für alle motor. Bahnen u. deren Ursprungskerne, die im Ggs. zum pyramidalen System an der Pyramidenstruktur der Medulla oblongata vorbei im Rückenmark absteigen. Diese Gegenüberstellung ist nur aufgrund anatom. Kriterien gerechtfertigt. Im Sinne von „Systemen" besitzen diese näml. keine funktionell voneinander abgrenzbaren Aufgaben innerhalb der Motorik, so daß man heute von dieser Bez. abgeht.

Extrasiphonata [Mz.; v. *extra-, gr. siphōn = Röhre], (Zittel 1895), alter Name für Ammoniten, deren Sipho auf der Externseite liegt. Ggs.: ↗*Intrasiphonata*.

Extrasystolen [Mz.; v. *extra-, gr. systolē = Zusammenziehung], Herzschläge außerhalb des regulären Grundrhythmus; ↗*Herz,* ↗*Elektrokardiogramm.*

extraterrestrisches Leben [v. *extra-, lat. terrestris = irdisch], *außerirdisches Leben,* ↗Leben außerhalb der schützenden Atmosphärenhülle u. der Wirkung der Schwerkraft der Erde; Gegenstand der Forschungsbereichs der ↗*Kosmobiologie,* die neben der Frage nach den Möglichkeiten zum Nachweis von e. L. auch die Fragen der Entstehung des Lebens allg. aufwirft. Es sind 3 Möglichkeiten denkbar: a) Leben im Weltall ist vom gleichen Typ wie auf der Erde (↗*Panspermielehre*); b) lebende Substanz im Weltall ist vom Typ her wesentl. verschieden v. der irdischen; c) im Weltall existiert überhaupt kein lebende Materie, Leben wäre also ein singuläres, auf die Erde beschränktes Phänomen. Die Möglichkeit c) wird nach heut. Vorstellungen weitgehend ausgeschieden.

Für die Möglichkeiten a) und b) gibt es bisher keine schlüss. Beweise. Die z. T. umstrittene Analyse v. Meteoritenmaterial *(Murchison-Meteorit)* legt allerdings die Existenz v. Aminosäuren (Alanin, Glycin u. a.) u. von Nucleinsäurebasen (Adenin, Guanin, Cytosin, Thymin u. Uracil, 1983 von C. Ponnamperuma nachgewiesen) auch extraterrestrisch nahe. Die Raumsondenexperimente der letzten Jahre im Planetensystem („Biosonden" auf Mond u. Mars) erbrachten keine Hinweise auf die Existenz von e. L. – Auf der Suche nach intelligenten extraterrestr. Lebewesen werden leistungsstarke Radioteleskope als Sender benutzt, um Informationen in Form codierter Signale zu bestimmten Sternengruppen zu senden, in deren Nachbarschaft (auf Planeten) intelligente Lebewesen denkbar wären. Die 1977 gestarteten *Voyager*-Raumsonden, die 1986 unser Sonnensystem verlassen werden, haben Bild-Ton-Platten mit Informationen über unsere Erde als Botschaft für außerird. Zivilisationen bei sich. Die Raumsonde *Pioneer 10,* die seit etwa 1978 im interstellaren Raum unterwegs ist, trägt eine Plakette mit Informationen u. a. über unser Sonnensystem, die Startzeit v. Pioneer 10 u. die Größe des Menschen.

extrazellulär [v. *extra-, lat. cellula = Kämmerchen], außerhalb der Zelle gelegen.

extrazelluläre Flüssigkeit, umfaßt das Blutplasma, die interstitielle Flüssigkeit u. die Lymphe. ↗*Flüssigkeitsräume.*

extrazelluläre Verdauung, ↗Verdauung außerhalb der Zelle in speziell ausgebildeten Verdauungsrohren (↗*Darm*); Ggs.: intrazelluläre Verdauung.

extrazonale Vegetation *w* [v. *extra-, gr. zōnē = Gürtel, mlat. vegetare = grünen], an Sonderstandorten außerhalb der eigentlich zugehörigen Klimazone auftretende Pflanzenformation. Ggs.: zonale Vegetation.

Extremitäten [Mz.; v. lat. extremitates (corporis) = die Äußersten (des Körpers)], *Gliedmaßen,* Körperanhänge v. Tieren u. Mensch, die primär der ↗*Fortbewegung* (Lokomotion) dienen u. meist lateral bis ventral am Rumpf angebracht sind. E. sind im allg. in mehrere gegeneinander und gg. den Rumpf bewegl. Abschnitte unterteilt u. werden bei der Fortbewegung als Hebel mit Stütz-, Schub- od. Ruderfunktion eingesetzt (↗*Biomechanik*). Bei Wirbellosen haben ursprüngliche E. häufig einen Funktionswandel erfahren u. erfüllen andere Aufgaben als die Fortbewegung (s. u.). Bei Wirbeltieren ist ein Funktionswechsel die Ausnahme (E. als Greiforgan, z. B. beim Menschen). Die E. von Wirbeltie-

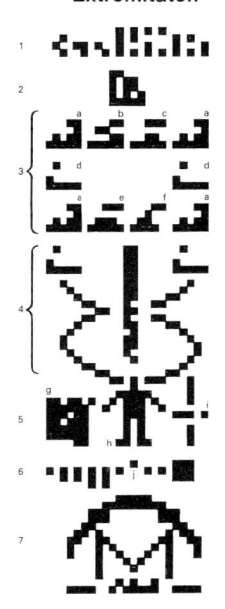

Extremitäten

extraterrestrisches Leben

Die Abbildung zeigt die in Form von binär codierten Signalen von einem Radioteleskop (Arecibo, Puerto Rico) seit 1974 gesendete Botschaft. Dabei bedeuten:
1 die Zahlen 1 bis 10,
2 die atomaren Massenzahlen (Atomgewichte) der häufigsten irdischen Elemente Wasserstoff, Kohlenstoff, Stickstoff, Sauerstoff und Phosphor,
3 die Bausteine der Erbsubstanz DNA:
a = Desoxyribose,
b = Thymin, c = Guanin, f = Cytosin,
4 die Wendelstruktur (Helix) der DNA,
5 die Zahl (g), Gestalt (h) und Größe (i) der Menschen,
6 das Sonnensystem,
j = Erde,
7 die Form und den Durchmesser des Arecibo-Radioteleskops

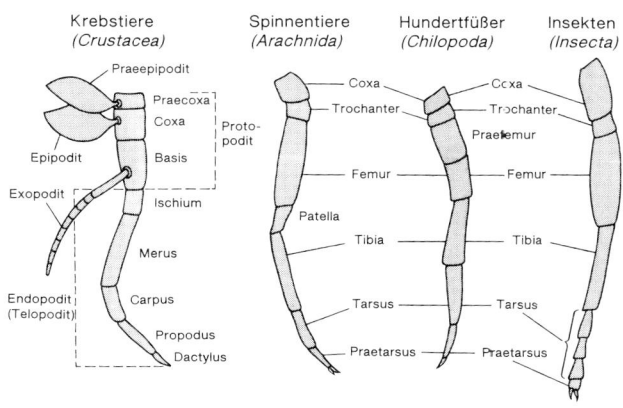

Extremitäten

Extremitäten
Gliederung des *Endopoditen (Telopoditen)* u. Benennung der Einzelteile bei den Gliederfüßergruppen

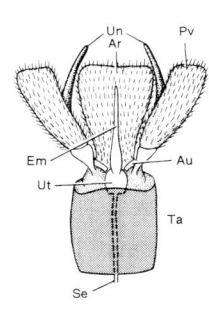

Extremitäten
Ventralansicht eines *Praetarsus* mit den möglichen Hafteinrichtungen (schematisch).
Ar Arolium, Au Auxilium, Em Empodium, Pv Pulvillus (Haftlappen), Se Sehne des Unguitractors, Ta letztes Tarsalglied, Un Unguis (Klauen), Ut Unguitractor

ren u. Wirbellosen sind einander nicht homolog. Die Flügel der Gliedertiere (↗ Insektenflügel) sind keine E.

1) *E. der Wirbellosen:* Bei Wirbellosen finden sich E. vor allem bei den Gliedertieren *(Articulata):* bei den ↗ Ringelwürmern als *Parapodien,* bei den Proarthropoda als *Oncopodien* (↗ Stummelfüßer, ↗ Bärtierchen), als *Arthropodien* mit echten Gelenken bei den Gliederfüßern (Euarthropoda). Als hypothet. Vorstufe in der Evolution all dieser E.formen der Gliedertiere wird gelegentl. eine einfache, lappenförm. Aussackung der lateralen Körperwand angenommen, die als *Lobopodium* bezeichnet wird. Die E. der Gliedertiere sind primär an allen Segmenten mit Ausnahme des Prostomiums u. des Telsons (Pygidiums), die definitionsgemäß auch nicht als Segmente bezeichnet werden. – Das *Parapodium* der ursprüngl. Ringelwürmer *(Polychaeta)* ist eine seitl. Aussackung der Körperwand. Es besteht aus einem dorsalen *Notopodium* u. einem ventralen *Neuropodium.* Beide haben meist Anhänge (dorsaler u. ventraler Cirrus) u. Borstenbüschel. Im Innern weisen beide Anteile Versteifungen als eine Art Innenskelett in Form v. nach innen versenkten Borstenbündeln *(Aciculae)* auf, an denen Muskulatur zur Bewegung der Parapodien angreift. Innerhalb der Gruppe der Ringelwürmer sind diese E. bei den *Oligochaeta* bis auf diese Aciculae reduziert. Bei den Egeln *(Hirudinea)* sind sogar diese Aciculae reduziert (Ausnahme: *Acanthobdella*). – Das *Oncopodium* der Proarthropoda soll aus dem Neuropodium allein entstanden sein. Es zeichnet sich durch das Fehlen v. Aciculae (s. oben), äußeren Anhängen, aber durch den Besitz v. Krallen od. krallenähnl. Bildungen (↗ Bärtierchen) an der Spitze aus. Sie weisen höchstens eine äußere Ringelung auf u. sind sog. *Turgor-E.,* da ihre Stabilität (Turgor) durch Hineinpressen v. Körperflüssigkeit (Hämolymphe) hervorgerufen wird. – Das *Arthropodium* ist die Extremität der Euarthropoda. Es ist wegen des starren Chitinpanzers in gegeneinander bewegl. Teile gegliedert, die über Gelenke u. Gelenkmembranen untereinander verbunden sind. Diese Gliederung ist bei den einzelnen Gliederfüßergruppen in spezifischer Weise ausgebildet u. läßt sich – wenn auch nicht unumstritten – auf einen gemeinsamen Grundbauplan zurückführen. Die derzeit plausibelste Annahme ist die, daß diese Extremität primär ein *Spaltfuß* war, bestehend aus einem der Körperwand eingelenkten *Protopoditen* u. an dessen Spitze außen anhängenden *Exopoditen* u. innen anhängenden *Endopoditen.* Der Protopodit kann außerdem (insbes. bei Krebsen) äußere Anhänge (als Kiemen) tragen *(Epipodite)* u. innere Anhänge *(Endite).* Dieser Spaltfuß ist vermutl. aus dem Parapodium entstanden. Hierbei ist der Exopodit ein Schwimm-, der Endopodit ein Laufast (↗ Gliederfüßer, Phylogenie). Der Endopodit (auch *Telopodit* gen.) weist eine typ. Gliederung auf, deren Einzelteile bei den Gliederfüßergruppen unterschiedl. ben. wurden (vgl. Abb.). Der Protopodit ist nur bei höheren Krebsen dreigeteilt in *Praecoxa, Coxa* u. *Basis.* Alle terrestr. Formen (Spinnentiere, terrestr. Asseln, Tausendfüßer u. Insekten) haben naturgemäß den Schwimmast (Exopodit) abgebaut u. laufen auf dem Endopoditen (Telopodit). Der *Praetarsus* kann bei den terrestr. Gruppen eine paarige Kralle aufweisen. Die E. der Gliederfüßer werden in Anpassung an sehr unterschiedl. Funktionen in vielfält. Weise abgewandelt. Im Kopfbereich sind sie bei allen Gruppen zu *Fühlern* bzw. ↗ *Antennen* (Ausnahme: Cheliceraten) u. ↗ *Mundwerkzeugen* umgebildet. Hierbei trägt der ursprüngl. Kopf der Euarthropoda 5 E.paare (ohne die meist auch als eigene Extremität gedeutete Oberlippe), die bei den Teilgruppen der Gliederfüßer unterschiedl. ausgeprägt sind (↗ Gliederfüßer). Ursprüngl. sind die dem Kopf folgenden E. des Rumpfes alle gleich gebaut. Sie bilden eine ventrale Nahrungsrinne zw. ihren Protopoditen. In der Evolution der Gliederfüßer erfolgte mit der Tagmatabildung des Körpers eine entspr. Anpassung der beteiligten E. Es entstanden *Thorakalbeine* (Krebse, Insekten), *Prosomabeine* (Spinnentiere), *Opisthosoma-E.* (Spinnentiere), *Abdominalbeine* (Krebse, Tausendfüßer). Bei Insekten sind letztere nur als Rudimente od. abgewandelte E. erhalten; ebenso sind die Opisthosoma-E. bei den Spinnentieren nur als abgewandelte E. erhalten (z. B. als Genitaloperculum, ins Innere verlagerte sog. Fächerlungen od. bei Webspinnen die Spinnwarzen). Bei vielen Krebsen werden die 1., häufig im Zshg. mit

Extremitäten

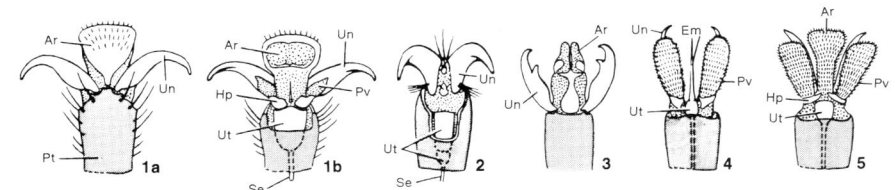

Extremitäten

Beispiele für die Ausbildung des *Praetarsus* bei verschiedenen Insektengruppen
1 Hausschabe *(Periplaneta americana)*, **a** Dorsal-, **b** Ventralansicht; 2 Singzikade *(Tibicen septendecim)*, Ventralansicht; 3 Honigbiene *(Apis mellifica)*, Dorsalansicht; 4 Raubfliege *(Asilidae)*, Ventralansicht; 5 Schnepfenfliege *(Rhagionidae)*.
Ar Arolium, Em Empodium, Hp Hilfsplatten, Pt Praetarsus, Pv Pulvillus, Se Sehne des Unguitractors, Un Unguis (Klaue), Ut Unguitractor

einer Cephalothorax- od. Carapaxausbildung auch die 2. und 3. *Thorakopoden* als Mundwerkzeuge dem Kopf angegliedert. Sie heißen dann *Maxillipeden* (Kieferfüße). Die restl. Thorakalbeine der Krebse werden auch *Pereiopoden*, die des Abdomens *Pleopoden* gen. Bei den *Malacostraca* sind die Pleopoden des 6. Pleonsegments als blattförm. *Uropoden* ausgebildet u. bilden zus. mit der Telsonplatte oft einen Schwanzfächer. –
Die E. der Insekten unterliegen einer mannigfalt. Abwandlung. Im ursprüngl. Fall weisen die Thorakalbeine eine typ. Gliederung auf: Coxa, Trochanter, Femur, Tibia, Tarsus, Praetarsus. Bei den Felsenspringern trägt die *Coxa* (Hüfte, Hüftglied) der Mittel-, seltener auch die der Hinterbeine einen *Stylus* (Hüftgriffel). Er wird als Rest des Exopoditen gedeutet (andere Deutungsmöglichkeiten ↗ Gliederfüßer). In der Embryonalentwicklung entsteht eine solche einfache Thoraxextremität aus einer Knospe, die sich durch Auswachsen zunächst in einen basalen *Coxopoditen* u. distalen *Telopoditen* teilt. Der Telopodit gliedert sich später in einen basalen *Trochanterofemur*, einen mittleren *Tibiotarsus* u. einen terminalen *Praetarsus*. Manche Larven der holometabolen Insekten bleiben auf diesem Stadium stehen u. weisen dementsprechend weniger Beinglieder auf (so etwa die Schmetterlingsraupen od. die Larven der polyphagen Käfer). Durch das Einschalten weiterer Gelenke werden der Trochanterofemur in *Trochanter* (Schenkelring) u. *Femur* (Schenkel) sowie der Tibiotarsus in *Tibia* (Schiene) u. *Tarsus* (Fuß) gegliedert. Häufig wird der Tarsus in eine Reihe *Tarsalia* unterteilt. Bei Imagines finden sich 2 bis 5 solcher Tarsusglieder. Nicht selten weisen diese Tarsalia auf ihrer Unterseite membranöse, dicht mit Drüsenhärchen besetzte Sohlenläppchen od. -bläschen *(Euplantulae,* Haftlappen) auf, die der besseren Haftung des glatten Flächen dienen. Gelegentl. können Drüsenhärchen zu Saugnapfborsten umgebildet sein, so daß ein ↗ Haftbein entsteht. Speziell der *Praetarsus* (Klaue) mit seiner meist paar. Kralle weist bei den verschiedenen Insektengruppen weitere Hilfsstrukturen auf, die meist dem besseren Halt dienen. In Abb. S. 250 ist eine schematisierte Klaue dargestellt, die viele der mögl. Hilfsorgane enthält, die jedoch nie alle gleichzeitig vorkommen! Sie alle sind am Praetarsus eingelenkt. Einige Insekten haben eine unpaare Klaue (Springschwänze, Beintastler, Larven der Schmetterlinge od. polyphagen Käfer). Meist ist sie mit der unvollständ. Beingliederung korreliert. So besitzen diese Vertreter nicht getrennte Tibia u. Tarsus *(Tibiotarsus)*. Die unpaare Klaue der übrigen Insekten gilt als reduziert u. durch die paar. Krallen ersetzt. Die Tibia (Schiene) trägt meist an ihrer Spitze 1–2 Endsporne, die beim Aufsetzen auf dem Untergrund dem Abstoßen während des Laufens dienen. Der Femur (Schenkel) ist meist kräftig u. bes. bei Sprungbeinen (meist die Hinterbeine, z. B. Heuschrecken, Erdflöhe) mit einer starken Muskulatur versehen. Hier entspringt auch ein spezieller Muskel, der dann als Krallensehne, die durch die Schiene u. Tarsalglieder zieht, erst am *Unguitractor* der Krallen endet. Er ermöglicht das ventrale Einschlagen der Krallen. Da kein Extensor (Strecker) vorhanden ist, erfolgt die Streckung durch die Elastizität des Praetarsalgelenks. – Die *Thorakalbeine* unterliegen mannigfalt. Anpassungen an die Lebensweise. So findet man ↗ Laufbeine, ↗ Haftbeine, ↗ Klammerbeine, ↗ Sprungbeine, ↗ Schwimmbeine, ↗ Ruderbeine, ↗ Fangbeine, ↗ Grabbeine u. a. – *Abdominale E.:* Die tausendfüßerart. Vorfahren der Insekten hatten am gesamten Rumpf E. Die Insekten haben an ihrem Abdomen nur noch modifizierte Reste davon. Bei einigen Urinsekten (Felsenspringer, Silberfischchen) tragen fast alle Abdominalsegmente Coxopodite (Coxite), an denen ↗ Styli u. ↗ Coxalbläschen sitzen. Bei Springschwänzen sind die abdominalen E. in die Sprungbelanteile umgewandelt. Bei geflügelten Insekten sind v. a. die E. des 8. u. 9. Abdominalsegments als ♀ Eilegeapparat modifiziert. Ob auch die ♂ Genitalstrukturen

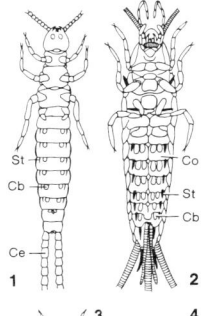

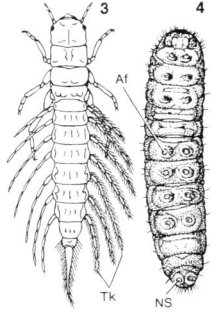

Extremitäten

Derivate abdominaler E. (Beispiele)
1 *Campodea* (Gatt. der Doppelschwänze), mit Styli, Coxalbläschen mit gegliederter Extremität am 1. Abdominalsegment u. fühlerförm.; 2 *Machilis* (Gatt. der Felsenspringer), mit Coxiten, Styli, Coxalbläschen u. fühlerförm. Cerci; 3 Larve v. *Sialis* (Gatt. der Großflügler od. Schlammfliegen), mit gegliederten Tracheenkiemen u. Terminalfilament (links Behaarung weggelassen); 4 Schmetterlingsraupe *(Argyresthia)* mit Afterfüßen u. Nachschiebern.
Af Afterfüße, Cb Coxalbläschen, Ce Cerci, Co Coxit, Ns Nachschieber, St Styli, Tk Tracheenkiemen

Extremitäten

extra- [v. lat. extra = außerhalb], in Zss.: außer-, außen-.

Extremitäten
Stammesgeschichtlich werden alle Tetrapoden v. den devonischen *Ichthyostegalia* abgeleitet. Deren E. stimmen im Bau bereits mit dem typ. *Chiropterygium*, der freien Extremität der Tetrapoden, überein. Die drei Hebel Stylo-, Zeugo- u. Autopodium sind schon bei *Ichthyostega* ausgebildet u. weisen die charakterist. Skelettelemente auf. Die weitere Ableitung v. fischähnl. Vorfahren ist fossil noch nicht geklärt. Viele Forscher stimmen darin überein, daß die E. des Quastenflossers *Eusthenopteron* in ihrem Bau bereits dem Chiropterygium homolog sind.

(Aedeagus) aus E. entstanden sind, ist umstritten. Die ↗Cerci sind die abgewandelten Extremitäten des 11. Segments. Ebenfalls abgewandelte abdominale E. sind die Tracheenkiemen der Eintagsfliegenlarven u. der Larven der Schlammfliegen. Auch die Bauchfüße (↗Afterfuß) der Schmetterlingsraupen, der Larven der Blattwespen u. der Schnabelfliegen sind abdominale E.

2) *E. der Tetrapoden:* In allen Klassen der Tetrapoden weisen die *Vorder-* wie die *Hinter-E.* einen ident. Bauplan auf: sie bestehen im Prinzip aus drei gegeneinander bewegl. Hebeln, deren körpernaher (proximaler) mit dem jeweil. *E.gürtel* gelenkig verbunden ist u. deren körperferner (distaler) jeweils den Bodenkontakt herstellt. Der proximale Hebel, das ↗*Stylopodium* (Oberarm/Oberschenkel), enthält jeweils nur ein Skelettelement, in der Vorder-E. den Humerus (Oberarmknochen), in der Hinter-E. das Femur (Oberschenkelknochen). Der mediale Hebel, das ↗*Zeugopodium* (Unterarm/Unterschenkel), enthält jeweils zwei Skelettelemente: in der Vorder-E. *Ulna* u. *Radius* (Elle u. Speiche), in der Hinter-E. *Fibula* u. *Tibia* (Wadenbein u. Schienbein). Der distale Hebel, das ↗*Autopodium* (Vorderfuß od. Hand/Hinterfuß), enthält jeweils eine gruppenspezif. Vielzahl v. Knochen. Das Autopodium wird nochmals in drei Abschnitte untergliedert: Basipodium – Metapodium – Akropodium. Das *Basipodium* ist die Handwurzel *(Carpus)* als Gesamtheit der Handwurzelknochen *(Carpalia)* (↗Hand) bzw. die Fußwurzel *(Tarsus)* als Gesamtheit der Fußwurzelknochen *(Tarsalia)* (↗Fuß). Bei ursprüngl. Tetrapoden bestand das Basipodium aus 12 Skelettelementen: 3 Proximalia, 4 Centralia, 5 Distalia. Im Laufe der Evolution wurde ihre Zahl in den verschiedenen Tetrapodengruppen reduziert u. ihre Form u. Anordnung verändert (↗Fersenbein). – Das *Metapodium* bildet den Abschnitt der Mittelhand *(Metacarpus)* aus den Mittelhandknochen *(Metacarpalia)* bzw. des Mittelfußes *(Metatarsus)* aus den Mittelfußknochen *(Metatarsalia)*. Proximal jedes vorhandenen Fingerstrahls gibt es je einen Metapodiumknochen. Das *Akropodium* ist der distale Abschnitt des Autopodiums u. besteht aus der Gesamtheit der Finger bzw. Zehen, deren Knochenelemente gleichermaßen als *Phalangen* bezeichnet werden. Die E. der Tetrapoden sind ursprüngl. fünfstrahlig (pentadactyl). In Anpassung an verschiedene Lebensweisen wurden sie mannigfaltig variiert. Sie können als Flosse (Ichthyosaurier, Wale, Pinguin), Arm, Bein od. Flügel (Flugsaurier, Vögel, Fledermäuse) ausgebildet, aber auch weitgehend bis ganz reduziert sein (Schleichen, Schlangen). Je nach ↗Gangart der Tetrapoden erfolgten spezielle Umkonstruktionen, wie z. B. bei den ↗Paarhufern u. ↗Unpaarhufern, die konvergent eine Verlängerung ihrer Hebel u. eine Verkleinerung ihrer Auftrittsfläche erreichten.

A. K./H. P.

Extrinsic factor [ekstrinßik fäkt^er; engl., = von außen einwirkender Faktor], das ↗Cobalamin.

extrors [v. lat. extrorsus = auswärts, nach außen], Bez. für Staubbeutel, die auf die Rückseite des Staubblatts verlagert sind, d. h. nach auswärts – von der Mitte der Blüte weg – gekehrt sind u. daher nach außen aufspringen. Diese Anordnung ist selten. Ggs.: intrors.

extrovert [v. *extra-, lat. vertere = wenden], ↗introvert.

Extrusion *w* [v. lat. extrudere = hinausstoßen], Sekretabgabe aus Drüsenzellen.

Extrusomen [Mz.; v. lat. extrudere = hinausstoßen, gr. sōma = Körper], Ausschleuderorganelle mancher Einzeller (v. a. Flagellaten u. Ciliaten); tote Differenzierungen, die in der Pellicula liegen; können u. a. als ↗Trichocysten, Toxicysten (mit Gift) u. Mucocysten (mit Schleim) ausgebildet sein.

Exumbrella *w* [v. *ex-, lat. umbrella = Schattendach], Schirmoberseite der Hydro- u. Scyphomedusen.

Exuvialraum [v. lat. exuviae = abgelegte Tierhaut], bei der Häutungsvorbereitung v. Gliederfüßern entstehender Spaltraum zw. alter u. sich neu bildender ↗Cuticula, in den v. den epidermalen Zellen ein vorwiegend aus Chitinasen u. Proteinasen bestehendes Sekret *(Exuvialflüssigkeit)* abgegeben wird, das die alte Endocuticula v. innen her auflöst. ↗Häutung.

Exuvie *w* [v. lat. exuviae = abgelegte Tierhaut], die bei der Häutung v. Tieren (v. a. Gliedertieren) abgestreifte ↗Cuticula, die meist nur aus der sklerotisierten Exo- u. Epicuticula besteht; trägt sämtl. cuticulären Organe (Borsten, Schuppen u. a.); fossil z. B. bei Trilobiten.

Exuviella *w*, mariner Phytoflagellat aus der Kl. der Dinophyceae (↗Pyrrhophyceae).

Exzessivbildungen [v. lat. excessus = das Hervortreten, Abweichen], die ↗atelischen Bildungen.

Exzisionsreparatur [v. lat. excisio = Ausschneidung], die auf der Exzision v. Nucleotiden od. Basen aus DNA beruhende Reparatur v. DNA-Schäden. ↗DNA-Reparatur.

Eyasimensch [eⁱjasi-; ben. nach dem fr. Lake Eyasi (Tansania)], ↗Njarasamensch.

Eyra *w* [v. einer südam. Sprache], rotbraune Farbvariante der ↗Wieselkatze.

F, 1) chem. Zeichen für Fluor; **2)** Abk. für Phenylalanin; **3)** Abk. für Filialgeneration (Tochtergeneration).

f., Abk. für ↗Form. [früchtler.

Fabaceae [Mz.; v. *fab-], die ↗Hülsen-

Fabales [Mz.; v. *fab-], *Leguminosae, Hülsenfrüchtige,* Ord. der Rosengewächse mit der einzigen Fam. ↗Hülsenfrüchtler.

Fabismus *m* [v. *fab-], der ↗Favismus.

Faboideae [Mz.; v. *fab-], ↗Hülsenfrüchtler.

Fabre [fabrᵉ], *Jean-Henri,* frz. Entomologe, * 21. 12. 1823 Saint-Léons, † 11. 10. 1915 Sérignan; Chemie- u. Physiklehrer, seit 1880 Privatgelehrter in Sérignan; widmete sich schon früh dem Studium v. Tausendfüßern, Insekten u. Spinnen, deren Verhalten er meisterhaft u. allgemeinverständl. beschrieb. WW „Souvenirs entomologiques = études sur l'instinct et les mœurs des insectes" (10 Bde. Paris 1879–1910), deutsch: „Bilder aus der Insektenwelt" (4 Bde. Stuttgart 1908–13).

Fabricia *w* [ben. nach J. C. ↗Fabricius], Gatt. der Ringelwurm-Fam. *Sabellidae* (Kl. *Polychaeta*); *F. sabella,* 1–8 mm lang, Peristomium u. Pygidium mit je 2 Augen, kann ihre Röhre verlassen u. kriecht od. schwimmt dann mit dem Hinterende voran; lebt auf Algen im Gezeitengürtel u. Flachwasser v. Nord- u. Ostsee.

Fabriciana *w* [ben. nach J. C. ↗Fabricius], Gatt. der Fleckenfalter, ↗Perlmutterfalter.

Fabricius, *Johann Christian,* dän. Zoologe, * 17. 1. 1745 Tondern, † 3. 3. 1808 Kiel; Schüler Linnés, seit 1775 Prof. in Kiel; bedeutender Insektensystematiker, der die Gruppe nach ihren Mundwerkzeugen ordnete. WW „Systema entomologiae" (Kopenhagen 1792–94, 3 Bde., Suppl. 1798).

Fabricius ab Aquapendente, *Hieronymus,* it. Anatom, * 15. 3. 1537 Aquapendente, † 21. 4. 1619 Padua; seit 1565 Prof. in Padua, Nachfolger v. ↗Falloppio, Lehrer v. ↗Harvey. Studien zur vergleichenden Anatomie u. Embryologie, entdeckte 1574 die Venenklappen u. schuf damit eine Grundlage zum Verständnis des v. Harvey beschriebenen Blutkreislaufs. Vergleichende anatom. Arbeiten über Auge u. Ohr bei Säugern u. Vögeln, über Verdauungssystem, Muskulatur u. Skelett der Wirbeltiere. Seine Abb. v. Feten verschiedener Säuger, Reptilien u. Haie zählen zu den frühesten vergleichenden embryolog. Arbeiten. Erbaute das hist. „anatom. Theater" in Padua (noch heute völlig erhalten u. „Urbild" entspr. Hörsäle an zahlr. Univ.). WW „De formatio foetu" (1600). „Opera omnia anatomica et physiologica" (Leipzig 1687).

Facelina *w* [lat., = Beiname der Göttin Diana], Gatt. der *Facelinidae,* Hinterkiemerschnecken mit rosa-durchsicht. Körper, der manchmal blau irisiert; die Rückenanhänge stehen in Gruppen. *F. auriculata* (Drummonds Fadenschnecke) ist eine in Nordsee, O-Atlantik u. Mittelmeer häufige u. sehr agile Art; sie wird 5 cm lang; ihre Rhinophoren tragen ringförm. Lamellen; sie ernährt sich v. Polypenstöckchen; aus den Gelegen schlüpfen bei 16 °C nach 10 Tagen die freischwimmenden Veliger.

Facettenauge [faßät-; v. frz. facette = kleine Raute], das ↗Komplexauge.

Facettenbildung, Begriff der Biostratonomie: flächenhafter Abrieb an Hartteilen v. fixierten Organismen im Brandungs- od. Strömungsbereich; dabei können z. B. gewölbte Muschelschalen zu Ringen (Facettenringe) abgeschliffen werden.

Fächel ↗Blütenstand. [sche.

Fächerfisch, *Dallia pectoralis,* ↗Hundsfi-

Fächerfische, *Seglerfische, Istiophoridae,* Fam. der U.-Ord. Makrelenartige mit 4 Gatt. u. ca. 10 Arten. Sie haben einen langgestreckten Körper mit spitz zulaufender Schnauze, einem speerförm. Oberkieferfortsatz u. einer meist hohen, segelart. ersten Rückenflosse. Die räuber. F. besiedeln die Wasseroberfläche der trop. Hochsee, schwimmen sehr schnell u. sind v. Sportanglern sehr geschätzt. Hierzu gehören die ↗Marline, die ↗Speerfische u. die Eigtl. F. *(Istiophorus)* mit dem bis 3,5 m langen u. bis 55 kg schweren Atlant. F. *(I. albicans,* B Fische V), der große Wanderungen unternimmt u. auch im Küstenbereich gemäßigter Zonen des Atlantik vorkommt.

Fächerflügler, *Kolbenflügler, Strepsiptera,* Ord. der holometabolen Insekten, systemat. Stellung umstritten; meist als Nächstverwandte der Käfer, ja sogar als Teilgruppe der Käfer (wohl nicht richtig), gelegentl. als Verwandte der Hautflügler od. gar der Köcherfliegen-Schmetterlinge angesehen. Auch die Artsystematik ist sehr schlecht bekannt. Alle Arten leben als Larve u. meist auch als adulte Weibchen endoparasit. in verschiedenen Insekten. Der Befall ist meist an Körperdeformationen (meist einseitig ausgebeulter Hinterleib) erkennbar. Solche Wirte werden als *stylopisiert* (nach der Gatt. *Stylops*) bezeichnet. Männchen mit breitem Kopf u. großen Fühlern, deren Glieder oft stark seitl. verlängert sein können. Umfangreiche Komplexaugen, deren Elemente jedoch meist getrennt liegen; es handelt sich hier um eine Ansammlung larvaler Ommatidien („stemmatäres Komplexauge"). Thorax mächtig entwickelt, mit zu Schwingkölbchen verkleinerten Vorderflügeln („Kolbenflügler"), die ähnl. Funktion wie die Halteren der Zweiflügler haben.

Fächerflügler

Facelina auriculata

Fächerflügler

Familien und Wirtsorganismen:
Mengeidae: in *Lepisma-* u. *Ctenolepisma*-Arten *(Zygentoma);*
Stylopidae (einschl. *Xenidae*): in *Vespidae* (Gatt. *Xenos*), *Eumenidae* (Gatt. *Pseudoxenos*), *Sphecidae (Pseudoxenos),* bei *Apoidea* (Gatt. *Stylops* bei *Andrena* u. *Melitturga,* Gatt. *Hylecthrus* bei *Prosopis* u. Gatt. *Halictoxenos* bei *Halictus);*
Halictophagidae: in *Homoptera* (Gatt. *Halictophagus* bei *Fulgora,* Gatt. *Stenocranophilus* bei *Delphacidae);*
Elenchidae: in *Delphacidae.*

fab- [v. lat. faba = Bohne, bes. Sau- od. Feldbohne].

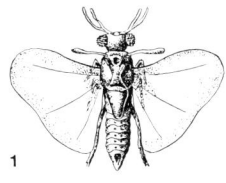

Fächerkäfer

Fächerflügler
1 F.-Männchen, Hinterflügel sind in der Ruhe nach hinten fächerartig zusammengefaltet; 2 v. *Hylecthrus spec.* befallene Seidenbiene (stylopisiert); 3a Weibchen von *Halictophagus spec.* im Hinterleib einer Kleinzikade *(Jassirae)*; 3b Weibchen (Ventralansicht); 4 Weibchen v. *Eoxeros labaoulbenei*

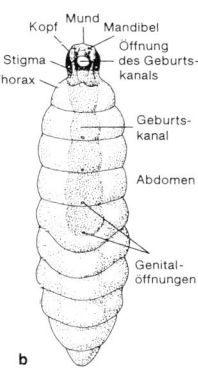

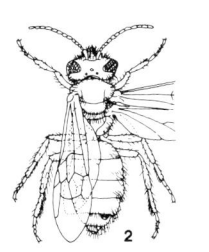

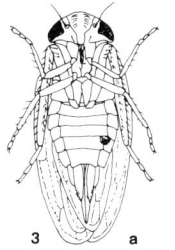

Hinterflügel großflächig, nur mit kräft. Längsadern; werden in der Ruhe nach hinten fächerart. zusammengefaltet (Fächerflügler). Die Weibchen sind stets larvenförmig u. ungeflügelt, bei den *Mengeidae* u. *Mengenellidae* freilebend (daher mit Beinen u. Augenresten, vgl. *Eoxenos labaoulbenei* aus dem Mittelmeergebiet, Abb. 4), bei den übrigen Fam. endoparasit. u. daher madenförmig. Kopf u. Prothorax sind zu einem stärker sklerotisierten Vorderstück verschmolzen, der Restkörper ist weichhäutig; der Körper ist von 2 Häuten umgeben (letzte Larven- u. Puppenhaut). Mundteile rudimentär; Augen, Fühler u. Beine fehlen. Ventral befindet sich ein Brutraum, der in den Segmenten II–VI 1–5 unpaare Gebärorgane beinhalten kann. Er liegt zw. der imaginalen u. pupalen Cuticula u. mündet vorn in einer Brutspalte, aus der die Primärlarven schlüpfen. Die Embryonalentwicklung findet demnach bereits im Körper statt (Viviparie). Es schlüpfen bis 1000 den Ölkäferlarven *(Triungulinus)* ähnl. Primärlarven (mit Augen, Beinen u. Mundteilen). Diese häuten sich nach Eindringen in einen neuen Wirt zu einem madenart. (Beine, Augen, Mundteile weitgehend rückgebildet) 2. Stadium. Dieses durchläuft dann bis zu 4 „Phasen", abhängig, ob Männchen od. Weibchen. Puppenhäutung innerhalb des Wirtes in der letzten Larvenhaut (Puparium); Weibchen haben eine Häutung weniger (Neotenie). Die Männchen leben nur 1 Tag u. müssen die im Körper des Wirts sitzenden Weibchen finden, um sie dort zu begatten. Hierbei werden vielfach die Spermien einfach in die Mündung des Brutkanals injiziert. Dort findet mit den ebenfalls frei im Körper des Weibchens flottierenden Eiern (Ovarien aufgelöst) die Befruchtung statt. In Mitteleuropa finden sich 5 Fam., deren Wirtswahl relativ spezifisch ist (vgl. Tab. S. 253).

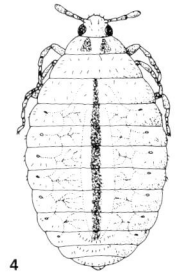

Fächerkäfer, *Rhipiphoridae,* Fam. der polyphagen Käfer, verwandt mit den Ölkäfern; weltweit ca. 500, in Mitteleuropa 5 Arten in 4 Gatt. Mittelgroße (3–12 mm), schlanke, oft mit hinten klaffenden od. sogar verkürzten Flügeldecken. Hinterflügel in der Ruhe meist nicht gefaltet u. daher hinten hervorschauend. Fühlerglieder meist fächerartig verbreitet (Name!). Die Larven sind Parasiten an verschiedenen Insekten-Jugendstadien u. zeigen ähnl. wie die Larven der Ölkäfer unterschiedl. Aussehen (Hypermetamorphose). Die als selten geltenden Käfer finden sich auf Blüten. Der Wespenkäfer *(Metoeus paradoxus,* gelbrot, 8–12 mm) lebt als Larve in den Nestern v. Erdwespen (z.B. *Vespa vulgaris*). Die Primärlarve bohrt sich in eine Wespenlarve ein u. häutet sich zur madenart. Sekundärlarve; verläßt die Wespenlarve dann wieder, um diese v. außen her langsam aufzufressen; Verpuppung in der Wespenwabe. *Macrosiagon tricuspidatum* (4–12 mm) entwickelt sich in den Nestern der Faltenwespen-Gatt. *Odynerus*. Die Schabenfächerkäfer *Rhipidius* (♂ mit verkürzten Elytren, ♀ völlig ungeflügelt, 3–5 mm) entwickeln sich in Waldschaben *(R. quadriceps* in *Ectobius)* od. in Hausschaben *(R. pectinicornis* in *Blattella germanica).*

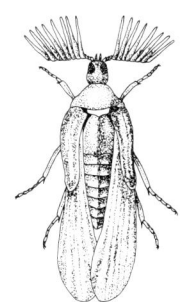

Fächerkorallen, *Flabellum,* Gatt. der Steinkorallen, mit fächerartig ausgebreiteten Einzelpolypen, die bes. auf den Schlammböden des Atlantik vorkommen, wo sie lose auf dem Untergrund liegen. *F. anthophyllum* lebt im tieferen Mittelmeer.

Fächerlungen, „Fächertracheen", „Tracheenlungen", ↗Atmungsorgane der landlebenden Spinnentiere; befinden sich in verschiedener Anzahl meist paarig auf der Ventralseite des Opisthosomas. Luft gelangt durch einen Schlitz (Stigma) in den Atemvorhof u. von dort in parallel verlaufende Lamellen (Atemtaschen). Dazwischen liegen Hämolymphräume. F. sind den Kiemenbeinen der Xiphosuren homolog. Innerhalb der Arachnida (Spinnentiere) sind sie mehrfach reduziert u. auch durch Röhrentracheen ersetzt worden. Sie treten bei folgenden Gruppen auf: Skorpione, Geißelspinnen, Geißelskorpione, Webspinnen. B Atmungsorgane II.

Fächermuschel ↗Steckmuscheln.
Fächerpalmen ↗Fiederpalmen.
Fächertracheen [v. gr. tracheia = Luftröhre], gebräuchl., aber nicht korrekte Bez. für die ↗Fächerlungen. (Tracheen sind ein sich verzweigendes System!).

Fächerzüngler, Vorderkiemerschnecken mit einer Fächerzunge (rhipidoglosse Radula), die in jeder Querreihe einen Mittelzahn, einige (bis 10) Zwischenzähne u. sehr viele u. kleine, bürstenartige Randzähne hat. Zu den F.n gehören die meisten

Fächerkäfer
Rhipidius spec.

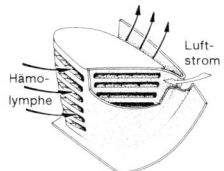

Fächerlungen
Blockdiagramm einer Fächerlunge

Altschnecken (Ausnahme: Napfschnecken, ↗Balkenzüngler), z. B. ↗Calliostoma, ↗Kreisel- u. ↗Turbanschnecken.

fachspaltig, *rückenspaltig, dorsizid, lokulizid,* Bez. für Früchte, die ein Trenngewebe im Rückenteil der Fruchtblätter ausgebildet haben u. sich bei der Samenreife an dieser Stelle öffnen. ↗Frucht.

Faciạlis *m* [v. lat. facies = Gesicht], Abk. für Nervus facialis, der VII. ↗Hirnnerv, innerviert die Gesichtsmuskulatur („Gesichtsnerv") u. Teile der Zunge.

Fackellilie, *Kniphofia,* Gatt. der ↗Liliengewächse.

FAD, Abk. für ↗Flavinadenindinucleotid.

Fadenfedern, haarförm. Federn bei Vögeln; besitzen an der Basis Rezeptoren, die seitl. Auslenkungen der Konturfedern registrieren u. dabei Störungen im Gefieder anzeigen.

Fadenfische, 1) *Trichogaster,* Gatt. der Labyrinthfische. Die v. a. in kleinen, bewachsenen, oft schlamm. Gewässern SO-Asiens beheimateten, meist prächtig gefärbten F. haben einen seitl. abgeflachten Körper mit kleinen Schuppen, einer hohen Rücken- u. einer langen Afterflosse sowie antennenartig verlängerten, fadenförm., mit zahlr. Geschmackssinneszellen besetzten Bauchflossen. Zum Laichen bauen sie aus schleimumhüllten Luftblasen Schaumnester. Hierzu gehören beliebte ↗Aquarienfische, wie der aus der malaysischen Region stammende, bis 11 cm lange Mosaik-F. (*T. leeri,* B Aquarienfische II), der bis 15 cm lange, meist grünblaue, thailänd. Mondschein- od. Seiden-F. (*T. microlepis*) u. der v. Thailand bis zu den großen Sundainseln verbreitete, bis 15 cm lange Blaue F. (*T. trichopterus,* B Aquarienfische II). Nahe verwandt ist der nur 5 cm lange Rote Zwerg-F. (*Colisa lalia,* B Aquarienfische II) aus Bengalen u. Assam, der ebenfalls Schaumnester baut. **2)** *Fädler, Federflosser, Polynemoidei,* U.-Ord. der Barschartigen Fische mit einer Fam. (*Polynemidae*) u. 36 Arten. Die v. a. im Küstenbereich trop. Meere vorkommenden, meist um 35 cm langen F. haben zweigeteilte Brustflossen, deren vorderer Abschnitt aus 4–9 langen, mit Tast- u. Geschmackssinneszellen besetzten Fäden besteht, während der hintere Abschnitt normal ausgebildet ist. Zieml. häufig ist der ca. 30 cm lange, westatlant. Siebenfädler od. Barbu (*Polydactylus virginicus*). Bis fast 2 m lang werden der v. a. an ind. Küsten heim. Riesenfederflosser (*Eleutheronema tetradactylum*) u. der in westafr. Küstengewässern vorkommende Kapitänsfisch (*Polydactylus quadrifilis);* beide haben jeweils 4 freie Brustflossenstrahlen u. sind wertvolle Speisefische.

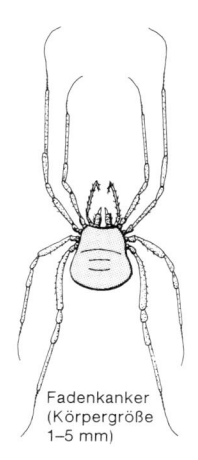

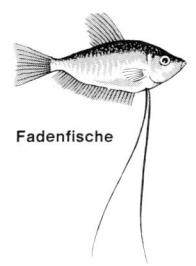

Fadenkanker (Körpergröße 1–5 mm)

Fadenfische
Mondschein- od. Seidenfadenfisch (*Trichogaster microlepis*)

Fadenschnecken
Wichtige Gattungen:
 Aeolidia
 ↗Calma
 ↗Coryphella
 ↗Cuthona
 ↗Eubranchus
 ↗Facelina
 ↗Favorinus
 ↗Flabellina
 ↗Glaucus
 ↗Pseudovermis
 ↗Spurilla
 ↗Trinchesia

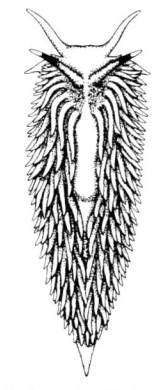

Breitwarzige Fadenschnecke (*Aeolidia papillosa*)

Fadenflechten, die ↗Haarflechten.
Fadenhafte, *Nemopteridae,* Fam. der ↗Netzflügler. [↗Rindenkäfer.
Fadenkäfer, Arten der Gatt. *Colydium,*
Fadenkanker, *Nemastomatidae,* Fam. der Weberknechte; kleinere Tiere mit gedrungenem Körper u. langen Beinen. Die Ränder der 5 Hinterleibstergite sind meist mit Zahnreihen angedeutet. F. sind langsame Bodentiere, die meist in bedecktem, relativ feuchtem Gelände leben. Ihre Nahrung besteht aus Milben u. Springschwänzen. Bei der Paarung stehen sich die Tiere Kopf an Kopf gegenüber. Die Eiablage erfolgt in eine Gallertmasse auf die Unterseite v. Steinen. In Mitteleuropa verbreitete Arten sind *Nemastoma lugubre-bimaculatum, Paranemastoma quadripunctatum* und *Mitostoma chrysomelas*.
Fadenkiemen ↗Filibranchia.
Fadenkiemer, *Fadenkiemenmuscheln,* die ↗Filibranchia.
Fadenkieselalge, die Gatt. *Melosira* der ↗Coscinodiscaceae.
Fadenpilze, *Hyphomycetes,* die ↗Moniliales (↗Fungi imperfecti).
Fadenprothallium *s* [v. gr. pro- = vor, thallos = grüner Zweig], das ↗Protonema.
Fadenschnecken, *Aeolidiacea,* Ord. der Hinterkiemerschnecken mit fadenart. Rückenanhängen, in die fast immer Fortsätze der Mitteldarmdrüse hineinreichen, die mit einem Nesselsack (Cnidosack) enden; Körper schlank u. gestreckt, Rhinophoren ohne Scheiden; ernähren sich meist v. Hydropolypen; deren Nesselkapseln werden nicht verdaut, sondern vorübergehend in den Nesselsäcken gespeichert u. zur Verteidigung benutzt. Die Breitwarzigen F. (*Aeolidia papillosa*) werden 8–12 cm lang u. haben abgeplattete Rückenanhänge in etwa 20 schrägen Reihen; im N-Atlantik u. N-Pazifik bis 800 m Tiefe, auch bei Helgoland zieml. häufig.
Fadenschwänze, *Stylephoroidei,* U.-Ord. der Glanzfische mit nur einer Fam.; ihr schlanker, ca. 25 cm langer Körper mit saumart. Rückenflosse hat eine zweigeteilte Schwanzflosse, bei der die beiden untersten Flossenstrahlen zu körperlangen Fäden verlängert sind.
Fadensegelfische, *Aulopodidae,* Fam. der ↗Laternenfische.
Fadenstäublinge ↗Stemonitaceae.
Fadenthallus *m* [v. gr. thallos = Spröẞling], Bez. für die einfache Organisation echter pflanzl. Vielzeller, bei der die Einzelzellen in verzweigten od. unverzweigten Ketten miteinander verwachsen sind unter Ausbildung gemeinsamer Zellwände mit Tüpfelverbindungen. Ggs.: Gewebethallus.
Fadenwels, *Rhamdia sapo,* ↗Antennenwelse.

Fadenwürmer

Fadenwürmer

U.-Kl.
ADENOPHOREA
(= APHASMIDIA)
ca. 800 Gatt.

Über-Ord.
Chromadoria
　Ord. *Chromadorida*
　　↗ *Chromadora*
　　↗ *Desmodora*
　　↗ *Draconema*
　　↗ *Epsilonema*
　Ord. *Monhysterida*
　　↗ *Araeolaimus*
　　↗ *Desmoscolex*
　　↗ *Monhystera*

Über-Ord. *Enoplia*
　Ord. *Enoplida*
　　↗ *Enoplus*
　Ord. *Dorylaimida*
　　z. T. ⓟ
　　↗ *Dorylaimus*
　Ord. *Trichosyringida* (evtl. zu den *Secernentea* gehörig)*
　Superfam.
　Mermithoidea:
　　↗ *Mermis**
　Superfam.
　Trichuroidea:
　　Trichuris
　　(↗ Peitschenwurm)**
　　Trichinella
　　(↗ Trichine)**

U.-Kl.
SECERNENTEA
(= PHASMIDIA)
ca. 1200 Gatt.

　Ord. ↗ *Rhabditida*, z. T.*
　　↗ *Caenorhabditis*
　　Turbatrix
　　(↗ Essigälchen)
　Ord. ↗ *Tylenchida*
　　ⓟ, z. T.*
　Ord. ↗ *Strongylida**
　　Ancylostoma
　　(↗ Hakenwurm)**
　Ord. ↗ *Spirurida**
　　Dracunculus
　　(↗ Medinawurm)**
　Superfam.
　Filarioidea (↗ Filarien)**
　Ord. ↗ *Oxyurida**
　　Enterobius
　　(↗ Madenwurm)**
　Ord. ↗ *Ascaridida**
　　Ascaris
　　(↗ Spulwurm)**

Erklärung:
ⓟ = Pflanzenparasiten
* = zooparasitisch (Parasiten in Tieren)
** = wichtige Parasiten des Menschen

Fadenwürmer, *Nematoden, Nematoda, Nematodes,* artenreichste Klasse der Schlauchwürmer (↗ *Nemathelminthes*), bisweilen als eigener Stamm *Nemata* angesehen. Weltweit verbreitet in fast allen Biotopen, freilebende u. parasit. Vertreter. Faden- bis spindelförmig, meist getrenntgeschlechtig; Körperlänge im allg. zw. 1 mm u. 200 mm, bes. kleine Arten nur 0,2 mm; größte Art 8 m lang *(Placentonema gigantissima,* Parasit in der Placenta des Pottwals). Bisher wurden ca. 20 000 Arten in 2000 Gatt. beschrieben. Aufgrund der Zahl der jährl. Neubeschreibungen u. angesichts der Tatsache, daß in vielen Insekten artspezifisch parasitierende F. vorkommen, ist mit 500 000 Arten zu rechnen; demnach sind die F. die größte Tiergruppe nach den Insekten! – Trotz Anpassung der verschiedenen F.-Gruppen an unterschiedl. u. oft extreme Biotope haben sie fast alle einen relativ einheitl. Körperbau (vgl. Abb.). Wichtigster Merkmalskomplex ist der mit einer dicken Cuticula versehene *Hautmuskelschlauch* (nur Längsmuskeln), der eine unter Druck stehende Leibeshöhle umschließt. Dies ist einzigartig im Tierreich, führt zu charakterist. Schlängelbewegungen u. bedingt folgende drei Negativ-Merkmale: es fehlen Cilien (abgesehen v. ciliären Elementen in Sinneszellen), Blutgefäße u. Atmungsorgane. – *Systematik* (vgl. Tab.): Die U.-Kl. *Secernentea* (fr. „Phasmidia") ist durch den Besitz von sog. Phasmiden charakterisiert (1 Paar kleiner Drüsen am Hinterende, wohl zugleich chemorezeptorisch) u. enthält überwiegend parasit. Vertreter. Die U.-Kl. *Adenophorea* ist wohl nur ein paraphyletisches Taxon (↗ phylogenetische Systematik), da die für sie kennzeichnenden Klebdrüsen am Schwanz auch bei anderen Nemathelminthen vorkommen. *Verwandtschaft:* Die Stellung der F. im System der Metazoen ist unklar (↗ *Nemathelminthes*).

Anatomie: Die *Cuticula* besteht aus mehreren Lagen v. unterschiedl. orientierten Kollagenfibrillen, wodurch sie sehr fest, aber trotzdem biegsam ist. In der darunterliegenden *Hypodermis* (Epidermis, die eine Cuticula abgeschieden hat) kommt es oft zur Auflösung der Zellgrenzen, d. h., es entsteht ein ↗ Syncytium. Die *Muskulatur* besteht nur aus Längsmuskelzellen. Ventral, dorsal u. lateral bildet die Hypodermis nach innen vorspringende Wülste *(Epithelleisten),* wodurch die Muskulatur in zwei ventrale u. zwei dorsale Felder geteilt wird. Bei manchen F. n laufen in den lateralen Leisten Kanäle, die v. nur 1–2 Zellen gebildet werden, ventral mit einer Querverbindung (daher Bez. „H-System") u. einer unpaaren Öffnung; es hat sich die Bez. „Exkretionssystem" eingebürgert, auch wenn dort wohl nur Ionenregulation stattfindet. In der ventralen u. dorsalen Leiste läuft je ein *Nervenstrang* mit gangliösen Zentren, trotzdem bisweilen als Markstrang bezeichnet. Das „Gehirn" ist ein Nervenring um den Pharynx (Schlundring), v. dem aus die Kopfsensillen einzeln innerviert sind. Im Ggs. zu fast allen anderen Tiergruppen gibt es keine motor. Innervierung der Muskelzellen, sondern umgekehrt ziehen Fortsätze der Muskelzellen zu den Nervensträngen. Folgende *Sinnesorgane* kommen vor: Borsten bzw. Papillen am Vorderende, oft in charakterist. 6+6+4-Anordnung, überwiegend mechanorezeptorisch; lateral am Kopf zwei große chemorezeptor. Seitenorgane (Amphiden); vereinzelt weitere Borsten od. Papillen am übrigen Körper, z. B. die ↗ Deiriden; schließl. gibt es Caudalpapillen, die bes. bei ♂ prä- u. postanal stehen u. im Zshg. mit der Kopulation stehen (vgl. Abb. Bursa: Sinnespapillen strahlenförmig). Wenige marine F. haben Ocellen. – Am Hinterende liegen auch die *Schwanzdrüsen* (Klebdrüsen, meist 3, zum Festheften am Substrat) bzw. das Paar *Phasmiden* (Drüsen, wohl mit chemorezeptor. Funktion). Der *Mund* liegt terminal (nicht ventral wie bei den meisten Bilateria), oft umgeben von 6 oder 3 „Lippen" (wenn 3, dann stets 1 dorsal u. 2 subventral). Der *Darmtrakt* (bei einigen Parasiten vollständig reduziert) beginnt mit einer mehr od. weniger geräumigen Mundhöhle, bei räuber. Arten mit *Zähnen* (Odontia), bei Pflanzenparasiten mit vorstreckbaren *Stacheln:* konvergent Odontostyl bei ↗ *Dorylaimus,* Stomatostyl bei den ↗ *Tylenchida.* Daran anschließend der bisweilen in mehrere Abschnitte untergliederte *Pharynx* (oft „Oesophagus" gen.), der wie die Mundhöhle ektodermal u. dementsprechend mit Cuticula ausgekleidet ist; sein Lumen ist im Querschnitt dreistrahlig; radial angeordnete Muskeln machen ihn zu einem Pumporgan (Saug- u. Druckwirkung), besondere Klappen im hintersten Abschnitt (Pharynx-Bulbus) wirken als Ventile. Der entodermale *Mitteldarm* ist gestreckt u. hat keine Falten (selten einen Blindsack); das einschicht. Epithel hat Mikrovilli zur Oberflächenvergrößerung. Der Transport des Nahrungsbreies wird überwiegend durch den Pharynx erreicht, ohne dessen „Stopfwirkung" der Darm unter dem Druck der Leibeshöhle kollabieren würde. Als Folge dieses bes. Mechanismus sind Cilien im Darm entbehrlich (wie auch sonst im Körper); auch Muskelzellen fehlen. Der kurze ektodermale *Enddarm* ist mit Cuticula ausgekleidet; bei erwachsenen ♂ dient er zugleich als Geschlechts-

Fadenwürmer

Anatomie der Fadenwürmer

a, b Seitenansicht ♀, ♂ (schematisiert); **c** Vorderende (Frontalansicht); **d** Schwanzregion ♂ (Ventralansicht) eines Vertreters mit Bursa u. distal verwachsenen Spicula; **e, f** Pharynx-Querschnitte: e: Ruhestellung: Pharynx-Lumen eng, f: Saugwirkung: Muskulatur kontrahiert, dadurch Pharynx-Lumen erweitert; **g** Querschnitt mittlere Körperregion ♀.
A Ala (Cuticular-Flügel), Af After, Am Amphid (Seitenorgan), B Bursa copulatrix, C Cuticula, Cp Caudal-Papillen, Ej Ejakulationskanal (muskulös), Ex Exkretionskanal in lateraler Epithelleiste, G Gubernaculum, H Hoden, Hy Hypodermis, K Kloake, L "Lippe", M Mund, Md Mitteldarm, Mf Fortsatz einer Muskelzelle, Mk kontraktiler Bereich einer Muskelzelle, Nd Nerv (in dorsaler Epithelleiste), Nv Nerv (in ventraler Epithelleiste), O Ovar (Oogonien u. Oocyten), Od Ovidukt, P Pharynx, Pb Pharynx-Bulbus, Ph Phasmid (nur bei Secernentea!), R Rhachis, Rc Receptaculum seminis, S 6+6+4 Sinnesborsten, Sa Samenblase mit Spermien, Sd Schwanzdrüsen (nur bei Adenophorea!) Sp Spiculum (meist paarig), U Uterus mit unterschiedlich weit entwickelten Eiern, V Vagina u. Vulva (mehr od. weniger muskulös), Vd Vas deferens (mehr od. weniger drüsig)

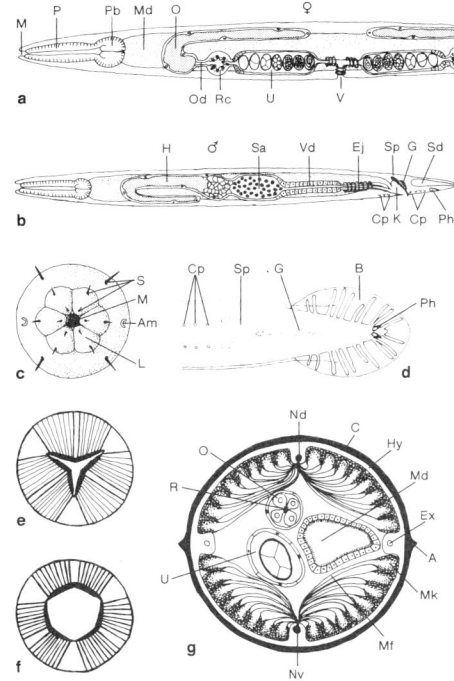

Ausführgang *("Kloake")*, dessen Epithel in Einstülpungen besondere Cuticular-Bildungen erzeugt, den Spicular-Apparat (vgl. Fortpflanzung). Die *Leibeshöhle* durchzieht einheitl. die ganze Länge des Tieres; es gibt keine Epithelien als Abgrenzung gg. Darm- u. Muskelzellen (vgl. Abb. Querschnitt, man beachte den Unterschied z. B. zu ↗Ringelwürmern). Die Leibeshöhle wird deshalb als *Pseudocoel* bezeichnet (↗Pseudocoelomata). *Blutgefäße u. Atmungsorgane* fehlen völlig.
Fortpflanzung und Entwicklung: Im urspr. Zustand *Gonaden* wohl in beiden Geschlechtern paarig; ♂ der *Secernentea* stets mit nur 1 Hoden; ♀ meist mit 2 Ovarien („amphidelph"), seltener mit 1 Ovar („monodelph"). Hoden, Samenblase, Vas deferens, Ejakulationskanal, Kloake mit *Spicular-Apparat* (urspr. 1 Paar Spicula u. 1 Gubernaculum als „Gleitschiene") bzw. Ovar, Ovidukt, Receptaculum, Uterus, Vagina, Vulva (die stets unpaare ♀ Geschlechtsöffnung) folgen aufeinander, oft weniger deutl. getrennt als auf der Abb. Bemerkenswert ist das Fehlen v. Flagellen auch in den Spermien, die meist amöboid bewegl. sind u. die in Größe u. Form von Gatt. zu Gatt. sehr unterschiedl. sein können (☐ Spermien). Bei der *Kopulation* heftet sich das ♂ am ♀ fest; bei vielen *Secernentea* sind dafür besondere Saugnäpfe od. in der Schwanzgegend seitl. abstehende Hautlappen (Bursa copulatrix) mit vielen Mechanorezeptoren ausgebil-

det. Die Spicula werden durch die Vulva in die Vagina vorgestoßen, weiten sie u. erlauben die Injektion der dann meist noch unbewegl. Spermien, die später aktiv das Receptaculum aufsuchen. Die Besamung (Plasmogamie) findet *vor* den Reifeteilungen statt, danach die Befruchtung u. die Bildung der Eischale. Die Furchung ist streng determiniert (Mosaik-↗Furchung), d. h., das Schicksal jeder Furchungszelle ist genau festgelegt (↗Caenorhabditis, ↗Zell-Genealogie). Bei manchen F.n wird der vollständ. Chromosomensatz nur in der ↗Keimbahn weitergegeben, während es in den somat. Zellen zur Chromatindiminution kommt (↗Chromosomendiminution). Oft ↗Ovoviviparie; viele freilebende F. produzieren weniger als 100 Eier. Manche Parasiten hingegen sind „Eier-Millionäre": z. B. produziert ein *Ascaris*-♀ (↗Spulwurm) in seinen beiden Ovarien, die mehrmals so lang wie das ganze Tier sind u. deshalb nur hin- u. hergewunden im Pseudocoel Platz finden, im Laufe eines Jahres über 50 Mill. Eier. *Zellteilungen* laufen fast nur in der Embryonalentwicklung ab, d. h. vor dem Schlüpfen; das weitere *Wachstum* beruht überwiegend nur auf Zellvergrößerung; die determinierte Furchung führt deshalb zu Eutelie (↗Zellkonstanz, ⊤ Rhabditida). Bis zum Erreichen der Geschlechtsreife werden 4 *Juvenil-Stadien* durchlaufen (Bez. „Larve", obwohl keine Larvalorgane auftreten). Bis zum Adult-Stadium laufen 4 *Häutungen* ab, wobei auch die Pharynx-Cuticula, ggf. einschl. der Zähne od. Stacheln, mitgehäutet wird. Bei vielen saprobionten od. parasitischen F.n ist das 3. Larvenstadium („L3") fakultativ od. obligat eine ↗Dauerlarve, meist im Schutze der noch anhängenden L2-Cuticula (also doppelt eingehüllt), od. die L3 ist das infizierende Stadium (z. B. Hakenwurm, ⊞ Parasitismus III). Die *Lebensdauer* beträgt im allg. einige Tage bis wenige Monate, bei Wirbeltier-Parasiten bis über 15 Jahre (manche ↗Filarien).
Lebensweise und Vorkommen: Die charakterist. schlängelnde *Fortbewegung* beruht auf der abwechselnden Kontraktion der dorsalen u. der ventralen Muskelzellen eines Körperabschnitts, wobei die myogenen Erregungen über die Muskelzellfortsätze koordiniert sind. Das Schlängeln erfolgt demnach in der Dorsoventralebene (Medianebene); bei der Fortbewegung über eine Fläche liegt deshalb ein Fadenwurm stets auf der Seite, ganz im Ggs. zu den Schlangen. Der Antagonist der Längsmuskulatur ist nicht, wie z. B. bei Ringelwürmern, eine Ringmuskulatur, sondern einerseits die elast. Rückstellkraft des Cuticula-Schlauchs, der wegen des hohen

FADH₂

Turgors in Ruhestellung gestreckt ist (↗Hydroskelett), andererseits die Längsmuskulatur der jeweils anderen Körperhälfte. Dieser Mechanismus ist einzigartig im Tierreich! Nur wenige F. haben eine andere Fortbewegung: mit Haft- od. Stelzborsten *(Desmoscolex)*, z. T. spannerraupenartig *(↗Draconema,* ☐ *Epsilonema).* – F. kommen fast überall vor, sogar im Tiefseeschlamm, in antarkt. Böden, in über 50 °C heißen Quellen, in Säure v. pH 2 (↗Essigälchen), in Pharynx-Drüsen v. Ameisen, in fast allen Organen v. Wirbeltieren, sogar in der Tränenflüssigkeit v. Nagetieren u. selbst in aufgeweichten Bierdeckeln *(↗Panagrellus).* F. treten oft in sehr großer Individuenzahl auf; z. B. wurden im Rinderdarm 0,5 Mill. *Strongylida* u. in Eichenwäldern unter 1 m² Bodenfläche ca. 10 Mill. Boden-Nematoden festgestellt (↗Bodenorganismen). Für die Besiedlung ephemerer Substrate, z. B. Kothaufen, ist die ↗Phoresie notwendig. Da in derart. Substraten oft Sauerstoffarmut u. hohe Temp. herrschen, mußten die Saprobionten auch früher entspr. angepaßt sein; ihre Anpassungen (↗Adaptationen) waren zugleich „Präadaptationen" (↗Prädisposition) an das Leben als Endoparasiten v. Warmblütern. Dieser Schritt ist in der Evolution wahrscheinl. mehrmals konvergent geschehen.
Medizinische und wirtschaftliche Bedeutung: Bes. in den Tropen u. Subtropen sind gewisse F. gefährl. Parasiten für Menschen u. Haustiere (T 256), viel bedeutender als Bandwürmer. Manche F. sind Pflanzenparasiten *(↗Dorylaimus, ↗Tylenchida)* u. richten auch in den gemäßigten Breiten in der Landw. großen Schaden an. In Japan treten in Kiefern seit einigen Jahren massenhaft F. der Gatt. *Bursaphelenchus* *(↗Tylenchida)* auf u. sind wohl für die Schäden mitverantwortlich (↗Waldsterben). Andererseits werden Insekten-parasitische F. in der biol. Schädlingsbekämpfung eingesetzt, z. B. ↗*Neoaplectana* u. ↗*Steinernema.*

Lit.: Chitwood, B. G., Chitwood, M. B.: Introduction to Nematology. Baltimore 1974. *Kaestner, A.:* Lehrbuch der Zoologie, I, 2 (Nemathelminthes von G. Hartwich). Jena/Stuttgart ⁴1984. *Maggenti, A.:* General Nematology. New York/Heidelberg 1981. *Nicholas, W. L.:* The biology of free-living nematodes. Oxford ²1984. *Poinar, G. O.:* The Natural History of Nematodes. Englewood Cliffs 1983. *U. W.*

FADH₂, *FAD·H₂,* Abk. für die hydrierte Form des ↗Flavinadenindinucleotids.
Fädler, *Polynemoidei,* die ↗Fadenfische 2).
Faeces [Mz.; v. lat. faex, Mz. faeces = Bodensatz, Unflat], die ↗Fäkalien.
Faex medicinalis w [v. lat. faex = Bodensatz, Hefe, medicinalis = Arznei-], ↗Bierhefe.

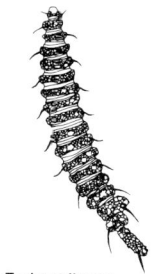

Fadenwürmer
Desmoscolex, 0,2–0,3 mm lang, freilebend; Ansicht v. der Seite. Die auf der Cuticula haftenden Fremdkörper betonen die für F. völlig untypische Ringelung.

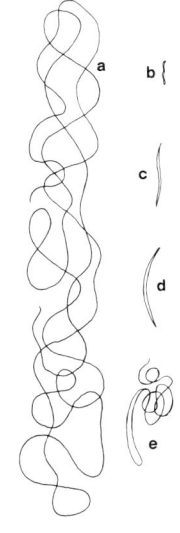

Fadenwürmer
Einige parasitische F. des Menschen in natürl. Größe:
a *Onchocerca* (↗Filarien), **b** *Trichinella* (↗Trichine), **c** *Enterobius* (↗Madenwurm), **d** *Ancylostoma* (↗Hakenwurm), **e** *Trichuris* (↗Peitschenwurm)

fag- [v. lat. fagus = Buche], in Zss.: Buchen-.

Fagaceae [Mz.; v. *fag-], die ↗Buchengewächse. [gen.
Fagales [Mz.; v. *fag-], die ↗Buchenarti-
Fagara w [arab.], Gatt. der ↗Rautengewächse.
Fagetalia sylvaticae [Mz.; v. *fag-, lat. silvaticus = Wald-], Ord. der ↗Querco-Fagetea.
Fagion sylvaticae s [v. *fag-, lat. silvaticus = Wald-], *Buchenwälder, Rotbuchenwälder,* Verb. der *Fagetalia sylvaticae* mit zahlr. U.-Verb. (T 259). Von Natur aus Buchen-beherrschte, z. T. auch Ahorn- od. Tannen-reiche Waldges. des standörtl. Mittelbereichs mit der reichsten Entfaltung in der submontanen u. montanen Stufe des westl. u. südwestl. Mitteleuropa. Der Buchenwald-Verb., der die zonale Vegetation des subozeanisch geprägten Mitteleuropa repräsentiert, ist in einer Vielzahl unterschiedl. Ges. ausgebildet, die sich zu standörtl. klar unterscheidbaren U.-Verb. zusammenfassen lassen. Auf stark sauren Böden kommen die Moder-Buchenwälder od. Hainsimsen-Buchenwälder *(↗Luzulo-Fagion)* zur Ausbildung, die durch verschiedene Säurezeiger gekennzeichnet sind, während ihnen anspruchsvollere Arten fehlen. Letztere sind hingegen zahlreich in den Mull-Buchenwäldern od. Waldmeister-Buchenwäldern *(↗Asperulo-Fagion)* vertreten, die auf basenreicheren Böden stocken. Den trockeneren Standortsbereich nehmen die wärmeliebenden Orchideen-Buchenwälder *(↗Cephalanthero-Fagion)* ein. Die Ges. der 3 gen. U.-Verb. sind in der kollinen bis montanen Stufe anzutreffen. Auf weniger buchenfreundl. Standorten im niederschlagsreichen Klima der montanen bis subalpinen Stufe, aber auch in tieferen Lagen des subkontinental getönten Klimas, z. B. der Baar, wird die Tanne in ihrer Konkurrenzkraft deutl. gefördert und bildet Tannen-Mischwald-Ges. des U.-Verb. ↗*Galio-Abietion* aus. Auch in der niederschlagsreichen, hochmontanen bis subalpinen Höhenstufe der Gebirge des südwestl. Mitteleuropa tritt die Buche als dominierende Baumart zurück, hier zugunsten des Bergahorns. Diese Bergahorn- od. Hochlagen-Buchenwälder des U.-Verb. ↗*Aceri-Fagion* kennzeichnen großblättr., hygromorphe Hochstauden im Unterwuchs.
Fagopyrismus m [v. *fag-, gr. pyros = Weizen], ↗Buchweizen.
Fagopyrum s [v. *fag-, gr. pyros = Weizen], der ↗Buchweizen.
Fago-Quercetum s [v. *fag-, lat. quercetum = Eichenwald], ↗Quercetea roboripetraeae.
Fagotia w, Gatt. der *Melanopsidae,* im Süßwasser (untere Donau, Balkanhalbin-

sel) verbreitete Vorderkiemerschnecken mit mäßig hoch gewundenem, oben spitzem Gehäuse; die wenigen Arten sind getrenntgeschlechtlich u. bevorzugen Thermalquellen als Lebensraum.

Fagraea w [ben. nach dem schwed. Arzt u. Botaniker J. Th. Fagraeus, 1729–97], Gatt. der ↗Brechnußgewächse.

Fagus w [lat., =], die ↗Buche.

Fähe w, Fehe, wm. Bez. für das weibl. Tier bei Fuchs, Dachs u. Marder.

Fahlerde, nährstoffarmer saurer Boden; Profilaufbau: $A_h – A_l – B_t – C$ ([T] Bodenhorizonte). Im Vergleich zur ähnl. Parabraunerde ist die Tonverlagerung (Lessivierung) weiter fortgeschritten, der A_l-Horizont infolgedessen mächtiger und fahl gefärbt u. der Toneinlagerungshorizont (B_t) stärker verdichtet, so daß es zu Staunässebildung kommen kann.

Fahne, 1) Bot.: *Vexillum,* Bezeichnung für das hintere, die Nachbarblütenblätter (Flügel) übergreifende Blütenkronblatt der „Schmetterlingsblüte" der *Fabaceae*. **2)** Zool.: Teil der ↗Vogelfeder. [men.

Fahnenblumen, die ↗Schmetterlingsblu-

Fahnenquallen, *Semaestomeae, Semaestomae,* Ord. der *Scyphozoa;* Quallen (∅ bis 2 m), die einen flachen Schirm u. kleine Randlappen haben. Characterist. ist ein vierkant. Mundrohr, dessen Kanten zu langen, dehnbaren „Fahnen" ausgezogen u. mit gekräuselten Hautränden besetzt sind. Fast alle Arten (insgesamt ca. 50) leben pelagisch. Sie sind durchsichtig u. weisen die schönsten Farben u. Zeichnungen auf. Viele Arten betreiben Brutpflege. Hierher gehören so bekannte Quallen wie die ↗Ohrenqualle *(Aurelia),* ↗Kompaßqualle *(Chrysaora),* ↗Leuchtqualle *(Pelagia),* die Haarquallen der Gatt. ↗ *Cyanea* sowie die Gatt. *Drymonema.* Die ↗Seenessel *(Dactylometra)* enthält ein bes. starkes Nesselgift. Interessant sind die Medusen der Gatt. *Stygiomedusa*. Die in der Tiefsee (3000 m) lebenden tentakellosen Tiere (∅ ca. 50 cm) bilden aus Entoderm u. Keimzellen Cysten, die mit röhrenförm. Auswüchsen in den Gastralraum ragen. In der Cyste liegt ein doppelwand. Sack (reduzierter Scyphopolyp?), der dort ernährt wird u. zu einer 10 cm großen Meduse heranwächst. Wie diese nach außen kommt, ist unbekannt.

Fahnenwicke, *Oxytropis,* Gatt. der Hülsenfrüchtler mit ca. 300 Arten, deren Verbreitungsschwerpunkt in innerasiat. Trockengebieten liegt. Bildet zu *Astragalus* (Tragant) konvergente Lebensformen aus, ist aber v. diesem deutl. durch die dem Blütenschiffchen aufgesetzte Spitze zu unterscheiden. Die Berg-F. *(O. jacquinii)* ist ein alpiner Vertreter mit bläul. Blüten. Man findet sie auf fels., kalkreichen, sonn. Hängen über 1600 m, gelegentlich (herabgeschwemmt) auch tiefer; Seslerion-Verband-Charakterart.

Fagion sylvaticae
Unterverbände:
↗ *Aceri-Fagion* (Bergahorn-Buchen-Mischwälder, Hochlagen-Buchenwälder)
↗ *Asperulo-Fagion, Eu-Fagion* (Mull-Buchenwälder, Waldmeister-Buchenwälder)
↗ *Cephalanthero-Fagion* (Orchideen-Buchenwälder, Seggen-Hangbuchenwälder)
↗ *Galio-Abietion* (Tannen-Mischwälder)
↗ *Luzulo-Fagion* (Moder-Buchenwälder, Hainsimsen-Buchenwälder)

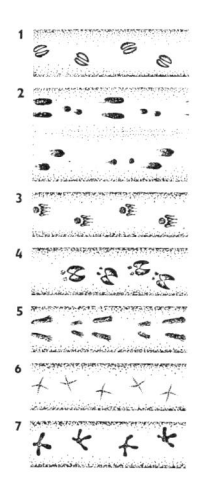

Fährte
1 Reh, 2 Hase (hoppelt – läuft), 3 Fuchs, 4 Wildschwein, 5 Eichhörnchen, 6 Rebhuhn, 7 Fasan

fag- [v. lat. fagus = Buche], in Zss.: Buchen-.

fakulta- [v. lat. facultas, Gen. facultatis = Fähigkeit, Möglichkeit, Gelegenheit].

fakultatives Lernen

Fahnenwuchs, durch dauernde Windeinwirkung hervorgerufene, einseit. Entwicklung der Äste auf der windabgewandten Seite. Hauptursache für das Absterben der Triebe in Windrichtung ist die austrocknende Wirkung der Luftmassen, in manchen Fällen verstärkt durch Salz- od. Eisnadelwirkung. [sche Regeln.

Fahrenholzsche Regel ↗parasitophyleti-

Fährte, wm. Bez. für den Abdruck der Sohle bzw. Hufe, bes. beim Wild (bei Niederwild *Spur,* bei Federwild *Geläuf*). Die Tritt-F. unterliegt je nach Beschaffenheit des Tieres wie auch des Untergrunds Abweichungen.

Fäkalien [Mz.; v. lat. faex, Mz. faeces = Bodensatz, Unflat], *Fäzes, Faeces, Exkremente, Kot,* die den tier. bzw. menschl. Körper wieder verlassenden, für die Ernährung nicht benötigten od. unbrauchbaren Nahrungsbestandteile. Bei vielen Säugern besteht ein erhebl. Anteil der F. aus den im Darm lebenden Bakterien (z.B. ↗ *Escherichia coli;* ↗ Darmflora). Beim Menschen beträgt die durchschnittl. Ausscheidungsmenge pro Tag etwa 200 g.

Faktorenaustausch, *Genaustausch, Segmentaustausch,* der Austausch v. gekoppelten Genen beim ↗Crossing over.

Faktorengefälle, Ab- od. Zunahme der Intensität eines Umweltfaktors (↗abiotische Faktoren, ↗biotische Faktoren), der für eine Tierart wesentl. ist. Im Labor kann man künstl. ein F. herstellen (z.B. in einer Temp.- od. Feuchtigkeitsorgel), um das Optimum eines bestimmten Umweltfaktors für die untersuchte Tierart festzustellen. Untersuchungen zum Verhalten einer Tierart gegenüber veränderten Umweltfaktoren geben Hinweise auf die ↗Biotopbindung dieser Art.

Faktorenkoppelung, *Genkoppelung,* die Koppelung u. damit verminderte Rekombinierbarkeit v. Genen, die auf einem gemeinsamen ↗Chromosom lokalisiert sind. ↗Crossing over.

fakultative Aerobier [Mz.; v. *fakulta-, gr. aër = Luft, bios = Leben], ↗Aerobier.

fakultative Anaerobier [Mz.; v. *fakulta-, gr. an- = nicht-, aër = Luft, bios = Leben], ↗Anaerobier, ↗Aerobier.

fakultativer Parasitismus m [v. *fakulta-, gr. parasitos = Schmarotzer], parasit. Lebensweise ohne lebensnotwend. Bindung an den Wirt, meist im Wechsel mit Leben auf totem Substrat. ↗Parasitismus.

fakultatives Lernen [v. *fakulta-], Lernprozesse, die für die Entwicklung der Lebensfunktionen eines Tieres nicht unbedingt

Falanuks

notwendig sind, sondern die je nach den Umständen ablaufen; Ggs.: ↗ obligatorisches Lernen. ↗ Lernen.

Falanuks, Ameisenschleichkatzen, Eupleres, zur U.-Fam. Hemigalinae zählende Gatt. nachtaktiver Schleichkatzen Madagaskars; 2 Arten: Kleinfalanuk (E. goudoti, Kopfrumpflänge 60–70 cm), Großfalanuk (E. major, Kopfrumpflänge 80–90 cm); der schmale Kiefer u. die winz. Zähne der F. sind Anpassungen an ihre Nahrung, hpts. Insekten.

Falbkatzen, in Afrika lebende U.-Arten der Wildkatze (Felis silvestris); Kopfrumpflänge 45–70 cm, Schwanzlänge ca. 30 cm; Körper schlank, Kopf schmal, Schwanz lang u. spitz; Grundfärbung u. Fleckenmuster sehr variabel. Die Nubische F. (F. s. lybica) wird seit 4000 v. Chr. v. a. in Ägypten als Haustier gehalten u. gilt als Hauptstammform unserer Hauskatze.

Fälblinge, Hebeloma Kummer, Gatt. der Schleierlingsartigen Pilze; mittelgroße bis große Blätterpilze mit schmutzigbraunem Sporenstaub, oft rettichartig riechend; Hut meist schmierig mit falben bis kakaobraunen od. graugelb-rötl. Farben; wachsen meist gesellig auf dem Erdboden. Die ca. 50 Arten sind ungenießbar od. giftig.

Falcaria w [v. lat. falx, Gen. falcis = Sichel], die ↗ Sichelmöhre.

Falciferi [Mz.; v. lat. falcifer = sicheltragend], (L. v. Buch), alter Name für Ammoniten mit Sichelrippen (= Harpoceraten).

Falconidae [Mz.; v. lat. falco = Falke], die ↗ Falken.

Falconiformes [Mz.; v. lat. falco = Falke, forma = Gestalt], die ↗ Greifvögel.

Fälische Rasse, Fälide, die ↗ Dalische Rasse.

Falken, Falconidae, Fam. der Greifvögel mit 60 Arten, die über alle Kontinente verbreitet sind; lebhafte u. rasche Flieger mit schlanken Flügeln u. langem schmalem Schwanz; runde Nasenlöcher; der Oberschnabel besitzt kurz hinter dem gebogenen Reißhaken einen zahnart. Vorsprung, den „Falkenzahn", wofür der Unterschnabel eine entspr. Aussparung aufweist; mit ihm wird die meist im Flug geschlagene Beute, Vögel u. Insekten, durchbissen u. getötet. Von diesem Typus weichen in Gestalt u. Lebensweise der am. Carancho od. Karakara (Polyborus plancus, B Nordamerika VIII) u. verwandte Arten ab; sie ernähren sich hpts. v. Aas, weshalb diese Gruppe auch als Geier-F. bezeichnet wird. Die kleinsten Greifvögel überhaupt sind die süd- u. ostasiatischen, gesellig lebenden Zwerg-F. der Gatt. Microhierax; mit einer Größe von nur 14 cm jagen sie Insekten u. Vögel, die sogar größer als sie selbst sind. Die F. i. e. S. (Gatt. Falco) tragen einer

Falken
Arten:
Baumfalke (Falco subbuteo)
Carancho, Karakara (Polyborus plancus)
Gerfalke (F. rusticolus)
Merlin (F. columbarius)
Rötelfalke (F. naumanni)
↗ Turmfalke (F. tinnunculus)
↗ Wanderfalke (F. peregrinus)
Zwergfalke (Microhierax spec.)

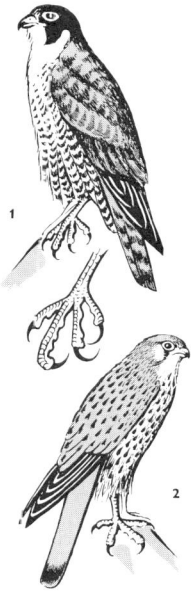

1 Wanderfalke (Falco peregrinus) mit Fuß (Greif od. Fang),
2 Turmfalke (Falco tinnunculus), 3 Kopf des Baumfalken (Falco subbuteo) mit Falkenzahn

Falkenlibellen
Häufige Arten:
Gemeine Smaragdlibelle, Goldjungfer (Cordulia aena)
Glänzende Smaragdlibelle (Somatochlora metallica)
Metalljungfer (Cordulia metallica)
Zweifleck (Epitheca bimaculata)

mehr od. weniger ausgeprägten dunklen Bartstreif; zu ihnen gehören außerordentl. schnelle Flugjäger. Beim ↗ Wander-F. (F. peregrinus) wurden Geschwindigkeiten im Sturzflug bis zu 350 km/Std. gemessen. Einige Arten, wie der häufige ↗ Turm-F. (F. tinnunculus), lokalisieren die bodenlebende Beute in der Pirsch- u. Rüttelflug, bevor sie auf sie stoßen. Der nach der ↗ Roten Liste „stark gefährdete" Baum-F. (F. subbuteo, B Europa XV) bewohnt offenes Gelände mit Gehölz u. jagt bes. in der Abenddämmerung neben Vögeln auch große Insekten; er verbringt den Winter im Süden. Der dem Turm-F. ähnl. Rötel-F. (F. naumanni, B Mediterranregion III) kommt v. Mittelmeerraum bis nach Mittelasien vor; er lebt gesellig u. nistet kolonieweise an Felswänden u. in Ortschaften. Der bis 33 cm große Merlin (F. columbarius) besiedelt die Tundra des Nordens u. durchquert Dtl. während des Durchzugs. Der ebenfalls nord. Gerfalke (F. rusticolus, B Polarregion I) erreicht bei einer Größe v. 63 cm ein Gewicht v. 2100 g (Weibchen) u. ist damit der kräftigste u. größte Falke. – F. werden seit Jahrtausenden in verschiedenen Kulturen als Beizvögel verwendet u. zur Jagd abgerichtet (↗ Falknerei).

Falkenlibellen, Corduliidae, Fam. der Libellen, fr. zur Fam. der Segellibellen gestellt; in Mitteleuropa 7 Arten heimisch. Die F. zeichnen sich durch schnellen Flug u. lange Beine aus; die Flügel werden wie bei allen Großlibellen in der Ruhe seitl. vom oft metall. glänzenden Körper gehalten. Die Begattung beginnt, indem das Männchen das Weibchen im Flug packt, u. wird im Sitzen beendet. Die Eier werden meist auf die Wasseroberfläche gelegt; die räuberisch lebende Larve häutet sich in ihrer 2 bis 3 Jahre dauernden Entwicklung bis zu 12mal. Grün-metallisch gefärbt sind die Smaragdlibellen (Gatt. Somatochlora u. Cordulia) mit ca. 7,5 cm Flügelspannweite; eine bräunl. Färbung hat der Zweifleck (Epitheca bimaculata).

Falkenzahn ↗ Falken.

Falklandfuchs, Falklandwolf, Dusicyon australis, ↗ Kampffüchse.

Falknerei, Beizjagd, Jagd mit Greifvögeln, bes. Falken; im MA bes. an Fürstenhöfen, heute nur noch v. Liebhabern ausgeübt. Früheste Berichte aus Asien, speziell aus Assyrien u. Babylon, reichen bis ins 8. Jh. v.Chr. zurück. Nach Europa kam die F. wahrscheinl. mit den Hunnen u. erlebte im Gefolge der Kreuzzüge eine Blüte im MA. Bekanntester Falkner war ↗ Friedrich II. von Hohenstaufen, der ein Buch über die F. schrieb. F. als Jagdsport hat sich bis heute als (höfische) Betätigung in Resten in Europa u. im Nahen Osten erhalten. Die

F. setzt handzahme Greifvögel voraus, die auf der mit einem dicken Handschuh geschützten Faust getragen werden, wohin sie nach erfolgter Jagd wieder zurückkehren u. als Belohnung ein Stück Fleisch erhalten. Die angesichts der Bestandsabnahmen erforderlichen Maßnahmen zum Schutz der Greifvögel (neben Jagdverbot strenge Regelung v. Handel u. Haltung) führten zu einem Rückgang der F.

Fallaubwälder, *Eurosibirische Fallaubwälder,* ↗ Querco-Fagetea.

Falle, Vorrichtung zum Fangen wildlebender Tiere zur menschl. Ernährung, zu wiss. Zwecken od. zur Bekämpfung v. Schadtieren. Anfangs waren F.n durch Erdaushub hergestellte, steilwandige u. mit Pflanzenmaterial getarnte Fallgruben zum Fangen v. Großwild, wie sie z.T. noch v. urspr. lebenden Völkern benutzt werden. Die heute als Tier-F.n erlaubten Fanggeräte sind je nach Verwendungszweck unterschiedl. konstruiert. Bei Schlag- u. Kasten-F.n für Kleinsäuger löst das durch einen Köder angelockte Tier durch Kontakt (Druck, Zug, Körpergewicht) einen Schlag- od. Schließmechanismus aus, wodurch es sofort getötet (Totschlag-F.n) od. in einem Kasten gefangen (Lebend-F.n) wird. Netzbügel-F.n dienen dem Lebendfang v. Vögeln. Mit Boden-F.n, meist ebenerdig eingegrabenen Behältern (Dose, Glasgefäß), werden Insekten u.a. Wirbellose gefangen. Das Aufstellen von F.n wird durch Jagd- u. Naturschutzbestimmungen geregelt.

Fallenblumen, die ↗ Gleitfallenblumen.

Fallkäfer, *Cryptocephalinae,* U.-Fam. der ↗ Blattkäfer.

Falloppio *(Falloppia, Falloppius), Gabriele,* it. Anatom, * 1523 Modena, † 9. 10. 1562 Padua; Schüler Vesals, seit 1548 Prof. in Ferrara, 1551 Padua, dort Lehrer v. ↗ Fabricius ab Aquapendente; zahlr. Arbeiten über die Anatomie des Menschen, bes. des Ohres, des Nervensystems u. der männl. u. weibl. Geschlechtsorgane. Beschrieb erstmalig die Zshg.e zw. Trommelfell, Gehörknöchelchen, Bogengängen u. Schnecke, ferner die Eileiter (Tubae uterinae Falloppii) u. prägte die Begriffe Placenta u. Epiphyse. WW „Observationes anatomicae" (Venedig 1561); „Opera genuina omnia" (Venedig 1584).

Falltürspinnen, *Deckelspinnen, Ctenizidae,* Fam. der Webspinnen mit ca. 500, bis 3 cm großen Arten; leben in tiefen, schräg in den Boden verlaufenden, mit Gespinstseide austapezierten, manchmal gekammerten Röhren, deren Öffnung mit einem genau eingepaßten Deckel zu verschließen ist. Der Deckel ist um ein Scharnier bewegl. u. kann v. der Spinne v. innen mit den orthognathen Cheliceren zugehalten wer-

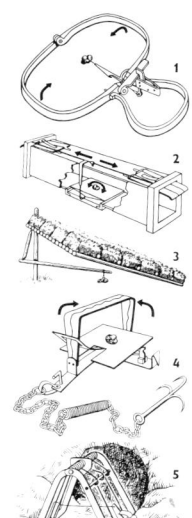

Falle
1 Schwanenhals, 2 Kasten-, 3 Schlag-F., 4 Tellereisen (zugeschlagen), 5 Haargreif-F. vor einer Bauröhre

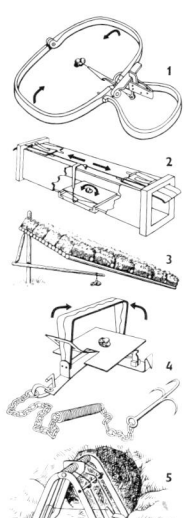

Falltürspinnen
Falltürspinne am Eingang der Wohnröhre mit einer Beute

den. Er ist v. außen meist sorgfältig getarnt, so daß der Röhreneingang sich kaum v. der Umgebung unterscheidet. Die nachtaktiven Spinnen sitzen bei Dunkelheit unter dem leicht angehobenen Deckel u. lauern bei Beute, die sie im Sprung fassen u. in die Röhre ziehen. Als Nahrung dienen Insekten aller Art, bes. Käfer, aber auch Asseln. Die Röhren werden ständig erweitert u. so der Größe der wachsenden, langleb. (15 Jahre) Spinne angepaßt. F. sind über die Tropen u. Subtropen der ganzen Welt verbreitet. Im Mittelmeergebiet leben Vertreter der Gatt. *Cteniza* u. *Nemesia.* Eine bes. Körperform weist die Gatt. ↗ *Cyclocosmia* auf.

Fällung, *Präzipitation,* wicht. Methode zur Isolierung od. Trennung chem. Stoffe, bes. aus den makromolekularen Stoffklassen. Die Methode beruht darauf, daß gelöste Stoffe sich durch Zugabe eines F.smittels in fester Form ausscheiden. Zum Beispiel werden gelöste Proteine durch Zugabe v. Ammoniumsulfat od. Trichloressigsäure ausgefällt; Nucleinsäuren werden durch Trichloressigsäure od. Alkohole gefällt, wohingegen die niedermolekularen Vorläufer (Aminosäuren, Nucleotide, Nucleosidtriphosphate) in Lösung bleiben. Bes.die Fällung mit Trichloressigsäure (sog. *TCA-Fällung*) ist v. analyt. Bedeutung zur Messung v. Synthese- bzw. Abbau-Reaktionen der Nucleinsäuren u. Proteine.

Falsche Akazie, *Robinia pseudacacia,* die ↗ Robinie.

Falsche Mehltaupilze, Bez. für die pflanzenpathogenen ↗ *Peronosporales,* die Erreger des Falschen Mehltaus. Sie befallen vorwiegend Höhere Landpflanzen, in deren Gewebe sie interzellulär wachsen u. von den Hyphen kurze Fortsätze (Haustorien) in die lebende Wirtszelle senden. Meist wächst das Mycel aus der Spaltöffnung des Wirts heraus u. bildet an der Blattunterseite weiß-graue, mehlart. Überzüge. Auf der Blattoberseite treten gelbl. Flecken auf, die zusammenfließen u. das Gewebe absterben lassen, so daß stark befallene Blätter vertrocknen u. abfallen. Häufig sind Triebspitzen u. Blätter deformiert. Die ungeschlechtl. Fortpflanzung erfolgt mittels Sporangien (Entwicklungsgang: ↗ *Peronosporales,* ↗ *Plasmopara*). Fast alle F.n M. sind hochgradig spezialisiert u. befallen nur eine Wirtspflanze u. nahe Verwandte; viele bilden physiolog. Rassen. – Der *Falsche Mehltau* gehört zu den gefährlichsten Pflanzenkrankheiten. Im vorigen Jahrhundert wurde der Kartoffelmehltau (↗ Kraut- u. Knollenfäule) die Ursache schwerer Epidemien u. brachte Hungersnot u. Teuerung in große Gebiete W- u. Mitteleuropas (in Irland z.B. forder-

Falscher Jasmin

Falsche Mehltaupilze

Einige wichtige Falsche Mehltaupilze *(Peronosporales)* und einige v. ihnen verursachte Krankheiten (Falscher Mehltau, F. M.)

Pythium debaryanum (Wurzelbrand, Fäule, Fußkrankheiten)
Phytophthora infestans (Kraut- u. Knollenfäule der Kartoffel)
Peronospora destructor (Zwiebelmehltau)
P. farinosa (F. M. am Spinat)
P. tabacina (↗ Blauschimmel des Tabaks)
P. sparsa (F. M. an Rosen)
P. pulveracea (F. M. an Christrosen)
Bremia lactucae (F. M. des Salats)
Plasmopara viticola („Peronosporakrankheit" der Weinrebe)
Albugo candida (Weißer Rost)
Pseudoperonospora humuli (F. M. des Hopfens)
Sclerospora graminicola (F. M. am Mais)

Späte Faltenlilie
(Lloydia serotina)

ten Hungersnot u. Cholera etwa 800 000 Tote). Der F. M. der Kartoffel wurde vermutl. um 1840 nach Europa eingeschleppt. J. M. Berkeley gelang 1845 der Nachweis, daß ein Pilz *(Phytophthora infestans)* diese Krankheit verursacht. Sie läßt sich durch kupferhalt. Fungizide bekämpfen, wodurch die Keimung der Sporangien verhindert wird.

Falscher Jasmin ↗ Pfeifenstrauch.

Falschkern, *pathologischer Farbkern,* Farbkernbildung, die nicht mit einem Jahrring konzentrisch abschließt, sondern wolkige Ausbuchtungen aufweist; tritt auf bei älteren Laubhölzern, die normalerweise keinen Farbkern ausbilden, v. a. bei Rotbuche (Rotkern) u. Esche (Braunkern), seltener bei Ahorn u. Birke. ↗ Kernholz.

Faltamnion *s* [v. gr. *amnion* = Embryonalhülle], ↗ Embryonalhüllen.

Faltblattstruktur, *β-Konformation,* in Proteinen (z. B. in β-Keratin) häufig vorkommende molekulare Struktur, die in der parallelen Anordnung zweier od. mehrerer durch Wasserstoffbrücken miteinander verbundener Peptidketten besteht. ↗ Proteine (☐).

Faltenlilie, *Lloydia,* Gatt. der Liliengewächse mit ca. 18 Arten in Zentral-, N- u. O-Asien. Die Späte F. *(L. serotina)* ist eine 5–10 cm hohe Pflanze mit arkt.-alpiner Verbreitung; ihre weißen, ovalen Blütenblätter sind durch 3–5 rote Streifen gekennzeichnet. Bei uns wächst sie in alpinen, windexponierten Rasen-Ges. Sie ist eine holarkt. Klassen-Charakterart der ↗ *Elynetea;* nach der ↗ Roten Liste „potentiell gefährdet".

Faltenmücken, *Faltenschnaken, Liriopeidae, Liriopidae, Ptychopteridae,* Fam. der Mücken; in Mitteleuropa ca. 6 Arten; ca. 9 mm groß, oft bunt gefärbt u. mit in der Ruhe entlang einer Ader längsgefalteten Flügeln (Name). Die Eier werden einzeln in stehendes Gewässer gelegt; daraus entwickelt sich eine ca. 5 cm große, schlanke Larve mit hinterem, teleskopartig ausfahrbarem Atemrohr u. zwei Tracheenkiemen. Bei uns kommen einige Arten der Gatt. *Liriope* u. *Ptychoptera* vor.

Faltenmuscheln, *Plicatuloidea,* Überfam. der *Anisomyaria,* Muscheln mit ungleichklapp. od. unregelmäßig gewachsener Schale, die mit der rechten Klappe festsitzen; der Fuß ist rudimentär, der Mantelrand hat im Ggs. zu den verwandten Kammuscheln keine Augen; zwei Fam.: *Dimyidae* (↗ *Dimya*) u. ↗ *Plicatulidae.*

Faltenschnecken, *Volutoidea,* ↗ Walzenschnecken.

Faltenwespen, Hautflügler mit schmalen, längs gefalteten Flügeln; hierzu die sozialen F. (↗ *Vespidae*) u. die solitären F. (↗ *Eumenidae*).

Falter, das auf die vorangehenden Stadien Ei, Raupe u. Puppe folgende geschlechtsreife Endstadium der Schmetterlinge. ↗ Imago.

Falterblumen, Blüten, die v. Schmetterlingen bestäubt werden.

Falterfische, die ↗ Borstenzähner.

Fältlinge, *Faltenschwämme, Meruliaceae,* Fam. der Nichtblätterpilze, deren Vertreter ledr., gallert., wachsart. od. weichfleisch. Fruchtkörper ausbilden, die krustenförmig, konsolenartig od. hutförmig aussehen; die Fruchtschicht liegt in stumpfen adrigen Falten, netzartig gefalteten Gruben od. unvollständ. Poren; Sporenfarbe hell. Früher wurden auch die braunspor. Arten mit faltig-netzigem Hymenophor bei den F. eingeordnet (z. B. der Hausschwamm, ↗ *Serpula*). In Europa sind ca. 7 Arten bekannt; sie sind Weißfäuleerreger. Der gallertfleischige Fältling, *Merulius tremellosus* Fr., wächst meist seitl. an morschen Stümpfen u. liegenden Laubholz-Stämmen u. bildet oft dachziegelige, an Rande verwachsene Hutkanten aus. Der orangefarbige Kammpilz, *Phlebia aurantiaca* Fr., wächst mit flach ausgebreiteten Fruchtkörpern auf Baumstümpfen v. Laubhölzern; er fällt durch die lebhaft orange gefärbten „Kämme" auf, den scharfen, kammförmig ausgebildeten Fruchtschichtteilen mit warzenförm. Falten u. Adern auf der Oberseite des Fruchtkörpers.

Familie, 1) *Familia,* eine systemat. Kategorie, d. h. eine Einheit in der biol. Klassifikation (↗ Taxonomie); umfaßt mindestens eine, meist jedoch mehrere Gatt. Insbesondere F.n mit vielen Gatt. werden in U.-F.n u. diese ggf. in Tribus unterteilt; die nächsthöheren Kategorien sind: Über-F., Infra-Ord., U.-Ord. und Ordnung. In der wiss. ↗ Nomenklatur enden die F.nnamen auf *-aceae* (Bot., z. B. Asteraceae, Fabaceae, Ranunculaceae) bzw. auf *-idae* (Zool., z. B. Apidae, Carabidae, Hominidae). **2)** ↗ Familienverband.

Familienforschung ↗ Genealogie.

Familienplanung ↗ Empfängnisverhütung, ↗ Bevölkerungsentwicklung.

Familienverband, in der Ethologie Bez. für eine bestimmte Sozialstruktur einer Tiergruppe, in der ein od. beide Elternteile mit ihren Jungen zusammenleben. Der F. ist eine bes. Form der geschlossenen, individualisierten Gruppe, da fremde Artgenossen nicht od. nur schwer aufgenommen werden u. die Mitglieder sich gegenseit. kennen. (Bei Fischen u. einigen Wirbellosen, z. B. Ohrwurm, gewisse Spinnen u. Tausendfüßer, sind die Gruppen aber anonym, da die Elterntiere ihre Jungen nicht individuell kennen, sondern auf Jungenmerkmale allg. reagieren.) Bei den Säugetieren u. bei fast allen Vögeln ist der F. die übl. Sozialstruktur, in der *Brutpflege* betrieben wird. Man unterscheidet *Eltern-, Mutter-* u. *Vaterfamilien,* je nach deren Beteiligung an der Brutpflege. Für die Säugetiere ist die Mutterfamilie typ., da sie dort durch die Ernährung der Jungen mit Milch erzwungen wird. Die Mutterfamilie tritt jedoch auch bei einigen Vögeln (gewisse Hühnervögel u.a.) und Wirbellosen sowie Fischen auf. Die Elternfamilie ist für Vögel typ., existiert aber auch bei Säugetieren (einige Hundeartige, z. B. Schakale, einige Affenarten usw.) u. Fischen (viele Buntbarsche). Vaterfamilien sind selten u. von Säugetieren ganz unbekannt; Beispiele sind Fische (Stichling) u. einige Vögel (Nandu). I.d.R. löst sich der F. nach der Aufzucht der Jungen auf, auch wenn das Elternpaar evtl. länger zusammenbleibt. Bei Säugetieren, die in geschlossenen Verbänden leben, wächst das Jungtier i.d.R. aus der engeren Mutterfamilie in die weiteren Verbandsbeziehungen hinein (Affen) od. wandert aus dem Verband aus (männl. Löwenjunge). In bes. Fällen bleibt der F. auch mit den adulten Jungen erhalten, z.B. bei Zugvögeln, wenn die Jungtiere die Zugwege v. den Altvögeln lernen müssen. In anderen Fällen helfen adulte Jungtiere bei der Aufzucht jüngerer Geschwister (↗ Bruthelfer) u. bilden auf Zeit od. auf Dauer eine geschlossene Gruppe mit den Elterntieren. Bei territorialen Tieren beteiligen sich die Jungtiere auch an der Verteidigung des *Familienterritoriums.* Manche Hundeartige können ihre F.e je nach den Umständen beibehalten od. auflösen: z.B. besetzt der nordam. Kojote in nahrungsreichen Gebieten ein Familienterritorium, das auch v. den herangewachsenen Jungen mit verteidigt wird, während die Kojoten in nahrungsarmen Gebieten nicht territorial sind. Dort löst sich auch der F. mit der Selbständigkeit der Jungtiere auf. Formal handelt es sich auch bei den Staaten der sozialen Insekten um F.e, da die sterilen Individuen alle Nachkommen der selben Elterntiere sind. – Ob der F. des Menschen „von Natur aus" eher die Struktur der Einehe od. die des Harems besitzt, ist biol. bis heute ungeklärt. ↗ Partnerschaft. H. H.

Familienverband
Beispiel für eine Mutterfamilie bei Fischen:
Der gestreifte Zwergbuntbarsch *(Nannacara anomala)* aus S-Amerika pflanzt sich fort, indem das Männchen die Eier besamt, die das Weibchen (Photo) an einen Stein heftet. Die Brutpflege übernimmt dann das Weibchen. Es fächelt den Eiern sauerstoffreiches Wasser zu, bewacht sie und führt später die ausgeschlüpften Jungen. Dabei nimmt es eine auffällige Brutpflegefärbung mit weißen Flecken auf schwarzem Grund an. Wenn das Weibchen mit den Jungen schwimmt, bewegt es sich meist langsam u. ruckartig. Diese Signale lösen die Nachfolgereaktion der Jungfische aus, die sich eng in der Nähe des Weibchens halten u. ihm folgen.

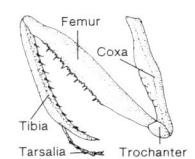

Fangbein
F. (Vorderbein) der Gottesanbeterin *(Mantis)*

Familienzucht, eine Form der Reinzucht, bei der nur Tiere gleicher Abstammung (Familie) miteinander gepaart werden.

Fanaloka, *Fossa fossa,* zur U.-Fam. *Hemigalinae* zählende Schleichkatze; Kopfrumpflänge 40 cm, Schwanzlänge 20 cm; Grundfarbe des Fells grau, schwarze Längsstreifen über Nacken u. Rücken, seitl. schwarz gefleckt (↗ Ginsterkatze). Die nur auf Madagaskar vorkommende F. ernährt sich v. Kerbtieren u. kleineren Wirbeltieren; sie ist nicht identisch mit der ↗ Fossa.

Fangarme ↗ Tentakel.

Fangbäume, v. Forstinsekten (v.a. Borkenkäfern) befallene Bäume, die gefällt u. dann zur Anlockung weiterer legebereiter Schädlinge liegengelassen werden; die geschälte Rinde mit der Insektenbrut wird später vernichtet. ↗ Fangpflanzen.

Fangbeine, *Raubbeine,* zum Beutefang umgebildete Thorakalbeine bei verschiedenen Insekten od. Krebsen. Meist wird am Vorderbein die Coxa stark verlängert u. die Tibia taschenmesserartig gg. das Femur geklappt, so bei den Fangschrecken *(Mantodea),* den Fanghaften *(Mantispidae),* bei der Wanzen-Fam. *Phymatidae,* beim Wasserskorpion *(Nepa rubra),* bei der Wasserstabwanze *(Ranatra linearis)* u. bei den Schwimmwanzen *(Naucoridae).* Unter den Krebsen haben die Fangschreckenkrebse der Gatt. *Squilla* Fangbeine.

Fangblase, die zu kleinen, grünen Blasen umgewandelten Blattzipfel beim Wasserschlauch *(Utricularia);* die Blasen sind mit Wasser gefüllte Tierfallen. □ carnivore Pflanzen.

Fangfäden, 1) lange, kontraktile, fadenförm. Strukturen bei Nesseltieren; bei den Staatsquallen gehen sie v. der Basis der Nährpolypen aus u. sind stark verzweigt, bei den Scyphomedusen hängen sie unverzweigt von Schirmrand u./od. Schirmunterseite herab. F. sind mit vielen Nesselkapseln (↗ Cniden) versehen u. dienen zum Lähmen u. Festhalten der Beute. **2)** Spinnfäden der Spinnen; bei cribellaten Spinnen sind sie mit feinster Wolle belegt, bei ecribellaten Spinnen kommen F. mit u. ohne Klebsekret vor; sie dienen stets dem Beutefang. **3)** *Captacula,* bei den Kahnfüßern aus plattenförm. Hautfalten der Kopfregion entspringende, fadenförm., an den Enden verdickte u. löffelartig ausgehöhlte Fortsätze, die durch Einpressen v. Hämolymphe ausgestreckt werden können. Sie werden durch eigene Ganglien versorgt, enthalten Sinnes- u. Drüsenzellen u. können daher Kammerlinge *(Foraminifera)* auftupfen u. zum Mund transportieren.

Fanggürtel, ein mit Ölpapier bedeckter Streifen Wellpappe, der, um Obstbaum-

Fanghafte

stämme gelegt, schädl. Insekten zur Überwinterung od. Verpuppung anlocken u. deren Vernichtung ermöglichen soll; ähnl. der *Leim-* od. *Klebgürtel.*

Fanghafte, *Mantispidae,* Fam. der Netzflügler mit insgesamt ca. 400 bekannten Arten. Die F. sind zw. 3 u. 30 mm groß, mit den typ. Merkmalen der Netzflügler, wie reich geäderte, in der Ruhe dachförm. über den Hinterleib gelegte Flügel. Die Vorderbeine sind zu hochspezialisierten ↗Fangbeinen umgebildet, die konvergent denen der ↗Gottesanbeterin gestaltet sind, mit der die F. allerdings nicht verwandt sind. Die Fangzange wird v. dem verdickten bedornten Schenkel, den Schienen u. den Fußgliedern gebildet. Die Beutetiere, v.a. Fliegen, werden mit den Fangzangen blitzschnell gepackt u. mit den kräft. Mandibeln zerkleinert. In Mitteleuropa kommt nur die Art *Mantispa pagana* vor; ca. 17 mm groß, Flügelspannweite ca. 33 mm. Sie legt ihre Eier an Pflanzenteile, die Larven dringen im nächsten Frühjahr in die Eikokons v. Wolfs-, Krabben- od. Sackspinnen ein. Hier häuten sie sich zu einem völlig anders gestalteten Larvenstadium, das sich v. den Spinneneiern ernährt. Die Larve verpuppt sich in dem Spinnenkokon.

Fangmaske, die stark verlängerte, beim Beutefang vorschnellende, in der Ruhe unter den Kopf zurückgeklappte Unterlippe (Labium) der Libellenlarven u. der Kurzflügler-Gatt. *Stenus.* Während bei Libellen die F. durch Muskeln vorgeklappt wird u. die Beute mit Greifzangen der Labiumspitze gepackt wird, stülpen die Arten der Gatt. *Stenus* ihre Unterlippe durch Blutdruck aus u. erhalten die Beute (meist Springschwänze) durch ein Klebsekret, das an der Labiumspitze mündet.

Fangpflanzen, 1) Pflanzen, die in Form v. Schutzstreifen um Flächen mit Kulturpflanzen gesetzt werden; sollen der Anlockung u. späteren Vernichtung v. Schädlingen dienen. ↗Fangbäume. 2) Saatguterzeugung: bei Windblütlern werden zur Verhütung v. Fremdbefruchtungen Schutzreihen um einen Vermehrungsaufwuchs gepflanzt.

Fangschrecken, *Mantodea,* Ord. der Insekten, oft irreführend *Fangheuschrecken* gen., obwohl die F. mehr mit den Schaben verwandt sind. Insgesamt sind ca. 2000 Arten bekannt, davon in Mitteleuropa nur ein Vertreter der Fam. Mantidae, die ↗Gottesanbeterin (*Mantis religiosa*). Die F. leben ausschl. räuberisch, indem sie mit spezialisierten ↗Fangbeinen (□) Insekten ergreifen. Die Hüften der Vorderbeine sind dazu stark verlängert; die mit Dornen besetzte Schiene kann gg. den Schenkel klappmesserartig bewegt wer-

Fanghaft
(*Mantispa pagana*)

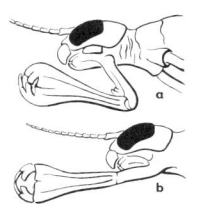

Fangmaske
Fangmaske einer *Aeschna*-Larve:
a eingezogen,
b gestreckt

Fangschreckenkrebse
Familien und Gattungen:
Bathysquillidae
  Bathysquilla
Gonodactylidae
  Gonodactylus
  Hemisquilla u. a.
Lysiosquillidae
  Nannaosquilla
  Lysiosquilla u. a.
Squillidae
  Squilla
  Oratosquilla u. a.

den. Ein Paar derbere Deckflügel liegt in der Ruhe über den häut. Hinterflügeln. Das Hinterende trägt zwei vielgliedrige Cerci; die Geschlechtsorgane sind ähnl. denen der Schaben gebaut. Die Eier werden zu mehreren in einen Kokon (Oothek) abgelegt; die Larven machen eine hemimetabole Entwicklung mit mehreren Larvenstadien durch. Viele bes. trop. Arten der F. sind blattförmig od. astförmig getarnt, z. B. die bizarr gestaltete Wandelnde Geige (*Gongylus gongylodes*) aus SO-Asien.

Fangschreckenkrebse, *Stomatopoda,* Ord. der Überord. *Hoplocarida* der ↗Malacostraca. Mittelgroße bis große, marine Krebse, ca. 250 Arten, die sich auf 4 Fam. (vgl. Tab.) verteilen. Diese unverwechselbaren Krebse haben einen kurzen Carapax, der nur die vorderen Thorakalsegmente überdeckt, u. ein sehr kräftiges, muskulöses Pleon. Charakteristisch u. leicht erkennbar sind sie durch die Ausbildung ihrer Thorakopoden. Die ersten 5 Paare sind als Maxillipeden ausgebildet, deren jeder eine Subchela trägt. Am größten ist das 2. Paar, das mächtige Fangbeine bildet, die an die Fangbeine der Fangschrecken od. Gottesanbeterinnen erinnern. Nur die 3 letzten Thorakopodenpaare sind Schreitbeine (Pereiopoden). Die Pleopoden sind kräftige Schwimmbeine, die außerdem Kiemen tragen; Uropoden u. Telson bilden einen Schwanzfächer. In der inneren Organisation zeigen die F. ursprüngliche Merkmale: Ein gut ausgebildetes Kreislaufsystem mit einem langen Herzen, entspr. der Lage der Kiemen größtenteils im Pleon, mit 13 Ostien- u. Seitenarterienpaaren. Als Exkretionsorgane dienen Maxillendrüsen. Wichtigste Sinnesorgane sind hochentwickelte, lichtstarke, gestielte Komplexaugen mit hohem Auflösungsvermögen. – F. leben in selbstgegrabenen od. erkämpften Höhlen. Da ihr Körper im Querschnitt halbkreisförmig ist, können sie sich in ihren Röhren ventral einkrümmen u. dadurch umdrehen. Sie sind Räuber, die mit dem 2. Maxillipedenpaar Fische u.a. Organismen erbeuten. Nach dem Verhalten unterscheidet man „Spießer" und „Schmetterer". Die Spießer (Fam. *Squillidae*) besitzen spitze, mit Dornen bewehrte Fangbeine, mit der sie die Beute spießen. Die Schmetterer (Fam. *Gonodactylidae*) haben kräftige, keulenförm. Fangbeine, die sie mit großer Wucht vorschlagen u. damit sogar Aquarienscheiben zertrümmern können. Die Fangbeine werden auch bei Kämpfen um Höhlen eingesetzt, u. viele Arten haben ritualisierte Kämpfe, bei denen sie den Gegner auch mit farb. „Augenflecken" an den Innenseiten der Fangbeine einzuschüchtern su-

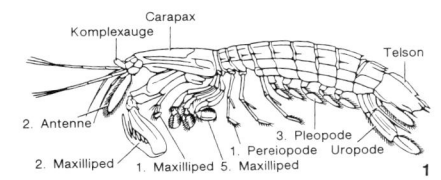

Farbe

chen. Die Schmetterer präsentieren einem Angreifer ihr hartes Telson, auf das dieser eine Zeitlang trommelt, bis beide Tiere sich umdrehen u. nun der Verteidiger den Angreifer betrommelt. Bei der Paarung liegt das Weibchen auf dem Rücken, u. das Männchen steigt quer darüber. Die Eier werden vom Weibchen mit den Maxillipeden getragen; ihnen entschlüpft ein als Antizoëa bezeichnetes pelagisches Larvenstadium. *Squilla mantis* (ca. 20 cm) ist in den Mittelmeerländern von wirtschaftl. Bedeutung als Speisekrebs. Andere Gatt. u. Arten werden an anderen Meeresküsten kommerziell gefischt. P. W.

Fangzähne, 1) die bes. lang u. kräftig ausgebildeten ↗Eckzähne (Canini) der *Carnivora* (Raubtiere). Bei solchen Arten, die ihre Beute nicht mit den Pranken erlegen können, sind die F. die wichtigste Differenzierung des Gebisses, um die Beute zu packen u. festzuhalten, bis sie erstickt od. verblutet ist. Die extreme Ausbildung der F. war namengebend für die Säbelzahntiger. Die F. sind nicht ident. mit den ↗Reißzähnen.) **2)** die oft nach innen gerichteten spitzen Zähne v. (Raub-)Fischen; dienen zum Ergreifen u. Festhalten der Beutetiere.

Fannia, Gatt. der ↗Blumenfliegen.

FAO, Abk. für „*F*ood and *A*griculture *O*rganization of the United Nations", int. Fachorganisation für Ernährung, Landw., Forstwirtschaft u. Fischerei der Vereinten Nationen, die 1945 in Quebec gegründet wurde u. ihren Sitz in Rom hat. Ihr gehören 157 eingetragene Mitgliedsstaaten an (Stand 1983), die je einen Vertreter zur jährl. Konferenz entsenden. 27 Mitglieder aus diesem Gremium bilden den *Welternährungsrat*. Die Aufgaben der FAO bestehen in techn. Hilfsdiensten, der Verbesserung der Produktion u. Verteilung der landw. Güter in den Entwicklungsländern.

Farancia, Gatt. der ↗Wolfszahnnattern.

Farbanomalie, erbl. Störung des menschl. ↗Farbensehens, bei der zwar drei Zapfentypen in Funktion sind, die die Farbreize aber nicht so gut differenzieren können wie im Normalfall. Man unterscheidet je nach der Art des Defekts *Protanomalie, Deuteranomalie* u. *Tritanomalie*. ↗Farbenfehlsichtigkeit.

Farbanpassung, *chromatische Adaptation*, bei Tieren die Änderung der Körper-

färbung zur Anpassung an die Farbe der Umgebung als Tarnung vor Freßfeinden; F. geschieht durch ↗Farbwechsel.

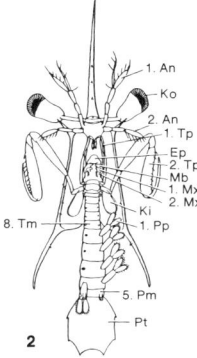

Farbe, 1) Physik: i. e. S. Bez. für einen bestimmten Frequenz- bzw. Wellenlängenbereich im ↗elektromagnet. Spektrum des sichtbaren Lichts (*Spektral-F.*, B Farbensehen), i. w. S. auch für Schwingungen anderer Wellenlängenbereiche. **2)** Physiologie: v. Körpern bzw. Stoffen emittiertes, gestreutes od. reflektiertes Licht, das über den Sehapparat zu Empfindungen im Gehirn führt. Die F. ist gekennzeichnet durch *Farbton* (z. B. Rot), *Farbsättigung* (Maß der Mischung mit Weiß) und *Farbhelligkeit* (↗Farbensehen). **3)** Biol.: F.n spielen in der Biol. eine bedeutende Rolle, bes. im Bereich der Ethologie. Man unterscheidet im wesentl. Struktur-, Pigment- u. Haftfarben. *Struktur-F.n* entstehen, wenn Lichtwellen v. Strukturen reflektiert bzw. an kleinen Partikeln gestreut werden. Je kleiner die Partikel sind, desto mehr wird das kurzwellige blaue Licht gestreut im Vergleich zum langwelligen roten. Bei schwarzem Hintergrund wird das Blau gut sichtbar (*Tyndall-Effekt*). So beruht z. B. das „Himmelsblau", das Blau des Eisvogels, mancher Papageien, des Gesichts u. der Genitalien des Mandrills, einiger Schmetterlinge (s. u.) u. a. auf diesem Effekt. An den luftgefüllten Haaren des Eisbären wird das Licht total reflektiert – der Eisbär „ist" deshalb weiß. Die Struktur-Farben der Schmetterlinge kommen durch spezif. Bau der Flügelschuppen zustande. So können sich im

Fangschreckenkrebse

1 Habitus von *Squilla mantis* (Lateralansicht). **2** Erstes pelagisches Larvenstadium (Antizoëa) von *Squilla*.
An Antenne, Ep Epistom, Ki Kieme, Ko Komplexauge, Mb Mandibel, Mx Maxille, Pm Pleomer, Pp Pleopode, Pt Pleotelson, Tm Thorakomer, Tp Thorakopode

---

Farbe: ethologische Funktionen: F.n als opt. Signalwirkung spielen z. B. bei der Balz u. Partnerwahl v. Vögeln u. einigen Fischen eine bedeutende Rolle; auch farbige Rachenzeichnungen bei Jungvögeln sind für die Elternvögel opt. Signale. Farbzeichnungen können *Schrecktrachten* (z. B. ↗Augenflecken auf den Hinterflügeln mancher Schmetterlinge) od. *Warntrachten* (Gelb-Schwarz bei Wespen, aber auch Schwebfliegen, od. Rot-Schwarz, ↗Mimikry) sein u. somit zur Abschreckung dienen. *Tarnfarben* (kryptische Färbung) haben sowohl Räuber (z. B. Eisbär, Tiger usw.) als auch Beutetiere (z. B. junge Seehunde). Eine Tarnung bes. Art ist die ↗Mimese (↗Schutzanpassungen). Manche Tiere sind in der Lage, ihre Körper-F. zu ändern (z. B. Brutkleid der Vögel, Winterkleid bei Säugetieren). Einige Tierarten können äußerst schnell ihre F. wechseln u. dem jeweiligen Untergrund, auf dem sie sich gerade befinden, anpassen, z. B. Chamäleons od. extrem schnell Cephalopoden (↗Farbwechsel, ↗Chromatophoren). Bei zoogamer Blütenbestäubung (↗Zoogamie) ist die Blüten-F. (oft in Kombination mit -Form u. -Duft) wichtig, wobei bei Blüten, die v. Insekten bestäubt werden (↗Entomogamie), das UV bedeutend sein kann, da viele Insekten, z. B. die Honigbiene, (im Ggs. zum Menschen) UV sehen können (↗Bienen-F.n, ↗Blütenmale, B Farbensehen der Honigbiene). Manche Insekten können die F. (auch den Duft u. die Form) der für sie ergiebigen Blüte erlernen u. fliegen daher immer die gleiche Blütenart an (↗Blütenstetigkeit). Vögel sprechen – im Ggs. zu Insekten – sehr gut auf Rot an: In den Tropen gibt es viele rote Blüten, die durch Vögel bestäubt werden (↗Ornithogamie). In den gemäßigten Breiten, in denen es nicht so viele rote Blüten u. keine Ornithogamie gibt, finden sich aber viele für Vögel eßbare rote Beeren (z. B. Vogelbeeren). – Ungeklärt ist die Funktion der oft intensiven F.n mancher Tierarten in der völlig lichtlosen Tiefsee. Es gibt darüber bisher nur nicht bestätigte Hypothesen (u. a. im Zshg. mit den Leuchtorganen mancher räuberischer Tiefseefische). – Wie bedeutend die F. in ritualisierten menschl. Verhalten ist, sieht man an der Rolle, die die weitgehend kulturell bzw. soziolog. bestimmte Symbolik der F. spielt.

FARBENSEHEN

Weißes Licht, z. B. Sonnenlicht, läßt sich durch ein Prisma in Spektralfarben zerlegen. Der für den Menschen sichtbare Spektralbereich liegt zwischen ca. 400 und ca. 700 nm Wellenlänge (1 nm = 10^{-9} m) und ist nur ein kleiner Ausschnitt aus dem breiten Band der elektromagnetischen Wellen zwischen ca. 10^{-3} nm (γ- bzw. Röntgenstrahlen) und etwa 10^{13} nm (Radiowellen).

Abb. rechts zeigt die heute angenommen Absorption der drei verschiedenen Zapfenpigmente T, D und P bei verschiedenen Wellenlängen λ. Die Verteilung der Zapfentypen in der Netzhaut ist nicht gleichmäßig: Bei der Darstellung der Empfindlichkeit in der zentralen Sehgrube (Fovea) ist die Absorption des kurzwelligen Pigments (T) gering, da die T-Zapfen in der Fovea relativ selten sind. In der peripheren Netzhaut treten sie im Vergleich zu den D- und P-Zapfen sehr viel häufiger auf.

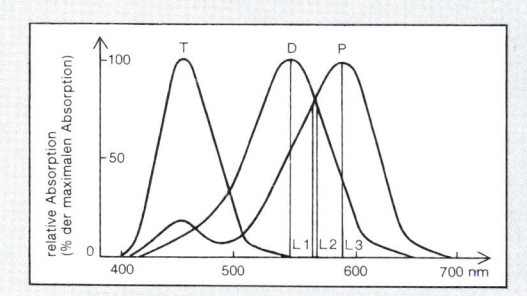

Drei Grundfarbreize (Primärvalenzen) genügen, um durch Mischung alle übrigen Farbreize abzugleichen. Aus den Mischungen, die zum Abgleich der verschiedenen Spektralfarben nötig sind, lassen sich nach den Regeln der Kolorimetrie die relativen Absorptionskurven der Zapfenpigmente berechnen, wenn deren Maxima bekannt sind (diese liegen bei ca. 450, 540 und 575 nm Wellenlänge). Dieses Prinzip wurde von H. von Helmholtz im 19. Jahrhundert entdeckt u. erfolgreich angewandt, um die Dreizahl der Farbrezeptoren zu beweisen. Die genauen Absorptionskurven konnten erst ermittelt werden, als durch moderne Meßverfahren weitere Daten (z. B. Lage der Maxima) zugänglich wurden.

Durch *additive* bzw. *subtraktive Farbmischung* (Abb. oben) lassen sich aus drei Grundfarben alle bekannten Farben mischen.

Zum Beispiel kann das Reizlicht L2 abgeglichen werden, indem jeweils die halbe Intensität (gemessen als Quantenfluß) von L1 und L3 gemischt wird. Die Mischung aus L1 und L3 ist mit L2 metamer, obwohl es sich physikalisch um ganz verschiedene Reize handelt. In diesem Fall genügen sogar zwei Mischlichter zum Abgleich, da auch nur zwei Zapfen von dem abzugleichenden Licht erregt werden. In dem Bereich, in dem auch T absorbiert, sind drei Mischlichter (Primärvalenzen) erforderlich.

Abb. zur Veranschaulichung der Datenverarbeitung im farbensehenden System des Menschen: Links werden schematisch die Nervenbahnen gezeigt, in der Mitte das Resultat von Experimenten, die die spektralen Reaktionen der Systemelemente auf den verschiedenen Ebenen bestimmen. Dabei zeigt das obere Schaubild die Zapfenabsorptionen nach kolorimetrischen Messungen, das mittlere die Reaktionen von Gegenfarbenzellen in den Corpora geniculata des Zwischenhirns (elektrophysiologische Messungen bei Makaken), das untere das Ergebnis psychophysischer Wahrnehmungsmessungen bei menschlichen Versuchspersonen. Rechts ist für die oberen und unteren Ergebnisse (die Eingänge und Ausgänge des Systems) die adäquate mathematische Beschreibung dargestellt.

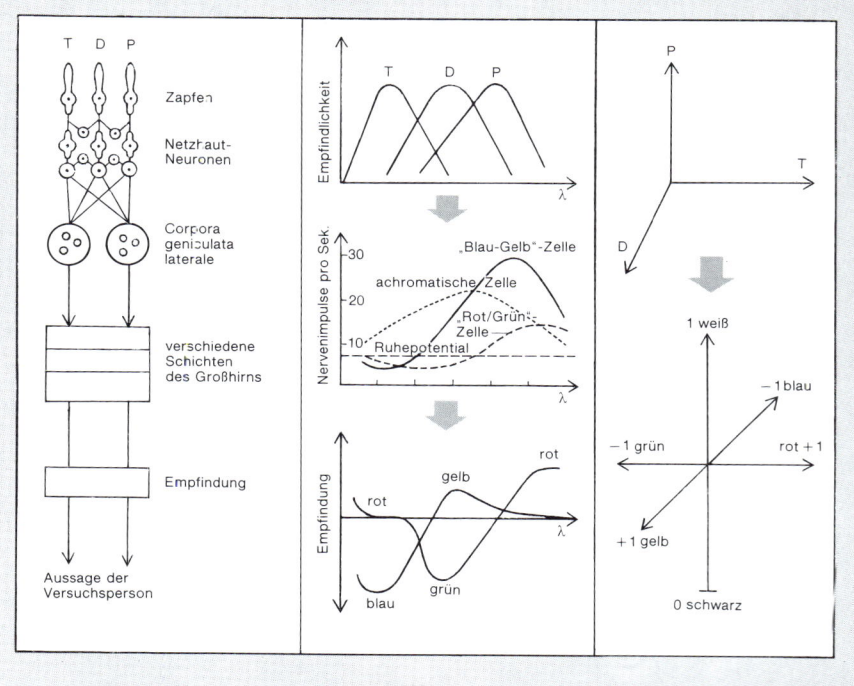

FARBENSEHEN DER HONIGBIENE

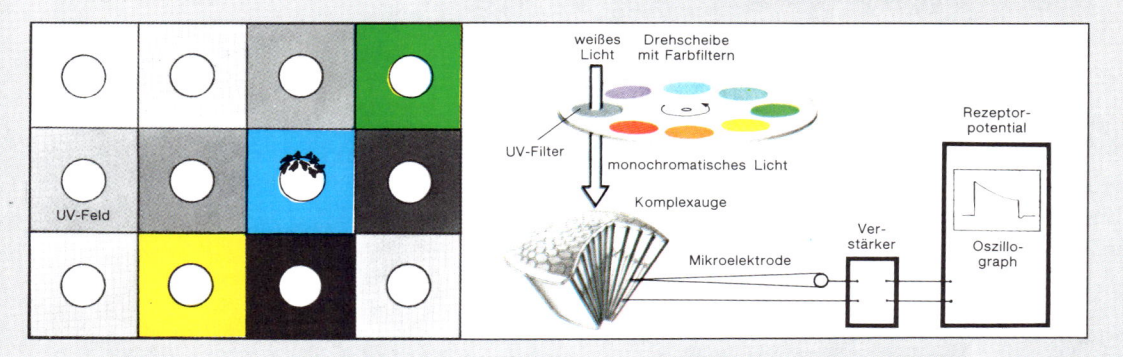

Anfang dieses Jahrhunderts wies K. von Frisch nach, daß Bienen Farben zu unterscheiden vermögen. Dazu dressierte er die Bienen darauf, aus einem Schälchen mit Zuckerwasser zu trinken, das auf einem blauen Stück Papier stand. Die Bienen erkannten dieses Schälchen auch wieder, wenn er es zwischen viele andere Schälchen stellte, die auf verschiedenen Graupapieren standen. Der selbe Versuch gelingt auch, wenn man verschiedene Farbfelder im Wechsel mit Graufeldern benutzt: Die Bienen fliegen jeweils das Feld bevorzugt an, auf dem sie mit Zuckerwasser belohnt wurden, selbst wenn dieses Feld immer wieder verschoben wird (keine Ortsdressur!). Mit einer aus diesem Prinzip entwickelten Methode gelang es nachzuweisen, daß das Farbensehen der Biene in vielen Zügen mit dem des Menschen übereinstimmt.

Heute läßt sich das farbensehende Rezeptorsystem der Honigbiene auch durch direkte elektrophysiologische Messungen untersuchen. Durch die auf einem Rad angeordneten Farbfilter wird schmalbandiges Spektrallicht („monochromatisches" Licht) erzeugt. Über eine in die Sinneszellen einer Ommatidie des Komplexauges eingestochene Mikroelektrode wird die von dem Lichtreiz erzeugte Spannungsänderung abgeleitet, verstärkt und über einen Oszillographen sichtbar gemacht. Bei diesem Experiment zeigt sich, daß es drei verschiedene Zelltypen mit verschiedenen Empfindlichkeitsspektren gibt. Ihre Reaktionen sind (zum besseren Vergleich mit den kolorimetrischen Ergebnissen beim Menschen) in % der maximalen Reaktion dargestellt. Die Form der Kurven ist denen des menschlichen Farbensehens nicht unähnlich. Lediglich der Wellenlängenbereich des sichtbaren Lichts ist bei den Bienen zu kürzeren Wellenlängen hin verschoben. Bienen können also ultraviolettes Licht wahrnehmen, sehen aber keine langwelligen Strahlungen.

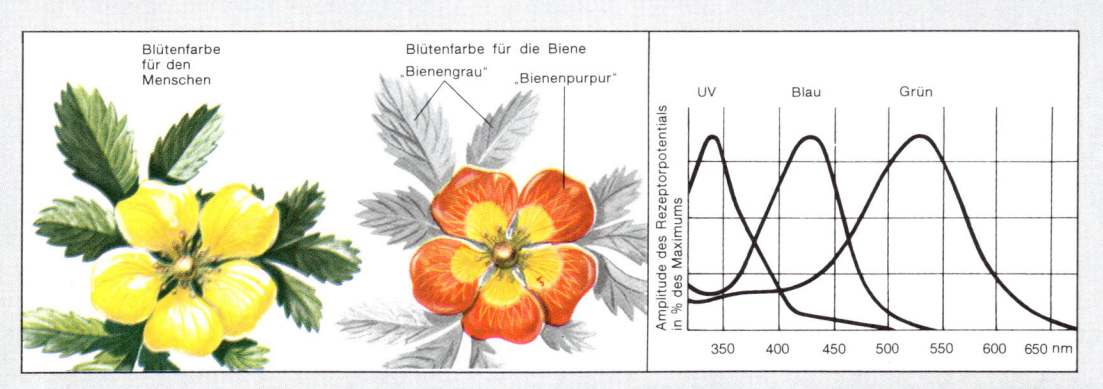

Die Ähnlichkeit des farbwahrnehmenden Rezeptorsystems bei Mensch und Biene läßt nicht darauf schließen, daß auch die Systemausgänge, die letztlich wirksamen „Farbempfindungen", ähnlich geordnet sind. Man kann daher nur in einem übertragenen Sinn von „Bienenrot" oder „Bienengrau" sprechen. Trotzdem lassen sich durch die Berücksichtigung der verschiedenen Rezeptorsysteme Unterschiede erschließen, die in der Wahrnehmung von Mensch und Biene entstehen müssen. Die Abb. zeigt die Blüte des Fingerkrauts, links durch ein Gelbfilter, rechts durch ein UV-Filter betrachtet. Für den Menschen erscheint diese Blüte einheitlich gelb, während mit dem UV-Filter sichtbar wird, daß der UV-reflektierende Randbereich der Blüte die Saftmale im Blüteninnern für UV-empfindliche Augen hervorhebt. Die Kolorierung des Bildes versucht die abweichende Wahrnehmung der Biene für das menschliche Auge anschaulich zu machen.

Schuppenkörper eine Reihe parallel übereinanderliegender Chitinlamellen befinden, deren Winkel zum Einfallslicht u. deren Abstand voneinander eine Schiller-F. (meist Blau od. metall. Grün) nach dem Prinzip der „F.n dünner Blättchen" (Interferenz) hervorrufen. Bes. Schillereffekte entstehen, wenn die parallelen Schichten in den Schuppen schräg zum normalen Einfallswinkel des Lichts stehen. Dann erscheinen die Falter je nachdem, von welcher Seite man schaut, braun od. violett (↗ Schillerfalter). Manche Insekten erzeugen düsterblaue F.n durch Streuung des Lichts an feinen Partikeln in der Cuticula (Tyndall-Effekt, s. o.) (einige Libellen, Bläulinge u. Käfer). Schiller-F.n finden sich auch bei vielen Vögeln (Glanzstare, Kolibris, Nektarvögel u. a.). Pigment-F.n treten auf, wenn ↗ Farbstoffe (meist Pigmente) Strahlung bestimmter Wellenlängen absorbieren (T Farbstoffe) u. andere reflektieren. Einige dieser Farbstoffe sind ↗ Melanine (z. B. in der Haut v. Dunkelhäutigen; ↗ Hautfarbe), ↗ Ommochrome (in den Augen v. Insekten), Biline (↗ Phycobiline, z. B. in grünen Vogeleischalen), rote ↗ Carotinoide (z. B. bei roten Vogelfedern), gelbe Carotinoide

Farbe

Farbstoffe bei Pflanzen:

Man unterscheidet chymochrome (↗ Flavonoide), plasmochrome (↗ Chlorophyll, ↗ Carotinoide) u. membranochrome (z. B. ↗ Phlobaphene) ↗ Pflanzenfarbstoffe.

Färbeflechten

(z. B. Federn des Kanarienvogels, Stieglitz u. a.), ↗Luteine (andere gelbe Vogelfedern), ↗Pteridine in Schmetterlingsschuppen, ↗Chlorophyll (nur bei grünen Pflanzen u. bestimmten Bakterien) u. a. Rostrote *Haft-F.n* entstehen durch Einlagerung von hpts. Eisen-III-oxid im Federkleid von z. B. Enten (↗Bürzeldrüse). Einige Lebewesen (Anglerfische, Leuchtkäfer, Leuchtbakterien) haben die Fähigkeit, „kaltes Licht" auszusenden, dem teilweise auch opt. Signalfunktionen zukommen (↗Biolumineszenz). – Die dominierende F. im Pflanzenreich ist das durch Chlorophyll („Blattgrün") hervorgerufene Grün der Blätter. Die Gelbfärbung der Blätter vieler Holzgewächse im Herbst kommt durch den Abbau des Chlorophylls u. den Verbleib der ↗Carotinoide zustande. Rotfärbung der herbstl. Laubblätter entsteht hingegen durch ↗Anthocyane im Zellsaft. – F.n haben physiolog. u. etholog. Funktionen, wobei letztere eine weitaus größere Rolle spielen. Eine physiolog. Funktion haben z. B. das Melanin, das einen Schutz vor dem Ultraviolett-„Licht" (UV) bietet (↗Albinismus), u. die ↗Carotinoide als Schutzpigmente gg. Photooxidation bei Pflanzen (↗Photosynthese). Etholog. Funktionen sind *optische Signalwirkung* u. *Tarnung* (vgl. S. 265).

Lit.: *Fogden, M. u. P.:* Farbe und Verhalten im Tierreich. Freiburg 1975. *Burkhardt, D.:* Blütenfarben als Signale für Insekten u. Vögel; in: Signale in der Tierwelt. München 1966. Ch. G.

Färbeflechten, *Färberflechten,* Flechten, die zur Gewinnung v. Farbstoffen, wie Lackmus u. Orseille, verwendet wurden, v. a. Arten der Gatt. *Roccella, Ochrolechia, Pertusaria, Lasallia.* Die Herstellung v. ↗Flechtenfarbstoffen war zeitweise ein bedeutender Industriezweig. Die F. wurden v. a. an den Atlantikküsten u. in N-Europa gesammelt.

Färbemethoden ↗mikroskopische Präparationstechniken.

Farbenfehlsichtigkeit, *„Farbenblindheit",* veraltete Bez. *Daltonismus,* Störungen des ↗Farbensehens beim Menschen, die angeboren od. erworben sein können (z. B. durch Vitamin A-Mangelernährung, im Alter usw.). Die angeborene F. tritt in verschiedenen Formen auf, die alle auf Veränderungen an einzelnen Genen beruhen. Man unterscheidet *Dichromasien (Anopien),* bei denen v. den drei verschiedenen Zapfentypen der Retina (Netzhaut) nur noch zwei aktiv sind, u. *Trichromasien (Anomalien),* bei denen drei verschiedene Zapfentypen aktiv sind, sich in Empfindlichkeit u. Leistung aber vom Normalsehen unterscheiden. Bei der *Protanopie* fehlt der für langwell. (rotes) Licht empfindl. Zapfen, daher haben Protanope (1% der

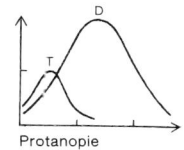

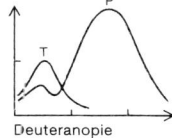

Farbenfehlsichtigkeit

Spektrale Empfindlichkeit der drei menschl. Zapfentypen der Netzhaut bei den 4 wichtigsten erbl. Störungen des Farbensinns. Die Zapfen sind v. kurz- nach langwellig (Wellenlänge λ in nm) mit T, D und P bezeichnet, die anomalen Empfindlichkeiten mit P' und D'. Bei der nicht gezeigten *Tritanopie* fehlt die Empfindlichkeit von T, bei der *Tritanomalie* ist sie auf nicht genau bekannte Weise verändert. Die spektrale Empfindlichkeit von P' u. D' ist nicht genau bekannt; die Kurven zeigen die heutige Vermutung (die individuelle Variabilität ist erheblich). Alle Kurven beziehen sich auf die Empfindlichkeit der Fovea (zentrale Sehgrube).

männl. Bevölkerung in Europa) ein auf der langwell. Seite verkürztes Lichtempfindlichkeitsspektrum. Bei der *Deuteranopie* fällt dagegen der Zapfen mit mittlerer Empfindlichkeit (gelb/grün) aus, so daß die Lichtempfindlichkeit insgesamt nicht verändert wird (Häufigkeit ca. 2% der männl. Bevölkerung). Sowohl Prot- als auch Deuteranope können nur noch kurz- u. langwell. Licht, nicht aber langwell. Lichter untereinander differenzieren u. verwechseln daher z. B. ein gelbl. Grün mit einem gleich hellen Rot (Verkehrsampeln). Die *Tritanopie* (Ausfall des „kurzwell." Zapfens) ist sehr selten. Bei der *Protanomalie* ist der „langwell." Zapfen aktiv, aber in seinem Empfindlichkeitsspektrum dem mittleren angenähert, so daß das Spektrum der Lichtempfindlichkeit verkürzt ist u. langwell. Lichter schlechter differenziert werden (1% der männl. Bevölkerung). Bei der *Deuteranomalie* ist umgekehrt das Empfindlichkeitsspektrum des mittleren Zapfens dem des langwell. angenähert, wodurch sich zwar die Lichtempfindlichkeit nicht verändert, aber die Differenzierung langwell. Lichter schlechter wird (4% der männl. Bevölkerung, häufigste F.). Die *Tritanomalie* ist sehr selten u. von unsicherem Erscheinungsbild. Sowohl die Proto- als auch die Deutero-F.en werden rezessiv geschlechtsgebunden vererbt, da die ursächl. Mutation auf dem menschl. X-Chromosom liegt. Dadurch wird die F. von Müttern, die selbst keine Störung zeigen, auf ihre Söhne übertragen. Weil eine erbliche F. bei Frauen (zwei X-Chromosomen) nur im homozygoten Fall auftritt, ist sie in der weibl. Bevölkerung relativ selten. Allerdings haben genaue Untersuchungen ergeben, daß auch in der Retina heterozygoter weibl. Übertragerinnen mosaikart. Flecken anoper bzw. anomaler F. auftreten, die das Farbensehen geringfügig beeinträchtigen, im Alltag aber keine Auswirkungen haben (↗Lyon-Hypothese). Die Trito-F.en werden dagegen autosomal vererbt u. scheinen i. d. R. dominant zu sein. – Der erbliche völlige Ausfall des Farbensinns *(Achromasie)* tritt in zwei Formen auf: Beim Stäbchen-Monochromaten kommen keine Zapfen vor; daher ist diese Störung zusätzl. mit geringer Sehschärfe, hoher Blendempfindlichkeit, dazu Weitsichtigkeit u. übermäß. ↗Nystagmus verbunden. Beim Zapfenmonochromaten (sehr selten) ist nur ein Zapfentyp aktiv. Bis auf das Fehlen des Farbensinns sind die Sehleistungen normal. H. H.

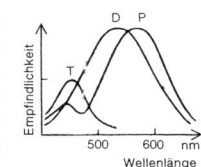

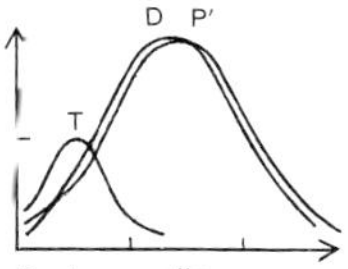

Farbenkreis, Darstellung der subjektiven menschl. Farbempfindungen anhand eines zirkulären Ordnungsprinzips; ↗Farbensehen.

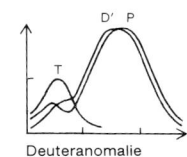

Farbenlehre, die Lehre v. der Ord. und gesetzmäß. Verknüpfung der menschl. Farbempfindungen (auf Goethe u. Schopenhauer zurückgehend, v. a. vertreten von W. Ostwald), die eine sprachl. Verständigung u. quantitative Festlegung im Raum der Farbempfindungen zulassen soll. Als prakt. Normierungsgrundlage dient heute das Ostwald-Richtersche Farbsystem nach DIN. Die F. entspricht inhaltl. in etwa der *höheren Farbmetrik,* während sich die *niedere Farbmetrik* mit den Eigenschaften des reizaufnehmenden Systems in der Netzhaut beschäftigt. ↗Farbensehen.

Farbensehen, Fähigkeit eines Lichtsinnesorgans, Licht verschiedener Wellenlänge auch bei gleicher Intensität (Quantendichte) als verschieden wahrzunehmen. Im Tierreich wird F. dadurch möglich, daß mindestens zwei Lichtsinneszelltypen zusammenwirken, die sich in ihrer spektralen Empfindlichkeit unterscheiden. – Das F. des *Menschen* ist *trichromatisch,* d. h., es beruht auf der Reizaufnahme v. drei unterschiedl. Rezeptortypen, die in kurzwell. (440–450 nm, Angaben je nach Meßverfahren unterschiedl.), mittleren (530–540 nm) u. langwell. Licht (570 nm) ihre Empfindlichkeitsmaxima zeigen, sich aber sonst in ihrem Wirkungsspektrum breit überlappen. Die drei verschiedenen Rezeptoren sind drei Zapfentypen der ↗Netzhaut (Retina) des Auges, die unterschiedliche lichtempfindl. Pigmente (Rhodopsine) enthalten, die ihrer im Ggs. zum Stäbchen-Rhodopsin sehr geringen Konzentration wegen aber noch nicht isoliert werden konnten. Durch Licht verschiedener spektraler Zusammensetzung werden die drei Zapfentypen jeweils unterschiedl. erregt, so daß sich aus der nahezu unendl. Fülle physikal. verschiedener Lichtreize diejenigen unterscheiden lassen, die ein verschiedenes Erregungsmuster hervorrufen; oder, abstrakt ausgedrückt: Das farbensehende Sinnes- u. Nervensystem kennzeichnet jeden Lichtreiz durch drei Maßzahlen, die die v. ihm erzeugte Erregung der drei Zapfentypen wiedergeben. Wie groß die drei Erregungszahlen jeweils sind, bestimmen die Empfindlichkeitsspektren der Zapfenpigmente. Physikal. verschiedene Lichter, die die drei Zapfentypen gleich stark erregen, können nicht unterschieden werden (*metamere* Reize). Schon im vorigen Jh. stellte der Physiker H. Helmholtz durch Messungen fest, welche Lichtreize metamer sind, u. wies nach, daß drei verschiedene Lichtquellen genügen, um alle übrigen Farbreize durch Mischung zu erzeugen (↗additive Farbmischung). Er schloß aus dieser Verteilung der Metamerien auf die Dreizahl der Rezeptoren, die erst in den letzten Jahrzehnten durch direkte Absorptionsmessungen sowie durch elektrophysiolog. Ableitungen bestätigt wurde. Für die Analyse des F.s ergibt sich die Konsequenz: Die Menge aller unterscheidbaren Farbreize (die Menge der Reizklassen) läßt sich in einem dreidimensionalen Raum darstellen, auf dessen Achsen die Absorption der jeweiligen Zapfenpigmente aufgetragen ist. Diese Darstellung nennt man *Farbkörper;* er charakterisiert, kybernetisch gesprochen, die Eingangseigenschaften des farbensehenden Systems. Der Ausgang des Systems, die subjektive Farbempfindung, wird durch ein anderes Ordnungsprinzip bestimmt: Die empfundenen Farben ordnen sich zu einem *Farbenkreis,* der aus zwei antagonist. Paaren v. Buntfarben besteht, zw. denen die „unbunten" Farben Weiß, Grau od. Schwarz liegen. Rot u. Grün sowie Blau u. Gelb sind miteinander unvereinbar u. werden *Gegenfarben* gen. Gegenfarben können sich nicht zu einem einheitl. Farbeindruck mischen; sie können daher im Gesichtsfeld nur nebeneinander, nicht aber am gleichen Ort vorkommen. (Eine Farbempfindung kann zwar blaurot (lila) od. blaugrün, nicht aber „blaugelb" erscheinen.) Auch Gelbrot (Orange) u. Gelbgrün gibt es, nicht aber „Grünrot". Die Eindrücke Grau, Weiß u. Schwarz unterscheidet man als *Neutralfarben* v. den *Buntfarben,* da sich jeder Weiß- od. Grauton mit jeder Buntfarbe beliebig mischen kann. (Es handelt sich hier um Mischempfindungen, nicht um physikal. Lichtmischungen; z. B. kann die Mischempfindung Blaugrün durch eine physikal. Lichtmischung der Wellenlängen 520 u. 450 nm erzeugt werden, aber auch durch reines Licht der Wellenlänge 490 nm.) Die Farbempfindungen u. ihr Ordnungsprinzip werden durch eine komplizierte neuronale Verrechnung aus den Eingangserregungen der Zapfen erzeugt. Im Prinzip entstehen dabei die Gegenfarben, indem jeweils zwei Zapfengruppen antagonist. geschaltet sind, sich also gegenseitig hemmen. Rot/Grün entsteht wahrscheinl. aus einer antagonist. Verschaltung der mittleren gg. die langwell. Zapfentypen, Blau/Gelb aus einem Antagonismus v. mittlerem gg. kurzwell. Typus. Die Physiologie der Verrechnung ist aber nicht genau bekannt, obwohl ihre theoret. Eigenschaften gut untersucht sind. Man weiß jedoch, daß das Gegenfarbenprinzip bereits für die farbempfindl. Nervenzellen der Retina selbst gilt. Von ihnen wird die Farbinformation (ebenso wie die übr. visuelle Information) in die Corpora geniculata des Zwischenhirns u. von dort zum visuellen Neocortex übermittelt. Im *Tierreich* tritt F. bei den Wirbeltieren, In-

Farbensehen im Tierreich

Bes. Vögel u. Reptilien besitzen ein oft hochentwickeltes trichromat. F. Bei den Säugetieren ist das trichromat. F. auf die Primaten (Affen u. Affenartige) beschränkt. Andere Säuger sind dichromatisch (viele Nagetiere) od. weitgehend farbenblind (Raubtiere, Huftiere). In der geringen Ausbildung des F.s zeigt sich die stammesgeschichtl. Herkunft der Säugetiere v. nachtaktiven Tieren, bei denen das Dämmerungssehen wichtiger war. Bei den Fischen ist das F. unterschiedl. ausgebildet; im Falle einer guten Entwicklung ist es ebenfalls trichromatisch; die spektralen Empfindlichkeiten der Rezeptoren können erhebl. von denen anderer Wirbeltiere abweichen. Auch das F. vieler Insekten u. Krebse ist trichromatisch; bes. gut untersucht wurde das F. der *Honigbiene* (↗Bienenfarben). Wie die Honigbiene besitzen auch andere Insekten einen UV-empfindl. Rezeptor oder (in dichromat. Systemen) einen Rezeptor mit einem Nebenmaximum der Empfindlichkeit im UV. Für die Honigbiene mit trichromat. F. kann man ebenso wie für den Menschen einen Farbkörper konstruieren, der allerdings ganz anders aussieht. Aus ihm kann man Rückschlüsse auf die Farbwahrnehmung der Biene ziehen; z. B. treten manche Saftmale an Blüten nur für ein UV-empfindl. Auge hervor (↗Blütenmale).

sekten u. Krebsen auf, evtl. sind auch Tintenfische zum F. fähig. B 266–267. *H. H.*
Färberflechten, die ↗ Färbeflechten.
Färberfrosch, *Dendrobates tinctorius,* ↗ Farbfrösche.
Färberpflanzen, Pflanzen, die zur Farbstoffgewinnung bis gg. Ende des vergangenen Jh. angepflanzt wurden; ihre Namen deuten noch auf ihre ehemal. Verwendung hin: Färberröte *(Rubia tinctcrum),* Färberwaid *(Isatis tinctoria),* Färberdistel *(Carthamus tinctorius).* ↗ Färbeflechten.
Färberwaid ↗ Waid.
Farbfrösche, Pfeilgiftfrösche, Dendrobatidae, Fam. der Froschlurche mit 3 Gatt. u. ca. 100 Arten im südl. Mittel- u. nördl. S-Amerika. F. sind berühmt durch ihre hochentwickelte Brutpflege u. durch ihre Hautalkaloide, die zu den stärksten tier. Giften gehören. Alle F. sind kleine Frösche mit 12 bis 50 mm Länge. Die *Colostethus*-Arten sind unscheinbar gefärbt u. wahrscheinl. ungiftig, die meisten Blattsteiger u. Baumsteiger leuchtend bunt mit roten, gelben, orangen, grünen u. schwarzen Farben. Die F. sind lebhafte, tagaktive Bewohner feuchter, neotrop. Regen- od. Nebelwälder. Sie ernähren sich von winz. Arthropoden, wie Springschwänzen, Milben, Ameisen o. ä. Die meisten Arten leben am Boden, einige, wie das Erdbeerfröschchen, steigen auch noch auf Bäume, wo sie ihren Wasserbedarf in Bromelien decken. Die meisten F. sind territorial. Sie legen ihre Eier auf dem Lande ab, wo sie vom Weibchen od., häufiger, vom Männchen bewacht od. zumindest regelmäßig besucht u. befeuchtet werden. Die frisch geschlüpften Larven klettern auf den Rücken des bewachenden Elterntieres u. lassen sich so zum nächsten Wasser tragen. Einige Arten, wie der Färberfrosch u. der Goldbaumsteiger, sind unabhängig v. größeren Wasserstellen geworden; sie bringen ihre Kaulquappen in wassergefüllte Baumlöcher od. Bromelien-Blattachseln, wo sie sich v. Insektenlarven u. ä. ernähren. Am höchsten entwickelt ist die Brutpflege bei Vertretern der *Dendrobates pumilio*-Gruppe u. bei *D. histrionicus.* Hier werden die Eier vom Männchen bewacht u. befeuchtet, die Larven dann vom Weibchen in wassergefüllte Bromelien-Blattachseln getragen u. dort regelmäßig mit unbefruchteten Nähreiern gefüttert. Die F. haben v. a. im nördl. S-Amerika eine reiche adaptive Radiation durchgemacht, u. sie scheinen noch immer zu evolvieren. Von manchen Arten *(D. histrionicus, D. pumilio* u. a.*)* gibt es in verschiedenen Tälern od. auf verschiedenen Inseln Rassen od. U.-Arten, die sich v. Verhalten in der Größe, Farbe od. im Farbmuster, ja sogar in der Zusammensetzung ihrer Hautalkaloide unterscheiden. Früher wurden die F. zu den *Ranidae* (Echte Frösche) gestellt; heute nimmt man an, daß sie v. den Südfröschen abstammen u. die Schwestergruppe der *Elosiinae* sind. – Die Benutzung von F.n als Pfeilgiftfrösche ist nur v. den drei Arten *Phyllobates terribilis, P. aurotaenia* u. *P. bicolor* aus Kolumbien mit Sicherheit belegt. *P. terribilis* enthält so viel Gift (↗ *Batrachotoxine),* daß die Choco-Indianer ihre Blasrohrpfeile nur über den Rücken des lebenden Frosches streichen! Die anderen Arten werden zur Gewinnung des Giftes aufgespießt u. über eine Flamme gehalten. Batrachotoxine gehören zu den stärksten Giften; ihre Toxizität übersteigt die v. Curare u. a. Pfeilgiften. Andere Arten produzieren andere Hautalkaloide wie Pumiliotoxin, Histrionicotoxin, Gephyrotoxin u. a. Die Blasrohrpfeile werden für die Jagd benutzt, sind aber auch für den Menschen tödlich; ein Gegengift ist auch den Indianern nicht bekannt. Viele F. sind beliebte Terrarientiere, die leider immer noch in großen Mengen importiert u. über den Tierhandel angeboten werden. T 271. *P. W.*
Farbhölzer, Bez. für meist trop. Handelsholzarten, in deren Kernholzzellen Farbstoffe eingelagert sind, die vor der Erzeugung synthet. Farbstoffe zum Färben verwendet wurden, z. B. das Holz des Färbermaulbeerbaums, Fisetholz aus S-Europa u. Ungarn.
Farbkern, innerer verkernter Holzteil (↗ Verkernung, ↗ Kernholz), der durch Einlagerung v. Phlobaphenen (Oxidationsprodukte der Gerbstoffe) dunkler gefärbt ist (Farbkern) und sich so deutl. vom helleren unverkernten Splintholz unterscheidet.
Farbkernhölzer, Bez. für Kernholzbäume mit obligater Farbkernbildung, z. B. Douglasie, Eibe, Lärche, Kiefer, Eiche, Eßkastanie, Kirschbaum u. Nußbaum.
Farbkörper ↗ Farbensehen.
farblose Cyanobakterien, Kl. ↗ *Cyanomorphae* der gleitenden Bakterien.
Farbmischung ↗ additive Farbmischung.
Farbrezeptoren, Rezeptoren in den Lichtsinnesorganen v. Tieren u. Mensch (↗ Farbensehen, ↗ Auge, ↗ Komplexauge), die nur auf Licht bestimmter Wellenlängen antworten. ↗ Bienenfarben. B Farbensehen.
Farbstoffe, chemische Verbindungen, die im sichtbaren Bereich des Spektrums elektromagnet. Strahlung (400–800 nm Wellenlänge) einen bestimmten Wellenlängenbereich absorbieren, wobei die ↗ Farbe, die vom Auge wahrgenommen wird, der Komplementärfarbe, d. h. den v. den F.n nicht absorbierten Spektralbereichen entspricht. Der absorbierte Wellenlängenbereich (u. damit die Farbe) eines

Farbfrösche
1 *Dendrobates tinctorius* (Guayana-Schild), 2 *D. histrionicus* (Kolumbien), 3a und b Erdbeerfröschchen *(D. pumilio),* a von Costa Rica, b von Panama

Farbwechsel

Farbstoffe Zusammenhang zw. dem v. einer chem. Verbindung absorbierten Licht (Farbe, Wellenlänge in nm) u. der *Farbe* der Verbindung:	
400–440, violett *(gelbgrün)*	490–500, blaugrün *(rot)*
440–480, blau *(gelb)*	500–560, grün *(purpur)*
480–490, grünblau *(orange)*	560–580, gelbgrün *(violett)*
	580–595, gelb *(blau)*
	595–605, orange *(grünblau)*
	605–750, rot *(blaugrün)*
	750–800, purpur *(grün)*

Farbstoffmoleküls ist v. dessen chem. Konstitution abhängig (↗chromophore Gruppen, ↗auxochrome Gruppen). Je nach Herkunft unterscheidet man *natürl. F.* (↗Naturfarbstoffe) und *synthet. F.* (z. B. Fuchsin, Methylenblau, Methylorange usw.). Die Naturfarbstoffe Alizarin u. Indigo werden auch industriell hergestellt.

Farbtrachten ↗Schutzanpassungen.

Farbtüchtigkeit, Fähigkeit zum korrekten ↗Farbensehen.

Färbung, 1) ↗Farbe. **2)** ↗mikroskopische Präparationstechniken.

Färbungsregel, die ↗Glogersche Regel; ↗Clines.

Farbwachse, zu den Lipochromen (↗Carotinoide) zählende, fettlösl. ↗Naturfarbstoffe.

Farbwechsel, die Fähigkeit mancher Tiere, ihre Körperfärbung (↗Farbe) ganz od. teilweise zu ändern. Man unterscheidet zwei Formen: 1) Der *morpholog. F.* beruht auf einer langanhaltenden, Tage bis Wochen dauernden Vermehrung od. Verminderung der Zahl Farbstoffe führender Zellen (Chromatophoren) od. des Gehalts an Farbstoffen (Pigmenten). Er ist irreversibel (z. B. Jugendfärbung/Adultfärbung) od. reversibel (z. B. Saisondimorphismus) u. kann sich in Zshg. mit Häutung, Mauser, Haarwechsel vollziehen. Morpholog. F. dient der Tarnung durch Farbanpassung an die sich verändernde Umgebung (Hermelin, Schneehuhn) od. der Signalwirkung (Balzkleid). 2) Der *physiolog. (= spontane) F.* geschieht durch Änderung der Verteilung eines vorhandenen Farbstoffs innerhalb der Chromatophoren; er kann in Sekunden ablaufen (Kopffüßer), Minuten od. Stunden benötigen (Krebse, Fische) u. auf neue Reize hin ebenso rasch wieder umschlagen. Die Haut des Tieres erscheint hell, wenn das Pigment in der Mitte der Chromatophoren konzentriert ist, u. sie zeigt die Farbe des Pigments, wenn dieses ausgebreitet bzw. gleichmäßig innerhalb der Zelle verteilt vorliegt. Für die zu einer der Extremstellungen führenden Vorgänge, die Pigmentaggregation bzw. -dispersion, sind im Tierreich zwei verschiedene Mechanismen verwirklicht. Bei den meisten Arten mit physiolog. F. (u. a. Gliedertiere, Fische, Amphibien, Reptilien) breiten sich die Pigmentgranula aktiv in den verästelten Chromatophoren aus bzw. häufen sich im Zentrum der Zelle an; noch ungeklärt ist hierbei die Rolle v. Actomyosin-Filamenten (Amphibien) oder v. Mikrotubuli (Fische). Etwas abweichend verhalten sich Seeigel-Chromatophoren, die bei Pigmentaggregation auch ihre Zellausläufer einziehen u. in der Dispersionsphase wieder ausstrecken. Im Ggs. zur aktiven Pigmentverlagerung innerhalb der Zelle können die ↗Chromatophoren der Kopffüßer ihre Gestalt verändern. An der Zelloberfläche setzen radiär glatte Muskelfasern an. Bei Kontraktion der Fasern wird der Chromatophor unter Entfaltung der Zellmembran zus. mit dem die Pigmentgranula umhüllenden Pigmentsack zu einer flachen Scheibe gedehnt: Farbvertiefung. Das Erschlaffen der Muskelfasern läßt den elast. Pigmentsack zusammenschrumpfen, wodurch das Pigment im Zentrum der Zelle geballt wird: Farbaufhellung. Bei Gliedertieren u. bei Kopffüßern wirken oft mehrere Pigmente in einer Farbzelle (polychrome Chromatophoren) zus. Wirbeltiere können entweder durch Zusammenarbeit verschiedener monochromer Chromatophorentypen, die unterschiedl. Pigmente enthalten, od. durch Filterwirkung darüberliegender Zellagen Mischfarben erzeugen, die dann durch Melaninverschiebung in den Melanophoren variiert werden (z. B. Anolis, Laubfrosch). Ausgelöst wird der physiolog. F. zentralnervös, durch Lichteinwirkung entweder unmittelbar auf das

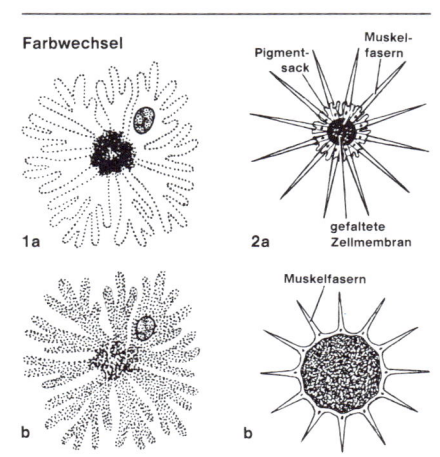

1 Chromatophor eines Knochenfisches, **a** Pigment geballt (hell), **b** Pigment ausgebreitet (dunkel).
2 Chromatophor eines Kopffüßers, **a** Pigment geballt (hell), **b** Pigment mit Pigmentsack durch Muskelkontraktion ausgebreitet (dunkel)

Farbfrösche (Fortsetzung)
4 *Dendrobates reticulatus* (Peru, ♂ mit Kaulquappe), **5** *Phyllobates pulchripectus* (Amapá, Brasilien, ♂ mit Kaulquappen).

Farbfrösche

Gattungen und Arten:

Colostethus (Raketenfrösche, viele Arten)
 C. inguinalis (Panama)

Dendrobates (Baumsteiger), z. B.:
 D. tinctorius (Färberfrosch, Guayana, nordöstl. Amazonasgebiet)
 D. auratus (Goldbaumsteiger, Panama)
 D. pumilio (Erdbeerfröschchen, Costa Rica, Panama)
 D. granuliferus (Kitschfröschchen, Costa Rica)
 D. histrionicus (Kolumbien)
 D. quinquevittatus (Amazonasgebiet)

Phyllobates (Blattsteiger), z. B.:
 P. terribilis (Kolumbien)
 P. aurotaenia (Kolumbien)
 P. bicolor (Kolumbien)
 P. femoralis (Amazonasbecken)

FARNPFLANZEN I

Zu den Farnpflanzen (Pteridophyta) gehören als wichtigste Klassen die Farne (Filicatae), Schachtelhalme (Equisetatae) und Bärlappe (Lycopodiatae), von denen rechts jeweils ein typischer Vertreter abgebildet ist.

Die Farnpflanzen zeigen einen *Generationswechsel*, der durch die Selbständigkeit von *Sporophyt* und *Gametophyt* charakterisiert ist. Dabei bildet der Sporophyt die eigentliche Farnpflanze und besitzt als echter Kormus die typischen Grundorgane Blatt, Sproßachse und Wurzel.

Tüpfelfarn
(Polypodium vulgare)

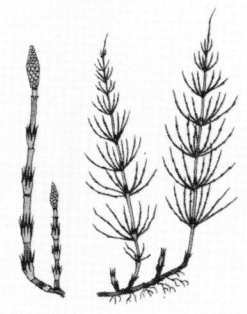

Ackerschachtelhalm
(Equisetum arvense)

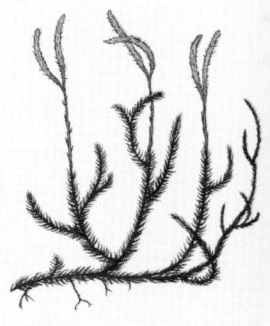

Keulenbärlapp
(Lycopodium clavatum)

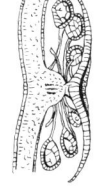

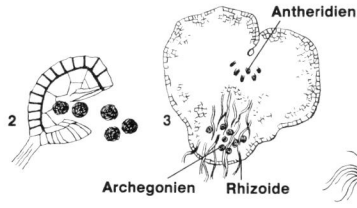

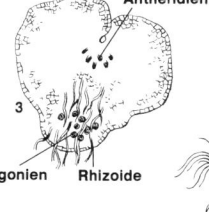

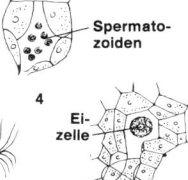

Farnwedel

1 2 3 4

Antheridien — Antheridium — Spermatozoiden

Archegonien — Rhizoide

Spermatozoid — Eizelle — Archegonium

Generationswechsel (am Beispiel des Wurmfarns)
1 Der Sporophyt bildet auf der Wedelunterseite zahlreiche, in einzelne Häufchen (Sori) zusammengefaßte Sporangien. **2** Sporangium mit austretenden Sporen. **3** Aus den Sporen entsteht ein Gametophyt (Prothallium) mit ♂ *(Antheridien)* und ♀ *(Archegonien)* Geschlechtsorganen (**4**) auf der Unterseite; die befruchtete Eizelle entwickelt sich zu einer neuen Farnpflanze (Sporophyt).

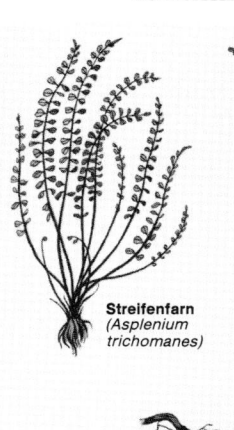

Streifenfarn
(Asplenium trichomanes)

Adlerfarn
(Pteridium aquilinum)

Baumfarn
(Familie *Cyatheaceae*)

Tannenbärlapp
(Huperzia selago)

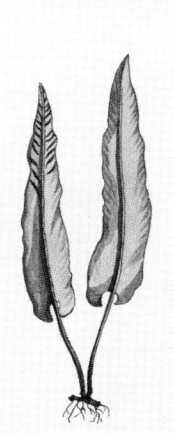

Hirschzunge
(Phyllitis scolopendrium)

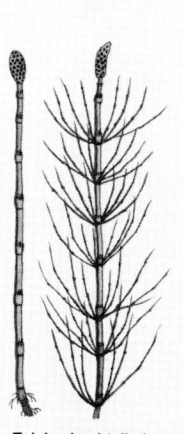

Teichschachtelhalm
(Equisetum fluviatile)

Mondraute
(Botrychium lunaria)

FARNPFLANZEN II

Der *Wiesenschachtelhalm (Equisetum arvense)* wächst mit einem Erdsproß, aus dem vegetative (sterile) und sporangientragende (fertile) Sprosse hervorgehen. Die einnervigen Blätter umschließen an den Knoten manschettenartig den Sproß. Die sporangientragenden Blätter *(Sporophylle)* sind in endständigen, keulenförmigen *Sporophyllständen* zusammengefaßt. Die Schachtelhalmgewächse sind eine sehr alte Pflanzengruppe, die im Karbon weit verbreitet war. Gegenwärtig leben noch etwa 25 Arten.

Isoëtes lacustris

Zu den ältesten Farnpflanzen gehören mit die *Brachsenkräuter (Isoëtales)*. Der Sproß ist knollenartig ausgebildet und trägt eine Rosette einfach gestalteter pfriemenförmiger Blätter, die sich an ihrer Basis verbreitern. Auf der Innenseite der Blattbasis liegt in einer grubenförmigen Einsenkung je ein Sporangium. Darüber befindet sich ein herzförmiger Auswuchs, die *Ligula*.

Der *Wurmfarn (Dryopteris filix-mas)*, ein in den Wäldern weitverbreiteter Farn, wächst ebenfalls mit einem Erdsproß. Nur die wedelartig gegliederten Blätter entfalten sich über dem Boden, häufig zu mehreren in dichten Rosetten zusammenstehend. Die Sporangien werden im Sommer auf der Unterseite der Blattfiedern in großer Zahl angelegt. Der Sproß wie die Blattstiele besitzen mehrere, in den äußeren Bereichen gelagerte Leitbündel. Diese bestehen aus einem zentralen, wasserleitenden Holzteil, dem die assimilatleitenden Zellen des Siebteiles anliegen. Das gesamte Leitgewebe ist ringförmig von Sklerenchymzellen umschlossen (Photo rechts).

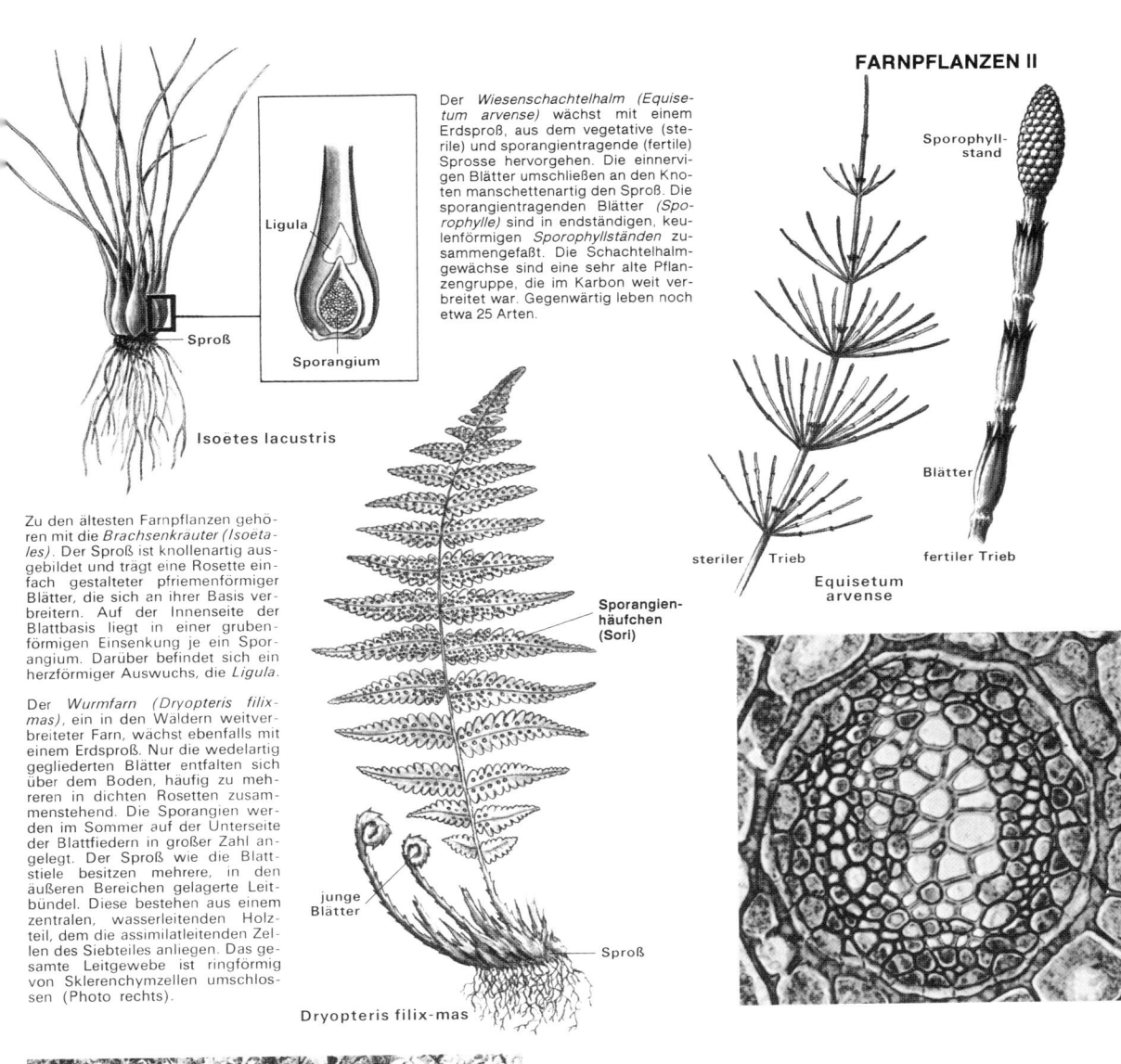

Dryopteris filix-mas

Equisetum arvense

Nur auf der Südhalbkugel kommen noch einige *Baumfarne* (Photo links) vor. Sie besitzen einen aufrechten, stammartigen Sproß, der im oberen Teil, schopfartig angeordnet, zahlreiche gefiederte Blätter trägt. Die abfallenden abgestorbenen Blätter hinterlassen am Stamm breite Blattnarben.

In sumpfigen Böden wächst der seltenere *Kleefarn (Marsilea quadrifolia)*. Aus dem kriechenden Sproß entspringen einzelstehende, langgestielte Blätter, deren Spreite aus zwei Fiederblattpaaren zusammengesetzt ist. Aus der Basis der Blattstiele entwickeln sich die ovalen Sporangienbehälter.

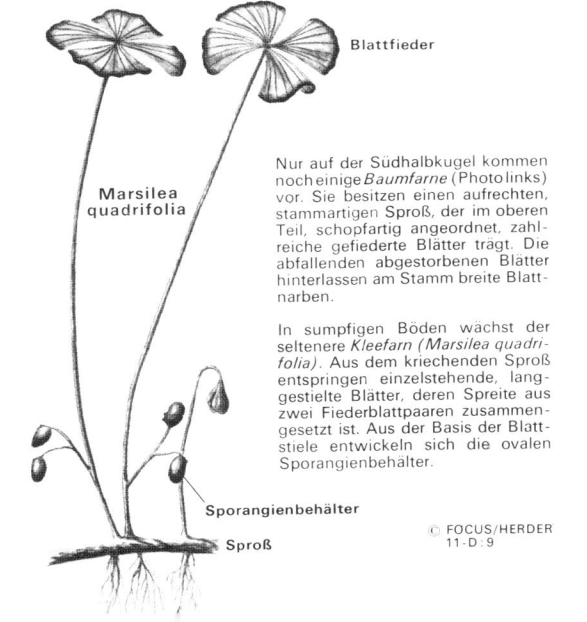

© FOCUS/HERDER
11-D:9

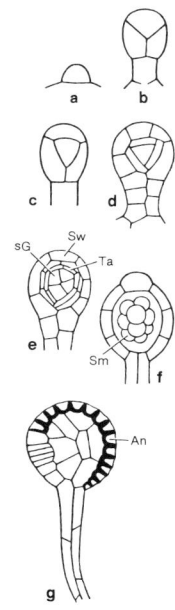

Farmerlunge

Farne
Entwicklung typ. Leptosporangien. Die Sporangien entstehen aus einer einzigen Oberflächenzelle. Nach mehreren Zellteilungen (a–e) umschließt die einschicht. Wand das Archespor, bestehend aus den peripheren Tapetum-Zellen u. dem zentralen sporogenen Gewebe; letzteres liefert die Sporenmutterzellen (f) u. nach Meiose schließl. die Meiosporen. Das der Ernährung der Sporen dienende Tapetum löst sich schließl. auf u. bildet bei einigen Arten das Perispor, das sich der eigentl. Sporenwand auflagert. Das reife Sporangium (g) besitzt meist einen Anulus.
An Anulus, sG sporogenes Gewebe, Sm Sporenmutterzellen, Sw Sporangienwand, Ta Tapetum.

Pigmentsystem od. über Sinnesorgane (Augen, Parietalorgan), manchmal auch über den Tastsinn; die Steuerung erfolgt nervös (Kopffüßer, Chamäleon) u./od. hormonal (einige Fische). Der physiolog. F. dient der Tarnung durch farbl. Anpassung (Gliedertiere, Plattfische, Frösche, Echsen) od. der Signalwirkung für den Artgenossen, Konkurrenten od. Freßfeind (Echsen, Fische, Kopffüßer). Vögeln u. Säugetieren fehlt die Fähigkeit zum physiolog. F. mittels Chromatophoren. I. w. S. ist auch das durch Steigern der Durchblutung bewirkte Erröten nackter Hautstellen (z. B. Drohgebärde des Dschelada, Schamröte des Menschen) ein physiolog. Farbwechsel. *H. Kör.*

Farmerlunge, die ↗Drescherkrankheit.

Farnblättrigkeit, *Fadenblättrigkeit,* Viruskrankheit der Tomate, bei der die Blattspreiten stark verkleinert u. bis auf die Mittelrippe reduziert werden können; es kann Zwergwuchs auftreten u. die Fruchtbildung stark beeinträchtigt werden; Ursache ist eine Mischinfektion v. Tabak- u. Gurkenmosaikviren.

Farne, *Filicatae, Filicopsida,* mit mehr als 10 000 rezenten Arten die dominierende Kl. der heut. ↗Farnpflanzen (Systematik vgl. Tab.); im wesentl. gekennzeichnet durch den Besitz v. Wedelblättern mit rand- od. unterständ. Sporangien. Obgleich die F. bereits im Paläozoikum u. Mesozoikum reich entfaltet waren, sind sie auch heute noch sehr vielfältig bezügl. Wuchsform u. Lebensraum, wobei allerdings, wie bei allen Farnpflanzen, im allg. eher feuchte Standorte bevorzugt werden; Mannigfaltigkeitszentren liegen entspr. im indomalayischen Gebiet, in Mittelamerika u. im nördl. S-Amerika. Der Sporophyt zeigt den Bau aller Kormophyten u. trägt an Sproßachse (bzw. Rhizom), Blattstiel u. Blattspreite oft auffällige Spreuschuppen. Sekundäres kambiales Dickenwachstum kommt außer bei Fossilformen (↗*Cladoxylales*) nur noch in sehr geringem Umfang bei der Gatt. *Botrychium* vor. Als charakterist. Merkmal, das die F. von den übrigen Kl. der Farnpflanzen unterscheidet, besitzen sie typ., meist in Rhachis u. davon seitl. abgehende Fiedern gegliederte Megaphylle („Wedel"). Diese sind bei den heut. Formen im allg. flächig ausgebildet u. in der Jugend eingerollt. Bei den ältesten u. ursprünglichsten fossilen Gruppen, den *Primofilices,* u. bei den rezenten Natternzungengewächsen liegen aber noch sog. „Raumwedel" vor. Damit wird die nach der ↗Telomtheorie anzunehmende Ableitung des flächigen Farnblatts v. einem räuml. verzweigten Telomstand, wie ihn die Psilophyten zeigen, gestützt. Auch die beobachtete Sporangienstellung steht in Einklang mit der Telomtheorie: Bei paläozoischen *Primofilices* stehen die Sporangien z. T. noch endständig an räuml. verzweigten Achsen (sie erinnern damit an die Verhältnisse bei den Psilophyten), z. T. aber auch seitl. an bereits flächig ausgebildeten Fiedern. Ausgehend v. dieser marginalen Position, „wandern" die Sporangien dann im Laufe der Phylogenese der F. auf die (besser geschützte) Wedelunterseite; die Sporangienanlagen einiger rezenter Formen rekapitulieren sogar diese „Wanderung" in der Ontogenese. Die Verteilung der Sporangien auf dem Wedelblatt kann sehr unterschiedl. sein: Die Sporangien stehen einzeln od. zu Gruppen (Sori) zusammengefaßt, od. aber mehrere Sporangien sind zu (mehrfächrigen) Synangien verwachsen. Meist handelt es sich bei den sporangientragenden Blättern um Trophosporophylle (z. B. Wurmfarn, Engelsüß). Allerdings erfolgt bei einigen Formen (z. B. Königsfarn, *Anemia*) eine Differenzierung in einen apikalen, assimilierenden, sterilen u. in einen basalen, nicht assimilierenden, aber fertilen Bereich. Schließl. zeigen manche Arten (z. B. Rippenfarn, Straußfarn) auch Heterophyllie mit morpholog. deutlich unterscheidbaren Trophophyllen u. Sporophyllen. Bemerkenswert erscheint, daß es innerhalb der F. (im Ggs. zu den Verhältnissen bei den Schachtelhalmen u. Bärlappen) nie zur Blütenbildung kommt. Ein systemat. taxonom. sehr wicht. Merkmal betrifft den Bau der Sporangien selbst. Hier kennt man 2 Grundtypen: Die *Eusporangien* (rezent nur bei den Natternzungengewächsen u. *Marattiales* vertreten) besitzen eine zwei- bis mehrschicht. Wand, bilden zahlr. Sporen u. entstehen (zumindest bei den rezenten Gruppen) aus mehreren oberflächl. Initialen. *Leptosporangien* (kennzeichnend für alle übrigen rezenten F.) sind dagegen durch eine bei Reife nur eine Zellschicht mächtige Sporangienwand charakterisiert; sie enthalten im Verhältnis weniger Sporen, entwickeln sich aus nur einer Zelle u. öffnen sich i. d. R. durch die Kohäsionsbewegung eines ↗Anulus. Dabei repräsentieren die Eusporangien offenbar den ursprünglicheren Zustand, der auch die Psilophyten (z. B. *Rhynia*) u. zahlr. *Primofilices* charakterisiert. Isosporie herrscht vor, heterospor sind nur die Wasserfarne u. die Gatt. ↗*Platyzoma* (Filicales). Bereits im Paläozoikum kam es darüber hinaus auch zur Samenbildung; diese Formen werden systemat. aber meist als ↗Farnsamer zu den *Cycadophytina* (Gymnospermen) gestellt. Die Gametophytengeneration (genügend bisher nur v. rezenten Taxa bekannt) erscheint im

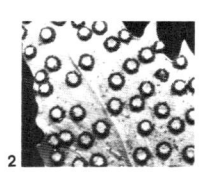

Vergleich unbedeutend u. zeigt Tendenzen zu weiterer Reduktion (z. B. bei den Wasserfarnen). Bei den *leptosporangiaten F.n* (F. mit Leptosporangien) entwickelt sich nach Belichtung aus der Spore zunächst ein fädiger Vorkeim u. schließlich ein kleines, maximal wenige cm langes, oft herzförm., lebermoosart. (haploides) Prothallium. (Beim Wurmfarn wird der erste Schritt dieser Photomorphogenese über das Phytochrom-System, der zweite über einen Blaulicht-Rezeptor geregelt.) Das Prothallium lebt oberird., ist photosynthet. aktiv u. durch unterseits auswachsende Rhizoide verankert. Auf der Prothalliumunterseite sitzen ferner die ♂ und ♀ Geschlechtsorgane (Antheridien u. Archegonien). Dabei bilden isospore F. sog. haplomonözische Gametophyten, d. h., Antheridien u. Archegonien entstehen auf dem selben Prothallium, heterospore F. dagegen haplodiözische Gametophyten mit ♂ u. ♀ Geschlechtsorganen auf verschiedenen Prothallien. Demgegenüber entwickeln die (isosporen) *eusporangiaten F.* etwas kräftigere, langlebigere u. damit wohl auch die ursprünglicheren Gametophyten, die bei den Natternzungengewächsen Knollenform besitzen u. unterird. saprophytisch leben. Die Geschlechtsorgane selbst zeigen den typ. Bau der Farnpflanzen, die Spermatozoide sind polyciliat. – Als Grundlage für die Klassifikation der F. dienen v. a. Merkmale der Sporangien, allerdings existieren bisher keine allg. anerkannte systemat. Gliederung. Oft werden 4 U.-Kl. unterschieden: 1. die nur fossil bekannten *Primofilices* (urspr. Formen, oft Raumwedel u. endständ. Sporangien mit mehrschicht. Wand; Ord.: *Cladoxylales, Coenopteridales*); 2. die *Eusporangiatae* (in den vegetativen Merkmalen stärker abgeleitet, Eusporangien; Ord.: *Ophioglossales, Marattiales*); 3. die *Leptosporangiatae* (moderne, isospore leptosporangiate F.; Ord.: *Osmundales, Filicales*); 4. die *Hydropterides* (moderne, heterospore leptosporangiate F.). Nun zeigt sich aber immer mehr, gerade auch bei Berücksichtigung der Fossilformen, daß es sich bei diesen U.-Kl. eher um Organisationsstufen als um streng natürl. Gruppen handelt. Eine Gliederung der *Filicatae* in U.-Kl. unterbleibt daher in vielen Systemen. Dennoch gibt diese Klassifikation den bisher bekannten Entwicklungsablauf einigermaßen richtig

Farne
Die *Sporangien* der Farne *(Filicatae)* sind in der Regel zu Sporangienhäufchen *(Sori)* am Rand (1, Frauenhaarfarn, *Adiantum*) oder auf der Unterseite (2, Schildfarn, *Polystichum*) der Blätter vereinigt. Im jüngeren Stadium werden sie oft durch ein dünnes Häutchen *(Indusium)* überdeckt.

Farne
Unterklassen und Ordnungen:
↗ *Primofilices* (†)
  ↗ *Cladoxylales* (†)
  ↗ *Coenopteridales* (†)
Eusporangiatae (Filices eusporangiatae)
  Ophioglossales
  (↗ Natternzungengewächse)
  ↗ *Marattiales*
Leptosporangiatae (Filices leptosporangiatae)
  Osmundales (↗ Königsfarngewächse)
  ↗ *Filicales*
↗ Wasserfarne *(Hydropterides)*
  ↗ *Marsileales*
  ↗ *Salviniales*

Farnesol

Farnesyl-Rest

Farnesylpyrophosphat

Farnpflanzen

wieder: Im Unterdevon entwickeln sich aus *Psilophyten* die ersten *Primofilices;* im späteren Paläozoikum erfolgt dann deren Radiation und als Folge davon erleben auch die eusporangiaten *Marattiales* im Karbon u. Perm ihren Entwicklungshöhepunkt. Die heute weitaus dominierende Gruppe der Leptosporangiatae erscheint ebenfalls bereits im Karbon; sie wird aber erst in Trias u. Jura vorherrschend, während die *Hydropterides* offensichtl. erst in der Kreide auftreten. B 272–273.

Lit.: Bower, F. O.: The Ferns (3 Bde). London 1926–1928. *Copeland, B. E.*: Genera filicum. New York 1947. V. M.

Farnesol s [v. *Farnesiana*, nach dem it. Kardinal O. Farnese, 1574–1626, v. lat. oleum = Öl], licht-, luft- u. wärmeempfindl., nach Maiglöckchen riechender, acycl. Sesquiterpenalkohol, der in zahlr. äther. Ölen enthalten ist (z. B. in Moschuskörnern, als Lindenblüten- u. Rosenöl). In gebundener Form ist F. Bestandteil der ↗Bakteriochlorophylle c, d und e, als Pheromon ist er bei Hummeln wirksam. Verwendung in der Parfüm- u. Seifen-Ind.

Farnesylpyrophosphat s, Zwischenprodukt bei der Biosynthese der ↗Isoprenoide.

Farnpflanzen, *Gefäßkryptogamen*, *Pteridophyta,* Abt. des Pflanzenreiches mit 5 Kl. (T 277). Gemeinsames Merkmal ist ein heteromorpher, heterophas. Generationswechsel mit 2 physiolog. unabhängigen Generationen: einem unscheinbaren thallosen Gametophyten u. einem dominierenden, als Kormus ausgebildeten Sporophyten als der eigtl. Farnpflanze (B Farnpflanzen I). Die Gametophytengeneration beginnt mit der vom Sporophyten ausgestreuten Meiospore. Diese keimt zu einem flächigen od. mehr knollenförm., thallosen Gametophyten *(Prothallium)* mit Gametangien u. Rhizoiden. Form, Lebensweise u. Ausbildung der Prothallien variieren stark: Sie können photosynthet. aktiv od. auch unterird. saprophytisch leben. Ferner ist, ähnl. wie bei den Samenpflanzen, eine allg. Tendenz zur weiteren Reduktion der Gametophytengeneration erkennbar. Bei isosporen F. entwickeln sich im allg. ♂ u. ♀ Gametangien nebeneinander auf dem selben, bei heterosporen F. dagegen auf verschiedenen Prothallien (haplomonözische bzw. haplodiözische Gametophyten). Die kugeligen (♂) ↗Antheridien u. flaschenförmigen (♀) ↗Archegonien zeigen einen Bau, wie er entspr. bei Moosen u. stärker abgeleitet auch bei den Samenpflanzen vorkommt (↗Archegoniaten). Als Besonderheit der F. enthalten ihre Archegonien meist nur 1 Halskanalzelle. Die aus den Antheridien freiwerdenden Spermatozoiden

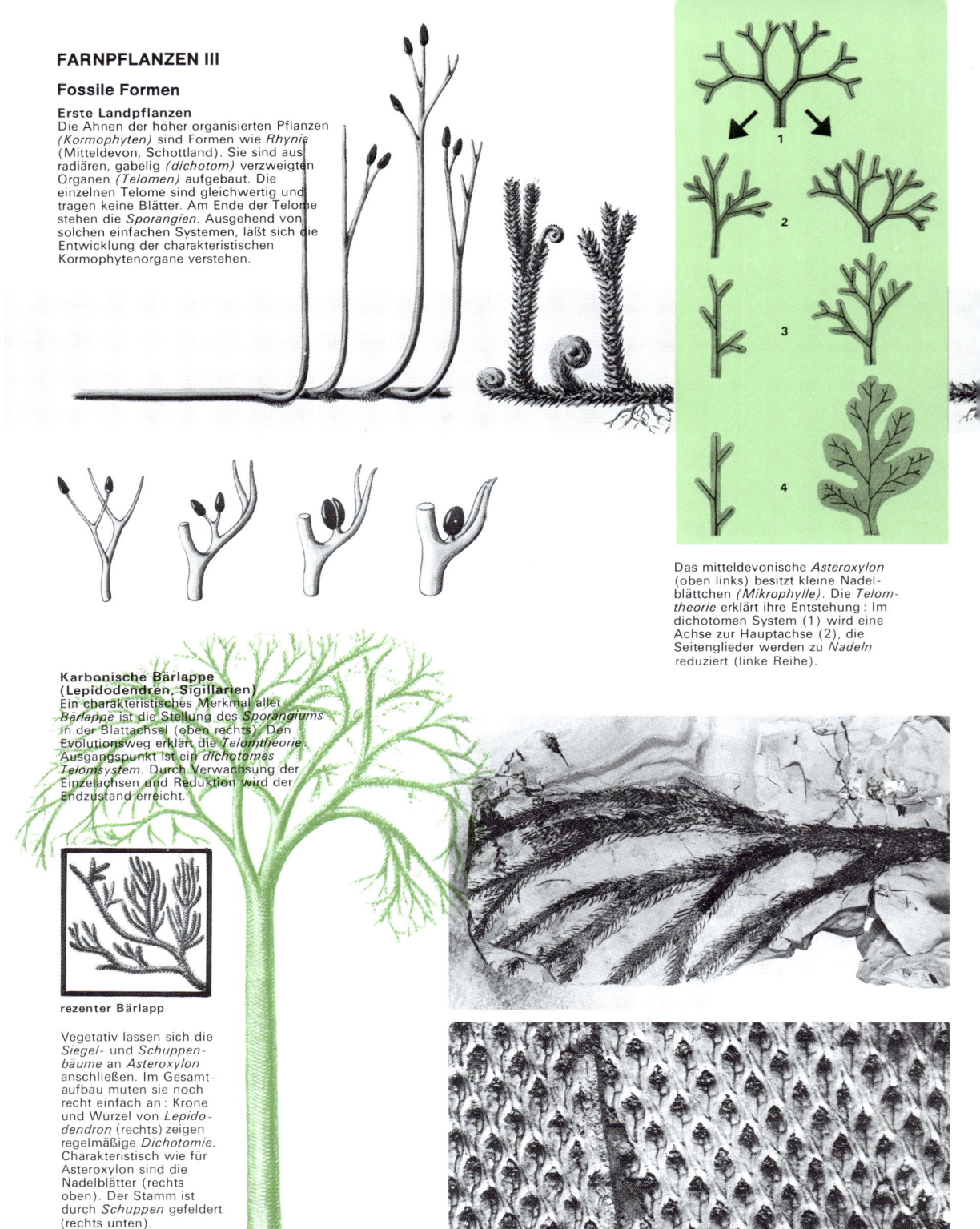

FARNPFLANZEN III

Fossile Formen

Erste Landpflanzen

Die Ahnen der höher organisierten Pflanzen *(Kormophyten)* sind Formen wie *Rhynia* (Mitteldevon, Schottland). Sie sind aus radiären, gabelig *(dichotom)* verzweigten Organen *(Telomen)* aufgebaut. Die einzelnen Telome sind gleichwertig und tragen keine Blätter. Am Ende der Telome stehen die *Sporangien*. Ausgehend von solchen einfachen Systemen, läßt sich die Entwicklung der charakteristischen Kormophytenorgane verstehen.

Das mitteldevonische *Asteroxylon* (oben links) besitzt kleine Nadelblättchen *(Mikrophylle)*. Die *Telomtheorie* erklärt ihre Entstehung: Im dichotomen System (1) wird eine Achse zur Hauptachse (2), die Seitenglieder werden zu *Nadeln* reduziert (linke Reihe).

Karbonische Bärlappe (Lepidodendren, Sigillarien)

Ein charakteristisches Merkmal aller *Bärlappe* ist die Stellung des *Sporangiums* in der Blattachsel (oben rechts). Den Evolutionsweg erklärt die *Telomtheorie*: Ausgangspunkt ist ein *dichotomes Telomsystem*. Durch Verwachsung der Einzelachsen und Reduktion wird der Endzustand erreicht.

rezenter Bärlapp

Vegetativ lassen sich die *Siegel-* und *Schuppenbäume* an *Asteroxylon* anschließen. Im Gesamtaufbau muten sie noch recht einfach an: Krone und Wurzel von *Lepidodendron* (rechts) zeigen regelmäßige *Dichotomie*. Charakteristisch wie für Asteroxylon sind die Nadelblätter (rechts oben). Der Stamm ist durch *Schuppen* gefeldert (rechts unten).

FARNPFLANZEN IV

Fossile Formen

Ausgangsform des „Tischchen-Sporophylls" der *Schachtelhalme* ist wiederum ein *dichotomes Telomsystem* mit endständigen Sporangien. Es entsteht (Abb. oben) vor allem durch eine Einkrümmung *(Inkurvation)* der sporangientragenden Telome.

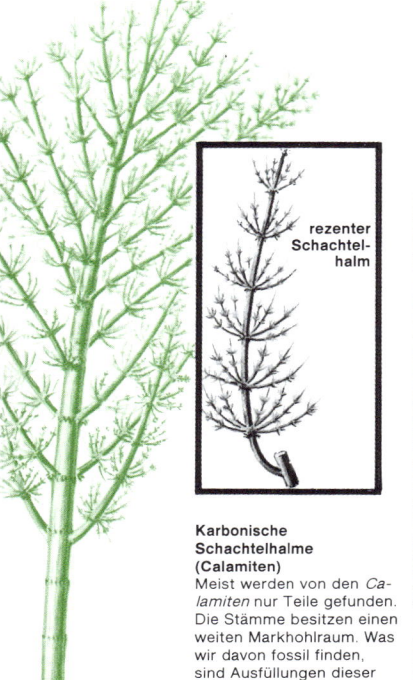

rezenter Schachtelhalm

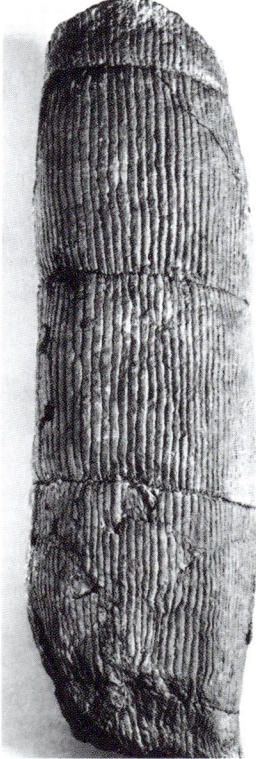

Karbonische Schachtelhalme (Calamiten)
Meist werden von den *Calamiten* nur Teile gefunden. Die Stämme besitzen einen weiten Markhohlraum. Was wir davon fossil finden, sind Ausfüllungen dieser Markhöhlen mit Gestein (Abb. Mitte). Sie zeigen aber die typische *Schachtelhalmgliederung*. Die schmalen Blätter der Calamiten (rechts) stehen wirtelig. Durch Vergleich der Einzelstücke kann man die Gesamtpflanze rekonstruieren (links).

© FOCUS/HERDER
11-K:109

---

sind polyciliat; ledigl. innerhalb der Bärlappe kommen auch zweigeißlige Typen vor. Die Befruchtung der Eizelle erfolgt nur bei Anwesenheit v. Wasser. Ohne Ruheperiode geht dann aus der befruchteten Eizelle der Sporophyt hervor, der als typ. Kormus in Sproßachse, Blatt u. Wurzel gegliedert ist; das Prothallium stirbt ab. Der Keimling zeigt unipolaren Bau. Er entwickelt außer einem (der Verankerung im Prothallium dienenden) Haustorium einen Stamm-, Blatt- u. Wurzelscheitel. Abweichend v. den Verhältnissen beim bipolar organisierten Embryo der Samenpflanzen, entsteht die Keimwurzel aber seitl. als endogenes sproßbürt. Organ; sie stirbt bald ab u. wird durch weitere sproßbürt. Wurzeln ersetzt: Damit liegt primäre Homorrhizie vor. Sproßachse, Blatt u. Wurzel wachsen in einigen, wohl urspr. Fällen mit mehreren Initialen, meist aber mit einer einzigen Scheitelzelle. Im übrigen zeigt der Sporophyt die gleichen Baueigentümlichkeiten wie bei den Samenpflanzen: Er besitzt Wurzeln mit Wurzelhaube, eine mit einer Cuticula überzogene Epidermis mit Spaltöffnungen u. aus Phloem u. verholztem Xylem (Lignin!) bestehende Leitbündel, wobei im Holzteil im allg. nur Tracheiden, beim ↗Adlerfarn z. B. aber auch Treppentracheen gebildet werden. Bezügl. der Leitbündelanordnung herrschen Aktino-, Poly- u. Dictyostelen vor; sekundäres kambiales Dickenwachstum tritt im wesentl. nur bei fossilen Gruppen auf, ferner in sehr geringem Umfang bei den rezenten Gatt. *Isoëtes* (Bärlappe) u. *Botrychium* (Farne). Die Sproßachsenverzweigung erfolgt dichotom od. seitl., zumindest bei den heut. Formen aber nie in den Blattachseln. Die Blätter sind teils als Mikrophylle *(Equisetatae, Lycopodiatae, Psilotatae)*, teils als Megaphylle *(Filicatae)* ausgebildet; nur bei der ursprünglichsten Gruppe, den nur fossil bekannten Urfarnen *(Psilophytatae)*, erfolgte noch keine klare

Farnpflanzen

Klassen:

↗ Urfarne *(Psilophytatae)* (†)
↗ Bärlappe *(Lycopodiatae)*
↗ Schachtelhalme *(Equisetatae)*
↗ Farne *(Filicatae)*
Psilotatae
(↗ Psilotales)

Farnsamer

Trennung in Sproßachse u. Blatt. Die Sporangien stehen an sehr verschiedengestalt. Blättern, in den Blattachseln od. bei einigen primitiven Fossilgruppen endständig an Achsen; zur Blütenbildung kommt es nur bei den Bärlappen u. Schachtelhalmen. Die Sporangien entstehen aus einer od. mehreren Initialen, aus ihrem Archespor entwickelt sich einerseits das Tapetum (als Sekretionstapetum od. als Periplasmodium = Plasmodialtapetum), andererseits die Meiosporen. Allgemein dominiert Isosporie; innerhalb der Bärlappe, Schachtelhalme u. Farne kommt ferner auch Heterosporie vor mit Ausbildung von Mikro- u. Megasporen, Mikro- u. Megasporangien u. Mikro- u. Megagametophyten. Dieser Ablauf des Generationswechsels läßt zahlr. Abwandlungen zu, die insbes. für die Sippenbildung v. Bedeutung sind (↗Apomixis). So existieren v. a. unter den Farnen zahlr. allopolyploide Formen (schätzungsweise etwa 20% der zentraleur. Farne). Erstaunl. ist ferner das sehr häufige Auftreten autopolyploider Arten gerade unter den isosporen F. Vermutl. gewährleisten die dadurch absolut häufigeren Mutationen eine verstärkte Variabilität. Dies erscheint aber für isospore Formen bes. vorteilhaft, da bei ihren haplomonözischen Gametophyten Selbstbefruchtung vorherrscht. In ihren ökolog. Ansprüchen zeigen die F. eine erhebl. Variationsbreite. Dennoch werden, u. a. bedingt durch die thallose Natur des Gametophyten u. durch die Bindung der Befruchtung an das Vorhandensein v. Wasser, allg. eher feuchte Biotope bevorzugt. [B] 272–273, 276–277.

Lit.: *Pichi-Sermolli, R. E. G.:* Tentamen pteridophytorum in ordinem redigendi. In: Webbia 31 (1977). *Rasbach, K., Rasbach, H., Wilmanns, O.:* Die Farnpflanzen Zentraleuropas. Stuttgart ²1976. *Tryon, R. M., Tryon, A. F.:* Ferns and allied plants. New York 1982. V. M.

Farnsamer, Lyginopteridatae, Pteridospermae, ausschl. fossil (Karbon–Kreide) bekannte Kl. der *Cycadophytina* (Gymnospermen) mit zahlr. Ord. (vgl. Tab.). Entspr. ihrem Namen besitzen die F. den Habitus der Farne (bzw. Baumfarne) mit i. d. R. gefiederten Megaphyllen, gleichzeitig aber Samen (bzw. Samenanlagen) als Diaspore u. sekundäres kambiales Dickenwachstum. Die Samenanlagen bilden, wie für Gymnospermen typ., nur 1 Integument, werden jedoch bei manchen Gruppen v. einer zusätzl. Cupula umgeben. Die Pollensäcke sind meist zu Synangien verwachsen u. stehen, ebenso wie die Samenanlagen, an mehr od. weniger umgewandelten Blättern. Die bei allen übr. *Cycadophytina* ausgeprägte Blütenbildung ist für die F. bisher nicht sicher nachgewiesen. Abgesehen v. diesen Gemeinsamkeiten, zeigen

Farnpflanzen
Stammesgeschichtlich müssen die F. vermutl v. Grünalgen abgeleitet werden, wie z. B. aus Übereinstimmungen in der Pigmentausstattung u. in den Speicherstoffen hervorgeht. Als vermittelnde, ursprünglichste Formen können die erstmals im Obersilur auftretenden Urfarne (↗*Cooksonia*) gelten. Von ihnen lassen sich die Schachtelhalme, Bärlappe u. Farne als parallele Entwicklungslinien ableiten, wobei die dabei erfolgten Umwandlungen im Bereich der sterilen u. fertilen „Blätter" durch die Telomtheorie, im Bereich der Stele durch die Stelärtheorie erklärt werden. Unklar bleibt der Anschluß der *Psilotatae*. Neuere Untersuchungen weisen hier auf nähere Beziehungen zu den Farnen.

Farnsamer
Wichtige Ordnungen:
↗ Lyginopteridales
↗ Medullosales
↗ Callistophytales
↗ Caytoniales
↗ Corystospermales
↗ Peltaspermales
↗ Glossopteridales

Fasanen
männl. Edel- oder Jagdfasan *(Phasianus colchicus)*

die F. eine sehr unterschiedl. Ausprägung sowohl in den vegetativen Merkmalen (z. B. Verzweigungs-, Stelen- u. Blattyp) als auch im Bau der ♂ u. ♀ Reproduktionsorgane. Offenbar repräsentieren die F. keine natürl. Einheit, sondern eine Organisationsstufe, die v. mehreren, aus dem Bereich der Progymnospermen u. z. T. vielleicht auch der echten Farne abzuleitenden Entwicklungslinien erreicht wurde. Allg. werden die F. an die Basis der *Cycadophytina* gestellt, v. der sich dann die *Cycadatae, Bennettitatae* u. schließl. auch die Angiospermen ableiten; in allen Fällen fehlen aber sichere Übergangsformen. Zumindest für die Entstehung der Angiospermen kommt keine der bisher bekannten Gruppen als Zwischenglied in Betracht. Allerdings werden in mehreren Gruppen (z. B. *Caytoniales, Glossopteridales*) offenbar konvergent angiospermoide Merkmale entwickelt. Zu nennen ist hier v. a. der Einschluß der Samenanlagen in eine weitere Hülle. [B] 279.

Farrea w [ben. nach dem dt. Zoologen A. Farre, 1811–87], Gatt. der Schwamm-Fam. *Euretidae,* 5–12 cm hoch, meist an Steinen festgewachsen u. aus vielfach verzweigten Röhren aufgebaut.

Farrella w, *Farella,* Gatt. der ↗Moostier-
Farren ↗Bulle. [chen.
Färse, das weibl. geschlechtsreife Rind vor dem ersten Kalben.
Fasanen [Mz.; v. lat. phasianus (nach dem kleinasiat. Fluß Phasis) = Fasan], Hühnervögel aus der Fam. Fasanenvögel mit langem Schwanz u. ohne Kamm; Männchen meist sehr farbenprächtig; hierzu rechnet auch das asiat. Bankivahuhn *(Gallus gallus),* die Stammform des ↗Haushuhns. Der urspr. in verschiedenen Rassen v. Schwarzen Meer bis O-Asien vorkommende Edel- od. Jagd-F. *(Phasianus colchicus)* ist durch Einbürgerung mit heute etwa 30 Rassen der am weitesten verbreitete Hühnervogel der Erde; er kam v. Phasis im Lande Kolchis (Name) nach S-Europa u. wurde v. dort durch die Römer nach Dtl. eingeführt; als Jagdtier wird er heute geschätzt u. gehegt; das bunte Männchen besitzt einen leuchtend grünen Kopf mit einem roten Hautlappen unterm Auge („Rose"), das etwas kleinere Weibchen ist gelbbraun mit dunklen Flecken; lebt als Kulturfolger in buschreichem Wald- u. Wiesengelände, bevorzugt in Gewässernähe; sucht abends in der Dämmerung geräuschvoll Bäume zum Übernachten auf. 8–16 olivbraune Eier werden v. Weibchen in 24–25 Tagen ausgebrütet. Von den vielen in Fasanerien als Ziervögel gehaltenen u. gezüchteten F. sind bes. bekannt der chin. Gold-F. *(Chrysolophus pictus)* u. der

FARNSAMER

Diese Gruppe der Organisationsstufe *Gymnospermen* (Nacktsamer) ist besonders häufig im Karbon. Ihre Blätter (links z. B. vom *Neuropteris*-Typ) sind typische Farnwedel; der Stamm besitzt aber einen mächtigen Holzkörper wie die Coniferen. Die Samen (unten) liegen z. T. in einer Hülle (Cupula) und haben Ähnlichkeit mit den Samen der Cycadeen. Die ersten Farnsamer sind schon aus dem Unterkarbon bekannt. Trotz ihrer Stellung „zwischen Farnen und Cycadeen" sind sie doch kein echtes Zwischenglied, sondern ein parallel zur Cycadeen- und Coniferen-Gruppe verlaufender Entwicklungsast. Die Farnsamer reichten wohl – wenn auch in geringerer Zahl – bis ins Mesozoikum (Jura – Kreide).

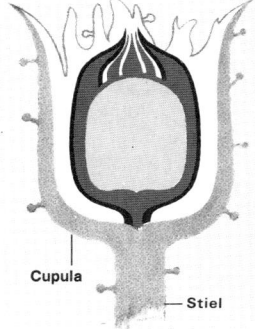

Cupula — Stiel

Neuropteris-Samen

Samen von Lyginopteris (Lagenostoma-Typ)

südostasiat. Silber-F. *(Gennaeus nycthemerus).* B Asien III.

Fasanenschnecken, *Phasianellidae,* Fam. der Altschnecken (Überfam. *Trochoidea*) mit meist rundl., buntem, aber nicht perlmuttr. Gehäuse, dessen Operculum dick u. verkalkt ist. Die meisten F. leben in flachen, trop. Meeren u. ernähren sich v. Algen u. Kieselalgen; sie haben lange Fühler; ihr Fuß ist durch eine Mittelfurche auch funktionell längsgeteilt: die Fußhälften können abwechselnd vorgesetzt werden („Schrittgehen").

Fasanenvögel, *Phasianidae,* artenreichste Fam. der ↗ Hühnervögel mit knapp 70 Gatt. u. mehr als 170 Arten, die weltweit verbreitet sind u. lediglich in den arkt. Regionen u. auf den polynes. Inseln fehlen; in Größe (12 cm bis 2 m Länge) u. Färbung sehr verschieden; die Läufe sind stets unbefiedert u. tragen häufig Sporen; die meisten Arten leben am Boden u. ernähren sich v. pflanzl. Kost u. Arthropoden. Die einzigen baumbrütenden Arten sind die mittelasiat. Satyrhühner *(Tragopan).* Einige Arten wurden der Eier u. des Fleisches wegen domestiziert, wie das Bankivahuhn *(Gallus gallus),* die Stammform des ↗ Haushuhns, die Virginiawachtel *(Colinus virgianus)* aus der Gruppe der Baumwachteln u. a. Die aus den 2–20 Eiern schlüpfenden Jungen sind Nestflüchter.

Fasanenschnecken
Gattungen:
Eulithidium
↗ *Phasianella*
Prisogaster
↗ *Tricolia*

Fasanenvögel
Gruppen mit typ. Gattungen:
↗ Fasanen *(Phasianus)*
↗ Frankoline *(Francolinus)*
↗ Pfauen *(Pavo)*
↗ Pfaufasanen *(Argusianus)*
↗ Rebhühner *(Perdix)*
↗ Steinhühner *(Alectoris)*
↗ Wachteln *(Coturnix)*

Faschine *w* [v. it. fascina =], zusammengeschnürtes Bündel aus Ruten od. Reisig; diente v. a. früher zur Sicherung v. Dämmen, Buhnen u. Böschungen.

Fascia *w* [lat., = Band], die ↗ Faszie.

Fasciculus *m* [lat., = kleines Bündel], der ↗ Faszikel.

Fasciola *w* [lat., = kleines Band], Gatt. der Saugwurm-Fam. *Fasciolidae. F. hepatica,* der Große Leberegel, ist bis 51 mm lang und 4–13 mm breit; kosmopolit. Endwirt des Parasiten sind Rind, Schaf u. gelegentl. auch der Mensch. Die Entwicklung läuft über einen dreifachen Generationswechsel ab (↗ Fasciolasis). *F. gigantea,* der Riesenleberegel, wird bis 76 mm lang; in Schafen u. Rindern Afrikas u. Asiens. ☐ Fasciolasis, B Plattwürmer.

Fasciolariidae (Mz.; v. lat. fasciola = kleines Band], ↗ Tulpenschnecken.

Fasciolasis *w* [v. ↗ Fasciola], *Fasciolose,* Befall mit Leberegeln der Gatt. *Fasciola* (bes. *F. hepatica*), weltweit verbreitet bei Wiederkäuern u. vielen anderen Säugern (z. B. Wildtieren, Ratten), selten Hunden u. Menschen. Außer unspezif. Beschwerden chron. Reizung der Gallengänge (Sitz der Parasiten), Leberschmerzen, z. T. Leberzirrhose. Bei Nutzvieh langfristig beeinträchtigter Mast- u. Milchgewinn. Ein Egel legt tägl. 5000–20 000 noch ungefurchte Eier ab. Das nur im Wasser entwicklungs-

Fasciolopsiasis

fähige Miracidium befällt Wasserschnekken (z. B. *Lymnaea truncatula*), in deren Mitteldarmdrüsen Sporocysten, Mutterredien, Tochterredien u. Cercarien entstehen. Diese setzen sich auf Tierweiden an Pflanzen oft kleiner Wasseransammlungen fest u. werden zu widerstandsfähigen Metacercarien (in Heu noch 4–5 Monate infektionsfähig!). Infektion des Menschen mit Salat aus Weidepflanzen („Brunnenkresse"), Fallobst, Graskauen. Effekte u. Biologie anderer *Fasciola*-Arten (in Flußpferd, Elefant usw.) sind ähnlich.

Fasciolopsiasis w [v. ⇗ Fasciolopsis], Befall mit dem Riesendarmegel ⇗ *Fasciolopsis (buski)*, hpts. bei Mensch u. Schwein in O-Asien, auf Hawaii u. den Philippinen (ca. 10 Mill. Menschen). Verletzungen der Darmschleimhaut durch Hautstacheln od. Saugnäpfe des Parasiten u. seine Stoffwechselendprodukte verursachen Durchfälle u. Krämpfe; Todesfälle nach Massenbefall sind möglich. Der Endwirt infiziert sich durch den Genuß v. Wasserpflanzen (Aufbeißen der Wassernuß *Trapa* od. der Wasserzwiebel *Eleocharis*), auf denen Metacercarien eingekapselt sind. Mit seinem Kot gelangen die Eier ins Wasser; das Miracidium befällt Tellerschnecken (Planorbiden), in denen Sporocysten, Mutter- u. Tochterredien u. einfach gebaute (gymnocephale) Cercarien heranwachsen.

Fasciolopsis w [v. lat. fasciola = kleines Band, gr. opsis = Aussehen], Gatt. der Saugwurm-Fam. *Fasciolidae*, mit der größten im Menschen parasitierenden Saugwurm-Art *F. buski* (Länge bis 7,4 cm, Breite ca. 2 cm, Dicke 2–3 mm). Erreger der ⇗ Fasciolopsiasis.

Faserhaut, 1) Haut od. Membran aus faser. ⇗ Bindegewebe, z. B. Hirnhaut, Muskelfaszie. 2) *Sclera*, derbe, bindegewebige Hülle des Augapfels der Wirbeltiere, die das Auge schützt u. den Augapfel gg. den Binnendruck in seiner Form erhält. Die F. besteht überwiegend aus Kollagenfasern mit wenig eingeflochtenen elast. Netzen; sie ist zell- u. gefäßarm. Am Sehnervenabgang geht sie in die Bindegewebshülle des Hirns (Dura mater) über.

Faserholz, *Industrieholz*, Gebrauchsklasse des Holzes, das sich zur Gewinnung v. Holzschliff (mechan. Zerfaserung des Holzes) od. Holzcellulose (chem. Zerfaserung des Holzes) für die Papier-, Zellstoff- u. Holzfaserplattenproduktion eignet. Die Faser-Ind. verarbeitet in erster Linie Nadelhölzer wie Fichte u. Tanne. Die Laubhölzer (z. B. Pappel, Buche) haben kürzere Fasern als die Nadelhölzer; sie eignen sich wegen ihres hohen Gehalts an α-Cellulose bes. für die Weiterverarbeitung zu Cellulosekunststoffen.

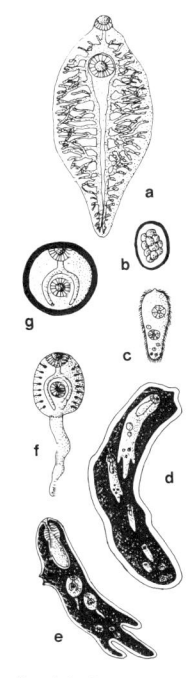

Fasciolasis
Entwicklungszyklus des Großen Leberegels *(Fasciola hepatica)*. **a** geschlechtsreifer Leberegel (im Erdwirt, z. B. Schaf), **b** Ei, **c** Miracidium-Larve (dringt in Schnecke ein), **d** Sporocyste, **e** Redie, **f** Cercarie (verläßt Schnecke), **g** Metacercarie (an Grashalm eingekapselt)

Faserpflanzen
Samenhaare:
 Baumwolle *(Gossypium spec.)*
Haare bzw. Fasern der Fruchtwand:
 Kapokbaum *(Ceiba pentandra)*
 Kokospalme *(Cocos nucifera)*
Fasern aus Sproßachsen:
 Lein, Flachs *(Linum usitatissimum)*
 Hanf *(Cannabis sativa)*
 Ramie *(Boehmeria nivea)*
 Jute *(Corchorus spec.)*
 Nessel *(Urtica dioica)*
Fasern aus Blättern:
 Manilahanf *(Musa textilis)*
 Sisalhanf *(Agave sisalana)*

Faserknorpel ⇗ Bindegewebe.
Faserköpfe, *Inocybe* Fr., die ⇗ Rißpilze.
Faserkreuzung, *Chiasma*, über Kreuz verlaufende Nervenfaserbahnen zw. Neuropilen; z. B. im Lobus opticus der Gliederfüßer zw. der Lamina ganglionaris u. Medulla externa.
Faserlinge, *Psathyrella* Fr., die ⇗ Zärtlinge.
Fasern, fädige, i. d. R. makroskop. sichtbare (Länge einige mm bis cm; ⌀ über 0,05 mm) Bestandteile od. Produkte pflanzl. u. tier. Gewebe. 1) *Pflanzen.-F.,* zuweilen extrem lange Einzelzellen (z. B. Baumwolle), meist aber Bündel spindelförm. Zellen (Sklerenchym-F., Bast-F.), bestehen überwiegend aus Cellulose, Lignin usw. und sind hpts. Festigungselemente u. Leitgewebe. Als Natur-F. sind sie vielfach von wirtschaftl. Bedeutung (⇗ Faserpflanzen). 2) *Tierische F.,* überwiegend Proteine od. Glykoproteine, sind entweder Aggregate abgestorbener Zellen (Haare), Zelläquivalente (Muskel-F.), Bündel v. Zellausläufern (z. B. Nerven-F., Glia-F.) od. geformte Sekrete (z. B. Bindegewebs-F., Kollagen-F., Elastin-F., Seide u. Byssus-F.). ⇗ Fibrille, ⇗ Filament.

Faserpflanzen, Pflanzen, die in ihren Sprossen, Blättern od. Früchten techn. verwertbare ⇗ Fasern erzeugen. Häufig handelt es sich dabei um leitbündelbegleitende Sklerenchymstränge, die erst durch einen mikrobiellen Abbau (Rösten) aus dem umgebenden Gewebe herausgelöst werden müssen; es gibt jedoch auch haarförm. Auswüchse der Fruchtwand bzw. Samenschale, die als Fasern Verwendung finden. Sie sind wegen der einfacheren Aufarbeitung v. größter wirtschaftl. Bedeutung.

Faserproteine, die ⇗ Skleroproteine.
Faserschicht, Bez. für das Gewebe aus Zellen mit faserart. Verdickungsleisten in den Pollensackwandungen der meisten Samenpflanzen. Bei den Nacktsamern ist sie meist ident. mit der Epidermis *(Exothecium)*, bei vielen Bedecktsamern liegt sie subepidermal *(Endothecium)*. Die Verdickungsleisten sind an den Innenwänden (zur Pollensackmitte gelegene Wände) verstärkt u. untereinander verbunden, in den Radialwänden verjüngen sie sich nach außen hin. Wie bei den Zellen des ⇗ Anulus der Farnsporangien können sich diese Zellen der F. bei Wasserverlust nur außen u. hpts. in der Querrichtung verkürzen, so daß durch tangentiale Zugkräfte die Pollensackwandung an den vorbereiteten Stellen aufreißt u. sich gleichsam umstülpt. ⇗ Kohäsionsmechanismen.

Faserschirm, *Trinia glauca*, Art der Doldenblütler, die ihren Verbreitungsschwerpunkt im nördl. Mittelmeergebiet hat; bei uns in sonn. Trockenrasen; nach der ↗ Roten Liste „stark gefährdet". Der Stengel der 2häusigen, bis 30 cm hohen Pflanze mit zahlr. Blütendöldchen hat am Wurzelhals einen Faserschopf.

Faserstrang, der ↗ Faszikel. [↗ Zellwand.
Fasertextur w [v. lat. textura = Gewebe],
Fasertracheide w [v. gr. tracheia = Luftröhre] ↗ Tracheide.
Fäßchensalpen, die ↗ Cyclomyaria.
Fäßchenschnecken, *Orculidae,* Fam. der Landlungenschnecken mit zylindr. bis kegelförm., bis 1 cm hohem Gehäuse; zahlr., langsam zunehmende Umgänge; die Mündung wird durch Lamellen verengt. Die meisten Arten bevorzugen feuchte Habitate unter Steinen u. in der Bodenstreu. 5 Gatt., die in S- u. Mitteleuropa, in Vorderasien u. Kaukasien verbreitet sind; einige Arten haben ein lokal eng begrenztes Verbreitungsgebiet. Die Großen F. *(Orcula dolium)* bilden zahlr. geogr. Rassen aus; ihr walzenförm. Gehäuse wird ca. 9 mm hoch u. hat bis 10 Umgänge; sie sind alpin-karpat. verbreitet u. leben montan zw. Geröll sowie in Wäldern in der Bodenstreu u. im Moos. Die bis 6 mm hohen Kleinen F. *(Sphyradium doliolum)* sind, wie weitere Arten, vorwiegend südostalpin.
Faßschnecken ↗ Tonnenschnecken.
Fasziation w [v. lat. fascia = Band], *Verbänderung,* durch Mutation od. die Wirkung phytopathogener Bakterien hervorgerufene, bandart. Abflachung v. Sprossen.
Faszie w [v. lat. fascia = Band], *Fascia,* derbe, gefäßarme Scheide aus straffem, kollagenfaserigem Bindegewebe um Muskeln. Die F.nfasern gehen zum Muskelinnern hin kontinuierl. in die lockerer gebauten u. gefäßreichen Bindegewebshüllen (Perimysium, Endomysium) einzelner Muskelfaserbündel u. -fasern über.
Faszikel m [v. lat. fasciculus = Bündel], *Faserstrang, Fasciculus,* kleines Nerven- od. Muskelfaserbündel.
faszikuläres Kambium s [v. lat. fasciculus = Bündel, spätlat. cambiare = wechseln], Bez. für das im Leitbündel liegende Kambium; ↗ Leitbündel.
Fatshedera w [v. jap. fatsi = Aralie, lat. hedera = Efeu], ↗ Efeugewächse.
Fatsia w [v. jap. fatsi = Aralie], Gatt. der ↗ Efeugewächse.
Faucaria w [v. lat. fauces = Schlund], *Tigerrachen,* Gatt. der ↗ Mittagsblumengewächse, mit 35 Arten im Kapland verbreitet; den gezackten Blatträndern verdanken sie den dt. Namen. Die kleinen rosett. Pflanzen blühen auffallend gelb od. rosa; bekannteste der v. Sukkulentensammlern geschätzten Arten ist *F. tigrina.* [chen.
Fauces [Mz.; lat., = Schlund], der ↗ Ra-

Große Fäßchenschnecke
(Orcula dolium)

Fäßchenschnecken
Gattungen:
Odontocyclas
Orcula
Orculella
↗ Pagodulina
Sphyradium

Fäule
Beispiele für Fäulen an Pflanzen:
Fruchtfäulen
 Trockenfäule
 Naßfäule
Holzfäulen
 Braunfäule
 Grünfäule
 Weißfäule
 Blaufäule
Knollenfäule
Wurzelfäule
Krautfäule
Fusarium-Fäule
Monilia-Fäule

Fäulnis
Einige Aminosäuren, die durch Decarboxylierung in wichtige primäre Amine umgewandelt werden:
Lysin → Cadaverin
Ornithin → Putrescin
Arginin → Agmatin

Abbau von Glutamat durch *Clostridium tetanomorphum:*

2 Glutamat →
2 Acetat + 2 NH$_3$
 + Butyrat + 2 CO$_2$

(↗ Stickland-Reaktion)

Faulbaum ↗ Kreuzdorn.
Faulbrut, *Brutpest,* bakterielle Erkrankung der Biene. Erreger der *amerikanischen* (bösart.) F. (anzeigepflichtig) ist *Bacillus larvae.* Bei der offenen Brut werden die Maden gelbl.-braun, milchkaffeefarben u. riechen leimartig. Die *europäische* (gutartige) F. kann durch verschiedene Erreger verursacht werden: *Streptococcus (Melissococcus) pluton, Bacillus alvei* u. *Streptococcus apis.* Bei der offenen Brut zeigen die Maden eine harte Gelbfärbung, die Ringelung ist undeutl., u. der Darm erscheint als weißer od. gelbl.-weißer Stiel.
Faulbrutfliege, *Phora incrassata,* ↗ Buckelfliegen.
Fäule, durch Mikroorganismen, hpts. Bakterien u. Pilze, verursachte Zersetzungen v. pflanzl. Substanzen bzw. Geweben, od. bestimmte Krankheitssymptome, vorwiegend an Pflanzen(teilen). Die F. wird nach der Ausprägung, der Verfärbung, dem befallenen Gewebe od. dem Erreger ben. (vgl. Tab.). [wanzen.
Faule Grete, *Palomena prasina,* ↗ Schild
Faulgas, ↗ Biogas (Methan) aus Faultürmen der Kläranlagen u. aus Faulschlamm (Sapropel). ↗ Deponie.
Faulholzkäfer, *Orthoperidae* (fr. auch *Corylophidae*), Fam. der polyphagen Käfer; weltweit ca. 400, bei uns nur 13 Arten; winzige bis sehr kleine (0,5–2 mm), meist bräunl. Tiere, die unter Rinde, in schimmel. Holz od. unter verpilzten pflanzl. Abfällen leben. Häufig ist bei uns der ca. 0,8 mm große, längl. ovale *Sericoderus lateralis.*
Faulholzmotten, Unterfamilie der ↗ Oecophoridae.
Faulkammer, Abwasserbecken, das zum Absetzen u. gleichzeitig zum Ausfaulen des Klärschlamms dient.
Fäulnis, *Eiweißfäulnis, Proteinfäulnis,* teilweise Zersetzung (Eiweißgärung) v. stickstoffhalt. organ. Substanzen, bes. v. Proteinen, durch Mikroorganismen (hpts. ↗ Fäulnisbakterien) unter Sauerstoffmangel (anaerob). Dabei entstehen übelriechende Gase und Verbindungen: z.B. Ammoniak, Schwefelwasserstoff (aus S-haltigen Aminosäuren), primäre Amine, die z.T. giftig wirken od. allerg. Reaktionen auslösen (Fäulnisgifte, Leichengifte), Mercaptane u. organ. Säuren (Propionsäure, Buttersäure). Diese Verbindungen treten auch im Darm v. Fleischfressern u. bes. im Dickdarm des Menschen (↗ Darmfäulnis), auf. F. kann auch unter aeroben Bedingungen ablaufen, wenn durch einen schnellen Atmungsstoffwechsel v. Mikroorganismen sich örtl. Sauerstoffmangel einstellt, so daß kein vollständ. Abbau (Mineralisation) stattfinden kann. Im allg. Sprachgebrauch wird die „echte" F. nicht eindeutig v. der

Fäulnisbakterien

aeroben ⁊Verwesung unterschieden u. so meist alle Zersetzungsvorgänge, bei denen unangenehm riechende Stoffe auftreten, als F. bezeichnet (⁊Fleischfäulnis). F.erreger wachsen normalerweise nicht unter sauren Bedingungen, so daß F. durch ⁊Säuerung (z. B. mit Milchsäurebakterien) od. Säurezusatz (z. B. Essigsäure) verhindert werden kann.

Fäulnisbakterien, anaerobe od. fakultativ anaerobe Bakterien, die Proteine od. andere stickstoffreiche Verbindungen unter Bildung übelriechender Stoffe abbauen (⁊Fäulnis); typischerweise Clostridien, auch fakultative Anaerobier, wie *Proteus* u. *Bacillus*-Arten; wichtige Verderber v. Lebensmitteln (⁊Nahrungsmittelvergiftung). Durch ⁊Säuerung läßt sich die Tätigkeit der F. unterbinden.

Fäulnisbewohner, die ⁊Saprophyten.

Faulschlamm, 1) ⁊Sapropel; 2) *Klärschlamm* aus den Faultürmen der ⁊Kläranlage.

Faultiere, *Bradypodidae,* Fam. der Zahnarmen *(Edentata)* mit 2 Gatt. u. zus. 5 Arten; Kopfrumpflänge 50–70 cm; nächtl. Baumbewohner S- u. Mittelamerikas mit langen, schlanken Gliedmaßen; Zehen verwachsen, mit sichelförm. Krallen; oben je 5, unten je 4 schmelz- u. wurzellose Zähne. F. hängen gewöhnl. mit nach unten gekehrtem Rücken im Geäst des trop. Regenwaldes u. bewegen sich nur langsam hangelnd fort (Name!); am Boden kriechen sie unbeholfen. In Anpassung an ihre Körperhaltung ist der Haarstrich „umgekehrt" (Bauchscheitel), wodurch die Nässe leichter abtropfen kann. Im Haarkleid der F. leben blaugrüne Algen (2 Gatt.: *Trichophilus, Cyanoderma*), die dem grau-braunen Fell einen grünl. Schimmer verleihen (Tarnung). Die Zweifinger- od. Zweizehen-F. (Gatt. *Choloepus*) haben an den Vordergliedmaßen 2 Finger ausgebildet (hinten 3); ihre Nahrung besteht aus vielerlei Blättern, Blüten u. Früchten. Nahrungsspezialisten u. damit für die Zoohaltung weniger geeignet sind die auf Produkte des Ymbahuba-Baumes *(Cecropia lyratiloba)* angewiesenen Dreifinger- od. Dreizehen-F., auch Ai gen. (Gatt. *Bradypus;* 3 Finger u. 3 Zehen), die als anatom. Besonderheit 9 (statt wie für Säugetiere üblich 7) Halswirbel haben; 2 davon zeigen durch Rippenreste ihre Herkunft v. Brustwirbeln. – Die † Riesen-F. (Megatheriiden) aus dem Miozän S-Amerikas waren Bodenbewohner und erreichten Körperlängen bis zu 6 m. ⃞B Südamerika II.

Faulvögel, *Bucconidae,* mit 30 Arten im trop. Amerika vertretene Fam. der Spechtartigen; 15–30 cm groß, unscheinbar braunes Gefieder, Kopf dick u. gedrungen mit

Fäulnisbakterien in Fleischkonserven (Auswahl):

Clostridium sporogenes
C. perfringens
C. bifermentans
C. botulinum
Bacillus polymyxa
B. macerans
B. cereus
B. licheniformis
B. coagulans

Faultiere

1 Zweifingerfaultier *(Choloepus),* **2** † Riesenfaultier *(Megatherium)*

Faultiere

Arten:
Hoffmann-Zweifingerfaultier *(Choloepus hoffmanni)*
Unau *(C. didactylus)*
Dreifingerfaultier, Ai *(Bradypus tridactylus)*
Kapuzenfaultier *(B. cucculiger)*
Kragenfaultier *(B. torquatus)*

Faunenkreis

Beispiel: Das mediterrane Ausbreitungszentrum besteht aus den eur. Mittelmeerländern, NW-Afrika, der Cyrenaika, den Küstenlandschaften Palästinas u. Syriens, der S- u. W-Türkei. Die ihm angehörenden Artengruppen stellen holomediterrane Faunenelemente dar, die zus. zum *holomediterranen F.* gehören.

kurzem Schnabel, der am Grund Borsten trägt; warten als Lauerjäger v. einem Sitzplatz aus auf vorbeifliegende Insekten, die sie dann im Flug fangen; hierauf geht der dt. Name zurück. Brüten in Termitennestern od. selbstgegrabenen Erdhöhlen, deren Eingang gelegentl. durch Blätter u. Halme getarnt ist; Männchen u. Weibchen bebrüten 2–3 weiße Eier.

Fauna w [ben. nach Fauna, Tochter (oder Gattin) des röm. Wald- u. Wiesengottes Faunus], 1) *Tierwelt,* Gesamtheit der in einem bestimmten Gebiet vorkommenden Tierarten; grob kann man unterscheiden: Land-, Süßwasser- u. marine Fauna; auch geogr. Untergliederung möglich: Faunen bestimmter Kontinente, Länder od. Regionen. ⁊Flora. 2) wiss. Werk über die systemat. Zusammenstellung der Tierarten eines bestimmten Gebietes.

Faunenanalogie [v. ⁊Fauna, gr. analogos = entsprechend]; in geogr. weit voneinander liegenden Gebieten können sich unter ähnl. Lebensbedingungen nicht verwandte Arten konvergent zum gleichen Lebensformtyp hin entwickeln; betrifft diese konvergente Entwicklung ganze Tiergruppen (z. B. Ordnungen), so spricht man von F.; z. B. ist es bei den Beuteltieren Australiens u. den Placentatieren in anderen Teilen der Welt zu Konvergenzen in großem Stil gekommen (z. B. Beutel*wolf,* Beutel*ratte,* Beutel*hörnchen* usw.).

Faunenelemente [v. ⁊Fauna], Gruppen v. Tierarten, die ähnl. Verbreitung haben; mehrere F. gehören zu einem ⁊Faunenkreis. [nenverfälschung.

Faunenfälschung [v. ⁊Fauna], die ⁊Fau-

Faunenkreis [v. ⁊Fauna], Gesamtheit aller einem ⁊Ausbreitungszentrum zuzuordnenden Spezies bzw. Subspezies; der F. setzt sich aus einzelnen ⁊Faunenelementen zusammen.

Faunenkunde [v. ⁊Fauna], die ⁊Faunistik.

Faunenregionen [v. ⁊Fauna], die ⁊tiergeographischen Regionen.

Faunenreich [v. ⁊Fauna], *Gaea, Gäa,* v. bestimmten Tierarten besiedelte Großräume auf der Erde; man unterscheidet bezügl. der Landfauna fünf F.e: Notogäa (australische Region), Neogäa (neotropische Region), Arktogäa, Arktis (arktische Region), Antarktis (antarktische Region). Untergliederung in weitere Regionen üblich (⁊tiergeographische Regionen). In manchen Fällen überschneiden sich die Begriffe für F. u. tiergeographische Regionen.

Faunenverfälschung [v. ⁊Fauna], *Faunenfälschung,* Veränderung des Artenbestands in einem bestimmten Gebiet durch Einführung od. Einbürgerung einer od. mehrerer fremder Arten. Da die neue(n) Art(en) urspr. nicht in dem Gebiet vorkam(en), kann es zu einer Zerstörung des ökolog. Gleichgewichts kommen u. evtl. zu einer Dezimierung od. Ausrottung einer od. mehrerer dort urspr. lebender Tier- u./od. Pflanzenarten.

Faunistik [v. ↗Fauna], *Faunenkunde*, Teilbereich der Zool., der sich mit der Erforschung des Tierartenbestands eines bestimmten Gebiets beschäftigt.

Faustkeil, im Ggs. zu den ↗Abschlaggeräten ein Universalwerkzeug der älteren ↗Altsteinzeit (↗Abbevillien, ↗Acheuléen), bei dem aus einem Rohling ein Werkzeug gefertigt wurde. F.e sind spitzmandelförm. bis dreieckig, aus verschiedenartigstem Material u. wenige cm bis dm lang.

Favia *w* [v. lat. favus = Wabe], Gatt. der Steinkorallen, die in Korallenriffen in Form v. Krusten, Blättern u. Blöcken wächst.

Favismus *m* [v. it. fava = Bohne], *Fabismus, Bohnenkrankheit*, nach Einatmung v. Blütenstaub der Bohne *(Vicia faba) (Inspirations-F.)* od. nach Genuß der Bohne *(Digestions-F.)*; äußert sich in Übelkeit, Erbrechen u. einer hämolyt. Anämie; kann u. U. zum Tod führen; verbreitet in Mittelmeerländern. Ursache ist ein erbl. bedingter Mangel an Glucose-6-phosphat-Dehydrogenase in den Erythrocyten, der zus. mit exogenen Noxen zu akuten hämolyt. Krisen führt. Der F. ist X-chromosomal dominant erblich.

Favorinus *m*, Gatt. der *Favorinidae*, ↗Fadenschnecken mit bis 3 cm langem Körper. *F. branchialis* hat glatte, kurz vor dem Ende kugelig verdickte Rhinophoren; er ist weiß bis blaßbraun, manchmal mit gelben od. rosa Mitteldarmdrüsen-Verzweigungen; die Rhinophoren sind dunkelbraun mit blassen Spitzen. Die Farbe der verzehrten Beute (Hydropolypen, kleine Seerosen) beeinflußt die Körperfarbe. Die Art wurde vereinzelt im ganzen Atlantik gefunden.

Favosites *m* [v. lat. favus = Wabe], (Lamarck 1816), † Gatt. der Bödenkorallen *(Tabulata)*, in Dtl. bes. im Mitteldevon häufig; Verbreitung: oberes Ordovizium bis mittleres Devon, weltweit.

Favus *m* [lat., = Wabe], *Erbgrind, Grindpilzflechte, Pilzgrind, Kopfgrind, Wabengrind, Dermatomycosis favosa*, ansteckende Erkrankungen der Haut, bes. der behaarten Kopfhaut v. Kindern (Dermatomykose). Erreger sind *Trichophyton (Achorion) schoenleinii* (= *Arthroderma s.*), seltener *Trichosporon violaceum* od. *Microsporum gypseum*; bei (Haus-)Tieren *Trichophyton quinckeanum*. Typisch sind kleine, gelbe, trockene Ablagerungen v. Pilzgeflecht in der Hornschicht um einzelne absterbende Haare *(Scutula)*; daneben treten flächige Schuppenmassen auf.

Faunenverfälschung
Beispiele:
Kaninchen in Austr., Dingo in Austr. (u. a. wahrscheinlich dadurch Beutelwolf †), Gemse auf Neuseeland, Waschbär, Bisamratte, Jagdfasan, Regenbogenforelle in Europa, Marderhund in O-Europa, Mungo auf den Westind. Inseln, Achatschnecke *Achatina fulica* v. O-Afrika über Indien, Indonesien, Hawaii bis nach Kalifornien u. Florida.

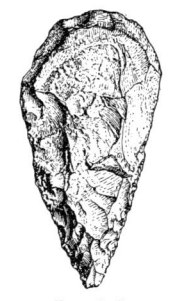

Faustkeil

Favus
Favus war vermutl. die erste Erkrankung des Menschen, bei der ein Mikroorganismus als Ursache erkannt wurde: J. L. Schönlein (1839) führte den Favus auf eine Pilzerkrankung zurück, nachdem Remak (1837) wohl als erster „runde Körper u. verzweigte Fäden" in den F.-Krusten beobachtet hatte. Durch experimentelle Infektion v. Tieren u. Selbstversuche (1842/43) bestätigte Remak, daß diese Pilze *(Trichophyton schoenleinii)* die Erreger des F. sind.

Folge des F. kann bleibender Haarausfall, Narbenbildung, sogar Kahlköpfigkeit sein.

Fäzes [Mz.; v. lat. faeces = Bodensatz, Unflat], die ↗Fäkalien.

Fazies *w* [v. lat. facies = Gesicht], *Facies*, **1)** Med.: Gesicht, Oberfläche, Außenfläche; Hippokrates beschrieb als erster den Gesichtsausdruck Schwerkranker u. Sterbender: *F. hippocratica*. **2)** Bot.: Ausbildung v. Pflanzen-Ges. niederer Ord., in der eine od. wenige Arten mengenmäßig dominieren u. so den Aspekt der Ges. prägen. **3)** Geologie: „Die Summe aller Eigenschaften eines Gesteins bis hinab in den atomaren Bereich, die über deren Bildungsumstände, Entstehung u. Entwicklung bis zum heutigen Zustand Auskunft gibt" (K. v. Bülow, 1964). Oft ist die F. fossiler Sedimente nur mit Hilfe v. Fossilien deutbar.

Faziesbezirke [v. lat. facies = Gesicht], **1)** Zoogeographie: Unterscheidung der Fazies nach Wohnbezirken: Litorale, limnische, marine F. usw., auch Geobios, Limnobios, Halobios. **2)** Geologie: Mojsisovics (1879) unterschied Ablagerungen, die entstanden sind a) in verschiedenen Medien (gr. = meson): isomesisch – heteromesisch, b) an verschiedenen Orten (gr. = topos): isotopisch – heterotopisch, c) unter verschiedenen Sedimentationsbedingungen (gr. = ops): isopisch – heteropisch.

Faziesfossilien [Mz.; v. lat. facies = Gesicht], stenöke, an bes. Umweltverhältnisse (Fazies) angepaßt gewesene fossile Lebewesen. Ggs.: Leitfossilien.

Fd, Abk. für Ferredoxin.

FDP, veraltete Abk. für Fructose-1,6-diphosphat.

F-Duktion, *Sexduktion*, bei Bakterien die Übertragung chromosomaler DNA-Abschnitte durch *F-Faktoren* (↗Plasmide) während der Konjugation. Ein F-Faktor kann durch ↗Crossing over in das ↗Bakterienchromosom integriert werden. Wird er durch einen später stattfindenden Rekombinationsvorgang wieder aus dem Bakterienchromosom entfernt, kann er ein benachbartes Chromosomenfragment mitnehmen (der so modifizierte F-Faktor wird als F′-Faktor bezeichnet) u. dieses bei späteren Konjugationen zweier Bakterienzellen v. der Donorzelle auf eine Rezeptorzelle übertragen. Das transformierte Gen kann entweder in Form des F′-Faktors repliziert od. durch Rekombination in das Chromosom der Rezeptorzelle integriert werden.

Fe, chem. Zeichen für Eisen.

Febrifugin *s* [v. lat. febrifuga = fiebervertreibende Pflanze], ein ↗Chinazolinalkaloid aus der Wurzel v. *Dichroa febrifuga;* wirkt fiebersenkend u. gg. Malaria, ist aber sehr toxisch.

Fechner, *Gustav Theodor,* dt. Philosoph, Psychologe u. Physiker. * 19. 4. 1801 Groß-Särchen bei Muskau, † 18. 11. 1887 Leipzig; seit 1834 Prof. in Leipzig; Begr. der „Psychophysik" (↗ Weber-F.sches Gesetz), Mit-Begr. der experimentellen Psychologie; untersuchte die Gültigkeit des Ohmschen Gesetzes in galvan. Elementen.
Fechser, *Setzer,* einjährige unterirdische Sproßabschnitte, die im Frühjahr neue Laubsprosse bilden; werden im Pflanzenbau zur vegetativen Vermehrung v. Hopfen, Meerrettich u. a. verwendet.
Fechterhutlarve ↗ Pilidium.
Fechterschnecken, *Strombidae* (Überfam. Flügelschnecken), Mittelschnecken mit turm- bis kegelförm., festem, in einigen Gatt. sehr großem Gehäuse; der Mündungsrand ist oft flügelartig erweitert, das Operculum lang u. spitz u. wird als Waffe benutzt (Name!). Die F. ernähren sich v. Pflanzen u. Detritus; viele der ansehnl. trop. Arten sind begehrte Sammlerstücke u. daher in ihrer Existenz gefährdet. F. i. e. S. sind die etwa 50 Arten der Gatt. *Strombus.* Die Großen F. *(S. gigas)* haben bis 35 cm hohe, schwere Gehäuse mit zugespitzten Knoten auf den Schultern der Umgänge; die Mündung ist stark erweitert u. innen rosa. Sie leben auf Korallensand im Flachwasser der Karibik. Das schwere Gehäuse dient als Fixpunkt bei der Fortbewegung: das Tier hebt den Fuß u. setzt ihn vor, hebt dann das Gehäuse an, zieht es nach u. setzt es wieder auf. Die Laichschnüre werden bis 2 m lang u. enthalten ca. 460 000 Eier. In der Mantelhöhle findet man gelegentl. Muschelwächter *(Pinnotheres)* u. Fische *(Apogonichthys strombi);* im mantelnahen Gewebe entstehen manchmal porzellanart. Perlen v. seid. Glanz u. rosa Farbe (Pinkperlen).
Feder, die ↗ Vogelfeder.
Federbuschsporenkrankheit, Pilzkrankheit v. Getreidearten, bes. v. Weizen u. Dinkel; Erreger ist *Dilophospora alopecuri* (Fungi imperfecti). An den Ähren zeigen sich auffallend braunschwarze Überzüge mit dunklen, runden Pyknidien. Die Sporen besitzen an den Enden borstenförm., teilweise verzweigte Fortsätze (Name!); sie werden mit dem Saatgut verbreitet. Die F. tritt oft gemeinsam mit der Radekrankheit des Weizenälchens *(Anguina tritici)* auf.
Federflosser, die ↗ Fadenfische 2).
Federflügler, *Zwergkäfer, Ptiliidae,* Fam. der Käfer aus der Verwandtschaft der Kurzflügler, in Mitteleuropa ca. 70 Arten; sehr kleine (meist unter 1 mm) schwarze Käfer, die oft etwas verkürzte Elytren haben; charakterist. sind die gefransten Hinterflügel, deren Spitzen in der Ruhe oft weit unter den Elytren hervorragen. Die Tiere leben oft in großer Zahl in der Bodenspreu, wo sie vermutl. Pilzsporen fressen; manche Arten in Ameisennestern *(Ptilium myrmecophilum,* 0,5 mm), andere in Nestern v. Vögeln od. Kleinsäugern. Zu dieser Fam. gehört auch der kleinste bekannte Käfer: *Nanosella fungi* (0,25 mm) aus N-Amerika.

G. Th. Fechner

Fechterschnecken
Gattungen:
↗ Cararium
↗ Fingerschnecken *(Lambis)*
Rimella
Strombus
Terebellum
↗ *Tibia*
Varicospira

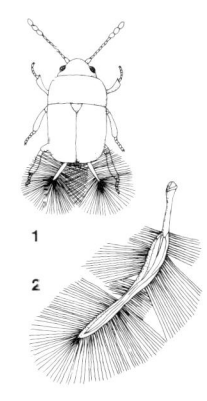

Federflügler
1 *Acrotrichis spec.;*
2 Hinterflügel eines F.s

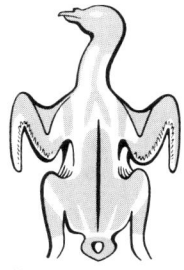

Federfluren der Taube vom Rücken

Gemeine Federkiemenschnecke *(Valvata piscinalis),* 5 mm hoch

Federfluren, *Pterylen, Pterylae,* die gruppenweise mit Konturfedern besetzten Hautstellen des Vogelkörpers; Anordnung in geometr., sich kreuzenden Reihen; die Konturfedern wurzeln schräg caudalwärts in der Haut u. bilden durch dachziegelart. Überlagerung ein lückenlos schließendes Gefieder. Ggs.: ↗ Federraine.
Federfressen, Ausrupfen u. Fressen der eigenen Federn od. der v. anwesenden Artgenossen bei Käfigvögeln u. Hausgeflügel; Ursache: Bewegungsmangel u. evtl. einseit. Ernährung, die nicht genug Pick- u. Hackbewegungen zuläßt. F. zählt zu den Symptomen einer nicht artgerechten Tierhaltung.
Federgeistchen, die ↗ Federmotten.
Federgras, *Pfriemengras, Stipa,* Gatt. der Süßgräser (U.-Fam. *Pooideae)* mit ca. 250 Arten v. Wüsten- u. Steppengräsern in den gemäßigten, trop. u. subtrop. Breiten; armblüt. Rispengräser mit 8–40 cm (!) langer Granne. In Mitteleuropa bis Zentralasien kommen zwei wicht. Arten vor: Mit rauher Granne das Haar-Pfriemengras *(S. capillata,* nach der ↗ Roten Liste „stark gefährdet") in kalkhalt. Steppen- u. Trockenrasen, bes. der Federgrasflur *(↗ Stipetum capillatae).* Mit fedrig-behaarter Granne das Zierliche F. *(S. eriocaulis,* „potentiell gefährdet") in lückigen fels. Trockenrasen *(↗ Xerobromion).* Das Espartogras *(S. tenacissima)* ist im westl. Mittelmeergebiet beheimatet u. liefert die Esparto-Faser für Flechtwerk u. Cellulosegewinnung.
Federgras-Flur ↗ Festucion valesiacae.
Federgrassteppe, von Federgras- *(Stipa-)*Arten beherrschte Grassteppe Eurasiens, mit zahlr. Winterannuellen u. Frühlingsgeophyten *(Iris, Tulipa),* die im Sommer vom austreibenden Federgras u. zahlr. Doldenblütlern abgelöst werden.
Federkiemenschnecken, *Valvata,* Gatt. der *Valvatidae,* im Süßwasser der nördl. Halbkugel lebende Mittelschnecken, deren kleines Gehäuse teller- od. gedrückt kreiselförm. ist; die Mündung ist kreisrund, der Deckel eng spiralig gewunden. Die links ansitzende Fiederkieme kann weit vorgestreckt werden; ein rechter, fadenförm. Fortsatz ist vielleicht ein Kiemenrest dieser Seite. Die F. sind meist eierlegende ☿, selten „lebendgebärend" (ovovivipar), bei osteur. Fluß-F., *V. naticina).* Die Gemeinen F. *(V. piscinalis)* sind in zahlr. ökolog. For-

men in der Paläarktis verbreitet; sie werden v. Weißfischen gefressen („Plötzenschnecken"). Die Flachen F. *(V. cristata)* haben ein scheibenförm. Gehäuse von 3,5 mm ⌀; sie leben in pflanzenreichen, stehenden od. langsam fließenden Gewässern der Paläarktis. Die Niedergedrückten F. *(V. pulchella)* mit flach kreiselförm. Gehäuse kommen in Sümpfen u. Tümpeln N- u. Mitteleuropas vor.

Federkleid, das ↗ Gefieder.

Federkorallen, die ↗ Seefedern.

Federlibelle, *Platycnemis pennipes*, ↗ Schlanklibellen.

Federlinge, die ↗ Haarlinge.

Federmilben, Milben verschiedener Fam., die im Gefieder der Vögel v. Hornschuppen u. Absonderungen der Vogelhaut leben; sie sind nicht parasitisch; die flachen Tiere sind mit ihrer Körperform den Rillen der Federkiele hervorragend angepaßt.

Federmotten, *Federgeistchen, Pterophoridae*, mit den Zünslern verwandte Schmetterlings-Fam.; ca. 500 Arten, einheim. über 50 Vertreter. Charakteristisch und ähnl. den ↗ *Orneodidae* sind die zerschlitzten Flügel, Vorderflügel meist in 2, Hinterflügel in 3 federart. Lappen aufgeteilt; in Ruhe werden die Hinterflügel fächerart. unter die waagerecht abgespreizten Vorderflügel verborgen, die langen u. bedornten Hinterbeine an das Abdomen angelegt bzw. darüber gekreuzt, was eine typ. schnakenart. Erscheinung vortäuscht. Fliegen langsam schwebend in der Dämmerung od. nachts; Larven plump u. behaart, Puppe am ↗ Cremaster angeheftet od. in Gespinst meist an der Futterpflanze. Beispiel: *Pterophorus pentadactylus*, seidig-schneeweiß, Spannweite um 28 mm, Raupe an Blättern u. Blüten v. Ackerwinden u. Klee.

Federraine, *Apterien, Apteriae*, federfreie Stellen zw. den ↗ Federfluren der Vögel.

Federschnecken, Arten der Gatt. ↗ Facelina.

Federsterne, die ↗ Haarsterne.

Federwechsel, die ↗ Mauser.

Federwild, *Flugwild*, wm. Sammel-Bez. für alle jagdbaren Vögel.

Federzüngler, *Ptenoglossa*, Überfam. der Mittelschnecken (syn. *Epitonioidea*) mit einer Federzunge (ptenoglosse Radula): dieser fehlt der Mittelzahn, dafür sind die übr. Zähne zahlr. u. gleichartig ausgebildet. Die Tiere sind carnivor u. ernähren sich vorwiegend v. Nesseltieren. Von der Manteldrüse wird ein purpurähnl. Sekret erzeugt. Die untersuchten Arten sind proterandrische ☿; während der Spermatogenese werden Spermatozeugmas gebildet: an einem atyp., im wesentl. als Treibplatte fungierenden Spermatozoon sitzen zahlr. typ. Spermatozoen an. Die Überfam. umfaßt über 300 Arten, die zwei ökolog. sehr unterschiedl. Fam. zugeordnet werden: den pelag. ↗ Floßschnecken *(Janthinidae)* u. den benth. ↗ Wendeltreppen *(Epitoniidae)*.

Fedia w, Gatt. der ↗ Baldriangewächse.

Feedback s [fidbäk; engl. =], *Rückkopplung,* allg. die Rückmeldung in einem Regelkreis, wodurch bestimmte Regelgrößen laufend korrigiert u. dadurch konstant gehalten werden. Die Regulation des Stoffwechsels mit Hilfe v. F.-Mechanismen wird als biol. *F.-Regulation* bezeichnet. Von bes. Bedeutung ist die auch *F.-Hemmung (F.-Inhibition)* gen. ↗ Endprodukthemmung (□ Allosterie) bei anabol. Enzymsystemen. Im Prinzip stellen auch die Endproduktrepression (↗ Genregulation) u. die durch ↗ Hormone kontrollierten Regelkreise F.-Mechanismen dar (wenngleich die Bez. F. in diesen Fällen seltener verwendet wird). ↗ Biofeedback.

Feenlämpchen, charakterist. Gelege v. *Agroeca brunnea* (↗ Sackspinnen).

Feh, sibir. U.-Art des ↗ Eichhörnchens.

Fehe, die ↗ Fähe.

Fehlbildung, *Mißbildung*, Bez. für eine stark v. der Norm abweichende Ausprägung eines Organs bzw. Körperteils bei Pflanzen, Tieren u. Menschen. Sie werden durch genet. Fehler (↗ Chromosomenanomalien) u./od. durch Umweltfaktoren wie Strahlung, Chemikalien, infektiöse Erkrankungen od. Tierfraß hervorgerufen (↗ Teratogene). **1)** *Bot.:* Bei Pflanzen treten F.en als einfache Organverunstaltungen, Wachstumsstörungen wie Hemmungen als auch übertriebene Förderungen, Organumbildungen u. Organvermehrungen auf. Je höher entwickelt Pflanzengruppen sind, um so häufiger findet man bei ihnen F.en. Bei den Samenpflanzen werden v. a. Wurzeln, Sproß, Blätter, Blütenstände u. Blüten betroffen, doch auch Blütenteile, Früchte u. Samen. Bekannte pflanzl. F.en sind Verbänderungen, Verlaubungen im Blütenbereich, Zwangsdrehungen, Proliferationen u. a. Bei einigen Kulturpflanzen sind solche Bildungsabweichungen zu gewünschten Eigenschaften geworden. So ging jede der verschiedenen Kohlsorten aus einer besonderen erbl. Bildungsabweichung hervor; beim Blumenkohl ist es der Blütenstand, beim Rosenkohl sind es die Seitentriebe u. bei den anderen Sorten die Blätter, die abgewandelt sind. **2)** *Zool.:* Die Auslösung der meisten F.en ist bei Tieren an bestimmte Entwicklungsstadien gebunden; beim Säuger u. Menschen entstehen F.en v. a. im Zeitraum zw. der Nidation u. der Fetalentwicklung (↗ Embryopathie, ↗ Fehlbildungskalender). Die störungsanfälligen Entwicklungsstadien sind häufig gekennzeichnet durch starke Zellvermeh-

---

Federmotte

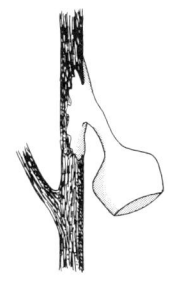

Feenlämpchen

Fehlbildung
Umweltfaktoren als mögliche Störquellen der Fruchtentwicklung beim Menschen:

Strahlenwirkung
alle ionisierenden Strahlen: Röntgen-, Gamma-, Alpha-, Elektronen-, Protonen-, Neutronenstrahlen

Chemische Faktoren
Sauerstoffmangel, Schwangerschaftstoxikose, Medikamente (Contergan)

Mechanische Faktoren
Abtreibungsversuche, Einnistungsstörungen, Abschnürungen

Infektionen
Viruserkrankungen (Röteln, Cytomegalie), Protozoenkrankheiten (Toxoplasmose)

Endokrine Faktoren
Insulin, Nebennierenhormon, Sexualhormone, Schilddrüsenhormon

Ernährungsfaktoren
Hypo- u. Hypervitaminosen

Fehlbildungskalender

rung u./od. ausgeprägte Gestaltungsbewegungen in den betreffenden Organanlagen. Bei der Phokomelie nach Einwirkung v. ↗Thalidomid (Contergan-Katastrophe) ist die Wirkkette bis heute nicht aufgeklärt, u. a. weil Versuchstiere auf dieses u. weitere Teratogene anders reagieren als der Mensch.

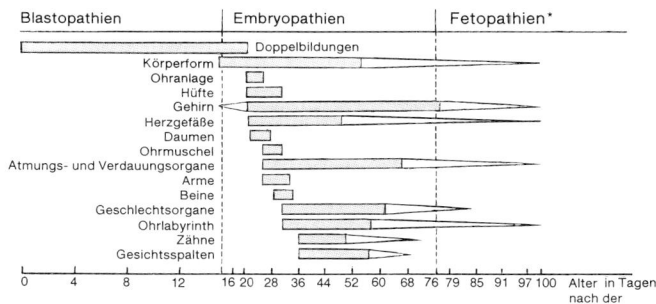

Blastopathien	Embryopathien	Fetopathien*

Doppelbildungen
Körperform
Ohranlage
Hüfte
Gehirn
Herzgefäße
Daumen
Ohrmuschel
Atmungs- und Verdauungsorgane
Arme
Beine
Geschlechtsorgane
Ohrlabyrinth
Zähne
Gesichtsspalten

0   4   8   12   16 20 28 36 44 52 60 68 76 79 85 91 97 100 Alter in Tagen nach der Befruchtung

Fehlbildungskalender, gibt die Entwicklungsabschnitte an, die für die Auslösung verschiedener Typen v. Fehlbildungen beim Menschen anfällig sind. *Gametopathien* u. *Blastopathien* werden an den Keimzellen bzw. im Entwicklungsabschnitt vor der Nidation u. Gastrulation ausgelöst, *Fetopathien* während der Fetalentwicklung. Am häufigsten sind ↗*Embryopathien,* die während der Embryonalperiode i. e. S. (↗Embryo, ↗Embryonalentwicklung des Menschen) ausgelöst werden.

Fehlerkorrekturenzyme, Enzyme, unter deren Wirkung Fehlpaarungen od. andere DNA-Schäden korrigiert werden (↗DNA-Reparatur; Fehlerkorrekturfunktion von ↗DNA-Polymerasen).

Fehlgeburt, der ↗Abortus.

Fehlprägung, ↗Prägung auf ein falsches, unter natürl. Umständen nicht zu erwartendes Objekt, so daß das geprägte Verhalten seine Funktion nicht erfüllen kann. Im Freiland sind F.en sehr selten; es kommt z. B. vor, daß Entenmännchen auf Weibchen einer falschen Art als Sexualobjekt geprägt werden. Von am. Weißkopfammerfinken sind falsche *Gesangsprägungen* bekannt, da mehrere U.-Arten dieser Vögel mit verschiedenen ↗Dialekten im selben Gebiet überwintern. Im Experiment werden F.en zur Untersuchung der Prägungsvorgänge u. der geprägten Reaktionen benutzt. K. Lorenz entdeckte die *Nachlaufprägung* bei Enten- u. Gänseküken, weil ein gerade geschlüpftes Grauganküken versehentl. auf ihn als Nachfolgeobjekt geprägt wurde. Die *sexuelle Prägung* v. Vögeln wurde untersucht, indem man Junge v. Eltern einer anderen Art aufziehen ließ *(Ammenaufzucht).* Bei Prägung eines Haustiers auf den Menschen spricht man gelegentl. allg. von einer *Menschenprägung.*

Fehlbildungskalender des Menschen

* Fetopathien können auch noch nach dem 3. Schwangerschaftsmonat ausgelöst werden, z. B. durch Infektionen od. hormonelle Störungen (↗Kretinismus).

Fehlwirt, *Irrwirt, aberranter Wirt,* Wirtsart, in die ein Parasit zwar eindringt, in der er aber zugrundegeht od. von der aus er seinen Zyklus nicht weiterführen kann.

Fehn *s* [v. ahd. fenna = Sumpf], *Fenn, Vehn, Venn,* Bez. für große, urspr. Feuchtgebietslandschaften NW-Dtl.s und der Niederlande mit stehenden Gewässern, ausgedehnten Sümpfen u. großen Mooren, die häufig als Hochmoore ausgebildet waren, heute jedoch zum großen Teil abgetorft sind.

Fehnkultur [v. ahd. fenna = Sumpf], Methode zur Gewinnung landw. Flächen auf Moorböden, die in NW-Dtl. u. den Niederlanden gg. Ende des 16. Jh. aufkam. Nach dem Abtrag der Torfschichten wurde der mineral. Untergrund mit Weißtorf, Schlick u. Stalldünger gemischt u. so für die Einsaat v. Kulturpflanzen vorbereitet.

Fehr, *Johann Michael,* dt. Arzt u. Naturforscher, * 9. 5. 1610 Kitzingen, † 15. 11. 1688 Schweinfurt; Gründer (1652, zus. mit J. L. Bausch) der Dt. Akademie der Naturforscher Leopoldina.

Feige, 1) der ↗Ficus; 2) Frucht des ↗Feigenbaums; 3) ↗Brunstfeige.

Feigenbaum, *Ficus carica,* wahrscheinl. aus dem Mittelmeergebiet u. Kleinasien stammende, heute über die gesamten Tropen u. Subtropen verbreitete Art der Gatt. *Ficus.* Bis 10 m hoher, Milchsaft führender, laubwerfender Baum od. Strauch mit großen, handförmig gelappten Blättern u. sehr kleinen, getrenntgeschlecht. Blüten auf der Innenseite krugförmig eingesenkter Blütenstandsachsen, deren Öffnung durch Schuppenblätter fast verschlossen wird. Aus der Wildform des F.s haben sich infolge jahrtausendelanger Kultur zwei Varietäten, die Bocks-, Holz- od. Caprifeige (*F. carica* var. *caprificus*) u. die Kulturfeige (*F. carica* var. *domestica*) entwickelt. Beide bringen jährl. 3 Generationen v. blattachselständ. Blütenständen hervor. Während die Infloreszenzen der Kulturfeige nur langgrifflige ♀ Blüten enthalten, beherbergen

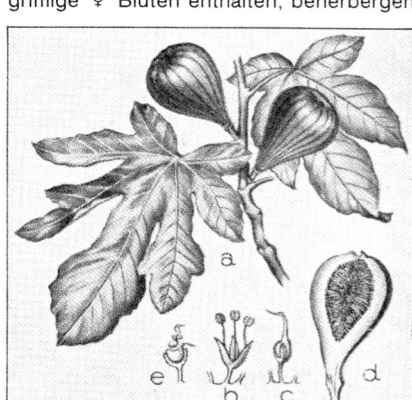

Feigenbaum

a Fruchtzweig der Eßfeige („Ficus"), **b** ♂ Blüte, **c** ♀ Blüte, **d** Frucht der Bocksfeige („Caprificus"), längs durchschnitten, **e** Gallenblüte mit ausschlüpfender Wespe

diejenigen der Bocksfeige kurzgrifflige ♀ Blüten (Gallblüten) sowie ♂ Blüten. Eine spezielle ↗Feigenwespe, deren Larven sich in den Gallblüten der Bocksfeigen entwickeln, wird beim Verlassen der Blütenstände mit Pollen bedeckt u. sorgt mit diesem auch für die Bestäubung der Blütenstände der Kulturfeige. Aus ihnen entstehen die *Eßfeigen,* bis 8 cm lange, birnenförm. Steinfruchtstände, deren rotgefärbtes, fleischiges, zuckersüßes Innere eine Vielzahl kleiner Samen enthält u. von einer ledr. grünen od. violetten Außenhaut umgeben ist. Die in warmen Klimaten 3mal pro Jahr geernteten Eßfeigen werden frisch od. getrocknet verzehrt (ihr hoher Zuckergehalt macht sie lange haltbar) od. dienen zur Herstellung v. Konfitüren, Spirituosen u. a. Hauptanbaugebiete des F.s sind neben dem Mittelmeerraum (bes. Türkei), S-Afrika, Australien u. Kalifornien. Die Weltproduktion betrug 1980 ca. 1,5 Mill. t. ☐ Mediterranregion III, ☐ Kulturpflanzen VI.

Feigenkaktus, *Opuntia ficus-indica,* ↗Kakteengewächse.

Feigenschnecken, *Ficidae,* Fam. der Mittelschnecken mit birnenförm., dünnschal. Gehäuse u. sehr großer Endwindung; die Mündung ist weit u. hat eine lange Siphonalrinne; ein Deckel ist nicht vorhanden; der Mantelrand bedeckt die Schale seitlich. Die F. sind carnivore Bandzüngler mit langen, fadenförm. Fühlern; die Geschlechter sind getrennt, die ♀♀ größer als die ♂♂. Die ca. 10 Arten sind vorwiegend auf Weichböden trop. Meere, manche auch in der Tiefe, verbreitet. Die Großen F. *(Ficus gracilis)* haben Gehäuse v. 15 cm Höhe; sie leben im Indopazifik in 100–200 m Tiefe.

Feigenwespen, *Agaonidae,* Fam. der Hautflügler mit ca. 35 Arten, in S-Europa nur die Art *Blastophaga psenes.* Die F. sind ca. 1 mm groß u. leben fast ausschl. v. den Blütenständen v. ↗Feigenbäumen *(Ficus),* die sie dabei in einem sehr komplizierten Verfahren bestäuben. Bes. gut untersucht ist die Bestäubung der Sykomore *(Ficus sycomorus)* durch die Wespe *Ceratosolen arabicus:* Geflügelte Weibchen dringen in den jungen, krugförm. Blütenstand ein. Dabei verlieren sie beim Passieren der engen Öffnung die Flügel. Zu dieser Zeit befinden sich am Grund des Blütenstands langgriffel. u. kurzgriffel. karpellate Blüten u. in der Nähe der Öffnung unreife staminate Blüten. Die Weibchen legen an die Samenanlagen der kurzgriffel. Blüten je ein Ei ab. Für die Ablage an langgriffel. Blüten ist der Legeapparat zu kurz. Um die Eier entstehen Gallen, die der Wespenlarve als Schutz u. Nahrung dienen.

Feigenbaum
Die bes. Bestäubungsverhältnisse bei der Kulturfeige haben schon im Altertum dazu geführt, daß Zweige der Bocksfeige in die Kronen der Kulturfeigenbäume gehängt wurden (↗ *Caprifizierung).* Während die bekannte Smyrna-Feige einer solchen Bestäubung noch bedarf, gibt es jedoch schon Feigensorten, deren Fruchtstände parthenogenet. heranreifen, also keiner Bestäubung mehr bedürfen.

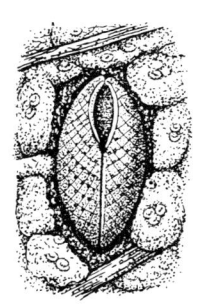

Nest-Feilenmuschel *(Lima hians)*

Die Weibchen sterben in der Feige. Nur die langgriffel. Blüten entwickeln Samen. Nach einigen Wochen schlüpfen die Männchen der neuen Generation. Sie sind flügellos u. begatten durch die Gallenwand hindurch die noch nicht aus den Gallen geschlüpften Weibchen. Danach bohren sie Löcher in die Wand der Feige u. sterben ab. Die nun schlüpfenden begatteten Weibchen benutzen diese Öffnung, um aus der Feige zu kriechen u. suchen nun einen anderen, noch in der weibl. Phase befindl. Blütenstand auf. Bevor sie aus ihrem Blütenstand herauskriechen, füllen sie mit den Vorderbeinen aktiv an den jetzt stäubenden staminaten Blüten ihre Pollentaschen, je eine 0,2 mm lange Tasche mit Deckel beiderseits am Thorax. Bei der Eiablage in einen neuen Feigenblütenstand wird der Pollen wieder herausgekratzt, u. damit werden aktiv die Narben bestäubt. Der Schlüpfzeitpunkt u. die Aktivität der Wespen werden über den je nach Reifegrad wechselnden CO_2-Gehalt innerhalb des Blütenstands gesteuert. ↗ Caprifizierung.

Feigwurz, das ↗Scharbockskraut.

Feilenfische, *Monacanthus,* Gattung der ↗Drückerfische.

Feilenmuscheln, *Limidae,* Fam. der Kammuschelartigen, Meeresmuscheln mit Schalenklappen, die meist höher als lang sind. Sie haben einen, in Größe u. Position variablen Schließmuskel. Der Weichkörper ist weiß bis orange, manchmal leuchtend rot. Die Mittelfalte des Mantellappens trägt Grubenaugen, die Innenfalte kontrolliert den Wassereintritt in die Mantelhöhle u. die Ausstoßrichtung des Wassers. Dieses kann neben dem Scharnier u. auch seitl. nach unten kräftig ausgepreßt werden u. ermöglicht der Muschel springende od. schwimmende Bewegung. Der Mantelrand trägt weit ausstreckbare Tentakel, an denen ebenfalls Augen sitzen können. Die Kiemen sind zu Scheinblattkiemen umgestaltet (↗ *Filibranchia),* das Nervensystem ist bei vielen Arten konzentriert. Die Eier entwickeln sich in der Mantelhöhle bis zum Larvenstadium, das ausgestoßen wird. Zu den F. gehören etwa 125 Arten, in allen Meeren verbreitet sind. Die Nest-F. *(Lima hians)* heftet mit ihren Byssusfäden kleine Steine, Schalenbruchstücke u. a. zu einem „Nest" zus., das etwa 12 cm ⌀ hat u. die Muschel dem Zugriff ihrer Feinde (Fische) entzieht; junge Nest-F. bewohnen oft zu mehreren ein gemeinsames Nest; die Art kommt im Mittelmeer u. im O-Atlantik vor.

Feilennattern, *Mehelya,* Gatt. der ↗Wolfszahnnattern.

Feind-Beute-Beziehung, Begriff der Ökologie, im Prinzip sowohl auf Räuber-Beute-Beziehungen als auch auf Parasit-Wirt-Be-

Feindfaktor

ziehungen anwendbar, oft aber nur in bezug auf den Räuber („Freßfeind") gebraucht.
Feindfaktor, *Feinddruck,* Einfluß v. Feinden auf das Schicksal einer Population v. Beuteorganismen; der F. u. seine Änderungen können in mathemat. Modellen in Annäherung quantifiziert werden.
Feinstrahl ↗ Berufkraut.
Fekundation *w* [v. lat. fecundare = fruchtbar machen], die ↗ Befruchtung.
Fekundität [v. lat. fecunditas =] ↗ Fruchtbarkeit.
Felberich, *Lysimachia vulgaris,* ↗ Gelbweiderich.
Felchen, die ↗ Renken.
Feldfieber, *Erntefieber, Wasserfieber, Leptospirosis grippotyphosa,* meist endemisch im Sommer u. Herbst bei Feldarbeitern in überschwemmten Gebieten (z. B. ober-it. Reisfelder) auftretende Infektionskrankheit mit grippeähnl. Verlauf; Erreger sind verschiedene Arten v. *Leptospira* (Spirochäten), die durch den Harn v. Feldmäusen übertragen werden.
Feld-Gras-Wechselwirtschaft, Bodennutzungssystem, bei dem eine Bodenfläche abwechselnd als Acker od. Grünland genutzt wird.
Feldhase, *Europäischer F., Lepus europaeus,* einziger einheim. Vertreter der Echten Hasen (Gatt. *Lepus*); Kopfrumpflänge 50–65 cm, Schwanzlänge 7–11 cm; Fell oberseits graubraun, z. T. gelbl. od. rötl. getönt, Bauchseite weiß. Verbreitungsgebiet: ganz Europa mit Ausnahme des hohen Nordens; wegen ihrer jagdl. Bedeutung hat man F.n u. a. auch in N- u. S-Amerika, Australien u. Neuseeland angesiedelt. Der F. lebt in flachem Gelände, vorzugsweise in Kulturland (Kulturfolger), z. T. auch in Laub-, weniger in Nadelwald; im Gebirge bis in 1600 m, teilweise (Sommer) bis 3000 m Höhe. Er ist vorwiegend Nachttier u. Einzelgänger. Als Ruhelager scharren F.n mehrere flache Mulden („Sassen"), versteckt im Wald, in Sträuchern od. in einer Ackerfurche, die wechselweise, je nach Wind- u. Wetterverhältnissen, aufgesucht werden. Bei Gefahr drücken sich F.n dicht an den Boden od. fliehen in großen Sprüngen mit Hakenschlagen zum Irritieren des Verfolgers; übl. Gangart ist der Galopp. F.n sind vielseit., aber reine Pflanzenfresser. Ihre Nagezähne wachsen ständig u. schärfen sich durch Abnutzung. Vitaminreicher ↗ Blinddarmkot wird gleich nach Abgabe wieder verschluckt (Coecotrophie). Die Fortpflanzungszeit der F.n dauert v. Jan. bis Okt.; der Eisprung wird durch die Paarung ausgelöst. Nach 42 Tagen Tragzeit wirft die Häsin (gewöhnl. 3mal im Jahr) 2–5 (im Ggs. zum Wildkaninchen) bereits behaarte u. sehende Junge, die sie

Feldheuschrecken
Wichtige Gattungen und Arten:
Chorthippus
Keulenschrecken
(Gomphocerus)
Ödlandschrecken
(Oedipoda)
Omocestus
Schnarrschrecke
(Psophus stridulus)
Sumpfschrecke
(Mecostethus grossus)
↗ Wanderheuschrecken *(Locusta, Dociostaurus)*

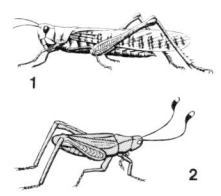

1 Feldheuschrecke *(Locusta spec.),*
2 Keulenschrecke *(Gomphocerus spec.)*

Feldhase *(Lepus europaeus)* im Winter

Feldmäuse
Wichtige Arten:
Erdmaus
(Microtus agrestis)
Feldmaus *(M. arvalis)*
Mittelmeer-Feldmaus
(M. guentheri)
Schneemaus
(M. nivalis)
Sumpfmaus
(M. oeconomus)

2–3 Wochen lang säugt. In Gefangenschaft ist die Zucht v. F.n sehr schwierig. B Europa XIII.
Feldheuschrecken, *Acrididae,* weltweit verbreitete Familie der ↗ Heuschrecken (Kurzfühlerschrecken) mit insgesamt ca. 6000, davon in Mitteleuropa ca. 60 Arten. Die F. haben, wie für die Heuschrecken typisch, einen längl., seitl. abgeflachten Körper mit 2 Paar Flügeln u. zum Springen umgestaltete Hinterbeine. Sie sind auf sommerl. Wiesen häufig anzutreffen (Größen zw. 1 u. 10 cm). Bei der Lauterzeugung durch Stridulation wird eine Zäpfchenreihe durch eine scharfe Kante angestrichen. Die Zäpfchenreihe befindet sich je nach Gatt. auf den Vorderflügeln (Ödlandschrecken, Schnarrschrecke, Sumpfschrecke) od. auf den Hinterschenkeln (Keulenschrecken), die Kante dann entspr. auf den Hinterschenkeln bzw. auf den Vorderflügeln. Die F. sind oft sehr eng an ihren Biotop gebunden; dabei kommt es zur Ausbildung v. Zwillings- od. Drillingsarten, die trotz enger Verwandtschaft u. morphol. Ähnlichkeit eine Vermischung durch unterschiedl. Isolationsmechanismen, wie z. B. durch unterschiedl. Gesang, vermeiden. Die beiden oft nebeneinander vorkommenden Arten der Ödlandschrekken (*Oedipoda caerulescens* od. *O. germanica*) unterscheiden sich durch die Farbe der Hinterflügel. Häufig an sonn. Hängen ist die Schnarrschrecke *(Psophus stridulus)* mit auffallend roten Hinterflügeln. Nur in Sümpfen u. auf nassen Wiesen kommt die Sumpfschrecke *(Mecostethus grossus)* vor. Als „Heuhüpfer" sind die auf trockenen Wiesen häuf. Arten der Gatt. *Chorthippus* u. *Omocestus* bekannt. Wegen ihrer verdickten Fühlerenden werden die Arten der Gatt. *Gomphocerus* Keulenschrecken gen.; sie kommen häufig an trockenen Waldrändern vor. Da alle F. Pflanzenfresser sind, können sie bei Massenbefall schädl. werden; das gilt bes. für die unter dem Sammelnamen ↗ Wanderheuschrecken zusammengefaßten Gatt. *Locusta* u. *Dociostaurus.* B Insekten I.
Feldkapazität ↗ Bodenwasser.
Feldmäuse, *Microtus,* Gatt. der Wühlmäuse mit ca. 50 Arten. Häufigstes Säugetier in Mittel- u. N-Europa ist die Feldmaus, *M. arvalis,* Kopfrumpflänge 9–12 cm, Schwanzlänge 3–4,5 cm; Fell kurzhaarig u. glatt, hell- bis mittelbraun; sie bevorzugt offene Landschaften als Lebensraum u. geht im Gebirge bis auf ca. 2300 m. Die Feldmaus ist hpts. abends aktiv; sie läuft schnell mit öfterem Anhalten. Die Gänge der in Kolonien siedelnden F. liegen dicht unter der Erdoberfläche mit Nest- u. Vorratskammern u. sind durch oberird. Wech-

sel verbunden. Schnelles Jugendwachstum mit früher Geschlechtsreife (1. Wurf im Alter v. 5 Wochen möglich), rasche Aufeinanderfolge der Würfe (im Sommer alle 3 Wochen!) mit je 4–7 Jungen können bei günst. Ernährungsbedingungen zur Massenvermehrung der F. führen. Seit der Mensch Ackerbau betreibt, gelten F. als die gefürchtetsten Schädlinge; ihr alljährl. in Dtl. angerichteter Schaden erreicht Millionenbeträge. Als natürl. Feinde gelten Fuchs, Wiesel sowie viele Greifvogelarten. Von ähnl. Lebensweise u. Aussehen (Fell langhaariger u. dunkler) ist die Erdmaus *(M. agrestis).* Ihre Verbreitung ist ähnl. der der Feldmaus, doch fehlt sie im größten Teil S-Europas. Im Ggs. zur wärmeliebenden Feldmaus bevorzugt die Erdmaus feuchtere u. kühlere Standorte. Sie besiedelt rasch neu entstandene Kahlschläge; in Aufforstungen verursacht sie Fraßschäden. Die vorwiegend osteur.-asiat. verbreitete Sumpfmaus od. Nordische Wühlmaus *(M. oeconomus)* kommt in Mecklenburg u. Brandenburg u. wahrscheinl. als Glazialrelikt in den Niederlanden, Skandinavien u. Östr. vor; Aussehen ähnl. Erdmaus; etwas dunkleres Fell und längerer Schwanz (4–6,5 cm); bevorzugt feuchtes bis nasses Gelände mit dichtem Pflanzenbewuchs. Die Schneemaus *(M. nivalis)* lebt an sonn. Plätzen im Hochgebirge bis in 4000 m. In Spanien u. auf dem Balkan lebt, hpts. im Gebirge, die Mittelmeer-Feldmaus *(M. guentheri),* die äußerl. unserer einheim. Feldmaus ähnelt.

Feldsalat, Ackersalat, *Valerianella,* Gatt. der Baldriangewächse mit ca. 60 bes. im Mittelmeerraum beheimateten Arten. Einjähr. Kräuter mit spatelig-längl. bis lanzettl. Blättern u. wiederholt gabelig verzweigten Stengeln, an denen die unscheinbaren, weißl. Blüten in gabel. Trugdolden mit köpfchenart. Einzelblütenständen stehen. Die Früchte, einsamige Nüßchen, sind bei verschiedenen V.-Arten z.T. recht unterschiedl. geformt u. bilden oft das einzige Unterscheidungsmerkmal. Bekannteste in Mitteleuropa vorkommende Art des F.s ist *V. locusta* (= *V. olitoria),* der Gemeine F. Wie auch *V. dentata,* der Gezähnte F., od. *V. carinata,* der Gekielte F., wächst er zieml. häufig als Unkraut an Wegrändern, in Getreidefeldern od. auf Äckern mit lehm. Boden. Er keimt im Herbst u. bildet zunächst eine grundständ. Blattrosette, die dann mit Beginn des Frühjahrs zahlr. 10–20 cm hohe Blütensprosse treibt. Seit Anfang des 17. Jh. wird der Gemeine F. *(V. locusta)* als Wintersalat gärtnerisch angebaut. Verzehrt werden die frostresistenten Blattrosetten, die vom Spätherbst bis zum beginnenden Frühjahr geerntet werden.

Feldmaus *(Microtus arvalis)*

Feldsalat *(Valerianella)*

Felsenbein
Pro-Oticum und Opisth-Oticum bilden zus. das Os petrosum (Felsenbein) Os petrosum, Tympanicum und Squamosum bilden zus. das Os temporale (Schläfenbein)

Felsenbirne *(Amelanchier ovalis),* links blühend, rechts mit Früchten

Feld-Wald-Wechselwirtschaft, heute fast völlig verschwundene Art der landw. Wechselwirtschaft, bei der auf einer Fläche die langjähr., niederwaldart. Waldnutzung (mindestens 12 Jahre) mit kurzfrist. Ackernutzung (1–3 Jahre) abwechselte. Sie wurde in Europa regional als Hauberg-, Reutberg- od. Schwandwaldwirtschaft bezeichnet. ↗ Eichenschälwald.
Feldwespen, *Polistes,* Gatt. der ↗ Vespidae. [↗ Katzen.
Felidae [Mz.; v. lat. felis = Katze], die
Felis *w* [lat., = Katze], ehem. Gatt.-Bez., welche die meisten Katzenarten (Groß- u. Kleinkatzen) umfaßte; heute Gatt. der ↗ Kleinkatzen.
Fell, das bei vielen Landsäugetieren dicht ausgebildete Haarkleid; aus verschiedenen Haartypen zusammengesetzt, schützt es gg. mechan. Einwirkungen, dient der Regulierung der Körpertemp. u. trägt durch Pigmentierung der Haare wesentl. zum Aussehen des Tieres bei. Vielen Ektoparasiten bietet das F. einen geschützten Lebensraum. [*leus,* ↗ Corynetidae.
Fellkäfer, *Corynetes* (= *Korynetes) coeru-*
Fellmilben, *Pelzmilben,* Milben verschiedener systemat. Zugehörigkeit, die im Fell bes. von erdhöhlenbewohnenden Säugern von Talgsekreten u. Schuppen leben; häufig sind Klammer- u. Haltevorrichtungen an den Beinen ausgebildet.
Fellstäublinge, die ↗ Didymiaceae.
Fellstrich ↗ Haarstrich.
Fellwechsel ↗ Haarwechsel. [thetalia.
Felsbandgesellschaften ↗ Sedo-Scleran-
Felsbrüter, Vögel, die ihre Eier auf Felsvorsprüngen od. in Felsnischen ausbrüten. Diese weitgehenden Schutz vor Feinden bietende Anpassung tritt unabhängig voneinander in verschiedenen systemat. Gruppen auf (z.B. bei Sturmvögeln, Greifvögeln, Möwen, Lummen, Eulen, Seglern, Sperlingsvögeln). Bei fehlender Nistunterlage sind Sonderanpassungen erforderl., wie konisch geformte u. damit gg. weites Wegrollen gesicherte Eier bei der Trottellumme. Kulturfolger-Arten stellten sich auf Besiedlung v. Gebäuden um (Felsentaube, Mauersegler, Mehlschwalbe, Hausrotschwanz, Dohle u.a.).
Felsenbarsche, *Cephalopholis,* Gatt. der ↗ Zackenbarsche.
Felsenbein, *Petrosum, Os petrosum, Perioticum,* ein Abschnitt des ↗ Schläfenbeins *(Os temporale)* der Säuger. Im F. liegt das knöcherne Labyrinth des Innenohrs. Stammesgeschichtl. ist das F. eine Verschmelzung der endocranialen Ersatzknochen *Pro-Oticum* u. *Opisth-Oticum.*
Felsenbirne, *Amelanchier,* Gatt. der Rosengewächse mit ca. 30 Arten, deren Verbreitungsschwerpunkt in N-Amerika bis

289

Felsenbirnen-Gebüsch

Mexiko liegt. Bei uns ist *A. ovalis* heimisch, eine Charakterart des Felsenbirnen-Gebüsches. Einige nordam. Arten werden als Ziergehölze gepflanzt.

Felsenbirnen-Gebüsch, das *Cotoneastro-Amelanchieretum,* Assoz. des ↗Berberidion.

Felsenblümchen, *Draba,* hpts. in den Hochgebirgen der gemäßigten Zonen u. in der Arktis heim. Gatt. der Kreuzblütler mit ca. 270, meist seltenen, z.T. schwer unterscheidbaren Arten. 1–2jährige od. ausdauernde, überwiegend kleine, Rasen od. Polster bildende, behaarte Kräuter od. Stauden mit Rosetten aus ganzrand. od. gezähnten Blättchen u. kleinen weißen od. gelben, in Trauben angeordneten Blüten. In den Gebirgen Mittel- u. S-Europas beheimatet ist das gelb blühende Immergrüne F. *(D. aizoides).* Die ausdauernde, 5–10 cm hohe, dichtrasige Pflanze liebt Kalk u. wächst in alpinen Steinrasen u. an sonn. Felsen (Felsspalten).

Felsenbohrer, *Felsenklaffmuscheln, Hiatellidae,* Muschel-Fam. der U.-Ord. *Adapedonta;* die Schalenklappen sind ziemlich fest, aber oft ungleich ausgebildet, manchmal ganz unregelmäßig. Der Weichkörper kann nicht völlig zw. die Klappen zurückgezogen werden. Die Schalenoberfläche ist glatt od. konzentr. gerippt od. gestreift. Der fingerförm. Fuß ist klein od. ganz reduziert. Der Gemeine F. *(Hiatella arctica)* bewohnt Spalten u. Löcher in weichem Gestein; die Schalen werden bis 7 cm lang u. sind unregelmäßig geformt; er ist kosmopolitisch. Die Fam. umfaßt etwa 25 Arten in 5 Gatt.

Felsengebirgsfieber, amerikan. Zeckenbißfieber, Rocky-Mountain-Fleckfieber, hervorgerufen durch *Rickettsia rickettsi,* auf den Menschen übertragen durch Speichel od. Kot v. Zecken (z.B. *Dermacentor*), die selbst den Erreger mit ihren Eiern auf Nachkommen weitergeben. Von Reservoirtieren (z.B. Mäusen, Ratten, Kaninchen) immer wieder auf den Menschen übergehend. Klin. Bild ähnl. ↗Fleckfieber, unbehandelt für 20% der Patienten tödlich.

Felsenkirsche, *Prunus mahaleb,* ↗Prunus.

Felsenklaffmuscheln, die ↗Felsenbohrer.

Felsenkrabben, *Grapsidae,* Fam. der *Brachyura;* Krabben mit fast quadrat. Cephalothorax, die semiterrestr. an Felsenküsten od. in Mangrovesümpfen leben. Am bekanntesten sind die *Pachygrapsus*-Arten v. den Mittelmeer- u. die *Grapsus*-Arten v. den am. Küsten. Ein weiterer bekannter Vertreter ist die ↗Wollhandkrabbe.

Felsenpython *m, Assala, Python sebae,* Art der Pythonschlangen, Gesamtlänge ca. 6,5 m, schwarzbraune Zeichnung, dreieck. Kopffleck; in Afrika südl. der Sahara behei-

Felsenpython *(Python sebae)*

Felsenbohrer
Gattungen:
Cyrtodaria
Hiatella
Panomya
↗*Paropea*
Saxicavella

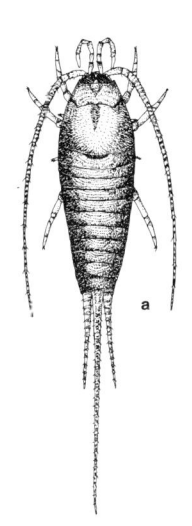

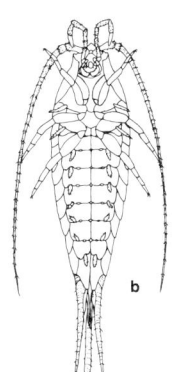

Felsenspringer | **a** Dorsal- und **b** Ventralansicht eines Felsenspringers

matet; bevorzugt Gras- u. Baumsteppen, Buschdickicht bzw. Flußufer; vorwiegend dämmerungsaktiv; ernährt sich v.a. von Antilopen, größeren Nagetieren u. bodenbewohnenden Vögeln. Flieht im allg. vor Menschen, kann – gereizt – diesen aber gefährl. Wunden zufügen. B Afrika II.

Felsenratten, 1) *Afrikanische F., Petromuridae,* Fam. der Nagetiere mit noch ungeklärter stammesgeschichtl. Zuordnung (Stachelschweinverwandte?). Die einzige Art, die Felsenratte *Petromus typicus,* Kopfrumpflänge 14–20 cm, Schwanzlänge 13–18 cm, bewohnt Felsspalten in steinigem Ödland S-Afrikas; Pflanzenfresser. Die jungen F. (1–2 im Dez./Jan.) werden voll entwickelt u. behaart geboren. **2)** *Südamerikanische F., Aconaemys fuscus,* Kopfrumpflänge 15–18 cm, Schwanzlänge 5,5–7,5 cm, Nagetier aus der Fam. der ↗Trugratten.

Felsenschnecken Bez. für Landlungenschnecken der Gatt. ↗ *Chilostoma,* zu der heute auch die Arten der früheren Gatt. *Campylaea* gezählt werden, die in S-Europa beheimatet sind.

Felsenspringer, *Archaeognatha, Microcoryphia,* Ord. der Urinsekten mit ektognathen Mundteilen, Teilgruppe der ↗Borstenschwänze u. der ↗*Monocondylia.* Einzige Urinsekten mit mächt. Facettenaugen. Reste abdominaler Beine in Form v. Coxopoditen und Styli (☐ Extremitäten); letztere auch an den Mittelbrust- u. gelegentl. auch Hinterbeinen. Hinterleibsspitze mit langen vielgliedr. Cerci u. Terminalfilum. Am 8. u. 9. Hinterleibssegment finden sich jeweils an den Coxopoditen lange Fortsätze, die den Gonapophysen I u. II bzw. Valvulae I u. II des orthopteroiden Legeapparats (↗Eilegeapparat) der pterygoten Insekten homolog sind. Die Coxopoditen entsprechen den Valviferen I u. II. Diese Anhänge finden sich bei beiden Geschlechtern; die Männchen haben zusätzl. penisart. mediane Anhänge. Die Arten zeigen ein kompliziertes Paarungsverhalten, das zur indirekten Spermatophorenübertragung führt. Hierbei werden vom Männchen Gespinstfäden so angebracht, daß das Weibchen mit den Valvulae die darauf befindl. Spermatropfen aufnehmen kann. Die etwa 1–1,5 cm großen dicht beschuppten F. i.e.S. od. Küstenspringer *(Machilidae)* leben auf stein. Böden, Felsen od. an Baumrinde. In Mitteleuropa v.a. die Gatt. *Halomachilis maritimus* (Küstenspringer, an der Meeresküste in der Spritzwasserzone), *Machilis germanica* od. *Dilta hibernica* (in lichten, warmen Wäldern, an Steinmauern).

Felsflora, *Felsenpflanzen,* die Pflanzen der Felsspalten (↗Chasmophyten) und der freien Felsflächen. Erstbesiedler sind ge-

steinslösende Flechten, einzellige, z.T. schwärzl. „Tintenstriche" hervorrufende Algen u. kleine Moose *(Grimmia, Rhacomitrium, Hypnum)*, die später durch größere Laubflechten u., bei beginnender Ansammlung v. Feinerde, durch Höhere Pflanzen ergänzt werden. [thetalia.
Felsgrusgesellschaften ⌐ Sedo-Scleran-
Felsküste, entsteht dort, wo durch den Einfluß der Wellen weiches Material erodiert wird u. härteres Gestein stehenbleibt. Die Uferform ist v. den Gesteinen abhängig, die die Küste aufbauen. Viele Felsufer sind stark besiedelt, da sie eine Vielfalt an verschiedenen Lebensräumen bieten, wie etwa exponierte, glatte Flächen, Überhänge, Spalten, Höhlen, flache od. tiefere Tümpel. Die Intensität der Wasserbewegung u. die Festigkeit des Gesteins stellen die begrenzenden Faktoren für die Pflanzenbesiedlung dar. An F.n läßt sich deutl. eine Zonierung v. Pflanzen u. Tieren erkennen. Im Eulitoral (zw. Hoch- u. Niedrigwasserlinie) herrscht unter den Algen der Sägetang *(Fucus serratus)* vor, im Sublitoral (unterhalb der Niedrigwasserlinie) die *Laminaria*-Arten. Diese Großalgen bieten anderen Formen, die keine direkte Sonneneinstrahlung vertragen, Schutz u. Nahrung. Zu den charakterist. Tierarten gehört im Bereich der Hochwasserlinie die Seepocke *Balanus*. Im oberen Eulitoral hat die gemeine Strandschnecke *Littorina* ihren Verbreitungsschwerpunkt. In Vertiefungen des Felswatts sammeln sich Sedimente an, in denen sich lokal begrenzte, v. der Beschaffenheit des Substrats abhängige u. von der typischen Felsflora u. -fauna abweichende Gemeinschaften ansiedeln. B Meer I.
Felsmalerei, Bez. für ortsfest an Felswänden angebrachte Malereien, Zeichnungen sowie Felsenreliefs, *i. e. S.* für die alt- u. jungsteinzeitl. F.en u. Felszeichnungen (-ritzungen, -gravierungen) an Höhlenwänden bzw. -decken. F.en sind, über die ganze Erde verbreitet, auch aus geschichtl. Zeit, vereinzelt noch v. Jägerkulturen der Ggw. bekannt. Die frühesten F.en können auf die Zeit um 20 000 v. Chr. datiert werden. ☐ Bienenzucht.
Felsrasen ⌐ Sedo-Scleranthetea.
Felsspaltengesellschaften ⌐ Asplenietea rupestria.
Femelschlag, forstwirtschaftl. Betriebsform v. Hochwaldbeständen, bei der die natürliche Verjüngung v. Mischbeständen (hpts. bei der Mischung v. Tanne, Fichte u. Buche) gefördert wird. Der ungleichmäßige Aushieb v. Bäumen in gruppen- u. horstweiser Form (Femelschlag) ermöglicht eine optimale Verjüngung der Schattenbaumarten (z.B. Tanne, Buche). Bei der Erweiterung der Verjüngungskerne durch Umränderung (d. h. schmale ringförm. Aushiebe) besitzen auch Halbschattenbaumarten (z. B. Fichte) und Lichtbaumarten (z. B. Kiefer, Lärche) Ansamungschancen. Durch eine Vielzahl v. Verjüngungskernen mit unterschiedl. Entwicklungsgrad besteht eine außerordentl. verjüngungsökolog. Mannigfaltigkeit. ⌐ Schlagformen (☐).
Femelwald, forstl. Betriebsform des Dauerwaldes, bei der die Bäume in kleineren Gruppen von maximal 0,25 ha verteilt über einen größeren Bestand gefällt werden. ⌐ Femelschlag.
Feminierung *w* [v. lat. femina = Frau], *Feminisation, Feminisierung*, Verweiblichung, d. h. Auftreten sekundärer weiblicher Geschlechtsmerkmale beim Mann od. bei männl. Tieren bei gleichzeit. Rückbildung primärer u. sekundärer männlicher Geschlechtsmerkmale (z. B. Verlust der für den Mann typ. Körperbehaarung); verursacht z. B. durch Kastration, Gabe weibl. Hormone (Östrogene) od. durch bestimmte Krankheiten (z. B. Leberzirrhose). Ggs.: Virilisierung.
Femur *s* [lat., = Oberschenkel], 1) *Oberschenkelbein, Oberschenkelknochen*, Ersatzknochen des Stylopodiums der Hinterextremität (⌐ Extremitäten) v. tetrapoden Wirbeltieren. Das proximale Ende des F.s bildet mit dem Becken das *Hüftgelenk*, das distale Ende mit dem Unterschenkel (meist nur mit dem Schienbein) das *Kniegelenk*. Bei biped gehenden Tieren besteht aus biomechan. Gründen die Tendenz, den in der Hüftgelenkspfanne inserierenden kugel. Oberschenkelkopf durch einen kurzen, geraden Oberschenkelhals mit dem Oberschenkelschaft zu verbinden. Die Länge des Oberschenkelhalses u. sein Winkel zum Oberschenkelschaft hängen ab v. der spezif. mechan. Beanspruchung bei der jeweil. Tierart. 2) bei Gliederfüßern drittes, bei Insekten die Hauptmuskulatur beinhaltendes Beinglied. ⌐ Extremitäten (der Insekten).
Fenchel *m* [v. lat. feniculum = Fenchel], *Foeniculum*, Gatt. der Doldenblütler mit 5 Arten, v. denen *F. vulgare* (Mittelmeergebiet) am bekanntesten ist. Diese ausdauernde, bis 2 m hohe Pflanze hat 3–4fach gefiederte Blätter, Doppeldolden mit gelben Blüten, aus denen stark gerippte Spaltfrüchte hervorgehen. Aus Wurzel u. den getrockneten Früchten wird ⌐ *Fenchelöl* gewonnen. F. wird in mehreren Sorten angebaut, z.B. der Gemüsefenchel. B Kulturpflanzen VIII.
Fenchelöl, äther. Öl aus dem ⌐ Fenchel; enthält v.a. Anethol u. Fenchon, daneben Pinen, Limonen, Dipenten, Phellandren u. Estragol. Je nach Fenchongehalt unter-

Fenchel
a Blühender Gewürzfenchel *(Foeniculum vulgare)*, b verdickte untere Blattscheiden des Gemüsefenchels

Fenchon

scheidet man süßes u. bitteres F. Anwendung als Expectorans (Hustenmittel) u. Carminativum (blähungstreibendes Mittel).

Fenchon, campherartig riechendes, bitter schmeckendes bicycl. Monoterpen, das mit Campher isomer ist; kommt in Fenchelöl u. Thujaöl vor u. wird zu Einreibungen bei Rheuma verwendet.

Fenestella w [lat., = kleines Fenster], (Lonsdale 1839), zu den *Gymnolaemata* (Ord. *Cryptostomata*) gehörende † Bryozoen-Gatt. (↗Moostierchen) des Paläozoikums (Ordovizium bis Perm); *F. retiformis* Schloth. hatte wesentl. Anteil am Aufbau der Bryozoenriffe des german. Zechsteins.

Fenestra w [lat., =], das ↗Fenster.

Fenestraria w [v. lat. fenestra = Fenster], *Fensterpflanze,* Gatt. der ↗Mittagsblumengewächse, mit 2 Arten in S-Afrika verbreitet. Die rosett. Pflanzen besitzen keulige Blätter mit „Fenstern" (↗Fensterblätter) am dickeren Ende. Durch dieses klare, Calciumoxalat-reiche Gewebe wird Licht in das Innere der sonst undurchsicht., mehr od. weniger unterird. Blätter geleitet. Dort sitzt das chlorophyllhalt. Gewebe. Die beiden Arten unterscheiden sich durch die Blütenfarbe u. finden sich auch in Sukkulentensammlungen.

Fennek m [arab.], *Fenek, Wüstenfuchs, Fennecus zerda,* an die Wüsten u. Halbwüsten v. N-Afrika, Sinai u. Arabien angepaßter kleinster Fuchs, Kopfrumpflänge 35–40 cm, Schulterhöhe 20 cm, buschig. Schwanz 20–30 cm lang; dichtes, cremegelbes Fell, unterseits weiß. F.s sind gesellig lebende Nachttiere; unterird. Baue im Wüstensand. Nahrung: Insekten (v. a. Heuschrecken), kleine Wirbeltiere, Pflanzenteile. Die sehr großen Ohren dienen u. a. der Regulation der Körpertemp. (☐ Allensche Proportionsregel). In Teilen NW-Afrikas sind F.s durch Abschuß selten geworden.

Fenster, *Fenestra,* anatom. Bez. für eine fensterförm. Öffnung bei Knochen, z. B. ↗ovales F. (Fenestra ovalis) u. ↗rundes F. (Fenestra rotunda). [stabgewächse.

Fensterblatt, *Monstera deliciosa,* ↗Aron-

Fensterblätter, Bez. für fleischige Laubblätter mit lichtdurchlässigen, glashellen Bezirken; z. B. die keilförm. Blätter v. ↗*Fenestraria,* die bis auf die ebenfalls glashelle Kuppe im Boden versenkt sind. Durch die Kuppe u. das glashelle Wassergewebe kann dann das Sonnenlicht auf die grünen Randzonen im Blatt gelangen, während die Blattoberfläche im Boden vor zu starkem Wasserverlust geschützt ist. [blumen.

Fensterblüten, Spezialfall der ↗Gleitfallen-

Fensterflechten, Flechten, deren Vegetationskörper, ähnl. den höheren Fensterpflanzen, fast ganz in den Erdboden

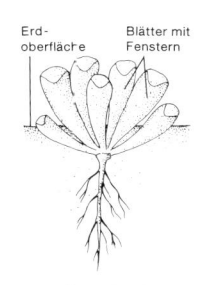

Fenestraria

Fennek (*Fennecus zerda*)

eingesenkt ist u. Anpassungen an ein trockenheißes Klima besitzt (z. B. starke Verdickung der Oberrinde). F. kommen in den südafr. und chilen. Wüsten vor.

Fensterfleckchen, *Fensterschwärmerchen, Thyrididae,* mit den Zünslern verwandte Schmetterlings-Fam. mit einigen hundert, v. a. trop. verbreiteten Arten; klein- bis mittelgroß; charakterist. sind die hellen unbeschuppten „Fensterflecken" auf den Flügeln. Bei uns nur eine Art: das F. *(Thyris fenestrella),* Vorderflügel dreieckig, dunkel rotbraun u. goldgelb gezeichnet, weißl. durchschimmernde Flecken, Spannweite um 15 mm, fliegt im Mai–Juli im Sonnenschein; Rüssel gut entwickelt, saugt an Apiaceen, Holunder u. a. kurzröhr. Blüten; Flügel in Ruhe charakterist. halb aufgerichtet; Raupe in zusammengerollten Blättern an Waldrebe. Das F. gilt nach der ↗Roten Liste als „gefährdet".

Fensterfliegen, *Omphralidae, Scenopinidae,* Fam. der Fliegen; nur wenige Arten in Mitteleuropa; häufig zuweilen an Fenstern od. die Gatt. *Scenopinus,* ca. 6 mm groß, Körper schwarz u. fast unbehaart; der Rüssel dient zum Auftupfen v. Flüssigkeit.

Fensterfraß, v. Insekten an Blättern verursachtes Fraßbild, indem Löcher in die Blattfläche gefressen werden. ☐ Bodenorganismen.

Fenstermücken, *Pfriemenmücken, Anisopodidae, Phryneidae, Rhyphidae,* Fam. der Mücken mit weltweit ca. 150 bekannten Arten, in Mitteleuropa ca. 10 Arten. Verbreitet ist *Phryne fenestralis,* ca. 5 mm groß, mit in der Ruhe flach übereinandergelegten, braungefleckten Flügeln. Die Imagines halten sich im Winter oft in Häusern auf; die bis 14 mm langen, weißen Larven entwickeln sich in zersetzendem organ. Material, z. B. faulenden Kartoffeln od. Rüben.

Fensterpflanze, die ↗Fenestraria.

Fensterscheibenmuschel, *Placuna placenta,* Fam. Sattelmuscheln, eine Meeresmuschel mit runden, durchscheinenden Klappen v. 18 cm ⌀, die in SO-Asien als Fensterscheiben verwendet wurden u. heute in Japan u. China zu Windglockenspielen verarbeitet werden. Die F. lebt im Flachwasser auf Sandböden.

Ferkel, Bez. für das junge Schwein bis zu einem Alter v. 14–16 Wochen.

Ferkelfrosch, *Hemisus,* einzige Gatt. der *Hemisinae* (U.-Fam. der *Ranidae*); mehrere kleine bis mittelgroße Frösche in Afrika, die mit ihren spitzen Schnauzen an die Engmaulfrösche erinnern. Die F. führen eine verborgene, unterird. Lebensweise. Ihre Schnauzenspitze ist zu einer Schaufel verhärtet; sie graben sich darum mit dem Kopf voran ein. Die Eier werden in unterird. Kammern in der Nähe v. Wasser abgelegt.

Das Weibchen bleibt bei den Eiern u. gräbt, wenn die Kaulquappen schlüpfen, einen Gang zum Wasser.

Ferkelkraut, *Hypochoeris,* Gattung der Korbblütler, mit etwa 70 Arten in Eurasien, Mittelmeergebiet u. S-Amerika beheimatet. Ein- od. mehrjähr., Milchsaft enthaltende, kraut. Pflanzen mit grundständ. Blattrosette u. relativ großen, einzeln stehenden Blütenköpfen aus gelben Zungenblüten. In fast ganz Europa verbreitet ist das Gewöhnliche F. *(H. radicata),* eine ausdauernde 20–60 cm hohe Staude, die zerstreut in mageren Wiesen, Weiden, Heiden u. Sandrasen wächst u. wie das in sonn. Silicatmagerrasen u. -weiden der subalpinen Stufe zu findende Einköpfige F. *(H. uniflora)* als Säure- u. Magerkeitszeiger gilt. Nach der ⟶Roten Liste „stark gefährdet" ist *H. glabra,* das Kahle F., „gefährdet" ist *H. maculata,* das Gefleckte F.

Ferkelratten, *Geocapromys,* Gatt. der ⟶Capromyidae.

Fermentation *w* [v. lat. fermentare = gären], 1) Ab- od. Umbau organ. Stoffe durch Mikroorganismen od. enzymat.-chem. Veränderungen durch (isolierte) Enzyme zur Bildung bestimmter organ. Produkte. Diese Umsetzungen, z. B. die Produktion v. ⟶Antibiotika in der ⟶Biotechnologie, werden in ⟶Fermentern (Bioreaktoren) durchgeführt, abhängig v. den gewünschten Produkten, in statischer od. kontinuierl. Kultur (⟶mikrobielles Wachstum). Man unterscheidet a) eine aerobe F., bei der Sauerstoff notwendig ist, b) eine anaerobe F. völlig ohne molekularen Sauerstoff (O_2) u. c) eine anoxische F., bei der auch kein O_2 vorliegt, aber Nitrat, das anstelle v. Sauerstoff als Elektronenakzeptor dient (⟶Nitratatmung). 2) *Fermentierung,* in der Nahrungsmitteltechnologie die Aufbereitung u. Veredlung v. vorwiegend pflanzl. Lebens- u. Genußmitteln sowie Gewürzen; dabei entstehen charakterist. Geschmacks-, Aroma- u. Farbstoffe durch die Tätigkeit verschiedener Bakterien, Pilze (vorwiegend Hefen) sowie pflanzeneigener Enzyme; außerdem werden teilweise auch unerwünschte Substanzen abgebaut (vgl. Tab.). 3) als Synonym für ⟶Gärung gebraucht; da F. aber in der Biotechnik nicht nur anaerobe, sondern auch aerobe Stoffwechselreaktionen einschließt, ist diese Gleichsetzung unzweckmäßig u. kann irreführend sein.

Fermentator *m* [v. lat. fermentare = gären], der ⟶Fermenter.

Fermente [Mz.; v. lat. fermentum = Gärungsmittel, Sauerteig], die ⟶Enzyme.

Fermenter *m* [v. lat. fermentare = gären], *Fermentator, Gärtank,* Tank zur aeroben u. anaeroben Fermentation u. zur Anzucht v.

Fermentation

Einige Genußmittel, bei deren Herstellung eine Fermentation (Fermentierung) zur Aroma- u./od. Geschmacksbildung sowie zur Aufarbeitung notwendig ist:

Kaffee
(Abbau der Fruchtschale, pektinhaltiges Fruchtfleisch)

Kakao
(Keimlingsabtötung, Abbau des Restfruchtfleisches)

Tee (schwarzer) und *Tabak*
(Strukturveränderung, Abbau v. Protein, Stärke, Zucker)

Fermenter

Ein F. kann unter verschiedenen Bedingungen, nach den Wachstumsbedürfnissen der Mikroorganismen, betrieben werden:
Ein *aerober F.* wird mit (Luft-)Sauerstoff durchströmt, so daß Mikroorganismen mit einer Sauerstoffatmung Biosynthesen ausführen können.
In einem *anaeroben F.* ist weder gelöster Sauerstoff noch Nitrat (in größeren Mengen) in der Flüssigphase vorhanden; die mikrobielle Aktivität wird durch den Gärungsstoffwechsel aufrechterhalten.
Im *anoxischen F.* liegt kein gelöster Sauerstoff, aber Nitrat (in größeren Mengen) vor, so daß fakultativ anaerobe Bakterien in einer Nitratatmung aktiv sein können.

Ferredoxine

Mikroorganismen (⟶Einzellerprotein). F. sind weiterentwickelte Gärbottiche, die so aufgebaut sind, daß möglichst optimale Bedingungen für das Wachstum der Organismen od. für die Produktion der gewünschten Stoffe eingeregelt werden können u. eine Verunreinigung durch unerwünschte Keime verhindert wird. ⟶Bioreaktor, ⟶Biotechnologie.

Fermentierung *w* [v. lat. fermentare = gären], die ⟶Fermentation 2).

Fernel [färnäl], *Jean François,* frz. Arzt, * 1497 Clermont-en-Beauvais, † 13. 3. 1558 Paris; Prof. in Paris; verfaßte ein umfangreiches Handbuch der Medizin, in dem er als erster die Blinddarmentzündung u. die Darmperistaltik beschrieb; prägte in der Medizin die Begriffe „Physiologie" u. „Pathologie".

Fernsinne, Sammelbez. für Sinnesmodalitäten, die aus entfernten Reizquellen stammende Reize zu verarbeiten vermögen, z. B. Geruchssinn (⟶chemische Sinne), ⟶Gehörsinn u. ⟶Ferntastsinn, z. T. auch elektr. Sinne (⟶elektrische Organe). Ggs.: Nahsinne (z. B. Geschmackssinn).

Ferntastsinn, die Fähigkeit v. Fischen u. Amphibien, mit Hilfe der Seitenlinienorgane den Staudruck des Wassers zu registrieren, z. B. den v. einem herannahenden od. vorbeischwimmenden Feind- od. Beutetier. Weiterhin können über den Staudruck, der auch beim Anschwimmen eines Gegenstands (z. B. der durchsicht. Aquarienwand) entsteht, feste Hindernisse auf Distanz „ertastet" werden. Bes. Bedeutung hat der F. bei den augenlosen Arten der Höhlenfische erlangt, die auch kleinste Hindernisse umschwimmen können.

Ferrassie [feraßi], ⟶La Ferrassie.

Ferredoxine [Mz.; v. lat. ferrum = Eisen, reducere = zurückhalten, gr. oxys = sauer], *Fer-Redoxine,* Abk. *Fd,* zu den ⟶Eisen-Schwefel-Proteinen zählende Gruppe v. Proteinen ohne Hämgruppe, die aufgrund ihrer Redoxeigenschaften als Glieder in den Elektronentransportketten der ⟶Atmungskette, ⟶Photosynthese u. Stickstoff-Fixierung wirken. Entspr. dem Gehalt an Eisen (Fe) u. (nicht v. Cysteinresten abgeleitetem) Schwefel (S) unterscheidet man zw. 2Fe/2S-, 4Fe/4S- u. 8Fe/8S-F.n (auch kürzer als 2-Fe-, 4-Fe u. 8-Fe-F. bezeichnet). Die 2Fe/2S-F. sind Bestandteile der Thylakoidmembran in den Chloroplasten von Algen und höheren Pflanzen und wirken als Elektronenüberträger ($Fe^{3+} + e^- \rightleftharpoons Fe^{2+}$) bei der Photophosphorylierung. Die 4Fe/4S-F. kommen v. a. in Bakterien vor. 8Fe/8S-F. wurden aus phototrophen Bakterien (*Chromatium,* ⟶Schwefelpurpurbakterien) u. aus ⟶Clostridien isoliert. Die Struktur der in den Mi-

Ferriductase

tochondrien enthaltenen, als Elektronenüberträger innerhalb der Atmungskette beteiligten F. sowie der im Nitrogenase-Komplex beteiligten F. ist noch weitgehend ungeklärt. Durch Abspaltung v. Eisen bilden sich aus den F.n die *Apoferredoxine*. [cere = führen] ↗Ferritin.

Ferriductase w [v. lat. ferrum = Eisen, duFerritin s [v. lat. ferrum = Eisen], ein aus ↗*Apoferritin* u. bis zu 23% Fe^{3+} (maximal 4300 Fe^{3+}-Atome in Form sog. Eisenhydroxid-Micellen je F.-Molekül) zusammengesetztes Eisenspeicherprotein, das außer in der Dünndarmschleimhaut u. im reticuloendothelialen System v. a. in der Leber vorkommt. Die Mobilisierung des in F. gespeicherten Eisens (beim Menschen ca. 15% des gesamten Eisenvorrats) erfolgt durch NADH-abhängige Reduktion des Eisens zu Fe^{2+} unter der katalyt. Wirkung des Enzyms *Ferriductase*. In der Elektronenmikroskopie wird F. zur Markierung v. Proteinen verwendet.

Ferrobacillus m [v. lat. ferrum = Eisen, bacillum = Stäbchen], ↗Thiobacillus (ferrooxidans).
Ferse ↗Fersenbein.
Fersenbein, *Calcaneus*, Ersatzknochen der Fußwurzel (Tarsus) bei Amnioten; zur proximalen Reihe der Tarsalia gehörend, distal der Fibula (Wadenbein) gelegen; bei den Anamnia wird das dem F. homologe Element daher als *Fibulare* bezeichnet. Säugertypisch ist ein Fortsatz des F.s, der nach hinten vom Fuß weg ragt u. Ansatzpunkt der ↗Achillessehne ist. Er heißt *Fersenhöcker* (Tuber calcanei) od. kurz „Ferse". Eine analoge, aber schwächere Höckerbildung haben die Krokodile.
Fersenspinner, die ↗Embioptera.
Fertilisin s [v. lat. fertilis = fruchtbar], ↗Befruchtungsstoffe, ↗Plasmogamie.
Fertilität w [v. *fertilit-], ↗Fruchtbarkeit.
Fertilitätsepisom s [v. *fertilit-, gr. epi- = nach-, auf-, sōma = Körper], Abk. *F-Episom*, ↗Plasmide.
Fertilitätsfaktor m [v. *fertilit-], Abk. *F-Faktor*, ↗Plasmide.
Fertilitätsvitamin s [v. *fertilit-], das ↗Tocopherol. [Gatt. der ↗Doldenblütler.]
Ferula w [lat., = Pfriemen-, Steckenkraut],
Ferulasäure w [v. lat. ferula = Pfriemen-, Steckenkraut], die *4-Hydroxy-3-methoxy-Zimtsäure*, Bestandteil v. Pflanzenharzen (z. B. Asant) u. Zwischenprodukt bei der Biosynthese v. ↗Lignin.
Ferungulata [Mz.; v. lat. ferus = wild, ungula = Klaue, Huf, Nagel, Kralle], v. Simpson (1945) errichtete Kohorte der ↗*Eutheria*, der folgende Super-Ord. unterstellt wurden: *Ferae, Protungulata, Paenungulata, Mesaxonia* u. *Paraxonia*.
Ferussaciidae [Mz.; ben. nach dem frz. Zoologen A.-F. d'Audebard Baron de Fé-

ox: $2Fe^{2+}/2Fe^{3+}$
red: $3Fe^{2+}/1Fe^{3+}$

ox: Fe^{3+}/Fe^{3+}
red: Fe^{2+}/Fe^{3+}

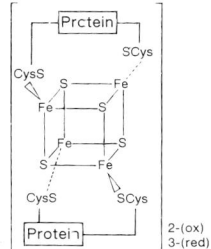

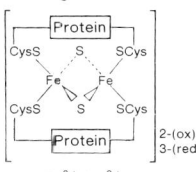

Ferredoxine
Chelatmodelle der Fe/S-Zentren in Ferredoxinen: Jedes Eisenatom Fe ist v. 4 Schwefelatomen S umgeben, wobei sich jeweils 2 Schwefelatome v. freiem, d. h. nichtproteingebundenem SH_2 (über $S^{2-} + 2H^+$) ableiten u. je 2 Schwefelatome v. Cysteinresten ($CysSH \rightarrow CysS^- + H^+$) stammen, die aufgrund der Tertiärstruktur des Proteinanteils (in der Abb. nur angedeutet) in für die Bildung der Fe/S-Zentren räuml. günst. Positionen fixiert sind. Die Struktur v. 8Fe/8S-Ferredoxin (hier nicht gezeigt) enthält zwei räuml. getrennte 4Fe/4S-Zentren, die sich v. 8 Cysteinresten (je 4 pro Zentrum) der insgesamt aus nur 55 Aminosäuren aufgebauten Peptidkette ableiten.

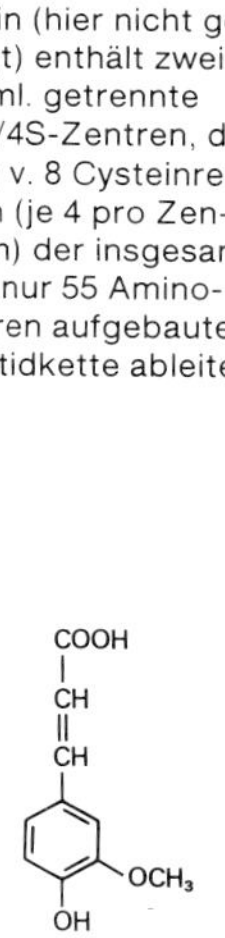

Ferulasäure

russac, 1786–1836], Fam. der Landlungenschnecken mit dünnschal., glattem, meist turmförm. Gehäuse, das meist unter 1 cm hoch ist; weit verbreitet, v. a. in den Tropen u. Subtropen; die Arten werden auf 5 Gatt. verteilt. Zu den F. gehört die ↗Blindschnecke. [teine.
FeS-Proteine, die ↗Eisen-Schwefel-Pro**Fessel**, der nicht den Boden berührende Abschnitt der Zehen v. Huftieren, bestehend aus den zwei (bzw. zwei Paar) hinteren (proximalen) Zehengliedern, die zw. Mittelfußknochen u. Huf liegen.
Fesselgelenk, Scharniergelenk zw. dem distalen Ende des Mittelfußknochens u. dem hintersten Zehenglied (phalanx proximalis) bei Huftieren. Bei Paarhufern sind alle Elemente paarig.
feste Wangen, *Fixigenae* (Ez. *Fixigena*), Abschnitte des Cranidiums (mittlerer Teil des Kopfschilds) v. ↗Trilobiten zw. Glabella u. Gesichtsnaht. Ggs.: freie Wangen.
Festigungsgewebe, *Stützgewebe*, mechanisches Gewebe, *Stereom*, ein pflanzl. ↗Dauergewebe: Verband v. bes. Zellen, deren Zellwände allseitig *(Sklerenchym)* od. nur z. T. *(Kollenchym)* stark verdickt sind. Im ersten Fall kann die Zellwandverdickung sogar bis zur fast vollständ. Ausfüllung des Zellinnenraums fortschreiten. Anschließend stirbt der Protoplast. Das Sklerenchym findet sich daher in fertig ausgebildeten Pflanzenorganen. Ist das F. gegen Druckbelastung angelegt, so besteht es aus dickwand., isodiametrischen

Festigungsgewebe

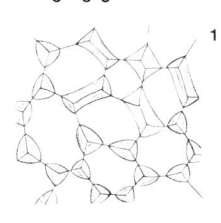

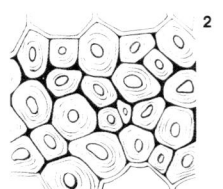

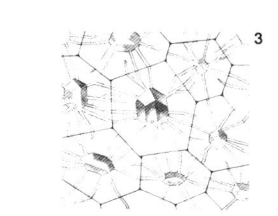

1 *Kollenchymzellen* sind durch lokale Verdickung der Zellwand gekennzeichnet. Die Verdickung wird durch eine wechselnde Ablagerung v. Cellulose u. Pektinstoffen bewirkt.
2 *Sklerenchymzellen* besitzen eine allseitige Wandverdickung, mit z. T. Ligninlagerung. An ihren Enden laufen sie spitz zu. Sie können über ½ m lang werden *(Ramiefaser)*. Im Ggs. zu den Kollenchymzellen sterben sie aber ab.
3 *Steinzellen* werden ähnlich wie die Sklerenchymfasern gebildet. Die stark verdickten Wände sind v. Tüpfelkanälen, die häufig verzweigt sind, durchzogen. Wie die Kollenchymu. Sklerenchymzellen treten sie immer in größeren Zellkomplexen auf.

Steinzellen (Sklereiden) mit stark verholzten u. daher starren Wänden. Zugbeanspruchungen werden durch langgestreckte Sklerenchymfasern aufgefangen, die durch Spitzenwachstum oft eine beträchtl. Länge besitzen. Das Kollenchym, das durch die nur teilweise verdickten Zellwände lebend bleiben kann u. daher noch wachstums- u. sehr dehnungsfähig ist, findet sich in noch lebhaft wachsenden Pflanzenteilen als F. Je nach Lage der Zellwandverdickungen aus Cellulose u. Protopektinen unterscheidet man *Platten-* u. *Eckenkollenchym*. Durch die Wandverdickungen erhalten die Kollenchymgewebe eine hohe Zerreißfestigkeit bei fast ungehindertem Stoffaustausch durch die unverdickten Anteile der Wandflächen. ☐ Biegefestigkeit (bei Pflanzen).

Festphasensynthese, chem. Synthese v. Stoffen, die während der Synthese über kovalent verknüpfende Gruppen (sog. *Linker*) an feste Phasen gekoppelt sind, um nach erfolgter Synthese durch Abspaltung der Linkergruppen freigesetzt zu werden. Die F. hat sich bes. bei der Synthese linearer Makromoleküle (Proteine u. Nucleinsäuren) bewährt, da sie die zykl. Wiederholung v. Reaktionsschritten, wie es für die schrittweise Anheftung der Monomerbausteine (Aminosäuren, Mononucleotide) an die wachsenden Ketten erforderl. ist, bes. erleichtert u. sogar zu deren Automatisierung geführt hat. Mit Hilfe der F. gelang 1969 die erste chem. Totalsynthese eines Enzyms, der aus 124 Aminosäuren aufgebauten Ribonuclease A. Da chem. synthetisierte Polynucleotide Zwischenprodukte bei der Synthese v. Genen sind, gewinnt die F. zur Darstellung v. Desoxypolynucleotiden (z. B. bis zu Kettenlängen um 40 Nucleotidreste) zunehmend an Bedeutung in der Gentechnologie. [↗Schwingel.

Festuca w [lat., = Halm, wilder Hafer], der

Festucetalia valesiacae [Mz.; v. ↗Festuca, nlat. vallesiacus = aus dem (Schweizer Kanton) Wallis], Ord. der ↗Festuco-Brometea.

Festucion pallentis s [v. ↗Festuca, lat. pallens, Gen. pallentis = blaß werdend], Verb. der ↗Sedo-Scleranthetalia.

Festucion valesiacae s [v. ↗Festuca, nlat. valesiacus = aus dem (Schweizer Kanton) Wallis], *Subkontinentale (Voll-)Trockenrasen,* Verb. der Kalk-Magerrasen (↗Festuco-Brometea). Der Verb. ist in Dtl. v. a. durch die reich in Sub-Assoz. gegliederte Pfriemgras-Flur *(Allio-Stipetum capillatae)* vertreten. In den Trockengebieten zw. Mainfranken u. Nahetal besiedelt diese Rasenges. flachgründ. Kalkfels- u. Gipskeuper- sowie Flugsandböden. Sehr kleinflächig sind darüber hinaus im Nahegebiet

Federgras-Fluren bekannt. In isolierter Vorpostenstellung zum östl. Hauptverbreitungsgebiet der Steppenrasen lassen die gen. Ges. bereits eine deutl. Überlagerung mit Arten der korrespondierenden westeur. Trespen-Magerrasen erkennen (↗Festuco-Brometea).

Festuco-Brometea [Mz.; v. ↗Festuca, gr. bromos = Windhafer], *basiphytische Magerrasen, Kalk-Magerrasen,* Kl. der Pflanzenges. mit 2 Ord. und 5 Verb. (vgl. Tab.). Artenreiche, Wärme u. Trockenheit ertragende, lichtliebende Rasenges. bevorzugt basenreicher, durch Stoffentzug jedoch meist nährstoffarmer Böden mit Verbreitungsschwerpunkt auf Sonderstandorten in den Wärme- u. Trockengebieten des südl. und südöstl. Mitteleuropa. Die Ges. haben sich hier nacheiszeitl. aus wieder einwandernden kontinentalen Steppenarten u. frühwärmezeitl. folgenden submediterranen Arten zusammengeschlossen. Der Einfluß des Menschen auf Entstehung u. Entwicklung der Kalk-Magerrasen wird als maßgebl. erachtet. Durch Brand, Rodung u. Weide erhielt u. erweiterte er das Standortangebot für diese Ges., das in einer – klimat. bedingt – immer stärker v. dichten Wäldern beherrschten Urlandschaft auf wenige offene Rutschhalden, auf Felsbänder, Felsnasen, Uferabbrüche u. Schotterbänke zusammengeschrumpft wäre. So ist ein wesentl. Teil der heute verbreiteten Kalk-Magerrasen, bes. die Halbtrockenrasen, anthropogenen Ursprungs u. benötigt als „Halbkulturformation" auch für seine weitere Existenz den anhaltenden, aber nur mäßigen wirtschaftenden Einfluß des Menschen in Form extensiver Mahd od. Beweidung (↗Mesobromion). Nur an extremen Trockenstandorten würden heute auch ohne diesen Einfluß als natürl. Vegetation Trockenrasen der Verb. ↗Xerobromion od. ↗Festucion valesiacae siedeln. – Entspr. ihrer Verbreitung u. Artenzusammensetzung lassen sich 2 verschiedene Ord. unterscheiden: Die Trespen-Magerrasen der *Brometalia erecti* mit reicher Entfaltung in den sommerwarmen u. wintermilden Gebieten des südwestl. Mitteleuropa sind v. subozean.-submediterranen (Faunen- u.) Florenelementen geprägt. Sie klingen nach N und O aus. In den Trockengebieten des östl. Mitteleuropa gewinnen die vom subkontinentalen Florenelement geprägten Steppenrasen der *Festucetalia valesiacae* an Bedeutung. Ihre Ges. sind in stärkerem Maße aus Horstgräsern aufgebaut, ihre Arten vertragen nicht nur Trockenheit u. Hitze, sondern auch Frost. Sowohl physiognom. als auch ökolog. leiten diese Rasen zur Steppenformation O-Europas über.

Festuco-Brometea

fertilit- [v. lat. fertilitas, Gen. fertilitatis = Fruchtbarkeit], in Zss.: Fruchtbarkeits-.

Festuco-Brometea

Ordnungen und Verbände:

Brometalia erecti (Submediterrane-Subozeanische Trocken- und Halbtrockenrasen, Trespen-Magerrasen)
↗ *Koelerio-Phleion* (Bodensaure Halbtrockenrasen)
↗ *Mesobromion* (Submediterrane-Subozeanische Halbtrockenrasen, Trespen-Halbtrockenrasen)
↗ *Xerobromion* (Submediterrane-Subozeanische Trockenrasen, Trespen- (Voll-) Trockenrasen)
Festucetalia valesiacae (Subkontinentale Trocken- und Halbtrockenrasen, subkontinentale Steppenrasen, Walliserschwingel-Rasen)
↗ *Cirsio-Brachypodion* (Kratzdistel-Zwenkenrasen, subkontinentale Halbtrockenrasen)
↗ *Festucion valesiacae* (subkontinentale (Voll-) Trockenrasen)

Festuco-Sedetalia

Festuco-Sedetalia [Mz.; v. ↗Festuca, lat. sedum = Hauswurz], *Schafschwingel-Fluren,* aufgrund neuerer pflanzensoziolog. Bearbeitung inzwischen aufgelöste Ord. der ↗Sedo-Scleranthetea.

fetal [v. lat. fetus = Leibesfrucht], *foetal,* zum ↗Fetus gehörig, den Fetus betreffend, z. B. f.er Kreislauf.

Fetalentwicklung w [v. lat. fetus = Leibesfrucht], *Fetalperiode, Fetogenese,* Entwicklung des Wirbeltier-, insbes. des Säugerembryos (genauer -fetus) nach Abschluß der Organogenese. Während der F. wächst der Organismus durch eine schnelle Größenzunahme der Organe. Dabei ist er kaum noch anfällig für ↗Fehlbildungen. ↗Embryonalentwicklung, ↗Entwicklung.

fetaler Kreislauf [v. lat. fetus = Leibesfrucht], Blutkreislauf des Fetus (bzw. Embryos) im Mutterleib der Säugetiere u. des Menschen, bei dem das Blut nicht durch die Lunge, sondern über die Placenta mit Sauerstoff angereichert wird. Von dort gelangt der größte Teil durch die Vena umbilicalis unter Umgehung der Leber durch den Ductus venosus zus. mit dem venösen Blut aus der unteren Körperhälfte durch das noch offene Foramen ovalis in der Vorhofscheidewand hpts. in die linke Herzkammer u. die Aorta. Gleichzeitig strömt das venöse Blut der rechten Herzkammer über den Ductus arteriosus Botalli unter Umgehung der Lunge ebenfalls zum größten Teil direkt in die Aorta, so daß für den Körperkreislauf des Feten ein sauerstoffangereichertes Mischblut resultiert. Der Rückfluß zur Placenta erfolgt über die beiden Aortae umbilicales. Die Kopfarterien u. die das Herz selbst versorgenden Blutgefäße zweigen vor Eintritt des Ductus arteriosus Botalli mit seinem weniger sauerstoffhalt. Blut v. der Aorta ab. Der Blutstrom des Säugerembryos bzw. -fetus ist so dem der Amphibien u. Reptilien vergleichbar. ↗Blutkreislauf, B Embryonalentwicklung IV.

Fetalhämoglobin s [v lat. fetus = Leibesfrucht, gr. haima = Blut, lat. globus = Kugel], *Hämoglobin F,* Abk. *HbF,* das in den fetalen Erythrocyten enthaltene Hämoglobin, dessen Proteinanteil aus zwei α- u. zwei γ-Ketten besteht. F. unterscheidet sich (ähnl. wie ↗Embryonalhämoglobin) v. ↗Adulthämoglobin durch seine höhere Affinität zu Sauerstoff, wodurch die Sauerstoffversorgung für den Fetus auch unter dem relativ geringen Sauerstoffpartialdruck der Placenta gewährleistet wird. ↗Hämoglobin.

Fetalisation w [v. lat. fetus = Leibesfrucht], *Foetalisation,* 1) Begriff, der beim phylogenet. Vergleich der Ontogenesen verschiedener Taxa verwendet wird: Bei

Fetalisation

Bolk u. Hilzheimer stellten aufgrund der Übereinstimmungen v. erwachsenen Menschen mit Embryonen u. Jugendstadien der Menschenaffen die *F.shypothese* auf, nach der der Mensch, stammesgesch. gesehen, einem geschlechtsreif gewordenen Embryonal- od. Jugendstadium v. Primaten entspricht. Auch wenn diese Aussage zu weit geht, so ist doch anerkannt, daß bestimmte Merkmale des Menschen im Vergleich zu denen der Menschenaffen als Fetalisation zu deuten sind, z. B. die Kopfproportionen (↗Orthognathie).

den Erwachsenen liegen Merkmale vor, die bei den stammesgeschichtl. Vorfahren nur Embryonal- od. Jugend-Merkmale waren („Persistieren v. Jugendmerkmalen"). Bei der Folgeart tritt also eine Struktur auf, die bei den Vorfahren nur ein ontogenet. Durchgangsstadium war, z. B. die bleibende larvale Bewimperung mancher Zwergformen unter den Wirbellosen, z. B. Archianneliden, das zeitlebens aktive Schmelzorgan bei den Nagetieren. Die F. wird oft als Sonderfall der ↗Abbreviation angesehen. Der Extremfall der F. ist die ↗Neotenie: dort wird die Geschlechtsreife schon in einem larvalen Stadium erreicht (od. umgekehrt betrachtet: sämtl. Larvalmerkmale sind ins Adultstadium übernommen), z. B. beim Axolotl u. Grottenolm. – Die Begriffe F. u. Neotenie werden bisweilen nicht streng getrennt; als Oberbegriff für beide wird auch „Pädomorphose" verwendet. ↗Rekapitulation. 2) Med.: *Fetalismus,* Verharren v. Organen auf einer fetalen od. frühkindl. Stufe, z. B. Embryokardie.

Fettalkohole, einwert., unverzweigte, aliphat. ↗Alkohole mit 8–20 Kohlenstoffatomen im Molekül, die z. B. im ↗Bienenwachs in veresterter Form enthalten sind; werden techn. aus den entspr. Fettsäuren durch Reduktion gewonnen u. sind Ausgangsprodukte zur Darstellung grenzflächenaktiver Stoffe (Waschmittel, Emulgatoren).

Fettdepot ↗Fettspeicherung.

Fette, *Triacylglyceride, Triglyceride,* die Ester höherer, geradzahl. ↗Fettsäuren mit Glycerin als Alkoholkomponente. Die am Aufbau der F. beteiligten Fettsäuren sind vorwiegend die gesättigten C_{16}- bzw. C_{18}-Säuren (Palmitin- u. Stearinsäure), jedoch sind in geringerem Umfang immer auch kürzer- u. längerkettige sowie ungesättigte u. hydroxylierte Fettsäuren beteiligt. Durch die Verschiedenartigkeit der Fettsäurekomponenten sind die natürl. F. Gemische verschiedener Triglyceride. Die *Fettsynthese* in der Zelle erfolgt ausgehend v. den aktivierten Komponenten Glycerinphosphat und Acyl-Coenzym A (☐ Acylglycerine). Die beteiligten ↗Acyl-Transferasen setzen bevorzugt die v. Palmityl- u. Stearylsäure abgeleiteten Coenzym-A-Ester (Palmityl-Coenzym A u. Stearyl-Coenzym A) um, was die Ursache für die Präferenz dieser Fettsäuren in den F.n ist. Der *Fettabbau* zu Glycerin u. freien Fettsäuren wird durch die als Esterasen wirkenden Lipasen katalysiert, wobei Diacyl- u. Mono-↗Acylglycerine als Zwischenstufen durchlaufen werden. Aufgrund des hohen ↗Brennwerts von ca. 40 MJ/kg Fett (verglichen mit nur ca. 17 MJ/kg Kohlenhydrate od. Proteine) sind F. das „konzen-

Glycerin-Rest Fettsäure-Reste

$$\begin{array}{c} H \\ | \\ H-C-O-C-R_1 \\ | \quad \| \\ \quad O \\ H-C-O-C-R_2 \\ | \quad \| \\ \quad O \\ H-C-O-C-R_3 \\ | \quad \| \\ H \quad O \end{array}$$

Aufbau der Fette

$R_1, R_2, R_3 = C_nH_{2n+1}$ (gesättigte Fettsäuren)
$= C_nH_{2n-1}$ (einfach ungesättigte Fettsäuren)
$= C_nH_{2n-3}$ (zweifach ungesättigte Fettsäuren)
(n = 11, 13, 15, 17)

trierteste" Nährmaterial. Aus diesem Grund u. wegen der relativ hohen Beständigkeit fungieren F. im Pflanzen- u. Tierreich vielfach als Reservesubstanzen (sog. *Speicherfett*); darüber hinaus können F. mechan. Schutzfunktionen haben u. zur Wärmeisolierung dienen (sog. *Baufett*). In reiner Form sind F. geruchlos, farblos u. geschmacksfrei. Die für natürl. F. charakterist. Farbe, Geschmack u. Geruch werden durch mengenmäßig meist nur geringfüg. Begleitstoffe verursacht. Bei Raumtemp. sind F. flüssig (sog. fette Öle aus Pflanzen), halbfest (Butter, Schweinefett) od. starr (Talg). Sie lösen sich in organ. Lösungsmitteln, dagegen nicht in Wasser, mit dem sie aber Emulsionen (wie z.B. die Fetttröpfchen der Milch) bilden. F. sind leichter als Wasser (Rahm sammelt sich beim Stehenlassen v. Milch als Oberschicht). Bei längerem Aufbewahren, bes. unter Luft- u. Lichtzutritt, werden F. ranzig, was auf einer schon bei Raumtemp. langsam auftretenden Spaltung zu Glycerin u. Fettsäuren beruht. Der für ranzige F. charakterist. unangenehme Geruch rührt z.T. v. den freiwerdenden Fettsäuren, bes. den kürzerkettigen, wie Buttersäure u. Capronsäure, her. Die in F.n enthaltenen ungesättigten Fettsäuren werden beim Ranzigwerden oxidativ gespalten u. führen dabei zu Aldehyden u. Ketonen, die den Geruch ranziger F. mitbedingen. Unter der Wirkung v. Hitze od. Alkalien vollzieht sich die Spaltung v. F.n (sog. *Fettspaltung*) viel rascher, wobei mit Alkali neben Glycerin die Alkalisalze der Fettsäuren (= *Seifen;* daher die Bez. Verseifung urspr. für die Alkalispaltung v. F.n, später allg. für Esterspaltungen) entstehen. Die Gewinnung v. festen Fn (z.B. Talg, Schweineschmalz) erfolgt durch Ausschmelzen od. Auskochen (Waltran) v. Fettgewebe; die häufig flüssigen F. aus Pflanzen werden durch Auspressen der Samen v. Ölpflanzen (z.B. Raps, Lein, Mohn) od., bei nicht als Nahrung verwendeten F.n, durch Extraktion mit organ. Lösungsmitteln erhalten. In der Medizin benützt man F. als Salbengrundlagen; in der Technik werden sie zur Seifen- und Kerzenherstellung u. Rizinus- u. Knochenöl als Schmiermittel für Maschinen verwendet. Die sog. trocknenden Öle verharzen u. trocknen an der Luft durch Sauerstoffaufnahme; sie finden Verwendung in der Firnis- u. Lack-, Faktis- u. Linoleumfabrikation, ferner bei der Ölmalerei. ↗Fettstoffwechsel, ↗Bindegewebe, ↗braunes Fett. B Lipide. *H. K.*

fette Öle, die bei Raumtemp. noch flüss. ↗Fette, meist pflanzl., aber auch tier. (Trane) Herkunft.

Fettfleckenkrankheit, bakterielle Blattflek-

Fette
Schmelzpunkte wichtiger Fette (in °C):
Walfischtran	unter 0°
fettes Öl	4°
Schweineschmalz	27–29°
Gänsefett	27–33°
Butter	28–33°
Margarine	28–38°
Talg	40–45°

Je tiefer der Schmelzpunkt eines Fettes, desto leichter ist es verdaulich. Fette mit einem Schmelzpunkt unter 39° werden vollständig verdaut, die anderen (z.B. Talg) nur zu ca. 10%.

Fetthenne *(Sedum)*

kenkrankheit der Buschbohne *(Phaseolus vulgaris),* verursacht durch *Pseudomonas phaseolicola.* Das Bakterium scheidet ein Toxin *(Phaseolotoxin)* aus, das den Stoffwechsel der Wirtszellen stört. Auf den Blättern treten unregelmäßig begrenzte, chlorotische Flecken auf, die z.T. v. einem gelben Hof umgeben sind. Auf den Hülsen zeigen sich fettig dunkelgrüne, wasserdurchtränkte Flecken mit Ausscheidungen v. Bakterien, die durch Regentropfenspritzer verbreitet werden. Die Erreger dringen durch die Stomata od. Wunden in die Pflanzen ein u. besiedeln die Interzellularen. Die Übertragung erfolgt am Samen. Eine Bekämpfung ist durch Saatgut-Beizung, Fruchtwechsel u. Spritzung mit Kupferkalkbrühe möglich.

Fettflosse, *Adipose,* eine kleine, fleischige, meist strahlenlose unpaare Rückenflosse, bes. bei Lachsfischen, vielen Salmlern u. Welsen; gegenüber der Afterflosse gelegen. ↗Flossen.

Fettgewebe, ↗Bindegewebe mit eingelagerten ↗Fettzellen; ↗braunes Fett, ↗Depotfett, ↗Fettpolster, ↗Fettspeicherung. B Bindegewebe.

Fetthärtung, Umwandlung weicher Fette u. fetter Öle in härtere, talgartige durch Anlagerung v. Wasserstoff mit Nickel als Katalysator; Trane u. billige fette Öle werden durch F. geruchlose, zur Kernseifen-, Kerzen- u. Margarinefabrikation geeignete Fette.

Fetthenne, *Mauerpfeffer, Sedum,* artenreichste Gatt. der Dickblattgewächse mit ca. 500 Arten, die v.a. in Mittelamerika, O-Asien u. im Himalaya verbreitet sind. In Europa häufig ist der Scharfe Mauerpfeffer *(S. acre,* B Europa XIX), der auf sonnenexponierten, flachgründ. u. oft stein., wasserarmen Standorten wächst; Stengel u. Blätter schmecken scharf u. enthalten ein gift. Alkaloid (Sedum-↗Alkaloide). Die bis 15 cm hohe, weiß blühende, in Trocken- u. Halbtrockenrasen wachsende Weiße F. *(S. album)* ist die Futterpflanze der ↗Apollofalter-Raupe. Die Felsen-F. od. Tripmadam *(S. reflexum)* wird bis 35 cm hoch; der doldenart. Blütenstand ist aus gelben Blüten zusammengesetzt; junge Triebe dienen als Salat od. Gewürz. ☐ Blattsukkulenz.

Fetthennen-Gesellschaften, *Sedo-Scleranthion,* Verb. der ↗Sedo-Scleranthetalia.

Fettkörper, *Corpus adiposum,* Speichergewebe, daneben aber sehr stoffwechselaktives Organ, in der Leibeshöhle vieler Gliederfüßer; dient z.B. als larvaler F. bei holometabolen Insekten als Energiereserve für die Metamorphose u. wird bei der Verpuppung aufgebraucht. Für die Imago wird ein neuer gebildet, der v.a. der Ausbildung der Gonaden (Eier) dient. Auch zur

Fettkraut

Überwinterung werden Energiereserven v. a. im F. angelegt. Gelegentl. dient der F. auch als Exkretdepot für Harnsäure u. Urate. Bei Schaben u. a. Insekten leben in einigen Zellen der F. Symbionten (↗Mycetocyten). Bei den Leuchtkäfern sind große Teile des F.s an der Bildung des Leuchtorgans beteiligt.

Fettkraut, *Pinguicula,* Gatt. der Wasserschlauchgewächse mit etwa 35 Arten v. a. in Europa, N-Asien und N-Amerika. Ausdauernde Pflanzen mit in einer grundständ. Rosette stehenden, ungeteilten, am Rande eingerollten Laubblättern u. grundständ., langgestielten, veilchenähnl. Blüten in Purpurrot, Violett, Gelb od. Weiß. In Mitteleuropa heim. sind v. a. *P. vulgaris,* das Gemeine F. (B Europa VIII) mit blauvioletten, weiß gezeichneten Blüten u. *P. alpina,* das Alpen-F., mit weißen, gelb gezeichneten Blüten. Beide sind 5 cm hoch u. besitzen länglich-verkehrt-eiförmige, gelbl.-grüne, fettig-glänzende, relativ fleisch. Blätter mit drüsig-klebr. Oberseite. Das Gemeine F. wächst zerstreut in Rieselfluren od. Quellu. Flachmoor-Ges. v. a. der montanen Stufe, während das Alpen-F. in Rieselfluren od. Quellmooren der subalpinen Stufe od. in Steinrasen der alpinen Stufe anzutreffen ist. Beide Arten sind nach der ↗Roten Liste „gefährdet".

Fettmark, gelbes ↗Knochenmark.

Fettmäuse, *Steatomys,* Gatt. der ↗Baummäuse.

Fettpolster, Einlagerung v. ↗Fettgewebe zw. Haut u. darunter folgenden Organen (Muskulatur, Knochen). F. erfüllen meist mechan. Funktionen als Druckpolster (z. B. Fußsohlen- u. Gesäßfett bei Säugern, sog. Baufett). ↗Fettzellen sind selbst stark verformbar, u. elast. Maschenwerk sie eng umspinnender ↗Gitterfasern (Strukturelastizität, ↗Bindegewebe) verleiht den F.n insgesamt aber eine hohe elast. Formbeständigkeit. Zusätzl. dienen F. der Wärmeisolation (Robben, Wale), als Wasserspeicher (Kamelhöcker) u. wegen ihrer starken Versorgung mit Blutkapillaren auch als Blutdepots. Anders als das übrige Fettgewebe (↗Depotfett) werden sie nur im äußersten Notfall als Energiespeicher mobilisiert (Baufett). ↗Fettspeicherung.

Fettsäure-CoA-Ester, das ↗Acyl-Coenzym A.

Fettsäuren, *Alkansäuren,* Bausteine v. ↗Lipiden (einschl. der ↗Fette), Phosphoglyceriden, Glykolipiden, Cholesterinestern u. Wachsen. Freie F. kommen in den meisten Zellen u. Geweben nur in Spuren vor. Mehr als 70 verschiedene F. konnten isoliert werden. Sie bestehen alle aus einer längeren, meist unverzweigten Kohlenwasserstoffkette u. einer endständ. Carboxyl-

Fettkraut

Die gen. F.-Arten gehören zu den „insektenfressenden" Pflanzen (↗carnivore Pflanzen), die substratbedingten Stickstoffmangel durch den Abbau tier. Proteins ausgleichen. Letzteres wird ermöglicht, indem auf der Blattoberseite (insbes. im Randbereich) befindl., gestielte Klebdrüsen kleine Insekten mit ihrem zähen Schleim festhalten u. einhüllen, während ungestielte Verdauungsdrüsen proteinspaltende Enzyme absondern, die die Weichteile der Insekten abbauen u. deren Spaltprodukte aufnehmen. Das während der beschriebener Prozesses zu beobachtende Einrollen des betroffenen Blattes wird sowohl durch Berührungs- als auch durch chem. Reiz verursacht.

Fettkraut (Pinguicula)

gruppe. Die Kette ist entweder gesättigt *(gesättigte F.)* od. enthält eine od. mehrere nichtkonjugierte cis-Doppelbindungen *(ungesättigte F.).* Einige seltene F. enthalten Dreifachbindungen, Methylverzweigungen od. Hydroxylgruppen. Die Gesamtzahl der C-Atome der F. ist meist ein Vielfaches von 2, was den Aufbau aus den C_2-Einheiten v. ↗Acetyl-Coenzym A widerspiegelt. Die *Fettsäuresynthese* wird eingeleitet durch die Carboxylierung v. Acetyl-Coenzym A zu Malonyl-Coenzym A, katalysiert durch das ↗Biotin-Enzym Acetyl-Coenzym-A-Carboxylase. Alle weiteren Schritte vollziehen sich an dem als Multienzym wirkenden *Fettsäure-Synth(et)ase-Komplex.* An diesem werden die v. Acetyl-Coenzym A stammenden C_2-Einheiten des Malonyl-Coenzym A in aus mehreren Reaktionsschritten bestehenden Zyklen zu immer längeren geradzahl. F. aufgebaut. Der ↗Acylrest einer wachsenden F. bleibt während des gesamten Prozesses an der SH-Gruppe des ↗Acyl-Carrier-Proteins (sog. zentrale SH-Gruppe) bzw. nach der sog. Acylübertragung vorübergehend an einer peripheren SH-Gruppe des Multienzymkomplexes verankert. In einem den ersten Zyklus einleitenden Schritt wird eine Acetylgruppe v. Acetyl-Coenzym A auf die zentrale SH-Gruppe u. anschließend v. dieser auf die periphere SH-Gruppe übertragen. Darauf wird eine Malonylgruppe, ausgehend v. Malonyl-Coenzym A (s. o.), an die zentrale SH-Gruppe gekoppelt (sog. Malonylübertragung). Anschließend erfolgt der erste Kondensationsschritt, bei dem der Acetylrest der peripheren SH-Gruppe auf den Malonylrest der zentralen SH-Gruppe unter Abspaltung v. CO_2 übertragen wird.

Fettsäuresynthese

Nachschub von Acetyl-Coenzym A für die Fettsäuresynthese.
Durch Überführung in Citrat als Transportform können C_2-Einheiten v. Acetyl-Coenzym A aus dem mitochondrialen Raum in das Cytoplasma, den Ort der Fettsäuresynthese, transportiert werden, wo sie wieder zu Acetyl-Coenzym A u. Oxalacetat umgeformt werden. Oxalacetat wird anschließend über Malat zu Pyruvat umgesetzt, das wieder in den mitochondrialen Raum zurückfließt u. mit der Umwandlung zu Oxalacetat den Zyklus schließt.

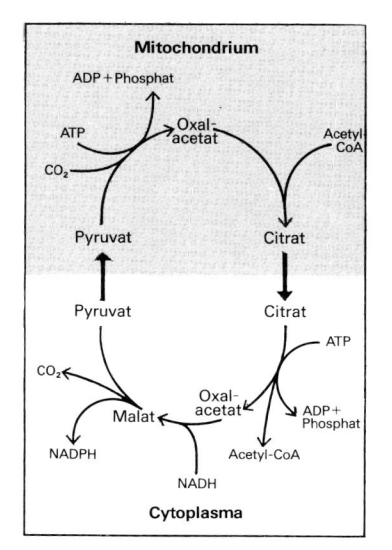

Fettsäuren

2,02 nm
SH
Die 4'-Phosphopantethein-Seitenkette des ACP

$R = H -$ (1 Zyklus Acetyl + Malonyl → Butyryl + CO_2)
$R = H_3C - CH_2 -$ (2 Zyklus Butyryl + Malonyl → Caprorryl + CO_2)
$R = H_3C - (CH_2 - CH_2)_n - CH_2 -$ beim 3–8 Zyklus (n = 1–6)

beginnend, endet mit einem Caprylrest (C_6-Einheit) an der peripheren SH-Gruppe; die darauffolgenden Zyklen führen so zu C_8-, C_{10}-, C_{12}- usw. Einheiten. (Die bei jedem Zyklus eingeschleusten Malonylreste stellen zwar zwei C_3-Einheiten dar, werden jedoch bei jedem Kondensationsschritt durch CO_2-Abspaltung auf C_2-Einheiten reduziert.) Nach Erreichen der Kettenlängen v. C_{16} u. C_{18} werden die Acylreste hydrolyt. vom Acyl-Carrier-Protein abgespalten, um nach erneuter Aktivierung zu Acyl-Coenzym A in die Lipidsynthesewege eingeschleust zu werden (↗ Fette). Die *Regulation der Fettsäuresynthese* erfolgt über Bildung v. Malonyl-Coenzym A; da diese ATP-abhängig ist, können F. nur bei ATP-Verfügbarkeit (gute Energiehaushaltslage

Fettsäuresynthese

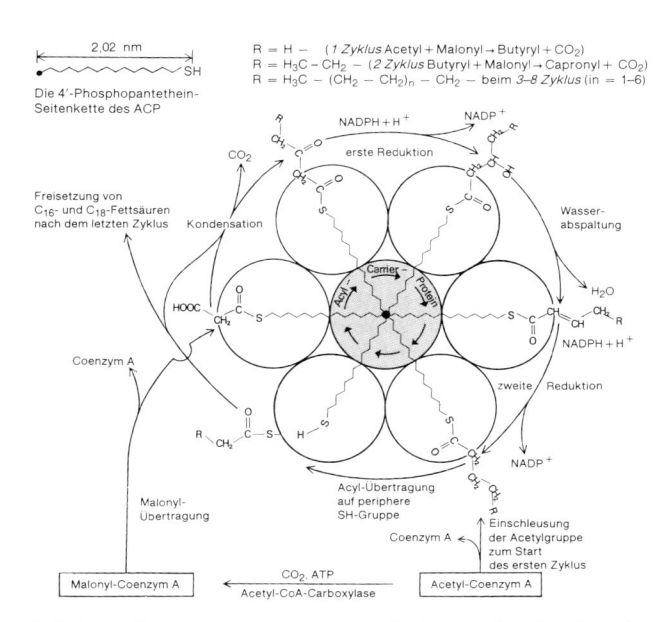

Der *Fettsäure-Synth(et)ase-Komplex* u. die durch ihn katalysierten Reaktionsschritte bei der *Fettsäuresynthese*.

Der Multienzymkomplex setzt sich aus mehreren katalyt. Untereinheiten (symbolisiert durch die 6 peripheren Kreise des Schemas) und das zentrale ↗ Acyl-Carrier-Protein (ACP) (mittlerer dunkler Kreis des Schemas) zus. Letzteres besitzt als prosthetische Gruppe eine 4'-Phosphopantetheinsäure, über deren aus dem Zentrum reichende SH-Gruppe (sog. zentrale SH-Gruppe) der wachsende Acylrest gebunden ist. Lediglich zu Beginn jedes Zyklus wird der Acylrest v. der zentralen SH-Gruppe auf eine periphere SH-Gruppe des Komplexes (enthalten in der linken unteren Einheit) übertragen, so daß die zentrale SH-Gruppe vorübergehend frei wird. Man beachte, daß in dem Schema des Multienzymkomplexes aus Raumgründen alle 6 Zustände bzw. Umsetzungen nebeneinander gezeigt sind, daß diese jedoch in Wirklichkeit in zeitl. Reihenfolge durchlaufen werden. Zu jedem Zeitpunkt ist daher maximal ein Acylrest an das Acyl-Carrier-Protein gekoppelt, der, beginnend mit dem Malonylrest (Position Mitte-links), im Uhrzeigersinn v. einer katalyt. Untereinheit zur nächsten Untereinheit weiterrückt u. dabei die entsprechenden Umsetzungen erfährt. Man beachte ferner, daß die Kettenlänge des Acylrests während der Acyl-Übertragung auf die periphere SH-Gruppe konstant bleibt, also der Rest $-CH_2-CH_2-CH_2-R$ an der rechten unteren Untereinheit ident. mit dem Rest $R-CH_2-$ der linken unteren Einheit ist, da bei dieser die im vorhergehenden Zyklus hinzugekommene C_2-Gruppe einbezogen ist. Die Bildung v. Malonyl-Coenzym A (unterer Teil des Schemas) erfolgt außerhalb des Multienzymkomplexes. Die Einschleusung der Malonylgruppen sowie der Acetylgruppe für den Start des ersten Zyklus erfolgt bereits unter der katalyt. Wirkung des Multienzymkomplexes. Zur Synthese v. Palmitinsäure (C_{16}) werden 7 Zyklen durchlaufen, wobei 1 Molekül Acetyl-Coenzym A, 7 Moleküle Malonyl-Coenzym A u. zus. 28 Reduktionsäquivalente in Form von 14 NADPH-Molekülen umgesetzt werden.

Das Produkt dieser Reaktion ist ein am Acyl-Carrier-Protein hängender Acetoacetylrest (↗ Acetoacetyl-ACP), der im folgenden durch eine erste Reduktion, Wasserabspaltung u. zweite Reduktion zu einem Butyrylrest (C_4-Einheit) umgewandelt wird (↗ Butyryl-ACP). Erst jetzt wird dieser v. Acyl-Carrier-Protein auf die periphere SH-Gruppe übertragen, woraufhin die wieder freie SH-Gruppe des Acyl-Carrier-Proteins erneut eine Malonylgruppe binden kann. Der nächste Zyklus, jetzt mit Butyryl statt mit Acetyl an der peripheren SH-Gruppe

Fettsäuresynthese

Die erste Reaktionsrunde im Aufbau der Fettsäuremoleküle. Während der vier einzelnen Schritte bleiben die Acylreste am zentralen Acyl-Carrier-Protein (ACP) verankert.

Fettsäureabbau

Die zykl. Reaktionsfolge des Fettsäureabbaus, die wegen der Bildung v. β-Hydroxy- bzw. β-Keto-Zwischenprodukten auch als *β-Oxidation* bezeichnet wird.

Fettsäuren

Fettsäuren

Die wichtigsten der in den Fetten enthaltenen längerkettigen Fettsäuren:

Zahl der C-Atome	Systemat. Name (Trivialname)	Chemische Formel	Schmelzpunkt (°C)
Gesättigte Fettsäuren			
12	n-Dodecansäure (Laurinsäure)	$CH_3(CH_2)_{10}COOH$	44,2
14	n-Tetradecansäure (Myristinsäure)	$CH_3(CH_2)_{12}COOH$	53,9
16	n-Hexadecansäure (Palmitinsäure)	$CH_3(CH_2)_{14}COOH$	63,1
18	n-Octadecansäure (Stearinsäure)	$CH_3(CH_2)_{16}COOH$	69,5
20	n-Eicosansäure (Arachinsäure)	$CH_3(CH_2)_{18}COOH$	76,5
Ungesättigte Fettsäuren			
16	(Palmitoleinsäure)	$CH_3(CH_2)_5CH=CH(CH_2)_7COOH$	−0,5
18	(Ölsäure)	$CH_3(CH_2)_7CH=CH(CH_2)_7COOH$	13,4
18	(Linolsäure)	$CH_3(CH_2)_4CH=CHCH_2CH=CH(CH_2)_7COOH$	−5
18	(Linolensäure)	$CH_3CH_2CH=CHCH_2CH=CHCH_2CH=CH(CH_2)_7COOH$	−11

der Zelle) aufgebaut werden. Darüber hinaus ist die Aktivität des Enzyms Acetyl-Coenzym-A-Carboxylase regulierbar. Citrat, das sich als Nebenprodukt beim Nachschub v. Acetyl-Coenzym A aus den Mitochondrien bildet, wirkt als alloster. Aktivator, wohingegen Acyl-Coenzym-A-Spezies mit längerkett. Acylresten die Wirkung v. Citrat aufheben u. damit die Neusynthese v. F. drosseln. Der Fettsäuresynthetase-Komplex ist im Cytoplasma lokalisiert. Der Transport v. Acetylresten, die vorwiegend innerhalb der Mitochondrien als Endprodukt der Glykolyse in Form v. Acetyl-Coenzym A anfallen, das nicht als solches die Mitochondrienmembran passieren kann, wird entweder durch ↗ Carnitin od. durch vorübergehende Umwandlung in Citrat besorgt. Die in geringer Menge vorkommenden ungeradzahl. F. können sich ebenfalls am Fettsäuresynthetase-Komplex bilden, wobei jedoch zur Startreaktion Propionyl-Coenzym A (C₃-Einheit) anstelle v. Acetyl-Coenzym A auf die zentrale bzw. darauf auf die periphere SH-Gruppe übertragen wird, die Folgereaktionen jedoch völlig analog ablaufen. Hydroxy-F. u. ungesättigte F. bilden sich durch Hydroxylierungen bzw. Dehydrierungen der freien langkett. F. Das für die Bildung ungesättigter F. erforderl. Cytochrom-b₅-NADPH-abhängige Oxygenasesystem fehlt bei höheren Tieren, weshalb Linol- u. Linolensäure für diese zu den *essentiellen F.* gehören, deren Bedarf durch Nahrungsaufnahme gedeckt sein muß (↗ Arachidonsäure). Der *Fettsäureabbau* (Fettveratmung) verläuft oxidativ (sog. β-*Oxidation*) u. wird eingeleitet durch die *Fettsäureaktivierung*, d. h. die ATP-abhängige Überführung der freien F. und v. Coenzym A zu Acyl-Coenzym A unter der katalyt. Wirkung v. Fettsäure-Thioki-

Fettsäuren

In freier Form natürl. vorkommende, kürzerkettige Fettsäuren:

Säuren	Vorkommen
Ameisen-S. HCOOH	Ameisen, Brennnesseln
Essig-S. CH_3COOH	Holzessig, Gärungsprodukt
Propion-S. C_2H_5COOH	Schweiß, Gärungsprodukt
Butter-S. C_3H_7COOH	Kuhbutter
Capron-S. $C_5H_{11}COOH$	Kuh- u. Ziegenbutter

Fettschwalm *(Steatornis caripensis)*

nasen. Die daran anschließenden Reaktionen verlaufen wieder zyklisch (4 Reaktionen pro Zyklus), wobei nach jedem Zyklus 1 Molekül Acetyl-Coenzym A (beim letzten Zyklus jedoch 2 Moleküle) u. 4 Reduktionsäquivalente, die über die Atmungskette mit Sauerstoff reagieren, frei werden. Acetyl-Coenzym A wird entweder nach der Einschleusung in den Citratzyklus in Kohlendioxid u. Reduktionsäquivalente umgewandelt od. in anabol. Stoffwechselwege eingeschleust. B Lipide. H. K.

Fettsäure-Synthetase w, *Fettsäure-Synthase,* aus mehreren Untereinheiten bestehender Multienzymkomplex, durch den alle zykl. Schritte der Fettsäuresynthese katalysiert werden. ↗ Fettsäuren.

Fettschwalme, *Steatornithidae,* Fam. der Schwalmvögel mit 1 Art, dem Guacharo *(Steatornis caripensis),* der in S-Amerika, auf Trinidad, in Venezuela, Kolumbien, Ecuador, Peru u. Guayana lebt. 45 cm groß, Flügelspannweite ca. 110 cm; hakenförmig gebogener Schnabel, Gefieder härter als bei den übr. Schwalmvögeln; kastanienbraun mit hellen Flecken, Schwanzfedern mit schwarzen Querbinden; bewohnt dunkle Höhlen, wo er sich durch Echolotpeilung orientiert (↗ Echoorientierung), Frequenz der ausgestoßenen metall. Klicklaute ca. 7 Kilohertz. Die Nahrung besteht aus Früchten v. Palmen, Lorbeersträuchern u. Efeugewächsen, die nachts im Rüttelflug mit dem kräft. Schnabel geerntet werden. Das aus ausgewürgten Früchten u. Kot gebaute Nest enthält 2–4 Eier, die v. beiden Eltern in 33 Tagen erbrütet werden. Die Jungen wachsen langsam, werden sehr fett u. erreichen zeitweise das anderthalbfache Altvogelgewicht; fliegen erst nach 4 Monaten aus; wurden v. den Indianern zur Herstellung v. Öl aus dem Fett der Jungvögel erbeutet. B Südamerika I.

Fettspaltung ↗ Fette.

Fettspeicherung; Fette sind als osmotisch unwirksame Substanzen mit einem gegenüber Kohlenhydraten u. Proteinen 2fach höheren Energiegehalt (↗ Brennwert) ideale Speicherstoffe. Bei Pflanzen werden die reich an ungesättigten ↗ Fettsäuren u. daher meist flüss. Fette als Emulsionen in feinen Tröpfchen od. eigenen Vakuolen im Cytoplasma gespeichert. Selten sind größere Aggregate (wie bei der Kokospalme) od. Kristalloide (wie bei der Ölpalme). *Fettspeicher (Fettdepots)* existieren auch in den Stämmen einiger Bäume (Linde, Eiche, Birke) als Reservestoffe für den Frühjahrsaustrieb. Bei Tieren erfolgt die F. im Unterhautgewebe, das stark v. Fettgewebe durchsetzt ist (↗ Depotfett). Beim Menschen kann dieses in guten Zeiten angelegte Fettdepot bes. an Bauch u. Gesäß mehr als 10 cm betragen (↗Fettpolster). Neben ihrer Depotfunktion wirkt die Fettschicht aber auch als Schutz gg. zu raschen Wärmeverlust des Körpers an die Umwelt u. ist demgemäß bei allen Säugern, die während ihrer Stammesentwicklung ihr Haarkleid verloren haben (Wale, Robben, Flußpferd, Hausschwein, Mensch), stärker ausgebildet.

Fettspinne, *Steatoda bipunctata,* zu den Kugelspinnen gehörende, häufige mitteleur. Art, die in Schuppen, Kellern u. ä. sowie im Freiland lebt; violettbraun, 5–7 mm lang. Der Vulgärname kommt v. der fettglänzenden Oberfläche des Hinterleibs. Die Fangfäden des typ. Kugelspinnennetzes sind am unteren Ende mit Leimtröpfchen besetzt; als Beute dienen fliegende u. laufende Insekten. Der Eikokon wird im Netz aufgehängt. Die Männchen besitzen ein gut entwickeltes Stridulationsorgan. Es besteht aus Zähnen (ausgezogene Basalringe v. Haaren) jederseits am vorderen Opisthosomarand, die gg. 2 Riefenplatten am Hinterrand des Prosomas gerieben werden.

Fettsteiß, *Steatopygie,* durch allg. Fettsucht od. erblich bedingte (Rassenmerkmal) Fettansammlung in der Steißbeinregion; bes. bei den Frauen der Hottentotten *(Hottentottensteiß)* u. Buschmänner.

Fettstoffwechsel, der Auf- u. Abbau der ↗Fette in einem Organismus. Über Acetyl-Coenzym A, das einerseits Ausgangsprodukt für den Fettsäureaufbau bzw. Endprodukt des Fettsäureabbaus ist (↗Fettsäuren), andererseits aber auch das Ausgangs- od. Endprodukt vieler anderer Stoffwechselwege (z. B. der Glykolyse, des Aminosäureabbaus, der Steroidsynthesen) bildet, ist der F. an den Gesamtstoffwechsel einer Zelle gekoppelt. So können z. B. überschüssige Kohlenhydrate über Acetyl-Coenzym A zu Fettsäuren u. über die parallel verlaufende Umwandlung in Glycerinphosphat (↗Fette) letztl. zu Fetten umgewandelt werden. Krankhafte F.störungen treten bei Fehlen der Gallenflüssigkeit im Verdauungsprozeß auf. Krankhafte Organverfettungen entstehen bei Stoffwechselkrankheiten, bei Vergiftungen u. bei tox. Schädigungen durch Infektionskrankheiten.

Fettvakuolen [v. lat. vacuus = leer], ↗Fettzellen.

Fettveratmung, die β-Oxidation v. ↗Fettsäuren.

Fettweiden, *Cynosurion,* Verb. der ↗Trifolio-Cynosuretalia.

Fettwiesen ↗Arrhenatheretalia.

Fettzellen, spezialisierte Zellen von ↗Bindegewebe, bes. bei Mollusken, Insekten u.

Fettspinne
Bei der F. ist die Bedeutung der Stridulation im Rahmen der Balz nachgewiesen. Die Geräusche, deren Frequenz bei 1000 Hertz liegt, werden wahrscheinl. durch Luftschall übertragen. Auslöser für das Stridulieren sind offenbar chem. Stoffe am Netz des Weibchens, da bereits das Netzgewebe (ohne Weibchen) Stridulationsverhalten hervorruft.

Wirbeltieren, die in ihrem Plasma Fette in Form membranloser Tröpfchen speichern: rasch mobilisierbare Energiereserven (↗Fettspeicherung), Wasserreservoir u. physikal. Funktionen (↗Fettpolster). Bei Wirbeltieren lassen sich zwei Typen von F. unterscheiden, *plurivakuoläre F.* (↗braunes Fett) mit zahlr. in das schaumig erscheinende Plasma eingelagerten Fetttröpfchen und *univakuoläre F.* mit einer großen Fettvakuole, die Plasma u. Kern bis auf einen randständ. Saum verdrängt („Siegelringzellen"). Sie sind gewöhnl. dicht v. Blutkapillaren umsponnen u. werden bereits im Embryo als *Lipoblasten* angelegt, die dem retikulären Bindegewebe entstammen. ⓑ Bindegewebe, ⓑ Lipide.

Fettzünsler, *Fett„schabe",* *Aglossa pinguinalis,* paläarkt. verbreitete Zünslerart; Falter ohne Saugrüssel, graubraun, Vorderflügel mit zwei dunkleren Querlinien, Spannweite bis 35 mm, dämmerungs- bis nachtaktiv, fliegt im Mai – Juli in Ställen, Scheunen, Vorratslagern; Larve dunkelgrau, ab Juli, lebt in Gespinströhren u. ernährt sich v. pflanzl. u. tier. Abfällen, auch v. Käse, Fett, Schmalz u. ä.

Fetus *m* [lat., = Leibesfrucht], *Foetus,* **1)** Zool.: Wirbeltierembryo vom Ende der Organogenese (Organentwicklung) bis zur selbständ. Nahrungsaufnahme; zeigt bereits ordnungs- bzw. familienspezif. Organisationszüge. **2)** Humanmedizin: Bez. für die menschl. Frucht nach Abschluß der Organogenese, d. h. ab dem 4. Schwangerschaftsmonat, bis zur Geburt; vorher ↗Embryo genannt; ↗Embryonalentwicklung. [↗Seenadeln.

Fetzenfische, *Phyllopteryx,* Gattung der

Feuchterezeptor [v. lat. recipere = aufnehmen], *Hygrorezeptor,* bei terrestr. Gliederfüßern, die auf hohe Luftfeuchtigkeit angewiesen sind, spezielle Sinnesorgane zur Perzeption v. Luftfeuchte. Neben spezialisierten Borstentypen finden sich gelegentl. spezielle Organe, die vermutl. Hygrorezeptoren sind. So bei vielen Tausendfüßern die als *Tömösvary-* od. *Schläfenorgan* bezeichneten Gruben neben der Fühlerbasis. Die vermutl. entsprechenden homologen Organe bei Urinsekten werden bei Springschwänzen *Postantennalorgan* u. bei den Beintastlern *Pseudoculus* genannt.

Feuchtezeiger ↗Bodenzeiger (ⓣ).

Feuchtgebiete, Gebiete, in denen Wasser in kleineren od. größeren Mengen, in stehender od. fließender Form, oberird. od. als bis in den Wurzelraum der Pflanzen hineinreichendes Grundwasser ganzjährig od. period. angesammelt ist. Aus ökolog. Sicht sollte man unterscheiden zw. *Gewässern:* Seen, Weiher od. Fließgewässer,

Feuchtigkeit

Feuchtgebiete

Die heute noch verbliebenen F. sind meist stark gefährdet durch: die allg. Gewässerverschmutzung mit natürl. u. künstl. Stoffen, die zu einer ⁊ Eutrophierung od. Vergiftung des Wassers führen, Bachkorrekturen, Verfüllung v. Bodenentnahmestellen (Steinbrüche, Kiesgruben), Flurbereinigungen, Nutzungsintensivierungen u. die Zunahme an Gewerbe- u. Industriebereichen sowie der Tourismus an offenen Wasserflächen. Viele Organismen der F. sind deshalb heute vom Aussterben bedroht.

Feuchtigkeit

Maximale Luftfeuchtigkeit in g/m³ bei 1 bar Luftdruck

°C	g/m³
−20	ca. 1
0	5
+20	17
+40	51

Naßstandorten: Zonen, die während eines Jahres v. mindestens einigen cm Wasser bedeckt sind, z. B. der Binsen-Schilf-Gürtel der Verlandungszone, u. *Feuchtstandorten:* Zonen, in denen das Grund- od. Regenwasser hoch ansteht u. nach Art eines Schwamms in den obersten Bodenschichten festgehalten wird, wie etwa bei Mooren, Kleinseggenrieden, Auenwäldern u. Bruchwäldern. Unsere F. entstanden im wesentl. nach der Eiszeit. Mulden u. Senken füllten sich nach dem Abschmelzen des Eises mit Wasser. Viele dieser Seen verlandeten später u. wurden zu Sümpfen od. Mooren. Die vom Wasser beherrschten Lebensräume besitzen entspr. der Bedeutung des Wassers für alle Lebensvorgänge einen hohen ökolog. Stellenwert im Landschaftshaushalt. Bäche, Flüsse u. Ströme sind Transportadern für Mineral- u. Nährstoffe. Flußauen, Seen u. Moore sind Wasserreservoire. Verlandungszonen v. Seen u. Weihern sind Kontaktstellen zw. Wasser u. Land u. Lebensraum für eine vielfält. Flora u. Fauna. Moore wurden in den vergangenen Jahrhunderten zum Torfabbau genutzt, viele sind heute völlig abgetragen. Flüsse wurden begradigt, Uferböschungen u. Hochwasserdämme angelegt. Flußauen mit natürl. Ufervegetation, die period. überschwemmt werden, sind heute eine Seltenheit (⁊ Auenwald). Im Zuge der Eindämmung der Flüsse wurden auch Sumpf- u. Moorgebiete entwässert, um landw. Nutzflächen u. Siedlungsflächen zu schaffen.

Feuchtigkeit, *Feuchte,* Bez. für den Gehalt an chem. nicht gebundenem Wasser od. Wasserdampf in einem bestimmten Volumen eines Stoffes. Man unterscheidet die *absolute F.* od. *Wasserdampfdichte* (in g/m³), die *spezifische F.,* die die Menge Wasser pro Masseneinheit eines Stoffes in g/kg angibt (v. a. in der Meteorologie verwendet: g Wasserdampf/kg feuchter Luft, hingegen *Mischungsverhältnis* = g Wasserdampf / kg trockener Luft), die *maximale F.* od. *Sättigungsfeuchte* (die bei einer bestimmten Temp. u. einem bestimmten Druck maximal mögl. absolute F.), den *Wasserdampfdruck* (Partialdruck des Wasserdampfs, gemessen in hPa = Hektopascal = Millibar) u. die *relative F.* (das Verhältnis v. tatsächlich vorhandener Wasserdampfmenge zu maximaler F.), meist in Prozent angegeben (in der Meteorologie *relative Luft-F*). Das *Sättigungsdefizit* ergibt sich für eine gegebene Lufttemp. aus der Differenz v. Sättigungsdampfdruck u. aktuellem Dampfdruck. *Boden-F.* ⁊ Bodenwasser.

Feuchtigkeitspflanzen, *Feuchtpflanzen,* die ⁊ Hygrophyten.

Feuchtkäfer, *Schlammschwimmer, Hygrobiidae,* Fam. der *Adephaga;* bei uns nur die in stehenden Gewässern lebende, ca. 9 mm große *Hygrobia tarda* mit Schwimmkäfer-Habitus; besitzt Hinterbeine mit Schwimmhaaren, bewegt diese im Ggs. zu den echten Schwimmkäfern *(Dytiscidae)* alternierend; lebt v. im Schlamm sitzenden Larven u. Würmern *(Tubifex).* Bei Beunruhigung können die Tiere durch Reiben des letzten Abdominaltergits gg. den hinteren Elytrenrand laut stridulieren. Larve mit 3 Hinterleibsanhängen (Analfaden u. 2 Urogomphi), schlauchförm. Tracheenkiemen an der Brust u. 3 ersten Abdominalsterniten. [crispi.

Feuchtpionierrasen ⁊ Agropyro-Rumicion

Feuchtsavanne *w,* von Hochgräsern beherrschte, anthropogene Ersatzgesellschaft der halbimmergrünen od. laubwerfenden Wälder im trop.-subtrop. Bereich. ⁊ Afrika (Pflanzenwelt). [nietalia.

Feuchtwiesen, *Calthion,* Verb. der ⁊ Moli-

Feueralgen, marine Phytoflagellaten (⁊ Pyrrhophyceae), z. B. Gonyaulax polyedra (B Chronobiologie I) u. Noctiluca miliaris, mit der Fähigkeit zur ⁊ Biolumineszenz, d. h. zur Aussendung v. Lichtblitzen durch Bewegungsreize; Ursache des ⁊ Meeresleuchtens.

Feuerameise, *Solenopsis geminata,* am. Art der Knotenameisen, die an Nutzpflanzen schädl. werden können; der Stich der F. ist sehr schmerzhaft (Name).

Feuerbrand, Bakterienkrankheit (Bakterienbrand) v. Birne, Apfel, Quitte, Feuerdorn u. a. Rosengewächsen. Die Übertragung des Erregers *(Erwinia amylovora)* erfolgt im Frühjahr über Triebspitzen u. Blüten durch pollentragende Insekten u. Vögel. Die Bakterien gelangen hpts. durch Nektarien u. Blattnarben in den Wirt. Sie bilden Polysaccharide (Amylovorin) u. hydrolyt. Enzyme, die zunächst zu Zellschäden führen u. ihre Vermehrung ermöglichen. Von den infizierten Blüten u. Blättern gelangen die Bakterien in die einjähr. Triebe u. wachsen im Rindengewebe, wo sie Schleime (überwiegend Polysaccharide) bilden, die das Xylem verstopfen, so daß Gewebeteile durch Wassermangel absterben; Blätter, Blüten u. Früchte verfärben sich graubraun bis schwarz (Name!), u. die Triebspitzen krümmen sich hakenartig ein. Die Überwinterung findet an infizierten Pflanzenresten (holz. Trieben) statt. Befallene Bäume müssen gerodet u. vernichtet werden.

Feuerdorn ⁊ Weißdorn.

Feuerfalter, *Feuervögelchen, Lycaeninae,* U.-Fam. der ⁊ Bläulinge, deren Falter aber nicht blau, sondern leuchtend rot, violett od. braun gefärbt sind; in Mitteleuropa ca. 10 Arten, fr. in der Gatt. *Chrysophanus* vereint; Raupen v. a. an Ampferarten. Noch etwas zahlreicher anzutreffen ist der Kleine F. *(Lycaena phlaeas)*, Vorderflügel leuchtend rot mit schwarzen Flecken, Hinterflügel dunkler, Spannweite um 30 mm; Wanderfalter, fliegt in 2–3 Generationen. Ähnl. der Große F. *(L. dispar)*, Flügelspannweite um 40 mm, Männchen oberseits nur mit dunklem Zellfleck; 1–2 Generationen, Moore, Feuchtwiesen u. ä., nach der ↗Roten Liste „stark gefährdet", bedroht durch Trockenlegung der Lebensräume. Dies gilt auch für den „gefährdeten" Violetten F. *(Heodes alciphron)*, fliegt in 1 Generation im Juni–Juli, Spannweite um 35 mm, Flügel violett schimmernd. Ebenfalls „gefährdet" ist der Dukatenfalter *(H. virgaureae)*, Falter beim Männchen oberseits leuchtend orangerot, Weibchen dunkler u. gefleckt, unterseits beide gelbl.-grün mit weißen Flecken; fliegen im Sommer in 1 Generation auf blumenreichen Wiesen.

Feuerfliegen, die ↗Feuerkäfer.

Feuergesichter, *Dryops,* Gatt. der ↗Laternenträger.

Feuerkäfer, *Kardinalkäfer, Feuerfliegen, Pyrochroidae,* Fam. der polyphagen Käfer aus der Gruppe der *Heteromera;* von den weltweit ca. 150 bei uns nur 3 Arten. Auffallend rote, etwas weichhäut., abgeflachte Arten mit gekämmten (♂) od. gezähnten (♀) langen Fühlern. Die über 3 cm großen Larven sind langgestreckte, stark abgeplattete mehlwurmart. Tiere mit 2 kräft., nach hinten gerichteten dornförm. Urogomphi (Cerci); leben vorzugsweise unter der Rinde abgestorbener Bäume, wo sie pilzdurchsetzten Mulm, gelegentl. auch andere Larven (Bockkäfer) fressen. Kardinalkäfer *(Pyrochroa coccinea):* 14–18 mm, blutrot, nur Kopf u. Unterseite schwarz (B Käfer I); *P. serraticornis:* etwas kleiner, auch der Kopf rot; *Schizotus pectinicornis:* ca. 10 mm, Flügeldecken leicht gerippt, Larve mit stark nach innen gekrümmten Urogomphi.

Feuerklimax [v. gr. klimax = Treppe], langfristig an period. Feuer (durch Selbstentzündung oder Blitzschlag) angepaßter Gleichgewichtszustand („Pulsstabilität") in Ökosystemen, z. B. in Tundra, Taiga u. Savannen. „Brandökosysteme" sind durch „Brandpflanzen" gekennzeichnet, die das Feuer unbeschadet überstehen (z. B. Kiefer, Korkeiche) od. sogar auf Feuer angewiesen sind (auf Holzkohle lebende Flechten); auch manche Tiere (Käfer) brauchen Hitze zur Entwicklung der Nachkommen. Feuer fördert das Freiwerden v. Nährstoffen, verhindert unerwünschte Konkurrenz (z. B. Überhandnehmen der Fichte) u. verbessert die Lebensbedingungen jagdbarer Tiere (z. B. Birkhuhn); diesen Vorteilen steht das Zugrundegehen vieler Kleintiere gegenüber.

Feuerkorallen, die Gatt. *Millepora* (Fam. *Milleporidae*); sie bildet stark nesselnde Hydrozoenstöcke aus, die Steinkorallen sehr ähnl. sind (Konvergenz) u. auch im selben Lebensraum vorkommen. F. bilden eine kompliziert gebaute, v. Stolonen durchzogene dicke Kalkkruste aus, der sich dicke verkalkende Stolonengeflechte vertikal aufrichten (bis 0,5 m). Die unteren Schichten der Kolonie sterben im gleichen Maß ab, wie sich die Kalkkruste nach oben verdickt. Dabei wachsen die Polypen (Freß- u. Wehrpolypen) einige Zeit mit, ziehen dann aber einen neuen Boden ein. So wird die Kalkkruste gekammert. F. sind maßgebl. am Aufbau der trop. Korallenriffe beteiligt. Im Ggs. zu anderen Hydropolypen bilden sich die Geschlechtszellen in den Stolonenwänden u. wandern in die Polypen ein. Der Polyp verwandelt sich darauf in eine Meduse (ohne Tentakel u. Velum), die sich ablöst u. nur mehrere Stunden frei herumschwimmt.

Feuerquallen, 1) die ↗Würfelquallen; 2) *Cyanea capillata,* ↗Cyanea.

Feuersalamander, *Salamandra salamandra,* mit 19 cm (im SO bis 28 cm) größter eur. Salamander (Fam. *Salamandridae*). Kräftige, robuste Tiere mit relativ kurzem, drehrundem Schwanz, Querfurchen an den Rumpfseiten u. deutl. hervortretenden Ohrdrüsen. F. sind schwarz mit gelben (selten roten) Flecken od. Streifen, selten ganz schwarz; besitzen sehr giftige Haut-↗Alkaloide (Samandarin u. a.). Man unterscheidet 11 U.-Arten, in Dtl. kommen 2 vor. Der gestreifte F. *(S. s. terrestris)* aus dem westl. Europa lebt östl. bis zum Harz, der gefleckte F. *(S. s. salamandra)* ist die daran anschließende östl. U.-Art. F. bewohnen feuchte Laub- od. Mischwälder; tagsüber verbergen sie sich unter Felsen od. Stubben; nachts, bei Regenwetter auch am Tage, kommen sie heraus u. machen Jagd auf Würmer, Schnecken u. Insekten. Die Paarung findet im Sommer auf dem Lande statt. Das Männchen kriecht unter das Weibchen, schlägt seine Vorderbeine v. hinten um die des Weibchens u. trägt es so „huckepack" herum. Schließl. setzt es eine Spermatophore ab u. biegt seinen Körper so zur Seite, daß das Weibchen mit seiner Geschlechtsöffnung den Samen aufnehmen kann. F. sind lebendgebärend. Das

Feuerfalter
Männchen des Dukatenfalters *(Heodes virgaureae)*, Spannweite ca. 35 mm

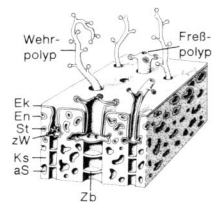

Feuerkorallen
Blockdiagramm einer Feuerkorallenkolonie
aS abgestorbener Stolo, Ek Ektoderm, En Entoderm, Ks Kalkskelett, St Stolonenröhre, Zb Zwischenboden, zW zurückgezogener Wehrpolyp

Feuersalamander
F. hatten im Altertum u. Mittelalter eine große mytholog. Bedeutung. Auf ihre sehr gift. Hautalkaloide (Samandarin u. a.) geht der Aberglaube zurück, daß ein Brunnen, in den ein F. falle, für alle Zeiten vergiftet sei, ebenso alle Früchte eines Baums, auf den ein F. klettere. Außerdem wird dem F. nachgesagt, daß er dank seiner „eisigen Natur" Feuer zum Erlöschen bringe (so schon beim Physiologus). Feuerbeschwörer warfen darum bei einem Brand einen F. ins Feuer. Der F. soll durch das Feuer keinen Schaden erleiden. Darauf gründete die Vorstellung v. seiner Unversehrbarkeit (deswegen auch Emblem König Franz' I. von Frankreich).

Feuersalamander *(Salamandra salamandra)*

Feuerschwämme

Weibchen der einheim. Rassen setzt im auf die Paarung folgenden Frühling in sauberen Berg- od. Waldbächen 30–70 Larven von ca. 30 mm Länge ab. Die Larven haben voll entwickelte Beine, äußere Kiemen u. einen Flossensaum. Nach 3 bis 5 Monaten, bei Längen von 50 bis 70 mm, verwandeln sie sich zu jungen F.n. Manche südeur. Rassen bringen voll entwickelte Jungtiere zur Welt. F. sind langleb. Tiere, die im Terrarium bis 50 Jahre alt werden können. B Amphibien II.

Feuerschwämme, *Korkporlinge, Phellinus* Quél., Gattung der *Hymenochaetaceae* (Nichtblätterpilze), holzbewohnende Parasiten u. Saprophyten; bilden mehrjähr., kork. od. holz., hellbraun-dunkelbraun, teilweise grau od. schwarz gefärbte, manchmal sehr große Fruchtkörper mit vielen Porenschichten übereinander. F. sind Weißfäuleerreger, weltweit verbreitet, in Mitteleuropa ca. 28 Arten; manche sind auf einen od. mehrere bestimmte Wirtsbäume spezialisiert. Der bis 25 cm breite Graue F. od. Falsche Zunderschwamm (*P. igniarius* Quél.) lebt parasit. an verschiedenen Laubhölzern, bes. an Weiden, aber auch an Apfelbäumen. Der 4–10 cm große Stachelbeer-F. (*P. ribis* Karst.) wächst am Grunde alter, lebender Stachel- u. Johannisbeersträucher. *P. contiguus* Pat. schädigt verbautes Holz. In früheren Zeiten wurden einige F., da sie im Ofen nur langsam verglimmen, zum Erhalten der Glut genutzt

Feuertiere ↗ Megalopygidae. [(Name!)].

Feuervögelchen, die ↗ Feuerfalter.

Feuerwalzen, *Pyrosomida,* artenarme U.-Kl. der Salpen, auch als eigene Kl. der Manteltiere betrachtet. F. sind marine, pelag., torpedoförm. Tierkolonien; Einzeltiere in gemeinsamem Mantel um längl. zentralen Hohlraum geordnet, mit den Einströmöffnungen nach außen, Ausstromöffnungen nach innen. Kolonien sind blind geschlossen u. haben nur eine Öffnung; die Organisation der Kolonie entspricht einer Synascidie, die des Einzeltiers einer solitären Seescheide. Wasser wird durch den Cilienschlag in den Kiemendärmen der Einzeltiere durch die Wand der Röhre hinein- u. durch die Öffnung der Kolonie am Röhrenende hinausgetrieben; dadurch langsame Fortbewegung. Der Kiemendarm hat 3 Funktionen: Atmung, Nahrungsfiltration, Fortbewegung; auf chem. u. mechan. Reizung wird v. den Kolonien, Eiern u. allen Entwicklungsstadien intensives grünblaues Licht ausgesandt (Name!), erzeugt v. symbiont. Leuchtbakterien, die in paar. Leuchtorganen im Kiemendarmbereich sitzen. F. sind Zwitter; jedes Einzeltier (Gonozoid) hat Gonaden, jedes Ovar produziert zeitlebens nur 1 Ei; dieses

Feuerwalzen
Einzige Fam. der F. sind die *Pyrosomatidae* mit der Gatt. *Pyrosoma;* die durchschnittl. Größe der Kolonien beträgt 3–10 cm, ⌀ 4 cm, längste Kolonie ca. 4 m, Einzeltiere 4–20 mm; 9 Arten. Fast alle F. sind auf äquatoriale Gewässer beschränkt u. leben in einer Tiefe v. 0–200 m; häufigste Art im Mittelmeer u. Atlantik ist *P. atlanticum* mit 20–60 cm Länge.

Feulgensche Reaktion
Bei der Kernfärbung nach R. Feulgen werden durch heiße verdünnte Salzsäure (1-normale HCl, 4 Min. bei 60 °C) die RNA aus der Zelle herausgelöst u. die Aldehydgruppen der DNA freigesetzt. Die freien Aldehydgruppen werden dann spezif. mit fuchsinschwefliger Säure (Schiffsches Reagenz) nachgewiesen: die DNA färbt sich dabei durch das bas. Fuchsin violett.

J. Fibiger

fibr- [v. lat. fibra = Faser], in Zss.: Faser-.

fibrino- [v. lat. fibra = Faser], in Zss.: Faserstoff des Blutes.

bricht in den Peribranchialraum durch u. wird dort v. eingestrudeltem Fremdsperma befruchtet; es entwickelt sich dort zum Einzeltier (Oozoid), das bald 4 Knospen treibt (Blastozoide); diese Primärkolonie wird aus der Mutterkolonie ausgestoßen u. lebt freischwimmend; weiterer Kolonieaufbau geschieht durch Knospung neuer Blastozoide am ventralen Gewebsstrang (Stolo prolifer); die richtige Lagerung der Blastozoide zur Kolonie erfolgt durch entspr. regelmäßige Abschnürung od. durch die Aktivität v. amöboid bewegl. Trägerzellen (Phorocyten).

Feuerwanzen, *Pyrrhocoridae,* Fam. der Landwanzen mit weltweit ca. 100 bekannten Arten. Die F. sind verwandt mit den ↗ Langwanzen, v. denen sie sich v. a. durch das Fehlen der Ocellen unterscheiden. Sie ernähren sich durch Pflanzensäfte; wie alle Wanzen durchlaufen sie eine hemimetabole Entwicklung. In Mitteleuropa häufig ist die Feuerwanze *Pyrrhocoris apterus* (B Insekten I), ca. 11 mm lang mit auffallender rot-schwarzer Zeichnung; die Flügel sind in Größe u. Ausbildung häufig verschieden (Polymorphismus), meist stark reduziert; Tiere oft massenhaft am Stamm v. Linden; Überwinterung als Imagines. Als Baumwollschädling gefürchtet sind die Rotwanzen (Gatt. *Dysdercus*), die Knospen u. junge Samenkapseln durch Saftentzug u. Pilzinfektion schädigen.

Feuerwurm ↗ Hermodice.

Feulgensche Reaktion [ben. nach dem dt. Chemiker R. Feulgen, 1884–1953], eine Methode zur Anfärbung v. Zellkernen.

Feyliniidae [Mz.], die Afrikanischen ↗ Schlangenechsen.

F-Faktor ↗ Plasmide.

Fibiger, *Johannes Andreas Grib,* dän. Pathologe, * 23. 4. 1867 Silkeborg, † 30. 1. 1928 Kopenhagen; seit 1900 Prof. in Kopenhagen; Arbeiten über Infektionskrankheiten; erhielt 1926 den Nobelpreis für Medizin für die 1912 zum ersten Mal gelungene experimentelle Erzeugung v. Krebs (Spiropterenkrebs) aus gesunden Zellen.

Fibrille *w* [Bw. *fibrillär;* v. *fibr-*], allg.: feine Faser; in der Biol. Sammelbez. für eine Vielzahl lichtmikroskop. darstellbarer intra- u. extrazellulärer Faserstrukturen (⌀ 0,1–1 μm) unterschiedl. Zusammensetzung, z. B. ↗ Elementar-F.n pflanzl. Zellwände (↗ Cellulose), ↗ Myo-F.n der Muskelfasern, ↗ Tono- u. ↗ Neuro-F.n als Skelettstrukturen v. Epithel- u. Nervenzellen, Bindegewebs-F.n (↗ Reticulin, ↗ Kollagen, ↗ Elastin). F. sind vielfach zu Bündeln zusammengeordnet (↗ Fasern) u. bestehen ihrerseits aus submikroskop. Untereinheiten (↗ Filament, Proto-F.n). Axial-F.n bei ↗ Spirochäten, ↗ Filament.

Fibrin

Fibrin u. dessen Vorstufe, das *Fibrinogen* (Abb.: Schema eines Fibrinogenmoleküls), sind symmetr. aus je zwei α-, β- und γ-Peptidketten aufgebaut (die Zahlen geben die relative Molekülmasse der jeweiligen Kette an), die in sog. Disulfidknoten durch Disulfidbrücken kovalent miteinander verbunden sind. Durch *Thrombin* werden aus Fibrinogen je zwei Fibrinopeptide A u. B von den α- bzw. β-Ketten unter Ausbildung v. Fibrin abgespalten. Die Abspaltung der beiden B-Peptide erfolgt erst nach Aggregation der A-freien Zwischenstufe zu den noch lockeren Fibrinbündeln. Die kovalente Quervernetzung der auf diese Weise parallel angeordneten Fibrinmonomere unter der katalyt. Wirkung des Blutgerinnungsfaktors XIII (T Blutgerinnung) bildet den abschließenden Schritt; die Quervernetzungen erfolgen durch Ausbildung v. Amidbindungen (sog. Isopeptidbindungen) zw. Aminogruppen v. Lysinresten u. Carboxylgruppen v. Glutaminsäureresten benachbarter F.-Moleküle. Das quervernetzte F. bewirkt durch seine Wasserunlöslichkeit den Wundverschluß (☐ Blutgerinnung).

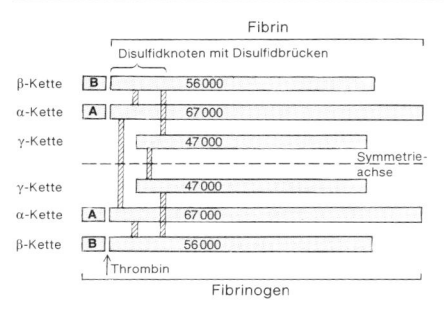

Fibrin
Disulfidknoten mit Disulfidbrücken
β-Kette B 56 000
α-Kette A 67 000
γ-Kette 47 000
Symmetrieachse
γ-Kette 47 000
α-Kette A 67 000
β-Kette B 56 000
↑Thrombin
Fibrinogen

Fibrin s [v. *fibr-], *Blutfaserstoff, Plasmafaserstoff,* Blutprotein, das durch seine Fähigkeit zur vernetzenden Polymerisation die ⟋Blutgerinnung bewirkt. Die nichtvernetzende Vorstufe des F.s ist das *Fibrinogen*. Von diesem werden bei der Blutgerinnung unter der Wirkung v. Thrombin je zwei kleine Peptide (sog. *Fibrinopeptide*) abgespalten, wodurch es in monomeres F. umgewandelt wird; anschließend bildet sich aus diesem durch kovalente Quervernetzung das polymere F. (F. i. e. S.). ⟋Fibrinolyse.

Fibrinogen s [v. *fibrino-, gr. -genēs = entstanden], ⟋Fibrin, ⟋Blutgerinnung.

Fibrinolyse w [v. *fibrino-, gr. lysis = Lösung], Abbau v. ⟋Fibrin zu lösl. Spaltpeptiden unter der proteolyt. Wirkung des ⟋Plasmins. F. u. *Fibrinbildung* laufen in strömendem Blut ständig nebeneinander ab u. stehen normalerweise im Gleichgewicht. Die während der ⟋Blutgerinnung (☐) verstärkt ablaufende Fibrinbildung wird in der Schlußphase durch verstärkte F. gedrosselt, die dazu erforderl. Aktivierung des Plasminogens zu Plasmin wird z. T. von denselben Faktoren (z. B. dem Hageman-Faktor, T Blutgerinnung) ausgelöst wie die Fibrinbildung.

Fibrinolysin s [v. *fibrino-, gr. lysis = Lösung], das ⟋Plasmin.

Fibroblasten [Mz.; v. *fibr-, gr. blastanein = entsprießen], *Fibroplasten, Faser-* oder *Bindegewebsbildungszellen,* aus dem Mesoderm stammende Population teilungsaktiver u. nicht voll differenzierter Zellen bei vielen Wirbellosen, v. a. aber Wirbeltieren, die sich zu den verschiedensten Bindegewebszellen (⟋Bindegewebe) differenzieren können. Von F. geht die Regeneration u. der Umbau v. Bindegeweben aus. Sie können als undifferenzierte Zellgruppe zeitlebens erhalten bleiben, aber auch auf Außenreize hin (Verletzungen) durch Entdifferenzierung aus differenzierten Bindegewebszellen (Knochen, Knorpel usw.) entstehen.

Fibrocyten [Mz.; v. *fibr-, gr. kytos = Höhlung (heute: Zelle)], ausdifferenzierte Zellen ungeformter lockerer u. straffer Bindegewebe. Neben der Abscheidung v. Bindegewebsfasern (⟋Reticulin, ⟋Kollagen, ⟋Elastin) erfüllen sie vielfält. Speicherfunktionen; sie können sich z. B. in Fettzellen (⟋Bindegewebe) umwandeln.

Fibroin s [v. *fibr-], *Seiden-F.,* ein Skleroprotein (Faserprotein, Strukturprotein), das die mechan. Festigkeit z. B. von Spinnweben u. von Seide ausmacht. F., dessen Ketten in ⟋Faltblattstruktur (β-Konformation) vorliegen, enthält etwa 26% Alanin, 44% Glycin u. 13% Serin, wobei die Aminosäuresequenz Ser-Gly-Ala-Gly-Ala-Gly bes. häufig vertreten ist. Bei *Bombyx mori* (⟋Seidenspinner) läuft die Biosynthese des F.s (die in diesem Fall auf der Ebene der Translation kontrolliert wird) in hochspezialisierten, differenzierten Speicheldrüsenzellen ab, die ausschl. F. produzieren. Die fertigen Kokons enthalten 78% F. u. 22% *Sericin* (Seidenleim, Bast).

Fibronektin s [v. *fibr-, lat. nectere = flechten], ein aus 2 ident. Untereinheiten der relativen Molekülmasse 220 000 aufgebautes faser. Glykoprotein (5% Kohlenhydratanteil), das teils an den Zelloberflächen (z. B. von Säugerfibroblasten) gebunden, teils frei im extrazellulären Raum vorkommt. Zus. mit anderen Proteinen steuert F. den zellspezif. Kontakt bzw. die Aggregation v. Zellen. Oberflächen v. Tumorzellen zeigen eine starke Verminderung des F.gehalts, was mit der Fähigkeit v. Tumorzellen zu ungeregelter Aggregation, zum Eindringen in fremdes Gewebe u. dadurch ausgelöste Metastasenbildung korreliert.

Fibula w [lat., = Klammer (anatom. =)], *Wadenbein,* ein Ersatzknochen des Unterschenkels (Zeugopodium) bei tetrapoden Wirbeltieren; beteiligt am Fußwurzelgelenk, meist aber nicht am Kniegelenk.

Fibulare s [v. lat. fibula = Klammer (anatom.: Wadenbein)], Ersatzknochen der Fußwurzel (Tarsus) bei *Anamnia,* homolog dem Calcaneus (⟋Fersenbein) der *Amniota.* [⟋Scharbockskraut.

Ficaria w [v. lat. ficarius = Feigen-], das **Ficedula** w [lat., = Feigendrossel, Gartengrasmücke], Gatt. der ⟋Fliegenschnäpper.

Fibrin
Kovalente Vernetzung von Fibrinmonomeren zu Fibrin (Pk = Polypeptidkette)

Fichte

Fichte, *Picea,* Gatt. der *Pinaceae* (U.-Fam. *Abietoideae*) mit ca. 50 Arten. Die immergrünen, meist ausgeprägt monopodial wachsenden Bäume besitzen in Scheinquirlen stehende Äste u. schraubig angeordnete Nadeln ([B] Blatt III). Diese sitzen auf kantigen, an den Zweigen herablaufenden „Nadelkissen", die nach dem Nadelfall erhaltenbleiben u. eine rauhe Oberfläche erzeugen. Die ♂ Zapfenblüten stehen einzeln in den Blattachseln vorjähr. Zweige; die nur rudimentäre, v. außen nicht sichtbare Deckschuppen aufweisenden ♀ Zapfen entwickeln sich dagegen endständig an ebenfalls vorjähr. Trieben, hängen nach der Blütezeit mehr od. weniger nach unten u. fallen bei Samenreife als Ganzes ab (vgl. die entspr. Merkmale bei der ↗Tanne). Das Areal der F. ist holarktisch mit Bevorzugung der gemäßigten Zonen, das Mannigfaltigkeitszentrum liegt in O-Asien. Fossil kennt man die Gatt. seit dem Tertiär. – In Mitteleuropa kommt als einzige heim. Art nur die Gemeine F. oder „Rottanne" (*P. abies,* [B] Europa IV) vor. Sie erreicht bei einem Alter von 200–400 Jahren Wuchshöhen bis 60 m, besitzt einen flachen Wurzelteller (daher windbruchgefährdet), eine meist rotbraune, schuppig abblätternde Rinde u. vierkantige, nicht zweizeilig angeordnete Nadeln. Im Habitus fallen die spitz-kegelförm. Krone u. die am Ende oft nach oben gebogenen Äste auf. In ihrem Areal, das von N-Europa, dem östl. S- u. Mittel-Europa (W-Grenze: etwa Rhône- u. Rheintal) bis ans Ochotskische u. Japan. Meer reicht, besiedelt die Gemeine F. in natürl. Reinbeständen od. Mischwäldern die montane-subalpine Stufe u. findet sich hier v. a. an kühl-feuchten Standorten auf sauren, humosen Böden. Da sie als Schattholzart große Konkurrenzkraft u. gute Wuchsleistung u. Holzqualität aufweist, wird sie bei einer Umtriebszeit von 70–120 Jahren intensiv forstl. kultiviert (in der BR Dtl. entfallen knapp 30% der Waldfläche auf die Gemeine F.), u. zwar auch außerhalb des natürl. Vorkommens. Diese standortsfremden Fichtenforste zeigen allerdings eine erhöhte Anfälligkeit gg. Schädlinge (v. a. Rotfäule durch Hallimasch u. Rotfäulepilz, ↗Fichtenborkenkäfer) u. leiden langfristig unter Bodenverschlechterung. Das *Holz* der Gemeinen F. ist gelbl.-weiß, mittelhart (Dichte: 0,35–0,6 g/cm³) u. vielseitig verwendbar, z. B. als Bauholz, für Kisten, Holzwolle u. Papier; das v. a. in Berglagen gebildete sehr engringige Holz findet für Resonanzböden v. Musikinstrumenten Verwendung. Darüber hinaus gehört die Gemeine F. zu den wichtigen, in zahlr. Sorten kultivierten Zierbäumen. – Neben *P. abies* ist in Europa noch die Serbische F.

Fichte
Wuchsform und ♀ Zapfen der Gemeinen Fichte (*Picea abies*)

Fichte (*Picea*)
In Mitteleuropa werden u. a. folgende fremdländ. Arten als Zierbaum u. z. T. auch forstl. kultiviert:
P. glauca (Weiß-, Schimmel-F.): Nadeln blaugrün, mehr od. weniger stumpf; Heimat: nördl. N-Amerika, dort wicht. Papierholzlieferant.
P. mariana (Schwarz-F.): Nadeln bläulichweiß, Nadelkissen flach; Heimat: östl. N-Amerika, v. a. Kanada.
P. pungens (Stech-F., Blau-F., „Blautanne"): Nadeln allseitig, blaugrün, stechend; Heimat: pazif. N-Amerika zw. 1800 u. 3000 m; zahlr. Kultursorten.
P. sitchensis (Sitka-F.): Nadeln steif, stechend; Heimat: Pazifikküste v. Kalifornien bis Alaska.

(Omorika-F., *P. omorica*) heimisch. Diese oft als Parkbaum gepflanzte, durch abgeflachte Nadeln gekennzeichnete Art kommt natürlich nur in einem kleinen Reliktareal in Jugoslawien vor, war aber (zumindest mit sehr ähnl. Formen) im jüngsten Tertiär bis ins letzte Interglazial in Europa weit verbreitet. *V. M.*

Fichtenborkenkäfer, ↗Borkenkäfer, die an Fichte leben; meist ist der Buchdrucker, gelegentl. auch der Riesenbastkäfer od. der Kupferstecher gemeint.

Fichtengallenläuse, *Adelges* od. *Sacchiphantes,* Gatt. der ↗Tannenläuse.

Fichtengespinstblattwespe, *Cephaleia abietis,* ↗Pamphiliidae.

Fichtenläuse, die ↗Tannenläuse.

Fichtenmarder, *Amerikanischer Zobel, Martes americana,* dem einheim. Baummarder ähnl. Marder N-Amerikas; begehrtes Pelztier; in einigen Staaten geschützt.

Fichtenspargel, *Monotropa,* Gattung der ↗Wintergrüngewächse.

Fichten-Wälder ↗Piceion.

Fick, *Adolph,* dt. Physiologe, * 3. 9. (11.?) 1829 Kassel, † 21. 8. 1901 Blankenberge; seit 1855 Prof. in Zürich, 1868 in Würzburg; zahlr. Arbeiten über die physikal.-mathemat. erfaßbaren Funktionen des menschl. Körpers, insbes. auf dem Gebiet der Muskelphysiologie (Thermodynamik u. Nutzeffekt der Muskeltätigkeit, Reizwirkung des elektr. Stroms, Bewegungslehre), der physiolog. Optik u. Kreislaufphysiologie (erste exakte Beschreibung des Herzminutenvolumens u. der arterio-venösen Sauerstoffdifferenz); beschrieb ferner die Bedingungen der ↗Diffusion quantitativ (*F.sches Diffusionsgesetz,* 1855). WW: „Gesammelte Schriften", 4 Bde. (1903–05), hg. v. seinem Sohn, dem Anatomen R. A. Fick (1866–1939).

Ficksches Diffusionsgesetz [ben. nach A. ↗Fick], ↗Diffusion.

Ficulina w [v. lat. ficula = kleine Feige], Gatt. der Schwamm-Fam. *Suberitidae.* Bekannteste Art *F. ficus,* kugel-, keulen- od. feigenförm., bis über 30 cm hoch, außen grau od. orange, innen gelb; bildet Gemmulae; häufig in Symbiose mit Einsiedlerkrebsen; Nordsee u. westl. Ostsee.

Ficus m [lat., = Feige], **1)** Gatt. der ↗Feigenschnecken. **2)** *Feige,* mit über 1000 Arten hpts. in den trop. Regenwäldern (bes. SO-Asiens) beheimatete, größte Gatt. der Maulbeergewächse. Vorwiegend Milchsaft führende Bäume, Sträucher od. Lianen mit kleinen, getrenntgeschlecht. Blüten in Blütenständen mit krug- bis hohlkugelförm. Achsen. Die komplizierte Bestäubung der Blüten erfolgt durch spezielle Bestäuber, die ihren Entwicklungszyklus in den Blütenständen durchlaufen (↗Feigenbaum.

Fieberklee

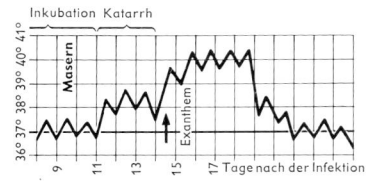

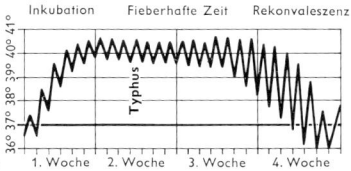

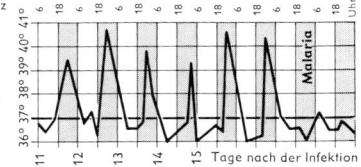

Inkubation Katarrh | Exanthem | Tage nach der Infektion (Masern)

Inkubation | Fieberhafte Zeit | Rekonvaleszenz (Typhus)

Malaria – Tage nach der Infektion

↗Feigenwespen, ↗Caprifizierung). Die sich aus den Blütenständen entwickelnden, fleisch. Fruchtstände dienen vielen Tieren als Nahrung. Als Nahrungslieferant für den Menschen ist der ↗Feigenbaum *(F. carica)* v. Bedeutung ([B] Kulturpflanzen VI, [B] Mediterranregion III). Der in O-Indien u. auf dem Malaiischen Archipel heim. Gummibaum *(F. elastica)*, ein bis 25 m hoher Baum mit großen, längl. ovalen, lederart., oberseits glänzend dunkelgrünen Blättern, liefert Kautschuk u. ist eine beliebte Zimmerpflanze, die in verschiedenen Zuchtformen kultiviert wird. Ebenfalls als Zierpflanze gezüchtet wird der aus dem trop. Afrika stammende Leierblatt-Feigenbaum *(F. lyrata)* u. der aus China u. Japan stammende, mit Haftwurzeln kletternde Kletter-Ficus *(F. pumila, F. repens)*. In O- und NO-Afrika ist der Maulbeerfeigenbaum od. Sykomore *(F. sycomorus)*, ein bis 15 m hoher Baum mit rundl. Blättern u. eßbaren (jedoch nicht sonderl. schmackhaften) Fruchtständen, beheimatet. Verwendet wird v. a. sein sehr festes, haltbares Holz, aus dem schon im alten Ägypten Mumiensärge hergestellt wurden. Der Bobaum *(F. religiosa)*, ein in O-Indien u. Sri Lanka heim. Baum mit langgestielten, herzförm. Blättern, wird in SO-Asien häufig kultiviert, da unter ihm Buddha erleuchtet worden sein soll. Die als Banyans bezeichneten, hpts. in den Tropen Asiens u. Afrikas zu findenden, baumwürgenden Feigen umschlingen als Jungpflanzen mit sproßbürt. Wurzeln andere Bäume u. bewirken so schließl. deren Absterben. Wie etwa bei *F. bengalensis*, dem aus dem Himalaya u. den Gebirgen S-Indiens stammenden Banyanbaum, werden bei älteren Pflanzen die waagerecht v. der Hauptachse ausgehenden langen Sei-

Fieber
Die typischen Fieberkurven v. Masern, Typhus u. Malaria tertiana

Ficus
Säulendom eines Banyanbaums *(F. bengalensis)*

Ficus
Gummibaum *(F. elastica)*

tentriebe durch kräftige sproßbürt. Wurzeln gestützt. Die dabei entstehende, weit ausladende Krone ist ein willkommener Schattenspender. Durch Ablösung bewurzelter Stämme v. der Mutterpflanze entstehen größere, auf ein einziges Individuum zurückgehende *Ficus*-Wälder.

Fieber, *Febris, Pyrexie,* krankhafte Erhöhung der Körpertemp. (beim Menschen über 38 °C, rektal gemessen) als Ausdruck einer Sollwertverstellung im Temp.-Regelzentrum im Hypothalamus (↗Wärmeregulation). Unterschieden werden der *subfebrile* Bereich (37,1 °C – 38 °C), der Bereich des *mäßigen* F.s (38 °C – 39 °C), *hohen* F.s (39 °C – 40,5 °C) u. *sehr hohen* F.s (*Hyperpyrexie*, über 40,5 °C). Ursachen sind sog. ↗Pyrogene (F.stoffe), die im Rahmen v. bakteriellen od. viralen ↗Entzündungen freigesetzt werden od. bei Tumorleiden, wobei hier der pathophysiolog. Zshg. noch nicht voll aufgeklärt ist. Der Verlauf des F.s ist oft typ. für bestimmte Erkrankungen. Unterschieden werden: a) die Continua, d. h. gleichbleibend hohe Temp., z. B. bei Typhus; b) das intermittierende F., d. h. F.schübe mit normalen Intervallen, z. B. Malaria, Landouzy-Sepsis bei Tuberkulose; c) das remittierende F., d. h. Temp.-Schwankungen v. mehr als 1,5 °C ohne Erreichen der Normaltemp., z. B. bei Sepsis. Die klin. Symptome sind Mattigkeit, Appetitlosigkeit, Beschleunigung v. Puls u. Atmung, bei Beginn Schüttelfrost (zentral ausgelöstes Kältegefühl), bei weiterem Fortschreiten Hitzegefühl mit Gesichtsrötung. Bei hohen Temp. u. nach starkem Flüssigkeitsverlust kann es zu F.krämpfen u. zum F.delirium kommen.

Fieberbaum ↗Eucalyptus.

Fieberklee, *Bitterklee, Menyanthes,* in Europa, dem gemäßigten Asien u. N-Amerika verbreitete Gatt. der Fieberkleegewächse mit nur einer Art. Der zerstreut in Flach- u. Quellmooren sowie Verlandungssümpfen u. Moorschlenken zu findende Sumpf-F. *(M. trifoliata,* [B] Europa VIII) ist eine ausdauernde, mit langem Rhizom kriechende, 15–30 cm hohe Pflanze. Seine grundständ., lang gestielten, 3teilig gefiederten Blätter ähneln dem Klee; die weißen, hellrosa angehauchten Blüten besitzen eine trichterförm. Krone mit 5 zurückgerollten, auf der Oberseite dicht bärtig behaarten Zipfeln u. sind in einer aufrechten, end-

307

Fieberkleegewächse

ständ. Traube vereint. Die Frucht ist eine rundl., vielsamige Kapsel.

Fieberkleegewächse, *Menyanthaceae,* über die ganze Erde verbreitete Fam. der *Polemoniales* mit 5 Gatt. und ca. 40 Arten, die fr. den Enziangewächsen zugeordnet wurden, sich morpholog. jedoch deutl. von diesen unterscheiden. Meist ausdauernde, krautige, mit Rhizom kriechende Sumpfod. flutende Wasserpflanzen mit einfachen, linealen bis kreisrunden od. 3zählig gefiederten Blättern u. radiären, 5zähl. Blüten, deren weiße, gelbe od. rosafarbene Kronblätter oft am Rand eingeschlagen u. auf der Oberseite mit Haaren od. Leisten besetzt sind. Der aus 2 Fruchtblättern bestehende Fruchtknoten wird zu einer kapselähnl. Frucht. Die Gatt. *Nymphoides* (Seekanne) ist mit über 20 Arten in den Tropen u. Subtropen beheimatet, dringt jedoch mit einigen Arten bis in die gemäßigten Zonen vor. In den Schwimmblatt-Ges. stehender od. langsam fließender, flacher, eutropher Gewässer von S- und Mitteleuropa bis China und Japan verbreitet ist die nach der ↗Roten Liste „gefährdete" Radblättrige Seekanne *(N. peltata).* Ihre auf der Wasseroberfläche schwimmenden, rundlich-herzförm., glänzenden Blätter sind ledrig u. bis 15 cm breit; die aus dem Wasser herausragenden, langgestielten, 3–5 cm großen Blüten sind gelb u. haben bewimperte Kronblattränder. Verschiedene *N.*-Arten werden als Zierpflanzen gezogen, andere wachsen als Unkräuter in Reisfeldern u. Bewässerungsgräben. Die mit 16 Arten hpts. in Austr. und SO-Asien beheimatete Gatt. *Villarsia* besteht aus Sumpfkräutern mit grundständ., langgestielten, ganzrand. od. buchtiggezähnten Blättern u. meist gelben Blütenständen am Ende v. mehr od. minder blattlosen Schäften. [↗Anopheles.

Fiebermücke, Gatt. der ↗Stechmücken,
Fieberrindenbaum ↗Chinarindenbaum.
Fiederbartwelse, *Mochocidae,* Fam. der Welse. Die in langsam fließenden Flüssen, verkrauteten Seen u. in Sumpfgebieten v. a. des trop. Afrikas beheimateten, schuppenlosen F. haben gefiederte Lippenbarteln, einen Kopfpanzer aus Knochenplatten, eine große, langgestreckte Fettflosse u. kräft., aufrichtbare, über Sperrgelenke feststellbare Einzelstachel in den Brustflossen u. in der Rückenflosse. Sie leben vorwiegend nachtaktiv in kleineren Schwärmen u. schmiegen sich gern an Pflanzen an; dabei ist die Bauchseite oft nach oben gekehrt. Diese Haltung nimmt der 6 cm lange Rückenschwimmerwels *(Synodontis nigriventris)* aus dem mittleren Kongo regelmäßig ein. Er ist wie der auf dunklem Grund hell punktierte, bis 20 cm lange Engelwels *(S. angelicus)* beliebter Aquarienfisch. Die im mittleren u. westl. Afrika verbreitete, bis 25 cm lange Art *S. batensoda* wird wirtschaftl. genutzt.

Fiederblatt, eine Blattform, ↗Blatt ( ).
Fiederkiemen, *Protobranchien,* ↗Fiederkiemer.
Fiederkiemer, *Protobranchia,* Ord. der Muscheln mit *Fiederkiemen (Protobranchien,* echte ↗Ctenidien). Diese Kiemen sind paarig u. bestehen aus je einem Schaft, der auf jeder Seite eine Reihe breit dreieck. Kiemenblätter trägt; diese können untereinander durch versteifte Cilien verbunden sein. Mit Hilfe der Bewimperung der Kiemen, der Mantel- u. Körperwand erzeugen die F. einen Wasserstrom, der die Atmung ermöglicht u. Nahrungspartikel heranführt, die mit einem Schleimnetz abgefangen u. als Zusatznahrung zu dem verwendet werden, was die Mundlappen auftupfen. Zu den F. gehören die ursprünglichsten der rezenten Muscheln. Die Schalenklappen sind meist gleichartig, innen oft perlmuttrig; ihr Scharnier trägt zahlr. kleine, gleichförm. Zähne (taxodont, ↗Reihenzähner). Der Fuß hat eine abgeflachte Sohle; das Nervensystem ist primitiv, Cerebral- u. Pleuralganglien sind nicht vollständig vereinigt, die Statocysten sind im allg. offen. Die knapp 500 rezenten Arten werden auf 4–9 Fam. verteilt.

Fiederpalme, *Nipa fruticans, Nypa f.,* innerhalb der Palmen sehr isoliert stehende Art (eigene U.-Fam.). Früheste fossile Nachweise stammen aus der oberen Kreide: damit ist die F. eine der ältesten bekannten Blütenpflanzen. Als Art des Mangrovegürtels in S-Asien bildet sie oft Reinbestände (im Tertiär kam sie auch in Europa vor). Die stammlosen Rosetten vermehren sich vegetativ durch Ausläufer. Die Früchte werden in Anpassung an den Lebensraum im Wasser driftend verbreitet.

Fiederpalmen, Bez. für die Palmenartengruppe, die gefiederte Blätter besitzt (z. B. Dattelpalme, Ölpalme); Ggs.: *Fächerpalmen,* bei denen das Blatt fächerig zerteilt ist (z. B. Dumpalme, Palmyrapalme).

Fierasfer, Gatt. der ↗Eingeweidefische.
Fig-Tree-Serie *w* [fig tri-; v. engl. fig tree = Feigenbaum], *Fig-Tree-Gruppe,* Granit-Grünsteinkomplex mit sedimentären Abfolgen in Transvaal/S-Afrika; Alter: 2,8–3,4 Mrd. Jahre mit den ältestbekannten „Fig-Tree-Organismen", sphäroidische bis fadenförm. od. kokkoidale Formen ohne komplexe Strukturen, darunter *Eobacterium isolatum* (Alter 3,1 Mrd. Jahre).

Figurensteine, *Lapides figurati,* vorwiss. Bez. für ↗Fossilien, gelegentl. C. ↗Gesner zugeschrieben.

Filago *w* [v. *fila-], das ↗Filzkraut.

Fieberklee
Die Blätter des F.s enthalten neben äther. Öl, Gerbstoff u. Saponin hpts. das bittere Glykosid *Menyanthin* (Loganin) u. sind offizinell. Wie verschiedene Enzian-Arten sind sie arzneilich v. a. als Bittermittel, zur Förderung der Magen- u. Darmtätigkeit v. Wert. Essenzen aus F. werden zudem u. a. gegen Kopfschmerz, Neuralgien u. Rheumatismus sowie Fieber, Leber- u. Gallenleiden u. chron. Hautkrankheiten angewendet.

Fieberklee (Menyanthes trifoliata)

Fieberkleegewächse
Wichtige Gattungen:
↗Fieberklee
(Menyanthes)
Nymphoides
Villarsia

Fiederkiemer
Wichtige Familien:
Malletiidae
(↗ Malletia)
Nuculanidae
↗Nußmuscheln
(Nuculida)
↗Schotenmuscheln
(Solemyidae)
Tindariidae

---

fila-, fili-, filo- [v. lat. filum = Faden, Gespinst, Gewebe].

Filament s [v. lat. filamentum = Fadenwerk], *Filamentum,* **1)** der *Staubfaden;* ↗Blüte. **2)** In der Cytologie Sammelbez. für eine Reihe submikroskop. (∅ 1–50 nm), fadenförm., nach Funktion u. Zusammensetzung aber heterogener Strukturelemente von Zellen. *Myo-F.e* (↗Actin, ↗Actin-F., ↗Myosin, ↗Tropomyosin) als Bestandteile des kontraktilen Apparats v. Eucyten, ebenso *Tono-, Neuro-, Mikro-* u. *Intermediär-F.e* (Actin, α-Actinin, Filamin) als Stütz- u. Leitstrukturen in Eucyten (↗Zellskelett) wie auch die ↗*Axial-F.e* (= Geißeln) der Spirochäten bestehen aus Aggregaten v. Proteinmolekülen. Als *Nucleo-F.e* werden die elektronenmikroskop. darstellbaren DNP-Fäden (DNA-Protein-Komplexe) interphasischer Eucyten-↗Chromosomen (∅ 10–25 nm) bezeichnet, u. in einer unglückl. zweiten Bedeutung findet man den Begriff *Axial-F.* auch für ein unmittelbar vor der Bakterienteilung vorübergehend stark kondensiertes Bakterienchromosom (☐ Endosporenbildung). **3)** ↗Mesenterial-F., ↗Anthozoa. **4)** selten gebrauchte Bez. für ↗Tentakel.

Filamentbildende Bakterien [Mz.; v. lat. filamentum = Fadenwerk], Bakteriengruppen, deren kettenförmig angeordnete Zellen lange Fäden bilden, die noch v. Scheiden od. Gallerte umhüllt sein können, z. B. Scheidenbakterien, verschiedene gleitende Bakterien u. Actinomyceten sowie viele Cyanobakterien.

Filariasis w [v. *fila-],* *Filariase, Filariose,* Sammelbez. für Befall v. Wirbeltieren u. Mensch mit parasitischen Fadenwürmern (Überfamilie ↗Filarien), gekennzeichnet durch a) Vorhandensein ovovivipar und vivipar entstandener Mikrofilarien im Blut oder Gewebe des Endwirts und b) Übertragung durch Arthropoden (Insekten, Milben, Zecken), vorwiegend tropisch. Die Mikrofilarien wandern oft tagespreriod. u. synchron mit der tageszeitl. Stechaktivität des Überträgers ins periphere Blut; die erwachsenen Filarien kommen in der Haut, in Lymphgefäßen od. im Körper vor. ↗Flußblindheit, ↗Elephantiasis, ↗Loiasis.

Filarien [Mz.; v. *fila-],* *Filarioidea,* Überfamilie innerhalb der Fadenwurm-Ordnung *Spirurida;* sehr schlank (Name! ☐ *Onchocerca:* ↗Fadenwürmer); Pharynx schlank-zylindr. ohne Pharynx-Bulbus; ♀ Geschlechtsöffnung sehr weit vorn, bisweilen direkt neben dem Mund. Das ♀ entläßt 250 µm lange, nur 10 µm breite Mikro-F., d. i. das 1. Larvenstadium („L1") noch innerhalb der extrem dünnen Eischale; trotzdem allg. als „vivipar" bezeichnet. Die Mikro-F. kreisen im Wirbeltierblut u. gelangen in blutsaugende Insekten. Dort wird über 2 Häutungen das 3. Larvensta-

Filarien
Familien:
Filariidae
(subcutan in Säugetieren)
5 Gatt., z. B.
Filaria

Onchocercidae (= *Dipetalonematidae*)
(in verschiedenen Geweben v. Amphibien, Reptilien, Vögeln u. Säugetieren)
ca. 70 Gatt., z. B.
   Onchocerca (☐ Fadenwürmer),
   ↗Flußblindheit
   Wuchereria, ↗Elephantiasis
   Brugia, ↗Elephantiasis
   Loa (Wanderfilarie), ↗Loiasis
   Dipetalonema
   ↗*Dirofilaria*

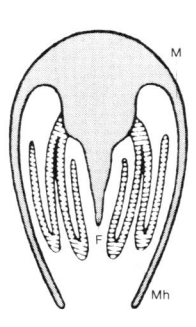

Filibranchia
Aufbau der Fadenkiemen *(Filibranchien),* schemat. Querschnitt; F Fuß, M Mantel, Mh Mantelhöhle

fila-, fili-, filo- [v. lat. filum = Faden, Gespinst, Gewebe].

dium („L3") erreicht, das wie allgemein bei Fadenwürmern das infektiöse ist. Wenn das Insekt erneut Blut saugt, gelangt die L3 aktiv in ein neues Wirbeltier. Parasitisch in Wirbeltieren, v. a. im Bindegewebe; zu den F. gehören gefährl. Parasiten des Menschen (vgl. Tab.). Manche F. sind sehr langlebig, z. T über 15 Jahre. ↗Filariasis.

filariforme Larve [v. lat. filum = Faden, forma = Gestalt], bei manchen nicht zu den Filarien gehörenden Fadenwürmern Bez. für das 3. Larvenstadium („L3"), sofern es einen schlank-zylindr. Pharynx ohne Pharynx-Bulbus wie die Filarien besitzt. Beispiele: *Strongyloides* (↗Zwergfadenwurm), *Ancylostoma* (↗Hakenwurm, B Parasitismus III). Ggs.: ↗rhabditiforme Larve.

Filariose w [v. *fila-],* die ↗Filariasis.

Filialgeneration w [v. lat. filia = Tochter], *Tochtergeneration, F-Generation,* die aus einer Kreuzung hervorgehende(n) Nachkommengeneration(en) F_1, F_2 usw.

Filibranchia [Mz.; v. *fili-,* gr. bragchia = Kiemen], *Fadenkiemer,* Ord. der Muscheln, deren Kiemen im allg. aus 2 Reihen gleichart., zweischenkliger Fäden aufgebaut sind: v. der Kiemenbasis entspringen lateral nebeneinander zwei Fäden, die zunächst einen ab-, anschließend einen aufsteigenden Ast bilden (vgl. Abb.). Dieser Grundtypus der *Fadenkiemen (Filibranchien)* ist in einigen Gruppen weiterentwickelt worden: bei Miesmuscheln werden Brücken zw. den ab- u. aufsteigenden Fäden gebildet; Ciliengruppen können die absteigenden Fäden zu einem, die aufsteigenden zu einem anderen „Scheinblatt" vereinigen (Scheinblattkieme, Pseudolamellibranchie: Austern, Feilenmuscheln). Die Kiemen sind in einigen Fällen zur Erhöhung ihrer Leistungsfähigkeit gefaltet (Austern). Die Ord. wird in zwei U.-Ord. eingeteilt: die ↗Reihenzähner *(Taxodonta)* u. die Ungleichmuskler (↗*Anisomyaria*).

Filibranchien [Mz.; v. *fili-,* gr. bragchia = Kiemen], *Fadenkiemen,* ↗Filibranchia.

Filicales [Mz.; v. lat. filix = Farn], weltweit verbreitete Ord. der leptosporangiaten ↗Farne, mit ca. 9000 rezenten Arten die umfangreichste Gruppe der Farne. Der Sporophyt zeigt die enorme Formenmannigfaltigkeit v. kleinen, fast thallosen Gebilden bis zu Baumfarnen. Meist sind die F. krautige Bodenpflanzen; sie wachsen aber auch an Mauern, als Epiphyten (v. a. in den Tropen), als lianenart. Kletterpflanzen od. haben sich selbst an das Wasserleben angepaßt. Die gemeinsamen Merkmale betreffen v. a. die Reproduktionsorgane. Die Sporangien zeigen den typ. Bau u. die Entwicklung der leptosporangiaten Farne, fer-

Filicatae

ner aber folgende Besonderheiten: Sie bilden (als abgeleitetes Merkmal) nur wenige (meist 32 od. 64) Meiosporen, besitzen einen ringförm. *Anulus* u. stehen oft in Gruppen (Sori) zus., die vielfach v. einem häut. Blattauswuchs, dem *Indusium,* umhüllt werden. Die F. sind isospor u. entwickeln entspr. haplomonözische, meist autotrophe, herzförm. (⌀ wenige cm) Prothallien, die unterseits außer den Rhizoiden auch die Antheridien u. Archegonien tragen; lediql. die Gatt. ↗ *Platyzoma* zeigt Heterosporie mit haplodiözischen Gametophyten. − Entwicklungsgeschichtl. erweisen sich die F. insgesamt als recht jung. Zwar reichen sie mit den *Schizaeaceae* u. vielleicht auch *Gleicheniaceae* bis ins Oberkarbon u. mit den *Matoniaceae* u. *Dipteridaceae* bis ins Mesozoikum zurück; die Mehrzahl der rezenten Fam. entstand aber offenbar erst im Laufe des Känozoikums. Die große Formenvielfalt der F. bedingt entspr. Probleme der systemat. Gliederung. Umstritten ist dabei v. a. die Aufgliederung der alten Sammel-Fam. *Polypodiaceae* i. w. S. in zahlr. Einzel-Familien. Als taxonomisch wichtige Merkmale dienen hier u. a. der Bau der Reproduktionsorgane (Sorus-, Indusium-, Anulus-Bildung), des Rhizoms u. der Spreuschuppen.

Filicatae [Mz.; v. lat. filicatus = mit Farn geschmückt], die ↗ Farne.

Filicollis *m* [v. *fili-, lat. collum = Hals], Gatt. der ↗ Palaeacanthocephala.

Filicopsida [Mz.; v. lat. filix, Gen. filicis = Farn, gr. opsis = Aussehen], die ↗ Farne.

Filifera [v. *fili-, lat. -fer = -tragend], Teilgruppe der *Athecatae-Anthomedusae,* bei denen die Polypententakel fadenförmig u. die Cniden klein u. stäbchenartig sind.

Filiformapparat [v. *fili-, lat. forma = Gestalt], *filiformer Apparat,* fingerförm. u. verzweigte Zellwandauswüchse der Synergiden (↗ Embryosack); über den F. dringt der Pollenschlauch in die Synergide ein. ☐ Befruchtung.

Filinia *w* [v. *fili-], *Triarthra,* Gatt. der Rädertiere (Ord. *Monogononta*), die durch den Besitz dreier langer u. bewegl. „Springborsten" am Vorderkörper gekennzeichnet ist, mit deren Hilfe die Tiere im Wasser ruckart. fortschnellen können; Bewohner v. Teichen u. Tümpeln.

Filipendula *w* [v. *fili-, lat. pendulus = hängend], ↗ Spierstaude.

Filipendulion *s* [v. *fili-, lat. pendulus = hängend], *Bachuferfluren, Mädesüß-Uferfluren, nasse Hochstaudenfluren,* Verb. der ↗ *Molinietalia.* Von hochwüchs., großblättr. Kräutern, insbes. dem namengebenden Mädesüß *(Filipendula ulmaria)* geprägte, nährstoffliebende, Bach- od. Graben-be-

fila-, fili-, filo- [v. lat. filum = Faden, Gespinst, Gewebe].

Filicales
Wichtige Familien:
↗ *Adiantaceae*
↗ *Cryptogrammaceae* (↗ Rollfarn)
↗ *Cyatheaceae*
↗ *Davalliaceae*
↗ *Dicksoniaceae*
↗ *Dipteridaceae*
↗ Frauenfarngewächse *(Athyriaceae)*
↗ *Gleicheniaceae*
↗ Hautfarne *(Hymenophyllaceae)*
↗ *Matoniaceae*
↗ *Parkeriaceae*
↗ *Pteridaceae*
↗ Rippenfarngewächse *(Blechnaceae)*
↗ *Schizaeaceae*
↗ Streifenfarngewächse *(Aspleniaceae)*
Thelypteridaceae
(↗ Lappenfarn)
↗ Tüpfelfarngewächse *(Polypodiaceae)*
↗ Wurmfarngewächse *(Aspidiaceae)*

Filter
Aufbau einer Entstaubungsanlage *(Cottrellverfahren)*

gleitende, mahdempfindl. Staudenfluren der planaren bis montanen Stufe. Aufgrund ihrer Artenzusammensetzung, ihrer vorherrschenden Lebensform u. ihres ökolog. Verhaltens wird die pflanzensoziolog. Fassung in einer eigenen Kl. der feuchtnassen ↗ Saumgesellschaften im Kontakt zu Erlen-Eschenwäldern bzw. zu Feuchtwiesen diskutiert. So können ihre Arten großflächig in brachliegende Feuchtwiesen eindringen u. die ↗ Sukzession zum natürl. Erlen-Eschenwald einleiten.

Filistatidae [Mz.; v. *fili-, gr. statos = stehend], zur U.-Ord. *Cribellatae* gehörige Fam. orthognather Webspinnen, mit einfachem an der Spitze des Tasters sitzendem Bulbus u. ohne Epigyne; umfaßt ca. 45 Arten, die kaum 1,5 cm Länge erreichen u. weltweit in warmen Ländern verbreitet sind. Im Mittelmeergebiet kommt die Gatt. *Filistata* vor, die in einer Wohnröhre in Mauerritzen, Baumrinden u. Böschungen lebt. Von der Röhrenöffnung gehen radiär Fangfäden aus, die mit Cribellumwolle versehen sind; Beute wird durch die Bißstelle ausgesaugt (zahnlose, am Grund verwachsene Cheliceren). Das Gelege wird in der Wohnröhre bewacht, u. die Jungen werden, bis sie sich mehrmals gehäutet haben, mit Nahrung versorgt. F. häuten sich auch im Adultstadium weiter.

Filobasidiella *w* [v. *filo-, gr. basis = Grundlage], Gatt. der ↗ basidiosporogenen Hefen, die den *Tremellales* nahesteht.

Filograna *w* [v. *filo-, lat. granum = Korn], Gatt. der Ringelwurm-Fam. *Serpulidae* (Kl. *Polychaeta*). *F. implexa,* 3–5 mm lang, lebt in drahtartig feinen Röhren, die, miteinander vereinigt, große schwammart. Massen bilden können; im flachen u. tieferen Wasser der Nordsee.

Filopodien [Mz.; v. *filo-, gr. podes = Füße], die Pseudopodien („Scheinfüßchen") mancher ↗ Wurzelfüßer.

Filter, 1) Geräte bzw. Substanzen zum physikal. Abtrennen v. festen Stoffen aus Flüssigkeiten u. Gasen; als Materialien dienen u. a. Siebe, lose Schichten z. B. aus Kies od. Sand (Natur-F., z. B. zur Wasseraufbereitung, ↗ Kläranlage), Gewebe aus Natur-, Kunst- od. Glasfasern od. Asbest, Schichten aus Papier od. Filz od. keram. Körper wie z. B. Fritten od. F.kerzen. Elektro-F. scheiden unerwünschte Stoffe (z. B. in Abgasen) mittels elektr. Aufladung ab (Entstaubungsanlage, Cottrellverfahren). ↗ Bakterien-F. 2) in der Optik Vorrichtungen zum Aussondern v. Strahlung bestimmter Wellenlängen u. ä. (Farb-F., Grau-F., Polarisations-F.) in Form v. Farbgläsern, Folien, Flüssigkeiten in F.küvetten, für Röntgenstrahlen auch Metall-F. 3) ↗ Filtrie-
Filterhaut ↗ Kläranlage. [rer.

Filtration [Bw. *filtrieren*), **1)** techn. Verfahren zum Trennen v. Feststoffen u. Flüssigkeiten bzw. Gasen, wobei die festen Stoffe v. einem ↗Filter 1) aufgefangen werden. **2)** ↗Exkretionsorgane.

Filtrierer, Tiere verschiedener systemat. Zugehörigkeit (Ciliaten, Schwämme, Entoprocten, Gliedertiere, Weichtiere, Chordatiere), die einen auf sie zu gerichteten Wasserstrom erzeugen, aus dem sie mit Hilfe spezieller morpholog. Einrichtungen (Filter) Nahrungspartikel aussieben u. der Mundöffnung zuführen. ↗Ernährung.

Filum *s* [lat., = Faden], anatom. Bez. für fadenförm. Strukturen, z.B. *F. terminale,* der fadenförmig auslaufende Endabschnitt des Rückenmarks.

Filzgallen, *Erineumgallen,* offenbar urspr. Form der Pflanzengallen, bestehend aus einem Filz meist einzell., oft keulenförm. Haare; Erzeuger sind Gallmilben, z.B. *Eriophyes vitis* am Weinstock. ↗Gallen.

Filzkrankheit, 1) *Pockenkrankheit,* durch Blattgallmilben verursachte Pflanzengallen (↗Filzgallen) am Blatt der Weinrebe. **2)** *F. der Kartoffel,* die ↗Wurzeltöterkrankheit.

Filzkraut, *Fadenkraut, Filago,* v.a. in Europa u. in den Mittelmeerländern vertretene Gatt. der Korbblütler mit 10–20 Arten. Einjähr., graufilzig behaarte Pflanzen mit kleinen, zu Knäueln zusammengefaßten Köpfchen aus Röhrenblüten. Alle in Mitteleuropa beheimateten Arten sind, mit Ausnahme des Zwerg-F.s *(F. minima),* nach der ↗Roten Liste „stark gefährdet". Das zerstreut in lückigen Pionierrasen, auf Dünen, in Sandfeldern, an Wegen u. Dämmen wachsende Zwerg-F. wird 10–20 cm hoch, besitzt kleine lineal-lanzettl. Blätter u. sehr kleine gelbe Blüten.

Filzlaus, *Schamlaus, Phthirus pubis,* Art der U.-Ord. ↗Anoplura (Fam. *Pediculidae*), ca. 1,5 mm großer blutsaugender Ektoparasit des Menschen; kommt an der Körperbehaarung mit Ausnahme der Kopfbehaarung vor. Die Körpergestalt ist gedrungen breit, mit kurzem Hinterleib u. kräft. Krallen an den 6 Beinen, mit denen sie sich an den Haaren festklammern. Zum Blutsaugen wird mit Chitinzähnchen an der zu einem Mundkegel umgewandelten Kopfspitze die Haut aufgeraspelt, u. die Stechborsten des Saugrüssels dringen in die Wunde ein. Die Sekrete, die aus 3 Paar Speicheldrüsen injiziert werden, vermindern die Gerinnungsfähigkeit des aufgesaugten Bluts u. verursachen eine graublaue Verfärbung sowie einen starken Juckreiz an den betroffenen Hautpartien. Die Filzläuse lassen ihren Rüssel oft stunden- bis tagelang in der selben Wunde, um ab u. zu Blut zu saugen. Vom Körper entfernt, gehen sie innerhalb kürzester Zeit zugrunde; deshalb ist eine Übertragung nur durch direkten Körperkontakt möglich. Das nur 17 Tage lebende geschlechtsreife Weibchen klebt ca. 25 Eier (Nissen) an die Haare; die Larvalentwicklung dauert ca. 16 Tage. Gefährl. können die Filzläuse wie auch andere Läuse durch die Übertragung v. Krankheiten (↗Kleiderlaus) werden.

Filzröhrlinge, *Xerocomus* Quél., Gatt. der *Boletaceae,* Röhrlinge mit trockener u. meist samtig-filz. Hutoberfläche, nur selten im Alter feucht-schmierig. Die Röhren sind grünl.-gelb mit weiten Poren u. bilateralem Trama. Der dünne Stiel (selten etwas keulig) ist nicht genetzt. F. sind weniger an bestimmte Bäume gebunden als andere *Boletaceae.* In Mitteleuropa kommen ca. 10 Arten vor.

Fimbria *w* [lat., = Faser, Franse], **1)** veralteter Gattungsname der ↗Schleierschnecke. **2)** Gatt. der Blattkiemenmuscheln mit bauch., dickwand. Schale v. ovalem Umriß; die zwei rezenten Arten leben im Korallensand des Indopazifik u. graben sich flach ein.

Fimbriaria *w* [v. lat. fimbria = Faser, Franse], Bandwurm-Gatt. der Fam. *Hymenolepididae* (Ord. *Cyclophyllidea*). *F. fasciolaris,* 25–400 mm lang, 1–5 mm breit, bei erwachsenen Würmern Skolex durch verbreitertes, krausenförmig gewundenes Vorderende ersetzt (Pseudoskolex); im Huhn, in Enten u. Gänsen.

Fimbrien [Mz.; v. lat. fimbriae = Fasern, Fransen], *Fimbriae,* **1)** Zellanhänge v. ↗Bakterien; nur elektronenmikroskop. sichtbar (0,2–12(20) µm lang, 3–14(25) nm ⌀) u. nicht an der Übertragung v. genet. Material (DNA, RNA) beteiligt, bestehen hpts. aus Protein u. sind weniger steif, dünner u. gerader als ↗Bakteriengeißeln; über die ganze Zelloberfläche verteilt od. polar angeordnet (pro Zelle 10 bis mehrere Tausend). F. kommen hpts. bei gramnegativen Bakterien vor (bes. *Enterobacteriaceae*). Oft wird die Bez. ↗Pili und F. synonym gebraucht. ☐ Bakterien. **2)** fransenart. Lappen rund um die Trichtermündung des Eileiters (Ostium tubae) bei Wirbeltieren, die mit ↗Flimmerepithel überzogen sind, sich bei der Ovulation (Eisprung) über das Ovar (Eierstock) legen u. das Einstrudeln des Eies aus der Bauchhöhle in den Eileiter begünstigen.

Fimbrios [v. lat. fimbria = Faser, Franse], Gatt. der ↗Höckernattern.

Finger, *Digitus, Dactylus,* Oberbegriff für die *Finger* (i.e.S.) u. *Zehen* der Tetrapoda. Die F. einer ↗Extremität werden in ihrer Gesamtheit als *Akropodium* bezeichnet, das den proximalen Abschnitt des ↗Autopodiums (Hand, Fuß) der Tetrapodenextremität bildet. Die Skelettelemente der F.

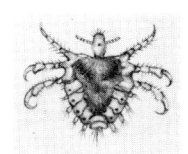

Filzlaus
(Phthirus pubis)

Filzröhrlinge

Wichtige Arten:
Maronen-Röhrling
(Xerocomus badius)
Rotfuß-Röhrling
(X. chrysenteron)
Schmarotzer-Röhrling
(X. parasiticus)
Ziegenlippe
(X. subtomentosus)

Fimbrien

Die Bedeutung der F. bei Bakterien ist nur z.T. bekannt. Eine wicht. Funktion haben sie als Anheftungsorganelle (= Adhäsin); die Adhäsion findet an bestimmten Rezeptoren der Zelloberfläche (z.B. Schleimhäute der Darm-, Atmungs- od. Harntrakts) statt u. ermöglicht oft erst die Besiedlung des Wirts u. damit eine Infektion durch den Krankheitserreger. F. dienen wahrscheinl. auch als Erkennungsstrukturen zum Kontakt u. zur gegenseit. Anheftung v. Bakterienzellen, auch zur Vermittlung einer Konjugation.

Fingerabdruck

sind die *Phalangen;* die Anzahl der Phalangen in den einzelnen F.n der typischerweise pentadactylen (fünffingrigen) Tetrapodenextremität gibt die *Phalangenformel* wieder. I. e. S. wird die Bez. F. für die Digiti der Vorderextremität verwendet, wenn diese als Greiforgan (Hand) eingesetzt werden kann. Bei der Hinterextremität spricht man stets v. Zehen. Ein spezialisierter F. ist der ↗Daumen, bei manchen Kletterern auch die ↗Großzehe. Die ↗Handschwingen des Vogelflügels setzen an reduzierten F.n an.

Fingerabdruck, *Daktylogramm,* Bez. für den bei der ↗Daktyloskopie (☐) vorgenommenen Abdruck der ↗Fingerbeere.

Fingerbeere, *Fingerballen, Torulus tactilis,* abgerundete fleischige Vorwölbung jedes Fingerendgliedes unterhalb des Fingernagels auf der Handinnenseite. Die F. weist neben Kälte- u. Wärmerezeptoren bes. viele Tastkörperchen auf. Die Hautleisten bilden ein individuell spezif. Muster (↗Daktyloskopie).

fingerförmige Drüsen, Anhangsdrüsen des ♀ Genitalsystems der ☿ ↗*Helicidae;* die beiden büschelförm. Drüsen münden in die Vagina; die Funktion ihres proteinreichen Sekrets ist unbekannt; vielleicht erleichtert es das Ausstoßen des ↗Liebespfeils. [ceae.

Fingerfruchtgewächse, die ↗Lardizabala-

Fingergras, *Fingerhirse, Digitaria,* Gatt. der Süßgräser (U.-Fam. *Panicoideae*) mit ca. 300 trop. u. subtrop. Arten; Fingerährengräser mit paarweise stehenden 1–2 blütigen Ährchen. Die Bluthirse *(D. sanguinalis)* war im MA Kulturpflanze in Dtl. u. Östr.; heute ist sie ein verbreitetes Unkraut gemäßigter u. warmer Länder u. wird in den USA als Futtergras angebaut. Weniger bekannt ist die Fonioohirse od. „Hungerreis" *(D. exilis),* die nur in W-Afrika zw. Tschadsee u. Kap Verde angebaut wird u. dort die Nahrungsgrundlage für ca. 1 Mill. Menschen bildet.

Fingergräser, *Fingerährengräser,* morpholog. Bez. für alle ↗Süßgräser mit der Blütenstandsform der Fingerähre.

Fingerhirse, 1) das ↗Fingergras. 2) *Eleusine,* Gatt. der Süßgräser (U.-Fam. *Eragrostoideae*) mit 9 trop. u. subtrop. Arten mit Fingerähren u. einzeln stehenden Ährchen mit gekielten Deckspelzen. Der Korakan *(E. coracan)* ist ein seit dem Neolithikum bekanntes klimahartes Getreide, das heute in Afrika, Indien, S-China u. Japan kultiviert wird. Das Mehl ist nicht backfähig verwendet u. a. für Brei- u. Bierbereitung. Die Wildform ist die verbreitete Ruderalpflanze *E. indica.*

Fingerhut, *Digitalis,* in Eurasien u. im Mittelmeergebiet mit 26 Arten vertretene Gatt.

Finger

Manche Autoren zählen auch das Metapodium (Mittelhand, Mittelfuß) zu den F.n. Dieses bildet dann den fläch. proximalen Abschnitt, an den sich distal die voneinander getrennten „eigentlichen" F. anschließen.

Fingerhut

Alle *Digitalis*-Arten sind wegen ihres Gehalts an ↗*Digitalisglykosiden* sehr giftig. Ihre Wirkung auf die Herzfunktion (↗ Herzglykoside) macht sie zu med. hochbedeutsamen Arzneipflanzen.

der Rachenblütler. Ausdauernde Stauden mit meist einfachem, steif aufrechtem, bisweilen verholzendem Stengel u. relativ großen, (ei-)lanzettl. Blättern. Die in langen, endständ. Trauben stehenden, meist nickenden, roten, weißen od. gelben Blüten besitzen eine glockige od. röhrige Krone mit kurzer Ober- u. länger vorgezogener Unterlippe. Die Frucht ist eiförm., vielsam. Kapsel. In Mitteleuropa heim. ist der bis 120 cm hohe, graufilzig behaarte Rote F. *(D. purpurea,* B Kulturpflanzen X) mit 3–5 cm langen, meist purpurroten, innen behaarten u. mit dunklen, hell umrandeten Flecken gezeichneten Blüten. Er wächst zerstreut, aber gesellig in Schlägen (v. a. des Gebirges), an Waldwegen u. -lichtungen u. ist eine eur.-atlant. Art. Eine eur.-kontinentale Art ist im Ggs. hierzu der in grasigen Staudenfluren u. sonnigen Steinhalden sowie in Waldlichtungen wachsende, vollkommen geschützte Großblütige F. *(D. grandiflora).* Seine innen netzförmig, braun geäderten Blüten sind blaßockergelb. Der ebenfalls vollkommen geschützte seltene Gelbe F. *(D. lutea)* hat 2–3,5 cm lange, hellzitronengelben Blüten u. wächst in Waldlichtungen u. -schlägen sowie an Waldrändern. Eine Reihe von F.-Arten sind beliebte Gartenzierpflanzen, so z. B. auch der aus SO-Europa stammende, selten verwilderte Wollige F. *(D. lanata)* mit bräunl., innen braun od. violett geaderten Blüten.

Fingerkraut, *Potentilla,* Gatt. der Rosengewächse mit ca. 300 Arten v. Sträuchern, Stauden u. einjähr. Kräutern mit Verbreitungsschwerpunkt in nördl. gemäßigten Breiten. Einige einheim. Arten: Die Blutwurz, Tormentill *(P. erecta),* ist ein Magerkeits- u. Versauerungsanzeiger; Blätter sitzend, handförm. 3zählig; Blüte mit 4 gelben Kronblättern; v. a. die Wurzel enthält den roten Farbstoff *Tormentill;* alte Heilpflanze, die gg. Durchfallerkrankungen eingesetzt wurde. Mit der Walderdbeere zu verwechseln ist das Erdbeer-F. *(P. sterilis),* dessen Blütenblätter sich aber im Ggs. zu diesem nicht überlappen. Das Gänse-F. *(P. anserina)* ist heute ein weltweit verbreitetes Unkraut; Blätter gefiedert, unterseits weiß seidenhaarig; größere Fiederpaare alternieren mit kleineren; die gelbe Blüte steht einzeln auf einem langen Stiel; rötl. Ausläufer; Heilpflanze. Das Gold-F. *(P. aurea)* wird bis 20 cm hoch; es wächst in subalpinen u. alpinen Silicatmagerrasen S- u. Mitteleuropas. Ein heute weltweit verbreitetes Unkraut ist das goldgelb blühende Kriechende F. *(P. reptans)* mit gefingerten Blättern u. einzeln stehenden Blüten. In den Gebirgen S- u. Mitteleuropas wächst das weiß blühende Stengel-F. *(P. caules-*

cens), eine Charakterart der Kalkfelsspalten-Ges. An Waldrändern, lichten Eichen- u. Eichen-Kiefernwäldern Mittel u. O-Europas findet man das nach der ↗ Roten Liste „gefährdete" Weiße F. *(P. alba)*, ein wärmezeitl. Relikt. Das Strauchige F. *(P. fruticosa,* B Europa XIX) stammt aus nördl. gemäßigten Zonen u. wird bei uns als niedr., langblühender Zierstrauch gerne angepflanzt; es wurden zahlr. Gartenformen gezüchtet. B Blatt III, B Blütenstände. B Farbensehen der Honigbiene.

Fingernagel, *Unguis,* epidermale Hornplatte auf der Oberseite des jeweils letzten Fingergliedes, beim Menschen ca. 0,5 mm dick; bildet Widerlager beim Tasten u. Drücken. Verlust des Nagels führt zu einer Verminderung der Tastempfindung. Der F. steckt in einer Epithelfalte, die seitl. *Nagelfalz,* hinten *Nageltasche* heißt. Bis auf den überstehenden Vorderrand liegt der F. dem *Nagelbett* auf; dessen hinterer Teil ist die *epitheliale Matrix,* die den Nagel bildet u. als *heller Halbmond* od. *Möndchen* (Lunula) durchscheint. Von dort wird der F. auf den vorderen Teil des Nagelbetts, das *Hyponychium,* geschoben. Es ist v. durchscheinenden Kapillaren rosa gefärbt. Verletzung der Matrix führt zur Abstoßung des F.s, worauf aber ein neuer gebildet wird. Nach Zerstörung der Matrix wächst kein neuer F. Farbe u. Struktur des F.s können klinische Hinweise geben. – Die *Krallen* der Wirbeltiere sind bes. stark ausgebildete F. Auch die *Zehen* sind morphologisch Finger mit F.

Fingerotter, Bez. für 3 Gatt. der Otter *(Lutrinae)* ohne deutliche Krallenbildung an den Vorderfüßen, die dadurch u. infolge ihrer unvollkommenen Schwimmhäute an menschl. Hände erinnern. Der Zwergotter *(Amblonyx cinerea;* Kopfrumpflänge ca. 60 cm) lebt u. a. in Vorder- u. Hinterindien u. in S-China nahe Flußmündungen u. der Meeresküste u. ernährt sich v. Weichtieren u. Krebsen. Noch deutlichere „Hände" hat die Kap- od. Eigentliche F. *(Aonyx capensis;* Kopfrumpflänge 90–100 cm) aus Afrika südl. der Sahara, die sich auf Süßwasserkrabben als Nahrung spezialisiert hat. Mit 3 Arten sind die Kleinkrallenotter (Gatt. *Paraonyx;* Kopfrumpflänge ca. 60 cm) im westl. Sudan vertreten.

Fingerprint-Analyse, die zweidimensionale Auftrennung komplexer Substanzgemische, z. B. v. Aminosäuren, Peptiden, Nucleotiden, Oligonucleotiden (↗ Autoradiographie, ↗ Chromatographie).

Fingerprobe, einfache Methode zur Bestimmung der Bodenart im Gelände; mit Übung können ca. 30 ↗ Bodenarten unterschieden werden.

Fingerschnecken, *Lambis,* Gatt. der Fech-

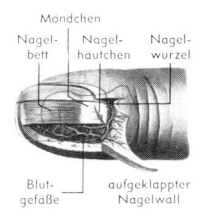

Fingernagel des Menschen

Fingerprobe

Bestimmungsschlüssel für Bodenarten nach der F. (ohne Feinabstufungen)

1 Gleichmäßig durchfeuchtete Probe zw. Fingern kneten

2 Probe zw. Handtellern zu bleistiftdicker Wurst ausrollen
 ↓ nicht ausrollbar → Sand
 ↓ ausrollbar

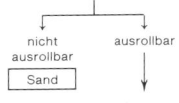

3 Quetschen der Probe zw. Daumen u. Zeigefinger in Ohrnähe
 ↓ Knirschen → sandiger Lehm
 ↓ kein Knirschen

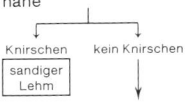

4 Aussehen der Gleitflächen bei Quetschprobe
 ↓ stumpf → Lehm
 ↓ glänzend

5 Prüfen zw. den Zähnen
 ↓ Knirschen → lehmiger Ton
 ↓ kein Knirschen → Ton

Finken

Gruppen (mit typischen Gattungen):
↗ Buchfinken *(Fringilla)*
Carduelis
↗ Gimpel *(Pyrrhula, Bucanetes)*
↗ Girlitze *(Serinus)*
↗ Hänflinge *(Acanthis)*
↗ Kernbeißer *(Coccothraustes)*
↗ Kreuzschnäbel *(Loxia)*

terschnecken mit 9 Arten, die im Flachwasser des Indopazifik vorkommen; ihr dickschaliges Gehäuse hat einen verstärkten Mündungsrand, der fingerförm. Fortsätze trägt; die ♀♀ sind meist größer als die ♂♂. [riales.

Fingertang, *Laminaria digitata,* ↗ Lamina-

Fingertiere, *Daubentoniidae,* Fam. der zu den Halbaffen rechnenden Lemuren, mit nur 1 rezenten Art, dem v. Aussterben bedrohten Fingertier od. Aye-Aye *(Daubentonia madagascariensis),* das fr. mal den Nagetieren, mal den Beuteltieren zugeordnet wurde. Fellfarbe braun, Kopfrumpflänge ca. 45 cm, busch. Schwanz ca. 55 cm lang, stark verlängerte Finger u. Zehen (Name!). Mit den kräft., nagerähnl. Zähnen u. dem bes. langen Mittelfinger gelangen die hochspezialisierten F. an ihre Nahrung, holzbewohnende Käferlarven u. Bambusmark. F. sind Nachttiere u. leben nur noch in 2 getrennten Waldgebieten Madagaskars; sie bringen im Febr./März in einem kugelförm. Laubnest 1 Junges zur Welt. B Afrika VIII.

Finken, *Finkenvögel, Fringillidae,* bis starengroße Singvögel (vgl. Tab.) mit ca. 430 Arten, die weltweit verbreitet sind u. nur in den Polargebieten u. in Australien außer einigen dort eingebürgerten Arten fehlen. Meist kräft., kegelförm. Schnabel, der unter Zuhilfenahme der Zunge zum Enthülsen v. Sämereien geeignet ist; kennzeichnend sind ferner 10 Handschwingen u. 12 Schwanzfedern. Wegen des Fehlens klar abgrenzender Merkmale innerhalb der Fam. existieren unterschiedl. Klassifikationssysteme. Neben Körnern werden Knospen, Früchte u. Insekten gefressen, mit letzteren werden vorwiegend auch die Jungen gefüttert. Das napfförm. Nest wird meist v. Weibchen gebaut; Bebrütung der 3–7 Eier in 11–14 Tagen; an der Fütterung beteiligt sich auch das Männchen. Typ. Vertreter sind die Arten der Gatt. *Carduelis.* Der 12 cm große Stieglitz od. Distelfink *(C. carduelis,* B Europa XVII) mit schwarzgelben Flügeln u. schwarz-weiß-rotem Kopf besiedelt baumbestandenes Kulturland u. besucht winters truppweise Ödland mit fruchtenden Disteln u. a. Unkräutern. Der 15 cm große Grünling *(C. chloris,* B Europa XI) besitzt eine auffallend gelbe Flügel- u. Schwanzzeichnung, das Weibchen ist blasser gefärbt; kommt in Gärten, Parks u. Obstanlagen vor, winters auch auf Feldern, oft zus. mit anderen F.arten; fledermausart. Balzflug. Beim 12 cm großen, gelbgrünen Erlenzeisig *(C. spinus,* B Europa XI) sind im männl. Geschlecht Scheitel u. Kinn schwarz; bewohnt zur Brutzeit Nadel-, meist Fichtenwälder, im Winter in Trupps auch anderes baumbestandenes

Finkensame

Finken

Finken
1 Buchfink *(Fringilla coelebs)*, 2 Erlenzeisig *(Carduelis spinus)*, 3 Stieglitz *(Carduelis carduelis)*, 4 Bluthänfling *(Acanthis cannabina)*, 5 Gimpel, Dompfaff *(Pyrrhula pyrrhula)*, 6 Girlitz *(Serinus serinus)*, 7 Kernbeißer *(Coccothraustes coccothraustes)*, 8 Grünling *(Carduelis chloris)*, 9 Fichtenkreuzschnabel *(Loxia curvirostra)*

Finken
Schnabelformen:
1 Buchfink *(Fringilla coelebs)*, 2 Kernbeißer *(Coccothraustes coccothraustes)*, 3 Fichtenkreuzschnabel *(Loxia curvirostra)*

Gelände mit einer Bevorzugung v. Erlen, deren Früchte er frißt; schetternder Ruf „djetdjetet". B Vogeleier I.

Finkensame, *Neslia,* in Europa u. Kleinasien vertretene Gatt. der Kreuzblütler mit 2 Arten. In Mitteleuropa zu finden ist *N. paniculata,* eine wahrscheinl. aus den Steppengebieten des östl. Mittelmeerraums u. W-Asiens verschleppte, einjähr., bis 80 cm hohe Pflanze mit längl.-lanzettl. (unten) bis pfeilförm. (oben) Blättern u. goldgelben Blüten, aus denen kugel. Schötchen hervorgehen. Der F. wächst v. a. als Unkraut im Wintergetreide.

Finne *w,* **1)** [verwandt mit angelsächs. finn, lat. pinna = Rückenflosse (der Delphine)], bei Walen Bez. für die „Flossen", z. B. die Brust-F.n (= Vorderextremitäten, paarig), die Rücken-F. (unpaar); bei Haien Bez. für die Rückenflosse (Rücken-F.). **2)** [v. mhd vinne = Nagel], zweites Larvenstadium bei ↗ Bandwürmern. B Plattwürmer.

Finnenkrankheiten [v. mhd. vinne = Nagel], Sammelbez. für die oft gefährl. Krankheiten, die im Zwischenwirt durch Larven (Finnen) von ↗ Bandwürmern (nach Aufnahme v. Eiern) entstehen; z. B. ↗ Cysticercose, Echinokokkose (↗ Echinococcus), ↗ Drehkrankheit (Coenurosis), ↗ Spargarosis.

Finnwal *m* [v. lat. pinna = Rückenflosse (der Delphine)], *Balaenoptera physalus,* 18–24 m langer Bartenwal aus der Fam.

der Furchenwale; 70–110 Kehlfurchen, 320–420 Barten in jeder Oberkieferhälfte; Oberseite schiefergrau, Unterseite weiß, mit unsymmetr. Farbverteilung: dunkle Rückenfärbung, links kräftiger u. weiter bauchwärts reichend als rechts. Der weltweit in der Hochsee verbreitete F. lebt gesellig, meist in Schulen v. 6–10 Tieren, u. ernährt sich v. Krill, im N-Atlantik zusätzl. v. kleinen Schwarmfischen (z. B. Hering). Durch den starken Rückgang des ↗ Blauwals (durch übermäßige Bejagung) wächst die Bedrohung des F.s; sein Schutz ist dringend notwendig. B Polarregion III.

Finsen, *Niels Ryberg,* dän. Arzt, * 15. 12. 1860 Tórshavn (Färöer), † 24. 9. 1904 Kopenhagen; Arbeiten zur physiolog. Wirkung des Lichts; therapierte die Hauttuberkulose mit UV-Licht („F.-Lampe") u. Pocken mit (langwell.) Rotlicht; erhielt 1903 den Nobelpreis für Medizin.

Finsterspinnen, *Amaurobiidae,* zur U.-Ord. der *Cribellatae* gehörige Fam. der Webspinnen mit ca. 200 Arten; weltweit verbreitet. Ihr Körper ist bis 2 cm groß u. ähnelt dem der ↗ Trichterspinnen; Farbe stets dunkel (braun od. schwarz). F. leben in einem ausgesponnenen Schlupfwinkel unter Steinen u. a., von dessen Eingang ein unregelmäß. Fanggewebe mit Cribellumwolle dicht über den Boden ausstrahlt. In Dtl. ca. 10 Arten. Bekannteste Gatt. ist *Amaurobius; A. ferox* (Kellerspinne) lebt bes. in

N. R. Finsen

FISCHE I

Bodenfische in nördlichen Meeren
Lebensraum dieser Fische ist der küstennahe Meeresboden des nördlichen Atlantik und seiner Nebenmeere. Besonders die Plattfische haben eine große wirtschaftliche Bedeutung.

Seestichling (*Spinachia spinachia*)

Dreistachliger Stichling (*Gasterosteus aculeatus*)

Neunstachliger Stichling (*Pungitius pungitius*)

Große Seenadel (*Syngnathus acus*)

Seeskorpion, Seeteufel (*Myoxocephalus scorpius*)

Vierhörniger Seeskorpion (*Myoxocephalus quadricornis*)

Kuckuckslippfisch (*Labrus ossifagus*)

Aalmutter (*Zoarces viviparus*)

Kleiner Sandaal (*Ammodytes tobianus*)

Scholle, Goldbutt (*Pleuronectes platessa*)

Petermännchen (*Trachinus draco*)

Seehase (*Cyclopterus lumpus*)

Grauer Knurrhahn (*Eutrigla gurnardus*)

1 Kliesche (*Limanda limanda*)
2 Steinbutt (*Scophthalmus maximus*)
3 Seezunge (*Solea solea*)

Flunder (*Platichthys flesus*)

© FOCUS

FISCHE II

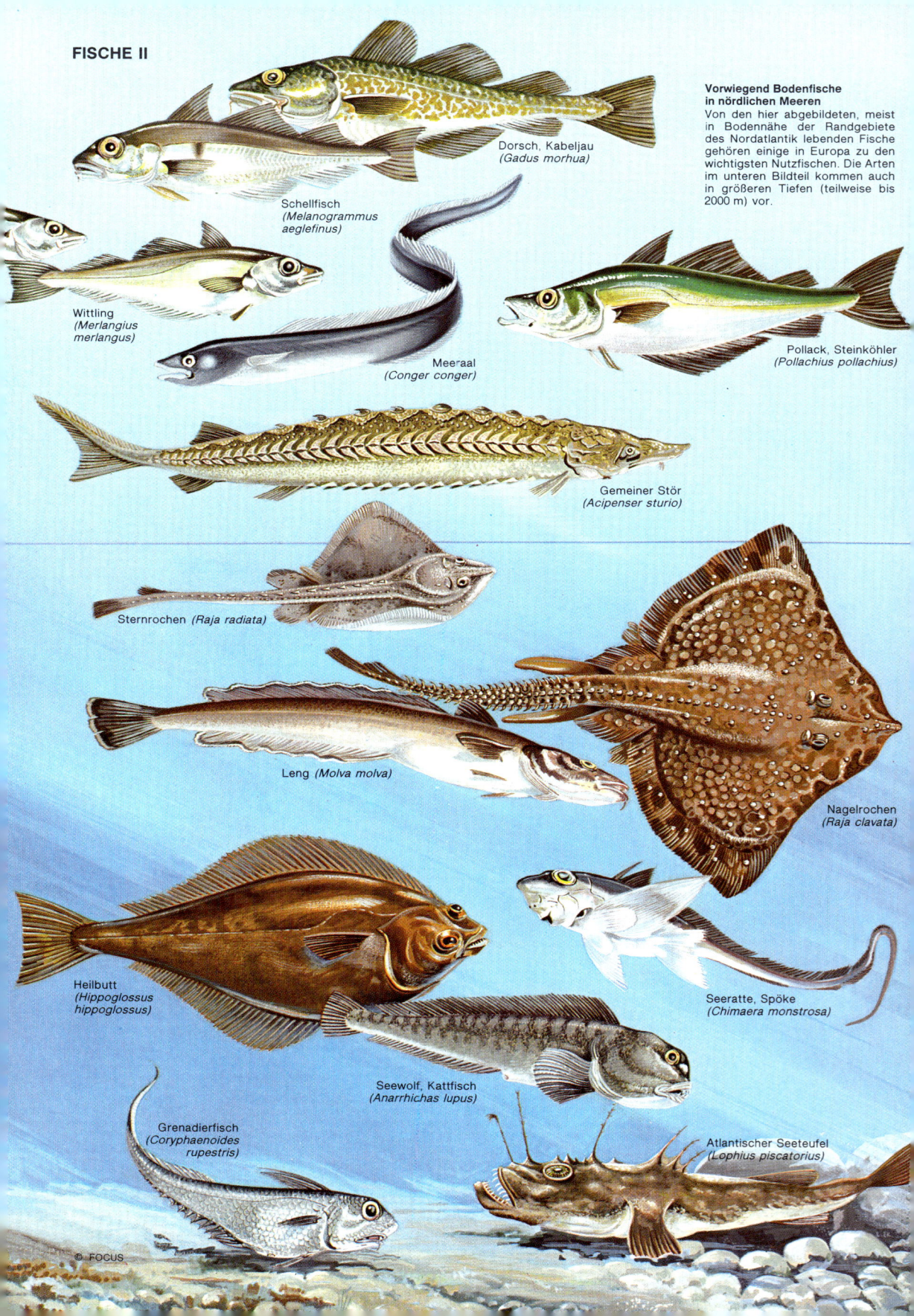

Vorwiegend Bodenfische in nördlichen Meeren
Von den hier abgebildeten, meist in Bodennähe der Randgebiete des Nordatlantik lebenden Fische gehören einige in Europa zu den wichtigsten Nutzfischen. Die Arten im unteren Bildteil kommen auch in größeren Tiefen (teilweise bis 2000 m) vor.

Dorsch, Kabeljau (*Gadus morhua*)

Schellfisch (*Melanogrammus aeglefinus*)

Wittling (*Merlangius merlangus*)

Meeraal (*Conger conger*)

Pollack, Steinköhler (*Pollachius pollachius*)

Gemeiner Stör (*Acipenser sturio*)

Sternrochen (*Raja radiata*)

Leng (*Molva molva*)

Nagelrochen (*Raja clavata*)

Heilbutt (*Hippoglossus hippoglossus*)

Seeratte, Spöke (*Chimaera monstrosa*)

Seewolf, Kattfisch (*Anarrhichas lupus*)

Grenadierfisch (*Coryphaenoides rupestris*)

Atlantischer Seeteufel (*Lophius piscatorius*)

© FOCUS

FISCHE III

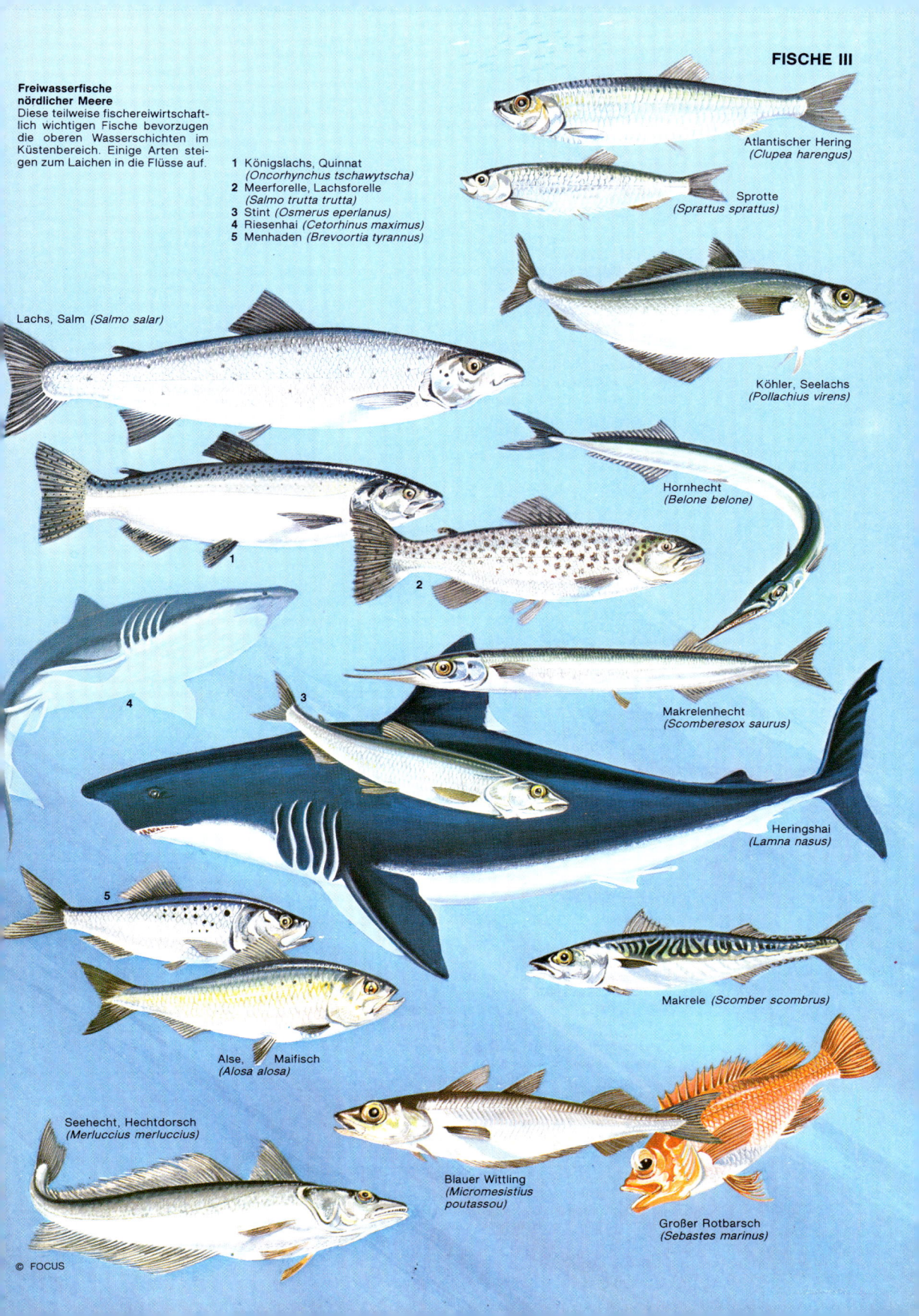

Freiwasserfische nördlicher Meere
Diese teilweise fischereiwirtschaftlich wichtigen Fische bevorzugen die oberen Wasserschichten im Küstenbereich. Einige Arten steigen zum Laichen in die Flüsse auf.

1 Königslachs, Quinnat
  (*Oncorhynchus tschawytscha*)
2 Meerforelle, Lachsforelle
  (*Salmo trutta trutta*)
3 Stint (*Osmerus eperlanus*)
4 Riesenhai (*Cetorhinus maximus*)
5 Menhaden (*Brevoortia tyrannus*)

Atlantischer Hering (*Clupea harengus*)

Sprotte (*Sprattus sprattus*)

Köhler, Seelachs (*Pollachius virens*)

Lachs, Salm (*Salmo salar*)

Hornhecht (*Belone belone*)

Makrelenhecht (*Scomberesox saurus*)

Heringshai (*Lamna nasus*)

Makrele (*Scomber scombrus*)

Alse, Maifisch (*Alosa alosa*)

Seehecht, Hechtdorsch (*Merluccius merluccius*)

Blauer Wittling (*Micromesistius poutassou*)

Großer Rotbarsch (*Sebastes marinus*)

© FOCUS

menschl. Behausungen; *A. fenestralis* ist eine typ. Art der Mittelgebirgswälder; die Weibchen beider Arten bewachen ihr Gelege; Hinweise sprechen dafür, daß die Jungen durch Regurgitation gefüttert werden u. daß die Mutter nach ihrem Tod den Jungen als erste Nahrung dient.

Finte, *Alosa fallax,* ↗ Alsen.

Fioringras [v. it. fiorino = Gulden], *Agrostis,* das ↗ Straußgras.

fire-fly-Methode [faiẻr flai; v. engl. fire fly = Leuchtkäfer], sehr empfindl. Testmethode zur quantitativen Bestimmung v. ATP, bei der die ATP-abhängige ↗ Biolumineszenz (Luciferase-Reaktion) im Testansatz mit Glühwürmchenextrakt (fire fly, *Photinus pyralis*) gemessen wird.

Firmacutes [v. lat. firmus = stark, acutus = scharf], ↗ Gramfärbung.

Firmisternia [Mz.; v. lat. firmus = fest, stark, gr. sternon = Brust], ↗ Froschlurche.

Fischadler, *Pandionidae,* auf Fischfang spezialisierte Greifvogel-Fam. mit 1 Art (*Pandion haliaetus,* B Europa VII), die in verschiedenen U.-Arten auf allen 5 Erdteilen bis auf S-Amerika vorkommt. Flügelspannweite bis 1,7 m, stark gewinkelte Flügelhaltung, Gefieder schwarz, weiß u. braun, große Bürzeldrüse, Unterseite der Zehen mit dornart. Erhebungen, die zus. mit den langen spitzen Krallen das Festhalten der Beutefische erleichtern; jagt an Gewässern, oft im Rüttelflug u. stürzt mit vorgestreckten Fängen auf die Beute. Nistet in großen Horsten auf herausragenden Bäumen; 3 Eier; die Nahrung für die Jungen wird v. Männchen beschafft; brütet in Europa hpts. in den seenreichen Gebieten Fennoskandiens, war fr. auch in Mitteleuropa verbreitet; in der BR Dtl. 1963 ausgestorben. Während des Durchzugs im Herbst u. Frühjahr jagend an größeren Seen u. Flüssen zu beobachten.

Fischartige, die ↗ Kieferlosen (*Agnatha*), im Ggs. zu den eigtl. ↗ Fischen.

Fischasseln, *Aegidae* u. *Cymothoidae,* Fam. der Asseln (U.-Ord. *Flabellifera*), manchmal auch *Fischläuse* gen.; leben parasit. an Meeresfischen. Die *Aegidae* mit *Aega* u. a. Gatt. sind gute Schwimmer, die sich mit den mit Haken bewehrten ersten 3 Pereiopodenpaaren an Fischen festhalten u. Blut u. Gewebesäfte saugen. Die *Cymothoidae* mit *Cymothoa* u. a. Gatt. sind stationäre Parasiten, bei denen meist alle Pereiopoden mit Haken bewehrt sind. Sie sitzen oft in Mund- od. Kiemenhöhlen u. wachsen, in Anpassung an die Krümmung der Höhle, asymmetrisch. *Anilocra* aus dem Mittelmeer ist proterandr. Zwitter.

Fischbandwurm, *Diphyllobothrium latum,* ↗ Diphyllobothrium.

Fischbein ↗ Barten.
Fischblase, die ↗ Schwimmblase.
Fischchen ↗ Silberfischchen.
Fische, *Pisces,* Sammelbez. für alle primär im Wasser lebenden Wirbeltiere, die – bis auf wenige Sonderformen – zeitlebens durch Kiemen atmen, sich durch Flossen fortbewegen u. bei denen durchweg Kopf-, Rumpf- u. Schwanzteil einen einheitl., meist stromlinienförm. Körper bilden. Sie stehen als Basisgruppe den höherentwickelten, durch Lungen atmenden u. bis auf wenige Ausnahmen (mit sekundär reduzierten Gliedmaßen) vierfüßigen Landwirbeltieren (Tetrapoden) gegenüber. F. in diesem Sinn wurden fr. als eine Wirbeltier-Kl. zusammengefaßt. Nach eingehenderen Kenntnissen der vergleichend-morpholog. Forschung unter Einbeziehung der Fossilfunde werden die rezenten F. heute drei klar voneinander abgegrenzten Kl. zugeordnet: den ↗ Rundmäulern (*Cyclostomata*), ↗ Knorpel-F.n (*Chondrichthyes*) u. den ↗ Knochen-F.n (*Osteichthyes*). Zwei weitere, nur durch fossile Fischarten aus dem Paläozoikum belegte Kl. bilden die Schalenhäuter (↗ *Ostracodermata*) u. die Plattenhäuter (↗ *Placodermi*). Die Rundmäuler, zu denen z. B. das Flußneunauge (*Petromyzon fluviatilis*) gehört, u. die im Erdaltertum reich entfalteten Schalenhäuter werden als primitive Formen angesehen; neben zahlr. morpholog. Eigenarten ist ihr markantestes Merkmal das Fehlen eines Kieferapparats, weshalb sie als Über-Kl. ↗ Kieferlose (*Agnatha*) der Über-Kl. Kiefermünder (*Gnathostomata*) mit den restl. Wirbeltier-Kl. gegenübergestellt werden. Kieferlose werden auch als Fischartige v. den übrigen F.n, den F.n i. e. S., abgetrennt, die ihrerseits in einigen Klassifikationen als eigene Über-Kl. *Pisces* geführt werden. Der stammesgeschichtl. Zshg. der verschiedenen Fisch-Kl. u. die gemeinsamen Urformen sind noch weitgehend unbekannt; man weiß nur, daß bereits alle Fisch-Kl. vor ungefähr 300 Mill. Jahren vertreten waren. Die folgenden Angaben beziehen sich jeweils auf die F. i. e. S. – *Anatomische u. physiologische Charakteristika:* Obgleich Knorpel- u. Knochen-F. unterschiedl. Wirbeltier-Kl. angehören, haben sie viele gemeinsame Merkmale. Kennzeichnend sind: v. a. der meist spindelförm., v. einer gleichförm. Wirbelsäule gestützte Körper mit einem halslosen Übergang v. Kopf u. Rumpf sowie einem abschließenden, schlanken Schwanzteil (B Wirbeltiere I–II); die Ausbildung paar. Brust- u. Bauchflossen sowie unpaarer Rücken-, Schwanz- u. Afterflossen (↗ Flossen); eine meist mit Schuppen, Hautzähnen od. Knochenschildern bewehrte Haut;

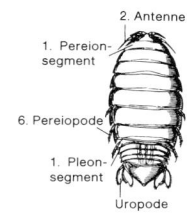

Fischasseln
Aega psora

1. Pereionsegment
2. Antenne
6. Pereiopode
1. Pleonsegment
Uropode

die Umbildung des 1. Kiemenbogens zum gegeneinander bewegl. Ober- u. Unterkiefer u. des 2. Kiemenbogens zum Zungenbeinbogen, der teilweise den Kieferbogen am Schädel befestigt (Hyostylie); die Kiemen-↗Atmung u. der einfache, vom zweikammer. Herzen (mit Vorkammer u. Kammer) über die Kiemen direkt in den Körper u. zum Herzen zurückführende ↗Blutkreislauf (☐). Das *Innenskelett,* das bei den Knorpel-F.n knorpelig u. bei den Knochen-F.n fast vollständig verknöchert ist, besteht: aus der den ganzen Körper durchziehenden, in viele (bei Knorpel-F.n bis 365), vorn u. hinten trichterförm. ausgehöhlte (amphicoele) Wirbelkörper gegliederten, oft noch Anteile der Chorda (B Chordatiere) enthaltenden Wirbelsäule, an die bei Haien jeweils kurze u. bei Knochen-F.n teilweise stark ausgebildete dorsale, das Rückenmark umgebende Neuralbögen, u. ventrale, im Rumpfabschnitt oft freie Rippen bildende Hämalbögen anschließen; aus dem mit der Wirbelsäule ohne echtes Gelenk verbundenen Schädel mit dem oberen, das Gehirn, die Augen, die Nase u. die Sinnesorgane des Ohrbereichs schützenden Hirnschädel *(Neurocranium)* u. dem Kopfdarm- od. Gesichtsschädel *(Viscerocranium);* aus mehreren hintereinander liegenden, vorn zum Kiefer- u. Zungenbeinbogen umgebildeten Kiemenbögen; dem mit den stützenden Strahlen der Flossen; dem mit den Brustflossen und meist mit dem Hinterrand des Schädels verbundenen Schultergürtel sowie dem die Bauchflossen abstützenden, einfachen, gewöhnl. frei in der Muskulatur liegenden Beckengürtel. Letzterer kann bei stark nach vorn gerückten Bauchflossen (z.B. bei vielen Barschartigen F.n und Platt-F.n, B Fische I u. VII) mit dem Schultergürtel verbunden sein. – Von der *Haut* wird bei den meisten F.n zusätzl. ein Außenskelett gebildet. Hautverknöcherungen sind die Plakoid-Schuppen der Haie, deren Basalplatten in der Lederhaut u. deren nach oben u. hinten gerichtete Zähnchen die Oberhaut od. Epidermis durchstoßen, die verschiedenen, v. der Epidermis überzogenen, aus dünnen Plättchen bestehenden, sich dachziegelartig überdeckenden ↗Schuppen der Knochenfische, die großen Knochenplatten am Vorderkörper der fossilen *Ostracodermata* u. *Placodermi* u. die teilweise mit Zähnchen bedeckten Knochenplatten der Panzer- *(Callichthyidae)* u. der Harnischwelse *(Loricariidae).* Haut- od. Deckknochen bilden bei den Knochen-F.n die Kiemendeckel u. einen Großteil der Schädelknochen. Die Oberhaut der F. ist stets mehrschichtig; sie enthält zahlr. Drüsen, bei Knochen-F.n u.a. Schleimdrüsen,

manchmal auch Giftdrüsen (z.B. bei Stechrochen u. Drachenköpfen) u. solche, die Leuchtsekrete erzeugen (bei vielen Tiefsee-F.n); zudem ist sie durch freie Nervenendigungen sehr berührungsempfindl. Die oft prächt. Färbung der F. wird u.a. durch verschiedene Pigmentzellen direkt unter der Epidermis bewirkt. – Die am Innenskelett ansetzende *Muskulatur* besteht im wesentl. jederseits aus einem dorsalen u. ventralen, kräft. Längsstrang, der durch Scheidewände aus Bindegewebe in viele hintereinanderliegende Abschnitte (Myomere) unterteilt ist. Die wellenförm. Seitwärtsbewegungen des Körpers u. der Schwanzflosse, die den Hauptantrieb zur Fortbewegung ausmachen, werden durch alternierende Kontraktionen der Myomeren erreicht. Nur wenige F. schwimmen wie die Seenadeln mit starrem Körper allein durch eine undulierende Bewegung der Rückenflosse. Bei manchen Fischen ist die Muskulatur zu ↗elektr. Organen (B) umgebildet (↗elektr. F.). – Das Fortbewegen im Wasser u. das Einhalten einer Ruhelage wird bei den meisten Knochen-F.n durch eine oberhalb des Darms gelegene gasgefüllte ↗Schwimmblase erleichtert (Ausnahme: z.B. Platt-F.). – Von den *Sinnesorganen* sind die Augen selbst bei den in der dunklen Tiefsee lebenden Arten meist gut entwickelt. Ihre kugelförm. Linsen haben mit 1,65 den höchsten Brechungsindex der Wirbeltier-Augen, u. ihre ↗Akkommodation (☐) wird nicht durch Abflachung, sondern durch Vor- u. Rückwärtsbewegung erzielt. Obgleich viele Fische stumm sind, haben Untersuchungen ein gutes Hörvermögen nachgewiesen, wobei vielfach die Schwimmblase die Schwingungen überträgt. Zur Orientierung im Wasser dienen neben den Bogengängen, die Drehbeschleunigungen in verschiedene Richtungen anzeigen, u.a. der Utriculus als Gleichgewichtsorgan. Mittels ↗Seitenlinienorganen können F. Druckschwankungen im umgebenden Wasser unterscheiden u. damit Hindernisse u. die Strömungsgeschwindigkeit des Wassers registrieren (B mechanische Sinne I–II). Hochempfindl. Geruchsorgane (B chemische Sinne I) besitzen v.a. Haie u. Aale (↗chemische Sinne), während andere F. (z.B. Hechte) schlecht riechen können. Als ↗Atmungsorgane (☐) dienen durchweg innere Kiemen, die an den Kiemenbögen ansetzen. Sie werden mit Frischwasser versorgt, das mit dem Mund eingesaugt u. durch die Kiemenspalten herausgepreßt wird (B Atmungsorgane I). Zusätzlich zu den Kiemen haben die in schlamm. Gewässern lebenden Labyrinthfische *(Anabantidae)* rosettenart.,

Fische

Beobachtete Höchstgeschwindigkeiten (*v* in km/h) bei Fischen (Länge *L* in cm)

	L	v
Sandgrundel *(Gobius minutus)*	6	0,9
Seestichling *(Spinachia spinachia)*	10	2,8
Goldfisch *(Carassius auratus)*	15	5,1
Hering *(Clupea harengus)*	20	5,7
Hecht *(Esox lucius)*	16	7,7
Meerforelle *(Salmo trutta trutta)*	20	8,6
Fliegender Fisch *(Exocoetus)*	30	55
Thunfisch *(Thunnus)*		70
Schwertfisch *(Xiphias)*		100

Fische

Überklassen und Klassen der Fische i.w. S.:

Kieferlose *(Agnatha)*
Schalenhäuter († ↗ *Ostracodermata*): Ordovizium bis Devon, überwiegend Obersilurium bis Unterdevon
↗Rundmäuler *(Cyclostomata)*: Oberkarbon, rezent

Fische *(Pisces)*
Plattenhäuter († ↗ *Placodermi*): Devon bis unterstes Karbon
↗Knorpelfische *(Chondrichthyes)*: Mitteldevon bis rezent
↗Knochenfische *(Osteichthyes)*: ?Obersilurium, Devon bis rezent

BAUPLAN DER FISCHE

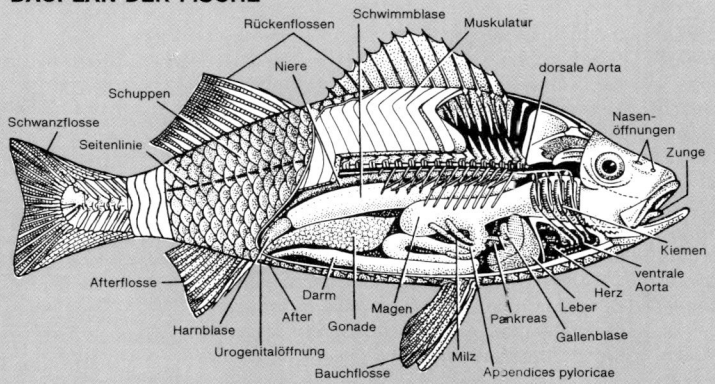

Fische sind die ursprünglichste und zugleich formenreichste Gruppe der Wirbeltiere, die im Gegensatz zu den übrigen Wirbeltieren ganz dem Leben im Wasser angepaßt sind. Kennzeichnend für die Lebensweise in dem vergleichsweise zur Luft wesentlich dichteren Medium Wasser ist vor allem die meist spindelförmige Körpergestalt. Der Körper wird von einer durchgehenden, vorwiegend seitlich beweglichen Wirbelsäule gestützt, an der kräftige Muskeln ansetzen. Die schleimige Haut ist mit Schuppen, Hautzähnen oder Knochenschuppen bedeckt. Fische atmen zeitlebens durch Kiemen. Ein zweikammeriges Herz pumpt venöses Blut zu den Kiemen, das von dort mit Sauerstoff angereichert direkt weiter in den Körper fließt.

Im weitesten Sinne umfaßt die Gruppe rezenter Fische drei verschiedene Wirbeltierklassen: die Rundmäuler *(Cyclostomata)*, die Knorpelfische *(Chondrichthyes)* und die Knochenfische *(Osteichthyes)*. Im engeren Sinne zählen nur die Knorpel- und Knochenfische dazu. In Abb. links oben ist der Bauplan der hochentwickelten *Knochenfische* am Beispiel des Barsches dargestellt. Bei ihnen ist das Skelett verknöchert, und viele haben eine langgestreckte, mit Luft gefüllte Schwimmblase, die vor allem als hydrostatisches Organ das Schweben im Wasser ohne Energieaufwand ermöglicht. Die verschiedenen Flossen dienen zum Steuern und zur Fortbewegung.

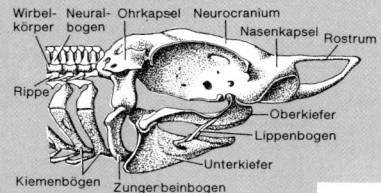

Der obere Teil des Schädels der *Knorpelfische* (hier eines Haies) ist eine einheitliche Kapsel, die das Gehirn umschließt (Hirnschädel oder *Neurocranium*). Das vorn ansetzende Rostrum stützt den vorragenden Schnauzenteil. Der untere Kopfdarm- oder Gesichtsschädel *(Viscerocranium)* wird von den gegeneinander beweglichen Ober- und Unterkiefern, dem Zungenbeinbogen und den Kiemenbögen (im Bild nur die ersten gezeigt) gebildet.

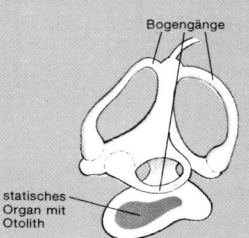

Das innere Ohr umfaßt 3 Bogengänge als Sinnesorgane für Drehbeschleunigungen und darunter angeordnete Aussackungen als Gleichgewichts- und Gehörsinnesorgane.

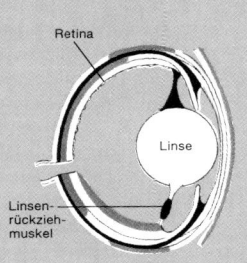

Fischaugen haben eine kugelförmige, starre Linse, die für Nah- und Fernsicht durch einen besonderen Linsenmuskel nach vorne (Knorpelfische) oder hinten (Knochenfische) verschoben werden kann.

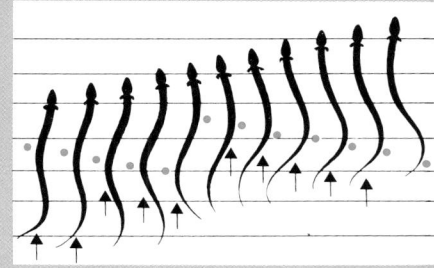

Die schlängelnden, seitlichen Rumpfbewegungen bewirken bei den meisten Fischen den Hauptvortrieb (Pfeile). Diese Bewegungen laufen bei Aalen über den ganzen Körper, sonst sind sie oft auf den hinteren Rumpfabschnitt begrenzt.

reich mit Kapillargefäßer versorgte, oberhalb der Kiemen liegende Atmungsorgane, die Luftsauerstoff aufnehmen können; Schmerlen u. Welse können Luft schlucken u. über die Darmwand Sauerstoff resorbieren, der Schlammpeitzger hat Enddarmatmung. Aale können an Land über ihre schleim., gut durchblutete Haut atmen. Die erwachsenen ↗Lungen-F. *(Dipnoi)*, die Trockenperioden meist in Uferhöhlen überdauern, atmen ausschl. durch Lungen, die ventrale Ausstülpungen des ↗Darms (B) sind. Einige Knochenzüngler *(Osteoglossidae)* u. der Tarpun *(Megalops)* können ihre Schwimmblase ebenfalls zum Veratmen von Luftsauerstoff verwenden. – Während die meisten F. eng an eine bestimmte Salzkonzentration angepaßt sind (stenohalin), bewältigen die ↗anadromen u. katadromen Wanderfische u. auch Flunder u. Dreistacheliger Stichling einen Wechsel v. Salz- u. Süßwasser u. umgekehrt gut. – Die meist getrenntgeschlechtl. F. geben ihre Geschlechtsprodukte meist in großen Mengen in das Wasser ab (äußere ↗Besamung, ☐) u. überlassen die Eier ihrem Schicksal. Einige Fischarten (z. B. manche ↗Buntbarsche) betreiben dagegen Brutpflege. Andere F. (v. a. viele Haie u. mehrere Zahnkarpfen) sind lebendgebärend, indem sich nach einer inneren Befruchtung die Eier im Körper des Weibchens zum schlüpfreifen Fischchen entwickeln. – *Ökologie:* Der Lebensraum der etwa 35 000 Fischarten ist bis auf die wenigen Arten mit der Möglichkeit zur Luftatmung auf das Wasser beschränkt, doch haben sie sich hier recht unterschiedl. Lebensbedingungen angepaßt. Allein die Süßwasser-F. haben so unterschiedl. Bedingungen in klaren Seen bis hin zum dichtbewachsenen, schlamm. Tümpel u. vom Quellbach bis zum abwasserbelasteten breiten, langsamfließenden

Fischereigeräte

Strom bewältigt, unabhängig v. den klimat. Verhältnissen. Ebenso besiedeln Meeres-F. alle Ozeane v. den Küsten bis in die größten Tiefen u. von den warmen trop. Meeren bis zu den Polarmeeren. Während im Süßwasser F. mit spindelförm. Körperbau vorherrschen, reicht das Spektrum bei Meeres-F.n von der normalen Fischgestalt der Haie od. Thunfische bis zu sehr bizarr ausgestalteten Formen, z. B. in der Tiefsee, in Tangwiesen od. Korallenriffen. – Viele F. leben in Schwärmen. Symbiosen mit anderen F.n bilden u. a. manche ↗Lippfische u. ↗Schiffshalter. – *Wirtschaftl. Bedeutung:* F. haben seit alters her eine große Bedeutung für die menschl. Ernährung. Kleine Mengen werden mit der Angel od. mit Reusen gefangen; berufsmäßige Fischer arbeiten überwiegend mit Netzen (↗Fischereigeräte). Eine große Fischerei-Ind. basiert v. a. auf dem Fang u. der Verarbeitung v. Meeres-F.n. Ein bes. Gewerbezweig ist die ↗Fischzucht. – Zur Klassifikation der F. ↗Knorpel-F. u. ↗Knochen-F. B 315–317, 320, 324–332. *T. J.*

Fischegel ↗Piscicolidae.
Fischer ↗Eisvögel.
Fischer, 1) *Emil Hermann,* dt. Chemiker, * 9. 10. 1852 Euskirchen, † 15. 7. 1919 Berlin; zuletzt (ab 1892) Prof. in Berlin; Erforscher der Zuckerarten (Synthese des Traubenzuckers), Arbeiten über Purinkörper, führte die Proteine auf Aminosäuren zurück, formulierte 1894 das „Schlüssel-Schloß-Prinzip" der Enzym-Substrat-Wirkung; erhielt 1902 den Nobelpreis für Chemie; *Emil-F.-Gedenkmünze* für bes. Verdienste dt. organ. Chemiker. **2)** *Ernst Otto,* dt. Chemiker, * 10. 11. 1918 München; ab 1957 Prof. ebd.; bedeutende Arbeiten über metallorg. Verbindungen, fand den neuen Strukturtyp der „Sandwich-Verbindung" bei bestimmten metallorg. Verbindungen, 1957 Synthese v. Dibenzol-Chrom, 1964 v. Metall-Carben- u. -Carbin-Komplexen; erhielt 1973 zus. mit G. Wilkinson den Nobelpreis für Chemie. **3)** *Eugen,* dt. Anatom u. Anthropologe, * 5. 6. 1874 Karlsruhe, † 9. 7. 1967 Freiburg i. Br.; 1927–43 Dir. des Kaiser-Wilhelm-Inst. für Anthropologie in Berlin-Dahlem; v. a. Arbeiten zur genet. Interpretation der Variabilität des Menschen (bestätigte, daß die menschl. Rassenmerkmale nach den Mendelschen Regeln vererbt werden). **4)** *Hans,* dt. Chemiker, * 27. 7. 1881 Höchst a. M., † 31. 3. 1945 München; seit 1921 Prof. in München; Arbeiten über Chlorophyll, Pyrrolchemie (1929 Synthese des Hämins) u. Blut- u. Gallenfarbstoff; erhielt 1930 den Nobelpreis für Chemie.

Fischerei, *Fischfang, Fischhege, Fischhaltung,* auch Fangen od. Zutageförden anderer nutzbarer Wassertiere, Pflanzen u. Pflanzenreste (Wale, Krebse, Muscheln, Austern, Schwämme, Korallen, Bernstein). Die Meeres-F. wird bis heute meist als Sammelwirtschaft ausgeübt. Im Ggs. hierzu bestehen in der *Binnen-F.* schon seit dem MA Schonvorschriften u. geregelte Aufsichtsführung, woraus sich das nationale u. internationale *F.recht* entwickelte. Insbes. die Festlegung v. international verbindl. *F.grenzen* im offenen Meer ist Gegenstand übernationaler Konferenzen.

Fischereibiologie, Teilgebiet der Biol., bes. der Meeresbiologie, das die wiss. Grundlagen v. a. der prakt. Fischerei erforscht. Wicht. Fragestellungen sind dabei z. B. die Lebensgewohnheiten der Fische mit Ernährung, Wanderungen, Laichverhalten, Reaktionen auf Feinde u. Umweltveränderungen, die Wachstumsgeschwindigkeiten u. Altersbestimmungen bei Nutzfischen, Kontrolle der Fischbestände u. Erarbeitung v. Schutzbestimmungen.

Fischereigeräte, Handwerkszeug für den Fischfang. Wirtschaftl. wichtiger als *Angel* u. *Reuse* sind die verschiedenart. *Fangnetze,* heute meist aus Kunststoffasern gefertigt. *Hamen* sind sackartig ausgebildete Netze mit Ring od. Bügel zur Versteifung der Randöffnung, mit Stiel versehen, als *Kescher* bezeichnet. *Zugnetze* werden als senkrechte Netzwand in einem Halbkreis v. einem festen Platz aus herangezogen. *Greif-* u. *Senknetze* werden über die Beute niedergesenkt bzw. unter ihr hochgehoben. Ebensolche *Stülp-* u. *Wurfnetze* finden bei Kontrollfängen Verwendung. *Setznetze,* ein- oder dreiwand. Netzsperren, oft v. erhebl. Länge, werden fest verankert, schwebend od. frei treibend verwendet. Hierzu zählen auch *Stellnetze,* deren Maschengröße u. -art bewirkt, daß die gewünschte Fischart beim Versuch, sich durchzuzwängen, mit den Kiemen hängenbleibt. ↗Elektrofischerei.

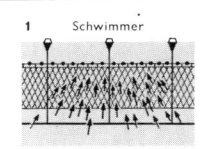

E. H. Fischer

E. O. Fischer

H. Fischer

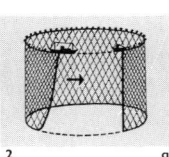

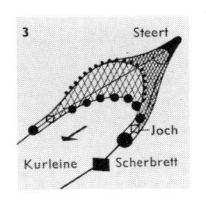

Fischereigeräte
1 Treibnetz, hängt senkrecht, von Schwimmern gehalten, in einer bestimmten Tiefe; Typ der Kiemennetze, in denen sich dagegenschwimmende Fische fangen. **2** Ringwade: das Netz wird von 2 Booten um einen Fischschwarm ausgelegt (**a**), verschlossen u. eingeholt (**b**). **3** Grundschleppnetz: ein Netzsack, der sich zu einem Beutel (Steert) verschmälert, in dem sich der Fang sammelt

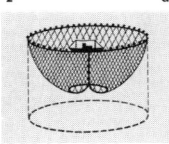

Fischerella

Fischerella w, Gatt. der *Stigonematales* (Sektion V), fädige ↗Cyanobakterien, bei denen sich einige Zellen in reifen Trichomen in mehr als einer Zellebene teilen, so daß echte Verzweigungen entstehen; die älteren Hauptfäden sind mehrzellig. Bei Mangel an gebundenem Stickstoff entwickeln sich Heterocysten an den Enden od. seitlich. Einige Formen bilden Akineten; an Zellenden oder Seitenzweigen entstehen auch Hormogonien, deren schmale zylindr. Zellen sich nach der Freisetzung bei der Reifung vergrößern u. abrunden. In Thermen kommt häufig *F. thermalis* vor; sie bildet kleine filzige, oliv-schwärzl. Polster, bis 1 mm hoch. Neuerdings werden auch die Vertreter der Gatt. ↗*Mastigocladus* bei F. eingeordnet.

Fischermarder, Pekan, *Martes pennanti,* hpts. v. Baumstachlern, aber auch v. Köderfischen (aus Fallen) lebender Marder N-Amerikas; Kopfrumpflänge bis 90 cm, buschiger, 30–50 cm langer Schwanz, Fell dunkelbraun bis schwarz; als Pelztier (*Virgin. Iltis*) geschätzt, in seinem Bestand bedroht.

Fischfäulnis ↗Fleischfäulnis.

Fischgifte, 1) Bez. für chem. unterschiedl. Substanzen aus Fischen mit gift. Wirkung. Man unterscheidet F., die v. lebenden Fischen (↗giftige Fische) produziert u. oft über spezielle Giftapparate zum Angriff od. zur Verteidigung gg. natürl. Feinde abgegeben werden (aktiv toxisch), z. B. das *Pahutoxin* der Kofferfische, und F., die in Haut, Eingeweiden od. Muskulatur v. Fischen enthalten sind u. erst beim Verzehr dieser Fische wirken (passiv toxisch, ↗Fischvergiftung). Hierbei kann das Gift im eigenen Organismus produziert worden sein (primär toxisch), wie z. B. das ↗*Tetrodotoxin* des japan. Kugelfisches, od. mit der Nahrung (z. B. aus Algen) aufgenommen worden sein (sekundär toxisch). Dagegen beruht die Giftigkeit toter, faulender, verdorbener oder infizierter Fische auf ↗Bakterientoxinen (↗Fischvergiftung, ↗Fleischfäulnis). Toxische Stoffwechselprodukte können auch in Fischen aus (z. B. mit Schwermetallen) verseuchten Gebieten enthalten sein. ↗Nahrungsmittelvergiftungen. **2)** Bez. für Stoffe, die auf Fische giftig wirken, z. B. biol. nicht abbaubare Detergentien, Schwermetalle, Pestizide, Rotenoide. ↗Fischsterben.

Fischkatze, *Prionailurus viverrinus,* in Vorder- u. Hinterindien, auf Sumatra u. Java beheimatete Kleinkatze, die Wassernähe (Flußläufe, Mangrovewälder) bevorzugt; Kopfrumpflänge 70–80 cm, Schwanzlänge 25–30 cm; Körperfarbe olivbraun bis -grau mit schwarzen Längsstreifen über Scheitel u. Nacken, die am Rücken in ein Fleckenmuster übergehen. Nahrung: kleine Land-

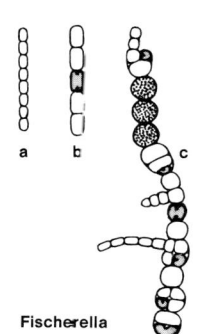

Fischerella
a Hormogonium,
b junges Trichom,
c reifes Trichom; gepunktete Zellen = Akineten, graue Zellen = Heterocysten

Fischgifte
Kugelfische (*Tetraodontidae*) werden in Japan als bes. Delikatesse verzehrt. Hin u. w eder geht ein solches Fischessen jedoch tödl. aus, wenn der Fugu – wie der in den pazif. Gewässern Asiens vorkommende japan. Kugelfisch in Japan gen. wird – nicht richtig zubereitet wurde (pro Jahr in Japan rund 80 Fugu-Todesfälle). Es müssen näml. peinlichst genau die Organe, die das äußerst giftige ↗*Tetrodotoxin* erhalten, entfernt werden. Schon geringfügiges Anritzen der giftenthaltenden Organe vergiftet den ganzen Fisch. (Fugu-Köche in Japan müssen daher eine mehrjährige spezielle Ausbildung absolvieren.) In den Eierstöcken u. der Leber tritt Tetrodotoxin bes. konzentriert auf. Je nach der jeweiligen Kugelfischart kann das Gift, das 500mal wirksamer ist als Blausäure, aber auch in anderen Organen vorkommen. Die Kunst der Fugu-Köche besteht vor allem in einer genauen Lokalisation des Giftes bei den verschiedenen Fugu-Arten.

wirbeltiere, aber auch Süßwasser-Weichtiere, Krebse u. Fische. Die F. schwimmt gut; umstritten ist, ob sie nach Fischen taucht.

Fischkörner, *Kokkelskörner,* Bez. für die Früchte des südostasiat. Mondsamengewächses *Anamirta cocculus,* die das starke Krampfgift *Pikrotoxin* enthalten; werden v. den Eingeborenen als Fischgift verwendet; in der Medizin gg. Läuse u. Krätzemilben eingesetzt.

Fischläuse, 1) *Karpfenläuse, Kiemenschwänze, Branchiura,* U.-Kl. der Krebstiere mit nur 1 Fam. *(Argulidae);* die bekannteste einheim. Art ist *Argulus foliaceus* (323). F. sind Ektoparasiten an Fischen, die meisten der 120 überwiegend kleinen (wenige mm, nur *Argulus scutiformis* aus Japan erreicht 3 cm), flachen Krebstier-Arten leben im Süßwasser. Der Körper besteht aus zwei Regionen, einem Cephalothorax aus dem Kopf u. einem Thorakalsegment sowie aus drei freien Thorakalsegmenten. Das Abdomen ist zu einem zweilapp., weichhäut. Anhang, dem Kiemenschwanz, reduziert. Vom Hinterrand des Kopfes gehen breite, flache Carapaxfalten aus, die sich weit nach hinten erstrecken, aber die freien Thorakomeren nicht bedecken. Die Kopfgliedmaßen sind in Anpassung an die parasit. Lebensweise modifiziert. Die Basen der beiden Antennenpaare tragen kräft. Haken, die 1. Maxillen sind zu großen Saugnäpfen geworden, die 2. Maxillen zu Klammerbeinen. Die Mandibeln sind kleine Haken, die in einem Saugrüssel liegen. Mit Hilfe dieses Rüssels wird die Haut der Wirtsfische angebohrt u. Blut gesaugt. Vor dem Saugrüssel liegt ein nach vorn gestreckter Giftstachel. Die 4 Thorakopoden sind einfache Schwimm-Spaltbeine. Sinnesorgane sind Komplexaugen u. das Naupliusauge. Zum Atmen dienen weichhäut. Felder an der Unterseite der Carapaxfalten u. das Abdomen. Die F. schwimmen bei der Wirtssuche langsam zw. Wasserflöhen u. a. Kleinkrebsen u. lassen sich v. nahrungssuchenden Fischen schnappen. Im Mund eines Fisches setzt die F. ihren Giftstachel ein, woraufhin der Fisch sie wieder ausspuckt. Dies ist der Reiz für die F., im Bogen wieder zurückzuschwimmen u. sich am Fisch festzusetzen. Die Paarung findet auf dem Wirt statt; Eier werden an Steinen, Wasserpflanzen u. ä. abgelegt. Nauplius- u. Metanaupliusstadien werden im Ei durchlaufen. **2)** Volkstüml. Bez. für einige weitere, ektoparasitisch an Fischen lebende Krebstiere, so für die *Caligoidea* (T Copepoda) u. für die ↗Fischasseln.

Fischmehl, wichtigster Bestandteil der als „Mischfuttermittel" für Schweine u. Geflügel hergestellten u. vertriebenen Spezialfuttermittel; die Fabrikation des F.s erfolgt durch Dämpfen, Zerkleinern, Ausflocken u. Mahlen v. Fischen u. Fischabfällen. Das Eiweiß des F.s (ca. 55%) ist biol. hochwertig, ebenso sein Gehalt an phosphorsaurem Calcium. [↗ Gänsefuß.

Fischmelde, *Chenopodium polyspermum.*
Fischöl, bei der Herstellung v. ↗ Fischmehl anfallendes, sehr vitaminreiches Öl, das zur Tierfütterung eingesetzt wird.

Fischotter, *Lutra,* Gatt. der Wassermarder od. Otter, mit 11 Arten, die sich in Lebensweise u. Verhalten ähneln, über die Neue u. Alte Welt verbreitet. Der einheimische F. (*Lutra lutra,* Kopfrumpflänge 65–85 cm, Schwanzlänge 35–55 cm; Fellfarbe oberseits dunkelbraun, Bauchseite weißlich; Ohren verschließbar; Schwimmhäute an Vorder- u. Hinterfüßen) ist vorwiegend Nachttier u. bevorzugt bewaldete Ufer an Fließgewässern sowie Seen u. Sümpfe mit Schilfgürtel; im Gebirge bis 2500 m. F. schwimmt gewandt, hpts. mit Hilfe des im Querschnitt runden, an der Wurzel sehr dicken u. muskulösen Schwanzes, unterstützt v. den Hinterbeinen, Vorderbeine an den Körper angelegt; Tauchdauer bis 10 Minuten. F. graben Uferbaue mit Unterwassereingang u. uferseit. Luftrohr; nach 9–10 Monaten Tragzeit kommen darin zw. April u. Juni 2–4 Junge zur Welt, die erst nach 2 bis 3 Jahren geschlechtsreif sind. Die von F.n gewohnheitsmäßig benutzten Ein- u. Ausstiegstellen am Gewässerufer („Otterstiege") sind v. Fischschuppen gekennzeichnet. Außer v. Fischen ernähren sich F. v. Krebsen, Nagetieren u. Wasservögeln. Das Verbreitungsgebiet des F.s erstreckt sich über Europa, weite Teile Asiens bis nach N-Afrika (Marokko, Algerien). Früher hat man F. intensiv bekämpft; heute mangelt es an geeignetem Lebensraum. Der F. ist nach der ↗ Roten Liste „vom Aussterben bedroht". [B] Europa VII.

Fischratten, *Ichthyomys,* Gatt. der Wühler; die neuweltl. F. haben sich dem räuber. Wasserleben angepaßt u. bevorzugen bis 15 cm lange Fische als Nahrung.

Fischrose, *Fischhändlerrotlauf, Fischhändlererysipeloid,* Hautentzündung, die nach Verletzungen durch Flossenstrahlen auftritt; Erreger ist das Rotlaufbakterium *Erysipelothrix insidiosa;* betroffen sind hpts. Fischer u. Fischhändler.

Fischsterben, plötzl. auftretende große Fischverluste durch Wasserqualitätsverschlechterung. Ursachen: 1) O_2-Mangel durch Einleitung organ., fäulnisfähiger Stoffe (z. B. Fäkalien, Abwässer, ↗ Eutrophierung). 2) Gifte: aus Fabrikabwässern, z. B. Cyane, Schwefelwasserstoffe, Ammoniak, Schwermetalle, Endosulfan, Chlorid

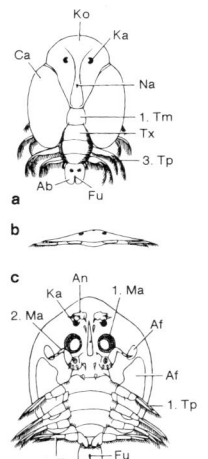

Fischläuse
Argulus foliaceus in **a** Dorsal-, **b** Frontal- und **c** Ventralansicht. Ab Abdomen, Af Atmungsfeld, An Antenne, Ca Carapax, Fu Furca, Ka Komplexauge, Ko Kopf, Ma Maxille, Na Naupliusauge, Tm Thorakomer, Tp Thorakopode, Tx Thorax

Fischotter
Arten:
Eurasiat. Fischotter (*Lutra lutra*)
Nordam. Fischotter (*L. canadensis*)
Mittelam. Otter (*L. annectens*)
Fleckenhalsotter (*L. maculicollis*)
Ind. Fischotter (*L. perspicillata*)
Haarnasenotter (*L. sumatrana*)
sowie 5 ausschließl. südam. Arten

Fischotter (*Lutra lutra*)

bzw. Freiwerden v. Giften bei Unfällen in Fabriken; Einschwemmung v. Pflanzenschutzmitteln durch ablaufendes Niederschlagswasser (↗ Fischgifte). 3) Übersäuerung (Versauerung) der Gewässer (u. a. durch SO_2-Anreicherung im Regenwasser, ↗ saurer Regen), in Skandinavien schon seit vielen Jahren, inzwischen in sehr vielen Gewässern anderer eur. Länder u. N-Amerikas festgestellt; z. B. sank der pH-Wert im Rachelsee (Bayer. Wald) auf 4,0–3,5. Das saure Wasser löst vermehrt Metalle aus dem Gestein, bes. das für Fische hochgiftige Aluminium (Toxizitätsgrenze für Fische von 0,2 mg/l mancherorts überschritten). Übersäuerung wird oft bes. in „sauberen" Gewässern beobachtet, während mit Düngemittel belastete Gewässer genug Kalk enthalten, um Säure zu neutralisieren. ↗ Fischvergiftung.

Fischvergiftung, 1) *Ichthyismus,* beim Menschen meist schwere, akute Erkrankung nach dem Genuß verdorbener, infizierter oder giftiger Fische: a) durch bakteriell zersetzte Fische (↗ Fleischfäulnis), b) durch Infektion mit toxinbildenden Bakterien (↗ Nahrungsmittelvergiftungen), c) durch Übertragung v. pathogenen Keimen aus abwasserverseuchten Gewässern (z. B. Salmonellosen, Cholera, Typhus, Paratyphus) u. Infektion schädl. Parasiten (z. B. Fischbandwurm, Fadenwürmer) u. d) durch fischeigene Gifte (↗ giftige Fische, ↗ Fischgifte). 2) Das Absterben v. Fischen (↗ Fischsterben) in Gewässern durch giftige Stoffe aus Abwässern, Versauerung der Gewässer (↗ saurer Regen) od. durch Toxine v. anderen Organismen (↗ Wasserblüte).

Fischwanderungen, mehr od. weniger lange Wanderungen v. Fischen zum Aufsuchen bestimmter Laichplätze od. von Orten höheren Nahrungsangebots (letzteres jahreszeitl. bedingt, z. B. Thunfisch). ↗ *Anadrome Fische* (z. B. Lachs) schwimmen zum Laichen vom Meer in einen Fluß, *katadrome Fische* (Aal, Dorsch u. a.) v. einem Fluß ins Meer (z. B. Aal: Sargassosee).

Fischwühlen, *Ichthyophis,* Gattung der ↗ Blindwühlen.

Fischzucht, die gewerbsmäß. Aufzucht v. Jungfischen aus den befruchteten Eiern unter künstl. Bedingungen u. die Weiterzucht in bes. Teichen bis zu Laichfischen. Meist werden zur Aufzucht laichreifen Elterntieren (z. B. v. Forelle, Lachs, Hecht, Zander u. a.) die Eier (Rogen) od. Spermien (Milch) abgestreift u. miteinander vermischt. Die befruchteten Eier entwickeln sich in schwach durchströmten Kästen od. Gläsern zur Fischbrut, die bereits vor der vollständ. Rückbildung des Dottersacks in freie Gewässer ausgesetzt werden kön-

Kinnbartelflugfisch
(*Cypselurus heterurus*)

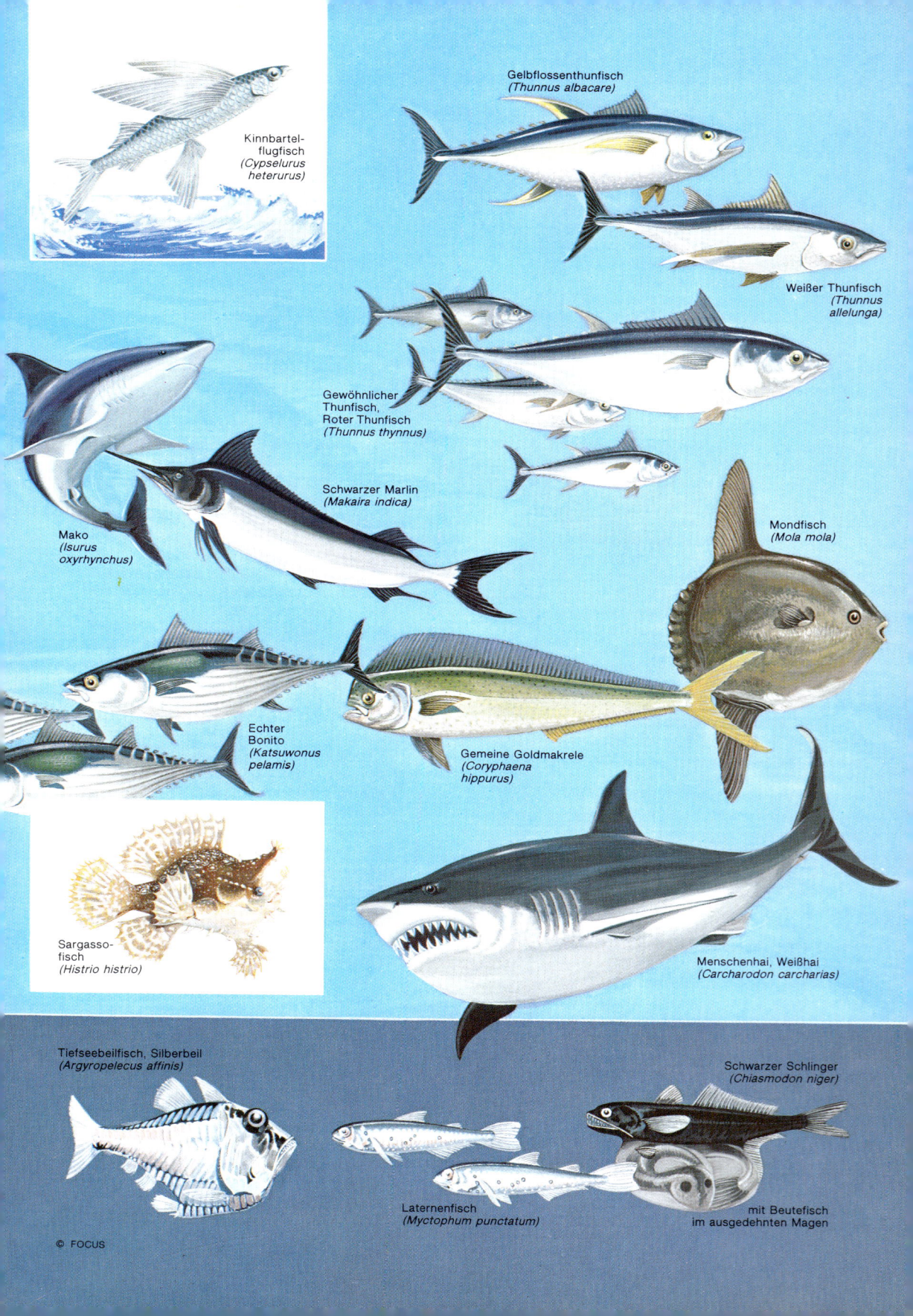

Gelbflossenthunfisch
(*Thunnus albacare*)

Weißer Thunfisch
(*Thunnus allelunga*)

Gewöhnlicher Thunfisch,
Roter Thunfisch
(*Thunnus thynnus*)

Mako
(*Isurus oxyrhynchus*)

Schwarzer Marlin
(*Makaira indica*)

Mondfisch
(*Mola mola*)

Echter Bonito
(*Katsuwonus pelamis*)

Gemeine Goldmakrele
(*Coryphaena hippurus*)

Sargassofisch
(*Histrio histrio*)

Menschenhai, Weißhai
(*Carcharodon carcharias*)

Tiefseebeilfisch, Silberbeil
(*Argyropelecus affinis*)

Schwarzer Schlinger
(*Chiasmodon niger*)

Laternenfisch
(*Myctophum punctatum*)

mit Beutefisch
im ausgedehnten Magen

© FOCUS

FISCHE IV–V

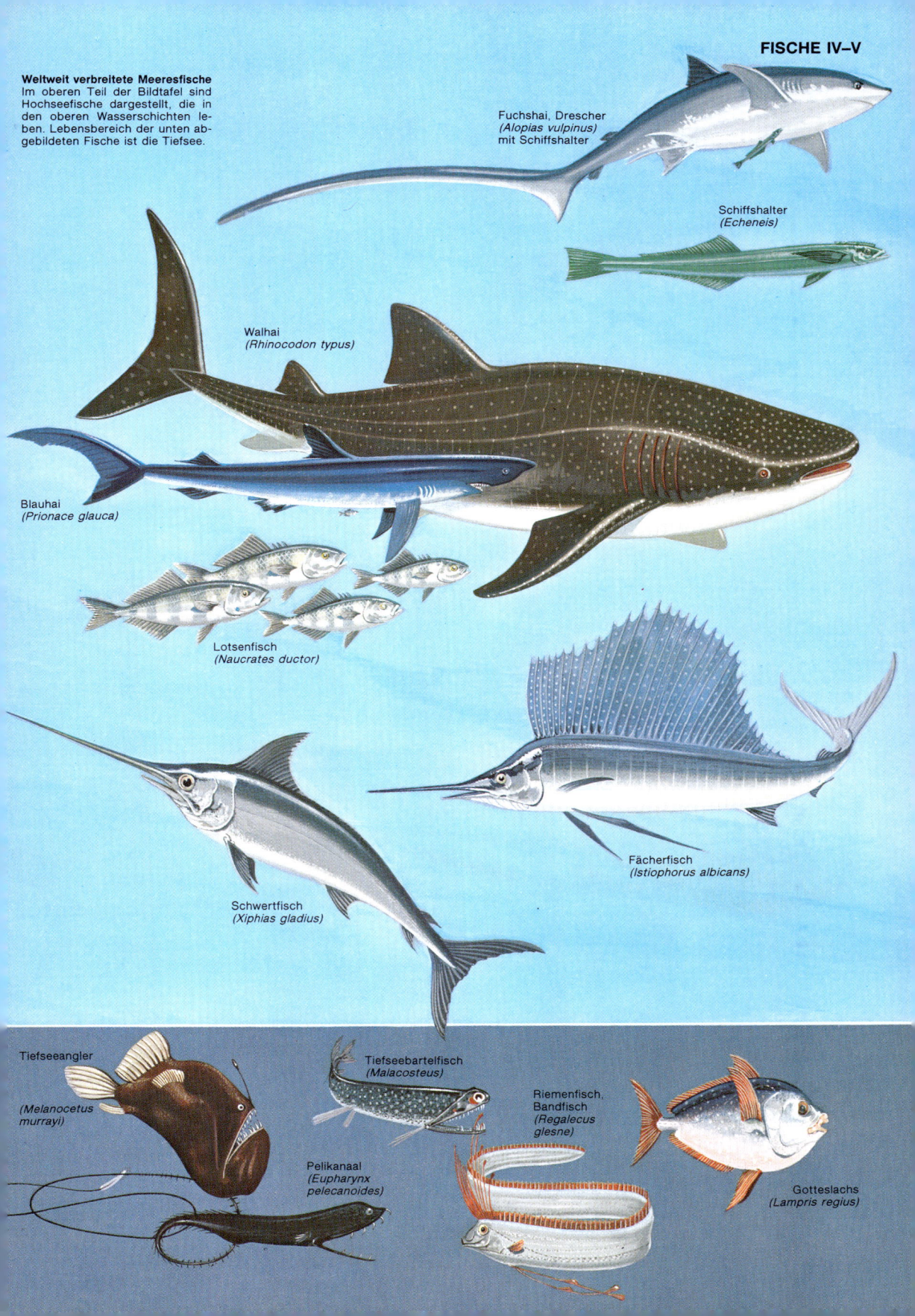

Weltweit verbreitete Meeresfische
Im oberen Teil der Bildtafel sind Hochseefische dargestellt, die in den oberen Wasserschichten leben. Lebensbereich der unten abgebildeten Fische ist die Tiefsee.

Fuchshai, Drescher
(*Alopias vulpinus*)
mit Schiffshalter

Schiffshalter
(*Echeneis*)

Walhai
(*Rhinocodon typus*)

Blauhai
(*Prionace glauca*)

Lotsenfisch
(*Naucrates ductor*)

Fächerfisch
(*Istiophorus albicans*)

Schwertfisch
(*Xiphias gladius*)

Tiefseeangler
(*Melanocetus murrayi*)

Tiefseebartelfisch
(*Malacosteus*)

Pelikanaal
(*Eupharynx pelecanoides*)

Riemenfisch, Bandfisch
(*Regalecus glesne*)

Gotteslachs
(*Lampris regius*)

FISCHE VI

Küstenfische in warmen Meeren

Königsmakrele (*Scomberomorus cavalla*)

Dicklippige Meeräsche (*Mugil chelo*)

Tarpun (*Megalops atlanticus*)

Mittelmeermakrele (*Pneumatophorus colias*)

Bastardmakrele (*Trachurus trachurus*)

Dorado (*Salminus maxillosus*)

Atun (*Thyrsites atun*)

Heringskönig (*Zeus faber*)

Kalifornische Gelbschwanzmakrele (*Seriola dorsalis*)

Atlantischer Barrakuda (*Sphyraena barracuda*)

Frauenfisch (*Elops saurus*)

Grätenfisch (*Albula vulpes*)

Regenbogenmakrele (*Elagatis bipinnulata*)

Königsstachelmakrele (*Regificola grandis*)

Sardine (*Sardine pilchardus*)

Sardelle (*Engraulis encrasicholus*)

Adlerfisch (*Johnius hololepidotus*)

© FOCUS

FISCHE VII

Die dargestellten Fische leben bevorzugt am Boden oder in Ufernähe.

Goldmeerbarbe
(Mulloidichthys auriflamma)

Australischer Sägebarsch
(Percalates colonorum)

Schwarzer Zackenbarsch
(Epinephelus nigritus)

Kaiserschnapper
(Lutianus sebae)

Riesenzackenbarsch
(Epinephelus itajara)

1 Mittelmeermuräne
 (Muraena helena)
2 Marmorzitterrochen
 (Torpedo marmorata)

Sägerochen
(Pristis pectinatus)

Roter Drachenkopf, Meersau
(Scorpaena scrofa)

Rotfeuerfisch
(Pterois russelli)

Quastenflosser
(Latimeria chalumnae)

Hammerhai
(Sphyrna zygaena)

Doktorfisch
(Acanthurus bahianus)

3 Kurzschnauziges Seepferdchen
 (Hippocampus hippocampus, ♂)
4 Langschnauziges Seepferdchen
 (Hippocampus guttulatus, ♀)

FISCHE VIII

Korallenfische

Igelfisch
(*Diodon holacanthus*)

Blauer Demoisellefisch
(*Chromis cyaneus*)

Blauer Kofferfisch
(*Ostracion lentiginosum*, ♂)

Pinzettfisch
(*Chelmon rostratus*)

Gepunkteter Zackenbarsch
(*Epinephelus elongatus*)

Langdorn-soldatenfisch
(*Holocentrus rufus*)

1 Orangeanemonenfisch
(*Amphiprion percula*)
2 Picasso-Drückerfisch
(*Rhineacanthus aculeatus*)

Kaiserfisch
(*Pomacanthus imperator*),
Jungfisch

Weißer Grunzer
(*Haemulon plumieri*)

Papageifisch
(*Scarus*)

Blaufleckiger Zackenbarsch
(*Cephalopholis argus*)

© FOCUS

FISCHE IX

Süßwasserfische

Afrika

Westafrikanischer Lungenfisch
(*Protopterus annectens*)

Schmetterlingsfisch
(*Pantodon buchholzi*)

Dunkelbauchiger Schlangenkopffisch
(*Channa obscura*)

Elefantennilhecht
(*Mormyrus proboscyrostris*)

Nilbarsch
(*Lates niloticus*)

Zitterwels
(*Malapterurus electricus*)

Schlammspringer
(*Periophthalmus koelreuteri*)

Asien

Goldfisch (*Carassius auratus*)

Raubwels (*Clarias*)

Kletterfisch
(*Anabas testudineus*)

Galiläischer Buntbarsch
(*Tilapia galilaea*)

Schützenfisch
(*Toxotes jaculator*)

Waffenstachelaal
(*Mastocembelus armatus*)

Australien

Australischer Lungenfisch
(*Neoceratodus forsteri*)

Barramundi
(*Lates calcarifer*)

Murrayzackenbarsch
(*Maccullochella macquariensis*)

© FOCUS

FISCHE X
Europa

Süßwasserfische in Fließgewässern
Forellenregion 5–10 °C
(Quellgebiete und Gebirgsbäche)

Bachforelle (*Salmo trutta fario*)
Elritze (*Phoxinus phoxinus*)
Bachneunauge (*Lampetra planeri*)
Steinbeißer (*Cobites taenia*)

Äschenregion 8–14 °C
(klare, schnellfließende Bäche)

Äsche (*Thymallus thymallus*)
Strömer (*Leuciscus souffia*)
Gründling (*Gobio gobio*)

Barbenregion 12–18 °C
(Bäche oder Flüsse mit starker Strömung)

Rapfen (*Aspius aspius*)
Aland (*Leuciscus idus*)
Barbe (*Barbus barbus*)
Flußbarsch (*Perca fluviatilis*)

Brachsen- oder Karpfenregion 16–20 °C
(langsamfließende Bäche und Flüsse)

1 Flußaal (*Anguilla anguilla*)
2 Flußwels (*Silunus glanis*)
Huchen (*Hucho hucho*)
Karpfen (*Cyprinus carpio*)

Kaulbarschregion
(Flußmündungen und Brackwasser)

Kaulbarsch (*Gymnocephalus cernua*)
Flunder (*Platichthys flesus*)

© FOCUS

FISCHE XI

Europa

Süßwasserfische in stehenden Gewässern
im freien Wasser

Ukelei (*Alburnus alburnus*)

Zander (*Stizostedion lucioperca*)

Große Schwebrenke (*Coregonus lavaretus*)

Kleine Maräne (*Coregonus albula*)

Wandersalbling (*Salvelinus alpinus*)

in bewachsenen Gewässern

Hecht (*Esox lucius*)

Schleie (*Tinca tinca*)

Plötze (*Rutilus rutilus*)

auf steinigem Grund

Groppe (*Cottus gobius*)

in kleineren Gewässern

Bitterling (*Rhodeus sericeus*)

Karausche (*Carassius carassius*)

Moderlieschen (*Leucaspius delineatus*)

Bodenfische

Quappe (*Lota lota*)

Brachsen (*Abramis brama*)

© FOCUS

FISCHE XII

Nordamerika

Süßwasserfische

Amerikanischer Seesaibling
(*Salvelinus namaycush*)

Seehering
(*Coregonus clupeaformis*)

Süßwasser-trommelfisch
(*Aplodinotus grunniens*)

Schwarzer Crappie
(*Pomoxis nigromaculatus*)

Regenbogenforelle (*Salmo gairdneri*)

1 Schlammfisch
 (*Amia calva*)
2 Langnasenknochenhecht
 (*Lepisosteus osseus*)
3 Blauwange
 (*Lepomis macrochirus*)
4 Löffelstör
 (*Polyodon spathula*)
5 Forellenbarsch
 (*Micropterus salmoides*)

Diamantbarsch (*Enneacanthus obesus*)

Muskellunge
(*Esox masquinongy*)

Piratenbarsch
(*Aphredoderus sayanus*)

Südamerika

Südamerikanischer Lungenfisch
(*Lepidosiren paradoxa*)

Silberbeilbauchfisch
(*Gasteropelecus sternicla*)

Piraya
(*Serrasalmus piraya*)

Arapaima
(*Arapaima gigas*)

Zitteraal
(*Electrophorus electricus*)

© FOCUS

nen. In bes. „Kinderstuben" verbrachte Brut wird auch durch Zufüttern zu Setzlingen od. Satzfischen herangezogen u. dann zum Besatz v. Gewässern verwendet. Karpfen u. Schleien kann man in bes. Laichteichen direkt ablaichen lassen. Große wirtschaftl. Bedeutung haben v. a. die Karpfen- u. Forellenzucht, bei denen die Fische regelmäßig gefüttert werden. Unter subtrop. u. trop. Bedingungen ist der Mosambik-↗ Buntbarsch *(Tilapia mossambica)* ein wicht. Teichfisch.

Fisetin ↗ Flavone.

Fissentales [Mz.; v. lat. fissus = gespalten, dens, Gen. dentis = Zahn], Ord. der Laubmoose (U.-Kl. *Bryidae*); besteht nur aus der Fam. der Spaltzahnmoose *(Fissidentaceae)* mit wenigen Gatt. Wärme u. Feuchtigkeit liebende Moose mit charakterist. farnwedelart., zweizeil. Anordnung der Blättchen; Sporogone mit gespaltenem Peristomzahn (daher „Spaltzahnmoose").

Fission *w* [v. lat. fissio = Spaltung], in der ags. Lit. Bez. für die Zellteilung v. Einzellern in zwei gleichwert. Tochterzellen.

Fissipedia [Mz.; v. lat. fissus = gespalten, pedes = Füße], die ↗ Landraubtiere.

Fissur *w* [v. lat. fissura = Spalte], *Fissura*, 1) anatom. Bez. für einen spaltenförm. Einschnitt, z. B. die *F. cerebrocerebellaris*, die Spalte zw. den Hinterhauptslappen des Großhirns u. dem Kleinhirn; 2) med. Bez. für Einrisse an spröder Haut od. Schleimhaut (z. B. an Mund od. After) od. für Spaltbrüche bei Knochen (Haarbruch).

Fissurella *w* [lat., = kleine Spalte], die ↗ Lochschnecken.

Fistulariidae [Mz.; v. lat. fistula = Röhre, Pfeife], die ↗ Flötenmäuler.

Fistulata [Mz.; lat., = röhrenförmig, hohl], (Wachsmuth u. Springer 1879–1886), frühere Bez. für paläozoische ↗ *Crinoidea (Inadunata)* mit dizykl. Basis, Madreporit u. großer ballonartiger bis konischer Afterröhre.

Fistulina *w* [v. lat. fistula = Röhre], ↗ Leberpilz.

Fitis [lautmalend nach seinem Gesang], *Phylloscopus trochilus,* ↗ Laubsänger.

Fitness *w* [engl., = Tauglichkeit], ↗ Adaptationswert, ↗ inclusive fitness.

Fitting, Johannes, dt. Botaniker, * 23. 4. 1877 Halle/Saale, † 6. 7. 1970 Köln; zuletzt (ab 1912) Prof. in Bonn; Arbeiten zur Pflanzenphysiologie (Hapto-, Geo-, Phototropismen), insbes. an ihren natürl. Standorten; wies auf die Bedeutung der bot. Feldforschung für die vergleichend-morpholog. Merkmalsanalyse u. Taxonomie hin; isolierte (1909) einen wachstumsfördernden Stoff aus den Pollinien v. Orchideen (der später als Indolylessigsäure erkannt wurde) u. fand damit das erste

flabelli- [v. lat. flabellum = Fächer], in Zss.: Fächer-.

Fissidentales
Die Gatt. *Fissidens* umfaßt ca. 800 monod. diözische Arten. Bei Diözie ist der ♂ Gametophyt kleiner (Geschlechtsdimorphismus); im Extremfall entwickelt er sich auf dem ♀ Gametophyten. In kälteren Regionen nur *F. arctis* u. *F. osmundoides* (nach der ↗ Roten Liste „stark gefährdet"); *F. grandifrons* („vom Aussterben bedroht") u. *F. fontanus* sind Wassermoose.

Flabelligeridae
Wichtige Gattungen:
Brada
Diplocirrus
Flabelligera
Pherusa

Pflanzenhormon. WW „Aufgaben u. Ziele einer vergleichenden Physiologie auf geographischer Grundlage". Jena 1922.

Fitzroya *w* [ben. nach dem engl. Admiral R. Fitzroy, 1805–1865 (Kapitän der *Beagle*, mit der C. ↗ Darwin fuhr)], in S-Chile beheimatete Gatt. der Zypressengewächse mit der als *Alerce* bezeichneten *F. cupressoides* als einziger Art. Die 50–60 m hohen Bäume erreichen ein Alter v. über 2000 Jahren u. besitzen ein sehr dauerhaftes u. wertvolles Holz. Durch Raubbau sind die Bestände der Alerce stark dezimiert.

Fixierung *w* [v. lat. fixus = befestigt], **1)** *Fixation,* Konservierung biol. Materials zur Herstellung v. ↗ Dauerpräparaten od. zur histolog. od. cytolog. Weiterverarbeitung. Bei der F. werden durch chem. Prozesse (Reaktionen mit organ. Säuren od. Aldehyden, auch Schwermetallsalzen) od. physikal. Einwirkungen (Hitze-F.) bes. Proteine u. Lipide bei Erhaltung ihrer Struktur so denaturiert, daß sie gg. enzymat. Abbau (Bakterien, ↗ Autolyse) stabilisiert werden. ↗ Mikroskopische Präparationstechniken. **2)** die starre Einstellung des Auges auf ein Objekt, so daß dieses in der „Zone des schärfsten Sehens" (Fovea centralis) abgebildet wird. ↗ Netzhaut.

Fjordpferd ↗ Pferde.

Flabellifera [Mz.; v. *flabelli-, lat. -fer = tragend], U.-Ord. der ↗ Asseln; flache, meist schwimmfähige, marine Asseln, deren Pleon meist gegliedert, seltener verwachsen ist; nur das 6. Pleonsegment ist immer mit dem Telson zum Pleotelson verschmolzen. Zu den F. gehören u. a. ↗ Fischasseln, ↗ Bohrasseln u. ↗ Kugelasseln.

Flabelligera *w* [v. *flabelli-, lat. -ger = tragend], Gatt. der Ringelwurm-Fam. *Flabelligeridae*. *F. affinis,* bis 70 mm lang u. 2–10 mm breit, Körper grünl., Kiemen grün, Antennen gelb od. orange; Körper in zähe, transparente Schleimhülle eingeschlossen. Lebt als Jungtier kommensalisch mit *Echinus esculentus* (Seeigel) zus., später als Taster u. Detritusfresser. Auf Schlammböden u. unter Steinen sowie zw. Braunalgen *(Fucus)* in der Nordsee u. westl. Ostsee.

Flabelligerida [Mz.; v. *flabelli-, lat. -ger = -tragend], *Chlorhaemidae,* Ringelwurm-Ord. der *Polychaeta;* bekannte Fam. ↗ Flabelligeridae.

Flabelligeridae [Mz.; v. *flabelli-, lat. -ger = -tragend], Ringelwurm-Fam. der *Polychaeta* (Ord. *Flabelligerida*) mit 14 Gatt. (vgl. Tab.); Körper zylindr. od. spindelförm. und nicht in Abschnitte unterteilt; Körperoberfläche mit zahlr. Papillen od. in eine häutige papillöse Membran gehüllt; einziehbares Prostomium, Peristomium mit rückziehbaren Tentakeln u. finger- od. fa-

Flabellina

denförm. Kiemen; Parapodien reduziert; als Blutfarbstoff Chlorocruorin.

Flabellina w [lat., = kleiner Fächer], Gatt. der *Flabellinidae*, Fadenschnecken, deren Rückenanhänge in Gruppen jeweils einem gemeinsamen stiel- od. plattenförm. Sockel entspringen. Die Violette Fadenschnecke *(F. affinis)* des Mittelmeeres wird etwa 5 cm lang; sie ist purpurviolett, manchmal mit feinen weißen Ringen um die Körperfortsätze; ernährt sich v. Polypen *(Eudendrium)*, um deren Stöckchen sie auch ihre Eischnüre wickelt; aus den Eiern kommen nach 5–8 Tagen die freischwimmenden Veliger.

Flabellum s [lat., = Fächer, Wedel], 1) die ↗Fächerkorallen; 2) Fortsatz des letzten Laufbeinpaares bei ↗*Limulus*.

Flachästigkeit, *Rillenkrankheit,* häufig auftretende Viruskrankheit des Kernobstes (z. B. Apfel). Am älteren Holz (vom 3. Jahr an) bilden sich zunächst flache Mulden u. Rillen; später treten Abflachungen u. zuweilen ein Verdrehen der Äste auf. F. führt zur Ertragsminderung; da die Einsenkungen sich mit den Jahren verstärken, können auch tragende Äste leicht abbrechen.

Flachauge ↗Auge. [lappartigen.

Flachbärlapp, *Diphasium,* Gatt. der ↗Bärflächenständig, *laminal,* bezeichnet die Lage der Placenten (leistenförmig hervortretende Ansatzstellen der Samenanlagen) bezügl. der Blattinnenfläche des Fruchtblatts, nämlich seitl. der Ventralnaht u. entfernt vom Rand. Ggs.: randständig (margi-

Flächenwachstum ↗Zellwand. [nal].

Flacherie w [flasch^eri; frz., =], die ↗Schlaffsucht.

Flachkäfer, *Ostomidae,* fr. Bez. *Trogositidae, Temnochilidae,* Fam. der polyphagen Käfer; von den weltweit über 500 Arten bei uns ca. 14. Meist deutl. abgeflachte Arten, die überwiegend unter der Rinde abgestorbener Bäume räuber. leben.

Flachköpfe, *Platycephaloidei,* U.-Ord. der Panzerwangen; langgestreckte, oft um 1 m lange, beschuppte Flachwasserfische des trop. O-Atlantik u. des Indopazifik mit flachem, breitem Kopf u. 2 getrennten Rückenflossen; z. T. wichtige Nutzfische.

Flachkopfkatze, *Ictailurus planiceps,* Kopfrumpflänge 40–50 cm, Schwanzlänge 13–15 cm, Felloberseite ungemustert; einzige Kleinkatze, die ihre Krallen nicht völlig einziehen kann; Kopf mit langer Schnauze u. flachem Schädeldach (Name!). Verbreitung: Malaiische Halbinsel u. Borneo.

Flachmoor, eine Form des ↗Moors.

Flachmoorgesellschaften ↗Scheuchzerio-Caricetea nigrae.

Flachs, der ↗Lein.

Flachschildkröten, *Homopus,* Gatt. der ↗Landschildkröten.

Flachkäfer

Der Flachkäfer *Nemosoma elongatum* (4–6 mm) hält sich gern unter der Rinde in den Bohrgängen v. Borkenkäfern auf, denen er nachstellt. Der etwa 1 cm große, fälschl. als Getreidenager bezeichnete *Tenebrioides mauritanicus* findet sich gelegentl. in Getreidelagern, wo er Insekten nachstellt.

Fiacourtiaceae

Wichtige Gattungen:
Casearia
Dovyalis
Flacourtia
Hydnocarpus
Patrisia

Flachsee, *Schelfmeer,* der unter dem Meeresspiegel liegende Randbereich der Kontinente, der sich v. der Küste bis zum etwa 200 m tiefen Kontinentalabhang erstreckt.

Flachspindelschnecken, *Planaxidae,* Fam. der Mittelschnecken mit meist eikegelförm., festem Gehäuse unter 2 cm Höhe. Es wurden bisher nur ♀♀ gefunden, die sich parthenogenet. fortpflanzen; die Eier entwickeln sich in einer Brutkammer des Nackens, die sich nach rechts öffnet u. aus der die plankt. Veliger entlassen werden. *Planaxis* lebt im Flachwasser trop. u. subtrop. Küsten, oft amphibisch, auch an Stelzwurzeln der Mangrove.

Flachsproß, das ↗Platykladium.

Flachsrost, Pilzkrankheit des Flachses, verursacht durch *Melampsora lini* (↗Rostpilze); die Sporenlager werden auf Stengeln u. Blättern ausgebildet; bei starkem Befall können die Flachsfasern zerstört werden.

Flachswelke, *Flachsmüdigkeit,* eine pilzl. ↗Welkekrankheit des Flachses; der Erreger, *Fusarium lini,* dringt durch Wurzelhaare od. junge Epidermiszellen ein; es kommt zu Welkeerscheinungen u. schließl. zum Absterben der Pflanze.

Flachwurzler, Pflanzen, deren Wurzelsystem flach unter der Bodenoberfläche ausgebreitet ist, wie z. B. bei der Fichte, manchen Gräsern u. vielen Sukkulenten der Halbwüsten. Man findet sie meist auf sehr trockenen od. flachgründ. Böden od. solchen mit hohem Grundwasserspiegel.

Flacourtiaceae [Mz.; ben. nach dem frz. Kolonisator E. de Flacourt, 1607–60], vorwiegend in den Tropen u. Subtropen verbreitete Fam. der Veilchenartigen mit 89 Gatt. und ca. 1300 Arten. Hpts. Bäume mit einfachen, ganzrand. od. gezähnten Blättern u. radiären Blüten mit 2–16 freien Kelch- u. meist ebensovielen kleinen Kronblättern (letztere bisweilen auch fehlend). Die Staubblätter sind oft zahlr., der Fruchtknoten besteht aus 2–10 verwachsenen Fruchtblättern u. wird zu einer Beere, Kapsel, Stein- od. Schließfrucht. Die Samen sind in einigen Fällen v. einem Arillus od. von seid. Haaren umgeben. Bes. im Blütenbereich weisen verschiedene Merkmale (z. B. die spiral. Stellung der Blütenblätter bei verschiedenen Gatt.) auf ein stammesgeschichtl. hohes Alter der Fam. hin. Eine Reihe von F., so z. B. die meisten Arten der v. a. im trop. u. südl. Afrika sowie in SO-Asien beheimateten Gatt. *Flacourtia* (Madagaskarpflaume) u. verschiedene Arten der paläotrop. Gatt. *Dovyalis* liefern eßbare Früchte u. werden deshalb in den Tropen kultiviert. Insbes. die kirschgroßen, süßen Früchte v. *F. indica, F. cataphracta* und *F. rukam* sowie die als Kafferpflaumen bezeichneten Früchte von *D. abyssinica, D. caffra* und *D. hebecarpa* werden roh gegessen od. zu Konfitüre, Saft od. Kompott verarbeitet. Aus den Samen verschiedenster F.-Arten wird auch Öl gewonnen, das als Speiseöl, Brennöl, zur Seifenherstellung od. als Heilmittel (z. B. bei Hauterkrankungen) verwendet wird. Von bes. Bedeutung ist das aus den Samen des in SO-Asien heim. Chaulmugrasamenbaums *(Hydnocarpus kurzii)* gewonnene *Chaulmugraöl*, das in Indien u. China schon seit alters her gg. Lepra eingesetzt wird. Als Heilmittel (Antidiabeticum) gelten in Indien auch die Wurzeln v. *Casearia esculenta*, während die Blätter dieser Art als Gemüse gegessen werden. In der Gatt. *Casearia* gibt es zudem zahlr. Nutzhölzer, wie z.B. das Westind. Buchsholz (von *C. praecox*). Ihres Alkaloidgehalts wegen werden Wurzeln u. Sprosse der im trop. Amerika beheimateten Art *Patrisia pyrifera* als Ratten- u. Insektengift verwendet. Gift. Pflanzenteile (insbes. Samen) einer Reihe anderer F.-Arten dienen u.a. zur Herstellung v. Pfeilgiften u. zum Betäuben von Fischen.

Fladerschnitt, tangential, parallel zur Stammachse eines Baumes verlaufender Längsschnitt. Da die Anzahl der Jahresringe eines Stammes od. Astes v. der Basis zur Spitze abnimmt, erscheinen die Jahresringe im tangential geführten Anschnitt als mehr od. weniger steile Kegelschnitte *(Fladern)*.

Flagellariaceae [Mz.; v. *flagell-], Fam. der ↗ Restionales.

Flagellaten [Mz.; v. *flagell-], *Flagellata*, die ↗ Geißeltierchen.

Flagellatenpilze [v. *flagell-], Bez. für die Abt. *Chytridiomycota* bzw. die Kl. ↗ *Chytridiomycetes*, niedere Pilze (pilzähnl. Protisten) mit unseptierten, vielkern. Hyphen, die fr. mit den anderen niederen Pilzen zur Gruppe der *Phycomycetes* (od. Algenpilze) zusammengefaßt wurden.

Flagellen [Mz.; Ez. *Flagellum*; v. *flagell-], ↗ Cilien; ↗ Bakteriengeißel.

Flagellin *s* [v. *flagell-], das spezif. Protein, aus dem das Filament der ↗ Bakteriengeißel aufgebaut ist.

Flagellomeren [Mz.; v. *flagell-, gr. meros = Teil, Glied], ↗ Antenne.

Flagellospermium *s* [v. *flagell-, gr. sperma = Same], *Geißelspermium*, die begeißelte männl. Keimzelle der Metazoen, im allg. in Kopf, Mittelstück u. Schwanz gegliedert (☐ Spermien). Flagellospermien gibt es sowohl bei „niederen" Taxa (Schwämme, Hohltiere usw.) als auch bei fast allen Wirbeltieren. Ggs.: aflagellate (flagellenlose) Spermien, z. B. bei allen Fadenwürmern u. verschiedenen Gliederfüßern.

Flamingoblume, *Anthurium*, Gattung der ↗ Aronstabgewächse.

Flamingos [Mz.; v. it. fiammingo, span. flamenco = Flamingo], *Phoenicopteriformes*, Ord. schlanker, weiß- u. rosafarbener gesell. Vögel mit 1 Fam. *(Phoenicopteridae)* u. 5 Arten. Hals (mit 19 Wirbeln) u. Beine überdimensional lang, bis 130 cm hoch; sind trotz der äußeren Ähnlichkeit mit den Stelzvögeln mehr mit den Gänsevögeln verwandt; Stimmapparat (Syrinx) u. Stimme sowie die Parasitenfauna ähneln diesen. Vorkommen an Schlammufern seichter, brackiger Gewässer in S-Frankreich, S-Spanien u. im Donaudelta, in Afrika, Asien, N- u. S-Amerika. Die F. leben in ries. Scharen – bis zu mehreren Hunderttausend – zusammen. Sie bauen ihr Nest in Überschwemmungszonen in Form eines kegelförm. Schlammhügels; das einzige weiße Ei wird 27–31 Tage lang v. Männchen u. Weibchen bebrütet. Der Filterapparat entwickelt sich nur langsam, weshalb die Jungen in den ersten Wochen v. beiden Eltern mit einem dünnflüss. Sekret, das im vorderen Teil des Verdauungstrakts gebildet wird, gefüttert wird. Die rötl. Gefiederfarbe erhält es durch Carotinoide (↗ Astaxanthin, ↗ Canthaxanthin) u. rote Blutkörperchen (Erythrocyten), die im Sekret enthalten sind. Im Alter v. etwa 6 Jahren brüten die F. zum ersten Mal; in Zoos erreichen sie ein Alter v. über 30 Jahren. Der auch in Europa vorkommende Flamingo *(Phoenicopterus ruber,* B Afrika I) fällt im Flug – mit ausgestrecktem Hals – durch eine sehr kontrastreiche Schwarz-Weiß-Zeichnung auf. Wie der südam. Chile-Flamingo *(P. chilensis)* ist der viel leuchtender gefärbte ostafr. Zwerg-Flamingo *(P. minor)* ist er gelegentl. als Zooflüchtling an mitteleur. Gewässern anzutreffen.

Flammenbaum, *Delonix regia*, ↗ Hülsen-
Flammenblume, der ↗ Phlox. [früchtler.
Flammendes Herz, *Dicentra*, Gatt. der ↗ Erdrauchgewächse.

Flammenköpfe, *Oxyruncidae*, zu den Schreivögeln unter den Sperlingsvögeln gehörende Fam. mit 1 Art, die in mittel- u. südam. Wäldern lebt u. sich v. kleinen Früchten ernährt; 18 cm groß, Männchen mit rotem, bei Erregung hervortretendem
Flämmlinge ↗ Pholiota. [Scheitel.
Flammula *w* [lat., = Flämmchen], ↗ Pholiota.

Flammulina *w*, ↗ Samtfußrübling.

Flanke, der seitl. Teil des Rumpfes zw. dem letzten Rippenbogen u. dem Becken bei Tieren, v.a. Säugetieren.

Flankenkiemer, *Notaspidea*, Ord. der Hinterkiemerschnecken mit knapp 150 Arten in 3 Fam.; mit seitl. ansitzenden Kiemen, einer Schale u. gerollten Rhinophoren; die

Flankenkiemer

flagell- [v. lat. flagellum = Geißel, Peitsche].

Flamingos
Filterapparat:
Der geknickte Schnabel dient zur Aufnahme organ. Materials (Krebse, Insektenlarven, Weichtiere, Detritus usw.), das aus dem Schlamm gefiltert wird. Hierzu führen die F. den Kopf – Oberschnabel nach unten – kreisförmig od. in Schlangenlinien im aufgewühlten Schlamm, wobei mit pumpenden Bewegungen von Zunge und Kehle Wasser an der Schnabelspitze eingesogen u. nach Filterung durch einen Lamellenapparat an den Schnabelwinkeln seitwärts wieder ausgestoßen wird. Verschiedene Ausbildung des Filterapparats ermöglicht eine unterschiedl. Nutzung des Nahrungsangebots u. damit eine Coexistenz mehrerer F.-Arten am selben Gewässer.

Flankenkiemer
Familien:
Pleurobranchidae
(↗ *Pleurobranchus*)
↗ Schirmschnecken
(Umbraculidae)
Tylodinidae

Flaschenbaum

Flaschenbaum

Flavanone

Flavanon-Grundgerüst u. einzelne Vertreter der F. (bei Naringenin u. Eriodictyol Position der OH-Gruppen in Klammern angegeben): *Naringenin* (5, 7, 4'), *Eriodictyol* (5, 7, 3',4'), *Hesperetin, Taxifolin, Naringin* (Naringenin-7-O-neohesperidosid) u. *Hesperidin* (Hesperetin-7-O-rutinosid).

Flavin (oxidierte Form)

Kieme ist doppelfiedrig u. entspringt rechts zw. Mantelrand u. Fuß. Die F. sind carnivor u. ernähren sich vom tier. Aufwuchs (Polypen- u. Moostier-Kolonien, Schwämme); vorwiegend in trop. Meeren verbreitet.
Flaschenbaum, 1) allg. Bez. für sukkulentstämmige Laubbäume der period. trockenen Tropen mit mehr od. weniger flaschenförm. verdickten, wasserspeichernden Stämmen; bes. bei Vertretern der ↗ *Bombacaceae;* typ. für die Gatt. F. (Brachychiton). B Afrika VIII. **2)** *Brachychiton,* Gatt. der ↗ *Sterculiaceae.*
Flaschenkürbis ↗ Kürbisgewächse.
Flaschentierchen, die ↗ Gastrotricha.
Flattergras, *Flatterhirse, Milium,* die ↗ Waldhirse.
Flattermaki ↗ Riesengleiter.
Flattertiere, die ↗ Fledertiere.
Flaumeichen-Wälder ↗ Quercetalia pubescentis.
Flaumfedern, die ↗ Dunen.
Flaumhaar, *Wollhaar,* 1) *Lanugo,* das relativ dichte Haarkleid des menschl. Fetus etwa v. 5. Schwangerschaftsmonat an, wird noch vor der Geburt abgestoßen; 2) das weiche, kurze Grundhaar vieler Säugetiere, meist v. hartem Grannenhaar überdeckt.
Flavanole [Mz.; v. *flav-], ↗ Catechine.
Flavanone [Mz.; v. *flav-], zu den ↗ Flavonoiden zählende Gruppe sekundärer Pflanzenstoffe mit dem Grundgerüst des *Flavanons;* F. mit einer Hydroxylgruppe in Position 3 werden *Flavanonole* genannt.
Flavanonole [Mz.; v. *flav-], ↗ Flavanone.
Flavin s [v. *flavi-], Grundsubstanz biochem. wichtiger (meist gelber) lichtempfindl. Naturstoffe, bes. des Riboflavins, des Coenzyms FAD u. damit vieler Flavinenzyme. ↗ Alloxacin.
Flavinadenindinucleotid s, *Riboflavinadenosindiphosphat,* Abk. *FAD* (oxidierte Form) u. *FADH₂* (reduzierte Form), ↗ Coenzym zahlr. biochem. Redoxreaktionen (↗ Flavinenzyme), bei denen meist 2 Reduktionsäquivalente (2 H-Atome, vgl. Abb.)

– in manchen Fällen aber auch nur 1 Reduktionsäquivalent – ausgetauscht werden. Beim Umsatz einzelner Reduktionsäquivalente wird die sog. Semichinon-Form des FADs durchlaufen. Die Bildung v. FAD erfolgt – letztl. ausgehend v. ↗ Riboflavin, dem Vitamin B₂ – über ↗ *Flavinmononucleotid* (Abk. *FMN,* reduzierte Form *FMNH₂*) als Zwischenstufe nach der Gleichung: $FMN + ATP \rightleftharpoons FAD + Pyrophosphat$. Der Adenylsäurerest v. FAD (bzw. FADH₂) stammt somit v. ATP. FAD ist aufgrund der als chromophor wirkenden Flavingruppe gelb (Maxima der Lichtabsorption liegen bei 370 u. 450 nm), während die reduzierte Form (FADH₂) nur bei kleinerer Wellenlänge (370 nm) absorbiert u. dadurch weniger intensiv gelb ist. Die halbreduzierte Semichinon-Form absorbiert dagegen bei 370, 450 u. 590 nm u. zeigt Rotfärbung. Für die oxidierte, halbreduzierte bzw. reduzierte Form charakterist. Unterschiede zeigen sich auch in den Fluoreszenzspektren. Die spektralen Eigenschaften der einzelnen Flavinnucleotide (FAD/FADH₂, aber auch v. FMN/FMNH₂) werden daher häufig zur Messung v. Enzymreaktionen, an denen diese als Coenzyme beteiligt sind, herangezogen.
Flavin-Coenzyme [v. *flavi-], das ↗ Flavinadenindinucleotid u. das ↗ Flavinmononucleotid. ↗ Flavinenzyme.
Flavinenzyme [v. *flavi-], *Flavoproteide, Flavoproteine,* Gruppe v. wasserstoffübertragenden u. daher zu den Oxidoreductasen zählenden Enzymen, die als Coenzym ↗ Flavinadenindinucleotid od. (seltener) ↗ Flavinmononucleotid enthalten. Aufgrund der als Chromophor wirkenden Flavingruppe sind F. gelb, worauf die früher gebräuchl. Bez. *gelbe Fermente* zurückzuführen ist. Da F. an mehreren zentralen Stoffwechselreaktionen beteiligt sind, z. B. in der ↗ Atmungskette u. im ↗ Citratzyklus, sind F. in allen Organismen weit verbreitet. Zu den über 70 bisher bekannten F.n zäh-

Flavinadenindinucleotid
Wasserstoffübertragung von einem F.-Molekül auf ein Substratmolekül (gilt ebenso für ein Flavinmononucleotid-Molekül)

len Oxidasen (z. B. Aminosäure-Oxidasen u. Ascorbinsäure-Oxidase), Reductasen (z. B. Cytochrom-, Glutathion-, GMP- u. Nitrat-Reductase), Dehydrogenasen (z. B. Succinat-, NADH-, NADPH- u. Acyl-Coenzym-A-Dehydrogenase) sowie komplex aufgebaute Dehydrogenasen, wie die Häm enthaltenden *Hämo-F.* u. die Eisen, Kupfer, Magnesium od. Molybdän enthaltenden *Metallo-F.*

flav-, flavi-, flavo- [v. lat. flavus = goldgelb, blond].

Flavinmononucleotid *s*, *Riboflavinphosphat*, Abk. *FMN* (oxidierte Form) bzw. *FMNH₂* (reduzierte Form), bei Redoxreaktionen, die durch ↗Flavinenzyme katalysiert werden, häufig vorkommendes Coenzym; z. B. erfolgt die Dehydrierung v. NADH in der ↗Atmungskette durch die FMN-haltige NADH-Reductase. Analog zum ↗*Flavinadenindinucleotid* (☐) werden meist 2 Reduktionsäquivalente auf FMN – in selteneren Fällen aber auch einzelne Reduktionsäquivalente über eine halbreduzierte, sog. Semichinon-Form – übertragen. Die Messung v. FMN-abhängigen enzymat. Reaktionen erfolgt wie bei FAD optisch aufgrund der für FMN charakterist. Lichtabsorption. FMN bildet sich in der Zelle aus Riboflavin (Vitamin B₂) durch ATP-abhängige Phosphorylierung.

Flaviviren [Mz.; v. *flavi-], *Arbovirus-Gruppe B*, Gatt. *Flavivirus* der ↗Togaviren.

Flavobacterium *s* [v. *flavo-, gr. baktērion = Stäbchen], Gatt. der gramnegativen, fakultativ anaeroben Stäbchen (unsichere taxonom. Einordnung); die gelbbraun pigmentierten Bakterien können fast kokkenförmig bis schlankstäbchenförmig aussehen; oft werden wegen der Färbung auch *Cytophaga-* u. *Flexibacter*-Arten als *F.* angesehen. Sie sind unbewegl. od. beweglich (peritriche Begeißelung), haben einen chemoorganotrophen aeroben Atmungsstoffwechsel u. keinen Gärungsstoffwechsel. *F.*-Arten kommen weit verbreitet im Boden, Süß- u. Salzwasser, im Belebtschlamm v. Kläranlagen u. in Nahrungsmitteln vor; als Krankheitserreger sind sie nur selten beschrieben worden: *F. meningo-* *septicum* kann eine Meningitis bei Neugeborenen verursachen. *F. odoratum* u. *F. breve,* die aus Urin, Blut u. infizierten Wunden isoliert wurden, scheinen nicht pathogen zu sein. *F. dehydrogenans* wird in der ↗Biotransformation zur Steroid- u. Prostaglandinsynthese eingesetzt; andere *F.*-Arten in Biofiltern zum Abbau geruchsintensiver Substanzen (z. B. Methylmercaptane); durch Abbau v. leinölhalt. Farben können sie Schäden verursachen.

Flavone [Mz.; v. *flavo-], *Flavonfarbstoffe*, farblose od. gelbe, zu den ↗Flavonoiden gehörende Pflanzenfarbstoffe (Absorption 320–380 nm und 240–270 nm), denen das Grundgerüst des *Flavons* gemeinsam ist. Die einzelnen Vertreter unterscheiden sich in Anzahl (1 bis 7) u. Stellung ihrer als chromophore Gruppen wirkenden Hydroxylreste, die wiederum frei, methyliert od. mit Zuckern (z. B. Glucose od. Rhamnose) verknüpft sein können. F. mit einer Hydroxylgruppe in Position 3 werden *Flavonole* gen. Von den F.n liegen die Glykoside u. stark hydroxylierten F. v. a. im Zellsaft der Vakuole gelöst vor *(chymotrope Farbstoffe),* während die *lipophilen Aglykone* häufig in totem Gewebe (z. B. Kernholz) zu finden sind. Vielfach treten F. als Copigmente der ↗Anthocyane auf, so daß auf der gleichen Pflanze gelbe u. rote Blüten

Flavon (farblos)

Flavone

F.-Farbstoff	Position der OH-Gruppen	Bsp. für Vorkommen
Chrysin	5,7	Pappelknospen
Primetin	5,8	Primelarten
Apigenin	5,7,4′	Löwenmaul
Luteolin	5,7,3′,4′	Reseda

Flavonole

Farbstoff	Position der OH-Gruppen	Bsp. für Vorkommen
Galangin	3,5,7	Galgantwurzel
Fisetin	3,7,3′,4′	Fisetholz
Kämpferol	3,5,7,4′	Faulbaumbeeren
Quercetin	3,5,7,3′,4′	Rinde v. Quercus velutina
Morin	3,5,7,2′,4′	Gelbholzextrakt aus dem Färbermaulbeerbaum
Robinetin	3,7,3′,4′,5′	Robinien, Akazien
Gossypetin	3,5,7,8,3′,4′	Baumwolle, Hibiscus
Myricetin	3,5,7,3′,4′,5′	Kartoffelblüten, Hamamelis

Glykoside

		z. B. in
Apiin:	Apigenin-7-O-glucosid	Petersilie
Vitexin:	Apigenin-8-C-glucosid	Weißdornblüten
Astragalin:	Kämpferol-3-O-glucosid	Arnikablüten
Rutin:	Quercetin-3-O-rutinosid	Gartenrautenkraut
Hyperosid:	Quercetin-3-O-galactosid	Holunderblüten

Flavonoide

bzw. an der gleichen Blüte Rot- bzw. Blau- u. Gelbfärbungen vorkommen können. Die stellungsisomeren *Iso-F.* (T Flavonoide) treten ebenfalls natürl., aber seltener (z. B. in *Papilionoideae*) auf.

Flavonoide [Mz.; v. *flavo-], wichtige Gruppe sekundärer Pflanzenstoffe mit C-15-Kohlenstoffgerüst, die weit verbreitet meist in glykosid. gebundener Form auftreten. Der erste Schritt der Biosynthese der F., die Umwandlung v. Phenylalanin zu Zimtsäure, wird durch die lichtinduzierbare Phenylalaninammoniumlyase (PAL, Regulation!) katalysiert. Nach Bildung u. Aktivierung v. Cumarsäure erfolgt die Ankondensation v. drei Acetat-Einheiten (in Form v. Malonyl-CoA). Die ersten in der Pflanze gebildeten F. sind die ↗ *Chalkone*, v. denen sich die weiteren F., die ↗ *Aurone*, ↗ *Flavone*, *Flavonole*, *Isoflavone*, ↗ *Flavanone*, *Flavanonole*, ↗ *Catechine*, *Anthocyanidine* (↗ *Anthocyane*) u. *Leukoanthocyanidine* sowie i.w.S. auch *Rotenoide* u. ↗ *Pterocarpane* ableiten. Die einzelnen Gruppen unterscheiden sich im Oxidationsgrad ihres zentralen Pyranrings, die Vertreter einer Gruppe wiederum in der variierenden Zahl u. Anordnung der Hydroxyl- u. Alkylsubstituenten u. der unterschiedl. Art, Zahl u. Stellung v. Zuckerresten (ca. 2000 verschiedenen Strukturen sind bisher bekannt). Als *Bio-F.* (fr. Vitamin-P-Faktoren gen.) bezeichnet man die Citrus-F. Rutin, Hesperidin, Naringin, Eriocitrin u. deren Derivate. Sie beeinflussen die Permeabilität der Körpergefäße u. werden med. in Varizen- u. Venenmitteln verwendet. B Genwirkketten II.

Flavonole [Mz.; v. *flavo-], ↗ *Flavone*, ↗ *Flavonoide*. [↗ *Flavinenzyme*.

Flavoproteine [Mz.; v. *flavo-], Abk. *fp*, die

Flavoxanthin *s* [v. *flavo-, gr. xanthos = gelb], goldgelbes ↗ Carotinoid, das z. B. in Blüten v. Hahnenfuß, Löwenzahn u. Besenginster u. in Akazienpollen vorkommt.

Flechsig, *Paul Emil*, dt. Psychiater u. Hirnforscher, * 29. 6. 1847 Zwickau, † 22. 7. 1929 Leipzig; seit 1882 Prof. in Leipzig; studierte erstmalig den Aufbau des Gehirns mit entwicklungsgesch. Methodik u. versuchte, Denkvorgänge in Hirnrindenfeldern zu lokalisieren; nach ihm ben. Rückenmarkbahnen (F.-Bahn, Tractus spinocerebellaris). WW „Plan des menschl. Gehirns" (1883). „Die Lokalisation der geistigen Vorgänge" (1896).

Flechten, *Lichenen*, (taxonom. unkorrekt) *Lichenes, lichenisierte Pilze*, etwa 16 000 Arten umfassende Pflanzengruppe, die durch eine hochentwickelte Symbiose zw. Pilzen u. photoautrophen Organismen (Algen od. Cyanobakterien = Blaualgen) charakterisiert ist. Die Symbionten leben in

flav-, flavi-, flvo- [v. lat. flavus = goldgelb, blond].

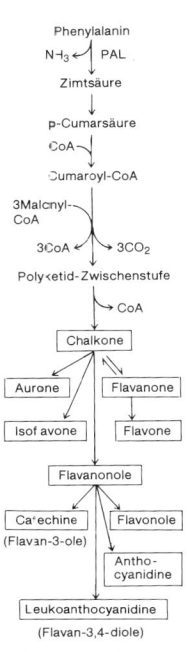

Phenylalanin
$NH_3 \leftarrow$ | PAL
Zimtsäure
p-Cumarsäure
CoA
Cumaroyl-CoA
3Malonyl-CoA
3CoA ← → $3CO_2$
Polyketid-Zwischenstufe
→ CoA
Chalkone
Aurone | Flavanone
Isoflavone | Flavone
Flavanonole
Catechine | Flavonole
(Flavan-3-ole)
Anthocyanidine
Leukoanthocyanidine
(Flavan-3,4-diole)

Biosynthese der Flavonoide

Flechten

lichenisierte *Ascomycetes*
 Arthoniales
 Caliciales
 Dothideales
 Graphidales
 Gyalectales
 Lecanidiales
 Lecanorales
 Ostropales
 Peltigerales
 Pertusariales
 Teloschistales
 Verrucariales

lichenisierte *Basidiomycetes*
 Agaricales
 Poriales

Lichenes imperfecti

engem Kontakt miteinander u. bilden einen dauerhaften, spezif. gebauten Thallus (sog. Lager), der eine morpholog.-anatom. u. physiolog. Einheit darstellt. Die Doppelnatur ist äußerl. nicht erkennbar. Das Bauprinzip der F. wurde erst in den sechziger Jahren des 19. Jh. richtig gedeutet. Jede F.art ist durch eine spezif., nur bei ihr vorkommende Pilzart *(Mycobiont)* u. eine spezif. Algen- od. Cyanobakterienart *(Phyco-*, besser *Photobiont)* gekennzeichnet; manche Algen- bzw. Cyanobakterienarten können bei mehreren F.arten als Photobiont erscheinen. Mitunter kann ein F.pilz mit verschiedenen Algen od. Cyanobakterien Symbiosen eingehen, was teils ohne Auswirkung auf die Morphologie der F. bleibt (absolute Dominanz des Pilzes in der Morphogenese), teils verschieden gestaltete „Phycotypen" zur Folge hat (die zur selben F.art gerechnet werden). Die F.pilze sind fast durchweg auf die Symbiose mit dem photoautotrophen Partner angewiesen u. kommen nicht freilebend vor, sind also nur von der F. bekannt. Die F.algen bzw. -cyanobakterien kommen dagegen frei in der Natur vor, manchmal aber sehr selten; in der F. wird ihr Aussehen oft stark verändert. Fast alle F.pilze gehören zur Pilz-Kl. *Ascomycetes* (↗ Ascomyceten-F.), einige zur Kl. *Basidiomycetes* (↗ Basidiomyceten-F.). Bei den Photobionten handelt es sich überwiegend um Algen, bes. Angehörige der Grünalgen-Ord. *Chlorococcales* (z. B. *Chlorella*, *Myrmecia* und v. a. *Trebouxia*) und *Ulotrichales* (z. B. *Pleurococcus, Stichococcus* u. *Trentepohlia*). Zum kleinen Teil sind die Symbionten Cyanobakterien (↗ Blaualgen-F.), v. a. aus den Ord. *Chroococcales* u. *Hormogonales*. Insgesamt sind ca. 30 Algen- u. Cyanobakterien-Gatt. in F. bekannt. Die F. werden heute entspr. den Merkmalen des F.pilzes in das System der Pilze eingeordnet. Dies ist u. a. dadurch begründet, daß nur der Mycobiont in der F. zur generativen Fortpflanzung befähigt ist u. Fruchtkörper hervorbringt, während sexuelle Vorgänge beim Photobionten unterdrückt sind. – Nach der *Wuchsform* werden Strauch-, Laub- (Blatt-) u. Krusten-F. unterschieden (B 341). Die *Krusten-F.* sind relativ einfach gebaut u. flächig mit dem Substrat verwachsen, so daß sie nicht unbeschädigt entfernt werden können. Auch *Laub-F.* wachsen überwiegend in die Fläche, sind aber meist lappig geteilt u. besitzen eine mehr od. weniger differenzierte Unterseite, die mit dem Substrat über Haftorgane verbunden ist od. lose aufliegt; sie können meist leicht abgelöst werden. *Strauch-F.* haben einen strauchartig verzweigten Thallus; zu ihnen zählen auch die ↗ Bart- u.

↗Band-F. ↗Gallert-F. haben in feuchtem Zustand eine gallertige Konsistenz. Die Gruppierung nach Wuchsformen ist für die Systematik v. geringer Bedeutung, da die Entwicklung verschiedener Wuchsformen konvergent erfolgte. F. sind gewöhnl. weiß, grau, braun, schwarz od. blaß gelblichgrün gefärbt, mitunter auch leuchtend gelb, orange od. rot, bedingt durch den Gehalt an gefärbten ↗F.stoffen. Sie erreichen ⌀ bzw. Längen v. wenigen mm bis zu mehreren dm, Bart-F. vereinzelt bis über 1 m. Sie wachsen sehr langsam; der radiale Zuwachs v. Krusten-F. beträgt gewöhnl. 0,1–2 mm/Jahr, bei Laub-F. ca. 1–5 mm. Bes. Krusten-F. erreichen ein hohes Alter, bis weit über 1000 Jahre. – In Formgebung u. Raumanteil dominiert meist der Pilz im F.lager. Die Algenzellen bzw. -fäden sind in ein Geflecht v. Hyphen eingebettet. Sie sind regellos im Thallus verteilt (*homöomerer* Bau) od. meist auf eine bes. Schicht beschränkt (*heteromerer* Bau). Über der Algenschicht ist eine Rinde aus einem dichten Plektenchym entwickelt, das den Abschluß nach außen bildet; unterhalb der Algenschicht liegt das Mark in Form eines lockeren Hyphengeflechtes, mit dem die Krusten-F. direkt mit dem Substrat verbunden sind. Bei Laub-F. ist auch auf der Unterseite eine Rinde ausgebildet (B 341), an der oft Haftorgane entstehen. Bei vielen F. wird das Erscheinungsbild wesentl. v. Fruchtkörpern mitbestimmt. Sie sind Bildungen des Pilzes. Die *Fruchtkörper* der Basidiomyceten-F. (↗Basidiomata) zeigen keine flechtenspezif. Anpassungen, die der Ascomyceten-F. jedoch durch Einbeziehung v. F.lagergewebe oft charakterist. flechteneigene Merkmale. So sind sie im Ggs. zu den nicht lichenisierten Ascomyceten langlebige, langsam wachsende Organe. In den Grundmerkmalen stimmen sie weitgehend mit den Fruchtkörpern freilebender Pilze überein (↗Ascoma, ☐) u. besitzen einen entspr. sexuellen Apparat. Nach der Fruchtkörperform unterscheidet man ↗Apo-, ↗Peri- u. ↗Kleistothecien. Nach der Berandung der scheiben- bis napfförm. Apothecien werden mehrere, diagnost. wichtige Typen unterschieden (↗biatorin, ↗lecanorin, ↗lecidein u. ↗zeorin). Für die moderne Systematik spielen v. a. Merkmale der Fruchtkörperentwicklung, Struktur der Fruchtkörpergewebe (z.B. Paraphysen, Excipulum), Bau der Asci, Form der Sporen u. chem. Merkmale eine Rolle. – Die *Fortpflanzung* der F. erfolgt vegetativ od. generativ. Grundvoraussetzung ist die Verbindung der spezif. Pilzmit der spezif. Algen-/Cyanobakterienart. Die generative Fortpflanzung geht mit der Bildung v. Fruchtkörpern mit Asci bzw. Basidien einher, in (an) denen die Sporen gebildet werden. Diese müssen nach ihrer Ausbreitung u. Keimung auf den passenden autotrophen Partner treffen, damit es zur Bildung eines neuen F.lagers kommen kann – ein Zufallsereignis. Wesentl. effektiver ist die v. a. bei Strauch- u. Laub-F. verbreitete vegetative Fortpflanzung durch spezielle, sich leicht ablösende Thallusstrukturen, die beide Symbionten enthalten (↗Soredien, ↗Isidien), u. durch Thallusbruchstücke. Wesentl. Vorteil dabei ist die gemeinsame Ausbreitung beider Symbionten in diesen Thalluspartikeln, die bei günst. Bedingungen direkt zu neuen Lagern auswachsen. Grundlage der Bildung eines dauerhaften F.lagers u. der flechtentyp. Morphogenese ist eine Abstimmung der Partner im physiolog. Bereich u. die Entwicklung integrierender Funktionen. Zwar zeigen Myco- u. Photobiont in den Grundzügen ihrer Physiologie Übereinstimmung mit freilebenden Pilzen, Algen u. Cyanobakterien, doch sind bedeutende physiolog. Anpassungen an die speziellen Bedingungen der F.symbiose vorhanden. Eine Reihe v. Leistungen bei F. sind nur v. dieser Gruppe her bekannt, so die Produktion zahlr. ↗F.stoffe, die v. Mycobionten unter den Bedingungen der F.symbiose oft in außergewöhnl. hohen Konzentrationen erzeugt werden. In der F. erhält der Pilz die notwend. Kohlenhydrate v. Photobiont; die ernährungsphysiolog. Abhängigkeit wird bes. bei Gesteins-F. deutl., wo für den Pilz ein Aufschluß organ. Materials im Substrat entfällt. Die Vorteile der Algen bzw. Cyanobakterien sind nicht so evident. Sie sind in der Umhüllung durch das Hyphengeflecht vor raschem Wasserverlust u. vor algenfressenden Tieren geschützt. Die Algen, die gewöhnl. an Schwachlichtstandorte angepaßt sind, vermögen in der F., deren Rinde einen Teil der Strahlung absorbiert, an voll besonnte Orte vorzudringen. Der Mycobiont gewährleistet der Alge somit eine Erweiterung ihrer ökolog. Amplitude. Der Photobiont wird physiolog. so umgestimmt, daß die Versorgung des Mycobionten mit geeigneten Kohlenhydraten gesichert ist. Bei vielen Grünalgen-F. entsteht als Photosyntheseprodukt der Zuckeralkohol *Ribitol*, der als vermutl. einzige Kohlenstoffquelle an den Mycobionten transferiert wird, während die entspr. isolierten od. freilebenden Algen keinen Ribitol, sondern Polysaccharide u. Proteine synthetisieren. Die Durchlässigkeit der Algenwand für die Photosyntheseprodukte ist unter den Bedingungen der F.symbiose stark erhöht. Bei vielen F. genügt ein enger Kontakt zw. Hyphen u. Algen zum Stoffaustausch, bei anderen dringt der Pilz mit

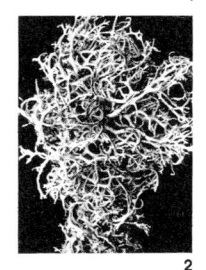

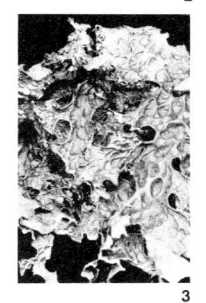

Flechten

1 Bartflechten an einem Nadelbaumzweig;
2 Strauchflechte (*Pseudevernia furfuracea*);
3 Laubflechte (*Lobaria pulmonaria*)

FLECHTEN I

Flechten sind Doppelorganismen aus autotrophen Algen und heterotrophen Pilzen, die in Symbiose miteinander leben. Sie bilden eine morphologische und physiologische Einheit. Äußerlich ist die Doppelnatur der Flechte nicht erkennbar. Der Pilz erhält von der Alge Kohlenhydrate, die Alge ist in der Umhüllung durch das Pilzgeflecht geschützt, z. B. vor raschem Wasserverlust. Die Symbiose ermöglicht den Partnern das Vorkommen an Standorten, die sie allein vielfach nicht besiedeln könnten.

In den Flechtenlagern können die Algen regellos verteilt zwischen den Pilzhyphen liegen (ungeschichtetes Lager) oder in einer Zone konzentriert angeordnet sein (geschichtetes Lager).
Viele Flechten leben unter extremen Standortbedingungen. Gegenüber Luftverunreinigungen reagieren sie jedoch äußerst empfindlich (Bioindikatoren).
Die Vermehrung erfolgt vegetativ durch Abgliederung von Thallusteilen oder sexuell durch Sporen (s. unten).

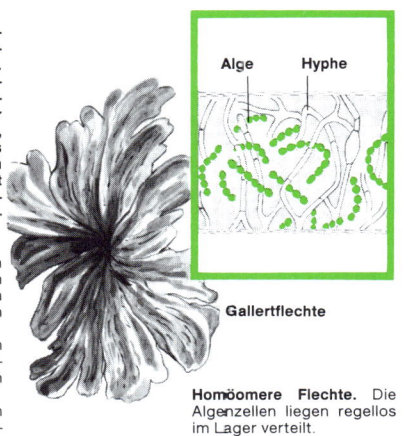

Gallertflechte

Homöomere Flechte. Die Algenzellen liegen regellos im Lager verteilt.

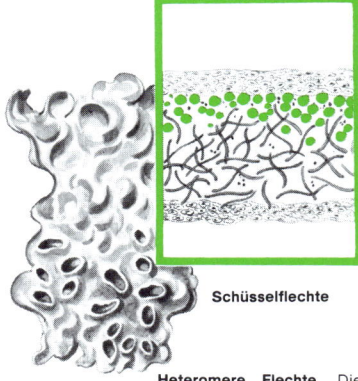

Schüsselflechte

Heteromere Flechte. Die Algenzellen sind auf eine oberflächennahe Zone beschränkt.

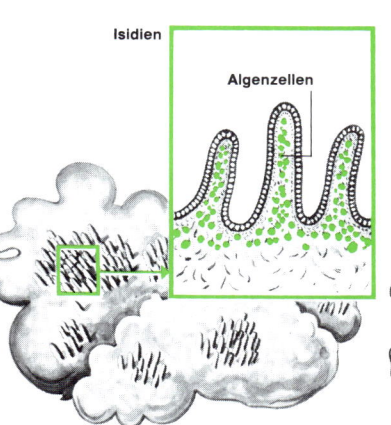

Isidien — Algenzellen

Isidien sind strukturell dem Lager ähnelnde, leicht abbrechende Lagerauswüchse von verschiedener Form.

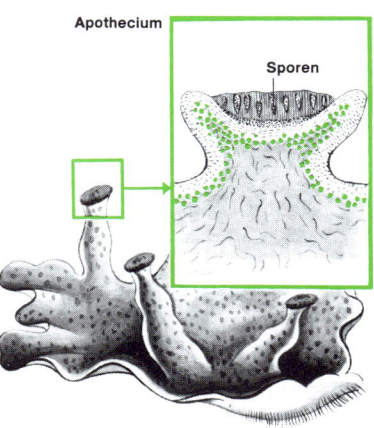

Apothecium — Sporen

In den *Apothecien* entstehen die sexuellen Fortpflanzungskörper des Pilzes, die Sporen.

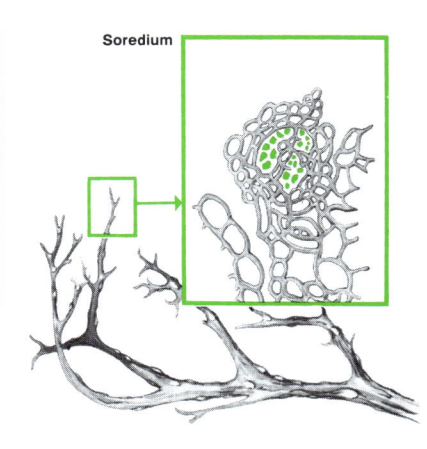

Soredium

Soredien sind von Pilzhyphen umsponnene Algengruppen; sie lösen sich leicht vom Lager.

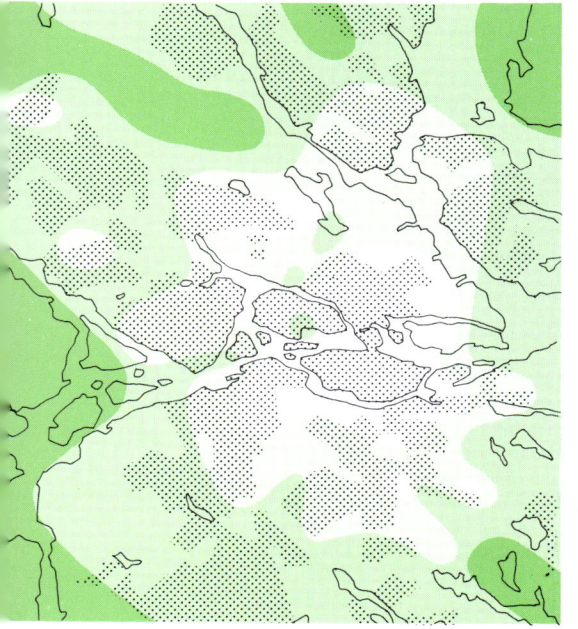

Flechtentypen

Becherflechte

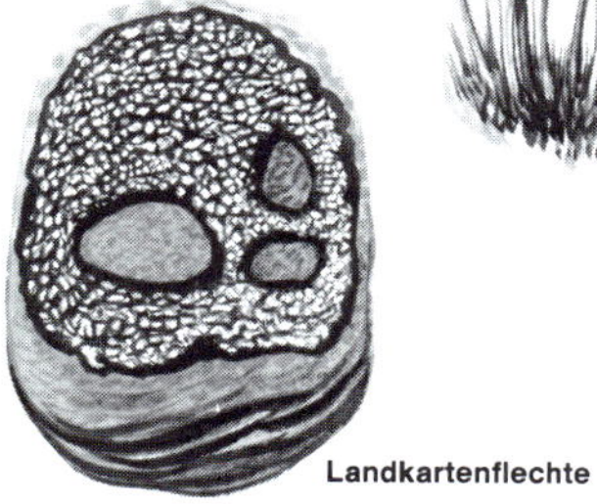

Strauchflechte

Landkartenflechte

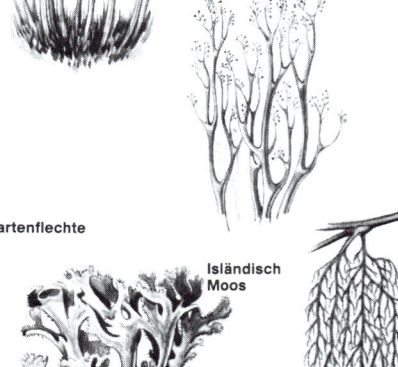

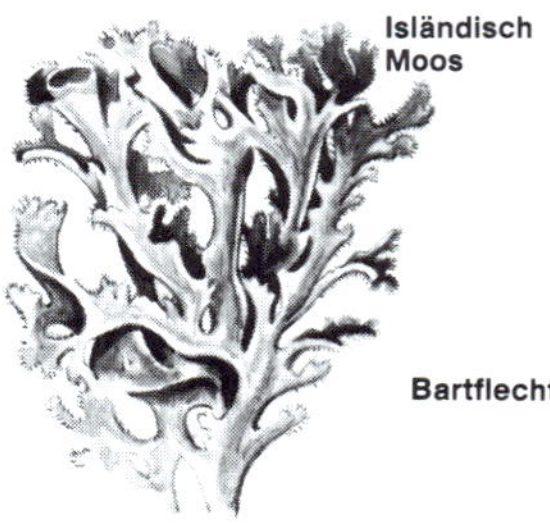

Isländisch Moos

Bartflechte

Im Bereich von Städten (links Plan von Stockholm) können Zonen mit verschieden gut entwickelter Flechtenvegetation unterschieden werden. Je heller der Farbton, um so geringer das Flechtenvorkommen. Das Stadtinnere ist frei von Rindenflechten. Gepunktet: bebaute Bereiche.

FLECHTEN II

Das Lager einer *Laubflechte* bildet nach außen eine schützende, oft gewebeartig strukturierte Rinde aus verklebten Hyphen, unter der die Algenzellen angeordnet sind. Unter der Algenschicht liegt das Mark aus locker verflochtenen Hyphen. Rhizinen an der Unterrinde befestigen das Lager.

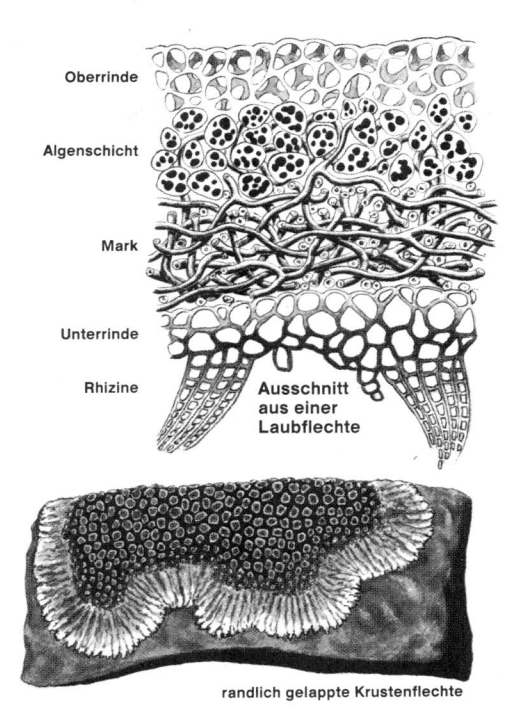

Oberrinde
Algenschicht
Mark
Unterrinde
Rhizine
Ausschnitt aus einer Laubflechte

Jede Flechtenart besteht aus einer bestimmten Algen- und einer bestimmten Pilzart. Ihre jeweils artspezifische Gestalt hat in der Regel keine Ähnlichkeit mit einem der sie aufbauenden Partner. Die Flechte erbringt zahlreiche Leistungen, die nur durch „Zusammenarbeit" der Symbiosepartner möglich sind.
Nach der Wuchsform werden drei Haupttypen unterschieden. *Krustenflechten* (z. B. Landkartenflechte) bilden einen dicht mit dem Untergrund (z. B. Rinde, Gestein, Erde) verwachsenen Belag. *Laubflechten* (z. B. Schüsselflechten) besitzen ein lappig gegliedertes, flächig wachsendes Lager, das eine ausdifferenzierte Unterseite mit Haftorganen aufweist. *Strauchflechten* (z. B. Rentierflechte) sind strauchartig verzweigt, stift- oder becherförmig und stehen vom Untergrund ab.

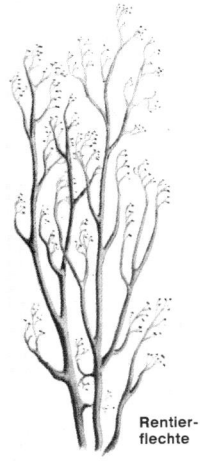

Rentierflechte
randlich gelappte Krustenflechte
Schüsselflechte 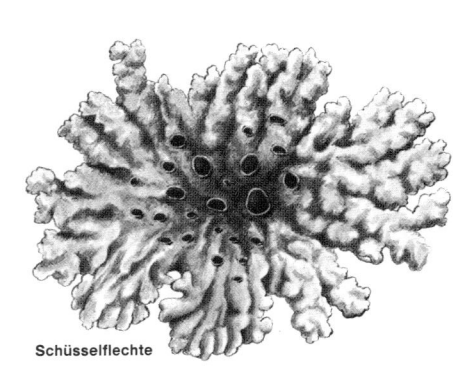

Haustorien in die Zelle des Photobionten ein. Cyanobakterien sind auch in der F. in der Lage, Stickstoff aus der Luft zu assimilieren. Die Stickstoffverbindungen werden zum größten Teil an den Mycobionten weitergegeben. Einige F. besitzen Grün- u. Blaualgen im selben Thallus. Das Cyanobakterium ist bei diesen F. gewöhnl. auf spezielle, auch morpholog. abgehobene Bereiche im Thallus beschränkt, die ↗ *Cephalodien*. In ihnen wird Stickstoff in hoher Rate assimiliert. – *Vorkommen u. Verbreitung:* F. wachsen auf Gestein, Rinde, Erdboden, Pflanzenresten, Moosen, in den Tropen u. Subtropen auch auf Blättern; v. a. Gesteins-F. sind Pionierpflanzen; auf Kalkgestein leben viele F. endolithisch. Zahlr. F. tolerieren hohe Schwermetallkonzentrationen u. besiedeln speziell eisensulfidreiche Gesteine u. Schlacken. Manche Gesteins-F. kommen in Bächen, Seen od. der Brandungszone der Meere vor. Viele Arten sind an die Bedingungen regengeschützter Standorte, wie Felsüberhänge, angepaßt; sie verhalten sich wie Quellkörper u. erhalten ausreichende Wassergehalte über eine Gleichgewichtseinstellung mit dem Wasserdampf der Luft. F. kommen v. der Arktis bzw. Antarktis bis zu den Tropen vor, vegetationsbestimmend v. a. in kalten Regionen, dank ihrer hohen Kälteresistenz u. der außergewöhnl. Fähigkeit vieler Arten, bis weit unter dem Gefrierpunkt Photosynthese zu betreiben (↗ *F. koeffizient*). In Wüsten vermögen F. ihren Wasserhaushalt allein aus dem Nebelniederschlag od. dem Taufall zu decken. Viele F. sind gg. Standortveränderungen sehr empfindl.; die F.armut bes. industrialisierter Regionen geht auf Luftverunreinigungen zurück (↗ Bioindikatoren).

Lit.: *Ahmadjian, V., Hale, M.:* The Lichens. New York 1973. *Henssen, A., Jahns, H.:* Lichenes. Eine Einführung in die Flechtenkunde. Stuttgart 1974.   *V. W.*

Flechtenbären, *Endrosinae,* U.-Fam. der ↗ Bärenspinner.

Flechteneulen ↗ Eulenfalter.

Flechtenfarbstoffe, Farbstoffe, die aus Flechten gewonnen werden. Sie wurden zur direkten Färbung tier. Fasern (Seide, Wolle) verwendet. F. waren wegen ihrer tiefen u. warmen Farbtöne u. günstiger färbetechn. Eigenschaften lange sehr geschätzt u. gehörten zu den wichtigsten Farbstoffen. Die Produktion von F.n war bes. im 18. u. 19. Jh. bedeutend, war aber schon den alten Ägyptern u. Griechen bekannt. Das zermahlene Flechtenmaterial wurde mit Urin, später mit Ammoniak versetzt u. der Brei unter Luftzutritt stehengelassen. Nach mehreren Tagen konnte der F. abgesiebt werden. Grundlage der F. sind v. a. die Depside Lecanorsäure, Erythrin, Evernsäure u. Gyrophorsäure (↗ Flechtenstoffe). Bei Behandlung mit Ammoniak werden die Depside zu Orcin abgebaut, das durch Luftoxidation rote, violette u. blaue Farbstoffmischungen er-

Flechtengesellschaften

gibt, wie *Orcein, Orseille, Persio* u. *Lackmus*, die v. a. aus *Roccella*-Arten gewonnen wurden, u. *Cudbear*, für das *Ochrolechia tartarea* als Rohstoff diente. Orseille, Persio u. Cudbear kamen als purpurne Substanzen, Lackmus als blaue Substanz in den Handel. In jüngster Zeit wurden F. nur noch vereinzelt zur Tuch- u. Lebensmittelfärbung, Orcein zur Chromosomenfärbung in histolog. Präparaten benützt.

Flechtengesellschaften, durch bestimmte Arten od. Artenkombinationen charakterisierte Gemeinschaften v. Flechten, die sich in ähnl. Zusammensetzung immer wieder unter entsprechenden ökolog. Bedingungen an verschiedenen Orten einfinden. Sie werden mit Hilfe der Methoden der Pflanzensoziologie ermittelt u. beschrieben. Wichtige, jeweils zahlr. Assoziationen umfassende F. sind die Kl. *Rhizocarpetea geographici* (F. beregneter Silicatfelsen), *Leprarietea chlorinae* (F. regengeschützter Silicatfelsen), *Aspicilietea lacustris* (submers od. amphibisch lebende F.), *Verrucarietea nigrescentis* (F. nährstoffreicher Kalkfelsen), *Leprarietea candelaris* (regengeschützt wachsende Rinden-F.), *Hypogymnietea physodis* (blatt- und strauchflechtenreiche F. saurer Rinden), *Physcietea adscendentis* (F. nährstoffreicher Rinden).

Lit.: *Wilmanns, O.:* Rindenbewohnende Epiphytengemeinschaften in Südwestdeutschland. In: Beitr. zur natürl. Forschung in SW-Dtschl. 21 (1962). *Wirth, V.:* Die Silikatflechten-Gemeinschaften im außeralpinen Zentraleuropa. Lehre 1972.

Flechtenkoeffizient, Verhältnis zw. der Zahl der Flechten- u. der Gefäßpflanzenarten in einem bestimmten Gebiet; nimmt v. trop. zu polaren Regionen hin zu: Tropen ca. 0,1, Zentraleuropa ca. 0,7, Spitzbergen ca. 3, Antarktis ca. 100.

Flechtenparfum, Parfum, dessen Duftstoffe im wesentl. aus Flechten gewonnen werden. Verwendet werden v. a. Eichenmoos *(Evernia prunastri)* u. *Pseudevernia furfuracea*. Die aus Flechten gewonnenen Duftstoffe sind außerordentl. haftfest.

Flechtensäuren, die ↗Flechtenstoffe.

Flechtenspinner, *Lithosiinae*, U.-Fam. der ↗Bärenspinner.

Flechtenstoffe, fr. ungenau auch *Flechtensäuren* gen., farbige od. meist farblose sekundäre Stoffwechselprodukte, die i. d. R. nur in Flechten gebildet werden. Gewöhnl. kommen nur wenige F. in den einzelnen Arten vor, jedoch in relativ hoher Konzentration (meist zw. 0,1 und 10% des Trockengewichts), was die Erforschung der F. erleichtert hat. Flechten gehören zu den chemisch am besten bekannten Organismen. Die chem. Konstitution ist von rund 250 F.n aufgeklärt. Die F. sind Produkte des Mycobionten, doch wird in manchen

Flechtenstoffe
Beispiele wichtiger Flechtenstoff-Gruppen

Depside (Atranorin)

Anthrachinone (Parietin)

Usninsäure

Depsidone (Norstictinsäure)

Flechtenstoffe

Die wichtigeren F. können biosynthetisch der Shikimisäure- u. v. a. der Acetat-Polymalonat-Gruppe zugeordnet werden. Zur letzteren gehören hpts. aromat. Verbindungen, wie die für Flechten bes. charakterist. Depside u. Depsidone sowie Usninsäuren u. Anthrachinone. Zu den *Depsiden* zählen die weit verbreitete Lecanorsäure u. das verwandte Erythrin (↗Flechtenfarbstoffe), die v. a. bei den *Parmeliaceae* vorkommende Evernsäure, die Gyrophorsäure (z. B. bei *Umbilicaria*) u. Atranorin. Wichtigste *Depsidone* sind Physcid- u. Alectoronsäure, die in vielen *Parmelia*-Arten vorkommen, u. die in zahlr. Flechtentaxa zu findenden Norstictin-, Stictin-, Protocetrar- u. Fumarprotocetrarsäure. Die gelblichgrüne Färbung der Bartflechten *(Usnea)* vieler anderer Flechten geht auf den Gehalt an *Usninsäure* zurück. Parietin, ein Vertreter der *Anthrachinone*, ist ein bedeutender F. der *Teloschistaceae*, deren gelbe bis rote Färbung er verursacht. Zur Shikimisäuregruppe gehören z. B. die gelben Pigmente der Gatt. *Candelariella* u. *Rhizocarpon* (Rhizocarpsäure) sowie das bei den *Caliciales* vorkommende Calycin.

Fällen ein Mitwirken der Alge vermutet. Sie werden in kristalliner Form auf den Hyphen abgelagert. Das Vorkommen v. F. ist für taxonom. Fragen v. großer Bedeutung. Über die Funktion der F. ist wenig Gesichertes bekannt. Einige erhöhen die Permeabilität v. Membranen u. können somit den Stoffaustausch zw. den Symbionten der Flechte fördern. Farbige F., die in der Rinde abgelagert werden, schützen die Algen, die gewöhnl. an niedrige Lichtintensitäten angepaßt sind, vor intensiver Strahlung. Manche, wie Usninsäure, haben antibiot. Wirkung u. können vor Mikroorganismen schützen. Bestimmte F. fördern die chem. Verwitterung des besiedelten Gesteins u. ermöglichen ein besseres Eindringen der Hyphen u. damit ein besseres Festheften der Flechtenlager am Gestein.

Lit.: *Culberson, Ch.:* Chemical and botanical guide to lichen products. Chapel Hill 1969. *Henssen, A., Jahns, H.:* Lichenes. Eine Einführung in die Flechtenkunde. Stuttgart 1974.

Flechtenwüste, Bereich in Zentren v. Städten u. Ballungsräumen, aus dem rindenbewohnende Flechten infolge v. Luftverunreinigungen u. a. Belastungen verschwunden sind. Zu einer F. kommt es z. B. beim Überschreiten einer mittleren winterl. Schwefeldioxid-Konzentration v. etwa 0,16 mg/m^3 Luft. ↗Bioindikatoren, B Flechten I.

Flechtgewebe, das ↗Plektenchym.

Flechtlinge, die ↗Psocoptera.

Flechtthallus *m* [v. gr. thallos = grüner Zweig], Bezeichnung für aus Flechtgewebe (↗Plektenchym) aufgebaute Thallusformen. [dae.

Fleckenbienen, *Crocisa*, Gatt. der ↗Api-

Fleckenfalter, Edelfalter, *Nymphalidae*, mit ca. 3000 Vertretern artenreichste Tagfalter-Fam., in allen Faunenregionen vorkommend, größte Vielfalt in den Tropen, in Mitteleuropa etwa 55 Arten. Mittelgroße bis große, kräftige Falter, Spannweite 25–130 mm, gute Flieger, darunter Wanderfalter, wie der ↗Distelfalter. Zu den F.n gehören die farbenprächtigsten u. bekanntesten Vertreter der einheim. Schmetterlinge. Characterist. Merkmale: Vorderbeine der Falter zu bürstenart. Putzbeinen verkürzt, ohne Endklauen, beim Männchen mit 1–2, beim Weibchen mit 4–5 Tarsengliedern, zum Sitzen ungeeignet; Fühler beschuppt, deutl. geknöpft; Analfeld der Hinterflügel mit Längsfurche, die das Abdomen umfaßt; Eier vielfältig, meist zylindrisch u. gerippt; Larven bei den U.-Fam. *Charaxinae* u. *Apaturinae* nacktschneckenförmig mit Fortsätzen am Vorder- u. Hinterende, sonst typ. ↗Dornraupen („Dornraupenfalter"), Junglarven mitunter gesellig lebend, z. B. beim ↗Tagpfauenauge; Stürzpuppen mit Höckern u. Kanten, oft mit goldschimmernden Flecken. Beispiele aus der Vielfalt der F. sind die südam. artenreichen Gatt. *Agrias* u. *Prepona*, farbenprächtig (Weibchen zählen zu den größten Vertretern); die ↗Klapperfalter *(Ageronia);* dem einheim., zu den ↗Ritterfaltern gehörenden ↗Schwalbenschwanz ähneln die geschwänzten Falter der mittelam. Gatt. *Marpesia* u. der madagass. Gatt. *Cyrestis;* ein bekanntes Mimesebeispiel ist der asiat. ↗Blattfalter; die in Afrika zahlr., bunten u. bizarren Arten der Gatt. *Charaxes* sind in Europa nur mit dem ↗Erdbeerbaumfalter vertreten. – Die einheim. F. lassen sich in bekannte Gruppen gliedern: die ↗Schillerfalter *(Apaturinae),* Männchen mit bläul. Schillerfarben; die ↗Eisvögel *(Limenitinae),* mit hellen Bandmustern auf den Flügeln; die Eckenfalter, Eckflügler od. „Vanessen" *(Nymphalinae),* Hinterflügel mit vorstehender Zacke, oberseits meist bunt gefleckt, Unterseite der Flügel tarnfarben, denn viele Vertreter überwintern als Falter; die ↗Scheckenfalter *(Melitaeinae),* braun mit dunkler Gitterzeichnung; die ↗Perlmutterfalter *(Argynninae),* orangebraun mit dunklen Flecken oberseits u. silberglänzenden Flecken auf der Unterseite der Flügel. Die F. treten bei uns meist in einer Generation auf; Überwinterung in allen Stadien vorkommend. B Insekten IV. H. St.

Fleckenhirsche, *Axis,* südasiat. Gatt. der Hirsche *(Cervidae);* namengebend ist ihr zeitlebens geflecktes Fell; 2 Arten: ↗Axishirsch, ↗Schweinshirsch.

Fleckenkrankheit, *Flecksucht, Pebrine,* Befall der Raupe des ↗Seidenspinners *Bombyx mori* mit der parasit. Microsporidie *Nosema bombycis* („Nosemaseuche"), erkennbar an dunklen Flecken der Cuticula. Der Erreger ist streng wirtsspezifisch, verbreitet sich in allen Organen u. wird, wenn er nicht zum Tod vor der Verpuppung führt, transovariell auf die nächste Generation übertragen. Der wirtschaftl. Schaden für die Seidenherstellung erreichte zeitweise Milliardenhöhe.

Fleckenmuschel, *Musculus marmoratus,* ↗Bohnenmuscheln.

Fleckensalamander, *Ambystoma maculatum,* ↗Querzahnmolche.

Fleckenfalter
Auswahl einheimischer F. (nach U.-Fam. geordnet):

↗Schillerfalter
(Apaturinae)
Großer S.
(Apatura iris)
Kleiner S.
(A. ilia)

↗Eisvögel
(Limenitinae)
Großer E.
(Limenitis populi)
Kleiner E.
(L. camilla)
Blauschwarzer E.
(L. reducta)

Eckenfalter
(Nymphalinae)
↗Trauermantel
(Nymphalis antiopa)
↗Großer Fuchs
(N. polychloros)
↗Kleiner Fuchs
(Aglais urticae)
↗Tagpfauenauge
(Inachis io)
↗Admiral
(Vanessa atalanta)
↗Distelfalter
(Cynthia cardui)
↗C-Falter
(Polygonia c-album)
↗Landkärtchen
(Araschnia levana)

↗Scheckenfalter
(Melitaeinae)
Gemeiner S.
(Melitaea cinxia)
Roter S.
(M. didyma)
Veilchen-S.
(Euphydryas cynthia)
Kleiner Maivogel
(E. maturna)

↗Perlmutterfalter
(Argynninae)
Kaisermantel
(Argynnis paphia)
Großer P.
(Mesoacidalia aglaja)
Märzveilchen-P.
(Fabriciana adippe)
Stiefmütterchen-P.
(F. niobe)
Kleiner P.
(Issoria lathonia)
Violetter Silberfalter
(Brenthis ino)
Randring-P.
(Proclossiana eunomia)
Braunfleckiger P.
(Clossiana selene)
Veilchen-P.
(C. euphrosyne)
Hainveilchen-P.
(C. dia)
Alpen-P.
(C. thore)

Fledermäuse

Fleckenseuchen, durch Bakterien *(Aeromonas, Proteus)* meist im Frühjahr u. Sommer hervorgerufene seuchenart. Erkrankungen v. Fischen (z. B. Hecht, Karpfenfische, Zander), die mit Ausfall der Schuppen beginnen u. nach Ausfall der Schuppen durch Flecken freiliegender Muskulatur, umgeben v. einem weißl. Ring nekrot. Haut, gekennzeichnet sind.

Fleckfieber, *Flecktyphus, Läusetyphus, Lagerfieber, Typhus exanthemicus,* durch Rickettsien hervorgerufene Infektionskrankheit bei Mensch u. Säugetieren. 1) „klassisches" F. durch *Rickettsia prowazeki,* übertragen durch die Kleiderlaus *Pediculus,* bekannt durch schwere Epidemien vom MA bis ins 20. Jh., auch heute noch in Gebieten mit verbreiteter Verlausung weltweit häufig. 2) „murines" F. durch *R. mooseri,* übertragen durch Flöhe (z. B. Pestfloh *Xenopsylla*), hpts. in Nagern u. Raubtieren, v. a. in südl. Ländern der Erde. Beide Erreger werden auf den Menschen nicht durch Stich, sondern durch unbeabsichtigtes Einreiben infektiösen Insektenkots od. Einatmen rickettsienhalt. Staubes übertragen. Charakterist. Symptome sind masernart. Hautausschläge (Entzündungsherde aus Leukocyten u. Makrophagen), Kopfschmerzen, Fieber u. Schüttelfrost bis zu schweren Schäden am Zentralnervensystem, an Lunge u. Herz. Die Sterblichkeit liegt unbehandelt beim klass. F. bei 20–40%, beim harmloseren murinen F. bei 1–2%.

fleckfrüchtige Flechten, die ↗Arthoniaceae.

Fleckhaie, *Galeus,* Gatt. der ↗Katzenhaie.

Flecksoral ↗Sorale.

Flecksucht, die ↗Fleckenkrankheit.

Flecktyphus, das ↗Fleckfieber.

Fleckvieh, *Höhen-F.,* in Europa weit verbreitete Rinderrassen, zum Höhenvieh zählend, wird bes. in der Schweiz, in Süd- u. Mittel-Dtl. gezüchtet; die Tiere sind gelb- od. rotscheckig, einfarbig rot od. gelb mit weißem Kopf u. weißen Beinen; hohe Milch-, Fett- u. Fleischleistung; hierzu gehören Simmentaler Rind, Oberbayer. u. Württemberger F.

Fleckwidderchen, die ↗Widderbären.

Flectonotus *m* [v. lat. flectere = beugen, gr. nōtos = Rücken], Gatt. der ↗Beutelfrö- [sche.

Flederhunde, die ↗Flughunde.

Fledermausbestäubung, *Fledermausblütigkeit,* die ↗Chiropterogamie.

Fledermausblumen, Blüten, die v. Fledermäusen bestäubt werden; ↗Chiropterogamie.

Fledermäuse, *Microchiroptera,* U.-Ord. der Fledertiere mit 17 Fam. u. insgesamt ca. 800 Arten; aktiv flugfähige, nächtl. lebende (mit den Mäusen nicht näher ver-

Fledermäuse

wandte!) Säugetiere, die sich durch Ultraschall-Echopeilung räuml. orientieren (↗Echoorientierung, ☐). Kopfrumpflänge 3–16 cm, Flügelspannweite 10–70 cm; kleinste Art: *Craseonycteris thonglongyai* (↗Craseonycteridae), größte Art: Große Spießblattnase *Vampyrum spectrum* (☐ Blattnasen). Das Haarkleid der F. ist oberseits meist bräunl. od. grau u. unterseits heller gefärbt; es kann sich auf Teile der im übrigen nackten ↗Flughaut ausdehnen. Ohren u. Ohrdeckel (Tragus) bleiben in der Regel unbehaart; das Wollhaar fehlt, die Einzelhaare haben z. T. artspezif. Oberflächenstrukturen (Schuppen, Wülste) in der Rindenschicht. Äußerst vielgestaltig sind Kopf u. Gesicht der F. Die oft bizarren häut. Nasenaufsätze, lange Zeit für zwecklose Ornamente gehalten, dienen der Bündelung der v. Mund u./od. Nase ausgesandten Ultraschalltöne; die großen Ohrmuscheln fangen das zurückkommende Echo auf. – Die Ernährung der F. ist vielfältig, wobei die Insektenfresser überwiegen, die ihre Beute (aber auch Wasser z. Trinken) im Fluge mit dem Mund aufnehmen. Nahrungsspezialisten leben v. kleineren Wirbeltieren (Großblattnasen), fangen Fische (Großes Hasenmaul), lecken Wirbeltierblut (Vampire), lecken Nektar (Langzungen-F.) od. ernähren sich v. Früchten (Blattnasen); das Gebiß ist der jeweiligen Ernährungsweise angepaßt. Dank ihres Flugorgans (↗Flugtiere, ☐) konnten sich die F. weltweit ausbreiten. Als wärmebedürftige Tiergruppe meiden sie jedoch die Polargebiete u. nimmt ihre Artenzahl in den Tropen u. Subtropen, ihrem Entstehungszentrum, deutl. zu. – In Europa sind nur 4 Fam. vertreten: vorrangig die Glattnasen, dann die Hufeisennasen (nördl. der Alpen nur 2 Arten), die Schlitznasen (nur auf Korfu) u. die Bulldogg-F. (mit nur 1 Art in S-Europa). Die eur. F. sind reine Insektenfresser; sie überdauern die kalte u. nahrungsarme Zeit (ca. ab Okt.) in Felshöhlen, Stollen, Baumhöhlen od. Gebäuden. Während ihres Winterschlafs sowie auch an kühlen Sommertagen senken sie ihre Körpertemp. ab u. reduzieren durch Drosselung des Stoffwechsels ihren Energieverbrauch („Kältelethargie"). Beringungsversuche ergaben Ortstreue u. (bei manchen Arten) Flugentfernungen zw. Sommer- u. Winterquartier v. Hunderten v. Kilometern; weitere Strecken jedoch, die einen Winterschlaf erübrigen, sind nur v. wenigen nordam. Arten (z. B. *Lasiurus borealis*) bekannt. Die Begattung der Weibchen erfolgt bei einheim. F.n meist schon vor dem Winterschlaf. Erst danach beginnt die Eireifung, wird das in den Eileiter gelangende Ei befruchtet u. entwickelt sich der Embryo. Auf diese Weise fällt die Geburt in die wärmere u. nahrungssichere Jahreszeit. Ohne derart. Verzögerung laufen bei F.n der warmen Klimazonen Begattung, Befruchtung, Keimesentwicklung u. Geburt nacheinander ab. Geburt u. Jungenaufzucht finden (bei uns ab Mai) in sog. Wochenstuben statt, denen die männl. F. i. d. R. fernbleiben. Der abendl. Nahrungsausflug findet zu unterschiedl., aber artspezif. festgelegtem Zeitpunkt statt; er paßt sich der Tageslänge an u. ist wahrscheinl. lichtabhängig. – Unsere einheim. F. lösen die tagaktiven, insektenfressenden Vögel mit Beginn der abendl. Dämmerung ab u. jagen bis in die frühen Morgenstunden nach Kleinschmetterlingen (Motten), Mücken u. Käfern, unter denen sich viele land- u. forstwirtschaftl. Schädlinge befinden. Früher durch Verfolgung wegen Aberglaube, heute durch den intensiven Einsatz chem. Pflanzenschutzmittel sowie wegen Verknappung v. geeigneten Sommer- u. Winterquartieren nahm die Gefährdung der F. derartig zu, daß sämtl. für Dtl. nachgewiesenen 22 F.-Arten als „vom Aussterben bedroht" od. „stark gefährdet" in die ↗Rote Liste aufgenommen werden mußten, wo sie damit die Hälfte aller in Dtl. bedrohten Säugetierarten ausmachen. Ihrem dringend notwend. Schutz dienen: Fluglöcher in verschlossenen Stollen, Höhlen u. in alten Dachstühlen, Stehenlassen alter Bäume, Anbringen v. speziellen Nistkästen, v. a. aber weniger Einsatz v. chem. Spritzmitteln in Feld u. Garten.

Lit.: ↗Fledertiere. *H. Kör.*

Fledermäuse
1 Langohr-Fledermaus *(Plecotus)*; 2 Große Hufeisennase *(Rhinolophus ferrum-equinum)*, hängend; 3 Fledermaus im Flug

Fledermäuse
Familien (mit Angabe v. Artenzahl, Verbreitungsgebieten u. Nahrung):

Amerikanische ↗Haftscheiben-F. *(Thyropteridae)*: 2, Zentralamerika, trop. S-Amerika; Insekten
↗Blattnasen *(Phyllostomidae)*: 140, Zentral- u. S-Amerika; Insekten, kleine Wirbeltiere, Früchte, Fruchtsäfte, Nektar
↗Bulldogg-F. *(Molossidae)*: 80, weltweit (auch S-Europa u. südl. N-Amerika); Insekten
↗Glattnasen *(Vespertilionidae)*: 300, weltweit (u. a. Europa); Insekten, kleine Wirbeltiere (u. a. Fische)
↗Glattnasen-Freischwänze *(Emballonuridae)*: 50, weltweit (pantropisch); Insekten
↗Großblattnasen *(Megadermatidae)*: 5, Afrika, Asien, Australien (Tropen); Insekten, kleine Wirbeltiere

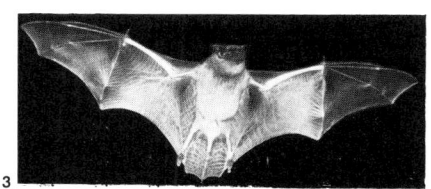

Fledermausfische, *Platax,* Gatt. der Spatenfische mit 4 Arten. In flachen, ruhigen Zonen des trop. Pazifik beheimatete, bis 65 cm lange Barschfische mit kreisrundem, seitl. abgeflachtem Körper u. großer, dunkler, den Körper gleichsam nach oben u. unten verlängernder Rücken- u. Afterflosse; treiben meist in schwacher Strömung, oft auch in seitl. Lage, u. ähneln dabei treibenden Blättern. In großen Schauaquarien sind manchmal die dunklen, v. einem schmalen, roten Saum umrandeten Jungtiere des indopazif., bis 75 cm lang werdenden Rotsaumfledermausfisches *(P. pinnatus)* zu sehen.

Fledermausfliegen, Spinnenfliegen, *Nycteribiidae* u. *Streblidae,* 2 Fam. der Fliegen, eng verwandt mit den ↗Lausfliegen, mit insgesamt ca. 140 meist trop. Arten, in Mitteleuropa ca. 10 Arten v. ca. 3 mm Körperlänge. In Anpassung an ihre ausschl. parasitäre Lebensweise im Fell der Fledermäuse ist der typ. Fliegenhabitus extrem abgewandelt. Die Flügel sind vollständig (Nycteribiidae) od. weitgehend (Streblidae) reduziert od. werden nach der Wirtsfindung abgeworfen (Streblidae). Die Augen sind meist verkümmert, die Segmente des gedrungenen Körpers verschmolzen. Die langen, weit dorsal ansetzenden Beine u. die Borstenkämme am ganzen Körper dienen zum Festhalten im Fell des Wirtes. Die F. ernähren sich durch Saugen v. Blut; die Weibchen bringen schon verpuppungsreife Larven zur Welt. Die Wirtsspezifität ist unterschiedl. ausgeprägt.

Fledermausmilben, *Spinturnicidae*, Milben-Fam. der U.-Ord. *Parasitiformes*; leben auf der Flughaut v. Fledermäusen; werden ca. 1 mm lang u. haben auffallend dicke Beine mit starken Tarsalkrallen zum Festhalten.

Fledermausschnecken, die Gatt. ↗ *Cymbiola* der Walzenschnecken *(Volutidae)*.

Fledertiere, *Flattertiere, Handflügler, Chiroptera*, mit über 900 Arten (davon nur 22 Fledermäuse in Dtl. vorkommend) die zweitgrößte Ord. der Säugetiere; 2 U.-Ord.: ↗ Fledermäuse u. ↗ Flughunde. Die F. sind die einzigen zu aktivem Fliegen befähigten Säugetiere. An den Körperseiten bilden Oberhaut (Epidermis) u. Lederhaut (Corium) die elast., v. Muskelfasern, Nerven u. Blutgefäßen durchzogene ↗ Flughaut (Patagium), als deren Stützskelett die stark verlängerten Mittelhandknochen u. Finger (außer dem Daumen) sowie Ober- u. Unterarm dienen. Die Flugmuskulatur setzt wie bei Vögeln an einem Kamm des verknöcherten Brustbeins an; das als kompliziertes Kugelgelenk gebaute Schultergelenk ermöglicht die Ruderbewegungen des Flugorgans. Die schwachen Hintergliedmaßen dienen zus. mit den bekrallten Daumen als Körperstützen beim Laufen u. Klettern. In Ruhestellung hängen die F. kopfabwärts mit zusammengefalteten Flughäuten an den Krallen der Hinterzehen. – Die F. stammen wahrscheinl. v.

↗ Hasenmäuler *(Noctilionidae)*: 2, Zentral- u. S-Amerika (Tropen); Insekten, Fische
↗ Hufeisennasen *(Rhinolophidae)*: 70, Alte Welt; Insekten
Madagassische ↗ Haftscheiben-F. *(Myzopodidae)*: 1, Madagaskar; Insekten
↗ Mausschwanz-F. *(Rhinopomatidae)*: 3, N-Afrika, Asien bis Sumatra; Insekten
↗ Neuseeland-F. *(Mystacinidae)*: 1, Neuseeland; Insekten
↗ Rundblattnasen *(Hipposideridae)*: 60, Afrika, Asien, Australien (Tropen); Insekten
↗ Schlitznasen *(Nycteridae)*: 11, Afrika, Korfu, O-Asien; Insekten
Schweinenasen-F. (↗ *Craseonycteridae)*: 1, W-Thailand; Insekten
↗ Stummeldaumen *(Furipteridae)*: 2, Zentralamerika, trop. S-Amerika; Insekten
↗ Trichterohren *(Natalidae)*: 8, Zentralamerika, Karibik; Insekten
↗ Vampire *(Desmodontidae)*: 3, Zentral- u. S-Amerika (Tropen); Wirbeltierblut

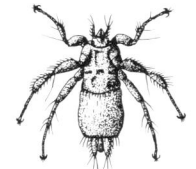

Fledermausfliegen
Nycteribia pedicularia

Fledertiere Flugorgan eines Fledertieres (Fledermaus). Af Armflughaut (Plagiopatagium), Da Daumen, Ff Fingerflughaut (Chiropatagium, Dactylopatagium), Fg Fingerglieder, Hf Hinterfuß, Mk^{1-5} Mittelhandknochen, Oa Oberarm, Os Oberschenkel, Sf Schwanzflughaut (Uropatagium), Sp Sporn, Ua Unterarm, Us Unterschenkel, Vf Vorderflughaut (Propatagium)

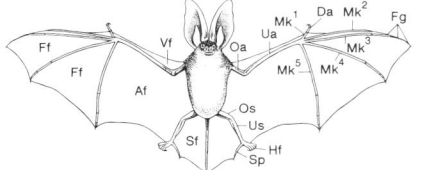

nichtfliegenden, baumbewohnenden Ur-Insektenfressern der oberen Kreide ab, die schrittweise das Flugorgan ausgebildet haben, ähnl., wie dies bei rezenten F.n noch während der Embryonalentwicklung abläuft (Rekapitulation). Ihr Flugvermögen verhalf den F.n zu weltweiter Verbreitung. Durch die „Eroberung" des nächtl. Luftraums vermieden die F. die Nahrungskonkurrenz mit den hpts. tagaktiven Vögeln u. erschlossen sich unterschiedl. Nahrungsquellen: Insekten, kleine Wirbeltiere, Wirbeltierblut, Früchte, Fruchtsäfte, Nektar, Pollen. Das Problem der Orientierung bei Nacht „lösten" die Flughunde (wie auch andere nachtaktive Säugetiere) durch bes. leistungsstarke Augen, die auch noch bei Dämmerlicht sehen können; die Fledermäuse hingegen „erfanden" verschiedene Systeme der Ultraschall-Echopeilung, die selbst bei völliger Dunkelheit die Orientierung ermöglichen (↗ Echoorientierung, ☐). I.d. R. bringen F. – in den gemäßigten Klimazonen jährl. nur einmal – (ohne Nestbau) 1 Junges zur Welt, das sich sogleich im Fell der Mutter festkrallt. Zu den 2 brustständ. Milchzitzen können (z.B. bei Hufeisennasen) 2 bauchständ. Afterzitzen als sog. „Haftzitzen" zum Festhalten der Jungen dienen. Die geringe Vermehrungsrate wird durch relativ hohes Lebensalter (ca. 5–15 Jahre) u. lange Fortpflanzungsfähigkeit ausgeglichen. Viele Arten der F. bilden zeitweise Massenansammlungen als „Wochenstuben", an Tagesruheplätzen (Schlafkolonien) od. in Winterquartieren. – Aufgrund ihrer Nachtaktivität u. des Flugvermögens wurden die F. über Jahrhunderte „verteufelt" (z.B. Vampirismus). Durch die moderne Forschung wurden sie zu einer der interessantesten, durch die fortschreitende Zivilisation zu einer der am meisten gefährdeten Tiergruppen.

Lit.: Schober, W.: Mit Echolot und Ultraschall. Freiburg 1983. Wimsatt, W. A. (Hg.): Biology of Bats. Vol. I–III. New York 1970–77. Yalden, D. W., Morris, P. A.: The Lives of Bats. New York 1975. *H. Kör.*

Flehmen s [eigtl. = den Mund verziehen, verwandt mit nhd. flennen, fletschen usw.], mimische Ausdrucksbewegung bei Säugetieren, bes. Huftieren, aber auch bei katzenart. Raubtieren u. vereinzelt bei Primaten, Fledermäusen u. Insektenfressern. Das F. wird durch Hochziehen der Oberlippe hervorgerufen; dabei werden die Zähne des Oberkiefers u. der Gaumen teilweise sichtbar. Häufig werden Kopf u. Hals gehoben u. die Nasenlöcher verschlossen. F. tritt bes. häufig bei Männchen auf, die den Harn eines Weibchens beriechen; es ist meist mit der Geruchskontrolle eines Objekts verbunden. Wahrscheinl. wird der Geruchsstoff durch die Lippenbewegung

Fleisch

zum *Jacobsonschen Organ* transportiert, das im Dach der Mundhöhle sitzt u. als chem. Sinnesorgan dient. Es scheint bei den makrosmatischen Säugetieren Rezeptoren zu enthalten, die bes. auf weibl. Sexualhormone ansprechen. Da deren Konzentration im weibl. Harn mit dem Fruchtbarkeitszyklus schwankt, kann das Männchen durch das F. den weibl. Östrus (↗Brunst) feststellen. Bei niederen Wirbeltieren hat das Jacobsonsche Organ dagegen wohl die Funktion, chem. Reize aufzunehmen, die v. der Nahrung in der Mundhöhle ausgehen.

Fleisch, i.w.S. Bez. für die Weichteile v. Tier u. Mensch (auch bei Pflanzen werden die Weichteile als F. bezeichnet, z.B. Frucht-F. von Apfel od. Birne), insbes. das der menschl. Ernährung dienende F.; i.e.S. nur das quergestreifte Muskelgewebe der Tiere (Schlachttiere, Wild, Geflügel, Fische). F. ist ein für die menschl. Ernährung hochwert. Nahrungsmittel. Es enthält leichtverdaul. u. biol. hochwert. Proteine, Fett, Mineralsalze (K-, Ca-, Mg-Phosphate), Kohlenhydrate (v.a. in Leber u. Pferdefleisch), Enzyme, Vitamine (hpts. in inneren Organen, z.B. Leber), außerdem Aminosäuren u. Purine. Die rote Farbe des F.s beruht auf dessen Hämoglobingehalt.

Fleischfäulnis, Zersetzung v. Fleisch unter Geruchs- und Geschmacksveränderung. Der Fäulnisgeruch entsteht hpts. durch Amine, Schwefelwasserstoff u. Ammoniak. Verursacht wird er durch eine „echte" ↗Fäulnis anaerober u. fakultativ anaerober Bakterien (↗Fäulnisbakterien), durch aerobe Bakterien (z.B. *Pseudomonas-, Serratia*-Arten), aber auch durch fleischeigene Enzyme (↗Autolyse). Angefaultes Fleisch braucht nicht ungenießbar zu sein; so entsteht der Hautgout des Wildes durch F. Es können jedoch, bes. unter Sauerstoffabschluß, Fäulnisgifte entstehen (↗Fäulnis) od. lebensgefährl. Toxine ausgeschieden werden (↗Fleischvergiftung, Nahrungsmittelvergiftungen). *Fischfleisch* zersetzt sich bes. schnell *(Fischfäulnis)* durch den hohen Wassergehalt, den lockeren Gewebeaufbau u. die i.d.R. höhere Infektion beim Fang, Lagern u. Aufarbeiten der Fische sowie die natürl. Besiedlung der Fische mit kälteliebenden (psychrophilen) Bakterien, die auch bei Temp. um 0°C stoffwechselaktiv sind u. sich vermehren (↗Fischgifte, ↗Fischvergiftung).

Fleischfleckenkrankheit, *Rotfleckigkeit,* Pilzkrankheit des Steinobstes *(Prunus-*Arten); Erreger ist *Polystigma rubrum* (Sphaeriales); auf den Blättern erscheinen zuerst auffallend gelbe, dann leuchtend rot gefärbte (3–7 mm große), nach unten gewölbte Flecken.

Flehmen
Flehmender Pferdehengst nach der *Genitalkontrolle* bei einer Stute. Dieselbe Ausdrucksbewegung ist unter Haustieren auch bei Rindern zu beobachten.

Fleischfliegen
1 *Calliphora spec.*, 2 Graue Fleischfliege *(Sarcophaga carnaria),* 3 Maden der Fleischfliegen

Fleischfliegen
Wichtige Gattungen und Arten:
Calliphora
Cordylobia
Goldfliegen *(Lucilia)*
 Krötenfliege
 (L. bufonivora)
 L. cuprina
 L. sericata
Melinda caerulea
Pollenia rudis
Sarcophaga

flex- [v. lat. flexus = gebogen; Partizip v. flectere = beugen, biegen].

Fleischfliegen, *Aasfliegen, Schmeißfliegen, Calliphoridae,* Fam. der Fliegen mit einigen hundert Arten in Europa. Die F. sind bis 14 mm groß, v. plumper Gestalt u. meist bunt metall. gefärbt. Sie haben wie alle Fliegen ein Paar Flügel u. ein Paar Halteren; der auffallende Flugton (ugs. auch „Brummer" gen.) entsteht durch Schwingungen u. Reibung der Flügel im Brustbereich. Sie kommen überall vor, wo sich eiweißhalt. Stoffe zersetzen, die die Larven fressen u. deren Säfte die Imagines mit den leckenden Mundwerkzeugen aufnehmen. Daher sind die F. in u. in der Nähe v. Häusern sehr häufig; die Eier werden außer auf Nahrungsmitteln (Fleisch, Milchprodukte) auch auf Kadavern od. Exkrementen abgelegt, weshalb die F. Überträger v. pathogenen Keimen (z.B. Tuberkulose, Brucellose u.v.a.) sein können. Andere Arten legen ihre Eier in Wunden v. noch lebenden Tieren; da die Larven hier nekrot. Gewebe fressen, wurden steril gezogene Larven v. *Lucilia sericata* bis in die zwanziger Jahre bei der Behandlung schwer heilender Wunden eingesetzt. Die gleiche Art, aber auch *L. cuprina,* befällt in manchen Gebieten auch gesundes Gewebe. Die Eier werden dabei meist an verschmutzten Stellen des Fells v. Haustieren gelegt; die Larven dringen in die Haut ein u. verursachen dort ein bes. bei Schafen auftretendes Krankheitsbild *(Myiasis):* Die Larven zerstören die Haut u. ernähren sich v. der austretenden Lymphflüssigkeit; an den entstehenden großfläch. Wunden fällt das Fell aus. Auch Larven anderer Gatt., z.B. *Cordylobia,* bohren sich in die Haut ihrer Wirte, auch des Menschen, ein. Die Larve der Krötenfliege *(L. bufonivora)* dringt durch die Nasenöffnungen ein u. zerfrißt die Kröte fast vollständ. v. innen. In die Nähe od. direkt an Regenwürmer legt die häufige *Sarcophaga carnaria* mit schachbrettartig gemustertem Hinterleib ihre Eier; die Larven dringen über das Clitellum in den Wurm ein, die Imagines entwickeln sich in wenigen Tagen, der Regenwurm geht zugrunde. Auch *Pollenia rudis* parasitiert im Regenwurm. Landlebende Gehäuseschnecken befällt *Melinda caerulea.* Am häufigsten sind die typ. blau- od. grün-metall. gefärbten Arten der Gatt. *Calliphora.* Viele Arten der F. werden auch durch den aasart. Geruch v. bestimmten Blüten (↗Aasblumen) u. Pilzen angelockt u. tragen damit zu deren Bestäubung bzw. Verbreitung bei. [B] Insekten II, [B] chemische Sinne II. G. L.

Fleischflosser, *Muskelflosser, Sarcopterygia,* U.-Kl. der Knochenfische mit den beiden Ord. ↗Quastenflosser *(Crossopterygii)* u. ↗Lungenfische *(Dipnoi),* deren

Hauptentfaltung im Devon war. Sie gekennzeichnet durch fleisch. Basalteile der Brust- u. Bauchflossen, die bei urspr. Formen durch ein Skelett mit Hauptachse u. zweiseit. Flossenstrahlen (↗ Urflosse) gestützt werden, meist vorhandene Nasenrachengänge (↗ Choanen), ↗ Cosmoidschuppen u. oft durch bes. Fischlungen.

fleischfressende Pflanzen, die ↗ carnivoren Pflanzen. [rung.

Fleischfresser, die ↗ Carnivora; ↗ Ernäh-

Fleischporlinge, Albatrellus Gray (Scutiger Murill, Polyporus Gray), Porlinge (Poriales) mit saftig-fleischigem, einjähr. Fruchtkörper, den Röhrlingen ähnl., mit zentralem od. exzentrischem Stiel. Die Röhrenschicht ist deutl. v. Hutfleisch abgegrenzt, aber nicht leicht ablösbar.

Fleischvergiftung, Erkrankung durch den Genuß v. Fleisch u. Fleischwaren, die durch toxinbildende Bakterien besiedelt wurden (↗ Nahrungsmittelvergiftungen), od. durch giftige Abbauprodukte des Fleisches (↗ Fäulnis, ↗ Fleischfäulnis).

Fleißiges Lieschen, verschiedene Arten der Gattung Impatiens (Springkrautgewächse), u. a. I. balsamina (O-Indien) u. I. walleriana (trop. Afrika, Sansibar). Die reich- u. langblühende, kraut.-halbstrauch. Pflanze findet Verwendung im Freien zur Bepflanzung halbschatt. u. schatt. Plätze, im Zimmer als Topfpflanze; wärmeliebend; Vermehrung durch Samen u. weiche Stecklinge.

Fleming, Sir Alexander, schott. Bakteriologe, * 6. 8. 1881 Lochfield Darvel, † 11. 3. 1955 London; seit 1928 Prof. in London; Entdecker des Lysozyms u. des Penicillins (1928); erhielt 1945 zus. mit E. B. Chain u. H. W. Florey den Nobelpreis für Medizin.

Flemming, Walther, dt. Anatom, * 21. 4. 1843 Sachsenberg b. Schwerin, † 4. 8. 1905 Kiel; seit 1873 Prof. in Prag, 1876–1901 in Kiel; histolog. Arbeiten zur Kern- u. Zellteilung, in denen er das Chromatin (1879) entdeckte u. deren wesentl. Gemeinsamkeiten im Pflanzen- u. Tierreich er beschrieb; verbesserte die Färbe- u. Konservierungstechnik in der Histologie (Chromosmiumessigsäure: Flemmingsche Lösung) und prägte den Begriff Mitose (1882). WW „Zellsubstanz, Kern und Zellteilung" (Leipzig 1882).

Flemming-Körper [ben. nach W. ↗ Flemming], ↗ Cytokinese.

Flemmingsche Lösung [ben. nach W. ↗ Flemming], in der Cytologie benutztes Fixiergemisch aus OsO_4 (2%), CrO_3 (1%) und Essigsäure, das sich bes. gut zur Konservierung v. Chromosomen eignet.

Flexibacter s [v. *flex-, gr. baktron = Stab], Gatt. der Ord. Cytophagales, gleitende Boden- u. Süßwasserbakterien, die

Fleischporlinge
Bekannte Arten:
Schaf-Porling
(Schafeuter, Albatrellus ovinus)
Semmel-Porling
(A. confluens)
Ziegenfuß-Porling
(A. pes caprae)

Fleißiges Lieschen
Zimmerbalsamine
(Impatiens)

A. Fleming

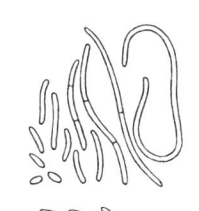

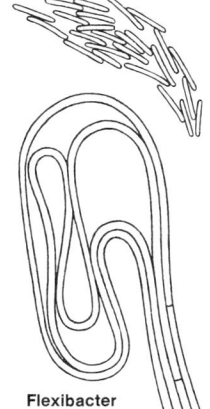

Flexibacter
Unterschiedl. Formen u. verschieden alte Zellen

gelbrot gefärbt sind (Flexirubin). In jungen Kulturen bilden sie typ. lange Fäden aus dünnen, sehr flexiblen Zellen (z. B. $0,5 \times 20$–30 μm); mit dem Alter verkürzen sich die Fäden, u. schließl. treten sie nur als Kurzstäbchen od. fast kokkenförmig auf. Normalerweise haben F.-Arten nur einen aeroben (chemoorganotrophen) Atmungsstoffwechsel, in dem sie viele organ. Substrate, aber keine Polymere, wie Cellulose, abbauen. Einige Autoren zählen den Erreger der Columnaris-Fischkrankheit, F. columnaris (Chondrococcus columnaris), auch zu dieser Bakterien-Gatt. Die den F.-Arten sehr ähnl. Formen im Salzwasser werden neuerdings in der Gatt. Microscilla eingeordnet.

Flexibacteriae [Mz.; v. *flex-, gr. baktērion = Stäbchen], Flexibakterien, Kl. der einzell. gleitenden Bakterien mit 2 Ord., den ↗ Cytophagales u. Myxobacteriales (↗ Myxobakterien); bilden stäbchenförm., oft sehr schlanke, dünne (um 1 μm ∅), normalerweise 2–8 μm lange Zellen, die fädig zusammenbleiben können. Viele Formen entwickeln komplexe Fruchtkörper. Sie besitzen einen chemoorganotrophen Stoffwechsel u. sind von bes. Bedeutung für den Stoffkreislauf, da viele Arten verschiedene polymere Naturstoffe abbauen können, z. B. Proteine, Nucleinsäuren, alle Arten v. Polysacchariden u. ganze Mikroorganismen-Zellen.

Flexibakterien [Mz.; v. *flex-, gr. baktērion = Stäbchen], die ↗ Flexibacteriae.

Flexibilia [Mz.; v. lat. flexibilis = biegsam], (Zittel 1879), † Ord. (od. U-Kl.) der Crinoidea (Seelilien) mit dicycl. Kelchbasis u. bewegl. Skelettplatten (Name!); Arme uniserial u. ohne Pinnulae, untere Arme in die Dorsalkapsel einbezogen, Tegmen mit freiliegenden Ambulacralfurchen u. Mund, Analtubus fehlt, Stiel v. rundl. Querschnitt. Die F. werden abgeleitet v. frühpaläozoischen dicycl. Inadunata (Cladoidea). Verbreitung: mittleres Ordovizium bis mittleres Perm.

Flexner, Simon, am. Bakteriologe, * 25. 3. 1863 Louisville (Ky.), † 2. 5. 1946 New York; seit 1898 Prof., 1903–35 Dir. des Rockefeller-Inst.; Mit-Begr. der Rockefeller-Foundation; Arbeiten über Lepra, Pest, Typhus, Ruhr, Kinderlähmung u. a.; entdeckte u. isolierte den Ruhr-Bacillus (F.-Gruppe, ↗ Shigella).

Flexner-Bakterium s [ben. nach S. ↗ Flexner, v. gr. baktērion = Stäbchen], Shigella flexneri, S. paradysenteriae, ↗ Shigella.

Flexoren [Mz.; v. *flex-], die ↗ Beugemuskeln.

Flieder, Syringa, Gatt. der Ölbaumgewächse mit etwa 30 Arten in SO-Europa u. Asien (insbes. Mittel- u. N-China). Überwiegend sommergrüne Sträucher od.

Fliedermotte

kleine Bäume mit gegenständ., meist ungeteilten, ganzrand. Blättern u. meist stark duftenden, weißen, roten od. violetten Blüten. Letztere bestehen aus einer langen Kronröhre mit i.d.R. 4 Zipfeln u. sind in end- od. seitenständ., zusammengesetzten, vielblüt. Trauben angeordnet. Die Frucht ist eine längl. Kapsel. Bekannteste Art ist der aus SO-Europa stammende, bis 10 m hohe Gemeine F. *(S. vulgaris),* mit herzförm. Blättern u. 10–20 cm langen, lilafarbenen Blütenständen. Aus ihm sind durch schon im vorigen Jh. in Fkr. begonnene Züchtung einige hundert Kulturformen mit einfachen od. gefüllten, weißen, gelben, roten, hell- od. dunkellila sowie bläul. Blüten hervorgegangen. Die im Frühjahr blühenden, stark duftenden Sträucher sind weit verbreitet.

Fliedermotte, *Xanthospilapteryx syringella,* ↗ Gracilariidae. [keln.
fliegen ↗ Flug, ↗ Flugmechanik, ↗ Flugmus-
Fliegen, 1) ugs. Bez. für ↗ Zweiflügler *(Diptera).* **2)** *Brachycera,* U.-Ord. der Zweiflügler mit mindestens 60000 Arten in 100 Fam. Die F. können bis 5 cm groß werden, andere Arten sind kleiner als 1 mm. Der im Ggs. zu den Mücken gedrungen wirkende Körper ist durch Pigmente, Interferenzerscheinungen u. Haare je nach Fam. u. Art unterschiedl. gefärbt. Die Gliederung des Körpers in Kopf, Brust u. Hinterleib, wie für die Insekten typisch, ist deutl. zu erkennen; sie ist bei einigen Fam. jedoch in Anpassung an Parasitismus stark abgewandelt (z. B. Laus-F., Fledermaus-F.). Wie bei allen Zweiflüglern ist das hintere *Flügelpaar* in Schwingkölbchen *(Halteren)* umgewandelt, denen Steuerungs- u. Gleichgewichtsfunktionen beim Flug zugeschrieben werden. Die Flügel sind bei primitiveren Fam. reich, bei höheren F. jedoch nur wenig geädert. Die *Mundwerkzeuge* sind bei den verschiedenen Fam. je nach Lebensweise unterschiedl. gestaltet, bei den höheren F. sind jedoch meist Mandibeln u. Maxillen weitgehend zurückgebildet, während die weichhäut. Unterlippe zu einem leckend-saugenden Tupfrüssel gestaltet ist, mit dem i.d.R. flüss. Nahrung aufgenommen werden kann. Zwei große, oft bunt schillernde *Komplexaugen* verhelfen den F. zu einem ausgezeichneten Gesichtssinn; meist sind auch noch 3 Paar Punktaugen vorhanden. Die *Antennen* der F. sind im Ggs. zu denen der Mücken kurz, borstenförmig u. bestehen bei den höheren F. aus nur 3 Gliedern, als Rest der weiteren Glieder sitzt dem letzten Fühlerglied oft noch die ↗ Arista auf. Sinneszellen zw. den Fühlergliedern (v. a. das Johnstonsche Organ) registrieren die Bewegung der

Flieder
1 Gemeiner Flieder *(Syringa vulgaris),*
2 Flieder-Traube

Fliegen

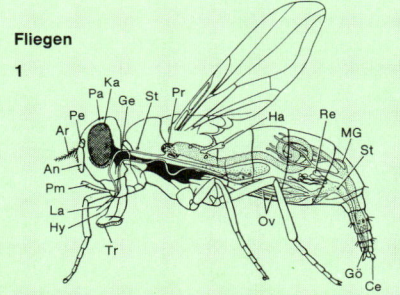

1 Bauplan: An Antenne, Ar Arista, Ce Cercus, Ge Gehirn, Gö Geschlechtsöffnung, Ha Haltere, Hy Hypopharynx, Ka Komplexauge, La Labrum, MG Malpighisches Gefäß, Ov Ovar, Pa Punktauge, Pe Pedicellus, Pm Palpus maxillaris, Pr Proventriculus, Re Receptaculum, St Stigma, Tr Tupfrüssel.

2 Schwingkölbchen (Halteren) von *Calliphora erythrocephala,* **a** von hinten, **b** von oben

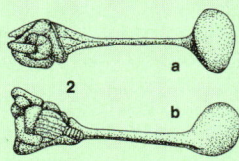

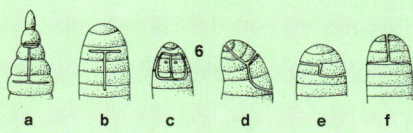

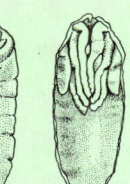

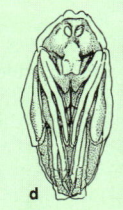

3a Fliegenmade (rechts Hinterende mit Atemöffnungen), **b–d** zeigen die in Hautsäcken versenkten Anlagen u. ihre Entfaltung in der Puppe: AB Anlage der Beinpaare, AF der Fühler, AK der Komplexaugen, AR des Rüssels, NS Nervensystem (Schlundring), VD Vorderdarm. **4** Wichtige Stadien der Vorgänge in dem Tönnchen einer F.puppe; **a** zuerst treten die 3 Beinpaare als kleine Stummel nach außen, der Kopf ist im tiefen Loch eingesenkt; **b** Wachstum der Beine, Heraustreten der Flügel, Kopf noch verborgen; **c–d** erst jetzt tritt auch der große Kopf nach außen, Flügel u. Beine wachsen stark, auch hat eine Häutung stattgefunden; der dunkle Punkt über dem noch geknitterten Flügel (**c**) ist eine Atemöffnung der Puppe.

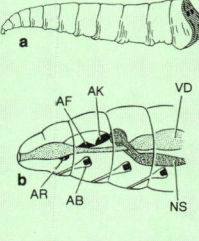

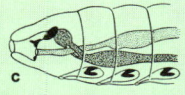

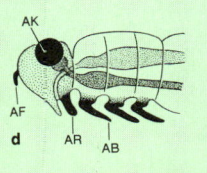

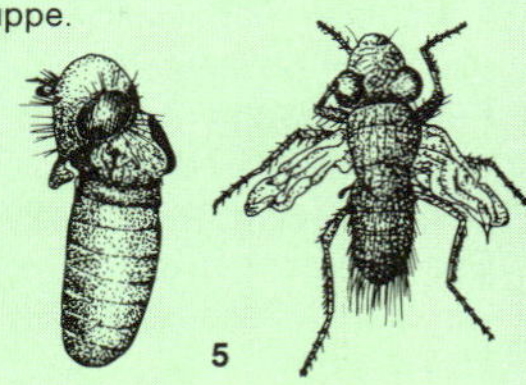

5 Cyclorrhaphe Fliege beim u. direkt nach dem Schlupf, Flügel noch nicht voll entfaltet. **6** Sprenglinien bei verschiedenen F.puppen (Puppenhaut bzw. Puparium); **a** Ortho-, **b–f** Cyclorrhapha.

Fühlerglieder zueinander durch den Windwiderstand beim Fliegen; sie tragen damit zur Flugsteuerung bei. Die 6 *Beine* besitzen an den Endgliedern bei vielen Fam. Haftorgane (Pulvilli), mittels derer diese F. an glatten Flächen, z. B. Fensterscheiben, laufen können. Die Fußglieder der ektoparasitisch im Fell bzw. Federkleid lebenden Laus-F. u. Fledermaus-F. sind zum Festkrallen an den Wirt klauenförm. ausgebildet. Bei einigen F. sind auch Geschmackssinnesorgane an den Fußgliedern nachgewiesen (B chemische Sinne II). Die *Ernährung* der F. ist je nach Fam. sehr vielfältig. Viele nehmen flüss. od. mit Speichel aufgelöste Nahrung, z. B. Blütennektar, auf, andere nehmen als Imagines überhaupt keine Nahrung zu sich. Die Raub-F. ernähren sich v. erbeuteten Insekten; auch blutsaugende F., z. B. die Bremsen, sind bekannt. Bei der *Fortpflanzung* kommt es oft vor der Kopulation zu einer Balz; die Eier werden häufig durch eine aus den letzten Hinterleibssegmenten gebildete Legeröhre abgelegt. Die Larven ernähren sich meist v. dem Substrat, in das die Eier gelegt wurden; viele Fam. bevorzugen Kot u. Aas, durch deren Geruch sie angelockt werden; sie tragen dadurch zur Bestäubung der ähnl. riechenden ↗Aasblumen bei. Einige Gatt. der Fleisch-F. legen ihre Eier häufig in Nahrungsmitteln ab; andere Gatt., wie die Kröten-F. od. die Fam. der Dassel-F., bevorzugen dazu lebendes Gewebe, in dem die Larven parasitieren. Die Larven der Raupenfliegen *(Tachinidae)* leben als Parasitoide in Insektenlarven (z. B. Schmetterlingsraupen) u. töten sie dadurch. Auch vivipare u. ovovivipare F. kommen vor. Den *Larven* (Maden) der F. fehlen stets deutlich ausgebildete Beine; nach dem Grad der Kopfausbildung kann man hemicephale (Kopfkapsel z. T. aufgelöst) u. acephale (Kopfkapsel ganz zurückgebildet, Kopf in den Thorax eingezogen) Larven unterscheiden; letztere Larve ist die typ. *Made* der höheren (cyclorrhaphen) F. Sie besteht aus 12 Segmenten; der weißl.-gelbe Körper ist mehr od. weniger langgestreckt. Sie häutet sich 3–4mal u. durchläuft wie alle Zweiflügler eine holometabole Entwicklung. Die Anlagen der Beine u. des Kopfes sind in Hautsäcken versenkt (Embryonalscheiben) u. werden während der Puppenruhe entfaltet. Bei dem ca. 5 Min. dauernden Schlüpfvorgang wird die Puppenhaut entlang einer vorgebildeten Naht gesprengt. Je nach der Form dieser Naht unterscheidet man ↗Spaltschlüpfer (Orthorrhapha) u. ↗Deckelschlüpfer *(Cyclorrhapha);* zu den letzteren gehören die Fam. der höher entwickelten F. Bei diesen liegt die Puppe in der dunkelgefärbten letz-

Fliegen
Wichtige Familien:
↗ Augenfliegen *(Dorylaeidae, Pipunculidae)*
↗ Bienenläuse *(Braulidae)*
↗ Blattlausfliegen *(Chamaemyiidae)*
↗ Blumenfliegen *(Anthomyiidae)*
↗ Bohrfliegen, Fruchtfliegen *(Trypetidae)*
↗ Bremsen *(Tabanidae)*
↗ Buckelfliegen, Rennfliegen *(Phoridae)*
↗ Cypselidae *(Borboridae, Dungfliegen)*
↗ Dasselfliegen, Biesfliegen *(Oestridae)*
↗ Dickkopffliegen *(Conopidae)*
↗ Drosophilidae *(Obstfliegen, Taufliegen)*
↗ Fensterfliegen *(Omphralidae)*
↗ Fledermausfliegen *(Nycteribiidae* u. *Streblidae)*
↗ Fleischfliegen *(Calliphoridae)*
↗ Gasterophilidae *(Magendasseln)*
↗ Grasfliegen *(Opomyzidae)*
↗ Halmfliegen *(Chloropidae)*
↗ Holzfliegen *(Erinnidae)*
↗ Hornfliegen *(Sciomyzidae)*
↗ Kugelfliegen *(Acroceridae, Cyrtidae)*
↗ Langbeinfliegen *(Dolichopodidae)*
↗ Lausfliegen *(Hippoboscidae)*
↗ Lonchaeidae
↗ Lonchopteridae
↗ Luchsfliegen *(Stilettfliegen, Therevidae)*
↗ Minierfliegen *(Agromycidae)*
↗ Muscidae *(Echte Fliegen)*
↗ Nacktfliegen *(Psilidae)*
↗ Netzfliegen *(Nemestrinidae)*
↗ Piophilidae
↗ Platystomidae
↗ Raubfliegen *(Jagdfliegen, Asilidae)*
↗ Raupenfliegen *(Larvaevoridae, Tachinidae)*
↗ Scatophagidae *(Kotfliegen, Mistfliegen)*
(Fortsetzung auf Seite 350)

ten Larvenhaut (Tönnchen = Puparium), dessen Deckel v. der schlüpfenden Fliege durch Hervorpressen einer Stirnblase gesprengt wird. Die *Bedeutung* der F. liegt für den Menschen in der Übertragung vieler Krankheiten (z. B. Tsetsefliege, Fam. *Muscidae*) u. als Schädling für Pflanzen u. Vorräte. Für die Bestäubung vieler Pflanzen, die Zersetzung organ. Materials im Boden, als Futtergrundlage vieler anderer Tiere u. vieles andere spielen die F. allerdings eine wichtige Rolle. B Insekten II.

Lit.: Lindner, E. (Hg.): Die Fliegen der Palaearktischen Region. Stuttgart, 1922ff. (ca. 20 Bde.). *G. L.*

Fliegenbestäubung ↗Fliegenblütigkeit.

Fliegenblumen, Blüten, die v. Zweiflüglern *(Diptera)* bestäubt werden; ↗Fliegenblütigkeit.

Fliegenblütigkeit, *Fliegenbestäubung, Myophilie,* die Bestäubung v. Blüten durch Zweiflügler *(Diptera);* Form der ↗Entomogamie; manchmal wird die Bestäubung der nach Kot, Aas, Urin riechenden ↗Aasblumen durch Schmeißfliegen usw. als *Sapromyophilie* getrennt betrachtet. Von Dipteren besuchte Blüten od. Blütenstände zeigen ein uneinheitl. Erscheinungsbild. Oft sind es offene Blüten mit frei zugängl. Nektar u. Pollen (z. B. Efeu, Mistel, Euphorbien, Doldenblütler). Hierher gehören aber auch die kompliziert gebauten ↗Gleitfallenblumen (z. B. Aronstab, *Aristolochia).* Viele *Fliegenblumen* locken die Bestäuber mit spezif., für den Menschen unangenehmen Gerüchen an. Die Farbe ist meist weiß, grün od. braun, oft mit dunklen Flecken. Die Bedeutung der in verschiedenen systemat. Gruppen auftretenden, leicht bewegl. Haare (Flimmerkörper) ist noch ungeklärt. Obwohl der Anteil der Zweiflügler an der Bestäubung v. Blüten in Mitteleuropa hoch ist (26%), gibt es nur wenige Blüten, die ausschl. von ihnen besucht werden. Die meisten der in Frage kommenden Blüten haben ein gemischtes Besucherspektrum u. werden neben Zweiflüglern auch von kurzrüssl. Bienen, Käfern u. Wespen besucht. Innerhalb der Zweiflügler sind es Vertreter vieler Gruppen, die Blüten anfliegen, um dort Nahrung aufzunehmen, z. B. Muscidae, Calliphoriden, Empididen, Tachyniden, Syrphiden u. Bombyliiden. Die beiden letztgen. Gruppen sind gut an den Blütenbesuch angepaßt. Die Syrphiden besuchen offene Blüten, während die Bombyliiden mit ihren langen Rüsseln auch langröhr. Blüten ausbeuten, die i. d. R. von Bienen bestäubt werden (z. B. Traubenhyazinthe, Lavendel). In den Tropen haben auch Vertreter der Tabaniden entsprechende Rüssel zum Blütenbesuch entwickelt.

Fliegende Fische, *Flugfische i. e. S., Exo-*

Fliegende Hunde

coetidae, Fam. der Flugfische i.w.S. mit ca. 100 Arten der höchstens zu kleinen Luftsprüngen befähigten ↗Halbschnäbler u. ca. 40 Arten der F.n F. i.e.S. Letztere sind Hochseefische trop. u. gemäßigter Meere, die bis 50 m weit durch die Luft gleiten können. Sie schnellen sich dabei durch kurze, rasche Schläge mit der im unteren Teil verlängerten Schwanzflosse aus dem Wasser u. segeln mit den großen, flügelart. spreizbaren Brustflossen meist 1 m, bei günst. Aufwinden auch bis fast 10 m hoch über die Wasseroberfläche. Beim Aufsetzen aufs Wasser können viele Arten mehrmals, ohne einzutauchen, mit heft. Schlägen der Schwanzflosse (bis 50 Schläge pro Sek.) erneut Antrieb nehmen u. dadurch insgesamt über 200 m weit fliegen. Hierzu gehören der weit verbreitete, ca. 25 cm lange, heringsähnl. Fliegende Fisch *(Exocoetus volitans),* der ähnl. Atlant. Flugfisch *(E. obtusirostris)* u. der bis 45 cm lange, auch als Speisefisch geschätzte Kaliforn. Flugfisch *(Cypselurus californicus).* Einige F. F. haben zusätzl. tragflächenart. verbreiterte Bauchflossen, z. B. der im Jugendstadium Kinnbarteln besitzende, bis 40 cm lange Kinnbartelflugfisch *(C. heterurus,* B Fische IV). Nicht zu den F.n F.n gehören die ebenfalls flugfähigen ↗Beilbauchfische (B Fische XII).

Fliegende Hunde, die ↗Flughunde.

Fliegender Kalmar, *Ommastrephes bartramii,* zur Fam. Pfeilkalmare gehörender, in warmen u. gemäßigten Meeren weitverbreiteter Kopffüßer von ca. 60 cm Mantellänge, der sehr schnell schwimmen u. dabei aus dem Wasser herausschnellen u. meterweit fliegen kann.

Fliegenhaft, *Cloeon,* Gatt. der ↗Glashafte.

Fliegenlarvenkrankheit, *Myiasis,* v. Larven verschiedener Fliegen-Fam. verursachte Parasitose bei Säugetieren u. Mensch (↗Dasselfliegen). Die Entstehung der endoparasitären F. ist durch Fälle verständlich, in denen Fliegenlarven, die sonst Aas fressen, fakultativ in Wunden lebender Wirte eindringen (↗Fleischfliegen). Der Mensch ist nur Nebenwirt, z. B. für die afr. Tumbufliege *Cordylobia anthropophaga.*

Fliegenpilz, *Narrenschwamm,* gefährlich giftiger, auch tödl. wirkender Wulstling (Amanitaceae) mit einer hohen Zahl an Giftstoffen (↗F.gifte). Der Name geht auf den früheren Brauch zurück, gezuckerte F.-Stücke mit Milch zu übergießen u. als Lockmittel für Fliegen zu verwenden, die davon sterben (daher auch „Fliegentod" gen.). Der bekannteste Giftpilz, der rote F. *(Amanita muscaria* Hook.), hat eine lebhaft rote, orange, orange-gelbe Huthaut, zumindest jung mit weißen Flecken. Der Hutdurchmesser beträgt bis 20 cm. Blätter u.

Fliegen (Fortsetzung)
↗Schmuckfliegen (Otitidae)
↗Schnepfenfliegen (Rhagionidae)
↗Schwebfliegen (Syrphidae)
↗Schwingfliegen (Sepsidae)
↗Stelzfliegen (Micropezidae)
↗Stielaugenfliegen (Diopsidae)
↗Sumpffliegen (Ephydridae)
↗Tangfliegen (Coelopidae)
↗Tanzfliegen (Empididae)
↗Tummelfliegen (Clythiidae)
↗Waffenfliegen (Stratiomyidae)
↗Wollschweber (Bombyliidae)

Fliegenpilz

Der quantitative u. qualitative Gehalt der G ft- bzw. Rauschstoffe der F.e scheint v. den Umweltbedingungen (Boden, Klima) abhängig zu sein. Daraus erklärt sich, daß in verschiedenen Gegenden über Giftigkeit od. Rauschwirkung sehr unterschiedl. Angaben vorliegen. Der F. ist möglicherweise das älteste Halluzinogen der Menschen. Aber erst 1730 wurde bekannt, daß dieser Pilz in Sibirien bei den Schamanen bei deren Riten verwendet wurde: sie aßen getrocknete Pilze od. tranken Extrakte mit Wasser, Rentiermilch od. verschiedenen Pflanzensäften verdünnt. Es gibt Hinweise, daß der F. auch in Mittelamerika (bereits in präkolumbian. Zeit) u. in N-Amerika (bei den Indianer-Kulturen) als Halluzinogen verwendet wurde. Vermutl. beruht der altindische Soma-Kult arischer Stämme (ca. 3500 v. Chr.) auf dieser zur Gottheit erhobenen Rauschdroge.

Fleisch sind weißl.; der gleichfalls weiße Stiel hat eine schlaff hängende, große Manschette (Ring) u. eine abgesetzte Knolle mit Warzen (Volvareste). Der rote F. kommt von Aug. bis Nov. in Laub- u. Nadelwald vor, im Flachland meist unter Birken, im Gebirge bes. unter Fichten (vorwiegend auf sauren Böden). In den Alpen ist er bis 2100 m, im N noch in Island u. den Tundrazonen verbreitet. Der Königs-F. (Brauner F., *Amanita regalis* Michael) gleicht dem roten F., doch besitzt er eine braune Huthaut. Er ist seltener als der rote F., kommt bes. im Nadelwald vor u. ist im N noch in Lappland zu finden. B Pilze IV.

Fliegenpilzgifte, giftige, motor. Funktionen hemmende Inhaltsstoffe des ↗Fliegenpilzes *(Amanita muscaria).* Hauptwirkstoffe sind die *Ibotensäure* u. ihr Derivat

$$H_3\overset{\oplus}{N}-CH\underset{COO^{\ominus}}{\underset{|}{}}\begin{array}{c}OH\\\diagup\\N\end{array} \qquad H_3\overset{\oplus}{N}-CH_2\begin{array}{c}O^{\ominus}\\\diagup\\N\end{array}$$
Ibotensäure · Muscimol

Muscimol, das durch Decarboxylierung (z. B. beim Kochen) aus Ibotensäure entsteht u. 5- bis 10mal wirksamer ist als diese. *Muscarin,* ein weiterer Inhaltsstoff des Fliegenpilzes, ist nicht an Vergiftungen durch F. beteiligt.

Fliegenschimmel, *Entomophthora muscae,* ↗Entomophthorales.

Fliegenschnäpper, *Muscicapidae,* Fam. der Singvögel mit 32 Gatt. u. fast 400 Arten, die in der Alten Welt, bes. in den Äquatorialgegenden, vorkommen. Von manchen Systematikern werden zu den F.n auch die Drosseln, Grasmücken, Timalien u. a. gerechnet. Sitzen gern auf Astspitzen u. Leitungen, um v. dort aus im Flug Insekten zu erbeuten; Federborsten am Schnabelgrund dienen bei der Flugjagd als Reuse; kommen selten auf den Boden; breitschnäbelig, wenig ruffreudig; bes. trop. Arten sind sehr farbenprächtig, mit ausgeprägtem Sexualdimorphismus. Die größte Art ist der Ind. Paradiesschnäpper *(Terpsiphone paradisi,* B Asien III) mit einer Gesamtlänge v. 53 cm, wovon 42 cm auf den Schwanz entfallen. Der schwarzweiße, 13 cm große Trauerschnäpper *(Ficedula hypoleuca,* B Europa IX) gehört zu den am besten untersuchten Singvogelarten; besiedelt lichte Wälder u. Parkanlagen in großen Teilen Europas, W-Sibiriens u. NW-Afrikas; Weibchen u. Männchen im Ruhekleid braungrau mit weißem Flügelfeld; Zugvogel wie alle eur. F.; brütet in Baumhöhlen u. Nistkästen; ausgeprägte Brutplatztreue; manche Männchen besitzen mehrere Reviere u. führen eine Mehrfachehe; 5–7 blaßblaue Eier werden v. Weibchen bebrütet; die Jungen sind mit etwa 15 Tagen flügge. Der ähnl. gefärbte u.

durch weißen Halsring u. Bürzel gekennzeichnete Halsbandschnäpper *(F. albicollis)* ist weiter südöstl. verbreitet; im Überlappungsgebiet bastardieren beide Arten miteinander. Das Männchen des 11,5 cm großen, nach der ⇗ Roten Liste „potentiell gefährdeten" Zwergschnäppers *(F. parva)* besitzt eine orangerote Kehle, die Art besiedelt unterholzreiche Laubhochwälder. Der farbl. (aschbraun) u. stimml. („pst") unauffällige Grauschnäpper *(Muscicapa striata)* bewohnt Waldränder, Obstpflanzungen u. Gärten; Stirn u. Brust sind gestreift; brütet in Nischen u. Halbhöhlen; 5 grünl., rotbraun gefleckte Eier.

Fließerden, Böden am Hangfuß der Mittelgebirge, die durch Bodenfließen (Solifluktion) während des Pleistozäns (vor ca. 1 Mill. Jahre) dorthin verlagert wurden u. mit Schutt u. Löß überdeckt sein können.

Fließgleichgewicht, das ⇗ dynamische Gleichgewicht; ⇗ Entropie (in der Biol.).

Fließwasserorganismen, Fließgewässer besiedelnde Pflanzen u. Tiere, die sich den unterschiedl. Bedingungen ihres Lebensraums angepaßt haben. In der Zone starker Strömung, dem *Rhithral,* in der der Boden kiesig, die Wassertemp. niedrig u. der Sauerstoffgehalt hoch ist, heften od. klammern sich die F. am Substrat fest (⇗ Bergbach). In der Zone des Tieflandflusses, dem *Potamal,* in der die Strömung geringer, die Wassertiefe größer, die Wassertemperatur höher u. der Sauerstoffgehalt geringer ist, treten grabende Formen auf u. am Ufer höhere Pflanzen. Die typ. Fischarten sind Döbel, Barbe u. Brachsen sowie kleinere Bodenfische, wie Gründling u. Groppe. [rion.

Fließwasserröhrichte ⇗ Sparganio-Glyce-

Flimmerepithel, *Wimperepithel,* stets einschicht. ⇗ Epithel, dessen Zellen *(Flimmerzellen)* an ihrer freien Oberfläche mit ⇗ Cilien besetzt sind, die im ganzen Epithelverband koordiniert schlagen (Erregungsleitung zw. den Zellen) u. Stoffe entlang der Epitheloberfläche transportieren können. F.ien treten bei den meisten Gruppen mehrzell. Tiere auf u. dienen bei Wassertieren u. a. dem Beutefang („Strudler") u. Nahrungstransport im Darm, der Erzeugung v. Atemwasserströmen, im Atmungstrakt v. Wirbeltieren zum Auswärtstransport v. Schleim u. Fremdkörpern, bei manchen Tiergruppen auch der eigenen Fortbewegung (Strudelwürmer). ☐ Epithel.

Flimmergeißeln, Sonderform der Geißeln (⇗ Cilien) bei manchen Flagellaten (⇗ Geißeltierchen), deren Geißelmembran einen pelzigen Besatz mit feinen, 2–20 nm dicken u. bis 200 nm langen Härchen trägt, der wohl der Erhöhung des Strömungswider-

Fliegenschnäpper

Wiesen-Flockenblume (Centaurea jacea)

stands dient u. als Sonderform der ⇗ Glykokalyx anzusehen ist.

Flimmerhaare, die ⇗ Cilien.

Flimmerkörper, Haare an v. Zweiflüglern besuchten Blüten; ⇗ Fliegenblütigkeit.

Flimmerlarven, die ⇗ Wimperlarven.

Flimmerrinne, 1) Wimperstraße (Siphonoglyphe) im Schlundrohr der Blumentiere (⇗ *Anthozoa);* **2)** das ⇗ Endostyl der niederen Chordaten.

Flimmertrichter ⇗ Nephridien.

Flimmerverschmelzungsfrequenz ⇗ Auflösungsvermögen. [⇗ Flimmerepithel.

Flimmerzellen, 1) die ⇗ Cyrtocyten; **2)**

Flitterzellen, *Iridocyten,* Guaninplättchen enthaltende Zellen, die im Unterhautgewebe v. kaltblüt. Wirbeltieren, Krebsen u. Weichtieren vorkommen u. das einfallende Licht reflektieren. Bei Kopffüßern sind sie bes. hoch entwickelt u. liegen in mehreren Schichten übereinander; zus. mit den darüberliegenden Farbzellen (⇗ Chromatophoren) sind sie für das nervös gesteuerte, oft lebhafte Farb- u. Musterspiel in der Haut der Kopffüßer verantwortlich.

Flockenblume, *Centaurea,* Gatt. der Korbblütler mit über 500, überwiegend im Mittelmeergebiet u. in Vorderasien heim. Arten. Meist krautige, ästige Pflanzen mit wechselständ., ungeteilten od. fiederteiligen, bisweilen behaarten Blättern u. mittel- bis sehr großen Blütenköpfen aus röhr. Blüten, wobei die randständ. Blüten meist vergrößert sind u. lange, z.T. sternförmig ausgebreitete Zipfel besitzen. Die Hüllblätter sind dachig angeordnet u. enden an der Spitze in einem trockenhäut., fransig zerteilten Anhängsel. Die den Griffel umschließenden Staubblätter kontrahieren sich bei Berührung (Seismonastie) u. bewirken, daß der hervortretende, mit Pollen belegte Griffel gg. das bestäubende Insekt gedrückt wird. In Mitteleuropa etwa 12 Arten. Die in ganz Europa heim. Wiesen-F. *(C. jacea)* hat ca. 2 cm breite, rotviolette Blütenköpfe u. wächst in Weiden u. Wiesen (auch Magerrasen u. Moorwiesen). In Kalkmagerrasen u. -weiden sowie an Wald- u. Buschrändern in ganz Europa ist die Skabiosen-F. *(C. scabiosa)* mit fiederteiligen, borstig rauhen Blättern u. meist purpurnen, 3–5 cm breiten Blütenständen zu finden. Früher sehr häufig als Unkraut in Getreidefeldern (bes. im Wintergetreide) anzutreffen war die heute eher seltene Kornblume *(C. cyanus,* B Europa XVI); sie stammt aus SO-Europa u. hat 2–3 cm breite Blütenkörbchen mit leuchtend blauen Rand- u. purpurfarbenen Scheibenblüten. Ihr in Farbe sehr ähnl., jedoch mit sehr viel größeren Köpfchen (6–8 cm breit) ausgestattet ist die zieml. selten in sonn. Berg- u. Schluchtwäldern sowie in subalpi-

Flöhe

nen Hochgras- u. Hochstauden-Halden wachsende Berg-F. (*C. montana*); sie wird häufig auch als Gartenzierpflanze kultiviert.

Flöhe, *Siphonaptera, Aphaniptera,* mit ca. 1500 Arten (davon etwa 70 in Mitteleuropa) weltweit verbreitete Ord. der Insekten. Die F. leben ektoparasit. als Blutsauger an Vögeln od. Säugetieren u. werden je nach Art 2 bis 6 mm groß. Der ungeflügelte Körper der Imagines ist seitl. stark abgeflacht, gedrungen, die Körpersegmente überlappen sich gegenseitig. Die kurzen Fühler liegen in speziellen Gruben, Lateralaugen in kleine Einzelaugen aufgelöst, oft fehlend. Am ganzen Körper sind artspezif. ausgebildete, immer nach hinten gerichtete Borsten- u. Stachelkämme verteilt, die zus. mit den kräft., mit Klauen versehenen Beinen eine gute Haftung u. schnelle Fortbewegung im Fell od. Federkleid des Wirtes ermöglichen. Verantwortl. für das gute Sprungvermögen der F. ist die kräftig ausgebildete Muskulatur der Hüfte u. Schenkel der Mittel- u. bes. der Hinterbeine. Das Sprungvermögen ist je nach Art u. Wirtsfindung verschieden, einige Arten können bis 50 cm weit u. 30 cm hoch springen. Zum Blutsaugen sind die Mundwerkzeuge zu 3 Stechborsten umgebildet, die als (unpaarer) Hypopharynx u. paar. Innenladen der Maxillen gedeutet werden. Die Haut wird mit dem Hypopharynx angebohrt u. das Blut nach Injektion eines gerinnungshemmenden Stoffes in den Darm gesaugt. Bei der bis zu 3 Stunden dauernden Blutmahlzeit wird oft mehr Blut gesogen, als benötigt wird, so daß frisches Wirtsblut aus dem After ausgeschieden wird, das am Boden eintrocknet u. dort den Larven als zusätzl. Nahrung dient. Bei Störung wird der Saugvorgang abgebrochen u. meist unmittelbar daneben ein neuer Stich angebracht; daher liegen die juckenden, kleinen Flohstiche oft in Mehrzahl nebeneinander. Die ca. 0,5 mm großen Eier fallen auf den Boden, wo sich die gelbl., ca. 5 mm langen, augen- u. beinlosen Larven entwickeln. Die Entwicklungsdauer (über 3 Larvenstadien u. eine Puppe) ist je nach Art u. Lebensbedingungen sehr unterschiedlich. Viele Arten können bis zu 12 Monaten hungern, bes. hungrige F. sind bei der Wahl des Wirtes, der mit Geruchs-, Temperatur-, v. a. aber mit dem Tastsinn gefunden wird, nicht sehr wählerisch. Entscheidend für die Wirtsspezifität sind vielmehr die Lebensgewohnheiten des Wirtes, die die Voraussetzungen für die Larvalentwicklung schaffen. Die bedeutendste Fam. der F. sind die *Pulicidae* mit den Arten ↗ Menschenfloh (*Pulex irritans*), ↗ Pestfloh (*Xenopsylla cheopis*), Hundefloh (*Ctenocephalides canis*) u. Katzenfloh (*C. felis*). Die beiden letzten Arten

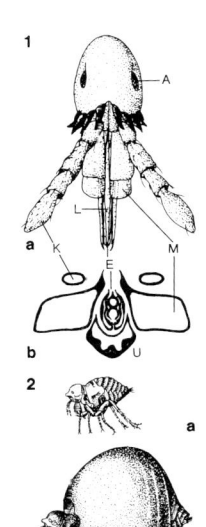

Flöhe
1a Kopf und **b** Mundwerkzeuge (Schnitt) des Hundeflohs (*Ctenocephalides canis*); **2** Sandfloh (*Tunga penetrans*), **a** junges, **b** älteres vollgesogenes Weibchen (natürl. Größe etwa erbsengroß).
A Auge, E Epipharynx, K Kiefertaster, L Lippentaster, M Maxillarlobus, U Unterlippe

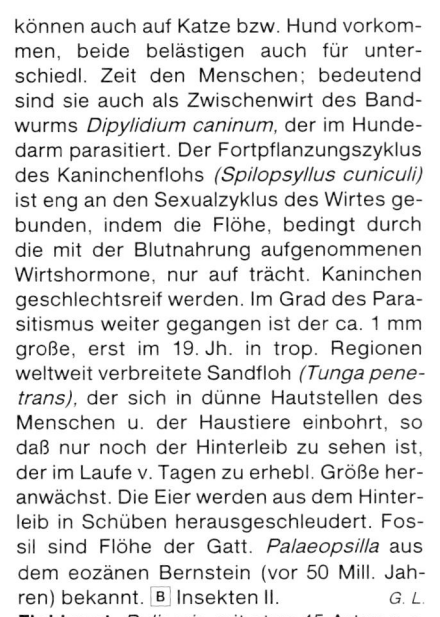

Kleines Flohkraut (*Pulicaria vulgaris*)

können auch auf Katze bzw. Hund vorkommen, beide belästigen auch für unterschiedl. Zeit den Menschen; bedeutend sind sie auch als Zwischenwirt des Bandwurms *Dipylidium caninum,* der im Hundedarm parasitiert. Der Fortpflanzungszyklus des Kaninchenflohs (*Spilopsyllus cuniculi*) ist eng an den Sexualzyklus des Wirtes gebunden, indem die Flöhe, bedingt durch die mit der Blutnahrung aufgenommenen Wirtshormone, nur auf trächt. Kaninchen geschlechtsreif werden. Im Grad des Parasitismus weiter gegangen ist der ca. 1 mm große, erst im 19. Jh. in trop. Regionen weltweit verbreitete Sandfloh (*Tunga penetrans*), der sich in dünne Hautstellen des Menschen u. der Haustiere einbohrt, so daß nur noch der Hinterleib zu sehen ist, der im Laufe v. Tagen zu erhebl. Größe heranwächst. Die Eier werden aus dem Hinterleib in Schüben herausgeschleudert. Fossil sind Flöhe der Gatt. *Palaeopsilla* aus dem eozänen Bernstein (vor 50 Mill. Jahren) bekannt. ⬜ Insekten II. *G. L.*

Flohkraut, *Pulicaria,* mit etwa 45 Arten v. a. im Mittelmeergebiet vertretene Gatt. der Korbblütler. Flaumig bis filzig (drüsig) behaarte Pflanzen mit wechselständ. ungeteilten Laubblättern u. meist zahlr. gelben Blütenköpfen aus röhrenförm. Scheiben- u. zungenförm. Randblüten. In Mitteleuropa zu finden ist das Große F. (*P. dysenterica*), eine ausdauernde Pflanze mit längl. Blättern u. bis 3 cm breiten, in lockerer Doldentraube stehenden Blütenköpfen sowie das nach der ↗ Roten Liste „gefährdete" einjährige Kleine F. (*P. vulgaris*) mit nur etwa 1 cm breiten, unansehnl. Köpfchen. Beide Arten wachsen in Pionier-Ges. an Ufern u. Gräben sowie in Moorwiesen u. nassen Weiden. *P. dysenterica,* auch Ruhrwurz gen., wurde fr. als Heilmittel gg. Ruhr (Dysenterie) eingesetzt.

Flohkrebse, *Amphipoda,* Ord. der *Peracarida* (Über-Ord. der *Malacostraca*); mit über 4600 Arten eine ökolog. vielgestaltige Gruppe kleiner (wenige mm bis cm) Krebse. Nur *Alicella gigantea* (Fam. *Lysianassidae*) u. *Thaumatops loveni* (Fam. *Thaumatopsidae*), beides Tiefseearten, erreichen bis 14 cm Länge. F. besiedeln alle marinen Lebensräume einschl. des Pelagials. Einige sind ins Süßwasser eingedrungen (Bachflohkrebse, Brunnenkrebse), die Strandflöhe sind terrestr., wenn auch noch sehr vom Wasser abhängig, u. die Walläuse sind Parasiten. Arten der Gatt. *Dulichia* (↗ *Podoceridae*) bilden hemisessile, in Familiengruppen lebende Sozialverbände. F. haben eine Reihe v. Ähnlichkeiten (Konvergenzen) mit den ↗ Asseln. Wie bei diesen ist der Carapax rückgebildet, u. die Pereiopoden besitzen

Flohkrebse

1 Bachflohkrebs (*Gammarus*).
2 Schema eines Flohkrebses. Ad Antennendrüse, An Antenne, As Anus, Ce Cephalothorax, Co Coxalplatte, Da Darm, Ge Gehirn, hD hinterer Darmblindsack, He Herz, Ma Mandibel, Md Mitteldarmdrüse, Pe Pereiopode, Pl Pleopode, Te Telson, Ur Uropode

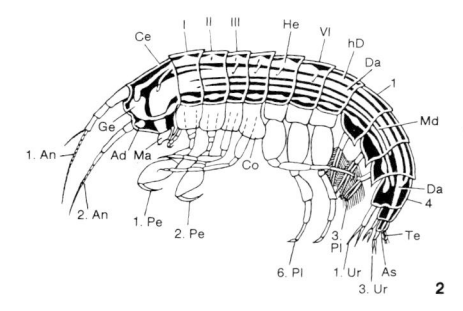

keine Exopodite. Auch die Körpergliederung ist ähnl., u. die Augen sind sitzend, ungestielt. Im Ggs. zu den Asseln ist der Körper jedoch seitl. abgeflacht. Er beginnt mit dem Cephalothorax aus dem Kopf u. einem, seltener zwei Thorakomeren. Es folgen 7 freie Pereiomeren u. das Pleon. Die vorderen 4 Pereiopoden sind nach vorn gerichtet; ihre beiden ersten, die Gnathopoden, tragen zuweilen mächt. Subchelae. Die drei hinteren Pereiopodenpaare sind nach hinten gerichtet. Die Coxen der Pereiopoden sind verbreitert u. bilden pleurotergitähnl. Pseudepimeren. Das Pleon besteht ebenfalls aus zwei verschiedenen Regionen. Die vorderen drei Segmente tragen einfache Schwimm-Spaltbeine. Die letzten drei bilden das Urosom; ihre Extremitäten sind starre, griffelförm. Spaltbeine, die zus. einen Sprungapparat bilden können, aber auch beim Schwimmen od. Kriechen eingesetzt werden. Das Pleon ist meist ventrad eingeschlagen u. kann, nach hinten ausgestreckt, den Körper vorschieben od. vorschnellen. Bei den Gespenstkrebsen u. den Walläusen ist das Pleon zurückgebildet. Atmungsorgane sind als Kiemen dienende Epipodite an den Pereiopoden, die wegen der verbreiterten Coxalplatten nach innen, zur Mittellinie hin, verlagert sind. Der Darm ist im Ggs. zu dem der Asseln entodermal. Exkretionsorgane sind Antennendrüsen. Das langgestreckte Herz liegt, entspr. der Lage der Kiemen, im Pereion; vom Perikard ziehen, wie bei den Insekten, segmental angeordnete, sog. Flügelmuskeln an die Körperseiten. Sinnesorgane sind sitzende Komplexaugen, deren Corneae nicht facettiert sind; sie sind bei einigen pelag. Arten (*Hyperiidea*) riesig. Bei den *Ampeliscidae* sind die Augen zweigeteilt in je ein dorsales u. ein ventrales, u. die Cornea bildet über jedem Auge eine einheitl. Linse. Manche *Gammaridea* besitzen Statocysten im Kopf. Weit verbreitet sind Tastborsten, u. die 1. Antennen tragen sog. *Ästhetasken* (röhrenförm. Chemorezeptoren). Alle F. sind getrenntgeschlechtlich. Bei vielen, z. B. Bachflohkrebsen u. a. *Gammaridae*, sind

Flohkrebse

Unterordnungen und wichtige Familien:

Gammaridea
  Ampeliscidae
  Cheluridae
  (↗Bohrflohkrebs)
  Corophiidae
  (↗Wattkrebs)
  Gammaridae
  (Bachflohkrebse,
  ↗Brunnenkrebs u. v. a.)
  Lysianassidae
  ↗*Podoceridae*
  Talitridae
  (↗Strandflöhe)
Ingolfiellidea
Caprellidea
  Caprellidae (↗Gespenstkrebse)
  Cyamidae (↗Walläuse)
↗*Hyperiidea*
  Hyperiidae
  Phronimidae
  Thaumatopsidae

die Männchen größer als die Weibchen u. haben mächt. Gnathopoden. Bei diesen Arten gibt es eine Praecopula, bei der das Männchen das kleinere Weibchen einige Tage mit Hilfe seiner Gnathopoden herumträgt. Das Weibchen entwickelt frühzeitig maximal 4 Paar Oostegite, die bei der Parturialhäutung ihre endgült. Form u. Beborstung erhalten. Die Praecopula dauert bis zu dieser Häutung. Sofort nach der Häutung dreht das Männchen das Weibchen mit der Bauchseite nach oben u. leitet mit seinen Pleopoden Sperma in dessen Marsupium. Das Weibchen legt anschließend Eier; daraus schlüpfen später fertige kleine Flohkrebse; es gibt kein Mancastadium. – Die bekanntesten F. sind die Bachflohkrebse (*Gammaridae*, Gatt. *Gammarus = Rivulogammarus*) u. ihre marinen u. im Brackwasser lebenden Verwandten. Sie sind gute Schwimmer u. Allesfresser, die maßgebl. an der Zersetzung pflanzl. Materials beteiligt sind, bei Nahrungsmangel aber auch räuberisch u. sogar kannibalistisch. Der Bachflohkrebs *G. pulex* lebt in fast allen Bächen u. kleineren Flüssen Dtl.s. In kleinen Bächen u. Quellen im Gebirge wird er durch *G. fossarum* ersetzt, in größeren Flüssen u. Seen ist *G. (= Carinogammarus) roeselii*, kenntl. an einem gezackten Rückenkiel, häufig. Eine bes. Artaufspaltung haben die *Gammaridae* im ↗Baikalsee erfahren, wo fast 200 endem. Arten leben. Eine ähnl., wenn auch kleinere Artaufspaltung haben die *Talitridae* im Titicacasee durchgemacht. *P. W.*

Flora w [ben. nach der röm. Blumen- u. Frühlingsgöttin], Gesamtbestand aller Pflanzensippen eines Gebiets. Systemat. Listen der Taxa (meist auf dem Niveau der Arten) werden als *Floren* bezeichnet; sie können verschlüsselt u. dann zur (Art-)Bestimmung verwendet werden. Ggs.: Fauna. ↗Vegetation.

Florenelemente [v. ↗Flora], nach bestimmten Gesichtspunkten zusammengefaßte Artengruppen einer Flora, meist bezogen auf *Geoelemente (geograph. F.)*, d. h. Pflanzen gleichen ↗Arealtyps. Durch sie werden die einzelnen Florengebiete festgelegt u. charakterisiert. Gelegentl. wird der Begriff auch für Artengruppen gleichen Ursprungsgebiets *(Genoelemente)*, gleicher Entstehungszeit *(Chronoelemente)*, gleicher Einwanderungsrichtung *(Migroelemente)* od. bestimmter pflanzensoziol. Bindung *(Coenoelemente)* verwendet.

Florengebiet [v. ↗Flora], Bez. für ein Gebiet, das durch zahlr. Pflanzenarten gleichen ↗Arealtyps (Geoelemente) gekennzeichnet ist. Nach der Anzahl der übereinstimmenden Sippen, ihrer Ranghöhe u.

Florengeschichte

dem Ausmaß der Übereinstimmung läßt sich ein hierarch. System v. F.en aufstellen, in dem die 6 ↗Florenreiche der Erde eine große Zahl rangniedrigerer Einheiten *(Florenregionen, Florenprovinzen, Florenbezirke)* umfassen.

Florengeschichte, *Vegetationsgeschichte,* die Geschichte der Pflanzenges. u. ihrer Pflanzensippen. Die heutige Vegetationsdecke der Erde ist vorläufiges Endergebnis einer langen histor. Entwicklung, bei der neben der Evolution der Pflanzensippen fortwährende Umgestaltungen der Erdoberfläche (Kontinentalverschiebung, Gebirgsbildung), Änderungen in der Zusammensetzung der Atmosphäre (Sauerstoff, Kohlendioxid), Klimaschwankungen (Eiszeiten) u. die Entwicklung der Tierwelt eine bedeutende Rolle gespielt haben. Die Untersuchung u. Rekonstruktion der F. ist Aufgabe der historisch-genetischen Geobotanik.

Florenregion [v. ↗Flora], ↗Florengebiet.

Florenreich [v. ↗Flora], umfassendste Einheit innerhalb des Systems der Florengebiete; gekennzeichnet durch sehr viele übereinstimmende Geoelemente (↗Arealtyp) höherer Taxa (Gatt., Fam.) innerhalb des Gebiets u. starkes Florengefälle im Grenzbereich. Aufgrund dieser Kriterien lassen sich 6 grundsätzl. voneinander abweichende F.e abgrenzen (vgl. Tab.).

flore pleno [lat., = in (mit) voller Blüte], Abk. *fl. pl.,* ↗gefüllte Blüten.

Flores [Mz.; lat., = Blumen, Blüten], pharmazeut. Bez. für med. genutzte Blüten, z. B. *F. Chamomillae,* die Blüten der Echten Kamille *(Matricaria chamomilla),* od. *F. Caryophylli,* die Gewürznelken.

Floreszenz *w* [v. lat. florescere = erblühen], Bez. für einen Achsenendabschnitt mit einer Mehr- bis Vielzahl seitl. stehender Blüten, der anstelle einer einzelnen Endblüte das Ende eines Blütenstandszweiges einnimmt u. in dieser Eigenschaft ein Bauelement des Gesamt-↗Blütenstands (↗Syn-F.) darstellt. Man unterscheidet die die Hauptachse abschließende Haupt-F. und die die Seitenachsen abschließenden Co-F.en.

Florey [flåri], Sir *Howard Walter,* austr. Pathologe, * 24. 9. 1898 Adelaide, † 21. 2. 1968 Oxford; ab 1936 Prof. in Oxford; erforschte die Verwendbarkeit des Penicillins für Therapiezwecke; erhielt 1945 zus. mit E. B. Chain u. A. Fleming den Nobelpreis für Medizin.

Florfliegen, *Goldaugen, Stinkfliegen, Blattlauslöwen, Chrysopidae,* Fam. der Netzflügler mit insgesamt ca. 800, davon in Mitteleuropa ca. 22 Arten. Die F. haben 4 große, ovale, durchsicht., reich geäderte Flügel, die in der Ruhe dachartig über den

florid- [v. lat. floridus = blühend, blumig].

Florenreiche

Antarktis
(↗Polarregion)
↗Australis
↗Capensis
↗Holarktis
↗Neotropis
↗Paläotropis

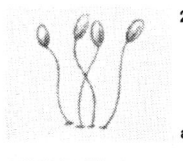

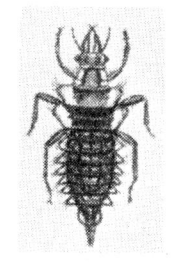

Florfliegen
1 Gemeines Goldauge *(Chrysopa vulgaris);* 2a gestielte Eier, b Kokon, c Larve

Flösselhecht
(Polypterus)

Hinterleib gelegt werden u. diesen in Länge u. Höhe überragen. Die einheim. Arten werden ca. 15 mm lang, sind gelbgrünl. gefärbt u. besitzen zwei große, goldgrün schillernde Facettenaugen (Name); Punktaugen fehlen. Die beiden dünnen Fühler sind fast so lang wie das Tier selbst. Bei Berührung können die F. ein übelriechendes Sekret aus paarigen, an der Brust mündenden Stinkdrüsen absondern (Name). Zu den häufigen Vertretern zählt das Gemeine Goldauge *(Chrysopa vulgaris);* die Imago ist dämmerungs- u. nachtaktiv, fliegt Lichtquellen an u. überwintert häufig in Häusern. Bei der Eiablage wird aus einem aus der Geschlechtsöffnung austretenden Sekret ein schnell erhärtender dünner, ca. 6 mm langer Faden ausgezogen, an dessen Spitze je ein Ei befestigt wird. Diese Eier werden in Gruppen zu ca. 40 Stück auf Blätter u. Äste oft in die Nähe v. Blattlauskolonien gelegt. Die nach 4 bis 15 Tagen schlüpfenden Larven sind als Blattlausvertilger sehr nützlich (Name). Die Larve durchläuft eine holometabole Entwicklung u. häutet sich bis zur Verpuppung in einem zw. Pflanzenteilen aufgehängten Kokon zweimal.

Florideen [Mz.; v. *florid-], *Florideae,* urspr. Bez. der jetzt in der U.-Kl. der ↗Florideophycidae zusammengefaßten fadenförm. od. plektenchymat. bzw. pseudoparenchymat. ↗Rotalgen.

Florideenstärke [v. *florid-], hpts. Reserveprodukt der ↗Rotalgen; komplexe Glucosederivate die im Ggs. zur Stärke von höheren Pflanzen außerhalb der Plastiden abgelagert werden; molekularer Bau noch weitgehend ungeklärt.

Florideophycidae [Mz.; v. *florid-, gr. phykos = Tang], U.-Kl. der ↗Rotalgen; die pseudoparenchymat. Thalli sind aus verzweigten Zellfäden (Springbrunnen-, Zentralfadentyp) zusammengesetzt. Generationswechsel mit 3 Generationen ist die Regel; wichtiges Unterscheidungsmerkmal der Ord. ist neben der Morphologie das Vorhandensein od. Fehlen von ↗Auxiliarzellen („Nährzellen").

Floridosid *s* [v. ↗Florideen], *Florisid, 2-Glycerin-α-D-Galactopyranosid,* ein Zukkeralkohol, bei Rotalgen weit verbreitetes Assimilationsprodukt.

Florigen *s* [v. lat. florigenus = Blüten hervorbringend], das ↗Blühhormon.

Florisbadmensch, 1932 nahe Florisbad (bei Bloemfontein, S-Afrika) entdeckter Oberschädel eines frühen ↗*Homo sapiens (sapiens).* Alter ca. 50000–150000 Jahre.

Floristik *w* [v. lat. flos, Gen. floris = Blume, Blüte], **1)** die Blumenbindekunst, ausgeführt v. *Floristen.* **2)** *floristische Geobotanik,* Wiss. von der Flora eines Gebiets.

Gegenstand der F. ist v. a. die vollständ. Erfassung des Florenbestands, die Ansprache schwieriger Arten u. die Abgrenzung krit. Kleinarten. Sichere florist. Grundlagen sind unentbehrl. Voraussetzungen vegetationskundl. Untersuchungen.

Floscular<u>i</u>aceae [Mz.; v. lat. flosculus = Blümchen], *Flosculariacea*, U.-Ord. der ↗ Rädertiere (Ord. *Monogononta*).

Floscular<u>i</u>idae [Mz.; v. lat. flosculus = Blümchen], Fam. der ↗ Rädertiere (Ord. *Monogononta*); umfassen eine Reihe festsitzender Arten, die, z. T. in Gallertgehäusen, in Teichen u. Tümpeln auf Wasserpflanzen häufig vorkommen u. deren Räderorgan meist zu bizarren, zuweilen an eine Blütenkrone erinnernden Fangapparaten umgewandelt sein kann. Häufige Art: *Floscularia melicerta*.

Flössel ↗ Flösselhechte.

Flösselaale, *Calamoichthys*, Gatt. der ↗ Flösselhechte.

Flösselfische, *Polypteri*, Über-Ord. der ↗ Knochenfische.

Flösselhechte, *Polypteridae*, Fam. der Flösselhechtverwandten mit 2 Gatt.; langgestreckte, urtüml. Vertreter der Knochenfische mit rautenförm., primitiven Ganoid-↗ Schuppen, einer aus 5–18 kleinen Einzelflossen *(Flösseln)* bestehenden Rückenflosse, die jeweils v. einem harten Stachelstrahl mit daran befindl. Weichstrahlen gestützt werden, einer äußerl. symmetr., innerlich jedoch heterozerk gebauten Schwanzflosse, mit gestielten, jeweils v. 2 Knochenstäben u. dazwischenliegender Knochenplatte gestützten, fächerartigen Brustflossen, einer Spiralfalte im Darm u. neben den Kiemen paar., ventralen, glattwand. Lungen. Die Brustflossen dienen zum Antrieb beim langsamen Schwimmen u. auch zum Aufstützen. Die Larven haben wie die der Amphibien u. einiger Lungenfische äußere Kiemen. Sie leben räuber., vorwiegend nachtaktiv in Uferzonen u. Überschwemmungsgebieten äquatorialafr. Binnengewässer. Hierzu gehören die 9 Arten der Gatt. F. i. e. S. *(Polypterus)* mit dem bis 70 cm langen, 14–18 Flössel besitzenden Nil-Flösselhecht *(P. bichir)* u. dem ca. 40 cm langen, 8–11 Flössel tragenden Senegal-Flösselhecht *(P. senegalus)* aus dem Senegal u. dem Gebiet des oberen Nils sowie der schlangenförm., bis 90 cm lange olivgrüne, westafr. Flösselaal *(Calamoichthys calabaricus)*, der wie die F. regelmäßig an der Wasseroberfläche Atemluft aufnimmt. ☐ 354.

Flösselhechtverwandte, *Polypteriformes*, Ord. der ↗ Knochenfische.

Flossen, *Pinnae*, allg. Ruder- u. Steuerorgane wasserlebender Tiere, i. e. S. nur der Fische *(Fisch-F.)*, i. w. S. auch anderer Wir-

Flossen

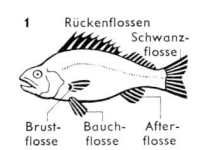

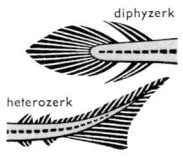

1 Anordnung der Flossen bei einem Knochenfisch (Flußbarsch);
2 verschiedene Formen der Schwanzflosse

Typen der *Schwanzflosse*:

diphyzerk (protozerk): symmetrisch u. ungelappt (ursprüngliche Gnathostomata)

epizerk (heterozerk): asymmetrisch gelappt, Wirbelsäule zieht in den größeren dorsalen Teil (Placodermi, Haie, Störe)

hypozerk: asymmetrisch gelappt, Wirbelsäule zieht in den größeren ventralen Teil (viele Ostracodermi, viele Ichthyosauria, larvale Neunaugen)

homozerk: symmetrisch gelappt, Wirbelsäule leicht nach dorsal gebogen (Teleostei)

isozerk: symmetrisch u. ungelappt, Wirbelsäule gerade (Holostei)

gephyrozerk: äußerlich wie diphyzerk (protozerk), echte Schwanz-F. weg-reduziert, dafür Rücken- u. Afterflosse am hinteren Körperende vereinigt (Dipnoi, viele Teleostei mit Aalgestalt)

beltiere u. wirbelloser Tiere. Bei Fischen unterscheidet man paarige u. unpaare F. *Paarig* sind Brust-F. (Pinnae thoracicae, P. pectorales) und Bauch-F. (Pinnae abdominales, P. ventrales), *unpaar* sind Rücken-F. (Pinnae dorsales, in Ein- bis Dreizahl), After-F. (Pinna analis) u. Schwanz-F. (Pinna caudalis). Lachsfische besitzen zusätzl. eine unpaare dorsale Fettflosse (Adipose), Stützende Skelettelemente treten in allen Fisch-F. als Knorpel- od. Knochenstäbe auf. Für die unpaaren F. gilt i. d. R., daß zwei Gruppen von Stützelementen auftreten: in der F.basis die *F.träger* (F.stützen, Radialia, Pterygophoren), an denen die Muskulatur ansetzt, u. distal von ihnen die *F.strahlen*. Dies sind schlanke Skelettstäbe aus Knorpel (Ceratotrichia bei *Chondrichthyes*, Knorpelfischen) od. Knochen (Lepidotrichia bei *Osteichthyes*, Knochenfischen). Sie ziehen einzeln od. zu mehreren längs hintereinander angeordnet bis in die F.spitze. Stammesgeschichtl. gehen sie auf Schuppen zurück, die ins Gewebe eingesunken sind. – Die paarigen F. sind etwas anders aufgebaut; man unterscheidet zwei Haupttypen. a) Das *Archipterygium* (Urflosse) der Lungenfische *(Dipnoi)* und Quastenflosser *(Crossopterygii)*: es besteht aus einer Hauptachse mit beidseitigen Abzweigungen. Von den serial hintereinander liegenden Knochen der zentralen Achse dient jeder als Ansatzpunkt für zwei einander gegenüberliegende F.träger. An diesen wiederum setzen die F.strahlen an, die bis zum Rand der F. ziehen. b) Das *Ichthyopterygium* der *Chondrichthyes* u. meisten *Osteichthyes*: der basale F.teil besteht aus drei meist stabförm. Elementen, dem *Proto-*, *Meso-* u. *Metapterygium*. Diese gelten als abgeleitete Radialia (F.träger). An ihnen setzen die anderen F.träger an, auf die distal wiederum die F.strahlen folgen. Bei einigen Haien besteht die Tendenz, Proto- u. Mesopterygium zugunsten des Metapterygiums zu reduzieren, bei Teleosteern besteht die Neigung zu völliger Reduktion der drei basalen Elemente. – Das *Brachiopterygium* der Flösselhechte ähnelt dem Ichthyopterygium stark, nur die F.basis ist etwas anders gebaut. Stammesgeschichtl. ist das Archipterygium zuerst bei einigen Quastenflossern und Lungenfischen nachgewiesen. Von Vorfahren mit solchem F.typ wird die ursprünglichste Gruppe der Tetrapoda, die Ichthyostegalia des Devons, abgeleitet. Übereinstimmungen mit dem Bau der Tetrapodenextremität finden sich bereits beim Quastenflosser *Eusthenopteron*. Die Tetrapodenextremität (Chiropterygium) gilt also als Weiterentwicklung des Archipterygiums u. ist wie

Flossenfäule

dieses homolog zur typischen paarigen Fischflosse (Ichthyopterygium). Während die Fischflosse eine breitflächige paddelart. Struktur ist, die mit einer kurzen Verjüngungszone am Rumpf ansetzt, besteht die Tetrapodenextremität aus drei mehr od. weniger schlanken, gelenkig verbundenen Hebeln (↗ Extremitäten). Sekundär haben auch wasserlebende Tetrapoda wiederum F. i. w. S. gebildet, indem sie ihre Extremitäten verkürzten und verbreiterten. Beispiele: Ichthyosaurier, Plesiosaurier, Wale, Robben, Seekühe, Seehunde, Pinguine, Wasserschildkröten. Diese sekundären F. sind eine ↗ Homoiologie zu den Fisch-F. – Die Schwanzflosse der Fische gehört zu den unpaaren, median am Körper angebrachten F. Sie ist das Hauptantriebsorgan u. weist einen sehr heterogenen Bau auf. Wichtige Merkmale sind der Verlauf der Schwanzwirbelsäule sowie Größe u. Form der F.fläche (vgl. Spaltentext). B Fische (Bauplan). A. K.

Flossenfäule, *Bacteriosis pinnarum,* fortschreitende Zerstörung der Flossen v. a. bei Fischbrut u. Zierfischen durch das Bakterium *Aeromonas;* für das Auftreten der F. sind offenbar auch Umweltbedingungen wichtig.

Flossenfüße, *Schuppenfüße, Pygopodidae,* Fam. der *Gekkota* mit 7 Gatt. und ca. 15 Arten; 15–80 cm lange, schlangenähnl., vorwiegend dämmerungs- u. nachtaktive Bewohner Australiens, Neuguineas u. Tasmaniens; ohne Vorderextremitäten u. mit stummelförm., beschuppten, flossenart. Hinterbeinen; Augenlider verwachsen, mit durchsicht. Fenster im unteren Lid. Schwanz kann an bestimmten Stellen bei Gefahr abgeworfen u. später regeneriert werden. F. verzehren v. a. Insekten; Weibchen eierlegend.

Flossenstrahlen ↗ Flossen.

Flossenträger, *Flossenstützen,* an der Basis der ↗ Flossen v. Fischen auftretende Skelettelemente, an denen die Flossenstrahlen gelenkig ansetzen. [chenfische.

Flößler, *Polypteri,* Über-Ord. der ↗ Kno-

Floßschnecken, *Veilchenschnecken, Janthinidae,* Fam. der Federzüngler, marine Mittelschnecken mit dünnem, zerbrechl. Gehäuse von rundl. Form u. bräunl. bis violetter Farbe; ein Deckel ist nicht ausgebildet. Die Mantelhöhlendrüse erzeugt ein violettes Sekret. Der Fuß ist breit u. kurz; eine Querfurche teilt den Vorderfuß ab, der sich stark längs einkrümmen u. so eine Luftblase v. der Wasseroberfläche umschließen kann, die v. erhärtendem Sekret eingehüllt wird. Aus vielen solcher Schwimmblasen wird ein Floß zusammengekittet, an dem die F. im Meer treiben. Sie sind so spezialisiert, daß sie ohne Floß

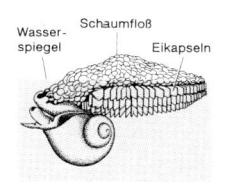

Floßschnecken

Janthina an ihrem Schaumfloß, an dem unten die Eikapseln befestigt sind.

Flossenfüße

Bodenbewohner sind die Vertreter der Gatt. *Delma* (Glattschuppige F., die den kleineren austr. Giftnattern ähneln u. auch tagaktiv sind), *Lialis* (spitzköpfig; mit langen, spitzen, nach hinten gerichteten Zähnen, fressen bes. Eidechsen; die am weitesten verbreitete Art: *L. burtonis*), u. *Pygopus,* die F. i. e. S. Der Westliche F. *(P. nigriceps)* hat eine kragenart. schwarze Nackenzeichnung u. ahmt einige Giftnattern nach (Mimikry), indem er Kopf u. Hals s-förmig zurücklegt, die Kehle aufbläht u. den Gegner anzischt. Bodenwühler sind die Angehörigen der Gatt. *Aprasia* (Gesamtlänge bis 20 cm); sie ernähren sich v. a. von Termiten; die äußere Ohröffnung ist im Ggs. zu den zuvor genannten Gatt. verschwunden.

nicht lebensfähig sind. Die F. ernähren sich v. verschiedenen Segelquallen, auf die sie beim Treiben treffen. Sie sind protandrische ♂; die Tiere in der ♀ Phase heften ca. 500 Eikapseln an das Schaumfloß, in denen bis zu 2,5 Mill. Eier enthalten sind. Aus ihnen schlüpfen Veliger, die im Übergangsstadium zur Jungschnecke mit dem Floßbau beginnen. Die F. sind Kosmopoliten, die in allen trop. bis warm-gemäßigten Meeren anzutreffen sind. Zwei Gatt.: *Recluzia* mit gedrückt-kegel., bräunl. Gehäuse u. gelbl. Weichkörper; *Janthina* mit kugel., violettem Gehäuse u. bleichem bis violettem Körper.

Flötenmäuler, *Pfeifenfische, Fistulariidae,* Familie der Trompetenfische; langgestreckte, bis 2 m lange, schuppenlose trop. Küstenfische mit röhrenförmiger Schnauze, kleinen Brust- u. Bauchflossen sowie peitschenart. verlängerten mittleren Schwanzflossenstrahlen; in Riffgebieten u. Seegrasbeständen häufig; Nahrung saugen sie durch ruckart. Erweiterung der Schnauze ein. Zu den F.n gehört die bis 1,8 m lange, in Küstenbereichen des trop. O- u. W-Atlantik häufige Tabakspfeife *(Fistularia tabacaria)* mit rotbrauner Grundfärbung u. blauen Punkten.

Flötenwürger, *Cracticidae,* Fam. mittelgroßer (25–56 cm) schwarz, schwarz-weiß od. graubraun gefärbter Singvögel Australiens u. Neuguineas; 10 Arten, die äußerl. an Krähen erinnern; bewohnen lichte Wälder u. Waldsavannen u. ernähren sich v. Insekten u. kleinen Wirbeltieren, die sie teilweise auch als Vorrat auf Zweige spießen; wohlklingende gemeinschaftl. Reviergesänge; der Nestbau in Bäumen u. das Bebrüten der 2–5 Eier erfolgen durch das Weibchen, die Jungenaufzucht auch durch das Männchen.

Flourens [flurãnß], *Marie Jean Pierre,* frz. Physiologe, * 13. 4. 1794 Maureilhan (Hérault), † 5. 12. 1867 Montgeron bei Paris; seit 1830 Prof. in Paris; verfaßte schon vorher hervorragende Arbeiten zur Physiologie des Nervensystems der Wirbeltiere, einer der ersten experimentell arbeitenden Gehirnphysiologen; Entdecker des Atemzentrums („nœud vital") u. der Bedeutung des Cerebellums (Kleinhirns) für die Aufrechterhaltung des Gleichgewichts beim Gehen. WW „Recherches expérimentales sur les propriétés et les fonctions du système nerveux dans les animaux vertébrés" (1824).

fl. pl., Abk. für *flore pleno,* ↗ gefüllte Blüten.

Flucht, Verhaltensweise der Feindvermeidung; andere Möglichkeiten bilden Tarnung od. die defensiv motivierte ↗ Aggression, die als „Flucht-oder-Kampf-Reaktion" mit der F. eng verbunden ist.

Fluchtdistanz, Entfernung, bei deren Unterschreitung durch eine bestimmte Gefahrenquelle die ⁊Flucht ausgelöst wird. Die F. kann v. Art zu Art u. abhängig v. den individuellen Vorerfahrungen sehr unterschiedl. sein. So fliehen Hirsche normalerweise auf große Entfernung vor dem Menschen, in einem Nationalpark kann die F. dagegen sehr gering sein. Die F. vor einem Raubfeind hängt mit der Art der Bedrohung zus. u. gibt Hinweise auf die jeweilige Räuber-Beute-Beziehung. So fliehen viele Huftiere der ostafr. Steppe vor Löwen, die sie entdeckt haben, nur auf sehr kurze Entfernung hin; der Anblick v. Hyänenhunden (im Ggs. zum Löwen ein über lange Strecken hetzender Jäger) treibt dieselben Tiere aber auf jede Entfernung in die Flucht.

Flückiger, *Friedrich August,* schweizer. Pharmazeut, * 15. 5. 1828 Langenthal (Kt. Bern), † 11. 12. 1894 Bern; nach Tätigkeit als Apotheker seit 1870 Prof. in Bern, 1873–92 in Straßburg; begr. mit seinem noch heute grundlegenden Werk „Lehrbuch der Pharmacognosie des Pflanzenreiches" (Berlin 1867) diese Wiss. als eigenständ. Disziplin.

Flug, 1) aktiver *F.* als Fähigkeit, sich mit Hilfe v. Muskelkraft frei im Luftraum fortzubewegen (⁊Fortbewegung), wurde nur v. Insekten, Vögeln, Säugetieren u. den † Flugsauriern erworben. Die ältesten bekannten Fluginsekten sind die *Palaeodictyoptera* („Urflügler"), deren fossile Reste in ca. 300 Mill. Jahren alten Gesteinsschichten (O-Karbon) gefunden wurden. Seither evolvierte eine ungeheure Formenfülle fliegender Insekten, die heute den zahlenmäß. größten Anteil fliegender Tiere vertreten. Während der Trias bis zur Kreidezeit (vor ca. 230–135 Mill. Jahren) eroberten die Reptilien mit den ⁊Flugsauriern den Luftraum. Mit dem berühmten ⁊*Archaeopteryx* sind die ersten Vögel aus der jüngeren Jurazeit bekannt. Heute beherrschen die Vögel als tagaktive Flieger den Luftraum. Die *Fledertiere* sind die einzigen aktiv fliegenden Säugetiere. Sie besetzten die ökolog. Nische des nächtl. Luftraums. F.organ ist die zw. Rumpf, dem Arm u. den einzelnen Fingern ausgespannte ⁊*Flughaut* (☐ Fledertiere). Im Ggs. zur analogen Konstruktion der Flugsaurier sind alle Finger stark verlängert. 2) Passiver *Gleit-* u. *Fallschirm-F.* läßt sich in allen Wirbeltierklassen beobachten. Bei einigen südam. u. malaiischen *Fröschen* fungieren die Schwimmhäute zw. Fingern u. Zehen als Fallschirme, die den Luftwiderstand beim Sprung erhöhen u. einen flacheren Sprungwinkel bewirken. Funktionell vergleichbare Gleitsegel findet man auch bei Reptilien, z. B. dem Faltengecko *(Ptychozoon),* der breite Hautlappen an den Rumpfseiten trägt, die beim Sprung aufklappen. Der Flugdrache *(Draco fimbriatus)* besitzt ebenfalls große seitl. Gleitsegel, die zusätzl. durch Rippenfortsätze gestützt werden. *Fliegende Fische* nutzen ebenso das Prinzip des Gleit-F.s. Die Startgeschwindigkeit wird durch Beschleunigungsschwimmen an der Wasseroberfläche erreicht. Als Gleitsegel dienen die vergrößerten Brust- u. Bauchflossen. In vier Gruppen der Säugetiere wurde das Gleitfliegen unabhängig voneinander erworben (*Gleitbeutler, Pelzflatterer, Gleithörnchen, Dornschwanzhörnchen*). In allen Fällen erstreckt sich eine weite F.haut zw. Rumpf u. den Extremitäten. ⁊Flugmechanik (☐), ⁊Flugmuskeln.

Flugbarben, *Esomus,* Gatt. der ⁊Bärblinge. [Flugbeutler ⁊Gleitbeutler.
Flugbilche, *Idiurus,* Gatt. der ⁊Dornschwanzhörnchen.
Flugbild, Erscheinungsweise der Vögel im Flug, wichtiges Bestimmungsmerkmal; wesentl. sind hierbei Länge u. Form v. Flügeln, Schwanz u. Hals, der Flügelschlag, die Flugbahn sowie charakterist. Verhaltensweisen wie Rütteln, Kreisen usw.

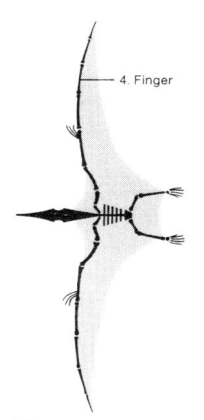

Flug
F.werkzeuge der Flugsaurier *(Pteranodon)*

4. Finger

Flug
Flügelschläge in der Sekunde:

Pelikan	1,2
Storch	1,7
Rabenkrähe	3–4
Taube	9
Kohlweißling	10
Sperling	13
Kolibri	50–80
Taubenschwanz	72
Marienkäfer	75–90
Honigbiene	180–200
Stubenfliege	200–330
Schwebfliegen	bis 1000

Flugbild

Mäusebussard *(Buteo buteo)*

Habicht *(Accipiter gentilis)*

und – kleiner – Sperber *(Accipiter nisus)*

Rotmilan *(Milvus milvus)*

Wanderfalke *(Falco peregrinus)*

Kranich *(Grus grus)*

Fischreiher *(Ardea cinerea)*

Graugans *(Anser anser)*

Lachmöwe *(Larus ridibundus)*

Küstenseeschwalbe *(Sterna paradisaea)*

Großer Brachvogel *(Numenius arquata)*

Rebhuhn *(Perdix perdix)*

Elster *(Pica pica)*

Amsel *(Turdus merula)*

Star *(Sturnus vulgaris)*

Mauersegler *(Apus apus)*

Rauchschwalbe *(Hirundo rustica)*

Flugbrand

Flugbrand, *Getreide-F.,* weltweit verbreitete ↗Brand-Krankheit der Gerste *(Gersten-F.)* u. a. Getreidearten, am stärksten in humiden u. semihumiden Klimazonen; durch Pflanzenschutzmaßnahmen ist der Befall auf ca. 2% zurückgegangen (in Einzelfällen aber 20–50%). Erreger ist der ↗Brandpilz *Ustilago nuda* f. sp. *hordei;* beim *Weizen-F.,* der auch vereinzelt Roggen befallen kann, *U. nuda* f. sp. *tritici* (= *U. tritici)* (F. des Hafers ↗Hafer-F.). Bei Befall tritt keine Kornausbildung ein; statt dessen entstehen dunkle Sporenmassen, die v. einem dünnen Häutchen umgeben sind; bei der Reife platzt es auf, u. die ↗Brandsporen (□) werden freigesetzt. Nur die Ährenspindel bleibt stehen. Die Übertragung erfolgt i. d. R. nur durch diese Brandsporen, die mit einem vierzell. monokaryot. Promycel auskeimen. Nach Konjugation zw. benachbarten (+ und −)-Zellen entwickelt sich das dikaryot. Mycel, das die Blüten infiziert, in den Embryo eindringt, u. dann im Samen viele Jahre überleben kann. Eine Bekämpfung ist durch Heißwasser-↗Beize u. systemische Fungizide möglich. B Pflanzenkrankheiten I.

Flugdrachen, *Draco,* Gatt. der Agamen mit ca. 15 baumbewohnenden Arten in den Regenwäldern SO-Asiens u. bes. des Malaiischen Archipels; Gesamtlänge 20–26 cm. F. sind die einzigen Reptilien, die sich im Gleitflug v. Baum zu Baum durch die Luft fortbewegen können; dabei werden die großen Hautsäume an den Flanken durch 5–8 stark verlängerte Rippen abgespreizt (in der Ruhe liegen sie zusammengefaltet am Körper); die Gleitstrecke beträgt meist nur wenige Meter, kann aber auch über 100 m sein; die Landung erfolgt mit nach oben gerichtetem Kopf; Flughäute u. Kehlsack sind oft prächtig gefärbt. F. ernähren sich v. Insekten (v. a. Ameisen) u. kommen meist nur zur Eiablage auf den Boden, wo bis zu 4 Eier vergraben werden. Bekannteste Art: Der Gewöhnliche F. *(D. volans;* Gesamtlänge bis 22 cm, wovon 14 cm auf den Schwanz entfallen; mit orangeroten Flügeln, unterseits schwarzgefleckt blau). B Asien VIII.

Flugeinrichtungen, 1) Bot.: die scheiben-, lappen- od. haarart. Auswüchse der Samenschale od. der Fruchtwand, aber auch die zu Haaren umgewandelten Kelchblätter u. die flügelig vergrößerten Vorblätter z. B. v. Linde u. Hainbuche. Durch die vergrößerte Oberfläche bieten sie dem Wind als Verbreitungsmittel eine große Angriffsfläche. Man unterscheidet je nach Form u. Funktionsweise Schirm-, Segel- u. Schrauben-F. ↗Flughaare. **2)** Zool.: ↗Flug, ↗Flugmechanik, ↗Flugmuskeln, ↗Insektenflügel, ↗Vogelflügel.

Flugdrache *(Draco spec.)*

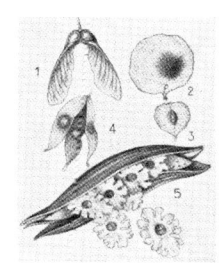

Flügelfrüchte
1 Ahorn *(Acer)*
2 *Pterocarpus*
3 Ulme *(Ulmus)*
4 Götterbaum *(A*ɩ*anthus)*
5 *Bignonia*

Flügelmuskeln
Umgangssprachlich werden auch die zum Fliegen dienenden Muskeln der Vögel u. Insekten als F. bezeichnet. Diese heißen jedoch korrekt ↗Flugmuskeln.

Flügelreduktion bei Insekten
Auf sturmumtosten Meeresinseln, wie z. B. den Kerguelen am Rande der Antarktis, ist für flugunfähige Insekten (mit reduzierten Flügeln) das Risiko bedeutend verringert, auf das Meer getrieben zu werden. Es finden sich auf solchen Inseln daher gehäuft Insekten mit rückgebildeten Flügeln, die also besonders gut an die starken Winde angepaßt sind. **a** und **c** zwei Fliegen der Kerguelen, **a** noch mit Flügelrudimenten, **c** Flügel völlig reduziert; **b** ein Schmetterling mit stark verkürzten Flügeln.

Flügel, *Alae,* **1)** Bot.: a) Bez. für die der Verbreitung durch den Wind dienenden, häutigen Anhänge an Früchten od. Samen. b) Bez. für die beiden, dem hinteren übergreifenden Kronblatt *(Fahne)* folgenden, seitl. Kronblätter der Schmetterlingsblüten bei den *Fabaceae* (Schmetterlingsblütler), die ihrerseits wieder die beiden vorderen, häufig am Rand miteinander verwachsenen Kronblätter *(Schiffchen)* überdecken. **2)** Zool.: die Flugorgane der Tiere; bei Insekten Ausstülpungen der Cuticula (↗Insekten-F., ↗Flugmuskeln), bei Flugsauriern, Vögeln u. Fledertieren Umbildungen der Vorderextremitäten (↗Vogel-F., ↗Flughaut, ↗Flugmuskeln). ↗Flug, ↗Flugmechanik. **3)** laterale Cuticula-Leisten bei manchen ↗Fadenwürmern (□); sich über die gesamte Körperlänge erstreckend, nur vorn ("Cervical-Alae") od. nur hinten ("Caudal-Alae").
Flügelbein, das ↗Pterygoid.
Flügeldecke, *Elytre,* der ↗Deckflügel.
Flügelfrüchte, Bez. für Früchte mit einem od. mehreren flügelart. Auswüchsen od. Anhängseln, z. B. die Flugfrucht der Ahornarten od. die Nußfrucht *(Flügelnuß)* der Esche.
Flügelfruchtgewächse, die ↗Dipterocarpaceae. [flügel.
Flügelgeäder, Adersystem im ↗Insekten-
Flügelkiemer, die ↗Pterobranchia.
Flügelmal, *Randmal, Pterostigma,* ein bei vielen geflügelten Insekten vorhandenes, meist stärker sklerotisiertes od. gefärbtes kleines Feld am Vorderrand des Vorderflügels. ↗Insektenflügel.
Flügelmuscheln ↗Perlmuscheln.
Flügelmuskeln, am Herzschlauch der Gliederfüßer ventrolateral ansetzende, segmental angeordnete, paarige Muskelzüge; ihre Kontraktion führt zur Erweiterung (Diastole) des Herzschlauches u. zum Öffnen der Ostien, wodurch Hämolymphe in den Herzschlauch gesogen wird. Die F. entspringen am dorsalen Diaphragma (↗Perikardialmembran).
Flügelnuß, 1) *Pterocarya,* Gatt. der ↗Walnußgewächse. **2)** ↗Flügelfrüchte.
Flügelreduktion, bei Insekten Abbau od. Verkleinerung der Flügel. Hierbei werden voll geflügelte Formen *makropter,* kleinflügelige *mikropter,* kurzflügelige *brachypter,* schmalflügelige *stenopter* u. völlig ungeflü-

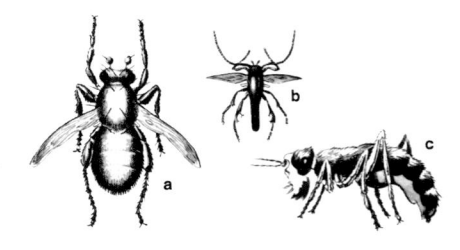

gelte als *apter* bezeichnet. Völlige *Flügellosigkeit* kann primär sein *(Apterygota)* od. bei den *Pterygota* sekundär (z. B. Flöhe). Gelegentl. tritt F. nur bei einem Geschlecht auf. So sind die Weibchen der Schildläuse, der Sackträger, vieler Leuchtkäfer u. a. mikropter od. gar apter.

Flügelroßfische, *Pegasiformes,* artenarme, den Flughähnen nahestehende Ord. der Knochenfische mit nur einer Fam. Seemotten *(Pegasidae);* ca. 10 cm lange, zahn- u. schwimmblasenlose Küstenbewohner des Indopazifik mit starrem, durch Knochenplatten gepanzertem Kopf u. Rumpf, ausgezogener Schnauze u. großen Brustflossen, die wie Schmetterlingsflügel wirken. Hierzu der 12 cm lange Pegasusfisch *(Pegasus volitans).*

Flügelschnecken, volkstüml. Bez. für 2 nichtverwandte Gruppen v. Meeresschnecken. 1) *Stromboidea,* Überfam. der Mittelschnecken mit turmförm., starkwand. Gehäuse, dessen Mündungsrand oft flügelig verbreitert ist; die Augen sind gestielt, der Mund liegt am Ende eines langen Rüssels; knapp 100 Arten in 3 Fam. (vgl. Tab.). 2) *Pteropoda,* veraltete Sammel-Bez. für zwei Ord. der Hinterkiemer: die ↗ Ruderschnecken *(Gymnosomata)* u. die ↗ Seeschmetterlinge *(Thecosomata).*

Flügelschüppchen, die ↗ Alula.

Flügelzellen, die durch Queradern zw. den Längsadern im ↗ Insektenflügel entstehenden Felder. Sie sind bei vielen Insekten v. systemat. Bedeutung u. werden nach ihrer Lage ben., z. B. Cubitalzelle, Radialzelle.

Flugfische, *Exocoetoidei,* U.-Ord. der Ährenfischartigen mit den Fam. ↗ Fliegende Fische *(Exocoetidae),* ↗ Hornhechte *(Belonidae)* u. ↗ Makrelenhechte *(Scomberesocidae).* Sie haben weiche Flossenstrahlen, eine geschlossene Schwimmblase u. Rundschuppen; die weit hinten liegenden Rücken- u. Afterflossen stehen sich gegenüber.

Flugfrosch, *Rhacophorus reinwardtii,* ↗ Ruderfrösche.

Flugfüchse, *Pteropus,* Gatt. der ↗ Flughunde.

flügge, Stadium des fertig befiederten u. flugfähigen Jungvogels; f. Junge können noch längere Zeit v. den Eltern geführt werden.

Flügge, Carl, dt. Bakteriologe, * 9. 12. 1847 Hannover, † 12. 10. 1923 Berlin; Prof. in Göttingen, Breslau u. (seit 1890) in Berlin; Untersuchungen zur Tuberkuloseinfektion, Begr. der Umwelthygiene.

Flughaare, Bez. für die an die Verbreitung durch den Wind angepaßten Haarbildungen an Früchten u. Samen; können die Früchte bzw. Samen ganz umhüllen od. als Schopf od. Fallschirm angeordnet sein.

Flügelschnecken *(Stromboidea)*
Familien:
↗ Fechterschnecken *(Strombidae)*
↗ Pelikansfüße *(Aporrhaidae)*
↗ Straußenschnecken *(Struthiolariidae)*

flügge
Zeitdauer des Flüggewerdens nach dem Schlüpfen (in Tagen):
Singvögel (bis drosselgroß) 14–21
Krähen 30–35
Enten 40–55
Stein- u. Seeadler 80–100
Höckerschwan 135

Flughaare
Früchte mit F. n von Baldrian (1), Wollgras (2) u. Löwenzahn (3)

Flughähne, *Dactylopteriformes,* artenarme, den Panzerwangen nahestehende Ord. der Knochenfische mit einer Fam. *(Dactylopteridae)* u. 5 Gatt.; F. haben einen gepanzerten Kopf, kleinen Mund, mit Stacheln besetzte Kiemendeckel u. große, flügelart. „Brustflossen; sie leben am Boden warmer Meere. Das ihnen nachgesagte Flugvermögen wird heute verneint; die gewalt. Brustflossen dienen wahrscheinl. zum Schweben über dem Grund. Hierzu gehört der zu beiden Seiten des trop. Atlantik u. im Mittelmeer verbreitete, ca. 30 cm lange, dunkelgefärbte Flughahn *(Dactylopterus volitans)* mit blaugefleckten Brustflossen.

Flughaut
Bei folgenden Tieren bzw. Tiergruppen ist eine F. ausgebildet:

Knochenfische
Flugfische *(Exocoetidae),*
F.: Brust- u. Bauchflossen
Flughähne *(Dactylopteriformes),*
F.: Brustflossen

Amphibien
indones. Flugfrosch *(Rhacophorus),*
F.: Schwimmhaut zw. den Fingern u. Zehen

Reptilien
Flugdrache *(Draco volans; Agamidae),*
F.: Haut der Körperseite, die durch verlängerte Brustrippen abgespreizt wird

Säugetiere
Fledermäuse *(Chiroptera),*
F.: Chiropatagium übergehend in Plagiopatagium u. kleines Uropatagium
Pelzflatterer *(Dermoptera),*
F.: Pro-, Plagio- u. Uropatagium
Flughörnchen *(Sciuridae; Rodentia),* F.: Plagiopatagium; Pro- u. Uropatagium sehr klein
Dornschwanzhörnchen *(Anomaluridae; Rodentia),*
F.: Plagio- u. Uropatagium
Flugbeutler *(Phalangeridae; Marsupialia),* in 3 Gatt. wurde konvergent eine F. ausgebildet: bei *Acrobates* (Zwergflugbeutler), bei *Petaurus* (Flugbeutler), bei *Schoinobates* (Großflugbeutler), F.: Plagiopatagium

Flughaut, *Patagium,* als Tragfläche dienende Haut bei Wirbeltieren außer Vögeln, mit od. ohne Stützstrukturen. Flughäute wurden in allen Wirbeltierklassen entwickelt. Zu echtem *aktiven Flug* dienen sie aber nur bei den ↗ Fledermäusen, bei allen anderen Arten zum *passiven Gleit-* od. *Fallschirmflug,* der oft durch flatternde Bewegungen unterstützt wird (↗ Flug). Die Strukturen, aus denen Flughäute gebildet wurden, u. deren Lage am Körper sind je nach Art ganz verschieden (vgl. Tab.). Bei Säugern unterscheidet man vier Körperbereiche, in denen eine F. ausgebildet sein kann. Das *Propatagium* erstreckt sich zw. Hals u. Vorderextremität. Das *Plagiopatagium* zieht entlang der Körperseite, zw. Vorder- u. Hinterextremität. Das *Uropatagium* reicht vom Schwanz zur Hinterextremität. Das *Chiropatagium* der Fledermäuse ist derjenige Teil der F., der sich zw. den verlängerten Fingerstrahlen aufspannt. ☐ Fledertiere, ☐ Flug.

Flughörnchen ↗ Dornschwanzhörnchen, ↗ Gleithörnchen.

Flughühner, *Pteroclidae,* Fam. vorwiegend sandfarbener Bodenvögel mit 16 Arten, in

Flughunde

Steppen- u. Wüstengebieten der Alten Welt, v. der Ebene bis ins Hochgebirge; wurden fr. zu den Taubenvögeln gerechnet; eine Reihe v. Verhaltens- u. Jugendentwicklungsmerkmalen stellen sie jedoch verwandtschaftl. zu den Wat- u. Möwenvögeln. Die F. besitzen kurze Beine, spitze Flügel, die zu rasantem Flug befähigen, u. einen zuweilen spießartig verlängerten spitzen Schwanz; charakterist. Rufe, die sich gut zur Artunterscheidung eignen. Ernähren sich v. Körnern u. Insekten u. versammeln sich in der Dämmerung an Wassertränken, mit Anflugentfernungen bis zu 60 km. Pro Jahr werden mehrmals 2–4 Eier gelegt, die in ca. 3 Wochen ausgebrütet werden; die Eltern transportieren im Bauchgefieder Wasser v. Tränken zu den Jungen. In Europa kommen auf der Iber. Halbinsel das langschwänzige, weißbäuchige Spießflughuhn *(Pterocles alchata)* u. das schwarzbäuchige Sandflughuhn *(P. orientalis)* vor. Das in den Steppen Innerasiens heim. Steppenhuhn *(Syrrhaptes paradoxus,* B Europa XIX) dringt gelegentl. infolge Überbevölkerung od. Nahrungsmangel bis nach Mitteleuropa vor.

Flughunde, *Fliegende Hunde, Flederhunde, Großfledertiere, Megachiroptera,* neben den ↗ Fledermäusen *(Microchiroptera)* die andere U.-Ord. der ↗ Fledertiere, mit 3 Fam. u. insgesamt etwa 130 Arten ausschl. in den Tropen u. Subtropen der Alten Welt. Kopfrumpflänge 6–40 cm, Flügelspannweite 24–140 cm; Kopf hundeähnl. (Name!); Schwanzwirbelsäule u. Schwanzflughaut rückgebildet; Haarkleid meist bräunl., ↗ Flughaut unbehaart. Im Ggs. zu den Fledermäusen haben viele F. eine urtüml. Kralle am 2. Finger (nicht bei der Gatt. *Dobsonia),* die an die kletternde Fortbewegung ihrer Vorfahren erinnert. Die nachtaktiven F. orientieren sich v. a. optisch mit Hilfe ihrer relativ großen Augen, die über eine hohe Lichtrezeptorendichte auf der Netzhaut verfügen. Ihre Augen können jedoch weder Farben unterscheiden noch akkommodieren. Über eine zusätzl. ↗ Echoorientierung verfügen nur einige höhlenbewohnende F. (z. B. Gatt. *Rousettus);* die Lauterzeugung geschieht bei ihnen durch Zungenschlag u. dient der Orientierung innerhalb der Höhle. Als Bewohner wärmerer Länder halten die F. keinen Winterschlaf u. fallen nicht in „Kältelethargie" wie die Fledermäuse der gemäßigten Zonen; ihre Körpertemp. schwankt nur wenig. Die meisten F. sind Früchtefresser. einige (v. a. die Langzungen-F.) ernähren sich v. Blütenblättern, Nektar u. Pollen u. wirken als Bestäuber (↗ Zoogamie).
Am artenreichsten sind die Flughunde i. e. S. (Fam. *Pteropidae)* u. unter ihnen v. a. die Langnasen-F. (U.-Fam. *Pteropinae)* mit dem in Afrika weitverbreiteten Palmen-F. *(Eidolon helvum),* der in hohen Laubbäumen Schlafkolonien bildet, den v. Afrika bis S-Asien vorkommenden Höhlen-F.n od. Nachthunden *(Rousettus),* die Höhlen, alte Gräber u. Tempel als Schlafplätze wählen, den Kragen-F.n *(Myonycteris)* u. schließl. den Eigentlichen F.n od. Flugfüchsen *(Pteropus).* Die Gatt. *Pteropus* ist mit zahlr. Arten u. über 100 U.-Arten v. Madagaskar über Indien, SO-Asien bis Austr. u. auf vielen Südseeinseln verbreitet. Der Kalong *(P. vampyrus)* bewohnt die malaiische Halbinsel, die Sundainseln u. die Philippinen; die auf Java vorkommende U.-Art *P. v. vampyrus* ist mit 40 cm Kopfrumpflänge u. 140 cm Flügelspannweite das größte Fledertier. Häufigste Art des austr. Festlands ist der Graukopf-F. *(P. poliocephalus),* der wegen seines Fraßschadens in Obstkulturen v. Farmern stark verfolgt wird. Auf Madagaskar lebt der sich v. wilden Datteln ernährende Rote F. *(P. rufus),* dessen Fleisch die Eingeborenen essen. Der Indische F. *(P. giganteus)* verschafft sich bei hohen Mittagstemp. Kühlung durch Fächeln mit den Flügeln u. Belecken des Körpers mit Speichel (Verdunstungskühlung). Auf Afrika beschränkt sind die früchtefressenden Epauletten-F. (U.-Fam. *Epomophorinae),* ben. nach den hellen Haarbüscheln, die bei den meisten Arten die männl. F. auf der Schulter tragen u. aufrichten können. Durch seine merkwürdige (pferdeähnl.) Kopfform bekannt ist der Hammerkopf *(Hypsignathus monstrosus).* Indien u. die malaiische Inselwelt bewohnen die Kurznasen-F. (U.-Fam. *Cynopterinae)* mit 10 Gatt.; vorwiegend Früchtefresser, manche lecken aber auch Nektar (z. B. *Cynopterus sphinx* an *Kigelia-*Blüten). Stark verlängerte Nasenöffnungen besitzen die kleinen Röhrennasen-F. (U.-Fam. *Nyctimeninae)* Australiens, unter denen Früchte- u. Insektenfresser vorkommen. – Eine eigene Fam. bilden die Langzungen-F. *(Macroglossidae);* sie kommen vorwiegend im indomalaiisch-austr. Gebiet vor u. ernähren sich hpts. v. Nektar u. Pollen; kennzeichnend sind ihre lange Schnauze u. ihre schlanke Zunge mit bürstenart. Papillen. Mit einer Kopfrumpflänge v. nur 6 cm ist *Macroglossus lagochilus* die kleinste Art der F. Der einzige afr. Langzungen-F. *(Megaloglossus woermanni)* besucht u. bestäubt u. a. die Blüten des afr. Leberwurstbaums *(Kigelia aethiopica).* – Die 3. Fam. der F., die der Spitzzahn-F. *(Harpyionycteridae),* ist nur durch den sehr seltenen *Harpyionycteris whiteheadi* auf den Philippinen u. auf Celebes vertreten. Eck- u. Backenzähne zeichnen sich durch

Flughunde
Familien und Unterfamilien:
Flughunde i. e. S. *(Pteropidae)*
  Langnasen-F. *(Pteropinae)*
  Epauletten-F. *(Epomophorinae)*
  Kurznasen-F. *(Cynopterinae)*
  Röhrennasen-F. *(Nyctimeninae)*
Langzungen-F. *(Macroglossidae)*
Spitzzahn-F. *(Harpyionycteridae)*

1 Flughund in Ruhestellung, **2** Kalong *(Pteropus vampyrus)*

mehrere deutl. ausgeprägte Spitzen aus; ihre Ernährungsweise ist noch unbekannt.
B Australien III.
Lit.: ↗Fledertiere. *H. Kör*

Fluginsekten, *Pterygota,* Gruppe primär geflügelter Insekten-Ord., die sich durch den Besitz von 2 Paar Flügeln am Meso- u. Metathorax auszeichnen. Sekundär können diese wieder reduziert sein, so bei allen Flöhen u. a.; hierzu zählt die Masse der heutigen Insekten. Ihnen kann man die primär ungeflügelten (häufig *Apterygota,* ↗Urinsekten) Insekten gegenüberstellen. Die F. werden in viele U.-Gruppen unterteilt, z. B. in die *Hemi-* u. *Holometabola* od. in die *Palaeo-* u. *Neoptera,* in die *Exo-* u. *Endopterygota.*

Flugmechanik, beschreibt die *kinematischen* u. *aerodynamischen* Vorgänge beim ↗Flug. 1) *F. der Vögel:* Die einfachsten Verhältnisse findet man beim *Gleitflug* eines v. höherem zu niedrigerem Punkt schwebenden Tieres (Abb. 1), wobei nur potentielle in kinet. Energie umgewandelt wird. Vortreibende Kraft ist eine in Richtung der Flugbahn weisende Komponente (K1) der Schwerkraft (G). Durch den Fahrtwind wird an den Flügeln (↗Vogelflügel) ein Auftrieb (A) u. eine Widerstandskraft (R) erzeugt mit der resultierenden Luftkraft (L), die im Kräftegleichgewicht mit G den Vogel auf eine geradlinig abwärts weisende Bahn bringen. Der Segelflug ist ein Spezialfall des Gleitflugs, bei dem sich der Vogel in aufwärts strömenden Luftmassen bewegt. Gleicht der Aufwind den Höhenverlust durch das Gleiten gerade aus, so segelt der Vogel horizontal dahin, überwiegt er, kann sogar ein Höhengewinn erzielt werden. – Beim *freien Flug* od. *Schlagflug* (Abb. 2) müssen Auftriebs- u. Vortriebskräfte vom Vogel selbst erzeugt werden. Der Flügelschlag umschließt eine v. hinten oben nach vorn unten weisende Ellipse. Dabei führen die Handschwingen eine größere Bahn aus als der Arm. Zugleich ändert sich die Stellung des Flügels. Beim Abschlag weist die Vorderkante nach schräg unten, beim Aufschlag nach schräg oben. Das Kräftespiel gestaltet sich etwas komplexer als beim Gleitflug. Durch den Flügelschlag wird ein zur Schlagrichtung entgegengesetzter Schlagwind (Sw) erzeugt. Gemeinsam mit dem Fahrtwind (Fw) ergibt er den kräftewirksamen Anblaswind (Aw). Durch die geänderte Flügelstellung bei Auf- u. Abschlag kann dieser so angreifen, daß in beiden Schlagphasen Auftrieb (A) erzeugt wird. Vortrieb (V) entsteht nur beim Abschlag, der den Luftmassen einen nach hinten gerichteten Impuls verleiht. Der Aufschlag ruft einen deutl. kleineren Rücktrieb (Rt) hervor. Die Massenträgheit des Vogels ermöglicht dennoch einen gleichmäßigen Flug. – Der *Rüttelflug* (Flug auf der Stelle, Abb. 3) unterliegt bei Gegenwind derselben F. wie der Schlagflug. Die Vortriebskomponente wird jedoch so gehalten, daß sie durch den Gegenwind gerade ausgeglichen wird (Beispiel: rüttelnder Falke). Beim Rüttelflug in unbewegter Luft muß der Auftrieb allein durch den Flügelschlag bewirkt werden, da der entsprechend wirksame Fahrtwind fehlt

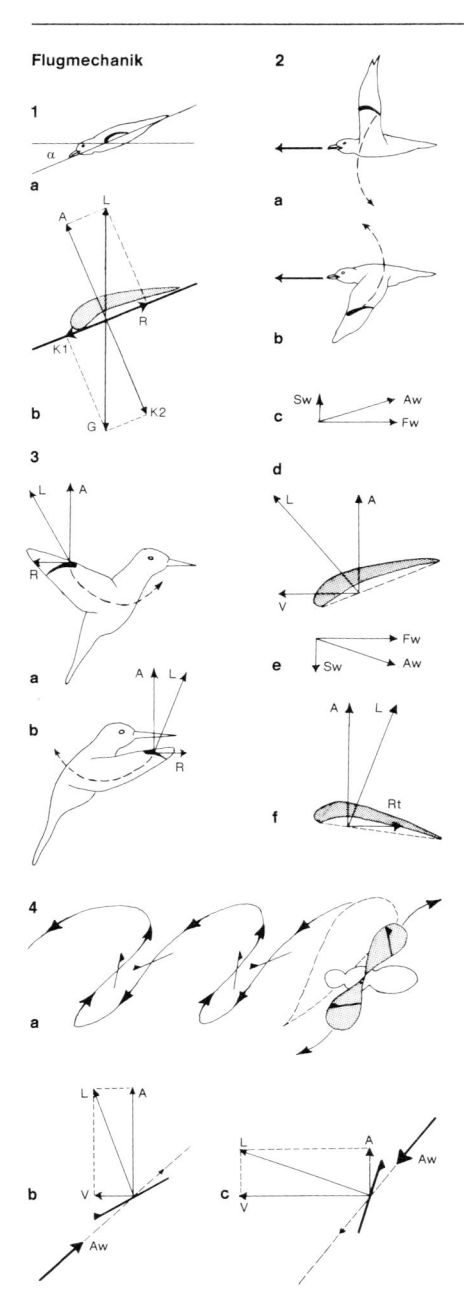

Flugmechanik

1 *Gleitflug:* **a** Schema eines Vogels im Gleitflug auf einer Gleitbahn, die um den Winkel α v. der Horizontalen abweicht; **b** Wirkungsschema der Kräfte. **2** *Freier Flug (Schlagflug):* **a** Flügelstellung vor Beginn des Abschlags, **b** des Aufschlags, Schemazeichnungen der Schlagrichtungen (gestrichelte Pfeile) u. des Anstellwinkels des Flügels; **c** und **e** Hauptrichtungen der erzeugten Luftströmungen (bei Ab- bzw. Aufschlag), **d** und **f** bei Ab- bzw. Aufschlag wirksame Kräfte (Kräfteparallelogramme). **3** *Rüttelflug* (Kolibri): **a** bei Beginn der Abschlagsphase, **b** zu Beginn des Aufschlags (jeweils mit Kräfteparallelogramm). **4** *Flug der Fliege:* **a** schematisierte Darstellung der Flügelschlagbewegung, rechts in bezug auf das Tier, links in bezug auf einen ortsfesten Punkt; der Anstellwinkel der Flügel bei Auf- und Abschlag ist in die Raumbahn als dünner Balken eingetragen; **b** Kräfteparallelogramm beim Ab-, **c** beim Aufschlag.
A Auftrieb, Aw Anblaswind, Fw Fahrtwind, G Schwerkraft, K1 in Richtung der Gleitbahn weisende Komponente der Schwerkraft, K2 rückwirkende Komponente von G, L Luftkraft, R Widerstand, Rt Rücktrieb, Sw Schlagwind, V Vortrieb.

Flugmuskeln

(Beispiel: Kolibri). Der Vogelkörper nimmt eine fast vertikale Haltung ein. Seine weit gespreizten Flügel weisen beim Abschlag mit der Unterseite nach vorn unten, beim Aufschlag mit der Oberseite nach hinten unten. Sie wirken wie eine Luftschraube („Hubschrauber"), wobei die durch Auf- u. Abschlag hervorgerufenen rücktreibenden Kräfte sich gegenseitig aufheben u. so einen Flug auf der Stelle ermöglichen. – Die Richtungssteuerung des Flugs ist in allen gen. Fällen durch eine Verschiebung der Kräfterelation (z. B. durch Änderung des Flugwinkels, des Widerstands od. der Flügelgröße) möglich. – 2) Die *F. der Insekten* unterliegt den gleichen physikal. Prinzipien. Eine große Bedeutung kommt nun aber der sog. *Reynolds-Zahl* zu, die den Einfluß der Zähigkeit (Viskosität) des Mediums in bezug auf Geschwindigkeit u. Körpergröße des fliegenden Tieres beschreibt. Während für die relativ großen Vögel die Zähigkeit der Luft kaum eine Rolle spielt, nimmt ihre Bedeutung mit abnehmender Größe bei Insekten stark zu. Kleinste Insekten „schwimmen" daher gleichsam in der für sie sehr zähen Luft. Für sie gilt eine entspr. andere Bewegungsmechanik. Ein gut untersuchtes Beispiel ist die F. der (zweiflügeligen) Fliege (Abb. 4). Im Ggs. zum Vogelflug erzeugt die Fliege durch starke Verwindung der Flügel beim Auf- u. Abschlag einen Vortrieb. Die Vortriebskomponente des Aufschlags überwiegt sogar (vgl. Abb.). ↗ Biomechanik. M. St.

Flugmuskeln, 1) *F. bei Vögeln:* die als Heber u. Senker des ↗ Vogelflügels wirkenden Muskeln. Der kräftigste F. ist der *Musculus pectoralis major* (großer Brustmuskel). Er setzt einerseits am ↗ Brustbein u. dem stark entwickelten Brustbeinkamm an, andererseits an der Unterseite des Oberarms. Seine Kontraktion bewirkt ein rasches, kräft. Absenken des Flügels. Sein Antagonist ist der *M. supracoracoideus*, (kleiner Brustmuskel). Da er unterhalb des M. pectoralis major am Brustbein liegt, kann er den Flügel nur heben, indem seine Sehne durch das Schultergelenk zur Oberseite des Oberarms zieht. Die Sehne verläuft dabei durch das *Foramen triosseum*, eine Lücke zw. den drei Schultergürtelknochen Scapula, Procoracoid u. Clavicula. Bei (sekundär?) flugunfähigen Vögeln (z. B. Straußen, Kiwis u. a.) ist die Flugmuskulatur (u. entspr. der Brustbeinkamm) reduziert. 2) *F. bei Insekten:* diejen. Muskeln des Meso- u. Metathorax (Pterothorax), die an der Bewegung der Flügel der Insekten (↗ Insektenflügel) beteiligt sind. Es handelt sich um die in spezielle Stränge aufgelöste Muskulatur des urspr. Haut-

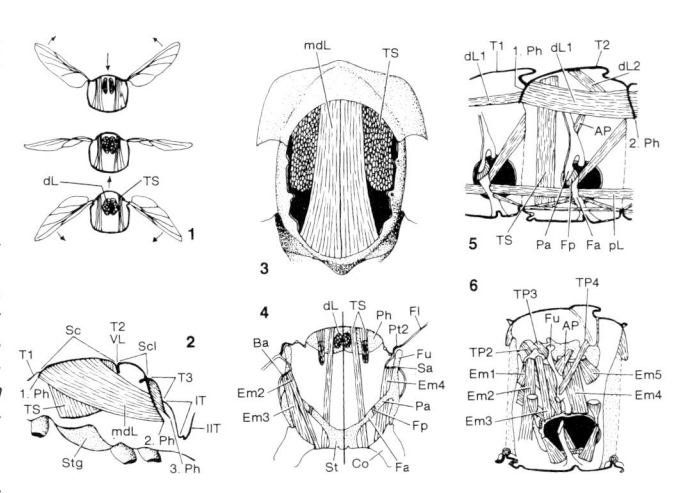

Flugmuskeln der Insekten

1 indirekte F. (schematisch); **2** indirekte F. der Hornisse, Thorax median-sagittal halbiert; **3** Mesothorax der Hornisse, dorsal horizontal angeschnitten (schemat sch); **4** direkte F. u. ihre Anheftungsstellen, Frontansicht (schematisch); **5** Tnoraxmuskulatur in Seitenansicht (schematisch), dorsale, ventrale, tergosternale u. schräge Muskeln der rechten Seite; **6** Thoraxmuskulatur (schematisch), laterale u. Beinmuskulatur der rechten Seite.

AP Axillario-Pleuralmuskel, Ba Basalare, Co Coxa, dL dorsaler Längsmuskel, Em Epipleuralmuskel, Fa Furcaast, Fl Flügel, Fp Furco-Pleuralmuskel (Pleuro-Sternalmuskel), Fu Fulcrum, mdL medianer dorsaler Längsmuskel, Pa Pleuralarm, Ph Phragma, pL pleuraler Längsmuskel, Pt2 Pterale 2, Sa Subalare, Sc Scutum, Scl Scutellum, St Sternum, Stg Sternalgrat des Mesothorax, T1, 2, 3 Pro-, Meso- u. Metanotum, I, IIT Tergum vom 1. u. 2. Abdominalsegment, TP Tergo-Pleuralmuskel, TS Tergo-Sternalmuskel, VL V-Leiste

muskelschlauches (↗ Gliederfüßer). Neben den Extremitätenmuskeln müssen die Pterothoraxmuskeln funktionell in solche getrennt werden, die zur Faltung des Flügels führen (↗ Neoptera), u. solche, die den Flügelschlag bewirken. Der Flügelfaltmuskel erstreckt sich zw. Pterale 3 u. der Pleuralleiste. Als Antagonisten dienen Epipleuralmuskeln. Kontrahieren sich diejen., welche am Basalare inserieren, so ziehen sie den frontalen Winkel des Flügels mit dem Humeralsklerit nach vorn: der Flügel wird ausgebreitet. Die Bewegungen, die dann den Flug ermöglichen, sind vielfältig. Für die verschiedenen Bewegungen (Schlag-, Rotations-, Translations-, Verwindungs- u. Faltungsbewegungen) sind einerseits die Pterothoraxsegmente bes. gestaltet, andererseits sind sehr verschiedene Muskeln beteiligt. Die außerordentl. komplexen Bewegungsweisen u. die beteiligten Muskeln sind erst bei wenigen Insekten genauer analysiert. Die wichtigsten Muskeln für Auf- u. Abwärtsschlag der Flügel sind bei den meisten Pterygoten die *indirekten F.* Zu ihnen gehören die *dorsalen Längsmuskeln* u. die *Tergo-Sternalmuskeln*. Kontrahieren sich letztere, dann flachen sie das Tergit (Scutum) ab. Dies ist möglich, weil die steif sklerotisierten Pleuren u. ihre inneren Verstrebungen über die Pleuralarme mit der Furcaästen eine Abflachung des gesamten Segments od. das Einbeulen des Sternums verhindern. Der Flügel wird daher über dem pleuralen Gelenkkopf (Fulcrum) nach oben geschlagen. Daran beteiligt sind oft auch *laterale dorsale Längsmuskeln* im hinteren Bereich des Scutums. Erschlaffen diese Flügelheber u. kontrahiert die zw. zwei Phragmata ausgespannte *mediane dorsale Längsmuskel*, so wird das gesamte Notum wieder ausgebeult. Der Flügel wird nach unter geschlagen. Durch alternierende Kontraktionen dieser beiden Haupttypen der indirekten F. gerät der größte Teil des Tergits (Alinotum) in Vibrationen, die über bestimmte Leisten auf die Flügel übertragen werden. Die Vibrationen können bei langsamer fliegenden Formen *synchron* mit den die Muskeln bewegenden motor. Nervenimpulsen (neurogen) sein. Sie können aber bei höheren Frequenzen (z. B. 200 Hz bei cyclorrhaphen Dipteren bzw. 1500 Hz bei sehr kleinen Mücken) auch *asynchron* (myogen) sein. Die Nervenimpulse versetzen diese Muskeln nur in einen aktiven Zustand; das Signal für die Kontraktion ist jedoch ein plötzl. mechan. Zug, der v. dem vibrierenden Alinotum ausgeht. Dieses automatisch arbeitende System muß bei Flugbeginn durch einen Startermuskel *(Furco-Pleuralmuskel)* in Betrieb gesetzt werden, der einen der asynchronen indirekten F. vorspannt. Die Nervenimpulse brauchen dann nur noch das oszillierende System durch „gelegentliche" Anregung im Schwingen zu halten. Diese enorme mechan. Leistung wird durch die Einlagerung v. ↗Resilin in den Flügelgelenken unterstützt. *Myogene* (asynchrone) u. *neurogene* (synchrone) F. unterscheiden sich auffällig in ihrer Feinstruktur. Da bei den neurogenen F. auf jeden Nervenimpuls eine Kontraktion erfolgt u. die elektromechan. Koppelung durch das aus dem sarkoplasmat. Reticulum austretende Ca^{2+} bewirkt wird, ist diese Struktur im Ggs. zum myogenen F. stark ausgeprägt. Ferner liegen beim neurogenen F. die sehr großen Mitochondrien präzise gegenüber den Sarkomeren, beim myogenen F. sind sie irregulär verstreut. Gemeinsam dagegen ist beiden F.typen ein Mitochondrien-Fibrillen-Verhältnis v. etwa 1:1 u. eine reiche Versorgung mit Tracheolen (im Ggs. etwa zu einem Sprungmuskel, der wegen seiner anaeroben Kapazität mit wesentl. weniger Mitochondrien u. Tracheolen auskommt). Beides sind histolog. Belege für die hohen (aeroben) stoffwechselphysiolog. Leistungen, die diesem Organ abverlangt werden. Neben den indirekten F. besitzen die Insekten auch *direkte F. (Epipleuralmuskeln).* Am Basalare inserierende Muskeln ziehen den Flügel nach unten, die am Subalare fungieren als direkter Flügelheber. Sie sind wohl v. a. dazu da, den Neigungswinkel des Flügels zu verstellen, u. bewirken die Rotations- u. die Verwindungsbewegungen. Bei Libellen u. Heuschrecken erfolgt der Flügelschlag durch die kombinierte Wirkung direkter u. indirekter Muskeln. (Hierbei haben Libellen ausschließlich, Heuschrecken einen hohen Anteil direkt an den Flügeln angreifende F.). Ihnen fehlen die dorsalen Längsmus-

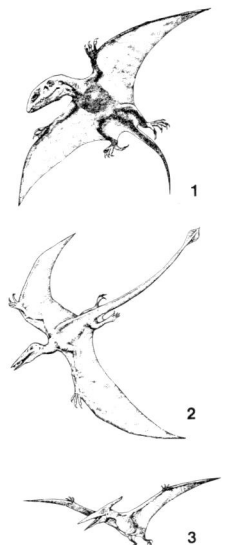

Flugsaurier
1 *Dimorphodon* (unterster Lias von S-England), Flügelspannweite bis ca. 1,5 m; 2 *Rhamphorhynchus* (Lias von Europa und O-Afrika), Flügelspannweite ca. 1,8 m; 3 *Pteranodon* (obere Kreide), Flügelspannweite ca. 8 m

keln. Als Flügelsenker dienen *Pleuro-Sternalmuskeln.* Flügelheber sind dagegen die mediad aneinander gerückten Tergo-Sternalmuskeln. ↗Flug, ↗Flugmechanik (☐).
A. K./K.-G. C./H. P.

Flugsaurier [Mz.; v. gr. sauros = Eidechse], *Flugechsen, Pterosauria* (Kaup 1834), *Patagosauria,* † Ord. der *Archosauria* mit flugfähigen, diapsiden, wahrscheinl. warmblüt. Reptilien, deren Vorderextremitäten zu Flügeln umgebildet waren; Unterarm und v. a. der 4. Finger stark verlängert (☐ Flug). Die ↗Flughaut (Patagium), meist nackt – seltener mit Haarkleid –, war zw. Vorderextremität u. Rumpf ausgespannt, manchmal bis zu den Beinen; verstärkt durch sehnige Stränge. Anpassung an das Fliegen führte zu vogelähnl. Umgestaltung des Skeletts. Aufgefundene Mageninhalte deuten auf Fischnahrung hin. Die F. werden abgeleitet v. kleinen, bipeden Pseudosuchiern (Ord. *Thecodontia*) der Trias. Aus ihnen gingen zunächst Fallschirmgleiter (z. B. ↗*Scleromochlus*) mit unverändertem Becken u. langen Beinen hervor. Erster echter F. ist ↗*Dimorphodon* aus dem Lias. Nach Länge der Mittelhandknochen u. Ausbildung der Schwanzregion werden 2 U.-Ord. unterschieden: 1) *Rhamphorhynchoidea* (Lias bis Malm) mit langem Schwanz u. Mittelhandknochen kürzer als die halbe Unterarmlänge (z. B. *Rhamphorhynchus*), 2) *Pterodactyloidea* (Malm bis Oberkreide) mit verkümmerter Schwanzwirbelsäule u. langen Mittelhandknochen (z. B. *Pterodactylus*).

flugunfähige Insekten, 1) primär flügellose Insekten, ↗*Entognatha, Apterygota* (↗Urinsekten); 2) sekundär flugunfähige Insekten, durch ↗Flügelreduktion od. Abbau der Flugmuskulatur.

Flugwild, das ↗Federwild.

fluid mosaic model *s* [fluid m^esäiik mådl; engl., =], *Flüssig-Mosaik-Modell,* ↗Membran.

Fluke, die horizontale Schwanz-„Flosse" der Wale.

Fluktuation *w* [v. lat. fluctuatio = unruhige Bewegung], ↗Massenwechsel.

Flunder, *Platichthys flesus,* meist um 30 cm langer Plattfisch (B Fische I, X) der eur. Küsten, des Mittelmeeres u. des Schwarzen Meeres; laicht im Frühjahr im salzhalt. Wasser der Küstengebiete u. steigt im Sommer in die Flüsse auf (fr. im Rhein bis Mainz). Nahe verwandt ist die nordpazif., ebenfalls in Flüsse vordringende, bis 90 cm lange Stern-F. *(P. stellatus),* die breite dunkle Binden in der Rücken- u. Afterflosse hat. Die bis 60 cm lange, wirtschaftl. bedeutende Winter-F. *(Pseudopleuronectes americanus)* des westl. N-Atlantik zieht im Winter aus tiefe-

Fluor

ren Zonen in flaches Küstengewässer u. gelegentl. auch in Flußmündungen.

Fluor *s* [lat., = Fließen, Fluß, Flüssigkeit], chem. Zeichen F, chem. Element, ein Halogen; in elementarer Form (F_2-Moleküle) grünl.-gelbes, stechend riechendes, stark ätzendes, giftiges Gas, das organ. Substanz rasch unter Bildung v. Fluorwasserstoff u. Kohlenstofffluorid zersetzt. Aufgrund seiner hohen Reaktionsfähigkeit tritt F. in der Natur nur in gebundener Form auf, z. B. in Calciumfluorid (CaF_2), Kryolith (Na_3AlF_6) u. Apatit [$Ca_5(PO_4)_3F$] sowie als wichtiges Spurenelement (↗Fluoride) in pflanzl. u. tier. Organismen. Bes. fluorhaltig sind Tee, Spargel u. Fische. F. kann auch schädl. Bestandteil industrieller Emissionen sein.

5-Fluor-2'-desoxyuridinmonophosphat *s* [v. *fluor-], Abk. *5-F-dUMP,* ↗5-Fluoruracil.

Fluorescein *s* [v. *fluor-], *Resorcinphthalein,* synthet. Xanthin-Farbstoff, dessen Alkalisalze grün fluoreszieren; *F.isothiocyanat* (FITC) wird zur Fluoreszenzmarkierung biochem. Substrate verwendet. ↗Fluoreszenzmikroskopie.

Fluoressigsäure [v. *fluor-], $FH_2C-COOH$, giftige Carbonsäure, deren Toxizität auf der Blockierung des ↗Citratzyklus beruht: F. wird wie Essigsäure in den Citratzyklus eingeschleust u. zu Fluorcitronensäure umgesetzt. Diese wirkt jedoch als kompetitiver Inhibitor der ↗Aconitase. Natürl. kommt F. z. B. in der Giftpflanze *Dichapetalum cymosum* (↗Dichapetalaceae) vor.

Fluoreszenz *w* [v. *fluor-], Wiederausstrahlung v. Licht gleicher od. größerer Wellenlänge nach Lichteinwirkung auf Materie, in der Biophysik bes. nach Lichteinwirkung auf UV-Licht (Nucleotide, Nucleinsäuren, Proteine) od. sichtbares Licht (Carotinoide, Chlorophyll) absorbierende Moleküle. Die Abhängigkeit der Intensität des bei F. wieder ausgestrahlten Lichts v. der Wellenlänge ergibt das sog. *F.spektrum.* Die spezif. Sichtbarmachung v. Makromolekülen, Zellstrukturen od. ganzen Zellen durch Kopplung mit fluoreszierenden Stoffen (*F.markierung,* ↗F.mikroskopie) ist eine wichtige Methode zur Strukturanalyse bzw. Lokalisation v. Makromolekülen u. Zellkomponenten. ↗Immunfluoreszenz.

Fluoreszenzmikroskopie [v. *fluor-], lichtmikroskop. Methode, die sich die Eigenschaft bestimmter Stoffe zunutze macht, UV- od. kurzwell. sichtbares Licht (Wellenlänge λ_1) zu absorbieren u. einen Teil dieser Energie in Form einer längerwell. Strahlung (λ_2) zu emittieren ($\lambda_2 > \lambda_1$: Stokessche Regel). Voraussetzungen: a) das Substrat muß fluoreszieren; b) die mikroskop. Einrichtung muß diese ↗Fluoreszenz

fluor- [v. lat. fluor = Fließen, Fluß], in Zss.: Fluor- (das chem. Element).

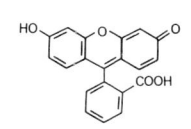

Fluorescein

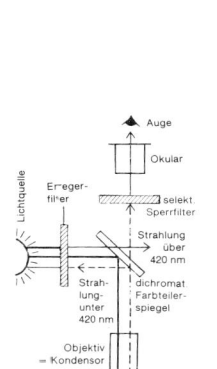

Schema der Auflicht-Fluoreszenzmikroskopie

Fluoreszenzmikroskopie

Aufbau des Durchlicht- und Auflicht-Fluoreszenzmikroskops:
Als *Lichtquelle* dienen sehr starke Quecksilberhöchstdrucklampen, deren UV-Anteil durch ein *Erregerfilter* ausgeschaltet wird. Das Erregerlicht (Anregungsstrahlung) wird durch einen *Kondensor* hoher Apertur gebündelt auf das Objekt (Präparat) gerichtet. Ins Objektiv gelangt nun neben der Fluoreszenzstrahlung auch noch die wesentl. intensivere Erregerstrahlung, die durch ein *Sperrfilter* ausgeschaltet werden muß. Das Auge des Betrachters erreicht jetzt durch das Okular nur noch die Fluoreszenzstrahlung. Neben der eben beschriebenen Durchlicht-F. setzt sich

erkennbar machen. Bei der Fluoreszenz der mikroskop. Objekte unterscheidet man Primär- u. Sekundärfluoreszenz. Beispiele für Primärfluoreszenz: Rotfluoreszenz v. Chlorophyll u. Porphyrinen; Grünfluoreszenz v. Vitamin A_1; gelbl.-grüne Fluoreszenz v. Riboflavin. Die für die F. wesentl. wichtigere Sekundärfluoreszenz ergibt sich nach *Fluorochromierung* des Objekts durch spezif. *Fluorochrome* (z. B. Acridinorange, Fluoresceinisothiocyanat), deren

Acridinorange

Molekülstruktur sich im allg. durch folgende Charakteristika auszeichnet: Anordnung konjugierter u. im Chromophor koplanar liegender Doppelbindungen in Ringstruktur; Absorptionsmaximum im hinreichend langwell. Spektralbereich, so daß die Emission im sichtbaren Licht erfolgt. Bereits extrem niedrige Farbstoffkonzentrationen – in der Hellfeldmikroskopie ohne wahrnehmbare Bildkontrasterhöhung – liefern hell leuchtende Fluoreszenzbilder u. erlauben Vitalfärbungen, da dies für die lebende Zelle ohne wesentl. physiolog. Belastung einhergeht. Gute Fluorochrome müssen hohe Fluoreszenzintensität bei geringem Ausbleichen u. ein hohes Maß an Spezifität (selektive Anlagerung an bestimmte Biopolymere) zeigen. Als Anwendungsbeispiele der F. seien gen.: Cytodiagnostik (Früherkennung malignen Gewebes), Fluorochromierung v. Ausstrichen in der Bakteriologie (z. B. Nachweis v. Tuberkelbacillen durch Auramin), Nachweis v. Pharmaka im Gewebe, Differenzierung lebender u. toter Spermien, Chromosomenbänderungstechnik (z. B. durch Quinachrin), ↗Immunfluoreszenz (Nachweis v. meist Fluoresceinisothiocyanatmarkierten monospezif. Antikörpern in Zellkulturen od. Gewebeschnitten).

neuerdings immer mehr die Auflicht-F. durch (vgl. Abb.). Dabei fungiert das verwendete Objektiv gleichzeitig als Kondensor. Als Illuminatorspiegel dient ein *dichromat. Farbteilerspiegel* (Interferenzspiegel), der so konstruiert ist, daß er bei Beleuchtung unter 45° Erregerlicht mit kleiner Wellenlänge ($\lambda < 420$ nm) möglichst vollständig reflektiert, den langwell. Anteil ($\lambda > 420$ nm) u. damit die Fluoreszenzstrahlung jedoch weitgehend passieren läßt. Da diese Eigenschaften in der Praxis nicht voll realisierbar sind, sind zusätzl. Erreger- u. Sperrfilter notwendig. (Aus Gründen der Übersichtlichkeit ist die gestrichelte Linie [Fluoreszenzstrahlung] *neben* die ausgezogene Linie [Anregungsstrahlung] gezeichnet.)

Fluoride [Mz.; v. *fluor-], neutrale Salze der Flußsäure (HF), z. B. Natriumfluorid (NaF), die in kleinen Mengen zur Versorgung des Organismus mit dem Spurenelement ↗Fluor (F) benötigt werden. Ein Teil des im Magen-Darm-Trakt resorbierten F⁻ wird im Austausch gg. OH⁻ im Hydroxylapatit in anorgan. Körpersubstanz eingelagert, was zur Knochenverfestigung erforderl. ist. Der gleiche Vorgang findet auch im Zahnschmelz statt (Kariesprophylaxe!). In höheren Dosen sind F. giftig (für den Menschen sind 0,25 g NaF toxisch, 4–5 g NaF letal), oft aufgrund v. Enzymblockierung (z. B. hemmt NaF die Enolase).

Fluorochrome [Mz.; v. *fluor-, gr. chrôma = Farbe], ↗Fluoreszenzmikroskopie.

5-Fluoruracil s [v. *fluor-], ein synthet. Hemmstoff der DNA-Synthese, der in der Zelle über 5-Fluor-UMP zu *5-Fluor-2'-desoxyuridinmonophosphat* (5-F-dUMP) umgewandelt wird. Letzteres blockiert das Enzym Thymidylat-Synthase u. damit die Bildung v. Thymidylsäure, wodurch die DNA-Synthese zum Erliegen kommt.

Flurbereinigung, gelegentl. auch *Melioration* gen., Zusammenlegung u. wirtschaftl. Gestaltung v. ländl. zersplittertem Grundbesitz nach modernen betriebswirtschaftl. Gesichtspunkten (Verbesserung der Produktions- u. Arbeitsbedingungen).

Flurzwang, in histor. Zeit Einhaltung des v. der Dorfgemeinschaft angenommenen Wirtschaftssystems, i. d. R. der Dreifelderwirtschaft.

Flußaustern, *Süßwasseraustern, Aetheriidae,* Fam. der U.-Ord. *Schizodonta,* Blattkiemenmuscheln mit austernähnl., unregelmäß. Schalenklappen, v. denen eine mit erhärtendem Sekret am Grund festgeklebt wird; die angeheftete Klappe kann viermal so groß werden wie die obenliegende. Bei *Etheria* bleiben beide Schließmuskeln erhalten (der vordere ist klein), während bei *Acostaea* u. *Pseudomulleria* der vordere Muskel beim Heranwachsen abgebaut wird. In den inneren Kiemenblättern werden Bruttaschen gebildet, in denen sich die Eier bis zum Larvenstadium (Lasidium) entwickeln. *Etheria* lebt in den Flüssen Afrikas u. Madagaskars, *Acostaea* im Río Magdalena (Kolumbien) u. *Pseudomulleria* in Mysore.

Flußblindheit, *Onchocerciasis, Onchocercose,* Befall des Menschen mit der Filarie *Onchocerca volvulus,* in Zentralafrika sowie Mittel- u. nördl. S-Amerika, 30–40 Mill. Kranke. Die erwachsenen Würmer leben knotenartig zusammengeballt in fibrösen Cysten des Unterhautbindegewebes. Ihre Larven (Mikrofilarien) wandern in periphere Lymphgefäße, gelegentl. auch ins Auge, wo Entzündung u. Erblindung hervorgerufen werden können. Typisch sind auch Depigmentierung u. Strukturänderungen der Haut („Greisenhaut", Hautfaltung) nach langem Bestehen der Infektion. Aus dem Unterhautbindegewebe werden die Mikrofilarien v. Kriebelmücken (Simuliiden) aufgenommen, deren Larven als passive Filtrierer an schnellfließende Gewässer der Hügel- u. Bergländer gebunden sind. Nach Entwicklung in der Thoraxmuskulatur gelangen die infektionsfähigen Larven in das Labium der Mücke u. bei deren Stich in den Endwirt. *Onchocerca-*Arten der Haus- u. Wildtiere werden v. ↗Bartmücken übertragen.

Flußdelphine, *Flußwale, Platanistoidea,* Gruppe v. urtüml. Zahnwalen, die im trüben Süßwasser leben u. sich v. Fischen ernähren. Kopf deutl. v. Körper abgesetzt, Kiefer schnabelförmig, mit vielen spitzen Zähnen. 3 Fam. mit insgesamt 4 Arten. Der Ganges- od. Schnabeldelphin, auch Susu gen. *(Platanista gangetica,* Gesamtlänge um 2,5 m; Fam. *Platanistidae*), kommt nur im Ganges u. Indus vor. Im oberen Amazonasgebiet lebt der ↗Amazonasdelphin. Der derselben Fam. *(Iniidae)* zugerechnete Chinesische F. *(Lipotes vexillifer;* Gesamtlänge bis 2,2 m) lebt ausschl. im Tung-Ting-See (Mittelchina). Etwa 1,8 m lang wird der La-Plata-Delphin *(Stenodelphis blainvillei,* Fam. *Stenodelphidae*). Über die natürl. Lebensweise der F. ist noch wenig bekannt. In Lernfähigkeit u. Zutraulichkeit stehen sie den Meeres-↗Delphinen nicht nach.

Flüssigdüngung, Ausbringen von Flüssigdüngern, die meist als Salzlösungen od. Suspensionen geliefert werden; hpts. werden flüss. Stickstoffdünger verwendet, wie flüss. Ammoniak, Ammoniumnitrat-Harnstoff-Lösungen u. Stickstoff-Phosphat-Lösungen. [technik.

Flüssigkeitspräparate   ↗Präparations-

Flüssigkeitsräume, schemat. Einteilung der in einem Organismus befindl. Flüssigkeiten in einen extrazellulären, intrazellulären u. transzellulären Raum. Alle F. eines Organismus stehen untereinander u. mit dem umgebenden Gewebe in einem lebhaften Stoffaustausch, wobei durch trennende Membranen dünner Epithelien unterschiedl. Konzentrationen aufrechterhalten werden können. Blutplasma, interzelluläre (interzelluläre) Flüssigkeit u. Lymphe gehören zum *extrazellulären Flüssigkeitsraum.* Eine Sonderform bildet die der Versorgung des Zentralnervensystems der Wirbeltiere dienende ↗Cerebrospinalflüssigkeit, deren Stoffzusammensetzung sich wegen einer zwischen Blut u. Gehirn bestehenden Diffusionsbarriere (↗Blut-Hirn-Schranke) v. den übrigen F.n unterscheidet. Bei Wirbellosen mit offenem Kreislauf-

---

Fluoride
Fluorid-Gehalt einiger Organe des menschl. Organismus:
Zahnschmelz: 0,1–0,3 g/kg
Dentin: 0,2–0,7 g/kg
Knochen: 0,9–2,7 g/kg
Blut: 0,18 mg/l
Harn: 0,3 mg/l
Magensaft: 0,4–0,7 mg/l
Schweiß: 0,2–1,8 mg/l
Gesamtgehalt an Fluoriden: ca. 800 mg

5-Fluoruracil

Flurbereinigung
Laut Gesetz soll bei der F. auch dem Natur- u. Umweltschutz Rechnung getragen werden, was aber häufig nicht der Fall ist: Am Kaiserstuhl in Baden-Württ. wurde im großen Stil flurbereinigt; es wurden ausgedehnte Terrassen angelegt, wodurch das urspr. Bild des Kaiserstuhls, Biotope wie Trocken- u. Halbtrockenrasen mit seltenen Arten sowie Hohlwege, zerstört wurden. Außerdem änderte sich an manchen Stellen das Mikroklima (Kaltluftseen!), was z. T. die Weinqualität verschlechtert. Große Regenfälle (z. B. 1983) beschädigten einige unzureichend befestigte Großterrassen (Abrutschen v. Lößmassen). Ein positives Beispiel für die Berücksichtigung ökolog. Gesichtspunkte ist die F. in Lengerich (bei Bielefeld): weitgehende Beibehaltung schützenswerter Wald- u. Heckenbestände, naturnaher Gewässerbau usw.

Flüssig-Mosaik-Modell

system nimmt die ↗Hämolymphe, eine Mischung aus Blut u. interstitieller Flüssigkeit, den extrazellulären Flüssigkeitsraum ein. Die *Intrazellularflüssigkeit* ist die Summe der in den Zellen befindl. Flüssigkeiten u. wegen der Uneinheitlichkeit der verschiedenen Zelltypen nicht exakt charakterisierbar. Sie macht als Flüssigkeit 30–40% des Körpergewichts aus. Als *transzellulare Flüssigkeit* wird die vom Blutplasma durch eine nicht unterbrochene Epithelschicht getrennte Flüssigkeit bezeichnet. Die Messung der Volumina der F. erfolgt über die Bestimmung der Verdünnung, die eine in den entspr. Flüssigkeitsraum injizierte Substanz (D_2O, Evans Blau, Inulin) erfährt.

Flüssig-Mosaik-Modell ↗Membran.

Flußjungfern, *Keiljungfern, Gomphidae,* Fam. der Libellen; in Mitteleuropa 6 Arten. Die F. sind mittelgroß, mit großen Komplexaugen, die am Scheitel nicht zusammenstoßen. Sie leben nicht nur in unmittelbarer Nähe v. Gewässern, sondern auch an Waldrändern. Die räuber. lebenden Larven sind dicht behaart u. von gedrungener Gestalt; die Entwicklung bis zur Imago dauert 3 bis 4 Jahre. Häufig sind die Zangenlibellen (Gatt. *Onychogomphus*); die Männchen haben bes. stark ausgebildete Zangen am Hinterleibsende zum Festhalten der Weibchen bei der Begattung. Einen keilförm. Hinterleib hat das Männchen der häuf. Gemeinen Keiljungfer *(Gomphus vulgatissimus).*

Flußkahnschnecken, *Theodoxus,* die ↗Flußnixenschnecken. [schnecken.

Flußkiemenschnecken ↗Sumpfdeckel-

Flußkrebse, typische ↗Astacura (Familie *Nephropoidea,* ↗Decapoda), welche die Binnengewässer der gemäßigten Zonen bewohnen; in den Tropen fehlen sie. Auf der Nordhalbkugel gibt es die *Astacidae,* auf der Südhalbkugel in S-Amerika, auf Madagaskar (nicht in Afrika) u. Australien die *Parastacidae* u. 2 Arten der *Austroastacidae.* 4 der 5 Europa bewohnenden F. gehören zur U.-Fam. *Astacinae.* Der Edelkrebs *(Astacus astacus)* war fr. in fast allen Flüssen u. Seen verbreitet. Er benötigt jedoch sauberes Wasser u. wurde zudem durch die Krebspest, den Wasserschimmelpilz *Aphanomyces astaci,* in großen Teilen des Verbreitungsgebiets ausgerottet. Die 5. Art, *Orconectes limosus,* gehört zu den *Cambarinae.* Er ist 1890 in Dtl. ausgesetzt worden u. an vielen Stellen häufig (v. geringem Wert als Speisekrebs). Die *Cambarinae* besiedeln das östl. N-Amerika mit mehr als 70 Arten. Manche leben in Erdlöchern in feuchten Wiesen. F. verbergen sich tagsüber in selbstgegrabenen od. vorgefundenen Höhlen, die sie

Flußkrebse
Edelkrebs *(Astacus astacus;*

Europäische Flußkrebse
Edel- od. Tafelkrebs *(Astacus astacus = A. fluviatilis),* bis 16, selten 25 cm, früher weit verbreitet
Steinkrebs *(A. torrentium = Austropotamobius saxatilis),* bis 8 cm, Bergbäche in S-Dtl. u. in der Schweiz
Galizischer, russischer od. Sumpfkrebs *(A. leptodactylus),* bis 12 cm, O-Europa, Zuflüsse des Schwarzen Meeres
Dohlenkrebs *(A. pallipes),* bis 13,5 cm, SW-Europa, Mittelmeergebiet
Amerikanischer Flußkrebs *(Orconectes limosus = Cambarus affinis),* bis 12 cm; seit 1890 an manchen Stellen in Dtl. häufig

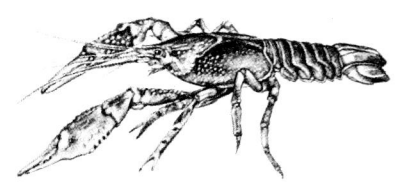

nachts zur Nahrungssuche verlassen. Sie sind Allesfresser. Die Männchen sind meist deutl. größer als die Weibchen u. haben kräftigere Scheren. Der Edelkrebs paart sich im Spätherbst. Dabei setzt das Männchen mit seinen zum Petasma umgewandelten ersten beiden Pleopoden Spermatophoren auf die weibl. Geschlechtsöffnungen. Die 70 bis 300, ca. 3 mm großen Eier werden mit einem Sekret an den Pleopoden befestigt. Nach etwa einem halben Jahr schlüpfen daraus meist nur 20 Decapoditstadien, die bis zur ersten Häutung an der Mutter bleiben u. sich v. ihrem Dottervorrat ernähren. Erwachsene F. häuten sich 1–2mal pro Jahr in einem Versteck. Es vergehen ein paar Tage, bis die Cuticula des weichen „Butterkrebses" erhärtet ist. Schon vor der Häutung wird ein Teil des Kalkes der alten Cuticula herausgelöst u. in zwei linsenförmigen „Krebssteinen", „Krebsaugen" od. Gastrolithen an der Magenwand gespeichert. Auch die alte Cuticula wird anschließend aufgefressen. Ein Edelkrebs kann bis zu 20 Jahre alt werden. F. der Gatt. *Astacus* sind von wirtschaftl. Bedeutung als Speisetiere. Das gleiche gilt für die austr. *Parastacidae,* die z.T. viel größer werden als die eur. F.; *Euastacus serratus* ist mit 50 cm Länge der größte Süßwasserkrebs. [B] Gliederfüßer I.

Flußmuscheln, *Unionidae,* Familie der U.-Ordnung *Schizodonta,* Blattkiemenmuscheln, die mit zahlr. Arten im Süßwasser aller Erdteile verbreitet sind. Die Schale ist meist gleichklappig u. in der Form variabel, zw. 2,5 u. 30 cm lang u. innen perlmuttrig. Die Mantelränder sind nur um die Ausströmöffnung verwachsen. Die meisten Arten sind getrenntgeschlechtlich; die äußeren Kiemenblätter der ♀♀ bzw. der ♀ Stadien bilden Bruttaschen (Marsupien), in denen sich die Eier bis zu den Larven entwickeln, die nach Verlassen des Muttertieres vorübergehend parasit. leben (↗Glochidien). Zu den F. gehören mehrere hundert Arten, v. denen die meisten gefährdet sind u. daher durch das Washingtoner ↗Artenschutzabkommen geschützt werden. Alle in der BR Dtl. vorkommenden F. unterliegen der Bundesartenschutzverordnung. In Mitteleuropa sind die F. durch die ↗Teichmuscheln u. 3 Arten v. F. i.e.S. *(Unio)* vertreten, von denen jede mehrere U.-Arten ausbildet. Die Dicken F. *(U. crassus)* leben in Bächen u. Flüssen mit kräftig

Flußmuscheln
Malermuschel *(Unio pictorum),* Schale von außen u. von innen

strömendem Wasser, das nur geringfügig verschmutzt sein darf; ihre eiförm. Schalen werden ca. 6 cm lang u. sind im Wirbelbereich meist abgerieben. Die Malermuscheln *(U. pictorum)* kommen in Fließgewässern u. Seen vor; sie werden 9 cm lang u. sind im Umriß zungenförm. gestreckt. Die Geschwollenen F. *(U. tumidus)* bevorzugen ruhiges Wasser; werden 8 cm lang.

Flußmützenschnecken, *Flußnapfschnecken,* zwei Fam. der Wasserlungenschnecken. 1) *Ancylidae* (Überfam. *Planorboidea*), mit napfförm. Gehäuse v. weniger als 1 cm ⌀. Der Schneckenkörper ist linksgewunden, so daß Mantelhöhlenöffnung, Anus u. Genitalöffnung links liegen. Die Atemhöhle ist klein, dafür ist eine Scheinkieme (Pseudobranchie) ausgebildet. Die F. sind ☿; die Gelege enthalten nur wenige, in eine gemeinsame Hülle verpackte Eier. Die F. sitzen auf Steinen, v. denen sie den Algenaufwuchs abweiden, od. auf Wasserpflanzen. In Mitteleuropa sind die Gewöhnlichen F., ↗ *Ancylus fluviatilis,* beheimatet; einige ausländ. Gatt. wurden eingeschleppt. 2) *Acroloxidae,* auch *Teichnapfschnecken* (Überfam. *Acroloxoidea*), mit schmal-napfförm. Gehäuse v. 6,5 mm Länge. Der Schneckenkörper ist rechtsgewunden, die Lungenhöhle klein, eine Scheinkieme inseriert rechts hinten am Körper. Das Nervensystem ist konzentriert; die Tiere sind ☿; sie bevorzugen ruhiges Wasser u. sitzen an Wasserpflanzen. In Mitteleuropa kommt nur eine Art vor: *Acroloxus lacustris.*

Flußnapfschnecken, die ↗Flußmützenschnecken.

Flußnixenschnecken, *Flußkahnschnecken, Schwimmschnecken, Theodoxus,* Gatt. der *Neritidae,* im Süß- u. Brackwasser Europas, Vorderasiens u. N-Afrikas vorkommende Altschnecken. Das Gehäuse ist flach gewunden, halbeiförm., sein letzter Umgang stark erweitert. Die halbkreisförm. Mündung kann durch den Deckel verschlossen werden. Die F. sitzen an Steinen u. leeren Muschelschalen, an die sie auch ihre rundl. Eikapseln anheften, die zwar 70–90 Eier enthalten, v. denen sich jedoch nur eins entwickelt; die anderen dienen als Nähreier. Die F. ernähren sich vom Algenaufwuchs der Steine. Die Gehäuse der Gewöhnlichen F. *(T. fluviatilis)* werden 10 mm lang u. sind netzart. gezeichnet; die Art ist in der W-Paläarktis verbreitet, während die meisten der anderen 17 Arten enger begrenzte Verbreitung haben.

Flußperlmuscheln, *Margaritifera margaritifera,* Art der *Margaritiferidae* (U.-Ord. Schizodonta), Blattkiemenmuscheln mit langgestreckten, vorn gerundeten, dickwand. Schalen u. niedr. Wirbel, der oft stark korrodiert ist. Die Schale besteht v. außen

Flußmützenschnecken (Ancylidae)
Gattungen:
↗ Ancylus
Burnupia
Ferrissia
Gundlachia
Rhodacmea

Flußperlmuscheln

Flußperlmuschel *(Margaritifera margaritifera),* oben: Schale v. außen, unten: v. innen mit Perlen

Flußpferde

nach innen aus der dicken Schalenhaut, einer Prismenschicht, einer mittleren u. einer inneren Perlmutterschicht, letztere aus plattenförm. Aragonit. Die F. können ↗Perlen v. hohem Handelswert bilden; die Entnahme war fr. landesherrl. Regal. Der jährl. Dickenzuwachs der Perlmutter beträgt im Durchschnitt 0,05 mm, Perlen wachsen also sehr langsam; eine gutgewachsene Süßwasserperle ist daher wesentl. älter u. wertvoller als eine gleichgroße Perle der Seeperlmuscheln. Die F. sind getrenntgeschlechtlich; die Kiemenblätter der ♀♀ bilden Bruttaschen, aus denen hakenlose Larven (↗Glochidien) mit gezäheltem Schalenrand entlassen werden, die sich in den Kiemen v. bachbewohnenden Fischen einnisten. Die Lebenserwartung betrug 60–80 Jahre. Früher waren die F.n in kalkarmen, sauberen Bächen N-Amerikas u. Eurasiens häufig, sind jetzt aber vom Aussterben bedroht. Zur Fam. der *Margaritiferidae* gehören etwa 10 Arten.

Flußpferde, *Hippopotamidae,* den Schweinen nahestehende Fam. der nichtwiederkäuenden Paarhufer mit nur 2 amphibisch lebenden Arten; Körper plump walzenförmig, Hals u. Beine kurz, dicker Kopf mit breitem Maul u. kleinen bewegl. Ohren. F. sind Pflanzenfresser mit großem dreiteil. Magen, ohne Blinddarm u. Gallenblase; Eckzähne im Unterkiefer als Stoßzähne (liefern Elfenbein). F. können gut schwimmen (Schwimmhäute zw. den Zehen) u. tauchen (2–6 Min.; Nasenlöcher verschließbar); sie bevorzugen das flache Wasser v. Seen u. Flüssen mit nur schwacher Strömung, wo sie weniger schwimmen als vielmehr durch Auftrieb schwebend auf dem Grund gehen. Das Wasser, lebensnotwendig zur Kühlung ihres Körpers, verlassen F. hpts. nachts über feste Wechsel zum Weiden an Land. Ihre mehrere cm dicke, fast haarlose Haut wird v. salzhalt., braunroten Absonderungen der zahlr. Schleimdrüsen feucht gehalten. – Das Flußpferd od. Nilpferd *(Hippopotamus amphibius,* B Afrika I; Kopfrumpflänge 3–4 m, Schulterhöhe 140–150 cm, Gewicht 1,2 bis maximal 3 t), urspr. über Afrika südl. der Sahara weit verbreitet, ist vielerorts durch Bejagung u. Landkultivierung verschwunden. F.e sind ortstreu u. leben in Gruppen aus 5–15 weibl. u. Jungtieren sowie Bullen am Rande. Tragzeit 233 Tage, 1 Jungtier mit ca. 45 kg Geburtsgewicht, kommt an Land od. im Wasser zur Welt; gesäugt wird 4–6 Monate, zuerst an Land, dann im Wasser. Geschlechtsreife mit 4 Jahren; Lebensdauer etwa 30 Jahre. F.-Bullen kämpfen heftig unter Einsatz ihrer Stoßzähne. F. werden oft v. Madenhackerstaren besucht (↗Putzsymbiose) sowie

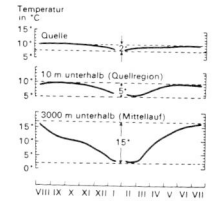

Flußregionen

Flußregionen
Temperaturverlauf und Temperaturamplitude (Pfeil) des Wassers eines Bergbachs in verschiedener Entfernung von der Quelle im Jahresverlauf von August (VIII) bis Juli (VII).

Flußregionen
Krenal: Quellzone
Rhithral: Bergbachzone, Salmonidenregion
  Epirhithral: obere Forellenregion
  Metarhithral: untere Forellenregion
  Hyporhithral: die ↗Äschenregion
Potamal: Zone des Tieflandflusses
  Epipotamal: ↗Barbenregion
  Metapotamal: ↗Bleiregion
  Hypopotamal: Kaulbarsch-Flunder-Region

v. einem Fisch (Gatt. *Labeo*) begleitet. – Weniger stark an das Wasser gebunden ist das Zwergflußpferd (*Choeropsis liberiensis;* Kopfrumpflänge ca. 140 cm, Schulterhöhe 70–80 cm, Gewicht 180–260 kg). Es lebt einzeln od. paarweise an Flüssen in Sumpfwäldern u. dichten Waldungen W-Afrikas (Liberia, Nigeria), wo es durch Bejagung sehr selten geworden ist. Weltbekannt ist die F.-Zucht des Basler Zoos.

Flußregionen, Zonierung der Fließgewässer, die nach der Amplitude der Jahrestemp. u. der Struktur der Stromsohle vorgenommen wurde (Illies 1961, Husmann 1970). Danach unterscheidet man: das *Krenal,* die Quellzone, das *Rhithral,* die Zone des ↗Bergbachs (Salmonidenregion) mit überwiegend geolog. Auswaschung u. das *Potamal,* die Zone des Tieflandflusses mit überwiegender Sedimentierung. Jede dieser Zonen läßt sich wieder in eine Epi-, Meta- u. Hypozone untergliedern.

Flußschweine, die ↗Buschschweine.
Flußuferläufer, *Tringa hypoleucos,* ↗Wasserläufer.
Flußwale, die ↗Flußdelphine.
Flußzeder ↗Librocedrus.

Flustra *w* [lat., = Meeresstille], Gatt. der ↗Moostierchen (U.-Ord. *Anasca*); *F. foliacea,* das Blätter-Moostierchen, bildet lappenförm., bis fast 20 cm vom Substrat aufragende Kolonien; ab 5 m Tiefe auch in der Nordsee u. westl. Ostsee. ☐ Moostierchen.

Flustrella *w* [v. lat. flustra = Meeresstille], marine Gatt. von ↗Moostierchen aus der U.-Ord. *Alcyonellea.*

Fluta *w* [lat., = Speisemuräne], Gatt. der ↗Kiemenschlitzaale. [culion fluitantis.

Fluthahnenfuß-Gesellschaften ↗Ranun-
Flutrasen ↗Agropyro-Rumicion crispi.
Flutschwaden-Röhricht ↗Sparganio-Glycerion.

fluvial [v. lat. fluvialis = im od. am Fluß lebend], *fluviatil,* zum Fluß gehörig, v. Fluß abgetragen, sedimentiert, gebildet.

F-Met-t-RNA, *f-Met-t-RNA,* Abk. für ↗N-Formyl-Methionyl-t-RNA.

FMN, Abk. für ↗Flavinmononucleotid.

Fodichnia [Mz.; v. lat. fodina = Grube, gr. ichnos = Spur], (Seilacher 1953), Freßbauten halbsessiler Sedimentfresser, z. B. ↗Rhizocorallium.

Foeniculum *s* [v. lat. feniculum =], der ↗Fenchel. [↗Fetus.

Foetus *m* [v. lat. fetus = Leibesfrucht], der

Fohlen, *Füllen,* das Jungtier bei Pferd, Esel u. Kamel bis zu einem Alter v. 3 Jahren.

Fohlenlähme, Erkrankung v. neugeborenen Fohlen, bei denen meist eitrige Gelenkentzündungen auftreten. Bei einer *Frühlähme,* verursacht durch *Salmonella abortus-equi,* werden die Fohlen häufig bereits krank geboren (Spätabort); der Tod tritt meist innerhalb v. 2–4 Tagen ein; Erkrankungen nach der Geburt (1.–4. Lebenstag) verursachen *Actinobacillus (Shigella) equuli* u. *Escherichia coli.* Erreger der *Spätlähme* („klassische" F.) ist *Streptococcus zooepidemicus;* die Infektion erfolgt meist etwa 1 Woche nach der Geburt v. Verdauungstrakt oder v. Nabel aus; die Erkrankung dauert etwa 1–3 Wochen u. führt in 50–80% der Fälle zum Tode.

Föhre, *Pinus silvestris,* ↗Kiefer.

Fokus *m* [v. lat. focus = Feuerstätte, Herd], *Focus, Herd,* **1)** in der Medizin alle lokalen Gewebsveränderungen, die auf einen größeren Bereich eine patholog. Wirkung ausüben. **2)** In Zellkulturen plaqueähnl. Stellen im Zellrasen, hervorgerufen durch Virusinfektionen.

Folat H$_2$, Abk. für die Salzform der ↗Dihydrofolsäure. [trahydrofolsäure.

Folat H$_4$, Abk. für die Salzform der ↗Te-

Folgeart, wird eine erdgeschichtl. jüngere, morpholog. anders aussehende Art gen., die durch phylet. Evolution (Artumwandlung, ↗Artbildung) entstanden ist u. eine erdgeschichtl. ältere Stammart ersetzt. Eine F. ist nur morpholog. und zeitl. definiert und ist durch die biol. Artdefinition nicht faßbar.

Folgeblätter, Bez. für die bei nicht wenigen Samenpflanzen erst später an der Sproßachse ausgebildeten, in der Form v. den zuerst auswachsenden Blättern abweichenden Blätter; bildet sich die volle Blattform relativ spät aus, so spricht man v. Altersblättern. ↗Blatt.

Folgegesellschaften ↗Sukzession.

Folgemeristem *s* [v. gr. meristos = geteilt, teilbar], das sekundäre ↗Bildungsgewebe.

foliicol [v. lat. folium = Blatt, colere = bewohnen], *blattbewohnend;* auf immergrünen Blättern u. Farnwedeln sind f.e Moose, Flechten u. Algen in den Tropen verbreitet; die Blätter können artenreiche Moos- u. Flechtenges. tragen. Mit wenigen Ausnahmen dringen die Thalli nicht durch die Cuticula vor. Obligat f.e Flechten erreichen im allg. nur wenige mm ⌀.

Folinsäure *w* [v. lat. folium = Blatt], der ↗Citrovorumfaktor, Derivat der Folsäure.

Foliola [Mz.; v. lat. foliolum = Blättchen], lat. Bez. für die Teilblättchen zusammengesetzter Blätter (↗Blatt).

Folliculina *w* [v. lat. folliculus = Säckchen, Blase], Gatt. der ↗Heterotricha.

Follikel *m* [v. lat. folliculus = kleiner Schlauch, Sack, Blase], allg. bläschen- od. balgförm. Gebilde. **1)** *Haar-F.,* ↗Haare. **2)** *Ei-F.:* Im Ovar des Menschen kann man folgende drei Stadien unterscheiden: Primär-F. (Oocyten I. Ord. einschl. des sie umgebenden einschicht. F.epithels), Se-

kundär-F. (F.epithel inzwischen mehrschichtig geworden), Tertiär-F. (Bläschen-F., *Graafscher F.,* etwa zentimetergroß, mit flüssigkeitsgefüllter Höhle u. randl. liegender Oocyte). ☐ Oogenese.
Follikelatresie *w* [v. *follikel-, gr. a- = nicht, trēsis = Loch], ↗Oogenese.
Follikelhormone [Mz.; v. *follikel-], veraltete Bez. für die ↗Östrogene.
Follikelreifung [v. *follikel-], ↗Oogenese.
Follikelreifungshormon *s* [v. *follikel-], das ↗follikelstimulierende Hormon.
Follikelsprung [v. *follikel-], ↗Ovulation.
follikelstimulierendes Hormon *s* [v. *follikel-], *Follikelreifungshormon,* Abk. *FSH,* Hormon des Hypophysenvorderlappens der Säuger, ein di- od. tetrameres Glykoproteid (relative Molekülmasse 16 000 pro Untereinheit). Es hält die Oo- u. Spermatogenese aufrecht u. fördert Follikelwachstum u. -reifung. ☐ Menstruationszyklus.
Follikelzellen [v. *follikel-], im Eierstock (↗Ovar) vorhandene Zellen, die die Oogonien u. später die heranwachsenden Oocyten epithelial umschließen; oft extrem dünne Zellen, deren Epithelcharakter bisweilen erst im Elektronenmikroskop erkannt wurde. Selten ein kubisches Epithel, das bei Insekten die ↗Eihüllen bildet. Sehr selten ist das Epithel auch vielschichtig, so z. B. beim Menschen (☐ Oogenese). Die F. leiten sich v. somat. Zellen ab u. sind nicht mit den ↗Nährzellen zu verwechseln; letztere stammen im allg. v. den Urkeimzellen ab, sind also Geschwisterzellen der Oocyten u. mit diesen meist über Zellbrücken verbunden. Das Pendant der F. im Hoden sind die Basalzellen, Cystenzellen u. Sertoli-Zellen (☐ Spermatogenese).
Fölling-Krankheit [ben. nach dem schwed. Physiologen I. A. Fölling, * 1888], die ↗Phenylketonurie.
Folsäure [v. lat. folium = Blatt], weitverbreitetes ↗Vitamin, das zuerst in Spinatblättern nachgewiesen wurde. F.-Mangel verursacht bei Säugetieren Wachstumsschwäche u. verschiedene Formen der Anämie. F. enthält die drei Bausteine Pterin, p-Aminobenzoesäure u. Glutaminsäure. F. ist die Vorstufe für das aktive Coenzym ↗Tetrahydro-F., zu dem sie in zwei Hydrierungsschritten über ↗Dihydro-F. umgewandelt wird. Die Salze der F. sind die *Folate.* ↗p-Aminobenzoesäure.
Fomes *m* [lat., = Zunder], ↗Schichtporlinge.
Fomitopsis *w* [v. lat. fomes, Gen. fomitis = Zunder, gr. opsis = Aussehen], ↗Schichtporlinge.
Fontana, *Felice,* italien. Naturforscher, * 15.(?) 4. 1730 Pomarolo (Trient), † 10. 3. 1805 Florenz; seit 1766 Prof. in Pisa; begr. das durch seine Wachsmodelle berühmte naturhist. Museum in Florenz. Arbeiten zur Reizleitung insbes. am Herzmuskel; beobachtete als erster die Refraktärphase u. hatte bereits Vorstellungen vom „Alles-oder-Nichts"-Gesetz. Widerlegte die Vorstellungen A. v. Hallers, der das Blut als die Ursache für die Systole des Herzens annahm; ferner Untersuchungen der Pupillenbewegungen u. toxikolog. Studien mit Schlangengiften.
Fontanelle *w* [v. altfrz. fontenelle = kleine Quelle], Öffnung im Schädeldach neugeborener Wirbeltiere u. des Menschen. Wo am Schädel mehr als zwei Knochen aneinandergrenzen, ist zum Zeitpunkt der Geburt anstelle einer schmalen Schädelnaht (Sutur) noch eine größere Lücke vorhanden, die v. Bindegewebe erfüllt ist. Beim Menschen liegt die *große F.* (*Stirn-F.,* Fonticulus anterior) mitten auf dem Kopf, dort, wo rechtes u. linkes Stirnbein (Os frontale) mit rechtem u. linkem Scheitelbein (Os parietale) zusammentreffen. Die *kleine F.* (*Hinterhaupts-F.,* Fonticulus posterior) liegt hinten oben am Kopf, im Berührungspunkt der Scheitelbeine mit dem Hinterhauptsbein (Os occipitale). Bei der Geburt können die Schädelknochen im Bereich der F.n übereinandergeschoben werden, wodurch der Kopf schmaler wird, während er das mütterl. Becken passiert. Der Verschluß der F.n durch Zusammenwachsen der Schädelknochen erfolgt beim Menschen im Alter v. etwa 2 Monaten (kleine F.) bzw. im zweiten Lebensjahr (große F.). Bei Rachitis verzögert sich der Verschluß.
Fontéchevade [fõnteschwad], *Mensch von F.,* Bruchstück eines Stirnbeins (F. I) u. einer menschl. Kalotte (F. II), die 1947 bei Ausgrabungen in der Höhle v. F. (Dép. Charente/S-Fkr.) gefunden wurden; sollen nach Fluortest u. Begleitfauna aus dem Riß-Würm-Interglazial stammen. Nach Vallois war der Mensch v. F. kein Neandertaler od. Präneandertaler, sondern eine Vorfahrenform des heut. Menschen.
Fonticola *w* [lat., = in od. an der Quelle wohnend], Strudelwurm-Gatt. der Ord. *Tricladida; F. vitta,* bis 15 mm lang, weiß, 2 Augen, im Schlamm klarer Süßgewässer.
Fontinalaceae [Mz.; v. *fontinal-], Fam. der *Isobryales* mit 2 Gatt., Laubmoose, die sekundär zum Wasserleben übergegangen sind; artenreichste Gatt. ist *Fontinalis;* die Stämmchen sind dreizeil. beblättert u. wachsen mit dreischneid. Scheitelzelle; *F. antipyretica* ist diözisch; er wurde fr. zum Feuerlöschen verwendet, daher die Artbezeichnung.
Fontinalineae [Mz.; v. *fontinal-], U.-Ord. der ↗ *Isobryales,* umfaßt die Fam. ↗ *Fontinalaceae* u. ↗ *Climaciaceae.*
Fontinalis *m* [v. *fontinal-], Gatt. der ↗Fon-

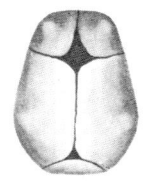

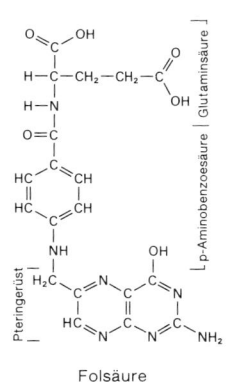

Foramen

foraminifer- [v. lat. foramen, Gen. foraminis = (Bohr-)Loch, Öffnung, -fer = -tragend].

Foraminifera

Einige rezente Gattungen:
Einkammerig (monothalam)
Allogromia
Iridia
Myxotheca
Vielkammerig (polythalam)
↗ *Globigerina*
Miliola
Nodosaria
Peneroplis
Polystomella
Rotalia
↗ *Rotaliella*
Textularia
↗ *Tretomphalus*
Fossile Großforaminiferen
↗ Alveolinen (bis rezent)
↗ Fusulinen
↗ Nummuliten

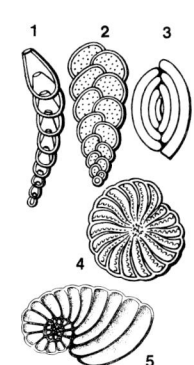

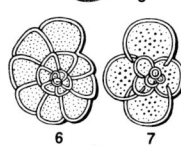

1 *Nodosaria*, 2 *Textularia*, 3 *Miliola*, 4 *Polystomella*, 5 *Peneroplis*, 6 *Rotalia*, 7 *Globigerina*

Foramen s [lat., = Öffnung], allg. Bez. für Öffnungen od. Lücken am od. im Körper; meist für Durchtrittsstellen v. Körperflüssigkeiten, Nerven, Sehnen, aber auch Öffnungen anderer Art. Beispiele: 1) *F. ovale:* in der Herzscheidewand embryonaler Säuger; 2) *F. interventriculare:* verengter Übergang v. den Seitenventrikeln zum 3. Ventrikel im Liquorraum des Zwischenhirns; 3) *F. magnum:* Hinterhauptsloch, Eintritt des Rückenmarks ins Stammhirn; 4) *F. triosseum:* v. drei Knochen umgrenzter Durchlaß für die Flugmuskelsehne im Schultergürtel der Vögel; 5) *F. parietale:* Öffnung im Schädeldach fossiler Tetrapoda, die ein unpaares Scheitelauge besaßen.

Foraminifera [Mz.; v. *foraminifer-], *Foraminiferen, Porentierchen, Lochträger, Kammerlinge, Thalamophora*, artenreiche Ord. der Wurzelfüßer, die stets ein einfaches od. gekammertes, mit Poren durchsetztes Gehäuse haben. Da vielen F. Poren in der Außenschale fehlen, bezieht sich die Bez. „F." auch auf die Öffnungen in den Kammerscheidewänden. Das Gehäuse besteht aus einer organ. Matrix, der Kalk od. fremdes Material (Sand, Schwammnadeln u. a., manchmal selektiv, selten Kieselsäure eingelagert werden. Die Schalen erreichen, bes. bei fossilen Arten, erstaunl. Größen (20 μm bis 15 cm). F. leben im Salzwasser, überwiegend im Meer bis in brackige Bereiche, aber auch in Salzgewässern des Binnenlands. Die meisten sind dem Meeresboden od. dem Bewuchs verhaftet, nur 2 Fam. leben planktontisch (*Globorotalidae* u. *Globigerinidae*). Sie weisen eine ungeheure Formenmannigfaltigkeit auf, die auf der verschiedenen Zahl u. Anordnung der Kammern beruht. Der Zellkörper erfüllt die Schale u. entsendet meist Pseudopodien, die oft anastomosieren, durch spezielle Poren u./od. die Gehäuseöffnung nach außen (Reticulopodien, Rhizopodien). Sie dienen der Fortbewegung u. Nahrungsaufnahme. Partikel (Diatomeen, Protozoen, Detritus) bleiben hängen u. werden v. Plasmaströmungen zum Zellkörper transportiert. Bei vielen F. liegt ein Generationswechsel zw. einer sich generativ fortpflanzenden Gamontengeneration u. einer sich vegetativ fortpflanzenden Agamontengeneration vor. Dies ist der einzige Fall eines heterophas. Generationswechsels im Tierreich. Bei F. kommen neben ungeschlechtlicher Vermehrung u. 3 Formen der Sexualität (Gametogamie, Gamontogamie u. Autogamie) vor. Einige Arten sind heterokaryotisch (Makro- u. Mikronucleus). Die Systematik der F. gründet sich z. Z. allein auf den Schalenbau, was sicher nicht einem phylogenet. System entspricht. Man unterscheidet formal einkammerige *(Monothalamia)* v. vielkammerigen Arten *(Polythalamia)*, obwohl sicher viele Arten durch Auflösen der Zwischenwände sekundär einkammerig geworden sind. Manche Arten, bes. die ↗ Großforaminiferen, haben Zooxanthellen. Dem hohen Leitwert in der Stratigraphie – insbes. bei der Erdölsuche – verdanken die fossilen F. den Namen „Öltierchen". ☐ Einzeller.

Foraminiferenkalk [v. *foraminifer-], zoogenes Sediment, das überwiegend aus Foraminiferen besteht u. auch am Aufbau v. Korallenriffen beteiligt ist. Fossile Anhäufungen v. Großforaminiferen im ↗ Fusulinenkalk (Karbon bis Perm), Orbitolinenkalk (Kreide), Nummulitenkalk (Alttertiär).

Foraminiferenmergel m [v. *foraminifer-], oligozäne (Rupelium) bituminöse Tonmergel des Oberrheingrabens mit Anreicherung v. Foraminiferen (z. B. *Spiroplectammina, Cibicides, Cyclammina* u. a.); weiße F. im Pliozän v. Kalabrien u. Sizilien.

Foraminiferenschlamm [v. *foraminifer-], verbreitetes Sediment der Meere, das in hohem Maße aus Schalen v. Foraminiferen besteht; am reichsten vertreten die Gatt. *Globigerina* (↗ Globigerinenschlamm).

Forbes [forbs], *Edward*, brit. Naturforscher, * 12. 2. 1815 Douglas (Insel Man), † 18. 11. 1854 Edinburgh; nach Reisen in Norwegen u. Kleinasien seit 1841 Prof. in London u. Edinburgh; erforschte die Fauna der tieferen Meere u. benutzte dazu erstmalig das Schleppnetz (Dredge); wurde dadurch zum Mitbegr. der Tiefseeforschung, weitere Arbeiten über die Fauna u. Flora Großbritanniens.

Forceps m od. w [lat., = Zange], *Greifzange, Kopulationszange*, Anhangstrukturen bei Insekten, die eine zweigabelige Form haben. Häufig wurden entspr. Teile des männl. Genitalapparats od. die Greifzangen (Cerci) der Ohrwürmer so bezeichnet. Meist wird F. als synonyme Bez. zu den beiden Parameren (↗ Aedeagus) verwendet.

Forcipulata [Mz.; v. lat. forceps = Zange], *Forcipulatida, Zangensterne, Zangenseesterne*, Ord. der *Asteroidea* (↗ Seesterne); charakterisiert durch den Besitz auch gestielter Pedicellarien. Enthält 4 Fam., artenreich u. am bekanntesten die ↗ *Asteriidae*.

Fordonia w, Gatt. der ↗ Wassertrugnattern.

Forel, 1) *Auguste*, schweizer. Psychiater u. Entomologe, * 1. 9. 1848 La Gracieuse bei Morges (Waadt), † 27. 7. 1931 Yvorne; seit 1879 Prof. in Zürich u. Dir. der Landesheilanstalt ebd. Wichtige Arbeiten zur Gehirnanatomie (entdeckte Ursprung des Hörnerven) u. zum Sozialleben der Ameisen, ferner über Hypnose sowie Sexualhygiene; Verfechter der Abstinenzbewegung (schweizer. Guttemplerorden). HW „Die soziale Welt der Ameisen" (1923). **2)** *François Alphonse,* Vetter v. 1), schweizer. Naturforscher u. Mediziner, * 2. 2. 1841 Morges, † 8. 8. 1912 ebd.; Prof. in Lausanne; vorbildl. Arbeiten zur Seenkunde (bes. Genfer See), gilt daher als Begr. der modernen Limnologie; A. ↗Weismann hat allerdings unabhängig von F. entsprechende Untersuchungen im Bodensee durchgeführt.

Forelle, *Europäische F., Salmo trutta,* ein gefleckter, in Größe, Färbung u. Lebensraum sehr variabler Lachsfisch in eur. Binnen- u. Küstengewässern. Die verschiedenen Formen, die fr. als zahlr. U.-Arten beschrieben worden sind, werden heute v. a. aufgrund ihrer Lebensweise gewöhnl. 3 U.-Arten zugeordnet: Meer-F. *(Salmo trutta trutta),* See-F. *(S. t. lacustris)* u. Bach-F. *(S. t. fario).* Die lachsähnl., silbrige, wenig gefleckte Meer- od. Lachs-F. (B Fische III) ist in Küstenbereichen vom Weißen Meer bis zur Biskaya, im Schwarzen u. Kasp. Meer sowie im Aralsee verbreitet u. steigt zum Laichen (soweit die verschmutzten unteren Flußabschnitte nicht unüberwindl. Hindernisse bilden) in den Oberlauf der Flüsse auf. Nach dem Ablaichen zw. Dez. und März in bes. Laichgruben, die vom Weibchen in den Kiesgrund geschlagen werden, ziehen die meisten der 70–90 cm (selten bis 1,3 m) langen Elterntiere ins Meer zurück u. steigen im nächsten Jahr erneut zur Eiablage auf. Die Jungfische bleiben 1–5 Jahre im Süßwasser, werden 15–25 cm lang u. wandern dann ins Meer ab. – Die seitwärts silbrige, auf dem grünlichbraunen Rücken dunkelgefleckte See-F. lebt in größeren Binnenseen u. steigt meist zum Laichen (v. Sept. bis Dez.) in die Seezuflüsse auf. Die Jungfische wandern als 1–3jährige aus den Laichgewässern in den See, wo sie als Schweb-F.n zunächst an der Oberfläche leben u. später als Grund-F.n zum Bodenleben übergehen; dabei können sie bis 1 m lang werden. In nahrungsarmen Gebirgsseen sind dagegen geschlechtsreife See-F.n oft nur um 20 cm lang. – Ebenfalls eine reine Süßwasserform ist die je nach Nahrungsangebot 15–50 cm lange, zahlr. örtl. Formen bildende, scheue Bach-F. (B Fische X), die kühle, schnellfließende, klare, sauerstoffreiche Bachoberläufe mit überhängenden Uferstellen od. anderen Schlupflöchern bevorzugt (↗*Forellenregion* oberhalb der ↗Äschenregion, ↗Bergbach). Sie ist ziemi. standorttreu u. verteidigt ihre Reviere. Die im Alter v. 2–3 Jahren geschlechtsreifen Bach-F.n laichen zw. Okt. u. Jan. Alle F.n leben räuberisch v. Kleintieren u. fressen selbst kleine Artgenossen; Fluginsekten werden sogar oberhalb der Wasseroberfläche erkannt u. gejagt. Darauf beruht das waidgerechte Angeln mit einer kleinen Feder, der „Fliege". Die v. Sportanglern als Speisefisch u. schwer zu fangende Beute geschätzte Bach-F. wird in großen Mengen gezüchtet (↗Fischzucht) und als Jungfisch ausgesetzt. [↗Sonnenbarsche].

Forellenbarsch, *Micropterus salmoides,*
Forellenregion, obere *(Epirhithral)* u. mittlere Zone des ↗Bergbachs, die durch das Vorkommen der Forelle charakterisiert wird. Die Forellen bevorzugen kalte, sauerstoffreiche Gewässer mit kies. Untergrund. Das Weibchen legt seine Eier in Laichgruben in der Stromsohle. Die besamten Eier werden mit dem strömenden Wasser in das Lückensystem des Kieses eingeschwemmt, die ausschlüpfenden Forellen leben bis zum Verzehr des Dottersacks im hyphoreischen Interstitial u. kehren danach auf die Stromsohle zurück. ↗Flußregionen.

Forellenstör, Handelsbez. für den Atlant. Seeteufel, ↗Armflosser.

Forficulidae [Mz.; v. lat. forficula = kleine Schere, Zange], Fam. der ↗Ohrwürmer.

Forle, *Pinus silvestris,* ↗Kiefer.

Forleule, *Kieferneule, Panolis flammea,* gefährl. Forstschädling; die Larven des Eulenfalters können in Monokulturen Kahlfraß an Kiefern verursachen; Falter variabel gefärbt, hellgelbrot-grau mit hellen Makeln und weißl. Wellenlinie, fliegt von Ende März bis Mai in der Dämmerung in den Baumkronen. Eiablage in einreihigen Zeilen an die Unterseite vorjähr. Kiefernadeln; Raupe grün mit weißen Rückenlinien, rötl. Seitenlinie und braunem Kopf, fressen v. Mai bis Aug. zunächst junge Nadeln u. Knospen, später auch alte Nadeln, bei Futtermangel sogar an andere Baumarten wechselnd; Verpuppung in der Bodenstreu. B Schädlinge.

Form, *Forma,* Abk. *f.,* die ↗Abart.

Formaldehyd *m* [v. *form-],* *Methanal,* $H_2C=O$, einfachster Aldehyd, in reiner Form ein stechend riechendes, in Wasser leicht lösliches Gas; 35–40%ige wäßrige Lösung = *Formalin* od. *Formol;* F. neigt zu Polymerisations- u. Additionsreaktionen (Tri- bzw. Tetraoxymethylen), eignet sich als Desinfektions- u. Konservierungsmittel, in der Medizin u. zur Herstellung v. Gerb- u. Farbstoffen. Im Zellstoffwechsel fungiert Methylentetrahydrofolsäure als aktiver F. (↗Tetrahydrofolsäure).

Formalin *s* [v. *form-],* ↗Formaldehyd.

Formanalyse, in der Ethologie die Untersuchung v. Bewegungs- u. Reaktionsformen zu vergleichenden Zwecken, häufig im Rahmen einer ↗Motivationsanalyse. Die F.

Formanalyse

Forelle
An den nordpazif. Küsten u. in den einmündenden Flüssen kommt als mit der Europäischen F. verwandte Art die bis 1,2 m lange Regenbogen-F. *(Salmo gairdneri)* vor, die durch ein prächtig schillerndes, mehrfarb. Längsband an den Körperseiten gekennzeichnet ist. Sie bildet wie die Europäische F. eine anadrome Wanderform, die U.-Art Stahlkopf-F. *(S. g. gairdneri),* u. eine reine Süßwasserform, die ortstreue Eigentliche Regenbogen-F. *(S. g. irideus).* Letztere ist bes. aus nordam. Bergbächen seit 1880 mehrfach nach Europa eingeführt worden. Wegen ihrer Schnellwüchsigkeit u. der geringen Ansprüche an den O_2-Gehalt, die niedrige Temp. u. die Sauberkeit des Wassers sowie an Versteckmöglichkeiten spielt sie bes. in der eur. Teichwirtschaft eine große Rolle. Eine weitere See-F. der nordam. Westküste u. seiner Flüsse ist die bei Sportfischern sehr beliebte, bis 1 m lange Purpur-F. *(S. clarki).*

Forleule
(Panolis flammea)

Formart kann auf verschiedenen Integrationsebenen vorgenommen werden; reicht sie bis hinunter auf die Ebene einzelner Muskelaktivitäten, spricht man auch v. einer *Mikroanalyse*.

Formart ↗Formgattung.

Formation *w* [v. lat. formatio = Gestaltung, Bildung], **1)** Bot.: Einheit eines auf Geographen u. Botaniker des 19. Jh.s (A. v. Humboldt, Grisebach, Drude) zurückgehenden Gliederungssystems der Vegetation, bei dem die Einteilung der Pflanzenges. in erster Linie nach der äußeren Erscheinung ("Lebensform") der dominierenden Pflanzenarten erfolgt. Anders als im pflanzensoziol. System spielt hier die Artenzusammensetzung keine Rolle, so daß auch ohne genaue Kenntnis der Einzelarten z. B. die Anfertigung v. Vegetationskarten mögl. ist (Immergrüner trop. Regenwald, Halbimmergrüner Saisonwald, Mangrove usw.). Aus solchen Karten lassen sich recht weitgehende Schlüsse auf die wichtigsten Standortseigenschaften ziehen, da bestimmte Lebensformgruppen (z. B. die Kakteen der Neotropis u. die Sukkulenten der Paläotropis) bei ähnl. Standortsbedingungen auch in verschiedenen Gebieten u. bei ganz unterschiedl. florist. Ausgangssituation auftreten. **2)** Geologie: ↗geologische Formation.

Formatio reticularis *w* [v. lat. formatio = Gestaltung, Bildung, reticulum = kleines Netz], System longitudinal u. transversal verlaufender, z. T. sich kreuzender myelinisierter Nervenfasern u. diffus verteilter Ganglienzellen, die zu unscharf umschriebenen Gebieten ("Kernen") zusammentreten. Diese werden in ihrer Gesamtheit als *Haubenkerne* bezeichnet u. reichen v. der Medulla oblongata bis zum Zwischenhirn.

Formbildung ↗Morphogenese; ↗explosive Formbildung.

Formenkreis, *Collectio formarum*, Abk. *cf.*, von O. Kleinschmidt (1926) geprägter erweiterter Artbegriff. Die fr. als eigene Arten beschriebenen Tiere verschiedener geogr. Gebiete sind danach oft keine echten Arten, sondern nur Semispezies einer Superspezies, also fruchtbar sich kreuzende Arten. F.e stellen nach Kleinschmidt höhere Kategorien als die Linnéschen Arten dar, da sie durch Kombinationen vieler Lokalarten gebildet werden. B. Rensch führte 1929 den entspr. Begriff *Rassenkreis* ein. Heute spricht man v. *polytypischen Arten* (↗Art). Polytypische Arten sind für sehr viele Tiergruppen nachgewiesen worden.

Formenkreislehre, *Tierverwandtschaftslehre*, von O. Kleinschmidt aufgestellte Lehre zum Begriff des ↗Formenkreises als einer Abstammungsgemeinschaft.

Formenlehre, die ↗Morphologie.

form- [v. lat. formica = Ameise], in Zss.: Ameisen-.

Formenkreis
Beispiel: Wapiti *(Cervus canadensis)* u. Rothirsch *(Cervus elaphus)* sowie Bison *(Bison bison)* u. Wisent *(Bison bonasus)* werden jeweils zu einer Superspezies zusammengefaßt.

Formenreihen
Beispiel:
Die Extremitäten der Pferde haben sich aus dem fünfstrahl. Fuß über den vierstrahl. (bei *Orohippus* im Eozän), den dreistrahl. mit Betonung der Mittelzehe (bei *Mesohippus* im Oligozän) u. bes. bei *Hipparion* im Pliozän zum Einhufer bei *Equus* entwickelt.
[B] Pferde (Evolution).

Formatio reticularis
Das System der F. r. ermöglicht durch direkte Verschaltung v. sensiblen u. somato- u. visceromotor. Kernen sowie durch indirekte Erregungsübertragung durch mehrgliedrige Neuronenketten (aufsteigend bis ins Mittel- u. Zwischenhirn u. absteigend bis zu den motor. Vorderhornzellen des Rückenmarks) die Vermittlung lebenswicht. reflektor. Erregungen. Zu diesen zählen: die Steuerung vegetativer Funktionen, die Umsetzung v. Reflexen in Bewegungsabläufe sowie die Verarbeitung afferenter Erregungen in Form v. zusätzl. (unspezif.) Information für die Großhirnrinde.
[B] Gehirn.

Formenreihen, in einer Stammesreihe auftretende Formen od. Strukturen, die in Abwandlung jeweils auseinander hervorgehen.

Formensehen, das ↗binokulare Sehen.

Formgattung, v. a. in der Paläobotanik verwendetes, mehr od. weniger künstl. Taxon zur hierarch. Erfassung v. Fossilien, denen aufgrund der Fragmentierung od. Erhaltung systemat. aussagekräftige Merkmale fehlen, so daß sie nicht in einem natürl. System eingeordnet werden können. (Das gleiche gilt für die *Formart*.) Durch den Int. Code der Bot. Nomenklatur wurde die Verwendung des Begriffs F. eingeengt auf fossile Gatt., die keiner Fam. zuweisbar sind.

Formiate [Mz.; v. *form-], Salze u. Ester der ↗Ameisensäure.

Formicariidae [Mz.; v. *form-], die ↗Ameisenvögel.

Formicidae [Mz.; v. *form-], die ↗Schuppenameisen.

Formicoidea [Mz.; v. *form-, gr. -oeidēs = -ähnlich], die ↗Ameisen.

formicol [v. *form-, lat. colere = bewohnen], in Ameisennestern lebend, z. B. ↗Ameisengäste.

Formikarium *s* [v. *form-], ein für die Haltung v. Ameisen unter Laborbedingungen eingerichtetes Nest, z. B. zur Durchführung v. Verhaltensstudien od. zur kontrollierten Zucht; meist in gegossenen Gipsnestern.

Formkonstanz, Eigenschaft einer Bewegungsfolge, die in immer gleicher Weise abläuft. Starre, auf angeborener Information beruhende Verhaltensweisen (↗Erbkoordinationen u. a.) zeichnen sich durch besondere F. aus. Aber auch erworbene Verhaltensweisen können *formstarr* sein, z. B. Konfliktreaktionen (Stereotypien u. a.) od. soziale Signale, deren gute Erkennbarkeit von ihrer F. abhängt, z. B. viele ritualisierte Verhaltensweisen (↗Ritualisierung). So bleibt der Gesang vieler Vogelarten in einer konstanten Form v. Generation zu Generation gleich, obwohl er mindestens teilweise erlernt werden muß.

Formobstbaum, Obstbaum, der auf einer schwachwüchs. Unterlage veredelt wurde u. durch einen bestimmten Schnitt zu regelmäß. Baumkronenwuchs erzogen wird, z. B. Spalierobst.

Formol *s* [v. *form-], ↗Formaldehyd.

formstarres Verhalten ↗Formkonstanz.

Formycine [Mz.; v. *form-, gr. mykēs = Pilz], aus *Nocardia interforma* isolierte Nucleosidantibiotika mit C-C-Bindung anstelle der N-glykosid. Bindung, die als Analoga natürl. Nucleoside wirken, in Nucleotide umgewandelt u. in RNA eingebaut werden. Da sie jedoch die ungewöhnl. syn-Konformation einnehmen (natürl. Nucleoside in anti-Konformation), verhindern sie die für die Proteinbiosynthese nötige korrekte Basenpaarung. Zu den F.n zählen *Formycin* u. sein Desaminierungsprodukt, das *Formycin B,* die v. a. gg. Mykobakterien wirken.

Formyl-Gruppe [v. *form-], der Rest H–C≡O, z. B. in Formyltetrahydrofolsäure od. in N-Formyl-Methionyl-t-RNA enthalten.

N-Formyl-Kynurenin s [v. *form-], Produkt des oxidativen Abbaus v. ↗Tryptophan.

N-Formyl-Methionin s [v. *form-], Derivat v. Methionin, das, gebunden als ↗N-Formyl-Methionyl-t-RNA, die Proteinsynthese an der ribosomalen 30S-Untereinheit (nach Anlagerung der 50S-Untereinheit zum 70S-Ribosom ergänzt) startet. Der vorübergehend während der Translation an allen bakteriellen Proteinen am N-Terminus stehende N-F.-M.-Rest wird nach Beendigung der Translation – z. T. aber auch schon während der Elongationsphase der Translation – wieder abgespalten, wobei entweder nur die Formyl-Gruppe frei wird (der Methionin-Rest verbleibt dann am N-Terminus der fertigen Proteinkette) oder die ganze N-F.-M.-Gruppe abgespalten wird.

N-Formyl-Methionyl-t-RNA w [v. *form-], Abk. *F-Met-t-RNA, Initiator-t-RNA,* stellt beim Start des Translationsprozesses am bakteriellen 70S-Ribosom die erste Aminosäure in Form v. ↗N-Formyl-Methionin bereit; dabei tritt sie mit dem Initiations-Codon AUG (seltener mit GUG u. UUG) in Wechselwirkung. Der eigtl. Initiationsprozeß erfolgt nicht am 70S-Ribosom, sondern an dessen 30S-Untereinheit.

Formyl-Tetrahydrofolsäure [v. *form-], die *aktivierte Ameisensäure* (↗Tetrahydrofolsäure).

Fornix m [lat., =], Wölbung, Kuppel, Dach, gewölbter Teil eines Organs, z. B. *F.cranii* (Schädeldach).

Forschungsstationen, *biologische Stationen,* biol. Forschungseinrichtungen, die Pflanzen u./od. Tiere in ihrer natürl. Umgebung erforschen; u.a. Meeresstationen (z. B. Stazione Zoologica Neapel, Biol. Anstalt Helgoland), Limnolog. Stationen (z. B. Langenargen/Bodensee, Plön/Holstein), Urwaldstationen sowie dem allg. Naturschutz dienende Stationen. [B] Biologie III.

Forskalia w [ben. nach dem schwed. Botaniker P. Forskål, 1736–63], Gatt. der ↗Physophorae.

Forst, abgegrenzter, nach forstwirtschaftl. Grundsätzen bewirtschafteter Wald.

Forsteinrichtung, Zweig der ↗Forstwiss. u. der forstwiss. Tätigkeit; hat die Aufgabe, durch mittelfrist. Wirtschaftsplanung u. Vollzugskontrollen den gesamten Wirtschaftsbetrieb in einem Wald zeitl. u. räuml. so zu ordnen, daß das Bewirtschaftungsziel möglichst erreicht wird. Der Planungszeitraum beträgt i.d.R. 10 oder 20 Jahre (F.speriode).

Forstgesellschaften, Anpflanzungen v. Baumarten im Reinbestand (i. d. R. Douglasie, Fichte, Kiefer, Pappel od. Tanne), die im entsprechenden natürl. Wald keine od. nur eine sehr geringe Rolle spielen würden. Trotz ihrer Artenarmut lassen sich diese Monokulturen anhand der Bodenvegetation standörtl. klassifizieren, wobei sie jedoch über keine eigenen Charakterarten verfügen. F. sind als ↗Ersatzgesellschaften des Naturwaldes anzusehen.

Forstpflanzen, Baumarten, die in Hinblick auf Ertragssicherheit u. -leistung zur Aufforstung v. Waldflächen verwendet werden. Bevorzugt werden Baumarten mit hoher Masseleistung, z. B. Fichte, Kiefer, Tanne u. Lärche, z. T. Buche u. Eiche. Zur Ertragssteigerung werden auch schnellwachsende ausländ. Baumarten wie Douglasie, Japanlärche u. Rot-Eiche angebaut.

Forstschädlinge, pflanzl. u. tier. Organismen, die die Forstpflanzen in ihrer Entwicklung u. Gesundheit schädigen, in ihrem Wachstum beeinträchtigen od. in ihrem Wert mindern. Die tier. Haupt-F. sind Insekten, bes. Käfer, Schmetterlinge u. Hautflügler, sowie Nagetiere u. Wild. Pflanzl. F. sind v. a. Pilze u. „Waldunkräuter" (z. B. Himbeere).

Forstschutz, befaßt sich mit der Darstellung der Ursache u. Erscheinung aller Waldbeschädigungen sowie mit Vorbeugungs- und Bekämpfungsmaßnahmen. Waldschäden können entstehen durch: 1) schädigende Eingriffe des Menschen (Beweidung, Streunutzung, Waldbrände, Rauch- u. Abgasschäden), 2) Witterungsunbilden (Sturm, Hagel, Schnee, Frost, Dürre, Hitze), 3) Organismen (Bakterien, Pilze, Waldunkräuter, Insekten, Nagetiere, Wild).

Forstwissenschaft, Wiss. v. den naturwiss. Gesetzmäßigkeiten der Standorte u. der Wälder in bezug auf das Wachstum der Bäume, der planmäßigen Bewirtschaftung u. Nutzung der Wälder, der Anwendung v. Technik u. Mechanisierung in der Forstwirtschaft sowie v. der Abgrenzung u. Auslotung aller rechtl. u. gesetzl. Probleme. Die forstl. Fachwiss. gliedern sich in 1) *forstl. Produktionslehre* (Waldbau, Forstschutz, Ertragskunde, Forstbenutzung, forstl. Arbeitslehre, Wegebau u.a.), 2) *forstl. Betriebslehre* (Forsteinrichtung, forstl. Betriebswirtschaftslehre, Forstverwaltung u.a.), 3) *Forst- und Holzwirtschaftspolitik* (einschl. Forstgeographie u. Forstgeschichte).

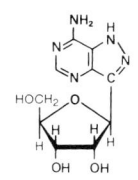

Formycin

Forstpflanzen
Eine einseitig auf Hochertrag ausgerichtete Waldbewirtschaftung birgt in sich höhere ökolog. u. ökonom. Risiken. Artenarme Bestände („Monokulturen") aus mehr od. weniger einheitl. genet. Material wirken destabilisierend auf das Ökosystem Wald; Schädlingskalamitäten, Windwurf, Brand usw. sind oft die Folgen.

Forsteinrichtung
Grundlage der F. ist eine möglichst genaue Zustandserfassung des Forstbetriebs *(Inventur).* Anhand der Daten über Holzvorräte, Zuwachs u. Standortsfaktoren (u.a. Klima, Bodenart, Wasserhaushalt) entscheidet der Forsteinrichter *(Taxator)* in Zusammenarbeit mit dem örtl. Leiter des Forstamts über die Wirtschaftsgrundsätze, die Betriebs- u. Ertragsregelung des F.szeitraums (z. B. in bezug auf den Hiebsatz) sowie über die standortsgerechte Baumartenwahl.

Forst
Urspr. war der F. der königl. Wald, dann der Bannwald mit Nutzungsrechten der herrschaftl. Besitzer; seit dem Verfall des Feudalrechts meist Staatswald od. Eigentum v. Körperschaften.

Forsythie w [ben. nach dem engl. Botaniker W. A. Forsyth (fåßaith), 1737–1804], *Goldflieder, Forsythia,* Gatt. der Ölbaumgewächse mit 1 Art in SO-Europa u. ca. 6 Arten in O-Asien. Sommergrüne Sträucher mit gegenständ., einfachen od. 3teil., gezähnten Blättern u. im Frühjahr vor den Blättern erscheinenden, glockigen, tief 4geteilten, goldgelben Blüten. Die aus China stammenden Arten *F. suspensa* (B Asien III) und *F. viridissima,* bes. aber in Europa gezüchtete, sehr formenreiche Bastard beider Arten, *F.* × *intermedia,* erfreuen sich als Ziergehölze in Gärten u. Anlagen großer Beliebtheit.

Fortbewegung, *Lokomotion,* die Fähigkeit tier. Organismen zur *aktiven* Ortsveränderung (↗ Bewegung) in einem Raumsystem. Die Prinzipien der F. lassen sich auf das 2. und 3. Newtonsche Axiom zurückführen (vgl. Spaltentext). In Anwendung dieser Grundsätze umfaßt die Analyse der F. die Fragen nach a) dem Ort der Krafterzeugung („Motor"), b) der Form der Kraftleitung im Organismus (Transducer), c) der Art der Kraftübertragung auf das Substrat (Propellor), d) jenen stabilisierenden Elementen, welche die rückwirkende Kraft auffangen, u. e) den Bestandteilen, die den Muskelantagonismus ermöglichen. – *F.* auf *dem Substrat:* Ein bekanntes Beispiel ist die *peristaltische F.* des *Regenwurms.* Orte der Krafterzeugung sind die Ring- u. Längsmuskulatur, die den schlauchförm. Körper mantelartig umgeben (B Ringelwürmer). Die durch Dissepimente gekammerte Leibeshöhle enthält alle inneren Organe u. ist flüssigkeitsgefüllt. Dieser Flüssigkeit kommt als kraftleitendem Element eine zentrale Bedeutung im Lokomotionsgeschehen zu (↗ Hydroskelett, ↗ Biomechanik). Kontraktion der Ringmuskulatur eines Segments erzeugt einen Druck auf die inkompressible Leibeshöhlenflüssigkeit. Eine Längsstreckung des Tieres entspr. der nicht kontrahierten Längsmuskulatur, die zugleich gedehnt wird, ist die Folge. Umgekehrt bewirkt die Kontraktion der Längsmuskulatur über eine Verkürzung u. Verbreiterung des Tieres eine Dehnung der Ringmuskulatur. Von hinten nach vorne verlaufen abwechselnd Kontraktionswellen der Ring- u. Längsmuskulatur *(Peristaltik).* Die verdickten Stellen des Körpers dienen als Verankerungspunkte; Vortrieb erfolgt durch Kontraktion der Ringmuskulatur (vgl. Abb.). Die Unterteilung der Leibeshöhle in unabhängig arbeitende Druckkammern ermöglicht eine genauere Koordination des Bewegungsablaufs. – Auch der F. der *Schnecken* liegt ein hydraul. Mechanismus zugrunde. Äußerl. sichtbares Merkmal sind v. hinten nach

Fortbewegung
2. Newtonsches Axiom:
Um einer Masse *m* die Beschleunigung *a* zu erteilen, ist eine Kraft *F* erforderl., die gleich dem Produkt aus Masse u. Beschleunigung ist:
$F = m \cdot a$
3. Newtonsches Axiom:
Wirkt ein Körper A mit der Kraft *F*1 auf einen Körper B, so wirkt der Körper B mit der Gegenkraft *F*2 auf A zurück. Kraft u. Gegenkraft sind im Betrag gleich u. unterscheiden sich nur in der Richtung, in der sie wirken. Dieses Gesetz wird auch *Prinzip von actio u. reactio* genannt.
Das 2. Newtonsche Axiom verweist auf Kräfte, die, vom Organismus erzeugt, für dessen F. nutzbar gemacht werden. Das 3. Axiom beschreibt die Wechselwirkung zw. Organismus u. Umwelt u. die Art, in der die Kräfte auf den Erzeuger als reactio zurückwirken.

Mittlere Geschwindigkeit (bzw. Maximalgeschwindigkeiten*) einiger Lebewesen

	in mm/s
Pantoffeltierchen	2–3
Seestern	0,2
Weinbergschnecke	0,9
Ackerschnecke	2
	in km/h
Stubenfliege	6,5
Wespe	9
Honigbiene	24*
Maikäfer	9
Weißling	7
Abendpfauenauge	22
Libelle	30
Lachs	18
Krähe	35
Strauß	45
Buchfink	50
Brieftaube	65
Star, Ente	75
Schwalbe	200*
Mauersegler	290*
Grönlandwal	7
Finnwal	18
Mensch	36*
Pferd	36
Gazelle	80*
Hund	80*
Gepard	120*

vorn verlaufende *Fußwellen.* Als „Motor" fungieren aufeinanderfolgende Kontraktions- u. Erschlaffungsphasen der dorsoventralen Fußmuskulatur. Ihre Kontraktion bewirkt Abheben vom Boden u. Dehnung der Sohle. In der folgenden Erschlaffungsphase wird durch den Flüssigkeitsdruck im benachbarten Gewebe die Muskulatur wieder gedehnt, die elast. Sohle senkt sich u. bildet, ein kleines Stück nach vorn versetzt, einen Verankerungspunkt mit dem Boden (vgl. Abb.). – Tiere mit einem Hartteilskelett *(Gliedertiere, Wirbeltiere)* besitzen *Hebel* als F.sorgane. Diese werden durch Hebemuskeln angehoben u. nach vorne geführt; dabei werden gegensinnig angreifende Beugemuskeln gedehnt. Durch Aufsetzen der Extremität wird ein fester Verankerungspunkt mit dem Boden geschaffen. Aktivität der Beuger zieht den Rumpf des Tiers nach vorne. Große Bedeutung kommt der Stellung der Gliedmaßen u. der Gangart zu. Seitl. am Körper ansetzende Extremitäten (z. B. *Lurche)* erfordern einen Teil der Muskelkraft, um den Körper vom Boden abzustemmen. Das Vorsetzen des gehobenen Beines muß bogenförmig um das ruhende erfolgen (vgl. Abb.). Schneller Lauf ist ausgeschlossen. Bei *Säugetieren* setzen die Beine dagegen unter dem Rumpf an. Der Körper wird fast ohne Energieaufwand getragen. Gleichzeitig ist ein pendelart. Ausschwingen der Extremitäten möglich, was auch einen schnellen Lauf gestattet. Mit dem Wechsel der ↗ *Gangarten* ändert sich u. a. die rhythm. u. energet. Seite der F. Schneller Lauf (z. B. ↗ Galopp) findet als hüpfendspringende F. statt. Ein Teil der F.senergie wird dabei elast. aufgefangen u. weiteren Bewegungsfolgen zugeführt. Es gibt zahlr. Spezialisierungen der F. mit Hilfe v. Hebeln *(Hüpfen, Springen, Klettern, Graben).* – *F.* im *Substrat:* Viele Tiere *graben,* z. B. im Sand des Meeres (Ringelwürmer, Muscheln). Dem liegen, ähnl. wie beim Regenwurm, hydraul. Prinzipien zugrunde. Kontraktionswellen der Muskulatur erzeugen in der Leibeshöhle einen Druck, der nicht kontrahierte Abschnitte fest gg. das Substrat preßt. Zugleich erfahren diese eine Verlängerung. Oft ist das Vorderende durch Dissepimente v. der Hydraulik abgekoppelt u. wirkt als unabhängiger Bohrabschnitt. Bei Muscheln wirkt die durch Ligamentzug automat. aufklappende Schale als Befestigungspunkt, während der Fuß durch Flüssigkeitsdruck in das Sediment getrieben wird (vgl. Abb.). Das *Bohren* in festem Substrat (Stein, Holz) tritt bei Schwämmen, Spritzwürmern, Mollusken u. Stachelhäutern auf. In Kalkfels geschieht dies meist durch Ausscheiden

Fortpflanzungsverhalten

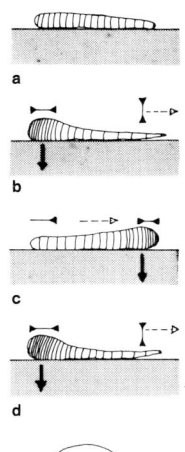

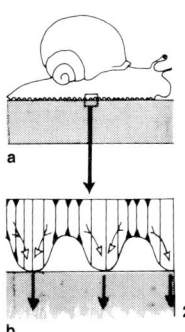

Fortbewegung

1 *Regenwurm;* a Ruhephase, b Verankerung des Hinterendes u. Verlängerung des Vorderendes, c Verankerung des vorderen Körperpols u. Nachziehen des hinteren, d Beginn eines neuen Bewegungszyklus. 2 *Landschnecke;* a Fußwellen, b vergrößerter Ausschnitt des Fußes; 3 *Salamander;* schemat. Darstellung des Bewegungsablaufs; 4 Graben der *Muscheln;* a Verankerung im Substrat durch Aufklaffen der Schale S u. Vorantreiben des Fußes F in das Substrat (L Ligament), b Verankern des Fußes durch Flüssigkeitsdruck u. Lösen der Schalenverankerung vom Substrat, c Nachziehen der Schale. 5 *Schiffsbohrwurm* (Teredo), im Holz bohrend; die Bewegung der Schalen ist durch Pfeile angegeben.

↓ Verankerungspunkte Tier – Substrat
↑ Muskelkontraktion u. Zug des Ligaments bei 4
Y Wirkungsrichtung des hydraulischen Drucks
↓ Fortbewegungsrichtung

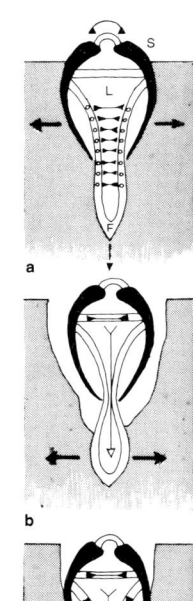

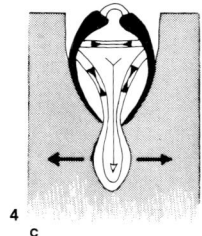

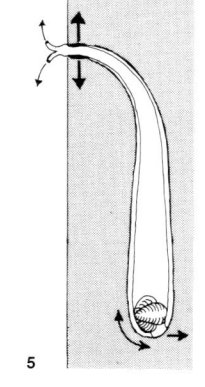

saurer Substanzen, die den Fels lösen. Beim Schiffsbohrwurm *Teredo,* einer in Holz bohrenden Muschel, ist die Schale zu einem Bohrkopf umgebildet, der durch Kreisbewegungen das Holz abraspelt (vgl. Abb.). Der übrige Körper hat Wurmgestalt (Name!). ↗Schwimmen, ↗Flug, ↗Flugmechanik, ↗Bewegungsapparat, ↗Hydroskelett, ↗Skelett. *M. St.*

Fortpflanzung, Reproduktion, Tokogonie, die Erzeugung neuer, eigenständ. Individuen (F.sprodukte, Nachkommen) v. einem Elter od. (bei zweigeschlechtl. F.) v. zwei Elternindividuen. F. ist eine Grundeigenschaft aller Lebewesen, durch die der individuelle Tod kompensiert, eventuelle Ausbreitung u. in der Generationenfolge Evolution ermöglicht wird. – I. d. R. erzeugt ein Individuum od. ein Elternpaar daher mehrere F.sprodukte, was zu einer potentiellen Vermehrung der Individuenzahl führt (↗Populationswachstum). Jedoch muß nicht jeder F.sschritt auch Vermehrung bedeuten, da bei manchen Einzellern (z. B. bei der ↗Pädogenese der Heliozoen) ein Individuum nach Meiose nur 2 Geschlechtszellen (↗Gameten) bildet, die wieder zu nur einer Zygote verschmelzen. F. erfolgt immer über Zellteilung (u. damit verbundene Kernteilung), wodurch die Weitergabe der genet. Information (Vererbung) in der Generationenfolge gewährleistet wird. Man unterscheidet *geschlechtliche* oder ↗*sexuelle F.* (Gamogonie) von *ungeschlechtlicher* od. ↗*asexueller F.* (Monogonie). Geschlechtl. F. erfolgt nahezu stets über Einzelzellen (monocytogen), sog. Geschlechtszellen (Gameten) – Ausnahme ↗Konjugation –, u. ist mit einer Reifeteilung (Meiose) verbunden. Treten bei der geschlechtl. F. zwei verschiedene Gameten (männl. u. weibl.) auf, die im Vorgang der ↗Befruchtung zu einer Zygote verschmelzen, spricht man v. *zweigeschlechtlicher* od. *bisexueller F.* Können sich die weibl. Gameten auch ohne Befruchtung entwickeln, liegt *eingeschlechtliche* od. *unisexuelle F.* (Jungfernzeugung, ↗Parthenogenese) vor. Bei der ungeschlechtl. F. werden durch Mitose F.sprodukte erzeugt, die genet. mit dem Elternorganismus übereinstimmen. Ungeschlechtl. F. kann über Einzelzellen (monocytogen) erfolgen (Agamogonie), so z. B. die F. über Konidien bei Schimmelpilzen, od. über mehrzell. F.skörper (polycytogene F., vegetative F.). Bei mehrzell. Tieren (Metazoen) erfolgt (mit Ausnahme bei den Mesozoen) ungeschlechtl. F. stets über mehrzell. F.skörper (z. B. Knospung bei den Nesseltieren). Wenn bei ein u. derselben Art ungeschlechtl. u. geschlechtl. F. abwechseln, spricht man v. ↗*Generationswechsel.* Bei der überwiegenden Mehrzahl der Lebewesen tritt entweder ständig od. zumindest gelegentl. sexuelle F. auf; dadurch wird genet. Rekombination möglich. In manchen Gruppen kommt jedoch nur ungeschlechtl. F. vor (sexuelle F. zumindest bislang unbekannt), so bei den Cyanobakterien, manchen Flagellaten, Amöben u. a.

Fortpflanzungsgemeinschaften, Gemeinschaften v. artgleichen Tieren, die sich zur gleichen Zeit im gleichen Raum miteinander sexuell fortpflanzen.

Fortpflanzungsorgane, ugs. gleichgesetzt mit ↗Geschlechtsorganen. Dies gilt jedoch eigtl. nur für Metazoen, bei denen im allg. nur sexuelle Fortpflanzung vorkommt. Gemäß der bei ↗Fortpflanzung gegebenen Definition sind jedoch auch die ↗Sporophylle, ↗Brutbecher usw. der Pflanzen als F. anzusehen. ↗Begattungsorgane.

Fortpflanzungsstrategien ↗Selektion.

Fortpflanzungsverhalten, alle Verhaltensweisen, die zum Funktionskreis der Fortpflanzung gehören, also ↗Balz u. ↗Paarbil-

Fortpflanzungswahrscheinlichkeit

dung ebenso wie ↗Brutfürsorge u. ↗Brutpflege usw. Einige Autoren sehen allerdings im Ggs. dazu nur Balz u. Paarbildung als Teile des F.s an.

Fortpflanzungswahrscheinlichkeit, Wahrscheinlichkeit, mit der ein Individuum bzw. ein Genotyp zur Fortpflanzung gelangt u. mehr od. weniger zahlr. Nachkommen hervorbringt (jeweils verglichen mit anderen Individuen bzw. Genotypen).

Fortpflanzungswechsel ↗Generationswechsel.

Fortpflanzungszellen, die ↗Keimzellen.

Fossa w, **1)** Gatt. der Schleichkatzen; einzige Art die ↗Fanaloka. **2)** *Frettkatze, Cryptoprocta ferox,* eine Schleichkatze Madagaskars; größtes dort vorkommendes Raubtier (Kopfrumpflänge 80–90 cm, Schwanzlänge ca. 80 cm), das sich v. Halbaffen u. Hausgeflügel ernährt. Die F. vereinigt Merkmale v. Mangusten, Zibetkatzen u. Katzen u. gilt als recht urspr. Tierform (z. B. doppelte Gebärmutter), die sich seit Anfang des Tertiärs aufgrund der Isolierung Madagaskars wahrscheinl. wenig verändert hat. B Afrika VIII.

Fossaridae [Mz.; v. lat. fossa = Graben, Grube], Fam. der *Hipponicoidea,* marine Mittelschnecken mit rundl., festwand. Gehäuse, das 2–15 mm hoch ist. Die Arten der in den Subtropen u. Tropen verbreiteten Fam. leben meist im Flachwasser, oft in Gezeitentümpeln, manche in Tiefen unter 200 m. Über die Biol. ist wenig bekannt, die systemat. Zuordnung ist unsicher.

fossil [v. *fossil-], allg. Bez. für vorgegenwartl. Alter im geolog. Zeitmaßstab, überwiegend auf Organismen angewendet. Ggs.: rezent.

Fossilchemie [v. *fossil-], *Paläobiochemie,* im Aufbau begriffener Zweig der Paläontologie, der mit Hilfe spezieller Untersuchungsmethoden (↗Fluoreszenzmikroskopie) nur noch chemisch nachweisbare ehemalige Organismen *(Chemofossilien)* aufspürt. ↗Fossilien.

Fossildiagenese w [v. *fossil-, gr. diagignesthai = sein Leben hinbringen], *Versteinerungsprozeß,* (Diagenese, J. Walther 1894), die postmortale Anpassung v. Organismen an die veränderte „Umwelt" des einbettenden Sediments (Chemismus, Druck, Temp.) in der Zeit. Prozesse v. Lösung, Stoffzufuhr (Metasomatose), Um- und Sammelkristallisation können daran ebenso beteiligt sein wie Verwitterung u. Metamorphose.

fossile Böden [v. *fossil-], unverändert erhaltene Paläoböden, unter Deckschichten begrabene, in früheren geolog. Epochen entstandene Böden.

fossile Brennstoffe [v. *fossil-], aus organ. Substanzen bestehende, durch eine viele

fossil- [v. lat. fossilis = ausgegraben].

Fossa (Cryptoprocta ferox)

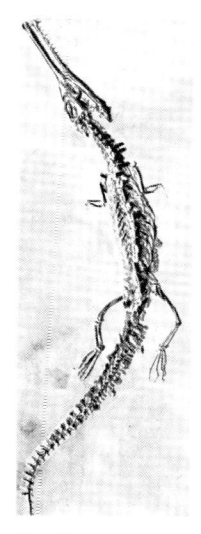

Fossilien
Fossilskelett (3 m Länge) eines Sauriers aus dem Lias

Mill. Jahre dauernde Umwandlung v. ↗Biomasse (Inkohlung) entstandene natürl. Brennstoffe (im Ggs. zu den nuklearen Brennstoffen). Zu den f.n B.n gehören ↗Kohle, ↗Erdöl, ↗Erdgas u. der „rezente" ↗Torf. Da die Neubildung gegenüber dem hohen Verbrauch prakt. nicht ins Gewicht fällt, werden die vorhandenen Reserven an f.n B.n in absehbarer Zeit erschöpft sein.

Fossilien [Ez. *Fossil;* v. *fossil-], (G. Agricola 1546), *Petrefakte, Versteinerungen,* im Gestein („Boden") erhaltene Reste fossiler Organismen u. deren Lebensspuren *(Spuren-F.)* in abgestufter Vollständigkeit u. Erhaltung. Ein *Körperfossil* weist noch Weichteile (selten) od. körpereigene Hartteile auf. Nach deren Auflösung kann ein ↗Abdruck, ↗Steinkern od. ↗Skuptursteinkern entstehen. *Chemo-F.* sind Reste organ. Substanzen in Form v. Aminosäuren (nachgewiesene Alter bis 3,2 Mrd. Jahren). *Schein-* od. *Pseudo-F.* heißen irrtüml. für F. gehaltene organ. Gebilde (z. B. ↗Dendriten). – F. sind Zeugnisse vorzeitl. Lebens u. Grundlage der Paläontologie. Als *Leit-* od. *Fazies-F.* spielen sie in der Stratigraphie eine wichtige Rolle. ☐ Ammonoidea, ☐ Brachiopoden, B Dinosaurier. [1977.
Lit.: *Krumbiegel, G., Walther H.:* Fossilien. Stuttgart

Fossilisation w [v. *fossil-], *Fossilwerdung,* umfaßt die Schicksale u. Veränderungen der Organismen v. Zeitpunkt ihres Todes bis zur Einbettung ins Sediment (↗Biostratonomie) u. im Laufe der ↗Fossildiagenese bis zur Bergung aus dem Gestein.

Fossiltextur w [v. *fossil-, lat. textura = Gewebe], (R. Richter 1936), durch benthonische Organismen verursachte Wühlgefüge.

Fossombronia w [ben. nach der it. Stadt Fossombrone], Gatt. der ↗Codoniaceae.

Fötus *m* [v. lat. fetus = Leibesfrucht], der ↗Fetus.

Fourcraea w [ben. nach dem frz. Chemiker A.-F. de Fourcroy (furkrua), 1755–1809], Gatt. der ↗Agavengewächse.

Fovea w [lat., = Grube], anatom. Bez. für Grube, Vertiefung; z. B. *F. centralis,* die Sehgrube, Zone des schärfsten Sehens auf der ↗Netzhaut.

fp, Abk. für Flavoprotein.

F-Pili [Mz.; v. lat. pilus = einzelnes Haar], *Geschlechtspili,* meist nur in einem od. wenigen Exemplaren vorliegende, fadenförm., ca. 8,5 nm dicke u. 1–20 μm lange Strukturen an der Oberfläche solcher Bakterienzellen (↗Bakterien), die bei der ↗Konjugation als Donorzellen (F^+-, Hfr-Zellen) wirken. Die Bildung der F. wird v. Genen des F-Faktors (↗Plasmide) kontrolliert. F. vermitteln den Sexualkontakt zw. Donorzellen u. Rezeptorzellen. Ob bei der

fraktionierte Zentrifugation

Konjugation der Transport der DNA v. Donorzellen zu Rezeptorzellen direkt durch die F-Pilus-Röhre erfolgt, ist nicht endgültig geklärt. F. unterscheiden sich v. anderen ↗Pili deutl. hinsichtl. Länge, Dicke u. Proteinzusammensetzung. Einige kleine Bakteriophagen (z. B. f2) können ihre DNA spezif. über die F. in die Zelle einschleusen u. damit den Infektionszyklus starten.

Fracastoro, *Girolamo,* it. Arzt u. Humanist, * um 1478 Verona, † 8. 8. 1553 Incaffi (Prov. Verona); schrieb neben zahlr. anderen ein Lehrgedicht (in Hexametern) „Syphilis sive de morbo gallico" u. lieferte die erste genauere Beschreibung der Infektionskrankheiten, die er als durch „Keime" vermittelt erkannte („De contagione et contagiosis morbis et eorum curatione").

Frachtsonderung, Begriff der ↗Biostratonomie: Selektion abgestorbener Organismen bei natürl. Verfrachtung v. Lebenszum Begräbnisort nach Größe, Schwere, Form u. Widerstandsfähigkeit gg. Zerstörung (Beispiel: Radiolarien).

Fraenkel-Bacillus *m* [ben. nach dem dt. Pathologen E. Fraenkel, 1853–1925, v. lat. bacillum = Stäbchen], *Clostridium perfringens* (Typ A), ↗Gasbrandbakterien.

Fragaria *w* [v. lat. fragum =], die ↗Erdbeere.

Fragilariaceae [Mz.; v. lat. fragilis = zerbrechlich], artenreiche Fam. der *Pennales* (↗Kieselalgen), U.-Ord. *Araphidineae,* mitunter als eigene Ord. *Fragilariales* geführt; Valvae der Zellwand mit Mittelrippe (Pseudoraphe). Wichtige Gatt.: *Fragilaria,* ca. 100 Arten in Süß- u. Meerwasser; bilden in ruhigen Gewässern bis zu 100 µm lange, bandart. Kolonien, die leicht aufbrechen (Brechbandalge). *Tabellaria,* ca. 20 Arten; Valvaransicht strichförm. mit zentralen u. apikalen Anschwellungen, Pleuralseite tafelförm., bilden kettenart. Kolonien, häuf. im Sommerplankton eutropher Seen u. Teiche. *Licmophora,* 27 marine Arten, Zellen in Pleuralansicht keilförm., gestielt, Tochterzellen bleiben miteinander verhaftet u. bilden fächerförm. Kolonien. *Meridion circulare,* im Süßwasser, Zellen keilförm., bilden kreisförmige Kolonien. *Diatoma,* 7 Süßwasserarten, Valvarseite lanzettl. od. linear; Zellen bilden kurze, bänderart. Kolonien, beim Auseinanderbrechen bleiben die Zellen häufig an den Rändern verhaftet (Zickzackalge). *Synedra,* ca. 100 Arten, Zelle stabförm., bis 500 µm groß, oft festsitzend, im Süß- u. Meerwasser. *Asterionella,* 10 Arten, Zellen schmal, linear, Enden kopfart. angeschwollen; mit einem der verdickten Enden zu sternart. Kolonien verbunden; *A. formosa* häuf. im Plankton v. Teichen u. Seen.

Fragilariales [Mz.; v. lat. fragilis = zerbrechlich], Ord. d. Kieselalgen, in den meisten Systemen als Fam. *Fragilariaceae* der Ord. ↗ *Pennales* zugeordnet, sehr artenreiche Algengruppe, u. a. mit den Gatt. *Fragilaria, Diatoma, Synedra, Asterionella* (↗Fragilariaceae).

Fragmentation *w* [v. lat. fragmentum = Bruchstück], **1)** *Kern-F.,* die ↗Amitose. **2)** Bruch eines Chromosoms (↗Chromosomenbrüche) od. einer Chromatide. Bei der F. eukaryoter Chromosomen können entweder *azentr.* Fragmente (enthalten kein Centromer) od. *zentr.* Fragmente (enthalten ein Centromer) abgespalten werden. Azentr. Fragmente gehen i. d. R. aufgrund ihrer Bewegungsunfähigkeit während Mitose od. Meiose schnell verloren. **3)** Fortpflanzungsmodus bei einfach organisierten ↗Coenobien (z. B. *Spirogyra, Plectonema*); durch Zerfall in kleinere Teile entstehen Tochterindividuen. **4)** *Stolonisation,* Stockbildung, die v. bes. Ausläufern (Stolonen) ausgeht.

Frailejones ↗Korbblütler.

fraktionieren [v. lat. fractio = Bruch], ein Stoffgemisch in Bestandteile *(Fraktionen)* zerlegen, z. B. fraktionierte Destillation, Kristallisation, Fällung od. Zentrifugation.

fraktionierte Verteilung [v. lat. fractio = Bruch], korrekter: *fraktionierende Verteilung,* die Trennung v. Stoffgemischen aufgrund verschiedener Löslichkeit in wäßrigen u. organ. Medien; v. Bedeutung zur Isolierung u. Reinigung v. Naturstoffen, Antibiotika usw.

fraktionierte Zentrifugation *w* [v. lat. fractio = Bruch, lat. centrum = Mittelpunkt,

G. Fracastoro

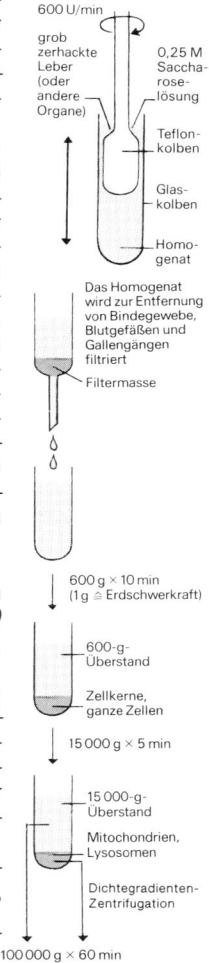

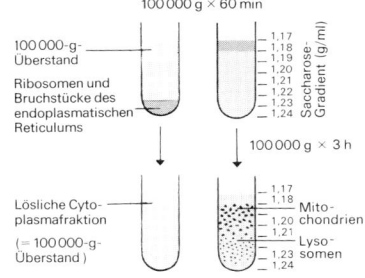

---

fraktionierte Zentrifugation
Vor Beginn der *Zellfraktionierung* wird ein Zellhomogenat in einem geeigneten Puffer, der u. a. die osmot. Verhältnisse im Zellbrei aufrechterhält, hergestellt. Anschließend werden die Organellen getrennt, wobei ihre meist geringen Gewichts- bzw. Dichteunterschiede zur Auftrennung führen. Selbst große Moleküle können bei den heute erreichbaren hohen Rotationsgeschwindigkeiten u. entspr. Zentrifugalkräften (bis zu etwa 500000 g, 1 g ≙ Erdschwerkraft) aussedimentiert werden (↗ *differentielle Zentrifugation).* Eine noch feinere Auftrennung gestattet die ↗ *Dichtegradienten-Zentrifugation.* Man schichtet dazu im Zentrifugenglas Saccharoselösung abnehmender Konzentration u. damit Dichte vorsichtig übereinander u. erhält so einen Dichtegradienten. Zuoberst kommt die zu trennende Probe. Bei hochtourigem Zentrifugieren sammeln sich die Zellpartikel in den Bereichen des Dichtegradienten, die ihrer eigenen Dichte entsprechen. Zentrifugalkräfte u. Reibungskräfte heben sich an diesen Stellen auf.

377

Frambösie

fugere = fliehen], korrekter: *fraktionierende Zentrifugation,* durch ↗ differentielle Zentrifugation u. ↗ Dichtegradienten-Zentrifugation kombinierte Verfahren zur Fraktionierung v. Zellbestandteilen.

Frambösie w [v. frz. framboise = Himbeere], *Erdbeerpocken, Guineapocken, Himbeerseuche, Beerenseuche, Framboesia tropica,* in feuchtwarmen Tropen (hpts. W- u. Zentral-Afrika) vorkommende, syphilisähnl. Krankheit, die durch die Spirochäten *Treponema pertenue* (1905, ↗ Castellani) hervorgerufen wird. Übertragung durch Schmierinfektion, seltener durch Fliegen, nur ausnahmsweise durch Geschlechtsverkehr (F. wird nicht zu den Geschlechtskrankheiten gerechnet); tritt bis zu 90% bei der in unhygien. Verhältnissen lebenden Bevölkerung auf. Symptome: himbeerartige Papeln an Eintrittsstelle des Erregers, Kopf- u. Gliederschmerzen, gelegentl. nach 2–3 Jahren Veränderung an Haut- u. Skelettsystem. Therapie mittels Antibiotika.

frame-shift-Mutation w [fre¦m-schift-; engl., = Rahmenverschiebung], ↗ Rastermutation.

France, *Raoul Heinrich,* eigtl. *Rudolf Franzé,* östr. Biologe, * 20. 5. 1874 Wien, † 3. 10. 1943 Budapest; wichtige Arbeiten zur Bodenbiologie; Erforschung der Bodenmikroorganismen (Edaphon); daneben bekannt durch seine frühe Mitarbeit an der Zeitschrift „Kosmos" u. Mitbegr. des „Mikrokosmos" sowie diverse populärwiss. Schriften mit z.T. naturphilosoph. Inhalt. Sein 8bänd. Werk „Das Pflanzenleben Deutschlands u. seiner Nachbarländer" (Stuttgart 1906, Kosmosgesellschaft) wird öfter als „Pflanzenbrehm" bezeichnet.

Francisella w [ben. nach dem am. Bakteriologen E. Francis, * 1872], Gatt. der gramnegativen aeroben Stäbchen u. Kokken (unsichere taxonom. Einordnung). Die sehr kleinen (ca. 0,2–0,7 µm), unbewegl., kokkenförm., ellipsoiden bis stäbchenförm. pleomorphen Bakterien können durch Berkefeld-Filter hindurchgehen. Das Wachstum, nur auf bes. Nährböden, ist streng aerob; aus Kohlenhydraten werden Säuren (kein Gas) gebildet. Die Unterscheidung der Arten erfolgt nach den Wachstumsansprüchen der Säurebildung beim Saccharoseabbau, serolog. Methoden (z.B. Agglutination) u. der Pathogenität. *F. tularensis (= Pasteurella t. = Brucella t. = Bacterium tularense),* der Erreger der ↗ Tularämie, einer pestähnl. Erkrankung, wurde zuerst v. McCoy u. Chapin (1912) isoliert. Es können 2 Typen unterschieden werden: Typ A *(= F. tularensis* var. *tularensis = F. tularensis* var. *nearctica)* kommt in N-Amerika vor u. ist

Frankeniaceae

Frankenia, die mit rund 80 Arten größte Gatt., ist in den warmgemäßigten u. subtrop. Zonen verbreitet; insbes. im Mittelmeerraum u. ähnl. Regionen ist sie reich vertreten *(F. pulverulenta, F. hirsuta, F. laevis* u.a.). Einige *Frankenia*-Arten sind Zierpflanzen. Die in Chile beheimatete Art *F. berteroana* scheidet in so hohem Maße Salz aus, daß sie gelegentl. zur Gewinnung v. Kochsalz benutzt wird.

Frankiaceae

Frankia-Arten u. Gatt. höherer Pflanzen (Auswahl), in denen eine Symbiose mit diesen stickstoffbindenden Bakterien nachgewiesen wurde:

Frankia alni
(= Actinomyces alni)
Alnus
F. elaeagni
Elaeagnus
Hippophaë
Shepherdia
F. discariae
Discaria
F. ceanothi
Ceanothus
F. coriariae
Coriaria
F. dryadis
Dryas
F. purshiae
Purshia
F. brunchorstii
Comptonia
Gale
Myrica
F. casuarinae
Casuarina

für Menschen sehr virulent; Typ B *(= F. tularensis* var. *palaearctica)* herrscht im eur. u. asiat. Raum vor u. ist schwächer virulent. Typ A läßt sich aus kleinen Wildtieren, hpts. Nagetieren u. Hasenartigen, Typ B auch aus natürl. Gewässern isolieren, in denen infizierte Tiere leben. Menschen werden durch Kontakt mit infizierten Tieren od. Arthropoden, Einatmen u. durch Übertragung durch blutsaugende Insekten (z.B. Zecken, Milben) infiziert. Es ist noch eine weitere Art, *F. novicida,* bekannt, die aus Wasser isoliert wurde.

Francolinus m [v. it. francolino = Haselhuhn], Gatt. der ↗ Frankoline.

Frank, *Otto,* dt. Physiologe, * 21. 6. 1865 Groß-Umstadt (Odenwald), † 12. 11. 1944 München; Schüler von C. Voit u. C. Ludwig, seit 1905 Prof. in Gießen, 1908 München; Untersuchungen zur Fettresorption im Darm, hervorragende Arbeiten zur exakten mathemat.-physikal. Kreislaufanalyse; ferner Arbeiten zur Physik des schalleitenden Apparates des Ohres; konstruierte zahlr. Registriergeräte.

Frankeniaceae [Mz.; ben. nach dem schwed. Botaniker J. Frankenius, 1590 bis 1661], *Nelkenheidegewächse,* Fam. der Veilchenartigen mit 4 Gatt. (vgl. Spaltentext) und ca. 90 Arten. Auf den trockenen, salzhalt. Böden v. Wüsten u. Stränden siedelnde Kräuter, seltener Halbsträucher, mit kleinen, einfachen Blättern u. meist in end- od. achselstand. Trugdolden angeordneten, radiären, 4–7gliedr., rosavioletten bis fleischfarbenen Blüten mit bisweilen zahlr. Staubblättern in Quirlen. Die aus 2–4 Fruchtblättern bestehende Frucht ist meist eine 3klappig aufspringende, vielsam. Kapsel, die bis zur Reife v. den freien Kron- u. den zu einer Röhre verwachsenen Kelchblättern umgeben wird. Als Xero- u. Halophyten weisen die F. charakterist. Anpassungen an ihren Standort auf. Ein erikaähnl. Habitus, Behaarung, kleine Blätter mit dicker Cuticula u. eingerollten Rändern sorgen für Verdunstungsschutz; überschüss. Salz wird über Drüsen ausgeschieden. [Ebene, ↗ Anthropometrie.

Frankfurter Horizontale, *Frankfurter*

Frankfurter Klärbeckenflora, fossile, etwa 150 Arten umfassende pliozäne Flora des unteren Maintals; zum großen Teil allochthone, aus der Umgebung zusammengeschwemmte Reste, die bereits eine weitgehende Übereinstimmung mit der heut. Vegetation andeuten (Acer, Betula, Corylus, Picea usw.). Das Fehlen trop. Sippen belegt die im Laufe des Tertiär erfolgte Klimaverschlechterung.

Frankiaceae [Mz.; ben. nach dem Schweizer Mikrobiologen A. B. Frank, 1839–1900], Fam. der Actinomyceten *(Actinomyceta-*

les, Strahlenpilze i. w. S.) mit der Gatt. *Frankia,* deren Arten in Endosymbiose mit vielen höheren Pflanzen aus verschiedenen Gatt. (aber nicht mit Leguminosen) leben. Sie bilden Wurzelknöllchen (Rhizothamnien), die die Größe eines Tennisballs erreichen können (z. B. bei der Schwarzerle, *Alnus glutinosa*), in denen sie Luftstickstoff binden. Diese fadenförm. (meist 0,3–0,5 μm ⌀), mycelbildenden, grampositiven od. gramvariablen Bakterien wachsen auch frei im Erdboden.

Frankoline [v. it. francolino = Haselhuhn], *Francolinus,* Gatt. rebhuhnart. Fasanenvögel, die mit 39 Arten in Steppen, Urwäldern u. Gebirgen in Afrika, Vorder- u. S-Asien leben; hakiger Schnabel, kräftige Beine, beim Männchen mit scharfen Sporen versehen. Der v. der Türkei an ostwärts verbreitete Halsbandfrankolin *(F. francolinus)* kam durch Einbürgerung im MA auch in S-Europa vor, wurde dort jedoch wieder ausgerottet. Charakterist. weittragende Rufe in den Morgen- u. Abendstunden; Nestmulde zw. Grasbulten mit 6–8 braunen, weißgefleckten Eiern.

Fransenfingereidechsen ↗Acanthodactylus.
Fransenfliegen, die ↗Blasenfüße.   [lus.
Fransenflügler, die ↗Blasenfüße.
Fransenlipper, *Labeo,* Gatt. der ↗Barben.
Fransenmotten, *Momphidae,* Schmetterlings-Fam. mit etwa 35 mitteleur. Arten; Falter meist klein, Spannweite um 10 mm, zugespitzte, gestreckte Flügel mit langen Fransen, Vorderflügel oft metall. glänzend; Raupen minieren in Pflanzen u. können gallenart. Schwellungen erzeugen, andere leben in Samenkapseln od. in Gespinströhren.   [↗Schlangenhalsschildkröten.
Fransenschildkröten, *Chelus,* Gatt. der
Franzosenkraut, Knopfkraut, *Galinsoga,* in Amerika heim., 9 Arten umfassende Gatt. der Korbblütler. Sowohl das aus dem andinen S-Amerika (Peru) stammende Kleinblüt. F. *(G. parviflora)* als auch das Zottige F. *(G. ciliata,* Mexiko, Chile) wurden im 19. Jh. nach Mitteleuropa eingeschleppt. Beide Pflanzen sind einjährig, werden bis 70 cm hoch u. besitzen gegenständ., längl.-eiförm., gesägte Blätter sowie kleine, aus gelben Scheiben- u. meist 5 weißen, an der Spitze 3lapp. Randblüten bestehende Köpfchen in Trugdolden. Sie sind heute weit verbreitet in Unkrautfluren, gehackten Äckern, Gärten, Weinbergen u. auf Schuttplätzen. Ihr bisweilen durch Wind- u. Klettverbreitung verursachtes Massenauftreten macht sie zu lästigen Unkräutern.

Fraßgifte, Schädlingsbekämpfungsmittel, die nach Aufnahme im Magen-Darm-Trakt wirksam werden; dazu zählen z. B. Giftkörner, DDT u. DDT-ähnl. Substanzen sowie Arsenverbindungen. ↗Insektizide.

Franzosenkraut *(Galinsoga)*

Frauenfarngewächse
Wichtige Gattungen:
↗Blasenfarn *(Cystopteris)*
Diplazium
↗Frauenfarn *(Athyrium)*
Onoclea
↗Straußfarn *(Matteucia)*
↗Wimperfarn *(Woodsia)*

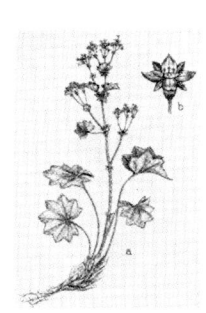

Frauenmantel
Blühender Frauenmantel *(Alchemilla),* a Habitus, b Blüte

Von *Alchemilla* abgetrennt wird die Gatt. *Aphanes,* mit dem Acker-F. *(Aphanes arvensis),* einem seltenen Getreideunkraut. Die ebenfalls kronblattlosen kleinen Blüten sind blattachselständig u. in Knäueln zusammengefaßt; Blätter 3–5fach gelappt.

Frauenmantel

Fratercula *w* [v. lat. fraterculus = Brüderchen], der ↗Papageitaucher.
Frauenfarn, *Athyrium,* annähernd kosmopolit. verbreitete Gatt. der Frauenfarngewächse mit ca. 200 Arten. Die Blätter stehen schraubig am Rhizomende u. tragen unterseits die mehr od. weniger strichförm., von einem seitl. befestigten Indusium bedeckten Sori. In Mitteleuropa einer der häufigsten Farne überhaupt ist der Wald-F. *(A. filix-femina),* der sich vom habituell ähnl. Wurmfarn außer durch die Sorusform auch durch die zarteren, bis 3fach gefiederten Wedel unterscheidet. Er kommt gesellschaftsvag in den gemäßigten Zonen der Nordhemisphäre auf feuchten, kalkarmen Böden v. der Ebene bis ins Gebirge vor u. wird in den höheren Lagen durch den Alpen-F. *(A. distentifolium)* ersetzt.

Frauenfarngewächse, *Athyriaceae,* kosmopolit. verbreitete Fam. der *Filicales* mit ca. 15 Gatt. u. 560 Arten. Kennzeichnende Merkmale sind Rhizome mit Dictyostele, rinnige Blattstiele mit 2 distal zusammenwachsenden Leitbündeln u. unterseits flächenständige Sori mit Indusium. Schwierigkeiten der Abgrenzung bestehen insbes. zu den Wurmfarngewächsen.

Frauenfische, *Elopidae,* Fam. der Tarpunähnlichen Fische mit nur 1 Gatt.; F. sind mittelgroß, heringsähnl. u. in allen trop. u. subtrop. Meeren beheimatet. Hierzu gehört der bei Sportanglern geschätzte, bis 1 m lange Frauenfisch od. Riesenhering *(Elops saurus,* B Fische VI), der als Jungfisch auch Mangrovesümpfe besiedelt.

Frauenhaarfarn, *Adiantum capillus-veneris,* ↗Adiantum; B Mediterranregion III.
Frauenmantel, *Alchemilla,* Gatt. der Rosengewächse, deren kraut. Vertreter hpts. gebirg. Gegenden der gesamten Holarktis besiedeln. Den kleinen, grünl. Blüten fehlen die Kronblätter. Aufgrund der Fähigkeit, nach Hybridisation Embryonen ohne vorherige Befruchtung (↗Apomixis) zu bilden, herrscht große Formenvielfalt, die systemat. Schwierigkeiten bereitet. Artenzahlangaben schwanken v. 200 bis über 1000. Sammelarten sind u. a. der Alpen-F. *(A. alpina,* B Europa III), der in Silicatmagerrasen der subalpinen u. alpinen Stufe vorkommt; der Silbermantel *(A. conjuncta)* u. der Gewöhnliche F. *(A. vulgaris,* B Europa XVI) mit ca. 40 schwer unterscheidbaren Kleinarten, die häufig auf Bergweiden wachsen. Am Grunde des rundl., in gezähnten Lappen geteilten Blattes findet man oft einen großen Wassertropfen (B Blatt II). Er wird durch das Zusammenfließen vieler, an den Blattzähnchen aus ↗Hydathoden austretenden Tröpfchen (↗Guttation) gebildet. Volksheilpflanze.

Frauennerfling, *Rutilus pigus virgo,* ↗ Rotaugen.

Frauenschuh, *Cypripedium,* holarktisch verbreitete Gatt. der Orchideen mit ca. 50 Arten. Der F. zeichnet sich durch eine pantoffelartig aufgeblähte Unterlippe aus, die eine Kessel-(Gleit-)falle darstellt. In Dtl. kommt als einzige Art *C. calceolus,* mit bräunl. Perigonblättern u. gelbem „Schuh", vor. Man findet den F. in lichten Wäldern, auf sommertrockenen, meist kalkhalt. Böden, v. der Ebene bis in mittlere Gebirgslagen. Nach der ↗ Roten Liste ist er „stark gefährdet"; er ist vielerorts verschollen u. u. a. durch Sammeln seitens „Liebhabern" bedroht. B Europa IV, B Orchideen.

Frauenspiegel, *Legousia,* v. a. im Mittelmeergebiet u. in N-Amerika beheimatete Gatt. der Glockenblumengewächse mit über 10 Arten. Einjährige, meist ästige Kräuter mit wechselständ., ungeteilten Blättern u. in Trugdolden stehenden glokkigen bis radförm., 5lapp. Blüten. Als relativ seltene u. unbeständige Unkräuter v. Getreidefeldern sind 2 Arten auch in Mitteleuropa zu finden: der nach der ↗ Roten Liste „gefährdete" Gemeine F. (*L. speculum-veneris*), mit bis 3 cm breiten, radförm., violetten Blüten, u. der „stark gefährdete" Kleine F. *(L. hybrida),* mit bis etwa 2 cm breiten, weitglock., purpurfarbenen Blüten.

Fraxino-Ulmetum *s* [v. lat. fraxinus = Esche, ulmus = Ulme], ↗ Querco-Ulmetum.

Fraxinus *w* [lat., =], die ↗ Esche.

Fredericella *w,* Gatt. der *Phylactolaemata* (Süßwasser-↗Moostierchen); *F. sultana* bildet bis 15 cm lange hirschgeweihförmige Kolonien an Wasserpflanzen u. Steinen in stehenden Gewässern; in eine eigene Fam. *Fredericellidae* od. zu den *Plumatellidae* gestellt.

Freesie *w* [ben. nach dem dt. Arzt H. Th. Frees, † 1876], *Kapmaiblume, Freesia,* Gatt. der Irisgewächse mit 4 Arten in Kapland; 1816 wurde als erste Art *F. refracta* eingeführt. Die Zwiebelgeophyten mit bis 30 cm langen Blättern u. hellgelben wohlriechenden Blüten sind als Winterblüher bei uns durch Züchtung beliebte Schnittblumen geworden. Aus der Stammart *F. refracta* entstand dabei eine große Farbpalette. B Afrika VII. [die ↗ Fregattvögel.

Fregatidae [Mz.; v. it. fregata = Fregatte],
Fregattvögel, *Fregatidae,* Fam. großer dunkler Vögel trop. Meere, zu den Ruderfüßern gehörig; langer Gabelschwanz u. lange schmale Flügel, die exzellente Flugfähigkeiten ermöglichen. 1 Gatt. mit 5 Arten, die kolonieweise küstennah in niedr. Sträuchern u. Bäumen nisten; ernähren sich v. fliegenden Fischen, jagen aber auch Vögeln, z. B. Tölpeln u. Möwen, die Beute ab. Die Flügelspannweite des im Bereich des südl. Atlantik u. des Pazifik vorkommenden Prachtfregattvogels (*Fregata magnificens,* B Nordamerika VI) beträgt 2,3 m. Das Männchen besitzt einen fast unbefiederten, leuchtend roten Kehlsack, der während der Balz ballonartig aufgeblasen wird. Das einzige kreidefarbige Ei wird v. beiden Partnern in 7–8 Wochen ausgebrütet; das nackt u. mit geschlossenen Augen geschlüpfte Junge wird 4–5 Monate lang im Nest v. den Eltern gefüttert; es legt nach 2 Jahren das Erwachsenenkleid an.

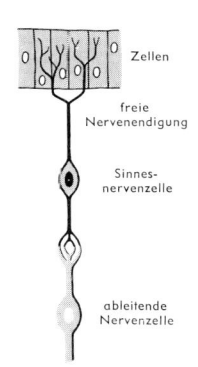

Freiblättler, *Amanitaceae,* die ↗ Wulstlingsartigen Pilze.

freie Drehbarkeit, die Drehbarkeit v. durch Einfachbindungen zusammengehaltenen Atomgruppen, wobei die betreffende Einfachbindung die Richtung der Drehachse bestimmt. [pie.

freie Energie, die freie ↗ Enthalpie; ↗ Entro-
freie Kernteilung, Kernteilung, die zunächst v. keiner Zellteilung begleitet ist, so daß eine mehrkern. Zelle entsteht (z. B. in den Embryosäcken vieler Angiospermen); im späteren Verlauf können jedoch durch nachträgl. Querwandbildung wieder einkern. Zellen gebildet werden. [geln.

freie Kombinierbarkeit, ↗ Mendelsche Re-
freie Nervenendigung, einfachster Typ von Mechanorezeptoren (↗ mechanische Sinne), bestehend aus den marklosen Ausläufern markhalt. Nervenfasern, lokalisiert in der Haut, Zunge u. den Eingeweiden v. Wirbeltieren.

freie Puppe, *freibewegliche Puppe, gemeißelte Puppe, Pupa libera,* Puppentyp bei holometabolen Insekten, bei dem die Mandibeln nicht bewegl. sind *(Pupa adectica)* u. die Scheiden für Flügel u. Beine lose u. frei am Körper sind *(Pupa exarata).* ↗ Puppe.

freie Radikale [Mz.; v. lat. radix = Wurzel], reaktionsfähige Verbindungen, in denen nicht alle Atome ihre maximale Bindigkeit betätigen. Man unterscheidet u. a. Kohlenstoffradikale (z. B. Triphenylmethyl), Stickstoffradikale (z. B. Diphenylstickstoff), Sauerstoffradikale; f. R. sind auch die durch Einelektronenübertragung entstehenden Semichinon-Zwischenstufen v. Coenzym Q, FAD u. FMN. Im biol. Geschehen bestehen Zusammenhänge zw. Radikalbildung durch kurzwell. Strahlung u. Mutagenese. Es wird diskutiert, ob das vermehrte Auftreten von f.n R.n in höheren Lebensalter allein- od. mitverantwortl. für den Alterungsprozeß ist. ☐ Chlorkohlenwasserstoffe.

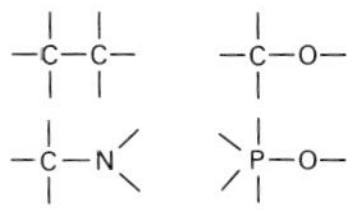

freie Wangen, *Librigenae,* laterale Abschnitte des Cephalons v. ↗ Trilobiten außerhalb der Gesichtsnaht. Ggs.: feste Wangen.

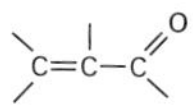

freigegliederte Puppe, die ↗ freie Puppe.

Freiheit und freier Wille

Der Begriff Freiheit

Das Erlebnis „*ich bin frei*" kann das Bewußtsein eines wachen oder träumenden Menschen unter Umständen ganz erfüllen; damit verwirklicht sich dort *absolute* Freiheit in Form einer psychischen Gegebenheit. Freiheit, so empfunden, steht im unüberbrückbaren Gegensatz zu jeder Form von Determination.
Wo der Begriff „Freiheit" dagegen in den Naturwissenschaften auftaucht, z. B. in dem physikalischen Ausdruck „Freiheitsgrad", ist Freiheit stets nur partiell gegeben und bleibt an Bedingungen geknüpft: Als in erdgeschichtlicher Vergangenheit Insekten, Flugsaurier, Vögel und Fledermäuse die Fähigkeit zum aktiven Flug erlangten, gewannen sie für ihre Fortbewegung einen zusätzlichen *Freiheitsgrad*; in anderen Hinsichten blieben sie aber tausendfach an innere und äußere Lebensbedingungen gebunden.
Was die Beherrschung einer neuen räumlichen Dimension für die Fortbewegung, das war der Zugang zu neuen Bereichen von *auswertbarer Information* für die Vervollkommnung der *Verhaltenssteuerung*. Deren Startniveau bildeten die *Instinkte*, das in mehreren Schritten erreichte Endstadium, die Fähigkeit des Menschen zur freien Entscheidung.
Für *erbbedingtes* (instinktives, angeborenes) *Verhalten* ist es durch Schaltungen des Nervensystems (im Zusammenwirken mit den Sinnes- und Ausführungsorganen) ein für allemal festgelegt, welche Reaktionen durch welche Reizmuster ausgelöst werden. Das ändert sich, sobald das verhaltenssteuernde System *lernfähig* wird: Aufgrund von *Erfahrungen* wandeln oder erweitern sich nun im Laufe des individuellen Lebens die ursprünglichen Reiz-Reaktions-Beziehungen. Eine neue Dimension, die individuelle *Vergangenheit*, gewinnt Einfluß auf die gegenwärtige Verhaltenssteuerung.
Eine Informationsquelle höherer Ordnung, die *Intelligenz*, erschließt für die Verhaltenssteuerung, wenn auch niemals perfekt, die Dimension der vorweggenommenen *Zukunft*: Eindrücke aus der bisherigen Erfahrung werden nach Regeln, die ebenfalls der Erfahrung entstammen können, für kommende, neue Situationen um- und neukombiniert; dieser Vorgang liefert so etwas wie ein Modell dessen, was in Konsequenz von neu eingetretenen Bedingungen in der Zukunft zu erwarten ist. Diese Denkergebnisse (Ergebnisse inneren Experimentierens nach *S. Freud*) beteiligen sich dann an der Verhaltenssteuerung.

Willensfreiheit und Determination

Bei Menschenaffen und Menschen erreicht die innere Modellbildung einen so hohen Grad der Vervollkommnung, daß sich ein repräsentatives Abbild nicht nur der Umwelt, sondern auch der eigenen Existenz zu formieren vermag; beispielsweise wird dann das eigene Spiegelbild nicht mehr als fremdes Wesen, sondern als Abbild des eigenen Körpers erkannt. Darauf aufbauend, vermag der Mensch die Möglichkeit auszuschöpfen, sein eigenes zukünftig denkbares Verhalten in die gedanklich zu entwerfenden Zukunfts-Modellbilder einzubeziehen (Schimpansen können das nur in Andeutungen).
In diesem Rahmen werden etwaige alternative Handlungsmöglichkeiten zum Bewußtsein gebracht, hinsichtlich ihrer Erfolgsaussichten abgewogen, mit dem Prinzip der eigenen Verantwortlichkeit und ethischen, vielleicht auch religiösen Maßstäben in Beziehung gesetzt und daraufhin die Entscheidung gefällt. Wird sich ein Mensch im Verlauf eines solchen Entscheidungsprozesses des Spiels seiner Gedanken *bewußt*, so kann er sich als entscheidungsfrei erleben; ja es kann sich das anfangs erwähnte Gefühl der absoluten Freiheit einstellen und bis zum Fällen der endgültigen Entscheidung erhalten bleiben. Dieser psychischen Situation wird die Definition *Friedrich Schillers* gerecht: „Frei ist der Mensch, der dem Gesetz der Vernunft folgt." (Der Begriff der Vernunft schließt neben dem Verstand auch die moralische Dimension ein.)
Genau betrachtet, besteht aber zwischen dem eben beschriebenen Entscheidungsprozeß und dem begleitenden Bewußtsein der Willensfreiheit ein Widerspruch: Der Entscheidungsprozeß entspricht seinem Idealtypus um so mehr, je strenger er durch Einsicht, Verantwortlichkeit und Moral determiniert ist; das absolute Freiheitsgefühl aber ist, wie eingangs gesagt, mit der Vorstellung der Determination ganz unvereinbar. Angesichts dieses Widerspruchs werden drei Standpunkte vertreten:
– Man nimmt den Widerspruch als gegeben hin;
– man hält am begrifflichen Gegensatz zwischen Freiheit und Determination fest und erklärt angesichts des beobachtbaren *determinierten* Entscheidungsprozesses das Freiheitserlebnis folgerichtig als Täuschung, vergleichbar einer Sinnestäuschung;
– man anerkennt die bewußt erlebte Freiheit als psychische Realität, erklärt dafür

Freiheit und freier Wille

aber das Begleitgefühl der Undeterminiertheit für widerlegt durch die jedermann zugängliche Erfahrung und vertritt den Standpunkt: Freiheit existiert, ist aber nicht Undeterminiertheit, sondern eine besonders *differenzierte Form der Determination* unter Ausschöpfung aller dem menschlichen Geist zugänglichen Quellen für entscheidungsbedeutsame Gesichtspunkte.

Logisch widerspruchsfrei sind der zweite und der dritte unter diesen drei Standpunkten. Der zweite Standpunkt negiert die menschliche Entscheidungsfreiheit, damit aber auch die tragende Grundlage der *Verantwortlichkeit des Menschen:* Die Verantwortlichkeit des Menschen ist gebunden an seine Fähigkeit zur freien Entscheidung; denn was ein Mensch nicht aus freiem Willen, sondern gezwungen tut, liegt nicht mehr in seiner Verantwortung, sondern geht auf das Konto der ihn zwingenden Umstände. Insofern ist der zweite Standpunkt zwar logisch konsequent, steht aber im Widerspruch zur menschlichen Selbstverantwortung und damit zu einem nicht aufgebbaren Grundsatz des menschlichen moralischen Selbstverständnisses.

Auch der dritte unter den formulierten Standpunkten ist logisch konsequent, bejaht aber die Existenz der menschlichen Willensfreiheit. Damit läßt er die anthropologische Basis der menschlichen Verantwortlichkeit für sein entscheidungsfreies Handeln unangetastet.

In der Diskussion um die menschliche Willensfreiheit wurde oft die Frage gestellt, ob eine durchgehende kausale Determination allen materiellen Geschehens nicht von vorneherein jede real existierende Freiheit unmöglich machen würde.

Die Vorstellung von einem Widerspruch zwischen Kausalprinzip und Willensfreiheit erweist sich jedoch durch einen einfachen systemtheoretischen Gedankengang als unzutreffend: Sobald ein Netzwerk aus datenverarbeitenden Elementen genügend komplex ist, um *programmiert* werden zu können, sind die Programme nicht mehr auf die Funktionsprinzipien der Netzwerk-Elemente beschränkt. So können etwa in einem Computer sämtliche Regeln des Schachspiels programmiert werden, damit also die Konzepte König, Dame, Turm, Springer, Läufer und Bauer nebst deren Anzahlen, nebst dem Schachbrett, der Aufstellung usw., und dies, obgleich es sich hierbei um vereinbarte Normen handelt, die nichts mit Naturgesetzen zu tun haben. Mathematische und logische Fehler, die versehentlich in ein Programm hineingeraten können, werden vom Computer nicht automatisch eliminiert, sondern befolgt; sie steuern dann zum Leidwesen des Programmierers auf kausalem Wege die Vorgänge der Ausgabe. Daher besteht auch kein Hindernis gegen das Programmiertwerden von Regeln, die formal gegen das Kausalprinzip verstoßen, weder in Computern, noch erst recht in Netzen aus Nervenzellen.

Der Widerspruch zwischen Kausalität und Willensfreiheit, ein Scheinwiderspruch

Der Widerspruch zwischen Kausalität und Willensfreiheit, mit dem sich Generationen von Philosophen und Naturwissenschaftlern abgequält haben, erweist sich demnach als Scheinwiderspruch, sobald man die Beziehungen zwischen Element- und Systemfunktionen in datenverarbeitenden Systemen in Betracht zieht.

In systemtheoretischer Sicht erübrigt sich damit auch jedes Bemühen, zur Rettung der menschlichen Willensfreiheit auf nicht kausal determinierte Quantenprozesse zurückzugreifen, wie dies *Pascual Jordan* mit seiner „Verstärkertheorie der Willensfreiheit" (1932) versuchte: Nach seiner Ansicht sollte sich der in der Mikrophysik verbleibende Spielraum der kausalen Determination *(Heisenbergs Unbestimmtheitsrelation)* im Organismus durch „Verstärkung" zu demjenigen Freiheitsspielraum wandeln, der uns als Willensfreiheit gegeben ist. Doch läßt sich ein kausalitätsentbundener Spielraum, wie gesagt, auch als Ergebnis einer entsprechenden Programmierung innerhalb von datenverarbeitenden Netzwerken aus kausal determinierten Elementen vorstellen, sofern man eine solche Voraussetzung für die Theorie der Willensfreiheit überhaupt für erforderlich hält. Überdies führte Pascual Jordans Verstärkertheorie noch (ähnlich wie jede Zufallstheorie der Willensfreiheit) zu der verwirrenden Vorstellung, die menschliche Entscheidungsfreiheit verwirkliche sich konkret in mikrophysikalisch bedingten Zufallsentscheidungen. Dies würde, wie damals schon *Max Planck* bemerkte, jede moralische Verantwortlichkeit des Menschen für seine freien Entscheidungen ausschließen – eine Vorstellung, deren Unannehmbarkeit schon oben in anderem Zusammenhang dargelegt wurde.

Nach der hier vorgetragenen Auffassung macht ein Mensch von dem Freiraum seiner menschlichen Entscheidungsfreiheit Gebrauch, wenn er etwaige verschiedene Möglichkeiten des künftigen Verhaltens gedanklich vorwegnimmt, sie mit Zielvorstellungen, ethischen Normen und dem Bewußtsein seiner eigenen Verantwortung in Beziehung setzt und dann nach dem Ergebnis dieser Erwägungen handelt. An der Verwirklichung dieser seiner Entscheidungsfreiheit wird ein Mensch gehindert, wenn ihn überstark aktivierte Antriebe – subjektiv: Emotionen – überwältigen. Mit den Worten Jähzorn und Panik (panische Angst) drückt die Umgangssprache so hohe Stärkegrade der Aggressivität und der Angst aus, daß Vernunftgründe keinen Einfluß mehr haben. Zwischen den Extremen des entscheidungsfreien und des rein emotionsgesteuerten Handelns bestehen fließende Übergänge; dort gilt: Je stärker irgendwelche biologisch bedingte Verhaltenstendenzen sind, desto eher setzen sie sich beim Einzelmenschen gegen sonstige Verhaltensgründe durch und desto weitergehender bestimmen sie auch, wenn sie viele Menschen erfassen, die Verhaltensrichtungen des Kollektivs. Obgleich das Ausschalten der menschlichen Entscheidungsfreiheit die Verhaltensdetermination auf die ursprüngliche biologische Ebene beschränkt, kann eine solche rein emotionale Verhaltensbestimmung mit dem überwältigenden Gefühl von eigener Kraft und Freiwilligkeit einhergehen. Das Bewußtsein der Entscheidungsfreiheit kann also leider auch irreführen und uns blinde biologische oder ideologische Determination als einen Zustand der Freiheit vorspiegeln.

Lit.: *Bünning, E.:* Quantenmechanik und Biologie. Die Naturwiss. 31 (1943) 194–197. *Hassenstein, B.:* Willensfreiheit und Verantwortlichkeit. Naturwissenschaftliche und juristische Aspekte. In: Hassenstein, B. (Hg.): Freiburger Vorlesungen zur Biologie des Menschen. Heidelberg 1979. *Jordan, P.:* Die Quantenmechanik und die Grundprobleme der Biologie und Psychologie. Die Naturwiss. 20 (1932), 815–821. *Jordan, P.:* Die Verstärkertheorie der Organismen in ihrem gegenwärtigen Stand. Die Naturwiss. 26 (1938), 537–545. *Planck, M.:* Vom Wesen der Willensfreiheit. In: Reden und Vorträge. Band II, S. 70–87. Leipzig 1943. *Seitelberger, F.:* Neurobiologische Grundlagen der menschlichen Freiheit. Überlegungen zur Evolution des Gehirns. In: Böhme, W. (Hg.): Mensch u. Kosmos. Herrenalber Texte 33 (1981) 26–47.

Bernhard Hassenstein

Freikiefler, die ↗ Ectognatha.
Freilauf, Eigenschaft v. biol. Rhythmen, die unter konstanten Umweltbedingungen mit ihrer endogenen Eigenfrequenz verlaufen u. somit nicht durch einen Zeitgeber, wie den tägl. Licht-Dunkel-Wechsel, frequenzsynchronisiert sind. ↗ Chronobiologie.
Freischwänze, *Emballonuridae,* Fam. trop. ↗ Fledermäuse.
Fremdbefruchtung, 1) die ↗ Allomixis; 2) die Fremd-↗ Bestäubung, ↗ Allogamie.
Fremdbestäubung, die ↗ Allogamie.
Fremdreflex, Bez. für einen Reflex, bei dem Effektor u. Rezeptor im Organismus räuml. voneinander getrennt sind. Die F.e werden unterschieden in vegetative Reflexe mit Reflexbögen, die in den Effektoren des autonomen Nervensystems enden, u. in polysynapt. motor. Reflexe, deren Effektoren die Skelettmuskeln sind.
Fremdverbreitung, die ↗ Allochorie.
frenat [v. lat. frenatus = aufgezäumt], Bez. für Schmetterlinge mit einem ↗ Frenulum; hiernach auch die systemat. Bez. *Frenatae (Heteroneura)* für diejen. Schmetterlinge, die als Koppelung zw. Vorderflügel u. Hinterflügel ein Frenulum u. Retinaculum haben.
Frenatae [Mz.; v. lat. frenatus = aufgezäumt], ↗ frenat, ↗ Schmetterlinge.
Frenulata [Mz.; v. lat. frenum = Zügel], U.-Kl. der *Pogonophora* (Bartwürmer), welche die Ord. *Thekanephria* und *Athekanephria* umfaßt u. der Gruppe der *Afrenulata* gegenübergestellt wird, deren Zugehörigkeit zu den *Pogonophora* jedoch strittig ist. Den F. gemeinsam ist eine an einen Zügel erinnernde Trennfurche zw. Vorder- (Protosoma) u. Mittelabschnitt (Mesosoma) des Körpers.
Frenulina *w* [v. lat. frenum = Zügel], Gatt. der Ord. *Terebratulida* der ↗ Brachiopoden.
Frenulum *s* [v. lat. frenum = Zügel], **1)** anatom. Bez. für Bändchen, auch kleine Hautfalte, z. B. das Zungenbändchen od. das Vorhautbändchen *(F. praeputii).* **2)** Teil des Koppelungsapparats zw. Vorder- u. Hinterflügel mancher Fluginsekten; Borste od. Borstenbündel am Vorderrand der Hinterflügels mancher Schmetterlinge *(Frenatae);* diese greift in ein Haarbüschel od. Lamellen (Retinaculum) auf der Unterseite des Vorderflügels.
Frequenz *w* [v. lat. frequentia = Häufigkeit, Menge], allg.: Besucherzahl, Häufigkeit des Vorkommens. **1)** Physik: die Anzahl der Schwingungen pro Zeiteinheit; Einheit der F. ist das *Hertz* (Hz), der Kehrwert der Sekunde (1 Hz = 1/s). **2)** Prozentsatz der von einer Organismenart besiedelten Einzelsubstrate (Pflanzen, Pflanzenteile, Wirtsindividuen bei Parasiten) in einem Substratkollektiv, z. B. Prozentsatz des Vorhandenseins der Art in einer Reihe gleichwert. Proben.
Freßfeind, Räuber in einer Räuber-Beute-Beziehung, im Ggs. zu anderen Feinden u. Rivalen eines Tieres, z. B. Reviereindringlingen usw.
Freßpolypen, die ↗ Nährpolypen.
Freßzellen, die ↗ Phagocyten.
Frettchen, *Frett, Mustela putorius furo,* schon v. Aristoteles erwähnte domestizierte Albinoform einer Iltisart, mit weißem od. blaßgelbem Fell u. roten Augen, die wahrscheinl. v. der nordafr.-span. Wildform des Eur. Iltis abstammt, mit dem sich F. kreuzen lassen; die Mischlinge (Iltis-F.) sind fruchtbar. Verwildert leben F. auf Sardinien und Sizilien. Auf Neuseeland, wo

Frettchen
Beim sog. „Frettieren" (Kaninchenbekämpfung mit F.) schickt man ein F. od. Iltis-F. in einen Kaninchenbau u. fängt (mit Netz) od. schießt die aus dem Bau flüchtenden Kaninchen. Auch zur Ratten- u. Mäusebekämpfung (z. B. in England) werden F. eingesetzt.

Frettkatze

Frettchen (Mustela putorius furo)

Iltisse u. F. zur Kaninchenbekämpfung ausgesetzt wurden, kommen Iltis-F. in 2 Formen wild vor.
Frettkatze, die ↗Fossa.
Fridericia w, Gatt. der Ringelwurm-Fam. *Enchytraeidae* (U.-Kl. *Oligochaeta*); in Wiesen, Äckern u. Brachliegendem, aber auch marin. *F. bulbosa*, 8–18 mm lang, grauweiß bis gelbl., sehr bewegl., rollt sich bei Berührung plötzl. spiralig ein; im Brandungsgebiet der Wasserlinie auf Sandboden u. unter Steinen; westl. Ostsee.
Friedfische, Bez. für pflanzen- u. kleintierfressende Fische (z. B. Karpfen), im Ggs. zu Raubfischen.
Friedländer-Bakterien [ben. nach dem dt. Pathologen C. Friedländer, 1847–87], ↗Klebsiella (pneumoniae).
Friedrich II. von Hohenstaufen, * 26. 12. 1194 Jesi (Mark Ancona), † 13. 12. 1250 Fiorentino; Sohn Ks. Heinrichs VI. u. Konstanzes v. Sizilien, 1215 in Aachen zum Kg., 1220 in Rom zum Ks. gekrönt. F. II. war nicht nur Politiker, sondern auch ein Gelehrter v. universaler Bildung, dessen bes. Interesse den Naturwiss. galt. Er ließ am Kaiserhof in Sizilien die zool. Schriften des Aristoteles aus dem Arab. ins Lat. übertragen, hielt sich einen Zoo u. schrieb kurz vor seinem Tode das berühmte, reich illustrierte, aber fragmentar. ornitholog. Werk „de arte venandi cum avibus" über Falknerei, das auf eigenen Beobachtungen beruhte u. in dem die Anatomie, Physiologie u. das Verhalten v. Hunderten v. Vogelarten beschrieben sind. Es wurde 1596 erstmalig gedruckt u. erfuhr Ende des 18. Jh. weitere Verbreitung.
frieren, ↗Temperaturregulation, ↗erfrieren, ↗Frostresistenz.
Fringilla w [lat., = finkenartiger Vogel], die ↗Buchfinken.
Fringillidae [Mz.], die ↗Finken.
Frisch, *Karl* von, östr. Zoologe, * 20. 11. 1886 Wien, † 12. 6. 1982 München; studierte zunächst Medizin, dann Naturwiss.; seit 1919 Prof. in München u. Wien, 1921 Rostock, 1923 Breslau, 1925–1945 als Nachfolger Hertwigs in München u. Dir. des Zool. Instituts, ab 1946 Graz, 1950 wieder in München. F. wurde mit seiner Fülle v. Arbeiten zur Sinnes- u. Verhaltensphysiologie der Tiere, insbes. der Bienen, deren Ergebnisse er als ausgezeichneter Schriftsteller auch dem interessierten Laien zu vermitteln wußte, weit über den Kreis der Fachgelehrten bekannt. Erste wiss. Arbeiten galten der Physiologie der Pigmentzellen bei Fischen u. dem Farbensehen, später wurden an Fischen Hörvermögen u. Labyrinthfunktionen studiert. 1913 erschien die erste Bienenarbeit, mit der die grundlegenden Untersuchungen zum Verhalten der Bienen, die in der Entschlüsselung des Sonnenkompasses, der Orientierung u. der ↗„Bienensprache" gipfelten, eingeleitet wurden. Neben der wiss. Bedeutung fanden deren Ergebnisse unmittelbar prakt. Verwendung in der Imkerei. Ab 1924 war F. Herausgeber der „Zeitschrift für vergleichende Physiologie". 1973 erhielt er zus. mit K. Lorenz u. N. Tinbergen den Nobelpreis für Medizin.

K. von Frisch
Karl von Frisch
Wichtige Werke:
„Aus dem Leben der Bienen" (1927). „Du und das Leben" (1936). „Duftgelenkte Bienen im Dienst der Landwirtschaft u. Imkerei" (1947). „Erinnerungen eines Biologen" (1957, mit Werkverzeichnis). „Tanzsprache u. Orientierung der Bienen" (1965). „Tiere als Baumeister" (1974). „Fünf Häuser am See" (1980).

Frischhaltung ↗Konservierung.
Frischling, junges Wildschwein im 1. Lebensjahr. [rationstechniken.
Frischpräparate ↗mikroskopische Präpa-
Frischzellentherapie, *Zellulartherapie,* Behandlung mit Aufschwemmungen beider tier. Körperzellen v. frisch geschlachteten Tieren od. konservierten Zellen bei hormonalen u. Durchblutungsstörungen sowie bei altersbedingtem Leistungsabfall. Die F. ist noch sehr umstritten.
Fritfliege [v. lat. frit = das Oberste der Ähre], *Oscinella frit,* ↗Halmfliegen.
Fritillaria w [v. lat. fritillus = Würfelbecher], 1) Gatt. der Liliengewächse, mit u. a. ↗Kaiserkrone und ↗Schachblume. 2) Gatt. der ↗Copelata.
Fritillariidae [Mz.], Fam. der ↗Copelata.
Fritschiella w [ben. nach dem dt. Anatomen G. Fritsch, 1838–1927], Gatt. der ↗Chaetophoraceae.
Fritziana w, Gatt. der ↗Beutelfrösche.
Frondeszenz w [v. lat. frondescere = sich belauben], die ↗Verlaubung.
Frons w [lat., =], die ↗Stirn.
frontal [v. *front-], stirnwärts, stirnseitig, die Stirn betreffend.
Frontaldrüse [v. *front-], *Stirndrüse,* bei vielen Termiten im Stirnbereich befindl. Abwehrdrüse, die bei manchen Soldatenkasten *(Nasuti)* auf einem nach vorn gerichteten Stirnzapfen mündet.
Frontalganglion s [v. *front-, gr. gagglion = Nervenknoten], kleines Ganglion im Frontalbereich des Insektenkopfes, wicht. Steuerzentrum des stomatogastr. Nervensystems; ↗Oberschlundganglion.
Frontalhirn [v. *front-], das Stirnhirn, ↗Telencephalon.
Frontalnaht [v. *front-], *Sutura frontalis,* begrenzt die Frons (Stirn) am Insektenkopf; ↗Häutungsnähte.
Frontalorgan [v. *front-], ein im Frontalbereich des Kopfes vieler Gliederfüßer be-

front- [v. lat. frons, Gen. frontis = Stirn, Stirnseite, Vorderseite], in Zss.: Stirn-.

findl. Organ mit sehr unterschiedl. Funktionen. Meist sind die F.e nicht vergleichbar u. nur nach der Lage so benannt. Gelegentl. handelt es sich um endokrine Drüsen (Kopfdrüsen vieler Tausendfüßer, X- und Y-Organe der Krebse u. a.). Im urspr. Fall handelt es sich um Photorezeptoren, die neben den Medianaugen der Gliederfüßer liegen u. von außen i. d. R. nicht sichtbar sind. Neben den urspr. 4 Medianaugen (Naupliusaugen, Stirnocellen) finden sich bei urspr. Krebsen (z. B. *Notostraca*) 1 Paar solcher photorezeptiver F.e über dem Naupliusaugenkomplex (dorsale F.e) u. ein Paar unter diesem Komplex (ventrale F.e). Solche Tiere (z. B. *Triops*) haben demnach neben den Facettenaugen insgesamt 8 Medianaugen: 4 Naupliusaugen u. 4 Frontalorgane. F.e werden innerhalb der Gliederfüßer vielfältig abgebaut. So hat der Pfeilschwanzkrebs *Limulus* wohl nur das ventrale Paar F.e (Ventralauge) neben seinen Medianaugen, viele Krebse entweder nur das dorsale Paar od. nur das ventrale Paar F.e. Unter den Insekten besitzen nur noch manche Springschwänze das dorsale F. neben ihren 4 Stirnaugen. Dort ist es als Pigmentfleck am Hinterkopf sogar v. außen sichtbar.

Frontanebene [v. *front-] ↗ Achse (☐).

Frontoclypeus *m* [v. *front-, lat. clipeus = Schild], Verschmelzungsprodukt v. Frons (Stirn) u. Clypeus (Kopfschild) beim Kopf mancher Insekten.

Frontonia *w* [v. *front-], artenreiche Gatt. der *Hymenostomata*, Wimpertierchen, die im Süßwasser u. im Meer vorkommen, mit eiförm. Körper, komplizierter Mundbucht u. einer langen Naht im Ektoplasma. *F. acuminata* ist Leitorganismus für sauberes Wasser.

Frontzähne [v. *front-], die Schneide- u. Eckzähne im medianen Abschnitt des Gebisses v. Säugetieren.

Froschbiß, *Hydrocharis*, Gatt. der Froschbißgewächse, mit 3 Arten in der Alten Welt verbreitet. In Dtl. ist nur ein F., der nach der ↗ Roten Liste „gefährdete" *H. morsus-ranae*, heimisch, der vom gemäßigten Europa bis nach Sibirien vorkommt. Er wächst bes. in stehenden, nährstoffreichen, aber kalkarmen Gewässern. Seine mit herzförm. Grund kreisrunden Blätter entspringen aus einer im Wasser schwebenden Rosette u. schwimmen an langen Stielen auf der Oberfläche. Der F. kann sich durch lange Ausläufer vermehren. Obwohl 2häusig, wird der F. v. Insekten bestäubt, da sich nektarbildende Staminodien in ♀ u. ♂ Blüten befinden.

Froschbißartige, *Hydrocharitales*, Ord. der ↗ *Alismatidae* mit nur 1 Fam., den ↗ Froschbißgewächsen.

front- [v. lat. frons, Gen. frontis = Stirn, Stirnseite, Vorderseite], in Zss.: Stirn-.

Froschbißgewächse
Wichtige Gattungen:
Enhalus
↗ Froschbiß
(*Hydrocharis*)
Grundnessel
(*Hydrilla*)
↗ Krebsschere
(*Stratiotes*)
Ottelia
↗ Wasserpest
(*Elodea* u. a.)
↗ Wasserschraube
(*Vallisneria*)

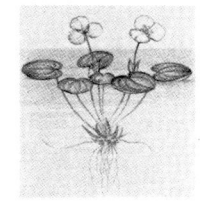

Froschbiß
(*Hydrocharis*)

Froschfische
Austernfisch
(*Opsanus tau*)

Froschbißgewächse, *Hydrocharitaceae*, einzige Fam. der Froschbißartigen, mit 15 Gatt. (vgl. Tab.) u. ca. 70 Arten fast weltweit verbreitet, mit Schwerpunkt in den Tropen. Die F. sind allg. Wasserpflanzen. Die ein- bis mehrjähr. Kräuter besitzen einfache, meist spiralig angeordnete Laubblätter, die teilweise rosettig gehäuft sind. Diese sind untergetaucht od. aus dem Wasser herausragend. Am Grunde des Blütenstands stehen allg. zwei röhrig verwachsene Hochblätter. Im Blütenbereich findet man vielfält. Spezialisierungen in Anpassung an bes. Bestäubungsmechanismen. Die Blütenhülle besteht meist aus 2 dreizähl. Kreisen. Allg. sind getrenntgeschlechtige, 2häusig verteilte Blüten ausgebildet. Die Staubblattzahl variiert stark. Teilweise sind, auch in ♀ Blüten, Staminodien ausgebildet, die Nektar absondern. Der unterständ. Fruchtknoten besteht aus 2–15 Fruchtblättern. Die Arten der trop. Gatt. *Ottelia* besitzen zwittr. Blüten, die, z. T. an langen Stielen zur Wasseroberfläche gehoben, dort v. Insekten bestäubt werden, z. T. unter Wasser bleiben, so daß dann die Samenbildung dieser reduzierten Blüten über Selbstbestäubung verläuft. *Enhalus acoroides*, ein F. des Ind. u. Pazif. Ozeans, besitzt bis 1,5 m lange Blätter; die ♀ Blütenstände sind hier einblütig; von den vielblüt. ♂ Blütenständen lösen sich die Blüten; auf der Wasseroberfläche schwimmend, treiben sie zu den ♀ Blüten u. bestäuben diese. Die Grundnessel (*Hydrilla verticillata*) ist in der ganzen Alten Welt beheimatet u. nach Amerika verschleppt; ihre Blätter stehen quirlig am bis 3 m langen Stengel; diese einhäus. Pflanze, einzige Art der Gatt., wächst in stehenden sommerwarmen Gewässern; an langen Stielen schwimmen die eingeschlecht. Blüten – der Pollen wird durch Emporschnellen der Staubblätter weggeschleudert. Genutzt werden die F. kaum, einige sind jedoch als Aquarienpflanzen beliebt.

Frösche ↗ Froschlurche.

Froschfische, *Batrachoidiformes*, Ord. der Knochenfische mit der einzigen Fam. *Batrachoididae* u. 4 Gatt.; vorwiegend räuber. Bodenbewohner trop. u. wärmerer gemäßigter Meere mit kurzem, plumpem Körper u. großem, abgeflachtem Kopf, hochstehenden Augen, nur 3 Kiemenpaaren u. weit vorn stehenden Bauchflossen; viele Arten können grunzende od. pfeifende Geräusche erzeugen. Bekannte Arten sind: der bis 35 cm lange, schuppenlose Austern-

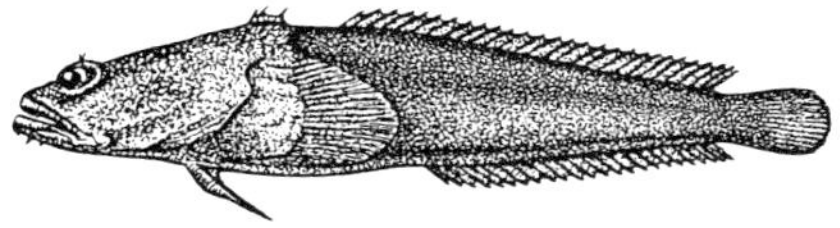

Froschkopfschildkröten

fisch *(Opsanus tau),* der in Küstengebieten v. Florida bis Kuba lebt u. oft in Zivilisationsmüll (Blechdosen usw.) ablaicht; das Männchen bewacht mehrere Wochen lang die Eier; der bis 30 cm lange, westatlant. Bootsmannfisch *(Porichthys porosissimus)* mit zahlr. Poren der Seitenlinienorgane am Kopf u. Körper sowie Leuchtorganen an der Bauchseite, die ebenso wie die Grunzlaute v. a. bei der Balz bedeutsam sind; der bis 19 cm lange, im Flachwasser der pazif. u. atlant. Küsten Mittel- u. S-Amerikas lebende, gift. Krötenfisch *(Thalassophryne maculosa),* bei dem die ersten beiden, hohlen Rückenflossenstacheln u. auch hohle Kiemendeckelstacheln mit Giftdrüsen verbunden sind.

Froschkopfschildkröten, *Batrachemys,* Gatt. der ↗Schlangenhalsschildkröten.

Froschlaichalge, *Batrachospermum,* Gatt. der ↗Nemalionales.

Froschlaichbacillus, *Froschlaichbakterium,* *Leuconostoc mesenteroides,* ↗Froschlaichgärung (Dextranbildung).

Froschlaichgärung, schleimige Gärung, Dextrangärung, Schleimbildung, hpts. ↗Dextran (Dextrangärung, auch Lävan od. Galactan) in rohrzuckerhalt. Lösungen (z. B. Zuckerfabriken, Wein) durch Bakterien u. Pilze. Bes. gefürchtet war fr. das *Froschlaichbakterium* („Froschlaichpilz"), ein heterofermentatives Milchsäurebakterium *(Leuconostoc mesenteroides),* in Zuckerfabriken, wo es zu hohen Zuckerverlusten u. Verstopfungen der Apparaturen durch die schleim. Bakterienmassen (= *Zoogloea*) kam. Die Umwandlung des Rohrzuckers erfolgt außerhalb des Zellplasmas. Das Dickflüssig- u. Schleimigwerden v. zuckerhalt. Lösungen (z. B. Wein) kann auch durch Schleimhefen (z. B. *Candida-, Torulopsis-*Arten) erfolgen.

Froschlaichpilze ↗Froschlaichgärung.

Froschlöffel, *Alisma,* Gatt. der Froschlöffelgewächse, mit etwa 10 Arten (3 in Dtl.) weltweit verbreitet. Die häufigste Art ist der Gemeine F. *(A. plantago-aquatica),* der in Röhricht- wie Großseggen-Ges. stehender Gewässer aller gemäßigten Zonen vorkommt; neben Bestäubung durch Insekten konnte auch ein Pollentransport durch den Wind bei dieser Art nachgewiesen werden. Die beiden anderen in Dtl. heim. F., der Lanzett-F. *(A. lanceolatum)* u. der Gras-F. *(A. gramineum),* sind viel seltener mit nicht so weiter, noch unsicherer Verbreitung an Ufern stehender Gewässer.

Froschlöffelartige, *Alismatales,* Ord. der *Alismatidae* mit 3 Fam.: ↗Froschlöffelgewächse, ↗Limnocharitaceae u. ↗Schwanenblumengewächse. Die F.n umfassen etwas mehr als 100 Arten, sämtliche Wasser- od. Sumpfpflanzen. Bei dieser urspr. Ord. finden sich meist noch eine doppelte Blütenhülle u. oberständ. Fruchtknoten.

Froschlöffelgewächse, *Alismataceae,* Familie der Froschlöffelartigen, mit 11 Gatt. u. ca. 100 Arten fast weltweit verbreitet, mit Schwerpunkt in Amerika. Die F., durchweg Wasser- od. Sumpfpflanzen, sind hpts. ausdauernde Kräuter. Häufig haben sie 2 Sorten v. Blättern: untergetauchte kleine u. große, über die Wasseroberfläche ragende Blätter. Die hpts. in Thyrsen angeordneten Blüten besitzen meist die ↗Blütenformel P3 + 3 A3^2 (Dédoublement) G∞. Dieser urspr. Blütenbau wird z. B. beim ↗Pfeilkraut *(Sagittaria)* durch sekundäre Vermehrung der Staubblätter od. bei der paläotrop. *Wiesneria* durch Reduktion der Blütenblätter u. eingeschlechtl. Blüten abgewandelt. Im allg. werden F. durch Insekten bestäubt; da der Pollen nur wenig zusammenhält, wird er bei einigen Arten aber auch leicht vom Wind vertragen. Die Früchte sind Nüßchen. In Dtl. sind 5 Gatt. der F. mit 7 Arten heimisch: neben dem ↗Froschlöffel *(Alisma)* u. a. der Herzlöffel *(Caldesia parnassifolia),* eine in den warmgemäßigten bis subtrop. Zonen der Alten Welt weit verbreitete Art, die auf sand. Schlammböden nährstoffreicher Gewässer vorkommt; der Igelschlauch *(Echinodurus ranunculoides* bzw. *Baldellia r.)* wächst in Strandlings-Ges. oft salzhalt. Dünentümpel.

Froschlurche, *Anura, Salientia, Batrachia,* Frösche u. Kröten, mit ca. 3000 Arten erfolgreichste Ord. der ↗Amphibien. Kurze, gedrungene, schwanzlose Tiere mit nicht abgesetztem Hals, kurzen Vorder- u. sehr langen Hinterbeinen. Weitere auffällige Merkmale sind die meist riesige Mundspalte, oft große Augen, die mit Lidern verborgen werden können, u. ein oberflächl., oft großes Trommelfell. Der Knochenbau zeigt zahlr. Besonderheiten, die auch für die Klassifizierung (s. u.) v. Bedeutung sind: Schädel mit reduzierter Knochenzahl, maximal 9 praesacrale Wirbel, postsacrale Wirbel zum Urostyl verwachsen; Beckenknochen stark verlängert ([B] Amphibien I); Hinterbeine mit zusätzl. Sprunggelenk, Tibia u. Fibula verschmolzen; v. den Rippen sind nur bei Altfröschen noch Reste vorhanden. Die Zahl der Wirbel ist im Verlauf der Evolution der F. von 9 auf minimal 5 reduziert worden, die Gestalt der Wirbelkörper ist verschieden. Man unterscheidet amphicoele (an beiden Enden eingebuchtete), opisthocoele (nur hinten eingebuchtete), anomocoele (vorn eingedellt u. hinten konvex, Beckenwirbel verwachsen), procoele (wie vorige, Beckenwirbel aber nicht verwachsen) u. diplasiocoele (Wirbel 1–7 vorn, Wirbel 8 vorn u. hinten einge-

---

Froschlaichgärung

Bildung v. Dextran aus Rohrzucker (Saccharose)

$n \times$ Saccharose
$\downarrow$ extrazelluläre Dextran-Saccharase
$n \times$ Fructose
+
Dextran
[= (1,6α-Glucosyl)$_n$]

In der Biotechnologie werden *Leuconostoc mesenteroides* u. a. Milchsäurebakterien zur Gewinnung v. Dextran (u. a. als ↗Blutersatzflüssigkeit verwendet) eingesetzt.

Froschlöffel *(Alisma)*

buchtet) Wirbelsäulen. Der Schultergürtel, der über die Arme den Sprung auffängt, ist bei urspr. Fröschen in sich beweglich *(Arcifera,* Schiebbrustfrösche, die Epicoracoidea überlappen u. sind gegeneinander beweglich), bei hoch evolvierten firmistern *(Firmisternia,* Starrbrustfrösche, Epicoracoidea verwachsen). F. sind i. d. R. ovipar, mit äußerer Besamung. Geschlechtsdimorphismus ist kaum ausgebildet. Meist sind die Männchen kleiner als die Weibchen. Zur Paarungszeit entwickeln viele Arten hornige *Brunstschwielen* am 1. Finger, an den Armen od. sogar an der Brust, die beim Amplexus das Festhalten des glatten Weibchens erleichtern. Die Eiablage findet im od. am Wasser statt. Dabei umklammert das Männchen das Weibchen v. oben in der Lendenregion *(Archaeobatrachia)* od., bei allen höheren F.n *(Neobatrachia),* hinter den Armen (Amplexus, ↗Klammerreflex) u. besamt die austretenden Eier. Die daraus schlüpfenden, beinlosen *Kaulquappen* haben zuerst äußere Kiemen. Später wächst eine Hautfalte (Operculum) v. vorn über die Kiemen, die nun in einem Kiemenraum verborgen werden (innere Kiemen). Der Kiemenraum behält hinten meist nur eine Öffnung (Spiraculum). Im Verlauf der Larvalentwicklung (☐ Entwicklung, B Amphibien I) erscheinen zuerst die Hinterbeine. Die Vorderbeine entwickeln sich bei vielen Fröschen verborgen im Kiemenraum; sie brechen erst bei der Metamorphose zum fertigen Frosch durch. Während alle Frösche carnivor sind, sind ihre Larven primär omnivor od. phytophag. Sie haben eine eigene Evolution durchgemacht. Urspr. waren sie vielleicht ↗Filtrierer ohne spezialisierte Mundbewehrungen u. mit paarigen *Spiracula (Xenoanura).* Bei allen anderen Larven ist nur ein Spiraculum vorhanden. Die *Scoptanura* haben eine vorstreckbare Unterlippe u. ein unpaares, medianes Spiraculum. Die *Lemmanura* (= Lemnanura) u. *Acosmanura* haben den Mund mit Reihen v. Hornzähnen (Dentikel) u. einem Hornschnabel bewehrt, die *Lemmanura* behalten ein medianes Spiraculum, bei den *Acosmanura* liegt es an der linken Seite. – Trotz ihres spezialisierten, stark vom Grundbauplan der Amphibien abweichenden Körperbaues haben die F. eine sehr reiche adaptive Radiation durchgemacht. Das liegt einerseits an der Tatsache, daß dieser Körperbau vielseitig einsetzbar ist: Die langen Hinterbeine eignen sich nicht nur zum Springen, sondern auch zum Schwimmen, Graben, Laufen u. Klettern. Andererseits sind die Larven als Alles- od. Pflanzenfresser der Konkurrenz durch die fertigen Frösche entzogen. Sie können als Phytophage die reiche Primärproduktion selbst kleiner od. ephemerer Gewässer ausnutzen, wo ihnen auch Fische keine Konkurrenz machen. Die divergente Evolution der Frösche auf dem Land u. der Kaulquappen im Wasser hat dazu geführt, daß Frösche u. ihre Larven sich in ihrer Morphologie u. Biol. so sehr unterscheiden, daß es keine neotenen F. gibt. Dank der morpholog. u. biol. Plastizität der Frösche u. ihrer Larven gibt es F. in allen terrestr. u. vielen aquat. (Ausnahme Meer) Lebensräumen bis hin zu Wüsten u. Halbwüsten. Anpassungen an aride Gebiete sind die Fähigkeit, sich einzugraben u. evtl. Jahre auf den nächsten Regen zu warten, wie bei Wasserreservoirfröschen u. Grabfröschen, od. die Fähigkeit, die Haut mit einem Wachs zu überziehen u. statt Harnstoff Harnsäure auszuscheiden u. dadurch Wasserverluste durch Verdunstung u. Exkretion zu reduzieren, wie bei Makifröschen u. *Chiromantis.* – In verschiedenen Fam. sind Brutpflegemechanismen entstanden, die das gefahrvolle Larvenleben verkürzen od. ganz aufgeben, indem die Larven auf dem Rücken (Farbfrösche, Wabenkröten, Beutelfrösche), in einem Kehlsack (Darwinfrosch) od. sogar im Magen *(Rheobatrachus)* getragen werden, u. die Kröte *Nectophrynoides* ist vivipar. – F. sind stimmbegabte Tiere. Die Männchen vieler Arten bilden zu Beginn der warmen od. feuchten Jahreszeit weit hörbare Chöre, mit denen sie die Weibchen zu den Laichgewässern locken. Bei anderen werden Rufe zur Reviermarkierung eingesetzt. Die Rufe werden mit dem Kehlkopf (Larynx) erzeugt u. durch *Schallblasen* verstärkt, die entweder unpaar, median od. paarig, seitlich beim Rufen vorgestülpt werden. I. d. R. gibt es mehrere Rufe: einen Paarungsruf („advertisement call"), mit dem Weibchen angelockt werden, einen Werberuf, mit dem das Weibchen zur Paarung aufgefordert wird, einen Revier- od. Kampfruf, mit dem ein anderes Männchen vertrieben wird, einen Befreiungsruf, den ein Männchen ausstößt, wenn es v. einem anderen geklammert wird, u. einen Schmerzschrei, den manche Frösche ausstoßen, wenn sie unsanft angefaßt od. von einer Schlange ergriffen werden. Die Rufe sind artspezifisch verschieden u. ermöglichen den Weibchen, die arteigenen Männchen auch in dichten Ansammlungen mehrerer Arten zu finden. – Es gibt noch kein allg. anerkanntes System der F. Die Begriffe *Frösche* u. *Kröten* sind Gestaltbez., keine systemat. Begriffe: Als Kröten werden meist langsame F. mit warziger Haut bezeichnet. Beide Begriffe können in der gleichen Fam. benutzt werden, z. B. Waben-

Froschlurche

Unterordnungen und Familien

System nach der Wirbelmorphologie:

Archaeobatrachia (Altfrösche)
Amphicoela (Urfrösche)
  ↗ Ascaphidae
  ↗ Leiopelmatidae
Aglossa (Zungenlose)
  ↗ Pipidae, ↗ Wabenkröten u.
  ↗ Krallenfrösche
Opisthocoela
  Discoglossidae
  (↗ Scheibenzüngler)
  Rhinophrynidae
  (↗ Nasenkröten)
Anomocoela
  Pelobatidae
  (↗ Krötenfrösche)
Neobatrachia (Neufrösche)
Procoela
  Bufonidae
  (↗ Kröten)
  Atelopodidae
  (↗ Stummelfußfrösche)
  Leptodactylidae
  (↗ Südfrösche)
  Ceratophryidae
  (↗ Hornfrösche)
  Hylidae (↗ Laubfrösche)
  Pseudidae (↗ Harlekinfrösche)
  Centrolenidae
  (↗ Glasfrösche)
Diplasiocoela
  ↗ Ranidae (echte Frösche)
  Rhacophoridae
  (↗ Ruderfrösche)
  Microhylidae
  (↗ Engmaulfrösche)
  Phrynomeridae
  (Wendehalsfrösche, ↗ Engmaulfrösche)

System nach der Larvalmorphologie:

Xenoanura
  Rhinophrynidae
  (↗ Nasenkröten)
  ↗ Pipidae, ↗ Krallenfrösche u. ↗ Wabenkröten
Scoptanura
  Microhylidae
  (↗ Engmaulfrösche)
Lemmanura
  Discoglossidae
  (↗ Scheibenzüngler)
  ↗ Ascaphidae
  (Schwanzfrösche)
Acosmanura
  Pelobatidae
  (↗ Krötenfrösche)
  ↗ Myobatrachidae
  (austr. Südfrösche)
  ↗ Pelodryadidae
  (austr. Laubfrösche)

Froschschnecken

Froschlurche

(Fortsetzung)
- *Heleophrynidae* (↗ Gespenstfrösche)
- *Leptodactylidae* (↗ Südfrösche)
- *Centrolenidae* (↗ Glasfrösche)
- *Bufonidae* (↗ Kröten)
- *Brachycephalidae* (↗ Sattelkröten)
- *Allophrynidae* (↗ Allophryne)
- *Pseudidae* (↗ Harlekinfrösche)
- *Rhinodermatidae* (↗ Darwinfrosch)
- *Dendrobatidae* (↗ Farbfrösche)
- *Sooglossidae* (↗ Seychellenfrösche)
- ↗ *Ranidae* (echte Frösche)
- ↗ *Hyperoliidae* (↗ Riedfrösche)

Zugehörigkeit unsicher:
- ↗ *Leiopelmatidae*

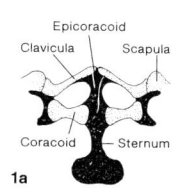

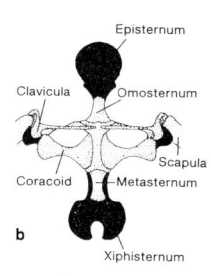

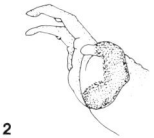

Froschlurche

1 *Schultergürtel* von F.n, **a** *arciferer* Typ (Schiebbrustfrösche), **b** *firmisterner* Typ (Starrbrustfrösche) (schwarz: Knorpel, gepunktet: Knochen). 2 *Brunstschwielen* des Grasfroschs.

kröten u. Krallenfrösche, beide *Pipidae*. Für das System werden Merkmale der Wirbelsäule, des Schultergürtels, aber auch der Larvalmorphologie herangezogen, ohne daß im allg. sicher ist, ob die benutzten Merkmale Synapomorphien sind. Das alte, in vielen Lehrbüchern wiedergegebene System gründet im wesentl. auf der Morphologie der Wirbelsäule, das neuere, v. a. in Amerika benutzte auf der Larvalmorphologie. Nach diesem neueren System muß der firmisterne Schultergürtel, der bei den echten Fröschen u. Engmaulfröschen vorkommt, mindestens zweimal konvergent entstanden sein. Der Vergleich beider Systeme (vgl. Tab.) zeigt auch, daß der Status einzelner Taxa, ob Fam. od. U.-Fam., verschieden aufgefaßt wird. – F. sind von großer ökolog. Bedeutung, einerseits als Vertilger v. Insekten, Schnecken u. a. Schädlingen, andererseits als Nahrung für zahlr. andere Organismen. Wirtschaftlich bedeutsam sind v. a. einige größere Arten der echten Frösche u. Südfrösche, die gegessen werden, u. die häufigeren echten Frösche sowie Krallenfrösche als Objekte wiss. Forschung u. Lehre. ⬛ Amphibien I, II. *P. W.*

Froschschnecken, *Krötenschnecken, Bursidae,* Fam. der *Tonnoidea,* marine Mittelschnecken mit mittel- bis großem Gehäuse, dessen Umgänge mit Knoten u. Stacheln, oft auch mit Wülsten (Varicen) versehen sind. An der äußeren Basis der fadenförm. Fühler liegen kleine Augen; der Fuß ist kurz u. kräftig. Die Mundöffnung liegt am Ende eines langen Rüssels, mit dem Polychaeten u. Sipunculiden gepackt u. mit Hilfe des stark sauren Speicheldrüsensekrets überwältigt werden. Die etwa 24 Arten leben in Korallenriffen u. werden den Gatt. *Tutufa* u. *Bursa* zugeordnet. *B. bubo* aus dem Indopazifik wird etwa 25 cm hoch; die meisten anderen Arten haben Gehäuse von ca. 6 cm Höhe.

Froschzahnmolch, *Ranodon,* Gatt. der ↗ Winkelzahnmolche.

Frost, Bez. für Temp. unter dem Gefrierpunkt des Wassers (0 °C) bzw. deren Einwirkung auf Gegenstände od. Organismen. Von *Früh-F.* spricht man, wenn im Herbst vor Eintritt der Vegetationsruhe Temp. unter 0 °C gemessen werden. Dagegen bezeichnet man die episod. Fröste nach dem Neuaustrieb im Frühjahr als *Spät-F.;* sie sind wegen ihrer nachhalt. Wirkung auf viele Kulturpflanzen bes. gefürchtet. Frostgefährdet sind v. a. Lagen in kaltluftsammelnden Senken u. in unmittelbarer Bodennähe (im Ggs. zur warmen Hangzone), weil sich die Erdoberfläche in klaren Nächten (bei fehlender Rückstrahlung durch eine Dunst- od. Wolkendecke) durch lang-

well. Abstrahlung stark abkühlt (*Strahlungs-F.,* ↗ Bodentemperatur). Auf diese Weise kann es bei geringer Luftturbulenz (fehlender Vertikalaustausch) in den bodennahen Luftschichten sehr leicht zu *Boden-F.* kommen, obwohl in der konventionellen Höhe v. Wetterhütten (2 m) der Gefrierpunkt häufig noch nicht erreicht ist (Temp.-Zunahme mit der Höhe, Inversion). Folge langanhaltenden Boden-F.es ist das Gefrieren des in den Bodenporen enthaltenen Kapillarwassers, was Pflanzen neben der direkten F.einwirkung auch durch mechan. Faktoren (z. B. Hebung durch Kammeisbildung) od. Unterbrechung der Wasserzufuhr (↗ *F.trocknis*) zu schädigen vermag. Aufgrund der schützenden Schneedecke und relativ geringer Kältegrade wird in Mitteleuropa nur selten eine *F.tiefe* v. mehr als 1 m erreicht.

Frostböden, *Råmark,* vegetationsarme Rohböden der arkt. u. subarkt. Region u. der Hochgebirge. Der Boden kann ganz (Permafrostboden) od. ledigl. in tieferliegenden Horizonten dauernd gefroren sein; in extremen Fällen wurde bis in 300 m Tiefe reichendes Eis gefunden (Alaska, Sibirien). Häufiger Frostwechsel unterwirft die Ausgangsgesteine einer ausgeprägten Frostsprengung (Kryoklastik) u. sorgt im sich entwickelnden Boden durch Frosthebung u. Frostschub u. ä. Prozesse für Durchmischung (Kryoturbation) u. teils für Materialsortierungen. Auf diese Weise entstehen *Frostmusterböden* mit auffäll. Strukturen an der Bodenoberfläche (Brodel-, Tropfen-, Taschen-, Würge-, Eiskeil-, Polygon-, Steinring-, Streifen- u. Girlandenböden).

Frostgare ↗ Bodengare.

Frosthärte, die ↗ Frostresistenz.

Frostkeimer, Bez. für Pflanzen, deren Samen ohne Einwirkung v. ↗ Frost nicht od. nur sehr schlecht zur Keimung kommen. Unter *Frostkeimung* versteht man das Brechen der Samenruhe (↗ Dormanz) nach Quellung durch eine u. U. mehrwöchige Frostperiode; ggf. Beschleunigung der Nachreife. ↗ Samen, ↗ Vernalisation.

Fosträuchern, zur Eindämmung v. Ausstrahlungsverlusten angewandte Frostschutzmethode im Reb- u. Obstbau: eine künstl. erzeugte Rauch- od. Nebelwolke reflektiert einen Teil der Infrarot(Wärme-)strahlung u. wirkt damit der Abkühlung der Erdoberfläche entgegen.

Frostresistenz w [v. lat. *resistere* = Widerstand leisten], *Frosthärte,* Fähigkeit eines Organismus, Temp. unter dem Gefrierpunkt ohne bleibende Schäden zu überstehen; ist v. Art zu Art unterschiedl. u. wechselt mit der Jahreszeit, der Vorbehandlung (z. B. Abhärtung mit weniger tiefen Temp.) u. dem Entwicklungszustand. Bei Pflanzen bzw. Pflanzenteilen wird als Vergleichsgröße jene Temp. herangezogen, bei der nach eineinhalbstünd. Einwirkung 50% absterben. Bes. frostharte Nadelbäume u. Zwergsträucher ertragen Fröste bis unter $-50\,°C$; Fichten überstehen am sibir. Kältepol Temp. von $-60\,°$ bis $-70\,°C$. Solche Kältegrade erfordern nicht nur frost-, sondern darüber hinaus eisfestes Gewebe bzw. plasmat. Resistenz gg. Frostdehydratation, weil schon viel früher die i. d. R. extrazelluläre Eisbildung mit ihrer stark dehydratisierenden Wirkung einsetzt. Die plasmat. Resistenz gg. Wasserentzug scheint in erster Linie durch bestimmte Zucker u. Proteine erreicht zu werden, die in der Lage sind, empfindl. membrangebundene Enzyme gg. den Angriff zelleigener toxisch wirkender Stoffe abzuschirmen. Unter den Poikilothermen finden sich neben Dauerstadien einiger Wirbelloser bei Arthropoden u. ↗Antarktisfischen physiolog. angepaßte Formen, die eine F. zeigen. Unterscheidbar sind gefriersensitive Arten, die durch Bildung v. Frostschutzmitteln wie Glycerin, Sorbit od. Glykoproteiden (↗Gefrierschutzproteine) einen Unterkühlungspunkt (supercooling point) unter $-15\,°C$ erreichen. Gefriertolerante Arten überstehen ein langsames extrazelluläres Einfrieren bei $-6\,°$ bis $-10\,°C$. Bei diesem durch Kondensationskeime in der Hämolymphe induzierten Frieren wird durch Wasseraustritt aus der Zelle die osmot. Konzentration im Zellinnern erhöht u. ein intrazelluläres Einfrieren verhindert.

Frostrisse, durch sehr niedrige Temp. (↗Frost) od. durch häufigen Temp.-Wechsel im Winter verursachte senkrecht verlaufende Risse an Baumstämmen, bes. bei harten Laubhölzern, wie z. B. Eiche. Die Risse erstrecken sich v. der Rinde ausgehend in radialer Richtung bis in den Holzkörper. Das an den Wundstellen angrenzende Kambium bildet in verstärktem Maße Holz, das sich dann wulstartig über die Wundstelle schiebt *(Überwallung, Frostleisten).*

Frostschäden, direkt od. indirekt durch Frosteinwirkung verursachte Schäden an Pflanzen u. Tieren, hervorgerufen durch schwerwiegende Störung des Stoffwechselgleichgewichts, Eisbildung im Gewebe (Eistod) u. andere Mechanismen. Bes. anfällig sind bei Pflanzen meristemat. Gewebe wie Triebspitzen, Knospen, Kambiumschichten, doch werden sehr leicht auch frisch entfaltete Blätter durch Spätfröste betroffen. Viele nehmen dabei ein olivgrünes, glasiges Aussehen an, verbunden mit Schwarzfärbung u. starken Welkerscheinungen nach dem Auftauen. Bei Insekten tritt braune Hämolymphe infolge Freisetzung v. Melaninen nach Zellzerstörung auf; Tod nach wenigen Tagen. Subletale F. kommen bei überwinternden Larven u. Puppen vor; diese sind nicht mehr in der Lage, die Metamorphose zu beenden.

Frostschutzberegnung, u. a. im Intensivobstbau angewandtes Verfahren zur Abwendung v. Frostschäden: Bei Temp. unter dem Gefrierpunkt werden die gefährdeten Bäume ständig mit Wasser übersprüht, wobei sie sich mit einem Eispanzer überziehen, in dessen Innerem die Temp. wegen der freigesetzten Kristallisationswärme des gefrierenden Wassers nicht wesentl. unter den Nullpunkt absinkt.

Frostspanner, mehrere Arten der Spanner-Gatt. *Operophthera* u. *Erannis,* deren Falter im Spätherbst u. Winter nach den ersten Frostnächten fliegen; Weibchen ungeflügelt od. nur mit Stummelflügeln, flugunfähig, klettern an Baumstämmen aufwärts u. können dort mit Leimringen gefangen werden; die Larven fressen im Sommer an Laubhölzern u. werden mitunter sehr schädlich; die F. treten in einer Generation auf. Die Raupen des Kleinen F.s *(O. brumata)* können in Obstbaumkulturen gelegentl. bis zum Kahlfraß führende Schäden verursachen, Falter um 25 mm Spannweite, graubraun mit dunkleren Querlinien. Die Männchen des Großen F.s (*E.* [= *Hibernia*] *defoliaria*) sind variabel gefärbt, weißl. u. leuchtend orangebraun, dunkel gesprenkelt, schwarze Mittelflecken auf den Flügeln, Spannweite bis 40 mm; Larve bunt, gelb u. rotbraun; an Laubhölzern, gelegentl. Schäden an Obstbäumen u. Eichen. B Schädlinge, B Insekten IV.

Frostsprengung, *Frostverwitterung, Gelifraktion, Kryoklastik;* in Spalten u. Hohlräume eingedrungenes Wasser dehnt sich beim Gefrieren aus u. zertrümmert dabei das Gestein *(Spaltenfrost).* Bei häufig wiederkehrendem Frostwechsel können sehr feine Korngrößen entstehen (Sand, Schluff, Grobton).

Frosttrocknis, durch die austrocknende Wirkung winterl. Luftmassen bei gleichzeitig blockierter Wassernachlieferung aus dem Boden hervorgerufene Schädigung v. Pflanzen. Bes. gefährdet sind immergrüne Gehölze, deren Blätter aus diesem Grund in winterkalten Gebieten zur Vermeidung v. starken winterl. Wasserverlusten fast immer xeromorph gebaut sind. F. ist v. a. im Bereich der alpinen Waldgrenze v. ausschlaggebender Bedeutung: Auswirkung der F. bestimmte vor der allg. (anthropogenen) Waldgrenzdepression die Lage der urspr. alpinen Waldgrenze. Oberhalb dieser ehemals scharfen Grenze zur Krumm-

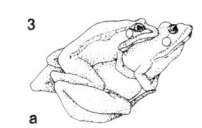

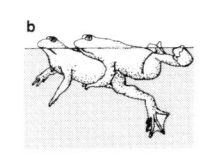

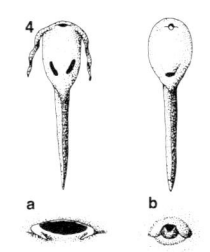

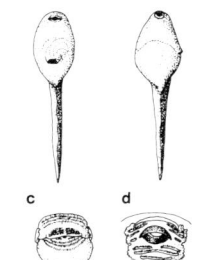

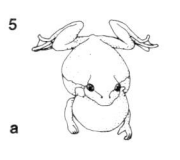

Froschlurche

3 *Amplexus* (Klammerreflex), **a** hinter den Armen (Wasserfrosch), **b** in der Lendenregion (Unke). **4** *Larventypen* der F., jeweils v. unten, darunter die Mundregion stärker vergrößert; **a** *Xenoanura,* **b** *Scoptanura,* **c** *Lemmanura,* **d** *Acosmanura.* **5** *Schallblasen* bei F.n.; **a** Laubfrosch mit unpaarer medianer Schallblase, **b** Wasserfrosch mit paarigen seitl. Schallblasen

holzstufe können Gehölze sich nicht mehr über die mittlere winterl. Schneehöhe erheben; sie benötigen hier Schneeschutz wegen der latenten F.gefahr.

Fru, Abk. für ↗Fructose.

Frucht, 1) Bot.: *Fructus,* das aus dem ↗F.knoten, häufig aber auch unter zusätzl. Beteiligung anderer Blütenteile (↗Blüte) u. sogar v. Hochblättern u. Zusatzbildungen od. auch aus Blütenständen hervorgehende Organ, das die ↗Samen bis zur Reife umschließt u. dann zu ihrer Ausbreitung dient. Die aus der F.knotenwand hervorgehende, die Samen umschließende *F.wand (Perikarp)* besteht i. d. R. aus 3 Schichten: dem außen liegenden *Exokarp,* dem innen liegenden *Endokarp,* die beide oft nur einschichtig sind, u. dem dazwischenliegenden, mehrschicht. *Mesokarp.* – Urspr. ist der nackte Samen die ausbreitungsbiol.-funktionelle Einheit *(Diaspore)* bei den Samenpflanzen. Das zeigt sich auch darin, daß bei allen urspr. Angiospermenarten der bestäubungsbiol. vorteilhafte Bergung der Samenanlagen durch den Einschluß in die Karpelle spätestens zur Samenreife durch Öffnen der F.blätter aufgehoben wird. Die Entwicklung geht v. diesem Zustand aus weiter, so daß zunächst Einzel-F.blätter als *Einblattfrüchte,* dann Gruppen v. freien F.blättern als *Sammelfrüchte* mit mehreren bis vielen Teilfrüchten u. schließl. verwachsene F.blätter in verschiedenen *F.formen* die Aufgabe der Samenausbreitung übernehmen, während die Samen diesbezügl. passiv werden. Bei einer Reihe v. Angiospermenarten werden dabei die den F.bau zunächst allein bestimmenden F.knoten durch Einbezug v. Zusatzbildungen aus dem Blatt- u. Achsenbereich der floralen Region ergänzt. Die höchsten Entwicklungsstufen sind dann aus Blütenständen hervorgehende F.stände (u. sogar die ganze Pflanze) als Ausbreitungseinheiten. B Früchte, T Fruchtformen. 2) Zool.: ↗Embryo, ↗Fetus.

Fruchtäther ↗Fruchtessenzen.

Fruchtbarer Halbmond, engl. *fertile crescent,* niederschlagsreiches Winterregengebiet im N der arab. Halbinsel (einschl. des sog. Zweistromlandes zw. Euphrat u. Tigris), das die innerarab. Trockengebiete Syriens, Saudi-Arabiens u. des Irak halbkreisförm. umschließt. Klimat. liegt dieses Gebiet in einem Übergangsbereich zur natürl. mediterranen Steppenzone, deren urspr. sehr ausgedehnte Grasländer überaus günst. Bedingungen für Viehhaltung u. Getreidebau boten. Älteste Spuren v. Gerste, Einkorn (Jarmo, ca. 7000 v. Chr.), Emmer u. noch heute vorkommende Wildformen v. Getreidearten u. Haustieren lassen den Schluß zu, daß hier Getreidebau u. Haustierhaltung entstanden sind. Auf eine blühende Hochkultur im 5. Jt. folgte ein allmähl. wirtschaftl. und kultureller Niedergang, an dem neben Überbeweidung u. Bodenerosion die Versalzung der tiefer gelegenen Bewässerungskulturen wesentl. beteiligt waren.

Fruchtbarkeit, *Fertilität, Reproduktivität,* die Fähigkeit zur ↗Fortpflanzung. In der wiss. Lit. noch keine einheitl. Terminologie eingebürgert; folgende Begriffe werden verwendet: *Fertilität i. e. S.* ist die in einer bestimmten Zeitspanne erzeugte Nachkommenzahl der Bevölkerung, d. h. die Fortpflanzungsleistung der gesamten Population. Die Fertilität v. Teilen einer Population wird bisweilen als *Fekundität i. e. S.* bezeichnet, so die Nachkommenzahl aller einjähr. Weibchen. *Natalität* ist die Zahl der Nachkommen eines Weibchens in einer bestimmten Zeitspanne. Bei sämtl. bisherigen Begriffen ist zu berücksichtigen, wie die „Nachkommen" gezählt werden; z. B. kann es sich bei Insekten handeln um die Zahl der befruchteten Eier, der abgelegten Eier, der geschlüpften Larven, der die Metamorphose od. die nächste Fortpflanzung erreichenden Nachkommen; nur letzteres sagt etwas über die Populationsentwicklung aus. Bei der *Nettoreproduktionsziffer* weist ein Wert über 1 auf eine wachsende, ein Wert unter 1 auf eine abnehmende Bevölkerungszahl hin. – Ggs.: Sterilität.

Fruchtbarkeit
In der Bevölkerungsstatistik sind für die *Natalität* folgende Begriffe n Gebrauch: *F.ziffer* (Geburten pro Jahr, bezogen auf die Zahl der Frauen im gebärfähigen Alter, d. h. ca. 15–45 Jahre); *Reproduktionsrate* (nur Mädchengeburten berücksichtigt); *Reproduktionsziffer* (durchschnittl. Zahl der Mädchengeburten eir er Frau während der Dauer ihrer Gebärfähigkeit).

Fruchtbarkeitsziffer ↗Fruchtbarkeit.

Fruchtbecher, die ↗Cupula.

Fruchtbildung, die durch Hormone gesteuerte, nach der Bestäubung u. Befruchtung einsetzende Entwicklung des Fruchtknotens (u. der anderen Blütenteile, falls sie an der F. beteiligt sind) zur reifen ↗Frucht. Die Samenanlagen mit den sich entwickelnden Embryo sind Stätten intensiver Wuchsstoffbildung. So gelingt es, durch Zufuhr künstl. Wuchsstoffe (↗Auxine) zu den Fruchtknotenwandungen F. auch ohne Befruchtung u. Samenbildung auszulösen. In der Natur dürften daher manche Fälle v. *Parthenokarpie* (F. ohne Befruchtung u. Samenbildung), wie bei den Citrusfrüchten u. der Banane, auf eine spontan od. nach Bestäubung der Narbe einsetzende Wuchsstoffbildung bzw. -aktivierung zurückgehen. ↗Fruchtreife.

Fruchtblase, *Fruchtwassersack, Fruchtsack,* Embryonalhüllen der Amnioten, die den Embryo bzw. Fetus u. das Fruchtwasser einschließen.

Fruchtblatt, *Karpell,* Bez. für das dem *Makrosporophyll* entspr. Blattorgan der Bedecktsamer-Blüte, das die Samenanlagen hervorbringt. ↗Blüte (☐).

Früchtchen, 1) Bez. für die einzelnen, nicht

FRÜCHTE

Früchte entwickeln sich nach der Entwicklung der befruchteten Samenanlage zum Samen aus dem Fruchtknoten. Bei Samenreife können sich die Früchte öffnen, die Samen werden einzeln entlassen *(Streufrüchte)*, oder die Frucht löst sich als Ganzes von der Pflanze und wird als solche mit dem eingeschlossenen Samen verbreitet *(Schließfrüchte)*.

Balg (Sumpfdotterblume)

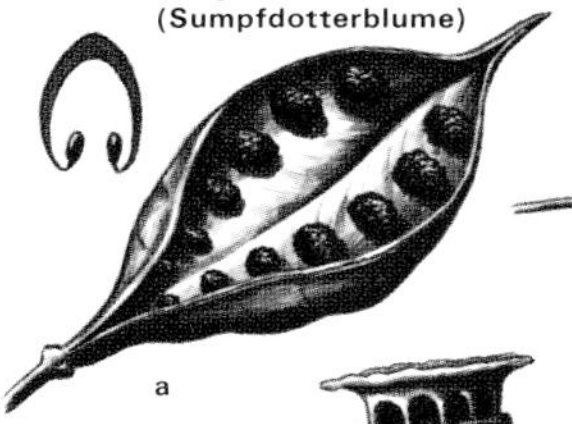

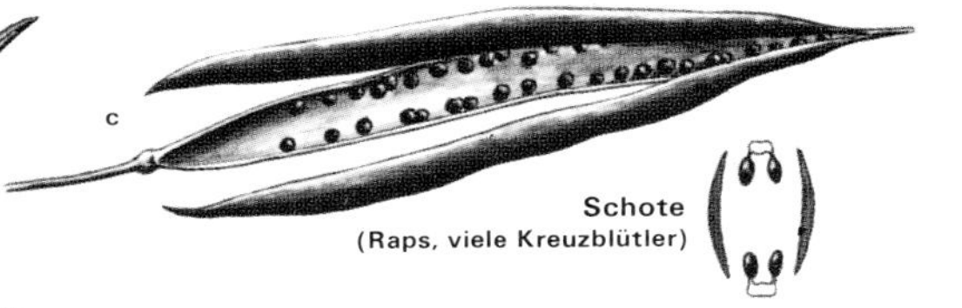

Schote (Raps, viele Kreuzblütler)

Hülse (Erbsen, Bohnen)

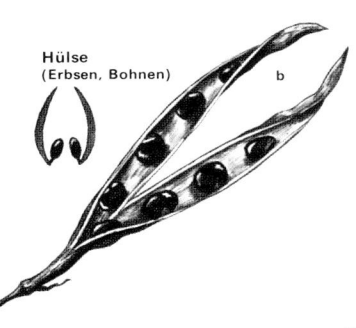

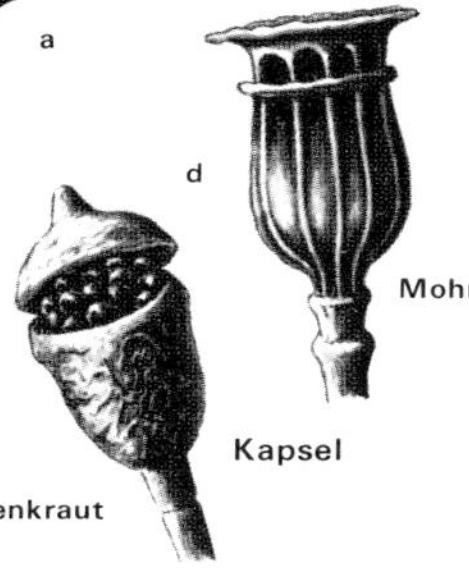

Mohn – Kapsel

Bilsenkraut

a) *Balg:* Der Fruchtknoten wird von einem Fruchtblatt gebildet und springt bei Reife an der Verwachsungsnaht auf.
b) *Hülse:* Auch hier besteht der Fruchtknoten aus einem Fruchtblatt. Er öffnet sich sowohl an der Verwachsungs- wie der Rückennaht.
c) *Schote:* Sie entsteht aus zwei Fruchtblättern und ist durch eine Scheidewand gekammert. Sie reißt bei Samenreife an den Verwachsungsnähten auf.
d) *Kapsel:* Sie werden aus zwei oder mehr Fruchtblättern gebildet und sind vielfach gekammert. Die Samen werden entweder durch Längsspalten frei, oder es werden Poren gebildet, oder der Oberteil löst sich als Deckel ab.

Die *Nuß* (z. B. Haselnuß, das Getreidekorn) ist eine einsamige Schließfrucht. Die Fruchtwand ist trocken und hart ausgebildet. Sie schließt einen Samen ein, der aus einer embryonalen Pflanze mit Nährgewebe besteht.

Die *Äpfel* und *Birnen* sind *Scheinfrüchte*. Die eigentliche Frucht ist das »Kerngehäuse«, das einer Sammelbalgfrucht entspricht. Das »Fruchtfleisch« geht aus Blütenachsengewebe hervor, in das der Fruchtknoten eingesenkt ist (unterständiger Fruchtknoten).

Die *Tomate* ist eine Beere. Die gesamte Fruchtwandung ist fleischig ausgebildet. Die Frucht wird aus mehreren Fruchtblättern gebildet und ist gekammert. Im Inneren werden zahlreiche Samen angelegt.

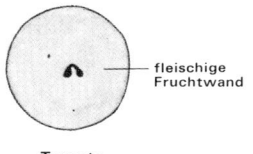

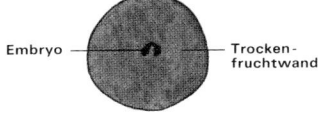

Haselnuß — Embryo, Trockenfruchtwand

Apfel — teilweise fleischige Fruchtwand

Tomate — fleischige Fruchtwand

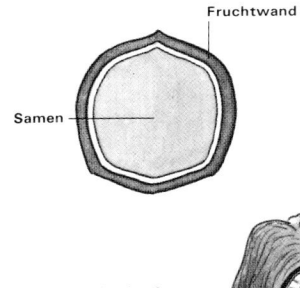

Samen, Fruchtwand

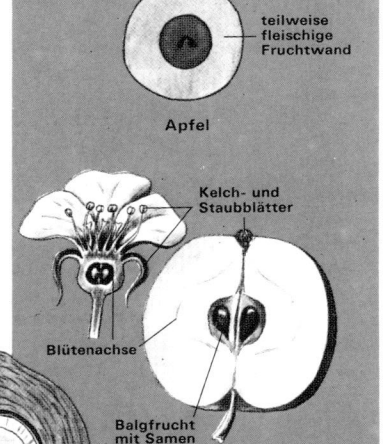

Kelch- und Staubblätter, Blütenachse, Balgfrucht mit Samen

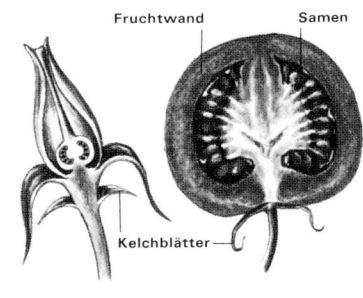

Fruchtwand, Samen, Kelchblätter

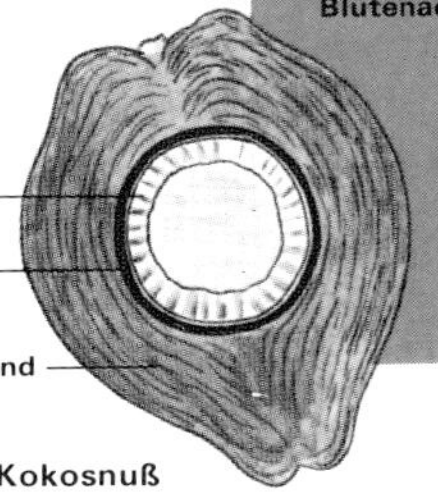

Kokosnuß — Nährgewebe des Samens, innere Fruchtwand, äußere Fruchtwand

a) Die *Kokosnuß* ist eine teilweise fleischige Schließfrucht (also keine Nuß!). Der äußere fasrige Teil der Fruchtwand wird nach der Ernte gleich abgeschlagen (daraus werden Kokosfasern gewonnen). Der innere Teil der Fruchtwand ist »steinig«, er schließt einen mächtigen Samen ein, der ein festes und ein flüssiges Nährgewebe *(Kokosmilch)* besitzt. Der meist nur einzige ausgebildete Embryo liegt im Nährgewebe unterhalb einer der drei Keimporen.
b) Die *Erdbeere* ist eine Sammelfrucht. Sie geht aus einer Blüte mit vielen Fruchtblättern hervor. Die Einzelfrucht ist eine Nuß, die zu mehreren außen auf der fleischig erweiterten Blütenachse liegen.

Erdbeere — Früchte, Blütenachse, Kelchblätter

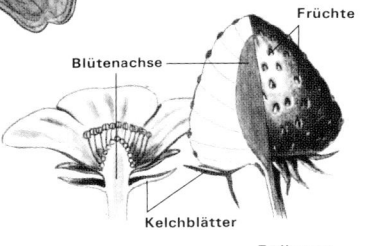

Ananas — Sproßblätter, Einzelfrucht

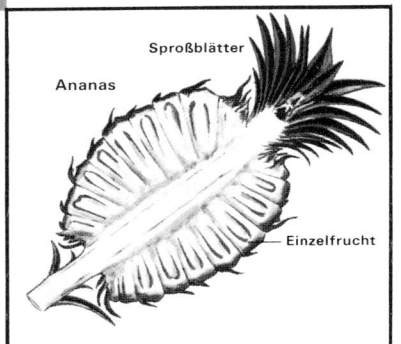

Scheinfrüchte können auch als Fruchtstände ausgebildet sein (aus den Fruchtknoten usw. *mehrerer* Blüten entstanden). Die Einzelfrucht bei der Ananas ist eine Beere.

Fruchtessenzen
miteinander verwachsenen Früchte eines apokarpen Gynözeums. 2) Bez. für die *Teilfrüchte* eines Fruchtstands.

Fruchtessenzen, *Fruchtaromen,* meist synthet., gelegentl. auch aus natürl. ↗Extrakten hergestellte Flüssigkeiten, die zur Aromatisierung v. z. B. Fruchtbonbons, Getränken, Parfüm usw. verwendet werden. F. enthalten v. a. Alkohole, Aldehyde, Ketone, niedere u. mittlere Fettsäuren u. Ester dieser Fettsäuren mit niederen Alkoholen *(Fruchtester, Fruchtäther).* ↗Aromastoffe.

Fruchtfall, bei Pflanzen der Abwurf der Frucht, ↗Abscission; ↗Blattfall.

Fruchtfasern, Bez. für die aus der Fruchtwand einiger Pflanzenarten gewonnenen, wirtschaftl. genutzten Fasern, z. B. Kokosfaser. Ggs.: Blatt-, Stengelfasern. ↗Faserpflanzen, ↗Pflanzenfasern.

Fruchtfäule, Sammelbez. für Pilzerkrankungen v. Früchten u. pflanzl. Speicherorganen (Knollen, Rüben usw., vgl. Tab.). Die Infektion erfolgt meist vor der Ernte, oft durch Verletzungen, ohne sichtbare Symptome. Das Verderben kann bereits einen Tag nach der Ernte (z. B. *Grauschimmel* der Erdbeere) od. erst nach Monaten erfolgen (↗Lagerfäule). Die Ausprägung kann als Trockenfäule erfolgen, bei der das befallene Gewebe mumifiziert wird, od. als Naßfäule, bei der die Mittellamellen zerstört werden, so daß der Zellinhalt ausfließen kann.

Fruchtfleisch, der saftige, aus lebend bleibenden Zellen aufgebaute Anteil der Saftfrüchte, der recht unterschiedl. Herkunft sein kann. So ist das F. der Beeren das saftige Meso- u. Endokarp, das F. der Steinfrucht das saftige Mesokarp, das F. der Citrusfrüchte ist das saftigen Emergenzen des Endokarps gebildet, das F. der Apfelfrucht geht aus dem das chorikarpe Gynözeum umwachsenden Achsengewebe hervor, das F. der Erdbeere ist der aufgewölbte Blütenboden, bei der Hagebutte ist es die becherförmig eingetiefte Blütenachse u. bei der Feige das den Blütenstand umwachsende Achsengewebe.

Fruchtfliegen, 1) die ↗Bohrfliegen; 2) fälschl. auch gebräuchl. für die ↗Drosophilidae.

Fruchtfolge, *Rotation,* geregelte Anbaufolge v. Kulturpflanzen auf einer landw. Nutzfläche, wobei die Erhaltung der Bodenfruchtbarkeit durch den Wechsel bodenangreifender, -schonender u. -anreichernder Pflanzen gewährleistet werden soll. F.systeme sind die Fruchtwechselwirtschaft u. die Feldgraswirtschaft. ↗Dreifelderwirtschaft.

Fruchtformen, die aufgrund der Anpassung an die Samenausbreitung durch ver-

Fruchtfäule
Wichtige Frucht- (und Knollen-)fäulen und ihre Erreger
Graufäule (Grauschimmelfäule) der Erdbeeren, Himbeeren u. v. a. Früchte: *Botrytis cinerea*
Sauer- und *Edelfäule* der Weinbeeren: *Botrytis cinerea*
Monilia-F. (Grind), Schwarzfäule am Kernobst: *Monilia (Sclerotinia) fructigena, M. laxa*
Apfel-F.: *Penicillium expansum, Pezicula malicorticis, P. alba*
↗ *Bitterfäule* (Lagerfäule) des Apfels: *Gloeosporium-*Arten
Kraut- und *Knollenfäule* der Kartoffel. *Braunfäule* der Tomate: *Phytophthora infestans*
Trockenfäule, z. B. Kartoffel: *Phoma-, Fusarium-*Arten
Kernhausfäule v. Kernobst: *Fusarium putrefaciens*
Tomatenfäule: Rhizopus stolonifer
Grünfäule v. Citrus: *Penicillium italicum,* v. Äpfeln: *Penicillium glaucum*
Erdnußfäule: Aspergillus flavus
Knollennaßfäule der Kartoffel: *Erwinia carotovora*
Bananenfäule: Colletotrichum musae
↗ *Bakterienringfäule* der Kartoffel: *Corynebacterium sepedonicum*

schiedene ökolog. Faktoren (Wind, Wasser, Tiere u. Mensch) u. aufgrund unterschiedl. geschichtl. Vorbedingungen verschiedenen, häufig auch konvergenten Ausbildungen der ↗Frucht bei den Angiospermen. Eine „natürliche", allen Gesichtspunkten entspr. Gruppierung der F. ist nicht möglich. Dazu sind die erst relativ spät entstandenen Organe zu plastisch, d. h. leicht anpassungsfähig an verschiedene Ausbreitungsfaktoren, wie der Vergleich der F. schon innerhalb v. Verwandtschaftskreisen u. die vielen Konvergenzen deutl. zeigen. Eine recht einleuchtende Gruppierung der F. ist die nach morpholog.-anatom. Grundsätzen ausgerichtete Übersicht, ergänzt durch eine funktionellökolog. Einteilung, wie sie als ein Beispiel in der Tab. S. 393 wiedergegeben ist, die zusätzl. eine phylogenet. Gliederung einzubringen versucht. B Früchte.

Fruchtfresser, die ↗Fruktivoren.

Fruchthalter, 1) der ↗Fruchtträger; 2) die ↗Gebärmutter.

Fruchtholz, Bez. für die Zweige an den Obstbäumen, die die Blüten u. Früchte bilden u. tragen.

Fruchthüllen ↗Embryonalhüllen.

Fruchtknoten, *Ovar, Ovarium,* der fertile, d. h. die Samenanlagen tragende Teil des Fruchtblatts od. des aus mehreren miteinander verwachsenen Fruchtblättern bestehenden Stempels. ↗Blüte (☐).

Fruchtkörper, *Karposoma,* bei Pilzen das mehr od. weniger feste vielzell. Hyphengeflecht (Flechtgewebe, Plektenchym), in (an) dem die Sporenbildung stattfindet; im allg. Sprachgebrauch oft als „Pilz" bezeichnet. F. können sehr unterschiedl. ausgebildet sein (↗Ascoma, ↗Basidiomata, ↗Pyknidien). F. werden auch bei Flechten, Myxobakterien u. Myxomyceten entwickelt.

Fruchtkuchen, 1) Bot.: die fleischigen Verdickungen am ↗Fruchtholz; aus ihnen entwickeln sich die Fruchttriebe. 2) Zool.: die ↗Placenta. [*dienlager,* ↗Konidien.

Fruchtlager, 1) das ↗Hymenium; 2) *Koni-*

Fruchtmine, *Carponomium, Karponom,* in Früchten erzeugte Mine, trotz des dort großen Nahrungsvorrats nicht häufig, z. B. durch Raupen der Zwergmotte *Nepticula* in Ahornfrüchten. ↗Minen.

Fruchtratte, *Rattus rattus frugivorus,* in den Tropen u. Subtropen lebende U.-Art der Hausratte.

Fruchtreife, letzte Phase der Fruchtentwicklung mit gesteigerter Atmung, die oft korreliert mit Chlorophyllabbau u. Gelb- (↗Carotinoide) bzw. Rotfärbung (↗Anthocyane). F. wird beschleunigt durch das *Fruchtreifungshormon* ↗Äthylen, ein Phytohormon, das v. reifenden Früchten aus-

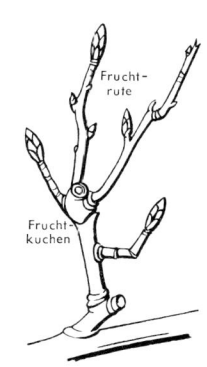

Fruchtrute
Fruchtkuchen
Fruchtholz

Übersicht über die wichtigsten Fruchtformen

I. Früchte aus chorikarpem Gynözeum

Blüte mit mehreren voll getrennten Karpellen, zuweilen Zahl der Karpelle bis auf 1 reduziert.

A. EINBLATTFRÜCHTE

Jedes Karpell bildet eine Einheit.

1. *Streufrüchte* (Funktionsstufe 1 oder 2)
Beispiele:
Balg (Öffnung an der Bauchnaht), zu mehreren pro Blüte (Nieswurz, Sumpfdotterblume, viele andere Hahnenfußgewächse, Pfingstrose) oder einzeln pro Blüte (Akkerrittersporn, Consolida).
Hülse (Öffnung an Bauch- u. Rückennaht), zu mehreren pro Blüte (Magnolie, z. T. Balg) oder einzeln pro Blüte (Leguminosen).

2. *Schließfrüchte* (Funktionsstufe 3)
Beispiele:
Nüßchen (einsamige Trockenfrucht), zu mehreren pro Blüte (Hahnenfuß, Anemone), zum Teil mit zusätzlichen Verbreitungsmitteln, z. B. fedrigen oder widerhakigen Griffeln für Epizoochorie oder Anemochorie.
Steinfrucht (einsamige saftig-fleischige Frucht mit hartem Endokarp), einzeln pro Blüte (Kirsche, Pflaume, Pfirsich usw.).

B. SAMMELFRÜCHTE

Die (nicht verwachsenen!) Karpelle einer Blüte bilden zusammen eine Einheit (Funktionsstufe 3, meist 4).
Beispiele:
Sammelnußfrucht, mit fleischiger Blütenachse (Erdbeere), mit fleischigem Blütenbecher (Rose).
Sammelsteinfrucht, Einzelfrüchte fleischig-saftig, zusammenhängend (Himbeere, Brombeere).
Apfelfrucht, Früchte durch fleischig-saftiges Achsengewebe vereinigt (Apfel, Birne).

II. Früchte aus coenokarpem Gynözeum

Hier natürlich nur Mehrblattfrüchte.

C. MEHRBLATTFRÜCHTE

Aus 2 oder mehr verwachsenen Karpellen gebildete Einheiten.

1. *Streufrüchte* (Funktionsstufe 1 oder 2)
Beispiele:
Kapsel (trocken) mit verschiedenen Öffnungsmechanismen (Mohn, Glockenblume, Bilsenkraut, Springkraut).
Schote (trocken), aus 2 parakarp verwachsenen Fruchtblättern (Kreuzblütler).

2. *Zerfallfrüchte* (Funktionsstufe 3)
Beispiele:
Spaltfrucht (Malve, Ahorn).
Bruchfrucht, als Gliederschote (Rettich) oder Klausen (Lippenblütler).

3. *Schließfrüchte* (Funktionsstufe 3)
Beispiele:
Nuß oder *Nüßchen* (einsamige Trockenfrucht) (Birke, Ulme, Esche).
Steinfrucht (einsamige, fleischigsaftige Frucht mit hartem Endokarp) (Walnuß, Olive, Holunder).
Beere (mit gänzlich fleischiger Frucht, kein hartes Endokarp) (Weinrebe, Heidelbeere, Tomate, Citrusfrüchte).

4. *Schließfrüchte* (Funktionsstufe 4)
Beispiele:
Mit Trag- und Vorblatt umhüllte *Nüsse* von Hainbuche und Hopfen. *Achäne*, aus unterständigem Fruchtknoten mit für die Verbreitung umgewandeltem Kelch (Pappus) (Korbblütler).
Mit begrannten Spelzen und Ährenteilen versehene *Karyopse* (Gräser).

D. FRUCHTSTÄNDE

Die Früchte mehrerer Einzelblüten bilden eine Einheit (Funktionsstufe 5), zum Teil mit Achsenteilen, Hüllblättern u. a.
Beispiele:
Fruchtstände von Maulbeere, Linde, Ananas, Feige, Klette (Pseudanthium!).

Funktionsstufen der Samen- und Fruchtverbreitung

Stufe 1: Nackter Samen als Diaspore.

Stufe 2: Samen mit speziellen Verbreitungseinrichtungen als Diaspore.

Stufe 3: Echte Früchte oder Teile davon, d. h. nur aus Fruchtknoten bzw. Gynözeum hervorgegangene Teile als Diaspore.

Stufe 4: Scheinfrüchte, d. h. Diaspore mit zusätzlichen Teilen der Blüte oder des Blütenbereiches, vor allem bei unterständigen Fruchtknoten.

Stufe 5: Fruchtstände, Diaspore aus Früchten mehrerer Einzelblüten.

---

geschieden u. kommerziell zur Fruchtreifung eingesetzt wird.
Fruchtsack, die ↗Fruchtblase, ↗Eihäute.
Fruchtsäuren, v. a. in Früchten vorkommende organ. Säuren, z. B. Citronensäure, Weinsäure, Apfelsäure, Fumarsäure, Bernsteinsäure usw.
Fruchtscheibe, das ↗Hymenium.
Fruchtschicht, das ↗Hymenium.
Fruchtschuppe, die ↗Samenschuppe.
Fruchtstand, die bei einigen Bedecktsamern aus mehreren Blüten od. aus Blütenständen hervorgehende Verbreitungseinheit, z. B. Maulbeere, Ananas u. Feige. ↗Frucht.
Fruchtstecher, Teilgruppe der ↗Stecher unter den Rüsselkäfern.
Fruchtträger, 1) *Fruchthalter, Karpophor,* Bez. für die bei der Spaltfrucht der Doldengewächse (= Schirmblütler) die Teilfrüchte tragende Mittelsäule. 2) *Stempelträger, Gynophor,* Bez. für die zw. Staubblättern u. Stempel stielartig verlängerte Blütenachse einiger Pflanzenarten; z. B. bei der Erdnuß.
Fruchtvampire, *Stenoderminae,* U.-Fam. der ↗Blattnasen.
Fruchtwand, *Perikarp,* ↗Frucht.
Fruchtwasser, *Amnionflüssigkeit,* klare, wäßrige, v. den Zellen des ↗Amnions sezernierte Flüssigkeit, in der der Embryo bzw. Fetus der Amnioten sich entwickelt. Das F. schützt Embryo bzw. Fetus vor mechan. Schädigungen, verhindert Verwachsungen mit dem Amnion, ermöglicht fetale Bewegungen u. bildet bei vielen Säugern zus. mit den intakten ↗Eihäuten einen hydrostat. Keil, der die Eröffnung des Muttermundes unterstützt. Das F. fließt beim Sprengen der ↗Fruchtblase vor od. während der ↗Geburt ab. B Embryonalentwicklung III.
Fruchtwassersack, die ↗Fruchtblase.
Fruchtwechselwirtschaft, ein Ackerbausystem, bei dem jährl. zw. einer Halmfrucht (Getreide) u. einer Blattfrucht (z. B. Hackfrüchte, Ölpflanzen [Raps] od. Tabak) abgewechselt wird. Diese intensive Nutzung erfordert hohe Düngermengen. Die F. löste nach u. nach die ↗Dreifelderwirtschaft ab. Eine bes. Form der F. ist der *Doppelfruchtwechsel,* bei dem nur alle 2 Jahre zw. Halm- u. Blattfrucht abgewechselt wird, was zu Ertragssteigerungen führt.
Fruchtzucker, die ↗Fructose.
Fructane [Mz.; v. *fruct-], *Fructosane, Polyfructosane,* aus 1,2- od. 1,6-glykosid. miteinander verknüpften D-Fructose-Einhei-

---

Fruchtwasser

Beim Menschen wird das F. (ca. 1 l) etwa alle 3 Stunden ausgetauscht; der Fetus trinkt vom 5. Monat an etwa 400 ml F. pro Tag u. gibt die gleiche Menge durch die Placenta ab. Das F. enthält embryonale Zellen, bei denen evtl. vorhandene Schädigungen des Embryos festgestellt werden können (↗Amniocentese).

fruct- [v. lat. fructus = Frucht], in Zss.: Frucht-.

Fructivora

ten aufgebaute Polysaccharide, die in manchen Pflanzenfam. anstelle von od. zusätzl. zu Stärke als Reservepolysaccharide gespeichert werden. Zu den F.n gehören z. B. *Inulin* u. *Phlein*. Auch Bakterien können (analog zur Dextranbildung) F. bilden.

Fructivora [Mz.; v. *fruct-, lat. vorare = verschlingen], die ↗ Fruktivoren.

Fructokinase *w* [v. *fruct-, gr. kinein = bewegen], Enzym, durch das Fructose unter Verbrauch von ATP zu Fructose-1-phosphat aktiviert wird.

Fructosane [Mz.; v. *fruct-], die ↗ Fructane.

Fructose *w* [v. *fruct-], *Fruchtzucker*, Abk. *Fru*, in Wasser leicht lösl. einfaches Kohlenhydrat (Monosaccharid) v. starker Süßkraft; kommt in Pflanzen vor u. ist durch Hefe vergärbar; chem. eine Ketohexose ($C_6H_{12}O_6$, ☐ Aldosen), die die Polarisationsebene des Lichtes nach links dreht (deshalb auch *Lävulose* gen.). F. ist in gebundener Form Bestandteil vieler als *Fructoside* bezeichneter Oligosaccharide (z. B. Saccharose, Raffinose) u. Polysaccharide (z. B. Fructane, Inuline). Der F.-Stoffwechsel erfolgt über die phosphorylierten Formen der Fructose (↗ F.-1,6-diphosphat, ↗ F.-6-phosphat). Als *Fructosidasen* (z. B. ↗ Invertase) werden Enzyme bezeichnet, durch die F.reste aus Oligo- od. Polysacchariden hydrolyt. gespalten werden.

Fructose-1,6-diphosphat, andere Bez. *Fructose-1,6-bisphosphat*, Zwischenprodukt bei der ↗ Glykolyse, ↗ Gluconeogenese (↗ Aldolase), ↗ alkohol. Gärung u. beim ↗ Calvin-Zyklus. Das Enzym *Fructose-1,6-diphosphatase* spaltet F. zu *Fructose-6-phosphat* u. fördert damit die Umwandlung zu Glucose im Rahmen der Gluconeogenese.

Fructose-6-phosphat, Zwischenprodukt bei der ↗ Glykolyse, ↗ Gluconeogenese, ↗ alkohol. Gärung u. beim ↗ Calvin-Zyklus. F. bildet sich auch direkt aus Fructose durch ATP-abhängige Phosphorylierung. ☐ Fructose-1,6-diphosphat.

Fructus *m* [lat., = Frucht], **1)** die ↗ Frucht; **2)** pharmazeut. Bez. für therapeut. verwendete, evtl. getrocknete, Früchte v. Heil- u. Gewürzpflanzen.

Frugivora [Mz.; v. lat. frux, Gen. frugis = Frucht, vorare = verschlingen], die ↗ Fruktivoren.

Frühblüher, Bäume u. Sträucher, die ihre Blütenanlagen im Herbst ausgebildet haben u. im Frühjahr vor dem Laubausbruch blühen. Hierzu zählen viele Obst- u. Beerensträucher der gemäßigten Zone sowie zahlr. Kräuter u. Zwergsträucher der Hochgebirge u. der Arktis.

frühe Gene, bei Viren, v. a. Phagen, diejen. Gene, die im Vermehrungszyklus vor der Replikation der DNA exprimiert werden.

fruct- [v. lat. fructus = Frucht], in Zss.: Frucht-.

fuca-, fuco- [v. lat. fucus = rotfärbende Steinflechte].

Fructose (offene Form u. Ringform, D-Fructose)

Fructose-1,6-diphosphat

Fructose-6-phosphat

Fructose-1,6-diphosphat

Fructose-1,6-diphosphat (offene Form u. Ringform) u. seine Spaltung zu *Fructose-6-phosphat*

Durch die Transkription der f.n G. entsteht die *frühe m-RNA*, deren Translation zu den *frühen Proteinen* (↗ Bakteriophagen) führt. Durch die frühen Proteine wird im weiteren Verlauf des Vermehrungszyklus die Initiation der DNA-Replikation u. die Expression der *späten Gene* induziert.

Frühgeburt, Humanmedizin: spontane od. künstl. eingeleitete vorzeit. Beendigung der Schwangerschaft (nach der 28. u. vor der 38. Schwangerschaftswoche).

Frühholz, *Frühjahrsholz*, *Weitholz*, das nach der winterl. Ruhephase im Frühjahr gebildete Holz. Wenn sich die neuen Triebe entwickeln, werden bes. weite Gefäße ausgebildet, die der schnellen Wasserzufuhr zu den Verbrauchsorten dienen. So entsteht ein weitlumiges u. relativ dünnwand. Frühholz.

Frühjahrszirkulation, die Durchmischung der Wassermasse eines Sees nach der Winterstagnation, die nach dem Abschmelzen der Eisdecke u. der Erwärmung des Oberflächenwassers auf 4 °C eintritt. Während dieser homothermen Phase wird sauerstoffreiches Oberflächenwasser in die Tiefe transportiert, was für den Stoffhaushalt der Seen v. großer Bedeutung ist.

Frühlingseinzugskarte ↗ Phänologie.

Frühlingsfliegen, die ↗ Köcherfliegen.

Frühlingsgeophyten [Mz.; v. gr. geō- = Erd-, phyton = Gewächs], Bez. für die ↗ Geophyten der Laubwälder; blühen, assimilieren u. fruchten vor dem Laubaustrieb u. nutzen so die lichtreiche Vegetationszeit in ihrem Lebensraum. Beispiele: Buschwindröschen, Märzenbecher, Scharbockskraut u. Lerchensporn.

Frühlingsspinner, die ↗ Birkenspinner.

Frühreife, **1)** voreilende geistige u./od. körperl. Entwicklung bei Kindern u. Jugendlichen gegenüber der „normalen" Entwicklung, oft gebraucht im Zshg. mit verfrühter Geschlechtsreife. **2)** in der Tierzucht die erbl. bedingte Eigenschaft v. Haustieren, ihre körperl. Entwicklung relativ früh abzuschließen; wirtschaftl. ausgenutzt beim Mastvieh.

Frühtreiberei, in der Gartenpraxis angewandte Methode zur Verkürzung der Ruheperiode v. Überdauerungsorganen. Der vorzeit. Austrieb kann hervorgerufen werden durch Warmwasser- od. Warmluftbehandlung, chem. Verbindungen (Äther, Alkohol) od. Wuchsstoffe. Man unterscheidet zw. Gemüsetreiberei (v. a. bei Gurken, Salat, Tomaten), Obsttreiberei (v. a. bei Wein, Pfirsich u. Erdbeeren) u. Blumentreiberei (z. B. bei Hyazinthen, Tulpen u. Narzissen).

fruktifizieren [v. lat. fructificare = Früchte tragen], Ausbilden v. Früchten bzw. Sporenbehältern bei Pflanzen.

Fruktivoren [Mz.; v. lat. fructus = Frucht, vorare = verschlingen] *Fruchtfresser, Fructivora, Frugivora,* von pflanzl. Nahrung lebende Tiere, die hpts. Früchte fressen, z. B. viele Affenarten.

Frullania w, Gatt. der ↗Jubulaceae.

Frusteln [Mz.; v. lat. frustulum = kleines Stückchen], längl. unbewimperte Körper, die am Rumpf v. Hydropolypen abgeschnürt werden können (Form der ungeschlechtl. Vermehrung); eine Frustel hat die Organisation einer Planula, kann sich mit Hilfe v. Muskelkontraktionen fortbewegen u. einen neuen Polypen bilden.

Frustration w [v. lat. frustratio = Täuschung, Vereitelung], im verhaltenswiss. Sinn die Blockierung v. Aktionen, bes. v. antriebsbefriedigenden Endhandlungen, durch äußere Einwirkungen. In der Psychologie wird (im Ggs. zur Ethologie) die F. häufig als die Enttäuschung v. Erwartungen definiert. Ugs. wird unter F. zunehmend nicht ein Vorgang, sondern das Gefühl des „frustriert seins" verstanden; daher wird der Begriff für den fachl. Gebrauch immer schwerer verwendbar.

Frustrations-Aggressions-Hypothese w [v. lat. frustratio = Täuschung, Vereitelung, aggressio = Angriff], in der Psychologie u. Pädagogik zeitweise vorherrschende Hypothese, daß Aggressivität durch Frustration entsteht u. Frustration umgekehrt notwendigerweise zu Aggressivität führt. Die F.-A.-H. wurde dabei der etholog. Hypothese v. der endogenen Ursache der Aggressivität gegenübergestellt. Beide Hypothesen sind in ihrer einfachen Form heute überholt. ↗Aggression.

Frutex m [lat., =], der ↗Strauch.

FSH, Abk. für ↗follikelstimulierendes Hormon.

f. sp., Abk. für „formae specialis", ↗Fusarium.

Fucales [Mz.; v. *fuca-], Ord. der Braunalgen; über 300 Arten in 36 Gatt.; plektenchymat. Thallus sehr unterschiedl. gestaltet, bis 2 m lang. Sexuelle Fortpflanzung durch Oogamie; haploide Phase der Ontogenie ist auf die Gameten beschränkt. Alle F. sind Bewohner der Gezeitenzone. Die Gatt. *Fucus* kommt mit ca. 15 Arten auf der nördl. Hemisphäre vor; der Thallus ist bandförm. verzweigt, mit deutl. Mittelrippe, die Geschlechtsorgane liegen in Thallushöhlungen (Konzeptakel). *F. spiralis,* der „kleine" Blasentang, wird bis 50 cm lang; die Konzeptakel liegen in blasig angeschwollenen Thallusenden; diese Alge ist monözisch. *F. vesiculosus,* der „große" Blasentang, wird bis 1 m groß, der Thallus besitzt neben blas. Thallusenden noch paarig angeordnete Schwimmblasen an den Verzweigungen im Thallussaum, er ist diözisch. Eine weitere häufige Art ist *F. serratus,* der Sägetang. Die Gatt. *Pelvetia* ähnelt *F.*, besitzt aber keine Mittelrippe. *Himanthalia elongata,* der Riementang, besitzt einen riemenförm., dichotom verzweigten, bis zu 2 m langen Thallus mit becherförm. Basalteil. Die 60 Arten der Gatt. *Cystoseira* sind v.a. in wärmeren Meeren verbreitet; ihr Thallus ist rund od. flach, mit achsenständ. Luftblasen. *Halydris siliquosa,* der Schotentang, mit büschel., wechselseitig verzweigtem, bis 80 cm langem Thallus fällt v. a. durch langgestreckte, gekammerte Schwimmblasen an den Seitentrieben auf. *Ascophyllum nodosum,* der Knotentang, mit über 1 m großem, dichotom verzweigtem Thallus besitzt große Schwimmblasen längs der Hauptachse. Die 250 Arten der Gatt. *Sargassum* kommen bevorzugt in wärmeren Meeren der Südhalbkugel vor. Monopodial verzweigter Thallus mit flachen, blattart. Phylloiden u. gestielten Schwimmblasen, wachsen in den Gezeitenzone, z. B. *S. linifolium. S. natans* und *S. fluitans* in der Sargassosee vermehren sich vegetativ. Ihre Gesamtmasse wird auf 4–10 Mill. Tonnen Frischgewicht geschätzt. *S. muticum,* vermutl. durch Zuchtaustern aus Japan eingeschleppt, verbreitet sich jetzt im Ärmelkanal u. um die Westfries. Inseln.

Fucan s [v. *fuca-], ↗Fucosidan.

Fuchs, Name einiger Fleckenfalter, ↗Kleiner Fuchs, ↗Großer Fuchs, C-Fuchs (↗C-Falter).

Fuchs, *Leonhart,* dt. Arzt u. Botaniker, * 17. 1. 1501 Wemding (Bayern), † 10. 5. 1566 Tübingen; nach Studium der Philosophie (unter Reuchlin) u. Medizin seit 1535 Prof. in Tübingen. F. gilt als einer der „Väter der Botanik" (B Biologie I–III), da er mit seiner „Historia stirpium" (Basel 1542) – deutsch „New Kreuterbuch..." (1543) – eines der ersten Pflanzenbücher mit hervorragenden (511) Holzschnitten im wesentl. einheim. und z.T. neu entdeckter Pflanzen schuf.

Füchse, zu den Hundeartigen (Fam. *Canidae*) zählende Raubtiere mit recht unterschiedl. Gatt. Hierzu gehören die den Schakalen nahestehende Abessinienfuchs (*Canis simensis*), der Wüstenfuchs od. ↗Fennek (*Fennecus zerda*), ↗Eisfuchs (*Alopex lagopus*) u. ↗Steppenfuchs (*A. corsac*), sowie i. e. S. die Echten F. (Gatt. *Vulpes*), die mit 9 Arten in N-Amerika, Europa, Afrika u. Asien vorkommen. – Am bekanntesten ist der in mehreren U.-Arten über Europa, N- u. Mittelasien sowie N-Amerika verbreitete Rotfuchs (*Vulpes vulpes,* B Europa X; Kopfrumpflänge 60–70 cm, buschiger Schwanz 30–50 cm lang, Schulterhöhe 35–40 cm; Gewicht 4–10 kg; Fell oberseits rotbraun, unten weiß), v.

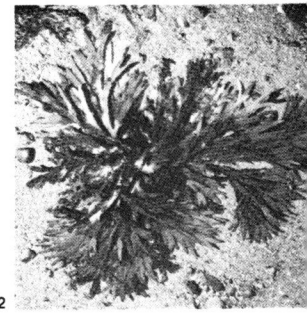

Fucales

1 Blasentang *(Fucus vesiculosus)*, 2 Sägetang *(Fucus serratus)*, 3 Riementang *(Himanthalia elongata)*, 4 Knotentang *(Ascophyllum nodosum)*

395

Fuchshai

dem in Europa mehrere Farbformen nebeneinander vorkommen (z. B. Brand-, Kohl-, Birk-, Gold-, Kreuzfuchs). F. sind vorwiegend Nachttiere, die außer zur Fortpflanzungszeit einzeln leben. Ihre Ernährung ist vielseitig: hpts. (Wühl-)Mäuse, daneben andere kleinere Wirbeltiere, Wirbellose (Würmer, Schnecken, Insekten), Aas u. Beeren. Seinen Bau gräbt der Rotfuchs (vorzugsweise im Wald) selbst, od. er benutzt einen Dachsbau. Großbaue mit oft 10–20 hpts. nach S gerichteten Ausgängen sind oft über 100 Jahre alt; mitunter werden sie auch noch v. Dachs, Iltis, Wildkaninchen, Steinkauz od. Brandgans bewohnt. Nach der Paarung im Jan./Febr. (Ranzzeit) werden nach 7–8 Wochen Tragzeit 3–5 Junge geboren, die nach 12–14 Tagen die Augen öffnen u. ca. 8 Wochen lang gesäugt werden. Beide Elternteile führen u. füttern die Jungen. Da der Fuchs Hauptüberträger des Tollwuterregers ist u. in Mitteleuropa keine natürl. Feinde mehr hat, werden F. durch Abschuß, Begasen der Baue u. Auslegen v. vergifteten Ködern bekämpft. Silber- u. Platinfüchse sind in Fuchsfarmen durch künstl. Auslese gewonnene Farbvarianten des Rotfuchses.
☐ Allensche Proportionsregel. [haie.

Fuchshai, *Alopias vulpinus*, ↗ Drescher-

Fuchsie w [ben. nach L. ↗ Fuchs], *Fuchsia*, Gatt. der Nachtkerzengewächse mit ca. 100 Arten u. Sträuchern. Halbsträuchern, deren Verbreitungsschwerpunkt in Mittel- u. S-Amerika liegt. Blätter einfach u. gegenständig; die 4zähl. Blüten fallen durch lebhaft gefärbte lange Blütenbecher auf; meist rote, nach außen gespreizte Kelchblätter, die länger als die verschiedenfarb. Kronblätter sind; Fruchtknoten unterständig, Bestäubung in Heimatgebieten durch Kolibris; Beerenfrüchte. Ende des 18. Jh. wurden *F. magellanica* (Chile u. Argentinien, B Südamerika V) u. *F. coccinia* (Brasilien) nach Europa eingeführt, züchterisch intensiv bearbeitet u. die heutige Garten-F. (*F. hybrida*), die durch ihre Formenvielfalt beeindruckt, entwickelt. Sie gedeiht in halbschatt. u. schatt. Lage in nährstoffreichem Boden.

Fuchsin, *Rosanilin, Magenta*, synthet. roter (Triphenylmethan-)Farbstoff, der mit Säuren eine gelbe bis gelbbraune Färbung ergibt u. mit Alkalien braune Niederschläge bildet; wird durch Oxidationsmittel entfärbt; fr. zum Färben v. Wolle u. Seide, heute u. a. zum Anfärben biol. Präparate (z. B. Bakterien- u. Chromatinfärbung) verwendet. [sus.

Fuchskusu, *Trichosurus vulpecula*, ↗ Ku-

Fuchsschwanz, 1) *Amarant, Amaranthus*, Gatt. der F.gewächse mit kosmopolit. Verbreitung u. Schwerpunkt im südl. N-Amerika. Die F.-Arten sind windbestäubt u. bilden, davon begünstigt, viele Bastarde. Die Angaben zur Artenzahl schwanken daher zw. 50 u. 100. Die meist einjähr. Kräuter zeigen innerhalb der Gatt. die Reduktion v. 5 bis auf teilweise völliges Fehlen v. Perigonblättern. Die Blüten stehen in dichten Knäueln, diese wieder zu Ährenrispen vereinigt od. einzeln blattachselständig. Der Echte F. (*A. caudatus*), mit langen, hängenden Blütenständen, ist eine beliebte Zierpflanze v. a. der Bauerngärten. Zus. mit 2 weiteren Arten wurde er wegen seiner Körnerfrüchte v. den Indianern Mittel- u. S-Amerikas seit alten Zeiten angebaut. Der Rauhhaarige F. (*A. retroflexus*), mit dicht kegelförm. Rispe, aus N-Amerika stammend, ist in Unkrautfluren bei uns eingebürgert, ebenso der Bastard-F. (*A. hybridus*), eine Sammelart mit schlanken, oft nickenden Rispen. **2)** *Alopecurus*, Gatt. der Süßgräser (U.-Fam. *Pooideae*) mit ca. 40 Arten auf der Nordhalbkugel; Gräser mit Scheinähren, Deckspelzen mit geknieter rückenständ. Granne u. einem langen Blatthäutchen. Der ausdauernde 0,4–1 m hohe Wiesen-F. (*A. pratensis*) ist ein gutes, aber nicht weidefestes Futtergras; in Eurasien verbreiteter Nährstoffzeiger, gedeiht optimal in feuchten Fettwiesen (↗ Arrhenatheretalia).

Fuchsschwanzgewächse, *Amaranthaceae*, Fam. der Nelkenartigen, mit etwa 65 Gatt. u. 900 Arten weltweit in trop. bis zu gemäßigten Gebieten verbreitet; meist Kräuter u. Sträucher mit ganzrand. Blättern; Nebenblätter fehlen. Die F. besitzen wie andere Nelkenartige keine ↗ Anthocyane, sondern ↗ Betalaine. Sie sind mit den Gänsefußgewächsen nah verwandt. Wie bei diesen stehen die meist zwittr., unscheinbaren Blüten zu großen Infloreszenzen zus. Die ↗ Blütenformel ist recht variabel: P4–5 A1–5 G(2–3). Auch bei Perigon- u. Staubblättern kommen Verwachsungen vor; der Fruchtknoten wird vom Perigon fest umschlossen. Während die Blüten bei Gänsefußgewächsen sonst sehr ähnl. sind, unterscheiden sich die beiden Fam. bes. durch das bei den F.n trockenhäutige, oft auffallend gefärbte Perigon. Eine wicht. Gatt. neben dem ↗ Fuchsschwanz (*Amaranthus*) ist *Celosia*, der Brandschopf, mit etwa 60 Arten, die bes. in den subtrop. Gebieten Afrikas u. Amerikas vorkommt; die Blütenblätter sind meist weiß bis gelb; *C. argentea*, der silbr. Brandschopf – heute weltweit als Unkraut wärmerer Gebiete –, und *C. cristata*, der Hahnenkamm – typisch die lapp. Auswüchse der Blütenstandsäste –, sind beide gelegentl. in Ziergärten zu finden. Eine umfangreiche Gatt. ist *Alternanthera*, mit ca.

Fuchs (*Vulpes*)

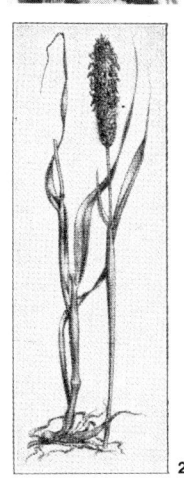

Fuchsschwanz
1 Echter F. (*Amaranthus caudatus*),
2 Wiesen-F. (*Alopecurus pratensis*)

200 Arten in den am. Tropen u. Subtropen verbreitet; dort gehören sie z. B. zu den Arten der Trittpflanzengesellschaften.

Fucoides [Mz.; v. *fuco-], (Brongniart 1823), z. Z. nur noch informell („fucoid") verwendete Bez. für pflanzenartig erscheinende fossile Tunnelbauten; ähnl. ↗ Chondrites.

Fucose w [v. *fuco-], *6-Desoxy-L-Galactose,* ein Einfachzucker, Bestandteil der Milch u. in gebundener Form der Blutgruppensubstanzen.

Fucoserraten s [v. *fuco-, lat. serratus = gesägt, gezackt], *1,3-trans,5-cis-Octatrien,* Sexuallockstoff der ↗ Braunalge *Fucus serratus* (↗ Fucales).

Fucosidan s [v. *fuco-], *Fucoidan,* aus den Zellwänden v. Braunalgen gewonnenes Phykokolloid, besteht aus L-Fucoseresten (d. h. einem Fucan), die vermutlich mit Schwefelsäure verestert sind.

Fucosterin s [v. *fuco-, gr. stear = Fett], *Fucosterol,* $C_{20}H_{40}O$, ein für marine Braunalgen charakterist. Phytosterin, aus dem Cholesterin u. einige Sexualhormone hergestellt werden können.

Fucoxanthin s [v. *fuco-, gr. xanthos = gelb], *Phycoxanthin, Phäophyll,* $C_{40}H_{56}O_6$, ein ↗ Carotinoid (Xanthophyll) vieler ↗ Algen ([T]), das z. B. für die charakterist. braune Farbe der ↗ Braunalgen verantwortl. ist.

Fucus m [lat., = rotfärbende Steinflechte (entlehnt aus gr. phykos = Tang)], Gatt. [der ↗ Fucales.
Fühler ↗ Antenne.
Fühlerborste, Borste an der Antenne bes. der Fliegen; ↗ Arista.

Fühlerfische, *Antennarioidei,* U.-Ord. der Armflosser mit 4 Fam.; meist unter 30 cm lange, gut getarnte, plumpe Bodenfische an den Küsten warmer Meere, v. a. in Korallenriffen, mit einem Angelorgan zum Ködern v. Beutetieren (↗ Armflosser). Hierzu die F. i. e. S. *(Antennariidae)* mit dem nur 10 cm langen Krötenfisch *(Antennarius scaber)* der am. Atlantikküste, dessen köderart. Angelende tief gegabelt ist, u. dem weit verbreiteten, im Ggs. zu anderen F.n pelagisch zw. treibendem Seetang lebenden, bis 20 cm langen Sargassofisch *(Histrio histrio,* B Fische IV), der sich mit seinen gestielten Brustflossen am Tang festhält. Eine weitere Fam. bilden die Seefledermäuse *(Oligocephalidae)* mit kräft., gestielten, zum Kriechen geeigneten Brustflossen, deren ca. 30 Arten v. der Flachsee bis in größere Tiefen vorkommen.

Fühlerkäfer, *Paussuskäfer, Paussinae,* U.-Fam. der Laufkäfer (U.-Ord. *Adephaga);* die eigtl. F. leiten ihren Namen v. ihren stark modifizierten Fühlern her, die sie in Anpassung an eine Lebensweise in Ameisen- od. Termitennestern (↗ Ameisengä-

Fuchsschwanzgewächse
Hahnenkamm
(Celosia cristata)

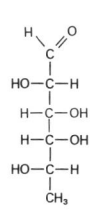

Fucose

Fühlerfische
Sargassofisch
(Histrio histrio)

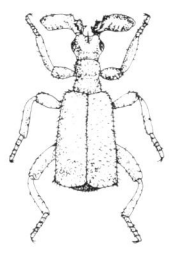

Fühlerkäfer
Edaphopaussus favieri

fuca-, fuco- [v. lat. fucus = rotfärbende Steinflechte].

ste) entwickelt haben. Der Basalabschnitt trägt eine bei den etwa 1000 bekannten Arten in vielfält. Weise große, löffelartig ausgehöhlte Keule, in deren Höhlung zahlr. Drüsen münden. Sie sondern für Ameisen od. Termiten hoch attraktive, aromat. Sekrete ab, die v. diesen Wirten begierig aufgenommen werden. Die Käfer selbst ernähren sich v. der Brut ihrer Wirte. Die Gruppe ist überwiegend in den Tropen verbreitet u. umfaßt Arten von 0,5–2 cm Körperlänge. In S-Europa finden sich nur *Paussus turcicus* (SO-Europa) u. *Edaphopaussus favieri* (SW-Europa); letzterer ist mit der Ameise *Pheidole pallidula* vergesellschaftet. Bemerkenswert ist ein Abwehrmechanismus, den sie zus. mit ihren nächsten Verwandten, den *Ozaeninae* u. *Metriinae,* teilen. Er ist dem der ↗ Bombardierkäfer ([ ]) sehr ähnl., obwohl sie mit diesen innerhalb der Laufkäfer nicht näher verwandt sind. Auch sie verwenden in ihren Pygidialdrüsen 1,4-Benzochinon als Abwehrstoff, der hier aber bei der Explosion nur Temp. von 55 °C u. 65 °C erreicht (gegenüber 100 °C bei *Brachinus).*

Fühlerlose, die ↗ Chelicerata.
Fühlerschaft, *Scapus,* erstes Fühlerglied der Geißelantenne; ↗ Antenne.
Fühlerschlange, *Erpeton tentaculatum,* ↗ Wassertrugnattern.
Fühlersprache, Kommunikation zw. den Individuen eines Staates bei staatenbildenden Insekten durch gegenseitiges „Betrillern" mit den Antennen; bes. bei Ameisen, Honigbienen u. Hummeln.

Fuhlrott, Johann Carl, dt. Naturforscher, * 1. 1. 1804 Leinefelde (Thüringen), † 17. 10. 1877 Elberfeld; nach Tätigkeit als Lehrer seit 1833 Prof. in Tübingen; wurde bekannt durch den ersten Fund des Skeletts eines Neandertalers (1856 im Neandertal bei Düsseldorf). [Sinne.
Fühlsinn, der Tastsinn, ↗ mechanische
Fuhrmannsche Regel [ben. nach dem schweizerischen Zoologen O. Fuhrmann, * 1932], ↗ parasitophyletische Regeln.

Fulcrum s [lat., = Stütze], 1) bei manchen Nesseltieren *(Hydrozoa)* strukturlose „Stützlamelle" zw. Ekto- u. Entoderm. 2) bei Rädertierchen Basis des y-förmigen Incus an der ventralen Wand des Kaumagens. 3) bei † ↗ Trilobiten meist vorhandene knotige Gelenkung zw. den adaxialen u. abaxialen Enden der Pleuren. 4) bei Fischen: am Vorderrand der Flossen vieler Ganoiden vorhandene schuppenförm. u. mit Schmelz überzogene Stacheln od. Platten. 5) primäres ventrales Flügelgelenk (pleuraler Gelenkkopf) am Insektenflügel. 6) Teil des Schlundgerüstes v. acephalen Fliegenlarven.

Fulgensia w [v. lat. fulgens = glänzend,

Fulgoridae

prächtig], Gatt. der ↗Teloschistaceae; ↗Bunte Erdflechtengesellschaft.
Fulgoridae [Mz.; v. lat. fulgor = Schimmer, Glanz], die ↗Laternenträger.
Fulica w [lat., = Bleßhuhn], die ↗Bleßhühner.
Fuligo w [lat., = Ruß], ↗Lohblüte.
Füllen, das ↗Fohlen.
Füllgewebe, Sammelbezeichnung für lokkere ↗Binde- u. Einbaugewebe.
Füllzellen, die ↗Thyllen.
Fulmarus, die ↗Eissturmvögel.
Fulvosäuren [v. lat. fulvus = gelbbräunlich], *Gelbstoffe,* gelbl. gefärbte, niederpolymere ↗Huminstoffe, die sich relativ leicht zersetzen.
Fumana w [v. lat. fumus = Rauch], Gatt. der ↗Cistrosengewächse.
Fumarase w [v. *fumar-], Enzym (Hydratase), das die reversible Wasseranlagerung an Fumarsäure unter Bildung v. Apfelsäure (ein Schritt im ↗Citratzyklus) katalysiert.
Fumaratatmung [v. *fumar-], eine Form der ↗anaeroben Atmung, in der Fumarat als Akzeptor der Elektronen dient, die beim Abbau organ. Substrate oder von molekularem Wasserstoff (H_2) frei werden. ATP wird dabei durch eine Elektronentransportphosphorylierung (oxidative Phosphorylierung) gewonnen. Aus Fumarat entsteht Succinat u./od. durch eine anschließende CO_2-Abspaltung Propionat. Wird die Art des Energiegewinns nicht berücksichtigt, so kann auch v. einer ↗Succinatgärung od. Propionatgärung (bzw. ↗Propionsäuregärung) gesprochen werden, bes. dann, wenn beim Substratabbau nur der geringere Teil der Energie (ATP) durch F. u. der größere durch zusätzl., gleichzeitig ablaufende Substratstufenphosphorylierungen im Gärungsstoffwechsel gewonnen wird. Mit H_2 oder Formiat kann eine F. der einzige energieliefernde Stoffwechselweg sein (z. B. bei *Vibrio succinogenes*). Die F. kommt in vielen fakultativ od. obligat anaeroben, chemoorganotrophen Bakterien vor, auch bei einer Reihe fakultativ anaerober Würmer (z. B. *Ascaris lumbricoides*) u. a. niederen Tieren. – Es wird angenommen, daß eine F. die erste, primitivste (anaerobe) Atmungsform war; sie könnte sich aus Gärwegen entwickelt haben, in der Fumarat durch eine lösl. Fumarat-Reductase, nur zum Ausgleich zur Elektronenbilanz, reduziert wurde. Die Vorstufen der Elektronentransportkette in der anaeroben bakteriellen Photosynthese sind möglicherweise auch Komponenten einer F. gewesen.
Fumarate [Mz.; v. *fumar-], die Salze der ↗Fumarsäure.
Fumaria w [v. *fumar-], der ↗Erdrauch.

fumar- [v. lat. fumare = rauchen, dampfen; davon fumus = Rauch, Dampf, Duft], in Zss.: Rauch-.

fungi- [v. lat. fungus = Pilz, Schwamm], in Zss.: Pilz-.

Fumarat

+ H_2O ↕ – H_2O

L-Malat

Reaktion der Fumarase
(Fumarat und Malat = ionische Formen von Fumarsäure bzw. Apfelsäure)

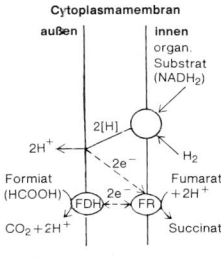

Fumaratatmung
Bildung v. Succinat aus Fumarat in der Fumaratatmung:
Wichtigstes Enzym ist die membrangebundene Fumarat-Reductase (FR). Bei der Reduktion kann ein Protonengradient zw. Außen- u. Innenseite der Cytoplasmamembran entstehen, der eine Elektronentransportphosphorylierung (↗Atmungskette) ermöglicht.
FDH = Formiat-Dehydrogenase
(—) = Wasserstoff-(H-)Transport (z. B. über Flavoproteine)
(---) = Elektronentransport (z. B. über Cytochrom b)

Fumariaceae [Mz.; v. *fumar-], die ↗Erdrauchgewächse. [gono-Chenopodietalia.
Fumario-Euphorbion *s,* Verb. der ↗Poly-
Fumarprotocetrarsäure [v. *fumar-, gr. prōtos = erster, lat. cetra = Lederschild], ↗Flechtenstoffe.
Fumarsäure [v. *fumar-], ungesättigte Dicarbonsäure, Zwischenprodukt im ↗Citratzyklus; bildet sich außerdem beim Abbau v. Asparaginsäure, Phenylalanin, Tyrosin u. als Produkt des ↗Harnstoffzyklus. F. unterscheidet sich v. der Maleinsäure durch die räuml. Lage der Atomgruppen. ↗Cis-Trans-Isomerie (☐).

Fumarsäure (ionische Form, *Fumarat*)

Fumigatin

Fumigatin *s* [v. lat. fumigare = rauchen, räuchern], ein in Pilzen (z. B. *Aspergillus fumigatus*) gebildetes, kastanienbraunes ↗Benzochinon.
Funariaceae [Mz.; v. lat. funis = Leine, Strick], Fam. der *Funariales,* mit 4 Gatt. in Europa vertreten; Laubmoose mit meist über 1 cm langer Seta; das Sporogon ist geneigt u. besitzt doppelten Peristomzahnring. Die Gatt. *Funaria* ist durch charakterist. Arten am Mittelmeer wie durch *F. polaris* noch nördl. des Polarkreises vertreten; weltweit auf vegetationsreichem, mineralstoffhalt. Boden ist das „Drehmoos" *F. hygrometrica* verbreitet, dessen Seta bei Sporenreife hygroskop. Drehbewegungen ausführt.
Funariales [Mz.; v. lat. funis = Leine, Strick], Ord. der Laubmoose (U.-Kl. *Bryidae*) mit 4 Fam. (↗*Ephemeraceae,* ↗*Funariaceae,* ↗*Gigaspermaceae,* ↗*Splachnaceae*); vorwiegend ein- od. zweijähr. Erdmoose, die auf nährstoffreichen Böden wachsen.
Fundamentalisten ↗Kreationismus.
Fundatrigenien [Mz.; v. lat. fundatrix = Gründerin, -genius = entstanden], *Fundatrigeniae,* bessere Bez. *Virgines,* geflügelte od. ungeflügelte parthenogenet. entstandene Nachkommen der Stammutter *(Fundatrix)* bei ↗Blattläusen, die sich ebenso fortpflanzen.
Fundatrix w [lat., = Gründerin], *Stammutter,* Morphe der ↗Blattläuse (☐); schlüpft im Frühling aus dem Winterei.
Fundort, geogr. Ort, an dem eine Art angetroffen wird; ist nicht mit dem Standort zu verwechseln.
Fundus *m* [lat., = Grund, Boden], anatom. Bez. für den Grund (Boden) eines Organs, z. B. *F. ventriculi,* Teil des ↗Magens der Säuger.

Fundusdrüsen [v. lat. fundus = Grund, Boden], schlauchförm. (tubulöse) Drüsen in der Fundusregion des Säuger-↗Magens, die aus schleimliefernden Nebenzellen, salzsäureproduzierenden ↗Belegzellen u. an der Drüsenbasis liegenden, proteolyt. Enzyme (Pepsin) bildenden Hauptzellen bestehen.

Fünfeckstern, *Asterina gibbosa*, Seestern v. ungewöhnl. Gestalt: die 5 Arme ragen kaum über die Scheibe hinaus; ⌀ 5–6 cm; in Seegraswiesen u. auf Felsböden bis 130 m Tiefe, Atlantik u. Mittelmeer; einer der wenigen zwittr. Seesterne (konsekutiv, selten auch simultan). Namengebend für die Fam. *Asterinidae*, zu der auch der ↗Gänsefußstern gehört.

Fünftagefieber, *Febris quintana*, das ↗Wolhynische Fieber.

Fungi [Mz.; lat., = Pilze], 1) *F. i. e. S.:* in neueren systemat. Einteilungen alle (früheren) Höheren Pilze *(Eumycetes)* u. die Jochpilze *(Zygomycota)*, die wahrscheinl. der gleichen Abstammungslinie angehören u. innerhalb der Eukaryoten neben Tier- u. Pflanzenreich ein eigenes Reich, das der „Echten" ↗Pilze, bilden. In der meisten Systemen sind die „Echten" Pilze (als ↗*Eumycota*) noch eine Abt. oder U.-Abt. der Pilze (i. w. S.), die traditionsgemäß noch oft den Pflanzen zugeordnet werden, v. denen sie sich aber wesentl. durch das Fehlen v. photosynthet. Pigmenten u. die Ernährungsweise unterscheiden: Die Nährsubstrate werden *extrazellulär* abgebaut u. die niedermolekularen Spaltprodukte durch Absorption aufgenommen. Von den Protozoen unterscheiden sie sich u. a. durch die Ausbildung v. Zellwänden. – Die F. mit über 100 000 Arten umfassen die Mehrzahl aller pilzähnl., eukaryot. Mikroorganismen (ca. 98%). Sie besitzen keine bewegl. Stadien; vegetativ werden fädige Hyphen ausgebildet od. Einzelkolonien mit hefeart. Wachstum. Innerhalb der zusammengesetzten Thalli sind die Zellen durch spezif., charakterist. Poren (↗Hyphen) miteinander verbunden. Die Zellwände enthalten i. d. R. Chitin, Mannan u. Glucan, seltener andere Zellwandsubstanzen. Die Biosynthese wichtiger Aminosäuren (Lysin, Tryptophan) erfolgt bei allen F. auf gleichen od. sehr ähnl. Wegen. Bis auf wenige Ausnahmen sind die Zellkerne klein u. lassen sich meist nicht od. schlecht nach Feulgen anfärben. Der Golgi-Apparat ist als einfache Zisterne ausgebildet (weitere Merkmale ↗Pilze). – Die Unterteilung der F. erfolgt aufgrund ihrer geschlechtl. Entwicklung (vgl. Tab.); zusätzl. werden ihnen die *F. imperfecti* angegliedert, die in ihrer vegetativen Entwicklung den Schlauch- u. Ständerpilzen sehr ähnl. sind, bei denen

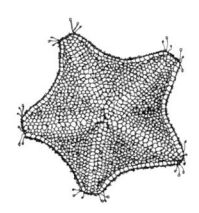

Fünfeckstern *(Asterina gibbosa)*, Oberseite (Aboralseite)

Fungi

Neueres System der *Fungi* (Pilze) (nach Müller u. Löffler, 1982)

Zygomycota
(↗ Jochpilze)
   Zygomycetes
   Trichomycetes
Ascomycota
(↗ Schlauchpilze)
   Endomycetes
   Ascomycetes
Basidiomycota
   Ustomycetes
   Basidiomycetes
   (↗Ständerpilze)
↗ Fungi imperfecti
(Deuteromycetes)
   Hyphomyceten
   (↗ Moniliales)
   Coelomyceten
   (↗ Melanconiales u.
   ↗ Sphaeropsidales)
   Blastomyceten
   (↗ imperfekte Hefen)

Fungi imperfecti

Formordnungen und einige Formfamilien:
1. ↗ *Moniliales*
   (= *Hyphomycetes* [Form-Kl.] Fadenpilze)**
    Moniliaceae
    Dematiaceae
    Stilbaceae
    Tuberculariaceae
2. ↗ *Melanconiales**
3. ↗ *Sphaeropsidales**
4. ↗ imperfekte Hefen (anascospore Hefen, *Blastomycetes*)
    Cryptococcaceae
    Rhodotorulaceae
    Sporobolomycetaceae
5. ↗ *Mycelia sterilia* (Agonomycetales)

* *Melanconiales* u. *Sphaeropsidales* werden in neueren Einteilungen zur Form-Kl. „Coelomycetes" zusammengefaßt.
** In der Medizin werden die F.i. meist (nach der Wuchsform) in die *Hyphomycetes* (Fadenpilze) u. *Blastomycetes* (Sproßpilze) unterteilt.

aber keine sexuelle Phase bekannt ist. Wahrscheinl. haben bereits die ältesten F. auf dem Festland gelebt. Wasserbewohnende Vertreter dürften sekundär diese Lebensweise angenommen haben; möglicherweise stammen sie v. Vorfahren der ↗*Chytridiomycota* ab, die, bis auf die Ausbildung bewegl. Sporen (Zoosporen), große Ähnlichkeit mit den F. besitzen. 2) *F. i. w. S.*, die ↗Pilze (i. w. S.).

Fungia w [v. *fungi-], die ↗Pilzkorallen.

fungiformis [lat., =], pilzförmig.

Fungi imperfecti [Mz.; lat., = unvollkommene Pilze], *Deuteromycota, Deuteromycetes, Deuteromycophyta, unvollkommene Pilze*, künstl. Gruppe (Form-Abt., Form-Kl.) v. Pilzen, deren sexuelle Fortpflanzung (die Hauptfruchtform) nicht bekannt od. verlorengegangen ist. Ein Genaustausch kann aber durch parasexuelle Vorgänge stattfinden. Es gibt ca. 30 000 Arten, unter ihnen wichtige Krankheitserreger für Mensch, Tier u. Pflanzen sowie Formen v. großer wirtschaftl. Bedeutung (z. B. *Penicillium* u. *Aspergillus*). Die Entwicklung septierter Hyphen, seltener v. Sproßzellen od. Sproßmycel, der Zellaufbau u. die ungeschlechtliche Fortpflanzung (Konidien, Chlamydosporen, Sklerotien) gleichen meist denen der Schlauchpilze, z. T. denen der Ständerpilze, so daß sicherlich der überwiegende Teil der F. i. von diesen beiden Pilzgruppen abstammt. Aus diesem Grund werden sie auch bei den „Echten" Pilzen (↗ *Fungi*) eingeordnet. Von vielen Formen ist die Hauptfruchtform inzwischen entdeckt u. neu benannt worden. Da das sexuelle Stadium häufig erst spät gefunden u. normalerweise selten ausgebildet wird, hat es sich aus histor. u. prakt. Gründen eingebürgert, bes. in Medizin, Phytopathologie u. Biotechnologie, den Namen der imperfekten Form beizubehalten. Ein allg. befriedigendes System der taxonom. Einteilung liegt noch nicht vor; man spricht daher auch v. Form-Kl. bzw. Form-Ord. Meist erfolgt die Unterteilung nach dem Ort der Konidienbildung: bei den *Moniliales* entstehen die Konidien direkt am Mycel od. an bes. Konidienträgern, bei den *Melanconiales* in Konidienlagern (Acervuli), bei den *Sphaeropsidales* in bes. Fruchtkörpern (Pyknidien). Formen, die Sproßzellen besitzen, sind *imperfekte Hefen*; fadenförm. Formen, die weder eine Haupt- noch eine Nebenfruchtform ausbilden, werden als *Mycelia sterila* bezeichnet. Neuere Einteilungen der F. i. richten sich bes. nach der Entwicklung der Konidien u. nach Konidienmerkmalen (↗ *Moniliales*).

Fungistatika [Mz.; v. *fungi-, gr. statikos = zum Stillstand bringend], chem. Substanzen, die spezif. Wachstum u. Vermeh-

Wichtige funktionelle Gruppen

Funktionelle Gruppe (funktionelles Radikal durch helles Feld hervorgehoben)	Gruppenbezeichnung	Beispiele	Vorkommen in Naturstoffen
R–CH$_3$ (R–C(H)(H)H)	Methylgruppe	H_3C–O–CH_2–CH_3 Methyläthyläther	Thymin, Methionin, S-Adenosylmethionin, O- od. N-methylierte Nucleotide u. Nucleinsäuren
R–C_nH_{2n+1}	Alkylgruppe	C_nH_{2n+1}–COOH gesättigte Carbonsäuren	Fettsäuren, Fettalkohole
R–OH	Hydroxylgruppe	H_3C–OH Methylalkohol	Alkohole, Zucker, Steroidhormone
R–C$_6$H$_5$ (Phenyl)	Phenylgruppe	HO–C$_6$H$_5$ Phenol	aromat. Aminosäuren, Anthocyane
R–SH	Sulfhydrylgruppe (SH-Gruppe)	H_3C–SH Methylmercaptan	Cystein, Coenzym A, Proteine
R–NH_2, R_1–NH–R_2, R_1–N(R_3)–R_2	primäre, sekundäre u. tertiäre Aminogruppe	H_3C–NH_2 Methylamin	biogene Amine, Aminosäuren, Nucleinsäurebasen
R–C(=O)H	Carbonylgruppe, Aldehydgruppe	H_3C–C(=O)H Acetaldehyd	Zucker (Aldosen)
R_1–C(=O)–R_2	Carbonylgruppe, Ketogruppe	H_3C–C(=O)–CH_3 Dimethylketon	Zucker (Ketosen), Ketosäuren
R_1–O–R_2	Äthergruppe	H_5C_2–O–C_2H_5 Diäthyläther	O-Methylgruppen vieler Naturstoffe
R–C(=O)OH	Carboxylgruppe	H_3C–C(=O)OH Essigsäure	Fettsäuren, Di- u. Tricarbonsäuren, Aminosäuren
R_1–C(=O)O–R_2	O-Estergruppe	H_3C–C(=O)O–C_2H_5 Äthylacetat	Fruchtester, Fettsäureester (Fette), Aminoacyl-t-RNA
R_1–C(=O)S–R_2	Thioestergruppe (S-Estergruppe)	H_3C–C(=O)S–CoA Acetyl-Coenzym A	Acyl-Coenzym A, Malonyl-Coenzym A
R_1–C(=O)NH–R_2 (R_2 auch H)	Carbonsäureamidgruppe	H_3C–C(=O)NH_2 Acetamid	Peptide, Proteine
R_1–C(OH)(R_2)–O–R_3	Halbacetalgruppe v. Aldehyden (R_2 = organ. Rest)	↗ Glucose	Ringformen der Zucker
R_1–C(O–R_4)(R_2)–O–R_3	Acetalgruppe v. Aldehyden (R_2 = H) od. Ketonen (R_2 = organ. Rest)	↗ Lactose	Oligo- u. Polysaccharide, O-Glykoside
R–O–P(=O)($O^\ominus$)–$O^\ominus$	Phosphatmonoestergruppe	↗ Glucose-6-phosphat	Zuckerphosphate, Nucleotide
R_1–O–P(=O)($O^\ominus$)–O–R_2	Phosphatdiestergruppe	↗ Dinucleotide	Internucleotidbindung v. Oligonucleotiden u. Nucleinsäuren

Die Reste R (oder R_1, R_2, R_3, R_4) sind organ. Reste; sie stellen in vielen Fällen gleichzeitig andere funktionelle Gruppen dar, wie z. B. beim Methylalkohol, der sich aus den beiden funktionellen Radikalen –CH_3 (= Methylgruppe) u. –OH (= Hydroxylgruppe) zusammensetzt. In Sonderfällen kann der Rest R auch ein Wasserstoffradikal (H–) sein, wie z. B. bei der Carbonylgruppe v. Formaldehyd u. bei der Carboxylgruppe v. Ameisensäure.

rung v. Pilzen hemmen, ohne sie abzutöten; es sind chem. synthetisierte Substanzen od. ↗Antibiotika. ↗Fungizide.
Fungivoridae [Mz.; v. *fungi-, lat. vorare = verschlingen], die ↗Pilzmücken.
Fungizide [Mz.; v. *fungi-, lat. -cida = -mörder], chem. Substanzen, die spezifisch Pilze abtöten; bei geringer Konzentration wirken sie oft nur fungistatisch (↗Fungistatika); es sind anorgan. od. chem. synthetisierte Substanzen od. auch ↗Antibiotika. In der Medizin werden F., die Erreger v. Mykosen hemmen od. abtöten, als *Antimykotika* (↗Antimykotikum) bezeichnet. ↗Biozide.
Fungizidin *s* [v. *fungi-, lat. -cida = -mörder], das ↗Nystatin.
Funiculina *w* [v. lat. funiculus = kleines Seil], *Funicula,* die ↗Seepeitsche.
Funiculus *m* [lat., = kleines Seil, Schnur, Strang], **1)** Bot.: Bez. für den kleinen Stiel, der die Samenanlage mit der Placenta am Fruchtblatt verbindet (☐ Blüte). **2)** Zool.: strangförm. Gewebebildung, v.a. im Bereich des Zentralnervensystems, z. B. *F. anterior* (vorderer Rückenmarksstrang); aber auch *F. spermaticus,* der Samenstrang, u. *F. umbilicalis,* die Nabelschnur. **3)** die vielgliedr. Geißel der Geißelantenne (↗Antenne). **4)** bei den *Phylactolaemata* (Süßwasser-↗Moostierchen) ein mesodermaler Verbindungsstrang zw. Darm u. Körperwand; an ihm liegen die Hoden (Ovarien hingegen an der Körperwand), u. an ihm entstehen auch die vegetativen (asexuellen) Dauerstadien, die sog. ↗Statoblasten.
Funk, *Casimir,* poln.-am. Biochemiker, * 23. 2. 1884 Warschau, † 20. 11. 1967 Albany (N. Y.); bedeutende Arbeiten über Vitaminmangelkrankheiten, bes. Beriberi; prägte 1912 die Bez. Vitamin.
Funktion *w* [v. lat. functio = Verrichtung, Geltung], allg.: Aufgabe, Leistung, Tätigkeit, z.B. die Aufgabe od. Tätigkeit einer bestimmten Zelle, eines Gewebes od. Organs; z. B. ist Kontraktion die F. des Muskels; auch der Beitrag eines Organs zum geregelten Ablauf aller Leistungen des Gesamtorganismus.
Funktionalis [v. lat. functio = Verrichtung, Geltung], *Stratum functionale endometrii,* obere Schicht der Gebärmutterschleimhaut, die sich im Verlauf des Menstruationszyklus verdickt und entweder der Einnistung des befruchteten Eies dient od. bei der Menstruation abgestoßen wird u. danach wieder aus der Basalschicht aufgebaut wird.
funktionell, die Funktion betreffend.
funktionelle Anpassung, umweltinduzierte od. antrainierte verstärkte Ausbildung v. Organen bei häufigem Gebrauch; z. B. ent-

Fungizide
F. in der Landw. können in 2 Gruppen unterteilt werden:
1. die *protektiven F.,* die an der Pflanzenoberfläche haften u. nur äußerl. vor einem Pilzbefall schützen;
2. die *systemischen F.,* die v. Wurzeln u. Blättern aufgenommen werden, so daß auch noch eine Bekämpfung nach einem Befall möglich ist. –
Schwefel wurde bereits 1803 (Forsyth) als Spritzgemisch mit Tabak, Kalk u. Holunderknospen gg. Pilzerkrankungen im Obstbau eingesetzt. Schwefel-Seifebrühe diente ab 1821 (Robertson) zur Bekämpfung des Pfirsichmehltaus u. ab 1848 (Duchartre) zur Bekämpfung des Echten Mehltaus *(Unicula necator)* an Reben. – Die fungizide Wirkung v. *Kupfer* gg. Brandpilze wurde bereits 1807 (Prevost) erkannt; im großen Maßstab jedoch erst seit 1885 als *Bordeauxbrühe* (= Kupfersulfat + Kalk, Millardet) u. seit 1887 als *Burgunderbrühe* (= Kupfersulfat + Soda, Masson) zur Bekämpfung des Falschen Mehltaus *(Plasmopara viticola)* der Reben eingesetzt. – Weitere F. sind organ. Schwefel-, Quecksilber-, Zinn-Verbindungen, Thiocarbamate, Thiurame, Phthalimidderivate, zykl. Verbindungen (z. B. Dinocap), systemische F. (z. B. Benzimidazol-Derivate, wie Benomyl, Oxathiinderivate u. a.), Antibiotika (Validamycin, Kasugamycin, Nikkomycine). – Medizinisch wichtige F. ↗Antimykotikum.

Funktionskreis

wickeln sich vielgebrauchte Muskeln u. stark beanspruchte Knochen stärker als wenig belastete; diese Eigenschaften sind ihrer Natur nach nicht vererbbar.
funktionelle Differenzierung, *physiologische Differenzierung,* Vorgang der ↗Differenzierung, bei der Zellen in verschiedenart. Funktionszustände überführt werden; führt meist auch zu ↗morpholog. Differenzierung.
funktionelle Gruppen, Atomgruppen, die chem. Verbindungen einen bestimmten Charakter verleihen und ihre Einteilung in Stoffklassen mit übereinstimmenden chem. Funktionen ermöglichen; so sind z. B. die Alkohole durch die funktionelle ↗Hydroxylgruppe, die organ. Säuren durch die ↗Carboxylgruppe, die Amine durch die ↗Aminogruppe gekennzeichnet. Die Konstitutionsermittlung organ. Stoffe beruht zum großen Teil auf der Bestimmung der funktionellen Gruppen. ☐ 400.
Funktionserweiterung; im Verlauf einer phylogenet. Entwicklung können Strukturen u. Organe sich ändernden Ansprüchen (Selektionsbedingungen) ausgesetzt sein. Strukturen u. Organe können solcher Änderung durch F. bzw. *Funktionswechsel* begegnen. So haben sich aus Kiefergelenkknochen der Reptilien die Gehörknöchelchen der Säugetiere entwickelt. Aus normal gestalteten Blättern haben sich bei manchen Pflanzen Blattranken od. Blattdornen entwickelt (☐ Blatt, Metamorphose). Solche durch evolutive Formwandel veränderte Strukturen sind einander homolog. Bei Tieren wird eine F. sehr oft durch Verhaltensänderungen eingeleitet. ☐ Homologie.
Funktionskreis, von J. v. Uexküll eingeführter Begriff, der die Beziehung zw. Eigenschaften der tier. Umwelt, ihrer Wahrnehmung durch das Tier u. dessen Reaktionen bezeichnet. In der heutigen Ethologie versteht man unter einem F. des Verhaltens einen größeren Verhaltensbereich, dessen vielfältige Elemente einer bestimmten Lebensfunktion dienen, z. B. der Fortpflanzung, der Fortbewegung, der Feindvermeidung usw. In diesem Sinne steht der Begriff des F.es als ein phänomenolog. Begriff den kausalanalyt. Begriffen wie Erbkoordination, erlerntes Verhalten usw. gegenüber. Die einzelnen Verhaltensweisen, die zu einem F. gehören, können auf ganz verschiedene Ursachen zurückgehen, können (wenn sie angeboren sind) phylogenet. sehr verschieden alt sein usw. Dies hindert ihr ganzheitl. Zusammenwirken untereinander u. mit erworbenen Verhaltensweisen in einem einheitl. F. nicht. Umgekehrt können auch die gleichen Verhaltenselemente in verschiedenen Zusam-

Funktionsschaltbild

Funktionsschaltbild

Die wichtigsten graph. Symbole für verhaltensbiol. F.er nach B. Hassenstein

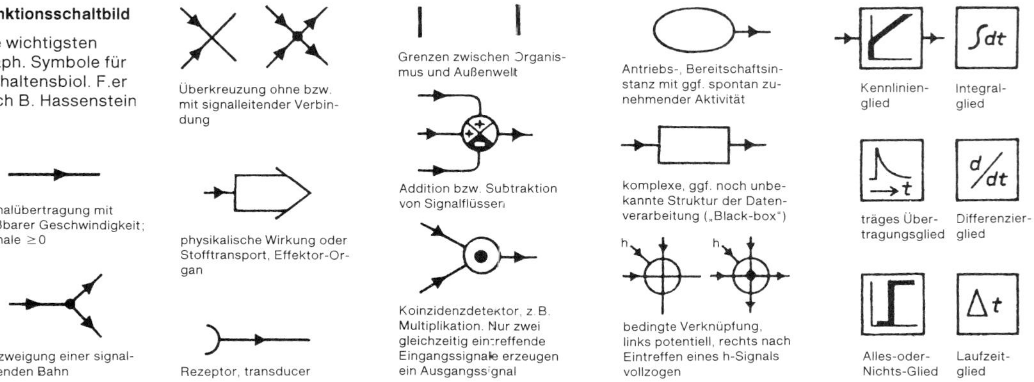

Überkreuzung ohne bzw. mit signalleitender Verbindung

Signalübertragung mit meßbarer Geschwindigkeit; Signale ≥ 0

physikalische Wirkung oder Stofftransport, Effektor-Organ

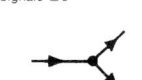

Verzweigung einer signalleitenden Bahn

Rezeptor, transducer

Grenzen zwischen Organismus und Außenwelt

Addition bzw. Subtraktion von Signalflüssen

Koinzidenzdetektor, z. B. Multiplikation. Nur zwei gleichzeitig eintreffende Eingangssignale erzeugen ein Ausgangssignal

Antriebs-, Bereitschaftsinstanz mit ggf. spontan zunehmender Aktivität

komplexe, ggf. noch unbekannte Struktur der Datenverarbeitung („Black-box")

bedingte Verknüpfung, links potentiell, rechts nach Eintreffen eines h-Signals vollzogen

Kennlinienglied

träges Übertragungsglied

Alles-oderNichts-Glied

Integralglied

Differenzierglied

Laufzeitglied

---

menhängen in mehreren F.en auftauchen, so z. B. das Beißen bei einer Raubkatze im Ernährungsverhalten, im Rivalenkampf u. in der Abwehr v. Freßfeinden u. sogar in der Balz (Nackenbiß des Männchens).
Funktionsschaltbild, u. a. in der Ethologie Darstellung funktioneller Zusammenhänge, z. B. beobachteter Regeln in der Verhaltenssteuerung, durch graphische Symbole für Elemente einer Verschaltung aus Sinneselementen, Nervenzellen u. Ausführungsorganen. Das biol. F. ist weniger abstrakt als das kybernet.-techn. *Blockschaltbild;* es entspricht eher einem techn. *Schaltplan,* der Symbole für Widerstände, Gleichrichter usw. enthält. Komplexe Zusammenhänge der Verhaltenssteuerung lassen sich im F. vielfach präziser als verbal u. anschaulicher als in mathemat. Formeln darstellen. ↗ Blackbox-Verfahren, ↗ doppelte Quantifizierung.
Funktionswechsel ↗ Funktionserweiterung.
Funori *s* [jap.], *Funoran,* ein in Japan u. China aus der Rotalge *Gloiopeltis tenax* u. verwandten Arten gewonnener Rohstoff (Phycokolloid) zur Leimherstellung.
Furan *s* [Kurzw. v. Furfuran; v. lat. furfur = Hülse, Kleie], *Furfuran,* Heterocyclus, der in hydrierter Form das Grundgerüst der ↗ Furanosen darstellt.
Furanosen [Mz.; v. lat. furfur = Hülse, Kleie], Klasse v. Zuckern, für die eine Fünfring-Struktur (Furan-Ring) mit vier gesättigten Kohlenstoffatomen u. einem Sauerstoffatom charakterist. ist. Die meisten Monosaccharide können sowohl in der linearen als auch ringförm. Struktur vorkommen; die ringförm. Strukturen zeigen entweder die pentacyl. Furan-Form (daher die Bez. Furanosen; Beispiel ↗ Fructose-6-phosphat) od. die hexacycl. Pyran-Form (↗ Pyranosen).
Fürbringer, *Max,* dt. Mediziner u. Naturwissenschaftler, * 30. 1. 1846 Wittenberg, † 6. 3. 1920 Heidelberg; Schüler v. K. Ge-

Funktionskreis
Beispiele für F.e tierischen Verhaltens:
Fortbewegung
Ernährung
Balz
Brutpflege
Feindvermeidung
Revierverhalten
Rangordnungsverhalter
Schwarmverhalten
Komfortverhalten

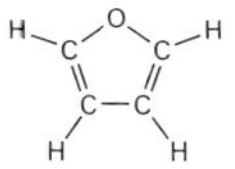

Furan

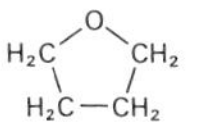

hydrierte Form: Tetrahydrofuran

Furan

Furchenfüßer
Wichtige Gattungen:
Dondersia
↗ Epimenia
Genitoconia
Halomenia
↗ Lepidomenia
↗ Neomenia
↗ Phyllomenia
Pruvotia
↗ Rhopalomenia

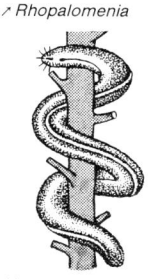

Nematomenia banyulensis, ca. 15 mm.

genbaur, seit 1879 Prof. in Heidelberg u. Amsterdam, 1888 Jena, 1901 Heidelberg; zahlr. vergleichend morpholog. u. anatom. Arbeiten u. a. an Amphibien, Reptilien u. bes. Vögeln. WW „Untersuchungen zur Morphologie u. Systematik der Vögel" (Amsterdam 1888, 2 Bde.).
Furca *w* [lat., = Gabel], 1) nach innen gestülpter Chitinfortsatz des Meso- u. Metathorakalsternums der Insekten als Ansatz für Bein- u. ↗ Flugmuskeln; 2) *Furcula,* die Sprunggabel der Springschwänze; 3) gabelföm. Telson der niederen ↗ Krebstiere.
Furcellaria *w* [v. lat. furcilla = kleine Gabel], Gatt. der ↗ Gigartinales.
Furchenbienen, *Halictus,* Gattung der ↗ Schmalbienen.
Furchenfüßer, *Solenogastres,* Klasse der Wurmmollusken, mit langgestrecktem, im Querschnitt rundem Körper mit einer Bauchfurche. In dieser liegt bei einigen Gatt. eine Längsfalte, die wahrscheinl. den Rest des Fußes darstellt. Der Körper wird von einer Cuticula umschlossen u. von Kalkschuppen od. -stacheln bedeckt. Am hinteren Ende der Unterseite liegt ein Mantelraum (Pallialraum), dessen Wand in manchen Fällen gefältelt ist; die Falten ersetzen funktionell die fehlenden Kiemen. Die dreischicht. Körperwandmuskulatur ist schwach entwickelt u. oft ventral reduziert. Der Verdauungstrakt ist vorn bei vielen Arten zu einer Saugpumpe umgeformt; die Reibzunge (Radula) fehlt bei ca. 30% der F.; die Nährstoffe werden im Mitteldarmbereich resorbiert (keine Mitteldarmdrüse). Exkretionsorgane sind bisher nicht gefunden worden. Das Kreislaufsystem ist offen; das posterodorsale Herz besteht aus je einer Kammer u. Vorkammer u. pumpt das rote Blut kopfwärts; von dort fließt es durch Lakunen u. Sinus in die Pallialraumwand u. zurück zum Herzen. Das einfache Nervensystem umfaßt Cerebralganglien, einen Schlundring u. zwei Paar Hauptkonnektive mit zahlr. kleinen Ganglien. Je ein

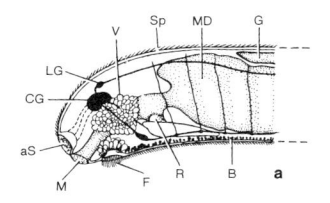

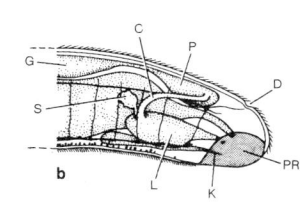

vorn u. hinten gelegenes Sinnesorgan (atriales u. dorsoterminales Organ) sowie die Subradularorgane unter der Reibzunge sind wahrscheinl. kombiniert chemisch-mechan. Sinnesorgane. Einzelne Sinneszellen finden sich an zahlr. Stellen des Körpers. Die F. sind ⚥ mit paar., dorsomedianen Gonaden; die Keimzellen werden durch den Herzbeutel u. an diesen anschließende Laichgänge in den Pallialraum befördert. Die Larven ähneln der Trochophora, od. sie sind in eine bes. Hülle eingeschlossen (Hüllglockenlarve). Die Larve lebt in Bodennähe u. wird benthisch; dabei streckt sie sich stark in die Länge, so daß die wurmförm. Adultgestalt entsteht. Die F. sind marin; zu ihnen gehören langsam in u. auf dem Sediment kriechende, aber auch epizoisch u. parasit. lebende Arten an Polypenstöckchen u. Korallen. Die meisten F. sind im Flachwasser zu finden, doch gibt es auch einen Nachweis aus über 4000 m Tiefe. Die F. sind noch unzureichend erforscht. Die nur rezent bekannten ca. 180 Arten werden 50–60 Gatt. zugeordnet (vgl. Tab.).

Lit.: *Götting, K.-J.:* Malakozoologie. Stuttgart 1974. *Salvini-Plawen, L. v.:* Zur Morphologie u. Phylogenie der Mollusken. Z. wiss. Zool. 184. 1972. *Salvini-Plawen, L. v.:* Antarktische u. subantarktische Solenogastres. Zoologica 128. Stuttgart 1978. *Thiele, J.:* Antarktische Solenogastres. Dt. Südpolar-Expedition, Zool. 6. 1913. K.-J. G.

Furchenkrebse, *Galatheidae,* Fam. der *Anomura* (Mittelkrebse), die in ihrer Gestalt an Flußkrebse erinnern; doch ist das Pleon kürzer u. unter die Bauchseite eingeschlagen. Es kann aber wie beim Flußkrebs bei der Flucht nach rückwärts eingesetzt werden. Alle F. sind marin u. entwickeln sich über Zoëa-Larven mit langen Stacheln. *Galathea* lebt an den Küsten bis zu Tiefen von 100 m; *Munida* bis 2000 m; *Munidopsis* ist eine weitere Gatt.

Furchenmolche, *Necturus,* Gatt. der *Proteidae;* mehrere Arten, die im östl. N-Amerika in Flüssen leben, im Ggs. zum Grottenolm also oberird. vorkommen; dementspr. haben sie auch nicht die Anpassungen an die subterrane Lebensweise: sie sind nicht albinotisch, sondern graubraun gefärbt u. haben funktionstücht., wenn auch kleine Augen; außerdem sind sie viel gedrungener u. kräftiger als der Grottenolm. Die größte u. am weitesten verbreitete Art ist der gefleckte Furchenmolch (*N. maculosus),* der 33, selten bis 43 cm Länge erreicht. Alle F. behalten wie die Olme zeitlebens äußere Kiemen u. einen Flossensaum, u. sie sind auch durch Schilddrüsenhormone nicht zur Metamorphose zu bringen. F. sind nachtaktive Tiere, die sich am Tage unter Steinen u.ä. verbergen u. nachts Jagd auf alle kleineren Wassertiere machen. Die Paarung findet im Herbst statt; die Eier werden im darauffolgenden Frühling einzeln an der Unterseite v. Baumwurzeln od. Steinen befestigt u. vom Weibchen bewacht. Die gesamte Entwicklung erfolgt im Wasser.

Furchenschwimmer, *Acilius sulcatus,* ↗ Schwimmkäfer.

Furchenwale, *Balaenopteridae,* Fam. der Bartenwale mit (im Ggs. zu den Glattwalen) 70–100 charakterist. Kehlfurchen; 2 Gatt. mit zus. 6 Arten, Länge ca. 9–33 m. Als „Dehnungsfalten" ermöglichen die Kehlfurchen bei der wahrscheinl. schluckweisen Aufnahme des nahrungshalt. Wassers eine beträchtl. Erweiterung der Mundhöhle. Nach Schließen des Mundes zieht sich der Mundboden wieder zus., die Zunge drückt gg. den Gaumen, das Wasser fließt seitl. durch die ↗ Barten (☐) ab, u. die Nahrung (Krill) bleibt an den Barten hängen.

Furcht ↗ Angst.

Furchung, *Eifurchung,* erste Phase der ↗ Embryonalentwicklung der vielzell. Tiere, in der sich die ↗ Eizelle schrittweise in kleinere F.szellen (Blastomeren) aufteilt. Die F. endet (meist) mit der ↗ Blastula. Die ersten Teilungsschritte der F. folgen schnell aufeinander u. verlaufen meist synchron (Ausnahme z. B. Säuger). – Bei der *äqualen F.* entstehen gleich große, bei der *inäqualen F.* unterschiedl. große Blastomeren. Blastomeren unterschiedl. Größe im gleichen Keim können als Makro-, Meso- bzw. Mikromeren bezeichnet werden (z. B. Seeigel). Der Ablauf der F. steht meist in engem Zshg. mit dem Dotteranteil bzw. der Dotterverteilung (↗ Dotter, ↗ Eitypen); man unterscheidet danach verschiedene *F.stypen:* Dotterarme u. gemäßigt dotterreiche Eier furchen sich *total (holoblastische F.),* und zwar total äqual (dotterarme isolecithale Eier, z. B. Säuger) od. total inäqual (dotterreiche telolecithale Eier, z. B. Amphibien). Extrem dotterreiche Eier dagegen furchen sich *partiell (meroblastische F.),* d. h., ein Großteil der Eizelle bleibt zunächst ungefurcht. Bleibt die F. bei telolecithalen Eiern auf den plasmareichen animalen Anteil der Eizelle begrenzt, so entsteht eine Keimscheibe *(discoidale F.,* z. B. Cephalopoden, Fische, Sauropsiden), der ungefurchte Dotter wird im Verlauf der weiteren Entwicklung v. der Keimscheibe

---

Furchenfüßer

Schema der inneren Organisation im Längsschnitt, **a** Vorder-, **b** Hinterkörper. aS atriales Sinnesorgan, B Bauchfurche, C Coelomodukt, CG Cerebralganglion, D Dorsoterminalorgan, F Flimmergrube, G Gonade, K Kopulationsstachel, L Laichgang, LG Lateralganglion, M Mund, MD Mitteldarm, P Perikard, PR Pallialraum, R Radula, S Samenblase, Sp Spicula, V Vorderdarmdrüsen

Furchenwale

Arten:
↗ Blauwal *(Balaenoptera musculus)*
Brydewal *(B. edeni)*
↗ Finnwal *(B. physalus)*
↗ Seiwal *(B. borealis)*
↗ Zwergwal *(B. acutorostrata)*
↗ Buckelwal *(Megaptera novaeangliae)*

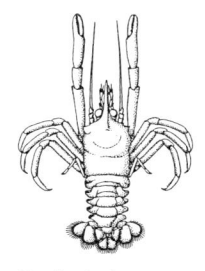

Furchenkrebse

Munidopsis curvirostra

Furchungshöhle

als ↗Dottersack umwachsen (↗Epibolie). Bei extrem dotterreichen centrolecithalen Eiern schließl. zerlegt sich die ganze Oberfläche der Eizelle in embryonale Zellen. Bei dieser *superfiziellen* F. (viele Arthropoden) teilt sich der Zygotenkern im Dotterentoplasmasystem mehrfach, u. viele Tochterkerne mit je einem kleinen Plasmahof (F.senergiden) wandern in die oberflächl. Plasmaschicht der Eizelle (Periplasma) ein. Dieses zerteilt sich dann gleichzeitig in viele Zellen u. bildet so das ↗ Blastoderm. Der zentrale Dotter wird hier also ohne Epibolie umschlossen u. teilt sich bei vielen Arten später in große polygonale Dotterzellen auf, die man häufig als Rest des urspr. Entoderms betrachtet hat (↗Dotter-F.). Bei der *Radiär-F.* stehen die Teilungsspindeln (zu Beginn meist abwechselnd) parallel bzw. senkrecht zur Hauptachse, so daß die Blastomeren ein radiärsymmetr. Muster zur Hauptachse des Eies bilden ([B] S. 405). Bei der *Bilateral-F.* sind die Blastomeren sehr früh schon bilateral angeordnet. Bei der *Spiral-F.* sind die Teilungsspindeln gg. die Äquatorial- u. Meridionalebene geneigt, so daß die Blastomeren nicht wie bei der Radiär-F. übereinander bzw. nebeneinander zu liegen kommen, sondern jeweils auf Lücke mit den benachbarten Blastomeren liegen (↗Spiral-F.). ☐ Entwicklung. K. N.

Furchungshöhle, *Keimeshöhle*, das ↗Blastocoel.

Furchungsteilung, Teilung der Eizelle während der ↗Furchung; Kennzeichen: extrem kurzer Zellzyklus (bei manchen Insekten ca. 5 Min.), keine Zunahme der Biomasse zw. aufeinanderfolgenden F.en.

Furchungszellen ↗Furchung.

Furcocercarie w [v. lat. furca = Gabel, gr. kerkos = Schwanz], die ↗Gabelschwanzcercarie.

Furcula w [lat., = gabelförmige Stütze], 1) die ↗Furca 2). 2) das ↗Gabelbein.

Furfural s [v. lat. furfur = Hülse, Kleie], *Furfurol, Furyl-2-aldehyd, 2-Furaldehyd*, erstmals bei der Destillation v. Kleie erhaltener Aldehyd, der bei der Einwirkung v. verdünnten Säuren auf Pentosen entsteht. Da F. mit Phenolen charakterist. gefärbte Kondensationsprodukte bildet, kann diese Reaktion zur kolorimetr. Analyse v. Zuckern (bes. Pentosenachweis) verwendet.

6-Furfuryl-aminopurin ↗Kinetin. [werden.

Furipteridae [Mz.; v. lat. Furiae = Furien, gr. pteron = Flügel], Fam. der ↗Fledermäuse.

Furnariidae [Mz.; v. lat. furnarius = Backofen-], die ↗Töpfervögel.

Furunkulose w [v. lat. furunculus = Geschwür], **1)** Humanmedizin: über mehrere Körperbezirke verbreitete *Furunkel* (tief-

fus- [v. lat. fusus = Spindel].

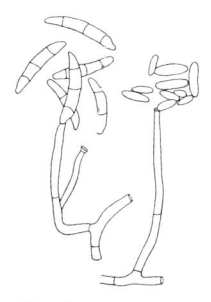

Fusarium
Konidien von *F. solani*. Die septierten Makrokonidien besitzen eine Fußzelle; die Mikrokonidien sind meist einzellig.

Wichtige *Pflanzenkrankheiten*, die durch *Fusarium*-Arten verursacht werden *(Fusariosen):*

Fusariumfäulen (Frucht- u. Kartoffelfäulen)
F. oxysporum (Zwiebelgrindfäule u. Wurzelfäule verschiedener Zwiebelgewächse, z. B. Narzissen, Tulpen, Gladiolen)
F. solani f. sp. *coeruleum*
F. sulphureum (Trocken- u. Weißfäule der Kartoffel)
F. culmorum
F. graminearum [= *Gibberella zeae*] (Kolbenfäule des Maises)

Fusariumwelken (↗Welkekrankheiten)
F. oxysporum f. sp. *cucumerinum* (Gurken-Fusariumwelke) f. sp. *lycopersici* (Tomaten-Fusariumwelke)

Fuß- u. Stengelkrankheiten (Keimlingsfusariosen v. Getreide)
F. culmorum
F. avenaceum (= *Gibberella avenaceae*) u. a. *F.*-Arten

F. nivale (Schneeschimmel des Getreides)

greifende Geschwüre des Haarbalges mit Nekrose), u. a. bei Diabetes u. pyogenen Allgemeininfektionen. **2)** Infektionskrankheit v. a. bei Bachforellen, -saiblingen u. Äschen, die durch das Bakterium *Aeromonas salmonicida* hervorgerufen wird.

Fusarinsäure [v. ↗Fusarium], ↗Welkstoffe.

Fusariosen [v. ↗Fusarium], pilzl. Pflanzenkrankheiten, die durch ↗*Fusarium* verursacht werden.

Fusarium s [v. *fus-], Gatt. der *Fungi imperfecti* (Form-Ord. *Moniliales*, Form-Fam. *Tuberculariaceae*), weltweit verbreitete saprophytische Bodenpilze u. wichtige Erreger v. Pflanzenkrankheiten (*Fusariosen*, vgl. Tab.). *F. oxysporum* ist Erreger chron. Nagelmykosen beim Menschen, v. a. an Zehennägeln. Auf Getreide werden für Mensch u. Tier hochgift. Toxine (Trichothecene, Zearalnone) gebildet, die in Europa möglicherweise die häufigste Ursache für Tiervergiftungen durch Futtermittel sind. Das septierte Hyphenmycel ist grau od. stärker gefärbt (z. B. rötlich); es kann zw. Luftmycel u. Substratmycel unterschieden werden. Artverschieden werden einzellige, kugel- bis birnenförm. Mikrokonidien u. bananenförm., hyaline, einmal- bis mehrfach septierte od. unseptierte Makrokonidien ausgebildet. Die Konidienträger stehen einzeln od. in Gruppen; dabei werden die Konidien in ausgedehnten schleim. Lagern (Pionnotes) gebildet. Es kommen auch Chlamydosporen vor. Von vielen F.-Arten ist die sexuelle Form bekannt; sie wird verschiedenen Schlauchpilz-Gatt. (z. B. *Nectria, Gibberella*) zugeordnet. Man kann die F. in 13 Gruppen unterteilen; in unterschiedl. Systemen werden 9 bis 142 Arten u. Varietäten bzw. „formae speciales" (Abk.: f. sp. oder nur f.) unterschieden. Unter f. sp. versteht man morphologisch nicht unterscheidbare Untereinheiten einer Erregerart, die jeweils an eine bestimmte Pflanzenart angepaßt sind.

Fuselöle [Mz.; v. norddt. Fusel = schlechter Schnaps], die bei alkohol. Gärungen (z. B. Bier-, Wein-, Schnapsherstellung) als Nebenprodukte entstehenden höheren Alkohole u. Folgeprodukte (Wein 100–300, Bier 50–90 mg/l). Sie entstehen beim Aminosäureabbau u. im Gärungsstoffwechsel der Hefen. F. tragen wesentl. zum Geschmack u. Aroma der alkohol. Getränke bei; in höherer Konzentration sind sie aber störend u. haben auch pharmakolog. Bedeutung (z. B. Mitbeteiligung an narkot. Wirkung, Kopfschmerzen u. „Kater"). F. sind gute Lösungsmittel für Lacke u. Harze.

Fusicladium s [v. *fus-, gr. kladion = kleiner Zweig], ↗Venturia.

FURCHUNG

Die *Furchung* ist der erste Schritt der Individualentwicklung. Eine Folge von abwechselnd meridionalen und äquatorialen Zellteilungen zerlegt das Ei schrittweise in kleinere, meist gleichwertige Tochterzellen. So entsteht aus dem Ei ein brombeerförmiger, anfangs ziemlich kompakter, später hohler Keimzellhaufen (Morula, Blastula). Bei partieller Furchung (links und rechts außen) wird anfänglich nur ein Teil der Eizelle in Tochterzellen zerlegt.

Die Furchungsform wird weitgehend von der Eistruktur bestimmt: Dotterarme Eizellen teilen sich äqual. Dotter – meist an einem Zellpol angehäuft – behindert die Teilung und führt zur Bildung ungleich großer Tochterzellen. Im Extrem bleibt der Dotter als ungefurchte Masse erhalten, und Furchungsteilungen laufen nur in einer Keimscheibe oder auf der ganzen Dotteroberfläche ab. Bei der *Spiralfurchung* vieler Wirbelloser verlaufen die Teilungsebenen nicht durch die Eipole, sondern liegen leicht zur Eiachse geneigt.

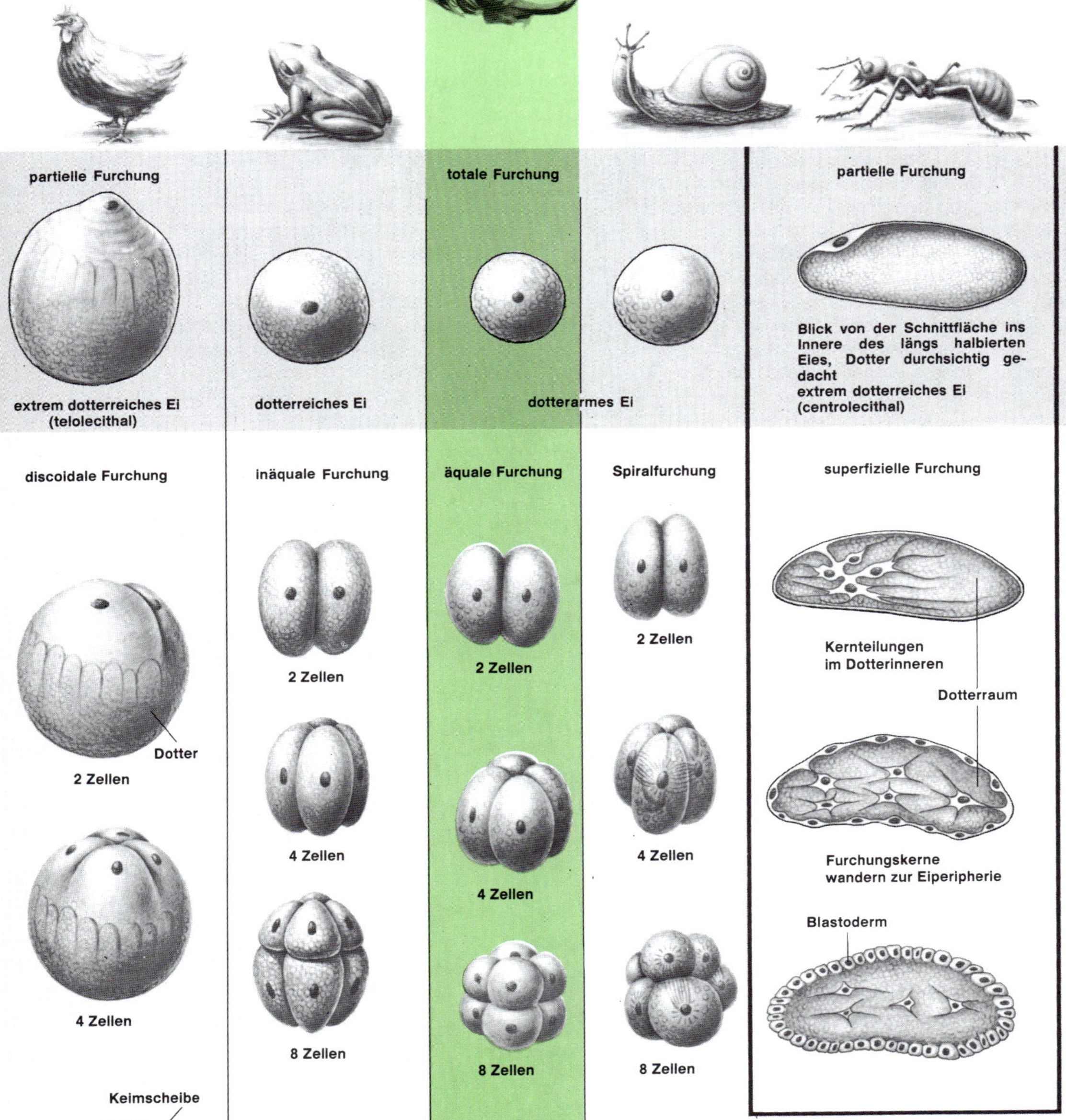

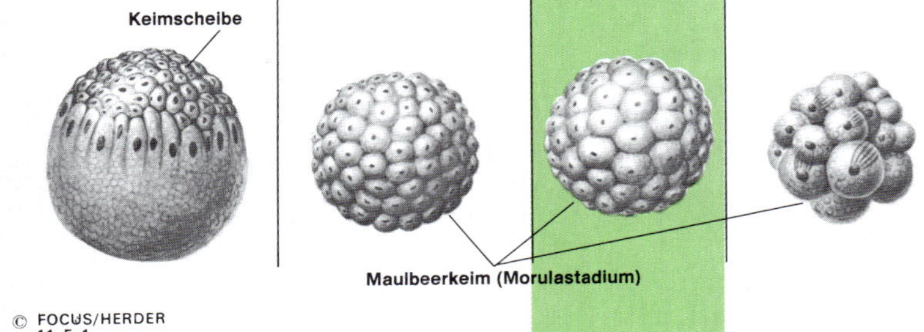

partielle Furchung

extrem dotterreiches Ei (telolecithal) — dotterreiches Ei

totale Furchung

dotterarmes Ei

partielle Furchung

Blick von der Schnittfläche ins Innere des längs halbierten Eies, Dotter durchsichtig gedacht
extrem dotterreiches Ei (centrolecithal)

discoidale Furchung
- Dotter
- 2 Zellen
- 4 Zellen
- Keimscheibe

inäquale Furchung
- 2 Zellen
- 4 Zellen
- 8 Zellen

äquale Furchung
- 2 Zellen
- 4 Zellen
- 8 Zellen

Spiralfurchung
- 2 Zellen
- 4 Zellen
- 8 Zellen

Maulbeerkeim (Morulastadium)

superfizielle Furchung
- Kernteilungen im Dotterinneren
- Dotterraum
- Furchungskerne wandern zur Eiperipherie
- Blastoderm

Die *superfizielle Furchung* der Gliederfüßer vollzieht sich nur an der Eioberfläche in einer dünnen, die zentrale Dottermasse umgebenden Plasmahaut. Zunächst teilt sich nur der Eikern im Dotterinneren; dann wandern die Furchungskerne an die Eiperipherie, und das Randplasma teilt sich in Einzelareale mit je einem Kern.

Fusidinsäure

Fusidinsäure [v. *fus-], aus *Fusidium coccineum* u. a. Pilzen isoliertes Steroid-Antibiotikum mit bakteriostat. Wirkung auf grampositive Bakterien (bes. Staphylokokken); hemmt den Translokationsschritt im Elongationszyklus der Proteinbiosynthese.

fusiforme Bakterien [v. *fus-, lat. -formis = -förmig], spindel- od. lanzettförm. Bakterien mit zugespitzten Enden, z. B. in der Gatt. *Fusobacterium, Bacteroides, Corynebacterium, Leptotrichia*.

Fusinus *m* [lat., = kleine Spindel], Gatt. der Tulpenschnecken, mit spindelförm., mehr od. weniger langgestrecktem Gehäuse; ca. 50 Arten, getrenntgeschlechtlich; ernähren sich v. Muscheln u. Polychaeten. *F. verruculatus* wird 20 cm hoch; sehr formvariabel, das Gehäuse kann glatt, mit Knoten od. Spiralrippen besetzt sein; vor der südafr. Küste bis in ca. 150 m Tiefe.

Fusion *w* [v. lat. fusio = Guß, Verschmelzung], 1) Genetik: ↗Chromosomenfusion. 2) *Kern-F.:* Verschmelzung zweier od. mehrerer Zellkerne unter Bildung v. F.skernen; tritt ein, wenn sich fusionierte Zellen vermehren od. bei der Bildung des sekundären Embryosackkerns nach der Befruchtung. ↗Blüte. 3) Cytologie: ↗Zellfusion.

Fusionskern, durch Verschmelzung mehrerer Zellkerne entstandener Kern; 1) sekundärer Embryosackkern, ↗Embryosack, ↗Blüte. 2) das ↗Megakaryon.

Fusionsplasmodium *s* [v. lat. fusio = Verschmelzung, gr. plasma = Gebilde], bei einigen Schleimpilzen *(Myxogastrales)* das Verschmelzungsprodukt mehrerer einkern., amöboider Einzelzellen zu einem vielkern. Plasmodium.

Fusobacterium *s* [v. *fus-, gr. baktērion = Stäbchen], *Fusobakterien,* Gatt. der *Bacteroidaceae,* gramnegative, obligat anaerobe, *sporenlose,* unbewegl. oder bewegl. (peritriche Begeißelung), stäbchenförm. Bakterien. Die Zellen sind meist schlank spindelförmig (Name), auch lanzettförmig, aber auch pleomorph mit abgerundeten Enden (fr. = Gatt. *Sphaerophorus*). Im chemoorganotrophen Gärungsstoffwechsel entsteht als Hauptendprodukt Buttersäure. Die ca. 13 F.-Arten kommen als Kommensalen od. Krankheitserreger in Mensch u. Tieren vor. *F. nucleatum* (= *Fusiformis fusiformis, Sphaerophorus fusiformis*) gehört zur normalen Mundflora Erwachsener, wurde aber auch in Wunden u. Infektionsherden gefunden. Auffällig ist das häufige gemeinsame Auftreten v. F. u. Spirochäten *(Borrelia)* in vielen Infektionen mit Gewebenekrosen *(Fusospirochätose, Fuso-Borreliose);* so findet sich bei der Angina Plaut-Vincenti, einer eitrigen Entzündung der Tonsillen, eine Mischinfektion v. *F. nucleatum* u. *Borrelia vincenti. F. necrophorum* kommt auch im Mundraum u. Atmungstrakt des Menschen vor sowie im Verdauungstrakt vieler Haustiere; es wurde aber auch bei verschiedenen Krankheitsprozessen nachgewiesen. Als Erreger v. einigen Haustiererkrankungen kann es große Schäden verursachen, z. B. bei der Fußfäule der Schafe, die durch eine Mischinfektion v. *Bacteroides nodosus* u. *F. necrophorum* hervorgerufen wird.

Fusom *s,* ↗Zellbrücke.

Fuß, Stand- u. Fortbewegungsorgan bzw. Teil desselben. 1) *Pes,* terminaler Abschnitt der Tetrapoden-↗ Extremität *(Autopodium),* bei biped gehenden Tieren nur der Hinterextremität. Der F. wird in drei Abschnitte gegliedert, v. proximal nach distal: Basipodium, Metapodium, Akropodium (vgl. Spaltentext). 2) *Tarsus,* Fuß der Gliederfüßer, ↗Extremitäten. 3) *Podium,* Fortbewegungsorgan der Mollusken, a) muskulöse Kriechsohle der Schnecken bzw. Käferschnecken bzw. die Schwimmlappen der Ruderschnecken, b) Graborgan der Muscheln. ↗Fortbewegung, ↗Fußdrüsen.

Fußdrüsen, im Fuß der Weichtiere, bes. der Schnecken u. Muscheln, gelegene, oft umfangreiche u. komplex gebaute Drüsen, deren Sekrete auf die Fußsohle entlassen werden. Diese ermöglichen das Anheften am Substrat u. an Wasserspiegel, Glätten des Grundes beim Kriechen, „Abseilen" v. Zweigen, Reinigung der Körperoberfläche, Bauen von Flößen (↗Floßschnecken) usw. Spezialisierte F. erzeugen bei vielen Muscheln den ↗Byssus.

Fußganglion *s* [v. gr. gagglion = Geschwulst, später Nervenknoten], *Pedalganglion,* paariges, im Fuß der ↗Weichtiere gelegenes ↗Ganglion. ☐ Gehirn.

Fußkrankheiten, durch parasit. Pilze od. Bakterien verursachte Pflanzenkrankheiten (vgl. Tab.), bei denen die Stengelbasis od. der Wurzelhals der Pflanzen befallen wird, sich braun bis schwarz verfärbt u. verfaulen od. vertrocknen kann (↗Keimlingskrankheiten am Hypokotyl; ↗Umfallkrankheit).

Abschnitte des Fußes

1) Das *Basipodium* besteht schemat. aus drei parallelen, hintereinander angeordneten Reihen v. Skelettelementen. Bei urspr. Tetrapoden traten 12 Elemente auf, davon 3 in der proximalen Reihe *(Proximalia),* 4 in der mittleren Reihe *(Centralia),* 5 in der distalen Reihe *(Distalia).* Der Oberbegriff für diese Elemente ist *Tarsalia* (Fußwurzelknochen). Das Basipodium der Hinterextremität heißt in seiner Gesamtheit *Tarsus* (Fußwurzel). Anzahl, Form u. Anordnung der Tarsalia wurden in der Evolution der verschiedenen Tetrapodengruppen spezifisch variiert.
2) Das *Metapodium* (Mittelfuß) besteht aus den Mittelfußknochen, v. denen je einer proximal v. jedem vorhandenen Zehenstrahl auftritt.
3) Das *Akropodium* besteht aus den Zehen *(Digiti),* v. denen Skelettelemente die Zehenknochen *(Phalangen)* sind, v. denen in jeder Zehe jeweils ein bis mehrere hintereinanderliegen. ↗Finger.

Fußkrankheiten

Wichtige Fußkrankheiten (Auswahl)

Schneeschimmel (Getreide)
Schwarzbeinigkeit (Getreide, Kartoffel)
Halmbruchkrankheit (Getreide, Erbse)
Fusarium-F. (Getreide, Spargel)
Rhizoctonia-F.
Phoma-Wurzelhals- u. Stengelfäule
Wurzelbrand

Fusobacterium

F. nucleatum (Abb.) u. a. *F.*-Arten kommen im Mundraum u. Darmtrakt des Menschen vor. Die Anzahl pro ml Speichel beträgt ca. $5{,}6 \cdot 10^4$ Zellen, normalerweise 0,4–7,0% der gesamten kultivierbaren Plaque-Flora. Bei Zahnfleischentzündungen ist ein starker Anstieg der Fusobakterien zu beobachten. In der ↗Darmflora sind *F.*-Arten mit ca. 7% bis weniger als 1% beteiligt (z. B. *F. prausnitzii, F. russi, F. mortiferum*).

Fußmilbe, die ↗ Kalkbeinmilbe.
Fußpilzerkrankung, *Fußmykose, Tinea pedis,* Hauterkrankung (Dermatophytose) am Fuß, verursacht durch verschiedene, nicht für den menschl. Fuß spezif. Pilze (↗ Dermatophyten), hpts. *Trichophyton rubrum, T. mentagrophytes* u. *Epidermophyton floccosum,* aber auch *Candida*-Arten u. a. Pilze. Eine Infektion durch infizierte Hautschuppen erfolgt meist in Badeanstalten, Dusch- u. Waschräumen sowie Saunen. Eine Infektion der Füße ist auch v. anderen Körperbereichen her (z. B. Genitalbereich, Mundhöhle), v. Tieren, Straßenstaub od. Gartenerde möglich. Die Pilze können sofort anwachsen, od. die an Strümpfen u. Schuhen hängengebliebenen Keime befallen die Haut erst, wenn günstige, feuchtwarme Bedingungen vorliegen. – Die Gefährlichkeit der F.en besteht darin, daß die Pilze leicht übertragbar, unempfindl. gg. die übl. Wasch- u. Reinigungsmittel sind u. daß eine erfolgreiche Bekämpfung mit Fungiziden i. d. R. eine mehrwöchige Behandlung erfordert. Bes. gefährlich ist die sekundäre Infektion anderer Körperteile, die bei naturbedingter od. vorübergehender Abwehrschwäche (z. B. Streß, Krankheit, bes. Medikamente, Klima) erfolgen kann. Die Pilze ernähren sich dann nicht nur v. Schweiß u. abgestorbenen Hautzellen, sondern können auch innere Organe angreifen.
Fußspinner, die ↗ Embioptera.
Fusulinen [Mz.; v. *fus-], *Fusulinacea,* † Superfam. meist großer bis riesenwüchsiger Protozoen (⌀ bis 200 mm) der Ord. *Foraminiferida* (↗ Foraminifera) v. weizenkorn- bis linsenförm. od. kugeliger Gestalt. Sie erschienen vor 320 Mill. Jahren (Namur) u. verschwanden vor 245 Mill. Jahren (Ende Perm). Systemat. bilden sie 6 Fam. mit über 150 Gattungen u. 6000 Arten. Aus dieser Mannigfaltigkeit leitet sich ihre stratigraph. Bedeutung ab. Die Gehäuse sind kalkig, vielkammerig u. perforiert. Sie unterscheiden sich im Bau der Gehäusewand (Spirotheca) u. in der Ausgestaltung v. Kammern u. Kammerscheidewänden (Septen, z. T. Septulen). Typ. Merkmal vieler F. ist der wellige Verlauf der Septen.
Fusulinenkalk [v. *fus-], mehr od. weniger organogener Kalkstein (Kalkarenit, Mikrit, quarzitischer od. toniger Kalkstein), der aus Anhäufungen v. ↗ Fusulinen u. begleitenden Flachwasser-Organismen (Korallen, Brachiopoden, Bryozoen) besteht.
Fusulus *m* [v. *fus-], Gatt. der Schließmundschnecken, mit 2 Arten in Östr. verbreitet; die Gehäuse beider Arten werden etwa 1 cm hoch; leben an Felsen u. Bäumen, unter Steinen u. Fallaub.
Fusus *m* [lat., = Spindel], Gatt. der *Colubrariidae,* marine Neuschnecken mit langgestreckt-spindelförm. Gehäuse, die v. a. in den Tropen leben; mit kleinem Mund, Reibzunge reduziert; es wird daher vermutet, daß sie sich saugend ernähren.

fus- [v. lat. fusus = Spindel].

Fusulinen
Die F. waren Bewohner seichter Meeresbereiche mit klarem, warmem Wasser, v. a. in der ↗ Tethys; sie lebten in Symbiose mit Zooxanthellen. Phylogenet. Trends kommen in der Größenzunahme u. zunehmenden Komplexität im Schalenbau zum Ausdruck. Als Vorfahren der F. werden kleine, planspiral aufgerollte Formen des Devons, wie *Endothyra,* angesehen.

Futter, *F.mittel,* Stoffe, die der tier. Ernährung zum Zwecke der Lebenserhaltung *(Grund-F.)* u. der Erzielung v. Leistungen in Form v. Fleisch, Milch, Arbeit, Eiern usw. als *Leistungs-F.* dienen. Das F. wird im landw. Betrieb mindestens überwiegend aus eigener Erzeugung (↗ F.bau, Überschüsse u. Abfälle bei der Erzeugung v. Marktfrüchten) gewonnen. Die *Handels-F.mittel,* meist als bestimmte Nährstoff-Konzentrate, dienen als Ergänzung u. zur Anpassung des Nährstoffgehalts der F.rationen an die Leistungsfähigkeit der Tiere. Während fr. dieses Zusatz-F. in Form v. Ölkuchen, Rübenschnitzel, Müllereiabfällen od. Fischmehl, Fleischmehl, F.kalk usw. gekauft u. beigemischt wurde, hat sich in neuerer Zeit unter Anwendung v. Erkenntnissen der *Fütterungslehre* eine *F.mittel-Ind.* entwickelt, die unter Kontrolle hergestellte F.mittel unter bestimmten Garantien vertreibt u. eine Leistungsfütterung unter Einbeziehung v. ausgewogenen Anteilen an Grundnährstoffen (Proteine, Kohlenhydrate, Fett), Mineralstoffen, Vitaminen u. Wirkstoffen ermöglicht.
Futteralmotten, die ↗ Sackmotten.
Futterbau, Anbau v. Nutzpflanzen *(Futterpflanzen),* die der Ernährung landw. Nutztiere dienen (↗ Futter). Sie werden auf Dauergrünland (Wiesen u. Weiden mit Süßgräsern u. Kleearten) od. auf Äckern angebaut. Die Hauptfrüchte des Feldfutterbaus sind Futterrüben, Futterkartoffel, Futtermais, Hafer u. Leguminosen (z. B. Esparsette u. Luzerne).
Futtergewebe, Teile v. Blüten, die den Blütenbesuchern als feste Nahrung (statt Pollen u. Nektar) dienen. Bei den Blüten der Gatt. *Calycanthus* tragen die inneren, zu Staminodien gewordenen Staubblätter an der Spitze Körperchen, die reich an Protein u. Fett sind u. von den bestäubenden Käfern abgeweidet werden. Die öfter in der Lit. geäußerte Vermutung, der nektarlose Sporn der Knabenkräuter *(Orchis)* enthalte ausbeutbares Futtergewebe, hat sich nicht belegen lassen.
Futterhefe ↗ Eiweißhefe.
Futterkugel, *Pflanzenhaarstein,* aus Pflanzenfasern bestehender ↗ Bezoarstein im Darmtrakt herbivorer Säugetiere.
Futtersilo ↗ Silage.
Fynbos, *Kapmacchie,* macchienartige, stellenweise vom Silberbaum *(Leucadendron argenteum)* beherrschte Strauchformation in der Vegetation des Kaplands. ↗ Capensis, ↗ Afrika (Pflanzenwelt).

G, 1) Abk. für ↗Guanosin od. (seltener) ↗Guanin. **2)** Abk. für ↗Glycin. **3)** Symbol für die freie ↗Enthalpie.

Gäa w [v. gr. gaia = Erde], das ↗Faunenreich.

GABA, Abk. für die ↗γ-Aminobuttersäure.

Gabeladerung, Bez. für die Blattaderung, deren Leitbündel (Adern) dichotom verzweigt sind; ↗dichotome Verzweigung.

Gabelantilope, der ↗Gabelbock.

Gabelbärte, *Osteoglossum,* Gatt. der ↗Knochenzüngler.

Gabelbein, *Gabelknochen, Furcula,* die zu einem V-förmigen Knochen verwachsenen *Schlüsselbeine* (↗Clavicula) der Vögel. Betrachtet man das Skelett eines stehenden Vogels v. vorn, so erstreckt sich jedes Schlüsselbein vom Schultergelenk aus schräg nach unten u. trifft oberhalb des ↗Brustbeins in spitzem Winkel auf das Schlüsselbein der anderen Körperseite.

Gabelblättlinge, *Hygrophoropsis,* Gatt. der ↗Kremplinge.

Gabelbock, *„Gabelantilope", Antilocapra americana,* einzige rezente Art der ↗Gabelhorntiere; schnellstes Säugetier Amerikas (80 km/h); sandfarben, Kopfrumpflänge 100–130 cm; Augen groß; auffallender „Spiegel" (Alarmsignal!). Als einziges hörnertragendes Tier wechselt der G. jährl. die abgelbten Hornscheiden, während die (ungegabelten) Knochenzapfen stehenbleiben. Um 1800 lebten ca. 40 Mill. Gabelböcke in den Prärien N-Amerikas. Massenabschlachtungen während des Eisenbahnbaus (↗Bison) drohten den G. auszurotten; heutiger Bestand wieder ca. 400 000 Tiere. In Zoos schwierig zu halten. ⬛B Nordamerika III. ↗Andenhirsche.

Gabelhirsch, *Hippocamelus antisiensis,*

Gabelhorntiere, *Antilocapridae,* in N-Amerika einst formenreiche Gruppe wiederkäuender Paarhufer, fr. zu den ↗Antilopen gerechnet, heute als eigene Fam. den *Bovidae* (↗Hornträger) gegenübergestellt, mit nur 1 rezenten Art, dem ↗Gabelbock. Fossil u. nur aus N-Amerika bekannt sind aus dem Jungtertiär die Gatt. *Merycodus, Ilingoceras* u. *Neotragoceras,* aus dem Pliozän *Proantilocapra* u. *Capromeryx.*

gabelige Verzweigung, die ↗dichotome Verzweigung.

Gabelknochen, das ↗Gabelbein.

Gabelmücken, die ↗*Anopheles,* Gatt. der ↗Stechmücken.

Gabelnasuti, Soldatenform der Nasentermiten *(Thinotermitidae,* Fam. der ↗Termiten); G.s haben eine stark verlängerte, gegabelte Oberlippe.

Gabelschwanz, Bez. für einige Vertreter der Gatt. *Cerura* u. *Harpya* aus der Fam. Zahnspinner. Raupe mit Gabelfortsätzen (umgewandeltes letztes Afterfußpaar) am

gad- [v. gr. gados = ein nicht näher bezeichneter Seefisch, sonst auch onos (= Esel) gen.].

Gabelbock
Kopf des Gabelbocks *(Antilocapra americana)*

Gabelschwanz
Großer G., *Cerura (= Dicranura) vinula,* oben Falter, unten Raupe in typ. Schreckstellung

Hinterende, aus denen bei Störung rote Fäden austreten *(G.raupen).* Wichtigster einheim. Vertreter ist der Große G., *Cerura (= Dicranura) vinula,* kräftiger großer Falter, Spannweite bis 80 mm, Flügel hellgrau mit dunklen, stark gewellten Linien, fliegt v. Ende April bis Juli in einer Generation in Auwäldern; Raupe v. Juni bis Sept. an Weiden, Pappeln u. Espen, jung schwärzl., später grün mit hell abgegrenztem schwärzl. Sattelfleck auf der Oberseite, 3. Segment mit Höcker; bei Störung nimmt die Larve charakterist. Schreckhaltung ein: Vorderende aufgerichtet, Kopf in rotgerandeten 1. Brustabschnitt zurückgezogen, mit ausgestülpter Schwanzgabel; Prothorax mit Drüse, die ameisensäurehalt. Sekret ausspritzen kann. Verpuppung im Herbst am Stamm in Kokon aus Rindenteilen u. Holzspänen.

Gabelschwanzcercarie, *Furcocercarie, Gabelschwanzlarve, Cercaria dicranocerca,* Cercarie, deren Schwanzanhang gabelig gespalten ist. G.n finden sich z. B. bei *Proalaria spathaceum.*

Gabelstücke, Bez. für die mehr od. weniger V-förmigen fünf Radialia der ↗Blastoidea.

Gabelzahnmoose, die ↗*Dicranaceae.*

Gabun [ben. nach dem G.-Ästuar in W-Afrika], *Gabun-Mahagoni, Okoumé,* ein nadelrissiges hellmahagonirotes weiches Holz (Dichte 0,44 g/cm³) des Laubbaumes *Aucoumea klaineana* (Fam. ↗*Burseraceae);* arbeitet wenig u. findet v. a. als Schälfurnier Verwendung.

Gabunviper [ben. nach dem Gabun-Ästuar in W-Afrika], *Bitis gabonica,* ↗Puffottern.

Gackstroemia w, Gatt. der ↗Jungermanniales.

Gadiculus m [v. *gad-], Gatt. der ↗Dorsche.

Gadidae [Mz.; v. *gad-], die ↗Dorsche i. e. S.

Gadiformes [Mz.; v. *gad-, lat. -formis = -förmig], die ↗Dorschfische.

Gadinia w, veralteter Name für ↗*Trimusculus* (Gatt. der Altlungenschnecken).

Gadoidei [Mz.; v. *gad-, gr. -oeidēs = -ähnlich], die ↗Dorsche.

Gadus m [v. *gad-], Gatt. der Eigtl. ↗Dorsche.

Gaeumannomyces m [benannt nach E. ↗Gäumann, v. gr. mykēs = Pilz], Gatt. der ↗*Diaporthales* (Schlauchpilze); *G. graminis* (= *Ophiobolus graminis*) ist Erreger der ↗Schwarzbeinigkeit an Getreide.

Gaffkya w [ben. nach dem dt. Hygieniker G. T. A. Gaffky, 1850–1918], ↗*Peptococcus.*

Gagea w [ben. nach dem engl. Botaniker Sir Th. Gage (Gäidsch), 1781–1820], der ↗Gelbstern.

Gagelartige, *Myricales,* Ord. der *Hamame-*

lididae mit der einzigen Fam. *Myricaceae*, mit 4 Gatt. u. ca. 50 Arten; wichtigste Gatt. ist der ↗Gagelstrauch.

Gagelstrauch, *Myrica*, wichtigste Gatt. der *Myricaceae* mit ca. 35 Arten; Sträucher u. Bäume mit nahezu kosmopolit. Verbreitung, jedoch nicht in Australien. Die Blätter sind wechselständig, Blüten eingeschlechtig in Ähren, monözisch. Der Fruchtknoten ist oberständig u. hat 2 fädige Narben. Die schwarze wachsüberzogene Steinfrucht (ca. 0,5 cm) von *M. cerifera* aus N-Amerika dient zur Wachsherstellung für Kerzen u. Seifen. In küstennahen Heidemooren in N-Europa ist der G. i. e. S. *(M. gale)* beheimatet. ⓑ Europa VI.

Gähnen, bei Wirbeltieren weit verbreitetes u. wahrscheinl. stammesgeschichtl. altes ↗Komfortverhalten, das v. a. beim Übergang vom Schlaf in die Wachphase u. umgekehrt ausgelöst wird. Es dient urspr. wahrscheinl. der besseren Sauerstoffversorgung u. der Lockerung. Bei vielen Säugetieren hat das G. zusätzl. eine Funktion als ↗Signal gewonnen: Bei manchen Affen (Pavianen) u. bei den Flußpferden dient es als *Drohung*, bei Raubkatzen hat es umgekehrt eine *beschwichtigende* Wirkung. Bei hundeart. Raubtieren dient morgendl. gemeinsames G. der Vorbereitung *sozialer Aktivitäten*. Beim Menschen scheint es umgekehrt eher eine soziale Vorbereitung der *Schlafphase* durch G. zu geben (G. hat „ansteckende" Wirkung).

Gaidropsarus *m*, Gatt. der ↗Seequappen.

Gaillardia *w* [ben. nach dem frz. Botaniker Gaillard de Marentonneau (gajar d^emarátono), 18. Jh.], die ↗Kokardenblume.

Gaimardia *w*, Gatt. der *Gaimardiidae* (U.-Ord. Verschiedenzähner), Blattkiemenmuscheln mit dünner Schale v. weniger als 4 cm Länge; getrenntgeschlechtlich; die wenigen, dotterreichen Eier entwickeln sich in den Kiemen bis zur Jungmuschel; ca. 15 Arten, leben in den antarkt. Meeren.

Gajdusek [gaⁱduschek], *Daniel Carleton*, am. Virologe, * 9. 9. 1923 Yonkers (N. Y.); seit 1958 Prof. in Bethesda; erhielt 1976 zus. mit B. S. Blumberg den Nobelpreis für Medizin für Arbeiten über die bei Papuas verbreitete, tödl. verlaufende Lach- od. Schüttelkrankheit (Kuru-Kuru), die durch sog. langsame Viren hervorgerufen wird.

Gal, Abk. für ↗Galactose.

Galactane [Mz.; v. *galacto-], pflanzl. Polysaccharide wie z. B. Agarose (↗Agar), die Galactose als Hauptkomponente enthalten.

galactogene Übertragung [v. *galacto-, gr. -genes = entstanden], ↗Übertragung.

Galactokinase *w* [v. *galacto-, gr. kinein = bewegen], Enzym, das die ATP-verbrauchende Umwandlung v. ↗Galactose

galacto- [v. gr. gala, Gen. galaktos = Milch], in Zss.: Milch-, milchartige Flüssigkeit.

Gähnen
Beim Flußpferd hat sich aus dem Gähnen ein Drohsignal entwickelt. Der Gegner wird angegähnt, wobei die scharfen Eckzähne sichtbar werden.

β-D-Galactosamin

β-D-Galactose

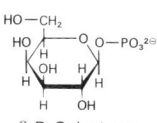

β-D-Galactose-1-phosphat

Galactose
Umwandlung von β-D-Galactose in β-D-Galactose-1-phosphat

zu Galactose-1-phosphat katalysiert u. damit den Galactoseabbau einleitet. Bei einem G.defekt sammelt sich Galactose im Serum an (↗ *Galactosämie*) u. wird verstärkt im Urin ausgeschieden (↗ *Galactosurie*). ☐ Galactose-Operon.

Galactosämie *w* [v. *galacto-, gr. haima = Blut], erbl. bedingte Stoffwechselerkrankung, die auf einem Mangel an Galactose-1-phosphat-Uridyl-Transferase beruht, wodurch Galactose-1-phosphat (↗Galactose, ↗Galactokinase) nicht in Uridindiphosphogalactose umgesetzt werden kann. Durch Anhäufung bzw. Ablagerung v. Galactose-1-phosphat im Gewebe kommt es zu Schädigungen in Leber (Leberzirrhose), Niere, Hirn (Entwicklungsrückstand) u. der Augenlinse (Katarakt). Die Symptome treten nach Beginn der Milchfütterung auf: Durchfall, Erbrechen, Gelbsucht (Ikterus), Leber- u. Milzvergrößerung; Therapie durch galactosefreie Diät.

Galactosamin *s* [v. *galacto-], *Chondrosamin*, ein Aminozucker, der, meist in acetylierter Form (↗N-Acetyl-G.), Bestandteil v. Polysacchariden ist.

Galactose *w* [v. *galacto-], Abk. *Gal*, ein Zucker (Monosaccharid) aus der Kl. der Aldohexosen (☐ Aldosen), der in freier u. phosphorylierter Form sowie als Bestandteil v. Oligosacchariden (z. B. Milchzucker, ↗Lactose), Glykosiden (z. B. ↗Cerebroside u. ↗Ganglioside) u. Polysacchariden (z. B. ↗Agar) weit verbreitet ist. In der menschl. und tier. Nahrung ist G. vorwiegend in Form v. Milchzucker, Glykolipiden u. Glykoproteinen enthalten, aus denen G. durch Spaltung mit ↗Galactosidasen freigesetzt wird. Die Aktivierung v. G. im Rahmen des G.stoffwechsels erfolgt durch Überführung in *G.-1-phosphat* (↗Galactokinase); dieses reagiert mit UDP-Glucose zu UDP-G. u. Glucose-6-phosphat (Übertragung des UMP-Restes v. UDP-Glucose). Durch die darauffolgende Umwandlung v. UDP-G. zu UDP-Glucose, katalysiert durch das Enzym UDP-G.-4-Epimerase, u. Spaltung in Glucose-1-phosphat wird G. in den Glucosestoffwechsel (z. B. die Glykolyse) eingeschleust. Die Synthese von G. erfolgt durch die entspr. Umkehrreaktionen.

Galactose-Operon *s* [v. *galacto-, lat. operare = ins Werk setzen], Abk. *gal-Operon*, ein etwa 3500 Basenpaare langer Abschnitt auf der DNA v. *Escherichia coli*, der eine Gruppe v. Genen des Galactose-Stoffwechsels u. die zugehör. Kontrollelemente umfaßt. Die Strukturgene des G.s (Abk. gal E, gal T u. gal K) codieren für die Enzyme UDP-Galactose-4-*E*pimerase, Galactose-1-phosphat-Uridyl-*T*ransferase u. Galacto-*K*inase. Die Gene werden in der Reihenfolge gal E, gal T, gal K in Form einer

Galactose-Operon

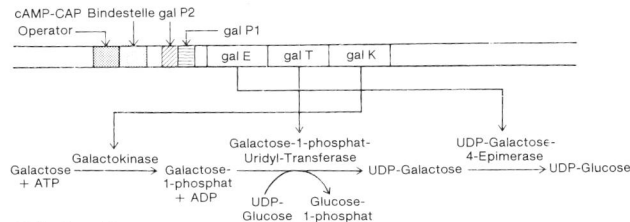

Galactose-Operon
(Nucleotidsequenz der Kontrollregion vgl. Abb. unten)

galacto- [v. gr. gala, Gen. galaktos = Milch], in Zss.: Milch-, milchartige Flüssigkeit.

polycistron. m-RNA transkribiert. Die Transkription wird einerseits durch den gal-Repressor, der v. dem nicht mehr zum G. gehörenden Regulatorgen gal R codiert wird, andererseits durch den cAMP-CAP-Komplex reguliert. Liegt im Medium weder D-Galactose noch D-Fucose vor, so bindet der Repressor an den Operator u. blockiert die Transkription der Strukturgene durch teilweise Abdeckung der beiden mögl. Startsignale (Promotoren) gal P1 u. gal P2 (negative ↗ Genregulation). Voraussetzung für die Induktion der Transkription ist die Bindung v. D-Galactose od. D-Fucose an den Repressor, wodurch dieser allosterisch verändert wird u. nicht mehr an den Operator anlagern kann. Nach der Inaktivierung des Repressors kann der cAMP-CAP-Komplex an die 5'-terminal v. den Strukturgenen in Nachbarschaft zum Operator lokalisierte cAMP-CAP-Bindestelle anlagern, was zur Folge hat, daß RNA-Polymerase an den eigtl. schwachen Promotor gal P1 mit erhöhter Frequenz bindet, um so die Transkription an Position +1 mit hoher Effizienz zu starten. Ohne cAMP-CAP-Komplex bindet RNA-Polymerase nur an den stärkeren Promotor gal P2 u. beginnt die Transkription an Position −5, allerdings mit geringerer Effizienz als bei dem cAMP-CAP-gesteuerten Transkriptionsstart an Position +1. Dadurch, daß die am Promotor gal P1 beginnende, gesteigerte Transkription der Strukturgene v. der Konzentration an cAMP-CAP abhängt, ist gewährleistet, daß die zur Ver-

wertung v. Galactose als Kohlenstoffquelle notwend. Enzyme in großen Mengen erst gebildet werden, wenn im Medium keine od. nur wenig D-Glucose (d. h. hohe cAMP-CAP-Konzentration) vorliegt. Da aber das Enzym UDP-Galactose-4-Epimerase (Produkt v. Gen gal E) auch in Ggw. v. Glucose (d. h. geringe cAMP-CAP-Konzentration) zur Synthese des Zellwandbausteins UDP-Galactose benötigt wird, ist es für die Bakterienzelle von Vorteil, zusätzl. zum stark induzierbaren u. auf den Glucosespiegel ansprechenden Promotor gal P1 auch den Promotor gal P2 zu besitzen, an dem die Transkription auch bei geringer cAMP-CAP-Konzentration, gleichsam zur Deckung des Basisbedarfs an UDP-Galactose-4-Epimerase, beginnen kann.

Galactose-1-phosph$\underline{a}$t s [v. *galacto-], ↗ Galactokinase.

β-Galactosid$\underline{a}$se w [v. *galacto-], *Lactase*, ein zur Gruppe der Glykosidasen gehörendes Enzym, das natürl. od. künstl. β-Galactoside hydrolyt. in β-Galactose u. den entspr. Rest spaltet; im Organismus für die Hydrolyse v. Lactose in β-Galactose u. Glucose verantwortl.; wird bei *E. coli* innerhalb des Lactose-Operons codiert u. ist durch β-Galactoside induzierbar.

Galactosid$\underline{a}$sen [Mz.; v. *galacto-], Gruppe v. Enzymen, durch welche Galactosidreste v. Galactosiden hydrolyt. gespalten werden; sie unterteilen sich nach der Stereospezifität der zu spaltenden α- od. β-Galactoside in α- u. β-G.

Galactos$\underline{i}$de [Mz.; v. *galacto-], Oligosaccharide u. Glykoside, die Galactose in glykosidisch gebundener Form enthalten.

Galactosid-Perme$\underline{a}$se w [v. *galacto-, lat. permeare = hindurchgehen], ein Transportprotein für Galactoside (bes. Lactose), dessen Gen zum ↗ Lactose-Operon gehört.

Galactosur$\underline{i}$e w [v. *galacto-, gr. ouron = Harn], Stoffwechselerkrankung als Folge eines Galactokinasemangels, dadurch Auf-

---

Nucleotidsequenz der Kontrollregion des Galactose-Operons

Die *Bindestelle* für RNA-Polymerase (auch „Pribnow-Box" genannt) des Promotors gal P1 liegt zw. Position −6 und −12; die bei anderen prokaryoten Promotoren vorhandene RNA-Polymerase-*Erkennungsstelle* („−35-Konsensus-Sequenz") fehlt dem Promotor gal P1. Die RNA-Polymerase-*Bindestelle* des Promotors gal P2 liegt zw. Position −11 und −17; zudem besitzt gal P2 eine RNA-Polymerase-*Erkennungsstelle* zw. Position −36 und −41. In Abwesenheit von cAMP-CAP ist gal P2 der stärkere Promotor.

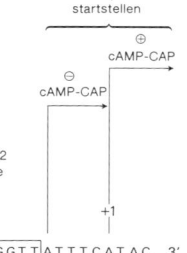

treten v. ↗Galactose im Urin; auch bei ↗Galactosämie. ↗Galactokinase.

Galacturonsäure [v. *galacto-, gr. ouron = Harn], die von ↗Galactose abgeleitete Uronsäure, die in gebundener Form in pflanzl. Polysacchariden, z. B. den Pektinen, enthalten ist.

Galagos [Mz.; v. einer afr. Sprache], *Buschbabies, Galagidae,* auf Afrika beschränkte Fam. der Halbaffen mit insgesamt 6 Arten; große, leistungsstarke Augen u. Ohren, stark verlängerte Hinterbeine (springen vorzüglich). G. sind nachtaktive Baumbewohner; sie ernähren sich v. Insekten, kleinen Wirbeltieren u. Pflanzenkost.

Galanthamin s [v. gr. gala = Milch, anthos = Blume], ↗Amaryllidaceenalkaloide.

Galanthus m [v. gr. gala = Milch, anthos = Blume], das ↗Schneeglöckchen.

Galapagosfinken, die ↗Darwinfinken.

Galapagosinseln [Mz.; v. span. galápago = Schildkröte], Inselgruppe im Pazif. Ozean, ca. 900 km westl. v. Ecuador, auf der Höhe des Äquators; 13 größere, zahlr. kleinere Inseln (nur 4 bewohnt), ca. 8000 km², ca. 10 Mill. Jahre alt, vulkan. Ursprungs. 1535 v. de Berlanga entdeckt; 1832 v. Ecuador in Besitz genommen; 1835 v. Ch. ↗Darwin besucht. Unter dem Einfluß des kalten Humboldtstroms herrscht ein nur subtrop. Klima. Die wüstenhaften Küstenregionen werden erst in höheren Lagen v. feuchten Gebieten mit üppiger Vegetation abgelöst. Die *Fauna* der G. weist zahlr. endem. Formen auf, hierunter die Riesenschildkröte *Testudo elephantopus,* der die Inselgruppe ihren Namen verdankt. Obwohl alle Inseln sehr ähnl. ökolog. Bedingungen aufweisen, bestehen deutl., isolationsbedingte Unterschiede in der Artenzusammensetzung. Die Wirksamkeit der geogr. Isolation zeigt sich auch in der bei manchen Formen ausgeprägten morpholog. Differenzierung zw. den Populationen der einzelnen Inseln (z. B. Kielschwanzleguane, Meerechse *Amblyrhynchus cristatus*). Einerseits ist die Fauna der G. relativ artenarm im Vergleich zur Fauna des südam. Festlandes. (Amphibien u. primäre Süßwasserfische fehlen.) Andererseits zeigen z. B. die ↗Darwinfinken *(Geospizinae)* eine außergewöhnl. ↗adaptive Radiation (B). Abgesehen v. der Pelzrobbe u. einigen eingeschleppten Arten (z. B. Hausschwein), sind die Säuger nur durch Kleinformen vertreten (Reisratten, Fledermäuse), größere Räuber fehlen; hierauf dürfte die Entstehung des flugunfähigen Kormorans *Nannopterum harrisi* zurückzuführen sein. Die reichen Fischgründe bieten einer Vielzahl v. Meeresvögeln Nahrung (z. B. Albatros, Blaufußtölpel, Fregattvogel, Galapagospinguin). B Südamerika VIII.

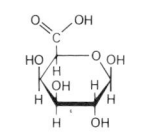

β-D-Galacturonsäure (Ringform)

Galagos
Arten:
Buschwaldgalago *(Galago alleni)*
Östl. Kielnagelgalago *(G. inustus)*
Westl. Kielnagelgalago *(G. elegantulus)*
Riesengalago *(G. crassicaudatus)*
Senegalgalago *(G. senegalensis)*
Zwerggalago *(G. demidovii)*

Der bekannte Senegalgalago od. Moholi *(Galago senegalensis;* Kopfrumpflänge 16–20 cm, Schwanzlänge 20–25 cm) bewohnt in 10 U.-Arten Trockenwälder u. Savannen südl. der Sahara. In lichten Wäldern S-Afrikas lebt der Riesengalago *(G. crassicaudatus;* 11 U.-Arten; Kopfrumpfu. Schwanzlänge je 35 cm). Reiner Waldbewohner ist der Zwerggalago *(G. demidovii;* 7 U.-Arten; Kopfrumpflänge 14 cm, Schwanzlänge 18 cm).

galacto- [v. gr. gala, Gen. galaktos = Milch], in Zss.: Milch-, milchartige Flüssigkeit.

Galathealinum s [ben. nach der myth. Galatea, v. gr. halinos = vom Meer], Gatt. der *Pogonophora* (Bartwürmer) aus der Ord. *Thecanephria,* die aus kanad. Küstenregionen bekannt ist u. sich durch einige Primitivmerkmale u. große Ähnlichkeit mit den † aus kambr. Schichten als Fossil bekannten ↗Hyolithellida auszeichnet.

Galatheidae [Mz.; ben. nach der myth. Galatea], die ↗Furchenkrebse.

Galaxea w [v. gr. galaxêeis = milchweiß], Gatt. der ↗Steinkorallen.

Galaxioidei [Mz.; v. gr. galaxiaios = milchweiß], die ↗Hechtlinge.

Galba w [wohl v. lat. galbus = grünlichgelb], Gatt. der Schlammschnecken, Wasserlungenschnecken mit dünnschaligem, rechtsgewundenem Gehäuse von längl.-eiförm. Umriß. In Mitteleuropa findet sich die Kleine Schlammschnecke *(G. truncatula),* deren Gehäuse nur etwa 1 cm hoch wird; die Umgänge sind stark gewölbt; sie lebt auch in kleinsten Gewässern u. ist als Überträgerin des Großen Leberegels v. wirtschaftl. Bedeutung.

Galban s [v. lat. galbanum = Mutterharz], *Galbanum, Mutterharz, Galbensaft,* bräunlichgelbes, würzig riechendes Gummiharz v. *Ferula galbaniflua* u. a. *Ferula-*Arten; enthält 50–65% Harz, 15–20% Gummi u. bis zu 22% äther. Öl. G. war schon im fr. Altertum bekannt; bei altisraelit. Kulthandlungen wurde neben Weihrauch u. Myrrhe auch G. geopfert. In der Volksmedizin wird G. u. a. gegen Rheuma und als Hustenmittel verwendet; technisch als Diamantenkitt.

Galbulidae [Mz.; v. lat. galbulus = kleiner grüngelber Vogel], die ↗Glanzvögel.

Galbulimima w [v. lat. galbulus = grüngelb, gr. mimos = Schauspieler], einzige Gatt. der ↗Himantandraceae.

Galea w [lat., = Helm], die ↗Außenlade; ↗Mundwerkzeuge.

Galega w, Gatt. der ↗Hülsenfrüchtler.

Galen, eigtl. *Claudius Galenos,* röm. Arzt griech. Abstammung, * 129 (?) Pergamon, † 199 (?) Rom; ab 158 in Pergamon Arzt der Gladiatoren, ca. 169 in Rom, wo er durch Vorlesungen u. therapeut. Erfolge rasch berühmt wurde; Leibarzt v. Mark Aurel u. Lucius Verus; verband die Anatomie u. Physiologie in seinen Betrachtungen u. verfaßte ca. 300 Schriften teils med., teils philosoph. Inhalts; u. a. ausführl. Arbeiten über Diätetik, Heilpflanzen, Analyse des Pulses, Anatomie, Behandlung v. Knochenbrüchen u. a.; beschrieb Pleura u. Peritoneum; seine noch ganz auf aristotelischem Gedankengut fußende Autorität beherrschte das Denken der Medizin in der christl. Welt bis ins 17. Jh.

galenische Arzneimittel [ben. nach ↗Galen], *Galenika,* pharmazeut. Zubereitungen aus Drogen, z. B. Tinkturen, Extrakte, Salben, Pflaster, im Ggs. zu rein chem. hergestellten Präparaten u. zu den Rohdrogen. Die Lehre v. der Herstellung u. Anwendung g.r A. *(Galenik)* ist ein Teilgebiet der allg. Pharmazie.

Galeocerdo *m* [v. gr. galeos = Hai, kerdō = Fuchs], Gatt. der ↗Blauhaie.

Galeodea *w* [v. lat. galea = Helm], Gatt. der Helmschnecken, marine Mittelschnecken mit längl.-ovalem, festem Gehäuse u. meist niedr. Gewinde. 2 Arten: *G. echinophora* (ca. 10 cm hoch) lebt im Mittelmeer auf Sand- u. Schlammböden in 15–60 m Tiefe, wird auf Fischmärkten gehandelt; *G. rugosa* (bis 13 cm) kommt auf Schlammböden im O-Atlantik u. Mittelmeer vor; nicht häufig.

Galeodes *m* [v. gr. galeōdēs = einem Wiesel ähnlich], Gatt. der ↗Walzenspinnen.

Galeoidei [Mz.; v. gr. galeos = Hai], die Echten ↗Haie.

Galeolaria *w* [v. lat. galeola = helmartig vertieftes Geschirr], Gatt. der ↗Calycophorae.

Galeomma *s* [v. gr. galeē = Wiesel, omma = Auge], Gattung der *Galeommatidae* (U.-Ord. Verschiedenzähner), Blattkiemenmuscheln, die oft als Kommensalen an marinen Wirbellosen leben. Die im Mittelmeer u. O-Atlantik vorkommende *G. turtoni* wird ca. 1 cm lang; kriecht auf Sandböden, auf Schwämmen u. Manteltieren.

Galeopsion segetum *s* [v. ↗Galeopsis, lat. seges, Gen. segetis = Saatfeld], Verb. der ↗Androsacetalia alpinae.

Galeopsis *w* [v. gr. galeōpsis = Taubnessel (eigtl. Wieselauge)], der ↗Hohlzahn.

Galeorhinus *m* [v. gr. galeos = Hai, rhinē = rauhhäutige Haifischart], Gatt. der ↗Blauhaie. [der ↗Lerchen.

Galerida *w* [v. lat. galerus = Kappe], Gatt.

Galeriewald, bach- od. flußbegleitender Wald, der sich als schmales Band v. der umgebenden Vegetation abhebt.

Galerina [v. lat. galerus = Kappe], die ↗Häublinge.

Galerites *m* [v. lat. galeritus = mit einer Kappe, Haube bedeckt], Gatt. fossiler ↗Seeigel aus der oberen Kreide (Ord. *Holectypoida,* U.-Kl. *Irregularia).*

Galerucella *w* [v. lat. galea = Helm, Schild, eruca = Raupe], Gatt. der ↗Blattkäfer.

Galetta *w* [v. frz. galette = flacher Kuchen, Schiffszwieback], Gatt. der ↗Calycophorae.

Galeus *m* [v. gr. galeos = Hai], Gatt. der ↗Katzenhaie.

Galgant *m,* die ↗Alpinia.

Galictis *w* [v. gr. galeē = Wiesel, iktis = Marder], die ↗Grisons.

Galio-Abietion
Auch die montanen Tannenwälder, die bei niederschlagsreichem Klima auf tonigen od. kalkarmen Böden in der montanen bis subalpinen Stufe zw. der Buchen- u. der Fichtenstufe vermitteln, lassen sich systemat. zu den Buchenwäldern des *Fagion*-Verb. stellen. Das Artengefüge der staunassen, bodensauren Tannenwälder des niederschlagsreichen Klimas der submontanen bis montanen Höhenstufe ist hingegen dem der Fichtenwälder oft schon so ähnl., daß ihre Einreihung in die Ord. der *Vaccinio-Piceetalia* in Erwägung gezogen werden kann.

gall- [v. lat. galla = Gallapfel].

Galidiinae [Mz.; v. gr. galideus = junges Wiesel], die ↗Madagaskar-Mungos.

Galinsoga *w* [ben. nach dem span. Arzt M. Martínez de Galinsoga, 1766–97], das ↗Franzosenkraut.

Galio-Abietion *s* [v. gr. galion = Labkraut, lat. abies, Gen. abietis = Tanne], *Tannen-Mischwälder, Weißtannenwälder,* U.-Verb. der Buchenwälder *(↗Fagion sylvaticae).* Von Natur aus nadelholzreiche Waldges. Mittel- u. SO-Europas mit Tanne, Fichte u. geringem Buchenanteil, die im Hinblick auf den Kontinentalitätsgrad des Klimas, die bevorzugte Höhenstufe, ihr Verbreitungsgebiet u. ihren Unterwuchs zw. Buchen- u. Fichtenwäldern vermitteln und in ihrer Physiognomie und Lichtökologie eher als „schattige Nadelwälder" anzusprechen sind. Innerhalb des Buchenareals kommt die Tanne an Standorten zur Vorherrschaft, wo Bodennässe od. -trockenheit, eine zu kurze Vegetationsperiode od. scharfe Winterfröste die Konkurrenzkraft der Buche mindern. Den Buchenwäldern florist. am ähnlichsten sind die subkontinentalen Tannenwälder, die in subkontinental getöntem Klima auf mehr od. minder basenreichen Böden in der planaren bis montanen Höhenstufe anzutreffen sind. Hierher gehören die Kalktannenwälder auf der Muschelkalk-Hochfläche der Baar *(Piceo-Abietetum)* u. die auf tonigen Böden des O-Schwarzwaldes stockenden Tannen-Mischwälder *(Pyrolo-Abietetum).* In ihrem gesamten Verbreitungsgebiet ist die Tanne durch übermäßige Luftverschmutzung (↗saurer Regen) stark geschädigt u. somit das Fortbestehen der nur in Europa vorkommenden Weißtannenwälder in akuter Gefahr. ↗Waldsterben.

Galio-Carpinetum *s* [v. gr. galion = Labkraut, lat. carpinus = Hainbuche], *Elsbeeren-Eichen-Hainbuchenwald, Labkraut-Eichen-Hainbuchenwald,* Assoz. der Eichen-Hainbuchenwälder *(↗Carpinion betuli);* in den v. subkontinentalem Klima geprägten u. durch trocken-warme Sommer ausgezeichneten Tieflagen Mitteleuropas verbreitete Waldges. In Dtl. finden sich Galio-Carpineten in den Regenschattengebieten v. Harz, Rhön, Spessart sowie in der Oberrhein. Tiefebene bis nach Basel. Sie sind durch wärmeliebende Arten wie Elsbeere u. Speierling *(Sorbus torminalis* und *S. domestica),* Liguster *(Ligustrum vulgare)* u. Maiglöckchen *(Convallaria majalis)* ausgezeichnet.

Galium *s* [v. gr. galion =], das ↗Labkraut.

Gall, *Franz Joseph,* dt. Anatom, * 9. 3. 1758 Tiefenbronn, † 22. 8. 1828 Montrouge (Hauts de Seine); Begr. der pseudowiss. „Phrenologie", mit der er versuchte, aus bestimmten Schädelformen Charakter-

Gallensäuren

merkmale abzuleiten; untersuchte den Faserverlauf v. Hirn- u. Rückenmarksnerven.

Gallapfel [v. *gall-], kugelförmige Pflanzengalle, erzeugt z. B. von ↗ Gallwespen an Eichen (Eichengalle, Eichapfel, *Galla quercina*) u. Pistazien, v. Blattläusen am chin. und japan. Sumach; hoher Gehalt an Gerb- u. Gallussäure, die schon im alten Ägypten zur Herstellung v. Tinte, später auch zum Gerben u. Färben od. als Mittel gegen chron. Katarrhe eingesetzt wurde. B Parasitismus I.

Galle, 1) *Bilis,* bei Wirbeltieren ein Sekret der Leber mit Detergens-Wirkung beim enzymat. Abbau der wasserunlösl. Lipide (↗ Emulgatoren, ↗ Gallensäuren); enthält ferner die Stoffwechselendprodukte ↗ Gallenfarbstoffe, die als Exkrete ausgeschieden werden; regt außerdem die Dickdarm-Peristaltik an. 2) ↗ Gallen.

Gallein s, *Dihydroxyfluorescein, Pyrogallophthalein, Alizarinviolett,* $C_{20}H_{12}O_7$, roter bis rotbrauner, chem. mit Fluorescein verwandter synthet. Farbstoff, der als Säure-Basen-Indikator dient (pH 3,8 braungelb, pH 6,6 rosa) u. zum Phosphatnachweis im Harn verwendet wird (Reaktion mit Monophosphaten ergibt gelbe, mit Diphosphaten rote u. mit Triphosphaten violette Färbung).

Gallen [Mz.; v. *gall-], abnorme, spezif. geformte Gewebswucherungen bei Pflanzen u. Tieren, meist v. anderen Organismen hervorgerufen. 1) *Pflanzen-G., Cecidien,* können durch pflanzl. Organismen bedingt (*Phytocecidien* durch Knöllchenbakterien, Schlauch- u. Rostpilze) od. von Tieren erzeugt sein (*Zoocecidien,* durch Gallmükken, Gallwespen, Blattwespen, Blattläuse, Schmetterlinge, Rüsselkäfer, Gallmilben, Nematoden u. Rotatorien). Als Nutzen der Pflanzen-G. für die Nachkommen des G.erzeugers gelten Schutz u. Nahrungsgewinnung, außerdem herrscht im Innern von G. ein bes. Mikroklima, z. B. entwicklungsfördernd erhöhte Temp. Der Mechanismus der G.entstehung ist kompliziert u. ungenügend bekannt; sicher ist, daß der Speichel G.-erzeugender Blattläuse u. Gallmükken u. die erzeugten G. Auxine u. spezif. Aminosäuren enthalten, mit denen auch experimentell G. erzeugt werden können. B Parasitismus I. 2) *Tier-G.,* z. B. bei Haarsternen (Crinoiden) nach Befall mit Myzostomiden. 3) ohne Einwirkung anderer Organismen: Geschwülste an Gelenkkapseln od. Sehnenscheiden bei Pferd u. Rind infolge v. Überanstrengung od. Konstitutionsschwäche.

Gallenalkohole, vom 5β-Cholestan abgeleitete C_{27}- (selten C_{26}- od. C_{28}-) Hydroxysteroide, die in Form v. Schwefelsäureestern (Gallenalkoholsulfate) in der Galle v.

Gallen
Einteilung und Benennung von Pflanzengallen
1) Nach dem Ort ihrer Entstehung:
 Wurzel-G.
 Stengel-G.
 Blattstiel-G.
 Blatt-G.
 Knospen-G.
 Blüten-G.
 Frucht-G.
2) Nach dem Erzeuger, z. B.:
 Dipterocecidien
 Acarocecidien
3) Nach der Form:
 Filz-G.
 Beutel-G.
 Mark-G.
 Deckel-G.
 Ananas-G.
 Runzel-G.
 Umwallungs-G.
4) Nach der Kompliziertheit ihres Aufbaues:
 einfache G.
 zusammengesetzte G.
5) Nach dem Grad der Neubildung:
 organoide G. (durch Änderung bestehenden Gewebes)
 histioide G. (als Neubildungen)

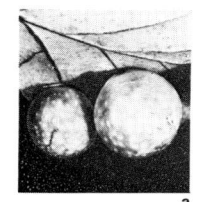

Pflanzengallen: **a** Galläpfel an der Eiche, **b** Rosengalle, **c** aufgeschnittene Ananasgalle der Fichte (mit Jungläusen in den Hohlräumen)

Fischen u. Amphibien vorkommen (↗ Gallensäuren].

Gallenblase, *Vesica fellea, Cystis fellea,* bei Wirbeltieren eine Erweiterung des Hauptsammelganges der Leber u. damit ein Speicherort der Gallenflüssigkeit, in dem es durch Rückresorption v. Wasser u. Salzen u. eine Beimengung v. Schleim zu einer Eindickung der ↗ Galle kommt. Bei Fischen, Amphibien u. Reptilien stets vorhanden, fehlt jedoch bei einer Reihe v. Vögeln u. Säugern. Beim Menschen bildet die G. einen 8–12 cm langen u. 3–5 cm breiten Sack. Die Entleerung der G. erfolgt auf Vagusreiz über das in der Duodenumschleimhaut gebildete Hormon ↗ Cholecystokinin. B Darm.

Gallenfarbstoffe, die durch den Abbau des Porphyringerüsts, bes. der Hämgruppe des Hämoglobins, entstehende Gruppe v. Farbstoffen mit 4 Pyrrolringen, wovon Bilirubin, Biliverdin, Stercobilin u. Urobilin die wichtigsten Vertreter sind.

Gallenfieber ↗ Piroplasmosen.

Gallenläuse, die ↗ Tannenläuse.

Gallensäuren, vom 5β-Cholestan bzw. der *Cholansäure* abgeleitete C_{24}- od. C_{27}- (selten C_{28}-)Hydroxysteroide, die in Form v. Taurin- bzw. Glycin-Konjugaten als verdauungsfördernde Bestandteile in der Galle v. Wirbeltieren vorkommen. C_{24}-G. treten als Taurin-Konjugate in der Galle v. Knochenfischen, Schlangen, Vögeln u. Säugetieren, bei letzteren auch als Glycin-Konjugate, auf; Amphibien u. Reptilien (außer Schlangen) enthalten dagegen in ihrer Galle Taurin-Konjugate der C_{27}-G. (in Krötengalle: C_{28}-G.). *Konjugierte G.* liegen aufgrund ihrer niedrigen pK-Werte (im Ggs. zu den unkonjugierten G.) im physiolog. pH-Bereich fast vollständig dissoziiert vor, stellen daher anion. Detergentien dar u. wirken als Fett-↗ Emulgatoren (Bildung v. Micellen, □ Emulgatoren). Außerdem tragen G. durch Aktivierung v. Lipasen zur Verdauung v. ↗ Fetten bei. In der menschl. Galle als Taurin- u. Glycin-Konjugate vorkommende G. sind *Cholsäure, Chenodesoxycholsäure, Desoxycholsäure* u. *Lithocholsäure* (im Verhältnis 2,6 : 2,6 : 1 : Spur). Cholsäure u. Chenodesoxycholsäure (sog. *primäre G.*) werden in der Leber direkt aus Cholesterin gebildet u. in den Dünndarm sezerniert. Erst dort werden durch Darmbakterien aus den primären G. die *sekundären G.* Desoxycholsäure u. Lithocholsäure gebildet. Der größte Teil der tägl. sezernierten G. wird wieder resorbiert, über die Pfortader der Leber zugeführt u. erneut mit der Galle ausgeschieden (*enterohepatischer Kreislauf*). Die Bildung der G. aus Cholesterin (wichtiges Regulationsenzym ist die Cholesterin-7α-Hydroxylase) u. ihr entero-

413

Gallensteine

Gallensäuren

Ausschnitt aus dem Stoffwechsel

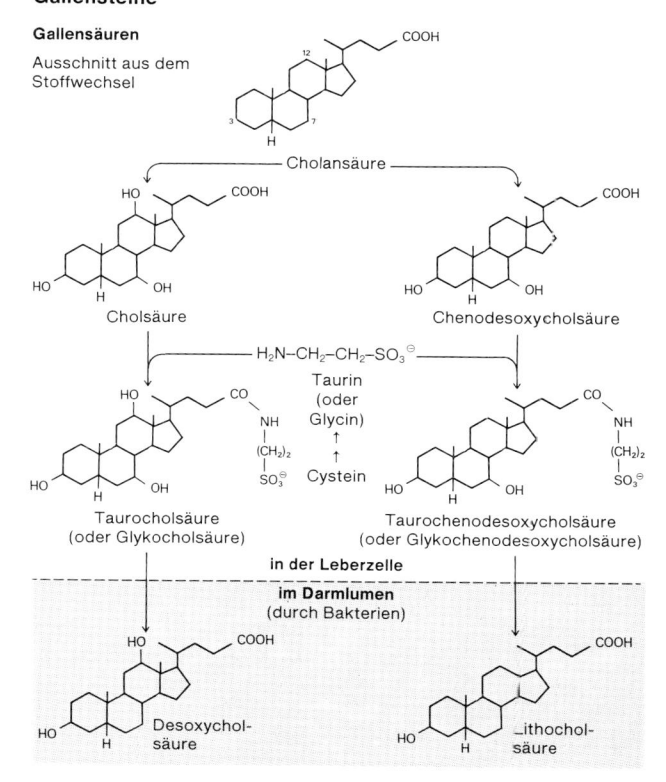

Cholansäure → Cholsäure, Chenodesoxycholsäure

$H_2N-CH_2-CH_2-SO_3^{\ominus}$
Taurin (oder Glycin)
↑ Cystein ↑ $SO_3^{\ominus}$

Taurocholsäure (oder Glykocholsäure)
Taurochenodesoxycholsäure (oder Glykochenodesoxycholsäure)

in der Leberzelle

im Darmlumen (durch Bakterien)

Desoxycholsäure, Lithocholsäure

hepat. Kreislauf sind für die Regulation des Cholesterin- bzw. des Gesamt-Steroid-Stoffwechsels der Säugetiere v. Bedeutung.

Gallensteine, *Cholelithe,* in der Gallenblase od. den Gallenwegen sich bildendes, aus Cholesterin, Bilirubin, Ca-Phosphat od. Protein bestehendes, rundl. od. kantiges, weißl., grünes od. braunes Konkrement. Homogene G. enthalten nur einen Bestandteil, heterogene bestehen aus Bilirubinkalk od. Cholesterinpigmentkalk (am häufigsten); reine Cholesterinsteine kommen fast immer als Solitärsteine vor. Ursachen: Entzündungen im Gallensystem, erschwerter Galleabfluß, bestimmte Stoffwechselstörungen. Klin. Symptome können sein: Übelkeit, Fettunverträglichkeit, Brechreiz, Oberbauchbeschwerden; bei Verschluß der Gallenwege tritt ein Ikterus auf. Diagnostik durch Röntgen- od. Ultraschalluntersuchungen; Therapie operativ, reine Cholesterinsteine können durch Chenocholsäuren aufgelöst werden.

Galleria *w* [it., = Tunnel, Stollen], Gatt. der Zünsler, ↗Wachsmotten.

Gallertbecherlinge [Mz.; v. *gallert-], die ↗Bulgariaceae.

Gallerte [Mz.; v. *gallert-], Kolloide im Gelzustand v. zähelast. Konsistenz mit hohem Lösungsmittelanteil (meist Wasser, bis 99%); bei Trocknung bildet sich eine feste Masse, die durch Zugabe eines Lösungsmittels wieder quillt, oft erst beim Erhitzen. G. dienen zur Herstellung fester Nährböden in der Mikrobiologie u. zur Produktion v. Nahrungsmitteln. Sie können aus Gelatine, Agar-Agar, Pektin, Leim, Kieselsäure u. a. polymeren Stoffen bestehen.

Gallertflechten [Mz.; v. *gallert-], Blaualgenflechten, die bei Wasseraufnahme eine gallert. Konsistenz annehmen. Im trockenen Zustand sind G. spröde u. meist schwärzl., grau od. braun gefärbt. Es kommen sehr verschiedene Wuchsformen vor. Der Thallus ist gewöhnl. homöomer. Die Gestalt der G. wird wesentl. v. Algenpartner (oft *Nostoc*) bestimmt, dessen Gallerte die Pilzhyphen locker durchziehen. Die bekanntesten G. gehören zu den ↗Collemataceae. B Flechten I.

Gallertgewebe [v. *gallert-], mehr od. weniger zellarme tier. Gewebe, deren weite Interzellularräume v. faserarmer gallert. Grundsubstanz (↗Mucopolysaccharide) erfüllt sind, wie sie z. B. in der Mesogloea der Hohltiere od. der „Whartonschen Sulz" (↗Bindegewebe) im Nabelstrang der Säuger vorliegen. B Bindegewebe.

Gallerthüllen [v. *gallert-], kolloiddispers verschleimte äußere, polysaccharidhalt. (u. a. Pektine, Hemicellulose) Zellwandschichten, bes. vieler Algen; schützen u. a. vor zu raschem Austrocknen.

gallertiges Bindegewebe [v. *gallert-], ↗Bindegewebe.

Gallertkäppchen [v. *gallert-], ↗Leotia.

Gallertkapsel [v. *gallert-], die ↗Gloeocapsa.

Gallertpilze [v. *gallert-], die ↗Zitterpilze.

Gallerttrichter [Mz.; v. *gallert-], *Guepinia helvelloides,* ↗Zitterpilze.

Gallicolae [Mz.; v. *gall-, lat. colere = bewohnen], Lebewesen im Innern v. ↗Gallen; speziell sind meist die in Blattgallen der Rebe lebenden Stadien der Reblaus gemeint.

Galliformes [Mz.; v. lat. gallus = Hahn, forma = Gestalt], die ↗Hühnervögel.

Galli-Mainini-Reaktion [ben. nach dem argentin. Arzt C. Galli-Mainini], *Krötentest,* schneller Schwangerschaftstest: künstl.

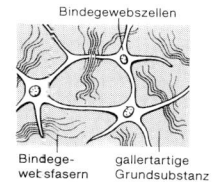

Bindegewebszellen

Bindegewebsfasern — gallertartige Grundsubstanz

Gallertgewebe

---

gallert- [über mhd. galreide, mlat. gelatria v. lat. gelare = einfrieren, eindikken].

Gallensteine

In der Gallenblase sind neben den Gallensäuren u. ihren Derivaten fettähnl. Substanzen (Lipoide), Sterine u. Phosphatide, gelöst. Die Gallensäuren bilden mit den Lipoiden Micellen (☐ Emulgatoren). Bei mangelnder Produktion v. ↗Gallensäuren fallen insbes. die Sterine aus u. bilden unlösl. Gallensteine. Etwa 20% unserer Bevölkerung leiden unter Gallensteinen, Frauen wesentl. häufiger als Männer. Eine Schwangerschaft u. Übergewicht begünstigen die Gallensteinbildung. Die Abb. zeigt oben Gallensteine, unten Gallengrieß.

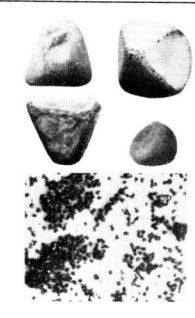

Brunst bei männl. Kröten *(Bufo vulgaris)* nach Injektion v. Schwangerenharn in den Lymphsack am Rücken. Test nach 2–24 Std. ablesbar.

Gallinago w [v. lat. gallina = Huhn], Gatt. der ↗Bekassinen. [↗Teichhühner.

Gallinula w [lat., = Hühnchen], Gatt. der

Gallionella, Gatt. in der Gruppe der knospenden u./od. Bakterien mit Anhängseln (unsichere taxonom. Einordnung). Gramnegative, nach der Teilung bewegl. Zellen mit polarer od. subpolarer Begeißelung. Die meist bohnen- bis nierenförm., auch stäbchen- od. kokkenförm. Zellen bilden verschieden geformte, gelartige Stiele aus, die oft spiralig gewunden sind. Sie haften an festen Unterlagen u. sind durch eingelagertes Eisenhydroxid braun gefärbt. G.-Arten kommen meist in kühlen, verhältnismäßig reinen (oligotrophen), eisenhalt. Gewässern (Quellen, Brunnen) u. auch im Erdboden vor. Energie (ATP) wird v. den Zellen vermutl. durch Oxidation v. Eisen-II-Verbindungen gewonnen (Chemolithotrophie, ↗eisenoxidierende Bakterien). Im Boden kommen vermutl. auch chemoorganotrophe Formen vor. Bekannteste Art ist *G. ferruginea*, eines der „klassischen" Eisenbakterien.

Gallmilben [Mz.; v. *gall-], *Tetrapodili*, U.-Ord. der Milben, deren Vertreter nur 0,08–0,27 mm groß werden u. im pflanzl. Gewebe leben od. Pflanzensaft saugen; haben ihren Namen v. den mannigfaltig geformten Wucherungen (↗Gallen), die sie an den Wirtspflanzen verursachen (Wirrzöpfe an Weiden, Hexenbesen, Filzrasen, kleine Hörnchen, Nagelgallen). Die Form der Gallen ist spezif. Der Körper der G. ist in Anpassung an ihre Lebensweise stark vom normalen „Milbenhabitus" abweichend: sie sind wurmförm. gestreckt u. sekundär geringelt (Beweglichkeit in engen Gängen!), nur die Beinpaare 1 u. 2 sind ausgebildet, u. die Cheliceren sind stilettart. Saugorgane. Der Darm ist einfach, Herz, Atmungs- u. Exkretionsorgane fehlen (geringe Körpergröße!). Die Entwicklungszeit über Larve u. 1 freies Nymphenstadium dauert unter guten Bedingungen nur 10–15 Tage, so daß Massenvermehrungen die Regel sind. (Trotzdem spielen G. in Mitteleuropa als Schädlinge nur eine untergeordnete Rolle.). Häufig sind nur 2–3% männl. Tiere vorhanden. Die Ausbreitung auf eine neue Wirtspflanze erfolgt durch den Wind (direkt od. mit verwehten Blättern u. Zweigen). Den Winter verbringen die Tiere meist in Knospenschuppen. Wichtigste Fam.: *Eriophyidae* mit über 400 Arten (meist der Gatt. *Eriophyes*).

Gallmücken [v. *gall-], *Cecidomyiidae*, *Itonididae*, Fam. der Mücken mit 4000 Arten,

gall- [v. lat. galla = Gallapfel].

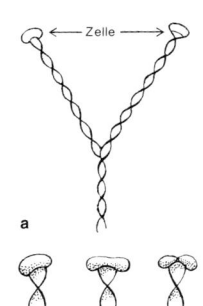

Gallionella

G. ferruginea, **a** Teil eines dichotom verzweigten Stiels, **b** Teilung der Bakterienzelle an der Spitze des Stiels

Gallmilben

Gallmilben heimischer Nutz- und Zierpflanzen:

Birnblatt-Pockenmilbe *(Eriophyes piri)*, rötl. Knoten u. Fruchtverunstaltungen
Haselnuß-G. *(E. avellanae)*, Knospenmißbildung (Rundknospen)
Johannisbeer-G. *(E. ribi)*, verhindert od. verfrüht Knospentreiben
Pflaumen-G. *(E. phloeocoptes)*, Rindengallen mit Triebschäden
Rebstock-G. *(E. vitis)*, Fleckenkrankheit des Weinstocks
Syringen-G. *(E. loewi)*, Blütensucht des Flieders
Birnblatt-G. *(Epitrimerus ribi)*, erzeugt eingerollte Ränder, Entfärbung, Welken
Kümmel-G. *(Aceria carvi)*, Verlauben der Samen
Rebstock-G. *(Phyllocoptes vitis)*, Kräuselsucht der Blätter

davon in Mitteleuropa ca. 400. Die Imagines sind unscheinbar u. nur wenige mm groß. Die großen Komplexaugen sind über der Stirn häufig durch eine Art Brücke verbunden; die 4- bis 36gliedr. Antennen besitzen bei vielen G. dornen- u. borstenförm. od. schleifen- u. ösenförm. Anhänge. Die Mundwerkzeuge sind schwach ausgebildet od. ganz verkümmert; auch die relativ kurzen, schwach geäderten 2 Flügel sind bei manchen G. zurückgebildet. Das Weibchen besitzt eine aus dem 9. Hinterleibssegment gebildete Legeröhre, mit der die Eier an od. in Pflanzenteile gelegt werden. Viele, aber nicht alle Arten der G. rufen dadurch an den Wirtspflanzen die Bildung v. ↗Gallen hervor, in denen sich die Larven entwickeln. Die Larven anderer G. ernähren sich v. Pflanzenteilen, ohne Gallen zu verursachen od. nisten sich in fremden Gallen ein *(Inquilinen)*. Auch parasit. u. räuber. Arten kommen vor. Durch Fraß u. Gallen können viele G. sehr schädl. sein. Die Larven der Sattelmücke *(Haplodiplosis equestris)* schädigen die Halme v. Weizen u. Gerste; mehrere Organe der Erbse können v. der Erbsengallmücke *(Contarinia pisi)* befallen werden. In die Schoten vieler Kreuzblütler, bes. des Rapses, legt die Kohlschoten(gall)mücke *(Dasyneura brassicae)* ihre Eier; unter günst. Bedingungen können bis zu 6 Generationen im Jahr durchlaufen werden. Die sog. Drehherzigkeit des Kohls, bei der die Kopfbildung verhindert wird, wird durch die Lar-

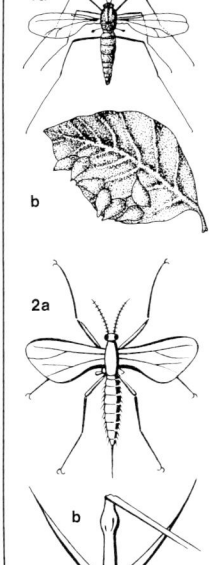

Gallmücken

1a Buchengallmücke *(Mikiola fagi)*, **b** Gallen an Buchenblatt;
2a Hessenmücke *(Mayetiola destructor)*, **b** Schadbild an einer Getreidepflanze

Wichtige Arten:

Buchengallmücke *(Mikiola fagi)*
Erbsengallmücke *(Contarinia pisi)*
Hessenmücke, Hessenfliege *(Mayetiola destructor)*
Kohldrehherz(gall)-mücke *(Contarinia nasturtii)*
Kohlschoten(gall)-mücke *(Dasyneura brassicae)*
Okuliermade *(Thomasiniana oculiperda)*
Sattelmücke *(Haplodiplosis equestris)*

Gallotannine

ven der Kohldrehherz(gall)mücke *(Contarinia nasturtii)* verursacht; das Saugen der Larven am Stielgrund bewirkt außerdem eine Verdrehung der Blätter. Die Hessenmücke od. Hessenfliege *(Mayetiola destructor)* richtet an vielen Getreidearten, bes. am Weizen, Schaden an; die Eier werden auf die Blattoberseiten gelegt, die Larven dringen an den Blattscheiden in die Pflanze ein, es kommt zu keiner Gallbildung. An der Wundstelle zw. Edelreis u. Unterlage bei okulierten Rosen u. Obstbäumen parasitieren die Okuliermaden *(Thomasiniana oculiperda),* deren Eier vom Weibchen genau an diese Stelle gelegt wurden. Häufig an Buchen sind die 4 bis 12 mm hohen, kegelförm., an einer Seite meist rot gefärbten Gallen der Buchengallmücke *(Mikiola fagi)* zu finden.

Gallotannine [Mz.; v. *gall-, frz. tanner = gerben], ↗Gerbstoffe.

Gallus *m* [lat., = Hahn], das ↗Haushuhn.

Gallusgerbsäure [v. *gall-], das ↗Tannin.

Gallussäure [v. *gall-], *Trihydroxybenzoesäure,* farblose Kristallnadeln, in ↗Galläpfeln, Teeblättern u. Eichenrinde vorkommend. Gewinnung aus dem Gerbstoff Tannin; dient zur Herstellung v. Pyrogallol, Eisengallustinten u. Farbstoffen.

Gallwespen [v. *gall-], *Cynipidae,* Fam. der Hautflügler mit weltweit bisher ca. 1600 bekannten Arten. Die G. sind 1–3 mm groß; wie bei allen ↗*Apocrita* ist das erste Hinterleibssegment in die Brust einbezogen, während das zweite ein kurzes Stielchen bildet. Die Fühler sind ungekniet, mit 12–16 Gliedern. Die Brust trägt bei vielen Arten ein Schildchen; die Flügel sind nur einfach geädert. Der Hinterleib ist höher als breit u. oft linsenförm. abgeplattet; an der Hinterleibsspitze entspringt ein Legebohrer; die gestielten Eier vieler Arten entwickeln sich parasitisch od. hyperparasitisch in anderen Insekten. Die Larven der meisten Arten entwickeln sich jedoch in charakterist. ↗Gallen. Sie entstehen aus pflanzl. Gewebe, dessen Bildung durch die Eiablage des Weibchens induziert wurde. Die Gestalt u. Lage der Gallen an verschiedenen Pflanzenteilen ist artspezif., so daß die Bestimmung der G. hierdurch oft einfacher ist als durch die Körpergestalt selbst. Viele Arten der G. durchlaufen einen Generationswechsel mit parthenogenet. u. geschlechtl. Generation, deren Gallen sich in Form u. Größe unterscheiden. Die meisten eur. Arten entwickeln sich an Eichen *(Quercus):* Die bekannteste G. ist *Cynips quercifolii,* der Erzeuger der bis 2 cm großen, später roten Eichen-↗Galläpfel auf der Blattunterseite. Aus diesen Gallen schlüpfen im Winter geflügelte Weibchen, die ihre unbefruchteten Eier in die noch ru-

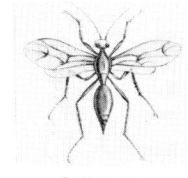

Gallwespe

Galopp-Haltung des Pferdes

F. Galton

henden Knospen legen. Hier entwickelt sich eine nur 2–3 mm große, mit rötl.-braunen Haaren bedeckte Galle, aus der im Mai bis Juni die Geschlechtstiere schlüpfen. Vor Aufklärung des Generationswechsels wurden die beiden Generationen für verschiedene Arten *(Cynips quercifolii* u. *Spathegaster taschenbergi)* gehalten. Auch auf Eichen lebt die G. *Biorrhiza* (= *Biorhiza) pallida;* die unbefruchteten Eier induzieren die Bildung des bis 4 cm großen Eichapfels od. der Kartoffelgalle. Die daraus schlüpfenden Weibchen legen ihre Eier in die Wurzeln der Eichen, wo sich in den Wurzelgallen die völlig anders aussehenden Geschlechtstiere entwickeln. An wilden Rosen kommt der Rosengallapfel (Rosenkönig, Schlafapfel) vor. Verursacher der Galle ist die Rosengallwespe *(Diplolepis rosae).* B Parasitismus I, B Insekten II. [nariae, ↗Galmeipflanzen.

Galmei-Gesellschaften ↗Violetea calami-

Galmeipflanzen [v. gr. kadmeia = grauer Hüttenrauch, Galmei (= Zinkspat, $ZnCO_3$)], Ökotypen verschiedener Pflanzenarten zinkreicher Standorte; disjunkt verbreitet, z.B. im Harz, im Schwarzwald, im Aachen-niederbelg. Revier, in den Alpen, Pyrenäen u. in Großbritannien auf Bergwerkshalden, die auf den mittelalterl. Erzbergbau zurückgehen. Die G. können Zink in größeren Mengen in inaktiver Form anreichern. Das Galmeiveilchen *(Viola calaminaria)* hat Artrang erreicht, u. danach erhielten die Galmei-Gesellschaften ihren Namen: *Violetea calaminariae.*

Galopp, ↗Gangart bei vielen Tetrapoden, i. e. S. bei Pferden, wobei das Tier sich abwechselnd mit dem linken u. rechten Hinterbein abstößt u. dabei auf dem Höhepunkt des Sprunges mit allen vier Hufen den Boden verläßt. Die Vorderbeine greifen jeweils auf der Körperseite aus, auf der das Tier sich gerade abstößt. Der G. ist bei den meisten Pferderassen die Gangart, die die schnellste Fortbewegung ermöglicht.

Galt *m* [v. gr. agalaktia = Milchlosigkeit], *gelber G., Streptokokkenmastitis, Mastitis contagiosa,* durch *Streptococcus agalactiae* verursachte Entzündung des Kuheuters; Schwellungen am Euter u. nachlassende Milchproduktion gehen einher mit Veränderungen (Gelbfärbung, „Vergalten") der Milch *(G.milch)* durch eitrige Sekretausscheidungen; Behandlung der Tiere mit Antibiotika.

Galton [gålt^en], Sir *Francis,* engl. Arzt u. Naturforscher, * 16. 2. 1822 Birmingham, † 17. 1. 1911 London; Vetter von Ch. ↗Darwin; anthropolog. u. ethnograph. Forschungen auf Reisen durch den Orient, S-Europa u. Afrika; seit 1857 Privatgelehrter in London (Mitgl. der Royal Society);

zahlr. Arbeiten zur Vererbung; Gegner der „Pangenesis-Hypothese" seines Vetters; bemühte sich erstmalig um statist. Methoden u. Merkmalsanalysen insbes. in Anthropologie u. Humangenetik; fand, daß die Merkmalsausprägung aller Individuen einer Art um einen Mittelwert schwankt *(G.sche Regel)*; diese Arbeiten bildeten die Grundlage für die spätere mathemat. Berechnung v. Genfrequenzen (Hardy-Weinberg-Gesetz). G. gilt ferner als Begr. der Zwillingsforschung u. prägte den Begriff Eugenik; entdeckte die individuelle Ausprägung der Hautleisten an den Fingern (mit großer Merkmalsvariabilität), deren Anwendung er als „Daktyloskopie" (Fingerabdruck) in den polizeil. Erkennungsdienst einführte. WW „Inquiries into human faculty and its development" (London 1883), „Natural inheritance" (London 1889). [der ↗Liliengewächse.

Galtonia w [ben. nach F. ↗Galton], Gatt.

Galvani, *Luigi,* it. Arzt u. Naturforscher, * 9. 9. 1737 Bologna, † 4. 12. 1798 ebd.; seit 1762 Prof. in Bologna; zunächst Studien über die Harngefäße u. Gehörorgane der Vögel; wurde berühmt durch seine Reizversuche an Froschschenkeln (nach Beobachtungen am Zitterrochen), deren Zuckungen nach Metallkontakten, unter dem Einfluß einer Elektrisiermaschine, der Leydener Flasche od. atmosphär. Entladungen er als „tierische Elektrizität" beschrieb, aber falsch interpretierte. Seine Arbeiten gaben wichtige Anregungen zum Studium der elektr. Erscheinungen an Nerven u. Muskeln zunächst durch A. v. ↗Humboldt u. insbes. durch E. ↗Du Bois-Reymond. WW „De viribus electricitatis in motu muscularis commentarius" (1791).

Galvanonastie w [ben. nach L. ↗Galvani, v. gr. nastos = festgedrückt], durch elektr. Reizung ausgelöste u. von der Richtung des Reizes unabhängige Bewegung einer festgewachsenen Pflanze bzw. ihrer Organe. ↗Nastie.

Galvanotaxis w [ben. nach L. ↗Galvani, v. gr. taxis = Anordnung], durch elektr. Gleichstrom verursachte gerichtete Bewegung (↗Taxis) freischwimmender Pflanzen.

Galvanotropismus m [ben. nach L. ↗Galvani, v. gr. tropē = Hinwendung], *Elektrotropismus,* Wachstumskrümmung v. Pflanzen im elektr. Feld. ↗Tropismus.

Gamander m [v. gr. chamaidrys = Gamander (eigtl. niedrige Eiche)], *Teucrium,* Gatt. der Lippenblütler mit rund 100 in den gemäßigten Zonen, insbes. im Mittelmeerraum u. Vorderasien, beheimateten Arten. I. d. R. ausdauernde Kräuter, Halbsträucher od. Sträucher mit oft stark aromat. duftenden, ganzrand., gekerbten od. fiederlapp. Blättern. Die kleinen Blüten stehen in den Achseln der oberen Blätter u. sind in ährigen, traubigen od. kopfigen Blütenständen vereint. Die Oberlippe der Blütenkrone fehlt scheinbar, ist jedoch gespalten u. auf die hierdurch 5zipflige Unterlippe herabgedrückt. Von den 5 in Mitteleuropa vertretenen *T.*-Arten ist zu erwähnen: *T. chamaedrys,* der karminrot blühende Edel-G., ein in sonn. Kalkmagerrasen u. lichten Eichen- od. Kiefernwäldern wachsender, Ausläufer treibender Zwergstrauch mit kleinen, eiförm., gekerbten, weich behaarten Blättern; *T. scorodonia,* der ebenfalls in lichten Eichen- u. Kiefernwäldern, zudem in Heiden u. an Wald- u. Wegrändern wachsende Salbei-G. (Wald-G.) mit in langen, schlanken Ähren stehenden, gelbl. Blüten; *T. montanum,* der in sonn. Kalkmagerrasen, an fels. Hängen u. in Schotter- u. Steinschuttfluren zu findende, seltene Berg-G. mit schmal-lanzettl., ledrigen Blättchen u. kopfig gehäuft stehenden, weißl. bis hellgelben Blüten.

Gamasidose w, *Gamasidiose, Gamasidiosis,* Befall v. Reptilien, Vögeln u. Säugetieren mit Gamasiden (Milben), die entweder ektoparasitär Blut saugen (z. B. *Dermanyssus, Bdellonyssus*) od. endoparasitär in der Lunge (z. B. *Pneumonyssus*) leben. Weltweit bekannt ist die Rote Vogelmilbe *(Dermanyssus gallinae)* an Haus- u. Stubengeflügel; ihr gelegentl. Übergehen auf den Menschen führt höchstens zu stark juckenden Hautausschlägen.

Gambir m [malaiisch], *Catechu gambir, gelbes Katechu,* gelbroter, gerbstoffreicher Extrakt aus den Blättern u. jungen Trieben der in SO-Asien beheimateten strauchart. Kletterpflanze *Uncaria gambir* (Krappgewächse). Anregungs- u. Genußmittel der Eingeborenen in S-Asien und O-Afrika (Betelbissen, ↗Betelnußpalme). Der Extrakt enthält bis zu 40% Catechingerbstoffe (↗Catechine) u. dient zum Gerben v. Leder, zum Färben, Drucken u. zum Klären v. Bier. In der Med. wird G. als adstringierendes Mittel verwendet.

Gambohanf ↗Roseneibisch.

Gambusen m, *Gambusia,* Gattung der ↗Kärpflinge.

Gametangiogamie w [v. *gamet-, gr. aggeion = Gefäß, gamos = Hochzeit], *Gametangie,* bei der sexuellen Fortpflanzung einiger Pilze das Verschmelzen zweier Gametangien.

Gametangium s [v. *gamet-, gr. aggeion = Gefäß], geschlechtszellen- (gameten-) bildende Zellen der Thallophyten. ↗Antheridium, ↗Archegonium, ↗Oogonium.

Gameten [Ez. *Gamet;* v. gr. gametēs = Gatte], *Geschlechtszellen, Keimzellen i. e. S.,* sexuelle Fortpflanzungszellen, *Gamocyten,* haploide Fortpflanzungszellen,

L. Galvani

Gamander
Teucrium scorodonia

gamet-, gameto- [v. gr. gametēs = Gatte].

Gametenmutterzelle

die paarweise miteinander zu einer diploiden Zygote (B Meiose) verschmelzen (↗Befruchtung, ↗Besamung); selten normale Zellen, die miteinander verschmelzen (*Hologamie*, nur bei manchen Einzellern); ansonsten als *Merogamie*: mehr od. weniger stark differenzierte Zellen, oft in einer komplizierten ↗Gametogenese gebildet. – *Isogameten* sehen gleich aus, sind aber fast immer physiolog. unterschieden („morpholog. Isogametie bei physiolog. Anisogametie"). *Anisogameten* unterscheiden sich in Größe u./od. Gestalt u./od. Beweglichkeit. Ist der Makrogamet unbewegl. und zudem auch bes. groß, liegt *Oogametie* od. *Oogamie* vor (☐ Befruchtung); Oogametie ist also streng genommen kein Ggs. zur Anisogamie, sondern ihr überaus häufiger Grenzfall; der Makrogamet wird dann *Eizelle* (nicht „Ei = Ovum"), der Mikrogamet *Spermium* bzw. *Spermatozoid* gen. Die Oogametie ist bei Eukaryoten mehrmals konvergent entstanden; Iso-, Aniso- u. Oogametie kommen, artcharakterist. verteilt, sogar innerhalb einer Gatt. (z. B. *Chlamydomonas*) od. bei verschiedenen Gatt. der Gregarinen *(Sporozoa)* vor. Die geschlechtl. Differenzierung der G. wird mit +/− oder mit ♂/♀ bezeichnet (funktionelle Bedeutung: ↗Sexualität). Bei den Heliozoen (Sonnentierchen) liegt zwar Isogametie vor, doch wird derjenige Gamet als ♂ bezeichnet, der die Pseudopodien bildet, also der „beweglichere" ist. [metocyt.

Gametenmutterzelle [v. ↗Gameten] ↗Ga-
Gametocyt *m* [v. *gameto-, gr. kytos = Höhlung (heute: Zelle)], *Gametocyte*, 1) i. e. S. bei Einzellern im Entwicklungszyklus die Zelle, in der die Gameten gebildet werden, also der Gamont. 2) i. w. S. die allg. u. wenig präzise Bez. für „Elternzellen" v. Gameten („Gametenmutterzelle"). Bei Metazoen sind es z. B. die Oogonien u. Oocyten bzw. Spermatogonien u. Spermatocyten, bei Pflanzen z. B. die spermatogenen Zellen.

Gametogamie *w* [v. *gameto-, gr. gamos = Hochzeit], paarweise Zellverschmelzung (↗Plasmogamie, ↗Besamung) u. anschließende Kernverschmelzung (↗Karyogamie, ↗Befruchtung) v. freien ↗Gameten zu einer ↗Zygote. Bei Einzellern u. Vielzellern fast immer als *Merogamie:* die Gameten sind durch Teilungen aus normalen Zellen entstanden u. haben oft in bes. Behältern (↗Gametangien) od. Organen (↗Gonaden) eine Differenzierung durchgemacht. Selten als *Hologamie:* normale Individuen verschmelzen paarweise miteinander; dies selbstverständl. nur bei haploiden Einzellern möglich. – Ggs.: Fortpflanzungsweisen, bei denen keine freien Gameten auftreten, z. B. ↗Gamontogamie (einschl. ↗Konjugation), ↗Gametangiogamie u. ↗Somatogamie.

Gametogenese *w* [v. *gameto-, gr. genesis = Entstehung, Zeugung], die Bildung der Geschlechtszellen (↗Gameten). Bei Haplonten u. Diplo-Haplonten laufen in der G. nur Mitosen ab. Bei Diplonten ist die G. stets mit ↗Meiosen verbunden, denen bei Metazoen z. T. viele Mitosen (Vermehrungsperiode) vorgeschaltet sind. Bei den Metazoen ist die G. im ♀ eine ↗ *Oogenese*, im ♂ eine ↗ *Spermatogenese*. Die cytolog. Vorgänge u. Stadien lassen sich dabei eindeutig homologisieren (vgl. Abb.).

Schema der Gametogenese bei Metazoen

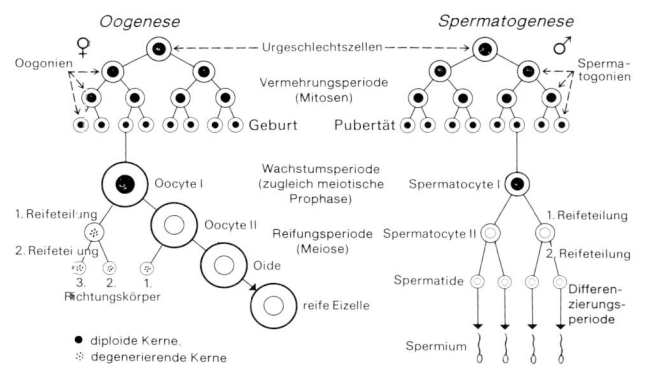

Oogenese — Urgeschlechtszellen — *Spermatogenese*
♀ Oogonien — Vermehrungsperiode (Mitosen) — Spermatogonien ♂
Geburt / Pubertät
Oocyte I — Wachstumsperiode (zugleich meiotische Prophase) — Spermatocyte I
1. Reifeteilung
Oocyte II — Reifungsperiode (Meiose) — Spermatocyte II
2. Reifeteilung
Oide — Spermatide
3. 2. 1. Richtungskörper
reife Eizelle — Spermium — Differenzierungsperiode

● diploide Kerne
⊙ degenerierende Kerne

Gametogonie *w* [v. *gameto-, gr. goneia = Zeugung], die ↗Gamogonie.

Gametophyt *m* [v. *gameto-, gr. phyton = Gewächs, Pflanze], *Gametobiont, Gamophyt,* gelegentl. auch ↗ *Gamont,* bei Pflanzen mit ↗Generationswechsel (↗Diplo-Haplonten) die gameten-(geschlechtszellen-)bildende Generation. ↗Sporophyt. B Algen V.

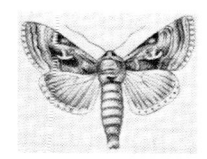

Gamma *s* [v. *gamma-], Kurzzeichen γ, gesetzl. nicht mehr zuläss. Bez. für die Masseneinheit μg; 1 γ = 1 μg = 10^{-6} g.

Gammaeule [v. *gamma-], *Autographa (Phytometra, Plusia) gamma*, häufiger einheim. Eulenfalter, weltweit verbreitet, düster grau bis violett braun gefärbt, mit auffäll. gammaähnl. silbr. Ornament auf den Vorderflügeln, Spannweite um 40 mm. Die G. ist tag- u. nachtaktiv, fliegt auf Wiesen, Äckern, Gärten u. Ödländereien, eifriger Blütenbesucher, gerne an Rotklee, Flockenblumen, Skabiosen u. a., bekannter Wanderfalter; im Frühsommer fliegen Falter aus S-Europa zu uns, deren Nachkommen die individuenreiche Spätsommergeneration bilden. Raupe unterschiedl. gefärbt, meist grün mit hellen Punkten u. Streifen, vordere Bauchfüße reduziert, Bewegung daher ähnl. den Spannerraupen, an verschiedenen kraut. Pflanzen, manchmal an Kulturpflanzen schädl.; Verpuppung in lockerem Gespinst an der Futterpflanze.

Gammaeule *(Autographa gamma)*

gamet-, gameto- [v. gr. gametēs = Gatte].

gamma- [v. gr. gamma (γ) = G, als gr. Zahlzeichen γ' = 3].

Gammaglobuline [Mz.; v. *gamma-, lat. globulus = Kügelchen], γ-*Globuline*, Abk. *IgG*, die im Blutserum am stärksten vertretene Immunglobulinklasse, Serumkonzentration ca. 1,2 g/100 ml, Bez. „γ" nach den für die schwere (H-)Kette charakterist. biol. Eigenschaften; relative Molekülmasse ≈ 150 000; durch Elektrophorese v. den anderen Plasmaproteinen (Albumin, α_1-, α_2- und β-Globulin) abtrennbar; G. zeigen hier die geringste Wanderungsgeschwindigkeit. ☐ Blutproteine, ↗Antikörper, ↗Immunglobuline.

Gamma-Herpesviren [Mz.; v. *gamma-, gr. herpēs = Hautgeschwür], U.-Fam. *Gammaherpesvirinae* der ↗Herpesviren.

Gammarus *m* [v. gr. kammaros = Hummer], Gatt. der ↗Flohkrebse.

Gammastrahlen [v. *gamma-], γ-*Strahlen*, u. a. beim radioaktiven Zerfall v. Atomkernen entstehende, ionisierende elektromagnet. Strahlung v. sehr kleiner Wellenlänge (ca. 10^{-9}–10^{-13} cm) mit Energien zw. 0,01 und ca. 18 MeV. Durch Wechselwirkung mit Materie können G. Elektronen aus den Atomen herauslösen (Compton-Effekt, Photoeffekt) od. (bei Energiewerten über ca. 1 MeV) die Bildung v. Elektron-Positron-Paaren (Paarbildung) bewirken. Die physiolog. Wirkung von G. ist gleich der v. Röntgenstrahlen; ihre ↗relative biol. Wirksamkeit (RBW) liegt zwischen 1 und 5. „Harte" (energiereiche) G. können dezimeterdicke Bleiplatten durchdringen. In der Medizin werden G. bei der Tumortherapie eingesetzt. Der Nachweis von G. erfolgt mit Szintillationszählern, Ionisationskammern u. Zählrohren. ☐ elektromagnetisches Spektrum.

Gamocyten [Mz.; v. *gamo-, gr. kytos = Höhlung (heute: Zelle)], die Geschlechtszellen, ↗Gameten.

Gamogonie *w* [v. *gamo-, gr. goneia = Zeugung], *Gametogonie*, im Ggs. zur Agamogonie od. ↗Agamogenesis (Sporenbildung usw.) die Fortpflanzung durch Bildung u. paarweise Verschmelzung v. Gameten (↗Gametogamie), seltener nur durch Austausch v. Gameten-Kernen (z. B. ↗Konjugation, ↗Gametangiogamie, ↗Somatogamie). ↗Befruchtung.

Gamone [Mz.; v. *gamo-], die ↗Befruchtungsstoffe; ↗Plasmogamie.

Gamont *m* [v. gr. gamōn, Gen. gamontos = heiratend], bei Protozoen die Zelle od. Generation, die mitotisch od. meiotisch Gameten od. Gametenkerne bildet. Die G.en sind entweder diploid (Diplonten: Heliozoen, Ciliaten) od. haploid (Haplonten: Sporozoen, aber auch bei Diplo-Haplonten: Foraminiferen). Ggs.: *Agamont* (bildet mitotisch od. meiotisch Agameten, z. B. Sporen). – Die beiden Begriffspaare Gamont/Gamogonie (Gameten-Bildung) u. Agamont/Agamogonie (Agameten-Bildung) sind bes. nützlich für die Beschreibung v. Generationswechseln u. machen dabei manche Spezialausdrücke überflüssig. Man könnte sie sogar auf Pflanzen (einschl. Metaphyten) anwenden: dann wären Gametophyten, Gamobionten usw. Gamonten, u. Sporophyten, Sporobionten usw. wären Agamonten.

Gamontogamie *w* [v. gr. gamōn, Gen. gamontos = heiratend, gamos = Hochzeit], Vereinigung v. ↗Gamonten, welche Gameten od. Gametenkerne erzeugen, die paarweise miteinander verschmelzen. *Gameten* werden bei Foraminiferen *(Rhizopoda)* u. Gregarinen *(Sporozoa)* im Zshg. mit der G. gebildet; nur *Gametenkerne* werden bei der ↗Konjugation (Ciliaten) und bei der ↗Somatogamie (Pilze) ausgetauscht. Eine Sonderform der G. ist die *Anisogamontie* bei Glockentierchen u. a. sessilen Wimpertierchen; dabei fusioniert ein Mikrokonjugant (kleiner Schwärmer) mit einem Makrokonjuganten (entspr. einer gewöhnl. Zelle). Im Ggs. zur normalen Konjugation kommt es aber nicht zur wechselseit., sondern nur zur einseit. Befruchtung: der vom Mikrokonjuganten gelieferte Wanderkern verschmilzt mit dem vom Makrokonjuganten gebildeten Stationärkern zum Synkaryon; daraufhin wird der Mikrokonjugant vom Makrokonjuganten resorbiert.

Gamophyllie *w* [v. *gamo-, gr. phyllon = Blatt], Bez. für die kongenitale, häufig auch nur teilweise erfolgte Verwachsung v. Laub- u. Blütenblättern.

Gamosepalie *w* [v. *gamo-, lat. separare = trennen], Bez. für die kongenitale, oft nur teilweise erfolgte Verwachsung der Kelchblätter.

Gampsosteonyx *m* [v. gr. gampsos = krumm, osteon = Knochen, onyx = Kralle], ↗Haarfrosch.

Gams, die ↗Gemse.

Gamsheideteppich, *Cetrario-Loiseleurietum*, Assoz. der ↗Cetrario-Loiseleurietea.

Gamsräude, *Gemsräude, Gemsenräude, Sarcoptesräude*, Hauterkrankung der Gemse durch die Milbe *Sarcoptes rupicaprae*, führt zur Schwächung der Tiere bis zum Erschöpfungstod. In den Alpen hat die G. vor allem in zu dichten Beständen der Naturschutzgebiete zu großen Verlusten geführt; dies zeigt die Problematik der absoluten Schonung v. Wildbeständen bei Fehlen v. Raubfeinden.

Gangart, das Muster der Beinbewegungen bei der ↗Fortbewegung landlebender Tiere, bes. der vierfüßigen Wirbeltiere: Die urspr. G. ist wohl der *kreuzweise* Gang, bei dem sich fast gleichzeitig das rechte Vorderbein u. das linke Hinterbein alternierend

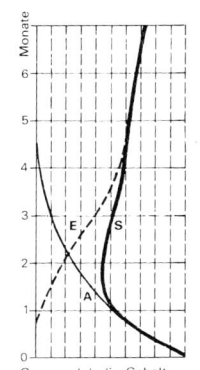

Gammaglobuline

Der zeitliche Verlauf des Gammaglobulin-Spiegels beim Kleinstkind. **A** Abbau der von der Mutter stammenden Gammaglobuline, **E** Eigenproduktion des Kindes, **S** Resultierender Gammaglobulin-Spiegel (Summe aus A und E)

gamma- [v. gr. gamma (γ) = G, als gr. Zahlzeichen γ' = 3].

gamo- [v. gr. gamos = Hochzeit, Heirat, Ehe].

Gangesdelphin

mit dem linken Vorderbein u. dem rechten Hinterbein vorwärtsbewegen. Besondere G.en sind ↗ Trab, ↗ Galopp, ↗ Paßgang u. das *Hüpfen*, eine Fortbewegung nur mit den Hinterbeinen, die sich gleichzeitig abstoßen (Känguruhs, viele Vögel). Eine spezielle Anpassung zeigen die Primaten, die bei der ruhigen Fortbewegung zwar kreuzweise gehen, aber dabei die über Kreuz stehenden Vorder- u. Hinterbeine nicht kurz hintereinander, sondern genau gleichzeitig anheben u. absetzen. Dadurch bleiben immer zwei Beine fest auf der Unterlage stehen – ein Vorteil, der als Anpassung an das Baumleben gedeutet wird (Gehen auf Ästen). [↗Flußdelphine.

Gangesdelphin, *Platanista gangetica*, **Gangfisch**, *Coregonus oxyrhynchus*, Art der ↗ Renken.

Ganglienblockade w [v. *gangli-], selektive Inhibierung einzelner Ganglien durch hemmende Substanzen *(Ganglienblokker)*, z. B. Atropin u. γ-Aminobuttersäure.

Ganglienplatte [v. *gangli-], ↗Lobus opticus) der Insekten. [zelle.

Ganglienzelle [v. *gangli-], die ↗ Nerven-

Ganglion s [Mz. *Ganglien*; v. *gangli-], *Nervenknoten,* 1) allg. Verdickungen des ↗Nervensystems, in denen die Zellkörper v. Ganglienzellen lokalisiert sind. 2) bei Wirbellosen einfache Zentren des Nervensystems, die nervöse Kontrolle über einzelne Körperregionen ausüben, z. B. ↗ Oberschlund-G., ↗ Bauch-G., ↗ Fuß-G. 3) bei Wirbeltieren wichtige Verknüpfungszentren im Gehirn, Rückenmark u. peripheren Nervensystem.

Gangliosíde [Mz.; v. *gangli-], kompliziert aufgebaute Glykolipide, die in der äußeren Oberfläche v. Zellmembranen, bes. von Nervenzellen (graue Hirnsubstanz), aber auch v. Zellen der Milz, der Niere sowie der Erythrocyten u. Leukocyten lokalisiert sind. Sie enthalten einen polaren, aus Zukkern (wie Glucose u. Galactose) sowie aus Zuckerderivaten (wie ↗N-Acetylgalactos-

gangli- [v. gr gagglion = Geschwulst, Überbein (später: Nervenknoten)], in Zss.: Nervenknoten-, auch: Nerven-.

gano- [v. gr. ganos = Glanz, Schmelz].

Gänse
Arten:
Gattung *Anser* (Feldgärse)
Bleßgans
(*A. albifrons*)
↗ Graugans
(*A. anser*)
Kurzschnabelgans
(*A. brachyrhynchus*)
Saatgans (*A. fabalis*)
Schneegans
(*A. caerulescens*)
Zwerggans
(*A. erythropus*)

Gattung *Branta* (Meergänse)
Kanadagans
(*B. canadensis*)
Nonnen- od. Weißwangengans
(*B. leucopsis*)
Ringelgans
(*B. bernicla*)
Rothalsgans
(*B. ruficollis*)

amin) u. ↗N-Acetylneuraminsäure aufgebauten Teil („Kopf") sowie mehrere unpolare, über Glycerin verankerte, aus Fettsäuren u. deren Derivaten aufgebaute „Schwänze". Teilstrukturen der G. sind das *Ceramid* (↗Ceramide) u. die ↗ Cerebroside.

Gangmine, *Ophionomium*, in Pflanzenteilen, v. a. Blättern, erzeugte Mine mit mehr od. minder linearem Verlauf, z. B. durch Raupen der Miniermotte *Lyonetia* in *Prunus cerasus* (Zierkirsche). ↗Minen.

Ganoblasten [Mz.; v. *gano-, gr. blastanein = entstehen], *Zahnschmelzbildner*, die ↗ Adamantoblasten.

Ganoderma [v. *gano-, gr. derma = Haut], die ↗Lackporlinge.

Ganoiden [Mz.; v. *gano-], die Knorpel- u. Knochen-G., ↗Knochenfische. [pen.

Ganoidschuppe w [v. *gano-], ↗Schup-

Ganoin s [v. *gano-], perlmutterglänzende Schmelzschicht auf den Ganoidschuppen primitiver Knochenfische. ↗Schuppen.

Gänse, *Anserinae*, U.-Fam. der Entenvögel mit 29 Arten, beide Geschlechter gleich gefärbt, auch die Stimme ist gleich; die größten Vertreter sind die ↗Schwäne. Mit dem am Grunde verdickten Schnabel, der an der Spitze einen Hornnagel trägt, rupfen die G. bei der Nahrungssuche hpts. an Land pflanzl. Nahrung ab; die Feld-G. (Gatt. *Anser*) fliegen meist in Keil- od. Linienformation, nächtigen teilweise auf dem Wasser; sie sind alle recht ähnl. graubraun gefärbt u. am besten an Schnabel- u. Beinfarbe zu unterscheiden. Die Stammform der Hausgans ist die ↗Graugans (*Anser anser*, B Europa I), die einzige in Dtl. brütende Art. Als häufigste Feldgans erscheint auf dem Durchzug die 71–89 cm große Saatgans (*A. fabalis*), die an Binnengewässern der Taiga v. Tundra v. Mittelschweden an nordwärts brütet. Die auf Grönland, Island u. Spitzbergen vorkommende Kurzschnabelgans (*A. brachyrhynchus*) ist mit 61–76 cm kleiner als die Saatgans u. besitzt nicht orange-, sondern fleischfarbene Füße. 53–68 cm mißt

Ganglíosid

Gänse

Graugans (*Anser anser*): **a** Schwimmhaltung, **b** Flugbild, **c** Flugformation die in der Waldtundra Eurasiens heim. Zwerggans *(A. erythropus)*; das Weiß an Schnabelgrund u. Stirn ist noch ausgedehnter als bei der Bleßgans *(A. albifrons)*, die 68–76 cm groß ist u. in großen Scharen an den niederländ. und dt. Küsten überwintert. Die im arkt. N-Amerika u. NO-Sibirien beheimatete Schneegans *(A. caerulescens,* B Polarregion II) kommt in einer weißen u. (seltener) blaugrauen Form vor. Meergänse (Gatt. *Branta)* fliegen in ungeordneten Gruppen; sie sind mit Ausnahme der bis 102 cm großen Kanadagans *(B. canadensis,* B Nordamerika I) kleiner als die Feldgänse u. besitzen einen zierl., schwarzen Schnabel. Ein schwarzer Kopf u. Hals mit einem seitl. weißen Fleck kennzeichnet die stockentengroße Ringelgans *(B. bernicla,* B Asien I), die auf arkt. Seen u. in der sumpf. Tundra brütet u. an den eur. Küsten, bes. im Wattenmeer, in großer Zahl überwintert. Dort erscheint auch die wenig größere Nonnen- od. Weißwangengans *(B. leucopsis,* B Polarregion I), die einen schwarzweißen Kopf besitzt; ihr Ruf klingt wie das Kläffen eines Hundes. Die an Hals- u. Kopfseiten kastanienbraun gefärbte Rothalsgans *(B. ruficollis)* ist mit 53–55 cm die kleinste Gans; sie brütet in der Waldtundra v. N-Sibirien; einzelne in Dtl. zu beobachtende Vögel sind i.d.R. aus der Gefangenschaft entwichen.

Gänseblümchen, *Bellis,* mit 75 Arten in Europa, dem Mittelmeergebiet, Amerika u. Australien sowie Neuseeland heim. Gatt. der Korbblütler. In ganz Europa u. Kleinasien zu Hause, in N-Amerika u. auf Neuseeland eingebürgert, ist das Gemeine G. (Maßliebchen od. Tausendschön), *B. perennis* (B Europa XVIII). Die ausdauernde, 5–15 cm hohe Pflanze besitzt spatelförm., zu einer grundständ. Rosette vereinte, locker behaarte Blätter u. grundständ., lang gestielte, bis 3 cm breite Blütenköpfchen mit röhrenförm., gelben scheiben- u. zungenförm., weißen (an der Spitze oft rötl.) Randblüten. Das G. wächst in Fettweiden u. -wiesen sowie kurzrasigen Gras-Ges. (Rasen v. Gärten u. Parks) u. blüht dort, wo die umgebenden Gräser durch häufiges Mähen niedrig gehalten werden, fast das ganze Jahr. Als Zierpflanzen werden G. mit gefüllten Blütenköpfen (flore pleno) kultiviert, bei denen die Mehrzahl der Blüten entweder in weiße od. rote Zungen- od. Röhrenblüten umgebildet ist.

Gänsedistel, *Sonchus,* in Europa, Afrika u. Asien beheimatete Gatt. der Korbblütler mit etwa 70 Arten. Einjährige od. ausdauernde, reichl. Milchsaft führenden Kräuter mit mittelgroßen bis großen, einzeln od. in Trauben od. Rispen stehenden Blütenköpfen aus Zungenblüten. In Mitteleuropa

Gänseblümchen *(Bellis perennis,* flore pleno)

Gänsefuß
1 Guter Heinrich *(Chenopodium bonus-henricus).* **2** Reismelde *(C. quinoa);* die in den Samen enthaltenen bitteren Saponine werden herausgelöst, wodurch die Samen genießbar werden.

Gänsefußgewächse
Wichtige Gattungen:
↗ *Anabasis*
↗ *Beta*
↗ Gänsefuß *(Chenopodium)*
↗ *Haloxylon*
↗ Knorpelkraut *(Polycnemum)*
↗ Melde *(Atriplex)*
↗ Queller *(Salicornia)*
↗ Radmelde *(Kochia)*
↗ Salzkraut *(Salsola)*
↗ Salzmelde *(Halimione)*
↗ Sode *(Suaeda)*
↗ Spinat *(Spinacea)*

heim., in den gemäßigten Zonen heute jedoch weltweit verbreitet sind die Acker-G. *(S. arvensis),* die Rauhe G. *(S. asper)* u. die Gewöhnliche od. Gemüse-G. *(S. oleraceus).* Die gen. Arten besitzen gelbe Blüten sowie länglich-lanzettl., ungeteilte bis buchtig-fiederspalt., mehr od. minder dornig gezähnte Laubblätter u. sind v. a. in den Unkrautfluren v. Äckern, an Ufern bzw. Wegrändern u. Schuttplätzen sowie in Gärten zu finden. *S. oleraceus* wurde seiner großen, weichen Blätter wegen im MA als Salat- u. Gemüsepflanze kultiviert.

Gänsefuß, *Chenopodium,* Gatt. der G.gewächse, mit über 200 Arten in den warmen u. gemäßigten Zonen verbreitet; umfaßt v. a. größere Kräuter u. Sträucher mit zwittr., zu Blütenständen zusammengefaßten Einzelblüten; die Blätter sind oft bemehlt, eine grundständ. Rosette ist nicht entwickelt. *C. album,* der Weiße G. (B Europa XVI) mit weltweiter Verbreitung in den Unkrautfluren der gemäßigten Zonen, wurde fr. bei uns z. T. als Gemüse, die Samen als Mehlfrucht genutzt; Kulturbegleiter seit der jüngeren Steinzeit. *C. bonus-henricus,* der Gute Heinrich, fr. eine beliebte Spinatpflanze, ist heute v. a. im Umkreis bäuerl. Siedlungen an nährstoffreichen Standorten anzutreffen (nach der ↗ Roten Liste „gefährdet"). *C. quinoa,* die Reismelde (B Kulturpflanzen I), wird in S-Amerika als Kornlieferant seit alters her angebaut; bes. wichtig ist sie oberhalb der Getreideanbaugrenze in den Anden (4300 m), weil sie auch dort noch wachsen kann. *C. ambrosioides,* das mexikan. Teekraut (Jesuitentee), ist im trop.-subtrop. Amerika heimisch, aber heute weltweit verschleppt; auch bei uns teilweise in Unkrautfluren; alte Heilpflanze (Früchte als Wurmmittel, Pflanze für Heiltees) in bestimmten Kulturvarietäten. *C. capitatum,* der Ährige Erdbeerspinat, u. *C. foliosum,* der Echte Erdbeerspinat, wurden fr. als Spinatgemüse genutzt, bei uns teilweise heute verwildert. *C. botrys,* das Motten- od. Bertholdskraut aus dem Mittelmeergebiet, findet sich bei uns selten in Unkrautfluren warmer Tieflagen; es wird getrocknet gg. Insekten verwendet, auch als Heilpflanze (fr. offizinell) od. als Gewürz gebraucht, da es äther. Öle enthält. Die Früchte v. *C. polyspermum,* der Fischmelde, werden als Fischköder genutzt; die Art ist auch bei uns in frischen Unkrautfluren heim. *C. vulvaria,* der Stinkende G., ist eine alte Heilpflanze mediterraner Herkunft (nach der ↗ Roten Liste „stark gefährdet").

Gänsefußgewächse, *Chenopodiaceae,* Fam. der Nelkenartigen *(Caryophyllales),* mit etwa 100 Gatt. (vgl. Tab.) u. 1500 Arten in den gemäßigten Zonen u. manchen sub-

Gänsefußstern

trop. Gebieten verbreitet. Die G. sind meist Kräuter, darunter zahlr. Halophyten (Pflanzen salzhalt. Standorte); viele wachsen auch an bes. nährstoffreichen Stellen; daher bilden die G. einen wicht. Bestandteil der Vegetation salzreicher Steppen u. Sümpfe, der Meeresküsten u. der Unkrautfluren. Ihre Blätter stehen allg. wechselständig; Nebenblätter fehlen; häufig sind Stern- od. Drüsenhaare auf den Blättern entwickelt. Sekundäres Dickenwachstum, z. B. v. Überdauerungsorganen, wird auf anormale Weise mit mehreren konzentr., jeweils nacheinander tätigen Kambiumringen erreicht. Im Blütenbereich finden sich bei dieser stark abgeleiteten Fam. bezügl. der allg. ↗Blütenformel der Nelkenartigen Reduktionen zu P5 A5 G(2). Die G. sind oft windbestäubt, häufig auch mit eingeschlechtl., noch weiter vereinfachten Blüten; die Blütenhüllblätter der unscheinbaren, in Blütenständen zusammengefaßten Blüten umgeben die Frucht auch während der Reife; sie fallen mit dieser zus. als Verbreitungseinheit ab. ↗Anthocyane fehlen den G.n, wie anderen Fam. der Nelkenartigen, statt dessen kommen die anders gebauten Betacyane (↗Betalaine) vor. Wichtig sind die Kulturpflanzen der Gatt. ↗Beta.

Gänsefußstern, *Anseropoda membranacea,* Seestern aus der Fam. *Asterinidae;* ⌀ bis 20 cm, Arme sehr dünn (Name „membranacea"), in der Scheibenmitte nur 1 cm dick; ohne Pedicellarien; Oberseite rot. Von den Shetland-Inseln bis ins Mittelmeer, im allg. in 20–200 m Tiefe; gräbt sich in Weich- u. Sandböden ein. Nahrung: Krebse, Mollusken, Seeanemonen, Polychaeten u. Ascidien; die Beutetiere werden verschlungen, also nicht extraintestinal verdaut wie z. B. beim Gemeinen Seestern.

Gänsegeier, *Gyps fulvus,* ↗Altweltgeier.

Gänsehalstierchen, *Dileptus anser,* ↗Dileptus.

Gänsehaut, *Cutis anserina,* ugs. Bez. für eine Hautveränderung, bei der meist reflektor. durch Kältereiz od. durch psych. Faktoren („da stehen einem die Haare zu Berge") eine Kontraktion der an den Haarbälgen ansetzenden glatten Muskulatur u. damit eine Vorwölbung der Haarfollikel sowie ein Aufrichten der Haare ausgelöst wird, was der Haut das Aussehen der Haut einer gerupften Gans verleiht.

Gänsekresse, *Arabis,* mit ca. 140 Arten (vgl. Spaltentext) in den gemäßigten Zonen verbreitete Gatt. der Kreuzblütler. Einjährige u. rasen- od. polsterbildende, ausdauernde Pflanzen mit grundständ. Blattrosette u. beblätterten Stengeln. Die weißen, gelbl., rötl. oder bläul. Blüten stehen in dichttraubigen Blütenständen.

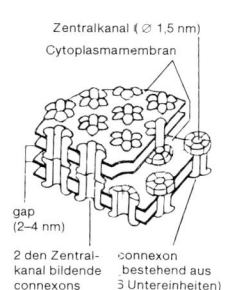

gap-junctions

Modell des Aufbaus v. gap-junctions, abgeleitet aus elektronenmikroskop. Aufnahmen u Röntgenstrukturanalysen.

Gänsekresse

Von den einheim. Arten ist die weißblühende, in Kalkmagerrasen, mageren Wiesen, an Wegrainen u. Böschungen sowie Gebüschsäumen wachsende Rauhe G. (*Arabis hirsuta*) die häufigste. Verstreut in Schneeboden- u. Steingrus-Fluren der alpinen Stufe zu finden ist die bläulich blühende Blaue G. (*A. coerulea*). In Quellfluren der alpinen u. subalpinen Stufe sowie an Ufern u. Bächen (Rinnsalen) wächst die weiß blühende Glänzende G. oder Maßlieb-G. (*A. jacquinii, A. soyeri*). Die zieml. häufig in frischen Steinschuttfluren der subalpinen u. alpinen Stufe wachsende, weiß blühende Alpen-G. (*A. alpina*) bildet lockere Rasen bzw. Polster u. ist wie die ebenfalls weiß blühende, in den Gebirgen des östl. Mittelmeerraums bis zum Kaukasus beheimatete Garten-G. (*A. caucasica, A. albida*) eine beliebte Steingartenpflanze.

Gänsevögel, *Anseriformes,* Ord. mittelgroßer u. großer Vögel, die zumindest zeitweise ans Wasser gebunden sind; knapp 150 Arten; zwei äußerl. sehr verschiedene Fam., die ↗Wehrvögel u. die ↗Entenvögel; besitzen unter dem ausgebildeten Federkleid eine reiche Schicht v. Daunenfedern; die mit einem dichten Dunenkleid versehenen Jungvögel sind Nestflüchter u. werden lange Zeit v. einem od. beiden Elternvögeln geführt. Alle Arten tragen z. T. reduzierte Schwimmhäute zw. den vorderen 3 Zehen.

Ganter *m,* Gänserich, die männl. Gans.

Ganzbeinmandibel *w* [v. lat. mandibula = Kinnbacke], Interpretation der Mandibel der Tracheentiere od. *Tracheata* (Tausendfüßer, Insekten) als aus der gesamten Extremität dieses Kopfsegments entstanden. Eine Stütze für diese Ansicht bilden die gegliederten Mandibeln der Tausendfüßer. Die übliche u. gut begr. Ansicht ist, daß die Mandibel die Beinbasis (Gnathocoxa) allein ist u. der Spitzenteil verlorengegangen ist. Für die Krebse ist dies eindeutig nachweisbar, für die Tracheentiere über die vergleichende Morphologie vorführbar. Die gegliederte Mandibel der Tausendfüßer erweist sich als sekundär. Für den Fall, daß die Mandibel der Krebstiere nur die Beinbasis allein u. die der Tracheentiere das gesamte Bein wäre, die Krebse also mit der Beinbasis u. die Tracheentiere mit der Beinspitze beißen würden, wäre dies ein Hinweis auf polyphylet. Entstehung der Mandibel u. damit eventuell der *Mandibulata.* ↗Gliederfüßer, ↗Tausendfüßer.

gap-junctions [gäp dschanktschn^s; engl., = Lückenverbindungen], der metabol. Kooperation v. Zellen dienende Zellkontakte, die in fast allen tier. Geweben vorhanden sind u. durch die Moleküle bis zu einer bestimmten relativen Molekülmasse (ca. 1000 bis 1500) ungehindert passieren können. g-j. sind bes. Membranbereiche, die oligomere Proteine enthalten (engl. *connexons*), deren Untereinheiten (Molekülmasse ca. 27 000) hexagonal angeordnet sind u. die einen zentralen Kanal mit ca. 1,5 nm ⌀ umgeben. Der Abstand der einzelnen Kanäle voneinander beträgt etwa 8 nm. In den g-j. liegen die Plasmamembranen der beteiligten Zellen nicht aneinander, sondern sind durch einen Abstand (gap) von ca. 2 bis 4 nm voneinander getrennt, so daß auch relativ große Moleküle leicht passieren können. Auch in nicht Protein synthetisierenden Zellen bilden sich innerhalb v. Minuten g-j., was für ein selfassembly aus vorgefertigten Untereinheiten spricht. Die Ausbildung von g-j. ist weder art- noch gewebespezifisch, ihre Komponenten sind während der Evolution zieml. unverändert beibehalten worden.

Garcinia w [ben. nach dem engl. Pflanzensammler L. Garcin, 1681–1752], Gatt. der ↗ Hartheugewächse.

Garcke, *Christian August Friedrich,* dt. Botaniker, * 25. 10. 1819 Bräunrode bei Mansfeld, † 10. 1. 1904 Berlin; nach Tätigkeit als Theologe seit 1844 Privatgelehrter, 1871 Prof. am Bot. Museum Berlin; Autor der in vielen Aufl. erschienenen „Flora v. Nord- u. Mitteldeutschland" (1849).

Gardenia w [ben. nach dem engl.-am. Naturhistoriker A. Garden, † 1721], Gatt. der ↗ Krappgewächse.

Gare w [v. gar, ahd. garo = bereit gemacht], die ↗ Bodengare.

Gärfett, Substanzen (Antischaummittel), die zur Verhinderung der Schaumbildung bei Fermentationsprozessen der Nährlösung zugesetzt werden, z. B. Soja-, Erdnußöl, Oktadekanol od. Silikonöle.

Gärfutter ↗ Silage.

Gärgase, die bei anaerobem Abbau v. organ. Substanzen entstehenden Gase. Die Art der Gase ist v. den Substraten u. dem Gärweg abhängig (↗ Gärung). Fast immer entsteht Kohlendioxid (CO_2), oft zusätzl. Wasserstoff (H_2); bei der Fäulnis v. Proteinen außerdem Ammoniak (NH_3) u. Schwefelwasserstoff (H_2S); in der Methangärung (z. B. im Faulturm) Methan (CH_4) u. CO_2 (= Biogas). G. führen gelegentl. zu Erstickungsunfällen in Silos, Gärkellern, Abwassergruben u. Brunnenschächten.

Garigue w [garig^e; über frz. garrigue v. okzitan. garriga = Kermeseichenwald, Heide], *Garrigue,* lückige mediterrane Gebüschformation aus niedr., meist hartlaub. Sträuchern, stark äther. duftenden Stauden (Lavendel, Rosmarin), zahlr. frühblühenden Zwiebelpflanzen (Iris, Gladiolus) u. kurzleb. Therophyten; eine jahrhundertelange Überweidung u. durch Bodenabtrag entstandene Degradationsstufe des urspr. mediterranen Steineichenwaldes. ↗ Mediterranregion. ↗ Europa.

Gärkammern, Bez. für ganz verschiedene Abschnitte des Verdauungstrakts, in denen Tiere unterschiedl. systemat. Stellung ihre pflanzl. Nahrung mit Hilfe symbiont. Mikroorganismen (Protozoen, Bakterien) enzymat. aufschließen. Bei Säugetieren werden der Pansen der Wiederkäuer (↗ Pansensymbiose) u. der Blinddarm der Unpaarhufer u. der Nagetiere als G. bezeichnet. Bei Insekten sind G. Ausstülpungen des Enddarms, wie sie z. B. bei den ursprünglicheren Termiten sowie bei den Larven v. Blatthornkäfern (z. B. Maikäfer, Rosenkäfer, Hirschkäfer) u. Kohlschnaken vorkommen. B Endosymbiose.

Garnelen ↗ Natantia.

Gärprobe, 1) Verfahren zum Nachweis der Vergärbarkeit bestimmter Substanzen (z. B. Zucker) durch Mikroorganismen. Es wird die Menge und ggf. die Art der entwickelten Gärgase in einem ↗ Gärröhrchen gemessen. 2) Testansatz mit Würze, Milch od. Most, um die Vergärbarkeit u./od. die Anwesenheit v. bier-, käse- bzw. weinverderbenden Bakterien (mikroskop.) zu bestimmen.

Garra w, Gatt. der ↗ Barben.

Gärröhrchen, 1) Glasröhrchen zum Nachweis der Gasbildung bei mikrobiellen Gärungen, z. B. bei der CO_2-Bildung aus Zuckern durch Hefen. Bekannte G. sind ↗ Durham-Röhrchen u. *Einhornröhrchen* (vgl. Abb.). G. werden v. a. diagnost. zur Bestimmung v. Mikroorganismen verwendet. 2) der ↗ Gärverschluß.

Garrulax w [v. lat. garrulus = geschwätzig], Gatt. der ↗ Timalien. [↗ Häher.

Garrulus [lat., = geschwätzig], Gatt. der

Gartenaster, *Sommeraster, Callistephus,* Gatt. der Korbblütler mit der einzigen, aus China u. Japan stammenden Art *C. chinensis* (*C. hortensis,* B Asien V). Einjährige, 10–90 cm hohe Pflanze mit wechselständ., eiförm., mehr od. minder gesägten Blättern u. einzeln stehenden, v. zahlr., länglich-lanzettl., grünen Hüllblättern umgebenen, sehr großen Blütenköpfen. Durch die vor etwa 250 Jahren begonnene Zucht der G. ist eine Vielzahl verschiedener Sorten mit purpurnen, roten, weißen od. violetten Strahlen- u. gelben Scheibenblüten sowie durch gefärbte Röhren- od. Zungenblüten halb od. ganz gefüllten Blütenkörbchen entstanden. Im Spätsommer bis Herbst blühende, beliebte Gartenzierpflanze u. Schnittblume.

Gartenbau, Anbau von Nutz- u. Zierpflanzen im Garten od. auf gartenmäßig bewirtschafteten Feldern. Typisch für den Erwerbs-G. ist die intensive Bodennutzung mit Hilfe eines großen Aufwands an techn. Hilfsmitteln u. Einrichtungen, wie Gewächshäuser, Frühbeete, Heizung u. Beregnungsanlagen u. der hohe Verbrauch an Düngern u. Pflanzenschutzmitteln. Man unterteilt den G. in Obst-, Gemüse-, Blumen-, Zierpflanzen- u. Samenbau, Baumschulen, Friedhofs- u. Landschafts-G.

Gartenkreuzspinne, *Kreuzspinne i. e. S., gemeine Kreuzspinne, Araneus diadematus,* zur Fam. der Radnetzspinnen gehörende, große (Weibchen bis 15 mm, Männchen bis 10 mm), häufige Kreuzspinne, die in verschiedensten Lebensräumen vorkommt. Sie ist von S-Europa bis zum Nordkap u. in N-Amerika verbreitet. Die Grundfärbung des Körpers ist sehr variabel u. umfaßt alle braunen, rotbraunen u. gelbbraunen Farbtöne. Im vorderen Bereich des Hinterleibs befindet sich eine weiße, kreuzförm. (Name!) Musterung

Gärröhrchen

Das G. *(Einhornröhrchen)* wird mit einer sterilen Nährlösung gefüllt, die einen bestimmten Zucker als Energie- u. Kohlenstoffquelle enthält, mit einem Hefestamm od. anderen Mikroorganismus beimpft u. bebrütet. Entsteht bei der Gärung ein Gas (CO_2), so verdrängt es im geschlossenen Schenkel die Nährlösung u. wird dadurch „sichtbar". Die Gasbildung kann auch halbquantitativ erfaßt werden.

Gartenlaubkäfer

(„Guaninkreuz", ↗Exkretionsorgane). Das Radnetz hat einen ⌀ von ca. 30 cm u. etwa 30 Radien; die Fangfäden haben einen durchschnittl. Abstand von 3 mm. Die Tiere verbringen den Tag auf der Nabe meist mit gespreizten Beinen, das Prosoma nach unten. Stets vor Sonnenaufgang wird das Netz abgebaut (die meiste Substanz wird gefressen) u. neu errichtet. Im Spätsommer legt ein Weibchen einen Kokon mit ca. 800 Eiern an u. stirbt; die Eier überwintern. Die Entwicklungszeit ist in Mitteleuropa 2jährig. Entgegen verbreiteter Meinung ist die G. dem Menschen nicht gefährl., da ihre Cheliceren meist zu schwach sind, um die menschl. Haut zu durchbohren.

Gartenlaubkäfer, *Phyllopertha horticola,* ↗Blatthornkäfer.

Gartenrauke, der ↗Raukenkohl.

Gartenschädlinge, Organismen, die Schäden an Pflanzen im Garten verursachen. Die bekanntesten tier. Vertreter sind Blattläuse, die Larven v. Fliegen (z. B. Schnaken), Faltern (Kohlweißling) u. Käfern (Drahtwürmer, Engerlinge), Grillen, Fadenwürmer, Nacktschnecken u. Spinnmilben, Wühl- u. Feldmäuse, Kaninchen u. Feldhasen. Pflanzl. G. sind v. a. Pilze, z. B. Mehltau-, Rost- u. Brandpilze.

Gartenschläfer, *Eliomys quercinus,* rötl.-graubrauner, unterseits weißer Bilch mit schwarzem Augenstreifen bis hinter die Ohren u. langhaar. Schwanzende; Kopfrumpflänge 8–13 cm, Schwanzlänge 8–10 cm. Die hpts. nachtaktiven G. bevorzugen lichte Laub- u. Nadelwälder (weniger Gärten) als Lebensraum; sie bauen einen Kobel aus Gras u. Moos od. bauen alte Vogelnester um; Winterschlaf in Baum- u. Bodenhöhlen. G. sind über Mittel-, O- und S-Europa bis S-Afrika verbreitet.

Gartenschnecken volkstüml. Bez. für die in Gärten vorkommenden ↗Acker- u. ↗Schnirkelschnecken.

Gartenunkräuter, unerwünschte Kräuter in den Beeten, die mit den Nutz- od. Zierpflanzen in Konkurrenz um Licht u. Nährstoffe treten; häufig Indikatoren für den Zustand des Bodens. ↗Ackerunkräuter, ↗Unkräuter. [erbse.

Gartenwicke, *Lathyrus odoratus,* ↗Platt-

Gärtner, 1) *Joseph,* dt. Botaniker u. Arzt, * 12. 3. 1732 Calw, † 14. 7. 1791 Tübingen; Schüler von A. v. ↗Haller; seit 1761 Prof. in Tübingen, 1768 Dir. des Bot. Gartens in Petersburg, 1770 wieder in Calw; zahlr. Reisen durch It., Fkr., Engl. u. die Ukraine; begr. die Morphologie der Früchte u. Samen u. erarbeitete damit Grundlagen für ein natürl. System; unterschied die Sporen der Farnpflanzen v. den Samen der Angiospermen. WW „De fructibus et semini-

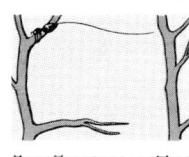

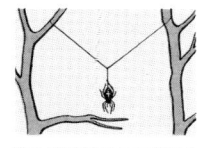

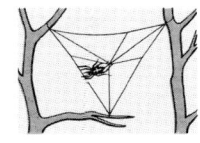

bus plantarum" (Stuttgart 1789, Tübingen 1791, 2 Bde. mit 180 Kupfertafeln, Suppl. Leipzig 1805–1807, hg. von 2) (mit 255 Kupfertafeln). **2)** *Karl Friedrich,* dt. Botaniker u. Arzt, Sohn v. 1), * 10. 12. 1772 Göppingen, † 1. 9. 1850 Calw; zunächst prakt. Arzt in Calw, später grundlegende bot. Untersuchungen zur Bastardierung u. Sexualität der Pflanzen. WW „Beiträge zur Kenntnis der Befruchtung" (Stuttgart 1844). „Versuche und Beobachtungen über die Bastarderzeugung im Pflanzenreich mit Hinweisen auf die ähnl. Erscheinungen im Tierreich" (Stuttgart 1849).

Gärtner-Bacillus [ben. nach dem dt. Hygieniker A. Gärtner, 1848–1934], *Salmonella enteritidis,* ↗Salmonella.

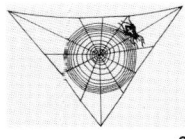

Gärung, Sammelbez. für Formen des anaeroben energieliefernden Stoffwechsels (↗Dissimilation), bei denen Umwandlungsprodukte der organ. Substrate als Wasserstoffdonoren *und* -akzeptoren dienen. Die Stoffwechselenergie (ATP) wird bei diesen Oxidations-Reduktions-Reaktionen direkt an wenigen energiereichen Zwischenprodukten des Abbaus gewonnen (↗Substratstufenphosphorylierung). I. d. R. werden die bei der Substrat-Dehydrogenierung entstehenden Reduktionsäquivalente (Wasserstoffüberträger = NAD[P]H) durch oxidierte organ. Zwischenprodukte des Substratabbaues wieder oxidiert (zu NAD[P]$^+$), so daß erneut zur Dehydrogenierung des Substrats zur Verfügung stehen u. das Redoxgleichgewicht in der Zelle ausgeglichen wird. Die reduzierten Endprodukte (z. B. Alkohole) werden ausgeschieden. Durch diesen nur teilweisen Substratabbau ist der Energiegewinn pro Mol verwertetem Substrat viel geringer als bei der (aeroben) Atmung, in der das Substrat vollständig zu $CO_2 + H_2O$ end-oxidiert wird. (Der ATP-Gewinn bei einer Glucose-Verwertung beträgt in der Gärung meist 2–3 mol ATP, in der aeroben Atmung maximal 36–38 mol ATP pro mol Glucose.) In einigen G.en können die bei der Oxidation freiwerdenden Elektronen z. T. auf Protonen (H$^+$) übertragen werden, so daß zusätzl. molekularer Wasserstoff (H$_2$) entsteht, der durch H$_2$-verwertende Bakterien genutzt u. somit beseitigt wird (↗Syntrophismus). Auch exogene organ. Substanzen (z. B. Fumarat) od. CO$_2$ (direkt od. indirekt nach einer Fixierung unter Bildung v. Oxalacetat) können als Elektronenakzeptor dienen (z. B. bei Succinat-, Essigsäure- od. Methan-G.). Die G.en werden meist nach dem Hauptendprodukt ben. (vgl. Tab.). Gemeinsames wicht. Zwischenprodukt vieler G.en beim Abbau v. Kohlenhydraten (Zuckern) ist Pyruvat, durch dessen unterschiedl. Abbau in verschie-

Gartenkreuzspinne

1 G. *(Araneus diadematus),* 2 G. beim Netzbau

Gartenschläfer
(Eliomys quercinus)

nen Mikroorganismen die große Vielfalt der Endprodukte entsteht. – Der anaerobe tier. Stoffwechsel leitet sich v. der ↗Glykolyse ab, kann aber auch zu verschiedenen Endprodukten führen (↗Anaerobiose). – Häufig wird die Benennung Gärung u. ↗Fermentation synonym verwendet. Diese Gleichsetzung ist aber unzweckmäßig u. kann irreführend sein, da Fermentationen in der ↗Biotechnologie auch aerobe biol. (enzymat.) Prozesse einschließen. Fälschlicherweise werden meist ↗unvollständige Oxidationen im aeroben Stoffwechsel (z. B. v. Essigsäurebakterien) auch als (aerobe) G. bezeichnet. – Die Annahme (1836/37), daß die ↗alkoholische G. eine biol. Ursache hat, wurde erst allg. anerkannt, als L. Pasteur durch seine eingehenden Untersuchungen dieser G. (1860) u. die Entdeckung der Milchsäure-G. (1857) u. Buttersäure-G. (1861) ein „Leben ohne Sauerstoff" beweisen konnte. Bevor sich die biol. Theorie durchgesetzt hatte, wurden G.en als chem. Zersetzungen angesehen, als Verwesungen v. pflanzl. Substanzen, an denen der Sauerstoff der Atmosphäre keinen Anteil nimmt u. bei denen (im Ggs. zur ↗Fäulnis) keine unangenehm riechenden Stoffe auftreten; diese Form der Verbrennungen sollte auf Kosten des Sauerstoffs in der Materie u./od. des Wassers erfolgen (stark modifiziert nach J. Liebig, 1838). ⓑ Dissimilation I–II. *G. S.*

Gärungsenzym, die *Zymase;* ↗alkoholische Gärung.

Gärverschluß, N-förmig gebogenes Glasröhrchen *(Gärröhrchen),* das teilweise mit Flüssigkeit gefüllt ist u. als Verschluß v. Gärgefäßen (z. B. Fässer, Gasballon) dient; ermöglicht das Entweichen v. Gärgasen (Gärungskohlendioxid) u. verhindert das Eindringen v. (Luft-)Sauerstoff.

Garypus *m,* Gatt. der ↗Pseudoskorpione, deren Vertreter bes. in Spülsäumen der Meeresküste vorkommen.

Gärzelle ↗Rotte. [gane, ↗Blutgase.

Gasaustausch, ↗Atmung, ↗Atmungsor-

Gasblasenkrankheit, Fischkrankheit, die durch Sauerstoffübersättigung des Wassers (Teiche, Aquarien) entsteht; das Körpergewebe der Fische wird u. U. durch Gasbläschen zerrissen, Blutgefäße können verstopft werden (Gasembolie); führt oft zum Tod.

Gasbrandbakterien, *Clostridium*-Arten (↗Clostridien), die weit verbreitet im Erdboden vorkommen u. den *Gasbrand* (Gasödem, Gasgangrän, Gasphlegmone, malignes Ödem) verursachen; sie sind auch Kommensalen im unteren Darmtrakt v. Mensch u. Tieren u. wurden auch v. Haut u. Kleidung isoliert. Der Gasbrand (fr. auch Hospitalbrand gen.) war eine der ge-

Gärung
Wichtige Gärungstypen:
↗alkoholische G.
↗Milchsäure-G.
↗gemischte Säure-G.
↗Ameisensäure-G.
↗2,3-Butandiol-G.
↗Buttersäure-G.
 ↗Buttersäure-Butanol-Aceton-G. (= Aceton-Butanol-G.)
 Butanol-Isopropanol-G. (↗Buttersäure-Butanol-Aceton-G.)
↗Essigsäure-G.
↗Homoacetat-G.
↗Propionsäure-G.
↗Succinat-G.
↗Methan-G.

AH + B
↓ Oxidations-Reduktions-Reaktionen
BH + A + Energie (ATP)

Gärung
AH = organ. Substrat, reduziert (Elektronendonator);
B = organ. Substrat, oxidiert (Elektronenakzeptor, i. d. R. Zwischenprodukt v. AH-Abbau);
BH = Endprodukt, reduziert;
A = Endprodukt, oxidiert.

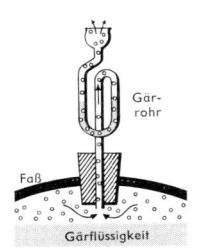

Gärverschluß
Gärspund: die zweimal knieförmig gebogene Glasröhre wird auf den durchbohrten Spund des Fasses während des Gärprozesses aufgesetzt.

Gasbrandbakterien
Einige Toxine v. G. *(Clostridium perfringens):*
Alpha-Toxin = Phospholipase C (Lecithinase): zellnekrotisierend, hämolysierend, letal
Beta-Toxin = Phospholipase: nekrotisierend; letal
Delta-Toxin = Hämolysin: hämolysierend, letal
Lambda-Toxin = Proteinase (Gelatinase)
My-Toxin = Hyaluronidase
Ny-Toxin = Desoxyribonuclease, Fibrinolysin

Echte G. des Menschen:
Clostridium perfringens (= *C. welchii,* Welch-Fraenkel-Gasbrandbacillus, Typ A–E),
C. novyi (Novy-Bacillus des malignen Ödems),
C. septicum (Pararauschbrandbacillus),
C. histolyticum (*Bacillus histolyticus*),
C. sordellii (ähnl. *C. bifermentans*)

fürchtetsten Wundinfektionen, bes. bei Kriegsverletzungen (verschmutzte Wunden) u. operativen Eingriffen. Die Mortalität betrug vor Einführung v. Antibiotika (Penicillin) ca. 50%. (Im 1. Weltkrieg sollen 100000–150000 verletzte dt. Soldaten an Gasbrand gestorben sein.) Die G. vermehren sich im Gewebe (gelbbraun-blauschwarz verfärbt), wo sie gewebeschädigende Enzyme bilden; es zeigt sich ein ausgedehntes lokales Ödem mit unterschiedl. Grad der Gasbildung; der Tod tritt durch toxisches Herz-Kreislauf-Versagen ein. – Wichtigste Art der G. ist *C. perfringens,* (Fraenkel-Bacillus), das nach der unterschiedl. Toxinbildung in 5 Typen unterteilt wird, die v. a. Erkrankungen bei Tieren hervorrufen; Erreger beim Menschen sind Typ A (Gasbrand u. ↗Nahrungsmittelvergiftungen) u. Typ C (früher F; Darmbrand = nekrotische Enteritis). G. bilden bereits in der Wachstumsphase verschiedene saccharolyt. u. proteolyt. Enzyme (Toxine), aber meist nur ein tödliches. Das am besten untersuchte Toxin, das α-Toxin (Phospholipase C, Lecithinase), zerstört das Phosphatidylcholin der Zellmembran u. ruft dadurch nekrotische, gewebeauflösende u. hämolyt. Effekte hervor, die zum Tode führen können. Es war das erste Toxin, an dem die biochem.-enzymat. Wirkung erkannt wurde (McFarlane u. Knight, 1941). Die Therapie des Gasbrands erfolgt durch Penicillin u. Aminoglykoside sowie O_2-Überdruckbehandlung in der hyperbaren Kammer.

Gaschromatographie ↗Chromatographie.
Gasdrüse, Teil der ↗Schwimmblase v. Fischen.
Gasser [gäßer], *Herbert Spencer,* am. Physiologe, * 5. 7. 1888 Platteville (Wis.), † 11. 5. 1963 New York; Prof. in Saint Louis, Ithaca (N. Y.) u. New York; arbeitete

Gasstoffwechsel

zus. mit J. Erlanger über Nervenfasern; wies 1924 durch Sichtbarmachung der elektr. Nervenimpulse auf einem Oszillographenschirm nach, daß die Weiterleitung spezif. Nervenimpulse (z. B. für Kälte-, Wärme- od. Schmerzempfindung) durch verschiedene Typen v. Nervenfasern erfolgt; erhielt 1944 zus. mit Erlanger den Nobelpreis für Medizin.

Gasstoffwechsel, ⁊ Atmung, ⁊ Atmungsorgane, ⁊ Blutgase.

Gastameisen, ⁊ Ameisen, die ständig in Nestern anderer Ameisenarten od. auch Termiten leben, ihren Wirten aber im Ggs. zu den Diebsameisen nicht schaden; in Europa kommt *Formicoxenos nitidulus* (Art der Fam. der ⁊ Knotenameisen) vor, die in Nestern der Roten Waldameise lebt.

Gaster w [v. gr. gastēr = Magen, Bauch], 1) der ⁊ Magen. 2) der distale, nicht verschmälerte Teil des Hinterleibs bei Formen mit einem Petiolus (Hinterleibsstiel), bes. bei Ameisen.

Gasteracantha w [v. *gaster-, gr. akantha = Stachel], Gatt. der ⁊ Stachelspinnen.

Gasteria w [v. *gaster-], Gatt. der ⁊ Liliengewächse.

Gasteromycetes [Mz.; v. *gastero-, gr. mykētes = Pilze], *Gastromycetes,* die ⁊ Bauchpilze.

Gasteropelecidae [Mz.; v. *gastero-, gr. pēlēx = Helm], die ⁊ Beilbauchfische.

Gasterophilidae [Mz.; v. *gastero-, gr. philos = Freund], *Magenfliegen, Magendasseln, Magenbremsen,* Fam. der Fliegen, oft auch zu den ⁊ Dasselfliegen gezählt; von den ca. 30 Arten sind in Mitteleuropa ca. 10 heimisch. Die G. sind mittelgroß u. von typ. Fliegengestalt mit starker roter bis brauner Behaarung. Die Mundwerkzeuge sind verkümmert. Die G. legen ihre Eier in das Fell v. Pferden, Zebras, Eseln, aber auch v. Hunden. Die Larven bes. der Gatt. *Gasterophilus* dringen in die Maulschleimhäute ein u. gelangen nach einigen Tagen bis Wochen in den Darm, wo sie sich vom Nahrungsbrei des Wirtes ernähren. Nach ca. 8 Monaten verlassen die Larven ihren Wirt, um sich im Boden zu verpuppen. Nach einigen Wochen schlüpfen die sofort begattungsfähigen Imagines. Bei Massenbefall können bes. die in den Schleimhäuten parasitierenden Junglarven Schädigungen hervorrufen. Häufig ist bei uns die Pferdemagenbremse *(Gasterophilus intestinalis).* B Insekten II.

Gasterosteiformes [Mz.; v. *gaster-, gr. osteon = Knochen, lat. forma = Gestalt], die ⁊ Stichlingsartigen.

Gasteruptiidae, Fam. der ⁊ Hautflügler.

Gastraea-Theorie w [v. gr. gastraia = Bauch eines Gefäßes], eine der 6 heute diskutierten Theorien bzw. Hypothesen,

H. S. Gasser

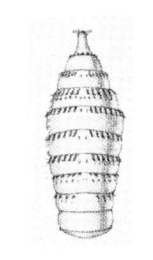

Gasterophilidae
Pferdemagenbremse *(Gasterophilus intestinalis),* Männchen u. Larve

gaster-, gastero-, gastro- [v. gr. gastēr, Gen. gasteros, gastros = Magen, Bauch].

die stammesgeschichtl. Entstehung der Grundorganisation des Metazoenkörpers zu erklären; wurde 1874 v. E. Haeckel aufgestellt, der sie als Versuch betrachtete, „zu einer klaren Einsicht in die wichtigsten Verhältnisse der ontogenet. u. der phylogenet. Entwicklung des Tierkörpers u. seiner fundamentalen Organ-Systeme zu gelangen." Sie fußt *einerseits* auf C. D. Wolffs epigenet. Vorstellungen in der „Theoria generationis" (1759) sowie der von C. Pander (1817) entworfenen u. von R. Remak (1851) als Folge des in der „Entwicklungsgeschichte der Thiere" (1828) zusammengefaßten Gedankengebäudes C. E. v. Baers vervollkommneten Keimblätter-Theorie, *andererseits* auf den im Anschluß an Darwin (1859) u. Fritz Müller (1864) v. Haeckel aufgegriffenen u. in seiner „Generellen Morphologie" (1866) als Biogenetisches Grundgesetz (heute besser als ⁊ Biogenet. Grundregel bezeichnet) formulierten Überlegungen zur Rekapitulationsentwicklung. Die G. besagt, daß alle Metazoa, die in ihrer Entwicklung ein Gastrula-Stadium durchlaufen, von einer gemeinsamen Stammform, einem hypothet. gastrulaähnl. u. daher *Gastraea* genannten Urdarmtier, abstammen, das, wie die Gastrula in der Ontogenese, nur aus 2 verschiedenen Keimblättern besteht. Die Metazoa, so Haeckel nahezu wörtl., sind „wahrscheinl. monophylet. Ursprungs u. stammen v. einer einzigen gemeinsamen, aus einer Protozoen-Form hervorgegangenen Stammform, der Gastraea, ab." Und weiter: „ ... die Metazoen bilden stets einen wahren Darm (nur wenige rückgebildete Formen ausgenommen) u. entwickeln stets differente Gewebe; diese Gewebe stammen immer nur von den beiden primären Keimblättern ab, welche sich v. der Gastraea auf sämtl. Metazoen, von der einfachen Spongie bis zum Menschen hinauf vererbt haben." Unabdingbare Voraussetzung der G. als Lehre vom einheitl. Ursprung aller Metazoa ist die Homologie der beiden primären Keimblätter, die im Anschluß an Remak u. mit G. J. Allman (1853) heute Ekto- u. Entoderm genannt werden. Den Nachweis dieser Homologie sah Haeckel in A. Kowalewskis embryol. Untersuchungen an Würmern u. Gliedertieren (1871), auch wenn Kowalewski selbst dem nicht zustimmte. – Als Ausgangsform der Metazoa nahm Haeckel eine Flagellatenkolonie in Form einer schwimmenden Hohlkugel an, die er in Anlehnung an das Blastula-Stadium der Ontogenie *Blastaea* nannte. Durch Einstülpung der der Schwimmrichtung entgegengesetzten Seite sollte die einschicht. Blastaea in eine der aus der Ontogenie bekannten Gastrula entsprechende und folgl. mit Urmund u. Urdarm versehene zweischicht. Gastraea übergehen. In der Ontogenie läßt sich eine solche Entodermentstehung durch Invagination zwar vielfach u. bes. auch bei einfachen Formen beobachten, doch erfolgt bei anderen die Gastrulation durch Umwachsen (↗Epibolie) od. uni- u. multipolare Einwanderung von Zellen (↗Immigration) od. Teilung (↗Delamination). Dies führte dazu, daß E. Ray Lankester (1877) die Planula- u. I. Metschnikow (1877, 1886) die Parenchymula- od. Phagocytella-Hypothese entwickelten, während O. Bütschli (1884) in seiner Placula-Hypothese nicht von einer Blastaea, sondern v. einer plattenförmigen Zellkolonie ausging. Die ↗Bilaterogastraea-Theorie G. Jägerstens (1955, 1959), die Beziehungen zur Placula-Theorie aufweist, läßt sich als eine Weiterentwicklung der G. verstehen. Von völlig anderen Voraussetzungen u. ohne Beziehungen zur G. geht die Gallertoid-Hypothese (↗Coelomtheorien) aus.

Lit.: Haeckel, E.: Die Gastraea-Theorie, die phylogenetische Classification des Thierreiches und die Homologie der Keimblätter. In: Jenaische Z. f. Naturwiss. 8, 1874, 1–55. D. Z.

gastral [v. *gastral-], den Magen bzw. Magen-Darm-Trakt betreffend. [septen.
Gastralfalten [v. *gastral-], die ↗Gastral-
Gastralfilamente [Mz.; v. *gastral-, lat. filamentum = Netzwerk], die ↗*Mesenterialfilamente*, ↗Anthozoa.
Gastralhöhle [v. *gastral-], der ↗Urdarm.
Gastralia [Mz.; v. *gastral-], die ↗Bauchrippen.
Gastrallager [v. *gastral-], Gesamtheit der in einer Schicht die Innenräume eines tier. Schwammes auskleidenden ↗Choanocyten; weil neuerdings vielfach als echtes Epithel gedeutet, auch als Gastrodermis bezeichnet.
Gastralraum [v. *gastral-], Darmsystem der ↗Hohltiere; ↗Darm.
Gastralsepten [Mz.; v. *gastral-, lat. saepta = Schranken, Gitter], *Gastralfalten*, Falten im ↗Darm-System der ↗Hohltiere.
Gastraltaschen [v. *gastral-], Kammern im Darmsystem der ↗Hohltiere (bes. bei *Scyphozoa* u. *Anthozoa*), spielen eine wichtige Rolle bei der ↗Enterocoeltheorie. ↗Bilaterogastraea-Theorie, ↗Darm.
Gastransport, der ↗Atemgastransport; ↗Blutgase.
Gastrin s [v. *gastro-], ein aus 17 Aminosäuren bestehendes Peptidhormon aus der Pylorusschleimhaut der Säuger, das, auf Vagusreiz über die Blutbahn abgegeben, in der Cardiaregion des Magens die Salzsäureproduktion der Belegzellen steigert.
Gastrochaena w [v. *gastro-, gr. chainein

gastral- [v. gr. gastēr = Magen, Bauch], in Zss.: Magen-, Magen-Darm-, Bauch-.

gaster-, gastero-, gastro- [v. gr. gastēr, Gen. gasteros, gastros = Magen, Bauch].

= klaffen], Gatt. der *Gastrochaenidae* (U.-Ord. *Adapedonta*) mit ca. 10 Arten, Blattkiemenmuscheln mit langgestreckter, kleiner u. dünner Schale, die vorn unten weit auseinanderklafft; Siphonen ungewöhnl. weit ausstreckbar, bis auf den Endabschnitt miteinander verwachsen. Die in den Tropen u. Subtropen verbreiteten Arten sind mechan.-chem. Bohrer in weichem Gestein u. Korallen. Sie umgeben sich mit einer zusätzl. Kalkschicht: im Schutz dieser Sekundärschale leben sie u. ernähren sich als Filtrierer. G. ist getrenntgeschlechtl., die Entwicklung erfolgt bis zur Larve im Muttertier.
Gastrocoel s [v. *gastro-, gr. koilos = hohl], der ↗Urdarm.
Gastrodermis w [v. *gastro-, gr. derma = Haut], entodermales, einschichtiges ↗Epithel, das den Gastralraum der ↗Hohltiere auskleidet. Neuerdings wird auch das ↗Gastrallager der Schwämme als G. bezeichnet.
Gastrodes m [v. *gastro-], ↗Eulampetia.
Gastrodiscidae [Mz.; v. *gastro-, gr. diskos = Scheibe], Saugwurm-Fam. der Ord. *Digenea* mit den 3 Gatt. *Gastrodiscus, Gastrodiscoides, Homalogaster;* Darmparasiten in Säugern. Im Dickdarm des Menschen parasitiert die in Indien u. Indochina verbreitete, 5–10 mm lange, birnenförm. Art *Gastrodiscoides hominis*. Die Infektion des Menschen erfolgt oral durch Aufnahme v. an Wasserpflanzen klebenden Metacercarien.
Gastrolith m [v. *gastro-, gr. lithos = Stein], **1)** *Magenstein*, der ↗Bezoarstein. **2)** *Krebsstein*, im Magen od. in der Magenwand (nicht marine Arten) v. Krebsen u. Hummern vorkommendes, meist aus Calciumcarbonat bestehendes Hartgebilde. ↗Flußkrebse. **3)** Abgerundete Steine bei einigen fossilen Reptilien, bei überwiegend aquat. Organismen (Fischsaurier, *Sauropoda*) evtl. zur Kontrolle des Auftriebs; bei einigen Dinosauriern, rezenten Krokodilen u. Vögeln dien(t)en die G.en vermutl. zum Zermahlen u. zum Aufschluß der Nahrung.
Gastroneuralia [Mz.; v. *gastro-, gr. neuron = Nerv], *Bauchmarktiere,* umfassen alle ↗*Bilateria* mit Ausnahme der *Echinodermata, Hemichordata* u. *Chordata,* die als *Notoneuralia* (Rückenmarktiere) ihnen gegenübergestellt werden. Bei den G. liegt das Nervensystem in Form paariger Längsstämme – weshalb die G. früher auch mit Hatschek (1888) als *Zygoneura* (Paarnervige) bezeichnet wurden – weitgehend im Ventralbereich des Körpers. Entspr. findet sich bei den *Notoneuralia* das Nervensystem in der Dorsalregion des Körpers.
Gastropacha w [v. *gastro-, gr. pachys = dick], Gatt. der ↗Glucken.

Gastrophryne

Gastrotricha

Ordnungen, Familien und wichtige Gattungen:

*Macrodasyida
(Macrodasyoidea)
  Dactylopodolidae
  Lepidodasyidae
  Macrodasyidae
    ↗ Urodasys
    Macrodasys
  Planodasyidae
  Thaumasto-
    dermatidae
  Turbanellidae
    Turbanella
Chaetonotida
(Chaetonotoidea)
  Chaetonotidae
    ↗ Chaetonotus
  Dasydytidae
    Dasydytes
  Dichaeturidae
  Neogosseidae
    ↗ Neogossea
  Proichthydidae
  Xenotrichulidae
    Xenotrichula*

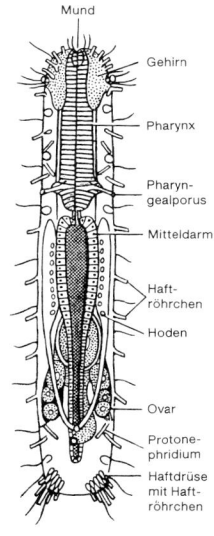

Gastrotricha
Organisation der G.
(Ord. *Macrodasyida*)

(Labels: Mund, Gehirn, Pharynx, Pharyngealporus, Mitteldarm, Haftröhrchen, Hoden, Ovar, Protonephridium, Haftdrüse mit Haftröhrchen)

Gastrophryne w [v. *gastro-, gr. phrynē = Kröte], Gatt. der ↗ Engmaulfrösche.

Gastropoda [Mz.; v. *gastro-, gr. podes = Füße], die ↗ Schnecken.

Gastrotheca w [v. *gastro-, gr. thēkē = Behälter], Gatt. der ↗ Beutelfrösche.

Gastrotricha [Mz.; v. *gastro-, gr. triches = Haare], früher *Ichthydina, Bauchhaarlinge, Flaschentierchen,* ausschl. frei lebende, mikroskopisch kleine Würmer (0,05–1 mm, maximal 4 mm), die ebenso in Süßgewässern wie in Litoral u. Sublitoral aller Meere weltweit verbreitet sind. Sie sind v. stab- bis flaschenförm. Gestalt mit meist deutl. abgesetztem rundl. Kopf, der beidseits lange, an Schnurrhaare erinnernde Sinnescilien u. häufig kleine, öhrchenförmige Sinnestentakel trägt. Die Bauchseite ist zu einer Kriechsohle abgeplattet u. besitzt in Längs- od. Querreihen stehende Cilienbänder, auf denen die Tiere außerordentl. rasch gleitend zu kriechen u. mit denen sie auch kurze Strecken zu schwimmen vermögen. Das Hinterende ist meist gegabelt in zwei Zehen (Furca) mit Klebdrüsen (Klebröhrchen) an ihrer Spitze, mit deren Hilfe die Tiere sich blitzschnell an ihrem Substrat, etwa Sandkörnchen, festheften können. Gegenüber den bes. in strömungsarmen Süßgewässern vorkommenden *Chaetonotida* mit nur zwei Zehendrüsen besitzen die ausschl. marinen, meist in bewegterem Wasser ebenden *Macrodasyida* über die ganze Körperoberfläche verteilt, v.a. an den Flanken, ganze Batterien v. bis zu 200 solcher bewegl. Klebröhrchen, die es ihnen auch gestatten, egelartig zu kriechen. Der gesamte Körper ist v. einer mehrschicht. Cuticula überzogen, die bes. dorsal zu einem kompliziert gebauten Schuppenpanzer verdickt sein od. ein bizarres Stachel- od. Dornenkleid bilden kann. Die G. sind fast ausschl. farblos transparent. Sie ernähren sich v. einzell. Blau-, Kiesel- u. Grünalgen sowie Bakterien u. scheinen großenteils ausgesprochene Nahrungsspezialisten zu sein. Nur einzelne Arten leben planktisch; ihr Hauptlebensraum sind die Oberflächen v. Wasserpflanzen u. schlammig-sandigen Gewässerböden, ebenso die Lückensysteme der obersten Sedimentschichten (Psammal). Die etwa 400 bisher bekannten u. weltweit verbreiteten Arten verteilen sich auf zwei Ord. mit je 6 Fam., die ursprünglicheren und ausschl. marinen *Macrodasyida* u. die auch süßwasserbewohnenden *Chaetonotida* mit der in all unseren Süßgewässern überaus verbreiteten Gatt. *Chaetonotus,* deren Arten zu den kleinsten Mehrzellern überhaupt gehören u. die wegen ihrer geringen Größe (deutl. kleiner als ein Pantoffeltierchen) meist übersehen werden. – *Anatomie:* Unter der vielschicht. Lipoprotein- od. Glykoproteincuticula folgt eine bei manchen Arten syncytiale, meist aber zelluläre Epidermis aus dorsal sehr flachen, ventral u. lateral aber hochprismat. Zellen. Die Flimmerzellen der Kriechsohle sind bei manchen Arten monociliär (↗ *Gnathostomulida*). Vor allem dorsal findet man zw. die Epithelzellen eingestreut einzeln. Schleimdrüsen; Abkömmlinge der Epidermiszellen sind ebenfalls die zweizell. Klebdrüsen, deren zwei Zelltypen auf nervösen Reiz hin unterschiedl. Sekrete freisetzen, die nach Art eines Zweikomponentenklebers erst nach dem Zusammentreffen ihre Klebwirkung entfalten. Unter der Epidermis folgt jenseits einer dünnen Basallamina die *Rumpfmuskulatur,* bei *Macrodasyida* ein geschlossener, einschicht. Ringmuskelschlauch u. innerwärts mehrere, je nach Art ventrolaterale od. dorsale lamellenartig flache Längsmuskelzüge. Bei den *Chaetonotida* sind Ring- und v.a. Längsmuskulatur bis auf geringe Reste rückgebildet. Neben überwiegend schräggestreifter beobachtet man bei einigen Formen auch quergestreifte Muskulatur, deren Feinbau sich jedoch v. der Skelettmuskulatur höherer Coelomaten deutl. unterscheidet (↗ *Gnathostomulida*). Der *Darmtrakt* durchzieht den Körper als gerades Rohr, wie bei Fadenwürmern (Nematoden) in nur 2 deutl. Abschnitte gliedert u. bis auf Speicheldrüsen im Vorderabschnitt ohne jede Drüsenanhänge. Die endständ., gewöhnl. unbewehrte, aber v. Cilien umsäumte Mundöffnung führt in einen muskulösen Schlund (Pharynx). Die Nahrung wird entweder durch peristalt. Schluckbewegungen eingesogen od. durch die Mundcilien eingestrudelt; einige räuber. Arten können ihre Beuteorganismen auch mit ausstülpbaren, manchmal mit Stacheln bewehrten Pharynxlappen aktiv ergreifen. Der Pharynx besitzt wie bei Fadenwürmern ein im Querschnitt dreieck. Lumen u. eine Wandung aus hochprismat. Myoepithelzellen mit radiär angeordneten Myofibrillen. Er arbeitet so als Saugpumpe. Bei den *Macrodasyida* wird das mit der Nahrung aufgenommene Wasser durch zwei Pharyngealporen nach außen geleitet, die die Körperwand beidseits am Pharynxende durchbrechen. Mittel- u. Enddarm sind unbewimpert; sie bestehen aus wenigen Reihen mit Mikrovilli besetzter Zellen u. sind in ganzer Länge v. zwei Muskellagen umkleidet *(Macrodasyida),* umgekehrt wie bei der Rumpfmuskulatur v. einer inneren Ringmuskellage u. äußeren Längsmuskelzügen. Der After liegt ventral unmittelbar vor dem Körperende. Beidseits des Darms sind zw. Rumpf- u. Darmmuskulatur

Reste einer *Leibeshöhle* erhalten, die bes. bei den *Macrodasyida* v. den Muskelschichten epithelartig umkleidet werden. Deshalb deuten manche Autoren sie als Coelomrudimente (Muskelschichten evtl. Derivate eines ehemaligen Coelothels), die dann auf eine Coelomatenabkunft der G. und der ihnen nächstverwandten Tiergruppen hinwiesen. Entspr. der geringen Größe fehlt den G. ein Gefäßsystem, während die Exkretion u. Osmoregulation über Protonephridien erfolgen, die bei den *Macrodasyida* als jeweils paar. Organe mit je mehreren Terminalzellen über die ganze Körperlänge verteilt, bei den *Chaetonotida* auf ein Protonephridienpaar im vorderen Körperbereich mit langgewundenen Ausfuhrkanälen u. je einer Exkretionsöffnung reduziert sind. Das *Nervensystem* gleicht in mancher Hinsicht dem der Plattwürmer (Plathelminthen): Von einem beidseits verdickten Nervenring um den vorderen Pharynx gehen nach vorn u. hinten je ein laterodorsales u. lateroventrales Paar v. Längs-Marksträngen zur Versorgung des Kopfes u. seiner Sinnesorgane u. zur motor. u. sensiblen Innervation des Rumpfes aus (↗ Orthogon der Plattwürmer). Die hinteren 4 Stränge vereinigen sich beidseits zu je einem lateroventralen Markstrang, der zw. den Basen der Epithelzellen (basiepithelial) verläuft. Die bei den ursprünglichen *Macrodasyida* zwittr. Gonaden – paarige od. unpaare sackförm. Hoden beidseits des Vorderdarms, die über einen ventral gelegenen Genitalporus nach außen münden, u. paarige od. unpaare Ovarien zu beiden Seiten od. ventral des Mitteldarms, die über eine Samenblase (Receptaculum seminis) u. eine nahe dem Hinterende gelegene Bursa copulatrix sich nahe dem männl. Genitalporus nach außen öffnen – erfüllen die rudimentären Leibeshöhlen. Spermien werden eingeschlossen in ↗ Spermatophoren auf dem Körper des Partners abgesetzt. Bei den *Chaetonotida* scheinen die Hoden i. d. R. rückgebildet zu sein; ihre Fortpflanzung ist parthenogenet. Die dotterreichen Eier werden, bei den Macrodasyida nach innerer Besamung, durch die aufbrechende dorsale Körperwand abgegeben. Die Entwicklung verläuft über eine total-äquale, bilaterale Furchung (↗ Fadenwürmer), die in den ersten Teilungsschritten Anklänge an eine Spiralfurchung zeigt. Ohne zwischengeschaltetes Larvenstadium gleichen die schlüpfenden Tiere bereits bis auf die Körperproportionen erwachsenen Würmern. Bei manchen Arten, bes. parthenogenet. Süßwasserformen, werden zwei Eitypen produziert, dünnschalige „*Subitaneier*", die sich sofort entwickeln, u. dickschalige *Dauereier*, de-

ren Entwicklung erst nach einer Kälte- od. Trockenphase einsetzt. Asexuelle Fortpflanzung ist bei G. nicht bekannt; ebenso fehlen Angaben über das Regenerationsvermögen. – *Verwandtschaft:* In zahlr. Merkmalen (Cuticulastruktur; Bau des Darmtrakts, namentlich des Pharynx; Besitz v. Klebröhrchen; epitheliale Anordnung der Rumpfmuskulatur; Furchungstyp) stimmen die G. mit den Fadenwürmern überein, zeigen allerdings auch gewisse Ähnlichkeiten mit den Gnathostomuliden (monociliäres Epithel, eigener Typ quergestreifter Muskelzellen), während die Struktur des Nervensystems, der Besitz v. Protonephridien, die Zwittrigkeit, die Körperbewimperung u. der Bau der Kopfsinnesorgane an die ↗ Strudelwürmer (Turbellarien) erinnern, wobei diese Turbellarienmerkmale allerdings eher als ↗ Plesiomorphien anzusehen sind. Merkmalsverwandtschaften zu den ↗ Rädertieren (Muskelbau, Cilienbesitz u. Protonephridien, Zehen mit Klebdrüsen am Hinterkörper) sind wohl Konvergenzen od. ebenfalls Plesiomorphien, während die Nematodenähnlichkeit eher synapomorpher Art ist. Dementspr. werden die G. als eigene Kl. der Rundwürmer (Nemathelminthen) u. nahe Verwandte der Nematoden angesehen. Wahrscheinl. in den Küstenregionen der Meere entstanden *(Macrodasyida),* haben sie sekundär *(Chaetonotida)* auch das Süßwasser besiedelt. Der eventuelle Besitz v. Coelomrudimenten als Hinweis auf eine Abstammung v. coelomaten Vorfahren könnte als Hinweis darauf gelten, daß die gesamte Verwandtschaftsgruppe der Nemathelminthen (↗ Pseudocoelomata) durch Reduktion des Coeloms v. coelomaten Tieren abzuleiten ist.   *P. E.*

Gastrovaskularsystem *s* [v. *gastro-, lat. vasculum = kleines Gefäß, Kapsel], Gastrovaskularraum,* durch den Körper ziehendes, oft stark verzweigtes Darmsystem (Gastralraum), das die Nährstoffe verteilt u. so zusätzl. die Funktion eines Blutgefäßsystems übernimmt; gut ausgebildet bei Hohltieren (↗ *Scyphozoa,* Scyphomedusen), allen Polypenstöcken u. bei den ↗ Plattwürmern. ↗ Darm, B Darm.

Gastrula *w* [v. gr. gastēr = Magen, Bauch], *Becherkeim,* frühes Entwicklungsstadium vielzelliger Tiere (Metazoen); becherförm. Keim aus zwei geschlossenen Zellschichten, dem äußeren Ektoderm u. dem inneren Entoderm; im Hohlraum zw. beiden Schichten (Rest des ↗ Blastocoels) bilden sich gleichzeitig oder bald später die Anlagen des 3. Keimblatts (Mesoderm); fehlt bei den primär zweischicht. Hohltieren). ↗ Gastrulation, ↗ Keimblätterbildung.

Gastrulation *w* [v. *gastro-], erste Phase

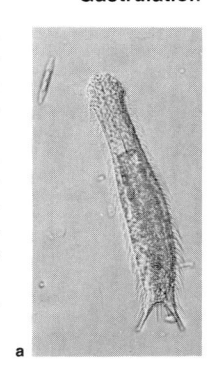

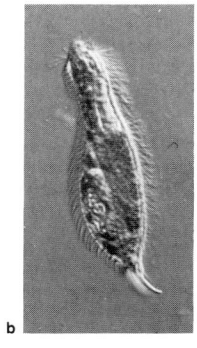

Gastrotricha
Mikroskop. Aufnahmen eines Vertreters der Gatt. *Chaetonotus* aus einem Bach; **a** von dorsal (sichtbar: Zehen, Bestachelung u. Sinnescilien), **b** von der Seite (sichtbar: Cilien der Wimpernsohle, Zehen u. – dorsal – ein Ei)

gaster-, gastero-, gastro- [v. gr. gastēr, Gen. gasteros, gastros = Magen, Bauch].

Gasvakuolen

Gasvakuolen

Bakterien mit G. (Auswahl)

phototrophe Bakterien
Lamprocystis
Thiodictyon
Pelodictyon

Halobakterien
Halobacterium

farblose Bakterien
Pelonema
Peploploca
Clostridium
(einige Arten)

Cyanobakterien
Oscillatoria
(z. B. *O. agardhii*)
Aphanizomenon
(z. B. *A. flosaquae*)
Microcystis
(z. B. *M. aeruginosa*)

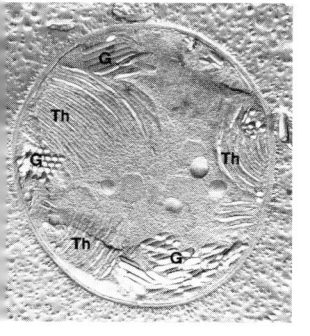

Gasvakuolen

Elektronenmikroskop. Aufnahme (Gefrierbruchtechnik, Quer- u. Flächenbruch) eines Cyanobakteriums *(Microcystis)* mit Gasvakuolen, die sich aus vielen Gasvesikeln zusammensetzen. G Gasvakuolen, Th Thylakoide (Photosyntheseapparat).

Gattung

Beispiele für *monotypische Gattungen:*
Ginkgobaum
(Ginkgo biloba)
Pfeilschwanzkrebs
(Limulus polyphemus)
Brückenechse
(Sphenodon punctatus)
Erdferkel
(Orycteropus afer)
Walroß
(Odobenus rosmarus)
Mensch
(Homo sapiens)

der ⁊Keimblätterbildung. Durch Zellbewegungen u. -verlagerungen bildet sich aus der (i. d. R. einschicht.) ⁊Blastula ein zunächst zweischicht. Keim, die ⁊Gastrula (Becherkeim). Der Verlauf der G. steht in Zshg. mit dem Dottergehalt (⁊Dotter, ⁊Eitypen) des Eies u. der Form der Blastula: Bei der *Invagination (Embolie,* z. B. Amphibien) stülpt sich das ⁊Blastoderm der vegetativen Eihälfte ins ⁊Blastocoel ein u. bildet so den Urdarm. Die (einschicht.) Zellage des Urdarms liefert das innere u. das mittlere Keimblatt (⁊Entoderm u. ⁊Mesoderm), die äußere ins äußere Keimblatt (⁊Ektoderm). Die Einstülpöffnung des Urdarms wird als Urmund (Blastoporus), ihr Rand als Urmundlippe bezeichnet. Die Invagination kann als urspr. G.smodus betrachtet werden u. ist typ. für holoblastisch gefurchte (⁊Furchung) Keime mit gut ausgebildetem Blastocoel u. geringem bis mäßigem Dottergehalt. Die *Epibolie* ist typ. für dotterreiche Embryonen. Hier umwächst der kleinzell. animale Anteil der Blastula allseits den großzell. dotterreichen vegetativen Anteil. Ein Urdarlumen wird nicht gebildet, die Darmhöhle entsteht später, u. U. erst nach Verbrauch des Dottermaterials. Die Epibolie läßt sich indirekt v. der Invagination ableiten; die Gruppe der Mollusken zeigt viele Zwischenformen dieser beiden Gastrulationsmodi. – Bei den extrem dotterreichen telolecithalen Eiern der Cephalopoden, Gymnophionen u. Sauropsiden erfolgt die Epibolie erst nach der G., so daß die Keimblätter gemeinsam den (ungefurchten) Dotter umwachsen. Bei der *Immigration* (z. B. Hydrozoen) wandern Blastulazellen des vegetativen Pols ins Blastocoel ein; zwischen ihnen entsteht ein Spalt, um den sie sich zum epithelialen Entoderm ausdifferenzieren. Bei der *Delamination* teilen sich die Blastodermzellen senkrecht zur Oberfläche, so daß ein zweischicht. Keim entsteht (einige Hydrozoen u. Scyphozoen). Bei Reptilien, Vögeln u. Säugern entspricht die Außenschicht der ⁊Keimscheibe, der ⁊Epiblast, der Blastula-Wand. Aus ihr gehen durch Invagination bzw. Immigration im Bereich der ⁊Primitivrinne das Mesoderm sowie jener Teil des Entoderms hervor, der die entodermalen Organe des Körpers bildet; das (extraembryonale) Entoderm des ⁊Dottersacks entsteht aus dem ⁊Hypoblasten.
B Keimblätterbildung.

Gasvakuolen [Mz.; v. lat. vacuus = leer], Organellen vieler Wasserbakterien, durch die die Zellen befähigt sind, im Wasser zu schweben u. ihre Dichte zu verändern. Dadurch können sie sich, auch ohne aktive (Geißel-)Bewegung, in bestimmten Wasserschichten halten, wo optimale Wachstumsbedingungen herrschen. Die G. setzen sich aus mehreren od. vielen spindelförm. nebeneinanderliegenden Gasvesikeln zus., deren Wände aus einfachem Protein (keine Elementarmembran) von ca. 2 nm Dicke bestehen, die ringförm. Versteifungen erkennen lassen (vgl. Abb.). Im Lichtmikroskop erscheinen sie als stark lichtbrechende Vakuolen. Die Schwebefähigkeit wird über Photosynthese, Turgordruck u. die *Zahl* der Gasvesikel reguliert. G. scheinen zur Ausbildung der ⁊Wasserblüte v. Cyanobakterien wichtig zu sein.

Gasvesikel *w* [v. lat. vesicula = Bläschen], ⁊Gasvakuolen.

Gaswechsel ⁊Atmung, ⁊Atmungsorgane, ⁊Blutgase (☐).

Gattenwahl, *Partnerwahl,* Wahl eines Geschlechtspartners während der *Paarbildung;* der Wahlcharakter fällt bes. auf bei einer ⁊Arenabalz, wenn sich mehrere männl. Tiere den weibl. Tieren anbieten od. wenn in einer Tiergruppe mehrere Partner zur Verfügung stehen (viele Primaten).

Gattung, *Genus,* eine systemat. Kategorie, d. h. eine Einheit der biol. Klassifikation (⁊Taxonomie), die im allg. mehrere nah verwandte Arten enthält. Nächst höhere Kategorie ist die Familie (bzw. Unterfamilie). Der erste, stets groß geschriebene Teil eines wiss. Tier- od. Pflanzennamens (⁊Nomenklatur) ist der G.sname, z. B. *Apis mellifica, Homo* sapiens, *Anemone* nemorosa. Sog. *monotypische G.en* enthalten nur eine einzige (rezente) Art (vgl. Tab.). Einige wenige Insekten- und Pflanzen-G.en enthalten über hundert Arten.

Gattungsbastarde, die Nachkommen v. Kreuzungen zw. Arten verschiedener Gattungen; G. kommen sehr selten vor u. sind fast immer steril (z. B. bei Orchideen, Enten u. Fasanen); ursprünglich sterile G. können jedoch durch Polyploidisierung fertil werden.

Gattyana, Gatt. der Ringelwurm-Fam. *Polynoidae* (Kl. *Polychaeta*). *G. cirrosa* ist bis 50 mm lang, besitzt intrazellulär leuchtende Substanzen in den Epidermiszellen an der Unterseite der Elytren u. lebt als Kommensale v. den Beuteabfällen anderer Polychaeten, wie *Amphitrite, Thelepus* u. *Chaetopterus,* od. auch räuberisch; in der Nordsee u. westl. Ostsee.

Gauchersche Krankheit [gosche-; ben. nach dem frz. Arzt Ph. Ch. Gaucher, 1854–1918], sehr seltene, erbl. Stoffwechselspeicherkrankheit (Lipoidose) mit abnormer Speicherung des Cerebrosids (Lipoid) Kerasin in den Zellen des reticuloendothelialen Systems (v. a. in Milz, Leber u. Knochenmark); Symptome sind Milztumoren, Lebervergrößerung (tonnenförm. Körper), gelbl. Verfärbung der Haut.

Gauchheil m [zu mhd. gouch = Kuckuck], *Anagallis,* Gatt. der Primelgewächse mit ca. 40 über die ganze Erde verbreiteten Arten. Kleine, kriechende od. aufrechte Pflanzen mit ganzrand. Blättern u. blattachselständ. Blüten mit glockiger od. radförm., 5lappiger Krone. Die Frucht ist eine kugelige Deckelkapsel. In Mitteleuropa beheimatet sind 3 Arten. Am häufigsten ist der Acker-G. *(A. arvensis),* eine einjähr., niederliegende Pflanze mit 4kantigem Stengel, gegenständ., unterseits schwarz punktierten, eiförm. Blättern sowie langgestielten, kleinen, meist zinnoberroten Blüten; er wächst in Unkrautfluren, auf gehackten Äckern sowie in Gärten u. Weinbergen. Ähnlich ist der v. a. in Getreidefeldern zu findende, zieml. seltene, blau blühende Blaue G. *(A. foemina, A. coerulea).* In Binsenwiesen u. Schlenken sowie an Grabenrändern wächst der nach der ↗ Roten Liste „vom Aussterben bedrohte" Zarte G. *(A. tenella),* eine ausdauernde, ebenfalls kriechende Pflanze mit rosafarbenen Blüten.

Acker-Gauchheil *(Anagallis arvensis)*

Gaukler, 1) *Cybister lateralimarginalis,* Schwimmkäfer aus der Gruppe der ↗ Gelbrandkäfer. 2) *Theratopius ecaudatus,* ↗ Schlangenadler.

Gauklerblume, Affenblume, *Mimulus,* größtenteils in Amerika heim. Gatt. der Braunwurzgewächse mit etwa 150 Arten. Meist ausdauernde Pflanzen mit gegenständ., ungeteilten Blättern u. einzeln in den Blattachseln stehenden Blüten mit weiter Röhre u. zweilippigem, fünflappigem Saum. Viele Arten zeichnen sich durch die Seismonastie ihrer Narben aus; schon geringe Berührung reicht aus, um ein Zusammenklappen zu bewirken. Zahlr. Arten werden ihrer großen, lebhaft braunrot, orange od. gelb gefärbten, z. T. rot gefleckten Blüten wegen als Zierpflanzen kultiviert. Die aus dem westl. N-Amerika stammende Gelbe G. *(M. guttatus)* besitzt herzeiförm. bis rundl., gezähnte Blätter sowie 3–4 cm breite, gelbe, auf der Unterlippe rot gezeichnete Blüten; als Pionierpflanze wächst sie seit Beginn des 19. Jh. auch verwildert bis völlig eingebürgert in Fluß- u. Bachufer-Ges. sowie in Gräben u. an Quellen. Ihr ähnl. sind *M. luteus* (Chile) u. die moschusartig duftende, klebrig zottige Moschus-G. *(M. moschatus,* westl. N-Amerika). [der ↗ Borstenzähner.

Gauklerblume *(Mimulus)*

Gauklerfische, Gaukler, *Chaetodon,* Gatt.

Gaulth<u>e</u>ria w [ben. nach dem kanad. Botaniker J. F. Gaultier (gotj<u>e</u>), 1708–56], in Amerika, S- und O-Asien sowie Australien u. Neuseeland beheimatete Gatt. der Heidekrautgewächse mit etwa 150 Arten. Niedrige, immergrüne Sträucher mit wechselständ., eiförm., gesägten Blättern u. einzeln od. in lockeren Trauben stehenden krug- od. glockenförm. Blüten. Die v. einem fleischigen Kelch umgebene Frucht ist eine beerenähnl. Kapsel. *G. procumbens* (östl. N-Amerika) ist ein bis 15 cm hoher, kriechender Strauch mit hellrosa Blüten u. roten, etwa 1 cm dicken Früchten. Seine Blätter liefern das wohlriechende, flüchtige *G.öl* (Wintergrünöl).

Gaultheria

Das *Gaultheriaöl* besteht hpts. aus Salicylsäuremethylester u. wird sowohl bei der Parfümherstellung als auch in der Medizin verwendet (Antiseptikum, Entlausungs- u. Rheumamittel).

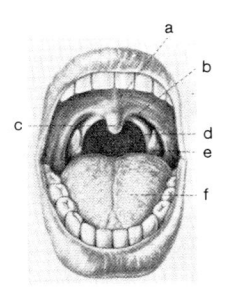

Gäumann, *Ernst,* schweizer. Botaniker, * 6. 10. 1893 Lyss (Kt. Bern), † 5. 12. 1963 Zürich; 1927–63 Dir. des Inst. für Spezielle Botanik der ETH in Zürich; bedeutende Arbeiten über die vergleichende Morphologie der Pilze, bes. der pflanzenpathogenen Pilze.

Gaumen, *Palatum,* das ↗ Munddach.

Gaumenbein, *Palatinum, Os palatinum,* paar. Deckknochen im ↗ Munddach der Wirbeltiere, bildet bei Säugern den Hinterrand des sekundären Munddachs, grenzt mit seinem Vorderrand an die Gaumenplatte des Oberkiefers (Maxillare).

Gaumenbögen, bindegewebige kurze Vorsprünge quer zum Verlauf der Luft- u. Speisewege im hinteren Rachenbereich der Säugetiere, seitl. Ausläufer des ↗ *Gaumensegels* (weicher Gaumen); im vorderen G. verläuft ein Muskel vom Gaumensegel in die Zunge, im hinteren G. ein Muskel vom Gaumensegel in die Rachenwand; zw. den G. liegt je eine ↗ Gaumenmandel.

Gaumenleisten, *Gaumenfalten,* Querrippeln der das knöcherne ↗ Munddach (harter Gaumen) überziehenden Schleimhaut, oft verhornt od. gezackt. G. treten bei Säugern auf, bes. bei Huftieren, u. unterstützen das Zerkauen u. das Festhalten der Nahrung beim (Ab-)Beißen. ↗ Barten.

Gaumenmandel, *Tonsilla palatina,* paar. lymphat. Organ an der hinteren seitl. Rachenwand der Säugetiere, das der Abwehr v. Infektionskeimen dient. Die G.n liegen beidseits schräg unterhalb des Zäpfchens zw. den quer in die Mundhöhle vorspringenden ↗ Gaumenbögen. Jede G. ragt nur ein kleines Stück weit in die Mundhöhle hinein u. ist v. einer Bindegewebshülle umgeben. In Größe u. Oberflächenstruktur ähnelt die G. einem Mandelkern (namengebend für alle derart. lymphat. Organe). Von der Oberfläche der G. ziehen Einsenkungen (Krypten) ins Innere. Sind diese mit toten Zellen angefüllt, sieht man an der Oberfläche kleine weiße Flecken. Bei Infektionen kann die G. anschwellen u. Schluckbeschwerden verursachen (↗ Angina). Nach einer Vereiterung sind die G.n für immer funktionsunfähig.

Gaumenmandel
Menschl. Rachen mit **a** hartem u. **b** weichem Gaumen, **c** Zäpfchen, **d** Gaumenbögen, **e** Gaumenmandel, **f** Zunge

Gaumensegel, *Palatum molle, Velum palatinum,* weicher Gaumen, bindegewebiges Häutchen in Verlängerung des harten Gaumens (knöchernes Munddach); durch das

Gaur

G. wird die ↗Choane tiefer in den Rachen verlagert; median läuft das G. in das *Zäpfchen* aus, seitlich in die Gaumenbögen. ☐ Gaumenmandel.

Gaur *m* [v. altind. gauh = Rind, Ochse], *Bos (Bibos) gaurus*, in 3 U.-Arten in den Berg- u. Bambuswäldern Indiens gesellig lebendes stattl. Wildrind mit braunschwarzem Fell u. starken Hörnern; Kopfrumpflänge 2,5–3 m, Schulterhöhe bis über 2 m, Hornlänge 60–120 cm; Bullen mit Hals- u. Kinnwamme u. Widerristbuckel. Als einziges Wildrind greift der G. breitseits an. G. sind Kulturflüchter u. wegen ihrer Wehrhaftigkeit gefürchtet; ihre Bestandsgefährdung beruht auf zunehmender Einengung ihres Lebensraums (B Asien VII). – Die Haustierform des G. ist der etwas kleinere u. breitstirnige *Gayal* (auch Stirnrind, B Asien VII) mit kurzen, kegelförm. Hörnern, meist halbzahm gehalten als Opfertier, Fleischlieferant u. „Zahlungsmittel", geringe wirtschaftl. Bedeutung.

Gause-Volterrasches Gesetz [ben. nach dem russ. Biologen G. F. Gause, * 1910, und dem italien. Mathematiker V. Volterra, 1860–1940], das ↗Konkurrenzausschlußprinzip.

Gaviale [Mz.; v. hindi gharviyal = Krokodil], *Gavialidae,* Fam. der Krokodile mit nur einer rezenten Art, dem Ganges-Gavial *(Gavialis gangeticus);* Länge bis ca. 7 m, lebt in Vorder- u. Hinterindien u. ist mehr als die anderen Krokodile ans Wasser gebunden. Auffällig sind die schmale, stark verlängerte Schnauze (vom übr. Schädel deutl. abgesetzt), die verhältnismäßig schwach entwickelten Beine u. der kräft. Ruderschwanz; der Körper zeigt eine grau-bräunlichgrüne Färbung an der Oberseite, unterseits heller. G. haben über 100 spitze, wohlentwickelte, leicht nach außen gebogene Zähne (Oberkiefer jederseits 27–29, Unterkiefer 24–26); verzehren v.a. Fische, aber auch kleine Säugetiere od. Wasservögel; für den Menschen ungefährlich. Weibchen legt die ca. 40 hartschal., 9 cm lange, weißen Eier in eine Grube auf Sandbänken am Ufer ab; Jungtiere beim Schlüpfen ca. 40 cm lang. – Der Sunda-Gavial wird den Echten Krokodilen zugeordnet. B Asien VII.

Gavialidae, die ↗Gaviale.

Gaviiformes [Mz.; v. lat. gavia = Möwe, forma = Gestalt], die ↗Seetaucher.

Gayal *m* ↗Gaur.

Gazella *w* [über it. gazzella v. arab. gazāla = Gazelle], Gatt. der ↗Gazellen.

Gazellen, kleine bis mittelgroße, grazil gebaute, leichtfüßige ↗Antilopen der Trockengebiete Afrikas u. Asiens. 1) *G. i. w. S., Springantilopen, Antilopinae,* U.-Fam. der Hornträger; 7 Gatt. mit zus. 19 Arten u. 72

Gaviale
Ganges-Gavial *(Gavialis gangeticus)*

Gazellen
Gattungen der G. i. w. S.:
Gazellen i. e. S. *(Gazella, Procapra)*
↗ Hirschziegenantilope *(Antilope)*
↗ Gerenuk *(Litocranius)*
↗ Lamagazelle *(Ammodorcas)*
↗ Springbock *(Antidorcas)*
↗ Impala *(Aepyceros)*

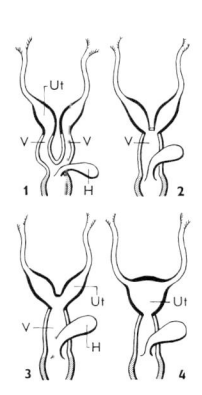

Gebärmutter
Formen der G. bei verschiedenen Säugetieren: **1** Beuteltierer, **2** vielen Nagetierer (Uterus duplex), **3** Halbaffen, Walen, Huftieren (Uterus bicornis), **4** Primaten (Uterus simplex). Ut Uterus, V Vagina, H Harnblase

U.-Arten; außer bei Gerenuk, Lamagazelle u. Impala sind auch die weibl. G. behornt. 2) *G. i. e. S.,* die Angehörigen der Gatt. *Gazella* (12 Arten) u. *Procapra* (2 Arten); hierzu u. a. die ↗Dama-, ↗Dorkas-, ↗Grantu. ↗Thomsongazelle. B Antilopen, B Afrika IV, B Mediterranregion IV.

GC-Gehalt, der in Prozent der Gesamtbasenpaare ausgedrückte Anteil v. Guanin-Cytosin-Basenpaaren doppelsträng. DNA, wobei sich GC-Gehalt u. ↗AT-Gehalt zu 100% ergänzen. T Basenzusammensetzung.

G$_d$**,** Abk. für ↗2′-Desoxyguanosin.

GDP, Abk. für ↗Guanosin-5′-diphosphat.

GDP-Glucose, der aus Glucose u. GDP aufgebaute ↗Nucleosiddiphosphatzucker.

Geäder, Adersystem des ↗Insektenflügels.

Geastraceae [Mz.; v. gr. gē = Erde, astēr = Stern], die ↗Erdsterne.

Gebärde, *Geste,* in der Ethologie gelegentl. im Sinne v. ↗Signal od. allgemeiner v. Ausdrucksbewegung (↗Ausdrucksverhalten) benutzter Begriff, z. B. *Droh-G., Beschwichtigungs-G.* (↗Beschwichtigung), ↗ *Demuts-G.* ↗Gestik.

Gebärmutter, *Eihalter, Fruchthalter, Uterus, Delphys,* Organ des weibl. Geschlechtsapparats mit Einmündung der Eileiter u. Ausgang zur Scheide (Vagina). In der G. entwickeln sich die befruchteten Eier weiter. – Beim *Menschen* liegt die G. im kleinen Becken zw. Blase u. Mastdarm. Sie hat die Größe u. Form einer abgeplatteten Birne, deren größerer oberer Teil (*G.körper, Corpus uteri*) gegen das schmalere untere Drittel (*G.hals, Cervix uteri*) in Richtung zur Bauchwand abgeknickt ist. In den G.körper münden die Eileiter. Ihr Lumen geht über in das der *G.höhle* (Uteruslumen). Diese verengt sich nach unten zum *Cervixkanal,* der den G.hals durchzieht u. als Infektionsschutz einen alkal. Schleim enthält. Der G.hals ragt mit seinem unteren Teil (Portio vaginalis) in die Scheide hinein. Die schlitzförm. Öffnung des Cervixkanals in der Portio ist der *äußere Muttermund* (Ostium uteri, Orificium uteri externum). Der *innere Muttermund* (Orificium uteri internum) ist die Engstelle am Übergang G.höhle – Cervixkanal u. kennzeichnet die Obergrenze des G.halses. – Die Innenseite der G. wird von der gefäßreichen *G.schleimhaut* (↗ *Endometrium*) ausgekleidet. Sie besteht aus einer dünnen Basalschicht *(Basalis)* u. der darauf sitzenden ↗ *Funktionalis,* die zykl. Veränderungen (↗Menstruation) unterliegt u. sich an der Bildung der Placenta beteiligt. Um das Endometrium liegt eine rund 1 cm dicke Muskelschicht (*Myometrium, Tunica muscularis uteri*), die stark dehnbar ist. Schließl. bildet das Bauchfell eine Außenhülle (*Perimetrium,* Tunica serosa), die in Bänder übergeht, welche die G. in ihrer Position halten. – Bei Säugern werden verschiedene G.formen unterschieden. Die *Marsupialia* besitzen einen paarigen *Uterus didelphis.* Die stammesgeschichtl. aus einem Abschnitt des paarigen ⁊ Müllerschen Ganges entstandenen Uteri sind hier noch völlig getrennt u. münden je in eine eigene Vagina. Viele Nager besitzen einen *Uterus duplex,* mit getrennten Uteri, aber gemeinsamer Vagina. Noch weiter vereinigt ist der *Uterus bicornis,* z. B. bei Huftieren. Die Lumina der Uteri gehen hier im unteren Teil ineinander über. Der *Uterus bipartitus* der Carnivoren ist ganz ähnl. gebaut, allerdings zieht v. oben (cranial) ein Septum in den gemeinsamen Uterusteil. Der *Uterus simplex* der Primaten einschl. des Menschen weist eine einheitl., ungeteilte G.höhle auf. – Auch bei vielen Wirbellosen ist eine G. ausgebildet (z. B. Plathelminthen, Nemathelminthen, viele Arthropoden). Sie unterscheidet sich bei ihnen morpholog. meist nur wenig vom Eileiter. Von *Epiperipatus trinitatis* (Onychophora) ist die Bildung eines Nährorgans analog zur Dottersack-Placenta der Wirbeltiere bekannt. ☐ Geschlechtsorgane, ☐ Geburt, B Embryonalentwicklung III–IV.

Gebirgsmolche, 1) *Asiatische* G., *Batrachuperus,* Gatt. der ⁊ Winkelzahnmolche. 2) *Europäische* G., *Euproctus,* Gatt. der *Salamandridae.* 3 Arten in S-Europa: Pyrenäen-G. *(E. asper),* bis 17 cm; Korsischer G. *(E. montanus),* bis 10 cm; Sardinischer od. Hechtkopf-G. *(E. platycephalus),* bis 14 cm. G. unterscheiden sich in Gestalt u. Verhalten deutl. v. anderen Molchen. Sie haben einen flachen Kopf u. bilden zur Paarungszeit keine Flossensäume u. Hautkämme. Die Männchen haben eine spornähnl. Verbreiterung am Unterschenkel u. einen kräftigen, seitl. zusammengedrückten Greifschwanz, mit dem das Weibchen während der Paarung festgehalten wird. G. leben in Höhen von 800 bis über 2000 m u. halten sich zur Paarungszeit in sauberen, kalten Gebirgsbächen, Quellen u. ä. auf, deren Temp. zw. 8 u. 13 °C liegen; höhere Temp. werden nicht ertragen. Die Eier werden einzeln an der Unterseite v. Steinen abgelegt; die Larvalentwicklung dauert v. a. bei den in größeren Höhen vorkommenden Populationen oft mehrere Jahre. Die Jungtiere leben am Land u. machen während der warmen Jahreszeit eine Sommerruhe durch. Die erwachsenen Tiere verbringen die meiste Zeit im Wasser, nur der Sardinische G. ist häufiger auch am Land anzutreffen. [pflanzen.

Gebirgspflanzen ⁊ Oreophyten, ⁊ Alpen-

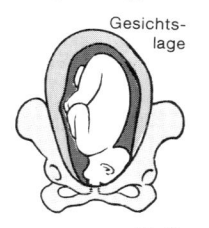

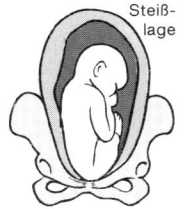

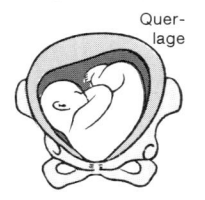

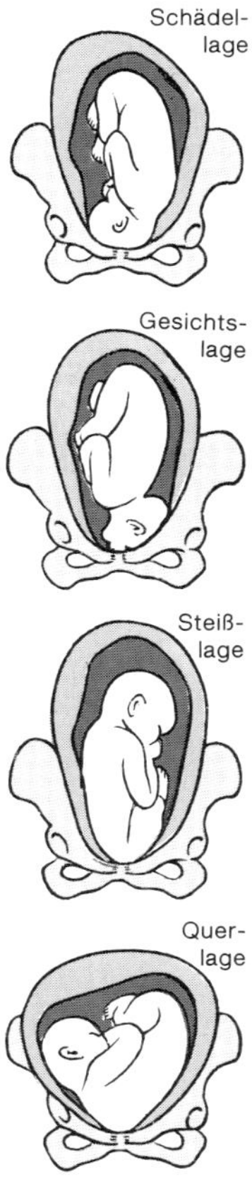

Schädellage
Gesichtslage
Steißlage
Querlage

Geburtslagen

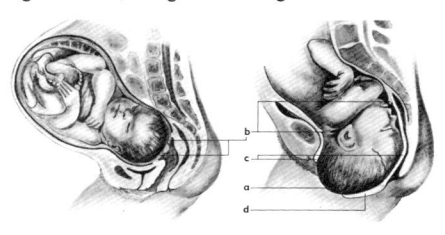

Geburt
Links Beginn der Geburt mit Eröffnung des Muttermundes **b** in der Gebärmutter (Kind in Schädellage); rechts: Erscheinen des Kopfes in der Schamspalte **a** am Ende der „Austreibungsperiode". Muttermund **b** maximal gedehnt. Gebärmutter und Scheide **c** als „Durchtrittsschlauch" auseinandergezogen. Der Damm **d** stark gedehnt und nach unten gedrängt

Gebirgssalamander, *Rhyacotriton olympicus,* ⁊ Querzahnmolche. [tantopidae.
Gebirgsschrecke, *Miramella alpina,* ⁊ Ca**Gebirgsstufe** ⁊ Höhenstufen.
Gebirgstiere, *montane Tiere,* Sammelbez. für die an das oreale Biom angepaßte Tierwelt, so z. B. die ⁊ Alpentiere, ⁊ afroalpine Arten u. die Fauna der ⁊ Paramos u. der ⁊ Puna S-Amerikas.

Gebiß *s, Dentition,* die Gesamtheit der gleichzeitig am Mundrand vorhandenen ⁊ Zähne v. Reptilien u. Säugetieren. Es dient i. d. R. der Aufnahme u. mechan. Aufbereitung der Nahrung u. ist zweckentsprechend differenziert. Bei erwachsenen Säugetieren sind urspr. 44 typisch gestaltete Zähne (= 11 in jeder Kieferhälfte) vorhanden, die sich gliedern in je 3 ⁊ Schneidezähne, 1 ⁊ Eckzahn, 4 vordere u. 3 hintere ⁊ Backenzähne. Ihre Anzahl kann sekundär verringert od. (seltener) erhöht sein. Diesem ⁊ *Dauer-G.* geht meist ein ⁊ *Milch-G.* voraus mit je 3 Schneidezähnen, 1 Eckzahn u. 4 Backenzähnen (= 32). Einmal. Zahnwechsel kennzeichnet ein *diphyodontes* G., fehlender Zahnwechsel ein *monophyodontes* G. (z. B. Delphine), mehrfacher Zahnwechsel ein *polyphyodontes* G. (Reptilien). Ein G. aus gleichen – nicht unbedingt gleich großen – Zähnen heißt *isodont* (homodont, z. B. Reptilien); meist gruppenweise unterschiedl. Zähne charakterisieren das *heterodonte* (anisodonte) G. Im *isognathen* G. treffen obere u. untere Zahnreihen exakt aufeinander, im *anisognathen* G. stehen die oberen weiter auseinander. Im *labidodonten* G. bilden die Schneidezähne eine Kneifzange, im *psalidonten* G. eine Schere. – Auch die „Laterne des Aristoteles" v. Stachelhäutern wird oft als G. bezeichnet. ☐ Zähne. B Verdauung II–III.

Geburt, *Partus,* Vorgang des Ausstoßens v. Nachkommen aus dem mütterl. Körper. I. e. S. ist der Begriff G. nur bei ⁊ *Viviparie* (Lebendgebären) anwendbar, wobei die Nachkommen frei bewegl. u. nicht von Hüllen od. Schalen umgeben sind, wie bei der ⁊ *Oviparie* (Eierlegen). Eine G. in diesem Sinne gibt es mit Ausnahme der Monotremata (Prototheria) bei allen Säugern; sie tritt auch bei vielen Arten aus anderen Tier-Kl. auf, z. B. bei manchen Teleostiern, einigen Haien, einigen Schlangen u. a. –

Geburtenregelung

In der Humanmedizin werden drei G.sphasen unterschieden. 1) *Eröffnungsperiode:* in Abständen von zunächst 10–15 Minuten, später weniger, laufen Kontraktionswellen (Wehen) über die ↗Gebärmutter (Uterus). Dabei wird der Gebärmutterhals zurückgezogen u. langsam erweitert. Die Amnionblase (Fruchtblase), in der das Kind schwimmt, ragt dann in den Gebärmutterhals u. platzt schließl. auf (Blasensprung). Die Amnionflüssigkeit (Fruchtwasser) läuft aus. Mit dem Blasensprung endet die Eröffnungsperiode. 2) *Austreibungsperiode:* stärkere Wehen in kürzeren Abständen drängen das Kind nun aus der Gebärmutter durch die Scheide (Vagina) nach außen. Dies kann durch willkürl. Anspannung der Bauchmuskeln unterstützt werden (Preßwehen). Die Bänder im Beckenbereich u. der Knorpel in der Schamfuge (Verbindung der beiden Schambeine) sind durch hormonellen Einfluß während der Schwangerschaft besonders elast. geworden, so daß das Becken sich leichter dehnt. Nach Beendigung der Austreibung sind Mutter u. Kind noch durch die Nabelschnur verbunden, die meist schon völlig kollabiert ist. Bei der Abnabelung wird sie trotzdem an zwei Stellen fest unterbunden und dazwischen durchtrennt. 3) *Nachgeburtsperiode:* innerhalb von etwa zwei Std. nach der Austreibung werden die Reste der Placenta u. die Eihüllen als Nachgeburt aus der Gebärmutter ausgestoßen. Damit ist die G. beendet. – Die nun in der Uteruswand offen endenden Gefäße werden durch Uteruskontraktionen zugedrückt. Beim Neugeborenen erfolgt mit dem ersten Atemzug eine Umstellung im Kreislauf (↗Blutkreislauf, [B] Embryonalentwicklung IV). [B] Menstruationszyklus.

Geburtenregelung ↗Bevölkerungsentwicklung, ↗Empfängnisverhütung.

Geburtshelferkröte, *Feßlerkröte, Glockenfrosch,* im westl. Mittel-, in W- und SW-Europa *Alytes obstetricans* u. in Spanien *A. cisternasii,* Vertreter der Scheibenzüngler mit typischer Brutpflege. Kleine (3–5 cm), graue, kröten- od. unkenähnl. Frösche mit warziger Haut u. senkrechten Pupillen, die in trockenen Wäldern, Gärten, an Steinmauern od. auf sandigem Untergrund vorkommen, wo sie sich tagsüber eingraben. Der Paarungsruf des Männchens ist ein glockenart., reiner Ton (Name). Das paarungsbereite Weibchen antwortet mit einem ähnl., etwas leiseren Ruf. Bei der Paarung umklammert das Männchen das Weibchen, wie für die *Archaeobatrachia* (↗Froschlurche) typisch, zunächst in der Lendenregion. Später rutscht es weiter nach vorn u. steckt seine Hinterbeine in die austretende Laichmasse. Die die Eier umgebende Sekretmasse wird zu einer gummiartig elast. Substanz, die die Eier zusammenhält. Das Männchen spreizt dann seine Beine, wodurch die Eischnüre nach vorn rutschen. Die Eiablage findet auf dem Lande statt, die Eier werden nun vom Männchen in der Lendenregion getragen ([B] Amphibien I, II), bis die Kaulquappen schlüpfreif sind. Erst dann geht das Männchen zum Wasser u. läßt die Larven schlüpfen. Paarung u. Eiablage finden mehrfach im Sommer statt. Die G. ist nach der ↗Roten Liste „gefährdet".

Gecarcinidae [Mz.; v. gr. gē = Erde, karkinos = Krebs], die ↗Landkrabben.

Geckos [Mz.; v. malaiisch gēhoq], *Haftzeher, Gekkonidae,* Reptilien-Fam. der *Gekkota* mit über 650 Arten in den Subtropen u. Tropen (nur 6 Arten auch in Europa) v. unterschiedl., oft plumper Gestalt; Gesamtlänge 4–40 cm, jedoch herrschen die kleineren Formen vor; leben im Tiefland u. Gebirge, im Wald u. in der Steppe; gewöhnl. in größerer Zahl auftretend. Oberseite meist grau, bräunl. od. gelbl. gefärbt, nicht selten gebändert; Unterseite weißl.; häufiger Farbwechsel, Grundmuster bleibt aber erhalten. Mit großem, fast 3eckigem Schädel; Augen groß, Lider fast stets unbewegl. miteinander verwachsen; mit großer transparenter „Brille"; Pupillen meist senkrecht. Haut oberseits vorwiegend weich, körnig, teilweise auch höckerig; unterseits mit rundl. Schuppen. Die jeweils 5 Finger u. Zehen sind häufig verbreitert u. mit Haftvorrichtungen an ihrer Unterseite versehen, mittels denen sie sich an senkrechten u. überhängenden glatten Flächen (z. B. Glasscheiben) anheften können; dies geschieht durch in Lamellen angeordnete, sich oft verzweigende Borsten v. nur 0,1 mm Länge (keine Saugwirkung). Schwanz an der Wurzel rundl. od. abgeflacht; kann bei Gefahr an vorgebildeten Bruchstellen abgeworfen werden (↗Autotomie). G. sind meist dämmerungs- u. nachtaktiv (leben tagsüber versteckt unter Steinen u. loser Baumrinde, in Ritzen od. Spalten), dringen oft in menschl. Behausungen (Kulturfolger) ein u. ernähren sich vorwiegend v. Insekten u. Spinnen, teilweise auch v. kleineren Wirbeltieren od. Früchten. Die meisten Arten geben im Ggs. zu anderen Echsen (oft sehr durchdringende) Laute v. sich (bes. z. B. der zur Gatt. der Geckos i. e. S. gehörende ↗Tokee); fast alle legen 2 pergamentschalige, weiße, rundl. bis leicht ovale Eier, die in Spalten v. Felsen od. Bäumen bzw. unter der Rinde befestigt werden; die Reifungszeit kann mehrere Monate betragen (bis zu einem halben Jahr z. B. bei den Vertretern der Gatt. *Gehyra,* die über die Inselwelt des südl. Pazi-

---

Geburt

Die 3 Perioden der normalen G. (gerade Schädellage):

Eröffnungsperiode (14–18 Std. bei Erst-, 6–10 Std. bei Mehrgebärenden)
Aufrichten des Kindes, Entfaltung des Gebärmutterhalses, Vorwölbung der Blase und vollständige Erweiterung des Muttermundes, Blasensprung

Austreibungsperiode (1–2 Std. bei Erst-, 0,5–1 Std. bei Mehrgebärender)

Preßwehen, Kopf auf Beckenboden, Drehung und Haltungsänderung des Kopfes, vollständige G. Abnabeln – Nabelverband – Credésche Prophylaxe

Nachgeburtsperiode (1–2 Std.)

Nachwehen, Ausstoßen der Nachgeburt, Zusammenziehen der Gebärmutter

Geburtslagen
Gerad- oder
Längslagen 99%
dabei
Schädellagen 96%
Beckenendlage 3%
Quer- oder
Schräglagen 1%

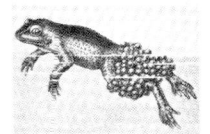

Geburtshelferkröte
(Alytes obstetricans)

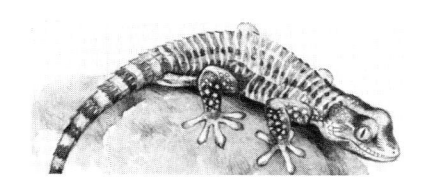

fik verbreitet sind). G. sind harmlos u. ungiftig; beliebte Terrarientiere. Wurden als Fossilien bereits in Schichten des oberen Jura gefunden. – Die wüstenbewohnenden Dünnfinger-G. *(Stenodactylus)* haben nur dünne Krallenzehen u. keine Haftlamellen, während bei den Nacktfinger-G. *(Gymnodactylus;* leben mit ca. 80 Arten in allen wärmeren Kontinenten; zeigen teilweise ausgeprägten Farbwechsel) die Zehen meist nur schmale, seitl. zusammengedrückte Haftvorrichtungen besitzen. Die afr. Fächerfuß-G. *(Ptyodactylus)* haben fächerförmig verlaufende Haftlamellen, während bei den Halbzehern *(Hemidactylus;* mit über 65, v. a. in NO-Afrika u. im südl. Asien verbreiteten Arten) 2 Reihen v. Querlamellen vorhanden sind. Bes. schön gefärbt sind die tagaktiven, baumbewohnenden Tag-G. *(Phelsuma)* auf Madagaskar sowie den sich nördl. u. östl. daran anschließenden Inseln; sie haben auf leuchtend grünem Grund meist rote Flecken. Einziger Vertreter der Gatt. *Palmatogecko* ist der afr. Wüstengecko *(P. rangei)* mit durchscheinender Haut u. „Schwimmhäuten" zw. den Zehen, die ihn vor dem Einsinken im Sand bewahren sollen bzw. zum Eingraben in diesem dienen. Die am. Kugelfinger-G. *(Sphaerodactylus;* über 60 Arten) erreichen nur eine Gesamtlänge bis zu 5 cm. Der südostasiat. Faltengecko *(Ptychozoon kuhli;* Gesamtlänge 15 cm) hat am Körper jederseits eine große Hautfalte, die als „Fallschirm" dienen kann; am Kopf, an den Oberschenkeln u. Zehen sowie am Schwanz befinden sich schmalere, lappige Säume. Zur Gatt. *Eublepharis* gehört der Panthergecko *(E. macularius;* Gesamtlänge bis 30 cm; W-Asien); Körper schwarzbraun gefleckt m. mit langen, dünnen Beinen; Augenlider beweglich. Zu den G. gehören u. a. auch der ↗Mauer- (Gatt. *Tarentola)* u. der ↗Sandgecko (Gatt. *Chondrodactylus).* B Afrika VIII, B Mediterranregion III. *H. S.*

Gedächtnis, die Fähigkeit v. Tier u. Mensch, Informationen abrufbar zu speichern. Ohne diese Fähigkeit wäre weder das Überleben eines Einzelnen noch seiner Art gewährleistet, da weder Erfolge sinnvoll wiederholt noch Mißerfolge gezielt vermieden werden könnten. Wenngleich in den letzten Jahren den Phänomenen Lernen, G., Erinnerung viel Aufmerksamkeit gewidmet wurde, so ist doch über deren

Gecko

Geckos
Wichtige Gattungen:
↗Blattfingergeckos *(Phyllodactylus)*
↗Blattschwanzgeckos *(Phyllurus)*
Chondrodactylus
(↗Sandgecko)
↗Dickfingergeckos *(Pachydactylus)*
Dünnfingergeckos *(Stenodactylus)*
Eublepharis
Fächerfußgeckos *(Ptyodactylus)*
Geckos i. e. S. *(Gekko)*
Gehyra
Halbzeher *(Hemidactylus)*
Kugelfingergeckos *(Sphaerodactylus)*
Nacktfingergeckos *(Gymnodactylus)*
Palmatogecko
Ptychozoon
Taggeckos *(Phelsuma)*
Tarentola
(↗Mauergecko)

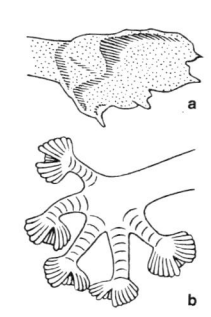

Fußformen von Geckos
a Wüstengecko mit „Sandschwimmhäuten", **b** Fächerfußgecko mit Haftlamellen an der Unterseite.

Gedächtnis

neuronale u. biochem. Grundlagen nur wenig bekannt. Fest steht, daß nur ein geringer Teil der wahrgenommenen Information gespeichert u. daß ein Großteil der gespeicherten Information wieder vergessen wird. Beides, Auswahl u. Vergessen, sind ebenso wichtig wie Lernen u. G., da hierdurch eine Überflutung mit Daten vermieden wird. An der Auswahl, Aufnahme u. Auswertung v. Information u. deren Speicherung ist das gesamte Nervensystem u. Gehirn beteiligt, wobei die Leistungsfähigkeit dieser Organe eng mit deren Entwicklungsstufe korreliert ist. Die Einspeicherung v. G.inhalten erfolgt auf zwei Arten: Bei Tier u. Kleinkind durch nichtverbale Codierung v. Information, beim erwachsenen Menschen zusätzl. noch durch verbale Codierung. So werden die bisher gelesenen Worte nicht als solche od. in ihrer Buchstabenfolge gespeichert, sondern deren Inhalte werden abstrahiert u. individuell aufgenommen, die wörtl. Formulierung der Gedanken dagegen völlig vergessen. Durch die Fähigkeit der Verbalisierung v. Konzepten u. Begriffen bei Lernprozessen sowie der Speicherung v. Information in abstrakter Form ergeben sich grundlegende Unterschiede zw. Tier u. Mensch. Demzufolge ist auch das Heranziehen tierexperimenteller Befunde zur Erklärung des menschl. G.ses sehr problematisch. Die Speicherung v. Information erfolgt in mehreren Schritten. Nach neueren Befunden existiert neben dem bisher als gesichert geltenden *Kurzzeit-* u. *Langzeit-G.* noch ein sensorisches od. *Ultrakurzzeit-G.* u. möglicherweise noch ein *tertiäres* od. *Permanent-G.* (Eine einheitl. Nomenklatur hinsichtl. der weiteren Unterteilung v. Kurzzeit- u. Langzeit-G. existiert bisher nicht, wird aber v. den meisten Autoren mit unterschiedl. Bez. vorgenommen.) Im Ultrakurzzeit-G. werden sensor. Reize für die Dauer v. wenigen Zehntelsekunden automatisch gespeichert, um dort gesichtet, bewertet u. weiterverarbeitet od. vergessen zu werden. Zudem kann die Information aktiv ausgelöscht od. durch später aufgenommene überschrieben werden. Das Kurzzeit-G. ist Aufnahmeort vorübergehender verbal codierter Information für die Dauer v. einigen Sekunden bis Minuten. Die Einspeicherung v. Inhalten erfolgt nach zeitl. Abfolge. Danach werden diese Inhalte durch neue ersetzt od. durch ständiges Wiederholen ins Langzeit-G. übertragen. Eine Speicherung v. nicht verbal codiertem Material findet im Kurzzeit-G. nicht statt; dieses wird über einen Zwischenspeicher od. direkt ins Langzeit-G. übertragen. Dieses stellt ein großes u. dauerhaftes Speicherungssystem dar, in dem

Gedächtnis

die Information nach ihrer Bedeutung gespeichert ist. Der Verlust v. Information aus dem Langzeit-G. beruht vermutl. auf Störungen od. der Verdrängung des zu lernenden Materials durch vorher od. anschließend gelerntes. Für die Existenz eines tertiären od. Permanent-G.ses sprechen die Befunde, daß es G.inhalte gibt, die praktisch nie vergessen werden; z. B. der eigene Name, die Fähigkeit zu lesen od. zu schreiben, prakt. Fertigkeiten wie Schwimmen od. Radfahren. Derart. Inhalte werden auch dann nicht gelöscht, wenn aus klin. Gründen alle anderen G.inhalte verlorengehen. – Bei der Suche nach den zellulären Grundlagen für die Verfestigung v. G.spuren *(Engramme)* u. deren Speicherungsort im Gehirn konnten bis heute keine eindeut. Ergebnisse erzielt werden. Um 1930 entstand die *Lokalisationstheorie,* die besagt, daß die durch die Sinnesorgane aufgenommenen Außenreize in zeitl. Abfolge Punkt für Punkt in bestimmte Cortexfelder der Großhirnrinde eingetragen werden. Dabei sind die einzelnen Sinnesorgane auf einzelnen, voneinander abgrenzbaren Arealen der Großhirnrinde repräsentiert. Diese Lokalisationstheorie des G.ses ist heute jedoch einer ganzheitl. Auffassung der Hirnvorgänge bei der G.bildung gewichen. Grundlage hierfür waren Versuche, bei denen Tieren Hirnareale, die für bestimmte G.leistungen verantwortl. sein sollten, operativ entfernt wurden. Es stellte sich aber heraus, daß derart. Eingriffe nicht od. nur teilweise zu einem G.verlust führten. Weiterhin wurden Personen gefunden, deren Großhirnrinde stark rückgebildet ist (bis zu 1% der übl. Größe), die aber dennoch normal lernen u. behalten können. Als zelluläre Grundlage der G.bildung wurden rein neurolog. Vorgänge angenommen, da die Reizung v. Sinnesorganen stets auch eine neurophysiol. Aktivität bestimmter Hirnareale auslöste. Umgekehrt hatte z. B. die Zerstörung v. Teilen der Netzhaut eine entspr. Degeneration der Teile des Gehirns zur Folge, die das Abbild der Netzhaut im Gehirn darstellen. Es gibt bisher keinen Beweis für die Existenz v. „G.proteinen", noch scheinen allein biochem. Mechanismen für die Übertragung v. Information in das Langzeit-G. verantwortl. zu sein. Nach neueren Untersuchungen wird als Ursache für die Aufnahme v. Information angenommen, daß diese in Form zirkulierender Erregung in einem räuml.-zeitl. geordneten Muster gespeichert wird (dynam. Engramm). Dabei bewirkt die immer dieselben Nervenbahnen durchlaufende Erregung eine Neubildung v. Synapsen bzw. eine strukturelle Veränderung an den beteiligten Synapsen (strukturelles Engramm). Der somit in Form v. Synapsenneubildungen bzw. -veränderungen eingeschriebene Gedächtnisinhalt kann durch Aktivierung derselben jederzeit abgerufen werden. Für diese Hypothese spricht, daß es zum Erwerb v. Information erforderl. ist, diese wiederholt durch unser Bewußtsein passieren zu lassen, wie auch morpholog. u. elektrophysiolog. Befunde, die auf ein derart. Kreisen v. Erregung hinweisen. Gegen dieses Modell als alleinige Erklärung ist jedoch einzuwenden, daß derart. Synapsenhypertrophien – in Anbetracht der überaus großen kontinuierl. Aktivität des Nervensystems – während der Gesamtlebensdauer auch in anderen Nervenzentren entstehen müßten. Als Modifikation dieses Konzepts wurde vorgeschlagen, daß im Kleinhirn z. B. erst dann ein synapt. „Lernprozeß" stattfinden kann, wenn die Moos- u. Kletterfasersynapsen einer Purkinje-Zelle gleichzeitig aktiviert werden. Für die Übertragung v. Information ins Kurzzeit-G.

Gedächtnis

Versuche zum Nachweis v. biochemischen Grundlagen des Gedächtnisses:
Seit Beginn der fünfziger Jahre wurde in Anlehnung daran, daß sowohl das genet. wie auch immunolog. G. in den Nucleinsäuren codiert ist, nach biochem. Grundlagen des G.ses gesucht. Überzeugende u. reproduzierbare Ergebnisse konnten jedoch nicht erzielt werden. Änderungen im RNA-Gehalt v. Nerven- u. Gliazellen infolge v. Lernprozessen konnten zwar festgestellt, aber nicht mit diesen korreliert werden. Versuche, bei denen die RNA aus den Gehirnen trainierter Tiere in Kontrolltiere übertragen wurde, erbrachten ebenso keinen eindeut. Nachweis dafür, daß auf diese Weise ein Transfer erlernten Verhaltens möglich ist. Zu entgegengesetzten Versuchen, näml. die Bildung struktureller Engramme durch Hemmung der RNA- od. Proteinsynthese zu unterbinden, ist anzumerken, daß die bei diesen Versuchen eingesetzten Substanzen (Cytostatika) ein zu breites Wirkungsspektrum besitzen, so daß sie eine allg. Funktionsstörung des Gehirns bewirken. Bei Versuchen mit Planarien (↗ *Dugesia*) wurden Tiere auf bestimmte Verhaltensweisen trainiert, anschließend zerkleinert u. nicht trainierten Artgenossen zu fressen gegeben. Diese sollten dann das v. ihren Artgenossen Erlernte ebenfalls beherrschen. Ein G.transfer ist auf diese Art jedoch nicht möglich, da in Molekülen gespeicherte Informationen – bei *Dugesia* sollten es G.proteine sein – immer an die Molekülstruktur u. bei Proteinen auch an die Aminosäuresequenz gebunden sind. Während der Passage durch den Magen-Darm-Trakt werden jedoch alle Makromoleküle bis zu ihren Einzelbausteinen abgebaut, da sie sonst nicht das Darmepithel passieren v. Organismus aufgenommen werden können. Somit geht zwangsläufig jede in derart. Molekülen vorhandene Information verloren. Darüber hinaus lag der Erfolgsrate dieser Versuche bei ca. 20 ± 10%, so daß diese Ergebnisse heute v. den meisten Autoren in Frage gestellt bzw. als Zufallsergebnisse bewertet werden. Erfolgversprechender scheinen Versuche aus den siebziger Jahren zu sein, als es gelang, aus den Gehirnen v. Ratten, die mit Elektroschocks darauf trainiert wurden, sich entgegen ihrer Vorliebe für Dunkelheit im Hellen aufzuhalten, ein Polypeptid *(Scotophobin)* zu isolieren. Die Injektion dieses Peptids in normale Ratten soll ebenso wie bei Fischen u. Mäusen zu einem vermehrten Aufenthalt dieser Tiere im Hellen führen. Dabei will der Autor dieses Peptid nicht als Gedächtnispeptid verstanden wissen, sondern glaubt, daß diesem bei der neuronalen Verfestigung der G.spuren eine bes. Rolle zukommt. Der Stellenwert dieser Versuche dürfte jedoch davon abhängen, ob es gelingt, weitere verhaltensbeeinflussende Moleküle zu isolieren.

scheint sich dieses Denkmodell als richtig zu erweisen, als alleinige Erklärung für die Informationsspeicherung im Langzeit-G. ist es jedoch nicht ausreichend. Bei diesen Speicherungsprozessen könnten ↗ Ganglioside eine Rolle spielen, da nach experimentellen Befunden Lernprozesse bei Mensch u. Tier stets mit dem Um- u. Aufbau dieser Substanzen korreliert sind. Diese aus einem fettähnl. u. einem Zuckeranteil bestehenden Makromoleküle sind in den Membranen der Synapsen (insbes. in den Membranteilen des synapt. Spalts) stark konzentriert, wobei der Zuckeranteil dieser Moleküle in den synapt. Spalt hineinragt. Diskutiert wird nun, ob durch Neusynthese bzw. Umbau dieser Moleküle, ausgelöst durch Lernvorgänge, spezif. synapt. Membranmuster entstehen, die mit der Speicherung bestimmter G.inhalte korreliert sind. *H. W.*

Gedeckter Haferbrand, pilzl. Brandkrankheit des Hafers (*Avena*-Arten), die durch *Ustilago kolleri* (= *U. levis*) verursacht wird; in Dtl. kaum v. Bedeutung. Beim Befall ist das Pflanzenwachstum gehemmt; anstatt der Körner werden Sporenmassen gebildet, die v. einer silbr. Haut umschlossen bleiben; Sporenübertragung meist beim Dreschen. Die Infektion erfolgt über den Keimling durch Brandsporen, die am Saatgut hafteten. Eine vorbeugende Bekämpfung kann durch Beizung erfolgen.

Gedrängefaktor, Bez. für die Behinderung v. Tieren innerhalb einer Population, bei der mit steigender Bevölkerungszahl (Populationsdichte) der individuelle Lebensraum ständig abnimmt; ↗ dichteabhängige Faktoren.

Geest w, höher gelegene, wenig fruchtbare, stark entkalkte Altmoränengebiete, die sich an die Marschen der Nordseeküste anschließen.

gefährdete Pflanzen- und Tierarten, ↗ Artenschutz, ↗ Aussterben, ↗ Rote Liste.

Gefäßbündel, die ↗ Leitbündel.

Gefäße, im Tierreich durch meist einschicht. Plattenepithelien abgegrenzte Röhren, in denen Körperflüssigkeit (Blut, Hämolymphe, Lymphe) transportiert wird (↗ Blut-G., ↗ Lymph-G.). Die Summe der G. wird als *Gefäßsystem* bezeichnet (↗ Blutgefäßsystem, ↗ Ambulacralgefäßsystem). Bei Pflanzen i. e. S. die dt. Bez. für die ↗ *Tracheen*; gelegentl. werden auch die Tracheiden mit einbezogen, bes. in mit der Bez. „Gefäß-" zusammengesetzten Begriffen.

Gefäßhaut, die ↗ Aderhaut.

Gefäßkryptogamen [Mz.; v. gr. kryptos = verborgen, gamos = Hochzeit], *Gefäßsporenpflanzen,* Bez. für die Abt. der ↗ Farnpflanzen, deren Vertreter für den Stofftransport Leitbündel besitzen, aber noch kryptogam sind, d. h. sich wie die Lagerpflanzen (Thallophyten) durch Ausstreuen ihrer Sporen vermehren u. verbreiten u. damit eine frei lebende Gametophytengeneration besitzen.

Gefäßnerven, afferente Fasern der Pressorezeptoren u. weiterleitenden Nervenfasern des Blutgefäßsystems der Wirbeltiere; tragen wesentl. zur Aufrechterhaltung des Blutdrucks u. der Homöostase bei.

Gefäßpflanzen, Sammelbez. für die Farn- u. Samenpflanzen, da sie für den Stofftransport Leitbündel besitzen. ↗ Kormophyten. [gamen.

Gefäßsporenpflanzen, die Gefäßkrypto-

Gefäßsystem ↗ Gefäße.

Gefäßteil, der *Holzteil* der ↗ Leitbündel.

Gefieder, *Federkleid,* die Gesamtheit der Federn, die den Vogelkörper bedecken (Dunen, Kontur- u. Fadenfedern). Die Anzahl der Federn variiert v. Art zu Art (zw. knapp 1000 u. 25000; bei Sperlingsvögeln zw. 1100 u. 4600) u. jahreszeitl. Das G. erfüllt mehrere Aufgaben: Wärmeisolation, Schutz vor Feuchtigkeit, aerodynamisch wirkungsvolle Verkleidung des Körpers, für das Flugvermögen Ausbildung von Schwung- u. Steuerfedern, in Verbindung mit unterschiedl. Färbungen Tarnung bzw. Signalgebung. ↗ Vogelfeder.

Gefiedermilben, *Analgesidae,* Fam. der *Sarcoptiformes,* Milben mit flachem Körper, die in den Federschäften v. Vögeln leben; 3. u./od. 4. Beinpaar der Männchen oft stark verdickt, da sie zum Festhalten während der Kopula dienen.

Gefiederwechsel, die ↗ Mauser.

Geflecht, *Plexus,* vernetztes od. verflochtenes System v. Nerven, Blut- oder Lymphgefäßen, z. B. *Plexus lymphaticus* (Netz v. Lymphgefäßen in der Achsel od. Leistenbeuge), *P. myentericus, P. submucosus* in der Darmwand (☐ Darm).

Geflechtknochen ↗ Knochen, ↗ Bindegewebe.

Geflügel, *Federvieh,* volkstüml. Sammelbez. für meist als Nutztiere gehaltene Enten, Gänse, Hühner, Truthühner, Tauben.

Geflügelkrankheiten, hervorgerufen durch Bakterien u. Viren (Geflügelcholera, -diphtherie, -pest, -pocken), weiterhin durch Einzeller (z. B. Vogelmalaria, Hühnerkokzidiose), parasitäre Würmer (Band-, Saug- u. Fadenwurmerkrankungen), Insekten (Befall mit Hühnerfloh), Milben (Hühnerkrätze) u. Zecken (Zeckenparalyse).

Geflügelpestviren; Erreger der klass. Geflügelpest ist ein Influenza-A-Virus; die atyp. Geflügelpest wird durch das Newcastle-disease-Virus (Abk. NDV), ein Paramyxovirus, hervorgerufen.

geflügelt, Bez. für eine Sproßachse mit längsverlaufenden, flügelartig ausgewachsenen Leisten (z. B. Flügelginster) od. für Samen u. Früchte mit flächigen Anhängseln (z. B. Flügelnuß).

geflügelte Insekten ↗ Fluginsekten.

Geflügelzucht, Zweig der Landw., befaßt sich mit der Heranzucht v. Nutzgeflügel, wobei der abstammungsmäßige Leistungsnachweis eine entscheidende Rolle spielt (Leg- u. Fleischleistung, Futterverwertung, Gesundheit); z. T. heftig umstritten u. von Tierschützern bekämpft ist die Intensivhaltung v. Hühnern in „Legebatterien" (↗ Massentierhaltung).

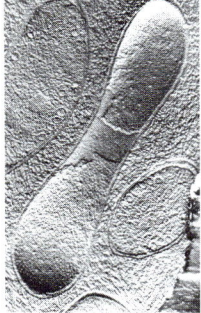

Gefrierätztechnik, *Gefrierbruchtechnik,* Verfahren zur Darstellung der Skulptur v. Bruchflächen durch Zellen u. Cytomembranen in der Durchlicht-Elektronenmikroskopie (↗ Elektronenmikroskop), das ergänzend zum Durchstrahlungsbild v. Schnittpräparaten wertvolle Aufschlüsse z. B. über molekulare Muster in Membranen geben kann, die im Schnittbild verborgen bleiben. Dazu wird das ohne vorherige ↗ Fixierung tiefgefrorene u. im Vakuum gefriergetrocknete Objekt (ebenfalls im Vakuum) gebrochen od. mit einem Spezial- ↗ Mikrotom angeschnitten. In beiden Fällen entsteht statt einer glatten Schnittfläche eine unregelmäßige Bruchfläche, die häufig Phasengrenzen (Lipidtropfen, Lipidmembran-Ober- od. -Innenfläche) folgt. Im Hochvakuum sublimieren Wassermoleküle v. der freien Bruchfläche ab, v. Lipidflächen weniger als aus freiliegendem Plasma, so daß sich ein an angeätzte Metallflächen erinnerndes differenziertes Oberflächenrelief bildet: glatte Membranflächen u. eingesenkte („geätzte"), körnig erscheinende Plasmaareale. Große Moleküle, etwa Enzymkomplexe einer Membran, treten als deutlich erhabene Strukturen hervor. Das Relief wird nun, gleichfalls im Vakuum, mit einer Schwermetall- (Gold, Platin) u. Kohleschicht schräg bedampft (↗ mikroskopische Präparationstechniken). Dabei entsteht eine „schrägbeleuchtete" Licht-Schatten-Zeichnung. Nach Auftauen läßt man den aufgedampften Metall-Kohlefilm auf Wasser abschwimmen u. fängt ihn mit einem Kupfernetzchen auf. Im Durchlicht-Elektronenmikroskop zeigt er ein kontrastreiches Abdruckrelief der Bruchfläche in hoher Auflösung. Da das Material nicht durch vorherige Fixierung denaturiert wurde, ist die Strukturerhaltung biol. Objekte lebensgetreu u. bietet eher eine „Momentaufnahme" aus der lebenden Zelle, als das bei fixiertem Material der Fall ist. Gefrierätzungen verlangen zu ihrer Deutung aber den steten Vergleich mit dem Schnittpräparat. Die G. wurde von H. Moor (ETH Zürich) in die Elektronenmikroskopie eingeführt. ☐ Cyanobakterien, ☐ Gasvakuolen.

Gefrierkonservierung ↗ Konservierung, ↗ Gefriertrocknung.

Gefrierschnitte, Schnitte v. unfixiertem od. fixiertem biol. Material, das ohne vorherige Einbettung (↗ mikroskopische Präparationstechniken) ledigl. durch Tiefgefrieren gehärtet wurde. G. werden bes. in der med. Schnelldiagnostik u. Enzymhistochemie verwendet. ↗ Gefrierätztechnik.

Gefrierschutzproteine, gefrierpunktsenkende Proteine u. Glykoproteine aus der Körperflüssigkeit antarkt. Fische u. überwinternder Insekten (z. B. Hornissenarten); z. B. das Glykoprotein aus dem Serum der Fische *Trematomus borchgrevinski* u. *Boreogadus saida,* das aus der sich wiederholenden Einheit (Ala-Ala-Thr)$_n$ mit an Threonin α-glykosidisch gebundenen $\beta 1 \rightarrow 3$-Galactosyl-N-Acetylgalactosaminresten aufgebaut ist. ↗ Frostresistenz.

Gefriertrocknung, *Lyophilisation,* Entzug v. Wasser in Form von Wasserdampf unter Vakuum aus gefrorenen Proben, wie gefrorenen, wäßr. Substanzlösungen, gefrorenen Zell- od. Organpräparationen. Aufgrund der niedrigen Temp. ist G. eine bes. schonende Methode zur Trocknung u. Konservierung *(Gefrierkonservierung)* empfindl. Stoffe (z. B. Instant-Produkte u. a. Lebensmittel, Pharmazeutika, Blutplasma, Seren); bes. Bedeutung zur Isolierung empfindl. Substanzen bzw. Strukturen. Viele Bakterien u. Viren können auch durch G. konserviert u. dann bei Zimmer-

Gefrierätztechnik
Gefrierätzaufnahme eines Bakteriums *(Rhodospirillum rubrum)*

Gefrierätztechnik
1 In Eis eingebettetes, eingefrorenes Objekt.
2 Schematische Darstellung des Schneide- bzw. Bruchvorgangs.
3 Unterschiedliche Sublimation des Eises an der Bruchoberfläche.
4 Aufdampfen (Schrägbedampfung) eines Metall-Kohle-Films.

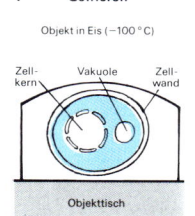

1 **Gefrieren** — Objekt in Eis (−100 °C); Zellkern, Vakuole, Zellwand, Objekttisch
2 **Schneiden** — Messer, Weg der Messerkante
3 **Sublimation** (Ätzen) — Sublimation des Eises
4 **Bedampfung** — Schwermetall-Kohle-Dampf, im Hochvakuum

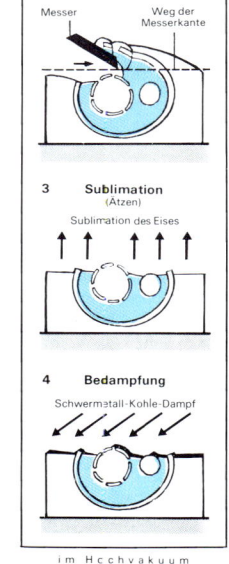

Gefügeformen

Einzelkorngefüge od. *Elementargefüge:* Der Boden zerfällt völlig in seine Primärteilchen (z. B. Sandboden)
Kohärentgefüge: Die Einzelteilchen verkleben miteinander durch Kohäsionskräfte. Der Boden erscheint ungegliedert (im Unterboden von Schluff-, Lehm- u. Tonböden)
Hüllengefüge: Kohärentgefüge, bei dem die Bodenteilchen durch Einlagerung von Metalloxiden, Humus, Kalk oder amorpher Kieselsäure fest miteinander verkittet sind (Ortstein, Raseneisenstein, Kalkanreicherungshorizonte)
Aggregatgefüge: Viele, oft verschiedenart. Bodenpartikel verkleben miteinander zu größeren Einheiten
 a) *Krümelgefüge:* Die Aggregate sind rundl., locker-porös, humos, ⌀ 1–10 mm (Böden mit hoher biologischer Aktivität, Schwarzerde, Rendzina, Garten- u. Grünlandböden)
 b) *Bröckelgefüge:* wie Krümelgefüge, ⌀ 10–50 mm
 c) *Klumpengefüge:* wie Bröckelgefüge, ⌀ > 50 mm
 d) *Wurmlosungsgefüge:* Bodenpartikel im Regenwurmdarm verklebt u. als Kotballen auf der Bodenoberfläche abgelagert, ⌀ 1 bis 15 mm
 e) *Koagulatgefüge:* Mikroskopisch kleine Aggregate (⌀ 0,5 bis 0,05 mm) aus Ton u. Schluff durch $CaCO_3$ u. Fe-Oxide verkittet (Roterden)
Absonderungsgefüge, Segregatgefüge: Überwiegend feinkörn. Material (Ton, Schluff) bildet hpts. beim Austrocknen (Schrumpfungsrisse) Absonderungsgebilde verschiedener Form u. Größe
 a) *Polyedergefüge:* polyedrische, überwiegend scharfkant. Aggregate, ⌀ 2–50 mm (in kalkhalt. Tonböden)
 b) *Subpolyedergefüge:* Aggregate krümelähnl. mit gerundeten Kanten, ⌀ 5–30 mm (bei biol. Aktivität aus Polyedergefüge)
 c) *Prismengefüge:* vertikal gestreckte, scharfkant. Aggregate ⌀ 10–300 mm (Pelosole, tonreiche Gleye, Pseudogleye, Marschböden)
 d) *Säulengefüge:* ähnl. Prismengefüge, Kopfflächen u. Seitenkanten gerundet, ⌀ > 100 mm (Alkaliböden, Knickmarschen)
 e) *Plattengefüge:* horizontal gelagerte, plattenförm., großfläch. Aggregate, Dicke 1–100 mm (in Verdichtungshorizonten)

Gefügeformen
a Einzelkorngefüge,
b Kohärentgefüge (Hüllengefüge),
c Aggregatgefüge (Krümelgefüge),
d Absonderungsgefüge (Polyedergefüge)

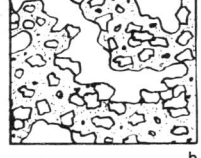

temp. od. niedrigerer Temp. im Vakuum jahrelang aufbewahrt werden. Vor dem Einfrieren ist meist Zusatz einer Schutzsubstanz (z. B. Dextran, Glycerin) notwendig, um Zerreißschäden v. Zellen u. Geweben beim schnellen Abkühlen zu verhindern. Die Stoffwechsel- u. Enzymfunktion, die bei der G. völlig zum Stillstand kommen, werden nach dem Auftauen wieder aktiviert, Mikroorganismen also vermehrungsfähig u. Krankheitserreger infektiös.

Gefügebildung ↗ Bodenentwicklung.
Gefügeformen, Arten der Bodenstruktur, d. h. der räuml. Anordnung der verschiedengeformten u. unterschiedlich großen Bodenbestandteile. ↗ Bodengefüge.
Gefühl, Psychologie: die subjektive Erfahrung innerer Reaktionen auf die Umwelt, zu unterscheiden v. Akten der Wahrnehmung u. des Denkens sowie des Handelns u. Wollens. – In der naturwiss. reduzierenden Sicht der biol. Verhaltenswiss. stellt sich das G. als die subjektive, introspektiv erfahrbare Seite verschiedener *innerer Bedingungen* der Verhaltenssteuerung dar, wie z. B. der ↗ Bereitschaften, u. physiolog. Zustände, wie Müdigkeit usw.

gefüllte Blüten, *flore pleno,* Abk. *fl. pl.,* Blüten mit vermehrter Blütenblattzahl; diese Vermehrung der Blütenblätter beruht auf einer Umwandlung v. Staubblättern in Blütenblätter, wie Übergangsformen belegen. Die „Füllung" kann so weit gehen, daß sämtl. Staubblätter steril werden u. sich zu blütenblattart. Staminodien umbilden. Beispiel: bestimmte Zuchtrosen.

Gegenbaur, *Karl,* dt. Anatom u. Zoologe, * 21. 8. 1826 Würzburg, † 14. 6. 1903 Heidelberg; Schüler v. R. A. Kölliker u. J. Müller, seit 1855 Prof. in Jena, 73 in Heidelberg; führender Anatom seiner Zeit, bes. auf dem Gebiet der vergleichenden Anatomie u. der niederen Meerestiere, deren Studium er sich insbes. auf Reisen (1852, 53) nach Messina widmete. Seine morpholog. Arbeiten stehen ganz unter dem Einfluß der jungen Deszendenztheorie, als deren Vertreter er überaus anregend auf E. Haeckel wirkte, dem er zeitlebens in enger Freundschaft verbunden blieb. Begr. (1875) des „Morpholog. Jahrbuches", eine Zeitschrift für Anatomie u. Entwicklungsgesch." WW „Grundzüge der vergleichenden Anatomie" (Leipzig 1859), „Lehrbuch der Anatomie des Menschen" (Leipzig 1883).

Gegenfossula *w* [v. lat. fossula = kleiner Graben, Grube], im Kelch der ↗ Rugosa selten ausgebildete, langgestrecke Vertiefung über dem ↗ Gegenseptum.

Gegenfüßlerzellen, die ↗ Antipoden.

Gegengift, *Antidot,* Substanz, durch die die Wirkung eines Giftes aufgehoben, abgeschwächt od. verhindert wird. Man unterscheidet *unspezif. G.e,* wie Emetika, Laxantien u. Adsorbentien, v. den *spezif. G.en,* die den Giftstoff durch direkte chem. od. physikal. Reaktion inaktivieren od. seine Wirkung an Rezeptor oder Organsystem durch pharmakolog. Angriff vermindern od. aufheben.

Gegengift
Beispiele für spezifische Gegengifte (in Klammern) bei Vergiftung durch:
Schwermetalle (Chelatbildner)
Blausäure (Methämoglobinbildner, Kobaltverbindungen zur CN-Bindung)
Morphin (Morphinantagonisten, z. B. Nalorphin)
Schlangengifte (spezif. Antiseren)

Gegenschattierung, *Thayer-Prinzip;* bei vielen Tieren (v. a. Wirbeltiere u. Insekten) ist ihre dem Sonnenlicht zugewandte Körperseite dunkler gefärbt als ihre dem Licht abgewandte Seite, eine Kontrastverminderung u. opt. Abflachung des Körpers; zugleich sind sie v. oben gg. die dunkle Erdoberfläche u. v. unten gg. den hellen Himmel betrachtet, weniger auffällig. Bei

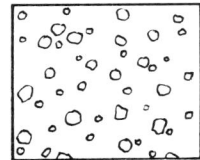

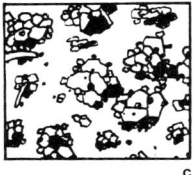

Gegenseitensepten

Beispiele für Gegenschattierung

Gegenstromprinzip
Beispiele aus dem Tierreich

Sauerstoffanreicherung des Blutes:
Vogellunge, Kiemen der Fische, Krebs- u. Weichtiere

Temp.-Regulation:
Verdauungstrakt, braunes Fettgewebe, Flossen wasserlebender Säuger, Beine der Stelzvögel, Rete in der aktiven Rumpfmuskulatur der Thunfische u. größeren Haiarten

Kühlungsmechanismus für das Gehirn:
Rete im Gehirn verschiedener Säuger

Verbesserung des Sauerstoffaustausches:
Rete in der Placenta

Wassereinsparung:
Nase des Kamels

Osmoregulation:
Salzdrüse der Vögel

Na$^+$-Anreicherung des Blutes:
Mikrovillisaum des Darms

Gegenstrommultiplikation

Harnkonzentrierung:
Henlesche Schleife der Säugerniere

Gasproduktion zur Erhaltung des Auftriebs:
Rete der Gasdrüse in der Schwimmblase der Fische

Wasserrückresorption:
Rektum einiger Insekten

des dient ihrer Tarnung. I. d. R. ist der Rücken dunkler als die Bauchseite; umgekehrte Verhältnisse zeigen der Rückenschwimmer *(Notonecta)* u. die auf dem Rücken schwimmenden Fiederbartwelse *(Mochocidae).* Die G. bleibt zumeist zeitlebens konstant; zur Änderung der G. durch physiolog. ⇗ Farbwechsel (adaptive G.) ist die Fischassel *(Anilocra physodes)* befähigt.

Gegenseitensepten [Mz.; v. lat. saeptum = Schranke], bei den ⇗ Rugosa das zuletzt entstehende Protoseptenpaar zw. Gegenseptum u. Seitensepten.

Gegenseptum *s* [v. lat. saeptum = Schranke], bei den paläozoischen ⇗ Rugosa das dem Hauptseptum in der gleichen Symmetrieebene gegenüberliegende Septum; beide entstehen ontogenet. zuerst.

gegenständige Blattstellung, die paarige, einander gegenüberstehende Anordnung der Blätter an der Sproßachse. Ggs.: wechselständige Blattstellung.

Gegenstrommultiplikation ⇗ Gegenstromprinzip.

Gegenstromprinzip, im Tierreich vielfältig ausgeprägte Methode zur Anreicherung v. Stoffen od. Gasen. Dabei werden zwei Medien in entgegengesetzter Richtung aneinander vorbeigeführt, um ein hohes Konzentrationsgefälle zwischen dem zu- u. abführenden Teil der Vorrichtung aufrechtzuerhalten *(Gegenstromaustausch).* Sind dabei flüssigkeitstransportierende Gefäße schleifenförmig angeordnet u. finden aktive Ionentransportvorgänge aus einem Schenkel der Schleife in das umgebende Medium statt, kommt es zu einer Multiplikation der Einzelkonzentriereffekte mit einem Maximum an der Scheitelende der Schleife *(Gegenstrommultiplikation).*

Gegenstromverteilung, analyt. u. präparatives Trennverfahren, das auf vielen wiederholten Verteilungsschritten eines Substanzgemisches zw. zwei nicht mischbaren Lösungsmitteln beruht. ⇗ Gegenstromprinzip.

Gehäuse, 1) allg.: nach der Unterscheidung v. R. Richter (1941): Umhüllende Hartteile eines Organismus, die in direkter Beziehung zum benachbarten Gewebe stehen. Schwenkbare Teile v. G.n heißen *Klappen.* Der Ausdruck *Schale* bezeichnet Stoff u. Aufbau eines Hartteils. 2) v. Insektenlarven hergestellte Wohnröhre, mit der sie entweder umherlaufen (⇗ Sackträger, ⇗ Köcherfliegen, manche Larven der Blattkäfer; Fallkäfer, *Clytra* u. a.) od. stationär (Köcherfliegen: *Rhyacophila,* Hydropsychen, ⇗ Deckelschildläuse) sind; dienen als Schutz vor Feinden od. Austrocknung. 3) *Conchylien,* die den Körper eines schalentragenden Weichtiers umschließenden Hartteile, die vom Mantelgewebe abgeschieden werden; das G. kann ein- (z. B. Schneckenhaus) od. mehrteilig sein (z. B. Muschelklappen, Zusatzstücke an Siphonen); es stützt die Weichteile, bietet der Muskulatur Ansatzflächen, schützt vor Feinden u. schädl. Umwelteinflüssen, kann der ⇗ Fortbewegung (□) dienen (z. B. Kammuscheln) od. zu einem Bohrapparat spezialisiert sein (⇗ Schiffsbohrer).

Gehege, ein eingezäuntes Revier in Wald od. Feld; *Frei-G.* dienen entweder der Hege, der wiss. Erforschung od. zur Bejagung v. Wild, in *Schau-G n* wird Wild in seiner natürl. Umgebung gehalten.

Gehirn, *Hirn, Cerebrum, Encephalon,* Bez. für ein dem peripheren ⇗ Nervensystem übergeordnetes Verschaltungs- u. Koordinationszentrum. Zum einen werden dem G. v. Rezeptoren Nervenerregungen zugeleitet, v. ihm verschaltet u. wieder an die Effektoren entsendet. Zum anderen ist das G. aber auch zu spontaner Erzeugung v. Nervenimpulsen befähigt. Ein sinnvolles Verständnis von Bau u. Funktion des G.s läßt sich daher nur aus einer komplexen Betrachtung des Gesamtorganismus, also auch des peripheren Nervensystems sowie des Grundbauplans u. der Lebensform des untersuchten Organismus, gewinnen. Bei der evolutiven Herausbildung eines G.s können in verschiedenen Tierklassen immer wieder die gleichen Prinzipien beobachtet werden, die den Aufbau eines zentralen Koordinationsorgans ermöglichen. Diese werden auf teilweise grundsätzl. verschiedenem morpholog. Substrat u. auf ganz anderen evolutionsbiol. Wegen entwickelt. – Die Polypen der Nesseltiere *(Cnidaria)* mögen mit ihrem diffusen Nervennetz als Ausgangsmodell dienen (□ Nervensystem). Mit zunehmend differenzierterer Gesamtorganisation der Organismen erfährt auch das Nervensystem eine komplexere Ausgestaltung. Das diffuse Nervensystem wird allg. durch ein *hierarchisch* gegliedertes ersetzt. In solch einem hierarch. System verlaufen Erregungsbahnen sternförmig zu einem gemeinsamen Zentrum, in dem sie miteinander verschaltet werden. Mit fortschreitender Differenzierung können diese Zentren durch weitere übergeordnete Zentren zusammengefaßt werden. Diese Form der Verschaltung ermöglicht eine höhere Leistungsfähigkeit bei geringerem ökonom. Aufwand. Es kommt zur Herausbildung eines G.s, dem periphere teilautonome Zentren untergeordnet sind. Über das G. werden die in den peripheren Zentren organisierten Erregungsprozesse gesteuert. Im Zshg. mit der Entwicklung eines G.s steht auch die Bildung eines Kopfes mit großen, komplexen Sinnesorganen (↗ Cephalisation). Über die *Sinnesorgane* wird Umweltinformation aufgenommen u. dem G. neuronal codiert zugeleitet. Am G. ist dies durch die Ausbildung spezieller, den Sinnesorganen zugeordneter Regionen erkennbar. Der Einbau v. Verschaltungsneuronen *(Interneurone)* in den sog. *Assoziationsgebieten* (↗ Assoziationsfelder) ermöglicht die Verschaltung dieser mit anderen sensiblen u. motorischen Neuronen. Mit der Ausbildung eines *Zentralnervensystems* (ZNS) geht auch immer dessen *Verlagerung* („Einsenkung") v. den äußeren Körperschichten (wo es in der Ontogenese vom Ektoderm gebildet wird) in geschützte Lagen des Körperinnern einher (Bauchmark der Gliedertiere, Rückenmark der Wirbeltiere). – 1) Das ZNS der Gliedertiere *(Articulata)* wird urspr. v. zwei ventral gelegenen Marksträngen, die durch Kommissuren miteinander verbunden sind, u. einem Cerebralganglion aufgebaut. Ein derart. Nervensystem findet sich heute nur noch bei einigen ↗ Archiannelida. Bei allen anderen Ringelwürmern *(Annelida)* hat eine weitgehende Hierarchisierung stattgefunden. So sind bei diesen die Zellkörper der Nervenzellen des Bauchmarks zu *Ganglien* zusammengefaßt, wo sie über Interneurone miteinander verbunden sind. Die Längs- u. Querverbindungen *(Konnektive* u. *Kommissuren)* des Bauchmarks bestehen nunmehr ausschl. aus den kernfreien Ausläufern der Nervenzellen. An der Ausgestaltung des Cerebralganglions ist sehr deutl. die Abhängigkeit des ZNS v. Lebensweise, Bau der Sinnesorgane u. Kopfbildung zu erkennen. Fast alle sedentären Polychaeten besitzen ein nur sehr einfach gebautes Cerebralganglion. Komplexe Sinnesorgane u. Kopfbildung fehlen ihnen. Die Kontaktaufnahme mit der Umwelt ist bei sessiler Lebensweise auf einen kleinen, äußerst beschränkten Ausschnitt der Umgebung des Tieres begrenzt. Die Nahrungsaufnahme ist zudem als Filtrierern ein akzidentell statist. Vorgang. – Bei räuberisch lebenden, frei bewegl. Polychaeten findet man im Ggs. hierzu eine oft recht hohe Entwicklung des Cerebralganglions. Diese räuberischen Formen tragen am Kopflappen (↗ Akron) immer Sinnesorgane in Form v. Augen, Tastern od. auch Geruchsrezeptoren (↗ Nuchalorgane). Die neuronale Versorgung der Sinnesorgane erfolgt vom Cerebralganglion aus. Entspr. läßt sich eine Untergliederung dieses in einzelne „*Sinnesfelder*" erkennen. In Assoziationsgebieten werden die Sinnesfelder miteinander verknüpft. Die Differenzierung des Cerebralganglions findet im wesentl.

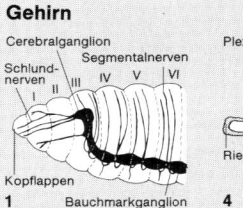

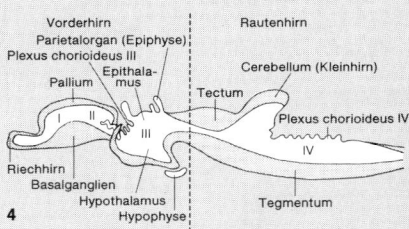

1 Schemat. Längsschnitt durch das Vorderende eines *Regenwurms;* schwarz wiedergegeben sind das *Cerebralganglion,* die segmentalen *Bauchmarkganglien* u. die in jedem Segment abzweigenden wichtigsten Nerven (Segmente I–VI). **2a** Schematisierte Aufsicht auf ein *Insekten*-G.; deutl. zu erkennen die drei Hauptabschnitte *Proto-, Deuto-* u. *Tritocerebrum.* **2b** Schemat. Frontalschnitt durch das G.; eingezeichnet sind die wichtigsten Verschaltungszentren u. Faserzüge im G. **3a** Nervensystem einer *Schnecke,* **3b** eines *Kopffüßers.* **4** Generalisierter Längsschnitt durch die G. eines *Wirbeltieres.* Die gestrichelte Linie deutet die beiden Hauptabschnitte *Vorderhirn* (Prosencephalon) u. *Rautenhirn* (Rhombencephalon) an. Der vordere Abschnitt des Vorderhirns erfährt als *Endhirn* (Telencephalon) eine Untergliederung in das *Riechhirn,* die am Boden des Endhirns liegenden *Basalganglien* und das *Pallium* (Mantel). Letzteres hat v.a. bei Säugetieren eine weitgehende Entfaltung durchlaufen u. bildet bei diesen die teilweise gefurchten Hemisphären des *Großhirns* (↗ Telencephalon). Der hintere Abschnitt des Vorderhirns, das *Zwischenhirn* (Diencephalon), ist in der Seitenwand in den *Epithalamus, Thalamus* u. *Hypothalamus* gegliedert. Eine Aussackung des Hirnbodens bildet zus. mit Teilen des Mundhöhlendachs (Rathkesche Tasche) die *Hypophyse,* ein wichtiges Verbindungsorgan des G.s mit dem hormonalen System. Das Dach des Zwischenhirns trägt das *Parietalorgan,* das bei ursprünglichen Wirbeltieren als medianes Auge, bei höher entwickelten als (Hormon-)drüse entwickelt ist. An der Grenze zw. Zwischenhirn u. Rautenhirn entsteht das *Tectum* (Mittelhirndach) als übergeordnetes Zentrum. Am Rautenhirn lassen sich v.a. das *Kleinhirn* u. das *Tegmentum* unterscheiden. Bei Säugetieren ist in Abhängigkeit v. der Entwicklung neuer Hirnzentren im Pallium die *Brücke* (Pons) als Verbindungsweg zw. den einzelnen Hirnzentren ausgebildet, ein deutl. abgegrenzter Abschnitt im Rautenhirn. Der hintere Abschnitt des Rautenhirns gleicht in seinem strukturellen Aufbau weitgehend dem Rückenmark u. wird als *Myelencephalon* (verlängertes Rückenmark) bezeichnet. Als Abkömmling eines dorsalen Nervenrohres enthält das G. flüssigkeitsgefüllte Hohlräume (Ventrikel I–IV). Auch zw. G. und den umgebenden Hirnhäuten befindet sich eine gleichartige Flüssigkeit, die v.a. auch eine stoßgedämpfte Lagerung des G.s ermöglicht. Große Bedeutung bei der Abscheidung der Hirnflüssigkeit haben die Adergeflechte (Plexus chorioideus) am Dach des Rautenhirns u. des Zwischenhirns.

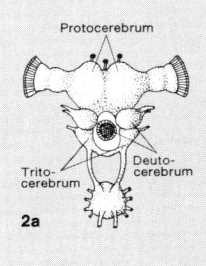

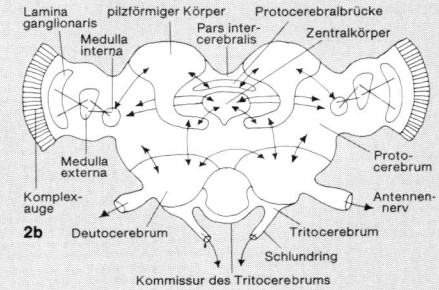

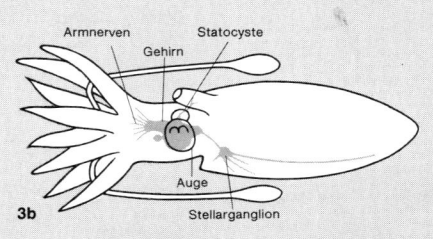

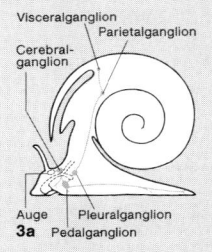

im Zshg. mit der Entwicklung der Kopfsinnesorgane statt u. dient der Verarbeitung der v. diesen gelieferten Informationen. Sensorik u. Motorik des übrigen, metamer gegliederten Körpers werden v. den Ganglien des Strickleiternervensystems koordiniert. Diese Entwicklung läßt sich mit neurophysiol. Experimenten belegen. Die operative Entfernung des G.s hat bei den vorwiegend unterird. lebenden Regenwürmern nur geringen Einfluß auf das gesamte Verhalten; Koordination der Muskulatur u. Bewegungsabläufe bleiben ungestört, auch die Fluchtreaktion wird nicht beeinflußt. Das Cerebralganglion dient im wesentl. der Versorgung der Schlundmuskulatur. Bei den räuberisch lebenden Egeln besitzen hingegen die Sinnesorgane u. die Koordination der Sinneseindrücke mit entspr. Bewegungsabläufen eine größere Bedeutung. Das G. gewinnt als Schaltstation für Erregungen v. den Sinnesorganen zu den peripheren motor. Zentren des Bauchmarks koordinierenden und modifizierenden Einfluß auf Bewegungsabläufe u. greift regelnd in Verhaltensvorgänge ein. – Bei den Insekten (Insecta), als Beispiel hoch differenzierter Gliedertiere, findet sich die gleiche Grundorganisation des ZNS wieder. Im Zshg. mit einer weit fortgeschrittenen Cephalisation, der Entwicklung äußerst leistungsfähiger Sinnesorgane (Komplexaugen, Antennen für Mechano- u. Chemorezeption) u. der Ausbildung eines umfangreichen Verhaltensrepertoires ist die Abgliederung übergeordneter Zentren, die Ausbildung v. Assoziationsfeldern u. Verbindungsbahnen sehr viel ausgeprägter. Deutlich zu erkennen ist eine Teilung des G.s in einen vor (über) dem Schlund gelegenen Teil (Oberschlundganglienkomplex, OGK) u. einen unter diesem gelegenen (Unterschlundganglienkomplex, UGK). Entspr. der segmentalen Natur des Insektenkopfes lassen sich an jedem dieser Ganglienkomplexe Abschnitte nachweisen, die sich phylogenet. v. den urspr. isoliert liegenden Ganglien des Strickleiternervensystems z. B. der Ringelwürmer ableiten lassen. Der OGK zeigt eine Gliederung in das zuvorderst gelegene Protocerebrum (Kopflappen u. Präantennalsegment zugeordnet), das Deutocerebrum (Antennensegment) u. das Tritocerebrum (Interkalarsegment). Der UGK geht aus den drei folgenden, bei den Insekten Mundwerkzeuge tragenden Segmenten hervor. So läßt sich an ihm je ein den Mandibeln, Maxillen u. dem Labium zugehöriger Abschnitt erkennen. Mit der Verschmelzung der Ganglien zum Komplexgehirn gehen die Zuordnung bestimmter G.abschnitte zu den Kopfsinnesorganen u. die Ausbildung v. Assoziationszentren einher. So enthält das Protocerebrum seitl. die Sehganglien (Lamina ganglionaris, Medulla externa, Medulla interna), die als Augenlappen (↗ Lobus opticus) zusammengefaßt sind. Die Sehganglien beider G.hälften sind durch Nervenfasern miteinander u. mit den drei Assoziationszentren des Protocerebrums verbunden. Das umfangreichste wird v. den paar. ↗ Pilzkörpern (Corpora pedunculata) dargestellt. Ein zweites Assoziationsgebiet ist der unpaare ↗ Zentralkörper (Corpus centrale), ein drittes die ↗ Protocerebralbrücke (Pons protocerebralis). In diesen Zentren treffen Fasern der verschiedenen sensor. Gebiete des G.s, aber auch Fasern aus den segmentalen Ganglien zus. Im feinstrukturellen Aufbau bilden sie dort die für Assoziationsorgane der Gliederfüßer typ. Glomerulistruktur. Das Deutocerebrum versorgt mit motor. Fasern die Muskeln der Antennen u. empfängt sensible Fasern v. den Sinnesorganen (Tast- u. Geruchssinn) der Antennen. Über Schaltneurone ist das Deutocerebrum mit den pilzförm. Körpern verbunden. Das Interkalarsegment der Insekten trägt keine Sinnesorgane (bei Krebsen jedoch die zweiten Antennen). Es ist dementsprechend gering entwickelt. Von ihm gehen einige Nerven zur Oberlippe u. Pharynxpumpe (Cibarium). Der UGK ist durch den Schlundring, in dem auch Fasern v. Schaltneuronen zu den Segmentalganglien liegen, mit dem OGK verbunden. Der UGK koordiniert Sensorik u. Motorik der drei Paar Mundwerkzeuge. Die hierarchisch übergeordnete Stellung des Insekten-G.s wird auch durch neurophysiol. Untersuchungen belegt. Elektr. Reizung nur weniger G.zellen kann den Ablauf kompletter Bewegungsmuster bewirken. Die Zerstörung bestimmter Hirnbereiche hat u. U. ein fortwährendes, ungehemmtes Ablaufen v. Bewegungsabfolgen bis zur völligen Erschöpfung des Tieres zum Ergebnis. In einigen Fällen (z. B. Schaben) können sogar decapitierte Tiere noch vollständ. Bewegungsabläufe ausführen. Diese einfachen Experimente zeigen, daß das G. als ein „Schalter" zu verstehen ist, der bestimmte Verhaltensweisen einschaltet od. hemmt, die in den Ganglien des Bauchmarks codiert vorliegen. – Eine wichtige Funktion des G.s liegt auch in der Verknüpfung vom neuronalen mit dem hormonalen Koordinationssystem. Bes. Bedeutung nehmen hier sekretor. aktive Zellen der Pars intercerebralis des Protocerebrums ein (↗ Neurosekretion). Ihr Sekret regelt die Aktivität der Hormondrüsen. – 2) Im Stamm der Weichtiere (Mollusca) las-

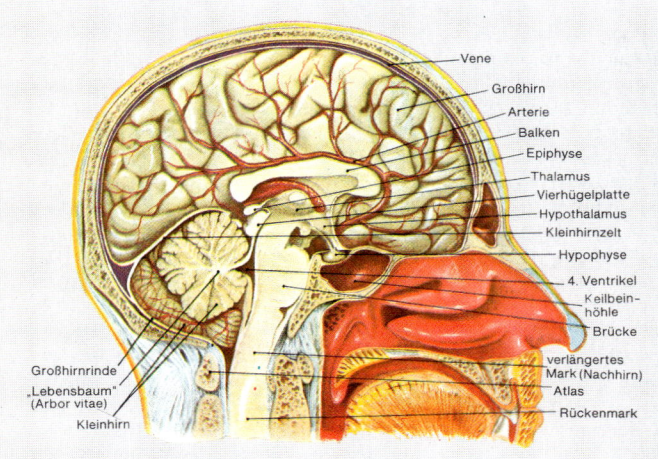

GEHIRN

Bei Wirbeltieren und dem Menschen stellt das *Gehirn* zusammen mit dem *Rückenmark* das *Zentralnervensystem* dar. Es fungiert als übergeordnetes Steuerzentrum, indem es über sog. Afferenzen Informationen aus der Umwelt aufnimmt, koordiniert, verrechnet und über Efferenzen den Erfolgsorganen zuleitet. Beim Menschen hat das Gehirn seine höchste Entwicklungsstufe erreicht und ist Zentrum für Assoziationen, Instinkt, Gedächtnis, Lernvermögen, Intelligenz und Bewußtsein.

Das Gehirn füllt die gesamte Schädelkapsel aus (Abb. oben) und ist vom Schädel selbst durch drei *Hirnhäute* isoliert, wobei sich zwischen den beiden inneren ein flüssigkeitsgefüllter Hohlraum befindet, der in Verbindung mit den ähnlich strukturierten Hohlräumen des Rückenmarks u. den 4 *Hirnkammern* (Hirnventrikeln) steht, in denen diese Flüssigkeit *(Cerebrospinalflüssigkeit)* produziert wird. Trotz seines unterschiedlich erscheinenden Aufbaus besitzt das Gehirn des Menschen die gleiche Grundorganisation wie das der ursprünglichen Wirbeltiere.

Das menschliche Gehirn läßt sich in die phylogenetisch jüngeren Hirnteile gliedern, zu denen im wesentlichen der Hauptteil des *Endhirns (Großhirn, Telencephalon)* und des *Kleinhirns (Cerebellum)* sowie die vorn am Hirnstamm angelegten Bahnen und Kerne zählen. Zum stammesgeschichtlich älteren Teil des Gehirns rechnet man den *Hirnstamm* selbst, bestehend aus *Rautenhirn (Rhombencephalon), Mittelhirn (Mesencephalon), Zwischenhirn (Diencephalon)* und den *Basalganglien* des Endhirns. Zum Zwischenhirn gehören der paarig angelegte *Thalamus* (Sehhügel; Eingangsort der Sehnerven) und *Hypothalamus*. Weiterhin ist der Thalamus Durchgangsort für alle zur Großhirnrinde aufsteigenden Bahnen und Umschaltstation für unwillkürlich gesteuerte emotionale Bewegungen (Mimik, Gestik u. a.). Die Kerne des Hypothalamus sind die höchsten Zentren der vegetativen Körperregulation (Steuerung von Wärme-, Wasser- und Energiehaushalt) und stehen räumlich und funktionell in enger Beziehung zur *Hypophyse* (Hirnanhangdrüse). Die zum Mittelhirn gehörige *Vierhügelplatte* ist als ursprünglicher Integrationsort zu einem Sammel- und Reflexschaltzentrum für Hör- und Sehreize geworden. Das sich in Längsrichtung über den Hirnstamm erstreckende Netzwerk von Schaltneuronen ist die *Formatio reticularis*. Diese steht direkt oder indirekt mit allen Teilen des Zentralnervensystems bzw. den auf- oder absteigenden Bahnen in Verbindung. Die Verbindung zwischen Hirnstamm und Rückenmark ist das *verlängerte Mark (Medulla oblongata)*. In diesem kreuzen sich die Nervenbahnen des Pyramidenstrangs und sind die Regelzentren für automatisch ablaufende Vorgänge (z. B. Herzrhythmik, Atmung) lokalisiert. Weiterhin befinden sich hier die Reflexzentren für Kauen und Speichelfluß, Schlucken sowie die der Schutzreflexe Niesen, Husten, Lidschluß und Erbrechen.

Das zum größten Teil zu den phylogenetisch jüngeren Anteilen des Gehirns zählende *Kleinhirn* besteht aus zwei stark entwickelten Hemisphären und hat die Gestalt eines querliegenden abgeplatteten Ellipsoids. In dessen Zentrum befinden sich graue Kerngebiete, die 4 Paar Kleinhirnkerne, die von weißer, nach außen in Lamellen gegliederter Substanz umgeben sind. Dadurch erhält ein senkrecht zu den Lamellen geführter Schnitt durch das Kleinhirn ein dem *Lebensbaum* ähnliches Aussehen *(Arbor vitae)*. Den Lamellen ist graue Substanz, die *Kleinhirnrinde*, aufgelagert. Die Bezeichnung *graue Substanz* wird für die im histologischen Bild dunkel erscheinenden Zellschichten verwendet, die aus den Zellkörpern und den marklosen Ausläufern von Nervenzellen bestehen, wohingegen sich in den Schichten der *weißen Substanz* die markhaltigen Leitungsbahnen der Nervenzellen befinden. Der stammesgeschichtlich ältere Teil des Kleinhirns wird vom Nervus statoacusticus innerviert und übernimmt die Steuerung des Gleichgewichts. Der phylogenetisch jüngere Teil des Kleinhirns erhält über die Afferenzen der Motoneuronen alle Informationen über den Spannungszustand der Muskulatur und die Stellung der Gelenke. Weiterhin steht er über zahlreiche, querverlaufende Nervenbahnen, die zusammen mit einigen Kernen den Hauptteil der *Brücke* ausmachen, mit dem motorischen Cortex der Großhirnrinde in direkter Verbindung. Demzufolge lassen sich die Aufgaben des Kleinhirns wie folgt zusammenfassen: Es ist als Unterstützungs- und Koordinationszentrum der anderen motorischen Zentren für die Steuerung und Korrektur der stützmotorischen Anteile von Halten und Bewegung, die Kurskorrektur langsamer zielmotorischer Bewegungen und deren Koordination mit der Stützmotorik sowie für die exakte und reibungslose Durchführung der vom Großhirn entworfenen schnellen Zielmotorik zuständig.

Das *Großhirn* des Menschen ist in 2 Hälften (Hemisphären) unterteilt, die durch die zu einem großen Teil durch den *Balken* ziehenden Kommissuren neural miteinander verschaltet sind. Die Großhirnrinde ist eine dünne, in Windungen *(Gyri)* aufgefaltete Schicht neuralen Gewebes, die durch Furchen *(Sulci)* voneinander getrennt sind. Sie besitzt eine Oberfläche von ca. 2200 cm² und eine Schichtdicke von 1,3–4,5 mm. Man unterteilt diese in senkrechter Richtung in 6 Schichten, die zum Teil in Unterschichten gegliedert sind, wobei in der Regel Schichten mit Zellkörpern bzw. Axonen alternierend aufeinanderfolgen. Aufgrund funktioneller Kriterien läßt sich die Großhirnrinde in einzelne Felder unterteilen, die mit verschiedenen Leistungen korrelieren sind, z. B. motorische, akustische, optische, sprachliche (= Broca-Zentrum) *Rindenfelder*. Zum Großhirn zählt weiterhin das *limbische System*, das für die Beeinflussung oder Bestimmung gefühlsmäßiger Reaktionen von ausschlaggebender Bedeutung ist.

Abb. unten: Ansicht des Gehirns von der linken Seite, ganz unten: Blick auf die rechte Gehirnhälfte, auf das angeschnittene Kleinhirn und das verlängerte Mark. **1** Körperfühlsphäre; **2** optisches Sprachzentrum; **3** optische Erinnerungsbilder; **4** akustisches Sprachzentrum; **5** motorische Region, oben Bein, Mitte Arm, unten Kopf; **6** Zentrum für Schreiben; **7** Zentrum für Augenbewegungen; **8** motorisches Sprachzentrum (Broca-Zentrum); **9** Riechen und Schmecken.

Abb. unten links: Frontalschnitt durch das Großhirn.

H. W.

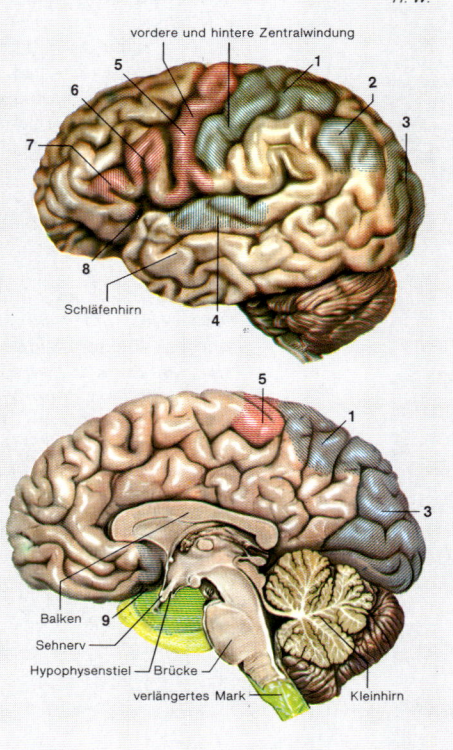

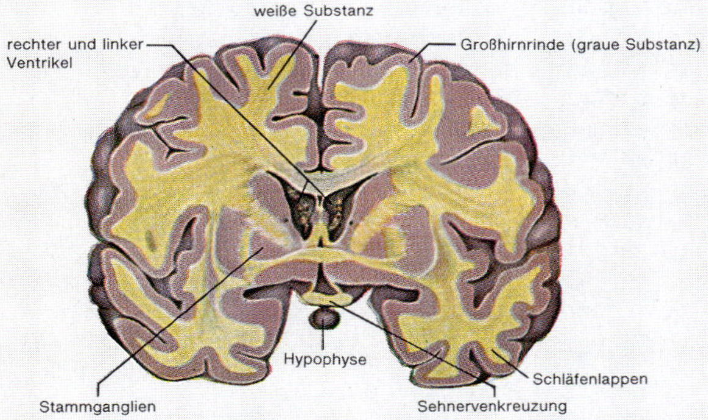

Gehirn

Gehirn

Lange Zeit hat man versucht, die mit der Höherentwicklung der Tiere einhergehende Zunahme der Hirnleistungen (↗ Cerebralisation) mit morpholog. Kriterien zu korrelieren. So wurde der Versuch unternommen, das absolute Gehirngewicht, das im Durchschnitt beim Mann 1375 g, bei der Frau 1225 g beträgt, als Maß für Hirnleistungen u. Intelligenz zu werten. Untersuchungen zum G.gewicht bedeutender Zeitgenossen ergaben für Cuvier 1851 g, Bismarck 1807 g, Kant 1600 g, aber für Liebig 1352 g, Bunsen 1275 g, Anatole France 1017 g. Ebenso sollte der Windungsreichtum des G.s ein Maß für die Intelligenz sein. Schaf od. Esel z. B. haben jedoch erhebl. windungsreichere G.e als der Mensch. Eine Erklärung für die herausragenden Leistungen des menschl. G.s ist möglicherweise in der sehr hohen Nervenzelldichte der Großhirnrinde (10^9–10^{10} Neurone) u. deren Verschaltung untereinander zu finden.

sen sich mit zunehmender evolutiver Differenzierung ähnl. Vorgänge der G.bildung feststellen, wie sie für Insekten exemplarisch beschrieben wurden. Bei den ursprünglichen Gruppen der Wurmmollusken *(Aplacophora)* u. Käferschnecken *(Polyplacophora)* findet man, ausgehend v. einem Schlundring, paarige ventrale u. laterale Markstränge. Die übrigen Mollusken (Muscheln, Schnecken, Kopffüßer) lassen eine zunehmende Zentralisierung der Nervenzellen in Ganglien beobachten. So besitzen z. B. die Schnecken entspr. der funktionellen Gliederung des Körpers außer dem *Cerebralganglion,* das die Sinnesorgane versorgt u. ein übergeordnetes Reflexzentrum darstellt, paarige *Pedalganglien,* die die nervöse Kontrolle des Fußes übernehmen. Paarige *Pleuralganglien* versorgen den Mantel, ebenfalls paarige *Parietalganglien* entsenden Nerven zu den Kiemen u. der Haut, u. ein unpaares *Visceralganglion* innerviert die Eingeweide. Bei den Kopffüßern ist die Zentralisation des Nervensystems am weitesten fortgeschritten. Zahlr. Assoziationszentren u. Verbindungsbahnen stehen im Zshg. mit den hohen Sinnesleistungen, der Lebensweise in einem komplex gegliederten Lebensraum u. der erstaunl. Lernfähigkeit dieser Tiere. – 3) Auch am G. der Wirbeltiere *(Vertebrata)* lassen sich die oben geschilderten Prozesse der Zentralisierung, Ausbildung v. Assoziationszentren u. hierarchisch übergeordneten G.teilen erkennen ([B] Nervensystem). Sie entwickeln sich jedoch auf der völlig anderen morpholog. Grundlage eines für die ↗Chordatiere *(Chordata)* typischen, dorsal liegenden *Nervenrohres* (Neuralrohr). Mit voranschreitender Cephalisation u. Differenzierung des Kiemendarms bei den Wirbeltieren kommt es auch zur Ausbildung zugeordneter neuronaler Strukturen. So läßt sich auch bei den stark abgeleiteten Formen (z. B. Säuger) noch eine grundlegende Dreigliederung des Körpers u. der zugeordneten Strukturen des Nervensystems erkennen. Der Rumpf wird vom ↗ *Rückenmark* über die Spinalnerven versorgt. Dem ↗ *Kiemendarm,* seinen Derivaten u. den Eingeweiden ist das ↗ *Rautenhirn (Rhombencephalon)* zugeordnet, während die Sinnesorgane des Vorderkopfes z. *Vorderhirn* (↗*Prosencephalon)* Bezug nehmen. Auf dieser funktionell anatom. Grundgliederung läßt sich

die Ausgestaltung des Wirbeltier-G.s verstehen. – Schon bei den ↗Kieferlosen *(Agnatha)* läßt sich eine Untergliederung des Vorderhirns in das der Nase zugeordnete ↗ *Telencephalon* (Endhirn) u. das die Augen versorgende *Diencephalon* (↗*Zwischenhirn)* erkennen. Die basale Seitenwand des Rautenhirns bildet das ↗ *Tegmentum.* Über diesen basalen Hirnzentren kommt es zur Ausbildung weiterer übergeordneter Zentren. Das Telencephalon ist die Basis für die Entwicklung des ↗ *Palliums* (Mantel), dessen weitere Entfaltung (Archi-, Palaeo- und Neopallium) bei den Säugern zur Entstehung des *Großhirns* (↗ *Telencephalon)* führt. Das ↗ *Tectum* (Mittelhirndach) entsteht als übergeordnetes Zentrum v. Teilen des Zwischenhirns. Bei Fischen u. Amphibien entwickelt es sich zum höchsten Koordinationszentrum. Primär ein Sehzentrum, verarbeitet es auch Impulse v. anderen Sinnesorganen u. codiert motor. Antworten. Bei Vögeln u. Säugern ist es hingegen wenig entwickelt. Bei letzteren ist es als *Vierhügelplatte (Corpora quadrigemina)* erhalten u. stellt eine Schaltstation für optische u. akustische Signale dar. Über dem Tegmentum entwickelt sich das ↗ *Kleinhirn (Cerebellum).* Es gewinnt als Zentrum für die Bewegungskoordination u. Schaltstelle für Gleichgewichtsreaktionen bei allen Wirbeltiergruppen große Bedeutung. – Diese Grundgliederung des Wirbeltier-G.s erfährt in den einzelnen Klassen eine durchaus unterschiedl. Entwicklung. Neben einer deutl. morpholog. Differenzierung treten v. a. histolog. Besonderheiten auf, wie die Herausbildung v. *Nervenkernen (Nuclei),* Faserzügen u., bes. deutl. am Groß- u. Kleinhirn der Säuger, eine *Rindenbildung (Cortex).* ↗Cerebralisation, ↗Nervensystem. [B] 443. *M. St.*

Gehirnanhangdrüse, die ↗Hypophyse.
Gehirnflüssigkeit, die ↗Cerebrospinalflüssigkeit. [B] Gehirn.
Gehirnhäute, die ↗Hirnhäute.
Gehirnkammern, die ↗Hirnventrikel.
Gehirnnerven, die ↗Hirnnerven.
Gehirnrückenmarksflüssigkeit, die ↗Cerebrospinalflüssigkeit. [B] Gehirn.
Gehirnstamm, der ↗Hirnstamm.
Gehirnventrikel [v. lat. ventriculus = kleiner Bauch], die ↗Hirnventrikel.
Gehirnvolumen, das ↗Hirnvolumen.
Gehirnzentren, die ↗Hirnzentren.